현대 지리교육학의 이해

현대
지리교육학의
이해

한국지리환경교육학회 엮음

심광택 외 지음

푸른길

한국지리환경교육학회는 지리교육과 환경교육의 연구와 실천을 위해 1993년에 창립된 전문학회이다. 한국지리환경교육학회지는 2005년 한국연구재단에 의하여 등재 학술지로 선정된 이래 2018년 현재 26권에 이르고 있다. 그동안 우리나라에서 학부생을 위한 지리교육학 개론서가 다수 출간되었지만, 현대 지리교육학의 연구 성과를 담은 전문 서적은 거의 없는 실정이다. 이에 학회에서는 최근 지리교육의 연구 동향 및 성과를 알리고자 단행본 출판을 기획하였다.

이 책은 현대 지리교육학의 최신 연구 내용과 방향을 제시하는 데 중점을 두고 있다. 기존의 지리교육학을 살펴보면, 주로 교육학 논리에 따라 목적, 내용, 방법, 평가 순으로 구성되거나, 이 중 한 분야를 집중적으로 다루는 방식으로 구성되었다. 이 책 『현대 지리교육학의 이해』에서는 지리 교과교육학의 논리에 따라 교육의 주체인 인간과 교육의 터전인 교실을 각각 처음과 마지막에, 지리 교과의 핵심개념인 공간, 장소, 환경을 가운데에 배치하였다. 그리하여 이 책은 제1부 '지리와 인간', 제2부 '지리와 공간', 제3부 '지리와 장소', 제4부 '지리와 환경', 제5부 '지리와 교실' 순으로 구성되어 있다.

제1부 지리와 인간은 지리교육을 통해 육성해야 할 인간상에 대해 탐구한다. 여기서는 몸의 지리성(김대훈), 지리적 상상력(강효선·손명철), 시민성(조철기), 핵심역량(김현미), 생태적 다중시민성(심광택), 사이보그 시민(김병연)을 논의한다.

제2부 지리와 공간에서는 객관적이고 보편적인 공간을 대상으로 한 지리교육과 관련하여, 위치와 영역 그리고 공간에 대한 이해와 공간적 사고력 육성에 초점을 두고 있다. 여기서는 공간지능(조성욱), 공간인지 발달과 지도학습(최낭수), 시공간 표상 정보의 활용 전략과 전이(김기남), 지오클라우드(전보애), 지리공간기술과 지오투어리즘(김민성), 위치학습(김다원), 영토교육(안종욱)을 논의한다.

제3부 지리와 장소에서는 주관적이고 구체적인 장소를 대상으로 한 지리교육에 대해 살펴

본다. 여기서는 장소와 존재(박승규), 장소와 자아 정체성(임은진), 다문화교육(박선희), 글로 벌 교육(박선미), 세계시민 교육(김갑철), 장소 스키마(한동균)를 논의한다.

제4부 지리와 환경에서는 지리를 통한 환경 교육의 최근 동향을 소개한다. 여기서는 장소기반 환경 교육(윤옥경), 생태 시민성(김병연), 환경정서와 환경교육(강민정), 지리답사와 감성적 접근(박철웅)을 논의한다.

제5부 지리와 교실은 지리 교실수업에 대한 이해에 초점을 두며, 실행 연구를 비롯하여 여러 가지 수업 전략 및 사례를 담고 있다. 여기서는 교사학습공동체(김대훈), 교실생태학(김혜숙), 교실 공간 메타포(한희경), 학습 스타일(장의선), 교수학의 인류학적 접근(김혜진), 디지털 스토리텔링(홍서영), 학습 만화(최재영)를 논의한다.

이 책의 집필진으로 중견 및 소장 지리교육학자를 비롯하여, 최근 박사학위를 받은 신진 지리교육학자 등 다양한 연구자가 자발적으로 참여하였다. 이 책의 출간은 한국지리환경교육학회 편집위원장이면서 편찬위원장인 조철기 교수, 그리고 임은진, 김민성, 김대훈, 김병연 편찬위원의 노고에 힘입은 바가 크다. 아울러 출판 시장의 어려움에도 불구하고 푸른길 김선기 사장님은 흔쾌히 이 책의 출판을 허락해 주셨다. 이 자리를 빌려 여러분에게 다시 한 번 감사드린다.

모쪼록 이 책이 지리교육을 공부하는 학부생 및 대학원생, 수업 개선을 위해 노력하는 지리교사, 그리고 학문 연구에 정진하는 지리 연구자 모두에게 현대 지리교육을 이해하는 데 나침반 역할을 할 수 있기를 기대해 본다.

2018년 2월
제12대 한국지리환경교육학회 회장 심광택

제1부. 지리와 인간

제1장

몸의 지리성과 지리교육*

김대훈

고잔고등학교

---

* 본 연구는 김대훈(2010)을 수정·보완한 것임.

1. 들어가며

　지리교육은 인간과 공간의 관계를 이야기한다. 인간은 공간과 함께 삶을 이어가고 삶의 자취를 공간에 고스란히 남겨 놓기 때문에 지리교육은 인간을 이해하는 데 매우 중요한 역할을 한다. 하지만 주류 교육학적인 전통은 인간을 이해하는 교과로서 지리의 의미가 약함을 지적한다. 이른바 '정신도야론'에서 '지식의 형식'에 이르는 전통적인 교육학은 교과로서 지리의 가치에 대해 이견을 갖고 있다. 지리는 이성보다는 물질성에 기반하기 때문에, 지식의 '형식'이기보다는 '분야'라는 것이다.

　사실 근대 지리교육사에서 지리교육은 국가·사회적 필요에 기대어 학교교육으로 성립한 측면이 강하며, 개인의 자아실현이라는 교육의 본질적 부분에 다소 소홀한 측면이 있다(Ball, 1990; 2007; 권정화, 2015). 물론 지식의 분야라는 주장에 반하여 지리의 가치를 주장하는 논의가 있어 왔지만, 궁극적으로 교육은 정신을 도야하는 것이고 지식의 형식을 중심으로 가르쳐야 한다는 전제 안에서의 논박들이었다.

　그런데 만약 인간의 본질이 정신에 존재한다는 전제가 흔들린다면 지금까지의 교과론적 논의는 어떻게 될까? 오늘날 지성계는 근대에 대한 반성으로 발현된 이른바 '포스트모더니즘'이 풍미하고 있다. 근대를 넘어서기 위해 포스트모더니스트들은 근대적 사고가 정초하고 있는 정신의 우월성에 대한 성찰과 당연시 여겼던 근대적 전제들을 해체하고 있다. 자연스럽게 이들은 정신에 의해 억압된 존재들을 재조명하며 특히 (정신의 대비로서) 육체, (정신과 육체의 통합체로서의) 몸에 주목한다.[1] 더욱이 인공지능, 신경생리학, 뇌과학 등 인지과학 분야의 발달은 이러한 몸의 대한 논의에 힘을 실어 주고 있다. 근래 교육학에서도 몸과 관련된 연구들이 등장하고 있으며 이들은 기존의 정신도야론과 주지주의 교육의 본질을 파고들어 이를 해체하고 있다.

　그렇다면 기존 주류교육학의 대전제에 균열이 일어나고 있는 상황에서 여전히 정신도야론에 기대어 지리교육의 교과론적 가치를 논쟁해야 할까? 오히려 존재의 본질로서 새롭게 조명되고 있는 몸에 대한 관심을 통해 지리교육의 교과적 가치를 재성찰하고, 이를 통해 지리교육

---

1. 일상에서 몸은 보통 마음, 정신, 영혼과 맞서는 개념으로 통용된다. 이러한 일상적인 몸 개념은 이원론에 기반한 근대 반성 철학자들의 인간 이해에서 기원하였다. 하지만 본 연구에서 사용하는 '몸(body)'은 이원론적인 인간 이해 방식을 넘어 총체적이고 통합적인 인간을 의미한다. 국어학적으로 엄격히 구분해 보면 전자는 '육체'에, 후자는 '몸'의 의미에 가깝다. 독일어에서는 'Körpe'와 'Leib'의 의미다. 영어로는 'physical body'와 'lived body' 정도로 설명될 수 있다 (Shilling, 1993; 1999; 유초하, 1993; 김종헌, 2001; 조상식, 2002; 2004; 이승환, 1996).

전반에 새로운 시선을 던져 줄 수 있지 않을까?

본 연구는 이러한 물음에서 출발하였다. 우선 몸에 근거한 지리교육 연구의 출발점으로 몸의 지리성에 대한 논증을 시도하였다. 이를 위해 인간학 논의의 중심에 있는 철학에서의 몸 담론을 검토하였다. 구체적으로 서구 철학사에서 잊혀졌던 몸을 인간 이해의 장으로 복귀시킨 현상학, 특히 메를로퐁티(Merleau-Ponty)의 몸 철학을 기반으로 몸의 지리성을 밝혀 보고자 하였다. 마지막으로 몸의 지리성이 의미하는 지리교육적 함의를 고찰해 보았다.

2. 몸의 철학적 궤적

서구 철학사에서 몸은 현상학을 통해 존재와 인식의 수면 위로 떠오른다.[2] 물론 합리주의적 사고를 비판하고 현상학을 창시한 후설(Husserl)도 궁극적으로는 다시 의식으로 회귀했지만 순수의식의 동반자로서 몸의 역할에 주목한다.

사실 서구의 철학적 전통에서 인간은 '몸 없는 인간'이었다. 고대 철학의 중심에 서 있는 플라톤에게 몸은 영혼의 감옥으로, 고양된 세계로 나아가는 것을 가로막는 장애물이며 천박한 것으로 여겨졌다. 중세와의 단절을 선언하고 근대의 포문을 연 데카르트(Descartes)에게도 몸은 연장적 실체(extended substance)로 명석 판명한 관념을 지닌 정신의 명령에 따라 움직이는 인형과 같은 것이었다(Descartes, 1985; 노양진, 2004).

이러한 고·근대 철학의 인간관을 넘어서기 위해 후설은 데카르트의 방법적 회의와 유사한 '판단중지(epoche)'와 '괄호치기(einlammern)'와 같은 '현상학적 환원'을 시도하였다. 이를 통해 그는 모든 가능한 전제나 편견으로부터 벗어나 제1철학으로 현상학을 정립하였다. 후설이 현상학적 환원을 통해 도달한 순수의식은 데카르트의 항상 사유하는 의식과는 달리, 항상 무엇인가에 대한 의식이라는 '지향성(intentionality)', 이른바 '노에시스(noesis)'와 '노에마(noema)'의 관계로 존재한다(한전숙, 1984). 바로 이 지점에서 후설은 몸의 중요성을 이야기한다. 몸은 정신과 분리된 연장적 실체가 아니라 순수의식에 부가되어 세계를 구성하는 동반자이

---

2. 쇼펜하우어(Schopenhauer), 니체(Nietzsche)와 같이 현상학 이전에도 몸의 중요성을 언급한 학자가 없었던 것은 아니다. 하지만 이들은 이성 우위의 전통에 대한 문제 제기 수준이었기 때문에 몸에 대해 체계화된 사유를 진행하지 못했다. 반면 현상학은 서구 철학사에서 잊혀졌던 몸을 인간이해의 장으로 복귀시키는 데 결정적 역할을 하였다. 이러한 현상학은 20세기 서구 철학사에서 분석철학과 함께 양대 산맥을 형성하였으며, 오늘날에도 포스트모더니즘의 기원을 제공했다는 측면에서 그 중요성을 인정받고 있다(박이문, 2007).

며, 몸을 매개로 순수의식은 경험적 의식이 된다. 순수의식의 지향성은 몸을 통해서만 성립 가능한 것이다. 이러한 후설의 현상학은 근대 철학을 넘어 인간 존재를 정신에 의거하지 않고 몸을 통해 밝힐 수 있는 길을 예비하게 된다.

메를로퐁티(1945)는 후설과 마찬가지로 합리주의에 기반한 지식의 소박성을 비판하고, '사물 그 자체에로' 복귀해야 한다고 주장한다. 하지만 그는 순수의식에 도달하기 위해 현상학적 환원을 충실히 고찰했지만 환원불가능성에 도달했다며 후설을 비판한다. 의식과 몸 그리고 세계는 근원적으로 얼버무려져 있기 때문에 투명한 순수의식이란 있을 수 없으며, 세계의 원초적 근원 또한 세계와의 단절이 아니라 세계 속으로 파고들어갈 때만 가능하다는 것이다. 그래서 메를로퐁티는 후설과 같이 의식으로 후퇴하지 않고 '사물 그 자체에로' 복귀하기 위해, '선험적–현상학적 태도' 대신 몸에 토대를 둔 '비 반성적–자연적 태도'를 주장한다. 이를 통해 그는 의식 지향성이 아닌 '몸 지향성'을 정립하고 전통적인 인식론과 존재론을 넘어선다.

우선 메를로퐁티는 후설의 선험적 순수의식의 세계로부터 벗어나기 위해 기존의 정신 우월주의에 대한 반성을 의미하는 '반성에 대한 반성'과 함께 지금까지 반성의 대상으로 간주하지 않은 원초적인 현상의 세계를 기반으로 한 반성인 '비 반성적인 것의 반성'이라는 새로운 반성을 시도한다(조광제, 1993). 그리고 비 반성적인 것의 반성을 통해 그는 현상의 세계가 객관적인 외부 세계가 아니라 우리의 실존을 인식할 수 있는 '체험된 현상의 세계'임을 발견하며, 그곳에서 우리의 실존적 모습의 원형으로 몸을 마주하게 된다. 이때 몸은 "규정된 대상의 총합이 아니라 규정된 모든 사고에 앞서 우리의 경험에 끊임없이 현존하는 잠재적 지평으로서의 몸"이다. 이 몸은 우리가 일반적으로 생각하는 객관적인 몸, 물리·물질적인 몸과 근본적으로 대비되는 살아 있는 몸, 체험된 몸, 현상적인 몸, 고유한 몸이다.

한편, 주류 근대 철학자들이 강조해 온 의식과 정신은 몸과 분리되고 구분된 것이 아니라 본질적으로 몸의 특수한 기능에 불과하며, 몸에 배어 있는 '체화된 의식(embodied cogito)'임을 말한다.

메를로퐁티에게 몸은 세계와 정신과 분리된 실체도 아니며, 세계와 정신을 연결시켜 주는 단순한 매개도 아니다. 오히려 이러한 구분에 선행하는 '제3의 형식'이다. "몸은 그 어떤 개념으로도 분리되거나 환원될 수 없는 선천적 복합체(innate complexity)"인 것이다.

둘째, 메를로퐁티는 몸과 세계와의 관계를 이해할 수 있는 원초적인 터전으로서 '지각'을 말한다. 그는 지각을 단순한 감각 경험으로 본 경험론과 이성의 수동적인 작용으로 간주한 합리론(지성론)[3]을 비판한다. 그리고 경험론과 합리론 모두가 드러나는 근원적인 원천으로서 '지각론'을 제시한다.

그가 말하는 지각은 언제나 '관점 의존적'이다. 인간은 무엇을 지각하든지 자신이 처한 관계와 상황 속에서 지각을 한다. 우리가 문을 열고 방에 들어가 책상을 바라볼 때, 우리는 주변의 침대나 옷장, 창문 등을 '지평(background, 배경)'으로 갖고 그들과의 관계 속에서 지각의 '대상(figure, 형태)'인 책상을 보게 된다. 그런데 우리가 배경이었던 옷장에 집중하여 바라보면 옷장은 대상으로 드러나고 책상은 물러나 배경이 된다. 인간은 배경과 형태를 동시에 집중해서 볼 수 없으며, 배경과 형태를 분리해서도 볼 수도 없다. "지각적인 어떤 것도 항상 다른 것 사이에 있고, 항상 장(field)의 일부를 형성한다." 그래서 우리의 지각적 경험(조망)은 대상이 될 수 없는 불투명한 지평 속에서 대상을 볼 수밖에 없는 '대상-지평 구조(형태-배경 구조)'를 항상 띠게 된다(주성호, 2003).

그러나 지각되는 사물들은 지각적 경험에 따라 변화하고 사라질 수도 있지만 지각하는 몸은 영속성을 지니고 있다. "몸 자체의 영속성이 없다면, 다른 외부 대상들의 현전과 부재는 의미를 가질 수 없다." 존재론적으로 만지는 몸은 만져지는 세계 속에 존재하지만 인식론적으로 만지는 몸은 세계를 벗어나기 때문이다. 그리하여 몸은 주체도 객체도 아닌 이들 모두를 공유하는 '제3의 형식'이며 메를로퐁티의 지각론은 전통적인 존재론과 인식론을 넘어서게 된다.

셋째, 메를로퐁티에게 세계는 몸이 닻을 내리고 있는 정박지로 몸은 세계와 맞닿아 있다. 그는 이러한 몸과 세계와의 관계를 '세계-에의-존재(être-au-monde)'로 개념화하고 모든 종류의 관념론을 넘어선다. 세계-에의-존재는 하이데거(Heidegger)의 '세계-내-존재(in-der-welt-sein)'에서 기원하지만,[4] '에의(au)'라는 의미가 암시하듯이 몸은 '세계 안에 있는 몸'이면서, 동시에 '세계를 향해 나아가는 몸'이다.[5] 세계 안에 있는 몸은 상자 속에 있는 구슬처

---

3. 류의근 역(2002)에서는 근대 합리론뿐만 아니라 이성을 인식의 근본원리로 여기는 칸트의 선험철학 및 후설의 철학도 포함한다는 측면에서 '지성론'으로 번역하였지만 본 글에서는 이해를 돕기 위해 '합리론(지성론)'으로 표기한다.

4. 하이데거에게 인간은 절대 정신의 소유자가 아닌, 세계 속에 있으면서 세계와 더불어 교섭하고 세계를 전반적으로 이해하는 '세계-내-존재'이다. 그는 이러한 인간상을 근대 철학에서의 인간과 구별하기 위해 '현존재(Dasein)'라 부른다. 인간은 어떤 상황 속에 던져져 있고, 바로 그 이유 때문에 자기의 존재에 대해 물음을 던지면서 불안해하는 존재인 것이다. 하지만 하이데거는 세계-내-존재인 인간 존재가 실제적으로 인간의 어떤 차원에서 그런 것인지를 제대로 모색하지 않았다. 오히려 진정한 인간은 이러한 세계로부터 벗어나는 것이라고 말한다. 결국 하이데거는 '지붕 위에 올라가기 위해 사다리를 사용하고 나서 다시 그 사다리를 차버린 것'이다(류의근, 1998; 조광제, 2003a).

5. 메를로퐁티의 '세계-에의-존재(être-au-monde)'에서 프랑스어 'au'는 'à+le'의 축약어이다. à는 영어의 장소, 운동, 방향, 내속, 소유 등을 동시에 뜻하는 'into+in+to+at+of'를 모두 포함하고 있다. 우리말로는 '~안에'라는 뜻과 함께, '~에로'라는 뜻도 지니고 있다. 'au'의 번역은 몸의 지향성을 강조하기 위해 '~에로'라고 번역할 수도 있지만, 본 연구에서는 '~안에'와 '~에로'라는 의미를 동시에 표현하기 위해 '세계-에의-존재'로 표기한다(메를로퐁티, 1945; 2002; 조광제, 2004).

럼 '관계 없음'이 아니라, 물고기와 물처럼 몸이 세계가 가하는 여러 작용들을 받아 그것에 적응하려 하고, 그 과정에서 세계에 대한 경험들이 하나의 형태로서 몸에 구조화되고 틀 지어지는 '관계 맺음'이다. 그리고 이러한 몸의 구조, 일종의 습관 같은 것을 메를로퐁티는 "몸 도식(body schema, 몸 틀)"으로 개념화한다.

그런데 몸은 세계 내적인 존재로서의 수동성만을 지니는 것이 아니라, 이미 지니고 있는 몸 도식을 세계에 투사하면서 운동해 가는 능동적 존재이다. 그러한 과정을 통해 기존의 몸 도식이나 습관은 수정되기도 하고 새로 형성되기도 한다. 몸 도식은 몸이 직면하고 있는 상황이 요구하는 형식들을 이미 자신 속에 구조화하고 있다는 점에서 데카르트의 본유 관념과 유사하지만, 세계에 대한 경험으로부터 획득된다는 점에서 선을 긋는다. 이러한 의미에서 몸 그리고 몸 도식은 '실질적 선험성(a priori materiels)'을 갖고 있다고 볼 수 있다(김종헌, 2005).

몸은 '세계-내-존재'로 세계는 몸을 구조화하지만, '세계-에로의-존재'로 세계를 구조화한다. 우리는 세계에 사는 것이고 세계는 우리에게 살아진다. 이와 같은 몸과 세계의 지향적 관계는 안쪽에서 출발해 가면 바깥쪽에 도달하게 되고, 바깥쪽에 출발해 가면 안쪽으로 도달하게 되는 뫼비우스의 띠와 같은 묘한 관계이다(조광제, 2003a). 그래서 메를로퐁티 철학은 '애매성'의 철학이다. 몸과 세계는 변증법적으로 발전해 가는 역동적인 유기체이며, 또 하나의 거대한 몸이다. 몸과 세계는 하나도 아니면서 둘도 아니고(不一而不二), 그러나 궁극적으로는 둘이면서 하나이다. 일종의 양립할 수 없는 요소의 동시적 공존이며 상호 연결된 전체이다.

3. 몸의 지리성: 지리를 체현한 존재

몸과 세계와의 지향적 관계를 통해 인간 실존을 새롭게 드러낸 메를로퐁티의 몸 철학은 '인식 주체'보다는 '존재의 상황'에 주목하면서 인간 존재의 구조 계기로서 공간의 중요성을 암시한다. 본 절에서는 메를로퐁티의 몸 철학을 바탕으로 현상학에 영향을 받은 지리 및 공간 담론을 참조하여 '몸의 지리성'을 드러내고, 인간을 '지리를 체현한 존재'로 논증하고자 한다. 이러한 사유의 과정을 통해 인간 본성으로서 지리성이 확인된다면 인간 이해를 위한 지리교육의 토대를 구축할 수 있으며, 이를 통해 지리교과의 모습도 새롭게 그려 볼 수 있다.

1) 공간에로의 존재: 몸의 운동성과 공간감

인간의 삶은 끊임없는 움직임의 집합이다. 움직임의 주체는 몸이고 몸은 무한히 공간을 지향한다. 그래서 "인간은 중심을 이탈하는(eccentric) 존재"며, 인간 존재의 참된 모토는 "안으로 들어가지 말고, 밖으로 나가라"라고 말한다(Van Peursen, 1966; 정화열, 2005).

'raum'이라는 어원에서도 알 수 있듯이, 공간은 우리가 움직일 여지(room)를 가질 때 경험된다. 그래서 우리의 '공간감(sense of space)'은 자유와 밀접하다. 인간이 자유를 느낀다는 것은 몸이 움직일 수 있는 충분한 힘과 여지의 공간을 가지고 있음을 말한다. 때문에 움직일 수 없는 사람은 공간 개념을 이해하기 힘들며, 신체적으로 활기에 넘치는 사람들은 공간적인 확장감을 즐길 수 있다.

장님에게 지팡이는 (지각의) 대상이 아니라 몸의 부속기관이며, 몸의 연장(延長)이듯이, 도구나 기계의 사용은 몸을 확장시켜 공간감을 극대화시킨다. 자전거를 타는 사람은 걸어 다니는 사람보다 더 넓은 공간을 경험하게 한다. 매클루언(Mcluhan)은 몸을 매체로까지 확장시킨다.[6] 하지만 이러한 공간경험은 '몸—감각'들과 공간 경험의 축으로서 작동하는 '몸—자세'가 없다면, 단지 생명 없는 사물 간의 부딪힘에 불과할 것이다.

우선, 인간은 몸—감각을 통해 공간 속으로 들어간다. 감각은 단지 공간에 대한 정보를 수집하는 것에 머물지 않는다. 감각은 공간에 대한 이해다. 영어의 'Make sense', 'I see', 불어의 'savoir'는 이를 예증한다. 감각은 무조건적으로 자극을 수용하지도, 이성의 명령에 복종하지도 않는다. 감각은 환경으로부터의 자극을 선택적으로 수용하며, 수용한 정보를 특별한 메시지로 필터링하고 구조화한다. 감각을 통한 공간 경험은 수동적이기보다는 능동적이고, 채널이기보다는 시스템이며, 상호배타적이기보다는 관계를 맺고 있다(Rodaway, 1994).

물론 시각만이 감각의 전부며, 공간 경험으로 안내하는 것은 아니다. 눈을 감으면 다른 감각이 민감해지고, 다양한 공간을 불러들인다. 몸은 오감을 통해 공간을 경험하며 개별이 아닌 '다감각(multisensory)'으로 공간을 생산한다. 감각은 지리적 이해가 구축되는 근원적인 토대인 것이다.

둘째, 인간이 지닌 몸—자세는 공간 경험을 구분 짓는다. 몸과 가까운 공간은 '여기'가 되며,

---

6. 매클루언이 존재론적으로 몸 일원론을 받아들였다는 확증은 없다. 다만 매클루언이 매체 또는 매체 기술을 '인간의 확장', '감각의 확장', '몸의 확장'으로 부르는 것으로 보아 대체적으로 몸 일원론에 가까운 입장을 취하고 있는 것으로 보인다(조광제, 2003b). 물론 이러한 도구나 기계의 사용이 수동적이라면 공간 경험은 오히려 축소될 수 있다.

그렇지 않은 공간은 '저기'가 된다. 몸을 움직여 방향을 바꾸면, 몸-자세에 의해 공간은 앞쪽, 뒤쪽, 왼쪽, 오른쪽으로 분리된다. 공간의 분리와 영역화는 대상에 성질로 존재하는 것이 아니다. 몸을 오른쪽으로 돌리면 왼쪽 공간은 오른쪽 공간으로 변화하듯이, 근원적으로 몸-자세에 의존한다. 그리하여 공간은 '몸의 확장된 영역'이며, 몸이 직립하고 운동하면서 뚜렷해지고 확장되어 간다.

공간 경험은 몸과 공간의 관계 속에서 정립된다. 몸의 자세는 인간의 공간 경험을 규제하지만, 고유하면서도 다양한 지리, 이른바 '국지적 지리(local geography)'를 생산한다(Rodaway, 1994). 공간 경험은 태어날 때부터 시작되는 인간의 위대한 모험이다. 공간감을 모태로 지각은 탄생하고, 사유도 시작된다. 인간은 공간을 향해 열려 있는 미완성의 존재인 것이다.

2) 장소 내 존재: 공간의 내면화와 장소감

이러한 공간 경험은 우리에게 새로움과 도전감을 주지만, 한편으로는 낯섦과 긴장감을 주며 때로는 두려움과 공포감으로 다가온다. 인간이 아침에 눈 뜰 때마다 어제의 공간 경험이 사라지고 매일 같이 전혀 새로운 공간을 경험한다면, 인간은 그 스트레스 때문에 삶을 영위하기 힘들 것이다. 하지만 인간이 공간 속에서 행하는 경험들은 자신의 몸에 내면화되고 구조화되기 때문에 인간은 특별한 의식이나 긴장감 없이 공간 안에서의 일상적인 행위들을 영위할 수 있게 된다.

이처럼 공간 경험이 몸 안에 내면화되어 우리에게 친근하고 익숙하게 경험될 때, 공간은 우리에게 장소로 다가온다. 인간은 몸의 운동성을 통해 지속적으로 공간 경험을 추구하지만 공간의 탐색은 궁극적으로 장소를 찾는 과정인 것이다. 그래서 인간은 장소로써 경험되는 세계가 많을수록 세계 안에 편안하게 거주할 수 있게 된다. 사실 '거주한다'는 것은 자신의 몸을 공간에 습관 들이는 것이기 때문에 거주는 몸이 장소로의 활동적인 헌신을 깨닫는 가장 근원적인 방식이다(Casey, 2001a). 이러한 거주 행위를 통해 몸은 장소에 완전히 몰입하여 '장소-내-존재(being-in-the place)'[7]가 된다.

그런데 대부분의 인간주의 지리학자들은 주로 장소나 장소감을 '의식 지향성'으로 설명한다

---

7. '장소-내-존재(being-in-the-place)'는 하이데거 '세계-내-존재(In-der-Welt-Sein)'를 원용하여 사용하였다. 본래 '내 존재(In-sein)'의 의미는 세계로의 몰입을 말하며 그것은 세계에 익숙함, 친숙함, 경애함을 뜻한다(소광희, 2004).

(Relph, 1976; 권정화, 2005). 후설의 의식 지향성은 궁극적으로 그가 비판하고자 했던 서구의 반성철학자들과 마찬가지로 의식의 선험성으로 환원된다. 이와 동일하게 장소 경험이나 장소감을 의식으로 환원시키면, 인간은 그가 체험한 세계로부터 분리되어 기존의 지리학자들이 범했던 인간과 공간의 이원론을 넘어서지 못하게 된다. 인간과 공간의 관계 맺음은 정신에 의한 의식적인 활동에 앞서 공간을 체현한 몸을 통해 구현되어야 한다.

몸은 자신이 경험했던 공간의 자취를 지니고 있다. 공간 경험의 자취들은 몸 안에 퇴적되어 뚜렷한 '소마토그래프(Somatography)'를 형성한다(Casey, 2001a). 공간 경험이 우리 몸에 내면화된다는 것은 마치 돌덩어리에 조각을 하듯이 몸의 겉표면에 새기는 것은 아니다. 그것은 일종의 몸의 습관이자, 몸의 기억이며, 몸의 실천들로 표현되는 '성향'과 같은 것이다.

물론 부르디외(1992; 1994)는 몸에 각인된 내재적 법칙을 아비투스(habitus)라 부르며, "개인의 몸 속에 침윤된 사회·역사적 관계들의 총체적인 형식"으로 개념화하였다.[8] 그러나 아비투스는 몸의 사회적 코드화임과 동시에 장소의 의미를 내포한다. 사회적 관계는 특정한 장소에서 특정한 장소 경험을 공유하며 살아가는 사람들 간의 관계를 전제하며, 장소 또한 특정한 곳에서 상호작용하는 사회적 관계의 특수한 집합으로부터 형성되었기 때문이다. 부르디외는 특별히 장소를 말하지는 않았지만, 그가 아비투스에 대해 논의하는 모든 곳에 장소가 존재한다(Casey, 2001a).

하지만 우리는 일상을 보잘것없고 하찮게 여기는 것처럼, 자신이 '장소-내-존재'라는 것을 깨닫지도 명료하게 설명하지도 못한다. 그러나 누구나 장소를 경험하듯이 자신이 장소 내 존재라는 사실도 누구나 지니고 있는 인간의 본질적 속성인 것이다. 장소는 존재를 드러낼 수 있는 토대이며, 인간 실존의 전제 조건이다. 만약 우리가 장소를 부인한다면, 그것은 스스로를 부인하는 것이다.

---

8. 부르디외는 마르크스나 베버와 달리 계급은 네 가지 자본 즉 경제, 문화, 사회, 상징들의 양과 구조 그리고 이들의 시간적 변천으로 이루어진 관계 망에서 한 지점을 점유하게 되면서 결정된다고 주장한다. 그래서 부르디외는 '사회 계급' 대신 '사회 공간'이라는 개념을 사용한다. 이러한 사회 공간 내 특정 지점을 점유한 개인이나 집단은 계급이 자신의 몸에 내면화되어 생활양식으로 표출된다. 그래서 유사한 사회 공간을 점유한 사람들끼리는 스타일상 친화력이 나타나 동일한 행동패턴이 나타남을 주장한다. 특히 사회계급상 중간집단은 계급 상승 욕구를 충족하기 위해 상위집단에 대한 동일시 전략을 취하고 하위집단과는 차별화하는 구별짓기 전략을 취하게 된다고 주장한다. 한편, 아비투스는 아리스토텔레스의 '에그지스(hexis)' 개념에서 발전된 것이다. 그 후 스콜라 철학자 토마스 아퀴나스에 의해 '아비투스'(habitus)'로 번역되었으며 뒤르켐과 모스의 저작에서도 찾아볼 수 있다. 원래 '교육 같은 것에 의해 영향받을 수 있는 성향'을 가리키는 것이었으나 부르디외는 장(사회구조)과 실천(개인의 행위) 사이의 인식론적 단절을 극복하는 매개적 매커니즘으로서 개념화하였다(Bourdieu, 1979).

3) 몸 도식의 지리변증법: 공간·몸·장소의 상호 순환

인간은 공간을 지향하면서 다양한 공간을 경험하고 경험된 공간은 몸에 체현되어 장소로 경험된다. 앞에서 살펴본 것처럼 인간이 공간과 장소를 경험할 수 있는 것은 몸-감각과 몸-자세 그리고 공간이 내면화되어 몸에 자리 잡은 몸의 기억과 습관들이 존재하기 때문이다. 만약 이것들이 없다면 인간은 장소 '내 존재'일 수도, 공간 '에로의 존재'일 수도 없다. 공간 경험을 매개하는 몸-감각과 몸-자세 그리고 장소 경험과 행위를 가져오는 몸의 기억과 습관은 메를로퐁티의 몸 도식에 근거하여, '지리적 몸 도식(geographical body schema)' 혹은 몸에 근거한 '지리 도식(geography schema)'으로 개념화될 수 있다.

인간은 지리 도식을 바탕으로 자기 밖으로 나아가 공간을 지향할 수 있는 원심력을 지니고 있지만, 동시에 자기 안으로 들어와 장소를 형성하는 구심력을 지니게 된다. 몸은 현재의 공간에서 발생하는 현존의 경험(공간 경험)과 과거의 공간에서 발생한 부재의 경험(장소 경험)이 교차한다. 인간은 현전하기 때문에 지리 도식(몸 감각, 몸 자세)을 선험적으로 가질 수 있고, 그것을 통해 형성된 새로운 경험은 다시 몸으로 들어와 새로운 지리 도식(몸의 기억, 습관)을 형성할 수 있다. 이런 면에서 전자는 몸에 근거한 '공간 도식(space schema)'으로, 후자를 '장소 도식(place schema)'으로 개념상 분류해 볼 수 있다.

공간 도식은 인간이 태어날 때부터 몸에 내재되어 있는 생득적인 몸 도식이지만 우리가 몸 도식에 민감해하고, 재발견할수록 다양한 공간 행동으로 이끌어 풍부한 공간 경험을 만들어 준다. 장소 도식은 후천적으로 습득되어 몸에 기록된 것으로 언제나 변화 가능하지만 새로운 공간을 경험할 때는 선험적인 구조로 작용한다. 선험성과 후천성을 모두 공유하는 지리적 몸은 애매한 존재이다. 공간 도식과 장소 도식 그리고 이들을 모두 포괄하는 지리 도식은 전통적인 존재론이나 인식론으로 설명할 수 없는 '제3의 형식'으로 볼 수 있다. 인간주의 지리학자들의 주장과 달리, 공간과 장소는 서로 대립되는 개념이 아니라 몸을 매개로 서로가 서로를 반영하며 구축하는 관계인 것이다.

그러므로 인간이 삶을 산다는 것은 몸을 중심으로 내부적으로는 공간 도식과 장소 도식이 변증법적으로 통일되는 것이고, 외부적으로는 공간과 장소가 상호 순환하는 것이다. 몸, 공간, 장소 그리고 공간 도식과 장소 도식은 지속적으로 서로를 생성하며 동시에 자신을 재생산한다. 인간은 이것들의 상호 생성적 관련 속에서 자신의 삶을 영위하며 스스로도 성장해 간다.

반성철학자들은 정신을 인간의 본질로 생각하며 정신의 연마를 통해 공간을 초월한 항구적이고 절대적인 세계, '이데아'를 갈망했다. 하지만 오늘날에도 공간에 대한 초월은 이상으로 남아 있고, 여전히 인간은 공간에 터하여 공간의 제약 속에서 살아간다. 이것이 정신보다는 몸이, 존재의 인식보다는 존재의 상황이, "철학보다는 지리가 우선하는 이유"다(김진석, 1994).

공간 도식과 장소 도식의 변증법 속에서 공간, 몸, 장소는 서로를 반영하며 통일된다. 이것이 '몸의 지리성(Geographicality)'[9]이다. 그것은 또한 기본적인 '몸성(Bodiliness)'이다. 몸의 지리성에 지역, 경관, 공간, 장소, 위치 등 모든 지리적 개념과 현상들은 접합된다. 지리성은 인간 존재의 방식이며 운명이다(Relph, 2000). 지리는 몸으로부터 생성된다.

그림 1. 몸에 근거한 지리변증법

4. 몸의 지리성에 대한 지리교육적 함의

인간은 생래적인 몸성으로 지리성을 지닌다. 인간이 살아간다는 것은 공간, 몸, 장소가 상호 순환하면서 서로를 구성해 가는 교호적(transactional)이며 상보적인 과정(reciprocal process)이다. 그렇다면 지리교육은 학습자가 스스로의 지리성을 발견하고, 심화·확대하여 더 나은 삶을 살 수 있도록 안내해야 한다. 그러한 과정을 통해 지리교육의 가치를 새롭게 인식하고, 지리교육의 새로운 방향을 탐색할 수 있을 것이다.

---

9. 지리성(地理性, geographicality, géographicité)은 현상학적 지리학의 선구자인 에릭 다델(Eric Dardel)이 그의 저서 『L'Homme et la Terre』에서 처음 제시한 개념이다. 지리성의 영어 번역은 렐프(Relph, 1976; 2000)를, 한글 번역은 베르크(Berque, 2000)를 따랐다.

1) 체현의 교육적 의미에 대한 재인식

몸의 지리성에 기반하여 지리교육을 논의하기 전에, 우리는 예비적 단계로서 교육에 대한 전향적인 관점이 요구된다. 오늘날 우리가 교육에 대해 갖고 있는 당위적 관점들의 대부분은 고대 희랍 시대 이후 내려온 자유주의적 전통들이다. 이러한 전통에 따르면 교육이란 정신을 도야하는 것이요, 주지교과만이 학교에서 가르칠 가치가 있다는 것이다.

그러나 정신의 도야 및 주지주의 교육에 대한 지나친 강조는 교육의 대상이자 주체인 인간을 정신과 몸으로 구분하고, 정신에 특권적 권위를 부여하게 된다. 이러한 편향적인 인간 이해는 일련의 교육 사태에 적용되어 이성과 감성(정서), 사유와 감각, 이론과 실천, 교육내용과 교육방법, 교수와 학습, 명제적 지식과 암묵적 지식, 객관적 지식과 상황적 지식, 지식교육과 실천교육, 교사와 학생, 성인과 어린이 등 전 교육 사태에 걸쳐 확장된 이분법을 양산해 왔다. 그리고 그 과정에서 정신 아닌 모든 것, 즉 몸과 관련된 일련의 교육 사태를 배제하여 타자화시켰다. 푸코(Foucault)의 관점을 빌면, 학교는 권력화된 지식이 점수, 시험, 훈육을 통해 양순한 몸을 만드는 장소였다(Ball, 1990). 몸은 단지 공부로부터 멀어지게 하며, 못된 장난을 하게하는 장본인일 뿐이었다(Dewey, 1916). 결국 이성을 중심으로 한 근대적인 교육관은 인류에게 문명의 진보를 선사했지만, 다른 한편으로 인간의 총체성을 해체시켜 버린 일종의 '피로스(Pyrhus)의 승리'였다(조상식, 2002).

이제 학습자가 몇 가지 '지식의 형식'에 입문하여 정신을 도야함으로써 완전한 인간이 될 수 있다는 교육관은 재고되어야 한다. 교육이 '전인(全人)'을 목적으로 한다면, 배운 바가 몸으로 드러남을 교육의 완성으로 삼는다면, 몸에 대한 관심과 탐구는 교육의 핵심이 되어야 한다. 이를 위해 교육은 세계와의 지향적 관계 속에서 성장하고 삶을 살아가는 원초적인 인간의 모습에 주목해야 한다. 구체적으로 말하면, 세계와의 지향적 관계 속에서 발견되고 성장하는 몸 도식을 기반으로 교육의 내용과 형식을 재검토해 볼 필요가 있다.

이때 몸 도식의 형성 과정은 세계가 몸화되고, 몸이 세계화되는 과정으로 '체현(embodiment)'이라 불리는 과정이다. 체현은 개인과 자신을 둘러싼 환경과의 관계 속에서 형성된다는 '관계적 맥락(relational context)'과 '자신의 몸에 체화된다는 내면화 맥락(internalization context)'을 통해 구성된다(Freiler, 2007). 사실 체현은 우리에게 그리 낯선 개념이 아니다. 우리가 교육하면 의례적으로 떠올리는 '공부(工夫)'는 본래 주자학의 주요 개념으로, 몸에 익숙하게 하거나, 몸을 단련하거나, 몸과 마음을 일치시킨다는 의미다(고요한, 2001).[10] '수신(修

身)', '학습(學習)', '근사(近思)' 등 공부와 밀접한 개념들도 모두 어원상 몸과 관련되어 있다.

'잘 삶'을 위해 교육한다는 것은 학습자를 수동적인 반응체로 간주하고 미리 고안된 어떠한 지식과 인간상을 학습자에게 강제하는 것이 아니다. 그것은 자신이 지닌 몸 도식을 재발견하여 세계에 대한 민감성을 높이는 것이다. 또 세계와의 관련 속에서 몸 도식을 두껍고 세밀하게 만들어 어떠한 상황과 맥락에서도 몸이 주어진 세계와 통일을 이루고, 세계와 하나된 실천을 하는 것이다.

2) 지리—존재론을 향하여: 그곳에 있는 존재에 대한 이해

몸이 처한 상황과 맥락을 강조하는 체현은 자연스럽게 몸의 지리성을 환기시킨다. 몸이 던져진 세계는 근원적으로 공간이며, 그곳에서의 체현은 공간 도식과 장소 도식의 변증법적인 통일을 통해 구축된 지리적 몸에 기반한다. 이렇듯 지리는 체현의 과정 속에서 매우 지속적이고 연속적으로 관계하기 때문에 지리와 교육은 큰 상동(相同)성을 지니게 된다. 따라서 체현이 평생 동안 계속되는 과정이라면 지리 또한 평생 동안 계속되는 교육의 과정이라 볼 수 있다.

그러나 기존의 전통적인 교육학자들은 인간 이해와 실현을 최고의 선으로 규정했지만 인간이 처한 상황이나 맥락은 간과했다. 그들은 존재나 주체, 실존 등에 매몰되어 있었지만 '여기(here)의 존재'와 '거기(there)의 존재'가 다른지에 대해 침묵했다. 오히려 그들은 초월을 통해 여기의 존재가 저기의 존재도 될 수 있기를 갈망했다. 하지만 오늘날에도 초월은 이상으로 남아 있고 존재는 공간에 뿌리내리고 있다. 그것은 인간이 몸으로 존재하고 몸은 공간을 부인할 수 없기 때문이다. 공간에 착근한 존재는 언제나 단수이며 존재의 차이는 지리를 통해 구축되는 것이다.

존재의 상황과 맥락을 중요하게 다루지 않은 것은 지리학자들도 예외가 아니었다. 그동안 지리학이 끊임없이 물어 온 것은 위치에 대한 질문이었고, 지속적으로 답해 온 것도 지구상에 동일한 장소(위치)가 두 번 존재하지 않는다는 것이었다. 지리학자들은 존재론에 철저하게 담을 쌓고 그곳에 있는 사물 혹은 존재들이 입지한 그곳에만 관심을 두었다(Berque, 2000; 2007). 지리학이 지속적으로 질문한 것은 위치였지만 존재의 위치에 대해서는 침묵했다.

---

10. '공부(工夫)'는 주자학에서 기원하지만 같은 한자 문화권이라도 동일한 단어나 의미로 사용하는 것은 아니다. 'to study'는 우리말로 '공부', 일본어로는 '勉强する(벤쿄스루, 힘써 억지로 하다.)' 중국어로는 '念書(좁은 의미로 독서)'라고 말한다. '工夫'는 중국에서는 '쿵푸'로 무술 쿵푸를 말한다(김용옥, 1983).

하지만 지리는 개별적 특성을 지닌 지리적 실재(reality)들의 집합이나 기하학적인 공간을 탐구하기 이전에 인간이 살아가는 '존재의 장소'를 이야기한다. 인간은 지리가 하나의 학문으로 성립하기 이전에도 이미 지리적인 행위를 하였으며, 그런 행위들의 궤적을 따라 삶이 구성되었다. 인간의 삶은 인간과 공간 사이의 심오한 관계 속에서 지속되기 때문에 인간은 본래적으로 '지리적 인간(homo geographicus)'이며 지리교육은 인간의 원초적이고 근원적인 삶을 파고 들어가 인간의 '지리성(geographicality)'을 드러내고, 학습자가 생래적으로 지닌 지리성을 발견하고 함양하여 더 나은 인간으로 성장할 수 있게 도와주어야 한다.

이제 지리교육은 지리학처럼 그곳에만 머물지 않고, 교육학처럼 초월적 존재에만 몰두하지 말고 그곳에 있는 존재, '지리—존재론'에 관심을 가져야 한다. 만약 지리와 존재를 묶는 끈이 끊어진다면, 지리는 자질구레한 지식을 모아 놓은 문자 그대로의 잡동사니 교과로 남을 것이다(Dewey, 1916).

인간과 공간은 서로 유리된 존재가 아니라 서로가 서로를 반영하며, 서로를 규정하는 존재다. 지리교육은 공간 안에서 공간을 지향하며 생을 살아가는 인간의 근원적이고 원초적인 삶의 모습으로 돌아가, 인간의 본래적인 지리성을 찾고 그것을 발현시켜 주어야 한다. 그것을 통해서만이 지리교육은 삶과 '동형(同型) 구조'를 이루어, 교육적으로도 필요성을 인정받을 수 있으며 교과로서의 정당성도 확보될 수 있을 것이다.

3) 이원론적 지리 지식을 너머: 외쿠메네로서의 환경이해

지리교육은 지리—존재론으로 나아가기 위해 존재가 뿌리내리고 있는 세계, 몸이 지향적 관계를 맺고 있는 원초적인 세계에 관심을 가져야 한다. 그 세계는 개념화되기 이전의 세계로 매끈하지도 등질적이지도 않으며, 점과 선으로 축소된 좌표평면도 아니다. 그 세계는 몸과 공간이 관계 맺음을 통해 서로에게 습관을 들인 하나의 '거주지(oikos)'다. 그곳에서 공간, 몸, 장소는 상호 순환하면서 서로를 구축하기 때문에 거주지와 거주자는 양립하지 않고 동시적으로 공존하는 관계이며, 그 관계는 언제나 생성적이다. 따라서 지리교육이 인간 이해와 실현을 목적으로 한다면, 존재의 지향적 관계 속에서 형성되는 거주지에 대한 이해를 기반으로 해야 한다.

하지만 기존의 지리 지식은 공간(지구)과 인간을 상호존재(inter-being)적 관점에서 담기보다는 서로를 분리하고 독립된 실체로 간주한다. 이러한 이분법은 확장되어 '자연과 문화, 공적 공간과 사적 공간, 서구와 동양, 제1세계와 제3세계, 글로벌과 로컬, 국가와 가정, 일터와 집 등으로 지리를 구분하여 지식을 생산해 왔다. 지리학의 전통인 환경론도 환경으로부터 인간을 분리하고 그들 간의 상호작용에 주목한다는 점에서 이원론이라는 비판을 피하기 어렵다(Longhurst, 1997). 이러한 이분법적인 지식 생산의 근저에는 근대 철학의 이원론이 자리 잡고 있다. 지리는 몸과 가장 친밀한 관계가 될 수 있음에도 불구하고, 전통적으로 몸과 정신을 분리하고 몸을 간과한 '정신의 지리(geography of the mind)'였던 것이다(Hubbard, et al., 2002). 지리학자들은 오래전부터 인간과 환경, 자연과 문화 등 이원론에 상당한 관심을 가져왔지만 일원론으로 나아가지는 못했다.[11]

인간은 몸과 세계와의 지향적 관계 속에서 실존을 이루듯이, 지리 지식은 몸과 지구와의 지향적 관계 속에서 성립한다. 이때 지구는 물리적 환경이기보다는, 인간이 살고 있는 거주지(oikos)다. 베르크(Berque, 2000)는 이를 '외쿠메네(écouméne)'라 부른다. 외쿠메네는 환경과 생태계로서의 지구가 아니라, 인간이 살아가는 장소로서, 인간을 인간답게 해 주는 조건으로서의 지구다. 이러한 생각은 와쓰지 테쓰로(和辻哲郎, 1981; 1993)의 '풍토론(風土論)'에서도 찾아볼 수 있다. 그에게 풍토는 대상으로서의 자연환경을 넘어 우리 자신이 밖으로 나온(ex-sistere) 우리 자신의 근본적인 규정이다. 풍토는 "우리들 자신의 요해(了解)이며 인간의 근원적인 구조계기(構造契機)"다. 그래서 지리 지식은 지구에 대한 묘사와 서술을 넘어 인간이란 존재가 지구 속에 자신을 새기고 있으며, 그 대가로 인간이 어떤 의미 속에서 새겨지고 있음을 담아야 한다(Berque, 2000).

잘 살고 있다는 것은 영어에서 'home'과 'house'의 차이처럼, 공간에 임시적으로 체류하는 것이 아니라, 삶터와 직접적이고도 유기적인 관계를 맺으면서 그곳에 거주하는 것이다. 집(home), 도시(hometown), 국가(homeland), 지구 등 거주지의 스케일은 다를 수 있지만, 거주지는 몸과 장소의 극적인 동일시를 통해 절정의 체현을 가능케하는 장소다. 거주지는 인간이 자신을 구현하며 성취해 가는 지평인 것이다.

이제 지리 지식은 지구표면에 대한 지식일 뿐만 아니라, 인류의 거주지로서 세계에 대한 지

---

11. 몸은 언제나 일정한 공간을 점유하기 때문에, 몸은 정말로 '가장 친밀한 지리(geography closest in)'가 될 수 있다(Rich, 1986, 212; Valentine, 1999, 48 재인용). 그러나 환경론은 정신과 몸의 이원론을 확장하여 인간과 환경의 이분법으로 나아갔고(Longhurst, 1997, 490), 실증주의 지리학은 몸은 없고 의식만을 지닌 인간이 만들어 내는 합리적 의사결정만을 중시하였으며, 구조주의 지리학은 인간을 차갑고 생명력 없는 노동의 단위로 축소시킴으로써 탈몸화하였다(Hubbard, et al., 2002, 100-101). 또한 행동주의 지리학은 몸을 외부 자극에 무조건적인 반응체로, 공간인지이론은 정신활동에 부수적인 것으로 몸을 간주하였다(Seamon, 1979, 34-43).

식이며, 이런 의미에서 지리교육은 인간의 유일한 거주지로서의 지구를 윤리적으로, 실존적으로 접근하는 교과가 되어야 한다(GESP, 1994). 사람임(Menschsein)은 거주함(Wohnen)을 의미하기 때문에 인간은 거주함을 먼저 배우지 않으면 안 된다. 학습자가 삶의 안정성의 공간인 거주지를 만들 수 있도록 도와주는 것이 교육의 중요한 과제가 된다(Bollow, 1971).

5. 마치며

오늘날 학교공간에서 지리교육의 위상은 지리교과에 대한 본질적인 질문을 던지게 한다. 즉, 지리교과의 현실은 '어떻게 잘 가르칠 수 있을까'보다는 '무엇을, 왜 가르치고 배워야 하는가'에 대한 근본적인 성찰을 요구한다. 이러한 교과론적 생각의 천착은 자연스럽게 지리교육이 근원적으로 기대고 있는, 지리교과의 존립 근거에 대한 회의로 나가갔다. 이러한 회의에서 출발한 이 글은 정신에 우선순위를 매기는 근대적인 교육관을 넘어 몸의 지리성에 기반한 지리교육을 탐구하였다.

하지만 연구자의 일천한 사유로 여러 한계가 존재하는 것도 사실이다. 우선 메를로퐁티의 철학, 특히 '살 철학'에 대한 미완의 해석으로 몸의 지리성을 좀 더 풍부하고 면밀하게 논증하는 데 부족함을 남겼다. 또 개인으로서의 몸과 함께 사회적 존재로서의 몸을 지리성 논의에 포함시키지 못했다. 무엇보다도 몸에 기반한 지리교육적 함의들을 지리 수업과 지리교육 내용 지식으로 구체화시키지 못한 것은 아쉬움이라 하겠다.

그럼에도 불구하고 이 글은 삶과 인간의 문제에 천착하여 지리의 가치에 대한 새로운 논증을 시도하였고, 교과로서 지리교육의 토대를 굳건히하기 위한 방향을 미약하게나마 보여 주었다고 생각된다. 즉 지리교육의 교과론적 기반으로 몸의 지리성을 논증함으로써 사유하는 존재보다는 사유를 가능케하는 지평으로서 존재의 상황에 대한 관심을 환기시켰다. 존재의 상황성에 대한 강조는 인간을 보다 더 근원적으로 이해할 수 있게 하고, 교과로서 지리의 가치를 확보할 가능성도 높여 줄 수 있다. 이를 위해 지리교육은 지표면에 대한 지식의 전수를 넘어 '지리−존재론'에 대한 심층적인 질문을 던져야 한다. 내용지식 또한 인류의 환경으로서 지구에 대한 묘사와 분석보다는 인류의 거주지로서의 지구, 즉 지구에 대한 '외쿠메네'적 관점이 요구된다. 이러한 관점은 인식 주체와 지리 지식 간에 거리를 두는 이원론을 넘어 존재의 지리성을 깨닫게 해 주는 길이 될 것이다.

앞으로 몸에 기반한 지리교육 논의를 풍부하게 하기 위해 다양한 논의들이 지속되어야 할 것이다. 예컨대, 정신우위론에 가려져 있던 감성(정서)의 지리학(emotional geographies), 체현을 강조하는 상황 지식(situated knowledge), 재현 및 비재현 이론(non-representational theory) 그리고 방법론으로 체현의 내러티브(narrative of embodiment), 은유적 투사(meta-phorical projection), 이미지(image)와 상상의 지리(imaginative geographies) 등에 대한 성찰적 연구가 요청된다. 물론 이러한 몸에 기반한 논의들은 기존의 선험적 교과관에서 벗어나 성찰적, 생성적 교과관으로 관점의 전환이 선행되어야 한다.

요약 및 핵심어

이 글은 지리의 교과적 가치를 간과하는 근대적인 교육관을 넘어서기 위해 몸에 기반한 지리교육을 이론적으로 논의하였다. 먼저 몸 담론의 철학적 흐름을 현상학, 특히 메를로퐁티의 사상을 중심으로 검토하였다. 이를 바탕으로 공간, 몸, 장소가 상호 순환하면서 몸에 근거한 공간 도식과 장소 도식이 변증법적으로 통일되는 과정을 통해 몸의 지리성을 논증하였다. 마지막으로 몸의 지리성이 함의하고 있는 지리교육의 방향을 세 가지 측면에서 검토하였다. 첫째, 체현의 교육적 의미에 대한 재인식을 통해 기존의 교육관에 대한 재정향이 필요함을 역설하였다. 둘째, 여기와 저기에 대한 관심을 넘어 그곳에 있는 존재, 지리-존재론에 대한 관심이 필요함을 주장하였다. 셋째, 이원론적인 지리 지식을 넘기 위해 환경을 거주지로 이해하는 외쿠메네적 관점이 요구됨을 주장하였다.

지리적 몸(geographical body), 공간 도식과 장소 도식(space schema and place schema), 지리-존재론(geography-ontology), 외쿠메네(écoumène)

더 읽을 거리

조광제, 2003, 주름진 작은 몸들로 된 몸: 몸 철학의 원리와 전개, 철학과 현실사.

Berque, A., 2000, *Écoumène: Introduction à l'étude des Milieux Humains*, Paris: Belin (김웅권 역, 2007, 외쿠메네: 인간 환경에 대한 연구 서설, 동문선).

Casey, E., 2001, Between geography and philosophy: What does it mean to be in the place-world?, *Annals of the Association of American Geographers*, 91(4), 683-693.

참고문헌

고요한, 2001, 몸에 대한 교육인간학적 연구, 연세대학교 박사학위논문.

고미숙, 2004, "현상학과 몸 교육", 한국교육학연구, 10(1), 43-69.

권정화, 2015, 지리교육학 강의노트, 푸른길.

권정화, 2005, 지리교육의 이해를 위한 지리사상사 강의노트, 한울아카데미.

김대훈, 2010, "몸의 지리성에 대한 현상학적 검토와 지리교육적 함의", 한국지리환경교육학회지, 18(3), 309-321.

김진석, 1994, 초월에서 포월로, 솔.

김용옥, 1983, 공부의 참뜻- 어원적 의미 규정, 고대신문 1983년 5월 10일자.

김종헌, 2001, "쉘러의 몸과 타자지각 그리고 환경", 철학연구, 60, 117-134.

김종헌, 2005, "막스 쉘러의 몸과 메를로-퐁티의 몸과 살", 범한철학, 39, 235-257.

류의근, 1998, "메를로-퐁티의 공간 분석과 그 의의", 철학과 현상학 연구, 10, 182-202.

박이문, 2007, 현상학과 분석철학, 일조각.

소광희, 2004, 하이데거 존재와 시간 강의, 문예출판사.

유초하, 1993, "동서의 철학적 전통에서 본 육체: 주희와 데카르트를 중심으로", 문화과학, 4, 114-135.

이승환, 1996, 눈빛·낯빛·몸짓-유가 전통에서 덕의 감성적 표현에 관하여, 정대현 외 9인, 감성의 철학, 민음사.

조광제, 1993, 현상학적 신체론: Husserl에서 메를로-퐁티에로의 길, 서울대학교 박사학위논문.

조광제, 2003a, 주름진 작은 몸들로 된 몸: 몸 철학의 원리와 전개, 철학과 현실사.

조광제, 2003b, "몸의 매체성과 매체의 몸성: 맥루언의 매체론에 대한 존재론적인 고찰", 시대와 철학, 14(1), 353-371.

조광제, 2004, 몸의 세계, 세계의 몸: 메를로퐁티 지각의 현상학에 대한 강해, 이학사.

조상식, 2002, 현상학과 교육학, 원미사.

조상식, 2004, "교육철학의 연구 주제로서 육체로의 복귀: 연구동향에 대한 개관", 한독교육학연구, 19, 77-95.

주성호, 2003, "메를로-퐁티의 지각이론과 진리문제", 한국기호학회, 14, 107-127.

현전숙, 1984, 현상학의 이해, 문음사.

정화열, 2005, 몸의 정치와 예술 그리고 생태학, 아카넷.

和辻哲郎, 1981, 風土-人間學的 考察, 岩波文庫 (박건주 역, 1993, 풍토와 인간, 장승).

Ball, Stephen J., 1990, *Foucault and education: disciplines and knowledge*, London: Routledge (이우진 역, 2007, 푸코와 교육: 푸코를 통해 바라본 근대교육의 계보학, 청계출판사).

Berque, A., 2000, *E´coume`ne: Introduction à l'e´tude des Milieux Humains*, Paris: Belin (김웅권 역, 2007, 외쿠메네: 인간 환경에 대한 연구 서설, 동문선).

Bollow, O. F., 1971, *Pädagogik in anthropologischer Sicht*, Tokyo: Tamagawa University Press (오인탁·정혜영 역,

1990, 교육의 인간학, 문음사).

Bourdieu, P., 1979, *La Distinction: Critique sociale du jugement*, Paris: Minuit (최종철 역, 2005, 구별짓기: 문화와 취향의 사회학, 새물결).

Bourdieu, P., Wacquant, L.J.D., 1992, *Réponses: pour une antropologie réflexe*, Paris: Editions du Seuil (문경자 역, 1994, 혼돈을 일으키는 과학, 솔).

Casey, E., 2001a, Between geography and philosophy: What does it mean to be in the place-world?, *Annals of the Association of American Geographers*, 91(4), 683-693.

Casey, E., 2001b, On Habitus and Place: Responding to My Critics, *Annals of the Association of American Geographers*, 91(4), 716-723.

Cresswell, T., 2004, *Place: a short introduction*, Oxford: Blackwell Publishing Ltd.

Dewey, J., 1916, *Democracy and Education: an Introduction to the Philosophy of Education,* New York: Macmillan (이홍우 역, 2007, 민주주의와 교육, 교육과학사).

Frailer, T. J., 2007, *Bridging Traditional Boundaries of Knowing: Revaluing Mind/Body Connections Through Experiences of Embodiment*, Unpublished doctoral dissertation, Pennsylvania State University.

Geography Education Standard Project, 1994, *Geography for life: National geography standard*, Washington, D.C.

Hall T., 2007, *Changing Geography: Everyday geographies*, Sheffield: Geographical Association.

Hubbard, P., Kitchin, R., Bartley, B., Fuller, D., 2002, *Thinking Geographically: Space, Theory and Contemporary Human Geography*, London: Continuum.

Longhurst, R., 1997, (Dis)embodied geographies, *Progress in Human Geography*, 21(4), 486-501.

Merleau-Ponty, M., 1945, *Phenomenologie de la perception. Paris: Gallimard* (류의근 역, 2002, 지각의 현상학, 문학과지성사).

Rodaway, P., 1994, *Sensuous Geographies: Body, Sense and Place*, London: Routledge.

Relph, E., 1976, *Place and Placelessness*, London: Pion Limited.

Relph, E., 2000, Geographical Experiences and Being-in-the-world: The Phenomenological Origins of Geography. in Seamon D. & Mugerauer R. (eds.), *Dwelling, Place and Environment: Towards a Phenomenology of Person and World*. Malabar: Krieger Publishing Co.

Schatzki, T., 2001, Subject, Body, Place, *Annals of the Association of American Geographers*, 91(4), 698-702.

Sack, R. D., 1997, *Homo Geographicus*, The Johns Hopkins University Press.

Seamon, D., 1979, *A Geography of The Lifeworld: movement, rest and encounter*, London: Croom Helm Ltd.

Shilling, C., 1993, *The Body and Social Theory*, London: Sage (임인숙 역, 1999, 몸의 사회학, 나남신서).

Tuan, Y. F., 1977, *Space and Place: The Perspective of Experience*, London: Edward Arnold.

Tuan, Y. F., 1991, A view of geography, *Geographical Review*, 81(1), 99-107.

Thévenaz, P., 1966, *De Husserl à Merleau-Ponty. Qu'est-ce que la phénoménologie ?*, Neuchâtel: La Baconnière (심민화 역, 1992, 현상학이란 무엇인가: Husserl에서 메를로퐁티까지, 문학과지성사).

Valentine, G., 1999, Imagined Geographies: Geographical Knowledges of self and other in everyday life, in

Massey, D. & Allen, J. and Sarre, P. (eds), *Human Geography Today*, Cambridge: Polity Press.

Van Peursen, C. A., 1966, *Body, Soul, Spirit: A Survey of the Body-Mind Problem*, London: Oxford Univ Press (손봉호·강영안 역, 1985, 몸·영혼·정신: 철학적 인간학 입문, 서광사).

제2장

지리적 상상력과 지리교육

강효선[1] · 손명철[2]

[1]제주 브랜섬홀아시아 · [2]제주대학교

'상상력은 모든 분야에서 직접적 인식의 매체가 된다.

어떤 활동이 기계적인 것 이상이 되게 하는 것은 상상력의 작용뿐이다.'

(존 듀이, 이홍우 역, 2007, 356)

1. 들어가며

인공지능과 로봇, 생명공학, 그리고 사물인터넷(IoT) 등으로 상징되는 제4차 산업혁명은 학교 교육에도 근본적인 패러다임의 변화를 예고하고 있다. 무엇보다 주입식 사실 암기교육에서 벗어나 지성(intelligence)과 감성(sensitivity), 인성(personality)이 어우러지는 창의교육으로의 대전환을 요구하고 있다. 그런데 창의교육은 단순히 지식교육만이 아니라 문화예술적 감수성을 기르려는 노력이 병행될 때 가능하다(조희연, 2016). 이러한 문명사적 변화에 대응하기 위해 한국의 2015 국가교육과정은 지식정보처리 역량과 함께 창의적 사고 역량과 심미적 감성 역량을 6개 핵심역량에 포함하고 있다. 여기서 창의적 사고 역량은 "폭넓은 기초 지식을 바탕으로 다양한 전문 분야의 지식, 기술, 경험을 융합적으로 활용하여 새로운 것을 창출하는" 능력이며, 심미적 감성 역량은 "인간에 대한 공감적 이해와 문화적 감수성을 바탕으로 삶의 의미와 가치를 발견하고 향유하는" 능력을 말한다(교육부, 2015). 창의적 사고와 심미적 감성 역량을 강조하는 국가교육과정에 조응하여 고등학교 한국지리 과목의 목표도 '우리 삶의 터전을 보다 살기 좋은 공간으로 만들기 위한 지리적 사고력, 분석력, 창의력, 의사 결정 능력 및 문화적 다양성을 이해하는 능력'을 기르는 데 두고 있다.

그런데 리트(David Leat)에 따르면, 창의적 사고 기능(creative thinking skills)은 학생들로 하여금 아이디어를 생성하고 확장하며 가설을 제시할 수 있도록 할 뿐만 아니라, 상상력을 적용하고 대안적인 새로운 결과들을 찾도록 할 수 있다(조철기 역, 2013). 우리는 여기서 창의적 사고가 상상력(imagination)과 밀접한 관련을 가진다는 사실에 주목하게 된다. 왜냐하면 지리학계에서는 이미 20세기 중반부터 지리적 상상력(geographical imagination)에 대한 본격적인 연구와 논의가 시작되어 지금까지 연면히 맥을 이어오고 있기 때문이다. 특히 초기에 지리적 상상력에 주목하고 논의를 이끌어 온 지리학자들은 산이나 대지, 구릉 같은 자연경관에 대한 심미적 감수성을 강조하고 있다는 점에서 현재 한국의 국가교육과정에서 제시한 핵심역량과 부합하는 면이 적지 않다.

본 장에서는 지리학계에서 논의되고 있는 지리적 상상력에 대해 주요 학자들을 중심으로 그 핵심 내용과 맥락을 살펴보고, 이것이 지리교육에 어떤 의미와 가치를 가지는가를 검토하고자 한다.

2. 지리학에서 논의된 지리적 상상력

여기서는 20세기 중반 이후 지리적 상상력과 관련하여 많은 저서와 논문을 통해 논의를 주도해 온 주요 지리학자들의 아이디어와 주장들을 시대 순으로 살펴보고자 한다. 이를 통해 지리적 상상력에 대한 의미와 상징이 시대적으로 어떻게 변천되어 왔는가를 가늠해 보고, 향후 어떤 방향으로 논의가 진행될 것인지를 전망해 보는 기회를 마련한다.

1) 피티의 환경결정론적인 지리적 상상력

지리학계에서 지리적 상상력과 관련하여 최초로 본격적인 논의를 시작한 사람은 로더릭 피티(Roderick Peattie)이다. 그는 1940년 『인간운명 속에서 본 지리』(Geography in Human Destiny)라는 저서에서 지리에 대한 자신만의 독특한 견해를 피력하였는데, 인류의 정착 생활양식이 출현하면서 문화가 발전하고 지역발달이 촉진되었다는 것이다. 또한 문화와 지역의 특성은 주로 환경에 의해 결정되며, 특정 개인과 집단의 공헌이나 문화유산에 의해서도 결정된다고 주장함으로써 기본적으로 환경결정론적인 사고를 보여 주었다. 그러나 문화와 지역이 점차 발전하면서 사람과 여러 물산이 널리 확산되기 때문에 지방 특히 환경의 영향이 최소화되기 시작한다고 보았다. 피티는 지리적 사실을 이해하는 데 공간 특히 거리가 중요한 역할을 한다는 점을 인정하면서, 이는 세계 도처에 격리된 문화들, 예를 들면 유목문화와 초기의 해양문화, 그리고 제정시대 문화들(imperialist cultures)을 살펴봄으로써 명백하게 알 수 있다고 보았다. 피티는 지역심리학(regional psychology)을 조사하고 평가하면서 지리적 상상력을 가장 잘 보여 주는데, 공간적으로 변화하는 지역심리학은 부분적으로는 상이한 상상력, 혹은 상이한 공간의식 수준을 가진 개인들로부터 생겨난 것으로 인식하고 있다. 그는 "환경이란 인간이 그것이 존재한다고 생각할 때에만 인간에게 실존하는 것임을 깨달아 아는 것"이라고 주장하였다. 이러한 의미에서 그의 지리적 상상력은 1950년대 이전, 곧 실증주의 지리학이 등장하기 이전의 지역지리학 연구에서 성공적으로 활용되었다고 볼 수 있다.

2) 라이트의 미학적인 지리적 상상력

라이트(John K. Wright)는 1970년대 정립된 인본주의 지리학에서 가장 중요한 선구자 중의

한 사람으로, 인간 내면의 정신세계에 대한 연구의 중요성에 대해 강조하였다. 라이트는 지리적 인식과정은 과학적 인지과정과 비과학적 인지과정을 통해서 이루어진다고 지적하면서, '인간에게 인식된 지리적 지식의 역사(History of Geography)'에 대한 연구의 필요성을 주장하였다. 휘틀지(Whittlesey)의 표현을 빌려, 지리학의 영역은 상대적으로 좁은 핵심영역과 훨씬 넓은 주변 영역으로 구성된다고 언급하면서 핵심영역은 지리학에 관한 공식적인 연구를 포함하며 주변 영역은 여행 서적, 여행 잡지, 신문, 소설, 시와 많은 그림 작품 등과 같은 비공식적인 유형의 지리 분야가 포함된다고 보았다. 라이트는 비록 이러한 비공식적인 지리 분야는 상대적으로 가치가 적을지라도 지리적인 지식을 탐구하기 위해서 중요한 분야이며, 이러한 탐구 과정에서 인간의 주관성은 중요하다고 하였다. 즉, 라이트는 지리적 지식이 비과학적인 인식의 과정(예를 들면 지리적 사고를 반영하는 여행 서적이나 잡지, 화가가 그려 내는 풍경화나 음악가가 작곡하는 장소에 대한 선율과 지리적 감각의 발현인 문학 및 예술 작품 등의 인식과정)을 포함하고 있음에도 불구하고, 이러한 인식 과정을 소홀히해 왔다고 비판하였다. 그는 1946년 미국 지리학회장 취임 연설에서 이러한 지리적 지식의 역사에 대한 연구를 지구와 토지를 뜻하는 'geo-'와 사고와 관념을 의미하는 '-sophy'의 결합어인 지관념론(geosophy)이라고 명명하고 이를 제안하였다. 즉, 지관념론은 인간의 지리적 인식의 동기와 가치관, 행동경향 및 심리적 요인 등에 대한 연구를 지칭한다.

특히 그는 인간의 주관성은 비과학적인 지리적인 지식을 탐구하기 위한 중요한 분야라고 주장하였다. 그는 "미지의 세계: 지리학에서의 상상력의 위치"라는 연설문에서 인간의 마음속에 있는 지리적 상상력의 세계를 강조하며 지리적 상상력에 대한 논의 가치를 더욱 강조하였다. 지리학에서 인식되지 못한 땅에 대한 상상과 동경은 지리적 감수성을 자극하면서 인간의 마음속에 존재하는 무한한 상상력의 공간으로 이끌게 한다고 보았다. 라이트는 상상력을 조장적 상상(promotional imagining), 직관적 상상(intuitive imagining), 미학적 상상(aesthetic imagining)으로 구분하였다. 조장적 상상은 객관적인 진리를 통해 추구되는 것이 아니라, 편견, 편애, 탐욕, 공포, 사랑과 같은 감정에 의해 지배되는 주관적인 상상으로서 개인적인 관심이나 욕망에 의해 통제되는 상상이다. 직관적인 상상은 그 의도가 사실적 개념을 보장한다는 점에서 객관적이다. 그럼에도 불구하고 직관적인 상상은 그 결과가 과학적인 연구 절차를 통해 도출된 것이 아니라 개인의 감흥에서 도출되었기 때문에 주관적이다. 대상을 즐기려는 욕망에 의해 상상의 세계로 들어가는 것이 조장적 상상이라면, 미학적 상상은 그 욕망을 넘어 어떤 의미를 창조하는 예술작품으로 만들어지는 원동력을 제공한다. 이러한 예술작품은 사회적인 맥락에서 의미를 지니게 되는데 이는 사실적 주관성의 특징을 가지고 있다. 지리학자는 이러한 미학적 상상력을 가지고 어떤 장소나 지역을 설명할 수도 있는데 대부분의 지리학자들은 이러한 미학적인 감각에 대한 표현이 결여되어 있다고 비판하였다.

라이트는 인간의 내부적 세계를 탐험하기 위해서 미학적 상상력이 내재된 예술작품이 지리적 연구의 주제로 논의될 필요성에 대해서 언급하였고, 이를 미학적 지관념론이라고 하였다. 화가가 소를 그린다고 가정할 때 화가의 미학적 상상력을 통해 그려진 소는 마치 지구상에 존재하고 있지 않는 소처럼 보일 수 있다. 즉, 대부분의 미학적 상상은 환상에 불과한 주관성의 결과물이며 허구적이며 상상의 이념의 결과물이다. 하지만 화가는 그 소가 우리를 바라보고 있는 것처럼 사실적으로 묘사하고 소의 모든 면을 동등하게 중요하게 생각하고 그리는 것이 아니라 화가가 주관적으로 주목할 만한 가치가 있다고 여기는 특징을 선택해서 그린다는 것이다. 즉, 미학적 상상력은 사실적인 주관성의 결실이기도 하다. 이러한 미학적 상상력은 예술작품을 창작시키며 과학 작품에 예술성을 도입시킨다. 라이트는 사실적인 주관성의 설명으로 이루어진 단어와 어구를 포함하고 있는 많은 문학작품과 감각적 이미지들을 포함한 예술작품들 속에 우리가 살고 있는 세계에 대한 미학적 지관념론이 반영되어 있다고 하였다. 인간을 이성이 아닌 감성의 길로 이끌게 하는 그리스 신화 속의 사이렌(반은 여자이고 반은 새인 요정으로서, 아름다운 목소리로 지나가는 뱃사공을 유혹해 죽였다고 전해지는 그리스의 신)의 등장은 인간을 감성적인 지리적 인식의 공간인 '미지의 땅— 무한한 상상력의 공간'으로 이끌게 해 주었다. 율리우스의 동료들은 사이렌의 노래를 듣지 않고 노를 저어서 앞으로 나아갔다. 그의 동료들이 만약에 생존해서 그들의 탐험을 이야기했다면 독창적이지 않으며 사실적이고 객관적으로 그들의 탐험을 설명하였을 것이다. 이는 오늘날 일부 지리학 분야에서 다루는 방식이기도 하며 듣는 사람에게는 곧 잊혀지게 하는 설명방식이다. 하지만 율리우스는 사이렌의 노래 소리에 귀를 기울여 들었고 사이렌의 소리는 그의 상상력을 점화시켰다. 그는 우리가 『오디세이』를 읽을 동안에 느낄 감정의 아우라를 상상하면서 그 항해를 했는지도 모른다. 라이트는 지역이 지리학자들에 의해 섬세하게 지도화되고 연구되더라도 그 지역의 많은 부분은 항상 알려지지 않으며, 지구는 아주 작은 미지의 땅의 조각들이 이어진 거대한 조각보(patch-work)라고 보았다. 우리가 바라보는 시각에 따라, 개인적, 사회적, 국가적 미지의 땅은 존재하며 현대 지리학에도 미지의 땅은 어디에나 존재한다고 보았다. 지리 연구는 과학의 미지의 땅을 인식된 땅으로, 지리교육은 개인의 미지의 땅을 인식된 땅으로 변환시키려고 한다. 두 경우 모두 미지의 땅은 상상력을 자극하여 그 안에서 무엇을 찾을지에 대한 정신적 이미지를 연상시킨다. 그 안에서 더 많은 것들이 발견될수록 상상력은 더 많은 연구들을 제안한다. 라이트는 상상력은 미지의 땅으로 투영될 뿐만 아니라 우리가 따라야 할 길을 제안한다고 하였다. 마찬가지로 지리학자는 지역과 장소를 상상력이 없는 관점으로 묘사할 수도 있지만 미학적인 상상력을 발휘해서 지역의 독특하고 특색 있는 요소들을 강조하고 선택하면서 지역과 장소를 묘사할 수도 있다고 하였다. 라이트는 지리학자들이 철저하게 과학적인 원칙에 준거하여 '미지의 땅'에 대해서 탐험을 할 때에는 그 미지의 땅에는 무엇이 있는지를 밝히고, 다른 사람들에게 그곳에 존재하고 있는 엄밀하고 인간성이 배제된 객관성의 결과물들을 보여 주려고 할 것인데, 그렇게 된다면 직관적이고 미학적인 상상의 영역은 시인, 철학자, 소설가, 정치가들의 몫이 될 것이며 지리학자들은 더 좁은 영역을 걸어야 할 것이라고 비판하였다. 하지만 지리적 연구가 미학적인 도구를 통해 직관적이고 주관적인 감각을 키워나가게 된다면 인간의 주관성에 대한 보다 객관적인 인식과 연구를 가능하게 한다고 보았다. 또한 이러한 미학적 주관성은 독자나 청취자에게 전달하고자 하는 개념들을 명료하고 생생하게 전달시켜 독자로 하여금 공감을 얻게 할 수 있다고 주장하면서 작가의 상상의 공간이 미학적 상상을 통해 표현된 예술작품의 가치를 강조하였고 이에 대한 연구를 제안하였다.

그러나 인간의 마음속에 있는 지리적 상상력의 세계를 반영한 지리학의 연구영역의 강조에 대한 1940년대 라이트의 주장은 당시에 큰 호응을 불러일으키지 못했다. 하지만 1960년대가 되어서야 데이비드 로웬탈(David Lowenthal)이 '개인지리'와 '세계에 대한 관점' 간의 논의를 통해서 라이트의 주장을 발전시켰다(Lowenthal, 1961). 라이트의 학문적 논의는 이후 전개되는 인간주의 지리학에 중요한 개념과 기반이 되는 연구 방법을 제공한 것으로 평가받았다.

3) 프린스의 문학적인 지리적 상상력

프린스(H. C. Prince)는 1961년 「지리적 상상력」(The geographical imagination)이라는 논문에서 지리적 기술(記述)을 훌륭하게 하려면 진리에 대한 존경뿐만 아니라 창조적 상상력에 의한 영감과 방향성까지도 필요하다고 보았다. 그는 사실을 관찰하고 그것을 정리하고 그것들 사이의 관련성을 찾아내는 것은 지적영역이지만, 판단력과 통찰력을 발휘하여 그 사실들에 의미와 목적을 부여하는 것은 바로 상상력이라고 강조한다. 프린스에 이르러 지리적 상상력이라는 개념은 보다 명확하고 정당한 개념으로 자리 잡게 되었는데, 그는 특히 이를 '인간의 영속적이고 보편적인 본능'이라고 묘사하였다. 그의 묘사처럼 지리적 상상력은 장소와 경관,

무엇보다 '문화'와 '자연'의 함께 섞임(co-mingling)에 대한 반응이며, 그것은 '우리의 연민적 통찰력과 상상력이 풍부한 이해를 불러 일으키고,' 그의 연주는 '창의적 예술'이라고도 불린다. 이처럼 프린스가 예술을 강조한 것, 특히 인문학 가운데 은연중에 지리학의 장소를 강조한 것은 당시 지리학이 실증주의 사조의 영향을 받아 공간과학으로 변모하는 것에 대한 비판적 반응이었다. 프린스에게 공간과학에서의 형식적 추상화 작업은 기발하고 독창적인 것으로 보이긴 했으나, 그것은 '마치 추상화(抽象畵)처럼' 항상 세계에 대한 간접적 접근에 머무르는 것이었다. 그의 견해에 따르면, 세계에 대한 가장 신선하고, 충만하고, 풍요로운 반응은 바로 문학적인 반응이었다. 프린스에게는 지리적인 기술을 통해 '경관에 대한 직접적인 경험'을 유지하는 것이 무엇보다 중요한 일이었던 것이다.

4) 하비의 사회과학적인 지리학적 상상력

밀즈(Mills, 1959)의 주장에 따르면 사회학적 상상력(sociological imagination)은 모든 사회과학을 결합하고 역사학과 사회적 철학의 중심에 있다고 하면서 사회학적 상상력을 다음과 같이 정의하였다.

사회학적 상상력을 가지고 있는 사람은 개인 내면의 삶에 대한 의미와 다양한 개인의 외적인 삶에 관해서 더 큰 역사적 맥락에서 이해할 수 있다. 사회학적 상상력을 통해 개인은 사회가 그들의 삶을 변화시킬 수 있는 환경에서 자라고 있다는 사실을 알게 되면서 그들이 앞으로 경험하게 될 일들과 운명을 이해할 수 있게 해 준다.

그러나 하비(David Harvey)는 공간, 장소, 지역, 영토 또는 환경이 배제된 밀즈의 역사와 시간에 대한 논의는 심각한 누락이 있다는 것을 강조하고, 1973년 『사회 정의와 도시』(Social Justice and the City)에서 사회학적 상상력을 발전시켜 공간적 의식(spatial consciousness) 또는 지리학적 상상력(geographical imagination)에 대해서 아래와 같이 논하였다.

지리학적 상상력은 개인의 삶에서 공간과 장소의 역할을 인식할 수 있게 해 준다. 그것은 자기 주변에서 보이는 공간들을 서로 관련시킬 수 있도록 해 주며, 서로 떨어져 있는 공간들에 의해 개인들과 조직들 사이에서의 상호작용이 어떻게 영향을 받는지에 대해서 알 수 있게 해 준다. 개인들은 지리학적 상상력을 통하여 자신과 이웃, 그의 영역 사이에 존재하는 관계를 인지할 수 있다. 그것은 다른 공간에서 일어나는 사건들의 관계에 대해서 판단할 수 있게 한다. 또한 지리학적 상상력을 통해서 공간을 만들고 공간을 창조적으로 꾸미고 사용할 수 있으며, 타인이 창조한 공간 형태의 의미가 어떤 의미를 주는가를 인식할 수 있다.

　이러한 공간적 의식 또는 지리학적 상상력은 건축가, 예술가, 디자이너, 도시설계사, 인류학자, 역사학자, 사회학자, 정치사회학자, 심리학자, 생태학자, 경제학자뿐만 아니라 지리학자, 철학자의 관심을 끌었다. 그러나 지리학적 상상력이 사회학적 상상력에서 출발했던 개념임에도 불구하고 이 둘 사이의 경계에서 개념적이고 정치적인 난제가 발견되기 때문에 이러한 사회학적 상상력과 지리학적 상상력은 상호보완적으로 별개의 개념으로 보아야 한다고 주장하였다. 즉, 하비는 이렇게 사회적 과정과 공간형태는 세상을 매우 다르게 구성하기 때문에 사회학적 상상력과 지리학적 상상력의 괴리를 인식하였고, 이러한 간극을 줄이기 위해서 사회적 과정과 공간적 형태의 관계에 대한 논의를 진행하였다.

　하비는 웨버(Webber, 1964)의 "도시들의 공간적인 측면은 도시 사회의 과정에 의해서 지속되고 정의되어진다"는 주장을 인용하면서, "도시를 이해하는 데 적절한 개념들은 사회학적 상상력과 지리학적 상상력을 모두 포함하여 만들어진 개념들 뿐"이라고 지적하였다(Harvey, 1973). 즉, 그는 사회학적 상상력과 지리학적 상상력을 통해서 도시를 이해하는 적절한 개념들의 이론을 구축할 수 있으며 사회적 과정과 공간적 형성의 관계를 알 수 있다고 보았다. 또한 그는 지리학적 상상력과 사회학적 상상력 사이의 다리를 놓기 위해서 카시러(Cassirer, 1944)의 공간인식에 대해서 언급하였다. 카시러는 공간을 유기적(organic)이고, 지각적(perceptual)인 상징적(symbolic) 공간의 층위에서 변증법적이고 문화적인 구성물로 이해해야 한다고 주장하였다. 이러한 카시러의 사회적 공간(social space)에 대한 철학적 견해는 1974년 르페브르(Lefebvre)에게 영향을 주었다. 즉, 르페브르는 공간을 물질의 공간(경험의 공간), 공간의 재현(인지된 공간), 재현적 공간(살아 있는 공간)으로 구분하고, 인간의 행동과 정치적인 투쟁을 통하여 변증법적으로 연결된 서로 다른 형태의 공간성에 대해서 논의하였다.

　르페브르는 "공간은 사회적으로 경쟁하는 문화적 구성물(Space is a socially contested cultural configuration)"이라고 강조하였다. 하비(1989)는 "공간형태는…사회적 과정이 전개되는 무대와 같이 움직이지 않는 개체가 아니라, 사회적 과정이 공간적인 것과 똑같이 사회적 과정을 '포함'하는 물체라고 생각된다"는 견해를 폄으로써 사회적 과정과 접합되는 공간의 작동 방식과 동력을 강조하였는데, 이는 르페브르와 하비 등의 비판적인 공간론의 영향 아래서 부상한 공간 이론들이 기존의 도시 사회학적인 입장이나 '공간 물신론(spatial fetishism)'의 한계를 비판한 것이다(이기형, 2008).

하비는 『사회 정의와 도시』를 통해서 공간의 사회적 구성과 관련해서 "공간은 절대적이지도, 상대적이지도 그 자체로 상관관계에 있지도 않다. 하지만 공간은 환경에 따라 동시에 하나 또는 전체가 될 수 있으며 공간의 적절한 개념화에 대한 문제를 다루는 방법은 공간에 대한 인간의 실천을 통해서 가능하다. 예를 들어 소유물과 관련된 관계는 독점지배가 작동할 수 있는 절대적인 공간을 만든다. 사람, 재화, 서비스와 정보의 흐름은 상대적인 공간에서 발생하는데, 그 이유는 거리의 마찰을 극복하기 위한 자본, 시간, 에너지가 필요하기 때문이다. 필지들 또한 이익을 점유한다. 왜냐하면 그것들은 다른 구획들과의 관계를 포함하고 있기 때문이다. 즉, 하비는 "인구학적인 힘, 시장과 임대료의 잠재력은 도시 시스템 안에서 중요하며 인간의 사회적 실천의 중요한 측면으로써 그것은 임대료 관계 공간의 형태로 나타난다."라고 언급하였다. 하비는 "개별 사회적 활동의 형태는 그것의 공간을 규정한다."고 하면서 공간이 정의되고 만들어지거나 생산된다면 그 공간이 어떻게 사회적 활동이 진행될 수 있는지에 대한 지속적인 결과를 수반하게 된다고 하였다. 이처럼 하비는 사회학적 상상력의 개념을 더욱 발전시켜 지리학적 상상력의 개념을 다루고, 이를 사회학적 상상력과 연계시키고자 하였다.

3. 지리적 상상력과 지리교육

여기에서는 지리교육에서 지리적 상상력의 중요성을 고찰하고 지리적 상상력이 지리교육에 어떻게 기여할 수 있는지 장소학습과 지역지리 학습을 통해서 살펴본다.

1) 지리교육에서의 지리적 상상력

상상력은 문화와 개인의 역사를 통해 형성된 정신적인 능력으로 그것은 우리에게 세상을 이해할 수 있는 창의적인 에너지를 전달해 준다(Fettes, M. & Judson, G., 2010). 교육에서 상상력이 중요하다는 것에 많은 사람들이 인식을 같이하고 있지만, 상상력과 교육의 관련성은 충분히 논의되지 못했으며, 교육과 상상력의 관계에 대한 연구가 진행된 것은 최근의 일이다(김회용, 2015).

지리교육에서 지리적 상상력의 중요성은 듀이에 의해서 구체적으로 논의되었다. 듀이는 지리를 배운다는 것은 일상 행동의 공간적 관련성을 지각하는 힘을 갖게 되는 것이라고 주장하면서 지리적 인식이 단순한 사실들의 집합에서 벗어나기 위해서는 무엇보다도 지적으로 훈련을 받아 개발된 상상력이 중요하다고 보았다(Dewey, 1916). 캐틀링(Catling, 2011) 또한 지리적 상상력은 학습자들이 세상과 관계를 맺고, 세상에 대해서 생각하고 느끼게 해 준다고 하면서 지리교육에서 지리적 상상력의 중요성에 대해서 논의하였다. 최근에는 학습자의 사고 과정에서 학생의 주관적인 경험 또는 일상적 생활 세계가 상상력과 어떤 관련이 있는지에 대한 논의가 진행되고 있다. 권정선(2015)은 경험 주체인 학습자가 교과의 내용을 재해석하거나 재조정하는 과정에는 반드시 우리가 일상적으로 사용하는 사고의 개념이 개입할 수밖에 없으며, 개입되는 사고에는 상상력이 포함된다고 하였다. 이는 상상력은 오직 자신이 알고 있는 것을 바탕으로 작동할 수 있다는 것을 알 수 있다(Egan, 2008). 지리적 상상력은 주관적인 경험뿐만 아니라 사회적 맥락에서 공유되고 있는 요소가 결합되어 작동될 수 있다. 마경묵(2007)은 우리가 지도의 기호를 보고 지도를 해석하고 또 그 지역의 실제 모습을 떠올릴 때, 여러 모델들을 통해 실제 세계의 현상을 설명하려고 할 때, 주어진 장소에서의 특정 기능의 입지를 결정하는 의사결정의 과정에서 그리고 지역개발을 위한 계획을 수립하는 과정에서 우리가 살고 있는 세계에 대한 자신의 주관적 경험에 따른 요소와 사회적 맥락에서 공유하고 있는 요소가 결합된 지리적 상상력은 항상 작동한다고 보았다. 이와 같은 맥락으로 권정화(1997)는 지리적 상상력은 개인지리와 공적지리와의 대화를 가능하게 해 준다고 주장하였다. 즉, 상상력은 지식을 활용하기 위해 진화했으며, 지식은 상상력의 작용으로 확장될 수 있다(박권생, 2011). 우리를 둘러싸고 있는 세계를 해석하는 방식은 필연적으로 불확실하고, 불완전하며, 문화적인 맥락에 놓여 있기 때문에(Scoffham, 2013) 학습자가 상상력을 통하여 세계를 해석하고 인식할 수 있도록 하는 것은 지리교육에서 매우 중요하다.

2) 장소학습에서의 지리적 상상력

지리적 상상력은 장소학습과정에서 중요하게 작용될 수 있다. 인간주의 지리학자들에 의하면 장소는 사람들의 일상적인 삶 속에서 경험에 의해 구성되는 의미의 장이다. 다케시 사이토는 장소(place)에 대한 다양한 경험을 통해 자신의 '지리'를 획득하고, 자신의 행동 공간(behavior space)을 확장하는 과정을 거치면서 비로소 아동은 자신의 세계상을 형성하게 된다고 하였다(최원회 역, 1988). 장소인식 또는 장소지각(place awareness or consciousness)을 강조하는 것은 설명 불가능한 영역으로의 이동이 아니라, 지리학의 상상의 영역을 회복하는 것이라고 할 수 있다(Daniels, 1992). 장소는 정신적 속성을 포함하고 있기 때문에 이러한 속성은 상상력의 영역에서 접근해야 하며(전종한, 2002), 장소가 우리들에 의해 지각되고, 상상되고, 체험되는 공간으로서 훨씬 복잡한 양상을 띠기 때문에 장소와 관련한 지리 수업은 학생들을 지식의 발견자로 간주하여, 그것과 관련한 그들의 관심, 지적 호기심, 상상력을 자극하는 차원으로 나아가야 한다(조철기, 2007). 장소학습은 학습자들이 살아가고 있는 생활공간으로서 장소에 주목하게 하고 그 사회적 의미를 해석하도록 하며 의미가 부여된 지표 위의 사회적 공간을 그 외부와의 관계 속에서 사고할 수 있도록 한다(남호엽, 2005). 즉, 장소를 대상으로 한 교수–학습 과정에서 중요한 것은 학습자의 주관적 의미뿐만 아니라 그들이 발휘하는 지리적 상상력이다(조철기, 2007).

3) 지역지리 학습에서의 지리적 상상력

지역은 지리적 파노라마를 인식하는 기본 단위이며 국지적 장소들의 융합으로 그 내용이 채워져 있으며(남호엽, 2005), 수많은 의미 있는 장소들로 구성되어 있고 지역 전체가 하나의 장소로서 존재하기도 한다(전종한, 2002). 엘레노어 롤링(Eleanor Rawling)은 영국 지리학협회 회장직을 지낼 때(1994–1995) 국가교육과정에서의 지역지리 학습의 중요성을 강조하면서, 지역지리 학습이 객관적인 방법을 통한 지역의 사실과 특징을 '아는 것(knowing about)'에서 좀 더 공감적인 방법을 통하여 지역의 특징과 의미를 '이해하는(understanding)' 방법으로의 전환이 필요하다고 언급하였다(Daniels, 1992에서 재인용). 새로운 지역지리 연구에서 지역은 기존의 지리학 연구에서 소홀히 다루어졌던 지역의 의미와 역할을 보다 적극적으로 파악하고 해석하며 공간이 가지고 있는 의미의 풍요로움을 제대로 드러낸다(손명철, 1999). 이는 학생들이 일상 경험 속에서 발견할 수 있는 내용을 선정하여 스스로 탐구하게 하며 그들의 일상적인 삶의 지역이 가지는 상징 요소들의 의미 해석을 통하여 지역 이미지를 함께 공유하도록 하는 새로운 지역지리 학습 방법의 맥락(이지연·조철기, 2008)과 같다고 볼 수 있다.

지역지리를 학습하는 과정에서 학습자는 지리적 상상력을 경험하고 지리적 상상력을 확장시킬 수 있다. 즉, 학생들은 지리적 상상력을 바탕으로 지역에 대해 가지고 있는 주관적인 경험을 통해 지역과 상호작용하면서 지역지리를 학습할 수 있다. 새로운 지역지리 연구에서의 지역은 서술방식에 있어서도 평면적 기술 혹은 사실에 대한 단순한 설명 방법이 아니라 현상에 대한 심층적 기술과 상징해석의 특징을 가지고 있다(손명철, 1999). 이러한 새로운 지역지리 연구에 입각한 지역지리 학습에서 경관을 통한 내용선정과 내러티브와 미디어를 활용한 지역지리 학습은 지리적 상상력을 확장시킬 수 있다.

미첼은 『경관과 권력』(Landscape and Power)에서 경관(landscape)은 단순한 자연 풍광이 아니며, 이 경관을 바라보는 이의 "사회적, 주관적인 정체성이 형성되는 과정"으로 정의하였다. 경관은 지역과 장소의 특성을 파악하는 데 따로 분리해서 생각할 수 없는 이해의 대상을 의미하며 학생들은 지역 경관과 정체성의 다양한 의미를 자신의 경험에 기초하여 해석한다(심광택, 2003). 따라서 이러한 경관을 해석하는 과정에서 학생들의 주관적인 경험과 지리적 상상력은 중요하게 작용한다. 또한 공간과 장소를 이해하고 표현하는 방법 중의 하나인 내러티브 요소와 다양한 미디어에서 서로 다른 지역과 장소가 재현되는지에 대한 분석과정은 지리적 상상력을 자극하고 학생들이 지역성을 파악하고 지역을 인식하는 데에 중요하게 작용한다. 내러티브 텍스트는 인간과 장소에 대한 다양한 의미를 부여하게 함으로써 장소감과 지리적 상상력을 학생들이 경험할 수 있게 하면서 학생들의 지리적 경험을 확장하거나 자극을 준다. 내러티브 요소를 통해 표현된 문학 작품속의 지역 또는 장소는 주관적인 지리적 서술을 강조하기 때문에 지리적 상상력을 통한 지리교육을 가능하게 한다. 즉, 장소를 배경으로 한 다양한 형식의 문학 내러티브는, 작가가 오랫동안 삶을 영위해 오면서 경험한 것을 토대로 하여 그 지역의 이야기를 실제적이면서 상상적으로 그리고 있기 때문에(조철기, 2011) 학생들은 객관적인 사실로서의 지역에 대한 이해를 할 수 있을 뿐만 아니라 지리적 개념을 보다 맥락적으로 이해할 수 있으며 지리적 상상력을 확장시킬 수 있다. 조철기(2012b)는 사실과 결과에 기반한 지역학습을 넘어 감정이입과 지리적 상상력을 자극하는 활동적인 지역학습으로의 전환이 가능한 내러티브 텍스트는 특정지역과 관련된 기존의 문학작품이나, 영화, 만화, 여행기 등을 그대로 또는 재구성하여 활용하거나 교사가 적절한 새로운 내러티브 텍스트를 만들어 사용하거나 학생들로 하여금 자기내러티브(self-narrative)를 만들어 보는 활동을 통해 가능하다고 보았다. 지리적 상상력은 지리교과에서 주로 활용되는 미디어인 신문과 인터넷의 이미지에 나타난 지리적인 경관뿐만 아니라, 텔레비전의 뉴스, 다큐멘터리, 드라마, 영화, 비디오 등과 같은 다양한 미디어에서 서로 다른 지역과 장소가 어떻게 재현되는지에 대한 분석과정을 통해서 일상을 조망할 수 있도록 하는 과정에서도 중요하게 작용한다. 즉, 학생들로 하여금 미디어에 재현된 공간 또는 장소가 인종, 계급, 젠더, 장애 등의 관점에서 어떻게 재현되어 있는지를 비판적으로 평가할 수 있게 한다(조철기, 2012a). 또한 지리적 상상력을 통해 공간을 다양한 범주별로 구분해 비교하고 결과물을 통한 유형화를 통해 기존의 익숙한 공간을 낯설게 만들면서 새로운 지역성을 재창조할 수 있으며(황성우, 2012) 지역성을 파악하고 지역을 인식하는 데에 중요하게 작용한다. 즉, 지리적 상상력은 학습자의 장소감 형성과정에 작용하며 지역 인식과정과 지역성 형성과정에 영향을 미칠 수 있다.

그러나 학생들의 인식 틀과 인식 논리는 경험적이고 일상적인 수준에서 이루어지는 구체적인 사고에 제약될 수 있기 때문에 교사가 지역 경관과 정체성의 다중적 의미를 느낄 수 있도록 해야 한다. 즉, 학생들의 일상과 관련된 사회적 경험, 집단, 제도, 관습 등 다양한 기제를 교실 수업의 장으로 들여오게 한다면 학습의 과정은 적극적인 사고 활동으로 이어지고 학생들의 인식과 논리적 한계는 극복될 수 있다(심광택, 2003). 다시 말하면, 대안적 지역인식논리는 개인지리로서의 학생의 주관적 경험과 공적지리로서의 교육내용 간의 상호작용을 강조하는데 이러한 과정에서 지리적 상상력은 개인지리와 공적지리와의 대화를 가능하게 해 줄 수 있다(권정화, 1997).

4. 마치며

전 세계적으로 4차 산업혁명 시대를 맞아 학교 교육도 근본적인 변화를 요구 받고 있다. 이제는 주입식 사실 암기 교육에서 탈피하여 창의적인 교육으로의 대전환이 필요한 시점이다. 우리나라도 2015년 국가교육과정 개편을 통해 창의적 사고 역량과 심미적 감성 역량을 핵심역량으로 선정하고, 학교 교육에서 감수성과 상상력을 강조하고 있다. 고등학교 한국지리 과목의 목표도 우리 삶의 터전을 보다 살기 좋은 공간으로 만들기 위한 지리적 사고력과 함께 분석력과 창의력을 기르는 데 두고 있다.

지리학 분야에서는 20세기 중반 이후 지리적 상상력과 관련하여 많은 논의들이 진행되어왔다. 일찍이 피티는 산악지대와 계곡, 구릉지 등을 주로 연구하면서 환경결정론적인 맥락에서 지리적 상상력을 언급하였으며, 라이트는 인본주의 관점에서 인간 내면의 정신세계에 대한 연구의 중요성을 강조하면서 직관적이고 미학적인 지리적 상상력을 주장하였다. 한편 프린스는 1960년대 실증주의의 거센 파고 속에서 공간과학의 형식적 추상화 작업을 비판하고,

세계에 대한 가장 신선하고 풍요로운 반응은 바로 문학적인 반응이라 설파하여 문학적인 지리적 상상력을 주창하였다. 이후 하비는 사회학자 밀즈의 사회학적 상상력 개념을 비판적으로 보완하면서 지리학적 상상력이라는 개념을 제시하였다. 하비에 따르면, 지리학적 상상력은 한 개인의 삶에서 공간과 장소가 어떤 역할을 하는지 인식할 수 있게 해 주며, 개인과 개인, 조직과 조직 사이의 상호작용이 이들을 분리하는 공간에 의해 어떤 영향을 받는지를 알 수 있게 해 준다. 이러한 하비의 사회과학적인 지리학적 상상력은 공간이론과 사회이론을 보다 다양한 방식으로 접맥할 수 있는 이론적 가능성을 제공함으로써 지리학뿐만 아니라 사회과학 분야의 논의를 풍부하게 하는 데 기여하고 있다.

　지리교육 분야에서는 주로 장소학습과 지역지리 학습에서 지리적 상상력에 대한 논의가 전개되고 있다. 장소를 대상으로 하는 학습에서는 학습자의 주관적 의미뿐만 아니라 지리적 상상력이 매우 중요하며, 지역지리 학습에서도 객관적인 방법을 통해 지역의 특징과 사실을 아는 것에서 나아가 공감적인 방법을 통해 지역의 특징과 의미를 이해하는 것이 중시되고 있다.

요약 및 핵심어

4차 산업혁명 시대를 맞아 교육도 근본적인 변화를 요구받고 있다. 주입식 사실 암기 교육에서 벗어나 창의적인 교육으로의 대전환이 필요하다. 우리나라도 국가교육과정 개편을 통해 창의적 사고 역량과 심미적 감성 역량을 핵심역량으로 선정하고, 감수성과 상상력을 강조하고 있다. 이 글에서는 우선 20세기 중반 이후 지리적 상상력과 관련하여 논의를 주도해 온 피티, 라이트, 프린스, 그리고 하비의 주장을 중심으로 논의의 흐름을 정리한 후, 지리적 상상력이 지리교육에서 가지는 의미와 역할을 장소학습과 지역지리 학습으로 나누어 살펴보았다.

지리적 상상력(geographical imagination), 장소학습(place learning), 지역지리 학습(regional geography learning)

더 읽을 거리

김재남, 2002, "John K. Wright(1891~1969)의 지리적 상상력과 미학적 지관념론," 지리교육논집, 46, 65-83.
조철기, 2012, "미디어 리터러시 함양을 위한 지리교육," 한국지역지리학회지, 18(4), 445-463.

Harvey, D., 2005, "The Sociological and Geographical Imaginations," *International Journal of Politics, Culture & Society*, 18(3/4), 211-255.

Prince, H. C., 1961, "The geographical imagination," *Landscape*, 11(2), 22-25.

Wright, J. K., 1947, "Terrae Incognitae: The Place of the Imagination in Geography," *The Annals of the Association of American Geographers*, 37, 1-15.

참고문헌

김회용, 2015, "상상력과 교육의 관계 연구," 사고개발, 11(1), 87-109.

권정화, 1997, "지구화 시대의 국제이해 교육: 초등사회과 교육에서의 지리적 상상력의 의의," 지리교육논집, 37, 1-12.

권정화, 1997, "지역지리 교육의 내용 구성과 학습 이론의 조응," 대한지리학회지, 32(4), 511-520.

권정선·김회용, 2015, "듀이 철학에서 상상력의 교육적 의미," 교육철학연구, 37(2), 23-45.

교육부, 2015, 초·중등학교 교육과정 총론, 교육부 고시 제2015-80호 [별책 1].

김재남, 2002, "John K. Wright(1891~1969)의 지리적 상상력과 미학적 지관념론," 지리교육논집, 46, 65-83.

남호엽, 2005, "지리교육에서 장소학습의 의의와 접근논리," 사회과교육, 44(3), 195-210.

데이비드 리트, 조철기 역, 2013, 사고기능 학습과 지리수업 전략, 교육과학사.

마경묵, 2007, "지리적 사고력 함양을 위한 Worksheet 개발," 한국지리환경교육학회지, 15(4), 363-384.

박권생, 2011, "상상력이 지식보다 중요하다," 사고개발, 7(1), 117-134.

손명철, 1999, "지역지리연구의 새로운 접근법과 중등지역지리 단원학습," 백록논총, 창간호, 291-307.

윤옥경, 2005, "미디어와 지리교육: 활용사례와 연구과제의 검토," 지리교육논집, 49, 241-253.

이기형, 2008, "문화연구와 공간 −도시공간과 장소를 둘러 싼 정치학과 시학을 지리학적 상상력으로 그리고 자전적으로 표출하기," 언론과 사회, 16(3), 2-49.

이지연·조철기, 2008, "세계화의 관점에서 지역 학습 내용의 재구성과 수업의 실제," 한국지역지리학회지, 14(2), 159-172.

심광택, 2003, "지역 학습에서의 공간 설명, 장소 이해, 환경 가치," 한국지리환경교육학회지, 11(3), 17-31.

전종한, 2002, "지역학습 내용구성의 대안적 논리 구상," 사회과교육연구, 9(2), 223-244.

조철기, 2007, "인간주의 장소정체성 교육의 한계와 급진적 전환 모색," 한국지리환경교육학회지, 15(1), 51-64.

조철기, 2011, "지리 교과서에 서술된 내러티브 텍스트 분석," 한국지리환경교육학회지, 19(1), 49-65.

조철기, 2012a, "미디어 리터러시 함양을 위한 지리교육," 한국지역지리학회지, 18(4), 445-463.

조철기, 2012b, "내러티브 텍스트를 활용한 지역학습전략 −낙동강 유역을 사례로," 중등교육연구, 60(2), 313-341.

조희연, 2016, "인공지능 시대의 미래역량을 키우는 교육으로 −혁신교육을 미래교육으로 확장하기 위하여-," 제주교육 국제심포지엄 자료집, 34-54.

존 듀이, 이홍우 역·주석, 2007, 민주주의와 교육, 교육과학사.

황성우, 2012, "학술마당: 연구노트: 러시아 연방 인문 공간연구; 공간의 재발견: 지리적 상상력과 상상의 지리," *Russia & Russian Federation*, 3(3), 52-55.

Catling,S., 2011, Children's Geographies in the Primary School, In *Geography, Eudcation and the Future*, edited by G.Butt,15-29.

Daniel, S., 1992, Place and the Geographical Imagination, *Journal of the Geographical Association*, 77(4), 310-322.

Daniels, S., 2011, Geographical imagination, *Transactions of the Institute of British Geographers*, NS 36, 182-187.

Egan, K., 2008, *Future of Education: Reimagining Our Schools from the Ground Up*, Yale University Press.

Fettes, M. & Judson, G., 2010, Imagination and the Cognitive Tools of Place-Making, *The Journal of Environmental Education*, 42(2), 123-135.

Gregory, D., Johnston, R., Pratt, G., Watts, M. J., Whatmore, S., eds., 2009, geographical imagination, in *The Dictionary of Human Geography*, 5th Edition, Wiley-Blackwell.

Harvey, D., 1990, Between Space and Time: Reflections on the Geographical Imagination, *Annals of the AAG*, 80(3), 418-434.

Harvey, D., 2005, The Sociological and Geographical Imaginations, *International Journal of Politics, Culture & Society*, 18(3/4), 211-255.

Huntington, E., 1940, Living Geography, *The Saturday Review*, December 21, 1940, p.6.

Norton, W., 1989, Human Geography and Geographical Imagination, *Journal of Geography*, 88(5), The National Council for Geographic Education, 186-192 (손명철 역, 1998, "인문지리학과 지리학적 상상력," 탐라지리교육연구, 창간호, 103-115).

Prince, H. C., 1961, The geographical imagination, *Landscape*, 11(2), 22-25.

Rawling, E., 1991, Guest editorial: Places I'll remember…, *Geography: Journal of Geographical Association*, 76(4), 289-291.

Scoffham, S., 2013, Geography and creativity: Developing joyful and imaginative learners, *Education 3-13*, 41(4), 368-381.

Smith, Guy-Harold, 1957, Roderick Peattie, Geographer and Romanticist, 1891-1955, *The Annals of the AAG*, 47(1), 97-99.

Wright, J. K., 1926, A Plea for the History of Geography, *Isis*, 8(3), 477-491.

Wright, J. K., 1947, Terrae Incognitae: The Place of the Imagination in Geography, *The Annals of the Association of American Geographers*, 37, 1-15.

齊藤毅, 1988, 熊津地理, 14, 59-63 (최원회 역, 1988, "최근 일본에 있어서의 지리교육 방법론에 관한 발생론적 시점의 전개").

제1부. 지리와 인간 **49**

제3장

시민성의 공간적 재개념화와 지리교육*

조철기

경북대학교

---

* 본 연구는 조철기(2013, 2015)를 수정·보완한 것임.

1. 들어가며: 시민성의 공간

시민성 또는 시민권으로 번역되는 citizenship은 일상생활뿐만 아니라 학교교육, 그리고 학문 분야에서 널리 사용되고 있는 개념인 동시에 가치덕목이다. 우리는 일상생활에서 훌륭한 시민이 되길 원하며, 교육은 학생들이 미래의 훌륭한 시민이 되는 데 기여하고자 한다. 학교의 모든 교과들은 대개 본질적/내재적 가치에 보다 중점을 두지만, 궁극적으로는 학생들이 훌륭한 시민이 되는 데 기여해야 한다.

특히 사회과는 교육목적을 민주시민 육성에 두고 있기 때문에, 시민성과 더 불가분의 관계를 가진다(교육과학기술부, 2009). 사회과의 한 영역을 이루는 지리 역시 영역특정의 지식, 기능, 가치의 전수뿐만 아니라, 민주시민 육성에 기여해야 한다. 물론 이러한 사회과교육과정에서 규정하고 있는 것에 다른 견해나 관점을 가진 사람들도 있을 수 있다. 학문 영역이든 교과 영역이든 여전히 지리(학)는 시민성과 관계없다고 주장하는 사람들이 있을 수 있다.

야우드(Yarwood, 2014)는 시민성이 지리학의 매우 유용한 개념 또는 가치덕목이지만 그동안 저평가되어 왔다고 주장하면서, 지리학 및 지리교육이 시민성에 대해 더욱 더 관심을 기울일 것을 촉구한다. 이러한 단적인 사례를 통해, 그동안 지리학 및 지리교육이 시민성에 얼마나 관심을 기울이지 않았는지를 알 수 있다. 이러한 경향은 지리교과의 외재적 목적으로서 시민성이 강조되고 있는 것과 무관하지 않을 것이다.

여하튼 현대 지리학과 지리교육에 있어서 시민성은 중요한 키워드이다. 문제는 지리교육에서 이러한 시민성에 대한 진진한 성찰없이 사회과 교육과정에 제시된 민주시민이라는 용어를 그대로 수용하거나 아예 배척한다는 것이다. 시민성은 매우 복잡하고 다의적인 개념인 동시에(Lambert and Machon, 2001; Anderson et al., 2008), 고정적인 개념이 아니라, 공간과 시간에 따라 변화한다(Mullard, 2004). 그럼에도 불구하고, 지리교육계에서 이러한 변화하는 시민성에 대한 진진한 논의가 매우 부족했다.

2. 시민성은 왜 지리적인가?

'시민성은 왜 지리적인가?'라는 질문은 '시민성이 어떻게 공간과 장소와 밀접한 관련을 가지는가?'라는 질문과 동일시된다. 지리는 시민성을 이해하는 데 매우 중요한 단초를 제공하며,

시민성 역시 지리를 이해하는 데 기여한다. 즉 지리와 시민성 간의 관계는 상호호혜적이다. 그렇다면 이렇게 주장할 수 있는 근거는 무엇일까?

시민성은 전통적으로 개인, 집단, 국가와 같은 공간적 단위를 가진 정치적 공동체의 권리와 의무라는 관점에서 정의된다(Smith, 2000). 즉 시민성은 정치적 공동체(보통 국가)에서 개별 구성원과 관련한 권리와 의무로서(Smith, 2000, 83; Chouinard, 2009, 107), 특정 의무를 충족하는 사람들에게 어떤 권리와 특권을 보장하는 것으로 정의된다. 시민성이 지리적이라고 할 수 있는 것은, 사람들이 공간에서 정치적으로 어떻게 규정되는가에 대한 계속적이고 불안정한 투쟁의 결과이기 때문이다.

지리는 공간과 밀접한 관련을 가진다. 즉 지리는 공간 패턴과 프로세스 그리고 원리뿐만 아니라, 공간 내 그리고 공간을 가로지르는 관계에 관심을 가진다. 그리고 공간과 장소는 시민성의 형성과 쟁점을 이해하는 데 도움을 준다(Desforges et al., 2005; Staeheli, 2011). 뿐만 아니라 지리는 사회적, 경제적, 문화적, 정치적, 환경적 요소들을 결합하여 세계에 대한 이해를 풍부하게 한다. 다시 시민성은 인간과 장소에 대한 이해를 심화시키며 사회지리, 문화지리, 정치지리 등의 다양한 스트랜드를 연결할 수 있는 잠재력을 가진다.

지리는 복잡한 세계를 이해하는 데 기여하며, 시민성을 다양한 방식으로 이해하게 한다(Anderson et al., 2008). 특히 지리는 시민성이 어떤 공간과 맥락에서 그리고 어떤 스케일에서 구성되고, 구체화되며, 경험되고, 수행되는지를 이해하고자 한다. 지리는 다중적 공간 스케일의 관점에서 시민성에 관심을 가진다. 즉, 지리는 기본적으로 로컬, 국가, 글로벌 스케일에서 시민으로서 개인이 어떻게 구성되는지에 초점을 둔다.

이러한 다중적 공간 스케일에 대한 지리적 관심은 시민으로서의 개인의 권리와 의무(책임)뿐만 아니라 기회와 억압의 불균등한 분포에 대한 이해에 기여한다. 이는 개인이 시민으로 만들어지는 상황에 관해 비판적으로 성찰할 수 있게 하고, 우리가 당연하게 여기는 것을 다시 생각하도록 하며, 세계가 작동하는 방법에 관해 의문시하도록 하도록 하는 데 기여한다.

이와 같은 시민성에 대한 정의는 공간의 중요성을 강조한다. 시민성은 항상 공간과 장소와 연결된다. 사람들은 주권을 가진 한 시민으로서 행동하지만, 이러한 주권은 항상 장소를 통해 규정된다. 게다가 사람들은 공간을 통해 상상의 공동체와 연결된다(Lepofsky and Fraser, 2003, 130). 공간을 고려하지 않고 시민성을 이해하는 것은 거의 불가능하다(Yarwood, 2014, 10).

3. 경계, 시민성을 규정하다: 국가 시민성

　지리적 경계는 시민성을 규정짓는 중요한 준거로서 역할을 해 오고 있다. 특정 국가의 시민이라 함은 경계화된 특정 영역의 구성원을 일컫는다. 이와 같은 시민성에 대한 개념화는 고대 스파르타나 아테네와 같은 도시국가라는 영역에 기반한다. 오늘날, 국민국가(nation-state)는 시민성을 부여하는 공식적인 기초 단위다. 한 국가의 시민은 그 국가의 영토에 기반하여 정치적, 법적 구조와 제도를 통해 어떤 권리와 의무를 부여받는다(Janoski and Gran, 2002, 13). 시민성은 국민국가라는 유럽적인 개념과 관계되며(McEwan, 2005), 여전히 권리와 의무에 기반한 시민성에 매우 중요한 기제로 작용한다.

　시민성은 인간의 집합적인 정치적 정체성이며 사회가 집단적 의사결정을 하는 데 어떻게 개인의 참여를 조직화하는가와 관련된 개념이다. 마셜(Marshall, 1950)은 시민성이 경계화된 영역 내에서 개념화되는 방법에 큰 영향을 주었다. 그에 의하면 시민은 일련의 공민적 권리, 정치적 권리, 사회적 권리를 공유하고 있으며(Marshall, 1992), 이들 권리는 거버넌스의 실천을 통해 생산되고 유지된다. 여기서 공민적 권리란 사람에 대한 자유, 표현의 자유, 여행의 자유, 사고와 신념의 자유, 재산을 소유하고 정당한 계약을 할 수 있는 권리, 정의에 대한 권리 등 개인적 자유를 위한 필요성과 관련된 권리와 상응한다(Marshall, 1950, 8). 법정과 사법적 시스템은 공민적 권리와 가장 밀접한 관련이 있는 제도들이다. 정치적 권리는 정치적 활동에 참여할 수 있는 권리, 즉 투표권과 밀접하게 관련된다. 마지막으로 사회적 권리는 그 사회에서 우세한 표준에 따라 기본적인 삶의 표준, 예를 들면 적절한 의료 및 교육 서비스를 받을 수 있는 경제적 복지 및 안전과 관련된다(Marshall, 1950, 8). 마셜은 중첩되는 부분이 있지만, 공민적 권리는 주로 18세기에(예를 들면 정의와 고용 권리의 설립), 정치적 권리는 19세기에(투표할 권리를 결정하는 데 있어서 경제적 본질을 개인적인 지위로의 점진적인 대체), 그리고 사회적 권리는 20세기에 성취되었다(예를 들면 교육, 건강, 복지 서비스)고 주장한다.

　마셜(Marshall, 1950)은 이러한 변화에서 공간적 함의를 읽을 수 있다고 주장한다. 특정한 권리와 관련된 기능과 제도가 분리되면서, 그것들은 지리적으로 응집되게 되었다. 국가적인 권리가 발달하면서 시민성의 지리적 초점이 이동하게 된 것이다. 즉 시민성은 로컬에서 국가로 이동하였으며, 특정 권리를 부여하기 위한 제도와 관료국가가 등장하게 되었다. 국가적 권리의 발달과 함께 시민성은 국민국가와 더욱 밀접하게 관련되게 된 것이다. 이와 같이 시민성은 전통적으로 국민국가를 통해 조직되었으며, 현대의 표준적인 시민성은 국민국가가 점점 정치적, 경제적, 사회적 권리를 더 많은 국민들에게 확장한 것이다. 그리고 이러한 국가 시민성은 투표, 사회보장, 병역의무와 같은 실천을 통해 재생산된다.

영역은 공간을 규정하고 공간으로부터 집단을 배제하기 위한 일련의 스케일로 작동된다 (Staeheli, 2008; Elden, 2010; Storey, 2011). 경계는 시민인지 아닌지를 구별하는 중요한 지표가 된다. 한 국가 내의 시민은 경계를 통해 불법적인 이주자로부터 보호된다. 경계를 통한 국가 시민성은 국가에 의해 부여되고 통제된 단일의 정체성으로 끊임없이 재생산된다(Desforges et al., 2005, 442). 시민성의 영역적 개념화는 타자에 대한 배타적 관점을 계속해서 재생산한다.

시민성은 '경계적인 개념(bounded concept)'이다. 시민성은 경계를 공식적으로 인정해 온 정치적 공동체의 구성원에게 부여되며, 시민성은 사람들을 서로 묶고 국가를 함께 묶는 '사회적 접착제(social glue)'로서 역할을 한다(Yarwood, 2014, 18). 그러므로 시민성과 영역 간의 관계는 중요하고 상호호혜적이다. 시민성이 영역과 밀접한 관련이 있다는 것을 보여 주는 실례는 한 국가의 시민으로서의 지위와 권리가 보통 법적이고 정치적인 관점에서 규정된다는 것이다. 예를 들면, 시민으로서의 개인의 지위와 권리는 자신의 여권에 기록되어 있다. 시민으로서의 개인의 지위는 어디에서 태어났고, 누구로부터 태어났는지에 달려 있다. 시민의 권리는 한 국가의 객관적인 법적, 정치적 기구에 의해 공식적으로 규정된다. 이에 반해 한 국가의 시민으로서의 의무는 다소 주관적인 사회적, 문화적 규범과 관련된다. 비록 시민에게 기대되는 의무의 일부는 병역의 의무와 같이 법으로 규정할 수 있지만, 대개 사회와 관계할 개인적 또는 윤리적 선택을 반영한다.

국가 시민성은 상상의 산물이다. 국가가 상상의 공동체인 이유는, 국가는 작은 동네나 마을처럼 모든 시민끼리 서로 알고 지내거나 만나서 대화를 나누는 것이 불가능하기 때문이다. 그러므로 국가적 통합과 동포애(애국심)는 본래부터 존재하는 것이 아니라 상상적으로 구성되는 것이다. 국가는 상상의 산물이지만, 그렇다고 국가 자체가 속임수이거나 거짓은 아니다. 국가의 질서/경계는 실질적으로 수호되고 유지되며 국가적 관념과 이상에 따라 많은 사람들이 국가를 위해 죽거나 누군가를 죽이기도 한다(Anderson, 2009).

시민성이 로컬적 단위에서 국가적 단위로 재스케일화(re-scale)된 것은 중세 시대로 접어들면서부터다. 국가 시민성은 과거뿐만 아니라 현재에도 종족 학살, 엄격한 통제, 동반자 관계 등과 같은 방법을 통해 만들어지고 있다. 뿐만 아니라 국가는 국민으로 하여금 일상적 삶 속에서 그들이 확대된 가족의 일원이라는 것을 확인시켜 줄 수 있는 다른 질서/경계 짓기 메커니즘을 고안해 낸다. 가령 우표나 화폐에 군주나 국가 수장의 형상을 새겨 넣는 것도 그런 예라 하겠다. 소속감은 국기나 국가(國歌), 국가 기념일(현충일, 제헌절 등), 문화 축제 등과 같은 고안된 의례, 스포츠(예, 국가대표 제도) 등을 만들어 냄으로써 정립되기도 한다. 이처럼 애국심은 이러한 상징이나 의식을 통해서 권장되는데, 어떤 국가에서는 애국심이 강제적인 방식으로 국민에게 부과되기도 한다. 예컨대, 타이의 경우 하루에 두 번, 아침 8시와 저녁 6시에 국가가 울려 퍼진다. 이 시간에는 모든 사람이 하던 일을 멈추고 서서 국기와 국가에 대하여 경례를 해야만 한다. 2007년에는 국가가 울리는 동안 자동차 운전도 멈춰야 한다는 '애국(Patriotism)' 법이 제정되었다(Anderson, 2009).

이처럼 타이의 사례는 국가 시민성이 어떻게 시민의 일상적 삶 속으로 투사되는지 명료하게 보여 준다. 국가와 경찰력을 동원한 지배 권력은 아침 8시와 저녁 6시에 이러한 질서/경계 짓기를 통해 개개인으로 하여금 국가를 경배하게 하고, 집단적 소속감(동포애)을 만들어 간다. 국가 스케일에서 장소감은 가장 뜨거운 장소감이지만, 시민 개개인이 애국심의 질서/경계 짓기 메커니즘을 얼마나 잘 받아들이느냐에 따라 그 강도는 달라진다(Anderson, 2009).

국가 시민성은 국가가 위기에 처했을 때 가장 분명하게 드러난다. 유사시나, 운동 경기와 같은 경쟁 상황에서 자부심과 충성심, 소속감은 더욱 강화된다. 실제로 이런 시기에는 로컬과 국가적 감정이 유착되어 하나의 '중첩적(nested)' 장소감(시민성)이 형성된다. 바로 여기서, 한 국가를 위해 결합되는 동시에 '우리'와 경쟁 관계에 있는 다른 국가에게는 적대적인, 합착된 스케일의 정체성이 형성된다. 대립되는 두 국가 사이의 질서/경계가 명료해지는 바로 그때, 우리는 실제로 자신이 어떤 편에 서 있는지를 인식하게 된다(Anderson, 2009).

로컬적 시민성과 국가 시민성은 종종 충돌한다. 왜냐하면 하나의 사안을 두고 로컬적 이익과 국가적 이익이 상충될 수 있기 때문이다. 두 시민성이 상충할 경우, 일반적으로 로컬적 시민성은 님비즘(NYMBYism)으로 규정되어 외부자로부터 비난을 받게 된다. 국가의 발전과 국익을 위협하는 무책임하고 자기방어적인 님비즘을 버려야 하는 것일까? 로컬에 대한 애착보다는 국가의 목적 추구를 우위에 놓아야 하는 것일까? 밀양 송전탑 설치, 제주도 강정마을 해군기지 건설은 이를 잘 보여 주는 사례라 할 수 있다.

시민성은 많은 변화를 거듭해 오고 있지만(Painter and Philo, 1995), 오늘날 대개 국민국가와 밀접한 관련이 있다. 국민국가는 시민성에 관한 법적인 자격을 부여하고, 시민의 권리와 의무를 실행하고 지원하기 위한 정치적, 법적 기구를 제공한다(Isin and Turner, 2007; Isin, 2012). 그러나, 세계화 등으로 국민국가의 정치적 권력이 계속해서 침해받고 있는 것처럼, 국민국가가 시민성의 실제적인 기초를 계속해서 제공할 수 있을지에 관해서는 많은 의문이 제기되고 있다(Sassen, 2002). 경계화된 시민성은 경제적/문화적 세계화로 인해 도전받고 있다(Closs Stephens and Squire, 2012a). 즉 시민성은 다양한 스케일에서 경계가 희미해지고 있으며, 중첩되어 다중적 시민성의 공간이 출현하고 있다(Desforges et al., 2005; Staeheli, 2011; Closs Stephens and Squire, 2012b).

4. 이동, 시민성을 재개념화하다: 글로벌 시민성/다중시민성

모든 세계는 이동 중에 있는 것 같다. 망명 신청자(asylum seekers), 국제학생, 테러리스트, 디아스포라 구성원, 여행자, 사업가, 스포츠 스타, 난민(refugees), 배낭여행자, 통근자, 은퇴자, 출세욕에 찬 젊은 전문직 종사자, 매춘부 등 (중략) 이러한 여행의 스케일은 거대하다. 국제적으로 매년 7억 명의 여행객(1950년의 2천 5백만과 비교되는)이 있으며, 2010년 경에는 10억 명이 될 것으로 예측된다. 매일 4백만 명의 항공 여행객이 있다. 3천 1백만의 난민들이 그들의 집으로부터 쫓겨나고 있다. 8.6명당 한 대의 차가 있다(Sheller and Urry, 2006, 2007).

앞에서 잠깐 언급한 것처럼, 대부분 시민성은 출생을 통해 획득되며(Kofman, 2002), 한 국가의 시민은 출입국관리소를 통과할 때 여권 또는 비자를 제시하는 행위를 통해 그들의 지위를 떠올리게 된다(Cresswell, 2006). 이러한 행위 이외에, 시민성은 당연한 것으로 간주되며, 모국에서의 일상적인 행위를 통해서는 거의 고려되지 않는다(Pykett et al., 2010). 그러나 국가를 횡단하여 이동하는 다른 사람들(경제 활동을 위한 이주자, 난민 등)에게 시민성은 획득되어야 하고 승인받아야 하는 것이 된다(Alexander and Klumsemeyer, 2000). 시민으로서의 지위는 이러한 다양한 이동에 영향을 줄 수 있지만, 이주는 또한 시민성이 어떻게 규정되고 통제되는지에 관해 영향을 줄 수 있다(Ho, 2008). 자국으로 많은 이주자들이 유입해 오는 국가들은 견고한 보안을 통해 그것을 더욱 더 긴밀하게 통제하려고 한다. 이는 이주를 제약하고 시민성을 획득하는 것을 제약함으로써 이루어진다(Castles and Davidson, 2000).

이처럼 시민성은 국가 경계 내에 고정되고 한정된 것으로 간주하려는 경향이 있다. 그러나, 국경을 넘은 이동이 점점 더욱 빈번하고 용이해짐에 따라(Sheller and Urry, 2006), 시민성은 상호연결된 세계 속에서 열린 시민성으로 상정되어야 한다는 주장이 계속되고 있다(Massey, 1991). 시민으로서 한 사람의 정체성은 단순히 국가적 소속만으로 결정되지는 않으며, 오히려 일상적 차원에서 나타나는 로컬 및 글로벌 영향에 의해서도 형성된다. 세계화로 시민성은 배타적으로 하나의 한정된 영토에 국한된다는 가정이 도전받고 있는 것이다.

시민성은 공간 사이를 계속해서 이동하며, 국경을 포함한 경계를 가로지른다. 시민성은 특정 경계 또는 공간적 컨테이너 속에 한정되기보다는 오히려 다중스케일적이며(Painter, 2002), 이동한다(Cresswell, 2006, 2009). 경계화된 국가 시민성에 도전하는 국가 초국가주의(transnationalism)는 국가 경계를 횡단하는 초국적 시민성(transnational citizenship)의 실천과 관련된다. 이러한 초국적 시민성은 '글로벌 시민성(global citizenship)' 또는 '코스모폴리탄 시민성(cosmopolitan citizenship)'이라 불리기도 한다(Desforges et al., 2005, 444).

세계화로 인하여 사람, 노동, 상품, 정보, 자본이 국가를 횡단하여 이동이 자유로워짐에 따라 국가 경계를 넘어 다양한 장소를 연결하는 글로벌 네트워크와 흐름을 형성하고 있다. 일련의 학자들은 시민성을 국가의 경계에 의한 포섭과 배제에 초점을 맞추기보다 시민성이 경계를 넘어 어떻게 형성되는지를 고찰하기 시작했다. 이로 인해 한 국가 이상의 권리와 정체성과 관련된 초국적 시민성이 강조되고 있다(Linklater, 2002; Chouinard, 2009). 이러한 초국적 시민성은 사람들이 자신을 국가적 영향뿐만 아니라 글로벌 영향을 끌어오는 훨씬 더 넓은 정체성(젠더, 연령, 성별, 민족성, 인종, 관심, 신념 또는 정치학과 같은)과 연결시킨다는 것을 의미하며, 시민성이 국민국가에 고정된 정체성에 근거한다는 가정에 도전한다(Jackson, 2010). 예를 들면 시민들은 자원봉사자로서 로컬 수준에서 행동하는 동시에, 글로벌 캠페인 그룹을 통해 다른 공간에 있는 다른 시민들과 연결된다.

비록 국가는 국민에게 법적인 시민성을 부여하지만, 국제적 이동이 활발해 짐에 따라 시민으로서의 정체성은 점점 국가를 횡단한다. 밀러(Miller, 2002, 242)에 의하면, 시민성은 더 이상 지연 또는 혈연에 근거하지 않고, 오히려 문화와 관련하여 다양한 변이를 양산한다. 또한 잭슨(Jackson, 2010, 139)은 시민성이 엄격한 법적, 정치적 양상보다 감성적 또는 정의적 차원에 더욱 의존하게 된다고 주장한다. 그는 이를 '문화적 시민성(cultural citizenship)'이라고 한다. 많은 이주자들은 이주한 새로운 국가를 선택하기보다는 오히려 두 국민국가 간의 초국적인 사회적, 경제적 연계를 유지한다(Ho, 2008).

이처럼 세계화로 인해 한층 자유로워진 이동 메커니즘은 시민성을 재개념화하고 있다. 크레스웰(Cresswell, 2006)은 이동은 시민성을 파괴하는 것처럼 보이지만, 오히려 시민성을 규정한다고 주장한다. 장소 간에 이동할 수 있는 능력과 장소 내에서 보편적 권리를 주장할 수 있는 능력이 시민이 되는 특징을 규정한다(Marshall, 1950; Cresswell, 2009). 이동에 관한 제약은 종종 시민성과 관련된 권리에 관한 제약과 연계된다. 따라서 이동과 시민성의 관계는 매우 중요하다. 국제적 이동의 증가는 국민국가에 기반한 국가 시민성에 도전하는 새로운 시민성을 출현시킨다.

국가가 시민성을 고착화하려는 시도는 단기적이고 수정될 수밖에 없다. 왜냐하면 시민성은 논리적 일관성에 의하기보다는 그 국가가 놓여 있는 역사적 경험, 기존의 문화적 규범, 정치적 계산에 의해 더 영향을 받기 때문이다(Alexander and Klumsemeyer, 2000, 2). 세계화로 인한 이동(mobility)에 관심을 보이는 학자들(Sheller and Urry, 2006; Adey, 2010; Cresswell, 2010)은 국가 경계에 뿌리내린 정적인 지리보다 장소 간, 그리고 스케일 간의 이동의 중요성을 강조한다. 이러한 이동 메커니즘은 시민성을 국가 경계를 넘어 확장시키고 있다.

대표적인 사례가 디아스포라 공동체(diasporic communities)이며, 이들은 이중 시민성(dual citizenship)을 경험하고 있다(Sassen, 2002). 에스코바르(Escobar, 2006)는 이러한 디아스포라적 시민성을 '법역 외 시민성(extraterritorial citizenship)'이라고 말하며, 이는 이중 국적에 해당된다. 이러한 법역 외 시민성은 세계화로부터 야기하는 다중시민성(또는 다중정체성)으로 연결된다(Castles and Davidson, 2000, 87). 클로스 스티븐스와 스콰이어(Closs Stephens and Squire, 2012b)는 시민성을 영역적 단위를 초과하는 일련의 정치적 만남으로 묘사함으로써, 공동체 없는 시민성을 강조한다. 그들은 웹(web)이라는 메타포를 사용하여 이미 규정된 정체성, 영역, 정치적 주체들로부터 이동하는 시민성에 대한 관계적 이해를 주장한다. 데스포르게스 외(Desforges et al., 2005, 441)는 이를 다층적 시민성 또는 다중시민성(multiple citizenship)이라고 명명한다. 다중시민성은 상이한 스케일의 정치적 단위와의 관계, 일련의 다른 사회적 정체성과의 관계에 의해 규정되고 표현된다(Castles and Davidson, 2000; Desforges et al., 2005; Ho, 2008; Staeheli, 2011).

이상과 같이 시민성은 국가뿐만 아니라 점점 다양한 비국가 부문(예를 들면 자선단체, NGO, 기업, EU 등)을 통하여 조직되고 국가 부문과 경쟁한다(Anderson et al., 2008). 왜냐하면 사적이고 자발적인 비국가 부문이 점점 복지와 서비스 영역에서 국가를 대체하기 시작했기 때문이다. 민영화, 자발적 행동, 새로운 거버넌스 유형은 책임성의 경계를 결정하는 것을 어렵게 만들고 있다. 시민성은 복잡하고, 다면적이다. 시민성은 일련의 공간과 스케일을 가로질러 수행된다. 이제 국민국가에 근거한 시민성은 더 이상 표준적인 스토리라고 할 수 없다.

시대는 변화하고 있고, 시민성에 대한 관점 역시 변화하고 있다. 탈산업화, 국제적 이주, 세계화 등은 보다 열린 시민성을 요구하고 있다. 게다가 지구온난화, 자본주의 시장의 자유화, 국제적인 안보, 국제적인 인권 등은 국민국가가 혼자 힘으로 다룰 수 없게 되었다. 시민성은 유럽연합, WTO, NATO, 세계은행 등과 같은 국제적인 공동체를 비롯하여 그린피스, 옥스팸, ActionAid 등과 같은 비정부기구(NGO)를 통해 탈국가화된다. 이제 우리의 행동은 국민국가뿐만 아니라 협력적이고 자발적인 부문들을 포함하여 보다 다양한 제도를 통해 이루어진다.

5. 로컬리티, 또 다른 시민성을 규정하다: 로컬 시민성

로컬리티, 즉 사람들이 거주하면서 일상적인 삶을 영위하는 로컬 지역 역시 시민성이 중요한 공간이다. 로컬 시민성은 개인들로 하여금 자신의 로컬 공동체에 자발적으로 활동하도록 한다는 점에서 '능동적 시민성(active citizenship)'으로 간주된다(Kearns, 1995).

앞에서 살펴보았듯이 세계화의 진전으로 이동은 시민성을 위한 중요한 기표가 되고 있지만, 많은 사람들에게 시민성은 로컬리티 또는 지역 공동체와 동일시된다. 비록 국민국가는 시민으로서의 공식적인 지위가 확립되는 곳이지만, 대개 로컬리티를 통해 수평적인 시민성의 결속이 '우리'라는 동일시를 창출하는 데 작동한다. 시민성은 로컬 수준에서의 일상적인 행위와 실천을 통해 의미를 제공받는다(Ghose, 2005; Staeheli, 2008). 고스(Ghose, 2005, 64)에 의하면, 출생이나 귀화를 통해 한 국가의 시민이 되는 것은 충분하지 않다. 사람들은 그 도시에 대한 권리를 주장하기 위해 시민으로서 능동적으로 행동하는 방법을 이해해야 한다.

우리는 자신의 권리와 의미를 동원하고, 사용하며, 수행할 때 완전한 시민성을 획득한다. 국가 스케일 아래의 로컬은 이러한 활동을 위한 중요한 배경을 제공한다(Desforges et al., 2005). 예를 들면 지역 계획 및 정책 결정에 참여하거나, 지역 선거에서 투표하거나, 지역 의원과의 접촉, 지역 선거정치에 참여하는 것 등이 해당된다. 토크빌(Alex de Tocqueville)은 그의 저서 『미국의 민주주의』(Democracy in America)에서 로컬 시민사회에서 시민의 참여는 더욱 더 효율적이고, 중앙 국가와 대규모 관료조직에 의한 통제보다 민주적으로 더 선호된다고 하였다(Isin and Turner, 2007).

많은 국가들이 로컬 스케일에서 시민의 참여를 중시하기 때문에 능동적 시민성은 중요하다. 많은 국가들은 로컬 참여가 시민의 권리일 뿐만 아니라 의무라는 것을 강조한다(Kearns,

1995; Lepofsky and Fraser, 2003). 능동적 시민성은 권리보다 오히려 의무를 강조한다. 능동적 시민성은 국가가 제공할 수 없는 복지나 서비스의 한계를 자원봉사자를 활용하여 메우려는 데 목적을 둔다. 특히 서구 국가들은 지난 20년 넘게 능동적 시민성 정책을 추진해 왔다. 이는 시민들에게 로컬 공동체에서 시민의 의무, 자선활동, 자발적 조직(NGO, 자선단체 등)을 강조한다. 국가와 자발적 부문은 항상 사회 복지와 서비스의 제공에 있어서 공생 관계를 유지해 왔다. 자발적 스펙트럼의 마지막에 있는 풀뿌리 조직(Grass-roots organizations)은 시민들의 참여를 위한 보다 나은 기회를 제공한다. 이러한 자발적인 활동은 로컬 민주주의를 개선하기 위해 주로 좌파에 의해 실행되었지만(Wolch, 1990), 이제 많은 국가는 시민들로 하여금 자발적인 활동을 통해 로컬 공동체에 기여하도록 격려한다.

이처럼 로컬 시민성의 성장으로 국가의 직접적인 개입은 줄어들었을지 몰라도, 국가는 여전히 먼 거리에서 로컬적 의사결정에 영향을 주고 있다. 자발적 활동은 자율적인 시민성으로 이어지지 않고, 정부에 의한 감시와 통제를 받는다. 페인터(Painter, 2007, 222)에 의하면, 국가와 관련하여 시민성은 시민들에 의해 행해진 실천이라기보다는 오히려, 국가의 지배성(govern-mentality)에 의한 산물이다. 국가는 모든 수단(예를 들면 교육, 감시, 사법시스템, 도시 및 사회 정책 등)을 통해 시민을 재생산한다.

로컬에 기반한 시민성은 능동적 실천을 담보할 수 있지만, 한편으로는 문제점을 내포하고 있다. 왜냐하면 로컬 시민성은 사람들을 포섭할 뿐만 아니라 배제시킬 잠재력을 가지고 있기 때문이다(Staeheli, 2008; Closs Stephens and Squire, 2012b). 일부 사람들은 로컬 공동체에 참여함으로써 이익을 얻을 수 있지만, 그렇지 못한 사람들은 완전한 시민성으로부터 배제될 수 있다.

이상과 같이 현재 우리는 다양한 스케일을 통한 상이한 시민성을 경험하고 있다. 우리는 한 국가의 국민으로서 상상적인 공동체인 국가에 봉사하는 국가 시민성뿐만 아니라, 한 지역의 주민 또는 시민으로서 자발적 참여를 통한 능동적 시민성 형성에 관여한다. 뿐만 아니라 국가를 횡단하여 보편적 시민성으로서의 글로벌 시민성이 역시 요구된다(Desforges et al., 2005). 이처럼 우리는 다양한 공간 스케일에서 다중적인 시민성 또는 정체성을 경험하게 된다.

6. 시민성의 공간적 재개념화의 지리교육적 함의

1) 시민성의 공간적 전환: 다중스케일과 다중시민성

지금까지 공간의 관점에서 본 시민성, 즉 시민성의 지리(geographies of citizenship)에 대해 살펴보았다. 즉 다양한 공간적 렌즈를 통해 시민성을 검토했다. 시민성은 공간적 관점에서 다양한 용어, 예를 들면 로컬 시민성/능동적 시민성, 국가 시민성, 글로벌 시민성/초국적 시민성/코스모폴리탄 시민성, 다중(다차원)시민성/이중시민성으로 분화된다. 이러한 공간적으로 분화된 시민성은 다시 환경 및 윤리적 관점과 결부되어 환경 시민성, 윤리적 또는 도덕적 시민성 등으로 나타난다. 이처럼 변화하는 사회에서 시민성을 이해하는 방식은 다양하다. 시민성은 더 이상 사람들을 국민국가와의 관계로 한정하여 재현하기 위한 용어가 아니다.

이처럼 특히 포스트모던적 경향이 강하게 나타나고 있는 현대사회에서는 근대적 관점에서의 시민성을 적용하는 데 한계가 있다. 이제 시민성의 정의는 우세한 하나로 수렴될 수는 없다. 이러한 시민성의 정의와 유형이 공간적으로 다양하게 분화되는 것은 기존의 질서를 흩트리는 혼란스러움의 문제가 아니라 그만큼 시민성의 개념을 가치 있게 만든다. 젠더화되고 서구화된 시민성의 관점에서 탈피하여(McEwan, 2005), 그리고 국가 중심의 시민성에서 탈피하여 스케일의 관점에서 국가를 중심으로 위아래를 볼 수 있고, 남성과 서구를 중심으로 여성과 비서구를 안을 수 있는 개념으로 시민성은 확장되고 있는 것이다. 나아가 시민성은 공간적으로 파편화되고 분절된 시민성이 아니라 다른 장소와 다른 사람들과의 관계 속에서 네트워크로 구축되는 관계적 측면에서 정의되고 있다. 글로벌 시민성, 초국가적 시민성, 코스모폴리탄 시민성, 다중시민성, 이중시민성 등의 출현은 이에 대한 반증이다(Isin, 2012). 시민성에 대한 공간적 관점은 이러한 새롭게 출현하는 관계를 이해하는 데 중요하다.

지리는 공간성(spatiality)에 대한 이론화를 추구하며, 이는 공간과 장소가 시민성을 형성하고 실천하는 데 어떤 역할을 하는지를 밝혀 준다(Desforges et al., 2005). 지리는 로컬에서 글로벌에 이르는 공간뿐만 아니라, 몸, 집, 지역, 영역, 경관, 로컬리티, 사이트, 이동, 네트워크, 그리고 공적 공간(public spaces)과 사적 공간(private spaces)을 아우른다. 이들 공간은 모두 시민성이 일상생활에서 의미를 형성하고, 재생산되는 방법과 중요한 관계를 가진다. 여기에서 중요한 것은 이들 공간은 상호 배타적이지 않고, 관계적이라는 것이다.

특히 세계화는 시민성을 공간적 관점에서 새롭게 정의 내리게 하는 동인이 되고 있다. 현대사회에서 시민은 다양한 공간 스케일(예를 들면 로컬, 지역, 국가, 글로벌 등)과, 이들 공간을 횡단하여 작동하는 다양한 정치적 공동체의 구성원이다. 사람들은 다양한 공간 사이를 횡단하거나 엮는 많은 다양한 네트워크의 일부분이 되고 있다. 현대적 의미에서 시민성은 일련의 영역에 파편적으로 집중하기보다는 오히려 다양한 네트워크를 따라 분산되고 있다(Lee, 2008, 4). 이러한 점에서 시민성은 이제 다중스케일(multi-scale) 방식으로 이해되어야 한다(Painter, 2002). 데스포르게스 외(Desforges et al., 2005, 441) 역시 현대사회에서 개인은 다중스케일적 시민성의 책임을 가진다고 주장한다. 이러한 다중스케일적 시민성, 또는 다중시민성은 개인의 정체성과 행동의 형성에 있어서 국민국가의 역할을 경시하는 것이 아니라, 오히려 시민성이 국가에 의해 그리고 국가 위아래를 횡단하는 공간, 네트워크, 스케일과 관련하여 어떻게 구조화되는지에 대한 보다 심층적 이해를 보여 주는 것이다.

2) 지리를 통한 시민성교육의 새로운 방향 탐색

지금까지 우리나라 지리교육에서 시민성교육은 가치학습의 일환으로 향토애, 국토애, 인류애 등의 관점에서 다루어져 왔다. 그러나 앞에서 살펴본 것처럼, 지식의 발달, 세계 정세의 변화 등으로 시민성에 대한 새로운 비전이 제시되고 있다. 따라서 지리를 통한 시민성교육은 새로운 방향을 모색할 필요가 있다.

먼저, 지리를 통한 시민성교육은 지리학의 하위학문인 사회지리, 문화지리, 정치지리 간의 접점을 형성하는 데 초점을 둘 필요가 있다. 지금까지 지리교육은 시민성을 하나의 개념으로 인식하는 경향이 뚜렷했는데, 시민성에 대한 이론 정립에 초점을 두어야 한다(Smith, 2000). 앞에서 논의한 시민성의 공간적 재개념화는 공간적 관점에서 시민성을 이론적으로 정립하려는 시도이다. 지리교육은 시민성의 공간적 재개념화를 통해 시민성은 단순히 개인의 정체성을 넘어 정치적, 문화적, 사회적 구조와 상호연결되는 것으로 확장할 수 있다(Smith, 1989, 148). 시민성은 지금까지 대개 공식적인 측면에 초점을 두어왔지만, 이를 통해 일상적이고 비공식적인 것까지 포함할 수 있고, 뿐만 아니라 개인적인 것과 정치적인 것, 수행적인 것과 구조적인 것, 상상적인 것과 물질적인 것, 국가적인 것과 초국적인 것, 포섭과 배제, 로컬과 글로벌 등을 함께 끌어올 수 있다. 지리를 통한 시민성교육은 학생들의 현재와 미래의 잠재력을 파악할 수 있도록 하는 데 초점을 둘 필요가 있다. 시민으로서 글로벌 쟁점에 어떻게 기여할 수 있고, 협력적 시민성을 형성할 수 있는지에 대한 이해가 필요하다.

둘째, 지리교육을 통한 시민성교육에서 가장 본질적인 부분은 국가 시민성이다. 경계화된 영역을 중심으로 한 국가정체성의 형성은 여전히 중요한 목표이다. 현명한 시민은 자신의 권리뿐만 아니라 국가의 권위를 생각하는 사람이다. 국가는 합법적인 공간으로서의 시민성의 공간이다. 그러나 국가는 시민성을 부여할 수도 있고 침탈할 수도 있는 존재이다. 그리고 세계화로 이동과 네트워크 강도가 강해짐에 따라 고정적이고 제한된 정치적 정체성에 대한 진지한 고민이 필요하다.

셋째, 지리를 통한 시민성 교육은 정치적 문해력(political literacy), 공동체 참여(community involvement), 사회적·도덕적 책임성(social·moral responsibility)을 기반으로 할 필요가 있다. 학생들은 비판적이고, 책임성 있는 시민으로서 효과적으로 참여할 수 있는 방법을 배울 필요가 있다. 이러한 지리를 통한 시민성 교육의 새로운 방향은 학생들로 하여금 자신의 학교수업 환경에 관해 질문하도록 권력을 부여하는 것이며, 시민으로서 지식과 실천 그리고 '정체성(identity)'을 구체화하는 것이다. 지리는 인간 존재의 피할 수 없는 특징을 지적한다. 즉 '자아'와 '타자', '우리'와 '그들', '여기'와 '저기'는 하나이고 동일하다. 지리는 '여기'와 '저기'를 만드는 네트워크에 기여한다. 이러한 의미에서, 지리는 본질적으로 급진적이다. 지리는 영역적 정치학의 가정에 본질적인 정체성의 개념을 재정의한다. 21세기 시민성을 향한 비판적이고, 창의적이며, 대안적인 '지리적 상상력'의 개발은 이러한 과정에 중심이 된다. 지리는 우리로 하여금 사건의 정치학과 맥락에 관해 생각하도록 할 수 있으며, 시민성의 공간, 장소와 스케일을 분석하고 비판하도록 할 수 있다. 지리는 우리로 하여금 시민성의 권리와 책임성에 대한 쟁점, '소속'의 의미, 장소와 공간과의 연결(connectedness with places and spaces), 시민성의 부정의(injustices of citizenship)와 비시민성(non-citizenship)을 이해하도록 도울 수 있다.

넷째, 지리교육은 시민성의 공간적 재개념화에 토대하여 청소년을 수동적 시민이 아니라 능동적 시민으로서 역할을 할 수 있도록 할 필요가 있다. 지리교육은 청소년으로 하여금 시민성이 그들의 일상적인 생활의 일부분(예를 들면 학교에의 소속감, 밤에 집으로 걸어갈 때 거리에서 안전하다는 느낌, 지리적·사회적으로 먼 '타자들'에 대한 공감 등)이라는 것을 인식시킬 필요가 있다. 그리고 지리를 통한 일상적 시민성교육을 위한 적절한 개념 및 주제로는 상호의존성, 차이와 다양성, 국제무역, 이주, 도시재생, 변화하는 장소감과 소속감, 사회적 책임성 등을 들 수 있다. 교사와 학생들이 일상적인 연결을 할 수 있는 지리적 토픽으로는 이주, 보호소, 배치, 경제적 이주자의 권리, 범죄, ASBOs, 하층(underclass), 사회적 소외, 정치적 이양(political devolution), 공공 서비스와 공적 공간의 제공과 접근, 우리가 사는 상품들이 만들어지는 곳, 기후 변화, 가깝고 먼 타자들에 대한 우리의 책임성 등을 들 수 있다. 시민성은 우리로 하여금 세계를 더 효과적으로 이해하도록 하고, 우리의 일상적인 사고와 행동을 통하여 어떻게 장소를 만드는지를 평가하도록 도울 수 있다. 시민성은 그것이 이해되고 맥락화될 때 의미 있게 된다. 그래서 교사와 학생들은 무엇이 그들을 시민으로 만드는지, 그들은 그러한 정체성과 함께 무엇을 하려고 선택할 수 있는지를 해석할 수 있다.

다섯째, 지리교육은 시민성의 복잡성을 가르칠 필요가 있다. 학교지리는 대개 패턴, 법칙 등 추상적인 방식으로 가르쳐지고 학습된다. 그러나 학교지리는 시민성의 지리를 위한 '논쟁의 문화(culture of argument)' 또는 '대화를 위한 교육(education for conversation)'을 만들어야 한다(Lambert, 2002). 합법적인 여권을 가지면 국제적 경계를 초월한 초국가적 이동이 가능하다. 지리교사는 학생들에게 한 국가의 시민이 되는 것은 고정된 정체성이 아니라는 것을 이해하도록 도울 필요가 있다. 그리고 시민성이 어떻게 사회적/공간적 포섭과 배제의 강력한 수단인지를 이해하도록 할 필요가 있다. 따라서 시민성에 대한 토론은 필수불가결하게 사회정의와 관련되는지를 이해하도록 할 것이다. 이러한 토픽에 대한 토론은 지리 수업을 정치적 토론으로 이끌 수 있다. 이는 지리 학습에서 강조되는 반성, 대화, 협상, 참가 등의 기능을 촉진시킨다. 이것은 지리 수업을 '논쟁의 문화(culture of argument)' 또는 '대화를 위한 교육(education for conversation)'으로 특징짓는다. 학생들은 회의주의에 친근함을 느끼고, 복잡성에 대한 주의 깊은 접근을 하도록 격려받는다. 지리교육은 학생들에게 불확실한 세계를 이해하고 다루기 위한 기능을 발달시킬 수 있다.

마지막으로, 경계화된 영역에 기반한 국가 시민성에 대한 대안적인 지리적 상상력은 학생들로 하여금 '세계에서 그들의 장소'는 일련의 영역에서 중심화되는 것보다 오히려 복잡한 네트워크를 따라 탈중심화된다는 것을 알려 준다. 대안적 지리적 상상력은 관계적으로 글로벌적으로 형성된 시민성의 개념을 밝혀 준다. 그것은 지리적 공간의 개방적인 관계적 본질을 인식시킨다. 이는 국민국가 영역에 근거한 국가 시민성에서 탈피하여 학생들로 하여금 다른 사람 및 장소와 관련하여 위치시키도록 할 수 있는 지리적 상상력을 제공함으로써 시민성교육에 기여한다. 지리교사는 지리를 통해 이러한 초국가적 시민성에 접근할 필요가 있다. 왜냐하면 현재는 탈산업화, 국제적 이주, 세계화의 진전으로 이에 대한 지리적 상상력이 요구되기 때문이다. 21세기에 탈국가화된 시민성의 지리는 지리교사들로 하여금 대안적인 지리적 상상력을 채택하도록 요구하고 있다. 영역은 고정된 것이 아니라 사회적, 환경적으로 구성된 것이며 항상 생성, 파괴, 변형, 재형성의 과정에 있다. 영역은 네트워크로 연결된다. 세계를 횡단하는 복잡한 상호연결성은 대안적인 초국적 시민성의 필요성을 알려 주며 지리 교수 내에서 이것이 성찰될 필요가 있음을 알려준다. 예를 들면 스포츠에서 특정 선수가 누구를 위해 뛰고 있는지, 개인의 소속을 누가 결정하는지, 시민성의 특권으로부터 누구 이익을 얻고 누가 이익을 얻지 못하는지, 누가 이상적인 시민으로 간주되는지, 한 국가 이상의 시민이 되는 것이 가능하는지, 시민성 또는 국가적 정체성을 가지지 않는 것이 가능한지를 탐색할 수 있다.

요약 및 핵심어

이 글은 시민성을 공간적 관점에서 재개념화하고 이것이 지리교육에 주는 함의를 논의한 것이다. 근대 이후 국민국가의 출현으로 시민성은 국가가 영역 내의 구성원에게 부여하는 권리와 의무로 정의되었다. 물론 현재도 국가가 법적인 시민성을 부여하지만, 점점 시민으로서의 정체성은 그 상하위 스케일인 글로벌과 로컬로부터 획득되는 것으로 인식된다. 그리하여, 시민성은 국가의 경계에 의해 규정되기 보다는 다른 사람 및 장소와의 연결 또는 네트워크에 의해 구성되는 것으로, 그리고 공간은 분절적 공간이 아니라 관계적 공간으로 인식된다. 따라서 시민성은 다차원적이고, 유동적이고, 초국적이며, 협상적인 경향을 띠면서, 다중스케일에 기반한 다중시민성으로 재개념화되고 있다. 이제 시민으로서의 개인은 다양한 스케일에서 정치적 공동체의 구성원인 동시에 비영역적인 사회집단의 구성원으로 간주된다. 따라서 지리를 통한 시민성교육은 국가 중심에서 그리고 분절된 공간적 스케일에서 벗어나, 로컬과 글로벌이 상호연결되고 중첩되면서 형성되는 다중시민성을 포섭하는 데 더욱 초점을 맞출 필요가 있다.

시민성의 공간(space of citizenship), 국가 시민성(national citizenship), 글로벌 시민성(global citizenship), 로컬 시민성(local citizenship), 다중시민성(multiple citizenship)

더 읽을 거리

김갑철, 2016, "정의를 향한 글로벌 시민성 담론과 학교 지리", 한국지리환경교육학회지, 24(2), 17-31.
노혜정, 2008, "세계 시민 교육의 관점에서 세계 지리 교과서 다시 읽기: 미국 세계지리 교과서 속의 한국", 대한지리학회지, 43(1), 154-169.
박선희, 2009, "다문화사회에서 세계시민성과 지역정체성의 지리교육적 함의", 한국지역지리학회, 15(4), 478-493.

조철기, 2005, "지리교과를 통한 시민성 교육의 내재적 정당화", 대한지리학회지, 40(4), 454-472.

참고문헌

교육과학기술부, 2009, 사회과교육과정, 교육과학기술부.

조철기, 2015, "글로컬 시대의 시민성과 지리교육의 방향", 한국지역지리학회지, 21(3), 618-630.

한희경, 2011, "비판적 세계 시민성 함양을 위한 세계지리 내용의 재구성 방안-사고의 매개로서 '경계 지역' 과 지중해 지역의 사례-", 한국지리환경교육학회지, 19(2), 123-141.

Adey, P., 2010, *Mobility*, Routledge, London.

Alexander, A. and Klumsemeyer, D., 2000, *From Migrants to Citizens: Membership of a Changing World*, Carnegie Endowment for International Peace: Washington, DC.

Anderson, J., 2009, *Understanding Cultural Geography: Places and Traces*, Rpotledge (존 앤더슨, 이영민·이종희 역, 2013, 문화, 장소, 흔적, 한울).

Anderson, J., Askins, K., Cook, I., Desforges, L., Evans, J., Fannin, M., Fuller, D., Griffiths, H., Lambert, D., Lee, R., MacLeavy, J., Mayblin, L., Morgan, J., Payne, B., Pykett, J., Roberts, D. and Skelton, T., 2008, What is geography's contribution to making citizens?, *Geography*, 93(1), 34-39.

Castles, S. and Davidson, A., 2000, *Citizenship and Migration: Globalization and the Politics of Belonging*, Macmillan Press, Bsingstoke.

Chouinard, V., 2009, Citizenship, Kitchen, R. and Thrift, N. (eds.), *International Encyclopedia of Human Geography*, Esevier, 107-112.

Closs Stephens, A. and Squire, V., 2012a, Citizenship without community?, *Environment and Planning D: Society and Space*, 30, 434-436.

Closs Stephens, A. and Squire, V., 2012b, Politics through a web: citizenship and community unbounded, *Environment and Planning D: Society and Space*, 30, 551-567.

Cresswell, T., 2006, *On the Move*, Routledge, London.

Cresswell, T., 2009, The prosthetic citizen: new geographies of citizenship, *Political Power and Social Theory*, 20, 259-273.

Cresswell, T., 2010, Towards a politics of mobility, *Environment and Planning D: Society and Space*, 28, 17-31.

Desforges, L., Jones, R. and Woods, M., 2005, New geographies of citizenship, *Citizenship Studies*, 9, 439-451.

Escobar, C., 2006, Migration and citizen rights: the Mexican case, *Citizenship Studies*, 10, 503-522.

Ghose, R., 2005, The complexities of citizen participation through collaborative governance, *Space and Polity*, 9, 61-75.

Ho, E., 2008, Citizenship, migration and transnationalism: a review and critical interventions, *Geography Compass*, 2, 1286-300.

Isin, E. and Turner, B., 2007, Investigating citizenship: an agenda for citizenship studies, *Citizenship Studies*, 11, 5-17.

Isin, E., 2012, Citizenship after orientalism: an unfinished project, *Citizenship Studies*, 16, 563-572.

Jackson, P., 2010, Citizenship and the geographies of everyday life, *Geography*, 95, 139-140.

Janoski, T. and Gran, B., 2002, Political citizenship: foundations of rights, in Isin, E. and Turner, B. (eds.), *Handbook of Citizenship Studies*, Sage, London, 13-52.

Kearns, A., 1995, Active citizenship and local governance: political and geographical dimensions, *Political Geography*, 14, 155-175.

Lambert, D. and Machon, P., 2001, *Citizenship through Secondary Geography*, RoutledgeFalmer, London and New York.

Lambert, D., 2002, Geography and the Informed Citizen, in Gerber, R. and Williams, M., (ed.), *Geography, Culture, and Education*, Kluwer Academic Publishers, Boston, 93-103.

Lepofsky, J. and Fraser, J. C., 2003, Building community citizens: claiming the right to place-making in the city, *Urban Studies*, 40, 127-142.

Linklater, A., 2002, Cosmopolitan citizenship, in Isin, E. and Turner, B. (eds.), *Handbook of Citizenship Studies*, Sage, London, 317-333.

Marshall, T. H., 1950(1992), Citizenship and social class, Marshall, T. and Bottomore, T. (eds.), *Citizenship and Social Class*, Pluto, London, 3-54.

Massey, D., A global sense of place?, *Marxism Today*, 24-29.

McEwan, C., 2005, New spaces of citizenship? Rethinking gendered participation an empowerment in South Africa, *Political Geography*, 24, 969-991.

Miller, T., 2002, Cultural Citizenship, in Isin, E. and Turner, B. (eds.), *Handbook of Citizenship Studies*, Sage, London, 231-243.

Mullard, M., 2004, *The Politics of Globalisation and Polarisation*, Edward Elgar, Cheltenham.

Painter, J. and Philo, C., 1995, Spaces of citizenship: an introduction, *Political Geography*, 14(2), 107-120.

Painter, J., 2002, Multilevel citizenship, identity and regions in contemporary Europe, in Anderson, J. (ed.), *Transnational Democracy: Political Spaces and Border Crossing*, Routledge, London, 93-110.

Painter, J., 2007, What kind of citizenship for what kind of community?, *Political Geography*, 26, 221-224.

Philo, C., 1993, Spaces of citizenship, *Area*, 25(2), 194-196.

Pykett, J., Cloke, P., Barnett, C., Clarke, N. and Malpass, A., 2010, Learning to be global citizens: the rationalities of fair-trade education, *Environment and Planning D: Society and Space*, 28, 487-508.

Sassen, S., 2002, Towards a post-national and denationalised citizenship, in Isin, F. E. and Turner, B. S. (eds.), *Handbook of Citizenship*, Sage, London.

Sheller, M. and Urry, J., 2006, The new mobilities paradigm, *Environment and Planning A*, 38, 207-226.

Smith, S. J., 1989, Society, space and citizenship: a human geography for the "new times"?, *Transactions of the*

Institute of British Geographers, 14(2), 144-156.

Smith, S., 2000, Citizenship, in Johnston, R., Gregory, K., Pratt, G. and Watts, M. (eds.), *The Dictionary of Human Geography* (4 ed.), Backwell, Oxford, 83-84.

Staeheli, L., 2008, Citizenship and the problem of community, *Political Geography*, 27, 5-21.

Staeheli, L., 2011, Political geography: where's citizenship, *Progress in Human Geography*, 35, 393-400.

Storey, D., 2011, *Territories: the Claiming of Space*, Prentice-Hall, Harlow.

Wolch, J., 1990, *The shadow state: Government and Voluntary Sector in Transition*, The Foundation Centre, New York.

Yarwood, R., 2014, *Citizenship: Key Ideas in Geography*, Routledge, Oxon.

제4장

핵심역량과 지리교육*

김현미

한국교육과정평가원

이 장의 개요

* 본 연구는 김현미(2013, 2016)를 수정·보완한 것임.

1. 들어가며

21세기는 그 어느 때보다도 급격하게 변화를 겪고 있으며 그 변화의 폭도 그 어느 때보다 크다. 기존 지식의 축적, 특정 기능의 숙련이 중요했던 이전 산업시대와 달리, 오늘날 지식기반사회에서는 비판적 사고력, 문제해결력이 그 어느 때보다 중요해졌다. ICT를 포함하여 미디어 기술을 활용할 수 있는 능력이 새롭게 부각되었다. 고령화 사회에서 우리는 일생 동안 여러 가지 직업을 갖게 될 가능성이 높아졌다. 글로벌 경제, 다문화사회에서 여러 의미에서 나와 '다른' 사람들과 협업하여 일하는 능력도 중요해졌다. 이동성, 적응성, 탄력성이 중요해지고, 평생학습이 요구되는 시대이다. 더욱이 미래를 살아갈 우리 아이들은 아직 개발된 적 없는 새로운 기술을 접하게 될 것이고, 현재에는 존재하지도 않는 직업을 갖게 될 것이며, 우리가 아직 풀지 못한 혹은 풀어본 적 없는 새로운 문제들과 직면하고 이를 해결하기 위해 분투해야 할 것이다(Trilling & Fadel, 2012). 이에 학교 교육은 새로운 역할과 변화를 요구받고 있다. 미래사회에서 성공적인 사회생활과 개인적 삶을 위하여 학생들이 이러한 능력을 기를 수 있는 기회를 학교 교육은 제공할 수 있어야 한다. 이에 세계 여러 나라는 미래사회에 대비하여 학생들에게 필요한 능력, 즉 역량이 무엇이며 학교 교육과정은 이를 어떻게 담아 낼 것인가를 질문하고 이에 대한 답을 찾아가는 중이다.

핵심역량이 교육의 중요한 키워드로 등장하게 된 중요한 출발점은 OECD의 DeSeCo(Definition and Selection of Competencies) project라 할 수 있다(Rychen & Salganik, 2001, 2003). 핵심역량을 정의하고 선정한 이 연구에 기반하여 뉴질랜드, 오스트레일리아, 영국, 프랑스, 캐나다 등 많은 나라들이 역량을 반영한 교육과정 개혁을 진행하였다(http://deseco.ch). 또 한편으로 P21(the Partnership for 21st Century Skills)은 지리를 포함하여 7개 핵심 교과와 '21st Century Skills'를 규정하였으며, 이는 특히 미국의 교육과정 개혁에 많은 영향을 주고 있다(www.p21.org). 비영리기관인 CCR(Center for Curriculum Redesign)은 미국 매사추세츠, 캐나다 앨버타, 온타리오, 핀란드, 싱가포르 등 전 세계적 조사를 통해 21세기에 학생들이 무엇을 배우는지 답변을 제시하고자 하였다(www.curriculumredisign.org). 주 단위 교육과정을 운영하던 미국도 2010년 핵심역량 계발을 위해 영어, 수학 등 교과에 대해 국가수준 공통핵심기준 'CCSS(Common Core State Standards)'를 개발하고 미국의 많은 주에서 이를 채택하여 적용함으로써 미국 학생들이 글로벌 경제에서 성공적으로 경쟁할 수 있도록 노력하고 있다(www.corestandards.org). 우리나라도 핵심역량과 관련하여 한국교육개발원을 중심으로 생애능력(유현숙 외, 2002, 2004; 김안나 외, 2003), 한국청소년정책연구원을 중심으로 청소년 핵심역량(김기헌 외, 2008, 2009, 2010)에 대해 연구가 진행되었으며, 한국교육과정평가원을 중심으로 미래 한국인의 핵심역량 증진을 위한 초·중등 교육과정을 탐색하는 연구가 진행되고 있다(윤현진 외, 2007; 이광우 외, 2008, 2009; 이근호 외, 2012, 2013). 21세기에 적합한 지리교육에 대한 구체적인 연구로는 최근 P21에서 지리 등 핵심 교과별로 21세기 기능을 어떻게 길러 줄 수 있는지 제시한 '21st Century Skills Map'(www.p21.org), 미국 지리학및 지리교육학계(NGS, AAG, NCGE)가 연합하여 수행한 '21세기 지리교육을 위한 로드맵 프로젝트(The Road Map for 21st Century Geography Education Project)'(2013) 등을 찾아볼 수 있다.

이렇듯 21세기에 필요한 핵심역량과 핵심역량을 반영한 국가 수준 교육과정에 대한 탐색이 외국과 우리나라에서 진행되고 있다. 한국의 지리교육계도 교과교육을 통한 핵심역량 함양의 중요성과 이를 위한 지리 교육과정 탐색의 필요성에 대한 이해와 관심 속에 일련의 노력과 연구를 진행하고 있는 중이다. 일례로 한국지리환경교육학회는 2013년 11월 한국지리환경교육학회·한국지리학회 추계공동학술대회에서 "세계 지리교육과정의 쟁점: 핵심역량 기반 교육과정 중심으로"라는 주제 심포지엄을 개최하였으며, 그 발표 내용들을 상세화하여 2013년 12월호와 2014년 4월호에 영국, 뉴질랜드, 대만, 캐나다, 미국, 싱가포르, 오스트레일리아, 프랑스를 사례로 핵심역량을 반영한 지리 교육과정의 특징과 시사점을 살펴보는 논문들을 게재하여 지리교육계에 그 문제의식을 공유하고자 하였다. 본 연구는 역량 기반 교육과정의 문제의식을 개괄하고, 뉴질랜드, 캐나다, 영국, 미국, 대만, 오스트레일리아, 프랑스, 싱가포르 등 외국의 역량 기반 지리 교육과정이 어떤 모습을 띠고 있는지 그 특징들을 소개하고자 한다. 이를 위해 우선 역량이 무엇이며 왜 필요한지, 21세기 핵심역량이란 어떤 것들이 있는지, 이러한 역량을 길러 주기 위해 개발된 외국의 역량 기반 교육과정은 어떠하며 지리 교육과정은 어떤 형태로 제시되어 있는지를 살펴보았으며, 이를 토대로 우리나라 지리 교육과정에 주는 시사점을 제시하였다. 아울러 역량 기반 교육과정으로 최근에 개발된 2015 개정 교육과정의 특징도 소개하였다.

2. 핵심역량과 역량 기반 교육과정

1) 21세기 핵심역량의 의미

역량이 과연 무엇인가? 역량은 불명확하고 혼란스러운 개념 중 하나이다. 어느 맥락에서 누가 이야기하는가에 따라 그 용어가 가리키는 바가 의미나 내용면에서 다를 수 있을 뿐만 아니라, 한편으로는 동일한 의미를 가리키는데 서로 다른 용어들(예를 들어 competence, competency, skills 등)을 사용하고 있는 상황이 발생할 수도 있다. 즉, 직업교육이나 인적자원개발의 맥락에서는 배타적·독점적·경쟁우위적 성격을 띤 우수한 수행(자)을 가리킨다면, 학교교육의 맥락에서는 교육받은 학생들이라면 누구나 공통적으로 갖추어야 할 보편적 기본 역량을 의미한다. 또한 주로 'competency'가 역량을 가리키는 단어이고 'skill'이 역량을 구성하는 요소들 중 하나인 기능(또는 기술)이라는 의미로 사용되는 경우도 많지만, P21의 '21st Century Skills'에서는 이 단어를 역량이라는 의미로 사용하고 있다. 따라서 역량을 표기하고 표현하는 방식이 혼재하기 때문에 독자(청자)는 맥락에 따라 그 의미가 정확히 무엇인지 짚고 넘어가야 할 필요가 있다.

역량은 직업역량 또는 핵심역량이라는 개념으로 1960년대부터 인적자원개발이나 직업교육 분야에서 사용되었다. 이는 주로 기업이나 작업장에서 효과적이고 우수한 수행과 관련된 특성, 즉 직무를 성공적으로 수행할 수 있도록 하는 개인의 자질(특성)을 의미하는 용어였다. 스펜서와 스펜서(Spencer & Spencer, 1993, 9)는 역량을 "준거에 따른 효과적이고 뛰어난 수행과 인과적으로 관련되어 있는 내적인 특성"으로 정의하였다. 역량은 행동 중심, 직무 중심, 통합적 관점으로 정의되는데, 'competence', 'competency', 'capability', 'skill' 등 다양한 용어가 사용되었다.[1] 여기서 모든 직업이나 직무에서 공통적으로 요구되는 역량을 '핵심역량'으로 보고 이를 측정하기 위한 프로젝트가 미국, 영국, 오스트레일리아, 뉴질랜드 등(미국 NSA의 'Core Competencies', 영국 FEU의 'Key Competencies', 오스트레일리아 Mayer 위원회의 'Key Competencies' 등)에서 진행되었다(김기헌 외, 2010).

이렇게 직업교육이나 기업교육과 관련되었던 역량 개념은 2000년대 들어 생애(life) 또는

---

1. 'competency'라는 용어가 행동 중심적 접근에 따라 우수 수행자의 특성을 가리키면서 미국에서 주로 사용된 개념이라면, 'competence'라는 용어는 직무 특성과 관련된 것으로 해당 직무를 수행하는 데 필요한 역량을 가리키면서 영국에서 주로 사용된 개념이다(Wood & Payne, 1998).

일상생활 영역으로 확장되어 개인의 성공적인 삶과 사회에 기여하는 능력의 개념으로 검토되기 시작하였다. OECD가 1997년부터 2003년까지 수행한 DeSeCo project(Definition and Selection of Competencies: Theoretical and Conceptual Foundations)는 '성공적인 삶과 제대로 작동하는 사회를 위해 필요한 핵심역량은 무엇인가?'라는 질문을 던지고 생애 전반에서 요구되는 핵심역량을 선정하고 정의하는 작업을 진행하였다(http://deseco.ch). DeSeCo project에서 역량은 "인지적, 비인지적 측면을 모두 포함하는 개인의 심리사회적 특성들을 동원하여 어느 특정한 상황이나 맥락에서 발생하는 복잡한 요구들에 성공적으로 대응할 수 있는 능력"으로 정의된다(Rychen & Salganki, 2003, 43). 여기서 핵심역량(Key competencies)이란 개인이 세상을 살아가는 데 필요한 광범위한 범주의 수많은 역량들 중에서도 삶에 걸쳐서 반드시 필요한 몇 가지 역량만을 추출하기 위해서 도입한 용어이다. DeSeCo project는 OECD 회원국 중 오스트리아, 벨기에, 덴마크, 핀란드, 프랑스, 독일, 네덜란드, 뉴질랜드, 노르웨이, 스웨덴, 스위스, 미국 등 12개 국가가 국가기여과정(CCP: Country Contribution Process)에 참여하여 핵심역량을 정의하고 선정하는 작업을 수행하였다. 그 결과 국가마다 다양하게 핵심역량이 선정되기는 하였으나 공통되는 부분을 중심으로 삶의 다양한 분야의 요구를 충족시키는 수단이 되고, 개인의 성공적인 삶과 제대로 기능하는 사회를 이끄는 데 기여하는 모든 개인에게 필요한 성격을 지니는 일반적인 역량들을 핵심역량으로 추출하였다(소경희, 2007). DeSeCo project에서 추출한 핵심역량은 크게 세 가지 범주로, '자율적으로 행동하기', '도구를 상호적으로 활용하기', '이질적인 집단과 상호작용하기'라는 핵심역량이 21세기를 살아가는 데 꼭 필요한 역량들이라고 제시하였다. 우선, '자율적으로 행동하기'는 복잡한 세계에서 자신의 정체성과 목표를 실현할 필요성, 권리를 행사하고 책임을 다할 필요성, 자신의 환경과 그 영향을 이해할 필요성에 의하여 핵심역량으로 선정되었다. '도구를 상호적으로 활용하기'는 새로운 기술에 익숙해지고 도구를 자신의 목적에 맞게 선택할 수 있으며 세계와 적극적으로 대화할 필요성에 의하여 핵심역량으로 선정되었다. '이질적인 집단과 상호작용하기'는 다원화 사회에서 다양성을 다룰 줄 알아야 한다는 점, 그리고 공감과 사회적 자본의 중요성을 고려하여 핵심역량으로 선정되었다(Rychen & Salganki, 2003; 윤현진 외, 2007). 기본적으로 역량이란 어느 특정한 상황에서의 요구에 대하여 개인이 활용하는 지식, 인지적 능력(비판적, 분석적 사고력, 의사결정 능력, 문제해결 능력 등), 태도, 감정, 가치관, 동기 등을 의미한다. 한 개인이 역량을 갖고 있다는 것은 어느 특정한 상황에서의 요구에 부응할 수 있는 능력을 갖추었다는 의미이며 이를 위해 활용할 자원을 보유하고 있다는 의미이며, 이에 더하여 이를 활성화할 수 있고 조율할 수 있다는 것을 의미한다. 2000년대 이후 세계 여러 나라에서 이루어지고 있는 초·중등학교 교육 개혁을 통해 구현되고 있는 핵심역량은 이미 타고난, 남들보다 뛰어난, 어떤 특별한 자질로서의 역량이 아니라, 누구나 경험과 학습을 통해 기를 수 있는 보편적인 능력이나 성향으로서의 역량 개념에 기반하고 있다.

OECD는 핵심역량을 선정하는 것에서 한걸음 더 나아가 핵심역량을 지표화하고 이를 측정하려는 노력의 일환으로 2000년부터 PISA를 통해 실생활에 필요한 역량을 강조한 평가를 시행하고 있다. 이후 OECD는 미래사회를 살아갈 학생들에게 기존과는 다른 역량을 갖출 필요가 있다고 보고 협력적 문제해결력을 새롭게 평가영역에 도입하였다. 학생들의 삶 속에서 직면할 수 있는 실제적 상황을 평가의 맥락으로 설정하고, 여러 교과 내용을 종합적으로 활용할 때 해결할 수 있도록 하였다. 현대 사회의 실제 문제들은 통합적 접근과 협력할 수 있는 능력을 요구한다. 그리고 오늘날의 지식 자체가 간학문적 성격을 지니고 융합과 통섭으로 특징 지어지듯 새롭게 탄생하는 지식 분야의 경우 학문 구분도 새롭게 재구조화되고 있다. 복잡하고 복합적인 현실의 문제들을 해결하는 능력을 기르기 위해서는 지식의 축적보다는 지식의 활용성에 보다 초점을 둔 교육으로 무게 중심을 옮길 필요가 있다.

표 1에서 보는 바와 같이 OECD DeSeCo Project 외에도 21세기 핵심역량을 규명하고 이를 위한 학교 교육과 평가의 방향에 보다 착목한 연구들이 수행되었는데, P21(the Partnership for 21st Century Skills)과 ATC21S(Assessment and Teaching of Twenty-First Century Skills Project)가 그 대표적인 사례이다.

P21은 21세기 학습을 위한 핵심 교과(Core Subject)와 21세기 주제(21st Century Themes)를 제시하였다(www.p21.org). 9개 핵심 교과로는 지리, 역사, 경제, 정부와 공민(Government and Civics) 등 우리나라 사회과에 해당할 수 있는 4개의 교과와 더불어 영어, 읽기, 언어(English, reading or language arts), 세계 언어(World languages), 예술, 수학, 과학 등을 제시하였다. 21세기 핵심 교과와 연동되어 다루어져야 할 21세기 간학문적 주제들로는 글로벌 인식, 금융·경제·사업·기업가주의적 문해력, 시민 문해력, 보건 문해력을 들 수 있다. P21은 '21st Century Skills'라고 명명한 미래 사회 핵심역량이란 21세기를 살아갈 학생들이 성공적인 삶을 영위하기 위해 필요한 지식(knowledge), 기능(skills), 전문성(expertise)을 의미한다고 정의한다. 여기서 P21의 21세기 핵심역량은 기능 측면에 보다 초점을 맞추고 있으며 이와 결합될 지식은 21세기 핵심 교과 내용에서 제공되는 것으로 볼 수 있다. 세 가지 역량으로 학습과 혁신 기능, 디지털 문해력 기능, 직업 및 생활 기능을 들고 있다. 이 중 학습과 혁신 기능

표 1. OECD DeSeCo Project, P21, ATC21S에서 제안한 21세기 핵심역량

OECD DeSeCo Project의 핵심역량		P21의 21세기 기능		ATC21S의 21세기 기능	
자율적으로 행동하기	• 넓은 시각에서 행동하는 능력 • 생애 계획과 개인 과제를 설정하고 실행하는 능력 • 권리, 관심, 한계, 요구를 주장하는 능력	학습과 혁신 기능	• 비판적 사고와 문제해결 • 창의성과 혁신 • 의사소통과 협동 • 비판적 사고와 문제해결 • 의사소통과 협동 • 창의성과 혁신	사고 방법	• 창의력과 혁신 능력 • 비판적 사고력, 문제해결력, 의사결정능력 • 학습하는 방법에 학습, 상위인지력
				작업 방법	• 의사소통 능력 • 협동 능력
도구를 상호적으로 활용하기	• 언어, 상징, 텍스트를 상호적으로 활용하는 능력 • 지식과 정보를 상호적으로 활용하는 능력 • 기술을 상호적으로 활용하는 능력	디지털 문해력 기능	• 정보 문해력 • 미디어 문해력 • ICT 문해력	작업 도구	• 정보 문해력 • ICT 능력
이질적인 집단과 상호작용하기	• 다른 사람과 좋은 관계를 맺는 능력 • 협동하고 협력하는 능력 • 갈등을 관리하고 해결하는 능력	직업 및 생활 기능	• 유연성과 적응력 • 진취성과 자기주도성 • 사회성과 타문화와의 상호작용 능력 • 생산성과 책무성 • 리더십과 책임감	세상 속의 삶	• 지역 및 세계시민 의식 • 생애발달 능력 • 개인과 사회적 책무성

(learning and innovation skills)은 비판적 사고와 문제해결, 창의성과 혁신, 의사소통과 협동 등을 강조한다. P21의 21st Century Skills은 특히 미국의 교육과정 개혁에 많은 영향을 주고 있다. 또 한편으로 P21은 핵심역량이 교과교육에서 어떻게 구현될 수 있는지를 구체화하고자 각 핵심역량 요소별로 교과 맥락에서 학년별 관련 사례들을 개발하여 제시하는 '21st Century Skills Map' 연구도 수행하였다. 지리의 경우에도 미국 지리교육협의회(NCGE)와 협동으로 21세기 기능들이 K-12 지리 교육과정에서 어떻게 통합되어 수행될 것인지, 즉 21세기 기능과 지리가 어떻게 만나게 되는지를 보여 주는 지도(상징적 의미이고 사실상은 세부 역량별로 표 형태로 제시됨)를 개발하였다(www.21stcenturyskills.org).

또 한편으로 다국적 연구 프로젝트인 ATC21S는 미래사회의 지속가능한 경제발전에 초점을 두고 21세기에 필요한 핵심역량을 사고 방법, 작업 방법, 작업 도구, 세상 속의 삶이라는 4개의 범주로 구분하여 문제해결력, 의사소통능력, 비판적 사고력 등 10가지를 제안하였으며, 이를 종합적으로 계발할 수 있는 방법으로 협력적 문제해결(collaborative problem-solving)과 ICT 문해력(ICT literacy)을 제시하였다(Binkley et al., 2012).

2) 핵심역량과 역량 기반 교육과정의 쟁점

OECD의 DeSeCo project의 연구 결과에 기반하여 뉴질랜드, 영국, 프랑스, 캐나다, 오스트레일리아 등 세계 많은 나라들이 자국의 핵심역량을 규명하려는 노력을 기울이고 이를 학교교육에 반영하기 위한 교육 개혁을 실질적으로 추진하면서 소위 역량 기반 교육과정이 21세기 교육의 주요 방향으로 인식되고 있는 측면이 있다. 그러나 역량은 여전히 논쟁의 여지가 있는 개념이다(소경희, 2007; 손민호, 2011). 학교교육이 학생들에게 가치 있고 의미 있는 것을 가르치는 데 그 목적이 있다면, 역량 기반 접근에서 학교교육이 담아낼 21세기 교육 내용은 과연 역량인지(따라서 교과가 아닌지 혹은 교과 통합인지), 혹은 기능인지(따라서 지식이 아닌지) 등의 다소 이분법적 질문들이 제기되고는 한다. 실제 핵심역량을 길러 주는 교육 및 교육과정이 어떤 형태로 구현되고 있는가를 중심으로 그리고 최근의 주요 관점을 중심으로 이에 대한 다소 충돌적인 논의들을 가늠해 볼 필요가 있다.

우선, 핵심역량 교육과정 도입을 기존 교과 내용 중심의 교육과정과 대비시켜 '기능 대 지식'의 이분법적 구도로 바라보거나, 경제발전이나 기업에서 요구하는 노동인력 양성에 적합하도록 학교교육의 내용을 결정하려는 것으로 바라보는 관점이 있다. 그러나 램버트와 모르간(Lambert and Morgan, 2010)은 역량은 협소한 기능에 한정되는 기능중심 교육과정(skills-led curricula)에서 역량이라 부른 것과 정확하게 일치하지는 않는다고 주장한다. 역량은 기능은 물론, 지식, 가치와 태도 등 더 많은 것을 포함한다는 것이다. 기능이 가치중립적인 것으로 간주되는 반면, 역량은 가치내재적인 것으로 간주된다. 역량은 학생들에게 단순히 기능을 획득하도록 하는 것보다 유능하게 수행할 수 있게 하는 지식, 기능, 태도의 통합으로서 이해하는 것이 더 최근의 관점이다(Biemans et al., 2009). 비에만스 외(Biemans et al., 2004)는 OECD와 비슷하게, 역량은 구체적인 성취에 도달할 수 있는 어떤 사람의 능력으로 규정하면서, 개인적 역량은 통합적인 수행지향 능력들을 구성하며, 그것은 지식 구조와 더불어 인지적, 상호작용적, 정의적, 심동적 능력들, 그리고 태도와 가치의 클러스터로 구성된다고 주장한다. 윤정일 외(2007)는 역량 개념의 성격을 총체성, 가동성, 맥락성, 가치지향성, 학습가능성으로 명명하고, 기능은 자동화되어 있거나 단계별로 절차화되기 용이한 기법 혹은 능력적 측면을 가리키는 반면 역량은 구체적인 요구를 성공적으로 수행하기 위해 인간의 복합적인 자질의 총체가 가동되는 상태의 능력으로 서로 차별화되는 것으로 보았다.

또 다른 한편에서는 역량 기반 교육과정이란 이전과는 완전히 다른 새로운 형태의 교육과정체제일 것이라고 여기는 경향이 있으며 이에 따른 몇 가지 오해가 발생한다. 우선 기존의 교육과정에서도 드러나지 않았을 뿐이지 역량은 충분히 녹아 있고 교육 실현을 통해 궁극적으로는 역량이 길러질 수 있으므로, 역량 기반 교육과정이 기존의 교육과정과 다를 바가 없다는 회의적 시각이 존재한다. 역량 기반 교육과정은 기존에 없던 특별한 어떤 형태, 또는 예전에 다루어지지 않던 것이 처음으로 다루어진다는 의미라기보다는 종전부터 가르쳐 온 것이라고 하더라도 그 중요성이 명시적으로 부각되고 체계적으로 제시된다는 의미가 더 강하다고 할 수 있다. 이근호 외(2012)는 역량 기반 교육과정에서 강조하는 것은 기존 교육과정에서 무의미한 지식과 정보의 단순 축적에서 벗어나 그러한 정보와 지식을 학습자의 편에서 의미 있게 선별하고 조작할 수 있게 함으로써 학습내용이 유의미한 것이 되고 활용력을 갖도록 하는 데 있다고 보았다. 따라서 핵심역량을 길러 주는 교육이란 기존의 교육과정을 부정하는 것이 아니라 삶의 실제에 보다 부합하는 형태로 개선하는 데 있음을 강조한다. 다음으로는 역량 기반 교육과정이 '역량'을 중심으로 교육과정을 구성하면서 이를 중심으로 교과 내용이 제한적으로 제시되거나 개별 교과가 통합되거나 아예 사라지게 되는 것이 아니냐는 의구심을 피력하기도 한다. 홍원표 외(2010)는 핵심역량과 교과교육을 연계하는 세 가지 방식으로 급진적인 방식, 보수적인 방식, 절충적 방식을 제시하였다. 핵심역량으로 기존의 교과를 대체하거나 핵심역량을 중심으로 교과 지식의 내용과 구조를 재구조화하는 급진적 방식을 실제 성공적으로 적용한 나라는 존재하지 않는 것으로 보인다. 한편 교육과정 문서 차원에서 핵심역량의 중요성을 강조할 뿐 기존 교과 내용과 구성에는 별다른 변화를 주지 않고 주로 교수·학습 과정의 혁신을 통해서 핵심역량 기반 교육과정을 실현하고자 하는 보수적인 방식이 존재한다. 절충적 방식은 이 두 방식의 중간에 위치하는 것으로 기존의 교육과정 맥락에서 새로운 문제의식을 반영하고자 하는 대부분의 나라들이 이 경우에 해당한다. 실제 핵심역량을 강조한 역량 기반 교육과정으로 개혁을 단행한 국가들의 사례나 P21의 경우를 보면 역량 기반 교육과정을 하면서 기존의 교육과정 교과 구성을 그대로 유지하는 경우가 많으며, 지리는 오히려 21세기 핵심 교과로 별도로 제시되거나(P21) 하나의 개별적이고 독립적인 교과로 개발되는(영국, 오스트레일리아 등) 등 그러한 우려가 현실과는 다르다는 것을 알 수 있다. 교과 내의 내용 구성도 21세기에 보다 부합하고 유의미한 내용 지식과 이에 대한 깊이 있는 이해, 사고력과 문제해결력 등을 기를 수 있도록 탐구 과정과 기능을 강화하는 가장 적절한 방안으로 재설계하는 경우가 대부분으로 기존의 것을 온전히 부정하고 역량을 기르기 위해 교과 자체의 의미 있는 내용들이 삭제되는 사례는 없었다. 따라서 교과를 버리자는 것도, 교과의 핵심 지식을 무시하는 것도 아니다. 역량 기반 교육과정은 기존의 것들을 새롭게 강조되는 요소로 대체하는 것이 아니라 역량을 기를 수 있도록 교과의 지식과 기능에 대한 보다 통합적이고 균형 잡힌 관점을 강조하는 것이다. 이전에도 물론 기능과 가치·태도 영역이 제시되었지만 기존의 교과 교육과정이 실질적으로는 교과의 내용지식 습득을 여전히 강조하는 경향이 강했다면, 역량중심 교육과정은 이를 내용지식과 동등하게 교육과정에서 중요한 요소로 명시적, 체계적으로 자리매김해 줌으로써 교육을 통해 달성해야 할 공식적인 핵심 목표로 선포하는 것임을 알 수 있다(박민정, 2009).

3. 외국의 핵심역량과 지리 교육과정

여기서는 국가나 주 수준에서 핵심역량을 길러 주는 교육을 추구하고 있는 해외 사례들을 살펴봄으로써 역량 기반 지리 교육과정의 양상과 특징을 살펴보고자 한다. 변화하는 시대의 요구를 반영하였기에 유사한 점도 많지만 또 한편으로는 각국의 특수한 상황이나 상대적으로 강조하는 인간상이나 교육목표 등을 반영하였기에 차이가 존재할 수밖에 없다. 일단 핵심역량의 종류나 범주도 다양하게 나타났으며, 핵심역량이 교과에 반영되는 방식이나 교과에서 핵심역량을 기르기 위하여 교육내용을 구성하고 표현하는 방식 등도 다양하게 나타났다. 최근에 개정을 진행한 국가(오스트레일리아, 영국), 국가 공통역량을 반영하되 아주 간략하게 사회과 교육과정을 제시하는 뉴질랜드, 초·중등학교는 8개의 주제 축으로 내용을 구성하면서 국가 공통역량과의 관계를 명시화하는 반면 고등학교는 교과목별 내용과 결합된 교과 고유의 핵심역량(핵심능력)을 제시하는 대만, 교과 고유의 역량을 설정하여 교과 내용을 구성하는 캐나다 퀘벡주, 읽기와 쓰기 및 정보 분석을 강조하는 프랑스까지 나라마다 공통역량과 교과 고유역량이 연관되는 방식, 교과 내용 성취기준으로 반영되는 방식, 문서 체제상에서 진술되는 방식 등이 매우 다양하다. 본 연구에서는 영국, 뉴질랜드, 대만, 캐나다 퀘벡주, 미국 노스캐롤라이나주, 싱가포르, 오스트레일리아, 프랑스의 역량 기반 교육과정의 특징들을 살펴보았다.

1) 영국

영국은 2013년 9월에 초등학교 및 중등학교 교육과정을 개정하여 2014년 9월부터 새로운 교육과정을 현장에 적용하고 있다.[2] 영국은 기존에 적용하던 2011 초등과 2007 중등 교육과정을 통칭하여 '2014년 이전 교육과정(National Curriculum until 2014)', 2013년 개정된 교육과정은 '2014년 교육과정(2014 National Curriculum)'이라고 부르고 있어 이 글에서도 그러한 명칭을 사용하여 구분하겠다. 지리와 역사는 2014 이전 교육과정과 2014 교육과정 모두 Key stage 1~3까지 필수 교과로 제시되었다. 2014 교육과정에서는 시민성이 하나의 교과로 개발되어 Key stage 3~4에서 필수로 가르치도록 하였다. DeSeCo project의 영향을 받은 2014년 이전 교육과정이 핵심역량 개념을 적극적으로 반영하였다면, 반면 2010년 집권한 보수 정권의 주도로 개발되어 내년부터 적용될 2014년 교육과정은 핵심역량보다는 기존 핵심 지식에 대한 회귀적 강조로 특징지어진다. 이에 본 연구에서는 직전 교육과정인 '2014년 이전 교육과정'을 주요 분석대상으로 하였다.

초등학교 총론 문서(The National Curriculum Primary handbook)는 목적·가치·목표, 초등교육과정, 학습과 삶의 핵심사항, 학습영역으로 구성된다. 이 중 학습과 삶에서의 핵심사항(Essentials for learning and life)에서 6가지 공통 핵심역량을 제시하는데, 이는 '문해력, 수리력, ICT 역량, 학습 및 사고 기능(learning & thinking skills), 개인적·감정적 기능(personal & emotional skills), 사회적 기능(social skills)'으로, 각각에 대해 중점 사항(focus)과 4~6가지 하위 요소를 제시하고 있다. 범교과 학습영역의 하위 요소로 6가지 핵심 기능(Key Skills, 중등학교는 조작 기능과 PLT 기능)과 사고력(Thinking skills)을 제시하고 있는데 이를 공통 역량으로 볼 수 있다. 이 중 사회과는 '역사, 지리, 사회적 이해' 학습 영역에 해당하며, 교육과정 목표, 학습영역의 중요성, 4가지 핵심 지식, 4가지 핵심 기능, 세 가지 범교육과정 학습, 학습의 폭, 교육과정 위계(초/중/후기) 정보를 제시하고 있다. 중·고등학교를 위한 국가 교육과정은 목표와 교과 구성, 학생의 발달, 기능, 교육과정의 조직, 평가 등으로 구성되며, 이 중 독립된 절로 제시된 기능은 앞에서 제시한 조작 기능(Operational Skills)과 PLT 기능(personal-learning-thinking skills)이라는 두 가지 기능을 제시한다. PLT 기능은 '독립적인 탐구, 창조적 사고, 반성적 학습자, 팀 작업, 자기 관리, 효과적인 참여자' 등 6가지의 요소로 구성되어 있다. 2014 이전 교육과정에서 교과 교육과정에 해당하는 학습프로그램이 초등학교(KS 1, 2)는 교육과정 목표, 학습영역의 중요성, 핵심 지식, 핵심 기능, 범교과적 학습, 학습의 폭, 교육과정의 위계로, 중등학교(KS 3, 4)는 교육과정 목표, 교과의 중요성, 핵심 개념, 핵심 프로세스, 범

---

2. 영국의 교육과정(2014 이전 교육과정 및 2014 교육과정), 특히 지리, 역사, 시민성 교육과정은 영국 교육부 사이트 (http://www.education.gov.uk/schools/teachingandlearning/curriculum)를 참고하였다.

위와 내용, 교육과정 기회로 구성되어 있다. 현행 2014 이전 지리 교육과정을 보면 교과에서 핵심역량을 명시적으로 진술하고 있지는 않으나, 핵심 개념과 핵심 기능(프로세스)으로 구분하여 내용 성취기준을 제시하는 방식과 각각의 하위 범주 설정에서 핵심역량이 길러질 수 있도록 하고 있음을 알 수 있다. 중등학교 지리의 경우 중요성, 핵심 개념, 핵심 프로세스, 범위와 내용, 교육과정 기회로 구성되어 있는데, 이때 중등 지리의 핵심 개념은 장소, 공간, 스케일, 상호의존성, 자연적·인문적 프로세스, 환경적 상호작용과 지속가능개발, 문화적 이해와 다양성'이다. 중등 지리의 핵심 프로세스는 지리적 탐구, 답사와 교실 밖 학습, 도해력과 시각적 문해력이다. 영국의 교육과정에서 특히 눈여겨볼 지점은 핵심역량을 계발하는 데 구체적인 교수·학습이 가능하도록 사회과 교육 내용과 기능의 수준과 위계가 잘 나타나 있다는 점이다.

개정 교육과정인 2014 교육과정은 이전 교육과정보다 한층 대강화하여 학교와 교사의 재량권을 더 보장하고자 하였다. 교육과정 문서 체제는 학습의 목표, 목적, 성취 목표(attainment target), 교과 내용(subject content)으로 구성하였으며, 학습 프로그램은 문제(matters), 기능(skills), 프로세스(processes)로 구성된다. 현행 교육과정이 7개의 핵심 개념과 4개의 핵심 프로세스를 중심으로 교육내용이 구성된 반면, 개정 교육과정은 이를 통합하여 교과 내용(subject contents)으로 제시하는 점이 특징적이다. 지리의 경우 각 단계별로 위치 지식, 장소 지식, 인문지리 및 자연지리, 지리적 기능과 답사라는 4개의 범주로 구분하여 내용이 제시된다. 기존과 달리 초등과 중등 지리 교육과정에서 동일한 핵심 지식을 선정하고 탄력적 환경확대법 적용과 학습 내용의 심화를 통해 단계별 계열성을 체계적으로 확보하고 있는 것이 특징적이다. 개정 교육과정은 기존에 핵심 개념과 핵심 기능을 중심으로 지리 교육내용을 구성한 것과 대조적으로 위치 지식과 지역지리 지식을 강조하고 각 단계별로 학생들이 알아야 할 기초 지리 어휘들을 제시하는 등 사실적인 핵심 지식(essential knowledge)에 대한 교육을 매우 강화하는 방향으로 선회하는 양상을 보인다.

2) 뉴질랜드

2007년에 뉴질랜드의 교육과정에서 5가지 핵심역량, 즉 사고하기, 다른 사람과 관련짓기, 언어, 상징, 텍스트 사용하기, 자기 관리하기, 참여와 공헌하기를 기를 것을 강조한다. 이를 바탕으로 언어와 언어들(Language and Languages), 수학, 과학, 기술, 사회과학(Social Sciences), 예술, 보건과 건강(Health and Physical Well-being)의 7개 필수학습영역의 교과 학습이 이루어지게 된다.

총론 문서가 많은 것을 담고 있는 반면, 교과 문서체제는 매우 간략한 편인데, 특히 사회과 문서 체제는 사회과학(Social Science)이란 무엇인가?, 왜 사회과학인가?, 학습영역은 어떻게 조직되었는가?, 단계별 사회과학 교육과정 성취목표를 제시하고 있다. 뉴질랜드 사회과 교육 과정의 특징 중 하나는 다른 교과에 비해서도 성취목표의 정보량이 적고 문서상의 제시방식이 매우 단순하다는 점이다(단계별로 영역별 통상 2개의 성취목표만이 제시됨). 사회과 교육 과정 성취목표는 8단계별로 세부 영역별(사회 1~5단계; 사회, 역사, 지리, 경제 6~8단계) 성취목표를 제시하고 있다. 사회과 학습 영역의 조직 원리를 살펴보면, 사회과 학습 영역의 내용은 1~5단계별 성취목표(Achievement objectives)가 4가지 개념 스트랜드 정체성·문화·조직, 장소와 환경, 지속성과 변화, 경제적인 세계의 개념들을 통합한다. 학생들은 사회적 탐구 방법(social inquiry approach)을 통해 질문하고 정보 및 배경 아이디어를 수집하고 관련성 있는 오늘날의 문제를 조사하며, 사람들의 가치와 견해를 탐색하고 분석하며, 사람들이 의사결정을 내리고 사회 운동에 참여하는 방법을 생각해 보며, 그들이 만들어 온 이해력과 필요할지도 모를 대응에 대해서 반성적으로 사고하고 평가해 본다.

한편, 핵심역량에 대한 이해를 드높일 수 있도록 핵심역량과 뉴질랜드 교육과정에 대한 웹사이트를 운영하고 있는 점도 눈여겨볼 만한 대목이다(http://keycompetencies.tki.org.nz).

3) 대만

대만은 초등학교와 중등학교가 공통역량의 계발을 추구하며, 고등학교에서는 교과 고유의 핵심역량을 설정하여 추구하는 점이 특징적이라 할 수 있다. 초등학교와 중등학교 교육과정의 목표이자 국가 수준 10대 기본 능력이 총론에서 제시되어 있으며, 사회과 교육과정의 목표는 이 기본 능력에 기반하되 교과 고유의 성격을 가미하여 제시되고 있으며, 사회과 교육 내용 선정 및 구성은 9개의 주제 축을 중심으로 제시되고 있다. 중등학교의 경우 사회과 교육과정의 문서체제는 기본 이념, 교육과정 목표, 단계별 능력지표, 단계별 능력지표와 10대 기본 능력의 관계로 이루어져 있는데, 여기서 명확히 알 수 있듯 사회과 내용과 공통역량의 관계가 공식적으로 안내된다. 대만은 사회과 교육과정 내용 구성을 9개의 주제 축을 중심으로 주제별-단계(학년군)별로 제시하고 있는데, 이를 단계별 능력지표라고 일컫는다. 대만의 사회과 교육과정은 '단계별 능력지표와 국가 수준 10대 기본 능력의 관계'라는 절에서 총론에서 제시한 10

대 기본 능력이 사회과 교육을 통해 어떻게 반영되고 길러질 수 있는지를 명시화하여 표로 제시하고 있는 것이 특징적이다.

대만의 경우 고등학교는 초·중등학교와 달리 교과 고유의 핵심역량을 선정하고 있는 것이 특징적이다. 고등학교 사회과에 해당하는 지리, 역사, 시민과 사회라는 3개 교과목의 문서 체계는 교육과정 목표, 핵심능력, 시간 안배, 교재 개요, 실시 방법으로 구성되어 있다. 지리의 핵심능력은 계통지리 부분에서 각종 지리 자료 수집·정리·분석·해석·평가, 상호관계성 파악, 적극적 수업 참여 및 야외 답사 능력으로 세 가지 핵심능력을, 지역지리 부분에서 세계 주요 지역 관련 문제해결 능력, 대만과 중국의 문제해결 능력, 토론활동 참여와 적절하게 자신의 의견을 표현하는 능력으로 세 가지 핵심능력을 제시하고 있다.

4) 캐나다 퀘벡주

핵심역량 기반 교육과정을 채택하고 있는 대부분의 나라들이 범교과 역량만을 제시하고 있는 데 반하여 캐나다 퀘벡주는 교과 고유의 역량을 재설정하여 이를 토대로 교육과정을 구성하고 있는 점이 특징적이다. 퀘벡주 교육과정은 포괄적 학습 영역(건강과 웰빙, 진로 및 직업 계획, 환경 의식과 소비자 권리 및 책임, 미디어 리터러시, 시민성과 공동체의 삶), 범교과 역량(지적 역량, 방법적 역량, 개인적·사회적 역량, 의사소통 관련 역량), 교과 영역(예술교육, 언어, 사회, 개인적 발달, 수학·과학·기술, (중등) 진로 개발, 통합 프로젝트)으로 이루어져 있다. 이 중 교과 영역에서 '사회(Social Sciences)'가 바로 사회과 교육과정을 가리키며, 초등학교에서는 '지리, 역사, 시민성', 중등학교에서는 Cycle 1에 '지리'와 '역사와 시민성 교육'이, Cycle 2에 '역사와 시민성 교육', '현대 세계' 과목으로 이루어져 있다. 퀘벡주의 경우 초등학교 통합에 이어 중등학교에서 일반사회에 해당하는 시민성이 역사와 통합되어 과목을 구성하고 있는 것이 특징적이다. 범교과 역량은 모든 교과 공통역량을 말하며 이는 4가지 범주로 구성되는데, 지적 역량으로 '정보 사용하기, 문제해결하기, 비판적 판단력 행사하기, 창의력 발휘하기', 방법적 역량으로 '효과적인 작업 방식 선택하기와 ICT 활용하기', 개인적·사회적 역량으로 '정체성 형성하기와 협동하기'가 제시되며, 마지막으로 의사소통 관련 역량 등이다.

초등학교에서는 사회(Social Sciences)라는 통합교과로 지리, 역사, 시민성 교육으로 구성되어 있다. 초등 사회과 교육과정은 Cycle 별로 역량 초점(설명, 범교과 역량과의 연계, 학습을 위한 맥락, 개발 프로파일)이 제시되고 이 역량의 핵심 특징, 평가 범주, Cycle 말의 결과 정보를 연계하고 도식화하여 정보를 제공한다. 그리고 핵심 지식들(essential knowledges)을 학습(learnings)과 기법(techniques) 차원에서 정보를 제시한다. 초등학교 Cycle 1의 역량은 '공간, 시간, 사회에 대해 재현하기'이고, Cycle 2와 3은 통합하여 '역량 1. 한 사회의 조직을 영역 속에서 이해하기', '역량 2. 한 사회의 변화를 영역 속에서 해석하기', '역량 3. 여러 사회들의 다양성과 그 영역들에 열린 태도 갖기'로 구성된다. 역량에 대한 정보와 더불어 각 역량과 관련하여 학습 시 필요한 내용을 매우 구체적으로 제시하고 있다. 또한 '지리와 역사에서 정보로 연구하고 작업하기'에서 문제에 대해 학습하기, 질문하기, 연구 계획하기, 정보를 수집하고 처리하기, 정보를 조직하기, 연구 결과로 소통하기 등의 탐구 프로세스를 명시적으로 제시하고 있다. 그리고 지도 읽기, 기후 그래프 해석하기 등 지리에 필요한 기법들의 목록과 해당 Cycle 정보를 제시하고 있는 점도 주목할 만하다. 중등 Cycle 1에서 지리의 경우 세 가지 교과 핵심역량(역량 1-영역의 조직 이해, 역량 2-영역의 쟁점 해석, 역량 3-글로벌 시민의식 구축)을 제시하고 있으며, 역량 1, 역량 2, 역량 3은 계열적인 조직 방식을 취하고 있다.

5) 미국

주 수준의 교육과정이 운영되는 미국에도 최근 변화의 바람이 불고 있다. 미국에서는 2010년 전국주지사협회와 주교육감협회 주도로 영어와 수학에 대해 국가 수준에서 공통으로 적용하기 위한 공통핵심기준인 'CCSS(Common Core State Standards)'를 발표하였으며, 이는 2018년 현재 미국의 42개 주, 컬럼비아 특별구(District of Columbia), 그리고 괌 등 4개의 연방, 미 국방부 소속 교육처(DoDEA: The Department of Defense Education Activity)에서 채택되어 적용되고 있다(http://www.corestandards.org).

이광우 외(2009)의 연구를 통해 기존 핵심역량 교육과정의 사례로 국내에 소개된 바 있는 미국 노스캐롤라이나주 또한 2012년 가을 학기부터 최근에 개정된 교육과정을 적용하고 있다. 영어와 수학은 앞에서 언급한 국가 공통핵심기준인 CCSS를 적용하고 있으며, 지리를 포함한 그 외 과목은 노스캐롤라이나 핵심기준인 NCES(North Carolina Essential Standards)에 따른 교육과정을 시행하고 있다(http://www.learnnc.org). 개정 교과 교육과정인 NCES는 기존의 교육과정보다 '좁고 깊게(narrow and deepen)' 내용을 다룰 수 있도록 개발되었다. 사회과는 K~8 단계에서 Social Studies라는 통합 과목의 형태를 띠는데, 모든 학년에서 실제 내용은 역사, 지리와 환경 문해력, 경제와 금융 문해력, 공민과 정부, 문화라는 5개 영역으로 구성되며,

모든 학년에서 동일한 체계를 유지하되 학년별 난이도가 심화되는 형태를 띠고 있다. '지리와 환경 문해력'이 지리 교육과정에 해당되는 부분이라 할 수 있다. 노스캐롤라이나주의 개정 교육과정은 교육과정 문서에서 역량이라는 용어가 제시되지 않으며 오스트레일리아, 뉴질랜드, 캐나다 퀘벡주처럼 범교과 역량이 명시적으로 제시되거나 교과 역량이 명시적으로 나타나지는 않는다. 그렇지만 교과의 교육과정 내용 구성에 있어서 역량이 반영된 형태로 제시되어 있다고 볼 수 있다. 지리과에 해당하는 핵심기준을 살펴보면 지리학의 5대 주제(위치, 장소, 인간과 자연의 상호작용, 이동, 지역)를 활용한 지리적 패턴 파악하기, 지리적 재현물, 용어, 테크놀로지를 활용하여 공간적 관점에서 정보 처리하기 등 전반적으로 지식 중심이라기보다는 역량 중심으로 제시되어 있으며 학년별 위계화가 잘 설계되어 있다는 것을 알 수 있다.

6) 싱가포르

싱가포르가 총론에서 제시하는 7가지 핵심역량은 자기관리기능, 사회적 협동 기능, 문해력과 수리력, 인성 개발, 정보 기능, 사고기능과 창의성, 지식 응용 기능이다.

초등학교의 경우 사회과(Social Studies)로 지리, 역사, 일반사회가 통합적으로 다루어진다. 중등학교에서는 역사와 지리를 완전히 분리하여 가르치고 있으며, 사회과는 실업계 학교에서만 가르친다. 초등학교 사회과 교수요목은 서문, 목적과 목표, 교육과정 시간표, 교수요목 구조, 교수 전략 제안, 평가, 교수요목 개요, 교수요목 내용으로 구성되어 있다. 서문에서는 사고기능, IT 기능, 경제 문해력, 금융 문해력 등이 교수요목에 반영되어 있음을 명확히 밝히고 있으며, '적게 가르치고 많이 배우기(TLLM: Teach Less, Learn More)'를 명시적으로 강조하고 있다. 앞에서 언급한 미국 노스캐롤라이나주처럼 핵심역량을 길러 주는 교육이 가능하기 위해서 핵심적인 내용을 보다 깊고 풍부하게 배우는 전략을 추구하고 있음을 알 수 있다. 초등 사회의 목적으로 학생들이 정보에 기반한 결정을 할 수 있도록 지식, 기술, 가치·태도를 함양하고, 다문화사회에서 살아가는 능력과 의사소통 능력을 함양할 것을 강조하고 있어 사회과가 추구하는 교육의 방향을 명확히한다. 목표에서는 지식, 기능, 태도와 가치 영역에 대해 각각 4가지씩 제시되어 있다. 기능 영역을 보면 다양한 자료로부터 정보를 습득, 활용, 평가하기, 정보를 다양한 형식으로 표현하고 제시하기, 다양한 구성원으로 이루어진 환경에서 효과적으로 일하기, 의사결정 기술을 적용하기 등을 제시하고 있는데, 이는 범교과 핵심역량 요소들과 유사하다고 할 수 있다. 사회과의 4가지 주제는 '사람, 장소, 환경', '시간, 변화, 지속성', '희소성, 선택, 자원', '정체성, 문화, 지역사회'이다. 사회과 내용은 학년별로 주제, 내용과 더불어 개념이 표 형태로 제시된다. 주목할 만한 부분은 학년별로 제시되는 지식 목표, 기능 목표, 태도 및 가치 목표이다. 지식 목표는 4가지 주요 주제별로 각 학년별 성취기준이 제시되어 있으며, 기능 목표도 과정, 의사소통, 참여, 비판적·창의적 사고 영역별로 각 학년별 성취기준이 제시되는데, 초등 사회 목표에서 제시되었던 기능 목표가 각 학년별로 일관성 있게 그리고 위계화되는 방식으로 제시되고 있음을 알 수 있다. 예컨대, 학생들의 비판적, 창의적 사고력은 1학년에서 '유사점과 차이점을 토론하기 위해 비교의 기술을 이용할 수 있다.' 수준에서 시작하여 6학년이 되면 '주어진 것 이상의 생각을 탐색하고 관계성을 고려해 볼 수 있다.' 수준까지 발전하도록 설계되어 있다. TLLM을 표방한 것처럼 태도와 가치 목표를 제외한 지식 목표와 기능 목표는 학년별로 1개씩만 제시하고 있는 점도 주목할 만하다.

중등학교 지리는 초등학교와 다소 다른 문서 체제를 보인다. 서문과 원리, 목적과 목표, 교과 시간, 교수요목의 구조, 교수 전략의 제안, 평가, 보충으로 구성된다. 중등 지리는 특수/속성과정과 일반(학문)과정으로 구분하여 내용체계표가 제시되고 그다음으로 주제 및 주제별 내용, 학습 결과, 개념, 가치와 태도 정보가 표 형태로 제시된다.

7) 오스트레일리아

주 수준의 교육과정을 운영하던 오스트레일리아에서 최근 국가 수준의 역량 기반 교육과정을 개발하였다. 사회과 교육과정 중 초·중등학교 수준의 역사는 2011년에, 지리는 2013년에 고시되었다(www.acara.edu.au/curriculum.html). 경제 및 경영(Economics and Business), 공민 및 시민성(Civics and Citizenship) 등도 순차적으로 개발되었다. 오스트레일리아 국가 교육과정은 7가지 '일반 능력(general capabilities)', 즉 범교과 공통의 핵심역량으로 문해력, 수리력, ICT 역량, 비판적·창의적 사고, 윤리적 이해, 개인적·사회적 역량, 문화 간 이해를 제시하고 있으며(ACARA, 2013), 이와 연계하여 특정 학년/학년군/학교급에서 길러져야 할 지식, 기능, 태도, 성향을 체계적으로 잘 보여 주고 있다. 학년마다 제시되는 내용 성취기준별로 관련 핵심역량을 명시적으로 제시하고 있으며, 또한 온라인 교육과정 상에서 공통역량과 교과 교육과정의 성취기준의 관계를 표 형태로 파악할 수 있도록 하였다(www.australian-curriculum.edu.au).

오스트레일리아의 사회과 교육과정은 2개의 스트랜드를 중심으로 구성하면서 역량을 그 속에 녹여서 반영하는 방식을 보여 준다. 지리의 경우 '지리적 지식과 이해', '지리적 탐구와 기능'이라는 2개의 스트랜드를 중심으로 교육과정이 구성되며, 역사의 경우도 '역사적 지식과 이해', '역사적 기능'이라는 2개의 스트랜드를 중심으로 교육과정이 구성된다. 지리적 탐구와 기능은 학년군(2개 학년씩)별로 제시되지만, 지리적 지식과 이해 스트랜드의 내용 변화에 따라 각 학년별로 구체적인 설명이 포함된다. 표 형식으로 F–Y10에 대한 지리적 지식과 이해의 범위와 계열이 학년별 포커스(year level focus), 핵심 탐구 질문(Key inquiry questions), 핵심 개념(Key Concepts), 내용 설명(Content descriptions) 제시로 구성된다. 7가지 핵심 개념은 바로 장소, 공간, 환경, 상호연결성, 지속가능성, 스케일, 변화이다. 지리적 탐구와 기능과 관련하여 지리적 탐색(investigations)의 5단계(관찰, 질문, 계획; 수집, 기록, 평가, 재현; 해석, 분석, 결론 도출; 의사소통; 반성 및 대응)별로 내용을 제시하고 있다. 이처럼 오스트레일리아는 범교과적 핵심역량이 어디서 어떻게 관련되는지도 명시적으로 제시하지만 여기에 더하여 지리교과의 핵심 개념 및 핵심 기능을 제시하고 학년별 중점 주제와 핵심 질문들을 중심으로 내용을 조직함으로써 학년별 범위와 계열을 명확하게 제시하는 점 등에 주목할 만하다.

8) 프랑스

프랑스의 초등학교 기초학습과정은 7개 분야(domaines), 즉 언어 및 프랑스어 숙달, 더불어 살아가기, 수학, 세계의 발견, 외국어 또는 지방언어, 예술교육, 체육교육을 통합교과 형태로 제시하며, 심화학습과정은 4개 분야, 즉 프랑스어 문학과 인문학 교육, 과학교육, 예술교육, 체육교육으로 구성되어 있고 각 분야는 여러 영역(champs)으로 구성되는데, 사회과에 해당하는 '역사와 지리' 영역이 프랑스어 문학과 인문학 교육 분야에 속해 있으며 전체 12시간 중 3시간~3시간 30분을 차지한다. 초등학교에서 일반사회 영역에 해당하는 것은 '시민교육'인데 이는 정규 교과인 '분야'가 아니라 범교과 학습에 해당하는 '다영역 분야'에 속한다. 초등학교 기초학습과정(1~2학년)에서 지리는 '세계의 발견'이라는 통합교과의 '공간' 부분에 해당하고, 심화학습과정(3~5학년)에서는 역사–지리 교과가 별도로 구성된다. 중등학교는 사회과에 해당하는 '역사–지리–시민교육'을 학습하게 된다.

프랑스 총론 교육과정에서 제시된 7개의 핵심역량은 모국어 구사 능력, 외국어 구사 능력, 수학의 주요사항과 과학기술지식, ICT 숙달, 인본주의 소양, 사회성 및 시민의식, 자율성과 주도성이다. 지리에서 핵심역량은 지식, 기능, 대처능력으로, 고등학교에서는 지식, 추론능력,

비판정신의 형태로 제시되고 있다. 2009년에 개정된 프랑스 교육과정의 문서 체제를 보면 교과명에 이어 학년별로 학습주제, 학습 내용에 대한 간단한 설명, 1~2줄 정도 학습목표가 제시되고 있으며, 이와 함께 세부 학습 내용이 제시되는데, 대주제 수준의 학습주제와 이 주제의 비중 정보를 제시하며(예: 지리에 할애된 시간의 약 10%), 지식 목표, 역량 목표, 학습안내 정보를 제시하고 있는 것이 특징적이다. 각 주제 단원별로 제시되어 있는 역량 목표는 위치찾기, 확인하기, 읽기와 기술하기, 설명하기, 경관에 대한 간단한 크로키 그리기 등이 내용과 연관되어 제시된다. 그리고 학교급별 교육과정의 마지막에는 해당 학교급에서 꼭 알아야 할 지표가 제시되어 있는 것이 특징적이다.

4. 우리나라 핵심역량과 지리 교육과정[3]

　DeSeCo project에서 제시한 핵심역량을 자국의 맥락에서 재개념화하여 이를 토대로 교육과정을 설계하고자 하는 움직임은 우리나라도 예외가 아니다. 대통령 자문 교육혁신위원회(2007, 69)는 OECD가 제안한 핵심역량에 기반하여 모든 국민에게 미래 사회에 필요한 기초 소양 교육을 강화해야 하며, 이를 위해서는 현행 지식 중심의 교육과정을 창의력, 의사소통능력, 사회성, 예술적 감수성 등 핵심역량 중심으로 개편할 필요가 있음을 지적하였다. 이러한 문제의식을 바탕으로 미래형 교육과정이라고 불리는 2009 개정 교육과정에서 핵심역량 함양을 위해 교과와 더불어 창의적 체험활동을 편성하였으며 기술·가정, 체육 등 몇몇 교과 교육과정에서는 핵심역량 함양을 문서에서 명시적으로 강조하여 제시하였다.

　우리나라 사회과 교육과정에 명시된 인간상, 성격, 목표 등에서 역량이라 할 만한 요소는 기존 교육과정에서도 이미 제시되어 왔다고 할 수 있다. 사회과 교육과정에서 핵심역량 요소는 제7차 사회과 교육과정에서부터 2007 개정 교육과정, 2009 개정 교육과정까지 동일하게 제시되고 있을 뿐만 아니라 핵심역량을 명시화한 2015 개정 교육과정에서도 거의 동일하게 제시되고 있다는 것을 알 수 있다(교육부, 1997a, 2015; 교육과학기술부, 2007, 2012). 제7차 교육과정부터 2015 개정 교육과정까지 사회과에서 육성하고자 하는 인간상은 거의 동일한데, 사회과 교육이 인권 존중, 관용과 타협의 정신, 사회 정의의 실현, 공동체 의식, 참여와 책임 의식

---

3. 김현미(2016)의 일부분을 재구성하여 제시함.

등 민주적 가치와 태도, 개인적, 사회적 문제를 합리적으로 해결하는 능력, 개인·사회·국가·인류의 발전에 기여할 수 있는 자질을 갖춘 민주 시민을 육성하여야 함을 보여 준다. 이를 위해 제7차 교육과정부터 2009 개정 교육과정까지 비판적 사고력, 창의력, 판단 및 의사결정력 등의 신장을 동일하게 강조하여 왔으며, 이를 확장하여 명시적인 방식으로 2015 개정 교육과정에서는 사회과 역량으로서 창의적 사고력, 비판적 사고력, 문제 해결력 및 의사 결정력, 의사소통 및 협업 능력, 정보 활용 능력을 제시하고 이를 기르는 데 중점을 둘 것을 강조하는 방식으로 교육과정 진술 방식을 변화시켰다. 목표는 학생이 달성해야 할 학습의 도달점에 관한 정보를 포함하는데, 2015 개정 교육과정의 경우 역량은 명시되었으나 여전히 세부 목표는 모호한 상태로 남겨져 있다는 점은 아쉬운 대목이다. 큰 방향에서 역량을 보다 구체화, 명시화하기는 하였으나 이를 현실화하기 위한 구체적인 로드맵 기능을 할 수 있는 세부 목표는 거의 변화가 없다는 점은 2015 개정 교육과정에서 보완이 필요한 부분이라 하겠다. 다만, 단원별로 교수·학습 및 평가 관련 정보가 제공된다는 점은 진일보한 측면이라 할 수 있을 것이다.

2015 개정 교육과정은 역량 기반 교육과정을 강조하면서 문서 구성 방식에서부터 진술 방식 등 많은 변화가 수반되었다. 그림 1은 새롭게 변화된 교육과정 문서의 목차 및 그 의미를 해설한 부분이다. 기존과 달리 '성격'에서 교과 역량이 명시적으로 제시되고, 내용 체계를 영역, 핵심개념, 일반화된 지식, 내용요소, 기능으로 구성하여 제시하고, 성취기준에서도 학습요소, 교수학습 및 평가 방법 및 유의사항을 학습내용과 결합하여 단원별로 제시한 점 등이 주목할 만한 변화라 할 수 있겠다.

우선 2015 개정 교육과정에서 강조하는 핵심역량은 무엇인가? 2015 개정 교육과정은 핵심역량을 "학습자에게 요구되는 지식, 기능, 태도의 총체를 말하는 것으로 초중등교육을 통해 모든 학습자가 길러야 할 기본적이고 필수적이며 보편적인 능력"으로 규정하고 이에 맞추어 학생들의 핵심역량을 길러 줄 수 있는 교과 교육과정을 도모하였다(교육부, 2014, 32). 표 2에 제시된 바와 같이, 2015 개정 교육과정 총론은 각 교과교육을 포함하여 학교 교육 전반을 통해 자기관리 역량, 지식정보처리 역량, 창의적 사고 역량, 심미적 감성 역량, 의사소통 역량, 공동체 역량을 기를 것을 강조한다(교육부, 2015a, 2). 총론에서 제시된 핵심역량은 사회과 핵심역량과 다소 차별화되어 제시된다. 사회과 교육과정에서 초·중등학교 '사회'의 경우 창의적 사고력, 비판적 사고력, 문제 해결력 및 의사 결정력, 의사소통 및 협업 능력, 정보 활용 능력을, 고등학교 '통합사회'는 비판적 사고력 및 창의성, 문제 해결 능력과 의사 결정 능력, 자기 존중 및 대인 관계 능력, 공동체적 역량, 통합적 사고력을 제시하고 있음을 알 수 있다. 총론의 핵심

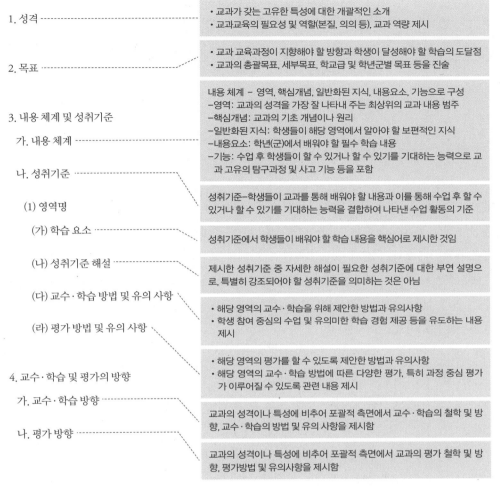

그림 1. 사회과 교육과정 목차의 의미 해설 부분(교육부, 2015b)
출처: 교육부 고시 제2015-74호 [별책 7], 일러두기

역량과 사회과 교육과정, 각 학교급 및 과목 간의 핵심역량이 어떻게 연계되고 어떻게 차별화되는지, 그 이유는 무엇인지가 명확하게 제시되지 않은 점, 역량 용어에 대한 표현이 혼재되어 제시되는 점(예: 공동체 역량/공동체적 역량, 창의적 사고 역량/창의적 사고력/창의성 등) 등은 아쉬운 부분이다. 더 나아가 사회과 핵심역량이 학교급별 목표와 어떻게 연결되어 체계적으로 길러질 것인지 명확한 정보가 제시되지 않는 점 등도 아쉬운 부분이라 할 것이다.

표 3은 2015 개정 교육과정에서 초등학교, 중등학교, 고등학교 지리 내용체계표를 제시한 것이다(교육부, 2015b, 277-282). 실제 초·중등학교 교육과정 '사회' 교육과정에서 제시되는

표 2. 2015 개정 교육과정에서 총론 및 사회과의 핵심역량

2015 개정 교육과정 총론	2015 개정 사회과 교육과정	
	초·중등학교 '사회'	고등학교 '통합사회'
자기관리 역량 지식정보처리 역량 창의적 사고 역량 심미적 감성 역량 의사소통 역량 공동체 역량	창의적 사고력 비판적 사고력 문제 해결력 및 의사 결정력 의사소통 및 협업 능력 정보 활용 능력	비판적 사고력 및 창의성 문제 해결 능력과 의사 결정 능력 자기 존중 및 대인 관계 능력 공동체적 역량 통합적 사고력

내용체계표는 표 3에서 고등학교 내용 요소를 뺀 형태로 구성되어 있다. 고등학교 교육과정의 경우 실제로 통합사회 내용체계표는 표 3과는 다른 형태로 제시되어 있고(표 4), 한국지리와 세계지리는 이 형태로 제시되어 있지 않다. 사회과 교육과정 문서의 부록 형태로 초-중-고 학교급에 걸쳐 핵심개념과 일반화된 지식과 관련하여 어떠한 내용요소가 제시되는지를 파악할 수 있다. 2015 개정 교육과정이 현행 교육과정과 특별히 달라진 부분 중 하나는 핵심 개념과 기능을 명시적으로 제시한 것이라 할 수 있다.

표 3에서 지리 교육과정을 살펴보자면 우선 지리 인식, 장소와 지역, 자연환경과 인간 생활, 인문환경과 인간 생활, 지속가능한 세계라는 5개 영역에 대하여 지리적 속성, 공간 분석, 지리 사상, 장소, 지역, 공간관계, 기후 환경, 지형 환경, 자연-인간 상호작용, 인구의 지리적 특성, 생활공간의 체계, 경제활동의 지역구조, 문화의 공간적 다양성, 갈등과 불균등의 세계, 지속 가능한 환경, 공존의 세계 등 16개 핵심 개념을 제시하고 있다. 각 영역별로 제시된 기능은 초 등학교/중등학교/고등학교가 동일하게 제시되어 있어 학교급별 차별화 정보는 제시되지 않 았다. 한편, 고등학교 공통 과목인 '통합사회'는 삶의 이해와 환경, 인간과 공동체, 사회 변화와 공존이라는 3개 영역에 대하여 각각 3개씩 핵심 개념을 제시하는데 이는 행복, 자연환경, 생활 공간, 인권, 시장, 정의, 문화, 세계화, 지속가능한 삶이다. 초·중등학교 '사회' 또는 지리 영역 내용체계표와 달리 통합사회는 영역 구분 없이 과목 전반에 걸친 기능을 일원화하여 제시하 였다.

그렇다면 고등학교 선택 중심 교육과정에서 일반 선택 과목에서 핵심역량은 어떻게 구현되 는가? 우선 '사회', '통합사회' 과목과 비교해 볼 때 선택 과목인 '한국지리'와 '세계지리'는 핵심 역량을 명시적으로 제시하지 않음을 알 수 있다. 성취기준을 제시할 때 교수학습 및 평가 유의 사항을 제시하는 방식은 따르지만 해당 과목에서 제시되는 내용체계표는 영역과 내용 요소만

제시하고 핵심 개념이나 기능 등은 제시하지 않았다(물론 부록에서는 고등학교 부분을 통합사회, 한국지리, 세계지리를 종합한 형태로 내용·체계표를 제시한다) 한국지리는 아래와 같은 목표 진술에서 지리적 사고력, 분석력, 창의력, 의사 결정 능력 및 문화적 다양성 등을 기르고자 함을 간접적으로 제시한다.

한국지리 과목의 목표는 우리 국토의 자연환경 및 인문환경에 대한 지리적 이해를 바탕으로 국토 공간에서 나타나는 다양한 지리적 현상을 종합적으로 파악하고, 우리 삶의 터전을 보다 살기 좋은 공간으로 만들기 위한 지리적 사고력, 분석력, 창의력, 의사 결정 능력 및 문화적 다양성을 이해하는 능력을 기르며, 국토의 지속가능한 발전을 지향하는 가치관을 형성하게 하는 데 있다(교육부, 2015b, 158).

표 3. 2015 개정 사회과 지리 영역의 내용체계표(교육부, 2015b, 277-282)

영역	핵심 개념	일반화된 지식	내용 요소				기능
			초등학교		중등학교	고등학교*	
			3-4학년	5-6학년	1-3학년		
지리 인식	지리적 속성	지표상에 분포하는 모든 사건과 현상은 절대적, 상대적 위치와 다양한 규모의 영역을 차지하며, 위치와 영역은 해당 사건과 현상의 결과이자 주요 요인으로 작용한다.	• 고장의 위치와 범위 인식	• 국토의 위치와 영역, 국토애 • 세계 주요 대륙과 대양의 위치와 범위, 대륙별 국가의 위치와 영토 특징	• 위치와 인간 생활	• 국토의 위치와 영역 • 세계지도와 세계관 • 세계의 지리 정보와 지역 구분	인식하기 표현하기 지도 읽기 수집하기 기록하기 비교하기 활용하기 실행하기 해석하기
	공간 분석	다양한 공간 자료와 도구를 활용한 지리 정보 수집과 지리 정보 시스템의 활용은 지표상의 현상과 사건들을 분석하고 해석하며 추론하는 데에 필수적이다.	• 지도의 기본 요소(방위, 기호와 범례, 줄인자, 땅의 높낮이 표현)	• 공간 자료와 도구의 활용	• 지도 읽기 • 지리 정보 • 지리 정보 기술	• 지리 정보와 지역 조사 • 지리 정보 시스템 • 지역 구분의 다양한 지표 • 세계의 지역 구분	
	지리 사상	지표상의 일정한 위치와 영역을 차지하는 인간 집단들은 자신들을 둘러싼 주변의 장소와 지역, 다양한 세계에 대한 고유하고도 지속적인 경험, 인식, 관점을 갖고 있다.			• 자연-인간 관계	• 전통 지리 사상과 국토관 • 국토 인식의 변화 • 지리 사상 • 동서양의 옛 세계지도와 세계관	

장소와 지역	장소	모든 장소들은 다른 장소와 차별되는 자연적, 인문적 성격을 지니며, 어떤 장소에 대한 장소감은 개인이나 집단에 따라 다양하다.	• 마을(고장) 모습과 장소감		• 우리나라 영역 • 국토애	• 장소감과 행복도시 • 상징 경관 • (종교적) 성지 • 장소 정체성 • 장소감	설계하기 수집하기 기록하기 분석하기 평가하기 의사 결정하기 비교하기 구분하기 파악하기 공감하기
	지역	지표 세계는 장소적 성격의 동질성, 기능적 상호 관련성, 지역민의 인지 등의 측면에서 다양하게 구분되며, 이렇게 구분된 지역마다 고유한 지역성이 나타난다.	• 지역 중심지의 위치, 기능, 경관 특성	• 국토의 지역 구분과 지역성 • 우리와 관계 밀접 국가의 지리적 특성 • 우리 인접 국가의 지리 정보 및 상호 의존 관계	• 세계화와 지역화	• 지역의 의미와 우리나라의 지역 구분 • 북한 지역의 특성과 통일 국토의 미래 • 수도권, 강원권, 충청권, 호남권, 영남권, 제주권 • 세계의 대지역(권역) • 유럽과 앵글로 아메리카 • 몬순 아시아와 오세아니아 • 건조 아시아와 북부 아프리카 • 중·남부 아프리카와 라틴 아메리카	
	공간 관계	장소와 지역은 인구, 물자, 정보의 이동 및 흐름을 통해 네트워크를 형성하고 상호작용한다.	• 촌락과 도시의 상호 의존 관계	• 우리 인접 국가의 지리 정보 및 상호 의존 관계	• 인구 및 자원의 이동 • 지역 간 상호작용	• 교통수단과 이동 • 지역 간 상호작용 • 지리 정보의 분석 • 공간적 상호 의존성 • 세계화와 지역화	
자연환경과 인간생활	기후 환경	지표상에는 다양한 기후 특성이 나타나며, 기후 환경은 특정 지역의 생활양식에 중요하게 작용한다.		• 국토의 기후 환경 • 세계의 기후 특성과 인간 생활 간 관계	• 기후 지역 • 열대 우림 기후 지역 • 온대 기후 지역 • 기후 환경 극복 • 자연재해 지역	• 우리나라의 기후 특성 • 기후 특성이 반영된 식생과 토양 • 열대 우림과 열대 사바나 기후 • 온대 동안 기후와 서안 기후 • 건조기후 • 냉·한대기후 • 기후의 관광적 매력 • 지구환경의 다양성	도출하기 활용하기 구성하기 의사소통하기 그리기 해석하기 도식화하기 공감하기
	지형 환경	지표상에는 다양한 지형 환경이 나타나며, 지형 환경은 특정 지역의 생활양식에 중요하게 작용한다.		• 국토의 지형 환경	• 산지지형 • 해안지형 • 우리나라 지형 경관	• 한반도의 형성과 산지 모습 • 하천 지형과 물 자원 • 해안지형 • 화산 및 카르스트 지형 • 신기조산대 • 고기조산대 • 세계의 특수한 지형 • 지형의 관광적 매력	

	자연-인간 상호작용	인간 생활은 자연환경과 상호작용하면서 이루어지고, 자연환경은 인간 집단의 활동에 의해 변형된다.	• 고장별 자연 환경과 의식 주 생활 모습 간의 관계 • 고장의 지리적 특성과 생활 모습 간 관계, 고장의 생산 활동	• 국토의 자연 재해와 대책 • 생활 안전 수칙	• 열대 우림 지역의 생활 • 온대 지역의 생활 • 기후 환경 극복 • 산지 지역의 생활 • 해안 지역과 관광 • 자연재해와 인간 생활	• 생태 관광 • 자원으로서의 지형 환경 • 기후와 주민생활 • 기후변화와 자연재해 • 지형 환경과 주민생활 • 자연-인간관계	
인문 환경 과 인간 생활	인구의 지리적 특성	인구는 지표상의 특성에 따라 차별적으로 분포하며, 인구 밀도와 인구 이동, 인구 성장 단계는 지역의 특성을 반영하고 동시에 지역의 변화에 영향을 미친다.		• 국토의 인구 특징 및 변화 모습	• 인구 분포 • 인구 이동 • 인구 문제	• 인구 구조의 지역차 • 인구 구조의 변화 • 인구 이동(이주) • 인구 분포의 공간적 특성 • 인구 문제와 공간 변화 • 다문화 공간 • 인구 분포 • 인구 밀도 • 세계의 인구 변천과 그 지역차	도출하기 수집하기 기록하기 분석하기 평가하기 의사 결정 하기 해석하기 그리기 비교하기 설명하기 구분하기 탐구하기 공감하기
	생활 공간 의 체계	촌락과 도시는 인간의 생활공간을 이루는 기본 단위이고, 입지, 기능, 공간 구조와 경관 등의 측면에서 다양한 유형이 존재하며, 여러 요인에 의해 변화한다.	• 촌락과 도시의 공통점과 차이점 • 촌락과 도시의 문제점 및 해결 방안	• 국토의 도시 분포 특징 및 변화 모습	• 도시 특성 • 도시화 • 도시구조 • 살기 좋은 도시	• 촌락의 형성과 변화 • 도시 발달과 도시 체계 • 도시 구조와 대도시권	
	경제 활동 의 지역 구조	지표상의 자원은 공간적으로 불균등한 분포를 보이고, 인간의 경제활동은 지역에 따라 다양한 구조를 나타내며, 여러 요인에 의해 변화한다.	• 교통수단의 발달과 생활 모습의 변화	• 국토의 산업과 교통 발달의 특징 및 변화 모습	• 농업 입지와 변화 • 공업 입지와 변화 • 서비스업 입지와 변화 • 자원의 편재성 • 자원과 인간 생활 • 지속가능한 자원 개발	• 자원의 의미와 자원 문제 • 농업의 변화와 농촌 문제 • 공업의 발달과 지역 변화 • 상업 및 서비스업 변화와 공간 변화 • 교통·통신 발달과 생산 및 소비 공간의 변화 • 세계의 주요 에너지 자원 • 세계의 주요 식량 자원 • 세계 주요 자원의 국제 이동 • 세계 주요 지역의 산업 구조 • 세계 주요 지역의 공업 지역	

	문화의 공간적 다양성	인간은 자연환경 및 인문환경에 적응하거나 극복하는 과정에서 장소나 지역에 따라 다양한 문화를 형성하고, 문화는 여러 요인에 의해 변동된다.	•세계의 생활 문화와 자연환경 및 인문환경 간의 관계	•문화권 •지역의 문화 변동 •지역의 문화공존과 갈등	•주요 종교의 분포 •인종(민족)의 공간적 다양성 •문화 경관 •세계의 주요 문화권 •문화 전파 •지역 문화 •세계문화유산 •세계의 지역 축제	
지속가능한세계	갈등과 불균등의 세계	자원이나 인간 거주에 유리한 조건은 공간적으로 불균등하게 분포하고, 이에 따라 지역 간 갈등이나 분쟁이 발생한다.	•지역 갈등의 원인과 해결 방안	•지역 불균형	•자원 개발 •영토 분쟁 •경제 블록의 형성 •도시 재개발 •지역 개발과 공간 불평등 •분쟁 지역	수집하기 기록하기 분석하기 평가하기 의사 결정하기 설명하기 공감하기 탐구하기 그리기 해석하기 조사하기
	지속 가능한 환경	자연환경과 조화를 이루며 살아가려는 인간의 신념 및 활동은 지구환경의 지속가능성을 담보한다.	•지구촌 환경문제 •지속 가능한 발전 •개발과 보존의 조화	•지구 환경문제 •지역 환경문제 •환경 의식	•사막화 •지구 온난화 •환경 협약 •대안여행 •공정여행 •생태 관광	
	공존의 세계	인류는 공동의 번영을 위해 지역적 수준에서 지구적 수준까지 다양한 공간적 스케일에서 상호 협력 및 의존한다.		•인류 공존을 위한 노력	•국제 협약 •국제기구와 비정부 기구 •봉사 여행 •세계 평화	

주: 내용 요소의 경우 초등학교와 중등학교는 본문에 제시되어 있고(교육부, 2015b, 7-10), 고등학교는 본문에는 없고 부록에만 제시되어 있음(교육부, 2015b, 277-282).

세계지리의 경우는 명확하게 어떤 역량인지를 제시하는 방식보다는 다음과 같이 기존의 세부 목표를 교과 역량으로 제시하는 방식을 취하고 있다.

세계지리 과목에서 기르려는 교과 역량은 다음과 같다.

가. 세계의 자연환경 및 인문환경에 대한 체계적, 종합적 이해를 바탕으로, 다양한 자연환경 및 인문환경의 특징과 이에 적응해 온 각 지역의 여러 가지 생활 모습을 파악하고, 지역적, 국가적, 지구적 규모에서 다양하게 대두되는 지구촌의 주요 현안 및 쟁점들을 탐구한다.

나. 세계 여러 국가 및 지역의 지리 정보에 대한 수집과 분석, 도표화와 지도화 작업을 바

표 4. 2015 개정 사회과 통합사회 과목의 내용체계표(교육부, 2015b, 120-121)

영역	핵심 개념	일반화된 지식	내용 요소	기능
삶의 이해와 환경	행복	질 높은 정주 환경의 조성, 경제적 안정, 민주주의의 발전 그리고 도덕적 실천 등을 통해 인간 삶의 목적으로서 행복을 실현한다.	• 통합적 관점 • 행복의 조건	파악하기 설명하기 조사하기 비교하기 분석하기 제안하기 적용하기 추론하기 분류하기 예측하기 탐구하기 평가하기 비판하기 종합하기 판단하기 성찰하기 표현하기
	자연 환경	자연환경은 인간의 삶의 방식과 자연에 대한 인간의 대응방식에 영향을 미친다.	• 자연환경과 인간 생활 • 자연관 • 환경문제	
	생활 공간	생활공간 및 생활양식의 변화로 나타난 문제에 대한 적절한 대응이 필요하다.	• 도시화 • 산업화 • 정보화	
인간과 공동체	인권	근대 시민 혁명 이후 확립된 인권이 사회제도적 장치와 의식적 노력으로 확장되고 있다.	• 시민 혁명 • 인권 보장 • 인권 문제	
	시장	시장경제 운영 과정에서 나타난 문제 해결을 위해서는 다양한 주체들이 윤리 의식을 가져야 하며, 경제 문제에 대해 합리적인 선택을 해야 한다.	• 합리적 선택 • 국제 분업 • 금융 설계	
	정의	정의의 실현과 불평등 현상 완화를 위해서는 다양한 제도와 실천 방안이 요구된다.	• 정의의 의미 • 정의관 • 사회 및 공간 불평등	
사회 변화와 공존	문화	문화의 형성과 교류를 통해 나타나는 다양한 문화권과 다문화 사회를 이해하기 위해서는 바람직한 문화 인식 태도가 필요하다.	• 문화권 • 문화 변동 • 다문화 사회	
	세계화	세계화로 인한 문제와 국제 분쟁을 해결하기 위해서는 국제 사회의 협력과 세계시민 의식이 필요하다.	• 세계화 • 국제사회 행위 주체 • 평화	
	지속 가능한 삶	미래 지구촌이 당면할 문제를 예상하고 이의 해결을 통해 지속가능한 발전을 추구한다.	• 인구 문제 • 지속가능한 발전 • 미래 삶의 방향	

탕으로 주요 국가나 권역 단위의 지리적 속성 및 공간적 특징을 비교하고 평가한다.

다. 세계의 자연환경 및 인문환경의 공간적 다양성과 지역적 차이에 대한 공감적 이해를 통해 여러 국가나 권역 사이의 상호 협력 및 공존의 길을 모색하는 한편 지역 간의 갈등 요인 및 분쟁 지역의 본질과 합리적 해결 방안을 탐색한다(교육부, 2015b, 175).

2015 개정 교육과정은 총론과 사회과 핵심역량을 명확히 제시하고 핵심 개념과 일반화된 지식, 기능 등을 제시하는 등 학생들의 역량을 길러 주는 교육을 구현하고자 하는 노력이 엿보인다. 그러나 아직 핵심역량의 의미, 용어 명확화, 총론과 교과의 핵심역량 관계 설정, 각 교과 내

학교급별 핵심역량 신장 방안 등이 더 명확해지고 체계화될 필요가 있는 것으로 판단된다. 지리 교육과정과 관련하여서도 지리과 핵심 역량과 핵심 개념 선정이 학계와 학교 현장에서 보다 풍부한 논의와 연구, 문제의식 공유를 거쳐 발전시켜 나갈 필요가 있으며, 단순한 지식 습득을 넘어 무엇을 할 수 있는 능력을 갖추도록 하기 위한 역량 기반 교육과정의 문제의식에 비추어 볼 때 현재 단순하게 열거된 '기능'의 상세화와 학교급별 위계화 작업이 이루어질 필요가 있겠다.

5. 마치며

본 연구는 핵심역량 교육과정의 도입이 왜 필요한지, 이것이 외국의 교육과정에서 어떻게 반영되는지, 그 구체적인 내용은 무엇이며 어떤 방식으로 운영되는지, 지리 교육과정은 어떤 형태를 띠고 있는지, 역량 기반 교육과정을 표방한 우리나라 2015 개정 교육과정에서 지리 교육과정의 현주소는 어떠한지 등을 탐색해 보았다.

외국의 역량 기반 교육과정을 살펴본 결과 국가별로 핵심역량의 종류나 범주를 다양하게 설정하고 있음을 알 수 있었다. 이는 각 국가가 처한 상황과 기존 교육과정의 맥락적 특성, 그들이 지향하는 교육적 인간상과 교육 목표와 관련하여 핵심역량을 선택하고 강조하여 드러내는 과정에서 발생하는 차이라고 할 수 있다. 오스트레일리아 등 범교과 역량을 중심으로 교과에서 명시적으로 반영하는 나라에서부터 미국 노스캐롤라이나주처럼 명시적으로 드러나지 않지만 내용 구성 및 조직의 핵심 원리로 작동하고 있는 나라까지 다양하게 나타났다. 또한 오스트레일리아, 뉴질랜드 등 범교과 역량을 교과와 연계한 나라에서부터 캐나다 퀘벡주처럼 범교과 역량과 독립적으로 교과 역량을 설정하고 이를 중심으로 교육 내용을 구성한 나라도 존재한다.

또한 역량 기반 교육과정이 기존의 것을 대체한 어떤 것이라기보다는 역량 개념이 등장하기 이전에도 교과 교육과정에 이미 충분히 녹아 있었던 내용을 명시적으로 드러내고 보다 명확히 강조하며 이를 체계화하고 상세화하고 있음을 알 수 있다. 보다 구체적으로는 핵심역량과 교과의 관계를 명시적으로 제시하고, 핵심 지식을 중심으로 적은 내용을 깊게 학습할 수 있도록 선별하며, 내용 성취기준만큼 중요한 축으로 지리적 탐구와 기능과 관련된 학습이 체계적으로 진행되도록 설계하는 점을 들 수 있다. 대부분의 역량 기반 교육과정을 살펴보면 총론 차원에서 핵심역량 영역(범교과적 역량, 일반 능력, 포괄적 학습영역 등)과 교과 영역이라는 두 개의 축을 중심으로 교육과정이 구성되어 있음을 알 수 있다. 교과 교육과정 수준에서는 지식 영역과 더불어 탐구(기능) 영역이 중요하게 제시되어 학년(군)별로 위계화하여 제시하는 것이 특징적이다. 그리고 지식에서 다루는 내용도 핵심 주제나 핵심 개념 등으로 선별하여 제시함으로써 적은 내용을 깊이 배우도록 하고 있음을 알 수 있다.

다음으로 우리나라 2015 개정 교육과정을 살펴보았는데, 총론에 제시된 여섯 가지 핵심역량과 사회과 교육과정의 관계 정립, 사회과 핵심역량과 지리 교육과정의 관계 정립, 초·중등학교 '사회' 핵심역량과 고등학교 '통합사회' 핵심역량, 그리고 지리 핵심역량의 관계 명확화, 지리 핵심역량의 초·중·고 학교급 간 위계화 및 체계화, 상세화 등이 앞으로의 과제이다. 2015 개정 교육과정은 학생들의 핵심역량을 길러 주는 교육에 보다 강조점을 두면서 개발되었는데, 사회과 교육과정도 이에 부응하여 사회과 핵심역량을 명시적으로 제시하고 있다. 지리의 경우 문서상에서 명시적으로 지리 핵심역량을 제시하지는 않고 있다. 사회과 공통 핵심역량에 대해 지리의 핵심개념과 기능 등을 구체화하는 형태로 제시되어 있는 것이 특징적이다. 선택 과목 형태의 고등학교 한국지리, 세계지리 교육과정에서는 다소 덜 분명하게 핵심역량이 제시되어 있다. 사회과 공통의 핵심역량 대신 초등학교-중등학교-고등학교를 관통하는 지리만의 핵심역량을 추출할 것인지, 그렇다면 어떻게 학교급별로 위계화할 것인지, 아니면 학교급별로 차별화된 지리 핵심역량을 제시할 것인지 등 논의되어야 할 부분이 많이 남아 있음을 알 수 있다.

이러한 문제의식에 비추어 앞으로 우리나라 지리 교육과정에서 핵심역량이 어떻게 접근되어야 할 것인지에 대한 시사점은 다음과 같다.

첫째, 우리나라 맥락에서 21세기 '지리' 교육과정 개정을 위한 구상 및 대비가 필요하다. 초등학교에서, 중등학교에서, 고등학교에서 우리는 지리를 통해 어떤 인간을 길러내고자 하는가? 이를 위해서는 어떤 내용과 역량을 길러 줄 필요가 있는가? 각 학년에서 가르쳐야 할 핵심 개념, 주제, 기능은 무엇인가? 특히 기능이나 역량은 어떻게 위계화할 것이며 어떻게 평가할 것인가? 교육적으로 의미 있는 지리교육을 위해 이러한 질문들에 대한 설득력 있고 구체화된 가능한 답안들이 제시될 필요가 있다. 특히 2015 개정 교육과정의 성과를 기반으로 하되 지리에서 핵심 개념, 핵심 역량이 무엇이어야 하는가에 대한 학교 현장과 학계의 풍부한 논의와 대대적인 합의 과정이 필요할 것이다.

둘째, 지식 영역만큼 기능과 탐구 영역을 강화할 필요성이 있다. 현재 지식 위주의 내용 성취기준만을 제시하고 있는데, 기능 관련 성취기준도 위계화하고 체계화하여 독립적 영역으로 제시하는 방안을 적극 검토해 볼 필요가 있다. '모든 지식은 제기된 문제에 대한 해답이며, 문제에 대한 해답으로서의 지식은 탐구라는 지적 활동에 의해 얻어진다. 따라서 탐구과정 그 자체도 교육내용에 포함되어야 한다'는 슈와브(Schwab, 1978)의 주장은 21세기 지리과 교육과정의 방향을 고민하는 데에도 여전히 유의미한 시사점을 준다. 서태열(2005, 285-289)도 지식기반사회에서 지리교육도 지리적 지식 전달이 아닌 학생들의 삶 속에서 하나의 과학으로서 지리를 활용하는 능력을 증대시킬 것을 강조하였으며, 이를 위해 지리교육과정의 내용으로서 지리교육적 지식은 첫째 명제적 지식과 함께 방법적 지식을 동시에 고려할 것, 둘째, 명시적 지식과 함께 암묵적 지리 지식(개인지리, 지리적 상상력 등)을 길러 줄 것, 셋째, 지식기반사회에서 요구되는 통합적 지식으로 재구성할 것, 넷째, 지리적 지식, 사고, 탐구가 의미 있게 연계될 수 있도록 주제나 용어가 아닌 방법적 지식과 암묵적 지식이 반영된 활동적 지식체의 구성요소들로 중점 내용요소를 구성할 것, 다섯째, 폭발하는 정보와 지식의 신속성, 다양성, 복잡성, 중첩성 등을 조직하고 관리하는 연계망적 지식(networking knowledge, cross-linked knowledge)과 문제해결 지식을 보다 강화할 것 등을 제안하였다. 현재의 교육과정은 '지도를 활용하여', '문제점을 파악하고 해결방안을 제시하며' 등 정보처리활용능력이나 문제해결능력을 잠재적으로 길러 줄 수 있는 성취기준 형태로 제시되어 있긴 하지만 이는 초등학교 3~4학년군에서도 중등학교에서도 동일한 수준의 표현으로 기술되기 때문에 학생이 어느 정도의 탐구능력이나 기능을 가져야 하는지 판단할 수 없다. 따라서 기능 영역을 학년(군)별로 위계화하여 제시하고 탐구과정을 익힐 수 있는 기회를 명시적이고 체계적으로 제공하도록 설계할 필요가 있다. 더 나아가서는 현재 제안된 2015 개정 사회과 교육과정도 기능과 태도 등의 측면에서 핵심역량이 체계적이고 유기적으로 '길러질' 수 있도록 사회과 교육 내용 부분에서 그 정보가 명확하게 전달되기 위해서는 보다 개선될 필요가 있을 것이며, 이에 대한 풍부한 연구가 이루어질 필요가 있을 것이다. 미래사회를 살아갈 학생들에게 필요한 지리교육의 역할이 무엇이어야 하는지, 이를 제대로 담기 위해 지리 교육과정은 어떤 모습이어야 할 것인지에 대한 장기적이고 체계적인 연구와 진지한 논의가 지리교육계에서 활발히 이루어져서 앞으로 있을 교육과정 개정 시에 그 결과물이 온전히 잘 담길 수 있기를 기대하는 바이다.

요약 및 핵심어

역량기반 교육과정은 21세기를 살아갈 학생들에게 필요한 학교교육에 대한 고민 속에서 최근 세계 각국에서 하나의 흐름으로 나타나고 있는 교육 개혁의 특징적인 산물 중 하나이다. 이에 본 연구는 역량기반 교육과정의 문제의식을 살펴보고, 영국, 뉴질랜드, 대만, 캐나다, 미국, 싱가포르, 오스트레일리아, 프랑스 등 외국의 역량기반 지리 교육과정이 구체적으로 어떤 모습을 띠고 있는지 그 특징을 개괄적으로 소개하고자 하였다. 이를 위해 우선 역량이 무엇이며 왜 필요한지, 21세기 핵심역량이란 어떤 것들이 있는지, 이러한 역량을 길러 주기 위해 개발된 외국의 역량기반 교육과정에서 지리 교육과정이 어떤 형태로 제시되어 있는지를 살펴보았으며, 이를 토대로 우리나라 지리 교육과정에 주는 시사점을 제시하였다. 외국의 지리 교육과정은 범교과적 역량을 교과 교육을 통해 구현하거나 교과 고유의 역량을 선정하여 이를 중심으로 지리 교육과정을 구성하는 등 다양한 수준과 형태로 핵심역량을 반영하고 있었다. 역량기반 지리 교육과정은 기존의 교육과정에서 비명시적으로 제시되었던 역량을 문서상에서 보다 명시적으로 강조하여 제시하고 있다. 특히 21세기 핵심역량이 교과를 통해 계발될 수 있도록 핵심적인 내용을 중심으로 지리적 지식을 선별하여 제시하고, 이와 연계하여 지리적 탐구와 기능과 관련된 교육 내용을 보다 강화하여 이를 상세화하고 체계적으로 제시하는 점이 특징적이다. 마지막으로 역량 기반 교육과정을 표방하며 개발된 2015 개정 지리 교육과정의 특징과 현주소, 앞으로의 과제 등에 대해서 살펴보았다.

핵심역량(key competencies), 역량기반 교육과정(competency-based curriculum), 지리 교육과정(geography curriculum)

더 읽을 거리

[기획논문: 21세기 핵심역량과 지리 교육과정(1)]

김현주, 2013, "역량 기반 대만 지리 교육과정의 특징", 한국지리환경교육학회지, 21(3), 45-59.

심승희·권정화, 2013, "영국의 2014 개정 지리교육과정의 특징과 그 시사점", 한국지리환경교육학회지, 21(3), 17-31.

이경한, 2013, "뉴질랜드 지리교육과정의 핵심역량과 주요 특성 분석", 한국지리환경교육학회지, 21(3), 33-43.

조철기, 2013, "캐나다 퀘벡 주 지리교육과정과 지리과의 핵심역량", 한국지리환경교육학회지, 21(3), 61-73.

[기획논문: 21세기 핵심역량과 지리 교육과정(2)]

김민성, 2014, "미국 노스캐롤라이나 주의 교육과정 −핵심역량 관점에서의 해석과 지리교육적 함의−", 한국지리환경교육학회지, 22(1), 1−14.

김현미, 2014, "오스트레일리아의 핵심역량 기반 국가 수준 지리 교육과정 탐색", 한국지리환경교육학회지, 22(1), 33−43.

이상균·정프랑수아떼민느, 2014, "최근 프랑스 지리 교육과정 개정 동향과 지리과 핵심역량", 한국지리환경교육학회지, 22(1), 45−56.

임은진, 2014, "싱가포르의 교육 정책과 지리 교육과정", 한국지리환경교육학회지, 22(1), 15−32.

[기획논문: 2015 개정 지리 교육과정]

박선미, 2016, "2015 개정 중학교 사회과교육과정개발 과정의 의사결정 구조에 대한 비판적 고찰", 한국지리환경교육학회지, 24(1), 33−45.

박철웅, 2016, "2015 개정 사회과 교육과정에서 지리교육의 정체성과 대응", 한국지리환경교육학회지, 24(1), 1−13.

심승희·김현주, 2016, "2015 개정 교육과정에 따른 고교 진로선택과목 「여행지리」의 개발과 관련 논의", 한국지리환경교육학회지, 24(1), 87−98.

안종욱·김병연, 2016, "2015 개정 한국지리 교육과정의 개발 과정과 주요 특징", 한국지리환경교육학회지, 24(1), 61−70.

이간용, 2016, "2015 개정 초등 사회과 지리 영역 교육과정 개발에 대한 반성적 고찰", 한국지리환경교육학회지, 24(1), 15−32.

전종한, 2016, "2015 개정 「세계지리」 교육과정의 개발 과정과 내용", 한국지리환경교육학회지, 24(1), 71−85.

참고문헌

교육과학기술부, 2007, 사회과 교육과정, 교육과학기술부 고시 제2007−79호[별책 7].

교육과학기술부, 2012, 사회과 교육과정, 교육과학기술부 고시 제2012−14호[별책 7].

교육부, 1992a, 국민학교 교육과정, 교육부 고시 제1992−16호.

교육부, 1992b, 중학교 교육과정, 교육부 고시 제1992−11호.

교육부, 1997a, 사회과 교육 과정. 교육부 고시 제1997−15호[별책 7].

교육부, 1997b, 교육부 고시 제1997−15호에 따른 초등학교 교육과정 해설(III)−국어, 도덕, 사회.

교육부, 2014, 문이과 통합형 교육과정 개정을 위한 교과 교육과정 개발 정책연구진 합동 워크숍 자료집.

교육부, 2015a, 초·중등학교 교육과정 총론(교육부 고시 제2015−80호 [별책 1]).

교육부, 2015b, 사회과 교육과정, 교육부 고시 제2015−74호[별책 7].

교육혁신위원회, 2007, 학습 사회 실현을 위한 「미래교육 비전과 전략(안)」 공청회 자료집, 대통령 자문 교육

혁신위원회.

김기헌·김지연·장근영·소경희·김진화·강영배, 2008, 청소년 핵심역량 개발 및 추진방안 연구 Ⅰ: 총괄보고서, 한국청소년정책연구원.

김기헌·맹영임·장근영·구정화·강영배·조문흠, 2009, 청소년 핵심역량 개발 및 추진방안 연구 Ⅱ: 자율적 행동 영역, 한국청소년정책연구원.

김기헌·장근영·조광수·박현준, 2010, 청소년 핵심역량 개발 및 추진방안 연구 Ⅲ: 총괄보고서, 한국청소년정책연구원.

김안나·김태준·김남희·이석재·정희욱, 2003, 국가수준의 생애능력 표준설정 및 학습체제 질 관리 방안 연구(Ⅱ), 한국교육개발원 연구보고 RR 2003-15.

김현미, 2013, "21세기 핵심역량과 지리 교육과정 탐색", 한국지리환경교육학회지, 21(3), 1-16.

김현미, 2016, "사회과 핵심역량 계발을 위한 교수·학습 및 평가 실천 현황", 한국지리환경교육학회지, 24(4), 93-113.

박민정, 2009, "역량 기반 교육과정의 특징과 비판적 쟁점분석 : 내재된 가능성과 딜레마를 중심으로", 교육과정연구, 27(4), 71-94.

서태열, 2005, 지리교육학의 이해, 파주: 한울.

소경희, 2007, "학교교육의 맥락에서 본 '역량(competency)'의 의미와 교육과정적 함의", 교육과정연구, 25(3), 1-21.

손민호, 2011, "역량중심교육과정의 가능성과 한계". 한국교육논단, 10(1), 101-121.

유현숙·김남희·김안나·김태준·이만희·장수명·송선영, 2002, 국가수준의 생애능력 표준설정 및 학습체제 질 관리 방안 연구(Ⅰ), 한국교육개발원 연구보고 RR 2002-19.

유현숙·김태준·이석재·송선영, 2004, 국가수준의 생애능력 표준설정 및 학습체제 질 관리 방안 연구(Ⅲ), 한국교육개발원 연구보고 RR 2004-11.

윤정일·김민성·윤순경·박민정, 2007, 역량의 개념 및 연구동향, 핵심역량센터 연구보고서 2007-01.

윤현진·김영준·이광우·전제철, 2007, 미래 한국인의 핵심역량 증진을 위한 초·중등교육 교육과정 비전 연구(Ⅰ)-핵심역량 준거와 영역 설정을 중심으로, 한국교육과정평가원 연구보고 RRC 2007-1.

이광우·민용성·전제철·김미영, 2008, 미래 한국인의 핵심역량 증진을 위한 초·중등교육 교육과정 비전 연구(Ⅱ)-핵심역량 영역별 하위 요소 설정을 중심으로, 한국교육과정평가원 연구보고 RRC 2008-7-1.

이광우·전제철·허경철·홍원표, 2009, 미래 한국인의 핵심역량 증진을 위한 초·중등교육 교육과정 설계 방안 연구, 한국교육과정평가원 연구보고 RRC 2009-10-1.

이근호·곽영순·이승미·최정순, 2012, 미래 사회 대비 핵심역량 함양을 위한 국가 교육과정 구상, 한국교육과정평가원 연구보고 RRC 2012-4.

이근호·김기철·김사훈·김현미·이명진·이상하·이인제, 2013, 미래 핵심역량 계발을 위한 교과 교육과정 탐색: 교육과정, 교수·학습 및 교육평가 연계를 중심으로, 한국교육과정평가원 연구보고 RRC 2013-2.

홍원표·이근호·이은영, 2010, 외국의 역량 기반 교육과정 현장적용 사례 연구: 호주와 뉴질랜드, 캐나다, 영국의 사례를 중심으로, 한국교육과정평가원 연구보고 RRC 2010-2.

ACARA, 2013, The Australian Curriculum: Geography (http://www.australian curriculum.edu.au/Geography/Curriculum/F-10).

Bednarz, S.W., Heffron, S., & Huynh, N.T. (eds.), 2013, A Road Map for 21st Century Geography Education: Geography Education Research, Washington, DC: Association of American Geographers.

Biemans, H., Wesselink, R., Gulikers, J.T.M., Schaafsma, S., Verstegen, J.A.A.M. and Mulder, M., 2009, Towards competence-based VET: dealing with the pitfalls, *Journal of Vocational Education and Training*, 61(3), 267-286.

Binkley, M., Erstad, O., Herman, J., Raizen, S., Ripley M., Miller-Ricci, M., & Rumble, M., 2012, Defining twenty-first century skills, In Griffin, P., McGaw, B. & Care, E. (eds.), *Assessment and teaching of 21st century skills,* Springer, New York, 17-66.

Lambert, D. and Morgan, J., 2010, A 'capability' perspective on geography in schools, in Lambert, D. and Morgan, J., *Teaching Geography 11-18: A Conceptual Approach*, Open University Press, London, 53-66.

Partnership for 21st Century Skills, 2007, *21st Century Skills Assessment white paper*, http://www.p21.org/storage/documents/21st_Century_Skills_Assessment_e-paper.pdf).

QCDA, 2010, The National Curriculum Primary Handbook (http://ufa.org.uk/uploaded_media/resources/1272541790-New_primary_curriculum_ handbook_tagged_tcm8-16333.pdf).

Québec Education Program, 2004, Québec Education Program (http://www.cqsb.qc.ca /MyScriptorWeb/scripto.asp?resultat=630917).

Rychen, D.S. & Salganik, L.H. (eds.), 2001, *Defining and selecting key competencies,* Fourth General Assembly of the OECD Educational Indicators Programme.

Rychen, D.S. & Salganik, L.H. (eds.), 2003, *Key competencies for a successful life and a well-functioning society,* Ashland, OH, US: Hogrefe & Huber Publishers.

Schwab, J., 1978, *Science, curriculum and liberal education*, The University of Chicago Press, Chicago & London.

Spencer, L.M. & Spencer, S.M., 1993, *Competency at Work: Models for Superior Performance*, John Wiley, New York (민병모·박동건·박종구·정재창 역, 1998, 핵심역량모델의 개발과 활용, 서울: PSI 컨설팅).

Trilling, B., & Fadel, C, 2009, *21st century skills: Learning for life in our times*, John Wiley and Sons, San Francisco (한국교육개발원 역, 2012, 21세기 핵심역량 ─이 시대가 요구하는 핵심스킬─, 서울: 학지사).

Wood, R. & Payne, T., 1998, *Competency Based Recruitment and Selection, a Practical Guide*, John Wiley, New York.

Common Core State Standards Initiative (http://www.corestandards.org).

DeSeCo (http://deseco.ch).

LEARN NC (http://www.learnnc.org).

NCIC 국가 교육과정 정보센터(2012). 대만 교육과정 (http://ncic.re.kr).

NCIC 국가 교육과정 정보센터(2012). 프랑스 교육과정 (http://ncic.re.kr).

Partnership for 21st century skills(P21) (http://www.p21.org).

www.21stcenturyskills.org.

뉴질랜드 교육과정 사이트 (http://nzcurriculum.tki.org.nz).

뉴질랜드 핵심역량 사이트 (http://keycompetencies.tki.org.nz).

대만 교육부 사이트 (http://www.edu.tw).

싱가포르 교육부 사이트 (http://www.moe.gov.sg).

영국 교육부 사이트 (2014년까지 적용되는 영국 학교 교육과정, http://www.education.gov.uk/schools/
    teachingandlearning/curriculum).

영국 교육부 사이트 (2014년부터 적용되는 영국 학교 교육과정, https://www.gov.uk/government/organi
    sations/department-for-education/series/national-curriculum).

오스트레일리아 국가 교육과정 사이트 (http://www.australiancurriculum.edu.au).

캐나다 퀘벡주 사회과 교육과정 (http://www.learnquebec.ca/en/content/curriculum/ social_sciences).

제5장

핵심역량으로서 생태적 다중시민성*

심광택

진주교육대학교

---

* 본 연구는 심광택(2014, 2015, 2016)을 수정·보완한 것임.

1. 들어가며

2015 개정 사회과교육과정에 명시된 핵심역량을 과목별로 살펴보면, 비판적 사고력과 창의적 사고력, 문제해결력과 의사결정력은 통합사회(지리, 역사, 일반사회, 도덕 포함)와 사회(지리, 일반사회 포함) 과목에서, 자기존중 및 대인관계 능력, 공동체 의식은 통합사회와 도덕 과목에서, 의사소통 및 협업 능력, 정보활용 능력은 사회와 역사 과목에서 공통적인 핵심역량이다(표 1).

표 1. 과목별 핵심역량(교육부, 2015)

통합사회	사회	역사	도덕
비판적 사고력, 창의적 사고력 문제해결력, 의사결정력 자기존중, 대인관계 능력 공동체적 역량 통합적 사고력	창의적 사고력, 비판적 사고력 문제해결력, 의사결정력 의사소통 및 협업 능력 정보활용 능력	역사적 사실 이해 역사적 판단력, 문제해결 역사정보활용, 의사소통 역사자료 분석, 해석 정체성, 상호존중	자기존중, 관리 능력 도덕적 사고력 도덕적 대인관계 능력 도덕적 공동체 의식 도덕적 정서능력 윤리적 성찰, 실천성향

2015 개정 사회과교육과정에 명시된 핵심개념을 과목별로 살펴보면, 통합사회는 삶의 이해와 환경, 인간과 공동체, 사회변화와 공존 영역에서 각각 3개의 핵심개념을, 지리는 지리인식, 장소와 지역, 자연환경과 인간 생활, 인문환경과 인간 생활, 지속가능한 세계 영역에서 각각 3~4개의 핵심개념을, 일사는 정치, 법, 경제, 사회·문화 영역에서 각각 3~5개의 핵심개념을, 역사는 역사일반, 정치·문화사, 사회·경제사 영역에서 각각 1~11개의 핵심개념을, 도덕은 자신과의 관계, 타인과의 관계, 사회·공동체와의 관계, 자연·초월과의 관계에서 각각 1개의 핵심가치를 제시하고 있다(표 2).

이와 같은 핵심역량과 핵심개념은 현행 사회과/도덕과의 교육과정을 정당화하는 과정에서 국가사회적 요구와 학문적 계통에 근거하여 도출된 것이다. 현대 남한 사회는 남북분단 시대 고령화 사회로서 네트워크 시대 다문화사회이기도 하다. 미래 한반도 사회는 남북통일 시대 한민족 사회로서 탈성장 시대 협력적 공유 사회가 될 가능성이 높다. 현대와 미래 사회를 살아갈 학습자가 표 1과 표 2에 제시된 핵심역량과 핵심개념을 습득하면, 사회계약적 관점과 관계적 관점에서 인간의 삶과 사회 현상의 본질을 파악하고 자신과 민족 그리고 인류의 미래에 기여하는 삶을 영위할 수 있을까? 이 지점에서 필자는 사회과 핵심역량을 다시 살펴보고, 생태

표 2. 과목별 핵심개념(교육부, 2015)

통합사회	지리	일사	역사	도덕
행복 자연환경 생활공간 인권 시장 정의 문화 세계화 지속가능한 삶	지리적 속성 공간분석 지리사상 장소 지역 공간관계 기후환경 지형환경 자연-인간 상호작용 인구의 지리적 특성 생활공간의 체계 경제활동의 지역구조 문화의 공간적 다양성 갈등과 불균등의 세계 지속가능한 환경 공존의 세계	민주주의와 국가 정치과정과 제도 국제정치 헌법과 우리생활 개인생활과 법 사회생활과 법 경제생활과 선택 시장과 자원배분 국가경제 세계경제 연구 방법 개인과 사회 문화 사회계층과 불평등 현대의 사회변동	역사의 의미 선사시대와 고조선의 등장 여러나라 성장 삼국의 성장과 통일 통일신라와 발해 고려문벌 귀족사회의 형성과 변화 조선 건국과 유교문화의 성숙 전란과 조선후기 사회의 변동 개항과 개혁파 일제 식민지배와 광복을 위한 노력 대한민국 발전 대한민국 미래 신분제 변화 경제적 변동 가족제도 전통문화	성실 배려 정의 책임

적 다중시민성 교육을 지향하는 사회과 핵심과정 및 수업설계에 대해 논의할 것이다.

2. 사회과 핵심역량과 전환기 사회과교육과정

선행연구에서는 사회과 핵심역량중심의 교육과정 통합을 사회기능중심 통합에서 시작해 스트랜드(strand)중심 통합 논의와의 연속선상에서 논의할 것을 제안하고(한춘희 외, 2009, 140), 사회과 핵심역량을 대인관계능력, 비판적사고력, 문제해결력 및 의사결정력, 정보활용능력 및 의사소통능력, 시민의식(지역/국가/글로벌) 등으로 설정하고 있다(김현미 외, 2015, 50).

사회과 교육의 혁신은 시민사회를 통합적이고 단계적으로 탐색하기 위한 학제적 접근, 학습의 계속성, 학습의 계열성 유지를 전제로 한다. 1994년 미국의 사회과교육학회에서는 의사결정력을 강조하며 스트랜드중심으로 학제적인 접근을 시도했지만, 학습의 계속성과 계열성을 담보하는 데 한계를 인정할 수밖에 없었다. 2013년 미국의 사회과교육학회, 역사교육학회, 지리교육학회가 공동으로 개발한 C3 사회과표준안은 교과의 계통을 유지하면서 정치, 경

표 3. C3 사회과 표준안 내용-활동 체계

차원 1: 발문 개발 및 탐구 계획	차원 2: 교과의 도구 및 개념 적용	차원 3: 자료 평가 및 증거 활용	차원 4: 결론 말하기, 실천 계획 세우기
발문 개발 탐구 계획	정치 경제 지리 역사	자료 수집 및 평가 주장 전개 및 증거 활용	의사소통과 결론 비평 실천계획 세우기
정치영역	경제영역	지리영역	역사영역
시정 및 정치 제도 참여 및 숙의: 시민적 덕성 및 민주적 원리 적용 절차, 규칙, 법	경제적 의사결정 교환과 시장 국가 경제 국제 경제	지리적 재현: 공간적 관점과 세계 인간과 환경 간 상호작용: 장소, 지역, 문화 인구: 공간적 유형, 이동 지구촌 상호연결: 공간유형의 변화	변화, 지속성, 맥락 관점 사료 및 증거 인과관계 및 논증

출처: NCSS, 2013, 12-13

제, 지리, 역사 영역별 학습내용을 선정하여 발문개발 및 탐구계획 → 교과의 도구 및 개념 적용 → 자료 평가 및 증거 활용 → 결론 말하기, 실천계획 세우기 순으로 사회과 교수-학습을 권장한다(NCSS, 2013, 12; 표 3). 2015 개정 사회과교육과정에서 통합사회, 사회, 역사, 도덕 과목 간 공통적 핵심역량인 비판적 사고력과 창의적 사고력, 문제해결력과 의사결정력, 자기존중 및 대인관계 능력, 공동체 의식, 의사소통 및 협업 능력, 정보활용 능력 등은 사회과/도덕과 교과뿐만 아니라, 교과교육 전반에 걸쳐 길러져야 할 공통핵심역량으로도 볼 수 있다.

핵심역량은 핵심개념과 핵심과정을 통해 길러질 수 있는데,[1] 전환기 역량중심 사회과는 사회적 상호관계 형성, 기후변화, 사회적 양극화, 소속감과 정체성 간의 갈등 등과 관련된 내용지식(핵심개념)을 학습자가 사고하고 행동하는 데(핵심과정) 교육적인 의미를 부여한다. 전환기 사회과교육과정은 사회적 계약에 의한 시민성 개념을 넘어 상호적 관계에 의한 생태적 다중시민성 개념을 상정한다.[2] 생태적 다중시민성 함양을 추구하는 사회과는 시민과 국민으로

---

1. 역량모델을 구현하고 있는 영국과 독일, 캐나다 온타리오주의 경우에는, 내용지식과 더불어 '과정역량' 내지는 '핵심과정'을 제시함으로써, 각 교과에서 목표로 하는 역량을 개발하기 위해서 교과의 내용지식이 어떠한 과정이나 절차를 통해 다루어져야 하는지를 보여 주고 있다(소경희 외, 2013, 168).
2. 스케일 관점에서 중층적 시민권을 살펴본다면, 지위와 권리로서 시민권은 경계가 뚜렷한 공간들 간의 위계적 특성을 지닌 정치경제학적 스케일에 의해, 그리고 사회문화적 소속으로서 시민권은 상이한 공간들의 경계를 가로지르는 수평적 혹은 관계적 스케일에 의해 생성·변화한다. 일상 시민권 논의와 관련하여 특정 맥락하에서 작동하는 관계적 수행성(relational performativity)에 주목하는 이유는 지위와 권리로서 시민권을 상이한 공간들과 분리시켜 이해하려는 이원론에 분명 한계가 있기 때문이다(박규택, 2016, 49-50).

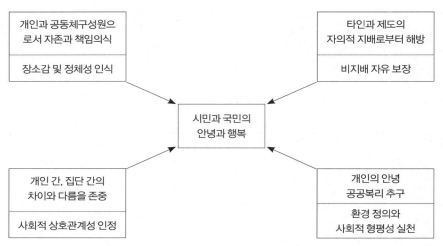

개인과 공동체구성원으로서 자존과 책임의식		타인과 제도의 자의적 지배로부터 해방
장소감 및 정체성 인식	시민과 국민의 안녕과 행복	비지배 자유 보장
개인 간, 집단 간의 차이와 다름을 존중		개인의 안녕 공공복리 추구
사회적 상호관계성 인정		환경 정의와 사회적 형평성 실천

그림 1. 생태적 다중시민성 기반 사회과 핵심역량 체계

서 나와 우리, 너와 그들의 안녕과 행복을 교과목표로 한다.

생태적 다중시민성의 구성요소인 장소감수성 회복과 정체성 인식은 개인과 공동체 구성원으로서 자존감과 책임의식을 갖도록 하고, 비지배 자유[3] 보장은 타인과 제도의 자의적 지배로부터 개인을 해방시키고, 사회적 상호관계성 인정은 개인 간, 집단 간의 차이와 다름을 존중하며, 환경정의와 사회적 형평성 실천은 개인의 안녕과 공공의 복리를 담보할 수 있다. 생태적 다중시민성을 지향하는 역량중심 사회과에서 교과의 핵심역량은 장소감수성 및 정체성 인식 능력, 비지배자유 보장능력, 사회적 상호관계성 인정능력, 환경정의 및 사회적 형평성 실천능력을 가리킨다(그림 1).

3. 사회과 핵심과정에서 인지행동과 사고기능

1) 사회과 핵심과정 수정모델

생태적 다중시민성을 지향하는 사회과 핵심과정에서는 학습자가 일상적 지식을 통해 핵심

---

3. 비지배자유 원칙이란 '타인의 간섭으로부터의 자유'가 아니라 '타인의 자의적인 지배로부터 자유'를 자유의 내용으로 하고, 이러한 자유를 향유할 수 있는 조건의 보장을 우선 과제로 제시하는 고전적 공화주의 전통에서 나온 정치적 원칙이다(곽준혁, 2004, 38).

개념(학문적 지식)을 사고하는 과정에서 자신의 일상을 돌아보며 인지행동을 수정하는 데 중점을 둔다. 사회과 핵심과정에서 인지행동의 단계는 장소감과 정체성 인식→비지배자유 보장→사회적 상호관계성 인정→환경정의 및 사회적 형평성 실천 순이다. 각 단계에서 내(우리)가 될 수 있는 사람은 누구인가→나(우리)는 진정으로 자유로울 수 있는가→나(우리)는 다른 사람과 어울려 지낼 수 있는가→나와 우리 모두의 안녕과 행복을 위해 무엇을 할 것인가에 관한 사고와 행동의 연계가 요청된다. 이러한 사회과 핵심과정 모델을 그림 2와 같이 수정한 배경은 다음과 같다.

첫째, 인지행동 차원에서 학습자의 행동을 변화시키기 위한 가장 효율적인 방법은 학습자의 생각을 변화시키는 일이다. 학습자의 생각이 바뀌면 학습자의 감정과 행동이 변화될 것으로 가정한다. 이에 따르면 생태적 다중시민성을 지향하는 사회과 핵심 과정을 경험하면서 학습자는 자신이 일상에서 깨닫지 못한 사회 인식과 판단을 바꾸어 자신의 삶을 변화시킬 것이다. 역사지리적 사고력을 바탕으로 정체성과 장소감을 인식하고, 비판적인 사고로 개인과 집단의 비지배 자유를 보장하고, 대인관계적 사고를 통해 사회적 상호관계성을 인정하고, 의사결정력으로 환경정의 및 사회적 형평성을 실천할 수 있기 때문이다.

둘째, 사고기능 차원에서 역사지리적 사고력, 비판적 사고력, 대인관계 능력, 의사결정 능력은 각각 정체성과 장소감 인식, 비지배 자유 보장, 사회적 상호관계성 인정, 환경정의 및 사회

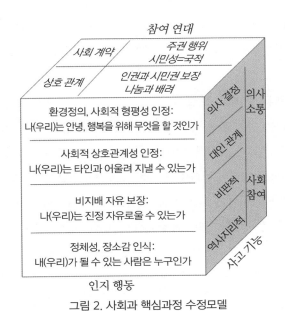

그림 2. 사회과 핵심과정 수정모델

적 형평성 실천에 디딤돌 역할을 하게 된다. 또한, 모둠활동 가운데 학습자가 동료의 행동을 주시하여 효과적으로 반응하는 타인지향적 능력인 의사소통 능력과 공동 작업 및 협의에서 각자가 맡은 역할을 수행하는 사회참여 능력이 사회과의 핵심과정 전반에 걸쳐 꾸준하게 요구되고 있기 때문이다.

셋째, 참여연대 차원에서 학습자는 위기에 처한 인류사회를 구하고 지속가능한 미래를 설계할 수 있다. 국가사회 집단과 구성원 사이의 계약에 근거한 사회계약론 입장뿐만 아니라, 지구촌 생물의 공존을 추구한다. 지구촌 모든 이해 관계자들 사이의 관계에서 즉, 사회계약론과 상호적 관계 입장에서 생존을 위한 권리와 의무를 깨닫도록 참여연대 실천을 사회과의 기본 목표로 설정한다. 학습자가 사회계약론 관점에서 주권 행위, 시민성=국적 인식에 갇히지 않고, 상호적 관계 관점에서 인권과 시민권 보장, 나눔과 배려까지 자신의 인식적 지평을 확장해야만 비로소 생태적 참여연대를 실천하려는 의지가 강화될 수 있기 때문이다(그림 2).

2) 정체성 및 장소감 인식: 생태적 관점, 역사지리적 사고기능

지금으로부터 250년 전, 노예제와 군주제를 당연시하던 사회체제에서 루소(Rousseau)는 사회계약론을 주장한다. 사회계약론에서는 기본적으로 사람들이 상호 이익을 위해서 협력한다는 것을 가정하며, 합리적인 당사자 간의 호혜성을 기반으로 한다. 사회계약론에 기초하여 탄생한 근대 민주국가는 지난 250년간 자본주의 경제체제에서 성장과 개발의 논리를 앞세워 수백만 년에 걸쳐 형성된 화석 에너지를 고갈시키면서 소비 사회, 위험 사회로 질주하고 있다.

사례 1- 사회적 계약과 사회적 관계

오늘날 해방의 권리는 인류 자신이 생각하는 자아 정체성을 스스로 정의하는 권리라 할 수 있다. 즉, 그것은 인류가 사회적 계약과 아무런 관련이 없는 사회적 관계들을 자신의 정체성에 포함시키도록 이끌어 간다(Descombes, 2014; 김보희 역, 2014, 3). 사회계약론에서 배제된 사회적 약자들에게 실질적 평등을 제공하기 위해서는 사회정의의 영역이 지구적 차원으로 확대되는 능력접근법(capabilities approach)[4]이 필요하며, 모든 경우의 장

---

4. 세계시민이라면 당연하게 발휘할 수 있어야 하는 10가지 핵심 능력을 다음과 같이 제시한다. 생명을 유지할 수 있는 능력, 건강한 신체 보유 능력, 신체적 존엄성의 보유 능력, 감각과 상상력과 사고 계발 능력, 정서 계발 능력, 실천적 지혜 계발 능력, 사회적 친교 능력, 다른 생명체나 자연과 관계를 맺을 수 있는 능력, 여가를 즐길 수 있는 능력, 환경을 관

애자와 국경 너머 다른 국가의 시민의 인권과 동물 종의 자연권을 실질적으로 회복시켜야 한다(Nussbaum, 2006, 155; 이순성, 2014, 73).

사례 1은 인류가 소비 사회, 위험 사회로부터 벗어나기 위한 해결책으로서, 생태적 관점에 의한 인권 혁명과 환경 혁명의 새로운 시작으로 평가할 수 있다. 생태계란 한 개체를 둘러싸고 있는 다른 개체들과 이들이 살아가고 있는 물리적 환경 간의 상호작용 체제다. 생태적 관점에 따르면 인간 역시 자연의 일부로서 인간은 자연과 조화를 이루어야 생명을 유지할 수 있는 존재다. 생태적 관점에서 개인은 다른 사람들과 자신이 동일시하는 장소, 그리고 소속한 가족, 학교, 마을, 국가, 사이버 공동체와 분리하여 자신을 규정하기 어려운 존재다. 생태계 안에서 인간의 정체성과 장소감 인식은 개인이 (가족, 학교, 마을, 국가, 세계, 사이버) 공동체와 장소를 자신과 동일시하려는 자아 인식이며 자존감이다. 생태적 관점에서 개인이 가족, 학교, 마을, 국가, 다른 나라, 사이버 세계와 장소에 미치는 해악은 곧 자신에게도 해가 되는 일이다. 일반(보편적, 집단적) 의지의 주체로서 학습자는 이러한 공동체의 품안에서 삶의 터전과 집단 기억을 바탕으로 장소감과 정체성을 공유하며, 지금 여기에서 자신과 후손들의 미래를 보장하기 위해 앞으로 무엇을 할 것인가에 관심을 갖는다.

사회과 핵심과정에서 학습자의 출발점 행동은 사회적 사실과 현상에 관한 기초적 지식을 습득하여 사회를 올바르게 인식하는 것이다. 이를 위해 교사의 입장에서는 학생이 사회 현상을 종합적으로 이해할 수 있도록 생태적 관점에서 역사지리적 사고를 유도하는 역할이, 학생의 입장에서는 이미 형성된 자신의 정체성과 장소감에 대한 모둠별 토론에 적극 참여하는 역할이 요청된다. 내(우리)가 될 수 있는 사람은 누구인가를 토론하는 과정에서 학습자는 경험적으로든 논리적으로든 정당화할 수 있는 결론을 도출하여 모둠원 앞에서 공언하며, 개인으로서 우리로서 정체성과 장소감을 인식한다. 생태적 관점에 토대한 역사지리적 사고는 지구촌 사회에서 내(우리)가 될 수 있는 사람이 누구인가를 인식하기 위한 기능이다. 학습자가 정체성과 장소감을 사유하는 과정에서 그 의미를 깊이 느낄 때, 비로소 자신의 삶과 우리로서의 삶을 연관시키면서 자존감과 책무성을 갖게 될 것이다.

리할 수 있는 능력이다. 능력 접근법의 핵심은 각 시민의 존엄성이 유지되는 구체적 삶의 모습에 초점을 맞추는 데 있다(Nussbaum, 2006, 76-78; 이순성, 2014, 74에서 재인용).

3) 비지배자유 보장: 차이 공감, 비판적 사고기능

사례 2에서 구호나 자선이 다른 사람의 어려움을 객관화시켜 온정을 베푸는 과정에서 자신의 감정을 승화시키는 행위라면, 동정은 다른 사람의 어려움을 가엽게 여겨 온정을 베풀거나 그 어려움을 이해하여 그 사람과 같은 느낌을 갖는 것을 말한다. 한편, 공감은 다른 사람의 의견, 주장, 감정을 자신의 의견, 주장, 감정으로 주관화하여 자신도 그렇다고 느끼는 행위이다 (민중서림편집국, 2001).

사례 2- 비지배자유 보장
비지배자유 원칙에서 적극적 시민성은 개인이나 집단을 종속의 상태로 밀어 넣는 사회경제적 구조의 개선을 요구하고, 차이의 인지와 동시에 경제적 재분배를 통한 사회적 권리의 실질적 보장을 요구한다(곽준혁, 2004, 60). 실질적으로 예속이나 주종적 관계로부터 탈피할 수 있게 되려면, 모든 시민들이 존엄과 자존심을 갖고 살아갈 수 있을 정도의 일할 권리, 교육의 기회, 빈곤으로부터의 탈피, 기타 노령·질병 등에 대처할 수 있는 사회적 권리가 제도로 확립되어야 한다. 그런데 사회적 시민권 보장의 의무는 사적 개인들에게 떠넘겨서는 안 된다. 왜냐하면, 구호나 자선은 도움을 받는 자로 하여금 돕는 자의 선의에 의존하도록 해 존엄성에 상처를 주고 정의로운 시민적 삶과 양립할 수 없기 때문이다(심상용, 2013, 301).

사회과 교실수업의 핵심과정에서 자신과 타인의 비지배자유를 보장하기 위해 구호나 자선, 동정, 공감 중에서 특히, 공감에 주목해 볼 필요가 있다. 거울 신경(mirror neuron)을 통해 공감할 수 있는 존재인 인간은 공감을 통해 소통하고 소통을 통해 적응한다. 이러한 인간의 거울신경은 공감 본성을 자극하는 사회과 학습에 대한 기대를 갖게 한다. 왜냐하면, 차이에 대한 공감 능력은 개인과 집단의 사회적·경제적·문화적 차이를 인정하는 필요조건이 되고, 사회과 핵심과정 전반에 걸쳐 요구되는 의사소통 및 사회참여 기능의 충분조건이 되기 때문이다.

한편, 학교교육에서 비판적 사고는 학습자가 타인의 주장과 행위를 바르게 인식하고 판단하기 위해 모든 교과 활동에서 계발할 필요가 있는 지적 공통핵심역량이다. 비판적 사고는 상대의 주장과 행위에 대해 비난하며 자신의 관점을 합리화하려는 부정적인 사고가 아니라, 감정이나 편견에 사로잡히지 않고 합리적으로 사고하는 과정이기 때문이다. 즉, 비판적 사고기능은 자신의 욕심, 사랑, 증오, 질투와 같은 감정을 절제하고 신조, 의견, 주의와 같은 지식의 장막을 거두어내면서, 자신과 타인의 주장과 행위를 체계적이고 논리적으로 분석하여 객관화하는 능력이다. 사회과 교실수업의 토론 과정에서 비판적 사고기능은 타인과 제도의 자의적 지배로부터 학습자를 해방시켜 자신의 자유를 온전하게 누릴 수 있는 동력원이 될 것이다.

예를 들면, 2014년 4월 군대 내 의무대 안에서 선임병들에게 지속적으로 구타를 당해 사망한 ○○사단 윤일병 사건은 조작하는 군대가 아니라 지배하는 군대의 전형을 보여 준다. 이 사건은 개인의 비지배자유를 보장하기 위해서는 군인권센터의 역할뿐만 아니라, 개인의 공감 능력과 비판적 사고력이 왜 필요하며, 개인의 비지배자유가 어떻게 보장될 수 있는가를 숙고하게 한다. 윤일병과는 멀리 떨어져 있었던 가족과 인권변호사 그리고 구타 과정의 모든 상황을 옆에서 지켜본 입실환자 김일병의 공감 능력과 비판적 사고기능이 모두가 감추려고만 하던 영내 사건을 재수사하도록 법적 투쟁과 법정 증언을 실천할 수 있었던 계기가 되었다.

그러므로 사회과 핵심과정에서 학습자가 생태적 시민으로서 자신과 타인의 비지배자유를 보장하려면, 구성원 간 사회적·경제적·문화적 차이를 공감하고, 개인의 출생과 법적 지위에 상관없이 나(우리)는 타인(제도)의 지배를 받지 않고 자율적으로 사회생활을 영위할 수 있는가를 비판적으로 사고하는 과정이 전제되어야 할 것이다. 즉, 나(우리)는 진정으로 자유로울 수 있는가를 비판적으로 사유하고 다른 사람(그들)의 비지배자유를 공감하고 보장하려는 행위를 통해, 학습자는 타인과 제도의 자의적 지배로부터 자신과 남들을 해방시킬 수 있는 자율성을 습득할 것이다.

4) 사회적 상호관계성 인정: 나눔과 배려, 대인관계 사고기능

사회과 교실수업의 핵심과정에서 학습자가 자신과 타인의 비지배자유를 보장하기 위해 구성원 간 차이를 공감하고 자신과 우리의 삶이 자율적인가를 비판적으로 사유하더라도, 다른 사람과 어떻게 어울려 지낼 것인가라는 실천적 행동은 또 다른 의문으로 남는다.

사례 3- 자본주의 체제에서의 분배와 인정

근대성을 규정하는 정체성-소유-주권이라는 세 주요 요소가 대안 근대성에서는 특이성-공통적인 것-혁명에 의해 대체된다. 이제 마침내 혁명이 시대의 요청이 되어 가고 있다. 오늘날의 지배 권력에게 제시할 수 있는 정당하고 합리적인 요구는 다음과 같다. 첫째, 정부가 모든 이들에게 기본적 생활수단을 제공할 것을 요구해야 한다. 둘째, 위계에 맞서 평등을 요구하여 모두가 사회의 구성, 집단적 자치, 다른 이들과의 건설적 상호작용에 참여할 수 있도록 해야 한다. 셋째, 사적 소유의 장벽들에 맞서 공통적인 것에 대한 자유로운 접근을 요구해야 한다(Hardt and Negri, 2009; 정남영·윤영광 역, 2014, 471-520). 특히, 다른 사람들과의 건설적인 상호작용에 동등한 참여가 가능하기 위해서는 적어도 두 가지 조건이 충족되어야 한다. 첫째, 객관적 조건으로서 물질적 자원의 분배를 통해 참여자들의 독립성과 발언권이 보장되어야 한다. 둘째, 상호주관적 조건으로서 제도화된 문화적 가치 유형들이 모든 참여자에 대해 동등한 존중을 표현하고, 사회적 존경을 획득하기 위한 동등한 기회를 보장할 것을 요구한다(Fraser and Honneth, 2003; 김원식·문성훈 역, 2014, 71-73).

사례 3에서 하트와 네그리가 시대적 요청으로 평가한 혁명이 자본주의 체제의 전환이라면, 프레이저와 호네트가 주장하는 분배와 인정[5]은 시대와 공간을 초월하여 내(우리)가 너(그들)와 어울리기 위한 나눔과 배려다. 환경적, 경제적 위기에 처한 자본주의 국가 체제에서 정부 주도의 나눔은 경제 제도의 모순에서 발생하는 자본 소득과 근로 소득 간의 차이를 줄일 수 있다. 그뿐만 아니라, 물질적 자원을 재분배하거나 공유하는 계기가 될 수 있다. 민간 주도의 배려는 네트워크 시대의 다문화사회에서 이주한 사람들의 출생과 법적 지위에 상관없이, 지방과 중앙 정부가 일상생활에서 이주민의 인권과 시민권을 실질적으로 보장하는 정책 수립에 영향을 미칠 수 있다.

하지만, 2014년 4월 한국의 세월호 침몰 사건은 사회적 갈등을 유발했고 사건의 진상 규명은 여전히 현재진행형이다. 국민과 국가가 희생자와 가족의 억울함을 이해하기 위한 해법은 시민과 시민, 국민과 국가 간의 사회적 상호관계성을 인정하려는 마음에서 찾을 수 있다. 왜냐하면, 네트워크로 연결된 사회 구성원 간의 관계를 생각할 때, 지구촌에서 인류는 거미줄처럼 서로가 연결되어 너(그들)의 삶이 있기에 나(우리)의 삶이 가능하기 때문이다. 그러므로 나(우리)는 자신의 인생을 살아가지만 타인(그들)의 인생도 존중하며, 희생자가 나의 혈육과 지인

---

5. 낸시 프레이저의 입장에 따르면, 분배와 인정은 서로 밀접하게 연관되어 있지만 동시에 서로에게 환원될 수 없는 독립적 문제이다. 이에 반해 악셀 호네트는 경제적 불평등을 단지 경제 구조에 기인하는 것으로 보는 것이 아니라, 더욱 심층적 차원에서 경제 구조의 토대가 되는 인정 질서에 주목한다(Fraser and Honneth, 2003; 김원식·문성훈 역, 2014, 11-12).

이 아니더라도 세월호 희생자의 가족 이야기에 귀를 기울여 슬픔을 나누고 그들을 우선적으로 배려해야만 하는 대인관계적 의무를 지닌다고 볼 수 있다.

나(우리)는 진정으로 자유로울 수 있는가를 묻는 과정에서 학습자는 타인과의 차이를 공감하고 비지배자유를 비판적으로 사유하면서 자신과 우리의 삶을 자율적으로 영위하는 데 그칠 수 있다. 하지만, 학습자가 나(우리)는 다른 사람과 어울려 지낼 수 있는가를 사유하는 단계에서는 자신의 인생을 자율적으로 살아가면서 타인의 인생도 존중하며, 자기 말을 꺼내기 전에 남(그들)의 말을 경청하게 된다. 나아가서 상대방을 위해 자신(우리)이 나누어 줄 수 있는 시간과 노력을 찾는 능력 즉, 나눔과 배려의 대인관계 능력에 토대한 자치성을 유지할 것이다.

5) 환경정의 및 사회적 형평성 실천: 참여연대, 의사결정 사고기능

오늘날 지구촌 사회가 직면한 환경적, 경제적 위기를 해결하기 위해 국제 사회는 환경정의와 사회적 형평성을 실천하는 데 많은 관심을 보이고 있다.

환경정의를 고려하며 지속가능한 발전을 실천하기 위해서는 세대 간, 세대 내, 지리적, 절차적, 생물 종 간 형평성(Haughton, 1999, 235-237)[6] 원칙에 근거하여 정책을 입안할 수 있다. 사회적 형평성을 실천하기 위해 성장 이후의 사회에서 평등에 주목하는 이유는 불평등이 성장 동력을 추진하는 소비를 자극하는 사고방식을 조장하기 때문이다(Dobson, 2014, 15). 오스트레일리아에서의 상수도 관련 사례를 통해 환경보전주의자(prudentially conservationist)와 환경보존주의자(environmental preservationist)[7] 간의 양립할 수 없는 가치 갈등으로 인해 국가 정책과 전략 결정과정에서 어떠한 모순을 겪게 되었는가를 살펴보자(사례 4).

사례 4 - 오스트레일리아의 시드니 대도시권 상수도
가뭄이 지속되면서 와라감바(Warragamba)댐 확장이 중요해졌다. 환경보존주의자는 30

---

6. 이러한 형평성 원칙을 바탕으로 접근하면 비용과 편익이 현재 세대 내에서 그리고 미래 세대에게도 공평하게 나누어지는지, 모든 사람들이 의사결정에 공평하게 접근할 수 있는지, 의사결정자들이 책임감을 갖고 자신의 결정이 가져올 영향을 이해하고 있는지, 생물 다양성을 증진시키는 방향의 사업인지 등의 질문에 답할 수 있게 된다(김찬국, 2013, 53-54).
7. 보전(conservation)은 시간이 흐르더라도 자원의 생산성을 지속시킬 수 있는 자원관리 시스템을 의미한다. 어장이나 삼림과 같은 공동의 재화를 과학적으로 관리하고자 한다. 반면에, 보존(preservation)은 자원이나 환경은 그 자체로서 보호되어야 한다는 주장이다. 전형적인 사례로 야생보존운동을 들 수 있다(Robbins et al., 2010; 권상철·박경환 역, 2014, 104-105).

년 이상 시드니 남부에 대형 댐을 건설하는 것에 반대하였다. 마침내 해수담수화가 결정되고, 초기의 정부 정책에서는 수요 전력을 재생에너지 발전과 화력(석탄) 발전으로 각각 50%씩 충당하도록 지시하였다. 시민들의 제안으로 그 정책은 수정되어 수요전력 전부를 풍력 발전으로 공급하였다. 당시 해수담수화의 자본비용과 운영비용은 모두 댐상수화보다 비싸고, 풍력 발전비용은 화력(석탄) 발전보다 비싼 상태였다. 이러한 상황은 20년이 지나서야 해결되었고, 정치적으로 환경보전주의자의 주장이 지배적인 분위기에서 생태시위운동가 및 녹색당 정치가의 주요 쟁점이 되었다. 주목해야 할 부분은 행위의 철학적 배경이 전혀 달라도, 환경보전주의자를 옹호하는 행위가 때로는 환경보존주의자 행위와 똑같다는 사실이다. 만일 이러한 차이가 문제를 설정하고 구조화하는 데 드러나지 않을 경우, 정책과 전략은 양립할 수 없는 신념과 가치체계 간의 갈등으로 비효율적일 수 있다. 실제로 이 사례에서 쟁점이 조금 일찍 인지되고 수용할 수 없는 선택들이 확인되었다면 해수담수화 설비 건설은 틀림없이 연기되거나 백지화되었을 것이다. 설비건설 시공 예정 전에 이미 가뭄이 발생했고, 토론 과정에서 용량/요구 분석에 의거하여 성급한 결정을 하게 된 것이다(Hector et al., 2014, 21).

사례 4와 같은 의사결정의 시행착오를 줄이기 위해서는 사회 구성원 모두가 갑을 관계를 넘어 자유롭고 평등하며, 공개적인 의사소통 절차를 통해, 생태적 시민으로서 인류의 미래를 담보하려는 합리적 의사결정 과정에 참여할 수 있어야 한다. 그러나 현실적으로 의사결정 과정에 공동체 구성원 모두가 참여하는 일은 불가능하다. 시행착오를 줄일 수 있는 대안으로 의사결정 과정을 주도하는 책임자는 논의 과정을 사회적 연결망에 공개하여 권한을 위임한 구성원 모두의 관심과 참여를 이끌어낼 수 있다.

학습자가 환경정의 및 사회적 형평성을 실천하기 위해서는 나와 우리 모두의 안녕과 행복을 위해 무엇을 할 것인가를 토론하는 과정이 필요하다. 이와 같은 토론 활동을 통해 학습자는 지구촌 사회질서를 새롭게 조직화하려는 다양한 사회집단 간 계획을 평가하고 상호 연대하기 위한 학습에 참여하게 된다. 사회과 핵심과정의 환경정의 및 사회적 형평성 실천 단계에서 학습자는 지구촌 사회의 환경적, 경제적 모순을 해결하기 위해, 공동체 간의 결속력을 유지하고 연대하기 위한 의사결정 과정에 참여하면서 나와 지역사회 그리고 국가의 자립성을 고려할 것이다.

4. 생태적 다중시민성 기반 사회과 수업설계

1) 인지행동 단계별 수업인식 논리

사회과 핵심과정에서 학습자의 앎과 삶을 통합할 수 있는 인지행동 단계별 수업인식 논리는 다음과 같다. 첫째, 정체성과 장소감 인식 단계에서 생태적 관점에 토대한 역사지리적 사고는 지구촌 사회에서 내(우리)가 될 수 있는 사람이 누구인가를 인식하기 위한 기능이다. 학습자가 정체성과 장소감을 사유하는 과정에서 그 의미를 깊이 느낄 때, 비로소 자신의 삶과 우리로서의 삶을 연관시키면서 자존감과 책무성을 갖게 될 것이다. 둘째, 비지배자유 보장 단계에서 학습자가 생태적 시민으로서 타인의 비지배자유를 보장하려면, 구성원 간 사회적·경제적·문화적 차이를 공감하고, 개인의 출생과 법적 지위에 상관없이 나(우리)는 타인(제도)의 지배를 받지 않고 자율적으로 사회생활을 영위할 수 있는가를 비판적으로 사고하는 과정이 전제되어야 할 것이다. 그 과정에서 학습자는 타인과 제도의 자의적 지배로부터 자신과 남들을 해방시킬 수 있는 자율성을 습득할 것이다. 셋째, 사회적 상호관계성 인정 단계에서 나(우리)는 다른 사람과 어울려 지낼 수 있는가를 성찰하면서, 학습자는 자신의 인생을 자율적으로 살아가면서 타인의 인생도 존중하며, 자기 말을 꺼내기 전에 남(그들)의 말을 경청하게 된다. 나아가서 상대방을 위해 자신(우리)이 나누어 줄 수 있는 시간과 노력을 스스로 찾는 능력 즉, 나눔과 배려의 대인관계 능력에 토대한 자치성을 유지할 것이다. 넷째, 환경정의 및 사회적 형평성 실천 단계에서 학습자는 지구촌 사회의 환경적, 경제적 모순을 해결하기 위해, 공동체 간의 결속력

표 4. 인지행동 단계별 수업인식 논리

수업인식 / 인지행동단계	생태적 다중시민성(사회적 계약+상호적 관계 관점) 지향			
	인지단계별 사고 주제	활동 과정	현실적 사고 형성	실천적행동 유지
정체성과 장소감 인식	내(우리)가 될 수 있는 사람은 누구인가	자신의 삶과 우리로서의 삶의 연관성 파악	생태적 관점에 토대한 역사지리적 사고	자존감, 책무성
비지배자유 보장	나(우리)는 진정으로 자유로울 수 있는가	타인(제도)의 권리(권위) 인정 및 비판	사회·경제·문화적 차이 공감, 비판적 사고	자율성
사회적 상호관계성 인정	나(우리)는 타인과 어울려 지낼 수 있는가	타인의 삶을 존중하고 배려	나눔과 배려의 대인관계 사고	자치성
환경정의, 사회적 형평성 실천	나(우리)의 안녕, 행복을 위해 무엇을 할 것인가	환경적, 경제적 위기 해결에 참여 연대	공동체 간 참여 연대를 위한 의사결정 사고	자립성

을 유지하고 연대하기 위한 의사결정 과정에 참여하면서 나와 지역사회 그리고 국가의 자립성을 고려할 것이다. 즉, 생태적 다중시민성을 지향하는 사회과 핵심과정에서 학습자의 실천적 행동은 자존감과 책임 의식→자율성→자치성→자립성 유지 단계로 심화되어 발전할 것으로 기대된다(표 4).

2) 국가시민성, 세계시민성, 지속가능발전 교육을 위한 수업모형

생태적 다중시민성에 기반한 국가시민성, 세계시민성, 지속가능발전 교육을 위한 사회과 교실수업은 학문적 접근의 교수학습이 아니라, 생태적 다중시민성을 지향하는 수업내용을 중심으로 일상생활에서 학습자의 비판적 시민성과 관련하여 비교와 비판→토론→공감→계획과 실천 순으로 설계할 수 있다.

수업의 도입단계에서 학습자가 정체성과 장소감을 인식하기 위해 자신(우리)과 타인(그들)의 삶을 비교하고, 비지배자유를 보장하기 위해 자신과 타인의 권리, 제도의 권위를 비교하고, 사회적 상호관계성 인정하기 위해 지역 간, 국가 간 정치·사회·경제·문화적 차이를 비교하며, 환경정의와 사회적 형평성을 실천하기 위해 일상생활에서 국가주의, 종족주의, 금융자본주의의 모순을 비판할 수 있도록 격려를 받을 수 있다면, 학습의 동기는 자연스럽게 유발될 것이다.

표 5. 국가시민성, 세계시민성, 지속가능발전 교육을 위한 수업모형

수업 단계 (수업 방법)	수업 내용	생태적 다중시민성(사회적 계약+ 상호적 관계 관점) 지향			
		정체성과 장소감 인식	비지배자유 보장	사회적 상호 관계성 인정	환경정의, 사회적 형평성 실천
도입	비교·비판	자신(우리)과 타인(그들)의 삶 비교	자신과 타인(제도)의 권리(권위) 비교	지역간, 국가간 정치·사회·경제·문화적 차이 비교	일상생활에서 국가, 종족, 금융자본주의 모순 비판
전개 I	토론	내(우리)가 될 수 있는 사람은 누구인가	나(우리)는 진정으로 자유로울 수 있는가	나(우리)는 타인(그들)과 어울려 지낼 수 있는가	나와 인류의 안녕과 행복을 위해 무엇을 할 것인가
전개 II	공감	자신과 우리 삶과의 연관성 인정	타인(제도)의 권리(권위) 인정	지역 간, 국가 간 정치·사회·경제·문화적 차이 인정	파리협정 관련 백캐스팅 전략 수용
정리	계획·실천	역사지리적 사고의 일상화	타인의 인권과 시민권 보장	나눔과 배려 실천	시스템적 사고에 토대한 참여 연대

수업의 전개단계에서 수업자는 학습자의 사고와 행동이 연계될 수 있도록, 전반부(전개Ⅰ)에 인지행동 단계별 토론 주제를 제시하고, 후반부(전개Ⅱ)에 토론과정을 겪은 학습자가 공감하도록 자신과 우리 삶과의 연관성을 인정하고, 타인의 권리와 제도의 권위를 인정하고, 지역 간, 국가 간 정치·사회·경제·문화적 차이를 인정하며, 파리협정 관련 백캐스팅 전략을 수용하도록 도움을 줄 수 있다.

　수업의 정리단계에서 학습자는 자신이 공감한 내용을 바탕으로 일상생활을 바람직하게 영위할 수 있는 계획을 세우고 실천에 옮기도록 한다. 즉, 역사지리적 사고를 일상화하고, 타인의 인권과 시민권을 보장하고, 나눔과 배려를 실천하며, 시스템적 사고에 토대한 시민연대에 참여할 것을 동료와 함께 계획하고 실천할 수 있다(표 5).

5. 마치며

　남북분단 시대에 남한과 북한의 교육과정 차이에도 불구하고, 두 체제는 문이과통합형, 창의융합형 인재양성과 정보기술교육을 공통적으로 강조하고 있다. 역량중심 문이과 통합형 교육과정 개정을 추구한 2015 개정 사회과교육과정에 명시된 통합사회, 사회, 역사, 도덕 과목 간 공통적인 핵심역량은 영역특수 역량이 아니라, 교과교육 전반에 걸쳐 길러져야 할 공통핵심역량으로 재평가할 수 있다.

　남북분단, 네트워크 시대 다문화사회의 현실과 남북통일, 탈성장 시대 협력적 공유사회의 미래 사이에서 전환기 사회과교육과정은 학습자가 국민과 시민으로서 성장할 수 있도록 사회적 계약에 의한 시민성을 넘어 상호적 관계에 의한 생태적 다중시민성 교육을 추구할 필요가 있다. 이러한 배경에서 필자는 생태적 다중시민성을 지향하는 사회과 교과역량을 장소감수성 및 정체성 인식능력, 비지배자유 보장능력, 사회적 상호관계성 인정능력, 환경정의 및 사회적 형평성 실천능력으로 재설정하고, 교과 핵심역량을 기르도록 사회과 핵심과정에서 사고와 행동의 연계 방안을 탐색하고 수업설계 모형을 제시하였다.

　지역사회와 국가사회 그리고 지구촌에서 나의 존재 이유는 무엇인가? 갑을 관계에서 갑의 횡포, 외부효과에 의한 삶터의 황폐화, 사회적 쟁점에 관한 무관심 등이 사라지지 않는 한, 지역과 국가 그리고 세계의 파수꾼으로서 지역주민, 국민, 세계시민은 타인과 제도의 지배하에 장소감수성과 정체성을 제한적으로 인식하고 국경 너머 이웃과의 상호관계성을 인정하는 데 어려움을 겪을 수밖에 없다. 핵심역량으로서 생태적 다중시민성을 지향하는 사회과 핵심과정에서 교사가 민주시민성 교육의 한계를 넘어 미래세대의 지속가능성을 북돋우어 주기를 희망해 본다.

요약 및 핵심어

본 연구는 2015 개정 사회과교육과정에 명시된 사회과 핵심역량을 교과교육 전반에 걸쳐 길러져야 할 공통 핵심역량으로 재평가하고, 사회과 고유의 핵심역량으로서 장소감수성 및 정체성 인식능력, 비지배자유 보장능력, 사회적 상호관계성 인정능력, 환경정의 및 사회적 형평성 실천능력에 대해 이론적으로 논의하였다. 미래 사회에 조응할 수 있는 전환기 사회과교육과정의 교과목표로서 사회적 계약에 의한 시민성 개념을 넘어 상호적 관계에 의한 생태적 다중시민성 개념을 상정하였다. 생태적 다중시민성을 지향하는 사회과 핵심과정에서 인지행동과 사고기능의 관계에 대해 논의하고, 인지행동 단계별 수업인식 논리와 국가시민성, 세계시민성, 지속가능발전 교육을 위한 수업모형을 제시하였다.

핵심역량(key competencies), 생태적 다중시민성(ecological multiple citizenship), 사회과 핵심과정모델(key processes model in social studies)

더 읽을 거리

심광택, 2017, "생태적 다중시민성과 교과 계통에 근거한 초등사회과 교실수업 설계", 사회과교육, 56(3), 1-17.

Dobson, A., 2014, The Politics of Post-Growth (http://www.greenhousethinktank.org).

National Council for the Social Studies(NCSS), 2013, *The College, Career, and Civic Life(C3) Framework for Social Studies State Standards: Guidance for Enhancing the Rigor of K-12 Civics, Economics, Geography, and History* (http://www.socialstudies.org).

Post Growth Institute, 2016, About Post Growth (http://postgrowth.org).

참고문헌

곽준혁, 2004, "민족적 정체성과 민주적 시민성: 세계화 시대 비지배자유 원칙", 사회과학연구, 12(2), 34-66.

교육부, 2015, 사회과교육과정, 교육부 고시 제2015-74호(별책 7)

김찬국, 2013, "생태시민성 논의와 기후변화 교육", 환경철학, 16, 35-60.

김현미·조철기·이준혁, 2015, "사회과 핵심역량 선정, 의미 상세화 및 위계화", 한국지리환경교육학회지, 23(2), 45-59.

민중서림편집국 편, 2001, 민중엣센스 국어사전(제5판), 서울: 민중서림.

박규택, 2016, "중층적 관계공간에 위치한 이주자와 수행적 시민권", 한국도시지리학회지, 19(1), 43-55.

소경희·강지영·한지희, 2013, "교과교육과정 개발을 위한 역량모델의 가능성 탐색- 영국, 독일, 캐나다 교육과정 고찰을 중심으로", 비교교육연구, 23(3), 153-175.

심광택, 2014, "생태적 다중시민성 기반 사회과의 핵심개념 및 핵심과정", 사회과교육, 53(1), 21-39.

심광택, 2015, "생태적 다중시민성을 지향하는 사회과 핵심과정- 사고와 행동의 연계", 사회과교육연구, 22(1), 1-15.

심광택, 2016, "생태적 다중시민성에 기반한 초등사회과 교실수업 설계- 국가시민성, 세계시민성, 지속가능발전 교육을 중심으로", 사회과교육, 55(1), 41-56.

심상용, 2013, "지구적 정의론으로서 지구시민권 구상의 윤리학적 기초에 대한 연구- Rawls의 자유주의적 국제주의와 코즈모폴리턴 공화주의를 중심으로", 한국사회복지학, 65(4), 295-315.

이순성, 2014, "사회적 약자, 지구적 정의, 그리고 채식주의", 2014년 가을 한국환경철학회 자료집, 61-78.

한춘희·신범식, 2009, "핵심역량을 통한 사회과 교육과정 개발의 가능성과 한계", 사회과교육, 48(4), 123-144.

Descombes, V., 2014, Censeurs et scélérats, *Le MONDE diplomatique*, 719 (김보희 역, 2014, 일반의지의 주체인 우리 안의 나, 한국판 제65호).

Fraser, N. and Honneth, A., 2003, *Umverteilung oder Anerkennung? Eine politisch-philosophische Kontroverse*, Suhrkamp Verlag (김원식·문성훈 역, 2014, 분배냐, 인정이냐?, 고양: 사월의책).

Hardt, M. and Negri, A., 2009, *Commonwealth*, Belknap Press (정남영·윤영광 역, 2014, 공통체, 고양: 사월의책).

Haughton, G., 1999, Environmental Justice and the Sustainable City, *Journal of Planning Education and Research*, 18(3), 233-243.

Hector, D.C., Christensen, C.B. and Petrie, J., 2014, Sustainability and Sustainable Development: Philosophical Distinction and Practical Implications, *Environmental Values*, 23(1), 7-28.

Nussbaum, M., 2006, *Frontiers of Justice: Disability, Nationality, Species Membership*, Cambridge, MA: Harvard University Press.

Robbins, P., Hintz, J. and Moore, S.A., 2010, *Environment and Society: A Critical Introduction*, Wiley-Blackwell (권상철·박경환 역, 2014, 환경 퍼즐: 이산화탄소에서 프렌치프라이까지, 파주: 한울).

제6장

지리교육, 관계적 존재론, 사이보그 시민*

김병연

대구고등학교

이 장의 개요

---

* 본 연구는 김병연(2015, 2017)을 수정·보완한 것임.

1. 들어가며

교육은 특정한 정치, 경제, 문화, 역사의 구체적인 맥락과 그 맥락의 변화에 직·간접적인 영향을 받고 있고, 이로 인해 변화하는 사회적 가치와 요구에 부합해야 한다는 불안정성과 불확실성에 놓여 있다. 교육은 변화하는 사회적 맥락 속에서 인간이 가지는 존재론적 특성과 밀접한 관련을 맺으면서 이루어지고 있어 교육을 통해 기르고자 하는 인간의 자질과 능력인 교육적 인간상은 변할 수 있을 것이다. 즉, 교육의 목적은 시대의 변화를 반영할 수밖에 없고 교육의 목적을 총체적으로 드러내는 인간상은 변화할 수밖에 없다.

지리교육에서는 시대적 흐름의 변화를 반영한 인간상과 관련한 논의가 이루어져야 함에도 불구하고 이에 대한 논의는 행해지지 않고 있다. 지리교육에서 이러한 근본적 논의는 거의 이루어지지 않고 '어떤 수업이 좋은 지리 수업일까?', '어떻게 하면 효과적으로 지리를 가르칠 수 있을까?'와 같은 지리교육의 방법론에 대한 논의들이 주를 이어 오고 있다고 할 수 있다. 단지 환경의 변화 속에서 지리교육에서는 어떠한 교육적 내용을 학생들에게 제공해야 되는지, 어떠한 교육적 방법을 가지고 학생들에게 접근할지와 관련된 논의들만이 풍성하게 이루어져 왔다고 할 수 있다.

지리교육에서 추구하는 인간상은 교육과정 속에서 어떠한 모습으로 제시되고 있는가라는 교육적 의도와는 다르게 변화하는 세계 속에서 학생들의 존재론을 인식하고 이와 관련한 실천적 측면을 다루는 과정 속에서 드러날 수 있을 것이다. 지리교육이 추구하는 인간상의 상정이라는 것은 교육이 이루어지고 있는 시대적 상황의 변화와 그 변화의 흐름의 특성의 반영이라는 현실에서 자유로울 수 없다. 그러므로 지리교육에서는 어떠한 인간상을 제시하는 데 중요성을 두기보다는 지리교육이 추구하는 인간상이 어떠한 상황과 맥락 속에 존재하며, 어떠한 윤리적이며 정치적인 가치를 지향하는지에 대해·보여 줄 필요가 있다. 이러한 이유로 지리교육에서 추구하는 인간상에 대한 논의는 그 인간의 존재론적 의미가 무엇인지를 살펴보는 것으로부터 논의의 출발점을 삼을 필요가 있다. 이런 측면에서 지리교육에서 추구하는 바람직한 인간이란 어떤 존재이고 어떤 모습일까? 이에 대한 교육적 탐구는 근본적인 '인간 이해'로 귀결되며 궁극적으로 교육 목표로 드러나게 된다.

학생들이 발을 딛고 살아가는 이 세계는 기술과학의 발달이 등장시킨 포스트 휴먼 사회로 규정되는 시대이며 기술과학은 인간 몸의 내·외부와 연결되어 인간 존재의 물리적, 생물학적 조건들의 변화 및 존재 조건이 되고 있다. 이러한 시대 속에서 담론의 근간이 되는 인간 주체에 대한 논의와 포스트 휴먼 사회가 생성해 내는 가치중립적 상황이 파생시키는 다양한 사회적, 생태적 문제에 대한 논의를 통해서 지리교육이 추구하는 인간상을 설정해 볼 수 있을 것이다. 지리교육에서 추구하는 인간상은 관념적으로 이상적이거나 언젠가 도래할 미래에 속해 있는 인간은 아니다. 헤일즈의 저서 『우리는 어떻게 포스트 휴먼이 되었는가』에서 살펴볼 수 있는 것처럼 우리는 이미 포스트 휴먼이 되었고 포스트 휴먼은 우리 모두의 실존적 조건이라 볼 수 있다. 오늘날 우리가 살아가는 이 시대가 긍정하든 부정하든 포스트 휴먼 시대라는 점을 부인할 수 없고 이러한 사실은 이제 평범하게 인식되고 있다.

이러한 세계 속에서 이질적인 인간과 비인간들은 서로 얽혀 혼성화되어 있기 때문에 인간과 비인간, 자아와 타자, 자연과 문화, 여자와 남자 등을 구분하고자 하는 시도는 무의미하다. 포스트 휴먼 시대는 '인간'을 '포스트 휴먼'이라는 새로운 존재로 이해한다. 포스트 휴먼의 특징은 사이보그 이미지 속에서 발견할 수 있는데 사이보그는 인공지능을 지닌 기계와 유기체가 결합된 이미지에 국한되는 것이 아니라, 복제 인간이나 동물 장기와 결합된 인간처럼 과학기술에 의해 인간 주체 개념의 이항논리를 해체하고 인간중심적 위계구조를 해체하는 모든 유기체 혹은 인간 이미지를 포함한다(마정미, 2008).

따라서 본 연구는 포스트 휴먼 시대에서 논의되고 있는 신체성에 대한 사유를 통해 지리교육에서 추구하고자 하는 새로운 인간의 모습에 대하여 살펴보고자 한다. 포스트 휴먼 시대에서 인간이 처한 존재론적 상황에 대한 견해로부터 지리교육이 추구해야 할 새로운 인간상을 '사이보그 시민'으로 상정하고 이에 대하여 논의해 보고자 한다. 사이보그 시민은 인간-비인간의 혼성체로서 자신의 존재 구성 방식에 대한 인식에 기반하여, 이러한 물질적인 존재 구성 방식으로 인해 요구되고 있는 인간 및 비인간에 대한 윤리적 책임과 배려를 자발적으로 실천할 수 있는 능력을 담지한 인간이라 할 수 있다.

이 글에서는 사이보그에 대한 확장된 이해의 관점에서 살펴볼 때 사이보그 시민의 존재론적 의미를 일상 소비의 맥락 속에서 고찰해 보면서, 사이보그 시민이 가져야 하는 새로운 정치적이면서 도덕적인 의무와 책임이 무엇인지에 대한 실천적 의미를 함께 논의해 보고자 한다. 지리교육이 추구하는 새로운 인간상으로서 사이보그 시민과 관련한 논의는 기존의 인간과 비인간 사물들과의 관계 방식에 대한 사유에 있어 새로운 전환점을 모색하는 데 가능성을 제공할 수 있을 것이다.

2. 포스트 휴먼의 세계

포스트 휴먼이란 개념은 이미 이십여 년 전에 이합 핫산이 "포스트 휴머니즘은 또한 우리 문화의 잠재에 대한 암시이자, 단지 한때의 유행 이상의 것이 되려고 발버둥치고 있는 경향을 암시하는 것일 수도 있다. 500년간의 휴머니즘이 끝에 이르고 휴머니즘 스스로 우리가 어쩔 도리 없이 포스트 휴머니즘이라고 불러야 하는 어떤 것으로 변해 가고 있다는 것을 이해할 필요가 있다"고 설명한 데에서 살펴볼 수 있다.

포스트 휴먼에 대한 논의는 기술에 대한 긍정과 부정이 아니라 인간과 기술과의 관계에 대한 사유에 그 초점을 두고 있다. 기술과학을 통하여 만들어진 복제인간, 기계인간을 인간으로 간주할 것인가와 관련하여 윤리적인 문제나 정치적인 문제가 제기될 수 있고 이러한 문제를 둘러싼 논쟁에 직면한 그 자체가 이미 인간과 비인간의 명확한 경계 설정이 모호해졌음을 알 수 있다.

포스트 휴먼 논의 등장 배경은 크게 두 가지로 살펴볼 수 있다. 첫째, 근대 인간의 해체 및 재구성 과정에서 포스트 구조주의가 휴머니즘과 인간 주체에 대한 비판적 해체를 시도한 후, 인간중심적-개체중심적인 자유주의 휴머니즘으로 회귀하지 않는 새로운 주체성으로의 모색 가운데 나타났다. 둘째, 정보 기술에 의한 GNR 혁명이 인간 삶의 형태를 변화시키며 새로운 주체화의 조건으로 등장한 점이다(김재희, 2014).

푸코는 다음과 같이 근대에 탄생한 '인간의 죽음'을 설명하고 있다.

인간은 최근의 시대에 발명된 형상이다. 그리고 아마 종말이 가까운 발명품일 것이다. 만약 그 배치가 출현했듯이 사라지기에 이른다면 인간은 바닷가 모래사장에 그려 놓은 얼굴처럼 사라질지 모른다(이규현 역, 2012).

푸코의 이러한 예언은 인간의 생물학적 죽음에 대한 것이 아니라 근대 휴머니즘의 틀 속에서 형성된 '절대적이며 이성적이고 자율적인 주체'라는 인간에 대한 종말을 주장한 것이라고 볼 수 있다. 푸코에 의하면 인간 주체는 '관계들의 배치의 장(이규현 역, 2012)'에서 발생하는 효과라고 설명한다. 즉 인간 주체는 담론의 질서 속에서 생산된 것이라고 본다. 후기 구조주의 담론은 인간 주체의 구성 과정에서 배제된 비인간(자연, 기계)에 대하여 재사고를 시도하고 있으며, 비인간들과의 상호구성을 통한 새로운 주체의 등장에 주목하였다.

와트모어(Whatmore, 2013a)에 의하면 철학적 접근으로서 휴머니즘은 인간의 모습이 사물들의 중심에 있다는 것을 주장해 왔는데 이는 동물, 기계, 다른 비인간 실체들과 완전히 구별되어 왔기 때문이며 다른 모든 인간들과 공유해 온 의미와 역사의 기원이기 때문이다. 또한 그녀는 여기서 더 나아가 인류는 이 세계와 함께 생성되었기에 사물의 세계와 별개로 존재하는 것으로서 상정하는 것은 실수라고 주장한다. 이런 의미에서 포스트 휴먼은 하이데거의 표현대로 세계-내-존재일 것이다. 해러웨이(Haraway, 2004)는 인간주의 전통에서 기획된 지식 과정을 비판하고 우리가 왜, 어떻게, 언제 인간이 되었을까?에 대해 의문을 제기해 왔다. 마찬가지로 라투르(Latour, 2001)도 인간 행위자가 특별한 지위를 갖는다는 가정을 거부했다. 대신에, 사회적 현실을 살펴볼 때 사물과 인간의 활동이 동일한 방식으로 고려되어야 한다고 주장한다.

포스트 휴먼에 대한 논의는 인간이란 무엇인가에 대한 성찰과 분리될 수 없는 심오한 관계를 가지고 있다. 포스트 휴먼 담론은 과학기술로 말미암아 인간 주체의 성격에 대한 인식틀의 변화된 상황을 분석하고 설명하고자 하는 것이다. 그래서 포스트 휴먼 담론은 인간 주체가 하나의 구성물이라는 인식틀 위에서 존재의 양상을 고찰해 보는 것이라고 할 수 있다. 포스트 휴먼 시대는 유전공학, 나노기술, 로봇공학의 발달로 기술과 인간의 몸이 결합됨으로써 인간과 기계의 경계가 해체되고 이로 인해 인간 몸의 정체성이 변화되고 있다.

이러한 GNR 혁명[1]은 포스트 휴먼이라 불리는 인간의 새로운 유형을 유발시키고 있고 우리가 살아가는 세계 속에서 인간에게 동물과 기계와는 다른 존재적 우월성을 부여하는 위계적이고 계층적인 종단적인 사유가 아니라 횡단적이고 수평적인 사유를 요구하고 있다. 여기서 인간이 가진 육체는 순수한 자연 그 자체가 아니라 과학기술과 연결되어 혼합된, 즉 기계와 유기체의 결합 형태인 사이보그이다. 여기서 더 나아가 한스 모라벡이나 레이 커즈와일, 마빈 민스키는 인간의 두뇌 정보를 비인간인 컴퓨터 저장 장치에 업로드 및 다운로드하는 것이 가능한 미래의 도래를 예측한다. 즉 이들은 정보와 물질의 이원적 분리가 가능하다고 여기고 있으며, 인간 정신의 컴퓨터화를 실현할 수 있다고 본다.

인간-비인간의 혼성적 구성은 사이보그적 주체성을 형성한다. 따라서 포스트 휴먼적 세계는 사이보그적 세계관에 기반하고 있어 인간이란 근본적으로 기계와 동물 등과의 혼종성을

---

1. GNR 혁명이란 미국이 발명가이자 미래학자인 레이 커즈와일이 21세기 전반부에 인류가 겪게 될것이라고 예측한 세 개의 과학기술 혁명, 즉 유전학, 나노기술, 로봇공학 분야에서의 발전을 일컫는 말이다.

가진 존재이기 때문에 인간은 태어나는 것이 아니라 만들어진다라고 말할 수 있다. 즉, 포스트 휴먼 주체는 탈-생체화된 사이보그, 또는 자유롭게 신체를 대체할 수 있는, 애니메이션 〈공각기동대〉의 사이보그들로 표상될 수 있다(김재희, 2014).

포스트 휴먼 시대는 과학 기술의 발달로 기계와 인간의 경계가 해체된 시대이다. 포스트 휴먼은 정신과 신체를 분리한 근대의 신체와 달리 과학 기술을 통하여 개조되어 확장된 존재이다. 테크노사이언스는 단순히 새로운 인간상을 구성해 내는 조건이나 매개가 아니라 유기체와 혼합되어 인간이 가지는 본성이나 순수성을 인간의 신체나 정신으로부터 탈영토화시키고 있다. 해러웨이는 '사이보그 선언문'에서 "우리의 시대이며 신화적 시기인 20세기 말에 위치한 우리들은 모두 기계와 유기체의 이론화되고 제작된 잡종인 키메라이다. 요컨대 우리들은 사이보그이다. 사이보그는 우리의 존재론이다(민경숙, 2002)"라고 주장하고 있다. 이는 이 시대를 살아가는 인간들이 유기체와 비유기체, 인간과 기계, 인간과 자연 사이의 불연속이 사라진 복잡한 네트워크상에 존재하는 혼성체들이라는 점을 지적하고 있다. 즉 기계와 유기체가 합성된 사이보그이다.

사이보그의 종류는 다양하기 이를 데 없다. 유기체를 기술적으로 변형시킨 것은 모두 사이보그에 해당된다. 생명공학기술과 의학기술로 몸과 마음의 기능을 개선시킨 사람들, 이를 테면 인공장기를 갖거나 신경보철을 한 사람, 예방접종을 하거나 향정신성 약품을 복용한 사람은 모두 사이보그이다. 사이보그 개념에 대한 일반적 정의에서 좀 더 나아가 사이보그의 개념을 확대해 보면 우리는 사이보그 사회에 살고 있음을 실감할 수 있다. 우리가 일상생활 속에서 소비하고 있는 각종 장치 예컨대 안경, 휴대전화, 컴퓨터, 자동차 등이 우리의 능력을 보완해 주기 때문이다.

기술적 의미에서 전혀 사이보그가 아닌 사람이라 하더라도 사이보그와 관련된 쟁점들은 여전히 그 사람에게 영향을 미칠 것이다. 알람시계가 아침에 우리를 깨우는 순간부터 기계들이 우리의 삶을 세밀하게 형성해 간다. 게다가 우리는 일부 기계에 무의식적으로 몰입하기도 한다. 이를 테면, 자동차나 업무에 사용하는 컴퓨터, 혹은 멍하니 쳐다보는 텔레비전 등이 그렇다. 어떤 기계들은 조금 더 의식적으로 상호작용을 하기도 한다. 이로 인한 전반적인 결과는 인간과 기계의 아주 특별한 공생이다(석기용, 2015). 이처럼 우리 인간의 몸은 물론 인간들의 일상생활은 점점 사이보그화되어 가고 있음을 알 수 있다.

다음 절에서는 위에서 논의한 인간-비인간의 혼성체로서 사이보그 존재론이 일상의 소비맥락 속에서 잘 드러나고 있음을 살펴본 후에, 지리교육이 추구하는 인간상으로 사이보그 시민이 가지는 존재론적, 실천론적 차원들의 의미에 대하여 논의하고자 한다.

3. 지리교육과 사이보그 시민

1) 인간-비인간(자연, 기계)의 혼성적 지리[2]

오늘날 현대 도시의 소비 공간 속에서 살아가고 있는 학생들은 자신이 의식하든 의식하지 않든 직·간접적으로 수많은 비인간(자연, 기계)과 연결되어 살아가고 있다. 학생들의 일상 속에서 만나는 다양한 상품들은 생산되어 소비되기까지 수많은 인간, 자연, 기계들과의 네트워크를 형성하고 있다. 예를 들어 폴란(Pollan)이 감자가 재배되어 패스트푸드 레스토랑에서 우리가 먹는 프렌치 프라이로 둔갑하는 과정을 설명하는 대목을 보면 이러한 상황이 잘 드러난다.

아는 아이다호의 매직 밸리로 갔다. 그곳은 우리가 먹는 대부분의 프렌치 프라이가 러셋 버뱅크종 감자로서 그 삶을 시작하는 장소였다. … 면적이 1만 5천 에이커에 달하는 농장은 135에이커의 원형 재배 구역들로 나뉘어져 있었다. 각각의 원형 구역은 초침이 느리게 돌아가는 커다란 녹색 시계 같았다. 이 시계의 초침은 다름 아닌 급수 장치였다. 길이가 1천 피트에 이르는 긴 관으로 여기서 비료, 살충제가 섞인 물줄기가 감자 식물로 쉴 새 없이 쏟아져 내렸다. … 이 약품이 살포된 뒤 닷새 동안은 아무도 들판에 나가지 못했다. … 수확이 끝난 뒤 감자는 엄청나게 큰 창고에서 6개월간 저장된다. 여기서 화학물질이 점차 빠져나가 … 비로소 감자는 프렌치프라이로 바뀔 수 있다(조윤정 역, 2010).

학생들은 일상적으로 먹는 프렌치프라이라는 상품 소비를 통해 이처럼 상품의 글로벌 네트워크를 구성하는 수많은 인간, 기계들과의 관계 속에 놓이게 된다. 이러한 상황에 대하여 쿡 외(Cook et al., 2007)는 일상적 상품인 양말, 껌, 아이팟 등을 끌어와 이러한 상품들이 소비자인 나와 가지는 관계와 연계성을 "나는 다양한 사람과 기계들이 만들어 내는 복잡하고 광범위한 네트워크의 한 일부분이다"라고 설명하고 있다. 즉, 학생들은 상품의 글로벌 네트워크를 구

---

2. 혼성적 지리와 관련한 논의는 김병연(2015)을 수정한 것임.

성하는 노드로서 존재하면서 네트워크의 구성요소인 다양한 인간-비인간(자연, 기계)과 접속되어 있음으로 인해서 영향을 받기도 하고 그 네트워크에 영향을 주어 변화시키기도 할 수 있다. 이와 관련하여 와트모어(Whatmore, 2007)는 행위자-연결망 이론을 끌어와 행위자들(인간과 비인간)의 집합체인 사회적 생명의 관계적 개념과 행위자들의 행위들은 이질적 타자들과의 연결 속에서 그리고 연결 내에서 구성되고 있음을 설명하면서 이러한 관계적 관점이 인간 존재에 대한 관계적 이해의 혼종적이고 집합적 차원을 강화시킨다고 주장한다. 그래서 와트모어(2002, 2006, 2007)는 인간-비인간의 혼성적 지리의 관점 즉, 인간을 넘어선(more-than-human) 지리로의 변화 속에서 인간에 대한 이해를 주장한다. 이러한 관점은 글로벌 네트워크 공간 속에서 학생들의 위치에 대한 인식과 이 위치로 인해 필연적으로 구성되어 갈 수밖에 없는 정체성을 인식할 수 있도록 도울 수 있을 것이다.

그래서 학생들은 상품 소비를 통하여 수많은 인간-비인간이 연결되는 교차점에 위치하게 되고, 이로 인하여 혼종적 정체성을 가지고 살아가게 된다. 이는 들뢰즈와 가타리가 상상한 '리좀(김재인 역, 2001)', 해러웨이가 말한 '사이보그', 라투르의 '행위자-네트워크(홍철기 역, 2009)'이고 고정된 '존재(Being)'가 아니라 '되어감(becoming)'과 '혼종성(hybridity)'의 상태인 것이다. 여기에서 사이보그, 되어감, 혼종성의 개념은 두 가지의 순수한 형태들의 단순 혼합으로부터 나오는 것이 아니라 실체들 사이에서 상호구성하는 관계에 의하여 나타나는 것이라고 할 수 있다.

해러웨이는 사이보그 선언문에서 "20세기 후반이라는 신화적 시대에 우리 모두는 괴물들, 이론화되고 가공된 기계와 유기체의 혼합물이다. 간단히 말하면 우리는 모두 사이보그들이다. 사이보그는 우리의 존재론이다."라고 주장했다. 또한 그녀는 "사이보그가 된다는 것은 네트워크와 관련된 것(박미선 역, 2003)"이고 "사이보그 내부에는 빽빽이 채워진 응축된 세계들이 있다(Haraway, 1991)"라고 주장한다. 이러한 해러웨이의 사고는 사이보그로서 학생 개개인들이 세계화된 상품을 소비하면서 수많은 네트워크들로 자신들의 몸을 채워가고 있다는 의미와 일맥상통할 수 있을 것이다.

이와 같은 해러웨이의 관점에서 살펴보자면 학생들은 모두 사이보그가 되어 가고 있다. 예를 들어 오늘날 학생들의 일상은 휴대폰, 디지털카메라, MP3, 패스트푸드, 청바지 등과 같은 수많은 상품으로 채워져 가고 있다. 이러한 사실은 학생들이 상품의 글로벌 네트워크 내에서 수많은 인간 및 비인간(동물, 기계)과의 관계 속에서 놓여 있다는 것이다. 그래서 학생들의 일상적 소비 행위들은 다양한 사람들과 사물들의 삶이 얽혀서 구성되어 있는 수많은 네트워크 속에 빠져들어가는 것이라고 할 수 있다. 이러한 일상적인 행위를 통해 학생 본인의 신체는 이미 사이보그로서 존재하게 된다는 것이다. 학생들이 옷을 입고 신발을 신는 것을 통해 학생 스스로는 그것들을 만든 사람들뿐만 아니라 기계들과 연결되는 것이다. 그래서 사이보그로서 학생들은 그러한 기계들이 자신들의 일부가 되게 되는 것이다. 이와 같이 삶을 영위하기 위해 상품들을 소비하는 행위는 자아를 사이보그로 재구성하는 것과 관련이 있다.

일상 속에서 학생들은 상품을 구매함으로써 여기와 저기에 있는 다양한 상품 네트워크 속으로 기입되는 것이고 그 가운데서 네트워크의 한 구성요소로 다양한 노드로서 인간 및 비인간들과 상호작용을 하고 있다. 이러한 관점은 인간, 비인간들의 관계에 대한 네트워크적 사고속에 기반하고 있다. 이러한 측면에서 살펴봤을 때 앵거스 외(Angus et al., 2001)가 해러웨이(1991)의 사이보그 존재론과 상황적 지식으로부터 가져와 제시한 '사이보그'의 개념은 학생들의 소비 행위를 통한 특정 장소와 외부 세계와의 연결, 인간–인간, 인간–비인간과의 연결에 대하여 살펴볼 때 유용할 것이다.

앵거스 외(2001)는 '사이보그 페다고지 선언문'이라는 자신들의 글에서 학생들이 이미 사이보그라는 사실을 명백하게 설명해 주고 있다. 그들은 한 사람이 커피를 마시는 것과 같은 단순한 일상을 수행할 수 있기 위해 형성되어 있어야 할 수많은 관계에 대하여 설명한다. 여기서 그들이 설명하는 수많은 관계란 '여기와 저기', '인간과 인간', '인간들과 비인간들', '비인간들과 비인간들' 사이의 관계이다. 그들이 중요하게 생각하는 것은 수업을 듣는 학생들이 관계의 세계 속에서 자신의 존재가 '사이버네틱 유기체', '네트워크 안에서의 사이보그, 노드'라는 것에 대한 인식을 가지는 것이다. 이러한 인식은 인간과 비인간들과의 네트워크를 통해서 그들 사이의 경계를 흐리게 하는 과정과 관련한 이해이고, 자신의 사이보그 존재론에 대한 인식이라고 할 수 있을 것이다.

그들의 사이보그 개념에서 살펴보았을 때 학생들은 상품의 글로벌 네트워크 속에서 그 네트워크를 구성하는 하나의 노드이다. 또한 학생들의 소비 행위는 소비의 장소와 눈에 보이지 않는 생산 및 처리의 장소와 연결시키는 실천이고, 다양한 인간과 비인간(동물, 기계)과 연결되는 행위이다. 이러한 점에서 그들은 학생들이 사이보그 정체성을 가지고 있다는 것을 중심으로 이해하는 사이보그 존재론을 제안하고 있다.

사이보그 존재론과 관련한 앵거스 외의 동일한 맥락 속에서 쿡 외(Cook et al., 2007)도 수많은 일상적 상품들이 가지는 네트워크는 소비자를 수백, 수천, 수만의 사람들과 연결시키고 있고 또한 이러한 연계는 개개인으로서의 인간뿐만 아니라 인간 이외의 비인간들과도 내가 연결되어 있다는 사실을 설명하고 있다. 쿡 외의 이러한 생각은 아래의 글 속에서 잘 드러나고 있다.

양말을 구매할 때 나는 65,000여 명을 고용하는 영국 내의 400개 정도에 달하는 M&S(막스 앤 스펜서) 매장 가운데 하나의 매장에서 상품을 구매하는 150만 명 중의 한 사람이다. 계산대 컨베이어 벨트 위에 있는 양말은 러시아, 불가리아에 있는 공장에서 운반되어 온 수많은 양말 중의 일부이다. 또한 200개의 바늘을 가진 실린더 기계에 도움을 받아 양말을 직조하고 주름지게 만들고 염색하고 다림질을 하고 모양을 만들고 분류하는 600명 이상의 노동자들에 의해 제조되고 자동생산 라인에 의해 포장된 양말들 중의 하나이다. 또한 양말을 사는 행위는 불가리아에서 폴리아미드(polyamid)와 엘라스테인(elastane) 라이크라(lycra)를 제조하는 것과 관련하여 노동하고 있는 수천 명의 노동자들은 말할 것도 없고 면 작물을 심고 재배하고 경작하는 농부들 그리고 공장으로 이러한 재료들과 또 다른 원료들을 가지고 오는 사람들과 연결되는 것이다.

이와 관련하여 해러웨이(1991)도 "나는 음식이라는 것을 존재하고 있는 사이보그 사물로서 받아들이고 이것은 나의 육체적인 자아와 다양한 인간 및 비인간 간의 무한한 네트워크를 연결한다"고 설명하고 있다. 이와 같이 수많은 상품의 세계 속에서 학생들의 몸은 더 이상 순수한 유기체적인 존재가 아니다. 그들은 '인간-자연-기계' 네트워크의 혼종적인 존재가 된다.

2) 사이보그 시민: 지리교육이 추구하는 인간상

헤일스(Hayles, 1999)가 지적한 것과 같이 현대의 많은 사람들은 이미 사이보그이다. 그녀에게 있어 포스트 휴먼은 다양한 기술과학이 적용된 육체뿐만 아니라 생물학적 조작이 가해지지 않은 인간도 해당이 된다. 즉 기술과학적 조작이 직접적으로 인간 신체에의 적용 여부가 중요한 것이 아니라 인간 존재의 구성 방식이 중요하다는 것이다. 예를 들어 의족, 의수, 보청기, 인공 관절, 성형 실리콘 등 이런 것들을 몸에 부착하고 있는 사람들이 여기에 포함된다.

하지만 인간들의 몸 속에 인공물이 들어 있다고만 해서 사이보그는 아니다. 더 나아가 학생들의 몸은 농산업이 제공하는 농산물로 살아가고 있고 약품에 의해 건강하게 되기도 하고 혹은 피해를 당하기도 하며 외과적 수술에 의해 모습이 바뀌어지기도 한다. 하지만 이러한 네트워크는 우리 내부에만 존재하는 것이 아니라 우리 외부에도 존재한다. 공장의 자동화 생산 라인, 사무실 내의 컴퓨터 네트워크, 클럽의 댄서들, 조명, 음향 시스템 등의 이 모든 것들은 사람들과 사물들의 사이보그 구성물들이라고 할 수 있다. 그래서 우리의 몸은 바디샵 회사가 광고하는 것만큼 자연적이지 않고 순수하지도 않다(Cook et al., 2007).

해러웨이에 의하면 "사이보그가 된다는 것은 자기 자신을 구성할 자유에 대한 것만을 말하는 것은 아니다. 사이보그가 된다는 것은 네트워크와 관련된 것으로 생각할 수 있을 것이다(박미선 역, 2003)." 일상 속에서 이루어지는 소비 행위들은 다양한 사람들과 사물들의 삶이 얽혀서 구성되어 있는 수많은 네트워크와 연결되는 순간이다. 이와 관련해 헤일스(1999)도 "컴퓨터 스크린을 스크롤해 내려가면서 명멸하는 기표들을 응시할 때 보이지 않는 체현된 실재들에게 당신이 어떤 정체성을 부여하는지와는 상관없이, 당신은 이미 포스트 휴먼이 되었다"고 설명한다. 이러한 일상적인 행위를 통해 학생 본인의 신체는 이미 사이보그로서 존재하게 된다는 것이다. 학생들이 디자인이 훌륭한 옷을 입고 신발을 신는 것은 단지 자신의 이미지를 변화시키기 위한 것만은 아니다. 옷을 입고 신발을 신는 것을 통해 학생 스스로는 그것들을 만든 사람들뿐만 아니라 기계들과 연결되는 것이다. 그래서 사이보그로서 학생들은 그러한 기계들이 자신들의 일부가 되게 되는 것이다.

2009 개정 교육과정에서 추구하는 인간상은 "… 세계와 소통하는 시민으로서 배려와 나눔의 정신으로 공동체의 발전에 참여하는 사람"이다. 지리교육에서 추구하고자 하는 인간상은 교육과정상에서 드러난 것처럼 세계 속에 존재하는 인간 및 비인간들과의 상호 관계성 속에서 그들이 놓인 상황에 대하여 책임, 배려를 실천할 수 있는 능력을 담지한 인간이다. 지리교육은 이러한 인간을 통해 더 나은 지리 세계를 만드는 데 기여하고자 한다. 이를 위해 지리교육은 어떠한 교육적 지향점을 가져야 하며 이를 실현하기 위한 어떠한 교육적 방법들과 전략들을 제시해야 할까? 지리교육이 추구하는 인간상의 실현을 추구하고자 하는 지리 교과교육적 노력 가운데 가장 근본적인 것은 학생 자신들이 처해 있는 존재론적 상황에 대한 학생들의 인식 함양으로부터 시작된다고 볼 수 있다. 이를 통해 지리교육은 세계 속에서 학생들이 자기 자신에 대한 이해와 자신 이외의 인간들, 비인간들과의 관계를 어떻게 이해할 것인지, 어떻게 관계해야 하는지를 가르쳐 줄 수 있을 것이다. 또한 왜 학생들이 세계 속에 존재하는 다양한 인간 및 비인간들이 놓여 있는 열악한 상황에 대해 관심을 가지고 책임과 배려를 실천해야 되는지에 대한 윤리적이고 정치적인 이유를 더 잘 이해할 수 있도록 도움을 제공할 수 있을 것이다.

이에 대한 논의 과정에서 이 글에서는 학생들이 처한 사회맥락적 상황을 포스트 휴먼 사회로 규정하고 지리교육이 추구하는 인간상으로서 사이보그 시민을 제시했다. 지리교육이 추구하는 인간상으로 사이보그 시민은 포스트 휴먼, 기계 인간, 사이보그와 같은 의미를 표면적으로만 받아들이는 것은 아니다. 포스트 휴먼 시대 속에서 이루어지는 지리교육에서 추구하는 새로운 인간상과 관련하여 사이보그라는 개념은 공상과학 소설이나 영화 속에서 등장하는 인간과 기계의 혼합된 잡종으로서의 특정한 사이보그(예를 들어, 소머즈, 6백만 불의 사나이, 터미네이터, 로보캅, 아이언맨 등)를 지향하는 것이 아니라 사이보그 일반적 원리에 기반을 둔 개념이라고 할 수 있다. 사이보그의 이미지는 단순히 인간의 몸 일부가 기계이고 인간의 신체가 기계와 연결되어 있는 인공 지능을 가진 기계와 유기체의 결합 이미지에 국한된 것이 아니다. 인간의 몸은 확정적이고 경계가 명확한 것이 아니라 인간과 비인간들(기계, 자연)과의 결합을 통해 혼종적 존재가 된다.

이와 같은 인간−비인간의 혼성체인 사이보그로서 자신의 존재 구성에 대한 인식을 가지고 이러한 존재론적 인식에 기반하여 자신의 행위가 유발하는 다양한 사회·생태적 결과에 자발적으로 윤리적이고 정치적인 책임을 가지고 타자에 대한 배려, 정의와 같은 윤리적 가치를 내면화하여 일상적 행위로 실천할 수 있는 능력을 가진 인간을 '사이보그 시민'이라 할 수 있다. 즉 사이보그 시민이란 자신들의 행위에 대한 책임감을 수용하고 자신의 행위의 결과가 지금−여기 너머에 있는 시공간과 인간 및 비인간들에게 영향을 미칠 수 있다는 인식에 기반하여 눈에 보이지 않는 타자에게까지 책임과 배려를 확대시켜 제공할 수 있는 관계적 윤리를 실천할 수 있는 인간이다.

사이보그 시민은 단지 탈 가치화된 기계−인간의 혼종적 주체가 아니라 기계−인간의 결합을 통하여 형성되는 그 결합 이면에서 존재하는 다양한 장소, 인간, 비인간(자연, 기계)과의 연계 속에서 구성되는 관계적 주체라는 존재론적 상황에 대한 인식과 이러한 인식에 기반하여 세계의 다양한 장소에서 발생되는 사회·생태적 문제에 책임과 의무를 가지고 여기에서 살아가는 학생 자신들이 그곳에 존재하고 있는 타자들을 배려하고 온정을 베푸는 차원에서의 행위능력을 가진 존재라고 할 수 있다. 즉 자신의 존재론적 상황에 대한 이해에 기반하여 자신의 행위를 성찰적으로 구성할 수 있는 능력을 가진 존재이다.

이에 대하여 쿡 외(2007)는 사이보그 존재론이 가지는 관점은 학생들이 살아가는 세계 속에서 나타나는 복잡한 사회, 생태적 이슈들이 자신들과 관계없는 것들이 아니라 직간접적으로 관계되어 있음을 인식하고 그러한 이슈들 내에 학생 자신들의 삶을 위치시킬 수 있는 흥미로우면서도 접근하기 쉬운 방법이라는 점에서 유용하다고 설명하고 있다.

이처럼 사이보그 시민은 다양한 글로벌 네트워크와 자신을 분리시켜 사고하는 것이 아니라 연결시켜 바라볼 수 있을 것이다. 이는 사이보그 시민의 육체가 본질적이고, 선규정되어 있으며, 고정된 의미를 가지는 것이 아니라 역동적이고 복잡하며 다양한 우연성을 가지면서 끊임없이 생성 중인 행위자로서 간주될 수 있다. 따라서 사이보그 시민은 선형적인 스케일이나 포섭적인 영역 속에서가 아니라 비선형적이고 관계적인 네트워크 내에서 인간-비인간의 지속적인 상호작용을 통해 구성되는 존재라고 할 수 있다. 또한 사이보그 시민은 세계 가운데 존재하고 있는 눈에 보이지 않는 다양한 인간 및 비인간들에 대하여 책임과 배려를 확대시켜 제공할 수 있는 관계적 윤리를 실천할 수 있는 능력을 담지한 인간이다.

지리교육이 교육적 인간상으로서 추구하는 사이보그 시민은 개인적으로나 집단적으로나 그들을 둘러싸고 있는 환경과 다른 사람들에게 직간접적으로 영향을 주고받는 것과 관련하여 그들 자신과 환경 사이의 관계를 이해하는 실제적인 능력과 자질을 가진 인간이다. 지리교육이 사이보그 시민으로서 학생들을 변화시키려는 교육적 실천은 다음의 두 가지 측면에서 의의를 가질 것이다. 첫째, 세계에서 나타나는 다양한 사회·생태적 문제를 바라볼 때 자신을 배제시키지 않고 그 안에 자신을 놓아 둘 수 있는 상황적 지식을 가지도록 하는 데 기여함으로써 학생들의 지리 세계를 윤리적, 정치적으로 구성하는 데 도움을 제공할 수 있을 것이다. 이를 통해 부정의하고 지속가능하지 않은 세계를 변화시켜 더 나은 세계를 만들어 나가는 데 기여를 할 수 있을 것이다. 둘째, 학생들의 물질적 몸과 글로벌 네트워크를 구성하고 있는 다양한 구성 요소들 사이의 관계를 만들어 가는 작업은 학교 현장의 교수·학습 과정에 있어서 인간/동물, 인간/기계와 같이 인간을 다른 것들과 분리하는 존재론적인 이분법에 도전할 수 있는 대안 모색의 가능성을 제공할 수 있을 것이다(김병연, 2012).

4. 마치며

사회와 자연은 바이오 기술과 이의 다양한 인공물들에 의해 재구성되고 있고 많은 이론가들이 포스트 휴먼이라 부르는 세계 속으로 통합되고 있다. 여기에서 한때 인간과 비인간 자연 사이에 존재론적으로 뚜렷한 경계를 훼손시키는 균열은 불확실한 기원과 혼성 미래의 창발적 세계를 형성하는 거대한 균열로 성장해 왔다. 포스트 휴머니즘은 동시에 물질 정보 전달(Hayles, 1999)이나, 비인간 자연과의 친숙한 관계를 저버린 뱀파이어 혼성체의 창조(Haraway, 1991), 악마들의 퍼레이드로 가득찬 악몽같은 세계(Virilio, 1995), 또는 가질 수 없는 죽음을 죽기 위해 기다리는 알파와 베타 계급의 멋진 신세계(Fukuyama, 2002)로 묘사되어 왔다. 포스트 휴먼 미래에 대한 이러한 가상 공상과학 소설로의 투영은 있을 법한 한계를 기술과 학적 노력에 의해 뛰어넘은 인간을 이해하기 위한 개인적 시도들이다(Coyle, 2006).

인간 존재와 인간 존재가 가지는 사유 방식에 대한 다른 차원의 이해와 해석이 필수적으로 요구되는 포스트 휴먼 사회의 도래와 관련하여 지리교육이 추구하는 하나의 인간상의 설정에 대하여 살펴보았다. 그리고 여기에서 더 나아가 다른 차원의 인간 존재 방식과 사유 방식에 대한 논의 속에서 지리교육적으로 바람직하다고 여겨지는 인간의 자질이 무엇인지에 대한 논의가 필요하다. 이러한 요구와 필요를 반영한 포스트 휴먼적 세계에서 지리교육이 추구하는 하나의 인간상은 무엇일까에 대한 물음에 대해 이 글에서는 '사이보그 시민'이라는 인간상을 제시해 보고자 했다. 즉, 사이보그 시민은 인간과 비인간(자연, 기계)의 절합을 통해 형성되어 있는 복잡한 네트워크상의 관계적 주체로서 존재한다.

또한 사이보그 시민은 단지 탈가치화된 기계-인간의 혼종적 주체가 아니라 기계-인간의 결합을 통하여 형성되는 그 결합 이면에서 존재하는 다양한 장소, 인간, 비인간(자연, 기계)과의 연계 속에서 구성되는 관계적 주체라는 존재론적 상황에 대한 인식과 이러한 인식에 기반하여 세계의 다양한 장소에서 발생되는 사회·생태적 문제에 책임과 의무를 가지고 여기에서 살아가는 학생 자신들이 그곳에 존재하고 있는 타자들을 배려하고 온정을 베푸는 차원에서의 행위능력을 가진 존재라고 할 수 있다. 즉 자신의 존재론적 상황에 대한 이해에 기반하여 자신의 행위를 성찰적으로 구성할 수 있는 능력을 가진 존재이다.

포스트 휴먼 담론은 생물학적 신체에 갇혀 논의되어 온 교육 인간상이 가지는 한계를 넘어서 관계적 존재론에 기반한 인간상을 제시한다. 이러한 인간은 지금 여기에 있는 나 자신의 구성이 독립적이고 절대적인 것이 아니라 다양한 사물과 현상들의 교차를 통해 구성될 수밖에 없는 관계적 존재라는 점을 인식한다. 즉, 사이보그 시민은 인간과 비인간이라는 이분법을 허물면서 이질적 존재들의 연결망을 구성하는 노드이고 이 연결망이 형성, 유지, 변화되도록 하는 행위자이다. 그래서 포스트 휴먼 세계에서 지리교육이 추구하는 인간상에 대한 논의의 중심에는 '사이보그 시민'이 상정될 수 있을 것이다. 사이보그 시민은 자신이 여기에서 실천하는 행위가 여기에서의 결과만을 생산하는 것이 아니라 저기에서 나타나는 결과에 직간접적으로 연계되어 있음을 아는 자이다. 그래서 자신의 행위에 대한 도덕적 책임에 헌신하는 자이다. 오늘날의 지리교육은 이러한 사이보그 시민을 양성함으로써 더 나은 세계를 만드는 데 기여할 수 있을 것이다.

요약 및 핵심어

학생들은 기술 과학의 발달로 등장한 포스트 휴먼 사회에서 살아가고 있다고 말할 수 있다. 포스트 휴먼 시대는 '인간'을 '포스트 휴먼'이라는 새로운 존재로 이해한다. 이러한 존재론적 상황에 대한 견해로부터 지리교육이 추구해야 할 새로운 인간상을 '사이보그 시민'으로 상정하고 이에 대해 논의해 보았다. 사이보그 시민은 인간-비인간의 혼성체로서 관계적 존재 방식에 기반하고 있고, 이러한 물질적 존재 구성 방식으로 인해 요구되고 있는 인간 및 비인간에 대한 윤리적 책임과 배려를 자발적으로 실천할 수 있는 능력을 담지한 인간이라고 할 수 있다. 지리교육이 사이보그 시민으로서 학생들을 변화시키려는 교육적 실천은 다음의 세 가지 측면에서 의의를 가질 것이다. 첫째, 인간과 비인간을 분리하여 사고하는 이분법적 인식론에 도전할 수 있을 것이다. 둘째, 세계의 다양한 사회·생태적 문제를 자신과 관련시켜 해석할 수 있는 상황적 지식을 담지하는 데 기여할 수 있을 것이다. 셋째, 학생들의 지리 세계를 윤리적, 정치적으로 구성하는 데 도움을 제공할 수 있을 것이다.

포스트 휴먼(post-human), 사이보그(cyborg), 사이보그 시민(cyborg citizen), 지리교육(geographical education), 인간상(ideal of educated person)

더 읽을 거리

김병연, 2015, 생태 시민성과 페다고지: 에코토피아로 가는 길, 박영북스.
로지 브라이도티, 이경란 역, 2015, 포스트 휴먼, 아카넷.
슈테판 헤어브레히터, 김연순·김응준 역, 2012, 포스트휴머니즘 – 인간 이후의 – 인간에 관한 – 문화철학적 담론, 성균관대학교 출판부.
케서린 헤일스, 허진 역, 2013, 우리는 어떻게 포스트 휴먼이 되었는가, 플래닛
크리스 그레이·이인식, 석기용 역, 2015, 사이보그 시티즌, 김영사.

참고문헌

교육과학기술부, 2009, 사회과교육과정, 교육과학기술부.

김병연, 2012, 생태시민성과 지리과 환경교육 −'관계적 지리'담론과 적용 −, 한국교원대학교 박사학위논문.

김병연, 2015, "소비의 관계적 지리와 윤리적 지리교육", 대한지리학회지, 50(2), 239−254.

Deleuze, G. and Guattari, F., 1983, *A Thousand Plateaus: Capitalism and Schizpphrenia*, University of Minnesota Press (김재인 역, 2001, 천개의 고원, 새물결).

김재희, 2014, "우리는 어떻게 포스트 휴먼 주체가 될 수 있는가?", 철학연구, 106. 215−240.

마정미, 2008, "포스트 휴먼과 탈근대적 주체에 관한 연구", 인문콘텐츠, 13, 193−212.

Angus, T., Cook, I., Evans, J. et al., 2001, A Manifesto for Cyborg Pedagogy, *International Research in Geographical and Environmental Education*, 10(2), 195-201.

Castree, N. and Nash, C., 2004, Posthumanism in question. *Environment and Planning A*, 36, 1341-43.

Castree, N. and Nash, C., 2006, Posthuman geographies. *Social and Cultural Geography*, 7, 501-504.

Cook, I. Evans, J., Griffiths, H., Mayblin, L., Payne, B., Roberts, D et, al., 2007, Made in......? Appreciating the every geographies of connected lives?, *Teaching Geography*, summer, 80-83.

Coyle, F. 2006: Posthuman geographies? Biotechnology, nature and the demise of the autonomous human subject, *Social and Cultural Geography*, 7, 505–23.

Foucault, M., 1966, *The Order of Things,* Andover, Hants: Tavistock (이규현 역, 2012, 말과 사물, 민음사).

Fukuyama, F., 2002, *Our Posthuman Future: Consequences of the Biotechnology Revolution*, New York: Picador.

Gray, C. H. 2002, *Cyborg Citizen: Politics in the Posthuman Age*, Routledge (석기용 역, 2015, 사이보그 시티즌, 김영사).

Haraway, D. J., 1991, *Simians, Cyborgs, and Woman The Reinvention of Nature*, New York: Routledge (민경숙 역, 2002, 유인원, 사이보그 그리고 여자, 동문선).

Haraway, D., 2004, *The Haraway reader*, New York & London: Routledge.

Hayles K., 1999, *How We Became Posthuman: Virtual Bodies in Cybernetics, Literature, and Informatics*, University of Chicago Press (허진 역, 2013, 우리는 어떻게 포스트 휴먼이 되었는가, 플래닛).

Kunzru, H., 1997, You are cyborg: for Donna Haraway, we are assimilated, www.wired.com (박미선 역, 2003, 우리는 사이보그다, 여성이론, 8, 181−201).

Latour, B., 1993, *We Have Never Been Modern,* Cambridge, MA: Harvard University Press (홍철기 역, 2009, 우리는 결코 근대인이었던 적이 없다, 갈무리).

Latour, B., 2000, When things strike back: A possible contribution of 'science studies' of the social science, *British Journal of Sociology*, 51(1),107-123.

Pollan, M., 2007, Omnivore's dilemma, Penguin Group USA (조윤정 역, 2010, 잡식동물 분투기, 다른세상).

Virilio, P., 1995, *The Art of the Motor*, Minneapolis: University of Minnesota Press.

Whatmore, S, 2002, Hybrid Geographies: Natures, Cultures, Spaces, London: Sage.

Whatmore, S, 2006, Materialist returns: practising cultural geography in and for a more-than-human world, *Cultural Geographies*, 13, 600-609.

Whatmore, S., 2007, Hybrid Geographies: Rethinking the Human in Human Geography. in Massey, D., Allen, J. and Sarre, P.(ed.), *Human Geography Today, Polity*, Cambridge, 22-39.

Whatmore, S., 2013b, Earthly powers and affective environments: An ontological politics of flood risk. Theory, *Culture & Society*, 30, 1-18.

제2부. 지리와 공간

제7장

지리교육에서 공간지능의 의미와 활용 방법

조성욱

전북대학교

1. 들어가며

1) 지리교육의 역할

교육과정 논란에서 가장 중요한 논점은 지리교육의 목표를 어디에 두는가의 문제이다. 학문중심 교육과정에서는 지리학 내용의 체계적인 전달이 핵심적인 교육목표였다면, 경험중심 교육과정에서는 지리학의 학문적 성과를 일상생활에 활용하는 것이 중요한 논제였다. 이러한 교육과정의 흐름에서 논의의 주 대상은 교육내용이었다. 그러나 지리교육이 교육내용뿐 아니라 학생이 본래 지니고 있는 능력인 지능(intelligence)의 발현에 공헌할 수 있다는 점을 인식한다면, 지리과목 학습의 정당성을 더 확고하게 할 수 있을 것이다(조성욱, 2008b, 99).

즉, 지리교육에서 지능을 인식할 경우 지리교육의 목적은 학습자에게 지리 지식을 접하게 하여 세계의 이해와 자신의 생활에 활용하는 것뿐만 아니라, 인간의 잠재적인 능력인 공간지능을 발현하는 기회를 제공하는 것으로 확대된다(조성욱, 2004, 42).

공간지능은 인간이 가지고 있는 본래의 능력이고, 지리교육을 통하여 이를 발현할 수 있는 기회를 줄 수 있다면, 지리 지식을 교육하는 것보다 더 근본적인 측면에서 의미를 지니며, 공간지능을 활용하여 지리교육을 효율적으로 할 수 있는 방법을 찾을 수 있다.

즉, 지리교육에서 공간지능의 인식은 지리교육의 목적이 지리학을 기반으로 한 교육내용의 이해와 활용뿐 아니라, 보다 더 근본적으로 인간이 본래 지니고 있는 능력인 공간지능을 발현하고 활용할 수 있는 기회를 제공할 수 있는 중요한 과목으로 확장될 수 있다. 결국, 지리교육에서 공간지능의 인식은 지리교육의 역할이 인간의 능력 발현이라는 측면으로 확대되어, 그동안 교육내용을 중심으로 논의되어 왔던 지리교육의 목적을 근본적으로 재고하고 확장할 수 있는 기회를 제공한다.

2) 다중지능이론과 공간지능

다중지능이론(multiple intelligences)은 기존의 지능에 대한 개념과 측정 방법의 한계를 극복하는 과정에서 나온 것으로, 기존의 지능 개념이 논리력과 언어력만을 중시하고 있는데, 인간 사회에서 가치 있는 다른 종류의 능력도 상대적 중요성을 인정해야 한다는 관점에서 출발하였다. 즉, 인간의 지능은 단일한 능력으로 구성된 것이 아니라, 다수의 능력으로 구성되어 있다는 사고이다(조성욱, 2005, 213).

다중지능이론을 주장한 가드너(Gardner)는 지능을 '문화적으로 가치 있는 물건을 창조하거나 문제를 해결하는 데에, 그 문화에서 유용하게 쓰일 수 있는 정보를 처리하는 생물·심리학적인 잠재력'이라고 정의했다(Gardner, 1983). 그는 8가지의 준거(생물학, 발달심리학, 실험심리학, 심리측정학 등)를 기준으로 8가지 지능을 제시하였다. 가드너가 제시한 지능은 언어 활용 능력인 '언어지능(Linguistic Intelligence)', 문제를 논리적으로 분석하고 수학적인 조작을 수행하는 '논리-수학지능(Logical-Mathematical Intelligence)', 예술분야에 관련된 '음악지능(Music Intelligence)', 신체활동과 관련되는 '신체운동지능(Bodily-Kinesthetic Intelli-gence)', 시각적 정보의 활용과 관련되는 '공간지능(Spatial Intelligence)', 인성에 관련되는 '대인지능(Interpersonal Intelligence)'과 '자성지능(Intrapersonal Intelligence)'이다. 이후에 '자연지능(Naturalist Intelligence)'을 추가했다(Gardner, 1999). 이 중 특히 지리교육과 밀접하게 관련되는 지능은 공간지능이다.

피아제(Piaget)는 지능을 주로 '논리-수학지능'에 초점을 두고, 지능과 도덕을 별개의 문제로 생각한 데 비해서, 가드너는 8가지 지능의 상대적 가치를 동등하게 인정했다는 점에서 차이가 있다. 또한 다중지능이론은 환경적 조건에 의한 발현 가능성을 중요시했다. 즉, 지능을 발달가능성으로 정의함으로서 학교 교육의 역할과 중요성을 상기시키는 기회를 제공했다. 그러나 다중지능이론은 생물학, 신경생리학 요인과 더불어 문화적 영향을 고려해서 지능 개념을 광범위하게 확장시켰다는 점에서 긍정적인 평가도 있지만, 지능과 재능의 혼동, 지능분류 기준의 주관성, 지능 간의 상호관련성을 충분하게 고려하지 못했다는 비판을 받고 있기도 하다(하대현, 1998, 80).

2. 공간지능의 정의와 특성

1) 공간지능이란?

지리교육에서는 상황에 따라 공간능력(spatial ability), 공간적 사고(spatial thinking), 공간인지(spatial cognition), 공간지능(spatial intelligence) 등의 용어가 사용되고 있다. 이 중 공간능력은 활용 가능성에 초점을 둔 용어라면, 공간지능은 인간이 본래 가지고 있는 잠재력에 초점을 둔 용어이다(조성욱, 2008a, 2). 그리고 공간인지는 지리학과 심리학의 중간 단계의 용어이고, 공간적 사고는 감각기관을 통해 획득된 공간 정보를 다양한 문제 상황에서 이미지를 변형하고, 공간 관계를 추론하고, 공간적 의사결정을 하는 모든 정신활동을 의미한다(마경묵, 2010, 23).

가드너는 지능(intelligence)은 하나 또는 그 이상의 문화적 환경 속에서 가치 있게 여겨지는 생산품을 창조하거나 문제를 해결할 수 있는 능력(ability)으로 정의(Gardner, 1983)하고 있는데, 지능과 능력은 잠재력과 활용의 표현상의 차이일 뿐 본질은 같다. 심리검사에서는 '공간능력'이라는 용어를 주로 사용하고, 지능검사에서는 '공간지능'이라는 용어를 사용하고 있는 것과 같이, 공간능력과 공간지능은 같은 의미로 사용되고 있다(조성욱, 2008a, 2).

가드너는 공간능력(spatial ability)은 시각적인 세상을 정확하게 인지하는 능력, 최초의 인식을 변형할 수 있는 능력, 비록 물리적인 자극이 없더라도 시각적 경험을 재창조할 수 있는 능력으로 정의하고 있다(Gardner, 1983). 그리고 공간지능(spatial intelligence)은 공간 세계에 대한 정신적 모형을 만들어 내고, 그것을 조절하고 사용하는 능력(Gardner, 1993)이라고 정의하고 있다. 즉, 공간지능은 다양한 공간 규모와 다양한 문화에서 다양한 형태로 나타날 수 있는데, 이것은 생물 심리학적 잠재력인 지능이 인간에 의해 만들어진 영역(domain)들에 의해서 다양한 형태로 발현될 수 있다(Gardner, 1993). 이와 같이 공간지능의 잠재력은 다양한 문화에서 다양한 형태로 발현되는데, 문화적 산물인 지리 영역은 공간지능의 발현을 위한 문화로서 작용하고, 이러한 공간지능 발현 기회의 제공자로서 지리교육의 의미가 있다(조성욱, 2005, 216).

2) 공간지능의 특성

공간지능의 가장 큰 특성은 시각적이라는 점이다. 공간지능은 형태나 대상을 시각적으로 인식하는 능력이다. 암스트롱은 공간지능을 추상적인 것을 구체화하는 시각화 능력, 시간적·공간적 아이디어를 기하학적으로 표현하는 능력, 자신을 공간상에서 적절하게 위치시키는 능력으로 세분했다(Amstrong, 1994). 이와 같이 공간지능은 어떤 요소를 인지하는 능력, 하나의 요소를 다른 요소로 변형시킬 수 있는 능력, 정신적 상상력으로 추론하고 변형할 수 있는 능력, 공간적 정보를 그래픽으로 생산할 수 있는 능력 등인데, 이러한 능력들은 동시에 일어난다(조성욱, 2005, 217). 시각적 사고는 인지과정의 근간을 이루는 감각체계로서, 특히 언어지능과 공간지능은 지식의 저장과 문제해결에서 중요한 지능이다(Gardner, 1983, 177).

둘째, 공간지능은 분리된 형태 또는 분리된 경험에서 관계성을 끌어내는 능력이다. 피아제는 어린이의 공간적 이해 발달 과정을 설명하면서 감각 동작기에는 근접성이 가장 중요한 요인이며, 구체적 조작기에는 제한적이지만 공간 영역에서 이미지와 대상의 조정이 가능해지고, 형식적 조작기에 들어서서 추상공간의 아이디어나 공간을 지배하는 형식적 규칙을 다룰수 있다고 했다. 즉, 공간지능은 대상의 형상을 보유하는 형식적 지식에서, 형태를 변형하는 작동적 지식으로 변환시키는 능력이다. 즉, 조각 형태로 된 지식을 종합하여 다른 형태나 상징체계로 표현하는 능력이 바로 공간지능이다(Gardner, 1983, 178).

셋째, 공간적 지식은 다양한 과학적 연구에 유용한 도구로, 사고를 돕는 수단으로, 정보의 습득과 문제해결에 공헌할 수 있다. 공간적 추리의 활용은 지리, 과학, 예술, 수학 등에서 똑같은 형태로 나타나지는 않는다. 즉, 체스선수는 시각적이지만 추상적이고, 기하학적인 기억력으로 화가의 그것과는 다르다. 또한 공간지능과 논리−수학 지능은 상호 관련되어 있지만, 개인적 상황에 따라서 상대적 중요성이 다르게 나타난다(조성욱, 2005, 217).

넷째, 공간지능은 쓸수록 강해져서, 공간영역에서의 높은 성취는 주로 인생 후반기에 나타난다. 즉, 공간지능의 핵심은 통찰력인데, 통찰력은 나이를 먹을수록 더해지고, 전체를 이해할 때까지 능력이 계속 높아진다. 즉, 공간지능은 자세한 것은 잊어버리더라도 패턴을 구분하는 능력이며, 지혜는 패턴, 형태, 전체를 인식하는 감각에서 온다(Gardner, 1983, 204).

이상과 같이 공간지능은 구체적인 대상을 시각적으로 인식하고, 인식된 시각적 정보를 자신의 정신 작용 내에서 재구조하며, 이를 바탕으로 재창조할 수 있는 능력이다(그림 1). 그리고 인생 후반기로 갈수록 그 효용성이 증명되며, 지리뿐 아니라 과학, 수학, 예술 등 다른 영역과도 관련을 맺고 있다. 특히 종합적인 통찰력과 패턴을 인식할 수 있는 능력, 위치 파악 능력, 다

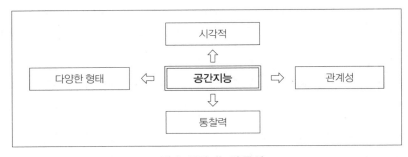

그림 1. 공간지능의 특성

양한 규모에서의 사고 작용 등의 특징에서는 지리교육과 깊은 관련성을 가지고 있다(조성욱, 2005, 217).

3. 공간지능과 지리교육의 관계

1) 공간지능의 인식구조

가드너가 제시한 공간지능은 시각적으로 인식하고, 인식한 형태를 변형시키고 관계를 파악하고 그리고 그것을 시각적으로 표현하는 것까지를 포함한다(Gardner, 1983, 173). 여기에서 시각적 인식은 언어 등과 같이 다른 형태로 표현된 정보라 하더라도 이것을 시각적 정보로 변환시키는 능력까지를 포함한다. 공간지능의 시각적 인식 특성은 정보 습득뿐 아니라, 학습자의 인지 구조 속에서 요인 간의 관계 파악과 그러한 사고의 결과물을 시각적으로 표현하는 것까지를 포함하는 개념이다. 즉, 공간지능은 시각적 인식 → 시각적 사고 → 시각적 표현 및 활동의 3단계 구조로 이루어져 있다(표 1).

암스트롱은 공간지능의 가장 큰 특징은 시각적으로 시공간의 세계를 인식하고, 인지과정 속에서 형태를 변화시키며, 시각적으로 표현하는 능력으로 정의하고 있다(Armstrong, 1994, 60). 또한 공간지능의 사고양식을 상상과 그림으로 표현하고 있는데, 그림이 시각적 인식과 표현 등 외부적 작용과 관련된다면, 상상은 내부적인 인지과정이라고 할 수 있다. 따라서 외부적인 표현 방법은 그림 형태로 나타나지만, 이것은 내부적인 인지과정 즉, 시각적 상상에 기초를 두고 있는 것이다(조성욱, 2008b, 99).

지리교육과 공간지능을 연결하는 가장 중요한 고리는 바로 교육내용의 시각화와 교수-학습과정에서의 시각화, 그리고 평가 방법의 시각화로 구분하여 살펴볼 수 있다. 그러나 공간지능의 시각적 측면은 다양한 형태의 자료를 시각적으로 인식하고 시각적으로 표현하는 외부적인 것과 함께, 가장 핵심적인 부분은 내부에서 일어나는 사고과정의 시각화이다. 즉, 지리교육

표 1. 공간지능의 인지구조

1. 인식 단계	2. 사고 단계	3. 표현 단계
시각적 인식 (시각적 대상물, 비 시각적 대상물)	인식된 정보의 관계 파악, 시각적 사고 및 변형	시각적 표현, 시각적 활동

에서 공간지능의 인식구조를 활용하기 위해서는 지리과 교육내용을 중심으로 단순히 교육내용의 이해를 위한 시각화가 아니라 시각적으로 인식하고, 시각적으로 사고하고, 시각적으로 표현하는 교육활동의 기회를 제공하여, 지리교육이 인간 본래의 지능인 공간지능을 발현하는 기회를 제공하고 활용할 수 있는 과목이 되어야 한다(조성욱, 2008b, 100).

2) 지리교육의 정당성 확보

교과교육으로서 지리교육의 정당성은 사회적(외재적) 정당성과 교육적(내재적) 정당성으로 구분할 수 있다(남상준, 1999, 16). 특정 과목이 사회적 정당성에만 기반했을 경우 시대의 상황에 따라 과목의 존폐가 계속될 수 있다. 따라서 과목의 교육적 정당성 확보는 과목의 존립에 중요한 기반이 된다. 과목의 교육적 정당성은 사회화에 필요한 지식으로서 교육내용의 유용성과 함께 지능 계발 및 인격 성장에 필요한 지식으로서 인간 발달과 삶에서의 유용성으로 구분할 수 있다(조성욱, 2004, 33). 그동안 지리교육에서는 지리교육의 교육적 정당성을 교육내용의 유용성 측면에서 찾아 왔다. 그러나 보다 더 본질적인 것은 지능의 계발이나 인간발달 측면에서 유용성을 찾을 수 있다면 보다 더 확고한 교육적 정당성을 확보할 수 있을 것이다. 과목 학습의 내재적 정당성을 가지고 있을 경우 그 과목은 교육적 정당성을 사회로부터 인정받고, 그 결과 교육적으로 의미 있는 과목으로 존속할 수 있을 것이다(조성욱, 2007, 104).

다중지능의 하나인 공간지능도 인간에 의해 만들어진 영역인 과목의 학습을 통해서 발현 기회를 가질 때 의미가 있다. 그러나 시각적인 측면에서 보면 먼저 미술과와 관련이 깊은데, 미술과가 지식의 도입과 표현에 관련된다면, 지리과는 시각적 지식의 도입과 축적 그리고 변형 등과 같이 인지적 측면에서 더 깊은 관련이 있다. 즉, 미술과의 시각적인 측면은 정보의 취득과 표현에서 중요한 역할을 한다면, 지리과를 통해 이루어지는 정보의 분석 및 변형 그리고 종합 기능은 인간의 인지구조에서 일어나는 보다 더 본질적인 측면에 관련된다(조성욱, 2007, 103).

따라서 지리과에서 공간지능의 발현에 더 중요한 역할을 할 수 있는 부분은 시각적인 정보의 입력과 함께 입력된 정보를 인지구조 속에서 재가공하고 재구조화하는 측면이다. 따라서 지리교육을 통한 공간지능의 발현과 활용에서는 정보의 취득과 표현 측면과 함께, 인지구조 속에서 이루어지는 정보의 재구조화에 초점이 주어져야 한다.

지리교육을 통해서 공간지능의 인식과 발현 기회 제공 및 발현 방법의 습득은 각 개인의 능력을 재인식하게 되고, 다양한 방법의 사고를 가능하게 한다. 또한 공간지능의 인식을 통해서 인간 간에도 발달된 지능 간의 차이, 특히 성별 차이(신정엽, 2009) 등에 대한 이해도가 높아져서 상호 이해하고 협동하는 태도 형성에도 도움이 된다. 그리고 공간지능의 발현으로 개인의 학교생활과 학업 이후의 직업 생활 등에서 많은 이점을 얻을 수 있고, 더 의미 있는 삶의 기회를 부여 받을 수 있다(조성욱, 2007, 104).

공간지능의 인식을 바탕으로 하는 지리교육은 단순하게 학습자의 흥미만을 고려하지 않고, 인간 본연의 지능을 발현할 수 있는 기회를 제공하고 이 지능을 적절하게 활용하는 방법을 강구하게 함으로써, 교육이 보다 더 본질적인 측면에서 이루어지게 되고, 그 결과 지식 자체에만 매몰되어 나열하고 암기에 집중하는 교수-학습 패턴에 근본적인 변화를 가져다 줄 수 있다. 그리고 이러한 지능의 인식과 발현 기회의 제공은 개인 측면에서는 물론이고 사회 전체의 역량을 제고시킨다는 측면에서 사회적 측면에서도 중요한 의미를 지닌다(조성욱, 2007, 104). 즉, 지리교육에서 공간지능의 인식은 지리교육이 국민으로서의 기본 지식과 사회적으로 필요한 지식의 학습에 머물지 않고, 인간 본연의 능력 계발과 삶에 중요한 기능을 담당하는 교과목으로 위치를 확고히할 수 있어, 과목 교육의 필요성과 교육적 정당성을 확보할 수 있다.

3) 지리교육의 효율성 제고

가드너는 지능과 영역을 구분하고 있는데, 지능(intelligence)은 생물학적이고 심리적 잠재력으로 선천적으로 주어진 것이라면, 영역(domain)은 인간에 의해 사회적으로 구성된 것으로 ○○학과 같은 학문 형태이다(Gardner, 1999, 98). 공간지능은 시각적인 부분이 강조된다는 측면에서 미술 과목과 관련짓는 경우가 있다(Campbell et al., 2004, 107). 물론 특정 지능의 전체적인 특성을 영역인 과목과 1:1로 연결시킬 수는 없지만, 각 지능을 세분한 하부 지능에서는 지능과 영역의 관계설정이 가능하다.

기존에 제시되고 있는 공간지능의 실제 교육현장에서의 적용 방법은 시각적이며 도형적인 형태에 집중되어 있는데, 이것은 교육적 전략으로서 의미를 지니지만 지리교육과 관련된 활동으로 좀 더 구체화해야 할 필요가 있다. 즉, 시각적인 측면인 정보의 취득 부분에 머물지 않고, 학습자가 시각적 정보를 재정의하고 자신의 인지구조 속에서 재구성할 수 있는 기회를 제공하는 측면이 강조되어야 한다(조성욱, 2007, 100).

지리교육에서 공간지능의 인식과 활용은 지리교육 역할의 중요성을 일깨워 주지만, 하나의 영역에 해당하는 지리교육이 공간지능과 1:1로 대칭되는 개념이 아니고 지리교육의 기반지능으로서 공간지능을 인식하고 활용해야 한다. 즉, 지리교육의 1차적인 목표가 공간지능을 계발하는 것이 아니고, 지리교육이 공간지능을 발현할 수 있는 기회를 가장 적절하게 제공할 수 있는 과목이기 때문에, 지리교육에서 공간지능을 인식하고 활용함으로서 교과교육으로서 지리교육의 필요성을 강화하고, 지리교육을 효율적으로 할 수 있다는 측면을 인식할 필요가 있다(조성욱, 2007, 100).

공간지능을 명확하게 인식하지 못하고 있는 현재의 지리교육에서도 교과서와 교수−학습 과정에서 다른 과목과는 비교할 수 없을 정도로 많은 사진, 도표, 지도 등 시각적 형태의 정보와 지식이 제공되고 있다. 이러한 시각적 형태의 자료 제공을 단지 학습자의 편의나 흥미 제고, 교육내용 이해를 위한 시각적 효과 등에 머물지 않고, 보다 근본적인 공간지능과 관련지을 때 보다 더 체계적인 구성과 제시가 이루어지고, 공간지능의 발현에 직접적인 자극을 줄 수 있다. 즉, 지리교육에서의 공간지능 인식은 지리교육의 내용 제시와 교수−학습 측면에서도 중요한 역할을 한다(조성욱, 2007, 104).

지리교육에서 공간지능을 활용하고 자극할 수 있는 가장 중요한 요소이면서 지리교육의 가장 특징적인 교육 형태는 바로 '지도교육'이다. 지도교육은 지리교육 내용의 일부이지만 지리교육의 가장 독특하고 기본적인 교육내용이고, 지리과의 전 영역에 걸쳐 적용되는 기초적인 학습부분이다. 지도는 사진과 같이 있는 그대로를 보여 주는 1차적인 시각 자료가 아니고, 지리 관련 지식을 상징적 형태로 표현한 것이다. 많은 교과목에서 내용 이해를 위해 사진, 도표, 삽화 등의 시각적인 자료에 의해 도움을 받고자 노력하고 있는데, 지리과는 이러한 측면에서 어느 과목보다도 더 적극적이다. 그러나 지리교육에서 제시하고 있는 시각 자료는 원자료의 형태보다는 상징화하고 추상적 변형을 거친 것이어서, 다른 과목과는 비교할 수 없는 고차적인 시각자료라고 할 수 있다(조성욱, 2007, 104).

이와 같이 지리교육을 통한 공간지능의 발현기회 제공이라는 측면에서 도형 및 다양한 도표의 제시와 함께, 지리교육 고유의 영역으로서 다양한 주제도와 모식도 등의 제공은 지리교육의 가장 독창적이면서 특징적인 교육 형태라고 할 수 있다. 즉 단순한 시각적인 자료 제시가 1차적인 정보의 습득에만 관련된다면, 지도 형태의 자료는 만들어지는 과정에서 축약성과 상징성 그리고 변형성에서 이미 인지구조 속에서 이루어지는 공간지능 사고과정에 해당되는 고차원적인 단계에 해당한다.

지리교육에서 공간지능을 활용하여 효율적인 학습이 이루어지기 위해서는 공간지능의 특성과 인지구조를 고려하여, 교육내용 이해를 위한 1차적인 자료 형태의 제공을 넘어서서 상징화하고 추상적인 변형을 거친 시각적 자료의 제공과 활용을 적극적으로 검토해야 한다. 이러한 과정에서 공간지능을 일깨우는 계기를 마련할 수 있고, 이것은 지리교육의 효율성에 도움을 줄 것이다.

4. 지리교육에서 공간지능 활용 방법

1) 공간지능의 발현과 지리교육

지리교육과 공간지능이 가장 직접적으로 교차하는 부분은 공간지능의 시각적 특성과 관계성 파악을 통한 통합성 인식 측면이다. 지리교육은 언어보다는 다양한 형태의 지도와 주제도, 모형, 그래프, 사진 등 다른 과목에 비해서 시각적 형태로 지식을 제공하는 비중이 높다. 이러한 시각적 형태의 지식 제공 방법은 공간지능의 정보획득 구조와 일치하는 부분이다.

그러나 지리교육은 교육내용 이해를 위한 개념과 자료의 시각적 제시 측면에서는 다른 어떤 교과보다도 앞서 있으나, 이러한 시각적 측면이 단순히 교육내용의 이해나 과목의 특성으로서의 의미뿐 아니라 인간 본래의 특성인 지능과의 관계까지는 고려하지 못하고 있다. 즉, 교육내용의 이해를 위한 개념과 자료의 시각화에 중점이 주어지고, 그다음 단계인 표현과 활동 측면은 소홀했다. 결국, 지리교육에서의 시각화 노력은 교육내용의 이해를 위한 수단적인 측면에 중점이 주어져 왔고, 이것이 공간지능을 발현하는 기회를 줄 수 있다는 점을 적극적으로 인식하지는 못하고 있다(조성욱, 2008b, 99).

공간지능은 시각적으로 지식을 획득하는 것과 함께, 시각적으로 취득한 지식 간의 관계를 파악하고 변형하는 능력이다. 물론 이러한 과정은 인지구조 속에서 이루어진다. 지리교육에서는 자연환경에 관한 지식과 인문환경에 관한 지식을 종합적으로 제시하고 학습자에 의한 요인 간 또는 지역 간 관련짓기를 추구하고 있다는 점에서 공통점을 발견할 수 있다. 지리교육이 단순히 지리교육 내용의 전달이 아니고 각각 인식된 요인과 지역 간의 관계추구를 목적으로 하고 있는 점을 고려한다면, 공간지능의 두 번째 단계에서 이루어지는 요인 간의 관계 파악 및 변형 단계와 일치하는 정신 작용의 과정으로 볼 수 있다(조성욱, 2007, 102).

또한 공간지능은 습득한 지식을 변형하고 관계를 파악하여 종합적으로 통합하는 단계를 거쳐 재창조하고 자기화하여 표현하는 능력이다. 이 과정은 개인적인 수준에서는 표현단계라고 할 수 있으며, 교육과정에서는 평가의 단계이다. 이 단계는 이미 교과서의 정보 취득 단계와는 완전히 다른 형태의 고도의 사고 작용을 거친 후의 최종적인 단계이다. 또한 다중지능이 발현 되기 위해서는 사회문화적인 상황이 중요한 역할을 한다는 점을 고려한다면 결국 가치문제와 도 연결되며, 이때의 가치관은 강요된 것이 아니라 스스로의 정신 작용을 통해서 스스로 파악 한 패턴에 의한 사고 작용의 결과이다(조성욱, 2007, 102).

이와 같이 지리교육을 통한 공간지능의 발현 기회 제공은 공간지능의 발현 구조에 따라 교 육내용 제시 방법, 교수−학습 방법, 교과서 구성 방법, 평가 방법의 다양화 등에서 발현 기회 를 제공할 수 있다. 또한 지리교육의 최종 목표를 지역의 이해에 둘 때 지역의 인식, 지역 내에 서 자연 및 인문환경 요인의 상호작용, 그리고 지역의 통합된 재인식과 자기화를 이룸으로써 지역을 중심으로 한 공간지능과 지리교육의 접합점을 찾을 수 있다.

지리교육을 통한 공간지능의 발현은 지역에 관한 정보의 취득(지역적 방법이든, 계통적 방 법이든)→취득한 지식과 정보의 관련성 파악 및 다양한 변용→자기 나름의 지역관을 형성하 고 자기화하며, 패턴을 파악하는 형태가 될 것이다. 따라서 공간지능을 활용해서 취득한 정보 는 언어적 형태나 수리적 형태 보다는 시각적인 형태이기 때문에, 인지과정이나 표현방법 측 면 역시 시각적이거나 기하학적인 형태로 나타날 것이다.

공간지능의 중요한 전제는 공간지능이 계발될 만한 가치가 있다는 점과 정도의 차이는 있지 만 모두가 소유하고 있다는 점이다. 따라서 지리교육을 통해서 공간지능의 발현 기회를 부여 하고, 상대적인 발달 가능성을 인식하며, 생활이나 학습에서 공간지능을 활용할 수 있도록 한 다는 측면에서 지리교육의 교육적 의미를 인식할 수 있다. 비록 특정 지능과 문화적으로 형성 된 영역이 1:1로 대칭되는 것은 아니지만, 지리교육이 공간지능의 발현에 중요한 역할을 할 수 있는 과목이라는 점에서 지리교육의 교육적 정당성에 중요한 의미를 지닌다.

2) 공간지능과 교육내용 선정 및 조직

공간지능은 시각화 측면뿐 아니라 요인 간의 관계 파악과 통합적 이해 측면에서의 특성을 지니고 있기 때문에, 이러한 특성은 지리교육의 교육내용 선정 및 조직 방법에서도 중요한 의 미를 지닌다. 기존의 교육내용 구성 방법인 지역적 방법은 지역의 이해를 지리교육의 목표로 인식하고 그에 따른 지식의 취득과 표현을 중심으로 하는데, 구체적인 대상으로서 지역이 존재한다는 점에서 공간지능의 시각적 정보 취득 구조에 이점으로 작용한다. 그리고 지역을 중심으로 각 요인 간의 관련성과 통합적 이해를 추구한다. 이에 비해서 계통적 방법은 요인 중심으로 지역을 이해하는 방법이기 때문에 지역적 방법과 같이 구체적인 시각적 정보 취득 구조보다는 요인 간의 관계를 중심으로 관계 파악 및 통합적 이해에 초점이 주어지는 인식 구조상의 차이가 있다.

이와 같이 지리과의 교육내용 구성 방법에서 공간지능을 고려할 때 지역적 방법과 계통적 방법은 지리학 내에서의 의미와 함께 지리교육적인 측면에서 차이가 있다. 이 두 가지 방법 모두 최종적으로는 지역을 통합적으로 이해하려는 측면에서는 일치하지만, 학습과정과 그에 따른 인지과정에서는 지역적 방법이 지역과 지역의 사실 자체를 인식의 대상으로 하기 때문에 공간지능의 시각적 특성이 강하게 작용하는 데 비하여, 계통적 방법은 요인과 요인 간의 관계 파악을 중심으로 하기 때문에 공간지능의 분리된 요인과 분리된 경험에서 관계성을 끌어내는 특성과 관련이 깊다는 차이점이 있다.

학교급별로는 초등학교 과정에서는 특정 지능의 발현 기회 제공보다는 다중지능을 다양한 형태로 인식시키고 스스로 발달된 지능과 덜 발달된 지능을 인식할 수 있도록 하는 측면에 초점이 주어져야 하며, 지리교육의 목표를 지역 인식에 두어야 한다. 중학교 과정에서는 지역의 인식 측면보다는 좀 더 고차적인 요인 간의 관계 측면에 중점을 두어야 하고, 공간지능을 직접적으로 인식하고 활용하도록 해야 한다. 그리고 고등학교 과정에서는 요인 및 지역 간의 관계와 함께 변형과 재창조 그리고 표현 등 실제 생활에서의 공간지능 활용 측면에 초점을 두어야 한다(조성욱, 2007, 105). 이와 같이 학교급별로 공간지능의 활용 방법은 차별적으로 적용할 필요가 있으며, 지리교육에서 공간지능의 도입은 지리교육이 교육내용 자체에만 매몰되지 않고, 보다 더 지리교육다운 지리교육으로 정립하는 데 중요한 전환점으로 작용할 수 있다.

공간지능의 특성을 고려한 교육내용 선정 및 조직 방법은 지리교육의 최종 목표인 지역 이해를 중심으로, 지역 인식 → 지역의 요소 인식 → 요소들 간의 관계 파악 → 이를 바탕으로 지역 간의 관계 파악 → 지역의 통합적 이해 → 자신의 입장에서 지역의 재구조화의 순서로 학습과정을 재조직할 필요가 있다. 이러한 교육내용 구성 방법은 학문중심이 아니고, 학습자 중심의 교육내용 구성 방법이며, 추상적이고 객관적으로 존재하는 지역이 아니고, 나와 함께 존재하는 지역을 인식하게 해 준다(조성욱, 2005, 221).

구체적인 교수–학습 과정에서는 언어와 논리–수학 지능에 기초하는 이론적인 수업보다는, 시각적으로 인식할 수 있는 자료의 제시나 활동을 강화할 필요가 있다(김민성, 2007; 전보애,

2010). 또한 지역의 인식과 지식 자체의 이해에 머물지 않고, 관계를 파악할 수 있는 다양한 기회를 제공해야 한다. 즉, 파편적으로 교과서의 내용 순서에 의한 분리적인 학습보다는 관련내용의 연결과 집중이 가능한 학습과정과 교과서 구성 방법이 필요하다. 그 결과 지리 수업에서 언어 지능이나 논리-수학적인 지능에 대한 의존도를 낮추고, 공간지능을 최대한 활용할 수 있는 지리과 교수-학습이 이루어질 수 있도록 해야 한다.

3) 공간지능과 평가 방법

평가에서 공간지능 활용은 학습 결과의 표현에서 공간지능을 활용하는 평가물의 요구와 얼마나 자기화했는가가 중요한 평가 지표가 된다. 자기화는 개인별 특성을 반영하는 것이고 그것은 같은 형태의 결과물이라 하더라도 창의성이 주요 평가 지표가 되어야 한다는 것을 의미한다. 이러한 자기화한 결과물의 산출 경험은 학교과정 이후 일상생활에서의 활용과 직접적으로 연결된다(조성욱, 2007, 106).

기존에 지리교육에서 이루어져 왔던 평가 방법은 다른 과목과 마찬가지로 주로 언어지능이나 논리-수학 지능에 의존하는 과제가 제시되고, 그에 준하는 평가가 이루어져 왔다. 그러나 지리교육 과정을 통하여 발현될 수 있는 지능이 존재한다면, 해당 과목에서는 이를 인식하고 해당 지능을 최대한 활용하고 발현할 수 있는 기회를 제공하는 과제를 제시하고, 그에 맞는 평가가 이루어져야 한다. 이러한 과정을 통하여 지리교사는 학습자가 지니고 있는 공간지능의 존재와 활용 가능성 및 개개인의 발달 정도를 인식시켜 줄 수 있고, 앞으로의 삶에서 활용할 수 있는 기회를 제공할 수 있다.

공간지능을 활용하는 구체적인 방법으로 먼저 블룸(Bloom)의 이원목적 분류표를 활용는 방법이 있다. 즉, 블룸의 이원목적 분류표에 근거해서 지식, 이해, 적용, 분석, 종합, 평가 단계에 맞는 교육 목표를 제시하고(Armstrong, 1994, 278), 각 단계에 맞는 평가 방법을 도입하는 것이다. 이 방법은 공간지능을 다양한 측면에서 교육목표로 설정할 수 있고 그에 맞는 평가를 할 수 있다는 장점이 있다.

이와 함께 다양한 지능을 활용하는 형태로 과제를 제시하고, 결과물은 공간지능을 활용하는 형태로 작성하도록 하여 평가하는 방법을 고려할 수 있다(Armstrong, 1994, 230). 즉, 과제의 제시 형태는 다양한 지능의 형태로 제시되지만(이간용, 2001) 결과물은 공간지능을 활용할 수 있는 형태로 요구함으로서 결과적으로 공간지능의 발현 기회를 제공하는 방법이다. 그리고 학생의 학습 결과물 모음인 포트폴리오(portfolio) 방법을 활용함으로써 학습자의 사고 변화 과정의 시각적 결과물을 산출하고 이를 통하여 교사나 학습자 스스로 공간지능의 상대적 우위 여부를 판단할 수 있는 기회를 제공할 수 있다.

이와 같이 지리교육의 평가에서 공간지능을 활용하기 위해서는, 공간지능의 존재를 인식하고 공간지능을 활용할 수 있는 평가 방법이 필요하며, 블룸의 이원목적 분류표를 활용한 위계별 평가 방법을 개발할 필요가 있고, 다양한 지능을 활용하면서도 최종 결과물을 공간지능 활용형으로 전환시키는 방법 등이 있다. 그리고 포트폴리오를 활용하여 자신의 공간지능 발달 정도를 파악할 수 있으며, 기능 영역으로 설정되어 있는 공간지능의 활용 내용을 교육 내용으로 통합할 필요가 있다.

5. 마치며

인간이 선천적으로 가지고 있는 여러 가지 지능(intelligence) 중의 하나인 공간지능은 인간에 의해 구축된 영역(domain)인 지리교육과 관계없이 이미 존재하고 있는 잠재적인 능력이다. 그러나 지능은 적절한 발현 기회를 얻어 다양한 형태로 표현될 수도 있지만, 발현 기회를 얻지 못한다면 사장되어 버리는 특징도 있다. 따라서 지리교육이 공간지능의 존재 인식과 발현 기회를 제공할 수 있다는 점을 인식할 때, 지리교육은 교육내용뿐만 아니라 인간의 능력 계발에 필요한 과목으로서 교육적 정당성을 확보할 수 있으며 이를 활용하여 지리교육의 효율성 제고에 도움을 받을 수 있다.

따라서 공간지능의 존재를 인식하고, 공간지능의 특성과 인지구조를 파악하여, 지리교육을 통해서 공간지능의 발현 기회를 제공하고, 지리교육의 교육과정 구성과 교수-학습과정 그리고 지리평가에 활용할 필요가 있다. 그 결과 지리교육이 단순히 지리교육내용의 학습에 머무는 영역이 아니고, 인간의 잠재능력인 지능 특히 공간지능을 발현할 기회를 제공하는 유용한 과목이라는 점을 사회에 인식시켜 지리교육의 교육적 정당성을 확고하게 할 수 있다.

요약 및 핵심어

지금까지 지리교육에서는 지리교육과 밀접하게 관계를 지니고 있는 인간의 선천적인 지능 중의 하나인 공간지능에 대한 인식이 거의 없었다. 그러나 지리교육에서 다중지능의 하나인 공간지능을 인식할 경우, 지리교육이 교육내용뿐만 아니라 인간 본래의 지능 계발 측면에까지 중요한 역할을 하는 과목으로서 교육적 정당성을 확대 확보할 수 있다. 여기에서는 공간지능의 의미와 특성 및 인지구조를 살펴보고, 이러한 공간지능의 특성이 지리교육의 정당성과 효율성에 미치는 영향, 그리고 구체적으로 지리교육내용의 교육내용 선정과 조직 및 평가에서 공간지능의 활용 방법에 대하여 살펴보았다.

다중지능(multiple intelligences), 공간지능(spatial intelligence), 공간지능의 특성(characteristics of spatial intelligence), 지리교육(geographical education)

더 읽을 거리

Connell, D., 2005, *Brain-Based Strategies to Reach Every Learner* (정종진·임청환·성용구 역, 2008, 뇌기반 교수–학습전략, 학지사).

Gardner, H., Kornhaber, M., Wake, W., 1996, *Intelligence: multiple perspectives, 1st Edition*, Thomson Learning (김정휘 역, 2006, 지능심리학, 시그마프레스).

Pease, Barbara & Pease, Allan, 2000, *Why Men Don't Listen & Women Can't Read Maps* (이종인 역, 2000, 말을 듣지 않는 남자 지도를 읽지 못하는 여자, 가야넷).

참고문헌

김민성, 2007, "공간적 사고와 GIS의 교육적 사용에 대한 가능성 탐구", 한국지리환경교육학회지, 15(3), 233 –245.

남상준, 1999, 지리교육의 탐구, 교육과학사.

마경묵, 2010, 지리과 교실수업 평가에서의 공간적 사고의 평가도구 개발, 고려대학교 박사학위논문.

신정엽, 2009, "공간 인지의 성별 차이에 대한 이론적 검토와 지리교육적 함의", 한국지리환경교육학회지, 17(2), 125–143.

이간용, 2001, 지리교육의 지능공정한 참평가 모형개발 및 적용, 서울대학교 박사학위논문.

전보애, 2010, "GIS를 활용한 수업이 공간적 사고능력과 지리적 기능에 미치는 영향", 대한지리학회지, 46(6), 820–844.

조성욱, 2004, "지리 학습의 필요성과 정당성 선택", 한국지리환경교육학회지, 12(1), 31−44.

조성욱, 2005, "지리교육에서 공간지능의 역할", 한국지리환경교육학회지, 13(2), 211−224.

조성욱, 2007, "지리교육을 통한 공간지능 발현기회 제공의 의미", 한국지리환경교육학회지, 15(2), 93−107.

조성욱, 2008a, "공간 능력 측정 방법의 한계와 비판적 검토", 한국지리환경교육학회지, 16(1), 1−15.

조성욱, 2008b, "지리 교육에서 공간지능 활용 방법", 한국지리환경교육학회지, 16(2), 97−110.

하대현, 1998, "H. Gardner의 다지능 이론의 교육적 적용: 그 가능성과 한계", 교육심리연구(1), 73−100.

Armstrong, T., 1994, *Multiple Intelligences in the Classroom*, Association for Supervision and Curriculum Development, Virginia (전윤식·강영심 역, 2004, 다중지능과 교육, 중앙적성출판사).

Gardner, H., 1983, *Frames of Mind: The Theory of Multiple Intelligences*, Basic Books, Inc., Publishers, New York (이경희 역, 1998, 마음의 틀, 문음사).

Gardner, H., 1993, *Multiple intelligence: The theory in practice*, New York: Basic Books (김명희·이경희 역, 1998, 다중지능의 이론과 실제, 양서원).

Gardner, H., 1999, *Intelligence Reframed*, Basic Books (문용린 역, 2001, 다중지능: 인간 지능의 새로운 이해, 김영사).

Campbell, L., Campbell, B., and Dickinson, D., 2004, *Teaching and Learning Through Multiple Intelligences*, Massachusetts; Allyn and Bacon (이신동·정종진·이화진·이정규·김태은 역, 2006, 다중지능과 교수−학습, 시그마프레스).

제8장

지도학습과 교육심리: 공간인지 발달을 고려한 지도학습*

최낭수

한영외국어고등학교

---

* 본 연구는 최낭수(2000)를 수정·보완한 것임.

1. 들어가며

1) 연구동기

지리학적 지식 내용을 재구성하여 학습자에게 효율적으로 전달하여 지리적 사고를 할 수 있도록 하는 것이 지리교육이다. 지리학은 지표의 자연 및 인문현상을 종합적으로 사고하여 이해하는 학문이며, 이 과정에서 지도는 지리학의 매우 중요한 도구가 된다. 지도학습 측면에서 지도를 이해하는 학습자의 인지수준을 파악하여 이에 적절한 교수법을 시행함은 필요한 과제이다. 그렇다면 우선 첫째, 지도학습의 필요성에 대해 생각해 볼 필요가 있고, 둘째, 이를 학습하는 학습자의 공간인지 수준에 대해 알아볼 필요가 있다.

첫째, 지도학습을 통해 우리가 살고 있는 공간의 범위를 확장해 공간적 사고를 키울 수 있고, 공간적 문제 해결을 도울 수 있다. 구성주의적 입장에서 공간적 사고를 연구하는 학자들의 견해를 살펴보면 인지적 성숙이 일정한 수준에 도달되고, 직간접적으로 공간적으로 사고하는 법을 배우게 될 때 공간적 사고가 발달하게 된다고 본다. 포괄적 의미의 공간적 사고란 지도나 그래프 같은 표상도구를 이해하고 공간적 문제를 설정하여 이를 해결해 나가는 추론 과정이라 볼 수 있다. 여기에서 공간적 문제라 할 수 있는 것은 위치, 방향, 분포, 규모, 계층성 등에 관한 이해를 일컫는다.

둘째, 학습자의 공간인지 개념을 지도에 연결시킨 연구는 인지심리학 중 발달심리학 분야에서 활발히 이루어졌다. 발달심리학자들은 지도의 기능을 공간적 인지나 표출의 도구로 사용하여 아동이 지도를 어떻게 이해하고 있는가, 이러한 지도 이해의 기저를 이루는 공간개념을 어떻게 설명할 것인가에 관심을 보여 왔다.

아동들의 공간적 사고는 연령별로 점진적인 발달을 보인다는 피아제 이론에 근거하여, 이들의 발달 수준에 맞춘 지도제작을 통해 지도수업의 효율화를 이룰 수 있다고 본다. 이를 위해 지리학적 내용을 체계적으로 조직하여 학생들에게 제공하는 지리교육의 방법론 중에서 지도 이해력인 도해력을 어떻게 효율적으로 학생들에게 학습시킬 수 있는가에 관한 점이 중요한 관심의 대상이 된다. 일반적으로 도해력이란 그림이나 지도 또는 도표 등을 이해하는 능력으로 정의할 수 있으며, 구체적으로 지도 이해력이란 우리가 접하는 공간에 대한 표상으로서의 지도를 읽고 그릴 수 있는 능력을 의미하며, 시각 기재를 이해하는 능력도 포함된다.

2) 효율적인 지도학습

지리교육학자들은 효율적 지리교육의 매체로서 공간지식을 획득할 수 있는 지도 및 기타 시각 기재에 대하여 끊임없는 관심을 가져 왔다. 특히 1980년대 중반부터 미국을 중심으로 하여 초·중등 지리교과과정에서 학생들이 도해력을 향상시켜 가는 과정에 대한 발달기저와 이를 반영한 적절한 교수방안의 탐색이 중요하게 재조명되기 시작하였다. 1990년대에 이르러 정보화, 국제화의 시대적 조류에 부응하여 그 중요성이 보다 부각되었다. 국내에서도 1990년대부터 지리교과교육학자들에 의해 그 중요성이 부각되면서 교과과정 개혁의 필요성이 제기되어 왔다. 지리교과교육적인 측면에서 교과 내용 분석이 뒤따랐으며, 이는 암기 위주의 지리 학습을 지양하고 기존의 내용을 구조적으로 재구성하는 시도로 이어졌다.

그러나, 이러한 시도가 성과를 거두기 위한 전제는 지리적 내용에 대한 학생의 이해 정도나 수준을 밝히는 연구가 밑받침되어야 한다는 점이다. 좀 더 구체적으로 지도학습에서 지도학의 기본 개념과 이를 학습하는 학생들의 인지적인 발달과정을 맞추어 줌으로써 그 효율성을 확보할 수 있다는 것이다. 이러한 학생의 도해력 수준에 관한 문제제기는 지리교육 분야에서만이 아니라 교육학과 심리학 분야에서도 아동의 공간인지 발달이라는 주제로 연구가 활발히 이루어져 왔다. 예를 들면, 아동과 청소년들이 공간에 대해 사고하는 방법을 심도 있게 접근한 피아제의 연구물들을 바탕으로, 교육심리학자나 발달심리학자들은 아동의 공간인지에 관한 논리적 기술이 감각동작에서 구체적 조작으로, 그리고 나아가 형식적 조작이 가능한 단계로 점진적 발달을 보인다고 주장하고 있다.

초등학생들의 지도 이해 능력에 대한 발달과정을 살펴보기 위해서는 도해력 향상을 위한 효율적이고 체계적인 교과과정의 수립이 필요하고, 관련 학문과의 학제적 연구도 이루어져야 한다. 왜냐하면 초등학교 과정이 아동의 공간인지에 관한 이해가 점진적 변화를 가져오는 중요한 시기이기 때문이다. 지도학습의 측면에서 보면 아동은 이 시기에 순서나 근접의 개념을 포함하는 위상공간에서, 상하좌우 등의 기초적 개념을 나타내는 투영공간으로, 그리고 공간 상의 위치를 표현하는 유클리디안 공간으로 그 이해가 구조적 발달을 보인다고 볼 수 있다. 지리교육 분야에서의 지도 이해 능력에 관한 실증적 연구는 김영주(2006), 정혜은(2007), 윤여정(2013) 등에 의해 초등교육현장에서 지속적으로 이루어져 왔다.

2. 이론적 배경

세계 각 지역을 다루어야 하는 지리과목의 특수성을 감안할 때, 다양한 형태의 지도를 활용할 수 있는 도해력, 즉, 지도나 그림을 읽고 이해하는 능력은 정보화 사회에서 매우 필요한 능력이라고 여겨진다.

도해력이란 도해적 표출을 할 수 있는 능력으로, 리벤과 다운스(Liben & Downs, 1997)는 이차원의 표면 위에 점, 선, 음영, 색 등을 다양하게 표시하는 것으로 도해적 표출을 정의한다. 이 표시들의 공간배열을 통하여 크기, 형태, 밀도, 분포 등의 다양성을 이해할 수 있다. 공간적 배열이란 분명 어떤 의미체계(referent)를 가지는데 이는 실재하는 것일 수도 있고 가상적인 것일 수도 있다. 이러한 관점에서 공간 표출물인 지도를 이해하는 능력은 그만큼 도해능력이 진전된 수준임을 의미하며, 나아가 지도란 도해능력을 발달시킬 수 있는 수단이기도 하다. 도해능력을 발달시킬 수 있는 지도는 도해적 기호체계이며, 공간 및 공간관계에 관한 정보를 조직, 응용, 교류할 수 있는 가장 강력한 수단이다.

지도학자들이 지도를 제작하면서 염두에 두는 것은 지도가 이것을 이용하는 사람의 공간적인 사고를 자극할 수 있고, 지도를 통해 공간적 개념이 의사소통될 수 있느냐는 것이다. 지도의 코딩체계에 관한 지도이용자의 실제적 요구나 능력, 기술, 훈련, 지식 등을 고려한 연구들은 1980년대 말부터 시작되었다고 볼 수 있다. 인지심리학을 중심으로 한 지도학자들의 연구는 지도이용자들이 요구하는 지도 속의 정보에 관한 연구를 행함과 동시에 이들의 인지적 반응을 중심으로 심리물리학적인 연구를 행하였으나 모두 만족할 만한 수준은 되지 못하였다. 그러나, 점차 지도학자들은 수동적인 입장에서 지도이용자를 보는 데에서 벗어나, 이들의 선험적 경험과 인지능력이 지도 수행능력에 매우 중요함을 파악하기 시작했다. 일부 지도학자들은 지도제작자와 이용자 간의 복잡한 상호작용을 커뮤니케이션 모델로 설명하고자 하였다.

그러나 지도제작에서 고려되는 인지적 요인들에 대한 연구는 주로 성인집단을 대상으로 진행되어 왔다. 지도학자들은 아동을 지도이용자로 간주하여 어떤 특성을 지닌 지도를 어떠한 방법으로 제작할 것인가에 관심을 가졌지만 별다른 성과를 거두지 못하였다. 실제로 아동을 대상으로 한 지도학 연구는 아동 연령 증가에 따른 지도 이해 정도에 초점을 맞추어 이루어졌다. 블라우트(Blaut)와 스티(Stea)는 지도의 기능이 공간적 인지나 표출의 도구로 사용된다고 보는 발달심리학적 관점에 기초하여 취학 전 아동이 지도를 자연스럽게 이해한다고 본 반면, 리벤과 다운스는 학습을 통해서만이 아동이 지도를 이해할 수 있다는 상반된 견해를 보여 왔다. 본 연구는 후자의 구성주의적 입장에서 인지적 성숙이 일정한 수준에 도달하고, 직간접적으로 공간적으로 사고하는 법을 배우게 될 때 공간적 사고가 발달하게 된다고 본다.

구체적으로 초등학교 사회교과서나 사회과 부도에 실린 지도들이 아동들의 공간이해 수준을 반영하여 제작되었는가를 지도의 기하학적 영역과 도해적 영역으로 구분하여 살펴보았다. 공간적인 맥락에서의 기하학적 관계란, 대상에 대한 관찰자의 위치를 의미하는 '조망(Perspective)'이란 용어로 좀 더 쉽게 이해될 수 있다. 조망을 이해하여 표현한다는 것은 단순히 지각적 차원을 넘어 조작적인 맥락에서 이해되어야 한다. 회전된 다양한 형태의 시각(Viewing angle)을 이해하는 과정이 앙각, 사각, 평면각의 발달 순서를 거쳐 성립됨을 가정해 보았다. 지도의 도해적 영역이란 대상을 표현해 내는 도해표출의 문제로 기호화(Symbolization)를 의미한다. 표출된 결과물은 구체적 형상화, 반형상화, 추상화로 일련의 발달과정을 보인다. 궁극적으로 보고자 한 것은 아동의 공간인지 발달을 고려한 지도의 기하학적 영역과 도해적 영역을 결합한 지도제작이 가능한가라는 점이었다. 선험적 실험연구를 통해 밝혀진 것은 초등학교 저학년에서 앙각과 사각 조망을 이해하고, 구체적 형상이나 반형상 기호로 공간을 표상한다는 점이었다. 점차 학년이 올라가면서 평면각 조망에 추상적 기호로 공간을 표상하였다.

아동의 공간인지 발달을 고려한 지도학습이 가능하기 위해서는 초등 저학년에 맞는 앙각, 사각 조망과 (반)형상화로 나타낸 지도를 제작할 필요가 있다. 고학년으로 올라갈수록 평면각과 추상적 기호로 나타낸 지도를 제작하여 학습함으로써 이들의 공간인지 발달을 도모할 수 있다고 여겨진다.

3. 아동의 인지발달과 지도학습

1) 아동의 공간개념 분류

실제 공간을 지도로 표출해 내는 작업이 지리학의 분야인 반면 이렇게 제작된 도해적 표출물, 즉 지도를 이해하는 아동의 능력을 파악하고 이를 지리교육에 적용하기 위해서 필요한 분야가 발달심리학이다. 공간개념을 지도에 연결시킨 연구는 인지심리학 중 발달심리학 분야에서 이루어졌다. 발달심리학자들은 지도의 기능을 공간인지나 표출의 도구로 사용하여 아동이 지도를 어떻게 이해하고 있는가, 이러한 지도 이해의 기저를 이루는 공간개념을 어떻게 설명할 것인가에 관심을 보여 왔다. 특히, 이들은 피아제 이론을 바탕으로 아동의 공간개념발달이라는 이론의 진위에 대해 많은 연구를 진행시켜 왔다. 이들의 이론 외에도 아동의 지도에 대한 이해 정도를 정보처리(Information processing) 이론에 준해 설명하려는 노력이 있어 왔다.

공간인지 발달 단계가 연령별로 순차적으로 나타난다고 본 피아제의 시각은 후에 비고츠키에 의해 아동발달의 개별적 속도의 차이를 간과했다는 비판을 받았지만 그럼에도 불구하고 피아제의 공간인지 발달론의 보편적 적용에 대해서는 의심의 여지가 없다. 피아제의 이론을 간단히 살펴보면 아동의 공간개념은 크게 4단계의 발달과정을 거쳐 형성된다는 것이다. 피아제는 실제적으로 지도의 기본 개념인 축척, 조망, 방향 등에 관한 많은 실험을 하였다. 그의 관심분야는 지도 자체에 대한 이해보다는 위에 언급한 개념들의 형성, 발달과정에 비중을 두었다고 보여진다. 이에 반해 브루너(Bruner)는 아동의 주변세계(공간)에 대한 친숙도가 초기에는 습관적 행동에 의하다가 점차 심상에 의존하며, 후에 심상을 언어로 변형시킨다고 보았다. 이를 지도 수업에 적용해 보면, 초등 1, 2학년 아동들에게는 놀이를 할 수 있는 방식으로 지도학습 내용이 제시되어야 한다. 초등 3, 4학년은 주변 지역을 간략하게 그린 시각적 표상물을 이용할 수 있어야 하고, 초등 5, 6학년은 공간적 사고력을 바탕으로 추상적 언어표현을 지도 수업에 활용할 수 있어야 한다. 그러나 브루너가 주장한, 어떠한 형태의 지식도 (어떤 교과이든) 그 지적 성격에 충실한 형태로서, 발달과정에 있는 준비된 아동에게 효과적으로 가르칠 수 있다고 하는 점은 피아제의 발달 단계론과 매우 큰 차이를 보인다.

국내에서는 피아제 이론에 기반을 둔 아동의 공간개념 분류 연구가 유아와 초등학생을 대상으로 지도학습에 적용되어 다양한 결과물을 보여 주고 있다.

2) 학습을 통한 지도 이해

지도 읽기 능력이 학습을 통해 개발될 수 있는 이유는 아동 각자가 공간 표출물인 지도를 해석하기 위해서는 내재되어 있는 공간적 내용을 이해하고 있어야 하기 때문이다. 뿐만 아니라 우리가 아동이 공간적 내용을 이해하는 인지과정을 알 수 있다면 보다 효율적인 지도교육이 시행될 수 있을 것으로 생각된다.

지도 이해 능력이 지도학습을 통해 향상된다는 견해는 리벤과 다운스에 의해 강하게 주장되고 있다. 실제로 유치원과 초등학교 아동들을 대상으로 지도 이해 능력을 알아보는 실험에서 아동들은 많은 어려움을 겪는 것으로 나타났다. 우선 이들은 지도에 나타난 기호의 일반적인

표 1. 피아제의 공간인지 발달 단계

유아기 (Infancy)	전학령기 (Preschool)	학령기 (Middle Childhood)	성년기 (Adolescence)
감각동작기 (출생-2세)	전조작기 (2-6, 7세)	구체적 조작기 (6, 7-11, 12세)	형식적 조작기 (12세 이상)
전표상단계 (Prerepresentational)	표상단계 (Representational)		

위상공간

투영공간

유클리디안 공간

속성을 이해하지 못할 뿐만 아니라, 지도에 나타난 기호가 실제 공간의 형상과 닮지 않은 경우에는 지도 읽기가 보다 어려움을 보여 주었다.

더욱이 지도 이해 능력에 있어서 필수적인 표상공간의 발달이 피아제에 의하면 실질적 조작(Active constructions) 이후의 연령에 나타난다고 본다. 지도 이해 능력을 알아보는 연구 중에서 특히 축척과 투사각을 이해하는 데 어려움을 겪는 것을 피아제적 관점에서 보면, 이들에게 표 1에 제시된 유클리디안 공간 개념이 발달되지 않았기 때문이다. 유클리디안 공간 및 투영공간 개념의 발달은 점진적으로 나타나는 것으로 지도학습 현장에서도 이를 유념하여 교수하여야 하는 부분이다.

아동이 지도를 이해하는 데 겪는 어려움은 위에서 언급된 발달론적 미숙성 때문이기도 하지만 현실적으로 이들이 지도라는 매체를 접할 기회가 적었다는 사실도 지적되어야 한다. 지도의 형태 및 기능에 대한 이해 부족은 비단 아동들에게서만 볼 수 있는 현상이 아니고 성인들에게서도 나타난다. 이들은 지도에 대해 매우 상투적인 생각을 갖는데, 예를 들면, 물이 꼭 파란색으로 표시되어야 한다는 것이나, 지도의 도법에 대한 이해 부족으로 그린란드가 브라질보다 넓다고 생각하는 오류를 범한다. 결국 이러한 지도 이해 능력의 한계는 지도학습 현장에서 이들에게 다양한 형태와 기능을 지닌 많은 종류의 지도를 접하게 함으로써 어느 정도 극복 가능하다고 여겨진다. 결국 이러한 사실들이 지도가 누구나 쉽게 이해할 수 있는 도구가 아니라 학습에 의해 지도 읽기 능력이 향상될 수 있음을 지지한다.

특히, 지도란 무엇이고 왜 사용되는가, 아동이 지도에 표현되는 공간의 상징적 표출물이 무엇을 의미하는지 이해할 수 있는가, 언제 어떻게 특정지역을 상징하는 선이나 면 혹은 색을 이해할 수 있을까, 지도를 어느 경우에 어떻게 사용하는가 등에 대한 질문을 지도의 개념화, 명명화, 유용화라는 측면에서 아동들에게 실제 지도화 작업을 실시함으로써, 공간개념 발달에 따른 지도 이해 능력을 설명하는 작업이 필수적이다.

주지하다시피 지도란 공간에 관한 지식을 가장 정확하게 전달해 주는 의사전달의 수단이다. 과거에는 지도가 특정인에 의해 어떤 지역을 그려내는 예술 혹은 기교적 행위로 인식되었으나, 콜라니(Kolacny)는 지도와 지도 이용자 간의 상호 의사전달 유형을 고려한 과학적 접근방법을 제안하고 있다. 기능적인 지도제작과 지도효율성의 객관적 평가를 위해 도입된 이 모델은 지도제작자의 입장에서 공간적 정보를 투영화, 단순화, 분류화, 기호화시켜 지도의 형태를 만드는 과정에서 지도이용자의 공간적 지식과 경험 등을 고려하게 해 주었다.

학습을 통해 지도 읽기 능력을 개발하기 위해서는, 우선 지도의 기본 개념인 축척(Scale), 방향(Orientation), 기호(Symbol), 조망(Perspective) 등에 관한 이해가 선행되어야 하며, 또한 학생의 지도에 대한 이해 정도를 고려해야 한다. 본 장에서는 시공간적 특성을 강조하는 도해 능력에 대한 이해의 폭을 넓히기 위해 기호와 조망을 중심으로 한 이론적 배경을 기술하고, 축척, 방향에 관해서는 그 개념을 이해하는 데 필요한 내재작용만을 간략하게 언급하였다.

아동이 축척, 방향, 기호, 조망을 인지하는 내재작용을 이해하고 설명하기 위해서, 특히 공간인지를 강조하는 측면에서 피아제 이론을 통한 구조적인 진단이 가능하다. 지리교육과 지도의 효과적 학습이란 측면에 대한 피아제 이론은 우선 그가 아동의 지적 역량(Intellectual capacity)에 관심을 갖고 발달을 설명한다는 점이다. 그의 아동에 대한 발달 단계별 관찰이 교육과정에서 주제에 대한 구조적이며 연속적인 접근을 가능하게 한다. 또한, 그의 발달에 대한 서술은 교육과정에서 의미 있는 학습결과에 대한 평가를 가능하게 하고, 최종적으로 적절한 학습환경을 도출할 수 있다는 데 그 타당성이 있다.

아동의 공간인지 발달을 설명함에 있어서 개인의 논리적 기술의 발달은 발달 단계별로 질적 차이를 보인다. 표 1과 같이 피아제의 발달 단계는 감각동작기(출생~2세), 전조작기(2~6, 7세), 구체적 조작기(6, 7~11, 12세), 형식적 조작기(12세 이상)로 구분된다. 각 발달 단계는 단계별로 재구성되는 질적 특성들을 갖고 있으며, 이러한 특성들은 본 장에서 강조하는 '지도 이해 능력'과 밀접하게 관련되어 있다. 특히, 전조작기에 습득되는 표상능력은 지도 이해 및 사용에 필수적인 능력으로 간주된다.

피아제 이론에 기초하여 발달심리학자인 드로아시(DeLoache)는 아동이 감각동작기에서 전조작기로 이행하면서 표상능력을 습득한다고 본다. 표상이란 '무엇이 무엇을 대신해 나타낸다'는 것으로 표상에 대한 이해는 곧 지도에 대한 이해(지도의 명명화)로 연결된다. 그러나 전조작기에서 아동이 표상적 관계를 이해한다고 해도 여전히 이 단계에서는 지도 사용 및 이해에 많은 제약이 있다. 이는 이 단계에서 사고의 비가역성(Irreversibility)으로 인해 ―예를 들면, 가감과 같은 논리적 조작 간의 동시적 관계를 인지하지 못하는 능력― 지리의 기본 개념인 지역의 크기, 순서 혹은 포함관계를 이해하지 못하기 때문이다. 다시 말해서 읍, 면, 군, 시, 도, 국가들의 포함관계를 전혀 이해 못하다가 구체적 조작기에 들면서 점차 축척 개념을 이해하기 시작하면서 포함관계도 알기 시작한다. 구체적으로는 사고의 비가역성으로 특징지어지는 전조작기의 발달특성으로 인해 동시적인 논리적 조작에 한계를 나타낸다. 예를 들면, 기호를 범례와 연결시키지 못할 뿐만 아니라 비율에 대한 이해 부족으로 축척 개념을 거의 이해하지 못한다. 또한, 지리적 수직 연계인 이웃 단위, 시, 도, 국가 등의 계층적 집단관계가 계층의 포함관계를 이해하는 능력의 부재로 거의 이해되지 못하고 있다. 이러한 비가역적 사고 유형은 학령기인 구체적 조작기에 들면서 점차 없어지고 6, 7세경부터 가역적 사고를 하게 되므로, 이러한 시기적 발달 차이가 지도교육에 반영되어야 할 것이다.

효율적인 지도학습을 위한 피아제 이론의 도입을 또 다른 측면에서 보면, 아동은 환경과의 상호작용을 통하여 공간적 개념들을 구성해 간다는 점에 있다. 공간개념 형성 과정은 표 1에서 볼 수 있듯이 3단계의 발달 단계를 보인다. 제1단계는 아동이 위상공간(Topological space)에 대한 개념들을 이해하는 단계로 근접성이나 순서의 개념들이 언급된다. 제2단계는 투영공간(Projective space)의 개념발달로 상하좌우 등의 공간관계에 대한 상대적 개념들이 이해되는 시기이다. 제3단계는 유클리디안 공간(Euclidian space)에 대한 개념발달로 공간상의 위치를 나타내는 가로축, 세로축으로 표현되는 참조체계(Reference system)에 대해 충분한 이해를 보이게 된다.

4. 지도의 특성

도해력과 같은 맥락에서의 지도 이해 능력은 지도에 관한 일반 개념들을 조사해 봄으로써 그 의미가 명확해질 수 있다. 전술한 바와 같이 지도란 공간에 관한 지식을 가장 정확하게 전달해 주는 의사전달 수단이다. 과거에는 지도가 특정인에 의해 어떤 지역을 그려 내는 예술 혹은 기교적 행위로 인식되었으나, 점차 지도학자들에 의해 지도와 지도이용자 간의 상호 의사전달

유형을 고려한 과학적 접근방법이 사용되고 있다. 그러나 지도학 문헌이나 연구들이 지도이용자의 필요와 능력을 고려한 최적의 지도제작을 강조하고 있지만 실제 초등학생들의 인지적 수준에 맞게 제작된 지도를 찾는다는 것은 쉬운 일이 아니다. 다행스럽게도 아동의 공간인지 발달 정도를 고려한 지도제작의 필요성과 이에 수반된 연구들이 지속적으로 행해지고 있다.

위에서 언급했듯이 지도를 이해한다는 것이 지도의 개념화(Conceptualization), 지도의 명명화(Identification), 지도의 유용화(Utilization)를 아는 것으로 볼 수 있다. 이는 다시 지도란 무엇이고 왜 사용되는가, 지도에 표현된 내용을 이해할 수 있는가, 지도를 어느 경우에 어떻게 사용하는가를 각각 의미한다. 아동의 지도 이해 정도를 알아보기 위해서, 지도이용자인 아동을 중심으로 전개된 지도학 연구 방법론들을 살펴볼 필요가 있다. 지도란 지각과 인지의 시공간적 세계 사이를 연결하는 수단으로, 지도에 내재된 요소들은 매체적(Mediational) 도구라 할 수 있다. 즉, 지도란 지각적이고 즉각적인 '지금–여기'라는 현재의 공간과 이미 알려져 추론 가능한 '저기–그때'라는 인지된 잠재적 공간 사이를 매개하는 도구이다. 특히 지도학자들은 지도란 공간의 변형된 형태로 실제 공간에서 선택되어 보존되는 특정한 요인들로 구성된다고 본다.

지도의 기능은 지도가 단순히 '어디에 무엇이 위치해 있는가?' 혹은 '지도상에서 A지점이 B지점보다 얼마나 큰가?' 라는 사실 위주의 지식 습득에서 벗어나 지도를 통해 공간경험을 보다 폭 넓게 할 수 있다. 아동이 학교나 이웃과 같은 자신의 생활공간을 그려 낸 지도는 아동 개인의 직접적인 경험이 투영된 것인 반면 대중매체 등에서 쉽게 접할 수 있는 기상위성도 등의 지도는 비개인적 경험이 간접적으로 반영된 것으로 볼 수 있다.

지도란 우리가 사는 세계에 대한 이해를 실제화하는 것이다. 여기에서 실제화란 두 가지 측면으로 해석할 수 있다. 한 가지는 무형에서 유형을 창출해 내는 것이고, 다른 하나는 실제세계와 지도화된 세계와의 관계를 이해하는 것이다. 이와 아울러 지도제작은 실제세계를 기하학적 요소를 가지고 지도화시키는 것과, 실제세계에서 표출하고자 하는 대상과 대상이 표출된 형태와의 표상적 관계에 대한 연구로 대별될 수 있다. 즉, 지도란 실제공간에 대한 이해를 도와주는 수단으로서, 지도학은 실제 공간 및 이를 표출한 지도와의 관계를 규정하는 틀을 제공한다. 여기에서 의미하는 관계란 크게 기하학적 관계와 도해적 관계의 두 영역으로 구분된다. 기하학적 관계란 지도의 형태를 규정하는 것으로 투사각(Viewing angles), 방위각(Viewing azimuths), 축척 같은 지도의 특성을 포함한다. 도해적 관계란 지도에 표출된 정보와 내재된(Referent) 정보와의 관계를 의미하는 것으로 기호에 대한 이해를 의미한다.

1) 지도의 기하학적 특성

공간적인 맥락에서의 기하학적 관계란, 대상에 대한 관찰자의 위치를 의미하는 조망(Perspective)이란 용어로 좀 더 쉽게 이해할 수 있다. 조망을 이해하여 표현한다는 것은 단순히 지각적 차원을 넘어 조작적인 맥락에서 이해되어야 한다. 조망은 대상에 대한 관찰자의 위치를 의미한다.

조망은 수평단면과 수직단면의 두 면에서 관찰점의 가능한 회전을 의미한다. 수평단면의 회전은 방위각(Viewing azimuths)을 관찰하는 것으로 관찰점(Vantage point)을 기준으로 0°에서 360°까지의 각도 변화를 고찰할 수 있다. 이에 반해 수직단면의 회전은 그림 1과 같이 관찰점을 0°에서 90°까지 고찰할 수 있다. 본 절에서는 수직단면에서의 투사각(Viewing angle)의 90° 회전을 중심으로 지도의 기하학적 관계를 파악하고자 하였다.

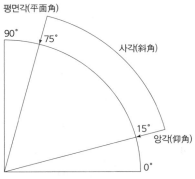

그림 1. 조망 투사각의 변화

수직단면에서 관찰자의 위치는 크게 세 가지로 분류할 수 있다. 0°에서 관찰자는 대상을 지면(Ground level)에서 보게 되는데 이를 앙각(Elevation view)이라고 한다. 관찰자의 투사각이 커질수록 관찰점은 지면으로부터 올라가게 되며, 조감(Bird's eye view 혹은 Aerial view)을 갖게 된다. 일반적으로 15°에서 75° 사이의 관찰자의 위치를 사각(Oblique view)이라 한다. 관찰자의 위치가 90°에 이르면 수직 조망의 완성단계로서 이 조망은 지도학에서 가장 빈번하게 사용되는 평면각(Planimetric view)의 조망이다. 기본적으로 회전된 다양한 형태의 시각(Viewing angle)을 이해하는 과정이 일련의 발달 순서를 거쳐 성립됨을 가정한다.

지도의 기하학적 특성을 연구한 우드(Wood, 1992)는 지도란 문화와 역사를 반영한다는 전제하에 서양의 고지도에서 현대지도에 이르기까지 이들에 나타난 산의 모양을 분석하였다. 이 결과 조망의 변화가 앙각, 사각, 평면각으로 이루어짐을 관찰하였다. 이러한 변화는 유치원에서 대학원에 이르는 연령집단의 산에 대한 표현이 앙각, 사각, 평면각으로 발달하는 것과 일치하였다. 그러나 지도에 나타난 조망의 변화가 서양문화에서만 관찰되는 것은 아니다. 우리의 고지도 중에서 가장 오래된 1402년(태종 2년)에 제작된『혼일강리역대국도지도(混一彊理歷代國都之圖)』에 나타난 산은 앙각에 명암처리가 되어 있고, 1706년(숙종 32년)에 제작된『요소관방지도(療蘇關防地圖)』에 나타난 산은 사각으로 되어 있다. 더불어 우리나라에 지형

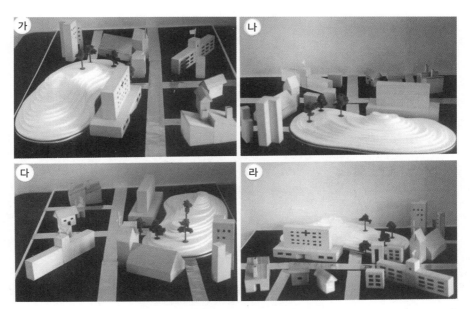

그림 2. 실험에 사용된 조망능력 모형

도가 도입되면서 제작된 근현대지도의 산은 모두 평면각인 등고선으로 표시되어 있다.

이와 같이 우드의 연구와 우리나라 지도발달사는 지도의 기하학적 발달 순서를 설명할 수 있는 구체적인 사례가 될 수 있다. 본 연구에서도 지도화 작업 과정을 거쳐 아동의 시각 변화에 대한 변화를 추정해 보고자 하였다. 그림 2는 아동의 조망능력을 알아보기 위해 제작된 모형이다. 다양한 각도에서 촬영된 자료를 가지고 아동들의 조망능력을 알아본 결과, 아동들(6~12세)이 회전된 다양한 형태의 시각을 이해하는 과정이 앙각, 사각, 평면각이라는 일련의 발달 순서를 거쳐 성립됨을 알 수 있었다.

또 다른 조망 실험은 학생들이 하늘에서 바라본 학교의 모습을 그리게 한 실험이었다. 그림 3, 그림 4, 그림 5의 아동들은 학년별로 앙각, 사각, 평면각을 묘사함으로써 일련의 조망인지 발달 순서를 보이는 것으로 나타났다. 이러한 결과는 피아제 이론에 기반을 둔 공간인지 발달론적 특성으로 설명할 수 있었다.

2) 지도의 도해적 특성

도해표출의 문제는 추상화와 기호화로 설명될 수 있다. 로빈슨과 페추닉(Robinson &

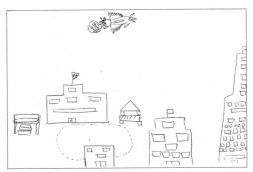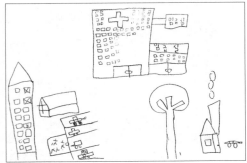

그림 3. 2학년 앙각묘사

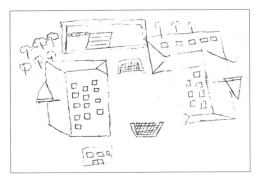

그림 4. 4학년 사각묘사

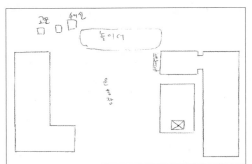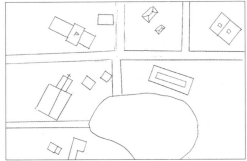

그림 5. 6학년 평면각묘사

Petchenik, 1976)이 지적했듯이 지도의 기호화란 순수 추상적 묘사(Symbolic)에서 실제형상
을 닮은 형상적(Iconic) 묘사에 이르기까지 연속성을 갖고 있다. 여기에서 강조할 점은 지도의
기호란 그 기호를 의미하는 의미체계가 실제 공간에 존재하며 결국 기호를 이해한다는 것은
기호와 의미체계 간의 관계를 이해함을 말한다. 기호와 의미체계 간의 관계를 인지하고 습득

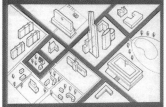
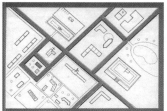

그림 6. 앙각조망(형상)　　　　　그림 7. 사각조망(반형상)　　　　그림 8. 평면각조망(추상)

하는 데는 두 개의 과정이 존재한다. 형상이란 유사성의 인지를 통하여 습득되고, 기호란 결합에 의한 계속성의 인지를 통하여 습득된다는 것이다.

이 공간표상의 형상적 방법(Iconicity)은 표상물과 의미체계 간의 유사성에 의해 판단되며, 이는 형상의 정도와도 관련되어 있다. 반면에 기호적 방법(Arbitrainess)은 어떤 대상을 대신하여 나타내는 특정한 형태로 설명할 수 있다. 형상적 기호란 좀 더 실물에 가까운 형태를 나타내고, 반면에 기호적 방법이란 우리가 흔히 지도에서 볼 수 있는 추상성을 지닌다. 기호란 사용자 집단의 일치된 의견수렴을 통하여 그 의미체계와 연관된 표시로서 수용되는 것이다. 그리하여 기호영역이란 추상화 정도에 의해 설명될 수 있는 것으로서 그 추상적 의미는 학습과 경험에 의해 습득될 수 있는 것으로 간주된다. 따라서, 형상성과 추상성은 역관계를 가지는 것으로 설명된다. 그림 6, 그림 7, 그림 8은 각각 조망과 기호를 달리하여 제작된 지도이다. 연령별로 조망에서는 앙각, 사각, 평면각의 점진적인 지도 이해 정도를 보인다. 기호 이해 정도를 살펴보면 형상, 반형상, 추상으로 점진적인 발달을 보임을 알 수 있다. 이러한 결과로 지도와 의미 체계 간의 두 단면은 아동의 공간 표상발달과 밀접한 관계를 가짐을 알 수 있다. 피아제는 인지기술이란 아동이 발달함에 따라 재구성되는 것이라 했다. 즉, 질적으로 재구성되는 많은 특질들이 단계별로 형성된다. 그들에 의하면 6~12세의 연령군에 해당하는 아동들이 조망능력에 있어 점진적인 구분 및 협응을 보이며 공간에 대한 이해도가 구체적인 수준에서 추상적인 수준으로 점진적인 발달을 보인다.

공간표상의 도해영역에 있어 브루너는 아동의 인지발달이 경험을 기호화, 부호화, 분류화시키며 이루어진다고 간주한다. 특히 기호화의 과정을 활동적(Enactive), 형상적(Iconic), 기호적(Symbolic)인 세 영역으로 구분하였는데, 이 중 기호체계에 대한 발달은 나중에 되는 것으로 좀 더 추상적이고 복잡한 영역으로 정의하였다. 이러한 브루너의 기호화 과정도, 구체적 형상이 먼저 발달하고 추상적 기호에 대한 이해로 발달해 나가는 도해적 특성의 보편성을 보여 준다고 할 수 있다.

5. 지도학습

1) 지도학습의 중요성

　지리학은 지역과 공간을 이해하고 설명하는 것으로, 이러한 학문적 탐구과정은 답사나 지도화를 통해 일차적 자료를 얻는 것에서 시작된다. 이러한 지리적 사고, 즉, 학문으로서의 지리학이 교육 분야로서 가르쳐질 때 일어나는 개념 형성 과정을 알아 그에 적절한 교수를 행하는 것이 지리교육이라 할 수 있다. 지리교육은 교육 현장에서 지리학이 학문적 특성으로 요구하는 시각자료의 이용을 강조한다. 현실적으로도 시각자료를 이용함으로써 학생들의 흥미를 불러 일으킬 수 있고, 지리가 평면적이고 서술적인 교과목이라는 사실에서 벗어날 수 있게 된다.
　그러나, 전술한 바와 같이 지리교육 현장에서 지도란 단순히 보조도구로 여겨졌을 뿐만 아니라 우리는 학생이 지도를 어떻게 이해하여 사용하고 있는가 하는 점에 관하여 거의 관심을 보여 오지 않았다. 이러한 무관심은 지도를 효율적으로 학습시킬 수 있는 교사의 전략부족이나 현재 제작되어 이용되는 지도가 의사결정 수단으로서 비능률적이었음에 기인한다고 볼 수 있다.
　이러한 지도학습의 문제점들을 재고하여 효율적이고 흥미로운 지도제작 및 지도수업 방안을 제시하기 위해서는, 지도화 작업이 구체적으로 이루어져야 한다. 이를 근거로 지리교육 현장에서 어떤 내용의 지도를 언제, 어떠한 방법으로 가르칠 수 있는가에 대한 적절한 지도학습법이 제안되어야 한다. 지도를 가르칠 때 고려할 점은 지도를 통해서 아동들이 무엇을 배울 수 있으며, 교실에서 수행하고 있는 과제들 중 지도 읽기나 지도 그리기, 지도 만들기 등의 속성을 제대로 이해하고 있는지를 살펴야 한다. 특히, 초등학생의 지도 수업에서 이들의 능동적 참여를 유도할 수 있는 방안과 더불어 아동의 개인차를 고려하여 스스로의 능력과 수준에 맞추어 학습할 수 있는 지도학습 방법도 고안되어야 한다.
　실제 1980년대 말부터 미국을 중심으로 지리교육의 중요성이 다시 대두되었으며 이에 따라 지도학습에 대한 관심도 높아졌다. 지리학술지 등에 소개된 지도학습에 관한 논문들은 일반적으로 어느 연령에서 무슨 내용을 어떻게 가르칠 것인가라는 지도 교수방법론에 관심을 두고 꾸준히 연구를 진행시켜 왔다. 이 지도 교수방법은 학생을 능동적 참여자로 간주하는가 아니면 수동적 참여자로 간주하는가의 두 가지 관점으로 요약될 수 있다. 학생의 능동적 입장을 강조하는 교수방법은 주로 어린 학생을 대상으로 실시한 것으로 지도, 모형제작, 실질적인 지도이용, 지도 그리기 등을 통하여 학생의 직접 참여를 유도하고자 하며, 이에 반해 고학년 학생들에게는 지도, 지구본, 항공 사진 등을 이용한 지명 찾기와 같은 수동적 지도학습 내용에 대해 주로 연구되어 왔다. 국내에서도 1990년대부터 지도학습에 관한 연구가 점차 활성화되고 있으며, 지도학습의 내용보다는 주로 교사의 지도에 대한 태도, 지도 이용 빈도 등 주변적 요인들에 관심을 갖고 연구가 진행되고 있다.

1990년대 중반 이후부터 지리교육에 관한 세계적 추이는 정보화 사회에 대처하는 교육을 강조해 왔다. 교사는 계속하여 정보화 사회에 맞는 새로운 학습 방법을 개발하여 적용해야 하고, 다양한 교수매체를 활용하여 학생들에게 정보화 사고를 갖도록 유도해야만 했다. 이러한 맥락에서 학습자의 입장을 이해하여 학습자 중심으로 수업이 이루어지는 구성주의 학습이 장려되기도 하였다. 교사들이 정보화 사회에 맞게 지리 수업 시간에 활용할 수 있는 대표적 교육 매체는 지도인데, 그들은 학습자가 직접 지도제작을 할 수 있도록 돕는다던가, 아니면 인터넷의 사용을 통하여 정보화 사회에 적응할 수 있는 능력을 양성할 것을 목적으로 지속적인 노력을 해 왔다. 정인철(2015)에 의하면 20세기 말의 지도학의 새로운 경향은 과학적 시각화의 영향을 받은 지리적 시각화의 등장으로 볼 수 있다. 지리적 시각화의 발달이 가속된 것은 인간과 컴퓨터의 대화를 가능하게 하는 기술의 발달에 의거한 것이다. 앞으로의 지도학습은 다양한 형태로 지속적으로 변해 가는 지도의 개념과 기능을 이해하는 방향으로 나아가야 할 것이다.

2) 지도학습의 실태분석

학습자의 공간인지 발달수준을 고려한 지도학습에 관련된 논문들을 살펴보면, 김혜연(2004)은 지도 관련 활동과 아동의 공간조망능력 발달, 지도표현 양상이 정적 상관관계를 갖고 있음을 보여 준다. 한 단계 나아가 지도학습을 통해 어린 아동이 갖고 있는 자기중심성에서 벗어나 공간을 매개로 타인과의 의사소통이 가능하다고 본다. 김영주(2006)는 초등학교 지도학습의 구체적 평가방안을 마련하였고, 윤여정(2012)은 초등학교 사회교과서를 분석하여 지도학습의 내용선정과 조직방안을 제시하고 있다.

여기서 우리가 관심을 가져야 될 점은 학습자에게 적절하게 주어지는 지도학습에 의해 그들의 공간인지력이 발달되고, 점진적이며 체계적으로 지리에 대한 전반적 이해가 향상될 수 있다는 점이다. 현장의 교사들에게 필요한 것은 어떤 지도 기술을 언제, 어떻게 가르쳐야 되는지를 알려 주는 구체적 지침이며, 또한, 아동 발달 단계에 맞는 지도 자료 및 교실에서 가르쳐야 할 구체적 지도의 내용선정과 조직, 활동이 더욱 절실히 요구된다.

우리나라의 경우 초등학교에서 실행되는 지도학습은 지도 읽기 능력과 지도 그리기 능력의 육성보다는 단순히 지리적 사상을 알아보기 위한 수단으로 볼 수 있다. 초등학교 지도학습의 실태를 교사의 입장에서 서술한 주재화(1994)는 교사의 지도학습에 대한 태도를 분석하면서, 교사 자신이 지도 자료 자체에 대해 잘 모르거나 교수방법적 지식이 부족하기 때문에 수업에 활용하지 않는다고 한다.

본 장에서는 좀 더 구체적으로 초등학교 3, 4학년 사회 교과서와 사회과 부도에 수록된 지도를 살펴보았다. 형태의 일관성이 결여된 30여 종의 기호가 소개되고 있다. 형상적, 반형상적, 추상적 기호들이 복합적으로 나타나 있는데, 이는 아동의 공간이해 정도나 기호자체 난이도의 차별화를 적절히 고려하지 않고 제작된 것으로 볼 수 있다. 지도 그리기를 통한 기호분석에 관한 선행 연구에 의하면 이 연령층 아동들의 기호사용 능력이 극히 저조한 편으로 단지 10% 미만의 아동들만이 교과서의 기호를 이해하고 있는 것으로 조사되었다.

초등학교 3, 4학년에서부터 교과과정에 나타나는 지도를 보면 방향 지시, 지명 찾기, 축척 사용, 기호 읽기, 색으로 구분한 등고선 읽기 등이 몇 줄씩 소개되어 교과서 2~3쪽에 걸쳐 지도에 관한 모든 내용을 다루고 있다. 실증적 자료에 근거함이 없이 전개되어 있는 이러한 지도교육의 내용은 개선될 필요성이 있다. 다행스럽게도 2007 개정 교육과정의 '지도화' 부분이 7차 교육과정보다 계열화되었다는 연구보고(김동빈, 2010)가 있기는 하지만, 지도를 구성하는 개념들의 습득과 이해를 위해서는 매우 다양한 학습 활동이 요구되며, 지도의 개념을 체계화하여 학년별로 난이도를 달리하여 교육하는 등 다양한 접근을 시도해야만 한다. 그 이유는 지도학습이야 말로 지리교육의 기본 틀인 공간, 지역을 가르치는 데 필요한 시각적 자료를 제공할 뿐만 아니라 현대사회를 살아가는 데 필요한 공간적 사고를 키울 수 있기 때문이다.

3) 지도학습의 방향

실제 지리교육현장에서 지도에 대하여 어떠한 개념과 내용을 언제, 어떻게 가르쳐야 하는가는 다양한 학습 활동들이 수반되는 복잡한 문제들이다. 저학년과 고학년 아동들이 획득한 공간개념 간에 질적 차이가 있고, 당연히 지도 이해 능력도 학년별로 차이를 보일 것이다. 이러한 가정은 아동들이 이미 획득한 공간 개념에 대한 이해를 필요로 한다. 예를 들면, 저학년에서는 지도학습이 이루어지기 전에 우선 위치나 방향에 대한 용어를 적절히 사용하고 있는지도 조사되어야 한다.

또한 지도가 3차원 실제 공간의 의미체계를 2차원 평면에 표현하는 것임을 이해하기 위해서는 본 연구의 주요 관심사인 지도의 기하학적이고 도해적인 표상관계를 이해하여야만 한다. 구체적으로 지도학습에서 커다란 대상을 표현하기 위해 작은 모델 물체를 사용할 것을 권장하며, 특정한 대상이 지도상에서 기호로 표출된다는 사실도 알아야 한다. 더불어 특정 대상의 사진을 이용하여 대상과 사진을 비교함으로써 크기의 변화를 감지할 수 있다. 교실이나 이웃 등 친밀한 지역의 지도를 제작하는 것도 지도개념을 익힐 수 있는 좋은 방법이다.

지도 수업의 활성화를 위해서는 교사의 역할 또한 매우 중요하다. 교사는 아동들이 자신들의 누적된 경험에 부응하는 지리적 지식을 갖고 있다는 점을 인정해야 한다. 아동들은 각각의 연령과 경험수준, 경험에 부여된 의미에 의해 실제적으로 환경을 지각하고 있으며, 이러한 가정에 근거하여 지도학습의 내용도 구성되어야 한다. 물론 이러한 구성의 주체는 학습자인 아동들이며 교사의 역할은 이들의 환경 인지 구성 과정을 도와주는, 비고츠키의 근접발달영역에 근거한 조력자임을 잊지 말아야 한다.

마지막으로 조망능력 모형실험, 지도 읽기, 지도 그리기 실험에서 보여 준 각 학년 아동들의 공간인지 발달 정도를 기반으로 적절한 지도수업이 학년별로 차별화를 두어 이루어져야 한다. 예를 들면, 첫째, 지도의 용어 사용에 있어서도, 지도의 방위, 방향을 학습하기 위해서 저학년에서는 위, 아래, 먼 곳, 가까운 곳 등 위치나 방향에 대한 용어에 친숙하도록 하고, 고학년에

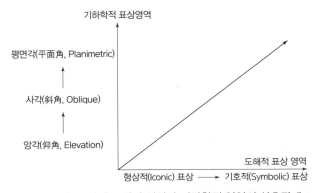

그림 9. 공간표상의 도해적 영역과 기하학적 영역의 상호관계

서는 방위, 방향에 대해 체계적으로 발달된 용어와 개념을 사용토록 한다. 즉, 학생들이 친숙한 공간인 교실이나 주변지역을 우선 활용하며 점차 주변 공간의 범위를 확대해 나간다.

둘째, 공간인지력은 4학년에 가서야 두드러지게 발달함을 보였는데, 이 시기에 이르러 보다 체계적인 지도개념 학습이 가능하다고 판단된다. 지도 읽기 능력을 알아본 결과 조망 이해 정도는 앙각, 사각, 평면각의 순서로 발달하고 기호 이해도 형상적 기호에서 추상적 기호로 점진적인 발달양상을 보였다. 이를 바탕으로 저학년에서의 지도학습은 사진과 실물의 크기를 비교함으로써 크기의 변화를 인지시키고 작은 대상물이 큰 대상을 표출할 수 있음을 이해시킨다. 즉, 지도에 나타난 기호는 컬러 항공사진을 포함한 사진이나 그림을 통하여 실제 대상이 사진이나 그림으로 표상된다는 것을 이해시킨다. 고학년 수준에서는 좀 더 체계적으로 대상과 표상물과의 대응관계를 학습한다. 이는 기호와 의미체계와의 도해적 관계를 이해시키며, 추상적 기호로 표현된 지형도를 학습할 수 있는 시기이다. 또한 조망 이해 정도가 저학년에서는 앙각, 사각에 대해 쉽게 이루어지지만, 평면각에 대한 이해는 매우 급속히 감소함을 알 수 있었다. 이는 평면각을 지닌 지도에 대하여 고학년의 경우라도 상당한 주의가 이루어져야 한다. 예를 들면, 평면각에 대한 이해를 가정한 등고선에 대한 학습도 아동의 평면각에 대한 이해 정도를 고려해 5학년 이후에 학습되어야 할 것으로 판단된다.

셋째, 지도 그리기의 경우 2학년에서는 앙각과 형상적 그리기의 결합양식이 우세하고, 6학년에서는 평면각과 추상적 그리기의 결합양식이 우세하였다. 이를 바탕으로 살펴보면, 저학년 아동들에게는 가급적 구체적 형상으로 표현된 기호와 앙각 혹은 사각의 조망으로 표현된 지도, 즉 그림지도가 제작되어 학습되어야 할 것이며, 고학년 아동들에게는 추상적 기호의 평면각을 지닌 지도가 학습되어야 한다고 생각된다.

6. 마치며

지리학의 기본 개념인 도해력은 지도, 그림, 도표 등의 지리자료를 이해하는 능력이다. 어린 아동일지라도 선천적으로 공간적 사고를 하게 된다. 그러나 구성주의적 입장에서 공간적 사고를 연구하는 학자들은 인지적 성숙이 일정 수준에 도달하고 직간접적으로 공간적으로 사고하는 법을 배우게 될 때 공간적 사고가 발달하게 된다고 본다. 점진적인 발달을 보이는 공간적 사고를 바탕으로 지도를 이용하는 학생의 인지수준을 고려한 지도제작이 가능하며, 이를 위해서 지도학의 기본 개념에 대한 이해가 재검토되었고, 특히 그중에서 조망과 기호에 대한 지도학적 이론 접근을 실시하였다. 크게 기하학적 영역과 도해적 영역으로 구분하여, 기하학적 영역에서는 조망에 대한 이해가 앙각, 사각, 평면각으로 변하게 됨을 설명하였다. 도해적 영역에서는 기호를 중심으로 기호 자체의 형상성에서 추상성으로 변하는 과정과, 이에 부응하여 아동의 기호 이해 정도 역시 유사한 발달과정을 보임을 밝혔다.

이를 바탕으로 아동들의 지도학적 요소에 대한 이해가 공간적 발달을 반영하여 단계적으로 이루어진다는 점을 고려한 바람직한 지도학습을 기대한다. 구체적으로 초등 3, 4학년 사회과 교과서와 지리과 부도에 나타난 기호와 조망의 표현이 학생의 공간인지 발달 단계에 따라 좀 더 위계적으로 제작될 필요가 있다. 이 밖에도 지도의 기본 개념으로 분류되는 축척, 방향을 이해하는 학생들의 공간인지 정도에 대한 연구도 지속적으로 이루어짐으로써, 지도학습 내용이 현재보다 좀 더 체계적인 준거에 의해 선정되기를 기대해 본다.

요약 및 핵심어

지리교육에서 중요한 지도학습 자료의 내용 선정과 조직의 문제를 살펴보고자 하였다. 초등 사회과 교과서와 사회과 부도에 나타난 지도학습의 내용이, 학생의 공간인지 발달 단계에 따라 위계적으로 제시되었는지 알아보기 위해, 피아제의 공간인지 발달 단계를 준거로 지도학습 단원을 분석해 보았다. 현행 지도학습은 초등학교 4학년 교과서 2-3쪽에 걸쳐 지도의 모든 내용을 기술하고 있다. 지도학습에 대한 학생의 흥미를 유발하기 위해서는 지도내용의 선정과 배열이 학생의 공간인지 발달 단계를 고려하여, 점진적이며 단계적으로 이루어져야 한다. 학습되는 지도의 기본개념 중 조망과 기호에 관심을 갖고 연구를 진행하였으며, 이 결과를 바탕으로 지도학습에서 아동의 도해력 발달에 맞는 지도 내용의 선정과 조직방안을 제시해 보았다.

도해력(graphicacy), 공간 능력(spatial ability), 지도학습(map learning), 지도 이해(map understanding)

더 읽을 거리

Liben, L., 2014, *Piaget and the Foundations of Knowledge*, Psychology Press, N.Y. and London.

Heffron, S. & Downs, R., 2012, *Geography for Life, National Geography Standards* (Book 2), National Council for Geographic Education.

참고문헌

강인애, 2003, 우리시대의 구성주의, 문음사.

김대현, 2011, 교육과정의 이해, 학지사.

김동빈, 2010, 사회과 교육과정 지리영역의 내용 연계성 분석-제7차 교육과정과 2007 개정 교육과정 비교를 중심으로, 청주교육대학교 교육대학원 석사학위논문.

김영주, 2006, 지도 도해력 신장을 위한 평가 방안 개발, 청주교육대학교 교육대학원 석사학위논문.

김혜연, 2004, 지도(map) 관련 활동이 유아의 공간조망능력에 미치는 영향, 중앙대학교 석사학위논문.

노석준 공저, 2006, 교육적 관점에서 본 학습이론, 아카데미프레스.

서태열, 2005, 지리교육학의 이해, 한울.

송언근, 2003, 존재론적 구성주의와 지리교육, 교육과학사.

윤여정, 2013, 초등사회과 지도학습 내용의 정합성 분석: 3, 4학년 사회 지도학습 단원을 중심으로, 경인교육대학교 교육대학원 석사학위논문.

이종원, 2011, "도해력 다시 보기: 21세기 도해력의 의미와 지리교육의 과제", 한국지리환경교육학회지, 19(1), 1-15.

정인철, 2015, "한국 지도학 발달사: 지도학의 발달과 패러다임의 변화," 진한 엠앤비, 10-27.

정혜은, 2007, 초등학생들의 지도학습 주요 개념 이해도에 영향을 미치는 변인 분석, 부산대학교 교육대학원 석사학위논문.

주재화, 1994, "초등사회과에 있어서 지도교육의 실태분석," 강원지리, 11, 62-63.

최경숙 공저, 2011, 발달심리학, 교문사.

최낭수, 2000, 지리교과에서 아동의 지도 도해력 향상에 관한 실험연구, 서울대학교 박사학위논문.

Anthamatten,P., 2010, Spatial Thinking Concepts in Early Grade-Level Geography Standards, *Journal of Geography*, 109, 169-180.

Freeman N.H. and Cox, M.V.(eds.), 1985, *Visual Order: The Nature and Development of Pictorial Representation*, Cambridge University Press.

Hagen, M.A., 1986, *Varieties of Realism:Geometries of Representational Art*, Cambridge University Press.

Liben, L. & Downs,R.,1997, The Final Summation: The Defense Rests, *Annals of the Association of American Geographers*, 87(1), pp.178-180.

Myers, D.G., 2007, *Psychology*, Worth Publishers: New York and Basingstoke (신현정·김비아 역, 2013, 마이어스의 심리학개론, 시그마프레스).

Robinson, A. & Petchenik,B., 1976, *The Nature of Maps*, Univ. of Chicago Press.

Solem, M.N.,Huynh,N.T.,& Boehm,R.G.,2015, *Learning Progressions for Maps,Geospatial Technology, and Spatial Thinking: A research Handbook*, NSF.

Wolf, D., & Gardner, H., 1985, *Broadening literacy: A final report to the Carnegie Corporation*, Harvard Graduate School of Education, Cambridge, MA.

Wood, D., 1992, *The Power of Maps*, The Guilford Press, New York, London.

제9장

학습자의 과제의존성에 따른
시공간 표상 정보의 활용 전략과 전이*

동탄국제고등학교

* 본 연구는 Kim, K., Kim, M., Shin, J., and Ryu, J.(2015)를 수정·보완한 것임.

1. 들어가며

지리교육에서 지도를 비롯한 여러 지리적 표상, 공간정보 등을 활용하고 이해할 수 있는 능력을 기르는 것은 최근 미국의 지리교육과정에서도 강조하는 매우 중요한 요인이다(Heffron and Downs, 2012). 지리교육자들은 지도와 원격탐사자료 등의 시공간적 표상을 활용하는 것이 지리 학습을 강화한다고 믿는다(Uttal, 2000; Bendnarz, Acheson, and Bednarz, 2006; Bodzin and Cirucci, 2009). 시공간 표상은 지리교육에서 학습자들의 공간적 사고와 기술을 증진시키기 위해 널리 활용되고 있다. 지도를 이해하는 것은 매우 중요한 공간적 사고의 기능으로 장소를 찾고, 패턴을 알아보고, 지도와 실제공간을 일치시키는 능력들을 포함한다(Ishikawa and Kastens, 2005). 지도에 대한 심화학습을 통해 학생들은 지도데이터의 신뢰성과 정확성에 대한 평가나 지도제작에 따른 권력관계와 같은 비관적인 공간적 사고능력을 습득하게 된다(Milson and Alibrandi, 2008; Kim and Bednarz, 2013). 원격탐사 이미지는 지형학이나 자연환경의 훼손 영향, 지역의 변화 등의 넓은 지리적 개념을 시각적으로 확인할 수 있게 해 준다(Blaut et al., 2003; Kim and Bednarz, 2012). 그러나 이러한 도구들의 교수학적인 잠재성에도 불구하고 잘못된 활용이 가져오는 헛된 결과들에 대한 학자들의 경고에 대해 주의를 기울일 필요가 있다(Liben and Downs, 1997; Verdi and Kulhavy, 2002). 이와 관련하여 시공간표상의 교수학적인 효과를 위한 지리교육 연구자들의 노력이 진행되고 있다. 따라서 교육자료로서 시공간적 이미지를 개선시키고 그 이미지를 효과적으로 활용할 수 있는 전략에 대한 보다 많은 연구가 요구되고 있다.

본 연구는 학습자들이 시공간적 표상을 이해하고 활용할 때 과제의존성이나 지시특성의 역할을 알아보기 위한 연구이다(Kraft, Novie, and Kulhavy, 1985; Schwartz and Phillippe, 1991). 쿨하비와 스톡(Kulhavy and Stock, 1996, 127)은 "실험자가 학생들로 하여금 지도를 학습할 때 특정한 방향의 목적을 지닌 과제를 부여하면, 학생들의 심상은 그 요구를 만족시키기 위한 방향으로 형성된다."라고 언급했다. 그러므로 같은 학습자료라 하더라도 과제가 요구하는 바에 따라서 학습자에게 다르게 받아들여질 가능성이 큰 것이다. 예를 들면, 항공사진을 볼 때, 그곳을 여행하도록 하거나 감상하도록 하는 과제를 부여하는 것은 서로 다른 수준으로 사진을 보고 정보를 파악하게 할 수 있는 것이다.

지금까지 실험연구에서 학생들의 사고의 과정을 연구하기 위해 일반적으로 인터뷰의 방법이나 소리 내어 생각하기(think aloud protocols)의 방법을 활용해 왔다. 하지만 이들 방법의 장점에도 불구하고 실험 참가자들이 그들의 생각과 행동을 그대로 말로 표현하지 못한다는 난점이 있었다(Çöltekin et al., 2009). 이런 문제를 최소화하기 위해서 실험심리 연구자들은 안구운동 분석을 활용하게 된 것이다. 안구운동은 실험 참가자 시선의 움직임을 추적하는 방법이다. 눈의 움직임은 고정과 도약으로 구성된다. 눈이 고정하는 위치와 시간, 도약의 방향과 길이가 측정의 대상이 된다. 매체 또는 표상들이 시각적으로 처리될 때 그 순서나 시간이 중요한 정보가 되는데, 안구운동은 이를 직접적으로 분석할 수 있는 연구 방법이다(Van Gog, 2010). 실험 참가자들의 고정과 도약을 분석하면 그들이 정보를 어떻게 처리하고 지각하는지 알 수 있다. 안구운동은 사람의 마음과 두뇌의 활동을 있는 그대로 반영하는 "창"이다(Van Gompel et al., 2007). 연구자들은 읽기, 경관지각, 시선 탐색, 웹디자인 등 광범위한 분야에서 시선 추적 기술(eye tracking technique)을 활용해 왔다(Goldberg and Kotval, 1999; Liversedge and Findlay, 2000; Bojko, 2006; Rayner, 2009; Djamasbia, Siegelb, and Tullis, 2010). 예를 들어 슈미트, 코네르트, 글로왈라(Schmidt Weigand, Kohnert, and Glowalla, 2010)는 교육용 애니메이션이 자막과 함께 제시되면 문자를 더 많이 주목한다는 것과, 자막 대신 소리로 제공될 때 애니메이션에 더 집중한다는 내용을 밝혔다. 애니메이션이 소리와 함께 제시되었을 때 상승작용이 나타난다는 것이다. 또한 드코닝 외(De Koning et al., 2010)는 안구운동 분석을 통해 애니메이션의 중요한 부분이 강조되면 학생들이 실제로 그 부분에 따라 시선을 움직인다는 것을 밝혀냈다. 이들 연구는 교육 연구에서 안구운동 결과자료의 가치와 독특함을 잘 보여 준다. 그러나 지리교육 분야에서는 안구운동 연구기술을 통해 학습자들의 학습을 분석한 사례가 많지 않다.

본 연구는 학습자들이 같은 시공간 표상을 받아들일 때 주어지는 과제에 따라 다른 반응을 보이는지를 알아보기 위해 진행되었다. 또한 선행 과제를 통해 보인 탐색 전략이 다른 맥락의 정보 탐색에 전이되는지를 알아보려 했다. 학생들의 반응은 안구운동 연구 방법을 이용하여 측정하였다. 특히, 조망경관의 항공사진에 대한 중·고등학교 학생들의 반응을 살펴보았다. 실험 참가자들은 둘로 나뉘어 각각 사진 속 경관을 자동차를 이용해 여행하거나 여행자로서 경관을 감상하도록 과제조건을 각각 달리 부여받았다. 우리는 참가자들이 과제에 따라 다른 정보에 집중하는지 여부를 조사했다. 이어서 추가로 도로 지도에서 목표지점을 찾도록 하는 과제를 부여하여 앞선 실험의 전략이 다른 과제에 전이가 되는지의 여부를 확인하였다. 이를 통해 앞선 실험에서의 학습경험이 이후의 과제 수행에 전이가 되는지를 알 수 있었다.

2. 지리 공간과 공간적 지식

쿨하비와 스톡(Kulhavy and Stock, 1996, 129)은 지도의 정보를 특징(feature)과 구조(structural)의 두 가지 유형으로 구분했다. 특징 정보는 지도에서 각 지점의 개별적 특징들을 말하는 것으로 랜드마크, 명칭 등 특정 정보를 파악할 수 있는 모든 개별 기호들이 포함된다. 구조 정보는 지도 안에 있는 모든 특징들의 관계를 드러내는 표상으로 기하학적인 관계를 나타내 주는 경계, 경로 등의 정보가 이에 포함된다. 지도 사용자는 특징들의 관계를 구조적 정보들을 통해서 이해한다. 이 과정은 사람들로 하여금 지도의 공간을 체계적으로 이해할 수 있게 해 준다.

이 개념과 병행하여 연구자들은 지리적 공간에 대한 공간적 지식을 세 종류로 나누었다. 랜드마크 지식, 경로 지식, 조망 지식이 그것이다(Golledge, 1999; Wiener, Büchner, and Hölscher, 2009). 랜드마크 지식은 지리적 공간 속 어느 한 지점에서 특정 특징을 자각할 수 있지만, 이 지식의 수준에서는 특징들 간의 공간적 관계를 인지하지 못한다. 랜드마크들을 연결하여 인식하는 능력은 경로 지식(path knowledge)을 통해서 가능해진다. 마지막으로 조망 지식(survey knowledge)은 버드아이뷰(birdeye view)를 포함하는 능력이다. 이는 공간을 하나의 전체적인 구조 속에서 인식할 수 있는 지식이다. 이 최종 단계는 공간의 배치를 이해하는 것을 가정한다(Kitchin and Blades, 2002, 60).

시겔과 화이트(Siegel and White, 1975)의 고전적인 연구는 공간적 지식의 발달 과정을 규명했다. 첫째로 랜드마크 지식은 공간 속에서 두드러지는 형상에 집중하는 단계로 "맥락적 재인"의 단계에 해당된다(Devilin, 2001, 11). 다음으로 랜드마크가 경로를 통해서 군집 속으로 정렬되어 가는 단계에 들어간다. 하지만 이 단계는 군집들 간의 관계에 대한 위상 정보들이 존재하게 되지만, 군집 내에서의 관계는 상대적으로 인식된다. 마지막 단계에 해당하는 사람은 군집 내, 군집들 간의 관계를 수치적 값을 통해 파악하게 된다. 이러한 공간적 지식은 시간이 지나거나 교육을 통해서 발달하게 된다.

이와 비슷하게 하트와 무어(Hart and Moore, 1973)는 공간적 인지의 발달을 자기중심적인 표상에서 고정된 준거체계를 거쳐, 통합된 표상의 체계로 발달되어 가는 과정으로 개념화하였다. 자기중심적 준거체계를 가진 아동은 그들 자신의 시각에서 공간을 이해할 수 있으며, 자신의 신체적 움직임을 활용해서 위치화가 가능하다. 아이들이 고정된 준거를 활용하기 시작할 때 움직이지 않는 물체의 위치가 자신의 시각이 달라질 때도 변하지 않는다는 사실을 학습할 수 있게 된다. 마지막 단계는 통합된 위치화 체계를 활용하는 것이다. 아이들은 지구적인 시각에서 복잡한 공간적 관계를 이해하게 된다. 이런 아이들은 공간의 구조를 이해할 수 있는 것이다.

이들 선행연구들에 근거해서 랜드마크 지식에서 조망 지식으로의 발달은 특징 정보를 활용하는 것에서 구조적 정보를 활용하는 것으로 전환되는 것과 같다는 가정이 가능해진다. 구조적 정보는 패턴이나 관계, 배치, 그리고 구조들에 대한 체계적인 이해를 강조한다. 공간적 지식의 발달은 개별적으로 두드러지는 랜드마크보다는 루트들 간의 관계와 연결성과 같은 구조적 정보를 강조하는 것으로 나타날 수 있다(Kulhavy and Stock, 1996; Verdi and Kulhavy, 2002). 높은 수준의 공간적 사고력을 지닌 사람들은 길을 찾을 때 랜드마크보다 기본적인 방향이나 경로들 간의 공간적 관계와 같은 구조적 요인에 더 의존하는 성향을 지닌다(Ishikawa and Nakamura 2012). 그러므로 학생들이 조망 지식을 습득하기 위해서는 공간적 형태들 간의 관계와 연결성 등을 이해해야 된다.

공간적 지식을 향상시키는 것은 지리교육의 중요한 목표 중 하나이다. 지리교육은 공간적 지식을 학습시키기 위해 시공간적 표상이 교육적 측면에서 잠재성을 지니고 있다는 것에 주목한다(Bednarz, Acheson and Bednarz, 2006; Uttal, 2000). 그러나 시공간적 표상의 활용이 학습자들의 공간적 이해가 개선되고 발전되리라는 것을 보장하지는 않는다. 필요에 따라 적절한 교육적 개입이 필요하다. 따라서 본 연구는 지리교육에서 시공간적 표상들을 활용하는 효과적인 전략을 제안한다.

3. 과제의존성과 정보처리

과제의존성(Task demand)은 학생들이 어떤 과제를 수행할 때 요구되는 것과 관련된 임무를 말하는 것으로 정보 처리의 방법과 과정에 영향을 미치는 것을 말한다(Kraft, Novie, and Kulhavy, 1985; Schwartz and Phillippe, 1991). 이 개념은 본 연구에서 중요한 시사점을 제공해 준다. 제시된 정보가 같아도 과제가 달라질 경우 정보에 대한 이해의 수준이 달라질 수 있기 때문이다.

해석수준 이론은 과제 요구에 따라 다른 반응을 나타낸다고 주장한다(trope and Lieber-man, 2010). 예를 들어, 후지타 외(Fujita et al., 2006)는 새로운 아파트로 이사하는 친구에게 어떤 도움을 줄 것인지를 물었다. 참가자들은 도움을 줄 친구가 가까운 곳으로 이사하는 경우와 먼 곳으로 이사하는 경우 추상수준을 달리 하여 조언을 했다.

　김기남(2012)의 연구는 해석수준이론의 아이디어에 근거해서 과제의존성의 특징과 효과를 잘 드러내 주었다. 그는 소래포구 인근에 거주하는 학생들을 대상으로 일반적인 해안가나 작은 포구 어디에서나 볼 수 있는 특징이 없는 7장의 사진을 순차적으로 보여 주고 두 그룹으로 나누어 한 그룹에게는 소래포구에서 촬영한 사진이라고 안내하였고 다른 그룹에게는 프랑스 센강 유역의 사진이라고 안내하였다. 그리고 30분 후 앞서 제시된 7장의 사진들 각각에 대해 조금씩 변형을 하여 4장의 사진으로 구성한 후 앞서 봤던 것과 같은 사진을 고르도록 하였다. 결과는 가까운 소래포구 경관의 사진이라고 안내받은 학생들이 더 정확하게 같은 사진을 골라 낸 것으로 나타났다. 하지만, 경관에 대한 선호도는 센강이라고 안내받은 집단에서 더 높게 나타났고, 사진에 대해 자유롭게 진술하도록 했을 때는 소래포구라고 안내받은 학생들이 더 구체적으로 사진 속 경관을 지각했다는 것을 알 수 있었다. 같은 사진을 가까운 곳이라고 안내받은 학생들이 사진을 더 구체적으로 탐색했다는 결과를 보여 주는 것이다.

　안구운동 연구자들 또한 과제의존성의 효과를 주목했다. 베커링과 네거스(Bekkering and Neggers, 2002)에 따르면 학생들의 행위 의도는 그들 자신의 시각적 탐색 행동에 영향을 준다. 그들은 실험 참가자들에게 목표물을 집거나 가리키라고 지시했다(서로 다른 모양과 색깔의 사각형 블록). 같은 자극이 주어졌음에도 실험 참가자들은 목표물을 가리키라고 할 때보다 집으라고 할 때 더 오류 비율이 감소했다. 집는 조건의 행동은 가리키는 조건에 비해 목표물의 크기 방향 등에 대한 정확한 정보를 요구하기 때문에 실험 참가자들로 하여금 보다 더 완전하고 정확한 정보를 파악하도록 했다. 레이너 외(Rayner et al., 2001)는 실험 참가자들로 하여금 자동차와 스킨케어 광고를 보여 주었다. 한 그룹에게는 차를 사도록 지시했고, 다른 그룹에게는 스킨케어 제품을 사도록 지시했다. 두 그룹은 각각 그들의 과제에 따라 해당 광고를 더 오랜 시간 동안 바라보았다. 또한 그들은 자신이 구매하는 제품의 광고를 볼 때 이미지보다 글자를 더 집중해서 보았다. 행동 목표는 시각 정보의 처리과정에 중요한 영향을 미친다는 것이다(Maruff et al., 1999; Pieters and Wedel 2007; Rayner, Miller, and Rotello, 2008; Brunyé and Taylor, 2009).

　길 찾기 과제에서 사람들은 과제의 차이에 따라 그에 맞는 전략을 취한다. 휠셔 외(Hölscher et al., 2011)는 실험 참가자들에게 그들 자신이 길을 찾아갈 때와 다른 사람에게 길을 안내할 때 취하는 전략이 어떻게 다른지 시험했다. 연구자들은 실험 참가자들이 다른 사람에게 길을 안내할 때보다 설명하기 쉬운 큰 길을 중심으로 설명한다는 것을 밝혔다. 하지만, 그들 자신이 길을 찾아가도록 할 때는 보다 복잡하고 눈에 띄지 않는 길을 활용했다. 복잡한 경로는 다른 사람에게 설명하기 어렵기 때문에, 안내하는 조건에서는 보다 쉽게 설명할 수 있는 공간적 정보를 활용한다는 것이다.

이런 연구들에 따른 결과는 사람들의 과제 의존적 특성에 따라 같은 대상에 대해서 서로 다른 정보를 인출해 낼 수 있다는 것을 보여 준다. 이런 연구결과들을 교육 환경에 적용해 보면, 학습자들은 같은 자료들을 과제에 따라 형태와 수준을 달리하여 이해하게 된다. 본 연구는 시공간적 표상을 더 깊은 수준으로 학습할 때 보다 더 능동적으로 정보를 탐색하게 되는지를 조사 했다. 본 연구에서 깊은 수준의 이해라는 것은 시공간 표상을 활용할 때 구조적인 정보들에 대해서 보다 체계적으로 이해하는 것을 말한다(Ottosson, 1988; Kulhavy and Stock, 1996).

본 연구는 지리적 공간을 능동적으로 학습할 때 구조적 공간지식이 발달한다는 선행연구들에 의거하여 시공간표상에 대한 능동적인 정보획득 전략에 초점을 두었다(Herman, 1980; Foreman et al., 1990; Kitchin and Blades, 2002). 예를 들어, 노리와 기스베르티(Nori and Giusberti, 2006)는 길찾기 전략을 랜드마크, 경로 그리고 조망 전략으로 분류했다. 그리고 이것은 위에서 언급한 것과 같이 공간적 지식의 발달 과정으로 널리 쓰여 왔다. 이들 세 전략은 서로 다른 인지적인 과정을 거친다. 랜드마크 유형은 랜드마크의 색이나 모양 등을 이용하여 환경의 시각적 특징을 묘사하는 시공간적 작업 기억이 나타나는 단계이다. 랜드마크 전략은 형태적 특징에 주목한다. 반면, 조망적 전략을 활용한 길 찾기에서는 구조적인 정보를 활용한다. 그러면 무엇이 사람들로 하여금 서로 다른 길 찾기 전략으로 유도할까? 노리와 기스베르티의 연구에 따르면 사람들이 교통수단을 통한 길을 찾아야 할 때, 그들이 직접 운전을 하는 등의 능동적 조건이 아닌 경우 랜드마크 전략을 더 활용하는 경향을 보였다. 이와 비슷하게 필베크 외(Philbeck et al., 2001)는 실험 참가자들의 길찾기 수행능력은 그들 스스로 중간 목적지를 지정하도록 했을 때 더 향상되었다고 보고했다. 그들 스스로 자신의 길 찾기를 능동적으로 통제하도록 했을 때 실험 참가자들의 수행능력이 더 나아진 것이다.

요약해 보면, 과제의존성은 학습자들이 정보를 처리할 때 중요한 역할을 한다. 그러므로 학습자들이 보다 높은 수준의 지식을 획득할 수 있도록 전략을 발달시켜 주는 것이 매우 중요하다. 선행연구를 통해 보고된 것과 같이 지리적 공간에서의 능동적인 경험은 공간적 지식의 발달을 촉진시킬 수 있다. 예를 들어, 자동차를 운전하는 것과 같은 능동적인 활동은 감상이나 단순 이동과 같은 수동적인 활동 조건에서보다 더 높은 수준의 공간적인 지식의 발달을 유도할 수 있을 것이다. 따라서 본 연구에서는 학습자들이 시공간적 표상들을 능동적으로 탐색하도록 하는 것이 인지적으로 더 나은 효과를 유발할 수 있다고 기대한다.

4. 조망경관 항공사진에서의 정보처리

이번 장은 본 연구에서 제시할 첫 번째 실험연구로 학생들의 시공간적 표상에 대한 지각과 처리에 영향을 미치는 과제의존성의 영향에 대해서 조사해 보고자 하였다. 실험 참가자들은 두 개의 그룹으로 나뉘었다. 실험 그룹은 제시되는 사진 속 공간에서 자동차를 직접 운전하면서 여행을 하는 것으로 안내를 받았다(운전집단). 통제집단의 참가자들은 사진 속 공간에서 경관을 감상하는 것으로 안내를 받았다(감상집단). 두 그룹 모두 특정 목적지는 지정하지 않았다. 참가자는 서울 소재 중학교 및 고등학교 학생들을 대상으로 〈표 1〉과 같이 구성하였다.

표 1. 실험참가자의 집단 구성

	통제집단		실험집단		합계
	남	여	남	여	
중학교	3	5	3	3	14
고등학교	4	5	4	5	18
합계	7	10	7	8	32

1) 실험 도구와 자료

안구운동 측정을 위해 SR-research사 의 EyelinkⅡ를 이용하였다. 이 장비는 실험 참가자들이 〈그림 1〉과 같이 카메라가 장착된 기구를 머리에 쓰고 화면을 보면 시선의 도약과 고정을 측정하여 기록해 준다. 처음 캘리브레이션 과정을 거쳐 양쪽 눈을 모두 추적하거나 주시안(주로 보는 눈―사람마다 왼쪽과 오른쪽 중 주로 보는 눈이 존재함)이 자동적으로 선택되어 추적하게 되는데 두 경우 모두 결과에는 차이가 없다. 사람에 따라서 본 과정을 실패하는 경우가 있는데 그 경우 실험 대상에서 제외된다.

사진은 국내 서울을 대상으로 10장, 해외 주요 도시들의 사진 10장을 선정하여 총 20장의 사진으로 구성하였다. 서울의 경우 매력도가 높고 널리 알려진 랜드마크들을 하나씩 포함하는 사진으로 구성하였다. 예를 들면 "63빌딩 주변", "삼성동 무역센터", "여의도 국회의사당", "잠실 롯데월드"와 같이 매력도가 높은 랜드마크들을 하나씩 포함하도록 하였다. 해외의 경우 영국의 런던, 프랑스의 파리, 일본의 도쿄, 미국 뉴욕과 시카고, 캐나다 밴쿠버 등 유명한 도시들의 시각적 매력도가 높은 랜드마크들을 포함하도록 고려하였다. 또한 사진의 경관 구성은 화면을 격자로 16균등분할하여 하늘과 지표면의 배치를 일괄적으로 통제하도록 하였고, 매력도가 높은 랜드마크는 중앙의 4개 영역 안에 위치하도록 조정하였다. 사진은 되도록 일관성을 유지하기 위해 국내외 포털업체에서 제공되는 것을 이용하였다.

안구운동 분석을 위해서는 사진 속 관심영역(interest area)을 지정하여 분석을 하게 된다. 앞서 언급한 바와 같이 실험 참가자들이 구조적 정보에 얼마나 눈을 고정시키는지를 분석해야 하는데 본 사진자료에서 구조적 정보는 도로 정보에 해당하므로 〈그림 2〉와 같이 도로에 해당되는 부분들을 구조정보인 관심영역으로 지정하였다.

본 실험을 시작하기 전에 참가자들의 공간능력을 측정하기 위한 설문을 진행하였다. 설문의 내용은 자기보고식 공간능력 측정과 관련된 연구들(Hegarty et al., 2002; Piccardi et al., 2011)을 참고하였다. 지도능력과 방향능력을 검사하기 위해 자기보고식 공간적 능력 문항에

그림 1. 참가자의 실험참여 장면

그림 2. 관심영역 표시 사례(여의도 일대)

표 2. 사전설문의 질문 내용

범주	질문
방향능력	본인의 방향 감각은 좋은 편입니까? 일상생활에서 동서남북 방향을 잘 알 수 있습니까? 처음 가 본 곳에서 길을 잘 찾을 수 있습니까?
지도능력	평소 지도를 자주 활용합니까? 지도를 보고 길을 잘 찾을 수 있습니까?

서 공통적인 문항의 내용을 추출하여, 권효석·이장한(2005)의 연구결과를 토대로 설명 지수가 높은 항목과 비교하여 5개의 항목을 추출하였다. 응답은 5점 척도(5 그렇다—1 아니다, 균등분할)로 구성하였고 5개 문항은 방향능력(direction competence) 3개 문항과, 지도능력(map efficiency)의 2개 문항으로 범주화하였다(표 2).

2) 실험과정

실험실 옆에 있는 대기실에서 각 참가자들이 실험에 앞서 대기하였고 그 과정에서 사전 설문지를 작성하였다. 설문지에는 본인이 받게 될 지시사항이 포함되어 있었다(감상조건과 운전조건). 참가자가 실험실에 들어서면 연구자는 실험에 참여하는 방법을 설명해 주었다. 20장의 사진이 각각 15초씩 제시되었고, 사진의 제시 순서는 참가자마다 다르게 무작위적으로 배치되었다.

3) 결과

실험 참가자들의 안구운동은 질적·양적으로 분석되었다. 우선 질적 분석을 위해 집단 내에서 기대된 결과가 잘 나타난 사례를 집단별로 1명씩 선택하여 비교 분석하였다. 그림 3의 사진은 서울 63빌딩을 중심으로 상공에서 바라본 여의도 일대의 사진이다. 좌측의 화면은 고정과 도약의 패턴을 순차적으로 확인 가능하며 우측의 시선고정지도(Fixation map)는 전체 화면에서 고정이 일어난 범위와 밀도를 알 수 있는 지도이다. 감상집단의 사례에서는 총 35번의 고정 중 24번이 가장 매력도가 높은 '63빌딩'에 머물렀으며, 그 왼쪽 옆에 건물의 정면부가 가장 잘 드러나 있는 건물 주변에 총 5번의 고정이 발생했다(그림 3a). 중심 랜드마크에 집중적으로 시선이 고정되고 있는 이런 패턴은 시선고정지도를 통해 잘 드러난다(그림 3b). 이와 대조적으로 운전집단의 사례에서는 총 50번의 시선고정이 발생했으며, 중앙의 63빌딩에 4번의 시선고정이 발생한 후 빠르게 아래쪽으로 이동하였고, 그 이후로는 경로를 따라 시선이 이동하였으며, 전체적으로 윤곽을 파악하는 움직임을 볼 수 있다(그림 3c). 이는 부여된 과제가 안구운동을 통해 잘 드러난 사례로 볼 수 있다. 감상집단의 참가자에 비해 더 넓은 탐색범위를 나타내주고 있으며, 시선의 도약거리와 방향 역시 비교적 일정한 패턴과 길이를 가지고 있어 보다 안정적인 형태를 보여 주고 있다. 마찬가지로 이러한 결과는 시선고정지도를 통해 감상집단의

그림 3. 서울 사진의 사례에 대한 안구운동 측정 결과 화면. 좌측은 고정과 도약의 측정결과를 시각화하여 나타낸 지도이며 우측은 시선고정지도. a와 b는 감상집단의 사례이며, c와 d는 운전집단의 사례를 나타냄.

사례와 잘 대조해 볼 수 있다(그림 3d).

양적분석은 혼합선형모형(linear mixed-effect model)이 활용되었다. 이 모델은 개인차와 같은 교차무선변수(cross random factor)를 통제할 수 있도록 해 준다(Baayen, Davidson, and Bates, 2008; Kliegl et al., 2010). 본 실험연구에서 두 그룹으로 참가자가 나뉘었고, 두 그룹 내 참가자들은 모두 비슷한 특성을 가진 참가자들로 가정된다. 그러나, 참가자들이 각자 가진 개별 특성들이 존재할지도 모른다. 혼합선형모형은 이러한 개인적인 특징들을 수업이 많은 반복적인 시뮬레이션 실행을 함으로써 통제하게 된다. 본 연구에서는 관심영역에 시선이 고정된 시간의 비율을 종속변수로 하였다. 지시(감상 대 운전조건)를 독립변수로 설정하였고, 친밀감(서울 대 외국의 도시), 성별, 학교급(중학교 대 고등학교)들을 공변인으로 처리하였다. 다음으로 개인의 공간능력들을 각각 독립변수로 설정하였다. 참가자의 개인차와 이미지 변수는 무선효과로 처리되어 통제되었다. 결과는 〈표 3〉과 같이 나타났다. 결과 분석에 적용된 여러 변수들 중 지시된 과제에 대해서만 통계적 유의성이 검증되었다. 결과를 보면 관심영역에 고정시간 비율의 차이가 운전집단에서 7% 더 높게 나타났다. 관심영역에 대한 총 고정시간을 측정한 분석에서도 비슷한 결과가 나타났는데, 운전집단이 관심영역에 971.175ms(1ms는

표 3. 고정지속 시간 비율에 대한 독립변인들 적용 결과

	추정치	표준오차	t 값	Pr(>|t|)
(Intercept)	0.085	0.088	0.97	0.344
집단(지시조건)	0.07	0.012	5.833	〈0.001
경관친밀도	−0.030	0.023	−1.263	0.225
학교수준	0.021	0.012	1.769	0.088
성별	−0.004	0.013	−0.313	0.756
방향능력	〈0.001	0.002	−0.312	0.757

표 4. 고정지속 시간에 대한 독립변인들 적용 결과

	추정치	표준오차	t 값	Pr(>|t|)
(Intercept)	908.809	445.893	2.038	0.048
집단(지시조건)	971.175	167.325	5.804	〈0.001
경관친밀도	−393.507	309.561	−1.271	0.222
학교수준	230.755	162.499	1.42	0.167
성별	−33.71	178.261	−0.189	0.851
방향능력	−7.413	22.243	−0.333	0.742

1/1000초를 의미) 더 시선을 고정한 것이다(표 4).

요약하면, 본 실험에서는 학생들이 시공간적 표상을 지각하고 이해할 때 과제의존성이 중요한 영향을 미친다는 것을 의미한다. 학생들로 하여금 운전을 하면서 경관 속 공간을 여행하도록 하는 것은 제시된 공간에 자기 자신을 주체로 투영하여 길을 따라서 도시경관을 구조적으로 이해하고 탐색하도록 하였다. 반면, 여행을 하며 경관을 감상하도록 할 때는 제시된 경관에 대해 스스로를 객체화하게 되고, 매력도가 높은 랜드마크에 초점을 두도록 하는 성향이 나타난 것이다. 본 실험은 학습자가 같은 자료를 학습한다 하더라도 과제의존적 특징에 따라 다른 인지적인 기능이 유발된다는 사실을 경험적으로 드러내 준다. 이 발견은 과제의존성이 학습자들이 보이는 수행능력에 차이를 보이도록 한다는 선행연구들을 지지한다(Kraft, Novie, and Kulhavy, 1985; Bekkering and Neggers, 2002; Rayner, Miller, and Rotello, 2008; Hölscher, Tenbrink, and Wiener, 2011).

5. 선행 학습전략의 지도탐색 과제에 대한 전략적 전이

본 두 번째 실험연구는 운전집단의 학생들이 경관을 탐색하던 전략을 다른 맥락에 전이시켜 활용할 수 있는지를 시험해 보기 위해 진행되었다. 이 가능성을 알아보기 위해서 참가자들로 하여금 실험 1을 마치고 나서 지도탐색 과제를 수행하도록 하였다.

1) 실험 참가자와 자료

실험 1과 2의 참가자들은 동일하다. 실험 1과 같이 실험집단은 운전집단으로 이어진다. 본 실험은 사전 학습의 단계에서 보였던 과제의존성의 영향이 다른 맥락에서의 문제해결의 과정에 영향을 미치는지를 알아보려고 하였다.

실험도구로는 인터넷에서 흔히 볼 수 있는 지도 10개를 사용했다. 지도는 서울 및 지방의 주요도시 10곳을 대상으로 하였다. 그림 4를 보면 사용된 지도와 관심영역 그리고 목표지점의 위치를 어떻게 배치하였는지 알 수 있다. 지도를 보기 전에 미리 제시되는 목표지점은 가로와 세로 각각 100픽셀에 해당하는 크기의 지점이었고, 모두 구조정보(도로, 도로명)와 형태정보

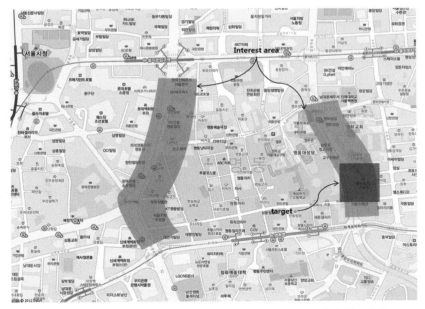

그림 4. 지도탐색 과제에 활용된 사례 이미지에서의 관심영역과 목표지점

(기호, 글자)를 포함하도록 하였다. 구조정보에 해당되는 도로와 인접한 부분을 관심영역으로 설정하여 분석에 활용하였다. 지도의 축척은 모두 통일하였고, 해상도는 1024×768로 하였다.

2) 실험 과정

실험 2는 실험 1을 마친 후 바로 진행되었다. 과정이 진행되기 전 연구자는 참가자에게 "이전 활동에서 사진을 어떻게 탐색하였는지를 기억하세요"라는 안내를 하도록 했다. 총 10장의 지도를 탐색하는 과제가 부여되었다. 참가자는 조이스틱으로 화면 전환을 하도록 하였다. 지도가 주어지기 전 탐색해서 찾아내야 할 목표지점의 이미지를 먼저 확인한다. 그리고 버튼을 누르면 그 목표지점이 포함된 지도가 나타난다. 그리고 지도 속 목표지점을 찾는 과제로 진행되었다. 1장의 지도는 20초 동안 제시되고 목표물을 찾으면 목표물에 시선을 고정하면서 쥐고 있던 버튼을 누르면 바로 다음 화면으로 넘어가도록 조작하였다. 본 실험을 통해 기대했던 것은 이전 실험에서 운전전략으로 지시를 받은 학생이 지도에서 구조적 정보를 보다 잘 활용하며, 보다 신속하게 목표물을 찾아 낼 것이라는 점이다. 지도는 도로가 많을수록 찾기가 힘들어진다. 따라서 지도의 제시순서를 무작위로 조작하였다.

3) 결과

결과분석은 실험 1과 같이 질적·양적 분석을 병행하였다. 질적분석의 대상이 된 그림 5는 각 그룹의 전형적인 안구운동의 탐색패턴을 보여 준다. 감상집단의 참가자는 총 65회 고정이 발생했으며, 고정의 패턴은 체계적이지 않게 나타난다(그림 5a). 사례에서 참가자는 지도의 중앙과 지하철역 부근처럼 눈에 띄는 곳에 시선을 많이 고정시켰다. 하지만, 목표물의 특징과는 거리가 먼 곳이었다. 이 결과는 통제집단의 참가자가 목표물의 특징에 따른 효과적인 탐색전략을 활용하지 못한다는 것을 보여 준다. 시선고정지도(그림 5b)는 이 결과를 잘 보여 주고 있다. 감상집단 참가자의 안구운동 패턴을 보면 극적인 차이를 볼 수 있다. 참가자는 8번의 고정을 거쳐 목표물을 탐지했다(그림 5c). 대상학생은 3,288ms 만에 빠르고 정확하게 과제를 수행한 것이다(그림 5d). 이 수행은 감상집단의 평균 목표탐지 시간인 12,469ms에 비해 큰 차이를 보였다. 요약하자면, 감상집단은 지하철역 표시나 굵은 글씨 등의 눈에 띄는 특징에 주로 시선을 고정한다. 이들 참가자는 구조적인 정보에 주의를 두지 않고 눈에 띄는 특징에 집중하는 경

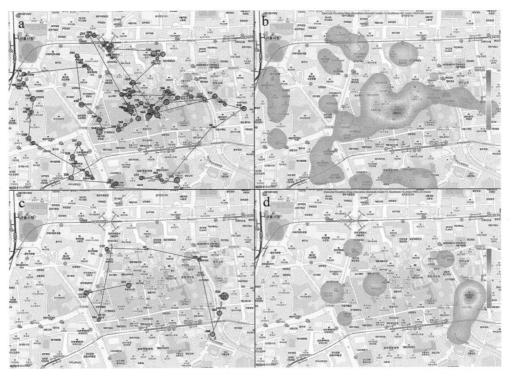

그림 5. 서울지도에 대한 안구운동 탐색 결과 이미지. a와 b는 차례로 감상집단의 고정과 도약의 결과와 시선고정지도를 나타냄. c와 d는 운전집단의 결과화면을 나타냄.

향을 보였다. 그러나, 실험집단의 참가자는 공간적 구조를 빠르게 이해하고 경로와의 관계를 통해 쉽게 목표물을 탐지했다.

참가자들의 일반적인 탐색의 패턴은 양적 분석을 통해 비교해 볼 수 있다. 실험 1과 같이 혼합선형모형을 활용하였다. 총 4가지의 결과자료에 기존의 고정변인을 적용하여 분석하도록 구상되었다. 총 10번의 시행 중 얼마나 많은 목표물을 탐지했는지의 정확도와, 관심영역에 얼마나 오랫동안 눈이 고정했는지를 나타내는 고정시간비율과 목표물을 탐지하는 데까지 걸린 시간인 반응시간을 종속변인으로 하였다. 실험 참가자와 자극의 종류(지도이미지)는 무선효과로 두고 실험 1에서의 지시조건, 학교급, 성별, 공간능력을 독립변인으로 처리하였다. 따라서 각각의 종속변수들에 대한 독립변수들이 가지는 효과를 각 종속변수 별로 분석을 시도하였다.

고정시간비율은 지시조건과 공간능력의 영향을 받은 것으로 나타났다(표 5). 고정시간비율은 운전집단이 감상집단에 비해 5% 더 높게 나타났다. 다른 두 가지 종속변수는 지시조건에 의해서만 영향을 받는 것으로 나타났다(표 6, 7). 실험집단의 학생들의 정확도가 1.41만큼 높은 것으로 나타났고, 반응시간은 3,183ms 만큼 빨랐던 것으로 나타났다. 전체적으로 운전집단의 참가자가 감상집단에 비해 관심영역에 시선 고정을 더 많이 하였고, 더 빠르고 정확하게 지도의 목표지점을 탐지했다. 운전집단 학생들은 전략적으로 관심영역의 정보들을 활용하여 목표물의 위치를 탐지해 낸 반면, 감상집단의 학생들은 지도의 정보를 효과적으로 활용하는 탐색 전략을 잘 활용하지 못했다. 공간능력은 통계적으로 고정시간비율에 영향을 주었지만 다른 종속변인에는 영향을 미치지 못한 것으로 나타났다. 이는 학생들이 가지고 있는 공간능력이 과제 수행에 큰 영향을 미치지 못한 것으로 볼 수 있다.

요약하면, 실험 2는 학생들의 학습경험, 특히 시공간 표상을 능동적으로 활용하는 것과 같

표 5. 관심 영역의 고정시간 비율에 대한 독립변인들 적용 결과

	추정치	표준오차	t 값	Pr(>|t|)
(Intercept)	0.068	0.048	1.43	0.164
집단(지시조건)	0.051	0.015	3.522	0.002
학교수준	−0.006	0.014	−0.432	0.669
성별	−0.003	0.016	−0.205	0.839
방향능력	0.004	0.002	2.055	0.05

표 6. 정확도에 대한 독립변인들 적용 결과

	추정치	표준오차	Z 값	Pr(>|t|)
(Intercept)	−1.651	1.953	−0.845	0.34
집단(지시조건)	1.41	0.373	3.779	〈0.001
학교수준	0.068	0.355	0.193	0.847
성별	0.097	0.4	0.242	0.809
방향능력	0.083	0.048	1.713	0.087

표 7. 반응시간에 대한 관심 독립변인들 적용 결과

	추정치	표준오차	t 값	Pr(>|t|)
(Intercept)	11280.21	7156.29	1.576	0.126
집단(지시조건)	−3183	1375.91	−2.313	0.029
학교수준	−1127.840	1368.39	−0.824	0.417
성별	708.51	1463.49	0.484	0.632
방향능력	18.68	178.9	0.104	0.918

은 경험은 다른 맥락의 과제 수행에도 유의미하게 영향을 준다. 실험 1에서 운전조건 그룹에 해당된 참가자는 실험 2의 지도에서 목표물 찾기 과제에서도 더 나은 수행능력을 보여 주었다. 학생들이 실험 1을 통해 구조적인 정보를 활용하는 전략을 수립한 것이 실험 2의 과제수행에 전이되어 나타난 것이다.

6. 마치며

본 연구는 서로 다른 과제의존성이 같은 시공간표상 정보에 어떻게 다르게 주목하는지, 그리고 인지적인 전략이 하나의 과제에서 비슷한 맥락의 다른 과제로 전이되는지를 알아보기 위한 것이었다. 학생들의 문제 해결 전략을 조사하기 위해서 안구운동 연구 방법을 수행하였다. 실험 1에서는 참가자가 조망경관을 담은 항공사진에 대해서 자동차를 운전하는 조건과 여행자로서 감상하는 조건의 지시를 두 그룹으로 나뉘어 받았다. 학생들의 안구운동을 질적으로 분석한 결과 운전집단의 학생들이 사진 속의 경로나 경로들 간 연계 등의 구조정보에 더 초점을 두었다. 양적 분석은 앞선 질적 분석의 결과를 지지해 주었다. 두 그룹 간 관심영역에 대한 고정시간 비율과 총 고정시간의 차이는 과제조건에 따라 달리 나타났다. 다른 종속변수인 친밀감, 학교급, 성별, 자기 보고식 공간능력은 중요한 영향을 미치지 못한 것으로 나타났다. 실험 2에서 참가자는 도로지도상 특정 위치를 나타내는 목표지점을 탐색하도록 하였다. 이는 실험 1의 과제조건의 차이가 비슷한 다른 맥락의 과제수행에 영향을 미치는지를 알아보기 위해 구상된 것이었다. 특히 실험 1에서의 과제수행 전략이 실험 2의 과제수행에 전이되는지를 알아보려 했고, 결과는 그러한 예측을 지지했다. 운전집단은 경로 정보, 그리고 경로와 특징의 관계에 초점을 두는 경향이 나타났다. 이 학생들은 빠르고 정확하게 지도 탐색 임무를 수행했다. 양적인 분석에서 포함된 종속변수들의 결과 또한 과제조건의 효과를 지지하는 결과를 보였다. 결국 과제의존성은 학생들의 학습과 다른 맥락으로의 전이에 중요한 영향을 준다고 제안한다.

본 연구가 기여하는 바는 다음의 두 가지로 정리해 볼 수 있다. 첫째, 과제의존성이 학생들의 지리적 학습에 중요한 영향을 미치며, 이는 자료가 달라지지 않아도 더 나은 학습효과를 유발할 수 있다는 것을 밝혔다. 더욱이 복잡한 처치를 통하지 않고서 간단한 과제 단어 몇 개의 차이를 통해서 과제의존성의 차이를 밝혔다는 데 그 의의를 둘 수 있다. 지리교육에서 효과적인 과제지시의 개발이 학습자들의 의미 있고 현장감 있는 학습을 가능하게 할 수 있다. 특히 본 연구를 통해서 학습자료에 대한 학습자들의 능동적인 역할이 중요하다는 점을 강조해 볼 수 있다.

둘째, 학습자들의 인지적 기능을 조사하는 기술로서 안구운동 연구 방법의 효과를 보여 주었다. 안구운동 연구 방법의 유용성에도 불구하고 국내외의 지리교육 연구에서 그간 잘 사용되지 않았다. 다른 연구 방법과 달리 안구운동 분석은 학생들의 시각정보처리 과정을 직접적으로 보여 준다. 다양한 시각적 학습자료를 활용하는 지리교육 연구에서 이 기술은 더욱 유용할 것이라 사료된다. 그러나 아무리 유용한 기술이라 하더라도 한계가 있다는 점은 지적될 필요가 있다. 안구운동 연구는 사람의 시선과 정보 처리 간의 밀접한 관계를 전제로 한다(Just and Carpenter, 1980). 많은 연구들이 이런 관계의 정당성을 지지하고 있고 많은 현행 연구들이 관련하여 추가로 진행되고 있다. 그렇다 하더라도 여전히 다른 설명은 가능하다. 예를 들어 학습자의 고정이 적절한 자극에 상응하지 않게 발생할 수 있다(Hyönä, 2010). 비록 안구운동 연구의 유용성을 견지한다 하더라도 연구의 구상과 맥락에 따라 다른 방법과 병행하여 활용되어야 할 경우가 존재한다(Van Gog et al., 2009; Jarodzka et al., 2010).

본 연구는 지리 학습에서 과제의존적 특성을 안구운동 연구 방법을 활용하여 분석한 초기 단계에 해당된다. 앞으로는 본 연구에서 발견한 내용을 더욱 정당화하기 위해 보다 나아가 효과적인 학습자의 학습반응을 유발하는 과제에 대한 연구가 필요하다. 추가적으로 학습자들의 시공간적 정보활용의 과정을 탐색하기 위해 다양한 지도에 대한 학습, 원격탐사 이미지의 교육적 활용, 지도의 스케일에 따른 인지적 차이 등에 대한 연구를 제안해 본다. 마지막으로 본 연구를 발판으로 연구 방법과 관심 주제를 조금씩 변형해서 다양한 분야에 적용되어 다양한 지리적 학습자료를 활용할 때 학습자들이 가지는 인식의 난점을 해소할 수 있길 바란다.

요약 및 핵심어

본 글은 지리적 학습의 전이에 대해 과제의존성의 역할과 효과를 검증하는 실험 연구이다. 안구운동 분석 기법으로 두 차례의 실험을 통해 학생들의 과제 수행을 측정했다. 실험 1에서 참가자는 두 집단으로 나뉘어 한 집단은 제시된 도시 조망경관 사진 속을 여행하는 입장에서 보도록 지시를 받았고 다른 집단은 자동차를 타고 경관을 관찰하는 입장에서 보도록 지시를 받았다. 이어지는 실험 2에서는 참가자에게 도로 지도의 작은 목표물을 먼저 보여 준 후 전체 지도에서 위치를 찾도록 하는 과제를 부여하였다. 결과는 운전집단 조건의 참가자들이 도로나 연결망 같은 지도의 구조적 정보에 집중을 더 많이 하였다. 이 결과는 조망경관에서 운전조건의 탐색 전략이 지도의 과제 수행으로 전이된 것으로 분석되었다.

과제의존성(task demand), 안구운동(eye movement), 공간적 지식, 시공간적 표상(visuospatial representation), 구조적 정보

더 읽을 거리

Golledge, R. G.(ed.), 1999, *Wayfinding Behavior: Cognitive Mapping and Other Spatial Processes*, Baltimore: Johns Hopkins University Press.

Shah, P., & Miyake, A.(eds.), 2005, *The Cambridge handbook of visuospatial thinking*, Cambridge University Press.

참고문헌

권효석·이장한, 2005, "길찾기 능력 검사의 개발 및 타당화 연구", 한국심리학회지, 24(2), 1-10.

김기남, 2012, "경관에 대한 친밀성을 달리하는 언어정보에 따른 선호도와 공간적 패턴인지의 차이연구", 한국지리환경교육학회지, 20(1), 95-110.

김기남, 2013, 행동관계의 조절이 공간정보의 지각과 활용에 미치는 효과, 서울대학교 박사학위논문.

Baayen, R. H., Davidson, D. J., and Bates, D. M., 2008, Mixed-effects modeling with crossed random effects for subjects and items, *Journal of Memory and Language*, 59 (4), 390-412.

Bednarz, S. W., Acheson, G., and Bednarz, R. S., 2006, Maps and map learning in social studies. *Social Education*, 70(7), 398-404.

Bekkering, H., and Neggers, S. F. W., 2002, Visual search is modulated by action intensions, *Psychological Science*, 13(4), 370-374.

Blaut, J. M., Stea, D., Spencer, C., and Blades, M., 2003, Mapping as a cultural and cognitive universal, *Annals of the Association of American Geographers*, 93 (1), 165-185.

Bodzin, A. M., and Cirucci, L., 2009, Integrating geospatial technologies to examine urban land use change: A design partnership, *Journal of Geography*, 108(4-5), 186-197.

Bojko, A., 2006, Using eye tracking to compare web page designs: A case study, *Journal of Usability Studies*, 3(1), 112-120.

Brunyé, T. T., and Taylor H. A., 2009, When goals constrain: Eye movements and memory for goal-oriented map study, *Applied Cognitive Psychology*, 23(6), 772-787.

Çöltekin, A., Heil, B., Garlandini, S., and Fabrikant, S. I., 2009, Evaluating the effectiveness of interactive map interface designs: A case study integrating usability metrics with eye-movement analysis, *Cartography and Geographic Information Science*, 36(1), 5-17.

De Koning, B. B., Tabbers, H. K., Rikers, R. M., and Paas, F., 2010. Attention guidance in learning from a complex animation: Seeing is understanding? *Learning and Instruction*, 20(2), 111-122.

Devlin, A. S., 2001, The development of spatial cognition: Infants and newcomers. In *Mind and maze: spatial cognition and environmental behavior*, ed. A. S. Devlin, pp.1-39, Westport, CT: Praeger Publishers.

Djamasbia, S., Siegel, M., and Tullis, T., 2010, Generation Y, web design, and eye tracking, *International Journal of Human-Computer Studies*, 68(5), 307-323.

Foreman, N., Foreman, D., Cummings, A., and Owens, S., 1990, Locomotion, active choice and spatial memory in children, *Journal of General Psychology*, 117(2), 215-232.

Fujita, K., Henderson M. D., Eng, J., Trope, Y., and Liberman, N., 2006, Spatial distance and mental construal of social events, *Psychological Science*, 17(4), 278-282.

Goldberg, J. H., and Kotval, X. P., 1999, Computer interface evaluation using eye movements: Methods and constructs, *International Journal of Industrial Ergonomics*, 24(6), 631-645.

Golledge, R. G., 1999, Human wayfinding and cognitive maps. In *Wayfinding Behavior: Cognitive Mapping and Other Spatial Processes*, ed. R. G. Golledge, pp.5-45, Baltimore: Johns Hopkins University Press.

Hart, R. A., and Moore, G. T., 1973, The development of spatial cognition: A review, In *Image and Environment*, eds., R. Downs and D. Stea, pp.246-288, New York: Aldine.

Heffron, S. G., and Downs, R. M., eds, 2012, Geography for Life: National Geography Standards. 2nd ed, Washington, DC: National Council for Geographic Education.

Hegarty, M., A. E. Richardson, D. R. Montello, K. Lovelace, and I. Subbiah. 2002. Development of a self-report measure of environmental spatial ability, *Intelligence*, 30(5), 425-447.

Herman, J. F. 1980, Children's cognitive maps of large-scale spaces: Effects of exploration, direction and repeated experience, *Journal of Experimental Child Psychology*, 29(1), 126-143.

Höscher, C., Tenbrink, T., and Wiener, J. M., 2011, Would you follow your own route description? Cognitive strategies in urban route planning, *Cognition*, 121(2), 228-247.

Hyönä, J, 2010, The use of eye movements in the study of multimedia learning, *Learning and Instruction*, 20(2), 172-176.

Ishikawa, T., and Kastens, K. A., 2005, Why some students have trouble with maps and other spatial representations, *Journal of Geoscience Education*, 53(2), 184-197.

Ishikawa, T., and Nakamura U., 2012, Landmark selection in the environment: Relationships with object characteristics and sense of direction, *Spatial Cognition and Computation*, 12(1), 1-22.

Jarodzka, H., Scheiter, K., Gerjets, P., and Van Gog, T., 2010, In the eyes of the beholder: How experts and novices interpret dynamic stimuli, *Learning and Instruction*, 20(2), 146-154.

Just, M. A., and P. A. Carpenter, 1980, A theory of reading: From eye fixations to comprehension, *Psychological Review*, 87(4), 329-354.

Kim, M., and Bednarz, R., 2013, Development of critical spatial thinking through GIS learning, *Journal of Geography in Higher Education*, 37(3), 350-366.

Kim, M., and Bednarz, R., and Kim, J., 2012, The ability of young Korean children to use spatial representations, *International Research in Geographical and Environmental Education*, 21(3), 261-277.

Kitchin, R., and Blades, M., 2002, *The cognition of geographic space*, New York: I.B.Tauris Publishers.

Kliegl, R., Wei, P., Dambacher, M., Yan, M., and Zhou, X., 2010, Experimental effects and individual differences in linear mixed models: Estimating the relationship between spatial, object, and attraction effects in visual attention, *Frontiers in Psychology* 1 (Article 238): 1-12.

Kraft, G. S., Novie, G. J., and Kulhavy, R. W., 1985, Verbal/spatial task expectations in written instruction, *British Journal of Educational Psychology*, 55(3), 273-279.

Kulhavy, R. W., and Stock, W. A., 1996, How cognitive maps are learned and remembered, *Annals of the Association of American Geographers*, 86(1), 123-145.

Liben, L. S., and Downs, R. M., 1997, Can-ism and can'tianism: A straw child, *Annals of the Association of American Geographers*, 87(1): 159-167.

Liversedge, S. P., and Findlay, J. M., 2000, Saccadic eye movements and cognition, *Trends in Cognitive Sciences*, 4(1), 6-14.

Maruff, P., Danckert J., Camplin, G., and Currie, J., 1999, Behavioral goals constrain the selection of visual information, *Psychological Science*, 10(6), 522-525.

Milson, A. J., and Alibrandi, M., 2008, Critical map literacy and geographic information systems: The spatial dimension of civic decision making, In *The Electronic Republic? The Impact of Technology on Education for Citizenship*, ed, P. J. VanFossen and M. J. Berson, pp.110-128, West Lafayette, IN: Purdue University Press.

Nori, R., and Giusberti F., 2006, Predicting cognitive styles from spatial abilities, *American Journal of Psychology*, 119(1), 67-86.

Ottosson, T, 1988, What does it take to read a map? *Cartographica*, 25(4), 28-35.

Philbeck, J. W., Klatzky, R. L., Behrmann, M., Loomis, J. M., and Goodridge, J., 2001, Active control of locomotion facilitates nonvisual navigation, *Journal of Experimental Psychology: Human Perception and Performance*, 27(1), 141-153.

Piccardi, L., M. Risetti, and R. Nori. 2011. Familiarity and environmental representations of a city: A self-report study. Psychological Reports, 109(1), 309-326.

Pieters, R., and Wedel, M., 2007, Goal control of attention to advertising: The Yarbus implication, *Journal of Consumer Research*, 34(2), 224-233.

Rayner, K., 2009, Eye movements and attention in reading, scene perception, and visual search, *The Quarterly Journal of Experimental Psychology*, 62(8), 1457-1506.

Rayner, K., Miller, B., and Rotello, C. M., 2008, Eye movements when looking at print advertisements: The goal of the viewer matters, *Applied Cognitive Psychology*, 22(5), 697-707.

Rayner, K., Rotello, C. M., Stewart, A. J., Keir, J., and Duffy, S. A., 2001, Integrating text and pictorial information: Eye movements when looking at print advertisements, *Journal of Experimental Psychology*: Applied, 7(3), 219-226.

Schmidt-Weigand, F., Kohnert, A., and Glowalla, U., 2010, A closer look at split visual attention in system- and self-paced instruction in multimedia learning, *Learning and Instruction*, 20(2), 100-110.

Schwartz, N. H., and Phillippe, A. E., 1991, Individual differences in the retention of maps, *Contemporary Educational Psychology*, 16(2), 171-182.

Siegel, A. W., and White, S. H., 1975, The development of spatial representations of large-scale environments, In *Advances in child development and behavior*, ed. H. W. Reese, pp.9-55. New York: Academic Press.

Trope, Y., and Liberman N., 2010, Construal-level theory of psychological distance, *Psychological Review*, 117(2), 440-463.

Uttal, D. H., 2000, Seeing the big picture: Map use and the development of spatial cognition, *Developmental Science*, 3(3), 247-264.

Van Gog, T., 2010, Eye tracking as a tool to study and enhance multimedia learning, *Learning and Instruction*, 20(2), 95-99.

Van Gog, T., Kester, L., Nievelstein, F., Giesbers, B., and Paas, F., 2009, Uncovering cognitive processes: Different techniques that can contribute to cognitive load research and instruction, *Computers in Human Behavior*, 25(2), 325-331.

Van Gompel, R. P. G., Fischer M. H., Murray, W. S., and Hill, R. L., 2007, *Eye movements: a window on mind.* Oxford, UK: Elsevier.

Verdi, M. P., and Kulhavy, R. W., 2002, Learning with maps and texts: An overview, Educational Psychology Review, 14(1), 27-46.

Wiener, J. M., Büchner S. J., and Hölscher, C., 2009, Taxonomy of human wayfinding tasks: A knowledge based approach, *Spatial Cognition and Computation*, 9(2), 152-165.

제10장

지리교육에서 지오클라우드의 이해와 적용*

전보애

가톨릭관동대학교

* 본 연구는 전보애(2012, 2013)를 수정·보완한 것임.

1. 들어가며

디지털 정보의 생산을 정보화 사회의 시작으로 본다면 우리는 이제 수집된 정보를 가공, 분석하여 의사결정에 활용하고, 미래를 예측하는 스마트 사회(Smart Society)로 들어섰다(한국정보화진흥원, 2011). 2000년대 이후 유무선 정보통신(information technology, IT) 인프라의 급속한 확산과 보급, 센서 기반의 소형 통신장치의 확산, 스마트폰의 보급과 응용프로그램의 확산으로 정보의 양이 기하급수적으로 확대되고 있다. 스마트 사회에서는 소셜네트워크(Social Network) 및 상황정보(Context Information), 유무선 센서정보를 수집·가공·분석하여 문제를 해결하고, 의사결정에 활용하는 등 융복합 정보를 통한 맞춤형 서비스를 창출하는 것이 핵심이슈이다. 이러한 정보통신 기술의 발전은 스마트 사회를 구현할 수 있는 핵심기술인 지오클라우드(GeoCloud), 공간빅데이터, 실내위치추적, 증강현실, 지오소셜네트워킹(GeoSocial Networking), 링크드 데이터(Linked Data) 등 공간정보 기술을 부각시키고 있다.

피그램과 스콧(Pigram & Scott, 2011)은 공간정보 관련기술이 부각되는 또 다른 이유를 '공간'이 수익, 비용, 시간과 함께 의사결정의 한 요소로 작용하고, 모든 의사결정의 80% 이상을 차지하기 때문이라고 보았다. 즉, 실세계는 시간과 공간으로 구성되어 있고, 이를 기반으로 인간의 행위가 이뤄지므로 대부분의 사회문제 해결을 위한 의사결정과정에서 공간정보는 매우 중요한 역할을 한다. 스마트폰 등 무선 정보통신 인프라와 빠르고 쉬운 응용프로그램을 이용하여 직접 공간정보를 생산·가공·공유·활용할 수 있는 기반이 마련된 것이 스마트 사회의 변화된 공간정보 활용의 예라고 할 수 있다. 세계적인 시장조사 기관인 플레시먼힐라드(Fleishman Hillard, 2012)의 보고서에 따르면 스마트폰 사용자의 80%가 위치기반서비스(Location-Based Service, LBS)를 가지고 있고, 그중 절반 정도가 자신의 현재 위치를 기반으로 제공되는 할인, 이벤트 등을 사용하고 있다고 응답한 것으로 나타나 공간정보와 관련한 환경변화가 이미 우리의 일상생활에 많은 영향을 미치고 있음을 알 수 있다.

공간정보 관련 환경의 변화 중에서도 가장 주목받는 트랜드가 지오클라우드 혹은 클라우드 GIS(Cloud GIS)이다. 2007년 세계 경제위기 이후, 정보통신 분야는 클라우드 컴퓨팅(cloud computing) 혹은 클라우드라는 새로운 패러다임으로 전환하고 있다. 클라우드 컴퓨팅의 발전은 공간정보를 활용하는 GIS 분야에도 많은 변화를 가져올 것으로 예견되고 있고, '공간정보를 활용하는 클라우드'라는 의미에서 지오클라우드라는 용어가 등장하였다.

지오클라우드로 GIS 분야가 전환기를 맞이하면서, GIS 서비스의 개발자와 사용자들의 행태와 IT 분야의 문화도 함께 변화하고 있다. 최근 등장하고 있는 장소를 기반으로 한 소셜네트워크 서비스(Social Network Service, SNS)들은 기존의 서비스에 위치기반서비스(Location-Based Service, LBS)를 통합한 이른바 지오소셜네트워킹(Geosocial Networking)이라 불리며, 웹 2.0의 사용자 참여와 협력적 공간의사결정을 지원하는 도구로 발전하고 있다. 또한 스마트폰과 같은 모바일 기기를 통해서 사진, 문서, 음원, 동영상과 같은 다양한 멀티미디어에 대한 지오태킹(GeoTagging)이 급속하게 증가하면서, 위치정보를 활용한 응용 사례들이 등장하고 있다. 굿차일드(Goodchild, 2007)는 이와 같이 사용자 대중의 참여를 통해 자발적으로 생성되고 구축되는 지리정보를 자발적 지리정보(Volunteered Geographic Information, VGI)라 정의하였다. 위키맵피아(WikiMapia), 오픈스트리트맵(OpenStreetMap) 및 구글맵스(Google Maps) 등이 대표적인 사례로 사용자들의 참여 속에 다양한 GIS데이터가 이 순간에도 생성되고 있다. 즉, VGI는 지오소셜네트워킹(Geosocial Networking) 속에서 발생하는 UCC(user-created content)라고 볼 수 있다.

이상에서 논의한 IT와 디지털 환경의 변화가 미치는 파급효과의 영향에서 교육 분야도 예외가 아니다. 교육도 제공자 중심으로 이루어지던 모든 정보의 흐름이 수용자 중심으로 변경될 것이고, 교실이라는 한정된 공간에서 교사 1인에 의해 지식이 전달되던 방식에서 학생, 더 넓게는 학습 커뮤니티(learning community)와 사용자 중심으로 바뀌고 있다(오세민, 2012).

이 장에서는 새로운 패러다임으로 주목 받고 있는 클라우드와 지오클라우드의 특징을 파악하고, 지리교육에서 지오클라우드의 활용가능성을 검토해 보고자 한다. 또한, 지오클라우드 서비스를 활용한 지리 수업 자료의 사례를 제시하고 어떤 장점이 있는지 살펴보고자 한다. 이를 통해 현재 중등교육에서 GIS 교육이 직면하고 있는 많은 문제점들 즉, 데스크탑 GIS(desktop GIS)를 주축으로 GIS 교육에 접근할 때 반드시 부딪히게 되는 여러 가지 장애물들을 뛰어넘을 수 있는 하나의 방안으로 지오클라우드가 어떻게 교실에서 활용될 수 있는지를 고찰해 보고자 한다.

2. 클라우드와 지오클라우드

1) 클라우드와 교육

클라우드는 아직 성숙된 기술이 아니고 현재 진행 중인 분야이기 때문에 매우 다양한 정의들이 있다(Yoo, 2011; Vouk, 2008; Jager et al., 2008). 저명한 IT 분야 전문 잡지인 메킨지(McKinsey Quarterly)는 클라우드 컴퓨팅에 관해 22개 이상의 상이한 정의가 있다고 발표하였다(Vaquero et al., 2009에서 재인용). 그런 의미에서 클라우드 컴퓨팅에는 아직 합의된 정의가 없다고 보는 것이 더 정확하다. 그러나 일반인들이 이해하기 쉽게 말한다면, 클라우드 컴퓨팅은 인터넷과 같은 원격환경(Cloud)에서 무엇인가 복잡한 작업들(컴퓨팅)이 이루어지고 있음을 내포하고 있다. 즉, 다양한 정의 속에서도 공통적인 특징들을 찾을 수 있는데, 사용자 중심의 서비스 모델이라는 점과 누구나 접속이 가능한 인터넷이라는 통신네트워크를 전제로 한다는 점이다.

클라우드의 이용방식을 중심으로 그 특징을 좀 더 살펴보면, 클라우드는 IT 자원의 이용방식을 '소유'에서 '임대'의 개념으로 전환하여 외부의 컴퓨팅 자원을 인터넷에 접속하여 사용하고, 사용한 만큼 사용료를 지불하는 방식을 지칭한다(장석권, 2012, 1). 다음으로 클라우드의 기술적인 특성에 따른 일반적인 분류를 살펴보면, IaaS(Infrastructure as a Service), PaaS(Platform as a Service), SaaS(Software as a Service), DaaS(Data as a Service)의 네 가지 주요 서비스 모델로 구분하여 설명할 수 있다(표 1 참고).

클라우드는 인프라, 데이터, 플랫폼, 소프트웨어 등 거의 모든 컴퓨팅 서비스를 인터넷에 접속할 수 있는 누구나 빠르고 쉽게 사용할 수 있다는 접근성과 함께 자원 활용의 효율성 증진, 비용절감 등의 경제적 혜택이 기대된다. 따라서 기업 등 민간부문에서도 활용이 기대되고 있으나, 정부 및 지방자치단체 등 공공부문에서 폭넓은 활용이 전망된다.[1]

클라우드의 효과가 극대화될 것으로 보는 분야가 공공부문에서도 특히 교육과 보건이다. 비스와스(Biswas, 2011)는 클라우드의 활용이 미래의 교실을 바꿀 것이라고 전망하고 있다. 즉,

---

1. 물론, 모든 기술이 그렇듯, 클라우드 컴퓨팅도 넘어야 할 과제와 문제점을 가지고 있다. 그중 가장 큰 단점은 원격접속에 의한 해킹과 다수의 사용자들의 데이터에 대한 저작권 보호 및 사용량에 대한 적합한 비용부담 책정 등의 문제를 들 수 있다. 이 장에서는 클라우드 컴퓨팅의 교육적 활용과 적용가능성에 집중하고 있어 이러한 기술적인 문제에 대한 논의는 제외하기로 한다.

표 1. 클라우드의 특징과 GIS 활용 사례

서비스 모델	특징	GIS 활용 사례
SaaS	웹브라우저를 기반으로 한 소프트웨어 활용	• 구글 퓨전테이블 • GIS Cloud, Indiemapper, MapBox 등
DaaS	인터넷을 통한 데이터 접속	• NSDI의 사례 (예: 유럽의 INSPIRE) • Google Maps, OpenStreetMap, BingMaps의 사례
PaaS	원격환경에서 응용프로그램개발 지원	• GeoPoral (예: Geocommons.com, vworld.kr)
IaaS	가상머신 및 IT 인프라를 활용한 고성능 컴퓨터 서비스 임대	• 아마존 EC2 (ArcGIS Server 활용 사례)

주: 위의 분류는 매우 가변적인 클라우드와 지오클라우드의 특성상 단정적인 예라고 보기는 어렵다. 예를 들어, DaaS로 활용되는 예가 PaaS의 기능도 하는 경우가 적지 않고, 그 반대의 경우도 많다. 따라서 위의 GIS 활용 사례는 하나의 예시적인 분류라고 보는 것이 옳다.

지리적으로 멀리 떨어진 곳의 정보 격차 해소, 정보교육 환경의 차이로 인한 교육기회의 불균등 완화, 컴퓨팅 환경의 유지, 관리, 운영에 대한 경제적 부담 완화 등과 같은 다양한 긍정적인 측면을 제시하고 있다. 예를 들어, 멀리 섬에 살고 있는 학생들도 인터넷 접속을 통해 필요한 교육정보를 활용할 수 있고, 교사와 학생 모두 교실에 국한되지 않고 집에서건 여행지에서건 조별과제를 함께 수행할 수도 있고, 교사는 필요한 피드백을 제공할 수 있다. 또한 많은 대학들이 한정된 예산 때문에 값비싼 서버와 소프트웨어, 고성능의 컴퓨터가 필요한 프로그래밍 수업이나 공학적 시뮬레이션 수업 등을 학생들에게 제공하지 못하고 있지만, 만약 클라우드의 IaaS나 SaaS를 활용한다면 MIT에서나 가능한 알고리즘 수업을 아시아의 한 작은 대학에서도 개설할 수 있을 것이다.

이상에서 클라우드의 정의, 특징, 종류, 장점, 및 활용 분야에 대해 살펴보았다. 특히, 교육 분야에서 클라우드 컴퓨팅의 활용은 지리적으로 먼 거리에 있는 수요자나 IT 환경이 열악한 기관·단체·개인에도 우수한 교육서비스를 제공할 수 있고, 교육의 질과 교육기회의 균등 측면에서 매우 필요한 기술임을 확인하였다.

2) 지오클라우드와 지리교육

IT 발달과 더불어 공간정보 산업도 혁신을 거듭하고 있다. 공간정보 산업은 기본적으로 대용량의 데이터와 막대한 예산이 들어가는 산업 분야로 주로 정부나 지방자치단체의 주도하에 시행되었다. 공간정보를 주로 활용하는 주체가 정부 및 공공분야이고, 대용량 공간정보의 저장과 활용이 필수적인 이들 분야에서 클라우드 컴퓨팅의 역할은 더욱 극대화될 것이다(Olson, 2009; Blower, 2010; Yang et al., 2011). 그런 의미에서 지오클라우드(지오클라우드)라는 개념이 등장하였다. 앞에서 살펴본 클라우드 서비스 모델(IaaS, DaaS, PaaS, SaaS 등)에 따라 지오클라우드를 구분하여 살펴보면 다음과 같다(표 1).

우선, IaaS의 사례로는 Amazon EC2(Elastic Compute Cloud)가 대표적이다. ESRI사의 ArcGIS Server는 Amazon EC2라는 원격지의 물리적인 컴퓨터를 사용하는 가상머신이다. Amazon EC2는 대용량 저장 공간을 사용하는 GIS서버 사용자들에게 임대 형태로 인프라를 서비스하고 있다.

사용자들 간의 공간정보 공유와 데이터 수집, 이용 및 의사결정지원을 목적으로 하는 NSDI는 DaaS의 특징을 갖고 있다. DaaS 모델을 통해서 저렴한 비용으로 보다 많은 공간정보에 대한 효율적인 활용이 가능하게 되었고, 방대한 공간정보의 공유는 정부기관들 간의 자원공유, 검색, 관리향상을 도모할 수 있게 되었다. DaaS는 또한 다양한 비즈니스모델을 통해 NSDI에 재정적인 지원을 하기도 한다. 현재 유럽의 INSPIRE는 가장 대표적인 DaaS형태의 NSDI 사례라고 할 수 있고, 구글맵스, 빙맵스(BingMaps), ArcGIS Online 등의 서비스와 3D 지도 서비스인 구글어스(Google Earth) 등도 공간정보를 공유한다는 점에서 DaaS의 사례들이다. 이 밖에 매시업과 같은 형태로 웹 데이터를 제공하는 경우도 있고, WMS(Web Map Service)같은 웹 기반의 공간정보 서비스도 있다.

최근 등장하고 있는 공공기관들의 지오포털(GeoPortal)[2]은 공간정보 플랫폼으로서 PaaS의 특징을 갖고 있다. 정부 및 지리정보 관리자들은 지오포털을 가장 잠재적인 미래의 공간정보 프로그램으로 주목하고 있으며, NSDI와 협력을 통해 지리정보를 사용자에게 보급하는 기술 및 접근을 허용하는 표준 아키텍처로써의 역할을 할 것으로 기대하고 있다. 즉, 공간정보 플랫폼으로서 지오포털은 정부 및 관련기관들에게 응용프로그램들을 제공하고, 인터넷을 통해 공간정보를 공유하는 기능을 담당한다. GeoCommons(geocommons.com)는 가장 대표적인 PaaS의 예로 비상업적인 목적의 데이터 공유, 지오프로세싱(Geoprocessing), 공간분석 서비스를 제공하고 있다. 한국의 경우, 국토해양부가 개발한 브이월드(VWORLD, www.vworld.

2. 지오포털은 웹상의 포털사이트로 인터넷을 통하여 지리정보를 검색 및 취득하고, 그와 관련된 다양한 지리적 서비스(예를 들어, 지리정보를 편집, 분석, 표현하는 등)를 제공하는 곳으로, GIS의 효과적인 활용과 공간정보인프라(Spatial Data Infrastructure, SDI)에 매우 중요한 역할을 수행한다. 국제적인 지오포털로는 ArcGIS Online Global(http://www.esri.com/software/arcgis/arcgisonline)이 있다.

kr)가 여기에 해당한다. 브이월드는 공간정보 오픈 플랫폼으로 국가가 보유한 방대하고 다양한 공간정보를 누구나 쉽고 비용 없이 활용할 수 있는 웹 기반의 공간정보 활용체제로 한국형 구글어스를 표방하며 3D 뷰어 등 다양한 프로그램 및 정보를 제공하고 있다.

SaaS는 사용자가 자신의 컴퓨터에 GIS프로그램을 다운받아 설치할 필요 없이 웹상에서 GIS 애플리케이션을 즉시 사용 가능한 것으로 GIS 클라우드(www.giscloud.com), 구글의 퓨전테이블(www.google.com/fusiontables), 인디매퍼(www.indiemapper.io) 등이 대표적인 사례라고 할 수 있다. 이러한 서비스들은 사용자가 자신의 공간정보를 업로드하고, 처리하고, 지도를 작성할 수 있는 기능을 제공한다.

이상에서 살펴본 바와 같이 클라우드 컴퓨팅이 공간정보 산업 분야에 가져올 변화는 매우 클 것으로 예상되며, 그 서비스의 형태와 방법도 진화를 거듭하고 있다. 밀슨(Milson, 2011)은 새로운 패러다임으로 등장한 지오클라우드가 GIS 교육[3]의 중요한 트렌드가 될 것으로 내다보았다. 지오클라우드는 다양한 기능과 서비스를 제공하고 있다. 이들 가운데 중등교육에서 직

---

3. GIS의 대중적인 성장과 함께 IT의 발달로 GIS 교육 분야에 대한 관심과 수요도 증대되었다(오충원, 2005). 그동안 국내의 GIS 교육에 관한 연구는 크게 세 가지 흐름으로 전개되었으며, 대학교의 GIS 관련 학과 등 고등교육기관의 전문 인력 양성과정 과정에 대한 연구(성효현, 1993; 이호근·이기원·이종훈 등, 1997 참고), 일반 대중과 더 넓은 수요층을 대상으로 한 연구(강영옥·이영주, 2004; 연상호·이영욱, 2003 등 참고), 그리고 중등교육에서 GIS의 활용에 관한 연구(김감영·이건학, 2002; 이민부·김남신·반성규, 2008; 이종원, 2011; 오충원·성춘자, 2003; 황만익, 1998)가 폭넓게 진행되었다. 특히, 중등교육 분야에서도 지리교육에서 GIS를 활용하는 방안에 대한 연구가 국내의 GIS 교육의 중요한 부분을 차지하고 있다. 그러나 많은 학자들이 GIS를 중등교육에 활용할 경우 얻을 수 있는 장점과 잠재력을 주장함에도 불구하고 아직도 중등교육에서 GIS교육의 위치는 매우 낮은 편이다. 중등교육에 GIS를 도입하는 데 가장 큰 어려움은 GIS를 교육하기 위한 물리적인 하드웨어, 소프트웨어 환경을 구축하는 데 드는 높은 비용, 전문성 결여의 문제점, 공간데이터의 부족, 기술적·행정적 지원의 미비, 실제 수업에 활용할 수 있는 모듈 개발의 어려움 등이 제기되어 왔다(김민성, 2010; 이종원, 2011). 이를 극복하기 위한 대안들도 함께 제시되었는데, 고가의 전문적인 상용 GIS 소프트웨어 대신에 무료로 사용할 수 있는 GIS 소프트웨어(예를 들어, 리눅스 기반의 GIS 소프트웨어인 GRASS (Geographic Resources Analysis Support System)로 대체하자는 논의, 인터넷 GIS(Internet GIS)를 활용하자는 논의(예를 들어, 김감영·이건학(2002)은 ArcIMS를 이용한 인터넷 맵핑(internet mapping)을 대안으로 제시), 이러닝(e-Learning)과 결합한 WebGIS를 지리 학습자료로 제공하자는 주장(이민부·김남신·반성규, 2008), 좀 더 폭넓은 공간정보기술(geospatial technologies)을 활용하는 교수·학습모듈 개발의 제안(이종원, 2011)은 무료 프로그램인 구글어스, AEJEE(ArcExplorer Java Edition for Education)등을 사용) 등 다양한 방안이 강구되었다. 그러나 리눅스 기반의 소프트웨어는 PC를 주로 사용하던 사용자가 시도하기 어려운 점으로 인해 활용도가 낮았다. 그리고 인터넷 GIS와 여기에서 조금 더 발전된 형태인 WebGIS(WebGIS은 GIS와 클라우드 컴퓨팅의 한 접점이라고도 볼 수 있다. 기존의 WebGIS와 클라우드 기반의 GIS인 지오클라우드와의 차이점은 '사용자의 참여를 어느 정도까지 보장해 주는가?'로 구분할 수 있을 것이다. 기존 WebGIS의 경우 사용자가 사용하는 서비스의 참여가 서비스 제공자의 일방적이었던 반면, 지오클라우드는 사용자가 직접 지도를 제작한다든지 혹은 기존 서비스에 자신의 데이터를 추가해서 새로운 지도를 만들 수 있고 자신의 작성한 지도를 다른 사람과 자유롭게 공유할 수 있는 기능을 제공한다는 점에서 다르다고 볼 수 있다.)도 CGI(Common Gateway Interface) 혹은 Java를 기반으로 하여 속도저하의 문제들로 인해 활용이 활발하지 못하였고, 여전히 교사가 학습자료를 개발하고 데이터를 수집해야 하는 등 실제 교실에서 활용하기에는 매우 높은 기술적인 문턱효과가 존재하였다.

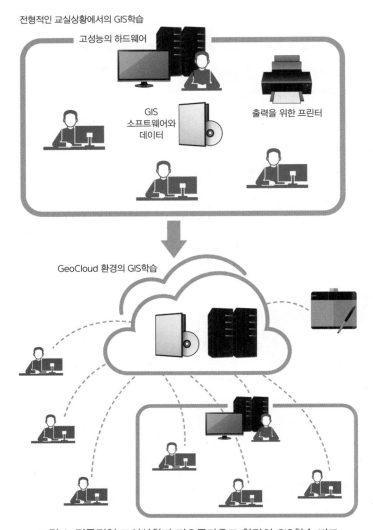

전형적인 교실상황에서의 GIS학습

고성능의 하드웨어

GIS
소프트웨어와
데이터

출력을 위한 프린터

GeoCloud 환경의 GIS학습

그림 1. 전통적인 교실상황과 지오클라우드 환경의 GIS학습 비교

접 활용이 가능한 지오클라우드 모델은 무엇일까? 이 질문에 대한 답을 구하기 위해서는 우선 현재의 GIS 교육 상황을 파악해야 가능하다. 김민성(2010)의 연구에 의하면, 한국의 중등교육 현장은 GIS를 수업에 이용하기 위한 소프트웨어, 하드웨어, 데이터가 아직 구비되지 못하였고, 교사들은 GIS에 대한 충분한 연수의 기회를 제공받지 못하고 있음을 확인하였다.[4]

---

4. 그는 우선 GIS 도입 단계를 시작, 발전, 제도화의 3단계로 나누고, 수도권 소재 고등학교지리교사를 대상으로 GIS교육

많은 학자들이 지리교육에서 GIS의 유용성과 가능성에 대해 언급하였음에도 활발하게 GIS가 도입되고 정착되지 못하는 데에는 여러 장애요소가 존재하기 때문이다(김감영·이건학, 2002; 김민성, 2010; 이민부·김남신·반성규, 2008; 이종원, 2011; Bednarz and Audet, 1999; Chun, 2010; ESRI, 1998). 특히, 기술적인 측면, 즉 하드웨어, 소프트웨어, 데이터의 부재가 GIS교육을 실시하려는 교사가 가장 먼저 부딪히게 되는 장애요소다. 그러나 이러한 장애요소들은 데스크톱(desktop) 방식의 GIS 교육을 염두에 두었기 때문으로 지오클라우드 환경에서의 GIS 교육은 전혀 새로운 모습으로 전개될 것이다.

그림 2는 전통적인 교실상황과 지오클라우드 환경의 GIS 교육을 비교한 것이다. 우선 전통적인 교실상황은 데스크톱 방식의 GIS 교육의 모습으로 교사와 학생 모두 고성능의 하드웨어, 고가의 전문적인 GIS 소프트웨어, 그리고 수업에 이용할 수 있는 데이터를 설치해야 GIS를 활용한 수업이 가능하고, 지도를 공유하거나 배포하기 위해서는 출력을 위한 프린터가 필요하다.

한편, 지오클라우드 환경에서는 하드웨어(여기서 말하는 하드웨어는 매우 빠른 데이터 처리가 가능한 서버를 말함)와 소프트웨어, 데이터가 모두 인터넷상에 존재하므로 교사와 학생은 교실 안, 자기 앞에 놓여 있는 컴퓨터에 소프트웨어를 설치할 필요도, 데이터를 다운로드 받아놓을 필요도 없다. 인터넷 브라우저를 통해 접속함으로 이 모든 장애물을 뛰어넘을 수 있다. 더욱 획기적인 사실은 자신이 만든 자료나 지도를 인터넷상에서 자유로이 공유하고 배포할 수 있을 뿐 아니라 교실이라는 물리적인 공간을 뛰어넘어 집에서건 휴가 중 여행지에서건 인터넷 접속만을 통해 이 모든 서비스를 이용할 수 있다는 점이다.

3. 지오클라우드를 활용한 지리 수업의 가능성

클라우드 컴퓨팅의 다양한 사례들 가운데 현재 중등교육에서 직접 활용 가능한 모델은 SaaS와 DaaS 기반의 서비스라고 할 수 있다. 앞에서 살펴본 바와 같이 SaaS는 중등교육에

에 중요한 소프트웨어, 하드웨어, 데이터, 교사 연수, GIS교육을 위한 교육적 맥락 등 5가지 카테고리에 대한 설문을 실시하였다. 조사결과를 바탕으로 현재 한국의 중등교육은 GIS를 도입하기 위한 여건이 아직 성숙되지 않았음을 지적하였다. 다만 GIS의 교육적 가치 및 활용방법에 대한 항목은 다른 카테고리에 비하여 상대적으로 높은 점수를 나타내어 향후 교육정책이나 정부의 지원 등 다른 여건이 성숙된다면 GIS가 지금보다는 좀 더 활발하게 지리 수업에 활용될 가능성을 시사하는 것으로 평가하였다.

서 GIS활용에 가장 큰 어려움이라고 할 수 있는 하드웨어 및 소프트웨어 문제를 해결해 준다. SaaS 기반의 GIS서비스들은 인터넷 웹 브라우저가 설치된 컴퓨터면 누구나 접속하여 사용이 가능하고, 소프트웨어 사용에 대해 부가적인 비용 부담이 전혀 없다. SaaS 기반의 지오클라우드서비스 중 실제 지리 수업에 활용 가능한 프로그램으로 구글의 퓨전테이블과 GIS 클라우드가 있다. 이들은 일부 DaaS 기반의 서비스도 제공하고 있어, 지리 수업에 직접 사용할 수 있는 공간정보의 검색과 취득이 가능한 장점이 있다. 여기에서 구글 퓨전테이블과 GIS 클라우드의 기능과 특징을 간단히 살펴보는 것은 실제로 GIS를 활용한 수업의 계획과 수행에 도움이 되리라고 본다.

1) 지오클라우드 서비스의 활용 1: 구글 퓨전테이블을 이용한 지리 수업 자료

첫 번째로 살펴볼 구글 퓨전테이블은 구글의 클라우드 드라이브(Google Drive)[5]의 한 부분으로 클라우드 기반의 스프레드시트(spreadsheet) 프로그램이다. 그러나 단순한 데이터 입력과 관리 기능뿐 아니라 시각화(visualize) 기능을 통한 지도제작 서비스를 제공하고 있다.

우선 인터넷에 접속하여(www.google.com/fusiontables) 프로그램을 열고, "퓨전테이블 만들기(CREATE A FUSION TABLE)"를 클릭하면 이름처럼 눈에 익은 스프레드시트가 펼쳐지고 사용자는 자신의 데이터를 직접 입력하거나 기존의 데이터를 불러오거나 혹은 다른 사람들이 인터넷상에 공유해 놓은 데이터를 검색하여 가져올 수 있다. 데이터는 포인트, 라인, 폴리곤과 같은 지리적 객체를 포함하며, 텍스트, CSV(comma separated value format) 및 엑셀과 같은 스프레드시트 데이터 파일형식으로 자료의 업로드가 가능하다. 입력된 데이터는 퓨전테이블의 지오코드(geocode) 기능을 이용하면 자동으로 지리적 좌표와 연결할 수 있으며, 시각화 기능을 통해 공간적 분포와 패턴을 보여 주는 점묘도(dot map), 단계구분도(퓨전테이블은 'intensity map'이라고 부름), 도형표현도 등 다양한 지도의 제작이 가능하다. 또한

---

5. 웹 기반의 응용소프트웨어로 워드프로세서, 스프레드시트, 프리젠테이션 등의 마이크로소프트사의 오피스 프로그램과 유사한 기능들이 제공된다. 클라우드 컴퓨팅의 서비스 모델 중 SaaS에 해당한다고 볼 수 있으며, 사용자는 인터넷에 접속하여 문서작업을 하고 웹상에 저장할 수 있으며, 필요에 따라 언제든지 수정이 가능하고, 문서를 공유하여 팀원들과 함께 공동 작업을 수행할 수 있게 되었다. 사용자가 직접 고가의 오피스 프로그램을 구매하고 자신의 컴퓨터에 설치하여야 소프트웨어의 사용이 가능하였고, 자신의 컴퓨터의 저장 공간에 저장되어 있어 공유를 위해서는 이동식 드라이브에 저장하거나 직접 출력하여 보여 주어야 했던 클라우드 컴퓨팅 이전의 환경과 비교하면 엄청난 변화라 할 수 있다.

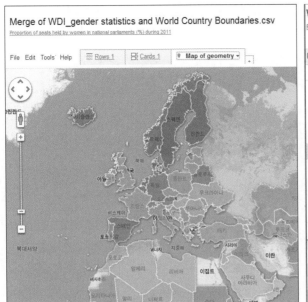

(a) 인터넷상의 공간데이터를 병합하여 만든 단계구분도 　(b) 구글 퓨전테이블의 특징적인 기능들

그림 2. 구글 퓨전테이블을 이용한 주제도 작성 사례

지도데이터와 테이블 데이터 간의 병합(퓨전테이블은 'merge'라고 부름)을 통해서 데이터 통합기능을 제공한다. 즉, 퓨전테이블이란 이름처럼 여러 가지 데이터(테이블)를 서로 병합하여 새로운 데이터의 생성을 가능하게 한다. 그뿐 아니라 테이블은 KML로 변환이 가능하기 때문에 상이한 소스의 자료들과 병합할 수 있고, 구글어스와 연동할 수 있는 등 다양한 방법으로 활용할 수 있는 장점이 있다.

　그림 2는 구글 퓨전테이블을 이용하여 세계은행(World Bank)의 데이터뱅크(World data-Bank, http://databank.worldbank.org)에서 다운로드 받은 세계개발지수(World Development Indicators)의 항목 중 '국회 내 여성의 의석비율(%, 2011년)' 데이터를 주제도로 제작한 것이다. 그림 2(a)는 퓨전테이블이 제공하는 지도 종류 중에서 의석비율에 따라 4단계로 나눈 단계구분도이다. 사용자가 색깔이나 단계의 수와 범위 등을 조정할 수 있다. 또한 그림 2(b)는 퓨전테이블의 특징적인 기능 두 가지를 풀다운 메뉴에서 보여 주는 화면사진이다.

2) 지오클라우드 서비스의 활용 2: GIS 클라우드를 이용한 지리 수업 자료

GIS 클라우드도 온라인에서 지도를 만들고 사용자들 간의 손쉬운 공유가 가능하도록 지원하는 SaaS와 공간정보를 검색하고 공유할 수 있도록 지원하는 DaaS를 함께 제공하는 지오클라우드이다. 사용자 인터페이스는 구글의 퓨전테이블의 경우와는 달리 전형적인 데스크톱 GIS 소프트웨어와 비슷하며, 레이어(layer) 기반의 화면을 온라인 서비스를 통해 제공하고 있다. GIS 클라우드는 또한 온라인 지도서비스에서 속도향상을 위해 전통적으로 사용하는 래스터(raster) 타일 방식 대신 벡터(vector) 방식을 통해 지도의 품질을 높이고 있다. 이밖에도 GIS 클라우드는 버퍼(buffer)와 핫스팟(hotspot)과 같은 간단한 공간분석 기능과 함께 리포트 제작, 웹지도 서비스 등과 같은 부가적인 기능들을 제공하고 있다.

그림 3은 GIS 클라우드를 이용하여 통계청 홈페이지(http://kostat.go.kr/portal/korea)에서 다운로드 받은 인구밀도(명/㎢, 2011년 자료) 데이터를 지도화한 예이다. 맵 메뉴(Map Menu)의 하위 메뉴인 레이어 추가하기(Add layer)를 클릭하면 인터넷상에서 공개되어 있는 다양한 바탕지도(base map)를 검색할 수 있고 별도의 다운로드 없이 공간데이터[6]를 바로 사용할 수 있다. 이 예시에서는 빙맵스(BingMaps)의 지도를 레이어로 추가하여 바탕지도로 사용하였다.

그림 4(a)는 완성된 지도의 공유와 배포에 관한 특징을 설명한 것이다. 맵 메뉴 중에서 '공유 혹은 배포(Share or Publish)'를 클릭하면 그림 4(b)와 같은 하위 메뉴가 나온다. 여기에서 초기화되어 있는 일반적인 공유 방법은 HTML(Permalink라는 URL 주소)을 이용하는 방법으로 자신이 공유하고자 하는 사람의 이메일 주소만 입력하면 자동으로 공유가 가능하다. 좀 더 상세한 공유 옵션에는 레이어(layer)별로 편집 가능 여부의 권한을 지정하여 공유할 수 있으며, WMS나 기존의 인터넷 화면에 제작한 지도를 가져다가 붙여 넣을 수 있는 기능(embed)도 가

---

6. 지리 수업에서 GIS를 활용할 때, 하드웨어와 소프트웨어의 문제가 해결되고 나면 그다음 중요한 것은 데이터의 확보일 것이다. 클라우드 환경에서 자유롭게 활용할 수 있는 공개된 데이터는 크게 두 가지로 구분할 수 있다. 첫째, 데이터를 생산하는 공공기관 및 민간사이트에서 데이터를 다운로드 받아 사용하는 것이다. 해외 선진국들의 경우, 데이터를 생산하는 공공기관 및 각 지방자치단체에서는 데이터 클리어링하우스(data clearinghouse)를 통해 일정 정도의 공간정보를 일반인들에게 무료로 배포하고 있다. 국내의 경우, 아직 데이터를 공개하는 사이트들이 많지는 않지만 서울특별시의 열린 데이터광장(http://data.seoul.go.kr)에서는 다양한 공간정보의 취득이 가능하다. 이밖에도 biz-gis.com 및 gisutd.com 등과 같은 민간사이트에서도 공간정보를 얻을 수 있다. 그러나 아직 중등교육을 위한 충분한 데이터가 보급되고 있지는 않고, 사용자가 활용하기 위해서는 부가적인 데이터변환 및 가공처리 과정이 필요하다. 두 번째 방법으로는 온라인 지도서비스에서 제공하는 API(Application Program Interface) 기반의 지도서비스를 활용하거나 혹은 WMS와 같은 온라인 지도서비스를 접속하여 활용하는 방식이다. 이들은 다양한 레이어를 온라인으로 제공하고 있으나, 래스터 이미지 데이터들이기 때문에 자신의 주제에 대한 자료보다는 배경지도로서 활용이 가능한 정도이다.

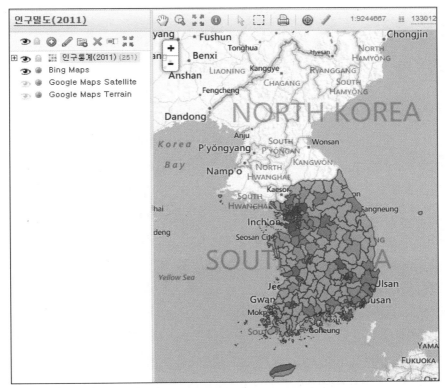

그림 3. GIS 클라우드를 이용한 주제도 작성 사례

(a) GIS 클라우드의 맵 메뉴 중에서 '공유 혹은 배포' 기능

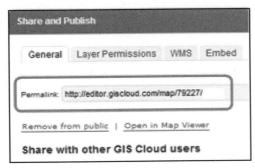

(b) '공유 혹은 배포' 기능의 하위 메뉴

그림 4. HTML을 이용한 주제도의 공유

능하다.

3) 지오클라우드를 활용한 지리 수업의 장점

이 장에서는 IT 분야에서 새로운 변화로 주목받고 있는 지오클라우드의 특징을 파악하고, 지오클라우드의 서비스 모델 중 중등교육에서 활용 가능한 SaaS와 DaaS 기반의 서비스를 중심으로 검토해 보았다. 구글 퓨전테이블과 GIS 클라우드를 사례로 들어, 특징과 기능, 실제 지리 수업에 적용할 수 있는 수업 자료의 제작과정 등을 살펴보았다. 이상에서 살펴본 바와 같이 지리교육에 지오클라우드를 활용했을 때 얻을 수 있는 장점은 크게 두 가지로 요약할 수 있다. 첫째, 지오클라우드 서비스는 경제적인 효율성을 제공한다. 전통적인 GIS 소프트웨어를 사용하는 경우, 소프트웨어 구매에 필요한 라이센스 비용과 함께 소프트웨어에 적합한 하드웨어 및 관리를 위한 추가적인 비용이 필요하다. 그러나 웹 브라우저를 통해 프로그램에 접속하는 지오클라우드는 사용이 간편하고 효율적인 관리가 가능하다. 둘째, 사용자들을 위한 데이터 활용의 편의성이다. 전통적인 GIS 교육 환경에서는 소프트웨어와 함께 교육을 위한 데이터를 부가적으로 준비해야 했지만, 지오클라우드는 간편한 준비, 제작 및 배포방식을 제공한다. 즉, 하나의 GIS 서비스에서 데이터의 생성, 편집, 분석 및 배포가 간단한 방식으로 이루어진다.

지도의 제작과정을 크게 데이터 준비–지도제작–자료의 공유 및 배포로 구분할 때, 기존의 데스크톱 GIS를 상정한 전통적인 GIS 교육(PC 기반 방식)과 지오클라우드 환경에서의 GIS 교육을 비교하면 표 2와 같다.

GIS는 이제 더 이상 오랜 기간 교육을 통해서 접근 가능한 전문가 시스템의 기능으로만 제한되지 않고, 클라우드 환경으로 컴퓨팅 환경이 이행해 감에 따라 지오클라우드라는 서비스 모델을 통해 누구나 인터넷 접속을 통해 사용 가능하게 될 것이고 폭넓게 활용될 것이다. 교육

표 2. 지도제작에 있어 PC 기반 방식과 지오클라우드 활용의 비교

	PC 기반 방식	지오클라우드 방식
데이터 준비	지도제작을 위한 공간정보의 수집, 가공 및 자료 준비	원격지도의 접속을 통한 활용
지도 제작	소프트웨어 설치 후 실행 소프트웨어의 주기적인 갱신과 관리	웹 접속을 통한 서비스 이용
자료 공유 및 배포	지도의 출력 혹은 파일의 작성을 통한 배포	웹지도의 주소 공유를 이용한 배포와 공유 공동 작업과 권한부여 등을 통한 효율성 증대

도 더 이상 교실이라는 한정된 공간에서 1인의 교사에 의해 지식이 전달되던 방식에서 벗어나 학생들과 더 넓게는 정보의 사용자에게로 중심이 이동할 것이다. 따라서, 지오클라우드가 지리 수업의 교실 장면도 크게 변화시킬 것으로 기대된다. 다양한 공간정보를 이용하여 공간적인 의사결정을 하고, 뛰어난 시각화 기능을 가지고 있는 지도를 제작하고, 공유하고 배포하는 것이 국가 혹은 지자체, 전문적인 지도제작자만 할 수 있는 일이 아니라 학생과 더 넓게 학습 커뮤니티 전체에게 열려 있고, 공유되고, 참여할 수 있는 문화로 바뀔 것이다.

4. 마치며

최근 IT 분야는 빠른 속도의 인터넷을 기반으로 종전의 컴퓨팅 환경에서는 상상하지 못했던 변화를 거듭하며 진화하고 있다. 클라우드 컴퓨팅으로 불리는 이 새로운 패러다임은 컴퓨팅을 소유의 개념에서 대여의 개념으로 바꾸고, 경제적으로도 비용절감 효과를 줄 뿐 아니라 '정보를 제공하는 자' 중심에서 '정보의 사용자' 중심으로 컴퓨팅의 문화를 바꾸고 있다. 인터넷, 가상화, 유틸리티컴퓨팅, 웹 서비스와 같은 다양한 기술에 의존하는 클라우드 환경은 GIS 분야에도 영향을 주고 있고, 구글의 퓨전테이블, GIS 클라우드, ArcGIS Online, GeoCommons 등과 서비스들이 등장하고 있다.

이 장에서는 GIS의 중요한 트렌드로 주목 받고 있는 지오클라우드의 특징을 파악하고, 지오클라우드의 서비스 모델 중 중등교육에서 활용 가능한 사례를 제시하였다. 구체적으로 구글 퓨전테이블과 GIS 클라우드의 특징과 기능, 실제 지리 수업에 적용할 수 있는 수업 자료의 제작과정을 살펴보았다. 클라우드 컴퓨팅의 모델 중 특히 SaaS 애플리케이션과 일부 DaaS 모델을 지원하는 구글 퓨전테이블과 GIS 클라우드 등은 지리정보데이터의 취득, 소프트웨어의 라이센싱, 거대한 데이터파일의 저장과 관리, 고성능 하드웨어의 필요 등과 같은 기술적인 문제들과 경제적 비용부담을 크게 줄여 줄 것으로 기대된다.

그러나 수업에 적용하기 위해서는 교사가 클라우드상에 존재하는 공간데이터를 조작하고 교수·학습자료로 개발하기 위한 노력이 요구된다는 점, 아직은 전문적인 GIS 소프트웨어 패키지가 제공하는 고도의 공간분석은 아니고 지도제작과 간단한 분석 기능만을 제공하고 있다는 점, 지오클라우드 서비스를 제공하는 곳이 아직 국내에는 없어 외국의 지오클라우드를 사용해야 한다는 점은 향후 개선되어야 할 사항이다. 이와 함께, 지리 수업에서 지오클라우드의 효과적인 활용을 위해서는 교육 목적을 위한 다양한 공간데이터와 클라우드 서비스들이 교육 관련 공공분야의 재정적, 기술적, 행정적 지원을 통해 확보되어야 할 것으로 본다.

만약 학생들이 아무런 관련이 없는 내용지식을 암기하고, 이를 실제 생활에 적용하거나 문제를 해결하는 데 사용하지 못한다면 이러한 지식은 무의미할 것이다. 학생들이 지리적 사고와 지리정보를 이용하여 올바른 의사결정을 하고, 공간정보기술(geospatial technology)을 활용하여 자신의 개인적인 혹은 지역사회의 문제를 해결할 수 있는 경험을 제공하는 교수·학습 자료의 개발과 이를 뒷받침할 수 있는 이론적 검토가 시급히 필요하다(조헌·전보애, 2017; 전보애, 2010). 즉, '무엇'을 가르치느냐 보다는 '어떻게' 가르치느냐가 이러한 논의에서 중요한 역할을 감당해야 할 것이다(이종원, 2012).

이러한 움직임은 최근의 미국, 영국, 오스트레일리아의 교육과정 개정에서도 잘 나타난다. 이들 국가의 교육과정 개정에서 가장 두드러지는 특징은 도해력과 ICT(Information and Communication Technology) 능력, 지리적 문제해결력 신장과 공간적 사고력을 강조한다는 점이다. 지리적 지식과 기능을 현실세계와 무관한 죽어 있는 지식이 아니라 실생활에서 지식을 확장하고 활용하는(doing geography) 흐름으로 바뀌고 있다. 따라서, 지리 학습에 공간정보기술을 적극적으로 이용하고, 답사 등 야외학습을 중요한 지리 학습의 방법으로 제안하고 있다. 뿐만 아니라 전통적으로 제시되었던 도해력, 시각적 문해력과 더불어 지리적 의사소통 능력, 독해력도 함께 강조되고 있으며, 논리적 의사결정과 지리적 탐색을 통해 얻은 결과를 효율적으로 전달하고 소통하는 능력도 중요한 지리적 기능으로 대두되고 있다.

이상에서 살펴본 바와 같이 공간정보 관련 환경의 변화와 '지리하기'를 강조하는 세계적인 추세는 이제껏 지리 수업에 GIS를 적용하는 데 걸림돌이 되었던 많은 요인들을 제거하고, 학생들이 공간정보를 탐구하고 공간정보기술을 더욱 적극적으로 활용할 수 있는 기회를 제공할 것으로 기대되며 미래사회를 대비하는 지리교육의 교육과정 재구조화와 방향성 제시에 시사하는 바가 크다.

요약 및 핵심어

최근 IT 분야는 빠른 속도의 인터넷을 기반으로 종전의 컴퓨팅 환경에서는 상상하지 못했던 변화를 거듭하며 진화하고 있다. 클라우드 컴퓨팅으로 불리는 이 새로운 패러다임은 컴퓨팅을 소유의 개념에서 대여의 개념으로 바꾸고, 경제적으로도 비용절감 효과를 줄 뿐 아니라 '정보를 제공하는 자' 중심에서 '정보의 사용자' 중심으로 컴퓨팅의 문화를 바꾸고 있다. 이 장은 클라우드와 지오클라우드의 특징을 파악하고, 지오클라우드의 서비스 모델 중 중등교육에서 활용 가능한 사례를 제시하였다. 구체적으로 구글 퓨전테이블과 GIS 클라우드의 특징과 기능, 실제 지리 수업에 적용할 수 있는 수업 자료의 제작과정을 살펴보았다. 이를 통해 현재 중등교육에서 GIS 교육이 직면하고 있는 많은 문제점들 즉, 데스크톱 GIS를 주축으로 GIS 교육에 접근할 때 반드시 부딪히게 되는 여러 가지 장애물들을 뛰어넘을 수 있는 하나의 방안으로 지오클라우드가 어떻게 교실에서 활용될 수 있는지를 고찰해 보았다. 검토결과, 클라우드 컴퓨팅의 모델 중 특히 SaaS 애플리케이션과 일부 DaaS 모델을 지원하는 구글 퓨전테이블과 GIS 클라우드 등은 지리정보데이터의 취득, 소프트웨어의 라이센싱, 거대한 데이터파일의 저장과 관리, 고성능 하드웨어의 필요 등과 같은 기술적인 문제들과 경제적 비용부담을 크게 줄여 줄 것으로 기대된다.

클라우드 컴퓨팅(cloud computing), 지오클라우드(GeoCloud), 지리교육(geography education), 구글 퓨전테이블(Google Fusion Tables), GIS 클라우드(GIS Cloud)

더 읽을 거리

신성웅·조성익·김민수·김재철·민경욱·장윤섭, 2010, 훤히 보이는 공간정보기술, 전자신문사.
황정래·황병주·송기성·이지우·박애란·이하경, 2015, 브이월드 매시업으로 만나는 새로운 세상, 위키북스.
GIS United, 2014, 공공정책을 위한 빅데이터 전략지도: 성공하는 지자체를 위한 GIS 분석, 더숲.
Malone, L., Palmer, A.M. and Voight, C. L., 2002, *Mapping Our World: GIS Lessons for Educators*, ESRI Press.
National Research Council, 2005, *Learning to Think Spatially: GIS as a Support System in the K-12 Curriculum*, National Academies Press.
Schuurman, N., 2004, *GIS: A Short Introduction*, Wiley-Blackwell (이상일·김현미·조대헌 역, 2013, 짧은 지리학 개론 시리즈 GIS, 시그마프레스).

참고문헌

강영옥·이영주, 2004, "GIS 사이버 교육에 관한 연구: 공무원을 대상으로", 한국GIS학회지, 12(1), 72-86.
김감영·이건학, 2002, "지리교육에서 Internet GIS의 활용: ArcIMS를 이용한 Internet Mapping", 대한지리학회 2002년 추계학술대회논문집, 133-140.
김민성, 2010, "교육 현장의 GIS 관련 상황과 교육적 사용을 위해 고려해야 할 요소", 한국지리환경교육학회지, 18(2), 173-184.

성효현, 1993, "GIS 교육과정 개발에 관한 연구", 한국GIS학회지, 1(2),73-87.

연상호·이영욱, 2003, "GIS 콘텐츠 기반 공간정보교육의 효용성 방안에 관한 연구", 한국콘텐츠학회 종합학술대회 논문집, 1(2), 375-379.

오세민, 2012, 클라우드 환경에서의 무선인터넷 기반 스마트 교육, 숭실대학교 정보과학대학원 석사학위논문.

오충원, 2005, "중등교육에서 GIS 학습에 대한 연구", 남서울대학교 논문집, 11(2), 263-273.

오충원·성춘자, 2003, "중등 학교에서 GIS 교육에 관한 연구 -고등학교를 중심으로", 한국GIS학회지, 11(1), 89-100.

이강찬·이승윤, 2010, "클라우드 컴퓨팅 표준화 동향 및 전략", 정보과학회지, 28(12), 27-33.

이민부·김남신·반성규, 2008, "WebGIS를 이용한 중학교 사회과 e-Learning 지리 학습자료 개발에 관한 연구", 한국지리환경교육학회지, 16(1), 17-26.

이종원, 2011, "공간정보기술을 활용한 교수, 학습모듈의 개발과 평가", 한국지리환경교육학회지, 19(3), 381-397.

이호근·이기원·이종훈·안충현·양영규, 1997, "GIS 교육 기획 및 활성화 연구: 전산교육 측면에서의 고찰", 한국정보과학회 1997년도 봄 학술발표논문집, 24(1), 601-604.

장석권, 2012, "클라우드 서비스 발전전략과 정책과제", 방송통신정책, 24(9), 1-22.

전보애, 2010, "지리적 탐구방법과 통합된 봉사학습: 지역사회중심 환경교육의 실행사례 분석을 중심으로," 한국지리환경교육학회지, 18(3), 323-337.

전보애, 2012, "지리교육에 있어서 GeoCloud의 활용", 한국사진지리학회지, 22(4), 75-89.

전보애, 2013, 공간정보와 관련한 환경변화가 지리교육에 주는 시사점, 한국지리환경교육학회 춘계학술대회 발표자료집.

조헌·전보애, 2017, "STS교육의 통합적 접근을 위한 장소중심의 탐구형 야외조사학습:강릉 경포호를 사례로 한 교사연수 프로그램 개발과 적용", 한국사진지리학회지, 27(4), 99-116.

주헌식, 2010, "클라우드 컴퓨팅 기술 동향과 관점", 인터넷정보학회지, 11(4), 12, 39-47.

한국정보화진흥원, 2011, 2012년 주목할 만한 IT기술 트렌드, IT&SOCIETY, 37(8), 1-29.

황만익, 1998, "지리교육에서 GIS의 활용 방안에 관한 연구", 지리교육논집, 40, 1-12.

Bednarz, S.W. andAudet, R.H., 1999, The status of GIS techonology in teacher preparation programs, *Journal of Geography*, 98(2), 60-67.

Biswas, S., 2011, How Can Cloud Computing Help In Education?, CloudTweaks News (https://cloudtweaks.com/2011/02/how-can-cloud-computing-help-in-education, 최종방문일: 2017/2/1).

Blower, J.D., 2010, GIS in the cloud: implementing a web map service on Google App Engine, In *Com.Geo 2010: The 1st International Conference and Exhibition on Computing for Geospatial Research & Applications*, 21-23 June 2010, Washington, D.C., 1-4.

Chappell, D., 2010, *GIS in the Cloud: The ESRI example*, ESRI.

Chun, B., 2010, Effect of GIS-integrated Lessons on Spatial Thinking Abilities and Geographical Skills, *Journal of the Korean Geographical Society*, 45(6), 820-844.

ESRI, 1998, *GIS in K-12 education, ESRI White Paper*, ESRI.

Hillard, Fleishman, 2012, *2012 Digital Influence Study* (http://www.factbrowser.com/facts/4671).

Goodchild, M., 2007, Citizens as voluntary sensors: spatial data infrastructure in the world of web 2.0, *International Journal of Spatial Data Infrastructures Research*, 2, 24-32.

Jaeger, P., Lin, J. and Grimes, J., 2008, Cloud computing and information policy: Computing in a policy cloud?, *Journal of Information Technology & Politics*, 5(3), 269-283.

Kerski, J.J., Milson, A.J., and Demirci, A., 2012, The future landscape of GIS in secondary education, in *International Perspectives on Teaching and Learning with GIS in Secondary Schools*, Milson, Andrew J.; Demirci, Ali; Kerski, Joseph J. (Eds.), 315-326, Springer.

Milson, A.J., 2011, GIS in the CLOUD: Using WebGIS for teaching secondary geography, *Didáctica Geográfica*, 12, 151-153.

Olson, J., 2009, Data as a Service: Are We in the Clouds?, *Journal of Map & Geography Libraries*, 6(1), 76-78.

Pigram, C. and Scott, G., 2011, Spatial Enablement in Australian Government, *Proceeding of the 4th UN Sponsored Permanent Commitee on GIS Infrastructure for Asia and the Pacific (PCGIAP) Land and Administration Forum*, 5-7 October 2011, Melbourne, Australia.

Sultan, N., 2010, Cloud computing for education: A new dawn?, *International Journal of Information Management*, 30, 109-116.

Vaquero, L., Rodero-Merino, V., Caceres, J., and Lindner, M., 2009, A break in the clouds: towards a cloud definition, *Computer Communication Review*, 39(1), 50-55.

Vouk, M., 2008, Cloud Computing-Issues, Research and Implementations, *Journal of Computing and Information Technology - CIT*, 16(4), 235-246.

Yang, C., Goodchild, M., Huang, Q., Nebert, D., Raskin, R., Xu, Y., Bambacus, M., Fay, D., 2011, Spatial cloud computing: how can the geospatial sciences use and help shape cloud computing?, *International Journal of Digital Earth,* 4(4), 305-329.

Yoo, C., 2011, *Cloud Computing: Architectural and Policy Implications*. Technology Policy Institute.

제11장

지리공간기술을 활용한 지역사회 참여 봉사학습*

김민성

부산대학교

이 장의 개요

---

* 본 연구는 김민성·이창호(2015)를 수정·보완한 것임.

1. 들어가며

　지리학이 사회에 기여할 수 있는 바를 고민하면서 사회의 요구에 귀 기울이는 것은 지리학에 대한 대중의 인식 고양 및 학문의 존립을 위해 매우 중요한 일이다(Wellens et al., 2006; Kim and Ryu, 2014). 이런 견지에서 지리교육을 통해 지역사회의 요구를 파악하고 이에 도움이 되는 활동을 수행하는 봉사학습(service learning)은 실제 세계에서의 학습이라는 학습적 측면뿐만 아니라 지리학의 사회적 역할 충족에도 기여할 수 있는 효과적인 전략이다. 지리학은 지역을 주요한 연구 대상으로 한다는 점에서 학생들로 하여금 지역사회의 문제를 인문·자연지리적 시각으로 이해하고 지역사회의 문제에 대해 다양한 해결책을 모색하는 학습을 도입하기에 적절한 토양을 가지고 있다(Dorsey, 2001; Bednarz et al., 2008; Grabbatin and Fickey, 2012).

　지리교육을 통해 지역사회에 참여할 수 있는 다양한 주제가 있다. 그중에서도 이 연구는 최근 지리학계에서 관심이 증대되고 있는 지오투어리즘 논의에 주목한다. 지오투어리즘은 지리적으로 의미 있는 경관에 대한 단순한 미적 감상을 넘어 일반인들이 그 경관의 학문적 의미를 알도록 하고 지구의 역사를 이해하는 데 도움이 되는 해설과 자료를 함께 제공하는 관광의 새로운 패러다임이다(Hose, 1995). 최근의 지오투어리즘 논의는 문화, 역사, 지역주민의 복지를 포함하여 해당 지역의 지리적 특색을 폭넓게 고려하고 그곳의 모든 특성들을 지속시키는 지속가능성으로까지 그 관심의 영역을 확장시켰다(Boley et al., 2011; 김범훈, 2013). 이처럼 지오투어리즘에 대한 논의가 증가하고 있지만 우리나라 지리교육에서 지오투어리즘 논의를 교육적 맥락으로 도입한 연구는 많지 않으며, 특히 이를 봉사학습의 관점에서 실증적으로 살펴본 사례는 전무하다 해도 과언이 아니다. 이에 본 연구에서는 지오투어리즘 논의를 바탕으로 대학생들이 지역사회에 참여하여 그곳에 실질적으로 도움이 되는 서비스를 제공하는 프로젝트를 실시하였다. 나아가 프로젝트를 수행하는 과정에서 학생들의 지리학 개념 이해와 지리공간기술(Geospatial Technology) 이용에 대한 생각이 어떻게 바뀌는지 살펴보았다.

2. 이론적 배경

1) 지오투어리즘

최근 국내외 학계에서 새로운 관광 패러다임으로서 지오투어리즘(Geotourism)[1]에 대한 관심이 증가하고 있다(Dowling, 2011; Newsome et al., 2012; 권동희, 2013; 김범훈, 2013). 호스(Hose, 1995)가 발표한 "Selling the Story of Britain's Stone"이라는 논문은 지오투어리즘 논의를 촉발시킨 계기였다. 호스의 논문 제목에서 유추할 수 있듯이 지오투어리즘은 해당 지역의 다양하고 우수한 지형 및 지질자원을 관광 상품으로 개발하여 여행객을 유치하려는 전략이다(김창환, 2009). 호스는 지오투어리즘을 개념화하면서 지질학적·지형학적으로 의미 있는 경관을 단순히 미적으로 감상하는 차원을 넘어 일반인들도 그러한 경관에 대한 학문적 의미를 이해할 수 있어야 한다고 주장하였다.

호스에 의해 촉발된 지오투어리즘 연구는 지속적으로 그 논의의 폭을 확장시켜 왔다. 최근의 지오투어리즘은 경관에 대한 설명을 제공하는 것을 넘어 문화, 역사, 지역주민의 복지까지, 다시 말해, 해당 지역의 지리적 특색을 폭넓게 아우르는 개념이 되었다(김범훈, 2013). 에코투어리즘이 지역의 자연적인 측면에 중점을 둔다면 지오투어리즘은 축제, 쇼핑센터, 카페 등 해당 지역의 특색과 관련된 모든 경관의 지속가능성에 관심을 가진다(Boley et al., 2011).

최근 우리나라 지리학계에서도 지오투어리즘에 대한 관심이 높아졌다. 한국에서의 지오투어리즘 논의는 지형학자들을 중심으로 이루어지는 경향이 있는데, 박경(2012)은 사회적 요구에 많은 영향을 받는 응용지리학 분야에서 지오투어리즘은 가장 관심이 큰 주제라고 주장하였다. 이에 지오투어리즘과 관련된 연구도 자원개발, 자원의 보존·관리, 교육적 인프라 개발, 지오투어리스트 특성, 주민참여 및 홍보, 정책적 접근 등 다양한 영역으로 확장되고 있다(김범훈, 2013). 그러나 우리나라 지리학계에서 지오투어리즘과 관련된 연구는 그 역사가 짧고 최근에서야 많은 논문들이 출판되기 시작해 좀 더 폭넓고 체계적인 연구가 필요하다(전영권,

---

1. 지오투어리즘은 지질관광으로 번역되기도 한다. 그러나 지오투어리즘은 단순히 지질적인 요소만이 아니라 다양한 지형지물을 모두 포함하는 것이기 때문에 지형·지질관광으로 지칭하는 것이 더 적절하다(전영권, 2005; 2009). 이러한 지오투어리즘은 유네스코가 중심이 되어 진행하는 지오파크(Geopark) 활동의 핵심 요소이다. 지오파크라는 용어 또한 지질공원으로 번역되기도 하는데 이는 중국 지질학자 지오(Zhao)의 영향으로 "Geo"를 "지질"로 한정시킨 자의적 번역이다. 지오파크가 "Geological Park"가 아니라는 점을 고려하면 지질공원으로 그 의미를 축소시키는 것은 바람직하지 못하다(김창환, 2009).

2010; 박민영, 2012; 권동희, 2013). 본 연구에서는 학생들이 스스로 리서치를 수행하고 지오투어리즘의 논의를 반영한 결과물을 만들어 보는 활동의 교육적 효과를 살펴보고자 한다.

2) 봉사학습

봉사학습으로 번역되는 서비스 러닝(Service Learning)은 일반적으로 "대학-지역사회[2]의 연계 혹은 정부나 비정부 기관에서 교원, 직원, 학생들과 지역사회 구성원들의 상호작용을 포함하는 경험주의 학습"[3]이다(Dorsey, 2001, 124). 봉사학습에서 학생, 대학, 지역사회는 하나의 "캠퍼스 콤팩트(campus compact)"를 형성하며 학생들은 지역사회와 지속적으로 관계를 맺게 된다(Eflin and Sheaffer, 2006, 34). 봉사학습은 수업에서의 학습 목표와 지역사회에서의 활동을 연계시키고자 하며, 학생들은 수업과 관련된 활동을 통해 지역사회에 도움이 되는 서비스를 제공한다(Bednarz, 2003; Petzold and Heppen, 2005; Kindon and Elwood, 2009). 봉사학습은 서비스 제공자와 수혜자 모두를 변화시키며 학습과 봉사를 포괄적으로 통합한다(Eflin and Sheaffer, 2006; Wellens et al., 2006; 박가나, 2012).[4] 실제 세계에 직접 참여하는 봉사학습을 통해 학생들은 시민으로서의 책무를 경험하고 사회적 요구와 관련된 지식을 함양할 수 있다(Altman, 1996). 사회과 교육에서 시민성 함양은 궁극적인 교육 목적이며 지리교육은 학생들이 사회의 문제를 지역적 맥락에서 이해하고 사회의 발전을 위해 적극적으로 참여할 수 있는 능동적 시민 양성을 추구한다(Dorsey, 2001). 지역사회 참여를 통한 봉사학습은 이러한 목적을 달성하기 위한 가장 효과적인 전략 중 하나이다. 그래바틴과 피키(Grabbatin and Fickey, 2012, 258)의 주장은 다양한 지리교육적 맥락에서 수행될 수 있는 봉사학습의 의의를 함축적으로 잘 나타낸다.

---

2. 지역사회의 정의에 대해서는 또 다른 논의가 필요하다. 그렇지만 봉사학습의 맥락에서 지역사회는 대학 외부에 존재하는(대학 또한 지역사회의 일원이 되려고 노력하지만) 공간을 의미한다(Dorsey, 2001).

3. 존 듀이(John Dewey)에 의해 주장된 경험주의 학습은 봉사학습의 근간을 이룬다(Grabbatin and Fickey, 2012). 경험주의 학습은 지식과 경험이 직접적으로 연계될 때 효과적인 학습이 가능하다고 보는데(Dewey, 1990), 봉사학습은 학생들이 실제 지역사회에 참여하면서 자신의 경험을 바탕으로 학습하는 측면을 강조한다는 점에서 경험주의 학습으로 이해될 수 있다(Crump, 2002).

4. "봉사학습"은 지역사회에서의 봉사를 넘어 이를 학습과 밀접하게 연계시키려 한다는 점에서 "지역사회 봉사활동"과 구분될 수 있다(전보애, 2010). 예를 들어, 산에서 쓰레기 줍기 활동을 했다면 그것은 지역사회에서 봉사활동을 한 것이다. 그러나 단순한 쓰레기 줍기를 넘어 그곳에서 발견되는 다양한 쓰레기의 종류 및 성분을 분석하고, 그것의 분포를 파악하며, 나아가 쓰레기 배출을 줄이기 위한 정책을 제안한다면 봉사학습에 참여한 것으로 이해할 수 있다.

지리학을 배우는 학생들에게, 봉사학습은 어떻게 테크니컬한 기술들을 적용하고 의미 있는 변화에 참여할 수 있는지를 알 수 있도록 해 준다. 지리학을 가르치는 교수자들에게, 봉사학습은 주변 지역사회 및 조직들과 관계를 형성할 수 있도록 해 준다. 나아가 지역적·국제적 맥락의 장소에 기반한 학습을 통해 학습 커뮤니티를 캠퍼스 너머로 확장할 수 있는 기회를 제공한다.

요컨대, 봉사학습은 사회참여와 학습을 결합하고자 한다. 지리교육에서의 봉사학습은 지역사회에 참여하여 주민들에게 도움이 되는 서비스를 제공하면서 지리학 개념과 기술을 적용하는 방식으로 이루어질 수 있다. 이러한 봉사학습은 지리 학습과 사회 기여라는 목표를 동시에 달성할 수 있는 효과적인 전략임에도 불구하고 우리나라 지리교육에서 이와 관련된 연구는 크게 진전되지 못하였다(전보애, 2010). 본 연구는 이러한 기존 문헌의 제한점을 인지하고 지리교육을 통한 봉사학습을 학생 중심 프로젝트를 통해 실현하고자 하는 시도이다.

3) 지리교육에서의 지리공간기술

지리교육계에서 지리공간기술의 활용에 대한 관심이 지속적으로 높아지고 있다. 미국지리교육과정에서는 공간적 사고의 향상을 위해 지리공간기술을 수업에 이용할 것을 명시적으로 적시하고 있다(Heffron and Downs, 2012). 우리나라 지리교육과정에도 지리공간기술 적용과 관련된 내용이 포함되어 있으며 지리교육학자들 사이에서 관심 있는 연구 주제가 되고 있다(Seo and Kim, 2012; Kim, 2013; 김민성 외, 2016).

지리교육에서 지리공간기술의 이용은 탐구기반학습, 문제기반학습, 프로젝트기반학습과 같은 구성주의 패러다임과 연계되어 논의되는 경향이 강하다(Doering and Veletsianos, 2007; Kinniburgh, 2010; 김민성·유수진, 2014). 이와 관련된 몇몇 연구들을 살펴보면, 밀슨과 커티스(Milson and Curtis, 2009)는 학생들로 하여금 GIS(Geographic Information Systems)를 이용하여 새로운 사업을 시작하기 위한 적절한 장소를 선택하도록 하였다. 학생들은 주어진 과제를 해결하기 위해 어떤 기준으로 입지를 결정할지에서부터 기준을 만족시키는 데이터를 찾고 그들의 사고 과정을 정당화하는 임무까지 완수해야 했다. 여기서 GIS는 학생들의 문제해결과 탐구과정을 돕는 도구였다. 도어링과 벨렛시아노스(Doering and Veletsianos, 2007)는 AEJEE(ArcExplorer Java Education for Educators)와 구글어스(Google Earth)를 이용하여 학생들이 실시간 데이터를 접하고 스스로 정보를 생산, 공유할 수 있도록 하였다. 이 연구의 학습모듈은 알래스카 지방을 여행하는 전문가 집단이 여행과 관련된 위치, 실시간 지역 정보 등을 제공하면 여러 지역에 있는 학생들이 관련 정보를 업데이트하고 자신들이 생산한 지식을 서로 공유하는 방식으로 구성되었다. 이를 통해 학생들은 지역에 대한 이해를 향상시키고 지식이 사회적으로 구성된다는 점을 이해하였다. 서머비 머리(Summerby-Murray, 2001)의 연구에서는 학생들이 GIS를 이용해 전통유산을 간직한 지역을 지도화했는데, 이 과제를 해결하기 위해 학생들은 실제 답사를 통해 데이터를 수집하고 기존의 자료와 자신들이 수집한 데이터를 비교하는 과정을 거쳐야 했다. 드레논(Drennon, 2005)의 연구에서 학생들은 GIS를 이용해 미국 텍사스주 샌안토니오 지역에 새로운 학군을 어떻게 구획할 것인지에 대한 문제를 해결하기도 하였다.

우리나라 지리교육계에서도 지리공간기술의 교육적 사용 현황과 교사 인식에 관한 연구(Kim et al., 2011; 정인철·김지희, 2006; 김민성, 2010)를 비롯해 지리공간기술을 이용해 학습 활동을 개발하고 그 효과를 검증하는 연구들이 이루어지고 있다. 이종원(2011)은 지리공간기술을 이용한 교수학습 모듈을 개발하였는데 교사들은 이 모듈이 수업에 이용하기 편리하고 흥미를 자극하는 내용들로 구성되어 있다는 반응을 보였다. 또 다른 연구에서 이종원(2012)은 학습자 중심 수업에 익숙한 교사가 지리공간기술을 수업에 잘 활용하며 학업 성취수준이 낮은 학생들이 테크놀로지를 이용한 수업에 많은 흥미를 보인다는 사실을 보고했다. 김민성·최재영(2012)은 GPS(Global Positioning Systems)를 이용한 지리 학습 활동을 개발하여 적용하였는데 이 활동에 참여한 학생들은 교실에서 배운 지리적 지식을 현실 세계에 적용하고 구글어스를 통해 스스로 지리 지식을 생산하는 활동을 즐겼다. 지리공간기술의 이용은 초등학생들에게 적용했을 때에도 흥미를 자극하고 학습 내용을 효과적으로 습득할 수 있도록 하여 다양한 학령에서 의미 있는 교육 전략이 될 수 있었다(김민성·유수진, 2014).

이처럼 지리교육에서의 지리공간기술 활용은 주요한 관심 주제 중 하나이다. 본 연구에서 학생들은 구성주의 학습 사조에 맞추어 스스로 리서치를 수행하며 지역사회에 도움이 되는 서비스를 제공하는 활동을 하게 된다. 이 과정에서 지리공간기술은 분석을 수행하고 유용한 결과물을 만들기 위한 필수적 도구로 이용된다.

3. 관악산 등산로 개발 프로젝트

1) 연구 참여자 및 배경

이 연구는 2014년 가을 학기, 서울에 위치한 사범대학 지리교육과의 프로젝트 기반 수업 활동으로 실시되었다. 수강생들은 지역사회에 참여하여 다양한 주제의 조별 프로젝트를 수행하였는데, 본 연구는 그중 하나의 사례를 중심으로 내용을 구성하였다. 이 논문에서 소개되는 프로젝트에는 수업을 주관한 교수자 1명, 한 조를 이루어 리서치를 수행한 대학원생 1명과 학부생 2명이 포함되었다. 이들은 본 연구에서와 같은 프로젝트 중심의 수업에 참여한 경험이 없어 이 전략의 효과를 살펴보기에 적절한 것으로 판단되었다. 대학원생은 학부생의 멘토로 역할하는 동시에 조의 일원으로서 다양한 활동에 함께 참여하였다. 강의는 크게 전반부와 후반부로 나누어졌는데 전반부에서 학생들은 지역사회 참여 프로젝트와 관련된 다양한 주제들(예: 구성주의 학습과 다양한 학습모델, 참여 GIS, 공간적 사고와 지리공간기술 등)을 세미나 방식으로 학습하였다. 동시에 실제 프로젝트에서 이용하게 될 GIS, 구글어스 등의 지리공간기술을 다루는 실습에 참여하였다. 후반부에서는 학생들이 중심이 되어 실제 프로젝트를 진행하였다. 이 과정에서 교수자는 학생들의 프로젝트 진행 과정을 점검하고 필요한 경우 피드백을 제공하는 조력자(facilitator)로서의 역할을 수행하였다.

2) 진행과정

(1) 사전 협의 및 사전 지식 확인

본격적으로 프로젝트를 진행하기 전에 사전 협의를 통해 프로젝트 주제가 참여 대학교 근처에 있는 관악산을 대상으로 지오투어리즘적 관점에서 대중들이 유익하게 이용할 수 있는 등산로를 개발하는 것임을 확인하였다. 관악구청에서는 주민들을 대상으로 구민 제안방을 운영하고 있다. 그런데 지역 주민들의 여러 요구 사항 중 우수 제안 사례로 선정된 것이 관악산의 주요 경관에 대한 안내 정보를 제공해 달라는 것이었다. 이를 통해 지역사회 주민들이 관악산을 단순히 등산을 위해 이용하는 것을 넘어 이곳에 대한 정보를 얻고 싶어 하는 욕구를 가지고 있음을 확인할 수 있었다. 따라서 이를 충족시키는 정보를 생성하는 것은 지역사회에 기여하는 프로젝트가 될 수 있다고 판단하였다. 프로젝트의 정당성에 대한 이러한 토론을 시작으로 앞으로의 일정과 프로젝트 추진 방향에 대한 전체적인 틀을 논의하였다.

그리고 프로젝트 관련 개념들에 대한 참여 학생들의 사전 지식을 점검하는 시간을 가졌다. 검사는 크게 관광 지리학 분야(대중관광의 특징과 이들이 환경에 미친 영향 및 대안, 지속가능한 관광의 정의 및 에코투어, 지오투어의 의미 등), 자연지리학 분야(심성암과 화강암의 특징, 흙산과 돌산의 차이, 화강암 지형의 구체적 예 등), 지역사회 참여 분야(웹 2.0의 정의 및 지역사회 참여와의 관련성, 대학의 지역사회 참여, 지역사회에서 관악산의 의미와 관광자원으로서의 가치 등)에 관한 학습자들의 이해 정도를 점검하는 내용으로 구성되었다.

(2) 세미나를 통한 관련 개념의 상호학습

사전 검사를 통해 프로젝트와 관련된 세 분야에 대한 추가적이고 심도 깊은 학습이 필요하다는 점을 인지하였다. 그래서 이 단계에서는 세 명의 조원이 각자 한 분야씩을 맡아 관련 논문이나 개론서 내용을 발제하고 세미나 방식으로 함께 학습하는 시간을 가졌다. 이를 통해 부족한 분야의 지식을 향상시켜 성공적인 프로젝트 수행을 위한 역량을 함양하였다.

(3) 연구 관련 자료 수집

이 단계에서는 프로젝트를 본격적으로 수행하기 위해 필요한 참고 자료들을 탐색하였다. 참여 학생들은 논문 검색을 위해 데이터베이스를 이용하고 전자저널에서 필요한 자료들을 찾았다. 이 과정에서 학부생들이 능숙하지 못한 부분이 있는 경우, 리서치 경험이 있는 대학원생 멘토가 도움을 제공하였다. 그리고 필요한 자료를 학교 도서관에서 대출하기도 하였다(그림 1a).

(4) 답사경로 계획

등산로 개발을 위해 관악산을 관할하는 관악구청을 통해 필요한 정보를 수집하고 접근 가능한 경로를 확인하였다. 그리고 프로젝트에 이용할 답사 코스를 결정하고 현지답사에서 확인해야 할 내용들을 결정하였다. 예컨대, "관악산 곳곳에서 발견되는 핵석을 계획된 경로에서 찾아보아야 할 것 같아", "어떤 지점이 핵석을 소개하기에 가장 적절한 지점인지 확인할 필요가 있겠지?" 등과 같은 대화를 통해 실제 답사에서 발생할 수 있는 다양한 가능성들을 정리하였다(그림 1b).

(5) 1차 관악산 답사

이 단계에서는 계획된 경로를 따라 실제 등산을 하면서 주요 지형지물을 확인하고 사진을 찍거나 설명을 담은 동영상을 촬영하였다(그림 1c). 나아가 현지답사 과정에서 풍부한 콘텐츠 구성을 위한 아이디어를 도출하고자 노력하였다. 예를 들어, 관악산 정상 부근의 가파른 경로 진입 직전에 상대적으로 넓은 공터가 있고 이곳에 많은 사람들이 모여 간식도 먹고 휴식을 취하고 있는 모습을 확인하였다. 그 때문에 여기에는 곳곳에 쓰레기가 버려져 있었고 이는 자연 보호를 위해 바람직하지 못한 현상이라는 판단을 하였다. 그래서 주변에서 쉽게 찾을 수 있는 돌들을 이용하여 아이들도 즐겁게 참여할 수 있는 환경 놀이를 개발하기로 하였다. 이런 식으로 본 단계에서는 사전에 답사하고자 계획했던 경관들에 대한 자료를 수집함은 물론 현장에서 새롭게 아이디어를 도출하고 답사경로의 내용을 풍부하게 하려는 시도가 이루어졌다.

(6) 1차 답사 자료 확인 및 향후 계획 수립

이 단계에서는 1차 관악산 답사에서 수집한 사진, 동영상, 아이디어 등을 확인하고 종합하였다. 그리고 구글맵스에 주요 지점을 입력하여 1차 결과물을 산출하였다. 이 과정에서 보강할 필요가 있는 사안들을 확인하였다. 예컨대, 관악산의 가장 주요한 지형 중 하나인 토르를 보여 줄 적절한 사진이 없다는 점을 인지하였다. 그리고 관광객들이 가장 좋은 배경으로 사진을 찍을 수 있는 포토존을 좀 더 추가하는 것이 좋겠다는 의견도 개진되었다. 이처럼 본 단계에서는 수집된 데이터를 정리하고 보강 사항에 대한 논의를 진행하였다.

(7) 2차 관악산 답사

2차 현지답사를 통해 앞선 단계에서 논의한 내용에 대한 자료를 보강하였다. 1차 답사에서 날씨가 흐려 선명하지 못했던 사진 자료를 다시 구축하기도 하고 자료를 수집하지 못했던 지점에서 새롭게 데이터를 보충하기도 하였다. 그리고 1차 답사에 포함되지 않았던 무장애숲길[5]을 추가 답사하여 경로를 보강하였다.

---

5. 무장애숲길은 관악구청에서 노인, 어린이, 유아, 임산부 등도 따라 걸을 수 있도록 경사가 완만한 곳을 대상으로 조성한 코스이다.

(8) 구글맵스와 구글어스에 등산로 구현 및 사후 지식 확인

1, 2차 현지답사에서 수집한 자료를 종합하여 구글맵스에 경로를 구체적으로 표시하고 각 지점별 내용을 입력하였다. 그리고 이를 구글어스에도 구현하였다. 이 단계에서는 지형 사진과 동영상에 대한 설명문을 개발하고 이를 탑재하는 매시업을 주요한 작업으로 하였다. 관악산의 주요한 지형을 학문적으로 설명하는 내용은 일반인에게 어렵게 느껴질 수 있다. 이에 참여자들은 비전공자가 읽어도 쉽게 이해될 수 있도록 최대한 내용을 쉽게 서술하기 위해 노력하였다. 이런 과정은 참여 학생들이 관련 개념을 더욱 명확하게 이해하는 학습의 기회가 되었다. 학습자들이 자신의 지리 개념 이해 정도를 파악할 수 있도록 사전 검사와 동일한 문항으로 구성된 사후 검사도 실시하였다.

(9) 프로젝트 결과 발표

마지막 단계에서 학생들은 자신들이 수행한 프로젝트 결과를 발표하는 기회를 가졌다. 먼저

그림 1. 프로젝트 수행 모습
(a) 참고문헌 논의 및 자료 대출, (b) 사전답사 준비, (c) 관악산 현지답사

관악구의 정책 결정 및 행정을 실제적으로 담당하는 구의회 의원과 관악구청 직원들을 대상으로 연구 결과를 발표하였다. 그리고 지리교육 전문 학회에서도 프로젝트 내용을 소개하였다. 이런 과정을 통해 프로젝트 결과를 공유하고 실제 적용 가능성을 높이고자 하였다.

3) 프로젝트 결과물

이 연구에서 개발된 관악산 등산경로는 구글맵스와 구글어스를 기본 플랫폼으로 그 내용을 구현하였다. 내용 구현 과정에서 관악산에서 흔히 접할 수 있는 지형들의 형성과정과 특징 등을 지형학적으로 쉽게 설명하여 관광객들이 관악산을 이해하고 그곳에 몰입할 수 있는 콘텐츠를 개발하고자 노력하였다. 개발된 경로는 관악문화도서관을 출발점으로 하여 정상

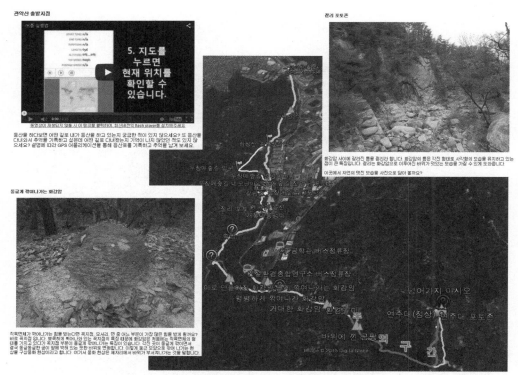

그림 2. 개발된 등산로 구글어스 캡처 화면

주: 이 그림에서는 출발 지점에서의 경로 기록 애플리케이션 사용법, 절리 포토존, 구상풍화, 버스정류장 정보와 관련된 매시업 화면을 캡처하여 한 그림 속에 편집하였다. 실제 구글어스에서는 하나의 아이콘을 클릭할 때 하나의 팝업창이 나타난다. 그리고 여기에는 나타나지 않지만 패널창 왼쪽에는 각 지점 아이콘 리스트가 있어 전체 등산로 관련 정보를 한눈에 파악하고 원하는 지점을 쉽게 찾을 수 있다.

그림 3. 관악산 등산로 정보 제공 QR 코드와
스마트폰 접속화면

인 연주대에 이르기까지 약 5km에 이르는 구간을 대상으로 한다. 그림 2는 구글어스에서 구현된 경로를 보여 준다. 각 지점을 클릭하면 사진이나 동영상, 설명 등이 팝업창으로 나타나게 된다. 그림 3은 동일한 데이터를 구글맵스에 구현하여 연구자의 스마트폰으로 접속한 화면[6]인데 오른쪽 상단에 있는 QR 코드(Quick Response Code)를 통해 접근할 수 있다. 이는 우리나라에서 대중화된 스마트폰을 이용하여 누구나 손쉽게 본 연구의 데이터에 접속할 수 있다는 것을 의미한다. 따라서 일반 대중들도 스마트폰만 가지고 있으면 실제 관악산 등반 과정에서 본 연구에서 개발한 경로와 각 지점들의 정보를 확인할 수 있다. 좀 더 구체적으로, 본 연구에서 개발된 경로에는 표 1과 같은 요소들이 포함되어 있다.

표 1. 개발된 관악산 등산로에 포함된 요소

구성 요소	내용
버스정류장 정보	등산로와 가까운 버스정류장의 위치와 실시간 배차 정보 링크
경로 기록 애플리케이션 사용법	등산경로 출발점에 자신의 등산경로와 거리, 시간 등을 자동으로 기록해 주는 애플리케이션(GPS Essential)과 그 사용법
주요 지형경관	핵석, 판상절리, 구상풍화 등 관악산에서 관찰할 수 있는 주요 지형경관 관련 사진이나 설명, 동영상
포토존	등산하면서 사진을 찍기에 적절한 지점을 표시(예: 특이한 바위가 있는 곳이나 경관이 아름다운 곳)
문제 표지판 위치	장소의 맥락과 관계없이 구성되어 있어 개선이 필요한 표지판과 그 위치
환경 놀이	사람들이 모여 휴식하는 곳 여기저기에 쓰레기가 흩어져 있는 것을 실제 답사를 통해 발견. 해당 지역의 환경문제를 개선하고자 자발적인 환경정화 활동을 유도하는 돌탑쌓기 놀이*를 개발하여 수록

---

6. 구글어스와 구글맵스는 지원하는 기능에 약간 차이가 있다. 두 플랫폼에 구현된 내용은 거의 동일하지만 구글어스에서 동영상으로 제공되는 것이 구글맵스에서는 연속된 그림으로 바뀌는 등의 작은 차이가 있다. 그리고 그림 크기 조절 등에 있어서도 구글맵스는 기능이 다소 제한적이다.

| 경로 난이도 | 이동에 불편이 있는 시민들도 이용 가능한 무장애숲길, 일반 경사로, 경사가 급하여 주의가 필요한 코스를 각각 다른 색깔로 표시 |

* 돌탑쌓기 놀이는 다음과 같은 내용으로 구성된다. 참여자들은 주변에서 돌탑을 쌓기에 좋은 돌을 구해 온다. 돌이 어느 정도 쌓이면, 가위바위보로 순서를 정해 첫 번째부터 마지막 사람까지 순서대로 돌탑을 쌓는다. 중간에 돌탑을 무너뜨리는 사람이 술래가 되며, 술래가 되면 주변 환경을 정화하는 활동(예: 쓰레기 줍기)을 수행한다. 이 놀이를 통해 지형의 산물인 돌에 좀 더 친근하게 다가가고, 참여자 간 협동심을 기르며, 환경도 정화하는 효과를 고양하고자 하였다.

4) 학습효과

이 절에서는 봉사학습에 기반한 프로젝트 강좌의 학습효과를 학생들의 반성적 저널, 인터뷰 데이터에 기초하여 살펴본다. 학생들은 프로젝트를 수행하는 과정에서 자신의 활동과 학습을 반추해 보는 반성적 저널을 작성하였는데 이를 통해 그들의 반응과 사고과정 등을 살펴볼 수 있었다. 그리고 필요한 경우에 인터뷰를 실시하여 참여자들의 생각을 좀 더 심층적으로 알아보았다. 반성적 저널과 인터뷰는 반복적 내용분석(iterative content analysis)을 통해 주목할 만한 주제를 도출하고 그 주제를 뒷받침하는 학생 코멘트를 추출하였다(Krippendorff, 2004; Baird et al., 2015). 이 과정에서 지리교육 전공 연구자와 교차 코딩 검증을 실시하고 이견이 있는 부분에 대해서는 토론과 협의를 통해 범주를 조정하고 정련화하는 과정을 거쳤다.

(1) 개념 이해에 대한 자신감

본 연구가 학생들을 대상으로 한 수업에서 이루어진 프로젝트라는 점에서 학습효과는 중요한 관심사가 아닐 수 없다. 본 연구에서는 학생들이 프로젝트 참여를 통해 스스로의 지리 개념 이해에 대해 어떻게 생각하게 되었는지를 살펴본다.[7] 본격적인 프로젝트 실시 전에 시행된 사

---

7. 본 연구에서는 참여 학생들의 기존 지식을 확인하기 위한 사전 검사, 그리고 프로젝트 진행을 통해 관련 개념의 이해가 얼마나 증진되었는지를 확인하기 위한 사후 검사를 실시하였다. 사전, 사후 검사는 관광지리학 분야, 자연지리학 분야, 지역사회 참여 분야와 관련된 내용으로 구성되었다. 그러나 샘플 수가 적어 본 논문에서는 학생들의 자기 보고 결과만을 논의하기로 한다. 그러나 개념 이해 관련 결과를 간략하게 살펴보면 다음과 같다. 사전 검사에서 학생들은 등산로 개발 프로젝트와 관련된 개념을 거의 서술하지 못했다. 그러나 사후 검사에서는 학생 모두가 거의 완벽하게 관련 내용을 이해하고 답을 제출하였다. 웹 2.0의 의미와 그것이 지역사회 참여에 가지는 의의를 물어보는 문항의 예를 들어 보자. 한 참여자는 사전 검사에서 이 문항에 대한 답을 거의 적지 못했는데 사후 검사에서는 다음과 같은 답안을 제출하였다. "웹 2.0은 1.0에 비해 사용자 측면에 초점을 맞춘다. 이전에는 중앙 관리자가 업로드한 내용을 이용자가 확인하는 정도였다면 2.0에서는 사용자가 이에 참여·협력하여 의도에 맞게 콘텐츠를 조정할 수 있다. GIS 역시도 이전에는 자료를 중앙 관리자가 올리고 확인하는 정도였다면 2.0에서는 모든 이용자가 자료를 창조하고 공유할 수 있다. 따라서 웹 2.0은 지역사회에 협력하여 다양한 내용을 공유하고 조정함으로써 참여가 가능하게 한다." 이 학생은 지역

전 검사에서 한 참가자는 자신의 개념 이해에 대해 다음과 같이 평가하였다.

오늘 검사했던 내용들은 기본적으로 4학년인 내가 알아야 하는 부분이 많았지만 사실 모르는 것이 많았다는 점에서 나 스스로에게 실망을 느꼈다. 이번 프로젝트를 통해서 알던 개념은 더욱 강화할 수 있고, 잊어버렸던 내용은 다시 떠올릴 수 있도록 나 스스로가 자발적으로 학습할 수 있는 기회가 될 수 있기를 바란다.

그러나 모든 활동을 성공적으로 수행한 후 프로젝트에 참여했던 학생들은 다음과 같은 의견을 개진하였다.

이 프로젝트를 위해 관련 개념들을 스스로 공부하고 함께 토론하였는데 이 과정을 통해 개념들을 명확하게 이해할 수 있었던 것 같다. 관광지리와 자연지리를 공부하여 관악산 등산로 개발에 적용하면서 이전에 알지 못했던 지오투어리즘, 에코투어리즘 등 관광지리 용어들과 그에 관한 지식들을 많이 습득할 수 있었다. 화강암 지형에서도 핵석, 입상붕괴, 박리 등 제대로 알지 못했던 많은 개념들을 명확하게 이해할 수 있는 계기가 되었다.

첫 모임 때 알고 있는 내용에 대해 적어 보는 일종의 사전 테스트를 실시했는데 프로젝트가 끝난 후 얼마나 많은 내용을 학습했는지를 확인하기 위해 다시 테스트를 실시했다. 확실히 처음에는 어떤 내용인지 긴가민가해서 잘 적지 못했던 내용도 곱씹어 보면서 이전보다는 명확하게 잘 쓸 수 있게 되었다. 프로젝트를 위해 계속 내용을 찾아보고 공부했던 것이 많은 도움이 되었던 것 같다.

이처럼 프로젝트 수행에 기반한 본 연구의 활동은 학생들에게 관련 개념을 현실적 맥락에서 명확하게 이해하는 기회를 제공했다. 학생들은 실제 세계에 지리적 개념을 적용하는 과정을 통해 스스로 적극적으로 학습하고 이 과정에서 개념 이해에 대한 자신감을 향상시켰다. 프로

사회 참여 관점에서 대학의 역할에 대해서도 다음과 같이 서술하였다. "대학은 이전까지 단순히 학문의 장으로만 기능했으나 충분히 지역사회 참여가 가능하다. 이번 프로젝트가 단적인 예가 된다. GIS를 활용함으로써 쓰레기 정거장의 입지를 제안하거나 새로운 관광의 양상을 제시함으로써 보다 적극적으로 지역의 정책에 참여할 수 있다." 이와 같은 경향성은 거의 모든 검사 문항에서 나타났다. 이를 통해 본 연구의 활동이 개념 이해를 증진시키는 데 효과적인 전략이었음을 알 수 있다.

젝트에 기반한 학습이 개념 이해에는 효과적이지 못할 수 있다는 우려를 제기하는 연구들이 존재한다. 그러나 이 연구의 결과는 프로젝트를 이용한 학습이 전통적 학습법에 비해서 개념 이해를 촉진하는 데 뒤지지 않거나 혹은 오히려 더 나을 수 있다는 연구 결과(예: Allahwala et al., 2013)와 맥을 같이한다.

(2) 지리공간기술 사용 능력

본 연구에서 학생들은 지리공간기술을 이용하여 결과물을 생성하였다. 프로젝트 결과물을 보면 참여 학생들이 지리공간기술을 효과적으로 이용하여 성공적으로 활동을 수행하였음을 확인할 수 있다. 실제 학생들은 프로젝트 활동이 관련 기능의 습득에 도움이 되었다는 반응을 보였다.

후반기에 와서는 실습의 양이 이론을 공부하는 것보다 훨씬 많아졌는데 실습을 좋아하는 나로서는 너무 기분이 좋기도 하고 GIS 실력이 엄청나게 향상된 것 같아 기분이 좋았다.

이번 수업을 들으면서 정말 GIS 실력이 많이 향상된 것 같고, 또 구글어스나 구글맵스와 같은 웹 GIS를 경시하는 경향이 있었는데 웹 GIS가 나름 쓰기 좋다는 것을 깨닫게 되었다.

연구 참여 학생들은 기능을 수동적으로 습득하는 것을 넘어서 다양한 테크놀로지들 사이의 차이를 알고 프로젝트의 맥락에 맞추어 문제를 해결하는 모습을 보이기도 하였다. 학생들은 개발한 등산로를 구글맵스와 구글어스 두 플랫폼에 구현하였는데 이 둘은 지원하는 기능에 약간 차이가 있다. 이와 관련하여 참여자들은 다음과 같은 반응을 보이기도 하였다.

구글어스에는 사진을 넘기는 시스템이 없다. 그래서 구글맵스에서 사진을 넘기는 방식으로 매시업한 환경 놀이나 GIS 애플리케이션 사용법과 같은 여러 사진으로 구성된 콘텐츠를 옮길 수가 없었다. 그래서 생각해 낸 것이 인터넷에서 유행하는 '짤방'과 같은 형식의 사진을 이어붙인 동영상을 만들어 옮기는 법이었는데 성공해서 매우 기분이 좋았다.

이러한 반응들을 통해 본 연구의 활동이 지리공간기술 이용 능력을 향상시키는 데 효과적이었다는 사실을 알 수 있다. 현실 세계의 맥락과 유리되어 정돈된 실습 환경에서 정해진 매뉴얼을 따라 클릭만 하는 방식의 실습은 기계적인 "buttonology"로 전락할 우려가 있다(Marsh et al., 2007). 본 연구의 학생들은 현실 세계를 기반으로 프로젝트를 수행하면서 다양한 맥락에서 문제를 해결하고 좀 더 실제적이고 전이 가능한 기능을 습득할 수 있었다.

5) 참여자 반응

참여 학생들은 프로젝트 수행 경험에 대해서도 의견을 제시하였는데 이 역시 학습효과와 더불어 프로젝트의 함의를 고찰하는 데 중요한 요소가 될 수 있다. 학생들의 프로젝트를 접한 지역사회 관계자들의 의견 또한 프로젝트의 의의를 도출하는 데 도움이 될 것이다.

(1) 프로젝트 활동에 대한 학생들의 의견

학생들의 활동 경험에 대한 의견은 매우 긍정적이었다. 이와 관련된 학생들의 반응을 살펴보면 다음과 같다.

이런 프로젝트 기반의 수업이 좀 더 생겨났으면 좋겠다는 생각을 했다. 일단 무조건 암기하는 식의 수업도 아닌데다 기억에도 많이 남는다. 초반에 논문 발표했던 것이 아직도 기억에 생생하다. 학습자의 입장에서 훨씬 재미있고 수업에 대한 부담도 적다. 학과장님과 상의해서 이런 프로젝트 기반 수업을 더 늘려줬으면 좋겠다.

이 수업을 통해 정말로 많은 내용에 대해 배우는 기회를 가질 수 있었다. 4학년이 된 지금 그동안의 내용을 다시 정리할 수 있는 기회가 되었다는 점에서 정말 의미 있었다고 생각한다.[8] 또 우리가 스스로 능동적으로 활동했다는 점 또한 좋았다. 보통 다른 수업의 과제는 선생님께서 정해 주신 흐름에 따라 진행하는 것에 그쳤는데 큰 틀부터 시작해서 세부사항까지 협의해 가면서 새로 정하고 무언가를 만들어 나간다는 것 자체가 뿌듯하고 내가 무엇인가를 해낼 수 있다는 자신감까지 생기게 해 주었다. 앞으로도 이 수업이 이어졌으

---

8. 본 연구에서처럼 종합적 시각으로 프로젝트를 실행하는 수업은 대학 학부생의 마지막 학년에 그들이 대학교육에서 습득한 모든 지식과 경험을 하나로 결집할 수 있도록 기획된 캡스톤 강좌 형태로 시행되는 경우가 많다. 지리학에서는 지리사상사(Hovorka, 2009), 환경과학(Levia and Quiring, 2008), 현장답사(Hefferan et al., 2002) 등을 주제로 한 연구에서 이런 시도가 성공적으로 이루어진 바 있다.

면 좋겠고 누군가가 수강하고자 한다면 적극적으로 추천하고 싶다.

이러한 의견들을 통해 학생들이 스스로 연구하고 학습하는 프로젝트 활동을 긍정적으로 생각하고 있음을 알 수 있다. 학생들은 수강한 강좌에 만족하는 모습이었으며 이와 같은 수업이 더 많이 제공되기를 원했다. 우리나라에서 이러한 방식의 수업이 많이 제공되지 않고 그 효과 검증도 미진한 상황에서 본 연구의 결과는 유사한 수업을 기획하는 연구자들에게 긍정적인 근거를 제공해 준다.

(2) 지역사회 관계자들의 반응

학생들의 프로젝트 결과는 관악구 의회 의원과 관악구청 관계자들을 대상으로 한 발표회를 통해 소개되었다. 발표회에 참가한 관계자들은 지역사회에 관심을 가지고 실제적인 서비스를 제공하려는 대학 측의 노력을 매우 긍정적으로 평가하였다. 구의회 의원은 다음과 같은 의견을 주었다.

대학과 지역사회가 이렇게 연계를 맺으려는 시도를 한 것이 거의 처음이 아닌가 하는 생각이 듭니다. 학생들이 대학이 위치한 관악구에 이렇게 관심을 가지고 이러한 서비스를 제공해 주는 것이 정말 감사하고 앞으로도 이런 기회가 더욱 확대되었으면 좋겠습니다. 기회가 된다면 구 의회에 와서도 내용을 한 번 소개해 주면 좋을 것 같습니다.

구 의회 의원과 더불어 관악구청에서도 프로젝트 내용과 관련되는 부서의 직원들이 발표회에 참석하여 관심을 보였고 발표 자료들을 보내 줄 것을 요청하였다. 학생들은 지역사회 관계자들의 이러한 반응에 자신들의 활동이 의미가 있었다고 느껴 고양된 모습이었다. 본 연구의 프로젝트 활동은 이처럼 지역사회에 유용한 서비스를 제공한다는 목적을 효과적으로 달성하고 관계자들로부터 긍정적인 반응을 얻었다.

4. 마치며

이 연구에서는 대학생들이 지역사회에 참여하여 해당 지역에 실질적으로 도움이 되는 서비스를 제공하는 프로젝트를 실시하고 프로젝트 수행 과정에서 참여 학생들의 지리학 개념 이해 및 지리공간기술 이용 능력이 향상되는지 살펴보았다. 연구에 참여한 학생들은 관악산의 등산로를 개발하였는데 이 과정에 지오투어리즘 논의, 관악산과 관련된 지형학 이론, 지역사회 참여 지리학 등의 개념을 적용하였다. 결과물을 개발하는 과정에서 GIS, GPS, 구글맵스, 구글어스와 같은 지리공간기술을 이용하였다. 프로젝트 수행 결과, 학생들은 등산로에 접근할 수 있는 버스정류장 정보, 등산 시 자신의 이동경로와 시간 등을 자동으로 기록해 주는 스마트폰 애플리케이션과 그 사용법, 등산로에 존재하는 주요 지형경관에 대한 사진·동영상·설명, 사진 찍기에 적절한 지점인 포토존, 맥락과 유리된 표지판 지점, 환경 놀이, 경로 난이도 등이 포함된 등산로를 개발하였다. 이런 정보들은 구글맵스와 구글어스에 매시업 되었으며 스마트폰을 통해서도 손쉽게 접속할 수 있도록 하였다. 따라서 일반 대중들도 어렵지 않게 개발된 등산로 데이터에 접근할 수 있으며 자신의 스마트폰을 들고 등산로를 따라 걸으며 제공되는 정보를 확인할 수 있다. 이렇게 지역사회에 서비스를 제공함과 동시에 프로젝트에 참여한 학생들은 관광지리학, 지형학, 지역사회 참여 등과 관련된 지리학 개념에 대한 이해를 증진시켰다. 나아가 지리공간기술을 효과적으로 맥락에 맞게 이용하는 능력 또한 향상시킬 수 있었다. 프로젝트 결과물을 접한 지역사회 관계자들의 긍정적인 반응 역시 이 연구 프로젝트의 성공을 보여 주는 근거가 될 수 있었다.

이 논문은 구성주의 관점에서의 학생 프로젝트와 지리학을 통한 지역사회에의 기여를 결합하는 봉사학습의 효과를 실증적으로 살펴본 연구였다. 우리나라 지리교육에서 이러한 방식의 봉사학습 실행 연구가 거의 이루어지지 않았다는 점에서 이 연구는 관련 연구를 촉진하는 계기가 될 수 있을 것이다. 그러나 다음과 같은 사항에 대해서는 지속적인 논의가 필요하다는 점 역시 인지할 필요가 있다. 첫째, 좀 더 다양한 맥락에서, 더 많은 학생들을 대상으로 유사한 연구를 수행할 필요가 있다. 본 연구는 큰 프로젝트 중 하나의 사례를 중점적으로 논의한 것이라 참여자 수가 많지 못했다. 따라서 여기서 제시되는 학습효과나 학생들의 반응을 일반화하기에는 제한점이 있다. 학습효과의 검증 또한 학생들의 자기 보고와 더불어 개념의 이해를 객관적으로 테스트할 필요가 있을 것이다. 둘째, 이 연구에서 개발한 경로 외에도 여러 요소가 포함된 다양한 경로의 개발에 관심을 가져야 한다. 최근의 지오투어리즘 논의는 인문·자연적 요소의 통합, 문화적 측면을 연계하는 스토리 개발 등을 강조한다. 그러나 본 연구의 경로에서 지역 고유의 인문적 속성이나 독특한 문화를 보여 주는 설화, 전설 등을 발굴하는 데 어려움이 있었다. 따라서 추후 연구에서는 다양한 요소를 아우르는 경로의 개발에 관심을 가질 필요가 있다. 사회적으로 관심이 많은 안전 등과 관련된 요소도 포함될 수 있을 것이다. 셋째, 이 연구에서는 지오투어리즘 관점에서 경로를 개발하는 프로젝트의 학습효과에 초점을 두었다. 그러나 지오투어리즘의 주요한 하위 연구 분야 중 하나가 개발된 경로를 통해 일반 대중을 교육하는 것이다. 하지만 박경진(2013)이 고등학생을 대상으로 지오투어리즘 관점에서 개발된 변산반도 채석강 지역을 야외실습하고 그 학습효과를 검증한 사례 이외에 지오투어리즘과 교육을 연계한 연구를 찾아보기 어렵다. 따라서 본 논문에서 개발된 경로를 따라갈 때 대중들의 지리학적 지식 및 인식이 어떻게 변하는지에 대해 살펴보는 것은 흥미로운 후속 연구 주제가 될 수 있을 것이다.

요약 및 핵심어

학생들이 지역사회에 참여하여 해당 지역에 실질적으로 도움이 되는 서비스를 제공하는 프로젝트를 실시하고 참여 학생들의 지리학 개념 이해 및 지리공간기술 이용 능력이 향상되는지 살펴보았다. 학생들은 관악산 등산로를 개발하는 과정에 지오투어리즘 논의, 관악산 관련 지형학 이론, 지역사회 참여 지리학 등의 개념을 적용하고 GIS, GPS, Google Earth와 같은 지리공간기술을 이용하였다. 프로젝트 수행 결과, 등산로를 따라 주요 지형경관에 대한 사진·동영상·설명, 환경 놀이, 경로 난이도 등의 정보가 포함된 결과물이 산출되었다. 학생들은 프로젝트와 관련된 지리적 개념 이해에 대한 자신감을 높이고 지리공간기술을 효과적으로 이용하는 모습을 보였다. 지역사회 관계자들 역시 프로젝트에 긍정적인 반응을 보였다.

지오투어리즘(geotourism), 봉사학습(service learning), 지리공간기술(geospatial technology), 프로젝트 기반 학습(project-based learning), 지역사회(local community)

더 읽을 거리

Allahwala, A., Bunce, S., Beagrie, L., Brail, S., Hawthorne, T., Levesque, S., Mahs, J., and Visano, B. S., 2013, Building and sustaining community-university partnerships in marginalized urban areas, *Journal of Geography*, 112(2), 43-57.

Bednarz, S. W., Chalkley, B., Fletcher, S., Hay, I., Heron, E. L., Mohan, A., and Trafford, J., 2008, Community engagement for student learning in geography, *Journal of Geography in Higher Education*, 32(1), 87-100.

Taylor, M. J., 2009, Student learning in Guatemala: An untenured faculty perspective on international service learning and public good, *Journal of Geography*, 108(3), 132-140.

참고문헌

권동희, 2013, "지오투어리즘 관점에서 본 베트남 하롱베이의 지형경관", 한국사진지리학회지, 23(1), 1-12.

김민성, 2010, "교육 현장의 GIS 관련 상황과 교육적 사용을 위해 고려해야 할 요소", 한국지리환경교육학회지, 18(2), 173-184.

김민성·유수진, 2014, "지리공간기술을 이용하는 목표기반시나리오 학습모듈 개발", 사회과교육, 53(1), 79-93.

김민성·이상일·이소영, 2016, "지리공간서비스의 교육적 함의와 교수학습 모델 개발", The SNU Journal of Education, 25(1), 1-26.

김민성·이창호, 2015, "지리공간기술 기반 봉사학습 프로젝트: 지오투어리즘 관점에서의 지역사회 참여, 한국지도학회지", 15(3), 63-77.

김민성·최재영, 2012, "스마트폰 GPS를 활용한 지리 학습 모형의 개발과 적용", 사회과교육, 51(3), 73-85.

김범훈, 2013, "한국에서의 지오투어리즘(Geotourism) 연구동향과 과제", 한국지역지리학회지, 19(3), 476-493.

김창환, 2009, "한국에서의 지오파크 활동과 지리학적 의미", 한국지형학회지, 16(1), 57-66.

박가나, 2012, "우리나라 봉사학습에 대한 연구 동향 분석", 시민청소년학연구, 3(2), 55-93.

박경진, 2013, 지질관광학습을 통한 고등학생들의 지구과학 개념구조 변화, 전북대학교 박사학위논문.

박민영, 2012, 한국형 지오투어리즘 정착을 위한 연구, 성신여자대학교 박사학위논문.

이종원, 2011, "공간정보기술을 활용한 교수·학습모듈의 개발과 평가", 한국지리환경교육학회지, 19(3), 381-397.

이종원, 2012, "공간정보기술의 활용과 교실 수업의 변화: 여섯 교사의 사례", 대한지리학회지, 47(6), 955-974.

전보애, 2010, "지리적 탐구방법과 통합된 봉사학습: 지역사회중심 환경교육의 실행사례 분석을 중심으로", 한국지리환경교육학회지, 18(3), 323-337.

전영권, 2005, "지오 투어리즘(Geo-tourism)을 위한 대구 앞산 활용방안", 한국지역지리학회지, 11(6), 517-529.

전영권, 2009, "지오투어리즘과 교육적 활용을 위한 문화지형의 발굴과 스토리텔링 구성: 만어사와 반야사를 사례로", 한국사진지리학회지, 19(4), 107-117.

전영권, 2010, "한국의 지오투어리즘", 한국지형학회지, 17(4), 53-69.

정인철·김지희, 2006, "고등학교 지리 수업에서의 GIS 활용 방안", 한국지리환경교육학회지, 13(2), 211-224.

Allahwala, A., Bunce, S., Beagrie, L., Brail, S., Hawthorne, T., Levesque, S., Mahs, J., and Visano, B. S., 2013, Building and sustaining community-university partnerships in marginalized urban areas, *Journal of Geography*, 112(2), 43-57.

Altman, I., 1996, Higher education and psychology in the millennium, *American Psychologist*, 51(4), 371-378.

Baird, T. D., Kniola, D. J., Lewis, A. L., and Fowler, S. B., 2015, Pink time: Evidence of self-regulated learning and academic motivation among undergraduate students, *Journal of Geography*, 114(4), 146-157.

Bednarz, S. W., 2003, Citizenship in post-9/11 United States: A role for geography education?, *International Research in Geographical and Environmental Education*, 12(1), 72-80.

Bednarz, S. W., Chalkley, B., Fletcher, S., Hay, I., Heron, E. L., Mohan, A., and Trafford, J., 2008, Community engagement for student learning in geography, *Journal of Geography in Higher Education*, 32(1), 87-100.

Boley, B. B., Nickerson, N. P., and Bosak, K., 2011, Measuring geotourism: Developing the geotraveler tendency scale (GTS), *Journal of Travel Research*, 50(5), 567-578.

Crump, J. R., 2002, Learning by doing: Implementing community service-based learning, *Journal of Geography*, 101(4), 144-152.

Dewey, J., 1990, *School and Society*, Chicago, IL: University of Chicago Press.

Doering, A. and Veletsianos, G., 2007, An investigation of the use of real-time, authentic geospatial data in the K-12 classroom, *Journal of Geography*, 106(6), 217-225.

Dorsey, B., 2001, Linking theories of service-learning and undergraduate geography education, *Journal of Geography*, 100(3), 124-132.

Dowling, R. K., 2011, Geotourim's global growth, *Geoheritage*, 3(1), 1-13.

Drennon, C., 2005, Teaching geographic information systems in a problem-based learning environment, *Journal of Geography in Higher Education*, 29(3), 385-402.

Eflin, J. and Sheaffer, A. L., 2006, Service-learning in watershed-based initiatives: Keys to education for sustainability in geography?, *Journal of Geography*, 105(1), 33-44.

Grabbatin, B. and Fickey, A., 2012, Service-learning: Critical traditions and geographic pedagogy, *Journal of Geography*, 111(6), 254-260.

Hefferan, K. P., Heywood, N. C., and Ritter, M. E., 2002, Integrating field trips and classroom learning into a capstone undergraduate research experience, *Journal of Geography*, 101(5), 183-190.

Heffron, S. G. and Downs, R. M.(eds.), 2012, *Geography for Life: National Geography Standards*, 2nd ed., Washington, DC: National Council for Geographic Education.

Hose, T. A., 1995, Selling the story of Britain's stone, *Environmental Interpretation*, 10(2), 16-17.

Hovorka, A. J., 2009, A capstone course of "geographic ideas", *Journal of Geography*, 108(6), 252-258.

Kim, M., 2013, The role of gender and academic major on spatial habits of mind (SHOM) in GIS learning, *Journal of the Korean Cartographic Association*, 13(1), 73-86.

Kim, M., Bednarz, R., and Lee, S.-I., 2011, GIS education for teachers in South Korea: Who participates and why?, *Journal of the Korean Geographical Society*, 46(3), 382-395.

Kim, M. and Ryu, J., 2014, Listening to others' voices (LOV) project: An empowering strategy incorporating marginalized perspectives, *Journal of Geography*, 113(6), 247-256.

Kindon, S. and Elwood, S., 2009, Introduction: More than methods-reflections on participatory action research in geographic teaching, learning and research, *Journal of Geography in Higher Education*, 33(1), 19-32.

Kinniburgh, J., 2010, A constructivist approach to using GIS in the New Zealand classroom, *New Zealand Geographer*, 66(1), 74-84.

Krippendorff, K., 2004. *Content Analysis: An Introduction to Its Methodology*, 2nd ed., Thousand Oaks, CA: Sage.

Levia, D. F. Jr. and Quiring, S. M., 2008, Assessment of student learning in a hybrid PBL capstone seminar, *Journal of Geography in Higher Education*, 32(2), 217-231.

Marsh, M., Golledge, R., and Battersby, S. E., 2007, Geospatial concept understanding and recognition in G6-college students: A preliminary argument for minimal GIS, *Annals of the Association of American Geographers*, 97(4), 696-712.

Milson. A. J. and Curtis, M. D., 2009, Where and why there? Spatial thinking with geographic information systems, *Social Education*, 73(3), 113-118.

Newsome, D., Dowling, R., and Leung, Y., 2012, The nature and management of geotourism: A case study of two established iconic geotourism destinations, *Tourism Management Perspectives*, 2-3, 19-27.

Park, K., 2012, Development in geomorphology and soil geography: Focusing on the Journal of the Korean Geomorphological Association, *Journal of the Korean Geographical Society*, 47(4), 474-489.

Petzold, D. and Heppen, J., 2005, A service-learning project for geography: Designing a painted playground map of the United States for elementary schools, *Journal of Geography*, 104(5), 203-210.

Seo, T. and Kim, M., 2012, The current status of geography education research in Korea, *Journal of the Korean Geographical Society*, 47(4), 625-640.

Summerby-Murray, R., 2001, Analysing heritage landscapes with historical GIS: Contributions from problem-based inquiry and constructivist pedagogy, *Journal of Geography in Higher Education*, 25(1), 37-52.

Wellens, J., Berardi, A., Chalkley, B., Chambers, B., Healey, R., Monk, J., and Vender, J., 2006, Teaching geography for social transformation, *Journal of Geography in Higher Education*, 30(1), 117-131.

제12장

위치학습과 지리교육*

김다원

광주교육대학교

* 본 연구는 김다원(2008)을 수정·보완한 것임.

1. 들어가며

지리는 오래전 정확한 '위치'를 묘사하는 학문으로 출발했다. 아직도 많은 사람들이 무엇이 어디에 있느냐, 그곳에 가려면 어떻게 가느냐, 그곳의 환경은 어떠냐 등의 질문을 하고 있는데 이러한 질문에 대한 안내는 지리교육이 도움을 주어야 할 부분이다(류재명, 2007, 4). 만약 우리가 위치에 대한 지식을 가지고 있다면 이러한 질문에 대해 쉽게 대답할 수 있을 것이다. 새로운 지역에 대한 안내자로서, 지역에 대한 안내는 그 지역에 대한 기본적인 위치지식에서 출발한다. 즉, 지리적인 능숙함은 위치지식에서 시작된다고 할 수 있다.

또한, 위치지식은 지역이해를 위한 기초지식 영역에 해당한다. 류재명(1991, 228)은 어떤 지역을 이해하고자 할 때 먼저 그 지역이 어디에 있으며 어떠한 자연적 특성을 가지고 있는가를 알아봐야 하기 때문에 위치는 중요한 지리교육의 기본 개념이 된다고 하였다. 세계를 구성하는 단위 지역들에 대한 위치지식은 세계의 공간적 질서와 지리적 상호 관계, 그리고 세계 각 지역의 시·공간적 상황을 이해하게 하는 지리교육의 기본 개념이 된다는 것이다. 이는 위치지식을 바탕으로 더 고차원의 지리 개념을 학습할 수 있다는 말과 상통한다(Boehm etals, 1987, 479).

이렇게 위치지식은 지리 학습에서 지역과 공간을 설명하기 위한 기본 요소로 간주된다. 그리하여 지리적 능력을 평가하기 위한 선행 연구들은 주로 여러 나라, 도시, 지형의 위치를 지도상에 표시하도록 하여 학생들의 위치지식을 살펴보고자 하였다. 그러나 위치학습은 '암기식 산물 지식', '암기식 지명 지식'을 유발한다는 비판을 받으며 지리 학습에서는 많은 관심을 받지 못하였다. 즉 '어디에 무엇이(어떤 지역이) 있느냐?'는 지리 학습에서 의미가 없다는 것이다. 하지만 1980년대 세계화의 흐름을 타면서 신항로 개척 때와 마찬가지로 세계 지역에 대한 관심이 고조되었다. 여기서 위치는 지리학의 태동기에서 지명 학습과는 다른 위치학습으로 변화되기 시작하였다. 즉, 위치학습은 과거의 '어디에 어떤 지역이(무엇이) 있느냐?'라는 지명 학습과는 달리 '어떤 지역(무엇이)이 어디에?'라는 질문을 통해 '거기에 있어서?'라는 확장적인 사고를 유도해 내면서 지역 이해의 기초로 인식되기 시작했다. 더욱이 세계화 시대에는 학생들의 활동 무대가 세계로 확대되면서 세계 지역 이해의 필요성에 의해서 지역 위치에 대한 관심이 증가하였다.

미국에서는 Global 2000 세계화 실현을 위해 미국의 교육법에 지리가 핵심 교과로 포함되었고 1984년 NCGE와 AAG에서 발간한 「초·중등 지리교육 지침서」에서는 초·중등학교에서 학습해야 할 5개 개념 중에 첫 개념으로 위치를 포함하여 장소와 지역 이해의 기본 개념으로 제시하였다. 영국에서도 국가 지리교육과정에서 위치학습을 지리적 탐구를 위한 필수 요소로 설정하여 위치 지식은 장소학습을 위한 기초 학습 요소로서 위치의 지도화와 지도상의 위치를 다양하게 말하기, 글쓰기 등의 방법을 활용하여 표현해 내도록 하고 있다. 일본에서도 2002년 「신학습지도 요령」에서 중학교 지리교육의 목표로 '일본과 세계 각 지역의 제사상을 위치와 공간적인 확대와의 관계로 포착하고, 지역적 특색을 포착하기 위한 방법을 갖추게 한다'라고 하여 위치학습을 지역 이해를 위한 중요한 요소로 제시하였다.

오늘날 사회는 한 지역의 사회적 현상이 전 세계 지역들에 영향을 미치기 때문에 사회적 현상에 대한 이해를 위해서는 세계를 볼 수 있는 글로벌 관점이 요구된다. 상호 연계되어 있는 세계에서 여러 사회적 현상들을 이해하기 위해서는 세계에 대한 공간적 레이아웃 지식을 갖추는 것이 필요하다. 이러한 세계에 대한 공간적 레이아웃 지식은 세계의 단위 지역들에 대한 위치지식으로 갖춰진다. 지리적 주제에서 국제적 관점과 다른 지역에 대한 관점이 오늘날과 같은 글로벌 세계에서 점점 더 중요해지고 있다(Stoltman etals, 2014). 학생들의 활동 무대가 세계로 확대되고 있는 시점에서 세계지역 이해의 차원을 넘어서서 글로벌 교육의 차원에서 위치학습의 필요성은 자명하다.

2. 위치와 위치학습

1) 위치의 의미

로저스(Rogers, 1997)는 지리에서 위치(location)는 어떤 사물과 장소가 지표상에 차지하고 있는 자리를 말하며 지구상 사람들과 장소들의 위치를 묘사하는 방법으로는 절대적 위치(ab-solute location)와 상대적 위치(relative location)가 있다고 하였다(표 1). 미국의 『지리교육 지침서(Guideline for Geographic Education)』에서도 위치를 '지표면상의 지점(position on the Earth's Surface)'으로 개념을 정의하고 있으며, 지표면 상의 인간과 장소의 위치를 절대적 위치와 상대적 위치로 구분·기술하고 있다(Joint Committee on Geographic Education, 1984).

절대적 위치는 경위도상의 수리적 위치와 같이 정해진 체계 내의 위치로서 수학적인 위치라고도 한다(Cetis etals, 2004, 7). 절대적 위치는 지구와 태양 간의 관계를 포함하여 태양과 관련한 지구의 위치와 이동을 통해 기후, 계절, 시간의 영역 등 해당 지역이 갖는 자연환경적 특성에 대한 파악을 포함한다. 그래서 절대적 위치를 통해 지역의 자연환경적 특성을 파악할 수 있다. 그런데 사람들의 삶은 자연환경과의 상호작용을 통해서 다양성을 드러낸다. 그러므로 사람들이 만들어 낸 지역의 특성과 삶의 문화를 파악하기 위해서는 지역의 절대적 위치지식이 필요하다.

상대적 위치는 한 지역의 위치를 다른 지역 및 사물과 관련하여 묘사하는 방법이다. 지역이 갖는 위치의 외적인 관련을 말하며 다른 지역 또는 주변 사물과 관련한 관계적 위치이기도 하다. 상대적 위치인식을 통해 우리는 공간적인 상호 연계성과 상호 의존성을 파악할 수 있다(Fellman et al., 2001, 10). 다른 지역 및 지물과의 관계 및 인접 상태 등의 파악과 관련된 위치라고 볼 수 있다. 그러므로 상대적 위치에서는 거리(distance), 방향(direction), 인접성(adjacency), 주변 지역(enclosure), 주변 사물 등의 기본적인 정보들이 포함되어야 한다(Gersmehl, 2005, 59). 그리고 상대적 위치 서술은 하나의 위치가 아닌 관련한 많은 다양한 위치로 표현될 수 있다.

표 1. 절대적 위치와 상대적 위치

절대 위치	상대적 위치
• 정확한 그리고 정해진 체계 내 위치 • 경위도 좌표상의 위치 • 세계 지도상의 해당 위치 • 절대 기준점으로부터 방향, 거리 • 다른 장소로부터 독립적임 • 시간 흐름 속에서도 위치 속성 불변 • 전체를 구성하는 한 부분이 됨 • 위치에 따른 절대적 자연환경(site) (물리적 거리, 기후, 수륙배치, 지형적인 특징)	• 상위 지역 내 한 부분으로서의 위치 • 다른 나라 및 대륙과 관계 측면 위치 • 다른 지역 및 상징물과의 관계 측면 위치 • 공간적인 상호 연계성과 상호 의존성에 의한 위치 • 상대 기준점으로부터 방향과 거리 • 시간 흐름에 따라 위치 속성 변화 • 공간 체계 내의 한 부분으로서 위치 • 위치에 따른 상대적인 환경(situation) (상호 연계성, 시간거리, 주변 지역 및 상징물의 특징, 도로의 발달 등)

2) 지리교육의 기본 개념으로서의 위치

다음에서는 그간 지리교육의 기본 개념으로서 위치를 살펴보고자 한다(표 2). 기본 개념은 특정 교과의 가장 기본적 구조 또는 교과 내용의 핵심을 보여 주는 얼마 되지 않는 개념이며 기본 아이디어, 즉 핵심 아이디어 또는 더 넓게는 원리로 표현하기도 한다(서태열, 2005, 291).

우리나라에서는 처음으로 이찬이 지리의 기본 개념으로 인간-자연관계, 지역, 공간관계, 변천, 자연지리, 축척, 분포, 지도화를 제시하였다(이찬, 1969, 130-138). 여기에서 '위치(location)'는 구체적인 개념으로 제시되지는 않았지만 지역과 지도화라는 개념 속에 포함하여 제시되었다. 그 후 이기석, 류재명, 서태열에 의해 '위치'가 지리의 기본 개념으로 제시되었다. 이기석은 공간지리학의 입장에서 위치(location)의 개념을 제시하면서 공간 구조를 어떤 분포 현상 요소들의 질서 있는 일련의 관계를 가진 위치적 혹은 입지적 배열 형태로 보고, 창출된 공간의 모습은 주어진 자연환경이라는 속성 위에서 이루어진 것이기 때문에 자연환경에 대한 기초적인 이해는 필연적인 것이 된다고 제시하였다(이기석, 1983, 91). 류재명은 어떤 지역을 이해하고자 할 때 먼저 그 지역이 어디에 있으며 어떠한 자연적 특성을 가지고 있는가를 알아 봐야 하기 때문에 위치는 중요한 지리의 개념이 된다고 하였다(류재명, 1991, 228). 서태열은 지리적 개념을 '기초개념', '본질개념', '조직개념'으로 구분하였는데, '위치' 개념은 기초 개념보다는 상위 개념인 본질 개념으로 보다 추상화의 정도가 높으면서 지리적 탐구 과정에 어느 정도 고유성을 가지고 개입되는 개념으로 설정하고 있다(서태열, 1993, 59). 한편 외국에서는 패티슨이 지리학의 4대 전통을 제시하면서 그 속에 '위치'가 구체적으로 명시되지는 않았지만 지역 연구와 인간-자연관계 개념 안에서 위치 개념을 사용하였다(Pattison, 1964, 211-216). 브룩(Broek)과 콕스(Cox), 워커(Walker)도 지리교육을 위한 개념으로 '위치'를 제시하였다(서태열, 1993, 59에서 재인용). 특히 1984년 미국지리교육 지침에서는 사람과 장소에 대한 '위치'를 지리교육을 위한 핵심 개념으로 제시하고 있다(Joint Committee on Geographic Education, 1984). 그리고 국제지리연합 지리교육 분과가 발행한 「국제지리 교육헌장(International Charter on Geographical Education)」에서는 지리교육이 현재와 미래 세계의 책임 있는 시민 육성을 위한 필수 교과임을 확신하면서 지리학은 구체적인 위치와 장소에서 인간과 자연의 상호작용에 관심을 갖고 있다고 하였다. 그리하여 지리교육을 위한 기본 개념으로 위치와 분포, 장소, 인간과 환경의 관계, 공간적 상호작용, 지역을 제시하였다(IGU, 이경한 역, 1992). 여기서 위치와 분포는 모든 인간과 장소는 지표상에 서로 다른 절대적·상대적 위치를 가지며, 이 위치들은 물건, 사람, 정보, 그리고 사고의 흐름과 관련이 있고 지표상의 분포와 형상을 설명하는 데 도움을 주는 것으로 보았다. 특히 인간과 장소의 위치에 대한 지식은 지역적, 국가적, 그리고 국제적 상호 의존을 이해하는 전제가 되는 것으로 제시하였다.

여기서 제시된 '위치' 개념은 지역을 이해하기 위한 장소적 의미로서, 그리고 공간상에 분포된 지리적 현상들의 공간상 입지지점으로서의 의미를 가지고 있다. 이렇게 지역을 이해하기

표 2. 지리교육의 기본 개념으로서 위치

연구자	기본 개념
이찬	인간-자연관계, 지역, 공간관계, 변천, 자연지리, 축척, 분포, 지도화
이기석	위치 및 입지적 배열, 연계, 상호의존
류재명	자연토대(위치, 기후, 지형), 공간행태(인지도, 공간지각, 토지이용 문화), 지역 분화, 공간 관계, 지역계층, 공간 구조
서태열	기초개념(장소, 거리, 변화, 스케일, 면, 방향), 본질개념(위치, 분포, 공간), 조직개념(공간적 상호작용, 인간-환경 상호작용)
패티슨(Pattison)	지역연구, 인간-자연관계, 지구과학, 공간조직
브룩(Broek)	위치, 축척, 지역, 지구, 변화, 지역적 결합
워커(Walker)	위치(경위도상 위치, 지역위치, 입지), 상호작용, 거리, 규모, 변화, 표현 방식
콕스(Cox)	위치, 공간적 분포, 지역적 관련과 변동, 공간적 상호작용, 지역, 시간의 경과에 따른 공간 변화, 공간적 축척
미국 지리교육지침(1984)	위치, 장소, 장소 내의 관계, 이동, 지역
국제 지리교육헌장(1992)	위치와 분포, 장소, 인간과 환경과의 관계, 공간적 상호작용, 지역

표 3. 위치지식(Location Knowledge)

학습 영역	위치지식
지식 및 이해	• 지역이 차지하고 있는 절대적 위치를 적도 및 표준 경도선과 관련하여 또는 경위도상의 위치로 설명할 수 있다. • 주변 지역 및 상위 지역과의 관계적 측면에서 위치적 특성을 설명할 수 있다. • 공간적인 이동에 의한 지역의 위치 변화를 설명할 수 있다. • 한 장소에서 발생한 사건과 현상들을 위치와 관련하여 설명할 수 있다. • 한 위치의 자연적·문화적 속성들이 어떻게 다른 위치의 속성들과 상호작용하는지를 설명할 수 있다. • 위치에 대한 지식과 그들의 특성은 인간의 상호의존을 이해하는 중요한 요소임을 안다. • 위치는 지구상의 모든 활동, 사건, 사람, 장소, 자연적·문화적 특징을 이해함에 있어 중요한 역할을 함을 안다.
기능	• 절대적 위치 측면에서 지역 위치를 지도상에 표시할 수 있다. • 대륙, 국가, 도시, 주요지역, 주요 지형을 세계지도상에 표시할 수 있다. • 대륙, 국가, 도시, 주요 강, 학습한 지역 내의 주요 지형들을 스케치 맵으로 표현할 수 있다.

출처: Hardwick & Holtgrieve, 1996, 53.

위한 장소적 의미로서의 위치는 지역 안에 존재하는 하나의 공간적 현상이 갖는 속성을 이해하는 것으로, 이로 인해 갖게 되는 자연환경적 특성과 인문환경적 특성의 파악은 지역을 이해하게 하는 기본 요소가 된다.

우리나라의 지리교육 전문가들도 지역 학습의 목적은 지역에 대한 많은 사실을 아는 데 있지 않고 '지역을 보는 눈'을 기르는 데 있음을 강조하고 있다. '지역을 보는 눈'의 육성이라는 것은 지역을 이해하는 데 필수적인 핵심 개념으로서 지역의 위치를 주목하고 이 개념을 바탕으로 다른 지역의 특성도 파악할 수 있도록 하는 능력의 개발이라고 볼 수 있다. 지역의 특성을 파악함에 있어서 핵심 개념으로서 위치는 '그곳은 어디에?', ' 어떤 특성을 갖고 있느냐?'에 대한 대답의 실마리를 제공하는 첫 단계인 것이다. 그러므로 위치는 지리교육의 기본 개념이자 다른 기본 개념 이해의 기초가 된다.

3. 위치지식과 지역이해

1) 위치지식의 의미와 구조화된 위치지식

위치지식은 지역 또는 지물이 지구상에서 차지하는 위치를 아는 것이다. 그런데 모든 지역이나 지물이 하나의 절대적 위치만 갖고 있는 것이 아니라 많은 다양한 상대적 위치를 가지고 있다. 그러므로 위치지식은 절대적 위치와 상대적 위치를 아는 것이다. 상대적 위치를 보기 위해서는 방향, 거리, 인접상태 등에 대한 지식도 필요하다. 다음에서는 하드윅과 홀트그리브 (Hardwick & Holtgriev, 1996, 53)가 제시한 위치지식의 내용들을 중심으로 학습영역별 위치지식의 세부 내용들을 살펴보았다(표 3 참조).

하드윅과 홀트그리브(1996)는 위치지식의 학습 영역을 지식 및 이해 영역과 기능영역으로 제시하였다. 지식 및 이해 영역에서의 위치지식으로는 첫째, 절대적 위치를 경위도 좌표와 연관지어 설명할 수 있다. 둘째, 상대적 위치를 주변 지역 및 상위 지역과 연관지어 설명할 수 있다. 셋째, 공간적인 위치 변화를 설명할 수 있다. 넷째, 위치에 따른 위치적 속성을 설명할 수 있다. 다섯째, 위치에 따른 지역적 특성, 위치와 인간 생활과의 관계 등을 설명할 수 있다 등을 제시하였다. 그리고 기능적 영역에서는 지도상에 주요 지역 및 지물의 위치를 표현할 수 있다. 스케치 맵으로 표현할 수 있다 등을 제시하였다.

위의 내용을 토대로 볼 때, 위치지식은 지도상에 위치 표현, 지도상의 위치 서술, 위치 속성의 이해, 인간 생활과의 관계 이해를 포함한다. 즉, 위치지식의 영역으로 장소와 지리적 현상을 지도상에 위치화하는 기능적인 영역과 이러한 위치적 특성을 설명해 낼 수 있는 능력, 그리고 실제 세계 지도로 그려 낼 수 있는 능력, 그리고 위치로 인해 갖게 되는 특성, 그리고 인간 생활과의 관계 이해의 네 영역으로 설정해 볼 수 있다(표 4, 그림 1).

표 4. 위치지식의 영역 및 세부 내용

위치지식 영역	위치지식 세부 내용

지도상에
위치 표현
및
지도상의
위치 서술
	1) 지구적 관점에서 해당 지역의 위치를 설명할 수 있는가?
	2) 상대적 측면에서 방향을 설명할 수 있는가?
	3) 지역 위치를 경위도상에 표시하고 설명할 수 있는가?
	4) 대륙, 대양, 주요 지형의 위치를 세계 지도상에 표시할 수 있는가?
	5) 대양의 위치를 주변 대륙과 관련하여 설명할 수 있는가?
	6) 백지도상에 해당 지역의 위치를 표시할 수 있는가?
	7) 국가의 상대적 위치를 설명할 수 있는가?
	  – 주변에 있는 바다와 연계하여
	  – 주변 국경을 이루고 있는 국가와 연계하여
	  – 주변 지형과 연계하여
	  – 국가별 상위 대륙과 연계하여

위치 속성 이해	1) 경도의 차이에 따른 시간의 차이를 알고 있는가? 2) 위도의 차이에 따른 기후의 변화를 알고 있는가? 3) 국가의 기후를 위치를 통해 아는가? 4) 국가의 문화를 상위 문화권 위치를 통해 아는가? 5) 경관과 생활 모습을 통해 해당 국가를 알고 있는가?
스케치 맵	1) 지도로 표현하기(세계지도 그리기 포함)

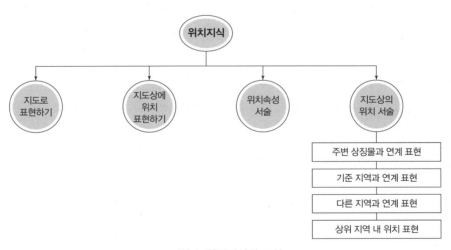

그림 1. 위치지식의 구성

　　위치지식은 지도로 표현하기, 지도상에 위치 표현하기, 지도상의 위치를 서술하기, 그리고 위치로 인해 갖게 되는 특성 파악하기를 통해 형성된다. 이러한 각각의 지식들이 결합되어 위치 지식이 된다고 볼 수 있다. 위치지식의 가치는 그 자체 위치에 대한 지식도 중요하지만 다른 지역 및 환경과 관련한 위치지식에 있다. 세계 지도상에 위치 표현 능력은 세계 지도의 틀 안에서 지역의 절대적 위치에 대한 지식으로 상대적 위치 인식의 바탕이 된다. 그러므로 제일 먼저 세계 백지도상에 지역의 위치를 표시할 수 있어야 하고 스케치맵으로 세계 지도 안에서 차지하는 위치를 표현할 수 있어야 한다. 위치 서술에서는 위치가 가지고 있는 절대적 위치와 상대적 위치에 대한 서술이다. 이러한 위치 서술은 주변 지역 및 자연환경과의 연계성 인식의 결과물로 위치가 사람들의 생활과 그 지역에 미치는 영향과 연계한 서술이 된다. 즉, 위치를 안다는 것은 백지도상에서 절대적·상대적 위치를 알고 표현할 수 있으며 이를 마음속에 그려 볼 수 있고 설명할 수 있어야 한다. 그리고 위치 속성에 대한 파악에서는 위치지식은 해당 지역의 위치 자체에 대한 인지로 끝나는 것이 아니고 지역 이해를 위한 기본 개념으로서 위치로 인해 갖게 되는 속성에 대한 지식이 함께 이루어졌을 때 지리 학습을 위한 기본 개념으로서의 위치 지식이 형성될 수 있다.

화이트헤드(Whitehead, 1967, 11)는 교사는 학생들이 적극적으로 참여하지도 않고 기억력이 약한 단편적인 수많은 지식들을 다루기보다는 단순한 교수방법을 사용하여 기본적인 아이디어와 기능을 알게 하는 것이 중요하다고 하였다. 그리고 무엇보다도 연계적인 학습은 응용력을 길러서 확장적인 사고를 가능하게 한다고 하였다. 이는 현행 세계 지리교육에 시사하는 바가 크다. 시시각각으로 변화하는 세계 여러 지역의 다양한 지리적 사실과 지역의 정보, 그리고 세계 모든 나라의 자연환경과 인문환경에 대한 학습이 불가능한 현실에서 학생들에게 '지역을 이해하게 할 수 있는 지식'을 갖춰주는 교육이 필요하다. 이러한 교육을 가능하게 하는 것이 바로 지도상에서의 위치 지식과 위치 속성 지식이 결합된 구조화된 위치 지식이다.

2) 위치 속성(Locational Attributes)

우리는 지리교육을 통하여 학생들로 하여금 '지역'을 이해하게 하는 것이 필요하다. 흔히 지역을 보는 안목을 기른다고 한다. 여기서 지역을 보는 안목을 기른다고 하는 것은 우리가 지역을 이해한다 혹은 지역을 보고 그 특성을 해석한다는 의미이다. 이렇게 위치를 활용하여 지역을 이해하기 위해서는 위치로 인해 나타나는 위치 속성에 대한 지식이 필요하다. 위치 속성에 대한 지식이 없으면 위치 지식은 단지 지명 암기에 불과하다. 예로, 우리나라가 위도상 북위 33~43°의 중위도에 위치함에 대한 인식을 통해 기후적으로 온대 기후가 나타나고 사계절이 나타남을 알아야 지역의 특성 파악으로 연계될 수 있다는 것이다. 그리고 해안 지역은 내륙에 위치한 지역에 비해 연교차가 작다는 사실, 그리고 대외 진출이 더 용이하다는 사실, 해안 평야를 이용하여 벼농사가 발달할 수 있다는 사실 등의 위치로 인해 갖게 되는 속성에 대한 일반적인 지식이 결합되어야 위치에 대한 지식이 지역의 생활 모습 이해로 연계될 수 있다. 또한 주변국과의 상호 관계 측면에서 주변국에 대한 지식은 상호 교류, 그리고 상위 지역과 연관하여 문화적·사회적 영향 등을 생각해 낼 수 있는 것이 위치 속성이다. 이러한 위치 속성에 대한 지식이 없으면 지역의 위치 인식은 지명 암기 및 위치 정보 이상의 의미를 갖기 어렵다.

위치 속성은 위치에 따라 나타날 수 있는 특성이다. 절대적 위치는 자연적·문화적 특징들과 그 지역 자체가 가지고 있는 속성들에 대해 설명을 해 주고 상대적 위치는 다른 지역 및 환경과의 관계 측면에서 공간적인 상호 연계성과 상호 의존성을 표현해 준다. 즉, 지역들은 위치에 따라 다른 자연적·문화적 특징들을 가진 세계에 놓여지는 것이다. 표 5는 이러한 위치가 가지고 있는 위치 속성을 정리하였다. 위치가 가지고 있는 속성은 크게 자연환경에 대한 속성, 인문환경에 대한 속성, 공간적 맥락의 이해에 대한 속성의 세 가지로 구분해 볼 수 있다. 자연환경에 대한 속성에서는 위치가 달라짐에 따라 나타나는 기후 및 지형의 차이를 들 수 있고, 인문환경에 대한 속성에서는 산업의 특성에 미치는 영향, 사람들의 생활 모습에 미치는 영향, 그

표 5. 위치 속성 사례

영역	위치 속성
자연 환경	1. 기후적 특성 파악 –열대에서 한대에 이르는 기본적인 기온과 강수량 변화 –해양 및 대륙과의 관련성 측면에서 기후 특징 파악 2. 지형적 특성 파악 – 수륙 배치상 및 조산대, 산지와 평야 지역의 특성 – 지형적 특성에 의한 기후에의 영향 파악
인문 환경	1. 산업 특성 파악 – 기후 및 지형을 통한 발달 산업 이해 – 주변 지역과의 관계 측면에서 경제 활동 및 문화 교류에 대한 이해 2. 사람들의 생활 모습 이해 – 기후 및 주변 지형과 연계한 사람들의 생활 모습(의식주) 및 문화 이해 – 대륙별 사람들의 문화 이해: 종교, 언어, 관습
공간적 맥락	1. 역사에 대한 이해 – 지리적·관계적 위치를 통해 세계의 역사적인 사실들에 대한 이해 2. 세계적인 환경문제에 대한 이해 – 위치와 연계하여 환경문제의 원인 파악 및 해결 방안 제시 3. 세계적인 이슈에 대한 이해 – 위치와 연계하여 세계 주요 사건 및 이슈 이해

리고 공간적인 맥락의 이해 측면에서는 지구촌을 하나의 틀로 설정하고서 세계에서 일어나는 각종의 사건, 이슈, 지역, 지구촌 문제, 지구촌의 정보에 대한 이해의 영향을 들 수 있다.

3) 위치지식과 지역이해

모든 사람은 땅을 삶의 터전으로 하여 살아간다. 땅에 의지하여 의식주를 해결해 가는 인간은 땅과 함께 변화, 발전을 거듭해 왔다. 위치는 땅에 의지하여 살아가는 사람들에게 있어서 삶의 생활 방식을 만들어 가는 바탕이 된다. 즉 어디에 사느냐에 따라 그 지역 사람들의 생활 모습은 달라진다. 이러한 사람들의 생활 모습 및 생각의 차이를 가져오는 요인은 무엇인가? 여기에 영향을 미치는 요인으로는 여러 가지가 있겠지만 인간 생활의 터전을 형성하는 위치, 지형, 기후의 영향력이 크게 작용한다. 그러므로 그 지역이 어디에 위치해 있느냐에 따라 지역의 특성은 달라지게 된다. 지역은 인간과 환경 간의 상호작용의 결과로서 만들어진 역사와 문화로 충전된 곳이기 때문이다. 그러므로 올바른 지역에 대한 지식은 그 지역의 문화와 생활을 그들의 맥락에서 이해하는 것이 필요하다. 이러한 이해는 인간과 자연환경과의 관계를 이해하는 데서 시작한다. 즉, 학생들에게 인지되는 지역의 문화는 주로 의식주와 산업, 고유의 풍속과 같은 부분인데 이는 그 지역 사람들을 둘러싸고 있는 자연환경과의 상호작용 속에서 발달한 것이다. 그러므로 지역에 대한 이해는 그 지역을 둘러싸고 있는 자연환경에 대한 기초 지식을 바탕으로 형성될 때 올바른 지역에 대한 이해와 지역에 대한 상상력이 길러질 수 있다. 위치는 지역 사람들이 생활 문화를 만들어 가는 모태가 되고 이러한 위치에 대한 지식은 지역 이해를 위한 기초지식이 된다. 위치지식은 시공간상에서의 상황을 읽게 한다(Stimpson, 1991, 78). 그래서 위치를 아는 것은 지역에 대한 진정한 호기심을 충족시켜 나갈 수 있게 한다(Metz, 1990).

특히 지구적 관점에서 해당 지역에 대한 위치지식은 그 지역과 사람들을 이해하는 데 큰 도움을 줄 수 있다. 주변 환경 및 다른 지역과의 관계 입장에서 그리고 그 지역의 기후 및 지형과 관련한 입장에서 사람들의 생활을 이해하는 핵심 요소가 된다. 기후의 차이는 피부색에 따른 인종의 차이, 음식 문화의 차이, 그리고 종교, 주거, 문학, 예술, 의복에까지 영향을 미치고 있을 정도로 절대적 위치에 따른 기후와 해당 지역 지형의 차이가 우리 인간 생활에 미치는 영향은 너무도 방대하다. 위치에 대한 지식이 세계를 이해하는 하나의 바탕 그림 역할을 하여 지구촌적 시각에서 세계 지역 이해에 도움을 줄 수 있다는 것은 자명한 사실이 되었다.

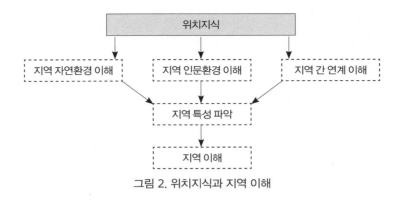

그림 2. 위치지식과 지역 이해

　이러한 사실을 바탕으로 볼 때, 위치에 대한 지식을 통해서 지역의 자연환경에 대한 이해, 지역의 인문환경에 대한 이해, 그리고 지역 간 연계성에 대한 이해를 하게 되고 이러한 이해가 결합하여 지역성의 파악과 지역의 생활 모습을 이해할 수 있다(그림 2).

4. 마치며

　지리 수업의 목표는 지역에 대한 지식을 습득하고 지역 내 여러 가지 사물들에 대한 배치 능력을 길러 주는 데 있다. 공간 지식이 중요시되면서 공간적인 사고 능력으로서 지도상 위치에 대한 표현의 정확성과 지도상 위치에 대한 서술 능력이 중요시되고 있다. 그리하여 지리적 능력을 평가하기 위한 선행 연구들은 주로 다양한 국가, 도시를 지도상에 표현하도록 하는 개인적인 능력에 중점을 두면서 학생들의 위치 표현 빈도를 보고자 하였다. 이러한 대부분의 연구 결과는 국가의 위치를 지도상에 표현하도록 하는 연구에 한정하였으며 학생들이 세계 주요 국가를 정확히 위치짓지 못한다는 것이었다. 그러나 이러한 위치 표현은 지도상에 해당 국가의 위치를 표현하는 것으로 위치지식의 극히 한 부분에 한정하였다. 그리고 위치지식과 세계 지역 이해와의 연계 상태, 그리고 지역을 바라보는 안목에 미치는 영향, 지역 특성과의 연계에 대한 분석 연구로까지는 진전되지 못하였다. 즉, 그간의 위치학습은 지도상에서 차지하는 자리로서의 위치를 지도상에 표현하고 지도상에서 해당 위치를 찾아내는 데 중점을 두었다. 이러한 위치지식은 지명 지식과 혼돈을 가져왔고 단순히 지도상에서의 위치를 안다고 하는 것이 다른 지역과의 연계성을 형성할 수 있는 것인지, 주변 환경과 연계성을 형성할 수 있는 지식인지에 대한 많은 의문이 제기될 수 있었다. 위치는 장소, 인간과 환경 간의 관계, 공간적인 상호작용, 지역 이해를 위한 기본 개념으로 인정받아 왔지만 정작 어떤 위치를 안다는 것에 대한 정확한 인식과 개념 정의가 불투명한 상태였다.

서태열(1993,10)은 지리 학습을 통하여 학생들은 세계 여러 국가들이 어디에 있는지를 알고 또한 국가 안에서 장소들을 찾을 수 있도록 하는 사실적 지식체(事實的 知識體)로서의 위치를 획득하며, 이러한 사실적 지식체로서의 위치는 학생들로 하여금 대중매체를 통하여 매일 매일 접하는 그들 주변의 세계에서 벌어지는 사건들을 공간적 맥락을 통해 파악할 수 있게 한다고 하였다.

지역의 특성, 그리고 지역의 차이에 대한 학습은 지리 학습의 핵심이다. 학생들이 지역에 대해 가지고 있는 여러 가지 지식들이 그 지역에 대한 이미지를 형성하게 되고 지역에 대한 이미지는 지리적 상상력을 향상시켜 준다. 지역에 대한 이미지의 형성과 지리적 상상력은 지리 학습이 추구하는 지리교육의 목표이기도 한다.

위치학습은 사실적 지식체로서 해당 지역이 어디에 있는지를 알게 하고 해당 지역의 위치에 대한 지식을 토대로 하여 지역 특성의 한 부분으로서의 생활 모습을 파악하게 하는 교육 활동이다. 인간 활동과 자연적 프로세스에 있어서 위치의 중요성을 배우고 해당 지역이 가지는 절대적·상대적 위치, 그리고 위치로 인해 나타난 지리적 패턴과 지역의 특성을 학습하는 것으로 이를 통해 지리적 사고력을 형성시켜 준다. 지명 암기와 지도상에서 지명 찾기가 위치학습의 전체는 아니라는 것이다. 위치학습은 지명 지식의 차원을 넘어서서 지역을 더 완벽하게 이해하는 데 필요한 지리적 사고로 들어가는 관문으로서 위치와 위치 속성을 학습하는 것으로 보아야 한다. 위치지식의 토대 위에서 자연환경이 파악되고 장소, 지역, 인간과 환경과의 관계, 공간 관계 등의 지리 개념에 대한 학습과 고차적인 지리 학습이 이루어질 수 있다는 사고를 바탕으로, 지리 학습을 위한 기본 개념으로서의 위치에 대한 학습이 이루어져야 한다. 지리 개념으로서의 위치지식을 갖기 위해서는 지표상의 현상을 공간적인 측면에서 바라볼 수 있도록 하는 공간적인 인지 체계의 형성이 필요하다. 단순히 학생들에게 위치 정보를 주는 데 끝나서는 안 되고 공간적인 인지 체계를 형성해 줄 수 있도록 지도를 가지고 구성, 작업하는 과정이 포함되어야 한다. 앞으로 위치학습은 지리학의 태동기에서의 지명 학습과는 다른 위치학습으로의 변화가 필요하다. 더욱이 오늘날과 같은 세계화 시대에는 글로벌 시각을 길러 줄 수 있는 위치학습이 필요하다.

요약 및 핵심어

지리교육에서 위치는 절대적 위치와 상대적 위치를 활용한다. 절대적 위치를 통해서 해당 지역이나 지물의 자연환경적 특성을 파악할 수 있다. 상대적 위치를 통해서 해당 지역이나 지물의 외적인 상호 연계성과 상호 의존성을 파악할 수 있다. 위치는 지리교육의 핵심 개념으로 활용되어 왔다. 그 이유는 지리적 현상들의 시공간적 상황을 설명해 주고, 지역이해 및 지역 간 관계, 공간적 프레임을 형성하기 위한 기초지식이기 때문이다. 위치지식은 지도로 표현하기, 지도상의 위치 서술하기, 지도상에 위치 표현하기, 위치적 속성 파악하기 등으로 구성된다. 특히 지역이해를 위해서는 위치속성 지식이 필요하다. 위치지식은 지역의 자연환경, 지역의 인문환경, 지역 간 연계성 등을 설명해 줄 수 있기 때문에 지역성 파악과 지역 사람들의 생활모습과 생활문화를 맥락적으로 이해하게 한다. 그러므로 위치지식은 지역이해를 위한 기초지식에 해당한다.

위치(location), 위치지식(location knowledge), 위치속성(locational attribute), 지역이해(region understanding), 지리교육(geography education)

더 읽을 거리

류재명, 1999, 지리교육철학강의, 한울.
박승규, 2009, 일상의 지리학, 책세상.
이경한, 2016, 어린이의 지리학, 푸른길.
재레드 다이아몬드, 김진준 역, 1998, 총, 균, 쇠, 문학사상사.
재레드 다이아몬드, 강주헌 역, 2015, 나와 세계, 김영사.
조철기, 2016, 종횡무진 세계지리, 서해문집.
팀 마샬, 김미선 역, 2016, 지리의 힘, 사이.
하름 데 블레이, 유나영 역, 2012, 왜 지금 지리학인가, 사회평론.

참고문헌

김다원, 2008, 세계지역에 대한 위치지식과 위치학습 연구, 서울대학교 박사학위논문.
류재명, 2007, "지리교육 목표 설정과 초등 지리교육 내용의 사회적 적실성을 높이는 방안", 2007 춘계학술대회 요약집, 1-5.
류재명, 1991, 우리의 삶터를 아름답게, 한울.
서태열, 2005, 지리교육학의 이해, 한울아카데미.

서태열, 1993, 지리교육 과정의 내용 구성에 대한 연구, 서울대학교 박사학위논문.

이기석, 1983, 지리학 연구와 개념에 대하여, 지리학의 과제와 접근 방법, 81-92.

이 찬, 1969, 지리교육에 있어서의 기본개념, 새교육, 4, 130-138.

Boehm,R.G., Mckee,J.O., Smith,B.A. & Palmer,J.J., 1987, Middle America: Location and Place, *Social Education* 51, 479-484.

Cetis, A., Getis, J., Fellmann, J.D., 2004, *Introduction to Geography*, McGraw Hill Higher Education.

Dunn, J. M., 2011, Location Knowledge: Assessment, Spatial Thinking and New National Geography Standards, *Journal of Geography*, 110, 81-89.

Fellman, J.D., Getis, A., & Getis, J., 2001, *Human Geography:*
Landscapes of human activities, Boston:Mcgraw-Hill.

Gersmehl, P., 2005, *Teaching Geography*, NY:The guilford press.

Hardwick, S.W. & HoltGrieve, D.G., 1996, *Geography for educators*, Prentice-Hall.

IGU(이경한 역), 1994, 국제 지리교육 헌장, 지리·환경교육, 3(10), 85-97.

Joint Committee on Geographic Education, 1984, *Guidelines for Geographic Education: Elementary and Secondary schools*, Association of American Geographers and National Council for Geographic Education.

Metz, H.M., 1990, Sketch Maps: Helping students get the big picture, *Journal of geography* 89, 114-118.

National Geography Standards, 2009, *Geography for life: The National Geography Standards,* 2nd ed., National Geographic Society Committee on Research and Exploration.

Pattison, W.D., 1964, The four tradition of geography, *Journal of geography,* 63, 211-216.

Reynolds, R. & Vinterek, M., 2016, Geographical locational knowledge as an indicator of children's views of the world: research from Sweden and Australia, *International Research in Geographical and Environmental Education*, 25(1), 68-83.

Rogers, L.K., 1997, *Geographic literacy through children's literature*, Englewood, Teacher Ideas Press.

Stimpson, P.G., 1991, Is it a long way to Tipperary?: suggestions for improving students locational knowledge, *Journal of geography*, 90(2), 78-82.

Stoltman, J., Lidstone, J., and Kidman, G, 2014, Editors' thoughts about the meaning of "international" in international research in geographical and environmental education, *International research in Geographical and Environmental Education*, 23, 279-280.

Whitehead, A.N., 1967, *The aims of Education*, The Free Press.

제13장

영토(영역) 분쟁 및 갈등 지역의 지명 표기 현황과 쟁점 - "세계지리" 과목을 사례로*

안종욱

한국교육과정평가원

* 본 연구는 안종욱(2015)을 수정·보완한 것임.

1. 들어가며

2000년대 이후 지리교육과정에서 국가 간 영토 및 영유권 분쟁이나 갈등 관련 내용 비중이 점차 높아지고 있다. 한국지리에서는 주로 독도 및 동해의 영토 주권 관련 내용이, 세계지리에서는 세계 각지에서 발생하고 있는 다양한 원인의 분쟁 관련 내용이 이전 교육과정에 비해 강화되거나 새롭게 추가되었으며, 교과서 서술 또한 훨씬 상세화되었다. 이러한 변화는 독도 영유권 및 동해 명칭 표기와 관련한 일본의 주장이나 반응이 최근 더욱 노골적이 된 것과도 관련지어 생각할 수 있다.

이처럼 교과가 사회적 요구에 반응하여 이전에는 소홀이 다루었던 새로운 내용을 추가하는 것은 자연스러운 일이라고 할 수 있다. 그러나, 학계나 교육계의 신중한 검토 및 숙의를 거치지 못한 상태로 교육 내용에 포함되면서 교육적 측면뿐 아니라 교육 외적 측면에서도 일부 우려되는 부분이 나타나고 있다. 특히 세계지리에서 다루게 되는 세계 여러 분쟁 및 갈등 지역의 지명 표기 방식은, 적어도 우리 국민들이 일치된 의견을 갖고 있는 독도 영토 주권 관련 내용과는 달리, 우리가 인지하지 못하는 가운데 외교적 마찰의 단초가 될 수 있다는 점에서 교과 내용의 직접적 생산자라고 할 수 있는 지리교육계의 심도 있는 논의가 요구된다.

이 글에서는 고등학교 세계지리 교육과정 및 교과서를 기반[1]으로, 영토(영역) 분쟁 및 갈등에 대한 내용 기술의 양적 변화와 지명 표기와 관련하여 교과용도서 편찬 시 고려해야 할 주요 현안들을 고찰하였다. 구체적으로는 '교과서, 지리 부도 및 사회과 부도 등 교과용도서의 지도 및 본문 기술 시 해당 지역의 지명 표기 문제를 해결하기 위한 바람직한 방향성은 무엇인가'가 주요 연구 주제라고 할 수 있다. 다만, 섣부른 결론은 국익은 물론 교육적으로도 적절하지 못할 수 있다는 판단하에 주로 문제 제기 및 현황 파악 수준에서 논의를 전개하였으며, 쟁점의 해결 방안은 가능한 수준에서만 조심스럽게 탐색하였다.

2. 선행연구의 동향 및 한계

지리학 및 지리교육학계에서 본 연구의 주제와 직접적으로 연관된 연구를 찾는 것은 쉽지

---

1. 2015 개정 교육과정에 의한 세계지리 교과서, 사회과 부도, 지리 부도는 2017년 10월 현재 집필 중이거나 단위 학교에서 선정 중인 관계로 연구 대상에 포함하지 않았다.

않다. 이는 우리나라가 포함되지 않은 국제적 분쟁 및 갈등 지역 지명 표기 문제의 의미나 중요성이 크게 대두되지 않았기 때문으로 보인다. 다만, 주제나 지역적 범위를 확대하여 독도 영토 주권이나 동해 표기 문제를 포함하게 되면 관련 연구 수가 급증하게 되는데, 이와 같은 상황은 영토 교육의 중요성이 사회적 관심의 대상으로 주목받고 있는 현실을 반영하고 있는 것으로 생각된다.

2000년대 이후 지리학 및 지리교육학계의 관련 연구들을 구분해 보면, 지명 또는 해양 지명의 교육적 의의와 실태(장의선, 2004; 윤옥경, 2007; 심정보, 2007; 전보애·윤옥경, 2014), 영토 교육의 개념화와 이에 기반한 교육모형, 방향성 모색(서태열, 2009; 박선미, 2010), 우리나라 지명의 다른 언어 표기 및 결정 과정과 관련한 국내외 사례 분석 또는 실태 연구(김선희·박경·이해미, 2009; 김영훈·김순배, 2010; 김종연, 2011; 최종남·심정보·윤옥경, 2011) 등의 연구를 확인할 수 있으며, 드물지만 외국의 지명 표기 결정 원칙, 조직, 과정 등에 대한 연구(박경, 2006; 김종연, 2008)도 접할 수 있다. 또한, 독도 문제나 동해 표기에 대한 연구도 다른 학문 영역과 마찬가지로 활발하게 이루어지고 있으며(이기석, 2004; 김형태·김희원, 2008; 주성재, 2010; 윤옥경·최종남, 2011; 이재하, 2013), 특히, 지리교육이나 사회과 교육과 관련해서는 교과용도서의 내용이나 표기를 중심으로 우리나라 교육(송호열, 2011; 2012; 2013; 서태열, 2012; 신동호, 2013)은 물론, 일본의 교육 실상 및 일본과 우리나라 간 비교 측면에 대해서까지도 연구 영역을 넓히고 있다(손용택, 2005; 권오현, 2006; 심정보, 2008; 2011; 허은실·남상준, 2013). 그러나, 전술한 바와 같이 다른 나라들 간의 국제적 갈등이나 분쟁과 관련한 지명 표기를 직접적으로 다루고 있는 연구는 보기 어려우며, 세계 주요 분쟁 지역의 유형을 분쟁 요인을 근거로 구분하고 있는 이한방(2002)의 연구 정도에서 의미 있는 시사점을 찾을 수 있다. 다소 시차가 있지만, 이한방의 연구는 남중국해를 비롯한 동아시아의 해양 분쟁과 갈등을 상세하게 다루고 있다는 점에서 현 지리 교육과정과의 관련성이 높으므로, 세계지리의 내용 구성 및 교수·학습에도 도움이 될 수 있을 것으로 보인다.

우리나라가 포함되지 않은 국가 간 영토 및 영유권 분쟁·갈등과 관련한 연구는 지리학 및 지리교육학계보다는 법, 정치, 역사 관련 학계를 중심으로 한 여러 학문 영역에서 꾸준하게 이루어지고 있는데, 최근 연구가 집중되고 있는 지역은 우리나라와 멀리 떨어져 있지 않은 동중국해와 남중국해 섬들과 쿠릴 열도 등이다. 이 지역의 분쟁에 대한 많은 연구물 중 동북아역사재단에서 발행하고 있는 「영토해양연구」[2]는 여러 학계에서 수행되어 온 다양한 주장들을 재정리하는 역할을 수행한다고 볼 수 있다. 수록된 대부분의 연구들이 독도 및 동해 문제와 직접적인 관련성을 갖고 있지만, 특히 2012년에 발행된 3권의 경우는 '동아시아 영토분쟁의 과거, 현재, 미래'라는 특집 주제하에 센카쿠 제도, 쿠릴 열도, 난사 군도 등의 분쟁과 관련한 관점과 시각을 제공하고 있으며, 분쟁 및 갈등 관련국들의 대응 방안을 제시·분석하고 있어서 해당 지역에 대한 독자들의 이해를 돕고 있다(하도형, 2012; 김인성, 2012; 이명찬, 2012; 김동욱, 2012).[3]

「영토해양연구」 이외의 연구 중 특히 돋보이는 최근 연구로는 김자영(2011)의 것을 들 수 있다. 김자영은 이 지역 영토 분쟁의 역사와 현황, 그리고 쟁점을 비교적 자세하게 설명하고 있는데, 특히 남중국해 대륙붕에 매장되어 있는 해양 자원과 분쟁과의 관계를 중심으로 각국의 주장과 외교적 노력을 상세하게 기술하고 있어 해당 지역에 대한 기본적인 지식과 현황을 파악할 수 있는 장점을 갖고 있다. 다만, 제목과는 달리 국제법 또는 조약과 관련한 쟁점보다는 각 국의 외교적 주장, 자원 개발과 관련된 국제적 협정 등에 대한 소개 정도만 제시되어 있는 점은 아쉬운 부분이다.

본 연구의 연구 주제와 관련성이 높은 해역의 지명 표기와 관련한 대표적인 연구로는 상선희(2011)의 연구를 들 수 있다. 북해, 영국 해협, 페르시아만, 발틱해, 스카게라크 해협이라는 5개 지역의 지명 분쟁 사례를 각 지역의 역사적·지리적 배경과 함께 분쟁 요인, 현재의 표기 현황 등을 통해 제시하고 있어 동해와 같은 해역 또는 해양 명칭을 둘러싼 갈등과 해결 과정에 시사점을 줄 수 있는 연구라고 할 수 있다. 다만, 영국 해협을 제외한 해당 사례 지역의 대부분이 영유권과 관련한 분쟁 지역이라기보다, 관련국 사이에 위치한 특정 해역의 명칭 및 이의 표기에서 갈등을 겪고 있던 지역에 해당된다는 점에서 본 연구와는 차별성을 갖는다.

해양 지명의 문제와 영유권 문제가 얽혀 있는 영토 갈등 지역에 대한 연구로는 영국-프랑스 간 해협 명칭 관련 갈등과 해협 내 도서들의 영유권 분쟁을 다루고 있는 이종오(2009)의 연구가 대표적이다. 그는 영국해협의 명칭 표기와 관련해서 국제수로기구(IHO)의 1974년 결의안, 유엔지명표준화회의(UNCSGN)의 1977년 총회 결의안[4] 등을 인용하며, 현재 영국-프랑스 간

---

2. 연간 2차례 발행되며, 2011년 9월 Vol.1을 시작으로 2017년 12월 Vol.14까지 총 14권이 발행되었다(2018년 1월 현재).

3. 연구자별 서지는 참고문헌에 제시하였으며, 해당 특별주제하에 수록된 논문은 다음과 같다.
   2010년 중·일 다오위다오 분쟁과 중국의 대응(하도형), 러시아 쿠릴 열도 정책의 변화와 함의(김인성), 일·중 간 센카쿠제도 분쟁과 일본의 대응(이명찬), 남사군도를 둘러싼 관련국의 대응과 그 해결 방안(김동욱).

4. 국제수로기구(IHO)의 1974년 결의안, 유엔지명표준화회의(UNCSGN)의 1977년 결의안은 동해와 일본해 명칭 병기의 주요 근거가 되는 것으로, 지리학계에서는 앞서 제시한 이기석(2004)에서 원문의 주요 부분을 인용하고 있다.

해협 명칭의 병행 표기 인정 과정을 상세하게 설명하고 있다. 무엇보다도, 그의 연구는 영국해협에 위치하고 있는 도서가 1953년 국제사법재판소의 판결에 따라 영국의 영유권으로 인정되는 전개 과정을 정리하여 제시하고 있다는 점에서 독도 문제와 관련하여 우리나라에 많은 시사점을 주고 있다.

박찬호(2012)의 연구 또한 1974년 국제수로기구와 1977년 유엔지명표준화회의 결의안들을 상세하게 분석·소개하고 있는데, 특히 동해 표기 문제와 관련한 일본 외무성의 해석[5]을 결의안 원문과의 비교를 통해 논박하고 있다는 점에서 의의를 갖는다. 나아가, 지명의 국제적 표준화 대상이 되는 '지리적 대상(geographical feature)'[6]에 대해서도 앞서의 결의안 원문을 심도 있게 해석하고 있어 현재 동아시아 지역 해양의 갈등 및 분쟁 도서의 지명 표기에도 의미 있는 시사점을 주고 있다.

이외에도 많은 연구들이 여러 학문 영역에서 지속적으로 발표되고 있지만, 영유권 분쟁·갈등 및 해당 지역의 지명 표기와 관련한 상당수의 연구들은 연구 대상 또는 사례 지역과는 관계없이 독도나 동해 관련 문제의 해결 방안이나 시사점을 모색하고 있다는 공통점을 갖고 있다. 즉, 다른 국가 간의 분쟁에 대한 연구라도 문제 제기나 결론에서 독도 및 동해 관련 현안을 언급하고 있는 것이 대부분이며, 우리나라에 보다 유리한 측면이나 근거를 찾는 것을 연구 목적 중 하나로 설정하고 있다. 그러나 갈등이 나타나고 있는 지역의 영유권이 누구에게 있는지에 대한 문제에 앞서 해당 갈등의 당사국 이외 국가에서는 갈등 지역의 표기를 어떻게 해야 하는지에 대한 직접적인 연구는 찾기 어렵다. 앞서 제시한 이종오(2009), 박찬호(2012) 등의 연구에서 국제수로기구와 유엔지명표준화회의의 결의안 분석을 근거로 표준화가 어려울 경우 '병기'해야 한다고 주장하고 있지만, 난사 군도와 같이 분쟁 및 갈등 관련국이 다수일 경우에는 한정된 지도에 모든 표기를 병기하기는 어려우며, 같은 교과서 내에서도 해당 분쟁 및 갈등 지역을 확대한 지도와 대륙 규모의 소축척 지도와의 지명 불일치가 발생할 수도 있다.[7] 교과서 본문에서는 가능한 모든 병기 대상 지명을 나열할 수도 있지만, 이로 인해 한정된 서술 공간을 넘어서는 문제가 나타날 수도 있다. 무엇보다도 큰 문제는 교과용도서의 지도나 서술에서 어

---

5. http://www.mofa.go.jp/policy/maritime/japan/iho_a426-k.html
6. 박찬호는 'geographical feature'를 '지형'으로 기술하고 있지만, 본 연구자는 '지리적 대상'이 보다 적절할 것으로 판단하였다.
7. 예를 들어, 동아시아의 주요 분쟁 지역을 나타낸 지도에서는 병기를 하더라도, 대륙 수준 및 그 이상의 지도에서는 지면의 제약으로 병기 대상 지명 중 1개만을 표기해야 하는 문제가 발생할 수 있으며, 이 경우 '병기'의 원래 취지가 훼손될 수 있다.

떤 지명을 먼저 표기해야 하는지 여부인데, 아무래도 먼저 표기하는 지명 또는 해당 국가의 주장을 지지하는 것으로 비춰질 수 있다.

결국, 교과용도서에는 분쟁 및 갈등 지역의 지명 표기와 관련해서 국제수로기구나 유엔지명표준화회의의 결의안을 그대로 적용하기 어려운 한계를 갖고 있다. 문제는 우리나라의 교과용도서가 일반적인 서적과는 달리 국가가 저작 혹은 검·인정을 하는 교육용 도서라는 점이다. 따라서 분쟁 및 갈등 관련국들이 교과서의 표기 및 표시가 우리나라 입장을 대변하는 것으로 볼 수 있다는 점에서 외교적 문제를 유발하는 단초로 작용할 수 있으며, 일본의 교과서 개정 시기마다 독도 문제가 심화되는 것을 통해서도 이를 확인할 수 있다.

3. 세계지리 교육과정상 분쟁 및 갈등 관련 내용의 변화

세계지리 교육과정을 중심으로 비교적 최근이라고 할 수 있는 1990년대 이후의 제6차 교육과정기부터 현재까지 국가 간 분쟁 및 갈등 관련 내용의 변화를 살펴보면 다음과 같다.[8]

제6차 교육과정(교육부 고시 제1992-19호, 1992. 10.)기는 총 8개의 대단원 중 동남 및 남부아시아와 서남아시아와 아프리카의 2개 대단원에서 '분쟁', '갈등'이라는 용어가 사용되었다. 동남 및 남부아시아 단원에서는 '인도 반도의……종교적 분쟁'이라는 표현이 단원 개관에 사용되었으며, 서남아시아와 아프리카 단원에서는 3개의 중단원 중 첫 번째의 단원명이 '인종, 민족, 종교의 갈등이 큰 지역'으로 되어 있다. 정리해 보자면, 국가 간 또는 특정 국가 내부에서 일어나는 다양한 분쟁이나 갈등 양상 가운데, 주로 종교와 인종(민족) 간의 분쟁을 다루고 있다는 것을 알 수 있다.

제7차 교육과정(교육부 고시 제1997-15호, 1997. 12.)기는 대단원 수가 총 6개로 이 가운데, 2개의 대단원에서 분쟁 또는 갈등이라는 용어가 사용되었다. 적어도 교육과정상에서 인도 지역의 종교 관련 분쟁은 다루지 않고 있으나[9], 서남아시아와 아프리카에서는 분쟁과 갈등이 주요 교육 내용이 되고 있다. 무엇보다도 지역지리 단원이 아닌 마지막 대단원의 단원 성취기준과 중단원명으로 지역 갈등이 등장하고 있어서 전통적으로 분쟁 지역으로 인식되던 지역 범

---

8. 제6차 교육과정기 이후 교과서 검정 및 해당 교과서의 학교 현장 보급이 이루어진 교육과정(2017년 10월 현재 기준)에 한해 분석하였다. 따라서, 2015 개정 교육과정은 연구 대상에 포함되지 못했다.
9. 일부 교과서의 경우는 본문이나 사례 등으로 인도 및 동남아시아의 분쟁이나 갈등을 기술하고 있다.

위를 넘어 전 세계 차원에서도 관련 주제를 다루게 되었다. 나아가, 갈등의 유형이 '경제적, 정치적, 문화적 지역 갈등'으로 확대되어, 이전의 문화인류학적 요소에 한정했던 교육과정상의 분쟁이나 갈등 요소를 보다 다양한 측면에서 접근하고 있다.

2009 개정 교육과정(교육과학기술부 고시 제2009-41호, 2009. 12.)[10]은 갈등과 분쟁을 과목의 성격과 3개로 이루어진 과목 목표 중 하나로 명시하고 있다는 점에서 이전에 비해 관련 내용을 훨씬 강조하고 있음을 알 수 있다. 내용 조직을 보면, 2009 개정 교육과정은 이전 교육과정과 달리 계통지리 중심인 관계로, 분쟁 및 갈등 관련 내용을 6개의 대단원 중 마지막 대단원에 집중 배치하고 있다. '갈등'이라는 용어가 중단원 수준을 넘어 대단원 명으로 등장하고 있으며, 해당 대단원의 단원 성취기준과 총 5개의 성취기준 중 3개의 성취기준이 분쟁 및 갈등 관련 내용으로 구성되어 있다는 점에서도 높아진 위상을 확인할 수 있다. 또한, 경제, 국가 영역, 자원, 문화적 차이(종교 및 언어) 등 갈등 및 분쟁 유형을 이전보다 좀 더 세분화하여 정리하고 있다는 점 등에서도 관련 내용이 보다 강화되었음을 알 수 있다.

2012년 개정된 교육과정(교육과학기술부 고시 제2012-14호, 2012. 12.)은 2009 개정 교육과정의 수정판에 해당하는 교육과정으로 교육과정 명칭은 여전히 2009 개정 교육과정이다. 해당 교과서는 2013년에 검정을 통과하여 2014년부터 고등학교 1학년을 대상으로 현장에 보

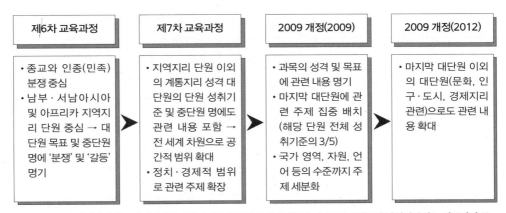

주: 제7차 교육과정기까지는 지역지리와 계통지리를 혼합한 구성 체제였으며, 2009 개정 교육과정기부터는 계통지리 중심의 교육과정 구성 체제를 이루고 있음.

그림 1. 세계지리 교육과정 문서상 분쟁 및 갈등 관련 내용의 변화 과정

---

10. 2009 개정 교육과정은 2007 개정 교육과정이 교과서로 출간되지 못하면서, 제7차 교육과정의 후속으로 학교 현장에 보급되었다. 세계지리의 경우 2011년 고등학교 입학자부터 적용되었으며, 2015년까지 학교 현장에 적용되었다.

급되고 있다. 교육과정 문서 체제의 변화로 이전의 '성격'이 '목표'로 통합되었는데, 분쟁 및 갈등에 대한 기술 또한 목표에 통합되어 있는 점을 제외하면, 동일하게 유지되고 있다. 그러나, 세계지리 과목의 내용 성취기준 면에서는 분쟁 및 갈등 관련 내용이 이전보다 질적·양적으로 강화되었다. 구체적으로 보면, 내용의 마지막 단원의 중심 주제라는 위상을 유지하면서도 이전과 달리 문화, 인구, 경제 관련 계통지리 영역의 대단원으로도 관련 내용이 확산되어 있다는 점에서 과목의 핵심이자 중심축으로 자리 잡고 있음을 알 수 있다.

정리하자면, 1990년대 이후 세계지리 교육과정에서 지역 간 또는 국가 간 분쟁 및 갈등에 대한 내용이 지속적으로 강화되었으며, 이전의 지역지리 중심의 교육과정뿐 아니라 계통지리 형태의 교육과정 조직 체계 내에서도 중심된 주제 역할을 하고 있음을 확인할 수 있다. 구체적으로, 1990년대 초반에는 인도 반도, 서남아시아, 아프리카 등 특정 지역의 종교나 인종(민족)적 차이로 인한 분쟁이나 갈등을 주로 다루었다면, 최근에는 전 세계를 대상으로 자원이나 영유권, 국가의 경제적 격차로 인한 갈등까지 그 범주를 넓히고 있다는 점에서 그러한 경향성을 파악할 수 있다(그림 1). 교육과정 문서상 관련 내용의 양적 변화를 정리하면 표 1과 같다.

이와 같이 분쟁 및 갈등에 대한 내용이 교육과정에서 질적·양적으로 강화되고 있는 이유를 단일한 잣대나 관점으로 분석하기는 쉽지 않다.[11] 다만, 독도 영토 주권 및 동해 명칭 표기와

표 1. 세계지리 교육과정 문서상 분쟁 및 갈등 관련 내용의 양적 변화

교육과정	성격 및 목표	관련 내용 포함 대단원 수	관련 내용 포함 중단원 수 (2009 개정 시기 부터는 성취기준 수)	과목의 전체 대단원 수
제6차 교육과정	–	2	1	8
제7차 교육과정	–	2	3	6
2009 개정 교육과정(2009)	○	1	3	6
2009 개정 교육과정(2012)	○	4	5	6

* 제7차 교육과정기까지는 지역지리와 계통지리를 혼합한 구성 체제였으며, 2009 개정 교육과정기부터는 계통지리 중심의 교육과정 구성 체제를 이루고 있음. 따라서 두 교육과정 시기의 분쟁 및 갈등 관련 내용을 단순 수치상으로만 비교하기는 어려움.

** 2009 개정 교육과정부터는 교육과정 문서에 중단원을 제시하지 않고 있으며, 내용 성취기준 기술이 대단원하에 기술되어 있음. 따라서 2009 개정 교육과정부터는 성취기준 수준의 갈등 및 분쟁에 대한 기술을 중단원 수준에 등장한 것으로 봄.

---

11. 교육과정 내용 구성의 변화 배경 또는 이유에 대한 고찰은 다양한 변화 요인과 결정 맥락을 충분히 고려하여 분석할 필요가 있다. 본 연구에서는 연구의 전개와 맥락 이해에 필요하다고 판단되는 범위에서만 해당 내용을 간략하게 다루

관련한 일본과의 갈등이 지속적으로 부각되면서, 국가 영역의 중요성 및 세계 여러 지역에서 나타나는 영토 분쟁에 대한 관심이 증대되었고, 지리교육과정 전반에 이러한 경향성이 반영된 결과로 보인다. 또한 기존의 종교·인종(민족) 간 갈등과 함께, 에너지 자원을 포함한 각종 자원의 수요 증대 및 공급 부족에 대한 우려와 일부 강대국의 에너지 패권 전략, 연안 자원 확보를 위한 각국의 해양 경계 또는 관할권 확대 경향 등 교육과정에서 다루게 되는 분쟁 및 갈등이 우리나라의 영역 분쟁 범주를 넘어 다양화되고 있는데, 이는 세계화로 대변되는 국제 사회의 상호작용 및 의존성 증대로 인해 특정 지역에서 나타나는 사건이 우리 일상에도 보다 큰 영향을 미치게 되었기 때문일 것으로 추정할 수 있다. 이처럼, 교육과정 결정의 주요 축 가운데 하나인 '사회'[12] 환경이 급변하면서, 지리교육과정에서도 시민성 교육이나 비판적 사고력, 문제해결력 등에 대한 관심이 높아지게 되고, 지리적인 쟁점(issues)이나 문제(problems)를 활용한 교육 내용에 대한 요구도 커졌다고 볼 수 있을 것이다.

　　문제는 이와 같이 분쟁 및 갈등 관련 내용의 양적 비중이 높아지고 적용 단원이 확대되면서, 교과서 수준에서 기술해야 하는 지명 가운데 논란을 유발할 가능성이 높은 지명 수도 증가되고 있다는 점이다. 하지만, 현행 교과서에 적용할 수 있는 분쟁 및 갈등 지역의 지명 표기와 관련한 기준은 아직 미흡하며, 교과서 집필, 수정·보완, 검·인정 과정에서 어려움이 가중되고 있다. 다음 장에서는 이와 관련한 현안을 현행 교과서를 중심으로 살펴보고자 한다.

4. 현행 세계지리 교과서의 분쟁 및 갈등 지역 지명 표기 현황

　　모든 사람들이 이름을 갖고 있듯이, 땅에도 이름이 있고 이를 '지명'이라고 정의한다. 서정철·김인환(2010, 34)은 지명이 갖고 있는 의미를 "해당 지역 사람들에게 특별한 의미를 가진 문화적 유산 또는 무형문화재로, 고유의 사고방식, 생활 습관, 철학, 관점 등이 녹아 있는 문화적 복합체이다. 따라서, 지명이 갖고 있는 비밀을 캐내고 분석해야 한다."고 기술하고 있다. 학술적 연구 수준까지는 아니지만, 지명에 대한 이와 같은 관점은 지리교육적으로도 의미 있는

었으며, 이와 관련된 보다 심도 있는 접근은 교육과정 내용 변화를 중점적으로 다루는 별도의 후속 연구에서 가능할 것으로 보인다.

12. 홍후조(2002, 22-33)는 듀이와 타일러 등의 주장에 기반하여 교육과정 결정의 세 축을 교과, 사회, 학습자로 제시하고 있다.

접근이라고 할 수 있다. 지리교육계 및 교육계 일부에서는 지명을 불필요한 암기 교육 대상으로만 간주하여 필요성과 중요성을 격하시키기도 하지만, 지리학 및 지리교육에서 중요시하는 공간개념 또한 지명의 인지를 통해 성립될 수 있기 때문에, 지명은 학생들이 반드시 습득해야 할 지리 지식 중 하나이다. 다만, 상대적으로 교육적 의미와 중요도가 떨어지는 지명까지 과도하게 학습되는 것을 방지하기 위해서 학교 교육에서 필요로 하는 지명군의 경우는 국어, 영어의 어휘와 마찬가지로 교육적으로 조직될 필요가 있으며, 이를 교육지명으로 정의할 수 있다 (김연옥·이혜은, 1999, 272).

국가 간 분쟁 및 갈등 지역의 지명 또한 해당 지역의 상황을 이해하는 데 지리교육적으로 매우 큰 의미를 갖는다. 예를 들어, '아라비아만'과의 병기 여부로 논란이 보이는 '페르시아만' 표기의 경우 이란과 주변 국가들 간의 민족적·문화적 차이를 파악해야 이해할 수 있으므로, 서남아시아 지역을 지리적·역사적으로 이해하는 핵심 소재가 될 수도 있다. 즉, 이란과 이라크 일부 지역에 시아파 이슬람교가 분포하는 이유, 이들과 주변 아랍 국가들 또는 미국 등 서구 국가들과의 차별적인 관계 설정 등이 이란과 사우디아라비아 사이의 해양 명칭을 둘러싼 논쟁으로부터 도출될 수 있다. 무엇보다도 지명을 표기하지 않으면 '어디에서'라는 장소 및 공간에 대한 정보가 결여되는 관계로, 분쟁뿐 아니라 다른 지리적 내용에 대해서도 교과서 서술 자체가 불가능하다.

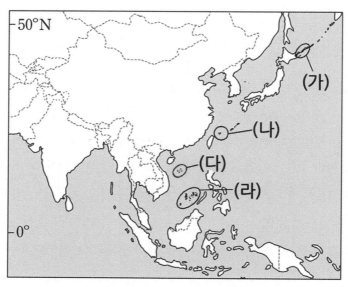

그림 2. 동아시아 주요 분쟁 및 갈등 지역의 위치

표 2. 동아시아 주요 분쟁 지역의 교과서 표기 현황

위치 [그림 2]	주요분쟁 및 갈등 관련국*	교과서** 표기		
		C 출판사	V 출판사	K 출판사
(가)	일본/러시아	쿠릴(지시마) 열도	쿠릴 열도	쿠릴 열도
(나)	일본/중국	센카쿠(댜오위다오) 열도	센카쿠 열도 (댜오위다오)	센카쿠 열도 (댜오위다오)
(다)	중국/베트남	시사(파라셀) 군도	시사 군도 (파라셀 군도) (호앙사 군도)	시사 군도 (호앙사 군도)
(라)	중국/베트남/ 필리핀/말레이 시아/브루나이	난사(스프래틀리) 군도	난사 군도 (쯔엉사 군도) (스프래틀리 군도)	난사 군도 (쯔엉사 군도)
비고		* 시사와 난사 군도의 경 우 베트남 측 주장은 소 개하지 않음.	* 관련 지도 및 본문 설명 제 목은 '난사 군도', '시사 군 도' 등 중국 측 지명으로 표기	* 본문 중 쿠릴 열도의 경우 일 본 측 주장이라는 것을 전제 로 '지시마 열도'라는 지명 표기도 소개함.

* '타이완'의 경우 '중국'과 별도 표기하지 않음.
** 2013년 검정 심사를 통과한 세계지리 교과서를 대상으로 함

    따라서 교과서에서 해당 지역의 분쟁을 다루는 데 있어서 지명 표기는 회피할 수 없는 문제라고 할 수 있다. 문제는 이에 대한 원칙이 교과서 집필진에게 제공되는 교과용도서 편찬상의 유의점 이외에는 찾기가 어렵다는 것이며, 해당 원칙 또한 구체화·상세화되지 않은 일반적인 진술이라는 점에 있다.[13] 2013년에 검정을 통과하여 2014년 고등학교 1학년부터 적용되고 있는 세계지리 교과서에서 우리나라 주변의 대표적인 분쟁 및 갈등 지역의 위치는 그림 2와 같으며, 이 지역의 지명 표기 현황은 표 2와 같이 정리할 수 있다.

    표 2에 제시된 출판사별 표기 현황을 보면, 각 교과서별로 표기의 기준이 상이함을 확인할 수 있다. 쿠릴 열도[14]의 경우는 1개 교과서에서 '분쟁' 지역으로 소개하고 있음에도 병기를 하지 않고 있고, 병기를 한 2개의 교과서 중 1개 교과서는 지도 등의 자료가 아닌 본문 중에 일본

---

13. 현재 정부 또는 정부 출연 기관에서 발행한 교과서 편찬 관련 기술 중 가장 분명한 원칙은 교과용도서 편찬상의 유의점에 제시되어 있는데, '분쟁 지역의 국가경계선은 표시하지 않고 분쟁 지역의 지명은 병기 표기를 원칙으로 한다.'라고 기술되어 있다(한국교육과정평가원, 2011, 111). 이 표현에는 어떤 지역이 분쟁 지역인지, 병기의 경우 어느 국가의 주장을 먼저 표기해야 하는지 등에 대한 원칙이 나타나 있지 않은데, 이는 원칙을 구체화할 경우 나타날 수 있는 문제 때문인 것으로 생각된다.
14. 이후 본 연구에서 사용되는 분쟁 지역의 지명은 기술의 편의상 쿠릴, 시사, 난사, 센카쿠 등으로 표기한다. 이는 표준국어대사전의 표제어이거나 현재 실효 지배 중인 국가의 표기에 해당한다.

측 주장이라는 설명과 함께 일본 측의 표기를 소개하고 있다. 시사와 난사 군도의 경우 영어식 표기만 병기한 교과서, 영어식 표기와 베트남어식 표기를 모두 병기한 교과서 등 표기 방식이 다양하다. 다만, 쿠릴 열도는 러시아, 시사와 난사 군도는 중국 측 표기를 먼저 하고 있다는 점은 3개의 출판사가 동일하다.

이러한 차이는 교과서를 집필, 검정, 수정·보완하는 집필자, 출판사, 검정·심사 기관, 수정·보완 권한이 있는 교육부 등에 우선적인 책임을 물을 수 있을 것이다. 그러나, 근본적으로는 교과서 지명 표기 원칙의 근거[15]가 되는 국립국어원의 표준국어대사전이나 외래어 표기법 용례의 명확하지 않은 설명에서 그 원인을 찾을 수 있다. 먼저 표준국어대사전[16]의 경우 난사 군도에 대해서는 해당 표기 이외의 별도 표기를 제공하고 있지는 않으며, 설명 중에 중국에 속한다는 표현도 나타난다. 그러나 시사 군도에 관해서는 영어식 표기인 파라셀 제도도 함께 제시하며, 중국도 베트남 등과 함께 영유권을 주장하고 있다는 식으로만 기술하고 있다. 문제는 중국 남부 해안과 시사 군도, 난사 군도 간의 거리이다. 즉, 가까운 시사 군도는 중국이 영유권을 주장하는 수준이지만, 훨씬 더 먼 거리에 위치한 난사 군도가 중국 영토라는 표준국어대사전의 논리는 지도를 놓고 볼 때, 쉽게 이해되지는 않는다. 무엇보다도 베트남어식 표기는 두 지역 모두 제공하지 않고 있다(표 3).

외래어 표기법 용례[17]에서는 시사 군도의 경우 중국, 베트남, 영어식 표기를 모두 제공하고 있는데, 지명에 대한 설명은 시사 군도에만 제시되어 있어, 의도하지는 않았겠지만 중국 측의 손을 들어 주고 있는 인상을 받게 한다. 이는 영어식 표기(스프래틀리 제도: Spratly islands)를 제공하고 있지 않은 난사 군도에 대해서도 마찬가지다. 센카쿠 열도의 경우는 현재 일본이 실효 지배를 하고 있는 상당히 민감한 지역인데도, 논란의 핵심인 가장 큰 섬(일본명: 우오쓰리시마/ 중국명: 댜오위다오)에 대해 '타이완(臺灣) 이란(宜蘭)현이 관할'한다고 표준국어대사전에 서술되어 있다. 가장 복잡하고 혼란스러운 것은 쿠릴 열도에 대한 용례인데, 쿠릴 열도 이외에 '천도(千島)'라는 한자식 표기의 일본식 음인 '지시마'만 제시하고 있어 표준국어대사전과는 상이한 것은 물론, 일본이 자국 영토로 주장하고 있는 4개의 섬(제도)에 대해서도 2개는 러시아에 속한 것으로, 2개는 소속에 대한 별도의 기술 없이 일본 홋카이도를 기준으로 한

15. '······영문지명은 로마자 표기원칙, 외국지명은 국립국어원의 외래어 표기법에 준하며, 지명의 표기가 고유명사로 세계적으로 알려진 지명 등은 현재 사용되고 있는 명칭을 표기하는 것을 원칙으로 한다(한국교육과정평가원, 2011, 111)'.
16. http://stdweb2.korean.go.kr/main.jsp
17. http://www.korean.go.kr/front/foreignSpell/foreignSpellList.do?mn_id=96

표 3. 동아시아 분쟁 지역의 표준국어대사전 및 외래어 표기법 용례 검색 사례 요약
(2015. 3. / 2017. 9. 확인)

표준국어대사전		지역	외래어 표기법 용례	
표기	영유권 관련 내용(기술)		표기	영유권 관련 내용(기술)
쿠릴 열도	• 러시아 동부, 사할린주 동쪽에 있는 화산섬의 무리	쿠릴 열도	쿠릴 열도	• 러시아 사할린주 동쪽에 있는 화산섬의 무리
천도 열도			지시마 (열도)	• 일본 지명
			시코탄 섬*	• 러시아 쿠릴 열도에 있는 섬
			에토로후 섬*	• 홋카이도 동쪽 지시마(쿠릴) 열도 남쪽에 있는 섬
			쿠나시르 섬*	• 러시아 쿠릴 열도 중 하나
			하보마이 제도*	• 홋카이도 동쪽에 있는 군도
		센카쿠 열도	센카쿠 열도	• 오키나와 제도 서남쪽의 5개 무인도
			댜오위다오 /조어도**	• 타이완 이란현 관할
시사 군도	• 중국, 필리핀, 베트남이 영유권 주장 • 중국 하이난섬 동남쪽 남중국해에 있는 섬의 무리	시사 군도	시사 군도	• 중국, 필리핀, 베트남이 영유권 주장 • 하이난성 동남쪽 남중국해에 있는 도서군
파라셀 제도			파라셀 제도	
			호앙사 군도	• '시사 군도'의 베트남어 이름
난사 군도	• 중국에 속함(필리핀, 베트남 영유권 주장)	난사 군도	난사 군도	
			쯔엉사 군도	• '난사 군도'의 베트남어 이름

* 쿠릴 열도 중 일본과 러시아 사이에 영유권 분쟁이 있는 섬 또는 제도. 외래어 표기법 용례에 따르면, 시코탄, 쿠나시르의 원어 표기는 영문과 러시아어, 에토로후, 하보마이의 원어 표기는 한자와 일본어로 제시되어 있다.
** '댜오위다오/조어도'는 센카쿠 열도 5개 섬 중 가장 큰 섬이다.

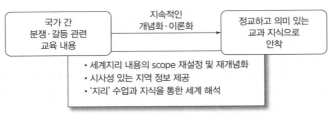

그림 3. 국가 간 분쟁·갈등 관련 교육 내용의 지리교육적 의미

위치만을 제시하고 있다(표 3).

이와 같이 교과서 표기와 관련하여 국내에서 가장 권위를 갖고 있다고 할 수 있는 국립국어원에서 제공하는 표준국어대사전과 외래어 표기법 용례의 경우, 분쟁 및 갈등 지역 지명 표기에 활용이 쉽지 않다. 외교부, 국토지리정보원 등에서 제공하는 지리 정보, 세계 지도 등도 이와 크게 다르지 않은 상황이다.

5. 분쟁 및 갈등 관련 내용의 교과서 기술상 쟁점

교육과정에서 분쟁 또는 갈등과 관련한 내용의 강화는 시사적 측면에서 학생들에게 보다 많은 정보를 제공해 주는 동시에 '지리'수업과 지식이 세계를 해석하는 데 유의미하다는 인식도 심어 줄 수 있다. 따라서 지리교육, 특히 세계지리 내용의 범위 및 재개념화에도 큰 의미를 갖는다고 볼 수 있으며, 향후 보다 정교하고 의미 있는 교과 지식으로서 자리매김할 수 있도록 지속적인 개념화·이론화를 통해 발전시킬 필요가 있다(그림 3).

그러나 교과 내용으로서의 성공적인 안착을 위해서 앞서의 사례를 통해 파악할 수 있듯이 선결해야 할 문제가 존재하는데, 첫째, 분쟁 또는 갈등 지역이라고 교과서에 기술하고자 할 때의 기준 설정과 둘째, 해당 지역의 지명 표기 문제가 이에 해당한다. 구체적으로 보자면, 첫 번째 문제는 어느 수준의 분쟁이나 갈등을 교과서에 기술해야 하는지, 이에 앞서 과연 '분쟁' 또는 '갈등'의 정의를 어떻게 해야 하는지 등에 대한 것이며, 두 번째는 분쟁 및 갈등 당사국 중 어느 국가의 언어 또는 주장하는 명칭으로 해당 지역의 지명을 표기해야 하는가와 관련한 문제이다.

첫 번째의 경우, 교육과정 성취기준 수준에서 '어떤 지역은 분쟁지역이다.'라고 명시하기는 어려운데, 이는 성취기준의 서술방식 및 교육과정 대강화 등의 원칙과도 관련된다. 교육과정에서의 명시가 어려우므로 교과용도서 편찬상의 유의점, 검정기준 등에서도 해당 분쟁 지역마다 지명 또는 국경선을 구체적으로 '이렇게 하라'라고 서술하기도 쉬운 일은 아니다. 따라서, 분쟁 및 갈등의 원인이나 유형 등을 바탕으로 교육적으로 적합하다고 판단된 것들을 교과서에 기술하되, 규모, 현재 상황, 심각성, 주변 지역에 대한 영향력, 우리나라와의 관련성 등에 대한 종합적인 고려가 요구되며, 이와 관련한 지속적인 연구 및 검토, 숙의 과정에서 분쟁 및 갈등의 정의도 어느 정도 구체화할 수 있을 것으로 생각된다.[18] 나아가 해당 지역의 상황이 변화되었을 경우 지속적인 모니터링을 통해 관련 교과 내용의 서술도 수정·보완되어야 한다.[19]

문제는 두 번째인데, 이러한 상황은 영유권 갈등이 있는 지역은 물론, 영유권 갈등과 무관한 주변 해역의 명칭 등을 두고서도 나타날 수 있다. 무엇보다도 해당 분쟁 및 갈등 지역에 대한 교과서 및 지리 부도의 표기가 교육 외적 상황과 너무 밀접하게 연관되어 있다는 것은 지리교육계를 비롯하여 교육부, 출판사, 교과서 검·인정기관 등의 입장에서 볼 때 상당히 부담스러운 부분이다. 우리나라와 같이 국가가 교과서를 검·인정하는 경우는 교과서 표현이 곧 국가의 입장을 반영하는 관계로 분쟁이나 갈등 당사국과의 외교적 마찰이 발생할 수도 있으며, 교과서나 지리 부도에 근거한 지도 등을 소지하고 해당 국가를 방문하는 우리 국민들에게 예기치 않은 일이 일어날 수도 있다. 예를 들어, 베트남은 최근 중국과 분쟁을 겪고 있는 도서를 베트남 영토에서 뺀 지도를 배포하거나 사용하는 사람에 대해 과태료 부과 등 제재를 가하는 방안을 추진하고 있으며, 지도 등의 영유권 표기 오류를 집중 단속한 적이 있다(연합뉴스, 2013. 4. 24). 또한 베트남 입장에서 볼 때, 영토 주권 표기가 잘못된 여행용 지도를 반입한 중국인을 벌금 부과와 함께 추방한 사례도 종종 일어나고 있다(VINATIMES, 2013. 10. 31.). 따라서 신중하면서도 합리적인 표기 원칙 제정이 요구되며, 이는 이후로 미루기도 어려운 문제라고 할 수 있다.

우리나라와 직접적으로 연관되지 않은 분쟁 및 갈등 지역의 지명 표기는 '국익'이라는 측면과 '교육적 가치'라는 측면을 고려하여 선택적 판단을 할 수밖에 없다. 두 측면이 합치될 수도 있지만, 극단적인 경우는 정반대의 입장을 보일 수도 있으므로 최종 표기 결정에 이르는 과정

---

18. 단원 또는 주제명이 '(영토) 분쟁' 등으로 표현되어 있어도 제시된 분쟁지역의 갈등 수위 및 기간, 당사국 이외 국가들의 시각, 실효 지배국, 언론 노출 정도 등을 고려하지 않을 경우 외교적으로도 민감할 수 있는 상황이 발생할 수도 있다. 예를 들어, 특정 지역이 분쟁 지역이라고 기술되는 것 자체를 문제 삼을 수도 있다.

19. 현재 한국국방연구원(KIDA)에서 운영하는 WoWW(세계분쟁정보, http://www1.kida.re.kr/woww)에서는 각 대륙별로 분쟁 지역을 구분하여 제시하고 있는데, 제공되는 자료는 우리나라에서 '분쟁' 지역으로 인식하고 있는 지역 선정의 근거 중 하나로 활용 가능할 것으로 보인다.

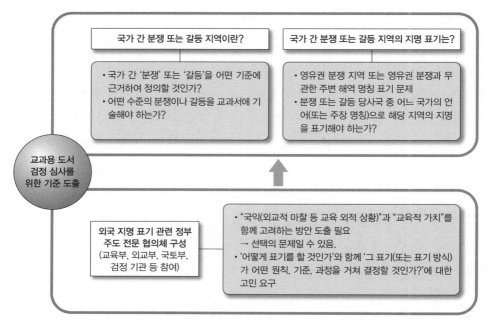

국가 간 분쟁 또는 갈등 지역이란?	국가 간 분쟁 또는 갈등 지역의 지명 표기는?
• 국가 간 '분쟁' 또는 '갈등'을 어떤 기준에 근거하여 정의할 것인가? • 어떤 수준의 분쟁이나 갈등을 교과서에 기술해야 하는가?	• 영유권 분쟁 지역 또는 영유권 분쟁과 무관한 주변 해역 명칭 표기 문제 • 분쟁 또는 갈등 당사국 중 어느 국가의 언어(또는 주장 명칭)으로 해당 지역의 지명을 표기해야 하는가?

교과용 도서 검정 심사를 위한 기준 도출

외국 지명 표기 관련 정부 주도 전문 협의체 구성 (교육부, 외교부, 국토부, 검정 기관 등 참여)

• "국익(외교적 마찰 등 교육 외적 상황)"과 "교육적 가치"를 함께 고려하는 방안 도출 필요
→ 선택의 문제일 수 있음.
• '어떻게 표기를 할 것인가'와 함께 '그 표기(또는 표기 방식)가 어떤 원칙, 기준, 과정을 거쳐 결정할 것인가?'에 대한 고민 요구

그림 4. 분쟁 및 갈등 지역의 교과용도서 지명 표기 현안 및 해결 방향

과 기준, 그리고 이를 둘러싼 상황에 대한 숙고가 필수적일 것으로 보이며, 분쟁 당사국이나 국제 정세 등에 대한 지속적인 모니터링도 요구된다. 결국, 다양한 맥락을 고려하고, 심도 있는 논의가 진행되기 위해서는 관련 부처 담당자와 전문가 등이 참여하는 정부 주도의 협의체 구성이 필요하다. 해당 협의체는 국내 지명을 전문적으로 다루고 있는 '국가지명위원회'[20]나, 국립국어원에서 주관하는 '정부·언론 외래어 심의 공동위원회'[21]와는 성격을 달리하되, 두 위원회와 협력 또는 자문이 필요할 경우에는 함께 협의도 가능할 것으로 보인다. 나아가 장기적으로는 미국지명위원회(United States Board on Geographic Names)처럼 국내외 지명 표기를 함께 관리·결정하는 기구의 필요성도 고민할 부분으로 판단된다(그림 4).

---

20. 국가지명위원회의 법적 근거 및 역할은 [법률 제12738호]측량·수로조사 및 지적에 관한 법률 [시행 2014.12.4.], [대통령령 제25942호] 측량·수로조사 및 지적에 관한 법률 시행령[시행 2015.1.1.] 참조.
21. 참여 위원들의 상당수가 언론사에서 교열이나 어문 연구 관련 업무에 종사 중인 사람들이다. 학계나 교육계 인사도 일부 있지만, 별도의 지명 및 지역 전문가나 외교 관련 전문가는 포함되어 있지 않다(http://www.korean.go.kr/popup/committee.do).

6. 마치며

유엔지명전문가그룹에 따르면 표준화된 지명이란 "주어진 실체에 대한 여러 다른 지명들 중에서 선호되는 지명이라고 지명 기구로부터 인정된 이름"으로, "공인된 기관에 의해서 특정 지형이나 장소에 사용할 정확한 이름을 부여하는 것을 뜻함."으로 정의되어 있다(유엔지명전문가그룹, 2012, 15, 21). 이와 같은 정의 중 '지명 기구'나 '공인된 기관'은 특정 국가의 정치적·행정적 영향력 지배하에 있는 지리적 공간 내에서는 권위를 인정받을 수 있지만, 국가 간 분쟁이 존재하는 지역에서는 그렇지 못하다. 예를 들어, 유엔전문가그룹은 세계 주요 지명 데이터베이스를 구축해 놓기는 했지만, 영유권 분쟁의 대부분이 나타나는 국가와 국가 사이의 경계에 대해서는 문제 발생 시 해결을 지원하는 정도이다.[22]

이러한 현실적 한계와 외교적 손익 등에 비추어 볼 때, 국내 각 기관에서 제공하는 세계 각 지역의 분쟁 및 갈등 관련 지명 정보는 일관성·논리성 등이 부족할 수밖에 없다. 즉, 특정 국가의 입장에서만 이를 표기할 경우 오히려 외교적 문제가 발생할 수 있고, 우리나라의 현안인 독도나 동해 등과 관련해서 분쟁 상대 국가의 지지를 받기도 쉽지 않을 수 있다. 그럼에도 불구하고 이러한 상황이 교육적으로 적절한지는 판단하기 어렵다. 적어도 특정 지역이 분쟁 지역인지, 분쟁 지역의 경우라면 지명 표기를 병기할 경우, 어느 쪽의 지명을 먼저 기재할지 등에 대한 기준 정도는 필요하다. 모든 분쟁 및 갈등 지역에 적용될 수 있는 일원화된 하나의 표기 방식을 결정하자는 것이 아니라, 교육적 견지에서 학생들이 혼란을 겪지 않도록 현재보다는 상세화된 원칙이 필요하다는 것이다. 무엇보다도, 비대칭적인 국력을 갖고 있는 국가들 간의 분쟁이나 갈등의 경우 굴절된 시각에서 이를 바라볼 수 있는 개연성이 매우 높다.[23]

---

22. 유엔지명전문가그룹의 'United Nations Group of Experts on Geographical Names' 언론자료 한국어판에 나온 다음의 Q&A를 통해 이를 확인할 수 있다
    문: 유엔지명전문가그룹에서도 이름을 결정하는가?
    답: 아니다. 유엔지명전문가그룹에서는 이름을 결정할 권한까지는 없다. 유엔지명전문가그룹은 각 유엔회원국들이 그들 고유의 이름을 결정하고 국제 사회에 배포하는 권리를 존중한다. 지명을 두고 내부의 통치 권한을 넘어서는 국가 간 분쟁이 있을 경우, 유엔지명전문가그룹은 해당 국가들 간에 해결을 도모하는 대화의 장을 마련할 수는 있다(유엔지명전문가그룹, 2012, 21).
23. 우리나라보다 경제력, 인구, 국토 면적 등의 측면에서 상대적 강국인 일본의 동해 표기 및 독도 영유권 관련 주장에 대해, 아직까지도 상당수의 나라들은 일본의 주장을 수용하거나 문제시하지 않는 태도를 보이고 있다. 우리 국민들은 다른 나라의 이와 같은 모습에 비판을 가할 수 있지만, 다른 나라들 간 분쟁에 대한 우리의 태도는 과연 바람직한지 되짚어 볼 필요도 있다. 예를 들어, 남중국해의 도서명을 중국 쪽 입장에서 표기하는 것에 대해서도 다시 한 번 신중히 검토할 필요성이 존재한다.

차기 교육과정에 기반한 교과서가 학교 현장에 보급될 때는 영유권 등과 관련된 분쟁과 갈등이 현재보다도 더욱 심화될 수 있으며, 이와 관련된 교과 내용의 중요도 및 의미도 더욱 커질 수 있다. 따라서, 관련 정부 기관 및 학계 등의 관계자가 참여하는 외국지명 표기와 관련한 전문 조직이 구성될 필요가 있으며, 중립적 입장을 보이는 국가의 교과서 및 학생용 부도의 지명 표기 사례, 세계적인 유명 아틀라스의 분쟁 지역 표시 및 표기 방법 검토 등 보다 다양한 관점에서 지명 표기에 대한 후속 연구도 이어져야 할 것으로 보인다.

요약 및 핵심어

독도 영유권 및 동해 명칭 표기와 관련한 일본의 무리한 주장이 반복되면서, 국가 간 영유권 분쟁이나 갈등 관련 내용의 비중이 지리교육과정 및 교과용도서에서도 강화되고 있다. 그러나 분쟁 및 갈등 지역에 대한 현 교과용도서의 지명 표기는 일관성·논리성 면에서 많은 한계를 갖고 있으며, 이로 인해, 독도나 동해 표기 문제와 관련해서 국제적 지지를 받지 못하는 외교적 불이익을 초래하거나, 교육적 측면에서 바람직하지 못한 시각을 학생들에게 심어 줄 수 있다. 본 연구에서는 고등학교 세계지리 교육과정 및 교과서를 기반으로 교과용도서의 지도 표기와 내용 기술 시 분쟁 및 갈등 지역의 지명 표기와 관련한 현안과 쟁점을 검토하였으며, 교과용도서 편찬과 관련된 정부 기관, 외교부, 국토부 관계자 등이 참여하는 전문 협의체 구성의 필요성을 제언하였다.

영유권 분쟁(Territorial Dispute), 세계지리 교과서(World Geography Textbook), 지리교육과정(Geography Curriculum), 지명 표기(Naming of Geographical Feature)

더 읽을 거리

고봉준·이명찬·하도형·김인성·남상구·김동욱·윤태룡, 2013, 동아시아 영토문제와 독도, 동북아역사재단.
National Geographic Society, 2015, National Geographic Atlas of the World (10th edition).

참고문헌

권오현, 2006, "일본 정부의 독도 관련 교과서 검정 개입의 실태와 배경", 문화역사지리, 18(2), 57–71.
김동욱, 2012, "남사군도를 둘러싼 관련국의 대응과 그 해결 방안", 영토해양연구, 3, 84–111.

김선희·박경·이해미, 2009, "해외에서의 한국지명 표기 실태 분석", 대한지리학회지, 44(6), 706-722.

김연옥·이혜은, 1999, 사회과 지리 교육 연구, 교육과학사.

김영훈·김순배, 2010, "지명의 영문 표기 표준화 방안에 관한 연구: 대안 제시를 중심으로", 한국지도학회지, 10(2), 41-58.

김인성, 2012, "러시아 쿠릴열도 정책의 변화와 함의", 영토해양연구, 3, 28-51.

김자영, 2011, "남중국해 해양영토분쟁의 최근 동향과 국제법적 쟁점", 안암법학, 34, 1063-1108.

김종연, 2008, "외국의 해외지명 결정 관련 조직 현황에 대한 연구: 영토교육을 위한 기초 연구", 한국지리환경교육학회지, 16(4), 387-398.

김종연, 2011, "한국에 대한 '통상적 영어지명' 형성과정에서의 영국 지리학회들의 역할에 대한 연구", 한국지도학회지, 11(1), 13-24.

김형태·김희원, 2008, "인터넷 지도와 백과사전을 통해 바라본 우리나라 국토지리정보", 지리학연구, 42(3), 377-390.

박경, 2006, "북미지역 지명관련 기구의 표준화 원칙과 그 시사점", 한국지도학회지, 6(1), 35-46.

박선미, 2010, "탈영토화시대의 영토교육 방향: 우리나라 교사와 학생 대상 설문 결과를 중심으로", 한국지리환경교육학회지, 18(1), 23-36.

박찬호, 2012, "동해표기의 국제법적 고찰: UNCSGN과 IHO 결의를 중심으로", 법학연구, 53(3), 115-141.

상선희, 2011, "지도에 나타난 해역 명칭에 대한 이해와 분쟁사례 연구", 영토해양연구, 2, 30-57.

서정철·김인환, 2010, 지도 위의 전쟁. 동아일보사.

서태열, 2009, "영토교육의 개념화와 영토교육모형에 대한 접근", 한국지리환경교육학회지, 17(3), 197-210.

서태열, 2012, "해방이후부터 1950년대까지 중등 지리 교과서에서의 독도 및 동해 교육", 한국지리학회지, 1(1), 1-9.

손용택, 2005, "일본 교과서에 나타난 '독도(다케시마)' 표기 실태와 대응", 한국지리환경교육학회지, 13(3), 363-373.

송호열, 2011, "중학교 사회1 교과서의 독도 관련 내용 분석", 한국사진지리학회지, 21(3), 17-35.

송호열, 2012, "고등학교 한국지리 교과서의 독도 관련 내용 분석", 한국사진지리학회지, 22(2), 53-69.

송호열, 2013, "중학교 사회2 교과서의 독도(獨島) 중단원 비교 분석: 질적 분석을 중심으로", 한국사진지리학회지, 23(4), 67-86.

신동호, 2013, 초등학교 독도 교과서 내용분석, 한국교원대학교 석사학위논문.

심정보, 2007, "사회과 지리 영역에서 지명교육의 현상과 필수지명의 선정", 한국지리환경교육학회지, 15(2), 125-140.

심정보, 2008, "일본의 사회과에서 독도에 관한 영토교육의 현황", 한국지리환경교육학회지, 16(3), 179-200.

심정보, 2011, "일본 시마네현의 초중등학교 사회과에서의 독도에 대한 지역학습의 경향", 한국지역지리학회지, 17(5), 600-616.

안종욱, 2015, "세계지리 교과서에 기술된 분쟁 및 갈등 지역의 지명 표기 현황과 쟁점", 사회과교육, 54(1),

1-14.

윤옥경, 2007, "지리 교육에서 해양지명의 학습방안과 의의", 한국지도학회지, 7(1), 55-64.

윤옥경·최종남, 2011, "동해와 독도 지명의 효과적 해외 홍보를 위한 기초 연구", 영토해양연구, 2, 86-103.

이기석, 2004, "지리학 연구와 국제기구", 39(1), 대한지리학회지, 1-12.

이명찬, 2012, "일·중 간 센카쿠제도 분쟁과 일본의 대응", 영토해양연구, 3, 52-83.

이재하, 2013, "정부의 독도개발정책 문제점과 미래대안 모색", 한국지역지리학회지, 19(2), 282-300.

이종오, 2009, "영국-프랑스 영토 갈등 및 분쟁에 관한 고찰: 영국해협과 도버해협의 경우", 아태연구, 16(2), 183-202.

이한방, 2002, "국제분쟁지역의 유형 및 형성요인에 관한 연구", 한국지역지리학회지, 8(2), 199-215.

장의선, 2004, "지리과 내용요소로서 '지명'의 의미 탐색과 교수-학습의 실제", 사회과교육, 43(2), 227-246.

전보애·윤옥경, 2014, "지리교과서의 내용 구성 방식에 따른 지명 사용의 비교 분석", 한국지리환경교육학회지, 22(2), 23-36.

주성재, 2010, "동해의 지정학적 의미와 표기 문제", 한국지도학회지, 10(2), 1-10.

최종남·심정보·윤옥경, 2011, "영미권 지도 및 지리교재 제작사의 지명 표기 원칙에 따른 동해해역의 지명 표기에 관한 연구", 한국지도학회지, 11(2), 27-37.

하도형, 2012, "2010년 중·일 댜오위다오 분쟁과 중국의 대응", 영토해양연구, 3, 6-27.

한국교육과정평가원, 2011, 초·중등학교 검정 교과용도서 편찬상의 유의점 및 검정기준.

허은실·남상준, 2013, "일본 초등 사회과의 영토교육 내용", 영토해양연구, 5, 170-199.

홍후조, 2002, 교육과정의 이해와 개발. 문음사.

United Nations Group of Experts on Geographical Names(2012). 유엔지명전문가그룹 언론자료 한국어판. 국토지리정보원.

[법률 제12738호] 측량·수로조사 및 지적에 관한 법률 [시행 2014.12.4.].

[대통령령 제25942호] 측량·수로조사 및 지적에 관한 법률 시행령 [시행 2015.1.1.].

교육부(1992). [교육부 고시 제1992-19호] 제6차 고등학교 교육과정.

교육부(1997). [교육부 고시 제1997-15호] 제7차 사회과 교육과정.

교육과학기술부(2009). [교육과학기술부 고시 제2009-41호] 사회과 교육과정.

교육과학기술부(2012). [교육과학기술부 고시 제2012-14호] 사회과 교육과정.

권동희·안재섭·오정준·이승철·신현종·조지욱·신승진, 2014, 고등학교 세계지리, 천재교육.

김종욱·주경식·서정훈·김태환·박용우·장성문·김남기·최재희·박재현·김선아, 2014, 고등학교 세계지리, 교학사.

위상복·최규학·유성종·강성열·최희만·우연섭·이우평·이훈정·조철민·최종필·김지현·유진상·강재호·이두현·윤정현, 2014, 고등학교 세계지리, 비상교육.

국립국어원 정부·언론 외래어 심의 공동위원회(http://www.korean.go.kr/popup/committee.do).

국립국어원 표준국어대사전(http://stdweb2.korean.go.kr/main.jsp).

국립국어원 외례어 표기법 용례찾기(http://www.korean.go.kr/front/foreignSpell/foreignSpellList. do?mn_id=96).

일본 외무성(UNCSGN resolution III/20 and IHO technical resolution A.4.2.6. http://www.mofa.go.jp/ policy/maritime/japan/iho_a426-k.html).

한국국방연구원 세계분쟁정보(WOWW, http://www1.kida.re.kr/woww/main.asp).

연합뉴스, "베트남, '영유권 표기오류' 지도제작업체 처벌강화" (2013. 4. 24.).

VINATIMES, "베트남 영유권 표기 오류 '여행용 지도' 반입한 중국인 추방" (2013. 10. 31.).

제3부. 지리와 장소

제14장

장소, 존재, 지리교육

박승규

춘천교육대학교

이 장의 개요

1. 들어가며

　기본으로 돌아가자. 지리교육이 무엇이고, 지리를 가르친다는 것은 무엇인지 우리가 당위로 생각하면서 질문하지 않았던 문제들에 대해 생각해 보자. 해묵은 주장이지만, 장소와 지리교육에 대해 고민을 시작하는 시점이기에 이 문제에 대해 다시금 탐색했으면 한다. 우리 삶은 매일 변화와 생성을 거듭한다. 변화 속도는 점점 빨라진다. 폴 비릴리오(P. Virilio)가 말하는 질주학의 개념으로 오늘을 설명하면 그렇다. 인간의 역사 발전 과정은 시간과 공간이 분할되고, 교통과 통신 수단이 발달하면서 속도전에 돌입했다는 것이다. 그만큼 모든 것이 빠르게 변한다. 지리도, 지리교육도 예외는 아니다. 우리가 거주하는 공간과 장소도 마찬가지다.

　장소와 공간의 빠른 변화는 지리적 인식의 빠른 변화를 요구한다. 지리도, 지리교육도 빠르게 변화하는 시대적 상황에 적응을 요구받는다. 공간과 장소를 바라보는 새로운 인식이 등장하고, 새로운 논리를 구성하고, 새로운 주제를 발굴한다. 그런 상황에서 기본으로 돌아가 지리교육이 무엇인지, 지리를 가르친다는 것이 무엇인지에 대해 생각해 보는 것은 속도와 상관없이 지리를 제대로 가르치기 위한 고민의 반영물인 셈이다.

　푸코(M. Foucault)는 인간이 자기 자신에 대한 진지한 성찰을 토대로 자유롭고, 능동적으로 실천하는 움직임을 '미학화(esthétisation)'라고 표현한다(이상길 역, 2009). 미학화는 자기 자신에 의한 자신의 변화라는 자기주도성을 갖는다. 푸코가 말하는 미학화는 유미주의적이고, 탐미적인 특성을 말하는 것이 아니다. 푸코의 미학화는 하나의 대상을 문제로 삼아 인간 존재가 주어진 시대에 어떻게 사유되었는지를 자문한다. 그리고 그렇게 사유된 것과 상관성을 가지는 다양한 사회적 실천을 기술하고 분석한다. 그런 과정에서 인간은 어떻게 취급되었는지를 묻는다. 그렇기에 지금 이 시점에 기본으로 돌아가 지리학에서 지리교육에서 어떻게 인간이 사유되고 있는지를 물어야 한다. 우리가 주체적으로 외부적인 조건에 의해 틀 지워지고, 그것에 의해 얽매이는 지리교육이 아니라, 지리교육을 통해 길러내고자 하는 인간에 대해 논의하고, 지리교육에서 가르쳐야 하는 내용에 대한 숙의과정을 거쳐 과거와 다른 지리교육의 모습을 구성해야 할 때다(박승규, 2010). 그리고 그때 중요한 것은 더 나은 지리교육의 과정에 참여할 이 글을 읽어가는 독자와의 소통이다.

　이를 위해 저자가 말하는 지리교육이 무엇인지, 지리를 가르친다는 것이 무엇인지를 먼저 말하려 한다. 지리교육이 무엇인지를 말할 때, 필자마다 생각하는 지리는 다르다. 교육에 대해 생각하는 편차에 비해 지리가 무엇인지에 대한 편차가 크다. 지리를 공부하거나 지리에 관심 있는 사람마다 생각하는 지리에 대한 정의가 다르기 때문이다. 지리교육에 관한 글 역시도 필자마다, 글마다 다른 전제하에서 작성된다. 지리교육에 관한 글을 쓰는 사람과 읽어가는 사람의 소통의 어려움은 지리라는 용어에 대한 편차에서 비롯된다.

매시(D. Massey)는 공간적 이미지와 공간적 개념의 활용에 명확성이 떨어진다는 불평을 늘어놓는다. 그녀가 생각하기에 저자마다 생각하는 공간에 대한 이미지와 공간에 대한 개념이 일치하지 않기 때문이다. 각각의 저자들이 자신이 뜻하는 명확하고 논란의 여지가 없는 공간이라는 개념을 제시한다. 그럼에도 저자마다 상정하는 의미는 다르다. 이처럼 우리가 자주 사용하는 용어들 뒤에는 불일치가 존재한다. '지리/지리적'이나 '공간/공간적'이라는 용어에 대한 정의가 서로 다른 것은 표면화되지 않은 논쟁이 숨어있지만, 그것이 표면적으로는 잘 드러나지 않는다. 왜냐하면 많은 사람들이 이미 이런 용어들이 의미하는 바를 알고 있다고 전제하기 때문이다(김지혜 역, 2014).

본 장에서 저자가 생각하는 '지리/지리적'이라는 용어는 '인간과 공간(장소)과(와)의 관계'을 의미한다. 지리교육은 인간과 공간(장소)과(와)의 관계를 통해 드러나는 사람들의 삶의 문제에 관심 갖는 것이 지리학이고, 그와같은 내용요소를 다루는 것이 지리교육인 셈이다. 환언하면, 지리교육은 인간의 삶에 대해 관심 갖고, 인간의 삶을 가르치는 '인간학이자 철학'이라는 것이다.

아르키타스는 '인간이 존재한다는 것은 어떤 장소 안에 있다'고 말한다(박성관 역, 2016). 아르키타스의 말에 의존한다면, 인간과 공간(장소)과(와)의 관계를 다루는 것은 지리의 숙명인 셈이다. 인간은 기본적으로 어느 장소를 점유한다. 그럼으로써 세상에 존재한다. 인간이 누구이고, 우리가 누구인지에 대한 설명은 내가, 우리가 점유하고 있는 장소와의 관계속에서 가능하다. 추상적이고 관념적인 담론을 넘어 구체적인 장소에서 인간을 이해한다. 특히, 지리교육은 인간을 대상으로 한다. 학습자를 대상으로 하기에 그들에 대한 이해나 관심이 전제되어야 한다. 그들의 삶이 지리교육의 과정에서 소외되지 않아야 한다.

기본으로 돌아가 지리교육이 무엇이고, 지리를 가르친다는 것이 무엇인지를 묻는 것은 단지 오래된 명제를 다시 다루겠다는 것이 아니다. 서로가 당연시하고 있었던 지리교육에 대한 정의를 논의의 장에 꺼내놓고 소통하자는 것이다. 그런 과정을 통해 지리교육에 대한 합의를 도출하고, 서로간의 원활한 소통을 통해 지금보다 유의미한 지리교육의 과정을 전개하자는 것이다. 장소적 존재로서 인간을 다루는 지리교육을 해야 한다고 했을 때, 지금보다 더 나은 지리교육의 질을 제공하기 위한 공감대를 확장하자는 것이다.

이같은 문제의식에서 장소에 대한 논의 역시도 인간의 삶과의 관련성 속에서 전개하고자 한다. 장소를 한마디로 정의하기는 어렵다. 그럼에도 장소가 갖고 있는 계보학적인 논의를 정리하면 세가지 흐름으로 정리할 수 있다(심승희 역, 2012). 첫째는 장소를 고유한 특성을 지닌 지역으로 바라보는 관점이다. 지역지리학적인 관점이다. 둘째는 장소를 인간 존재의 근원으로 보는 관점이다. 장소적 존재로서 인간의 실존을 가능하게 하는 근원적 토대로 보는 관점이다. 셋째는 사회구성론적 관점이다. 다양한 사회적 관계속에서 장소가 의미를 형성해간다고 보는 관점이다.

이 글에서는 장소에 대한 두 번째 관점을 취하고자 한다. 장소적 존재로서 인간을 바라보는 시선을 토대로 지리교육이 무엇인지, 지리를 가르친다는 것이 무엇인지, 나아가 장소와 지리교육은 어떤 관계를 맺고 있는지에 대해 살펴보고자 한다. 이같은 목적을 달성하기 위한 내용은 다음과 같다. 첫 번째 절에서는 지리교육은 궁극적으로 인간의 공간(장소)과(와)의 관계를 가르치는 인간학이자 철학이라는 관점에 대해 살펴보려 한다. 인간학이자 철학으로 지리교육을 정의하고 그것에 기초해서 지리교육의 학문적 정체성에 대해 숙고하고자 한다. 이같은 작업은 지리학이 존재론적인 학문적 성격을 갖고 있음을 천명하는 과정이기도 하다. 두 번째로는 장소적 존재로서 인간 존재에 대해 살펴보려 한다. 이것은 지리교육을 통해 길러질 수 있는 지리교육 받은 사람이 갖고 있는 장소적 존재로서의 특성을 설명하기 위한 것이다. 세 번째는 존재기반으로서의 장소를, 지리교육에서 가르친다는 것이 어떤 의미를 갖는 것인지에 대해 설명하려 한다. 장소가 갖고 있는 의미체계를 포함해 지리를 가르친다는 것이 갖고 있는 인문학적인 의미를 설명하기 위한 것이다. 마지막으로 장소와 존재 그리고 지리교육에 대해 살펴보려 한다. 장소가 갖고 있는 인간 이해의 측면과 이를 지리교육에서 어떻게 수용하고 교육의 과정에 어떻게 담아내야 하는지에 대한 생각을 제시하고자 한다.

2. 지리교육은 인간학이다

교과교육학은 인간학(humanities)이다. 인간을 다루고 인간에 대해 고민한다. 어떤 인간을 길러야 하는지를 천착한다. 어떻게 인간을 길러내야 하는지도 관심의 대상이다. 인간을 대상으로 그들의 삶에 간섭하기에 교과교육학은 인간에 대한 철학적 성찰을 필요로 한다. 이성적이고 논리적인 성찰의 필요성만을 의미하는 것은 아니다. 철학적 성찰은 칸트가 제기하는 '철학하기(philosophiren)'처럼 내가 지금 하고 있는 일에 대한 끊임없는 반성과 성찰을 의미한다. '지금 여기'의 나와 우리의 기원에 대한 성찰이 전제될 때 철학하기는 그 깊이를 더한다(박승규, 2009).

교과교육학에서 인간학적 성찰을 위해 그 기원의 문제를 살펴보는 것은 의미 있는 작업이다. 칸트의 명제에 기대 보자. 칸트는 서양 철학사를 정리하면서 네 가지 물음을 던진다. 첫째, 나는 무엇을 알 수 있는가? 둘째, 나는 무엇을 해야만 하는가? 셋째, 나는 무엇을 희망해도 되는가? 그리고 넷째, 인간이란 무엇인가? 이 네 가지 물음 가운데 가장 본질적인 물음은 부버의 지적처럼 마지막 것이다. 칸트에게 서양 철학의 문제는 곧 철학적 인간학의 문제다(윤석빈 역, 2007). 나는 서양 철학의 문제를 철학적 인간학의 문제로 환원시키는 칸트에게서 교과교육학의 기원의 문제를 유추하고 싶다. 칸트의 명제에 근거한다면, 교과교육학의 기원은 인간학에 대한 문제로 귀결된다(박승규, 2009a).

교과교육학을 통해 길러내고자 하는 인간상이 부재한다고 할 때 교육이 제대로 이루어질 수 있을 것이라 상상하기 어렵다. 지리교육은 이상적인 '지리교육 받은 사람(educated man in geography edcucation)'으로서 어떤 인간을 상정하지 않는다. 피터스가 이야기하는 '교육받은 사람'은 지식조건과 가치조건을 충족해야 한다. 교육받은 사람에게 지식조건은 지식과 이해에 있어 깊이와 폭을 확보해야 하며 단순히 요령이나 기술을 터득하는 차원을 넘어선다. 자신이 알고 있는 세계의 이면에 담겨있는 원리를 알아야 한다. 가치조건은 지식과 이해의 폭과 깊이를 추구하는 것 그 자체를 기쁨으로 받아들이는 것을 의미한다. 이 가치조건에 의하면 교육이란 가치로운 내용을 전수하면서 그 내재적 가치를 깨닫도록 하는 것이다(R. S. Peters, 1972).

피터스가 언급하는 교육받은 사람이 일반적인 교육 받은 사람에 대한 언급이라고 한다면, 지리교육 받은 사람은 지리교육의 과정을 통해 길러져야 하는 인간상을 의미한다. 지리적 인식을 갖고 있는 사람, 지리적 안목을 갖고 있는 인간상을 양성하는 것이 목적이지만, 정작 지리를 통해 어떤 인간상을 길러내야 하는지에 대한 고민은 적다. 지금 이 시대에 지리교육에서 어떻게 인간이 사유되고 있는지가 보이지 않는다. 인간학으로서 지리교육을 염두에 둔다면, 지리교육 받은 사람에 대한 논의는 다른 어떤 지리교육적 논의보다 우선되어야 한다.

우리가 포괄적으로 교육받은 사람을 의미하는 전인이나 홍익인간, 아니면 사회과에서 말하는 민주시민의 이념과 같은 인간상에 대한 논의는 지리교육을 가능하게 하는 전제이자, 그 기원이다. 칸트가 철학사를 정리하면서 인간학의 문제로 귀결했듯이, 지리교육의 기원을 다루는 인간학적 성찰은 '지리교육 받은 사람'의 문제로 환원된다. 지리가 인간과 공간(장소)과(와)의 관계에 대해 고민하고, 지리교육이 인간과 공간(장소)과(와)의 관계를 가르친다고 했을 때, 지리교육 받은 사람은 자신이 살아가는 공간을 통해 자신의 삶을 성찰하고, 우리 사회와 시대를 성찰할 수 있는 역량을 갖고 있는 사람이다.

교육적 인간학은 교육을 인간학적인 관점에서 정립한다. 그 기원은 철학적 인간학에서 찾을 수 있다. 인간 존재와 교육과의 관련성을 따지면서 교육적 존재로서의 인간에 대한 이해와 교육의 기초를 세우고자 하는 목표를 갖고 있다(정혜영, 2003). 이러한 교육적 인간학의 관점은 지리교육 받은 사람에 대한 논의에 시사하는 바가 크다. 장소(공간)적 존재로서 지리교육 받은 사람에 대한 인식의 폭을 넓혀 준다. 나아가, 지리교육 받은 사람에 대한 철학적 성찰을 가능하게 해 준다. 또한, 지리교육 받은 사람의 존재론적 측면에 대해 숙고하게 한다.

교육적 인간학은 철학에서의 인간학에 대한 논의만큼이나 다양한 양상을 띤다. 교육인간학은 서로 다른 두 가지의 전통을 함께 갖고 있다. 하나가 '인간학적 교육학'의 모습이고, 다른 하나는 '교육학적 인간학'의 모습이다(우정길, 2007a). 전자가 인간이란 무엇인가? 를 묻는 칸트의 물음을 교육적 맥락에서 제시하는 존재론적인 차원의 물음이라고 한다면, 후자는 인간은 무엇이어야 하는가? 라는 교육의 당위론적인 차원의 문제이다. 교육인간학의 기원 문제는 이 두 가지 문제를 어떤 관점에서 바라보는가에 따라 다른 양상을 띤다.[1]

교육의 존재론적인 차원은 교육의 대상이자 목적인 인간에 대해 천착하는 것이다. 인간은 어떤 존재이고, 어떤 특성을 갖고 있는지를 묻는다. 반면에 교육의 당위론적인 차원에서는 인간은 무엇이어야 하는가? 라고 묻는다. 이 당위론적 질문은 다양한 관점에서 정의될 수 있어 필연적으로 가치판단의 문제가 개입한다. 그 결과 이 질문은 각각의 교과교육학에서 지향하는 교육을 통해 어떤 인간이 되어야 하는가의 문제로 이해할 수 있는 것이다(최종인, 2005).

지리교육 받은 사람을 존재론적 측면에서 살펴보는 것은 지리교육 받은 사람이 무엇인지를 그 기원에서 생각해 보는 것이다. 반면에, 당위론적 측면에서 살펴보는 것은 아마도 피터스가 말하는 지식 조건을 충족시키는 교육받은 사람을 염두에 두고 있다는 생각을 한다. 또한, 교과교육학적인 입장에서 각 교과별로 교육받은 사람에 대해 논의하는 것은 각 교과가 지향하

---

1. 정혜영은 교육인간학의 두 유형으로 교육인간학의 학문적 전통에 대한 유형분류를 통해 통합적 교육인간학과 철학적 교육인간학으로 구분하기도 한다. 통합적 교육인간학은 인간과 관계되는 개별과학들을 교육적인 관심 아래 통합하고자 하는 시도이며, 철학적 인간학은 인간을 바라보는 현상학적, 인격중심적, 현존재 분석적 등을 포괄한다. 하지만 이같은 구분이 교육인간학을 전제한 상태에서 논의되고 있는 연구유형을 분류한 결과로는 다분히 형식적 논리가 전제되어 있다는 생각이 든다(정혜영, 2003).

는 '작은 학자'를 양성하는 것에 대해 다시금 생각해 보자는 것이다. 지리교육 역시도 지금까지는 '작은 지리학자'를 육성하는 것이 지리교육 받은 사람이라는 무의식적 합의가 있었다고 생각한다. 하지만, 당위론적인 측면에서 추론할 수 있는 지리교육 받은 사람으로서의 '작은 지리학자'는 지리적 지식의 세계 너머에 존재하는 원리나 토대에 대한 원리를 파악하는 데 부족함이 있다. 또한, 지리교육 받은 사람으로 '작은 지리학자'를 전제하는 순간에 '어떻게 작은 지리학자를 길러내야 하는지'에 대한 기술적이고 방법론적인 고민이 많았다. 그리고 이런 무의식적인 고민이 교수법 중심의 지리교육의 위상을 만들었고 지금도 지리교육논의는 이 차원에서 크게 벗어나지 않았다고 판단된다. 지리교육의 위상이 하나의 측면에 집중할 수밖에 없었던 것은 우리 모두가 당연시 하면서 지리교육에서 다루어지는 인간에 대한 사유가 부족했기 때문이다.

그렇기에 존재론적인 차원에서 지리교육 받은 사람에 대한 논의를 통해 지리교육에서 어떻게 인간에 대해 사유하고 있는지를 보여 주는 것은 매우 중요하다. '호모 에두칸두스(Homo Educandus)'로서 지리교육 받은 사람에 대한 논의는 작은 지리학자를 전제 하지 않는다. 오히려 기존의 지리교육 받은 사람으로서 무의식적으로 전제되어 온 작은 지리학자에 대한 해체를 시도한다. 존재론적인 고민을 통해 지리교육 받은 사람은 누구인지에 대해 문제를 제기한다. 나아가, 새로운 인간상 정립을 지향한다. 이를 위해 장소적 존재로서 지리교육 받은 사람이 누구인지에 대한 존재론적 차원의 논의를 조금 더 살펴볼 필요가 있을 것이다.

3. 장소적 존재로서의 지리교육 받은 사람

그동안 지리교육에서 전제하고 있었던 지리교육 받은 사람은 인간 존재에 대한 서양 철학사적 규정에서 크게 벗어나지 않는다. 인간은 이성적으로 사고하는 독립적인 개체라는 것이다. 하지만, 인간 존재에 대한 기본적인 가정이 달라진다면, 지리교육 받은 사람에 대한 논의도 전혀 다른 차원에서 전개될 수 있다. 이 장에서는 지리교육 받은 사람이라는 존재에 대해 존재론적인 차원에서 논의를 진행해 보고자 한다.[2]

---

2. 3장의 1)과 2)는 박승규(2009a)를 수정·보완한 것임.

1) 이성적 존재에서 사이존재로: '주체—객체' 관계를 넘어 '나와 너'의 공존을 지향하는 존재로

칸트는 서양 철학사를 네 가지 명제로 정리하면서 마지막 물음으로 '인간이란 무엇인가?'에 대해 묻는다. 서양 철학사에서 인간에 대한 물음은 수많이 제기되었고, 인간을 바라보는 관점은 다양하다. 하지만, 일관되게 지속되는 것은 인간을 이성적인 존재로 규정한다는 점이다. 인간은 이성적으로 사고할 수 있는 독립적이고 자율적인 주체로 인식한다. 다른 사람과 더불어 살아가는 문제에 관심 갖기보다는 이성적인 사고의 과정을 통해서 자아를 찾아가는 존재로 인식한다. 다른 사람과의 관계에 관심 갖기보다는 자신이 누구이고, 자신의 정체성을 찾아가는 데 주력한다. 내가 누구인지를 아는 것이 세상에 대한 이치를 깨닫는 출발점으로 생각한다.

인간에 대한 철학적 성찰 역시 이성에 근거해서 합리적이고 객관적인 절차나 과정을 통해 이루어진다. 욕망이나 욕구를 반영하는 것은 참된 인간의 모습을 그리기 어렵다. 인간은 철저하게 이성적으로 사고하고 행동하는 존재이어야 한다. 그러나 이성적 존재로서 인간을 이해하는 것이 인간이 갖고 있는 다양한 측면을 모두 설명할 수 있을까? 부버(M. Buber)는 이같은 생각에 반기를 든다. 그는 이성, 의지 등 어느 한쪽의 범주적 특성만을 강조하여 드러난 인간의 모습은 추상화되고 박제된 형태의 인간이지 결코 진실한 인간의 모습이 아니라고 본다(윤석빈 역, 2007). 또한, 부버는 인간 존재에 대한 관점이 개인주의나 집단주의에 치우치는 경향이 있었음을 지적한다. 그러면서 개인주의도 집단주의도 아닌 제3의 길을 모색한다. '인간이 인간과 함께 있다'는 것이다(윤석빈, 2005).

부버는 인간의 본질을 '사이존재'로 본다. '사이존재'란 관계를 맺고 있는 인간의 신체와 다른 인간의 신체 사이에 존재하는 인간을 말한다. 이때 사이는 인간의 신체를 전제로 한다. 인간의 신체와 신체 사이의 빈 장소는 언어적으로 규정되는 장소가 아니라, 몸을 통해 만남이 이루어지는 장소이다. 그렇기에 언어적으로 규정될 수 있는 장소가 아니라, 실존적인 만남의 과정에서 성립하는 그런 장소이다(윤석빈, 2003). 따라서, 사이존재는 인간과 인간 사이의 만남을 전제로 한다. 나만의 삶의 과정에 천착하는 것이 아니라, 다른 사람과의 만남에 관심을 갖는다. 다른 사람과의 만남이 전제되지 않은 상태에서 인간은 자신의 실존을 찾는 것이 쉽지 않다고 본다. 그렇기에 사이존재는 이미 다른 사람의 존재를 가정한다. 내 몸이 위치하고 있는 장소에 함께 거주하는 다른 사람과 관계 맺으며 살아간다.[3]

부버는 사이존재의 관계를 다른 말로 세계에 대한 나의 태도라고 표현한다. 내가 세계를 어떻게 대하는가에 따라 내가 세계와 관계 맺는 성격이 결정된다. 문제는 태도가 세계를 어떤 하나의 체계로 규정한다는 것이 아니다. 각자의 태도에 따라 세계가 제각기 다른 의미로 다가온다는 것이다. 세계에 대한 태도는 나 자신에 대한 태도와 같기에 내가 세계를 대하는 방식은 곧 나 자신을 대하는 방식과 같다. 그래서 부버는 '나-너'인 나와 '나-그것'인 나로 인간을 구분하고, 너인 나는 세계를 '만나고', 그것인 나는 세계를 '경험'한다고 주장한다(윤석빈 역, 2007). '나-너'의 관계에서 세계를 만난다는 것은 나의 몸을 통해 세상을 바라본다는 것이고, '나-그것'의 관계에서 그것인 내가 세계를 경험한다는 것은 특정한 경험 대상을 통해 나와 관계를 갖는다는 것을 말한다.

부버의 이같은 존재론적 사고의 핵심은 '대화'이다. 나와 너를 사이존재로 만드는 것은 대화라는 것이다. 다만, 부버는 말하고 있는 나와 듣고 있는 너를 상정하지 않는다. 사이존재는 말하는 사람의 능동성과 듣고 있는 사람의 수동성을 말하는 것이 아니다. 말하는 나와 말하는 너를 상정한다. 나의 신체와 너의 신체가 어느 장소에서 함께 공존하는 것을 전제한다. 능동과 수동의 조합이 아니라, 능동과 능동의 조합을 지향한다.

그렇기에 부버는 이 같은 생각을 기반으로 주체-객체로 이루어진 서양의 인간관을 극복하고자 한다. 이 같은 생각을 통해 지금 내가 발을 딛고 서 있는 이 장소를 기반으로 다른 사람과 함께 공존하는 것, 그것이 부버 존재론의 핵심이다(우정길, 2007b). 지금 이 장소에서 자신의 몸을 기반으로 함께 공존하고 있다는 것, 그 자체가 우리의 관계나 만남을 가능하게 해 주는 것이며, 대화를 통해 인간을 사이존재로서 인식하게 한다는 것이다. 내가 거주하는 장소를 함께 공유하면서 대화를 통해 서로가 관계를 맺으며 살아가는 것, 그것이 사이존재로서 인간이 갖고 있는 특징인 것이다.

2) 홀로주체성에서 서로 주체성으로: 나만의 세계에서 벗어나 더불어 사는 세계로

주체-객체 인간론과 사이존재론 간에는 주체와 주체성에 대한 이해도 다르다. 주체-객체의 인간관에서 제기하는 주체는 홀로주체성으로 명명할 수 있다. 이것은 나를 둘러싸고 있는

---

3. 부버의 사이존재와 후설의 상호주관성이 어떻게 다른가에 대한 논란이 있기도 하다. 서로 다른 두 주체의 생각을 함께 공유할 수 있다는 점에서 사이존재와 후설의 상호주관성은 유사한 점이 발견되기 때문이다. 하지만, 두 개념을 구분한다면, 부버의 사이존재는 인간의 신체와 신체를 전제로 하고 있다는 점에서 지금 여기에서의 실존적인 관계를 중시한다면, 후설의 상호주관성은 신체가 배제된 현상의 문제이고, 의식의 문제인 것이다(윤석빈, 2003).

주위 사람을 배제하는 나만의 주체성을 의미한다. 이성적으로 사고하면서 다른 사람과 다른 나를 만들어주는 나만의 주체성을 말한다. 반면에, 사이존재는 만남의 과정을 통해 서로주체성을 갖는다. 나와 너의 관계에서 너를 배제하는 배타적인 주체성이 아니라, 나와 너의 관계에서 '우리'가 됨으로써 참된 의미에서 내가 될 수 있다는 것이다. 다른 사람을 배제하고 독립적으로 살아가는 존재가 아니라, 더불어 살아가는 존재이기에 나와 너의 만남을 통해 우리가 함께 공유할 수 있는 서로주체성을 형성한다. 그러기에 서로주체성은 오로지 타자와의 만남을 통해서만 생성되는 주체성이다(김상봉, 2008).

주체-객체의 인간관에서 자기 주체성은 나는 나라는 동일성의 의식에 근거한다. 하지만, 내가 나로서 드러날 수 있는 것은 다른 사람과의 만남을 통해 가능하다. 이때 사이존재로서 인간이 서로 만난다는 것은 다름을 전제한다. 다르기 때문에 만날 수 있고, 서로 마주한다. 그리고 이때 대화를 통해 서로를 위로하고, 배려한다. 이 과정에서 나는 다른 사람을 만나고, 그 과정에서 자기의식을 드러낸다. 나를 찾아가는 것은 내가 아닌 다른 사람을 통해 가능해진다는 것이다. 그런 점에서 서로주체성은 내가 아닌 다른 사람을 만나는 과정에서 생성된다(김상봉, 2008).

바로 이 지점이 홀로주체성과 서로주체성의 차이점이다. 홀로주체성은 자기 안으로 들어감으로써 형성되는 자기의식이라고 한다면, 서로주체성은 자기 밖으로 나가 다른 사람과 함께 함으로써 형성된다. 주체-객체의 인간관에서 존재는 끊임없이 자신의 내면으로 침잠한다. 내가 누구인지를 끊임없이 자기 스스로에게 묻는다. 다른 사람과 구별되는 나를 찾아가는 과정은 고독하고 외롭다. 나를 찾아가는 작업은 나만이 할 수 있다고 생각한다.

반면에 서로주체성은 내가 누구이고, 우리가 누구인지를 알기 위해 끊임없이 나를, 우리를 드러내라 요구한다. 나와 다른 사람과의 만남을 통해 나는 내가 누구인지를 생각하게 되고, 우리가 누구인지를 묻게 된다. 인간 존재(existence)가 기본적으로 외부지향성(ex~)을 갖고 있기에 다른 사람과의 만남은 기본적인 속성인지 모른다. 인간 자신의 내면에서 나를 찾아가는 것이 아니라, 다른 사람들 속으로 들어가 나를 드러내는 대화의 과정을 통해 내가 누구인지를 알아간다. 서로주체성은 나만의 세계에서 벗어나는 것이다. 다른 사람을 받아들이고, 다른 사람과의 대화를 통해 나를 찾아가는 것이다. 그러기에 서로주체성을 더불어 살아가는 인간에게 가능한 주체성인 것이다.

3) 장소적 존재로서 인간, 인간 존재 전제로서의 장소

인간이 존재한다는 것은, 실존한다는 것은 어딘가에 존재한다는 것이고, 어딘가에 존재한다는 것은 어떤 종류의 장소 안에 있다는 것을 의미한다. 장소는 우리가 숨 쉬는 공기이고, 우리가 서있는 대지이고, 우리가 가진 신체와 마찬가지로 우리가 존재하는 데 꼭 필요한 것이다(박성관 역, 2016). 이 말은 사이존재로서의 인간도, 서로주체성을 갖고 있는 인간도 어딘가에 존재한다는 것이며, '어딘가'를 이해하는 것이 인간 존재를 이해하는 필수적 요소라는 것이다. 그러면서 사이존재로서의 인간도 서로주체성을 갖고 있는 인간도 결국은 '어디에' 존재해야 하기에 장소—존재의 세계에서 살아가고 있음을 인식하는 것이 중요하다.

아르키타스의 원리는 이같은 생각의 기원을 제공한다. 그는 '존재한다는 것은 어떤 장소 안에 있다'고 말한다. 다르게 표현하면 세계의 사물이 이미 존재하고 있다면, 물체는 장소를 소유하고 있다는 것이다. 그런 면에서 우리가 살아가는 세계는 '장소—세계'라고 말한다. 장소가 사물이나 현상이 유지하도록 돕는 역할을 담당한다는 것이다. 적어도 세계가 창조되는 과정에서 물체가 분리되는 것이 창조를 위한 하나의 조건이라면, 장소가 만들어지는 과정은 사물이나 물체가 존재하기 위한 필수적인 요소라는 것이다. 이같은 장소우주론은 장소와 우주를 결합하여 질서정연한 세계에서 장소가 중요한 역할을 수행하고 있음을 설명한다(박성관 역, 2016).

아리스토텔레스는 아리키타스의 원리를 변형하여 다음과 같이 말한다. '존재하지 않는 것은 어디에도 없으므로 존재한다는 것은 어딘가에 존재한다고 누구나 상정하고 있다. 예를 들면, 반은 염소이고 반은 사슴이나 스핑크스 같은 것들이 과연 어디에 존재하고 있는가' 라고. 반은 염소이고 반은 사슴인 물체는 세상에 존재하지 않기 때문에 어딘가에 있다는 것을 말하지 못한다는 것이다(박성관 역, 2016). 그런 점에서 본다면, 베르크(A. Berque)가 말하는 지리학에 존재론이 없었고, 존재론에 지리학이 없었다는 것은 단견에 불과하다. 아르키타스나 아리스토텔레스의 이러한 정의를 염두에 둔다면, 지리학은 처음부터 존재론적인 학문이었고, 인간 존재에 대해 관심 갖는 학문이었던 셈이다. 지리가 인간과 공간(장소)과(와)의 관계에 대해 질문하고, 인간과 공간(장소)과(와)의 관계에 대해 논의하는 학문인 이상 지리학은 존재론적인 성격을 가질 수밖에 없음을 확인할 수 있는 것이다.

지리교육 받은 사람은 이러한 존재론적인 토대에서 논의를 시작한다. 자신에 대한 생각을 자신의 내부에 기대는 것이 아니라, 사이존재임을 인식해야 한다. 홀로 존재하는 사람이 아니라, 서로주체성을 갖고 있는 인간임을 알아야 한다. 나아가 자신이 거주하는 장소가 자신의 존재를 대변하고 있음을 설명해야 한다. 인간이 갖고 있는 이러한 존재론적 특성은 장소적 존재로서 지리교육 받은 사람이 결코 작은 지리학자로 규정될 수 없음을 시사한다. 지리교육 받은 사람이 지리학의 연구 성과만을 학습하는 대상이 아니라는 것을 알게 한다. 장소적 존재로서 인간에 대한 이해를 전제한다면, 지리교육 받은 사람을 단지 작은 지리학자로 규정하는 것이 너무 협소할 수 있기 때문이다.

장소적 존재로서의 지리교육 받은 사람은 어떤 면에서 '다중(multitude)'의 모습을 떠올리게 한다. 우리가 거주하고 있는 장소의 불평등과 부조리한 문제를 해결하고, 보다 쾌적하고 유쾌한 장소를 만들기 위해 노력하는 다중의 모습이 장소적 존재로서의 인간의 모습을 나타내고 있기 때문이다. 장소적 존재로서 우리가 거주하는 장소에 공존하고 있는 다양한 차이와 다름을 존중하고, 다양한 삶의 방식을 인정하는 다중의 모습은 지리교육 받은 사람이 갖추어야 지식 조건을 확인하게 한다. 또한, 그들이 살아가는 장소가 갖고 있는 문제를 해결하기 위해 노력하는 것 자체를 중요한 삶의 가치로 생각하고, 그런 가치를 추구하기 위해 노력하는 모습을 통해 지리교육 받은 사람이 지녀야 할 가치조건을 충족하고 있는 모습을 발견할 수 있기 때문이다(박승규·홍미화, 2012).

4. 존재기반으로서의 장소와 지리를 가르친다는 것의 의미

지리교육을 인간학으로 정의했다. 인간학으로서 지리교육 받은 사람은 누구이어야 하는지에 대해서도 살펴보았다. 장소적 존재로서의 인간을 지리교육 받은 사람의 존재론적 특성이라고 했을 때, 지리교육이 무엇이고, 지리교육을 통해 길러져야 할 인간상이 무엇이어야 하는지도 결국은 존재기반으로서의 장소를 가르치는 과정을 통해, 나아가 장소를 포함해 지리를 가리치는 과정을 통해 형성될 수 있을 것이다. 그런 점에서 장소나 지리를 가르친다는 것이 무엇을 의미하는지를 살펴보는 것, 또한 지리교육을 지금과는 다르게 인식하기 위해 필요한 논의 과정이다.

우리가 그동안 지리를 가르친다는 것은 지리학의 연구 성과를 가르친다는 당위론적 통념을 전제하고 있었다. 그렇기에 지리를 가르친다는 명제에 대해 질문해야 한다. 당위론적으로 생각해왔던 지리교육의 프레임에서 벗어나 새로운 지리교육의 위상을 만들어야 하기 때문이다.

존재기반으로서 장소를 포함해 지리를 가르친다는 것은 단지 지리학의 연구 성과만을 의미하는 것이 아니다. 지리학의 연구 성과 너머에 존재하는 지리학의 본질을 염두에 두어야 하는 것임 알아야 한다.

허쉬(Hersh, 1979)는 수학을 가르친다고 했을 때, '수학을 가르치는 최선의 방법은 무엇인가?'를 묻는 것은 잘못이라 비판한다. 오히려 수학을 가르친다는 것은 '수학은 진정으로 무엇인가?'를 묻는 것이라 말한다. 수학을 가르친다는 것이 수학의 본질에 맞서지 않고는 해결될 수 없는 문제라는 것이다(Earnet, 2004). 허쉬는 수학을 가르친다는 것이 방법론적이고 교수법적인 차원을 넘어 수학교육의 본질에 맞닿아 있음을 말하려 한다.

그렇기에 허쉬의 관점에서 본다면, 지리를 가르친다는 것은 지리를 어떤 방법으로 가르치는 것이 최선인지를 말하는 것이 아니다. 지리학이 본래적으로 어떤 학문이고, 어떤 특성을 갖고 있는지 숙고해야 한다는 것이다. 그런 과정을 통해 지리학이 본래적으로 갖고 있는 의미체계를 가르치는 것, 그것이 지리를 가르친다는 것의 의미일 수 있다는 것이다. 그렇기에 지리를 가르친다는 것은 지리학의 본질을 어떻게 바라보는가에 따라 다양하게 나타날 수 있다. 교육학에서 말하는 다양한 교수법이 아니라, 지리를 바라보는 인식의 다양성이 지리를 가르치는 것의 다양성을 보여줄 수 있다는 것이다. 그리고 이같은 생각의 기저에는 내용과 방법이 분리되지 않았다는 생각이 전제되어 있다고 생각한다.

지금껏 우리는 지리를 가르친다고 했을 때, 어떻게 가르칠 것인가에 대한 방법론적인 차원에 천착했었다. 다양한 교수모형을 제시하고, 그것을 통해 지리를 잘 가르칠 수 있는 것이 어떤 것인지에 대해 고민했었다. 그런 방법론 너머에 어떤 인식이, 어떤 지리철학이 있는지에 대해 묻지 않았다. 우리의 이러한 통념적 인식은 허쉬의 관점에서라면 지리를 가르친다는 것에 미치지 못한다. 지리를 가르친다는 것이 지리를 전공하는 사람들에게는 당위였기 때문에 너무나 분명한 이 명제를 생각해 볼 필요를 느끼지 못했기 때문이다(박승규, 2016).

들뢰즈(G. Deleuze)는 기존의 서양철학이 전제하고 있는 생각의 바깥에서 사유하기를 희망한다. 데카르트는 생각하는 존재로서의 인간이 의심할 수 없는 확실한 존재임을 말하고 있지만, 들뢰즈는 생각하는 존재라는 것이 최초의 개념이 아니라, 단지 전제일 뿐이라고 말한다. 그렇기에 우리는 우리가 전제하고 있는 사고 이전의 단계에서, 내지는 우리가 전제하고 있는 사고의 틀 바깥에서 생각할 수 있는 사유의 환경에 대해 관심 가져야 한다고 말한다. 우리가 지금껏 당연하다고 생각하는 것 너머에 존재하는 것이 무엇인지에 대해 고민하는 것이 필요하며, 그것을 들뢰즈는 '사유의 이미지' 또는 '내재성의 원리'라 명명한다(신지영, 2009). 지리를 가르친다고 했을 때 우리는 어떤 사유의 환경에 대해 관심 가져야 할까. 지리를 잘 가르치기 위해 지리학의 본질에 맞서야 한다고 했을 때, 우리가 고민해야 하는 사유의 이미지는 무엇일지에 대해 숙고해야 한다(박승규, 2016).

우리는 일상에서 '학교에서 그것밖에 못 배웠냐?', '학교에서는 그런 것도 안 가르치니?', '많이 배운 사람이 그렇게 밖에 행동을 못해?' 라는 식의 말들을 듣는다. 이런 말이 회자되지만 정작 학교교육에서 이같은 일상적 물음에 답하지 못한다. 일상적 삶에서 요구되는 더불어 살아가는 삶의 방식에 대해 가르치지 않기 때문이다. 학교에서는 지식을 육성하는 데 집중한다. 학자들의 연구 성과를 가르쳐주면 학습자들은 자연스럽게 인간다운 모습으로 성장할거라 전제한다. 하지만, 현실은 그렇지 않다. 현실 속 교육의 과정은 인간다운 삶을 살기위한 전제 조건이 아니라, 성공과 욕망을 실현하기 위한 도구로 전락했기 때문이다.

지리학의 학문적 성과를 가르친다는 통념적 접근은 위에서 말하는 일상적 물음에 답할 수 없다. 학교 교실에서 가르쳐지고 있는 지리교육이 그렇지 않기 때문이다. 지리학의 연구 성과를 통해서는 그와같은 일상적 요구에 부응할 수 없다. 학교에서의 앎과 일상적인 삶의 과정이 분리되고 있는 현실을 보여 준다. 삶과 앎이 분리되지 않기 위해 지리를 가르친다는 것에 대한 허쉬의 관점에 귀 기울일 필요가 있다. 지리를 가르친다는 것은 지리학의 본질에 다가가는 것이고, 지리학이 진정으로 무엇인지를 묻는 과정이라는 그의 주장은 오늘날 우리가 직면한 삶과 앎이 분리되는 지리교육의 모습을 조금이나마 극복할 수 있을 것이다. 내가 거주하는 장소와 나를 연결하고, 그것을 통해 나를 확인받을 수 있음을 인식시킬 수 있다면, 삶과 앎이 분리되는 문제를 어느 정도 해결할 수 있는 여지를 제공하기 때문이다.

그런 점에서 지리학은 인간의 삶에 조금 더 천착하고 그런 과정을 통해 인간에 대한 이해의 폭과 깊이를 더하고 넓혀야 한다. 존재론적인 논의가 갖고 있는 관념론적인 특성을 넘어 장소를 기반으로 하는 인간에 대한 이해를 가르칠 필요가 있다. 내가 거주하고 있는 장소가 나를 대변하고, 우리를 드러내고 있다는 사실은 학습자들에게는 중요한 문제이다. 내가 거주하는 장소의 불쾌함과 부조리는 곧 내 삶의 불쾌와 부조리를 나타내는 것이기 때문이다. 이같은 지리학의 본래적 모습은 자신이 거주하는 장소의 부조리하고 취약한 부분을 해결할 수 있는 지리교육 받은 사람의 육성을 가능하게 한다.

지리학의 본질은 많은 사람들에 의해 의미가 발견되지 않은 장소를 찾아내고, 그 장소를 통해 인간과 공간(장소)과(와)의 관계를 설명하고, 우리 사회에 대해 이해시키는 것이다. 이를 위해 그동안 기득권이 부여된 장소에 대한 학습을 넘어서야 한다. 지금 시대에 새롭게 등장하는 장소에 대한 논의는 물론이고, 당연시되었던 일상공간에 대한 관심도 높아져야 한다. 새로운 장소에 대한 관심은 새로운 장소의 생산 주체에 대한 인정을 의미한다. 지리학자가 중요하지 않는 장소라고 치부하는 순간에 그 장소에 대한 의미 발견은 미지의 과제로 남는다. 지리학에서 의미를 부여하지 않는 장소는 우리 삶에서 가치를 드러내지 못한다. 지리학에서 다루는 보편적 장소 범주에서 벗어나, 우리 삶을 구성하고 있지만, 의미가 발견되지 않는 '보이지 않는 장소(invisible place)'에도 관심을 가져야 한다(박승규, 2011).

 "예술은 보이지 않는 것을 보이게 한다."는 파울 클레(Paul Klee)의 말은 보이는 것을 떠받치고 있는 보이지 않는 것의 의미세계를 열어준다. 클레의 이 말은 예술이 사회적으로 어떤 역할을 해야 하는지 예술의 본질에 대해 말한다(한정선, 2007). 클레는 화가의 역할이 눈에 보이는 세계의 껍질을 있는 그대로 그림으로 옮겨놓는 것이 아니라, 세계의 내면에서 비밀스럽게 통찰한 것을 그림으로 옮겨놓는 것이라 말한다. 클레에게 그림 그리는 일은 화가가 자신의 경험 세계에서 일어나는 삶의 현실을 예술적으로 형상화해 보여 주는 것이다. 그와 같은 삶의 근원적 장소는 화가와 세계가 만나는 '사이영역'이다. 클레가 말하는 사이영역은 보이는 것과 보이지 않는 것, 무의식과 의식, 인간과 자연, 주관과 객관과 같은 양극이 역동적으로 교차하는 영역이다. 화가는 삶의 현실성을 산출하는 양 극들 사이에서 균형을 잡아가는 사람이다(한정선, 2007). 어느 한쪽의 이념이나 가치에 기울지 않고, 양 극의 균형을 잡으면서 세상과 소통하는 사람이 화가인 것이다(박승규, 2011).

 영국 사람들에게 안개는 일상이다. 안개 없는 일상을 생각하기 어렵다. 하지만, 영국 사람들이 안개를 발견한 것은 터너(Turner)의 풍경화를 통해서다. 일상적인 자연현상으로서 안개는 시각적으로 인식되지만, 영국의 자연에서는 보이지 않는 대상이었다. 터너는 영국의 안개를 예술과 현실의 '사이 영역'에서 균형을 잡으면서 멋진 풍경화로 재탄생시킨다. 영국 사람들은 터너가 자연에 대한 관찰을 토대로 완성시킨 풍경화를 통해 비로소 영국의 안개를 인식하기 시작했다(마순영, 2008). 예술가의 그림이 우리에게 익숙한 현상을 새롭게 발견하게 하는 계기를 마련해 주듯이, 지리학자는 우리 일상을 구성하는 장소에 대해 새로운 의미를 부여하는 데 기여해야 한다(박승규, 2011).

 정상화된 장소와 타자화된 장소의 구분도, 홈패인 장소와 매끄러운 장소에 대한 구분도 새로운 장소를 인식하기 위한 노력이다. 나아가, 우리에게 보이지 않는 장소를 보이게 하는 작업은 인간과 공간(장소)과(와)의 관계를 새롭게 인식하기 위해 시도해야 할 중요한 작업이다. 칼비노(Calvino)의 소설 『보이지 않는 도시들』에 등장하는 많은 도시들은 현대 도시가 갖고 있는 긍정적 가치와 부정적 가치를 녹여낸다. 마르코 폴로의 입을 통해 전달되는 보이지 않는 도시의 비정상적이고 예외적인 가치들을 줄여 나가면 언젠가는 유토피아의 세상을 찾게 될 것이라는 칸의 믿음은 사라진다. 미래 도시는 현재의 도시를 벗어나서는 결코 세워질 수 없음을 알기 때문이다(박승규, 2010).

지리학의 미래는 지금보다 밝다. 다만, 지금과 같은 장소인식에서 벗어나, 보이지 않는 장소에 대한 새로운 지리인식을 보여 줄 때 가능하다. 지금과는 구별되는 타자화된 장소에 대한 관심이 전제되어야 한다. 새로운 장소의 등장과 부침은 새로운 지리인식의 필요성을 요구한다. 새로운 인간과 공간(장소)과(와)의 관계에 대한 인식의 필요성을 촉구한다. 보이지 않는 장소에 대한 의미 발견은 예술을 통해 보이지 않는 것을 세상에 보여 주는 것과 다르지 않다. 그런 노력을 통해 지리학은 인간 삶의 변화와 근원적 요소를 설명할 수 있는 학문임을 확인받는다. 보이지 않는 장소의 발견과 일상 공간에 대한 의미 부여는 우리 삶을 새롭게 성찰할 수 있는 기회를 제공한다. 나의 실존적 장소로서 생활터전에 대한 대안적 인식의 가능성을 모색할 수 있게 한다(박승규, 2011).

예술은 사람들이 예술에 대한 생각을 바꾸고, 세상의 아름다움과 추함을 인식하도록 한다. 보이지 않는 것을 보여 주기 위한 다양한 시도를 통해 예술의 본질에 충실하려 한다. 지리학도 예술과 같은 역할을 할 수 있다. 인간 삶을 구성하지만, 보이지 않았던 장소에 대한 발견은 지리학의 본질에 충실한 것이다. 지리학을 통해 새로운 장소나 공간이 세상에 등장한다. 그것을 통해 우리 사회를 구성하는 다양한 삶의 층위가 있음을 확인한다. 보이지 않는 장소를 통해 지리학은 새로운 학문으로, 인간의 삶에 대해 말하고, 존재에 대해 설명할 수 있는 학문으로 거듭난다. 공간과 장소에 담겨있는 우리의 이야기를 통해 지리는 세상과 소통한다. 그런 과정에서 인간과 공간(장소)과(와)의 관계에 대한 인식은 진화하고, 지리학은 거듭난다(박승규, 2011).

이같은 지리학에 대한 본질적인 생각은 지리를 가르친다고 했을 때 고려되어야 할 중요한 요소이다. 지리학의 본질에 대해 심도 있게 고민하고, 성찰하는 것, 그것이 지리를 가르친다는 것의 의미임을 새롭게 인식할 필요가 있다. 장소적 존재로서 인간에 대해 생각하고, 우리 삶에 대해 고민하고자 하는 지리학의 모습이 우리가 지리를 가르친다고 했을 때 가르쳐야 할 지리 내용 요소인 것이다.

나아가, 지리를 가르친다는 것은 명징한 사실이나 지식을 가르치는 것이 아니라, 그런 명확한 사실이나 결과가 도출되기 이전의 모호함이나 애매함에 대한 학습을 통해 원인에 대해 고민하고, 기원에 대해 추론하게 하는 것이다. 학교에서 가르쳐지는 지리 지식에 대한 소비에 그치는 것이 아니라, 인간 삶을 설명해 줄 수 있는 새로운 지리 지식을 생산하기 위한 노력이기도 하다. 또한, 지식 자체가 목적이기보다는 지식을 통해 얻을 수 있는 가치의 문제에 초점을 두는 지리교육의 과정을 지향하자는 것이다. 지리학자들의 지식을 전달하는 것이 아니라, 지리교육 받은 사람들이 가져야 할 덕목을 가르치고자 하는 것이다. 삶과 앎이 분리되지 않고, 지리를 통해 다른 사람과 더불어 살아갈 수 있는 삶의 방식을 학습하고자 하는 노력이기도 하다.

5. 장소와 존재 그리고 지리교육[4]

인간 존재는 장소적이다. 하지만, 지리학에는 존재론이 결여되어 있다. 지리학자에게 존재론은 낯설다. 지리적 현상을 통해 존재의 문제로 다가서는 데 익숙하지 않다. 지리학자는 철학자처럼 관념적이고 추상적이지 않다. 그럼에도 불구하고, 지리학이 존재에 대해 설명할 수 있는 이유는 인간이란 존재가 지구에 거주하면서 자신의 터 무늬를 '새기고 있으며(graphien)', 지구에 자신을 새긴 것이 다른 어떤 의미체계 속에 받아들여져 새로운 새김을 가능하게 하기 때문이다(김웅권 역, 2007).

지리학자는 구체적인 사물을 사고의 대상으로 삼는다. 칸트(kant)가 자신의 논리학 강의 만큼이나 자연지리학 강의를 열심히 했었던 것 역시 지리학이라는 학문이 갖고 있는 구체성에 기인한다. 장소는 비어있지만, 장소를 채우고 있는 사물은 인간을 대변하고, 집단을 인식하게 한다. 장소를 채우는 방식과 배치를 통해 사람간의 관계를 파악한다. 그렇기에 장소에 투영되어 있는 사물은 곧 인간 그 자체이다. 아르키타스의 원리에서 알 수 있듯이 인간은 구체적인 사물을 통해 파악될 수 있는 장소적 존재이다.

지리학자에게 장소는 매우 중요하다. 인간이 매일같이 반복적으로 소비하는 장소는 인간을 있는 그대로 드러낸다. '공각기동대'에서 주인공 쿠사나기 모토코는 자신이 누구인지 끊임없이 고민한다. 사이보그인 그는 인간이 아니기에 과거에 대한 기억이 없다. 정확하게는 과거가 담겨있는 장소에 대한 기억이 없다. 마들렌 과자 한 조각을 먹는 순간에 어린 시절의 장소로 돌아가 이야기가 전개되는 마르셀 프루스트(M. Proust)의 소설처럼 쿠사나기 모토코는 무의

---

4. 박승규(2010)를 수정·보완한 것임.

지적 기억을 통해 돌아갈 수 있는 장소가 없다. 그렇기에 그는 자신이 인간이 아님을 안다.

벤야민(Benjamin)이 말하는 '무의지적 기억'이란 섬광처럼 순간적으로 나에게 다가오는 기억 방식이다. 예기치 않았던 장소에서 예기치 않았던 순간이 기억나는 것을 말한다. 예를 들면, '무의지적 기억'은 내가 군고구마를 먹는 순간에 떠오르는 어릴 적 어느 장소에 대해 이야기 하는 것과 같은 기억이다. 일상적인 삶의 과정에서 어느 순간에 갑자기 떠오르는 과거에 대한 기억이다. 그렇기에 '무의지적 기억'은 과거의 나와 현재의 나를 이어준다. 그것을 통해 '지금 여기'의 나를 드러나게 한다. 인간은 관념적인 논의를 통해 완성되는 존재가 아니다. 매일의 작은 장소를 기반으로 하는 사물−장소 조각이 모여 완성되는 존재인 것이다.

우리는 일상에서 '터무니 없다'는 말을 한다. 상대방이 말하는 것이 어이없고, 논리적이지 않을 때 사용하는 말이다. 하지만, 이 말은 땅을 의미하는 '터'와 모양이나 형상을 의미하는 '무늬'의 합성어다. 이는 곧 장소적 존재로서 인간이 거주하는 장소에 자신을 드러내기 위해 새겨놓은 흔적을 의미한다. 그렇기에 터무니가 없는 사람은 아리스토텔레스의 말처럼 이 세상 사람이 아닌 것이다. 터무니를 찾을 수 없다는 것은 그가 거주하는 장소의 흔적을 찾을 수 없다는 것이기에 세상에 존재하지 않는다는 것이다. 터무니 없다라는 말이 다른 사람 말이 어이가 없거나 논리적이지 않을 때 사용되는 것에는 이같은 배경이 담겨 있는 것이다. 세상에 존재할 수 없는, 한번이라도 본적이 없는, 인간의 흔적에 대해 이야기한다는 것은 허무맹랑할 수밖에 없기 때문이다.

인간은 자신을 드러내기 위해 장소에 흔적을 남긴다. 집단을 기억하고 기념하기 위해서도 터무니를 새긴다. 그것을 통해 우리는 인간 존재의 실존에 다가간다. 같은 인간이라도 '어디에' 위치하고 있는가에 따라 새기는 것이 다르다. 내가 학교에 있을 때 새기는 것과 직장에 있을 때 새기는 것이 다르다. 그렇기에 내가 '어디에' 있는지를 아는 것이 실존을 이해하는 열쇠가 된다. 어디에 존재하는가에 따라 인간의 실존이 달라지기 때문이다. 실존의 문제는 '관계'의 문제이다. 하지만, 관계 자체만을 목적으로 한다면, 실존의 문제는 해결할 수 없다. '어디에서' 관계를 맺고 있는지를 알아야 한다.

오늘날 사람들은 한 장소에 정주하지 않는다. 한곳에 오래 머무르지 않기에 자신의 정체성을 표현할 수 있는 근원적 장소가 사라진다. 인간의 유동성의 증가는 동네에서마저 익명성이 나타나게 한다. 익명성의 등장은 동네와 도시의 과거를 없앤다. 미래마저 소거한다. 익명성은 마을 사람들 간에 공유하는 과거가 없음을 말한다. 그렇기에 '지금 여기'의 관계도 소홀하다. 자신을 드러내 주는 근원적인 장소의 부재는 자아를 잃어버린 수많은 현대인을 생산한다. 나를 확인받을 수 있는 근원 장소의 상실은 인간을 끊임없이 부유하게 한다. 나를 찾기 위한 여정도, 나를 만들기 위한 고민도 없다. 그저 인간은 부유하고, 떠돈다. 근원 장소의 상실과 부재는 우리의 실존을 위협한다.

나에게 익숙한 동네의 부재는 인간관계의 부재를 양산하고, 그것이 곧 사회문제로 확대된다. 동네에서 얼굴을 매일같이 보면서 폭력을 행사하거나, 거짓말을 하거나, 사람을 속이거나 하는 짓은 할 수 없다. 동네의 부재는 곧 익명성의 증가를 가져온다. 그것은 또 다른 의미에서 소통의 부재를 양산한다. 동네 사람과의 소통의 부재는 규칙이나 법의 문제로 살아가도록 만든다. 사람들의 자연스러운 관계는 차단된다. 사람들의 관계가 부자연스러워지면서 동창생을 찾고, 고향사람을 찾는다. 연고주의가 우리 사회 저변에 깔려 있는 것도 결국은 동네의 부재에서 기인하는 장소의 문제인 것이다. 오늘날 현대 사회의 부박함이 일어난 이유는 이런 근원 장소에 대한 일상적이고 구체적인 체험기회가 사라지기 때문이다(김우창·문광훈, 2005).

나를 둘러싸고 있는 모든 것을 부인하고 남아 있는 마지막 명제를 데카르트(Descartes)는 생각하고 있는 나에서 찾았다. 하지만, 데카르트의 명제는 '어디에서' 생각하고 있는지를 고려하지 않았다. 데카르트는 라일(Ryle)이 지적하듯이 마음과 육체에 관한 이원론적 시각을 제시하는 범주적 오류를 범한다. 지금 이 장소에서 생각하고 있는 나와 그때 그 장소에서 생각하고 있는 내가 다를 수 있음을 그는 인지하지 못했다. 생각하고 있는 내가 어디에 있는가에 따라 생각하는 내용은 달라진다. 내 몸이 어느 장소에 있는가에 따라 내가 지금 관계 맺고 있는 대상이 달라진다. 내가 어떤 사물에, 어떤 사람에게 의미를 부여하고 있는지가 달라진다. 하지만, 데카르트에게는 생각하는 존재만 의미를 갖는다. 그에게 장소는 고려 대상이 아니었다. 서로 다른 관계에서 형성되는 인간 실존의 문제는 염두에 두지 않았다.

'나는 장소를 차지한다. 고로 나는 존재한다'. 쉴즈(Shields, 1997)가 데카르트의 명제를 바꾸어 제시하고 있는 이 명제는 지리학의 학문적 존재이유를 대변한다. 지리학이 인간 존재의 심연으로 들어가는 통로이고, 지리학을 통해 인간의 심연을 비출 수 있음을 말해 준다. 모든 것을 부인하면서도 부인할 수 없는 것이 생각하고 있는 나일 때, 지리학은 '어디에서' 생각하고 있는지를 묻는다. 나라는 존재가 새겨 놓은 터무니는 장소에 따라 달라진다. 지리학은 인간이 땅에 새겨 놓은 것을 대상으로 한다. 인간이 새겨 놓은 흔적을 찾아 수많은 지리학자는 산책한다. 같은 흔적이라도 '어디에' 있는가에 따라 의미가 달라질 수 있음을 알리려 한다. 인간의 다양한 실존을 이해하고 설명하기 위해 노력한다. '지금 여기'에 거주하는 인간의 삶을 이해하기 위해 지리학은 오랫동안 노력해 왔다.

인간과 장소와의 관계는 불가분이다. 인간이 세상에 존재하는 한 인간의 삶은 장소 구속적이다. 인간의 모든 삶속에 장소가 있고, 모든 장소 속에 인간 삶이 있다. 장소를 통해 인간의 실존을 이해하고, 인간의 실존을 통해 장소의 속성을 이해할 수 있다. 장소−실존은 생성과 변화를 거듭하면서 변화한다. 장소를 기반으로 인간 삶에 대해 이해하려는 노력은 새롭지 않다. 장소의 계보속에 존재하는 하나의 전통이다. 장소가 갖고 있는 인간 존재를 이해하고, 인간 삶을 설명하려는 노력은 지리학의 본질에 한 걸음 더 다가가게 하는 하나의 오솔길인 것이다.

지리교육은 학습자를 이 오솔길로 안내하는 역할을 해야 한다. 지리를 가르친다는 것이 지리학의 본질이 무엇인지를 묻는 것이라 했다. 지리학의 본질이 인간과 공간(장소)과(와)의 관계를 통해 인간 존재에 대해, 인간 삶에 대해 고민하고, 탐색하는 것임을 우리는 안다. 존재기반으로서의 장소의 특성을 반영하고 있는 이같은 지리학의 본질은 지리교육의 과정에 포함되어야 한다. 지리교육의 과정을 통해 인간다운 삶을 살 수 있는 주체적 존재로 학습자들이 성장할 수 있도록 해야 한다. 장소적 존재로서 자신의 삶터와의 관계를 성찰적으로 살펴볼 수 있도록 가르쳐야 한다. 명징한 사실이나 지식을 전수하는 것이 아니라, 근원에 대해 고민하고, 인간 삶에 대해 천착하도록 도와야 한다. 삶과 앎이 유리되지 않은 지리교육을 위해 지리적 지식이나 원리에 대한 교육을 토대로 그와 같은 지식이나 사실이 갖고 있는 내면적 가치를 체화할 수 있도록 도와야 한다. 그런 과정을 통해 자신이 거주하는 장소의 부조리한 문제를 해결할 수 있는 실천적 지식인으로 성장할 수 있게 교육해야 한다.

인간이 갖고 있는 실존의 문제는 장소 연관적이다. 장소에 따라 달라지는 나에 대한 실존적 인식을 넘어 우리의 장소에 대해 성찰할 수 있도록 교육해야 한다. 우리 장소에 대한 인식을 통해 우리가 살아가는 사회가 쾌적하고 유쾌한 곳이될 수 있도록 실천하고 참여하는 인간으로 성장하도록 도와야 한다. 민주주의의 과정은 장소에 대한 사유화가 아니라, 공공의 장소를 모두가 공유하는 것이다. 공공의 장소가 사유화되는 순간 민주주의는 왜곡되고, 변질될 수 있다. 정치의 문제도, 사회의 문제도 장소를 기반으로 하는 지리와 관련되어 있음을 인식하는 것이 필요하다.

그렇기에 지리를 가르친다는 것은 지리 지식의 습득을 의미하지 않는다. 인간학적이고, 존재론적인 특성을 갖고 있는 지리학의 본질에 충실한 지리교육의 과정이어야 한다. 지리적 지식에 대한 습득은 인간 이해를 위한 출발점임을 인식해야 한다. 그것을 통해 장소적 존재로서 다른 사람과 더불어 살 수 있는 삶의 가치를 내면화하도록 교육해야 한다. 지리교육이 우리의 거주 장소를 통해 세상과 만나고 다른 사람과 연대하며 보다 살기 좋은 자신의 삶의 터전을 만들어 가는 교육의 과정임을 인식해야 한다. 지리를 통해 인간들이 갖추어야 할 덕목을 배우는 과정이 지리교육의 과정임을 알아야 한다. 지리를 가르친다는 것이 지리적 지식이 갖고 있는 가치의 내면화 과정을 지향하고 있음을 알아야 한다. 이런 지리교육의 과정은 보다 인간다운 사회를 만드는 데 지리가, 지리교육이 기여할 수 있다는 것이다. 나아가, 지리를 통해 세상의 변화를 견인할 수 있는 역량을 갖춘 지리교육 받은 사람을 육성할 수 있음을 의미하는 것이다.

6. 마치며

크리스테바(Kristeva)는 과학기술이 아무리 발달해도 우리가 지켜내야 하는 것이 있다면, 그것은 인간의 정신적 공간이라 말한다(강주헌 역, 2010). 정신적 공간이 인간에게 남아 있는 유일한 신성한 것이기 때문이다. 그리고 정신적 공간을 유지하기 위해서는 반항을 '다시 시작하는 부활'이라는 뜻으로 되살리는 것이 필요하다고 역설한다. '반항(revolte)'의 어원이 산스크리트어의 'vel'에서 파생된 것으로, '펼침, 발견, 과거로의 회귀, 새로운 시작'이란 뜻이기 때문이다. 또한, 프로이트적 관점에서 과거의 회상은 반항이고, 과거를 되찾으려는 행위는 운명을 바꾸는 행위라고도 한다(박승규, 2011).

지리교육이 무엇인지, 지리를 가르친다는 것이 무엇인지를 다시금 생각해 보고자 하는 것은 크리스테바가 언급하는 반항의 연장선에 있다. 존재 기반으로서의 장소에 대한 인식을 토대로 통념적인 지리교육에 대한 인식이나 지리를 가르친다는 것에 반항하는 것은 다시 부활하기 위한 노력이다. 단순하게 과거의 영화를 부활하겠다는 것이 아니다. 인간과 밀접한 관련을 맺고 있었던 학문으로서 지리학의 전통을 복원하는 것이다. 우리의 실존에 대해 인간과 공간(장소)과(와)의 관계를 통해 설명하기 위한 반항이다.

이 글에서는 인간 존재에 관심 갖는 지리교육학의 입장을 천명했다. 존재기반으로서의 장소에 대한 인식이 지리학의 본질에 다가가 있음을 설명하였다. 그것을 통해 지리를 가르친다는 것이 어떤 의미를 갖고 있는지도 살펴보았다. 이글에서 말하는 지리/지리적 이라는 말이 '인간과 공간(장소)과(와)의 관계'로 파악한다고도 했다. 이같은 지리와 지리교육에 대한 생각은 나만의 풍크툼(punctum)적인 지리학이나 지리교육에 대한 해석일지 모른다.

그럼에도 인간은 기본적으로 장소적 존재이다. 장소에 자신의 터무니를 새기고, 그것을 통해 자신을 드러낸다. 구체적인 사물은 장소를 전제할 때만 존재한다. 아리키타스의 원리를 비롯해 아리스토텔레스 등에 의한 장소-세계에 대한 논의 전통은 지금도 유효하다. 특히 지리를 가르친다고 했을 때, 이같은 관점은 학습자의 삶과 앎의 관계를 유리시키지 않는다는 점에서 지리교육에 시사하는 바가 크다. 인간학으로서의 지리교육이 학습자의 삶을 중심으로 학습자의 삶과 학교 교육을 통한 앎이 유리되지 않도록 하기 위한 교육의 과정을 지향한다고 했을 때, 장소적 존재로서의 인간에 대한 지리교육의 과정은 지금 이 장소에서 요구되는 교육의 과정인 것이다. 부유하는 사람들이 많아지고, 자신의 근원 장소에 대한 이해가 부족한 시기이기에 더욱더 이 같은 지리교육의 모습이 요구된다고 생각한다.

고르기아스(Gorgias)가 묻는다. 지리교육은 고유한 가치를 갖고 있느냐, 만약에 고유한 가치를 갖고 있다면, 그것을 어떻게 인식할 수 있느냐, 지리교육이 지닌 고유한 가치를 인식할 수 있다면, 그것을 어떻게 다른 사람과 소통할 수 있느냐고(박승규, 2007). 고르기아스의 삼단논법을 원용하여 던진 이러한 질문에 지리교육에 관심이 있는 사람이라면 응당 대답할 수 있어야 한다. 하지만, 고르기아스의 이 질문에 대한 답은 우리 모두 다를 것이다. 그것에 대해 자신의 답을 찾는 노력이 지금의 지리교육을 보다 나은 지리교육의 과정을 수행하게 하는 첩경일 것이라 생각한다. 고르기아스의 질문에 각자의 답을 제시하면서 미래의 지리교육에 대한 논의의 장을 마련해 보자.

요약 및 핵심어

이 글은 지리를 인간과 공간(장소)과(와)의 관계라고 정의하였다. 이런 정의에 기초해서 장소, 존재, 그리고 지리교육에 대한 논의를 전개하였다. 먼저, 기본으로 돌아가 지리교육에 대한 정의부터 살펴보았다. 지리교육에 대한 그동안의 정의인 지리와 교육의 복합어로서의 학문적 성격을 걷어내고, 지리교육을 그 자체로 하나의 고유명사로 정의해야 한다고 주장하였다. 지리교육은 학습자의 삶에 영향을 주는 학문이므로 '고유명사로서 지리교육'은 '인간학'이자 '철학'이라는 정의를 도출하였다. 이같은 지리교육을 통해 길러내야 하는 지리교육 받은 사람은 장소적 존재로서 자신의 생활공간이나 장소를 위협하는 부조리함에 맞설 수 있는 인간임을 천명하였다. 지리를 가르친다는 것 역시도 지리라는 내용요소를 전달하기 위한 방법적인 것이 아니라, 지리가 본질적으로 어떤 학문인지를 고민하고, 그것을 가르치기 위해 노력하는 것임을 말하였다. 이런 논의를 통해 궁극적으로 지리와 지리교육은 기본적으로 존재론적인 속성을 갖는 학문이며, 장소적 존재로서 인간에 대한 이해의 폭을 넓힐 수 있는 인문학적인 특성을 갖고 있는 학문임을 주장하였다.

장소(place), 인간과 공간(장소)과(와)의 관계(relationship between human and space(place)), 존재
(existence), 인간학(humanities), 서로주체성(mutual identity), 사이존재(existence between human
and human)

더 읽을 거리

애드워드 S. 케이시, 박성관 역, 2016, 장소의 운명; 철학의 역사, 에코리브르.
제프 말파스, 김지혜 역, 2014, 장소와 경험, 에코리브르.
팀 크레스웰, 심승희 역, 2012, 장소, 시그마프레스.

참고문헌

김상봉, 2008, 서로주체성의 이념: 철학의 혁신을 위한 서론, 도서출판 길.
김우창·문광훈, 2005, 세 개의 동그라미:마음, 이데아, 지각, 한길사.
김웅권 역, 2007, 외쿠메네: 인간 환경에 대한 연구서설, 동문선.
김지혜 역, 2014, 장소와 경험, 에코리브르.
마순영, 2008, 산업혁명기 영국의 풍경화와 풍경이론:터너의 풍경화, 인간·환경·미래, 1, 197-220.
박성관 역, 2016, 장소의 운명;철학의 역사, 서울: 에코리브르.
박승규·김일기, 2001, 일상생활에 근거한 지리교과의 재개념화, 대한지리학회지, 36(1), 1-14.
박승규, 2007, 이성과 감성의 경계 허물기: 유목적 시선을 통한 사회과 교육의 재영토화, 사회과 교육연구,
    14(3), 1-12.
박승규, 2009a, 사회과 교육인간학의 가능성 탐색, 사회과교육연구, 16(3), 51-61.
박승규, 2009b, 일상의 지리학: 인간과 공간의 관계를 묻다, 책세상.
박승규, 2010, 인문학으로서 지리학과 지리교육: 존재이유를 묻다, 대한지리학회지, 45(6), 698-710.
박승규, 2011, 인정, 보이지 않고, 들리지 않고, 쓰여지지 않은 공간을 발견하다:지리학이 인문학인 또 다른
    이유, 대한지리학회지, 46(6), 767-780.
박승규·홍미화, 2012, 다문화 교육에서 '다문화'의 교육적 의미 탐색, 사회과교육, 51(3), 155-166.
신지영, 2009, 내재성이란 무엇인가, 그린비.
심승희, 2012, 장소, 시그마프레스.
우정길, 2007a, '부자유를 통한 자유'와 교육행위의 지향성, 교육철학, 38, 139-164.
우정길, 2007b, 마틴 부버: 대화철학과 대화교육학이 임계점에 관하여, 교육철학, 40, 139-161.
윤석빈, 2003, 부버의 대화론적인 사이존재에 관하여, 인문학지, 26, 229-252.
윤석빈, 2005, 다석 유영모와 마틴 부버의 관점에서 본 사이존재로서의 인간, 동서철학연구, 38, 349-371.

윤석빈 역, 2007, 인간의 문제, 도서출판 길.

이상길 역, 2009, 푸코, 사유와 인간, 강.

정인모·배정희 역, 2010, 공간, 장소, 경계, 에코리브르.

정혜영, 2003, 교육인간학의 의미:비판과 새로운 시도에 대한 고찰, 교육철학, 29, 101-120.

최종인, 2005, 교육인간학에 근거한 교육학의 학문적 성격, 교육문제연구, 23, 29-48.

콘스탄틴 폰 바를뢰벤, 강주헌 역, 2010, 휴머니스트를 위하여: 경계를 넘어서 세계지성 27인과의 대화, 사계절.

한정선, 2007, 메를로 퐁티의 파울클레: 그림은 보이지 않는 것을 보이게 한다, 철학과 현상학 연구, 35, 49-79.

Ernest, P.(2004), *The Philosophy of Mathematics Education,* Taylor & Francis e-Library.

Peters, R. S(1972), "Education and Educated Man", in Deardon, R.F. Hirst, P.H. & Peters, R.S.(eds.), *Education and the Development of Reason*, London:Routledge & Kegan Paul.

제15장

장소에 기반한 자아 정체성 교육*

임은진

공주대학교

이 장의 개요

* 본 연구는 임은진(2011)을 수정·보완한 것임.

1. 들어가며

　최근 학교가 인격을 완성하여 건전한 삶을 유지할 수 있게 해 주는 본질적인 역할보다는 사회적인 입신출세를 위한 준비 기관 역할을 하고 있고, 학교 교육을 통해 학생의 인격을 발달시키기에는 부족한 점이 많다는 견해가 증가하고 있다. 이에 따라 수업 붕괴,[1] 교실 붕괴, 학교실패, 교육공동화와 학교 해체 등의 공교육 위기 담론으로까지 확장되고 있다.

　이를 극복하기 위하여 교육 제도 및 정책 차원의 개혁, 학교 공동체 및 학교 내부의 개혁, 사회와 가정의 교육적 기능을 회복하기 위한 방안 등 다양한 접근이 시도되고 있다.[2] 학교 현장에서 가르치고 배우고 있는 지리 과목 역시 이와 같은 문제를 외면할 수 없으며, 이러한 문제를 함께 해결하고 지리교육의 내실화를 위해 노력할 필요가 있다.

　심리적 유예기[3]라고 할 수 있는 청년기 학생들은 학교생활을 통해 지식을 확장하고 체계화해야 할 뿐만 아니라, 스스로 자아 정체성을 확립할 수 있는 기회를 갖도록 하여, 어른이 되었을 때 사회인으로서의 삶을 성공적으로 살아갈 수 있도록 해야 한다. 이러한 자아에 대한 관심은 학교 교육을 구성하고 있는 모든 교과가 함께 노력하여야 한다. 그러므로 지리 수업을 통해 학생들의 지리적 지식의 확장뿐만 아니라, 그들의 심리적이고 가치적 면의 성장에도 관심을

---

1. 수업 붕괴란 교실 내에서의 교수자와 학습자의 상호작용, 즉 교수–학습과정의 불능상태를 가리키며 보다 구체적으로 수업상 나타나는 상호 간의 행위에 대한 부정과 몰이해를 의미한다. 학교 붕괴라는 개념으로 혼용되는 교실 붕괴는 교수–학습과정을 포함한 학교 장면에서의 교수자와 학습자 간의 상호존중과 이해의 몰락을 의미한다. 즉 수업 붕괴가 교수–학습과정을 중심으로 한 협의의 개념이라면, 교실 붕괴는 교실의 공동주체인 교수자와 학습자 간의 권위와 인격에 대한 상호 부정 및 몰이해를 중심으로 하는 상대적으로 보다 포괄적인 개념이다.
2. 학교 교육 붕괴에 대한 대책은 크게 세 가지로 제시되고 있다. 첫째로, 교육 제도 및 정책 차원의 개혁으로서, 교육제도, 교육정책, 교육 행정 구조 등의 개혁을 말한다. 이는 과거와 달리 점점 사이버 공간이 확대되고 무한한 지식과 정보를 쉽게 얻을 수 있는 현대에 이르러 기존의 학교 교육을 이뤄 왔던 교육제도·정책 및 행정 구조 등의 측면에 수술을 가하지 않는다면 더 이상 공교육의 의미와 경쟁력을 확보하기 어렵다는 가정에 기반을 두고 있다. 둘째로 학교 공동체 및 학교 내부의 개혁이다. 교사·학부모·학생 상호 간의 신뢰 회복을 비롯하여 교사의 의욕 고취 등 교수 및 학습의 질적 수월성을 추구하기 위한 단위학교 차원의 노력을 의미한다. 셋째로, 사회와 가정의 교육적 기능을 회복하기 위한 방안들이다. 무엇보다 학교교육이 성공하기 위해서는 가정의 교육적 기능이 되살아나야 한다고 강조하면서, 가정에서 자녀와 자녀 교육에 대한 관심을 가지며 바람직한 인간관과 올바른 교육관을 이해하고 관대함과 엄격함이 조화를 이루며 학교와 교사에 대한 신뢰와 지지의 분위기를 형성하여 줄 것을 요구하고 있다(윤정일, 2003).
3. 에릭슨(Erikson)은 청년기의 주요발달과업을 정체감 확립으로 본다. 이 정체감이 확립되기 전 탐색기간을 심리적 유예기라고 한다. 즉 청년기는 자아정체감 즉 진정한 자신을 찾기 위한 노력을 기울이는 시기로서 자신들의 능력을 기르고 지역사회로부터 인정받기 위하여 새로운 역할이나 가치 혹은 신념체계에 대한 끊임없는 탐색을 하게 된다. 따라서 이 시기는 정체감 탐색을 위해 아동기와 성인기 사이에 자신에 대한 결정을 잠시 보류하고 주변으로부터 일시적으로 해방되는 시기이기도 하다. 오랜 기간의 정체감 탐색이 고통스럽기는 하나 결국 그것이 더 높은 차원의 인격적 통합을 가능하게 해 준다.

두어야만 학교 교육과정 안의 교과로서 진정한 가치를 인정받을 수 있다.

인간은 실존적 존재로 장소와의 관계 맺기를 통하여 삶을 영위해 나간다. 모든 사람은 태어나서 자라고 살던 장소, 또는 감동적인 경험을 가졌던 장소와 깊은 관련을 맺고 있고, 그 장소를 의식하고 있다. 또한 이러한 관계가 개인의 정체성과 안정감의 근원이자 우리가 세계 속에서 우리 자신을 외부로 지향시키는 출발점이라고 할 수 있다. 이처럼 장소가 개인적이고 실존적인 의미가 강함에도 불구하고, 지금까지 학교 지리 수업에서는 장소에 대한 지식과 개념 중심의 학습을 강조하면서, 학습자 자신과 관련된 장소가 아닌 타자의 장소 교육에 치중해 왔다.

본 연구에서는 학교 교육에 대한 시대적 요구에 부응하고, 학교 지리교육의 새로운 가치를 탐색하기 위해, 지리교육에 있어 가장 근본적인 주제인 장소에 대해 이론적으로 접근하고, 이러한 장소를 통한 실제적인 자아 정체성 교육 방법을 모색하고자 하였다.

먼저 장소와 장소 유대감에 대해 논하고, 장소 유대감을 구성하고 있는 장소 애착, 장소 정체성, 장소 의지에 대한 이론적 접근을 통해 인간과 장소와의 관계를 설명하였다. 이 중 장소 정체성에 주목하여 장소가 어떻게 자아 정체성을 형성하는지에 대해 논하였다. 장소 정체성은 장소를 통한 사람의 사회화와 관련 있는 것으로 장소는 개인의 정체성의 한 부분이고 나를 구성하는 한 부분이라고 할 수 있다. 장소는 개인의 정체성과 안정감의 근원이자 우리가 세계 속에서 우리 자신을 외부로 지향시키는 출발점이라고 할 수 있다. 본 연구에서 논하는 자아 정체성은 '나는 누구인가?'에 대해 이야기하면서 형성되는 서사적 정체성과 관련 있다. 이러한 논의를 바탕으로 수업을 설계하고 고등학교 1학년 학생들을 대상으로 지리 수업에 적용한 결과를 간략히 소개하고자 한다.

2. 장소와 자아 정체성

렐프(Relph, 1976)는 현상학적 기초에서 생활세계, 즉 우리가 살고 있는 매일매일의 생활에서 직접적으로 알게 되고 경험하는 일상의 환경과 상황에 대해 탐구하였는데, 장소를 우리가 생활 세계를 직접적으로 경험하는 의미 깊은 중심으로 보았다. 그는 장소는 고유한 입지, 경관, 공동체보다는 특정 환경에 대한 개인의 경험과 의도에 초점을 두는 방식으로 정의될 수 있으며, 추상이나 개념화되는 것이 아니라, 생활세계가 직접 경험되는 현상으로서의 의미, 실재 사물, 계속적 활동으로 가득 차 있다고 하였다. 또한 장소를 구성하는 근원적인 요소를 물리적 환경·인간의 활동·의미로 나누고 그중 의미를 가장 중요하게 여겼으며, 의미는 인간의 의도와 경험을 속성으로 하며 특정한 흥미·경험·관점을 반영하는 개인적이고 문화적인 다양성을 포함하기 때문에 매우 복잡하며 동시에 모호성과 명확성을 함께 지닌다고 하였다.

이처럼 장소의 근본적인 요소에서 의미가 강조되면 '공간'과 대비된다. 투안(Tuan, 1977)은 공간은 추상적·물리적·기능적 성격을 지니는 반면, 장소는 구체적·해석적·미학적 성격을 지니며, 공간을 이용하는 사람들이 그들의 경험과 기억, 기대, 꿈을 바탕으로 그 공간에 나름의 '의미'를 부여하게 되면 그곳은 장소가 된다고 하였다.

지리학에서는 장소를 다양한 의미로 접근하는데, 애그뉴(Agnew, 1987)는 그 주요 요소를 위치, 현장, 장소감이라고 하였다.

위치(location)로서의 장소는 지표상의 특정 지점을 가리키는 지리적 영역을 의미하고, 현장(locale)으로서의 장소는 사람들의 일상적 행동과 상호작용이 일어나는 사회적 관계가 구성되어지는 현장이며, 장소감(sens of place)으로서의 장소는 장소를 장소감과 동일하게 보는 것으로, 사람들이 장소에 대해 가지는 주관적인 감정을 중요하게 간주한다. 이는 개인적 혹은 집단적 정체성을 형성하는 데 있어서 장소의 역할을 중요시하는 관점이다. 그는 장소의 의미를 더 잘 이해하기 위해서는 이들 간의 상보적 관계를 고려하여야 된다고 주장하였다(Per Gustafson, 2001).

우리는 직접적이거나 간접적인 경험을 통해, 미지의 공간에 의미를 담으면서 낯선 추상공간(abstract space)이 의미 있는 구체적 장소(concrete place)가 되도록 한다. 이처럼 장소는 인간의 사유(thought)와 감정(feeling)과 같은 경험의 영역과 밀접하게 연결하고 있다. 그리고 어떤 지역이 친밀한 장소로서 우리에게 다가올 때 우리는 비로소 그 지역에 대한 느낌, 즉 장소감을 가지게 된다.

장소감이란 개인이 특정 장소에 대해서 갖는 정서적 혹은 감정적 유대감을 의미한다. 이와 같이 장소감은 장소에서의 감정, 지식과 신념, 행동 등의 상호작용을 포함하며, 사람과 장소와의 관계를 사회적, 문화적, 심리적으로 구성하고 장소에 대한 인간의 긍정적이고 감정적인 표현이라고 할 수 있다.

사람과 장소와의 유대감은 물리적인 것이라기보다 정신적인 것이며 문화와 관련된 것이라고 할 수 있다. 닐센 핑커스(Nielsen-Pincus, 2010)는 장소감은 사람과 감정, 인지 및 행동이 포함된 장소 유대감(place bonding)이며, 이러한 장소 유대감은 장소 애착(place attachment), 장소 정체성(place identity), 장소 의지(place dependence) 간의 관계 속에서 재구성된다고 하였다.

장소 애착은 사람과 특정 장소 간의 감정적 유대감이라고 정의할 수 있으며, 이는 인간 사이에 존재하는 애착과 유사하다. 장소와의 강한 애착은 친밀한 곳에서 편안함을 느끼고 그곳에 대해 긍정적으로 생각하는 지속적인 유대감이라고 할 수 있다(Giuliani, 2003).

장소 정체성은 장소가 자아를 나타낸다는 관점으로, 종종 '자아'와 '장소' 간의 공조(resonance)에 대한 신념으로 해석되고 있다. 장소 정체성은 일반적으로 개인의 자아 정체성을 구성하고, 강한 정체성은 삶의 목적과 의미를 주며(Williams and Vaske, 2003), 높은 자기 만족(self-confidence)을 갖게 하고, 특히 특정 장소에 대한 정체성은 그룹이나 공동체 소속감을 강화한다(Relph, 1976).

장소 의지는 어떠한 목적을 얻기 위해서, 혹은 원하는 것을 할 수 있는 장소를 찾고 그곳에 의존하는 것이다. 윌리엄스와 바스케(Williams and Vaske, 2003)는 장소 의지를 특정한 목적이나 원하는 활동을 지원해 주는 형태나 상태를 제공해 주는 장소의 중요성이 반영된 기능적 애착(functional attachment)으로 정의하였다. 장소 의지는 현재 장소를 다른 장소와 비교했을 때 어떤 행동적 목표의 성취가 기능적으로 더 유용해졌을 때에 더 큰 의미를 갖는다. 예를 들면 여러 여행지 중 고민하다가 특정 지역으로 여행을 갔을 경우 그 장소가 다른 곳에 비해 더 좋은 기능과 서비스를 제공한다면 장소 의지 정도가 높은 곳이라고 할 수 있다.

이를 정리하면, '장소 정체성'은 장소에 대한 신념에 초점을 둔다는 점에서 감성을 강조하는

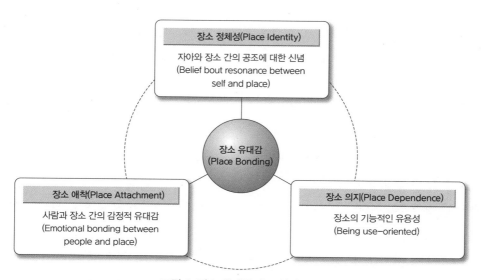

그림 1. 장소 유대감의 구성과 관계

'장소 애착'과 다르고, 또한 장소에 대한 사회적·문화적 측면을 강조하기 때문에 장소의 기능성이나 유용성 등의 사용 지향성을 강조하는 '장소 의지'와 구분된다. 또한 '장소 애착'은 심리적인 면을 강조하고, '장소 의지'는 기능적인 면을 강조하기 때문에 서로 다른 측면이 있다. 그러나 이러한 장소 유대감을 구성하는 세 가지 구조는 그림 1과 같이 서로 관련이 있으며 영향을 주고받는다.

3. 장소 정체성과 자아 정체성

트위거 로스와 우첼(Twigger-Ross and Uzzell, 1996)은 장소 정체성은 장소에서의 사람의 사회화와 관련 있는 것으로 개인의 정체성은 장소와 관련이 깊으며, 장소는 고유성, 차별성, 자기 만족, 자기 효능감을 주기 때문에, 장소 정체성 면에서 보았을 때 장소는 나의 정체성의 한 부분이고 나를 구성하는 한 부분이라고 하였다. 또한 이석환(1998, 43)은 장소 정체성은 인간에게 불가결한 세 가지 조건과 연계되어 있는데, 첫째, '결합되어 있다는 느낌'으로, 장소, 타인, 궁극적으로 자기 자신에게 부여된 의미에 영향을 줌으로써 사람들의 정신적 건강에 영향을 미칠 수 있으며, 둘째, 지역사회의 공통성을 기반으로 성립된 지역감을 향상시킬 수 있고, 셋째, 사람들로 하여금 어떠한 일들을 장소와 연계하고 관련짓는 데 영향을 미친다는 점에서 삶의 일부분이라고 하였다. 즉 장소는 인간으로부터 장소 자체의 정체성을 얻고, 또한 인간은 장소로부터 자신의 정체성을 얻는다고 할 수 있다.

인간의 특정한 정체성은 항상 공간을 매개로 하며 그것은 개인 차원이든 집단의 차원이든 하나의 영역 즉 생존 공간으로 나타나므로 영역화된 속성, 영역적 정체성의 모습으로 나타난다(남호엽, 2001). 현대사회에서의 사회적 관계들은 공간적으로 드러나고, 이 공간은 차별적인 삶의 터전이 된다. 이러한 공간들은 개인이나 집단을 구분함으로써 하나의 영역을 형성시키게 되며, 이 구분된 공간의 주체가 됨으로써 정체성을 형성한다(서태열, 2009). 렐프(1976)는 자아 정체성을 장소와의 연계 정도에 따라 비자의식적(非自意識的, unselfconscious) 장소감과 자의식적(自意識的, selfconscious) 장소감으로 구분하였다. 비자의식적 장소감은 자아와 장소를 분리할 수 없는 상태를 의미하는 것으로 자아와 장소를 분리해서 사고하거나 행동하지 않은 경우를 말하고, 자의식적 장소감은 장소를 이해와 성찰의 대상으로 간주하는 것으로 외부자 혹은 관찰자로서 장소를 경험하고 장소의 고유한 정체성을 접하고자 할 때 획득된다고 하였다. 또한 권영락과 황만익(2006)은 비자의적 장소감이 개인의 정체성의 근원을 제공하고, 이를 통해 공동체에 대한 정체성을 제공하기 때문에 현대 사회에서도 매우 중요하다고 보았다.

이러한 장소 정체성은 공간 규모와 밀접한 관계를 갖고 있다. 캔터(Canter, 1997)는 장소 스케일이 다른 경우 장소의 의미도 다르다고 하였다. 특히 이와 같은 연구를 더욱 발전시킨 퍼거스탑슨(Per Gustafson, 2001)의 장소 정체성과 스케일 간의 연구에 따르면 작은 단위(마을, 이웃 이하)는 자아와 관련된 장소 의미를 많이 갖는 반면에 지역, 국가, 대륙 등의 큰 단위는 타자, 혹은 전반적인 환경과 관련된 정체성과 관련이 깊다고 하였다.

결과적으로 장소는 자아 정체성 형성에 밀접한 관련성이 있으며, 공간적 스케일이 큰 경우는 국토애, 애국심, 인류애 등과 관련이 있다면 스케일이 작은 경우 개별적인 자아 정체성 형성에 직접적 영향을 준다고 할 수 있다.

이와 같이 장소 정체성과 밀접한 관계에 있는 자아 정체성에 대해 에릭슨(Erikson, 1968)은 자기 존재의 동일성과 독특성을 지속하고 고양시켜 나가는 자아의 기질(ego quality)이라고 하고, 이를 심리 사회적으로 객관적 측면과 주관적 측면으로 설명하고 있다.

객관적 측면은 개인이 속하고 있는 집단에 대한 귀속감 혹은 일체감을 의미한다. 반면 주관적 측면의 개별적 정체성(individual identity)은 개인이 집단 내에서 타인과 다른 고유한 존재로서 갖게 되는 정체 의식이다. 이러한 개별적 정체성은 개인적 정체성과 자아 정체성으로 구성되는데, 개인적 정체성(personal identity)은 시간이 흐르거나 상황이 바뀌어도 여전히 동일한 존재로서의 자기 자신을 인식하는 것이다. 즉 어떤 변화에도 불구하고 근본적으로 변함없는 자기 자신의 동일성과 연속성에 대한 느낌이라고 할 수 있다. 이와 같은 개인적 정체성 보다 더 포괄적인 개념이라고 할 수 있는 자아 정체성(ego identity)은 자기 자신이 언제나 동질적이고 연속적인 존재라고 하는 사실 자체에 대한 단순한 인식뿐만 아니라, 자기 존재의 동일성과 독특성을 지속하고 고양시켜 나가는 자아의 기질이라고 할 수 있다.

또한 리쾨르(Ricoeur, 1991)는 시간, 이야기, 존재, 행위, 윤리가 갖는 상관관계를 정체성의 관점에서 분석하였다. 특히, 그는 정체성의 범주를 서사와 관련지어 새롭게 논의하였다. 그의 서사 이론은 모든 인간 행위는 시간의 성격을 띠며, 그것이 인간의 시간이 되기 위해서는 서술되어야 한다는 기본적인 인식에서 출발하였다. 그리고 그는 자아란 스스로 인지될 수 없고 항상 문화적·상징적 매개를 통해 이해된다고 주장함으로써 타자성이 배제된 데카르트의 자아관을 비판하였다. 그는 정체성을 동일성(sameness)으로서의 정체성과 자기성(selfhood)으로서의 정체성으로 구분하였으며, 이 둘을 변증법적인 관계로 보고 동일성만이 아니라 변화, 이질성, 타자를 포함시킬 수 있는 여지를 마련해 놓았다.

'동일성으로서의 정체성'은 관계들 간의 관계에 대한 개념이다. 즉 다수가 아니라 하나이자 유일한 것이라는 수적인 정체성, 극단적인 유사성으로 인해서 서로 대체될 수 있다는 질적인 정체성, 시간을 통한 변화에도 불구하고 첫째 단계와 마지막 단계 간의 발달상에 있어서 중단되지 않는 연속성이며, 다양성에 반대되는 것으로 시간 속의 영구성을 말한다. 그러나 리쾨르는 이보다는 '자기성으로서의 정체성'을 강조하였다. 즉 '나는 누구인가?'에 대해 지침을 제공할 수 있는 것이 자기성으로서의 정체성(ipse-identity, selfhood)이라고 하였다. 이와 관련하여 그는 '누구'의 정체성은 서사(narrative)를 통해 존재하게 된다고 보았다. 즉 리쾨르의 관점에서의 정체성은 '서사적 정체성(narrative identity)'이라고 할 수 있다.

서사적 정체성은 주체가 자신의 삶의 이야기를 말하고 다시 말하는 과정에서 형성된다. 주체는 타자에게 혹은 타자화된 자아에게 자신의 삶의 이야기를 말함으로써 자기 이해와 성찰을 도모하고, 타자의 이야기를 다시 말함으로써 타자의 세계에 대해 보다 심화된 인식을 할 수 있다. 서사적 정체성은 과정 중에 있으며, 비종결적이고, 에피소드가 일어남에 따라 지속적으로 재생성된다. 이러한 서사적 정체성은 어떠한 정체성이 진정한 것인지를 말하는 것이 아니라, 주체가 지속적으로 자신의 삶에 대한 이야기를 해석하고 재해석함으로써, 자신이 누구인지를 인식하고 새롭게 만들어 간다. 리쾨르는 인간의 삶이란 사람들이 그들에 관해 엮어가는 이야기에 비추어 해석될 때 좀 더 잘 이해할 수 있다고 하였다. 즉, 자신에 대해 안다는 것은 해석하는 일이고, 자신에 대해 해석한다는 것은 이야기 속에서 삶을 이야기함으로써 형성되는 서사적 정체성임을 주장하고 있다.

정리하면, 장소는 그곳에 의미를 부여한 사람들에게 장소 정체성을 형성하고, 사람들은 장소를 통해 사회화되고 자신을 설명할 수 있으므로 자아 정체성 형성에 밀접한 관련이 있다고 할 수 있다. 장소를 기반으로 한 자아 정체성은 에릭슨(1968)이 논한 개별성으로서의 자아 정체성과 리쾨르(1991)가 논하고 있는 서사적 정체성과 밀접한 관련이 있다.

4. 지리 수업에서의 장소를 통한 서사적 정체성 수업

스펜서와 블레이드(Spencer & Blades, 1993)는 장소학습이 장소감을 통해 개인의 정체성이 획득될 수 있도록 하며, 지역에서 나타나는 여러 가지 원천들을 지적이고 효율적으로 사용함으로써 개인의 발전과 사회통합이 이루어질 수 있고, 장소가 작동하는 방식을 이해함으로써 사회참여 의식이 길러질 수 있다고 보았다. 또한 조철기(2007)는 장소에는 개인의 의도, 가치, 태도, 신념, 목적, 그리고 경험이 함께 녹아 있다고 보고, 사람들은 그들이 태어나고 자란 장소, 현재 살고 있는 장소, 감동적인 경험을 가졌던 장소와 깊은 관련을 맺고 있으며 그 장소를 의식하고 있어서 이러한 관계가 개인의 장소정체성과 문화정체성을 형성한다고 하였다.

이처럼 모든 사람은 태어나서 자라고 지금도 살고 있는 장소, 또는 감동적인 경험을 가졌던 장소와 깊은 관련을 맺고 있고, 그 장소를 기억하고 있으며, 이러한 관계가 개인의 정체성과 안정감의 근원이자 우리가 세계 속에서 우리 자신을 외부로 지향시키는 출발점이라고 할 수 있다

학생들은 거주 지역, 체험 학습, 여행, 문학 작품, 인터넷, TV, 영화 등을 통해 많은 장소를 직접적으로 혹은 간접적으로 경험하게 된다. 장소를 구성하는 물리적 환경, 인간 활동, 의미라는 세 요소(factor)가 어떻게 상호 관련되며 어떻게 변증법적으로 구성되는가에 따라 경험을 통해 장소는 개인에게 다양한 의미로 다가온다. 물리적 환경과 인간 활동이 결합되면 기능적 영역 속에서 인간에게 적절한 입지를 부여하고, 환경과 의미는 경관이나 도시 풍경에 대한 직접적이고 감정이입적인 경험 속에서 결합되며, 인간 활동과 의미는 물리적 환경과는 별 관계없이 수많은 사회적 행위와 공유된 역사 속에서 결합된다(Relph, 1976).

즉 지리 수업을 통해 학습자가 자신의 삶 속에서의 의미 있는 장소를 기억하고 정리해 보는 학습은 개인의 자아 정체성을 위한 중요한 방법이라고 할 수 있다. 특히 서사적 정체성 교육을 위해서 '나는 누구인가'와 관련된 자신의 삶 이야기를 장소를 중심으로 풀어 간다면 학습자의 자아 정체성의 확립과 관련하여 독립 교과로서 지리교과의 가치를 더욱 공고히 할 수 있을 것이다. 이러한 장소에 기반한 서사적 정체성 교육을 통해 학생들은 자신에 대해 되돌아 볼 수 있고, 타인과의 관계 속에서 자아를 반성하고 해석할 수 있는 능력, 서사를 통해서 다양한 자아를 해석할 수 있는 능력, 그리하여 서사적인 사고 능력 등을 기를 수 있다.

본 연구에서는 학습자의 장소에 대한 경험을 이야기하고 그들 스스로 장소의 의미를 형성해 가면서 자신에 대한 정체성을 명료화하고 다른 사람의 경험과 이야기를 존중할 수 있는 공감 능력이 향상될 수 있도록 그림 2와 같이 지리 수업 방법의 기본적인 틀을 제안한다. 또한 이 수업 설계는 수업 환경과 학습자 수준을 고려하여 수정·보완이 가능하다.

첫 단계인 1차시에는 장소를 주제로 교사와 학생 간의 상호작용에 초점을 둔다. 교사는 교사

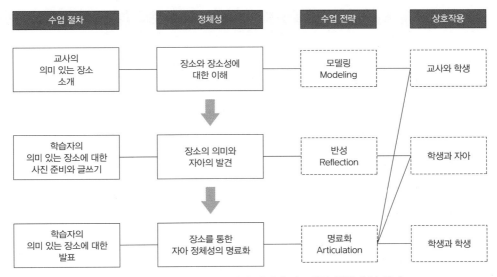

그림 2. 장소를 기반으로 한 자아 정체성 명료화를 위한 수업 설계

자신에게 의미 있는 장소와 관련된 사진, 그리고 그 장소에 대한 이야기로 학생들과 상호작용한다. 교사가 자발적으로 하는 이야기는 아이들과 관계를 맺도록 하고, 교실 내에서 공유된 의미와 문화를 창조하도록 하며, 교사들은 그들 자신의 경험으로부터 학습한 것을 학생들과 공유함으로써 학생들이 그들 자신, 친구, 세계에 대해 보다 깊게 생각할 수 있도록 한다.

이러한 과정을 통해 학생들은 장소의 의미에 대해서 인지하고 교사와의 깊은 유대감을 형성할 수 있으며, 교사의 이러한 활동은 추후 학습자들의 활동에 모델링[4]이 되어 성공적인 과제 해결을 이끌 수 있다.

실제 수업에서 교사는 교과서에 나왔던 지리 사진들과 관련된 개인적인 장소 경험과 의미를 이야기하였다. 예를 들면 한탄강 주변의 용암대지가 화산지형으로 자연지리적 의미도 있지만 교사에게는 어렸을 적 친구들과 수영하면서 지냈던 추억을 담고 있는 장소이며, 감입곡류하천인 동강에서 래프팅을 하다가 물에 빠져 생사를 헤맨 후 미래의 삶에 대해 깨닫게 된 곳이라는 이야기를 하면서, 장소를 통해 교사 자신에 대한 이야기와 생각들을 학생들과 나누었다.

---

4. 모델링(modeling)이란 다양한 실제 상황에서 전문가가 직접 과제를 수행하고, 초보자가 그 수행 과정을 관찰할 수 있는 기회를 제공하는 것을 말한다. 관찰을 통하여 초보자는 관련 지식과 전략 활용에 대한 이해의 기반을 형성할 수 있다. 이러한 기반은 이후 전문가의 코칭 과정에서 학생의 실제 과제 수행 과정을 안내할 수 있다. 또한 전문가의 시행착오를 통한 과제 수행 과정을 관찰하며, 시행착오에 대한 새로운 인식을 할 수 있기도 하다.

1차시 수업 동안 장소와 장소감이 교사와 학생 간의 상호작용에서 주요한 매개적 역할을 하였고, 학습자들은 공간과 장소의 공통점과 그 차이점을 알 수 있는 기회를 가졌다. 그리고 학생들에게 '나에게 가장 의미 있는 장소는?'이란 주제로 과제를 제시하였다.

두 번째 단계에서 학습자들은 지금까지의 삶에서 의미 있는 장소가 어디인지 고민해 보고, 사진[5]을 준비하고 장소의 위치, 특징, 개인적인 의미에 대해 글로 정리해 오도록 하였다. 이미지평론가인 존 버거(Berger, 1980)는 사진을 그 목적과 효용에 따라 대중적 이미지(public images)와 개인적 이미지(private images)로 정의하였다. 대중적 사진들은 일련의 사건들을 나타내기 위한 것으로 정보를 제공하는 반면, 개인적인 사진들은 사진에 대한 이야기를 담아내어 기억에 도움이 될 수 있다고 하였다. 또한 글쓰기는 우리가 의식적으로 드러내지 않았던 생각들을 알 수 있게 해 주는 설명적 기능을 가지고 있고, 우리의 사고를 구체화 할 수 있는 수단이 될 뿐만 아니라, 글쓰기 과정은 반성(reflection)[6]을 통해서 학습자의 감정, 태도, 가치들을 인식하고 탐구할 수 있기 때문에, 학생들은 개인적 이미지와 관련된 사진과 글쓰기를 통하여 자신의 경험을 정리할 수 있도록 하였다.

학습자들은 의미 있는 장소를 찾기 위해 자신의 사진첩도 열어 보고 직접 의미 있는 장소를 다시 찾아가서 사진을 찍어 보고, 이러한 것을 글로 쓰면서 본인들의 장소에 대한 경험과 의미를 정리할 수 있도록 하여, 장소를 통해 자신이 누구인가를 탐구해 볼 기회를 가졌다.

세 번째 단계로 학습자 개개인의 의미 있는 장소에 대한 발표 시간을 갖도록 하였다. 이러한 발표를 통해서 자신에 대해 다른 친구들에게 알리고 자신이 그동안 생각하고 있던 가치를 명료화하고, 서로 간의 공감을 통해 타인을 이해할 수 있도록 하였다.

이러한 과정을 통해 교사와 학생, 학생과 학생 간, 교실 내의 권력에서 소외된 학생과 주목받는 학생들 간의 원활한 소통이 이루어지고, 내가 누군지를 확인하는 과정을 통해 장소를 통한 자아 정체성 교육이 이루어지도록 하였다.

---

5. 지금까지 지리교육에서의 사진과 관련된 것은 지리학의 연구나 지리적으로 의미가 있는 자료를 지리 사진이라 하고 이에 대한 연구를 계속해 왔다. 권동희(1994)는 지리 사진은 기록성과 예술성을 동시에 지니는 것으로 특히 지리교육에서 그 활용도가 매우 높은 영상교육매체라고 하였고, 유창한(1999)은 지리와 관련된 사진은 주로 교육을 위한 사진으로 교육의 목적, 목표, 내용에 맞아야 하며 연구적인 용도의 사진과는 구별되는 일정한 형식과 내용을 갖고 있다고 하였다. 본 연구에서의 사진은 객관적인 이미지가 아니라 주관적이고 개인적인 이미지로서의 지리 사진을 말한다.
6. 본 연구에서 반성(reflection)은 바우드와 워커(Boud, D and Walker, D, 1985)가 논한 새로운 이해와 감상으로 이어지도록 개인의 경험을 탐색하면서 겪게 되는 지적이고 감성적 활동의 의미로 접근하였다.

1) 학습자들의 장소의 의미

학습자들은 일상생활에서 장소 경험을 통해 그들만의 의미를 부여한다. 학교, 놀이터, 길, 시장, 유적지 등에 자신의 경험이 더해져 다양한 의미를 생성하면서, 추상적이고 객관적인 공간을 장소로 만들어 간다. 실제 수업을 실시하는 과정에서 학생들이 제출한 과제물과 발표 활동을 종합하여 학생들이 삶을 살아가면서 의미 있다고 생각하는 장소에 대하여 분석하였다.

최근에는 학교 교육의 위기와 학교 붕괴와 관련된 담론이 부각되고 있지만, 본 연구에 따르면 학교가 가장 의미 있는 장소라고 한 경우가 97명 중 27명으로 1위(28%)였으며, 그다음으로 길과 역에 대한 것이 18명(19%), 다양한 문화시설과 관련된 것이 13명(14%)이었다. 그 외 시장, 상업 시설, 집, 놀이터, 종교시설, 여행지, 관광지 등 의미 있는 장소가 다양하게 나타났으며, 같은 장소라 하더라고 학생들이 부여한 개인적인 의미는 모두 달랐다. 학생들에게 학교란 장소는 친구를 만나고 선생님을 만나고 다양한 활동을 하는 사회적 관계망의 중심으로서 그

표 1. 학생들이 발표한 본인에게 의미 있는 장소 사례

〈사례 1〉 앞으로 살 날 동안 00중학교에서의 추억은 절대로 잊지 못할 것 같다. 나의 인생에 있어서 사춘기의 진통을 겪었던 추억이 있는 학교이기도 하고, 친구라는 의미를 처음으로 알게 해 준 학창시절을 보냈기도 한 곳이고, 인생에 있어서 좋은 가르침을 주셨던 좋은 선생님들을 만났던 곳. 그리고 이제는 나의 사랑하는 동생이 다니는 그곳. 나는 아침마다 그곳을 지나면서 나의 지난 시간들과 추억들을 회상하며 미소를 짓기도 한다. (후략)	
〈사례 2〉 내게 의미 있는 장소는 이곳 유스센타이다. 이곳은 내가 처음 서울로 이사와서 학교생활에 적응하지 못하고 외로워할 때 처음으로 친구들을 만난 장소다. 지금까지도 친구들과 어울려서 노는 곳이고 이곳에 있을 때 가장 행복하다. 여기서 나는 더 이상 전학생이 아니다. (후략)	
〈사례 3〉 내게 의미 있는 장소는 도구머리길인데 바로 집 앞에 위치하고 있다. 이곳은 엄마 뱃속에 있을 때부터 자주 왔던 곳이고 내가 태어나고 계속 이 길로 산책을 했던 곳이다. 유치원 시절 식목일 날 산 위에 올라가서 나무를 심었던 적이 기억에 남고 강아지 키웠을 때 여기서 산책을 자주 했던 이 길이 이제는 나의 하굣길이 되어 버렸다. 요즘 도구머리길을 걷다 보면 낙엽이 많이 떨어져 있어서 혼자 가을을 즐기곤 한다. (후략)	

중요성이 강조되고 있었다. 실제 수업 활동에서 학생들이 발표한 일부 사례를 표 1에 제시하였다.

이처럼 학습자들에게 의미 있는 장소는 개인적 경험과 본인의 삶과의 관련성에 따라 다양하게 나타났다. 또한 무심코 지나가는 객관적 공간들이 의미를 부여받음으로써 삶에 중요한 역할을 하고 있음을 알 수 있었다. 학습자들은 자신에 대해서 장소를 통해 설명했지만, 그 장소 역시 학습자를 설명해 주고 있어 자아 정체성과 밀접한 관련이 있다고 할 수 있다. 이러한 장소를 기반으로 실행한 수업은 '나는 누구인가?'를 스스로에게 또는 다른 사람에게 설명해가면서 스스로의 정체성을 명료화할 수 있는 기회가 되었으며, 학교에서 문제아로 또는 주변인으로 학교생활을 하고 있는 학생들 역시 이 과정을 통해 본인의 긍정적인 면을 교우들에게 드러낼 수 있는 좋은 기회가 되었다.

5. 마치며

본 연구는 학교 지리교육의 새로운 가치를 모색하기 위해 가장 기본적인 주제인 장소를 통해 자아 정체성 교육 방법에 대해 논의하였다. 연구 결과를 정리하면 다음과 같다.

첫째, 장소는 우리가 일상생활 세계에게 직접 경험하는 의미의 중심이다. 인간의 경험을 통해 미지의 공간이 장소로 바뀌고, 무의미한 물리적 공간이 친밀한 장소로 다가올 때 장소감이 형성된다고 할 수 있다.

둘째, 장소감은 개인이 특정 장소에 대해 정서적 혹은 감정적 유대감을 갖는 것을 의미하며, 장소 애착, 장소 정체성, 장소 의지 속에서 재구성된다고 할 수 있다. 장소 애착이 사람과 장소 간의 감정적인 유대감이라면, 장소 정체성은 자아와 장소 간에 서로 공조하고 있다는 신념이라고 할 수 있다. 또한 장소 의지는 장소의 기능적인 유용성면을 강조한 것이다. 이렇게 장소 유대감을 구성하는 세 가지 요소는 서로 영향을 주고받는다.

셋째, 장소 정체성은 장소를 통한 사회화와 관련되어 개인의 자아 정체성과 깊은 관련이 있다. 장소는 인간으로부터 특정 장소로서의 정체성을 얻고, 또한 인간은 장소로부터 자아 정체성을 얻는다고 할 수 있다. 이러한 장소 정체성은 공간의 규모와 밀접한 연관이 있는데, 작은 단위는 자아와 관련된 의미를 많이 갖고 있는 반면, 국가, 대륙 등은 국토애, 애국심, 인류애와 관련이 깊다.

넷째, 장소와 개인의 정체성과의 관계에 대한 이론적 검토와 리쾨르(Ricoeur, 1991)의 서사적 정체성 형성에 대한 논의에 중심을 두고 수업을 설계하였다. 학생들은 장소를 통해서 '나는 누구인가?'를 스스로에게 또는 다른 사람에게 설명해 가는 과정을 통해 자아 정체성을 명료화할 수 있도록 설계되었다. 수업의 주요 절차는 '교사의 의미 있는 장소 소개', '학습자의 의미 있는 장소에 대한 사진 준비와 쓰기', '학습자의 의미 있는 장소에 대한 발표' 순으로 구성되었다. 이러한 과정에서 교사와 학생 간, 학생과 학생 간, 교실 내의 권력에서 소외된 학생과 주목받는 학생들 간의 원활한 소통이 이루어졌고, 장소를 기반으로 내가 누구인지를 확인하고 설명하는 절차를 통해 자아 정체성 교육이 이루어졌다.

다섯째, 학생들의 과제물과 발표 활동을 분석한 결과, 학생들의 삶에 영향을 준 가장 의미 있는 장소는 학교, 길과 역, 문화시설, 시장 및 상업시설 순으로 나타났다. 학생들이 같은 장소를 발표한 경우에도 서로 다른 의미를 부여하고 있었다. 이러한 장소들은 학생들 자신을 설명해 주고 있었으며, 학생들이 세상을 살아가는 데 긍정적인 힘을 제공하고 계속적으로 그 의미를 재생산하고 있었다.

장소가 개인적이고 해석적이고 미학적이고 실존적인 의미가 강한 것임에도 불구하고 지금까지 학교 지리 수업에서 장소에 대해 개념화하고 일반화하고 이론화하면서, 각 장소를 구성하고 있는 학습자가 제외된 교육에 치중해 왔다. 본 연구에서는 장소를 만들어 가는 주체를 학습자 개개인으로 보고, 학생들의 의미 있는 장소에 대한 기억과 경험의 나눔으로써 학생 자신 스스로에 대해 고민해 보고, 교사와 학생, 학생과 학생 간 공감하고 소통하는 지리 수업이 이루어질 수 있도록 하였다. 학생들은 개인적으로 의미 있는 장소를 다시 방문하여 사진을 찍고 글을 쓰고, 이를 다른 친구들 앞에서 발표하고 서로의 생각들을 나누는 과정을 통해 '나는 누구인가?'에 대한 자아 정체성을 명료화할 수 있었다.

지리 과목은 교육 과정 개편 때마다 큰 진통을 겪고 있다. 교과로서의 가치를 인정받기 위해서는 사회의 구성원들 사이에 그 교과가 가치 있다는 인식이 이루어져야만 한다. 급변하는 현대 사회를 살아가는 학생들에게 자아 정체성 교육은 교육적으로 큰 의의가 있으며, 장소는 그 중심에 있다고 할 수 있다. 지리 교육자와 교사들이 지리교육을 통해 지리 지식을 얻도록 하는 것 외에 다양한 분야에서 기여할 주제를 찾는다면 지리교육의 가치는 더욱 공고해질 것이다.

요약 및 핵심어

본 연구의 목적은 장소를 통해 존재의 의미를 회복하고 자아 정체성을 명료화하는 데 기여할 수 있는 수업 방법을 모색하는 데 있다. 이를 위해 이론적 접근과 실행 연구를 병행하였다. 먼저 일상 생활 세계에서 직접 경험하는 의미의 중심이라고 할 수 있는 '장소'와 장소와의 심리적이고 감정적인 관계를 뜻하는 '장소 유대감'에 대해 이론적으로 체계화하였다. 장소 유대감은 장소 애착, 장소 정체성, 장소 의지로 구성되며, 이 중 장소 정체성은 장소에서의 사람의 사회화와 관련되어 개인의 자아 정체성과 깊이 관련되어 있다. 본 연구에서의 자아 정체성은 '나는 누구인가?'에 대해 이야기하는 과정에서 형성되는 서사적 정체성 측면에서 논의하였다. 이러한 논의를 바탕으로 학습자들이 본인의 삶에서 가장 의미 있는 장소를 말하는 과정을 통해 정체성을 형성할 수 있도록 수업을 설계하고, 실제 지리 수업에서 적용하였다. 장소를 만들어 가는 주체인 학습자들은 의미 있는 장소에 대한 기억과 경험을 나누고, 자기 스스로에 대해 고민해 보는 활동 등을 통해 자신의 정체성을 명료화하였다. 학생들이 발표한 장소는 또 다시 학생 자신을 설명해 주고 있었으며, 학생들이 세상을 살아가는 데 긍정적인 힘을 제공하고 계속적으로 그 의미를 재생산하고 있었다.

장소 유대감(place bonding), 장소 애착(place attachment), 장소 의존(place dependence), 장소 정체성(place identitiy), 자아 정체성(self identity)

더 읽을 거리

정해림·임미연, 2016, "장소기반 환경교육을 통한 학습자와 자연간의 상호작용 및 장소감 양상", 한국환경교육학회, 6, 172–174.

Anderson, J., 2010, Understanding Cultural Geograph: places and traces, Routledge(이영민·이종희 역, 2014, 문화·장소·흔적: 문화지리로 세상 읽기, 한울).

Saez, G., 1989, 공간학습과 평생교육, P. Langard, Eds.(강일성 역, 1989, 현대인의 삶과 참교육, 나남).

Sarup, M., 1996, Identity, Culture and The postmodern World, Athens: The University of Georgia Press.

참고문헌

권영락·황만익, 2006, "장소감의 환경교육적 의의", 환경교육, 18(2), 55–65.

조철기, 2007, "인간주의 장소정체성 교육의 한계와 급진적 전환 모색", 한국지리환경교육학회지, 15(1), 51–64.

남호엽, 2005, "지리교육에서 장소학습의 의의와 접근 논리", 사회과교육, 44(3), 195-210.

서태열, 2009, "영토교육의 개념화와 영토교육모형에 대한 접근", 한국지리환경교육학회지, 17(3), 197-210.

고미숙, 2003, "정체성 교육의 새로운 접근: 서사적 정체성 교육", 한국교육, 30(1), 5-32.

권동희, 2004, "고등학교 지리교육에서의 지리사진의 활용 실태와 효율적인 이용방안", 한국사진지리학회지, 2(1), 39-54.

윤정일, 2003, "학교교육 붕괴위기의 종합적 분석과 대책에 관한 연구", 교육행정학연구, 21(2), 1-30.

이석환, 2003, "장소성의 정량적·정성적 평가를 위한 접근방법 및 구성요소", 공학기술연구지, 2(2), 17-23.

임은진, 2009, "'실제적 활동(Authentic activity)'에 대한 이론적 고찰 및 지리 수업에의 적용", 사회과교육, 48(4), 1-10.

임은진, 2011, "장소에 기반한 자아정체성 교육", 한국지리환경교육학회지, 19(2), 102-121.

전종호, 2001, 학교교육의 사적 전개와 학교교육의 내실화 방안(토론 원고), 한국교육과정평가원.

조용환, 2000, "'교실붕괴'의 교육인류학적 분석: 학교문화와 청소년문화의 갈등을 중심으로", 교육인류학, 3(2), 43-66.

Agnew, J. 1987, Place and Politics: the Geographical Mediation of State and Society, Boston: Allen and Uniwin, 28.

Berger, J., 1980, *About looking*, New York: Vintage.

Broud, D. and Walker, D., 1985, Barriers to reflection on experience, In D., Boud, R. Keogh and Walker(Eds.), *Reflection: Turning Experience into Learning*, London: Kogan page.

Canter, D., 1997, The facts of place. In G. T. Moore & R. W. Marans(Eds.), *Advances in Environment, Behavior, and Design, Vol. 4: Toward the Integration of Theory, Methods, Research, and Utilization,* New York: Plenum.

Erikson, E., 1968, *Identity: Youth and Crisis*, New York: Anchor Books.

Giuliani, M. V., 2003, Theory of attachment and place attachment, In M. Bonnes, T. Lee, and M. Bonaiuto(Eds.), *Psychological theories for environmental issues*, Aldershot, England: Ashgate Publishing Limited.

Gustafson, P., 2001, Meaning of place: everyday experience and theoretical conceptualization, *Journal of Environmental Psychology*, 21, 5-16.

Nielsen-Pincus, M., Hall, T., Force, J. E. et al., 2010, Sociodemographic effects on place bonding, *Journal of Environmental Psychology*, 30, 443-454.

Relph, E., 1976, *Place and placelessness*, London:Pion Limited.

Ricoeur, P., 1984, *Time and narrative 1*, Chicago: University of Chicago Press (이경래 역, 1999, 시간과 이야기 1, 문학과지성사).

Ricoeur, P., 1991, Narrative identity. *Philosophy Today,* Spring, 73-81.

Scannell, L., and Gifford, R., 2010, Defining place attachment: A tripartite organizing framework, *Journal of Environmental Psychology*, 30, 1-10.

Trentelman, C. K., 2009, Place Attachment and Community Attachment: A Primer Grounded in the Lived Experience of a Community Sociologist. *Society & Natural Resources,* 22, 191-210.

Tuan, Yi-Fu, 1977, *Space and place: The perspective of experience,* Minnesota: The University of Minnesota Press.

Twigger-Ross, C. L., & Uzzell, D., 1996, Place and identity process, *Journal of Environmental Psychology,* 16, 205-220.

Williams, D. R., & Vaske, J. J., 2003, The measurement of place attachment: validity and generalizability of a psychometric approach, *Forest Science,* 49, 830-840.

제16장

다문화교육과 지리교육*

박선희

서울남부교육지원청

이 장의 개요

---

* 본 연구는 박선희(2008, 2009)를 수정·보완한 것임.

1. 들어가며

세계화시대에 전 지구적 차원에서 전개되는 자본과 노동의 이동이 활발해지면서 한국사회는 다문화사회로 변화하고 있다. 한국 정부는 2006년 한국사회가 다문화, 다민족 사회로 전환하고 있음을 선언했고[1] 2006년 4월 혼혈인 및 이주자 사회통합 지원 방안을 채택, 그해 5월 교육인적자원부는 단일민족주의를 강조한 교과서 위주에서 다문화와 타 인종에 대한 관용을 강조하는 방향으로 교육 전반을 수정하도록 발표하였다(이상길·안지현, 2007). 한국사회의 다문화사회로의 전환은 거부할 수 없는 시대적 당위로 간주되며 구성원 간의 고유한 특성을 인식함과 동시에 공존과 협력을 강조하는 다문화교육을 요구하고 있다.

2. 다문화사회

한국사회에서 국제결혼여성과 자녀, 외국인 근로자와 자녀, 외국인 유학생, 중도입국자녀, 새터민 등과 같은 다인종 다문화의 새로운 구성원이 점차 증가하면서 다문화사회에 관심이 증대되고 있다.

다문화사회의 사전적 의미는 한 국가나 한 사회 속에 다른 인종, 민족, 계급 등 여러 집단이 지닌 문화가 함께 존재하는 사회이다. 그러나 다문화사회라는 용어는 매우 유동적이고 광범위해서 쉽게 정의내리기 어렵다. 박경태(2007)는 다문화사회를 한 사회나 한 국가 안에 복수의 문화가 존재한다는 사실을 인정하고 각 문화의 고유한 가치를 존중하고 현실개혁에 관여하는 사회라고 본다.

세계의 모든 나라에서 다문화사회를 동일한 형태로 경험하지 않으며 이주민의 다양한 유입, 민주주의의 발전 정도, 민족국가의 정체성 등에 따라 상이한 방식으로 전개되며 이에 대한 대처 방안도 다양하다.[2] 우리나라에서 다문화에 대한 담론은 2006년 즈음 이주노동자에 대한 대처방안의 모색과 연계되어 급격히 부상하였고 다문화라는 용어는 정부정책에서 광범위하게

---

1. 우리나라에 거주하는 체류외국인은 2016년 기준 1,856,656명이며, 체류외국인 중 국민의 배우자인 결혼이민자(혼인귀화자 109,073명 불포함)는 150,066명이다(법무부, 2016; 황미혜, 2016, 57).
2. 오경석(2007)은 다문화사회를 이주민의 유입 경로, 민족 국가 체제의 안정성, 민주주의 수준, 다문화의제와 종교의제의 결합도, 다문화 정책의 기조 등을 고려하여 유럽-제국주의형, 미국형 또는 신제국주의형, 아시아형 또는 탈식민주의형 등으로 구분한다.

사용되기 시작하였다(이상길 등, 2007).

최병두 외(2011)는 외국인 이주자의 급속한 유입과 이에 따른 다문화사회로의 전환은 이들이 유입·정착하게 된 지역들을 중심으로 상당한 변화를 초래하고 있을 뿐만 아니라 국가적으로 그동안 해외 순인구유출국, 단일문화, 단일민족 국가라는 인식을 바꾸어 놓으면서 사회전반의 변화를 추동하는 주요 요인이 되고 있다고 지적한다. 지리교육에서 다문화사회를 다룰 때에는 한국의 저출산, 노령화 등으로 대표되는 인구지리학적 특징, 도시와 농촌간의 지역불균형, 저임금 노동에 바탕을 둔 산업, 3D 기피 현상 등의 한국적 상황과 노동력의 국제적 이동이라는 세계적 상황과 맞물려 있음을 전제로 접근해야 한다.

3. 다문화교육

1) 다문화교육의 목적

다문화교육의 사전적 의미는 인종, 민족, 사회적 지위, 성별, 종교, 이념에 따른 집단의 문화를 동등한 가치로 인식하며, 다른 문화에 대한 편견을 줄이고, 다양한 문화를 이해하기 위한 지식, 태도, 가치 교육을 가르치는 것이다.

다문화교육은 다양한 문화, 민족, 성, 사회적 계층의 배경을 가진 학생들이 공평한 교육적 기회를 가질 수 있도록 교육과정의 변화를 시도하는 총체적인 노력이다. 다문화교육은 학생들에게 문화에 대해 좀 더 정확하고 포괄적인 지식을 제공하고 사회적 문제에 대한 비판적 사고를 하게 함으로써 더 나은 민주사회의 시민으로서 성장할 수 있도록 하며, 세상에 존재하는 편견과 차별을 없애고 자신과 타자의 관계 및 역할을 이해함으로써 다양성이 보장되고 균등한 삶의 기회를 제공하는 것이라고 정의할 수 있다.

뱅크스(Banks, 1994)에 의하면, 다문화교육의 목적은 다음과 같다(모경환 외, 2008, 2-7).
- 개인들로 하여금 다른 문화의 관점을 통해 자신의 문화를 바라보게 함으로써 자기 이해를 증진시킨다.
- 문화적·민족적·언어적 대안들(alternatives)을 배운다.
- 다문화사회에서 요구되는 지식과 기능, 태도를 습득한다.
- 소수민족집단이 그들의 인종적, 신체적, 문화적 특성 때문에 겪는 고통과 차별을 감소시

킨다.

- 전 지구적(global)이고 평평한(flat) 테크놀로지 세계에서 살아갈 때 필요한 읽기, 쓰기, 그리고 수리적 능력을 습득한다.

다문화교육은 다양한 민족의 의복, 음식, 기념일, 축제 등과 관련한 지식뿐 아니라 모든 학생들에게 평등한 교육경험을 제공하기 위해 학교교육을 개혁하는 것이다. 다문화교육은 평등을 추구하며 소수의 특정집단을 위한 교육이 아니라 모든 학생을 위한 교육과정이며 학생의 비판적 사고와 주체적 활동 및 의사결정을 강조하는 사회실천 교육이다.

2) 다문화교육 연구

다문화교육에 대한 연구는 각 사회마다 다문화사회의 유형이 상이한 만큼 내용이 다양하다. 초기 다문화교육에 대한 연구는 주로 타문화에 대한 이해 등 가치교육에 중점을 두고 있다. 슬리터(Sleeter, 1990)는 다문화교육을 문화적 민주주의를 위한 것으로 자신과 타인의 문화에 대한 올바른 이해를 통한 집단 간의 연대감을 형성하기 위한 입장에서 개발된 것이라고 한다. 파인버그(Feinberg, 1995)는 다문화교육을 탈중심과 차이에 대한 감수성의 함양을 위한 교육이라 언급한다. 모리슨(Morrison, 1998)은 다문화교육을 문화적 차이에 대한 인식과 이해 그 이상을 다루는 교육으로 다른 인종, 성, 사회계층, 언어 및 문화적 배경을 가진 사람들이 이해하고 존중하도록 함으로써 다양한 문화적 세계에서 학생들이 공동 목표를 달성하기 위해 상호 교류하고 협력할 수 있도록 준비하는 교육이라고 한다.

다문화교육을 단순히 가치교육이 아니라 비판적 사고 함양이나 실천적 측면의 교육으로 보는 관점도 있다. 뱅크스(1994)는 다문화교육을 다양한 문화, 민족, 성, 사회적 계층의 배경을 가진 학생들이 공평한 교육적 기회를 가질 수 있도록 교육과정의 변화를 시도하는 총체적인 노력이라고 한다. 바브러스(Vavrus, 2002)는 다문화교육은 문화적, 민속적, 경제적 집단들 간의 교육적 평등의 실현을 위해 고안된 학교개혁의 총체적 노력이라고 규정한다. 니에토(Nieto, 2005)는 다문화교육은 민족, 인종, 언어, 종교, 경제, 성 등의 다원성을 지지하고 비판적 교육학을 바탕으로 성찰과 실천에 초점을 둔 교육이라고 한다. 파레크(Parekh, 2006)는 다문화교육은 학생들에게 다른 사람이나 집단의 사고방식 및 생활 방식을 이해시킴으로써 타문화에 대한 존중감과 감수성을 증진시키고, 고정관념에 의존하지 않는 독자적인 판단 및 자아비판 능력을 길러 주는 것이라고 정의한다.

다문화교육을 학교현장에서 실천하기 위한 연구는 다문화교육의 개념과 학습 방법, 학습전략 등을 중심으로 이루어진다. 칼더와 스미스(Calder and Smith, 1993), 힉과 홀덴(Hick and Holden, 1995) 등은 다문화교육의 기본적 개념으로 평화, 사회 정의, 지속가능한 발전, 비전/미래, 사회비판, 사회변화, 지구화 등을 제시하고 있다. 다문화교육의 학습 방법으로는 비판적·성찰적 사고, 전체적 접근, 적극적 학습, 가치의 명료화, 경험적 학습, 학생 주도의 탐색적 학습, 대화, 비판적 역량 강화, 문화 간 의사소통 등이 제시된다.[3]

한국에서 다문화교육에 대한 일반적인 연구는 미국 다문화교육의 역사적 전개(장인실, 2003), 교사와 예비교사의 다문화적 인식과 이해에 대한 연구(이정우, 2007), 다문화 가정 학생의 국내 실태와 다문화교육에 대한 전문가들의 인식 조사(한국교육과정평가원, 2007), 다문화교육의 유형을 구분한 연구(성기완, 2007), 다문화교육이 농촌지역경제에 미치는 영향을 분석한 연구(함재봉, 2007) 등이 있다.

다문화교육을 교육현장에 적용하고자 한 연구는 비판적 관점의 다문화교육 논의(김미윤, 2004), 청소년의 다문화학습 프로그램 모형 개발(은지용, 2007), 한국문화 확산의 지속화 전략으로 동남아시아 지역을 대상으로 다문화교육 모형 개발(이진석, 2007), 한국 다문화교육 내용 선정 연구(황규호·양영자, 2008) 등이 있다.

교과교육적 측면에서 다문화교육을 연구한 논문은 영어, 국어, 음악, 일반사회 등을 중심으로 양종모(2007), 박영민 외(2006), 김정렬·고현숙(2007), 권순희(2008), 전희옥(2008) 등의 연구가 있고 지리교육에서는 심광택(2006), 박선희(2008; 2009), 김시구 외(2011) 등이 있다.

3) 다문화교육의 국가별 동향

미국의 다문화교육은 1950년대 소수민족에 대한 고려에서 시작되었고 좀 더 평등한 미국사회로 변화시키려는 노력에서 비롯되었다. 미국에서 다문화교육의 역사적 전개는 국가에 대한 맹목적 충성심과 이주민의 미국화를 추구하는 동화주의(assimilation), 이질적 요소들을 용해시켜 하나의 공통 국가 내에서 단일 언어, 단일 정치체제, 단일 국가주의, 단일 사회발전을 추구하는 용광로 이론(melting pot), 다른 민족과 인종 집단 간의 편견과 오해를 줄이고자 하는 목적으로 실시된 민족 연구와 집단 간 교육운동(ethnic studies and intergroup education

---

3. 학습전략에 관한 연구는 뱅크스(1994)의 4가지 접근법, 워커(Walker, 1995)의 학습전략 4단계 등이 있다.

movement)으로 이루어진다(장인실, 2006).

일본은 1970년대부터 해외에 거주하는 일본인 자녀, 해외에서 거주하다가 귀국한 자녀에 대한 교육에 관심을 두면서 다문화교육의 필요성을 지적하였다. 1980년대에 국민으로서의 자각과 다문화의 이해를 병렬적인 관계로 인식하였고 1980년대 후반에는 글로벌 교육이라는 이름 아래 다문화 이해와 인권교육, 평화교육, 개발교육, 환경교육을 포함하였다. 1990년대 말에는 다문화교육과 인권교육을 통합하고자 하는 시도가 나타나고 다문화와 지구적 관점을 통합하여 공생의 관계로 정립하고자 하는 움직임이 등장한다(유네스코 아시아·태평양 국제이해교육원, 2003).

오스트레일리아의 다문화정책의 초기는 평등주의적 교육 차원에서 소수민족의 필요를 지원하는 정책으로 이루어진다. 1980년대로 들어와 아시아 이주민이 증가함에 따라 오스트레일리아 정부는 1989년 다문화 오스트레일리아를 위한 국가의제를 문화적 정체성, 사회정의, 경제적 효율성의 세 분야에서 제시한다. 문화적 정체성은 모든 오스트레일리아인들은 자신들의 언어와 종교를 비롯하여 각자의 문화적 유산을 표현하고 나눌 권리가 있음을 의미한다. 사회정의는 모든 오스트레일리아인들은 동등한 대우와 기호를 제공받고 인종과 민족, 문화, 종교, 언어, 성 또는 출생 지위 등의 장벽을 제거받을 권리를 가짐을 의미한다. 경제적 효율성은 모든 오스트레일리아인들이 자신들의 배경과 관계없이 재능과 기술을 효과적으로 유지, 계발, 활용할 수 있어야 함을 의미한다.

1990년대 오스트레일리아의 다문화교육은 다양한 인간자본이라는 활용에 초점을 두고 '생산적 다양성(productive diversity)'이라는 개념을 채택한다. 생산적 다양성이란 오스트레일리아 인간자원의 활용을 의미하는데 선주민의 문화를 비롯해 오스트레일리아에 존재하는 문화적, 언어적 다양성은 오스트레일리아의 미래를 일구어내는 힘이자 가치 있는 경제적, 언어적, 지적, 문화적 자원임을 강조하는 것이다.[4]

프랑스에서는 다문화(multiculture)라는 용어 대신 문화 간 교육(Education interculture)이라는 개념이 통용된다. 프랑스에서는 자국 내 노동력 충당, 인권국가로서의 정치 망명객의 적극적 포용, 인도주의 차원에서의 난민 수용 등으로 이주민이 크게 증가한다. 이주민 자녀의 사

---

4. 오스트레일리아 다문화교육의 핵심 원칙은 문화적 다양성, 형평성, 생산적 다양성이다. 문화적 다양성은 모든 오스트레일리아인은 오스트레일리아의 경제적, 정치적, 법적 체계와 영어라는 언어를 둘러싸고 있는 구성틀 내에서 자신의 문화적 정체성과 관습을 유지하고 발전시킬 수 있는 권리를 가짐을 의미한다. 형평성이란 피부색, 종교, 언어, 문화적 배경이 무엇이든지 간에 모든 사람들에게 영어에 대한 기본적 문해와 오스트레일리아사회의 여러 영역에 완전히 그리고 효과적으로 참여하기 위한 기반을 제공함을 의미한다.

회적응과 이들을 포용하는 수준에서 이루어지던 문화 간 교육은 알제리 등 북아프리카 출신 이민자들의 급증과 함께 새로운 과제로 등장한다. 공동체 안의 동화주의를 추구하던 프랑스에서 이주민 2세와 사회적 소외문제 등이 쟁점으로 부각된다.

프랑스에서 다문화교육은 사회적 차별을 포함하는 사회적, 정치적, 철학적 문제의식을 바탕으로 모색되고 다문화교육에서 다양성은 평등성이 전제된 개념이며 구체적 일상에 대한 비판적 성찰능력을 중요시하며 복합적인 세계에서 어떻게 부분과 전체의 상호관계와 상호영향을 파악할 수 있는지 그 방법론을 가르치고자 한다(이민경, 2007). 프랑스 다문화교육은 일반학교 수업시간에 이루어지며 교실현장에서 논쟁적인 사회적 이슈를 비판적 사고를 통해 다루면서 기본적인 시민의식 함양에 중점을 둔다.

4) 다문화교육과 국제이해교육과의 관계

다문화교육을 국제이해교육의 한 분야로 이해하여야 하는지, 또는 국제이해교육과 차별되는 개념으로 이해되어야 하는지에 대해 합의된 적이 없다. 그러나 교육현장에서 다문화교육과 국제이해교육을 실시하고자 하는 교사들의 혼란을 감소시켜 주고 다문화교육의 방향을 설정하는 데에도 영향을 주기 때문에 다문화교육과 국제이해교육의 구분이 필요하다(표 1).

국제이해교육과 다문화교육은 발생배경이나 목적, 내용 등에서 차이점을 찾아볼 수 있으나 교실현장에서는 이러한 차이가 명확하지 않은 경향이 있으며 많은 부분이 공통적인 요소를 가지고 있어 상호보완적 성격을 지니고 있다. 다문화교육과 국제이해교육은 다양성 존중, 인

표 1. 다문화교육과 국제이해교육 비교

	다문화교육	국제이해교육
발생 배경	• 다종족으로 구성된 나라에서 자국의 문화 공동체 의식 형성과 사회통합을 위해 시작 • 다양한 집단 속에서 성·인종·사회계층 간의 차별 철폐와 통합 등이 요구	• 세계화로 전 세계의 상호의존이 깊어지면서 국가나 지역 단위로 해결할 수 없는 지구촌 전체의 문제(예: 인구, 자원, 빈곤, 인권, 환경 문제 등) 등장
목적	• 문화공동체 의식을 통한 사회통합의 토대를 마련하는 것 • 자국의 다종족 구성에 따른 문제를 해결하기 위한 방안 모색	• 평화로운 세계, 인권교육의 강화, 지속가능한 발전 등 세계의 평화에 목적을 둠
교육내용	• 동일 국가 내에서 다양성(diversity), 평등(equity), 정의(justice) 등을 강조하여 한 국가 차원에서 조화로운 삶을 추구(국내지향적 교육)	• 세계체제, 세계 여러 나라 사람들과의 상호관련성을 이해를 강조(국제지향적 교육)

류 보편적 가치의 추구, 사람과 문화의 상호의존성 이해와 같은 공통점을 가지고 있고 논쟁이 심한 이슈를 다루며 비판적 사고를 고취시킨다는 점에서 통합된 내용으로 접근할 수 있다.

4. 지리교육과 다문화교육

1) 지리교육에서의 다문화교육의 가능성

지리교육의 목적 속에서 다문화교육의 가능성은 지리교육의 내재적 목표가 지리적 안목의 함양에 있다는 점에서 찾을 수 있다. 지리적 안목을 함양하기 위해서는 장소 및 지역, 공간에 대한 학습이 요구된다. 장소 및 지역 학습은 국지적·지역적·국가적·세계적 규모에서 학습을 의미하며, 학생들은 이를 통하여 인간 사회의 인종적·문화적·정치적 다양성에 대한 지리적 표현을 할 수 있다. 지리교육은 장소와 지역학습을 통해 인간 사회의 인종적·문화적·정치적 다양성에 대한 교육을 통해 다문화교육을 담아낼 수 있다. 또한 지리교육은 지표 위에 나타나는 공간적 상호작용을 기초로 공간적 통찰력 또는 안목을 길러 주고자 하는데 이를 통해 세계 여러 지역의 다문화사회에 대한 통찰력을 함께 획득할 수 있다.

지리교육의 구체적 목표 속에서 다문화교육의 가능성은 장소감 함양에서 그 해답을 찾을 수 있다. 캐틀링(Catling, 1986)은 장소는 인간 생활의 일부로서 회피할 수 없는 실재이고 장소를 통해서 인간은 자신의 존재감을 느낀다고 본다. 렐프(Relph, 1976)는 장소감을 인간이 장소에 대해 알고 참여하는 소속감이라고 보고 그 사회와 장소에 대해 강하게 느끼는 소속감이라고 한다(이희연, 1984, 60). 지리교육의 목표 중 하나인 장소감 함양은 지역정체성과 관련이 깊다. 장소감이나 지역정체성은 장소나 지역에 대한 소속감으로서 향토애, 국토애, 장소에 대한 지식, 입지감, 영역감, 소속감, 호기심 등 넓은 의미로 사용되는 개념이다(서태열, 2005, 69). 장소감 또는 지역정체성은 다양한 인종, 민족, 인간들이 지닌 정체성 중의 하나로 자신들이 살고 있는 장소나 지역에 대해 느끼는 감정이나 소속감을 의미한다. 이러한 소속감은 다문화사회에서 성, 민족, 종교, 인종, 계층 등에 의해 형성된 다양한 정체성도 포함하고 있다. 따라서 다문화사회에서 다양한 문화적 배경을 가진 집단들이 특정한 장소에 모여 살면서 그들의 정체성과 다양성을 조화롭게 형성하고 함께 공존할 수 있도록 하는 해결의 실마리이기도 하다. 지리교육은 다문화교육에서 추구하는 내용 중 하나인 정체성과 다양성을 모두 담아 낼 수 있는 매우 적절한 교과이다.

　지리교육의 목표 중 하나인 인간-사회-환경과의 관계에 올바른 인식은 다문화교육에서 추구하는 내용 중 지속가능한 발전과 밀접하게 관련된다. 세계지리학연합회 지리교육위원회는 2007년 지리교육의 지속가능한 발전교육에 대해 제안하는데 이 내용은 다문화교육의 지속가능한 발전을 담고 있다. 세계지리학연합회에서 제안한 지리교육에서의 지속가능한 발전교육은 지구상의 모든 사람들이 지속가능한 미래와 바람직한 사회변화를 위해 필요한 지식, 행동, 생활 습관을 배울 수 있고 또한 질 좋은 교육을 통해 혜택을 받을 수 있는 기회를 보장하는 데 기여하는 것이다(이종원 역, 2008, 291). 지속가능한 발전교육은 자연, 경제, 사회적 측면으로 나누어 접근되는데 특히 사회적 측면의 지속가능한 발전은 모두에게 동일한 삶의 기회를 보장하는 것으로 다문화교육의 목표에 부합한다. 그리고 지리교육에서의 지속가능한 발전 교육에서 요구되는 지리적 사고는 지방에서 국제적 수준까지 다양한 스케일의 지리적 주제를 탐구하기 위해 의사소통, 사고, 실천 등을 의미하며 이는 다문화교육에서 요구되는 다양한 수준의 공동체-국가공동체, 지역공동체, 전지구적 공동체 등-에서 요구되는 지식이다.

　지식분야뿐 아니라 지리교육에서 강조되고 있는 공간능력과 지리도해력 등의 지리적 기능은 공간능력의 향상과 더불어 다문화교육에서 담아내고자 하는 상호의존성, 지구화, 다양한 관점 등의 형성에 기여할 것이다. 엘리엇(Elliot, 1970)은 공간능력으로 공간지각 또는 공간조망능력, 정향능력, 공간적 가시화 능력 등을 제시한다. 셀프와 골리지(Self and Gollege, 1984)는 공간능력으로 공간적 가시화, 공간정향능력, 공간관계능력 등으로 구분한다. 특히 공간관계능력은 공간분포 패턴을 인지하고 공간 결합을 파악할 수 있는 등의 능력과 관련된다. 지리도해력은 언어나 숫자로 전달할 수 없는 공간적 정보와 아이디어를 기록하고 전달하는 하나의 의사소통이다. 지리교육은 다양한 다문화적 내용을 담은 자료와 내용을 공간능력과 지리

표 2. 지리교육에서의 다문화교육의 행동영역별 하위요소

행동영역	다문화교육의 하위요소
지식	상호의존성/ 장소와 정체성/ 문화적 다양성/ 갈등과 협력/ 유사성과 차이/ 인간복지/ 공간적 불평등과 쟁점/ 권리와 책임
기능	비판적 사고/ 의사결정/ 반성과 성찰/ 다양한 지역조사/ 다양한 탐구기능/ 비판적 문해력, 수리력, 도해력/ 협동학습과 집단학습/ 토론과 논쟁
가치·태도	정체성과 자아존중/ 사회 정의와 평등/ 장소감/ 공동체 의식과 참여/ 감정이입/ 다양성에 대한 가치와 존중/ 문화와 환경에 대한 공감

출처: 박선희(2008)

도해력을 활용하여 다문화교육에서 추구하는 목표와 내용을 담아낼 수 있다. 지리적 지식, 지리적 기능 등을 고려하여 지리교육에서 담아 낼 수 있는 다문화교육의 영역을 행동영역별로 정리하면 표 2와 같다.

2) 지리교육에서 지역정체성과 다문화교육과의 연관성

나는 누구인가? 나는 어떤 공간, 지역, 장소에 속하는가? 나는 세계, 국가, 지역의 시민인가? 나는 누구와 관련되어 있는가? 이러한 것들이 자아실현과 어떤 관련성이 있는가 등이 지리교육에서 정체성과 지역정체성의 문제이다.

정체성은 개인이 가지고 있는 하나의 사회에 속한 구성원으로서의 소속감이며, 지역정체성은 개인이 자신이 속한 지역에 대해 구성원으로 갖는 소속감이나 태도를 나타내는 개념이다.[5] 지역정체성은 자신이 살고 있는 지역의 특성과 지역사회 내에서 자신이 갖고 있는 사회적 네트워크 등을 통해 형성되며 지역에 대한 결속력을 포함한다.[6]

특정한 지역에 속한다는 느낌은 집단적인 결속을 강화하기도 하고 패권적인 지역정체성에 동의하거나 저항하는 기능도 하며 경제적 이익을 추구하는 기반이 되기도 한다(임병조, 2009). 따라서 지역정체성은 집단적 행동이나 정치적 행위에 영향을 준다. 지역정체성은 국수주의나 민족주의 등 중앙집권적 정치권력 구조나 이데올로기 등에 근거한 정체성과는 달리 '다름(이질성)'의 개념이 개입된 정체성으로 주민의 자발적 동의와 소수의 견해를 대변할 수 있는 개념이기도 하다.

지역정체성은 개별 국가의 역사성과 특수성, 삶을 향유하는 터전과 독특한 경험을 공유하는 구성원에 대한 애착으로서의 민족적 정체성을 부정하는 것은 아니다. 곽준혁(2004)은 민족적 정체성을 역사적 성취로 해석할 것을 제안하며 이 정체성이 세계주의와 민족주의와의 갈등을

---

5. 패시(Passi, 2003)는 지역정체성을 개인적으로 나는 어디에 속하는가에 대한 개념으로 보며, 퍼디풋(Puddifoot, 1995)은 지역정체성을 지리적 구분과 지역 내의 사회적 관계에 따라 구성된다고 본다. 라그마(Raagmaa, 2002)는 지역정체성을 사회적, 공간적, 역사적인 현상으로 고정적인 동시에 가변적이며 파괴적인 동시에 생산적인 특성을 갖는다고 지적한다.

6. 브루베이커(Brubaker, 1992)는 속인주의를 채택한 독일보다 속지주의를 선택한 프랑스에서 이민노동자들이 보다 쉽게 정치적, 사회적 권리를 획득할 수 있음을 보여 주면서 영토나 지역에 바탕을 둔 정체성 교육이 시민성의 근간이 됨을 제시한다. 패시(2003)는 지역정체성 형성은 국가주의, 민족주의, 지역주의, 시민정신 등을 이해하는 하나의 열쇠라고 지적한다. 아파두라이(Appadurai, 1996)는 세계화는 대규모 이주로 인한 새로운 공간을 출현시키며 이 공간은 지구적 차원의 새로운 정체성을 요구하는데 특히 도시를 중심으로 한 새로운 시민성이 생겨날 것이라고 예견하는데 이는 지역을 바탕으로 한 정체성의 강조로 본다.

해소하는 데 기여할 수 있다고 본다. 그러나 이러한 정체성은 민족이라는 개념으로 강조될 것이 아니라 시민적 권리의 실천을 통해서 배양되고 압제와 부패에 저항해 자유를 지키는 원칙으로 존중되며 획득된 자유를 향한 기억에 대한 애착으로 이해되어야 한다.

조철기(2007)의 연구는 다문화사회에서 지역정체성 교육이 어떻게 이루어져야 하는가에 대해 시사점을 제공한다. 그는 7차 교육과정 고등학교 사회 교과에서 새롭게 도입된 장소학습에 대해 급진적 전환을 제안하면서, 현행 고등학교 장소학습은 인간주의 지리학에서 강조된 장소 애착과 장소감에 한정되나 다양한 스케일에서의 장소에서 나타나는 실재의 표상과 재현의 문제, 그리고 영역화, 배제, 권력, 갈등 등에 관심을 가질 필요가 있다고 지적한다. 지리교육의 다문화교육은 다문화사회에서 표출되는 다양한 문화적 배경을 둔 집단들의 영역화, 배제와 포섭, 권력과 갈등 관계 등을 접근한다.

다문화사회의 지리교육은 학생들이 자신들의 장소나 지역, 세계에 대해 스스로 의미를 부여하고 다양한 스케일의 지역정체성을 형성하고 지역의 문제점과 해결방안에 대해 학생들이 더 비판적이고 구성적인 사고를 할 수 있도록 구성되어야 한다. 이에 박선희(2009)는 다문화사회의 갈등해결을 위해 지리교육의 다문화교육에서는 비판적 사고에 바탕을 둔 지역정체성 함양에 초점을 두어야 한다고 제안한다.

지역적 정체성은 지리교육의 핵심인 지역 연구에서 함양될 수 있다. 지역 연구는 대상지역의 생활을 그 지역의 역사, 전통, 자연환경, 문화 등의 맥락에 기초하여 이루어지므로 타문화에 대한 이해를 도모할 수 있다. 이를 통해 다문화교육의 내용인 다양성과 정체성, 편견과 차별 및 인종주의, 민주주의, 지구화 등을 다룰 수 있고 소속 공동체에 대한 사려깊은 애정을 가진 인간으로 육성시킬 수 있다.

예를 들어 지리교육에서는 우리 주변에서 볼 수 있는 외국인 노동자 문제, 재외한인 문제 등을 다문화이해와 관련하여 논의한다. 이때 외국인 노동자의 인권문제와 재외한인의 강제 이주와 차별 등을 관련시켜 보편적인 문제로서 이해하는 것도 중요하다(한경구, 2003). 외국인 노동자에 대한 차별 문제를 자본주의의 발전과 세계화 문제와 연계시켜서 이해하도록 한다. 특히 노동시장의 장벽과 국가 간의 경계를 넘는 노동력의 이동이 필요한 이유 등에 대해 외국의 사례들도 함께 조사하면서 알아보도록 한다. 또한 외국인 노동자가 거주하는 지역에 대한 연구를 통해 지역에 대한 정체성과 장소감 등을 함께 접근하면서 자신들과 더불어 사는 공동체 일원으로서 그들의 정체성과 그들의 문화를 이해할 수 있고 공존할 수 있는 방안을 찾아볼 수 있다. 이를 통해 지역적 정체성과 더불어 세계시민성 교육도 함께 추구할 수 있다.[7]

5. 지리교육에서 다문화교육을 위한 교수-학습 방안

1) 지리교육에서 다문화교육 실천을 위한 선결 조건

• 실제적인 일상생활 경험에 근거한 사회 인식 과정을 밟아야 한다. 지리교육에서 추구하는 지리적 상상력은 사적지리와 공적지리와의 상호작용을 통하여 형성된다(권정화, 1997). 사적지리(private geographies)는 일반인들의 지역인식이나 학생들의 주관적 경험을 의미한다. 공적지리(public geographies)는 지리학자들의 전문개념에 따른 지역인식이나 공식적인 지리교육과정이다. 학생들이 일상생활 속에서 호기심, 또는 흥미를 갖고 있는 주변의 소재로부터 출발하여 다문화교육으로 접근하는 방식이 필요하다.

• 열린 수업과정이 되어야 한다. 학생과 교사가 모두 참가할 수 있는 개방형 수업과정이 되어야 한다. 민주주의를 추구하는 다문화교육은 학생들에게 민주주의 모델을 보여 줄 수 있도록 교수-학습 환경을 민주화하도록 노력해야 한다.

• 구성주의적 환경이 제공되어야 한다. 수업의 구성원 모두가 학습에 참여하여 상호 공감할 수 있는 다문화교육의 내용과 가치 등의 학습이 이루지도록 환경조성이 필요하다. 학습자들의 문화적, 언어적 배경과 경험에 가치를 부여하는 학습자 중심의 접근을 중요시한다.

• 다문화교육은 가치와 태도형성을 중요시한다. 다양성과 다원성에 대한 이해와 상호존중의 태도를 함양하는 부분이 강조된다. 갈등을 외면하지 않는 교과과정과 프로그램을 개발하여 학습자들이 부정의와 불평등을 잘 이해하고 문제해결 방안을 찾아낼 수 있도록 돕는다.

• 다문화교육은 간학문적이며 다학문적인 접근방법이 요구된다. 그리고 다문화교육은 장기적인 변화과정이 요구되므로 학부모, 지역공동체가 적극적으로 참여할 수 있는 프로그램을 개발한다.

2) 지리교육의 다문화교육에서 지구적 관점과 다양성의 통합

글로벌사회에서 지구적 관점과 다문화교육에서 다루는 다양성을 지리교육에서 어떻게 통

---

7. 박선희(2009)는 다문화교육에서 시민성은 국가중심을 탈피하여 세계시민으로서의 자질이 요구되지만 세계시민성교육이 지리교육에서 지역정체성에 대한 포기를 의미하는 것이 아니며 오히려 강화되어야 한다고 본다.

합하여 교육현장에 적용할 것인가? 다문화교육에서 지구적 관점과 다양성의 통합은 다문화사회의 형성이 세계화의 확산과 연관되어 있고 세계 속의 시민으로 살아간다는 점에서 그 가능성을 찾을 수 있다. 이혁규(2008)는 이와 관련하여 지구적 관점과 다문화적 관점이 어떻게 통합될 수 있는지의 가능성을 제시한다. 이에 근거하여 지리교육에서 지구적 관점과 다양성을 통합하여 교육현장에 적용할 수 있는 부분을 정리하면 표 3과 같다.

표 3. 지리교육의 다문화교육에서 지구적 관점과 다양성의 통합

개념	지리교육에서의 통합 내용	수업에의 적용	사례
지구화, 세계화	• 한국지리: 세계화 시대의 국토 인식 등 • 세계지리: 세계화와 지역화, 경제활동의 세계화, 세계화와 세계도시, 무역과 남북문제, 경제블록과 자유 무역 협정 등	세계화의 그늘진 부분을 다룸으로써 세계화에 대한 옹호론과 반대론에 대한 토론 학습을 한국적 상황과 결부시켜 접근	• 근로자의 복지 약화, 특정문화의 독점 심화, 성불평등의 심화, 저개발국의 빈곤 심화와 환경 파괴 등 • 햄버거를 통해 문화의 동질화, 브라질의 열대림 파괴와 관련됨을 학습함으로써 세계화의 의미를 접근
정체성과 다양성	• 한국지리: 국토의 의미와 정체성, 다양한 지형, 기후 특성과 주민 생활, 우리나라의 지역이해 등 • 세계지리: 세계로 떠나는 여행, 다양한 자연환경, 문화적 차이와 갈등 등	타문화에 대한 이해, 다양성에 대한 수용을 통해 정체성을 확립	• 프랑스의 히잡 논쟁을 CEDA를 활용하여 수업을 전개하면서 다양성과 정체성을 접근 • 학생들이 쉽게 접하고 구체적으로 배울 수 있는 음식, 스포츠, 문화 등을 소재로 활용
이민	• 한국지리: 인구문제와 대책, 지역 격차 등 • 세계지리: 인구이동과 지역 변화 등	노동력의 국제적 배경과 패턴, 이주의 유형, 다문화사회의 형성과 문화 간의 갈등과 대립 등을 외국인 거주지역을 사례로 접근	• 국경 없는 마을 안산시 등 다문화공간을 체험학습, 현장답사 등을 통해 학습 • 드라마, 동화, 각종 시청각 자료 활용
지속가능한 발전	• 한국지리: 삶의 질과 국토의 과제(지속가능한 발전과 바람직한 국토상) • 세계지리: 환경문제와 국제협력, 경제지리에서 지속가능한 지역발전과 환경 보전 등	경제성장주의 패러다임의 한계와 우리 공동의 미래를 위해 지속가능한 발전이 나오게 된 배경을 학습	지속가능한 발전을 위한 국제적 노력과 협약, 그 한계 등을 조사, 발표, 토론
민주주의와 인권	• 한국지리: 공간적 불평등 등 • 세계지리: 세계화, 인구이동, 무역과 남북 문제, 세계 분쟁 등	각종 환경문제, 세계의 다양한 갈등, 민주화운동, 외국인 노동자에 대한 복지와 인권에 대한 이해의 차이 등을 지구적 관점과 다양성을 통합하여 접근	아랍의 봄 등 세계 여러 지역의 민주화 운동의 구체적 갈등과 해결 사례

평화 교육	• 한국지리: 북한의 지리적 특성과 국토 통일 • 세계지리: 영역분쟁, 문화적 차이와 갈등, 세계 속의 한국 등	과거의 보수적 평화교육(애국주의로 미화된 민족주의나 군사적 안보를 강조하는 교육)에서 벗어나 비판적 평화교육(참여민주주의와 평화공존)이 이루어질 수 있도록 내용 구성	• 세계의 영역 분쟁, 종교 갈등의 구체적 사례 • 탈북자의 삶과 인권 • 신문, 인터넷, 동영상 등 활용
제국과 제국주의 및 권력	• 한국지리: 국토의 의미와 정체성 • 세계지리: 영역분쟁, 문화적 차이와 갈등, 무역과 남북문제, 경제 지리에서는 세계 경제 환경의 변화, 세계 속의 우리나라 경제 등	제3세계의 경제적 빈곤과 남북격차 등을 제국주의와 연관지어 접근	• 커피를 사례로 제국주의와 단일경작, 제3세계의 경제적 빈곤을 연관지어 파악 • 제국주의와 아프리카의 국경 분쟁, 갈등을 연관지어 지리신문 제작하기 등
편견과 차별 및 인종주의	• 한국지리: 인구문제와 대책, 지역격차와 공간적 불평등 • 세계지리: 인구이동과 지역 변화, 선진국과 개발도상국의 도시화, 스포츠와 문화교류 등	• 편견은 집단의식과 집단갈등으로부터 나오고 편견이 행동으로 옮겨져서 차별이 나타남을 학습 • 인종주의와 민주주의는 양립 불가능함을 이해	• 국내의 지역 격차와 공간적 불평등의 사례 • 선진국과 개발도상국의 경제적 차이로 인한 인구의 국제적 이동, 이에 따르는 다문화 사회 형성과 차별 등

3) 지리교육에서 다문화교육을 위한 교수-학습 방안(예시)

가. 단원선정: 〈삶의 질과 국토의 과제〉 중 인구문제와 대책

나. 교수-학습 지도안(박선희, 2008)

표 4. 지리교육에서 다문화교육의 교수-학습 지도안 사례

단계		교수-학습 활동	교수-학습 방법	학습자료 및 유의점
도입		• 흥미유발: 학생들에게 미리 과제로 제시한 다문화사회와 관련한 자료를 통해 외국인 노동자의 유입에 대한 학생들의 흥미를 유도한다. • 문제제기: 외국인 노동자의 유입과 다문화사회 형성이 어떻게 관련되었는가를 생각하게 한다.	강의법	학생이 수집한 자료
전개 1	외국인 노동자 유입	• 자료분석: 외국인 노동자의 유입과 관련된 그래프, 지도, 사진, 신문기사 등을 분석하고 이에 근거하여 외국인 노동자 유입의 배경을 파악한다. • 유입배경 파악: 외국인 노동자의 유입배경이 노동력의 국제적 이동이라는 세계적 상황과 한국의 인구지리학적 특성 등이 복합적으로 결합됨을 설명한다. • 비판적 사고: 노동력의 국제적 이동에 대한 긍정적 기능과 부정적 기능에 대해 비판적인 관점으로 접근한다.	사례 연구법 강의법	그래프(외국인 인구 증가), 지도 (국제결혼율)

전개 2	다문화사회	• 다문화사회의 형성: 외국인 노동자 거주지역의 사례를 소개한다. • 다문화사회에서 발생되는 갈등: 갈등의 사례를 간단한 역할극이나 동영상을 통해 파악한다. • 문제해결: 갈등해결의 방안에 대해 토의한다. 이때 해결방안은 학생들의 토의에 의해 결정되도록 한다.	역할극 토의법	동영상, 사진, 국경 없는 마을 프로젝트 소개
정리		• 내용정리: 외국인 노동자 유입과 다문화 사회 형성과의 관계를 정리한다. • 실천: 다양한 문화에 대한 수용의 자세와 편견없는 다문화사회 형성을 위한 자세를 갖도록 한다.	강의법	

6. 마치며

다문화교육은 다양한 문화, 민족, 성, 사회적 계층의 배경을 가진 학생들이 공평한 교육적 기회를 가질 수 있도록 교육과정의 변화를 시도하는 총체적이고 실천적인 노력이다. 지리교육은 장소 및 지역 탐구는 국지적·지역적·국가적·세계적 규모에서 탐구를 의미하며, 학생들은 이를 통하여 인간 사회의 인종적·문화적·정치적 다양성에 대한 지리적 표현을 학습하는 교과로서 인종적·문화적·정치적 다양성에 대한 다문화교육을 담당할 수 있는 매우 적절한 과목이다.

지리에서 다루는 공간이나 지역이 가치중립적인 물리적 공간이 아니라 인간의 경험, 지각, 반응 등에 의해 구성되는 가치 내재적 공간이고, 시민성교육이 지리적인 단위에 바탕을 두고 있다는 점 등에서 지리교육에서의 다문화교육이 더욱 강조될 것이다. 또한 지역정체성은 지역에서 발생하는 다양한 집단들의 갈등을 해소할 열쇠를 가지고 있으므로 다문화사회의 지리교육은 비판적인 사고에 바탕을 둔 지역정체성 함양에 초점을 둔 교육을 실시할 수 있다.

지리교육에서 다문화교육에 관한 연구는 아직 시초에 불과하다. 지리교육의 지리적 지식구조에서 다문화적 접근이 어떻게 포섭될 것인가에 대해 지리교육의 목적, 교육과정, 교육방법 등 다양한 각도에서 접근이 필요하다. 다문화사회에서 존재하는 다양한 억압적 요소들–유색의 외국인, 젠더, 장애 등–이 개인 및 집단, 지역에 따라 어떻게 상이하게 나타나고 이러한 내용을 지역적 정체성에서 어떻게 다룰 것인가에 대한 심층 있는 연구도 요구된다. 분단의 극복과 통일이라는 민족 정체성 이념을 다문화교육에서 어떻게 접근할 것인가에 대한 검토도 이루어져야 할 것이다.

요약 및 핵심어

지리교육은 국지적·지역적·국가적·세계적 규모에서 장소 및 지역을 탐구하며, 인간 사회의 인종적·문화적·정치적 다양성에 대한 지리적 표현을 학습하는 교과로서 다문화교육을 담당할 수 있는 매우 적절한 과목이다. 본고에서는 지리교육에서 다문화교육의 가능성을 모색하고 지리교육에서 지역정체성과 다문화교육과의 연관성을 논의한다. 다문화사회의 지역정체성은 다양한 집단들의 이질성을 내포한 동질성으로 지역에서 발생하는 다양한 집단들의 갈등을 해소할 열쇠를 가지고 있다. 이에 지리교육의 다문화교육은 다문화사회의 갈등 해결을 위해 비판적 사고에 바탕을 둔 지역정체성 함양에 초점을 둘 것을 제안한다. 다문화사회의 지리교육은 인종이나 민족을 강조하는 교육보다는 지역에 바탕을 둔 것으로 지구적 관점의 세계시민성과 다문화교육의 다양성의 관점을 통합하여 실시할 수 있다.

다문화교육(Multicultural Education), 지역정체성(Regional Identity), 세계시민성(Global Citizenship)

더 읽을 거리

1. 오경석 외, 2008, 한국에서의 다문화주의: 현실과 쟁점, 한울아카데미.
2. 정문성·전영은, 2016, 다문화사회 교수방법론, 교육과학사.
3. 최병두·임석회·안영진·박배균, 2011, 지구·지방화와 다문화 공간, 푸른길.
4. 한국다문화교육학회, 2014, 다문화교육 사전, 교육과학사.

참고문헌

권순희, 2008, "다문화 시대를 대비한 다문화 교육의 방향", 국어교육, 126, 89-121.
권정화, 1997, "지구화시대의 국제이해교육: 초등사회과 교육에서 지리적 상상력의 의의", 지리교육논집, 37, 1-2.
김미윤, 2004, "비판적 다문화교육의 관점에서 본 청소년참여의 과제, 청소년 문화포럼, 10, 124-137.
김시구·조철기·조현미, 2011, "지역 다문화 활동과 CCAP를 활용한 세계지리 수업에 관한 연구", 한국지역지리학회지, 17(2), 231-244.
김정렬·고현숙, 2007, "초등학교 영어과 다문화 지도 프로그램 개발", 학습자중심교과연구, 7(1), 111-140.
김현덕, 2007, "다문화교육과 국제이해교육의 비교연구 – 미국사례를 중심으로", 비교교육연구, 17(4), 1-23.
모경환·황혜원, 2007, "중등 교사들의 다문화적 인식에 대한 연구-수도권 국어·사회과 교사를 중심으로-",

시민교육, 39(3), 79-100.

박경태, 2007, 이주, 소수자, 그리고 우리 안의 다문화, 2007 APCEIU 한국교원연수: 다문화 교실을 위한 국제이해교육, 29-54.

박선희, 2008, "지리교육에서 다문화교육을 위한 교수-학습 방안 모색: 고등학교 7차 개정안을 중심으로", 한국지리환경교육학회지.

박선희, 2009, "다문화사회에서 세계 시민성과 지역 정체성의 지리교육적 함의", 한국지역지리학회지, 15(4), 479-494.

박영민·최숙기, 2006, "다문화 시대의 국어교과서 단원 개발을 위한 연구", 청람어문교육, 34, 67-84.

서태열, 2005, 지리교육학의 이해, 한울아카데미.

성기완, 2007, "다문화교육과 영어교육의 연계 필요성 고찰 및 교과과정 모형 연구", 글로벌영어교육학회, 12(1), 48-73.

심광택, 2006, 다문화 사회에서 민주 시민교육으로서 지리 교육의 접근 방향, 중앙 선거 관리 위원회 선거 연수원 스페셜 리포트 2006년 7월호(http://www.civilzine.or.kr)

양종모, 2007, "음악 교과에서 국제이해교육의 실천을 위한 전제", 음악교육연구, 33, 181-204.

오경석, 2007, 어떤 다문화주의인가?, 한국에서의 다문화주의: 현실과 쟁점, 한울아카데미, 22-56.

유네스코 아시아·태평양 국제이해교육원 편저, 2003, 국제이해교육의 동향-미국·일본·호주·한국-, 유네스코 아시아·태평양 국제이해교육원.

은지용, 2007, "청소년 다문화 학습 프로그램 모형 개발 연구", 청소년학연구, 14(3), 217-241.

이민경, 2007, "프랑스 다문화교육의 배경과 쟁점", 교육과정평가연구, 10(2), 53-76.

이상길·안지현, 2007, "다문화주의와 미디어/문화연구: 국내 연구동향의 검토와 새로운 전망의 모색", 한국언론학보, 51(5), 58-83.

이정우, 2007, "다양한 인종·민족 집단에 대한 예비교사의 고정관념: 사회과 예비교사 교육에의 함의", 시민교육, 39(1), 153-178.

이종원 역, 2008, "지속가능발전을 위한 지리교육 선언", 한국지리환경교육학회지, 16(3), 291-296.

이진석, 2007, "동남아시아 지역 한국 문화 수용과 확산과정의 지속화를 위한 전략으로서의 다문화 교육 모형 개발과 그 적용에 대한 연구-베트남을 중심으로", 시민교육연구, 39(2), 137-158.

이혁규, 2008, 다문화교육과 교육과정, 조영달 등, 다문화교육의 이해를 위한 교양 교재 저술, 교육인적자원부 연구과제, 74-93.

장인실, 2003, "다문화 교육이 한국 교사 교육과정 개혁에 주는 시사점", 교육과정연구, 21(3), 409-431.

장인실, 2006, "미국 다문화 교육과 교육과정", 교육과정연구, 24(4), 27-53.

전희옥, 2008, "다문화주의 교육내용과 방향: 다문화 사회환경 변화에 따른 학교 사회과 교육과정의 방향", 한국 초등교육학회 학술대회, 2008년(1), 191-216.

조철기, 2005, "영국 국가교육과정에서 시민성 교과의 출현과 지리교육의 동향", 한국지역지리학회지, 12(3), 421-435.

조철기, 2007, "인간주의 장소정체성 교육의 한계와 급진적 전환 모색", 한국지리환경교육학회지, 15(1), 51-

64.

최병두·신혜란, 2011, "초국적 이주와 다문화사회의 지리학: 연구 동향과 주요 주제", 현대사회와 다문화, 11(1), 65-97.

한국교육과정평가원, 2007, 다문화 교육을 위한 교수·학습 지원 방안 연구(I), 연구보고 RRI 2007-2.

함재봉·김혜숙, 2007, "다문화교육이 농촌지역경제에 미치는 영향-경상북도를 중심으로-", 한국재정정책학회, 9(2), 193-215.

황규호·양영자, 2008, "다문화주의 교육내용과 방향: 한국 다문화교육의 교육내용 쟁점 분석", 한국초등교육학회, 2008(1), 143-167.

황미혜, 2016, "다문화사회 통합주체로서의 결혼여성이민자 활용 가능성", 동북아시아문화학회, 동북아시아문화학회 국제학술대회 발표자료집, 10, 57-62.

Banks, J. A., 1994, Approaches to multicultural curriculum reform in J. A. Banks & C.A.M. Banks(eds.), Multicultural education: Issues and perspective, Allyn and Bacon, 3-28.

Banks, J. A., 2005, Democracy and Diversity: Principles and Concepts for Educating Citizens in a Global Age, University of Washington.

Brubaker, R., 1992, *Citizenship and National in France and Germany*, Havard University Press, Cambridge.

Calder, M., Smith, R.(1993), A better world for all: development education for the classroom, AusAICD.

Catling, S., 1986, Children and geography in Mills, D., *Geographical work in primary and middle schools*, The Geographical Association.

Elliot, J., 1970, Children's spatial vidualization in NCSS, *Focus on geography*, 40th yearbook, Washington D.C.

Feinberg, W., 1995, "Liberalism and the aims of multicultural education," Journal of philosophy of education, 29(3). 203-216.

Morrison, G. S., 1998, Early Childhood Education Today, Prentice Hall.

Nieto, S., 2005, Public Education in the Twentieth Century and Beyond: High Hopes, Broken Promises, and an Uncertain Future, *Harvard Educational Review*, 75(1), 43-64.

Parekh, B., 2006, *Rethinking multiculturalism: Cultural diversity and political theory*, Palgrave Macmillan.

Passi, A., 2003, Region and place: regional worlds and words, *Progress in Human Geography*, 27(4), 475-485.

Relph, E., 1976, *Place and Placelessness*, London: Pion (김덕현·김현주·심승희 공역, 2005, 장소와 장소상실, 논형).

Sleeter, C. E.(ed.), 1990, Empowerment through multicultural education.

Vavrus, M., 2002, *Transforming the multicultural education of teachers: Theory*, research, and practice. Teachers College Press, New York and London.

Walker, D., 1995, "Doing Business Internationally: The Guide to Cross-Cultural Sucess, IRWIN.

제17장

글로벌 수준의 문제에 대한 실천적 참여 교육*

박선미

인하대학교

이 장의 개요

* 본 연구는 박선미(2013)를 수정·보완한 것임.

1. 들어가며

지리학에서 다루는 공간은 객관적이거나 그 자체로서 공정하지 않다. 공간은 인간 집단의 생활과 그들 간의 관계를 투영한다. 우리가 생활하는 공간을 이해하기 위해서는 개인의 정체성에 영향을 미치는 사적 공간, 사회의 권력 관계의 재생산에 따른 사회적 공간, 세계 여러 지역 간 권력 관계에 따른 전 지구적 공간 구조 등을 다층적으로 다룰 필요가 있다. 지리교육은 학습자 자신을 둘러싼 세계에 내포된 불공정한 구조를 볼 수 있는 비판적 인식 능력과 불공정한 구조를 좀 더 공정하게 변화시키기 위한 실천적 참여 능력을 길러 줄 필요가 있다. 실천적 참여 없는 비판적 사고는 공허하고, 비판적 사고 없는 참여는 소모적이기 쉽다. 자신을 둘러싼 세계에 대한 비판적 인식이 전제될 때 참여는 더 큰 세계라는 공간의 실재를 마주하고 역사를 추동하는 힘으로 작동될 수 있다.

참여는 실행 공동체의 구성원이 된다는 것을 의미하고 이것은 책임감을 공유한 사회 구성원으로서 사회 구조를 변화시키는 주체로 역할한다는 것을 뜻한다(Holland, Lachicotte, Skinner & Cain, 1998). 참여를 위한 공간 단위는 작을수록 좋다. 특정 문제에 관련된 당사자들이 문제 해결의 우선적인 주체이고, 해당 문제에 대한 지식과 경험이 많기 때문에 가장 적합한 대안을 제시할 수 있어 해결의 실마리를 찾기 쉽기 때문이다. 이러한 맥락에서 지구 저편에서 일어나는 글로벌 수준의 문제에 대해서는 무관심하기 쉽기 때문에 참여를 유도하는 것은 어렵다. 그래서 세계 여러 지역을 다루는 지리교육에서 세계의 불공정한 구조를 인식하고 그러한 구조를 변화시킬 수 있는 실천적 참여 능력을 어떻게 길러 줄 것인가는 매우 중요한 주제이면서도 난제이다. 본 장은 공정무역의 윤리적 소비자로서의 참여 의미를 분석함으로써, 지리교육에서 길러 주어야 할 글로벌 수준의 문제에 대한 참여교육의 방향을 제시하고자 한다.

2. 글로벌 수준의 문제에 대한 참여 가능성 논의

1) 공간스케일과 실천적 참여

일반적으로 참여는 공동의 필요에서 비롯된다. 이 점에 주목한다면 지역에 기초한 생활공동체는 참여를 이끌어내는 데 가장 적합한 공간스케일이다. 생활공간은 거주에 관한 문제에서부터 사회시스템의 문제에 이르기까지 모든 문제가 중층적으로 존재하는 유일한 장소이며, 사회적 이슈가 일차적으로 공론화되는 공간이다. "일상에서 얼굴을 맞대고 지내는 생활공간보다 더 큰 공동체는 모두 상상된 것이다"라는 앤더슨(Anderson, 1991)의 말처럼 지역에 기초한 생활공간은 상상의 공동체인 세계 공간과 달리 추상화되기 이전에 존재하는 실존 공간이다.

지역단위의 생활공간은 이성의 공간인 글로벌 공간에 대비하여 감성이 작동하는 공간이다. 이성적 숙의를 바탕으로 한 의사소통이 아닌 동감(同感)이나 자신의 이해를 바탕으로 하는 의사소통에 의해 논쟁이 이루어지고 실행 규칙이 만들어지며 실천될 수 있는 단위이다. 지역은 구체적인 생활공간이며 생활은 다양한 공동 작업을 필요로 한다. 생활공간의 본질은 공간 그 자체에 있는 것이 아니라 거기서 어떠한 상호작용이 일어나고 그것을 통해 어떤 관계와 의미가 생겨나는가에 있다. 생활공간을 공유하는 사람들은 공동성에 입각한 자율적인 동의에 의해 생활 규칙을 만든다는 점에서 실천적 참여는 공동의 필요에서 비롯되고 그로 인해 형성된 관계성으로 구성된다고 할 수 있다(이상봉, 2011, 13).

실천적 참여를 위한 공간 단위는 작을수록 좋다는 것에 대해서는 이론적으로나 경험적으로 지지되어 왔지만, 실천적 참여를 생활 중심의 지역공동체로 국한할 경우 내적 결속력은 강화될 수 있지만, 문제 설정을 내부로만 환원시킨다는 문제가 있다. 학습과 자치의 지역공동체에 참여하는 것으로는 세계의 불공정한 문제를 야기하는 근원적 원인과 구조를 변화시키는 운동으로 확장시키기 쉽지 않다. 실천적 참여 능력이 지역공동체에 기초한 생활공간이라는 작은 단위의 경계 안에 갇힐 경우 다양하고 이질적인 세계관과 가치관을 가진 수많은 개인과 집단이 살아가는 글로벌 스케일의 세계를 이해하기 어렵고 자신을 둘러싼 다양한 사회문제에 대응하는 방식도 알기 어렵다.

2) 다중적 스케일의 공간과 중층적 네트워크

과거에는 세계를 읽는 주요 개념이 국가 중심의 포섭과 배제, 우리와 그들 등과 같은 '경계 짓기'라면, 현대 사회에서는 사회적·정치적으로 형성된 '중층적 네트워크'라고 할 수 있다. 생활공간은 거주를 중심으로 일상생활이 이루어지는 공간인 동시에 국가 규모의 통치시스템과 세계시장시스템이 작동하는 말단의 단위이다. 최근 먹거리, 환경, 에너지 문제 등을 둘러싼 시민참여운동은 한편으로는 국가 단위를 넘어서 글로벌한 수준으로 확장되고, 다른 한편으로는 로컬 수준의 생활공간의 실천으로 분화되는 경향이 있다.

로컬 스케일과 글로벌 스케일이라는 두 개의 다른 공간 스케일은 양자택일적 선택의 문제일 수 없다. 지역에 기반한 생활공간 수준에서의 실천적 참여는 세계의 불공정한 구조에 대한 비판적 사고와 결코 분리될 수 없다. 사람들의 삶은 다양한 장소에 뿌리내리고 있으며, 동시에 글로벌, 국가, 지역, 도시, 마을 등과 같은 다양한 지리적 스케일에서 중층적으로 작동하는 사회적 힘과 과정들의 접합, 상호교차의 과정에 의해 깊이 영향을 받는다. 세계화되면서 다중적 스케일의 공간에 동시에 거주하고, 동시에 존재하는 방식, 글로벌 수준의 공간에서 로컬 수준의 공간으로 좁혀 들어가는 줌인과 로컬 수준에서 글로벌 수준으로 확장되는 줌아웃 방식이 더욱 빠르게 교차되었다.

세계화 시대에 요청되는 시민은 자신의 정체성을 겹겹이 중첩시키고 구획하고 있는 경계 중 가장 공고한 장벽인 국가의 경계를 관통하여 로컬 수준에서의 실천적 참여와 글로벌 수준 세계구조에 대한 비판적 안목을 가진 사람이다. 이들이야말로 공동의 필요와 목적을 추구하고, 다양한 삶과 문화 또는 가치관이 존중되는 사회를 구성하는 주체가 될 수 있다.

이러한 맥락에서 학교에서 이루어지는 지리교육은 국가를 중심으로 공간 스펙트럼의 양쪽 끝에 위치한 생활공간과 세계공간이 만나는 지점과 연계 구조에 관심을 기울여야 한다. 상호 의존적 세계를 살아가는 학습자는 개인과 세계가 어떻게 연결되고, 자신이 살고 있는 지역이나 국가가 지구적 네트워크에 어떻게 포섭되었는지를 이해할 필요가 있다.

그리고 세계의 다층적 상호의존성이 어떻게 세계의 불공정 구조를 고착화시키는 기제로 작동하는지 이해하고, 자신의 행위가 다른 사람이나 지역의 생활에 어떻게 영향을 미칠 수 있는지를 인식하며, 지리적으로나 사회적으로 멀리 떨어져 있는 문제에 책임감 있게 행동할 수 있어야 한다. 이러한 글로벌 수준의 세계시민성을 길러 주는 추동력은 세계 수준의 관념이 아니라 현실적 실존의 실천이다.

영(Young, 2000)은 사람들이 가장 직접적으로 영향을 받는 생활공동체에서 참여하고 좀 더 넓은 공간 규모의 영역에서는 대의적 메커니즘에 의해 연결되는 코스모폴리탄적 정치에 참여하는 다층적 시민성을 길러 주어야 한다고 하였다. 박선희(2009)는 지리교육에서 세계시민성이라는 보편주의가 지역 정체성이라는 특수성과 대비되는 개념이 아니라고 하면서 지역정체성과 세계시민성의 연결가능성을 제안하였다. 심광택(2006)은 시민의 개념이 공간적 스케일에 따라 달라질 수 있다고 하면서 지리교육에서 공간 규모와 위치, 장소, 인간과 환경 간 상호작용, 이동의 관점에서 지역을 다양하게 구분하고, 단위지역의 영역성을 이해하며, 외부와의 연결을 추구하고, 공공 의사결정에 자발적으로 참여하는 시민의식을 길러 주어야 한다고 하였다. 여러 연구들은 지역공동체에 실천적으로 참여하는 과정이 세계 수준에서 일어나는 다양한 문제에 대한 무관심과 냉담을 깨고 행동하는 시민으로 성장하는 데 도움을 줄 수 있다고 하였다.

공간적 스케일의 차이에 대한 기존 인식은 큰 스케일의 과정이 작은 스케일의 과정보다 추동력과 영향력이 크기 때문에 하향적 위계 관계로 이해하는 것이 일반적이었다. 세계화의 논의에서도 글로벌 수준에서 일어나는 과정이 로컬 수준의 공간 과정을 추동하고 야기하는 주제가 대부분이었다. 그러나 박배균(2002)은 다양한 공간 스케일에서 이루어지는 사회, 정치, 경제적 활동들과 실천들이 상호작용하면서 서로를 변화시킨다고 하였다.

로컬 수준의 참여가 글로벌 수준의 공간 스케일에서 일어나는 체제의 변화를 추동할 수 있다는 논리는 하버마스(Habermas)의 체계와 생활세계의 관계에서 찾아볼 수 있다. 하버마스(1987)는 현대 사회가 체계(system)와 생활세계(lifeworld)라는 이중 구조로 구성되었다고 하였다. 체계는 화폐와 권력이라는 매체에 의해 조절되는 큰 공간 단위에서 시장체계와 국가체계로 이루어진다. 시장체계와 국가체계는 서로 결합되면서 생활세계를 잠식한다. 그러나 생활세계에서의 시민적 사회네트워크를 통해서 체계를 변화시키는 것은 가능하다. 시민들의 상호작용을 통해 사회네트워크가 형성되면 구성원들의 공식·비공식적 모임을 통해 공통의 관심사를 가지고 있는 사람들을 연결하여 지식 공유를 촉진시키는 실천 공동체가 형성될 수 있다. 체계에 의해 생활세계가 잠식되고 통제되고 조정될 수 있지만, 생활세계를 통해 체계의 방향을 수정하거나 체계 자체를 변형시킬 수 있다.

네트워크는 생활공간에서의 실천적 참여를 다른 생활공간에서의 활동과 연대시키고 글로벌 수준으로 확장시키는 역할을 한다. 네트워크는 공간의 연결성과 관계성을 강조하는 개념이다. 일반적으로 세계, 국가, 지역 등과 같은 다양한 공간 스케일의 영역은 특정 지리적 경계 내의 통합성, 폐쇄성, 정체성 등을 내포한 개념인 반면, 네트워크는 영역적 폐쇄성을 뛰어넘어 형성되는 사회적 관계, 연결성, 흐름, 탈영역화를 상징하는 개념으로 네트워크와 영역성은 상호배제적이고 모순적이라고 할 수 있다.

그러나 다양한 공간에서 이루어지는 실천적 참여라는 맥락에서 두 개념은 상호작용적 혹은 상호보완적 개념으로 해석되어야 한다. 박배균(2006)에 의하면 네트워크는 무한한 수평적 확장성을 지니고 여러 상이한 공간 스케일에서 형성된 영역적인 관계와 조건에 의해 그 형성과 발달이 제약 혹은 촉진될 수 있다. 동시에 특정 공간 스케일에 국지화된 네트워크적 연결성이 강화될 경우, 그 영역의 정체성은 더욱 공공화될 수 있다. 네트워크적 관계를 바탕으로 특정 영역화의 과정이 다양한 공간 규모에서 이루어질 수 있다. 다양한 공간 규모의 상이한 영역적 이해와 정체성을 기반으로 한 네트워크적 관계는 경쟁하거나 협력하면서 진정한 참여와 연대의 토대를 제공한다.

3. 글로벌 수준의 문제에 대한 참여 사례: 공정무역

1) 공정 상품의 구매 행위는 참여 활동인가?

스타벅스는 "당신이 카푸치노 한 잔을 마실 때마다 2센트가 소말리아 아동에게 전달되고, 열대우림 보존에 사용됩니다"라고 공정무역 커피를 광고한다. 커피 한 잔을 마시는 것만으로 빈곤한 아동이 교육받고, 지구 환경을 살릴 수 있으며, 불공정한 세계를 좀 더 공정하게 만드는 데 참여할 수 있다. 한국공정무역연합에서도 윤리적 소비자로 공정무역에 참여하기 위해서 할 일은 공정무역 차나 바나나, 초콜릿이나 축구공을 사서 마시고 즐기면 된다고 하였다. 이와 같은 적은 비용과 용이성이야말로 많은 소비자들을 윤리적 소비자로 공정무역에 참여하도록 한 강력한 파워이다.

소비자가 상점에서 물건을 사는 것을 참여라고 하지 않는다. 공정무역에서 상품을 사는 것을 참여라고 한 근거는 소비자가 생산자의 생활과 작업 환경의 개선이라는 목적을 가지고 행한 구매 행위라는 데 있다. 공정무역은 생산자가 정당한 대가를 받을 수 있도록 하는 것이고 그 비용의 일부를 소비자가 부담하는 형태이다. 공정무역을 통해 증식된 이윤은 자본 축적을 위해 재투자되거나 개인 호주머니로 들어가는 것이 아니라 생산자 공동체의 생활수준 향상과 사회간접시설을 개선하는 데 사용되거나 공정무역 인준과 상품의 질 관리에 투입된다.

이처럼 공정무역은 상품의 유통과 소비 구조상 생산자가 소외될 수밖에 없는 부분에서 소비자가 생산자를 지원하는 시스템을 구축하여 운영하고 있다. 시장 가격 변동으로 인해 생산자가 입을 피해에 대한 완충제와 사회적·경제적 개발기금을 제공하는 데 소비자는 약간의 비용을 더 지불하는 방식으로 참여한다.

공정무역에서 생산자와 소비자는 서로 연결되어 있다고 생각한다. 공정무역에서 소비자가 생산자와 연결되어 있다는 느낌은 생산자와 소비자 간 거리가 단축되었기 때문이다. 공정무역에서는 복잡한 유통 과정에서 발생되는 부가가치를 줄임으로써 소비자의 부담을 많이 가중시키지 않고도 생산자에게 그 몫을 더 돌아가게 한다.

공정무역 상품을 구매하기 위해서는 약간의 비용을 더 지불해야 한다. 이는 다른 사람의 생활을 개선하기 위해 아주 적은 것일지라도 개인적 희생이 요구된다는 것을 의미한다. 게다가 공정무역 상품을 선택하는 소비자들은 사회 정의에 관심을 가지고 기회가 되면 참여할 의지가 있는 사람들이다. 그들에게 공정무역은 정치로부터 회피가 아니라 정치 활동의 지평을 넓히는 것이다. 이러한 맥락에서, 래프와 래프(Lappe & Lappe, 2002, 291-293)는 공정무역이야말로 개인이 통제하지 못하고, 알 수도 없는 거대한 시장에서 행할 수 있는 자유의 실행이자 적극적 참여의 표식이라고 하였다.

엘슨(Elson, 2002), 허드슨과 허드슨(Hudson & Hudson, 2003) 등도 이러한 공정무역이 자유무역에 따른 불공정을 해결할 수 있는 열쇠라고 평가하였다. 자본주의 체제에서 사람들은 자신을 상품화하여 시장에 판매하고, 상품을 소비하는 과정에 참여하지만 상품이 어떻게 생산되고 소비되는지에 대한 정보로부터 소외되어 있다. 그래서 불공정한 사회관계나 착취구조 그리고 생태적인 파괴과정에 대해서 알지 못한다. 그러나 공정무역은 생산자에 대한 정보를 제공하고 생산자와 소비자의 단계를 줄여 소비자의 구매행위를 통한 이윤이 생산자에게 돌아가도록 함으로써 생산에서 소비까지 과정을 알 수 있도록 한다. 그리고 소비자로 하여금 구매행위를 통해 생산자협동조합과 연계되고 사회정의의 가치를 공유하며 자본주의체제의 불공정에 저항하는 행위에 자연스럽게 참여하도록 한다.

상품이 어떻게 생산되는지에 대한 정보를 소비자에게 제공한다는 측면에서 공정무역이 보수적인 시장에 대한 대안이자 도전이라고 할 수 있다. 자신이 소비하는 상품이 어디서 왔는지, 그것의 생산자가 어떻게 살고 있는지에 대해서 관심을 갖게 했다는 것은 공정무역의 성과이다. 그러나 문제는 공정무역의 윤리적 소비자가 완전하지도 적합하지도 않은 정보에 기초하여 소비한다는 것이다. 소비자에게 제공된 정보는 생산자의 빈곤하고 열악한 생활조건과 같이 소비자의 감정을 자극하도록 드라마틱하게 만들어진 것이다.

공정무역 상품이 실제 어떤 조직에 의해 어떻게 관리되고 거래되는지, 그에 따른 이윤배분은 자유시장과 어떤 차이가 있으며, 실제 생산지역의 생활조건을 얼마나 개선시켰는지, 그리고 그 과정에서 파생되는 문제를 어떻게 해결하고 새롭게 발생하는 문제는 무엇인지에 대한 정확하고 비판적인 정보는 제공되지 않는다. 심지어 유통단계를 줄였음에도 불구하고 공정무역상품이 일반상품에 비하여 왜 더 비싸야 하는지에 대한 정보조차 제공되지 않는다. 소비자는 자신이 조금 더 지불한 비용이 생산자의 생활을 개선시키는 데 쓰일 것이라고 어렴풋이 짐작만 할 뿐이다.

소비자는 그들의 선택을 부추기는 수조원에 달하는 대중적인 기업 마케팅이나 캠페인으로부터 만들어진 정보를 가지고 시장에 참여하는 것이다(Fridell, 2007, 86-87). 처음부터 선진국의 중산층 소비자는 불공정한 다국적 기업의 횡포에 저항하기 위하여 공정무역의 지분을 가지고 제3세계 생산자와 연대한 것이 아니라, 이와 같이 만들어진 정보가 자극한 제3세계의 빈곤한 생산자에 대한 일종의 연민이나 동정 등 윤리적 동기 때문에 구매에 참여한 것이다. 적절하고 정확한 지식과 비판적 사고가 뒷받침되지 않은 참여는 감정의 변화에 따라 쉽게 중단될 수 있다. 그래서 소비자는 공정무역운동에 참여하기도 쉽지만 감정이나 경제 사정의 변화에 따라 중단하기도 쉽다.

윤리적 소비자가 공정무역 상품을 선택하는 행위의 이면에 깔린 심리적 동기를 '나르시즘'에 비유하기도 한다. 공정무역 상품을 구매함으로써 거대한 자본주의 시장에서 무력한 개인이 느끼는 소외와 불안이 감소되고, 윤리적 인간으로서 자신의 정체성을 구축할 수 있다. 공정무역은 사회정의를 상품화해서 제공하고 소비자는 그 상품을 구매함으로서 저렴한 비용으로 정의로운 세계에 대한 욕망과 자존감을 충족할 기회를 산다(Bernstein & Campling, 2006, 423-434).

더 큰 문제는 시장에서 판단의 기초가 되는 충분하고도 적절한 정보도 없고, 경제적 여건이나 심리적인 변화에 따라 쉽게 구매를 포기할 수 있음에도 불구하고, 여전히 상품이 어떻게 생산되고 글로벌 스케일에서 어떻게 분배되는가의 문제가 소비자의 결정에 의존한다는 점이다. 이는 자유시장과 마찬가지로 공정시장에서도 가난한 제3세계의 생산자들은 선진국 소비자의 변덕에 빌붙어 살아야 한다는 것을 의미한다. 윤리적 소비자에게는 사소한 개인적 취향의 문제가 제3세계의 생산자에게는 생존이 걸린 매우 중대한 결정이 될 수 있다. 만델(Mandel, 1986, 22)은 자본주의 시장에서 윤리적 소비자에 의존하는 공정무역에 대하여 "공정, 정의, 민주, 휴머니티 등의 이름으로 생산에 요구되는 시간과 노력을 결정하는 권리를 생산자의 손에서 낚아챈 소비자의 주권일 뿐"이라고 비판하였다.

2012년 경희대 강연에서 슬라보이 지젝(Slavoj Zizek)은 공정무역 상품 소비가 다국적 기업의 불공정상품 소비에 대한 그들의 도덕적 완충작용에 불과하다고 하였다. 그는 미디어가 자본주의의 문제를 연일 보도하면서도 "자본가는 탐욕스럽다"는 식의 해석만 넘쳐난다고 지적했다. 단순히 자본가의 탐욕과 부패만을 지적하는 바람에 정작 중요한 자본주의 시스템에 대한 분석은 놓치고 있다는 것이다. 그는 이데올로기가 우리의 일상 속에서 일종의 미신과 같은 신념을 작동시키고 있다고 하면서 공정무역이나 유기농식품도 일종의 이데올로기에 불과하다고 하였다. 그는 볼품없는 유기농 사과를 비싼 돈을 주고 구입하는 행위가 "환경파괴는 좋지 않다"라는 이데올로기에 갇힌 소비자가 환경파괴 문제를 근본적으로 해결할 생각을 하는 대신 가장 저렴한 방법으로 그 문제를 해결하는 것에 불과한 것이라고 주장하였다.

2) 윤리적 소비는 불공정한 공간 구조를 변화시켰는가?

소비자는 생산자의 생활과 작업 환경을 개선하고자 공정무역에 참여한다. 만약 공정무역의 윤리적 소비가 생산자의 생활수준을 높이거나 작업환경을 개선시켰다면 그것이 나르시즘에 의한 것이든 세계불평등 구조를 변화시키기 위한 것이든 그들의 참여는 효과적이라고 평가할 수 있다.

국제공정무역기구가 설립된 1989년부터 1990년대 초반까지 이러한 성공 사례는 실제로 종종 있었다. 공정무역이 생산자의 생활수준을 높인 대표적인 사례로 2,500가구가 회원인 멕시코 오악사카(Oaxaca) 지역의 생산자협동조합인 UCIRI(Union of Indigenous Communities of the Isthmus Region)을 들 수 있다. 이 협동조합은 1982년에 설립되어 공정무역의 첫 번째 파트너로 등록된 후 소득이 안정되면서 절대 빈곤에서 벗어날 수 있었다. 그리고 보건, 교육, 도로 등 사회 인프라 시설도 확충되었고, 신용도나 기술력과 마케팅 능력까지 향상되어 국제 시장에서 살아남을 수 있는 자생력이 높아졌다(Fridell, 2007, 94).

그러나 사실 이와 같은 초기 사례를 제외하고 선진국에서 공정무역이라는 용어가 지닌 매력에 비하여 생산자가 느끼는 효과는 그다지 드라마틱하지 않다. 윤리적 소비의 효과가 생각보다 크지 않은 이유는 자본주의가 갖고 있는 본질적 구조의 문제를 간과한 채 소비자의 감정과 도덕에 호소하여 문제를 해결하려고 하였기 때문이다.

만약 자본가들이 값싼 노동력과 원료를 찾지 않고 공정한 방식으로 생산하고 판매한다면, 그들은 자본주의 시장에서 더 이상 자본가로 살지 못할 것이다. 공정무역의 윤리적 소비가 자본주의의 최악의 모습을 어느 정도 희석시켜 줄지 몰라도 자유 시장의 근간을 변화시키지는 못한다. 자본주의 그 자체가 자유 시장에 포함된 사람 혹은 기업으로 하여금 살아남기 위해 경쟁하고 자본을 축적하며, 이윤을 극대화하도록 추동하기 때문이다. 대부분의 공정무역운동은 윤리적 소비를 확대함으로써 사회 정의를 실천하려고 한다. 그러나 그것은 자본주의 시장의 본질을 간과한 것이다.

더군다나 까르푸나 스타벅스와 같은 다국적 기업이 공정무역에 관심 갖기 시작하면서 공정시장은 자유시장만큼이나 경쟁적으로 변했고, 생산자와 소비자를 분리시키고 소외시켰다. 다국적 기업이 공정무역시장에 진입하면서 공정무역도 참여나 연대와 운동성은 희석되고 비즈니스를 강조하는 시장성이 공정무역의 핵심가치로 강조되어 버렸다. 스타벅스는 얼마 되지 않는 공정무역 커피를 구매함으로써 불공정 기업이라는 부정적 이미지를 걷어내고 노블리스 오블리제를 실천하는 도덕적 기업이라는 이미지를 만들어 냈다. 스타벅스나 맥도널드와 같은 다국적 기업의 지원으로 FLO를 대신할 국제보존협회(Conservation International: CI)와 같은 기업 친화적 조직이 설립되었다. FLO 기준과 비교할 때 CI 기준은 사회적 책임감에 대한 요구가 낮고, 생산자의 노동기준 또한 모호하게 제시되고 엄격하게 적용되지도 않는다 (Fridell, 2007, 92).

공정무역에서 가격은 사회정의나 제3세계의 생산자의 필요에 의해 결정되는 것이 아니라 윤리적 소비자가 거의 부담을 느끼지 않은 수준이라는 시장의 한계 내에서 결정될 수밖에 없다. 그래서 대표적인 성공 사례로 꼽히는 UCIRI 협동조합은 그들 경제의 커피 의존도를 낮추기 위해 1997년에 의류공장을 설립하였는데, 중국의 저임금 의류공장과 세계시장에서 경쟁해야 했고, 결국 그들은 2004년에 공장 문을 닫았다. 또한 UCIRI은 다국적 기업인 까르푸와 2002년에 계약하면서 까르푸라는 강력한 파트너를 놓치고 싶지 않았기 때문에 공정무역의 제반 조건 상당부분을 양보할 수밖에 없었다(Fridell, 2007, 94).

공정무역시장에서도 가격이 소비자에 의해 결정되고, 다국적 기업의 힘이 공정무역의 정신을 흐려 놓았으며, 협동조합이 서로 경쟁하는 구조로 변해 버렸다. 공정무역이 자본주의의 문제를 넘어선 대안무역인 것처럼 보이지만, 시장에 의해 추동되는 사회 정의라는 새로운 유형의 장막을 침으로써 생산자에서 소비자까지 상품이 오는 과정을 더욱 이해하기 어렵게 만들었다. 생산자와 소비자의 간격을 좁힌 것처럼 보이지만 사실은 생산자가 무역업자에게 원두를 넘기기 전까지만 간격이 좁아졌을 뿐 그 이후 단계는 더욱 복잡해지고 교묘해졌다.

결론적으로 윤리적 소비자는 공정무역에 참여함으로써 생산자의 생활을 변화시키거나 거대 자본의 힘에 좌지우지되는 자유시장의 문제해결에 영향력을 행사하지 못했다고 할 수 있다. 소비자는 공정시장에서도 여전히 소외되고 고립된 개인으로서 어떻게 상품이 생산되어 소비자에게 오는지에 대한 명확한 정보 없이 참여하고, 그들이 하는 시장 결정의 직접적 결과로부터 차단되어 있다. 윤리적 소비자는 다른 집단과 책임감을 공유하지 못한 채 고립되어 있고, 윤리적 선(善)을 구매하는 최종 구매자의 역할만 할 뿐이다. 이러한 맥락에서 공정무역의 윤리적 소비자가 진정한 의미에서 불공정한 세계 구조라는 문제 해결에 참여하고 있다고 평가할 수 없다.

4. 공정무역에 관한 영국의 지리 수업 사례

영국생활협동조합(The Cooperative Group)에서 개발한 공정무역교육 안내서인 『Make your school Fairtrade Friendly』는 작은 단위인 학교라는 공간에서 글로벌한 세계문제에 대해 비판적으로 사고하고 참여하는 능력을 어떻게 가르칠 것인가를 안내하기 위해 개발되었다. 안내서는 공정무역을 배움으로써 학생들은 세계 문제와 학생 자신 간에 연관성을 인식하고 빈곤, 불평등, 차별, 사회적 배제 등 복잡한 문제를 다양한 관점으로 평가하며, 권력과 자원이 더 공정하게 분배되는 세상을 만드는 데 참여할 수 있다고 하였다.

안내서는 공정무역을 단독으로 가르칠 수 없기 때문에 다양한 교과와 접목하여 가르칠 것을 권장하였다. 지리교과와 공정무역교육의 접점은 위치, 장소, 영역, 네트워크 등의 지리적 핵심 개념을 중심으로 세계 불공정, 지속가능한 환경, 사회 정의를 다룬다는 것이다. 지리교육은 공정무역 교육을 통해 세계의 빈곤 문제, 제3세계의 생산자의 삶, 상호의존성에 대한 토론이나 탐구활동을 통해 사고 능력을 기를 것을 강조하였다. 그리고 공정무역 제품을 이용하여 제3세계 국가의 위치와 자연, 문화 등을 가르치면서 지리의 핵심 개념인 위치와 장소를 다루도록 하였다. 영역과 네트워크에 대해서는 공정무역을 통해 세계화와 지역 간 상호 의존성 및 지속가능한 발전에 관한 문제를 인식하고 선진국과 제3세계의 관계에 대한 사례 탐구를 통하여 상호 의존성의 개념으로 지역 관계를 볼 수 있도록 하였다.

그러나 안내서에 제시된 지리 수업 예시는 지리 핵심 개념을 중심으로 공정, 지속가능한 환경, 사회 정의라는 문제를 다루어야 한다는 총론적 언술과 달리 바나나와 카카오가 어디서 자라는지를 알고, 공정무역 마크를 사용한 제품 목록을 이용하여 그것의 원산지를 세계지도에 표시하며, 기후가 제3세계의 삶에 어떤 영향을 미치는지 설명하는 수준에 그치고 있다. 그리고 제3세계 생산자들이 자동차나 핸드폰 등 부가가치가 높은 상품이 아니라 바나나, 커피, 카카오 등 공정무역 작물 재배를 하는 이유를 "영국은 그것들을 재배하기 어려운 환경이고 그곳은 재배하기 좋은 환경이기 때문이다"라고 설명한다. 이처럼 공정무역교육은 제3세계가 공정무역 상품을 재배하고 생산할 수밖에 없도록 구조화한 제국주의 식민지배의 역사와 자본주의 시장의 경쟁과 착취구조를 자연환경이라는 베일로 가리고 있다.

바나나 혹은 초콜릿 바를 아이들 앞에 놓습니다. 누가 이것을 먹어본 적이 있나요? 바나나는 어떻게 자라나요? 바나나가 이곳에서 자랍니까? 바나나는 어디에서 자라지요? 초콜릿 바는 무엇으로 만드나요? 우리나라에서 카카오를 재배합니까? 카카오가 어디에서 자라는지 아는 사람 있나요?(지리 수업 사례 중에서)

공정무역 마크를 사용한 제품들과 공정무역으로 등록된 생산자들이 존재하는 국가들의 목록을 이용한다면, 아이들이 세계지도 위에 컬러 스티커를 붙여서 각각의 나라들을 짚어 낼 수 있을까요?(지리 수업 사례 중에서)

공정무역에 관한 지리 수업은 대부분 제3세계의 공정무역 작물 생산 과정, 공정무역이 제3세계의 생산자 삶에 미친 변화에 초점을 맞추고 있다. 공정무역에 관한 지리 수업에서 가르치고자 하는 것은 "가난하고 힘든 생산자의 생활이 공정무역을 통해 개선될 수 있다"는 메시지의 전달이다. 우선 제3세계 생산자들의 빈곤한 삶에 대한 연민과 동정을 이끌어내는 내용과 활동이 많다는 것이 특징이다. 그리고 윤리적 소비자가 공정무역이 상품을 구매함으로서 이들 삶이 얼마나 긍정적으로 변화되었는지에 대해 이해하도록 하였다. 그렇지만 제3세계 생산자가 빈곤할 수밖에 없는 구조에 대해서는 다루지 않는다.

(제3세계 생산지역) 사진들을 비교하고 대조하세요. 학생들은 어떤 나라들이 비슷한지 묘사하고 확인하는 것과 적당한 언어로 구사하는 것을 배워야 합니다. 아이들은 사진을 사용할 수 있고 그들의 경험으로부터 그것과 비교되는 그림을 그려낼 수 있습니다. 예를 들면 학교의 풍경은 매우 많은 차이를 보여 줄 것입니다. 주택, 상점, 근무 조건, 생활방식……지역사회에 공정무역이 안착되면 이러한 것들이 어떻게 변화될지를 지적합니다. (지리 수업 사례 중에서)

학생들이 이러한 수업에서 이끌어낸 교훈은 아마도 부유한 사람이 가난한 사람에게 베푸는 도움, 자선, 동정의 메시지일 것이다. 이러한 수업들을 통해 어린 학생들은 암묵적으로 선진국 소비자의 동정심에 의존하여 생활하는 생산자에 대한 이미지를 재생산할 것이다. 학생들이 실제 공정무역에 세계 빈곤 문제에 관심을 갖고 참여하는 방식을 가르치는 것도 FAIRTRADE 라는 마크를 식별할 수 있도록 하고, 공정무역 생산국을 세계지도에 표시하도록 하는 활동에 집중되어 있을 뿐 생산자와 소비자, 소비자와 소비자의 연대에 대해서는 거의 다루지 않는다. 그리고 공정무역이 생산자의 삶을 바꿀 수 있다는 사실을 가르쳐주지만 구체적으로 어떻게 개선시켰고, 그 과정에 어떤 문제가 있고 그 문제를 해결하기 위해 사람들이 어떻게 참여하고 연대하는지에 대해서는 학습할 기회를 제공하지 않는다.

5. 마치며: 글로벌 문제에 관한 지리교육의 방향

세계화를 보는 시선이 이중적이듯 세계시민역량에 대한 해석도 이중적이다. 자유주의적 관점에서는 세계화된 시장에 적합한 지식과 기능을 길러 주는 것으로 해석되고, 자유주의적 관점을 비판하는 관점에서는 전통적이고 폐쇄적인 교실, 교육과정, 교과서의 경계를 뛰어넘어 실재하는 세계의 불공정한 구조를 인식하고 해결할 수 있는 실천 능력을 함양하는 것으로 해석된다.

세계 시장에 적합한 지식과 기능을 강조하는 자유주의적 관점은 전 세계 학생들이 공통으로 추구해야 하는 표준화된 지구적 거버넌스의 민주적 모델을 제시하고, 개인적 양심과 윤리에 호소하는 나눔의 정의, 인권과 다양성의 존중을 강조한다. 영(2006)은 자유주의자들이 사회계층 간 불평등의 문제를 인식하고 그것의 격차를 줄이겠다는 것은 립서비스에 불과하다고 하였다. 시민의 윤리적 감성에 호소하는 인권이나 정의교육은 현재 시장 구조를 생산하는 공급기제와 계층적인 노동 분화 구조를 유지한 채 세계 불평등 구조를 은폐하는 역할만 할 뿐이다. 이러한 교육은 기업의 자선이나 개인의 봉사를 통해 가난, 재난과 같은 심각한 사회문제를 해결하는 것을 골자로 하는 신자유주의 이데올로기를 재생산하고, 성실히 일해도 벗어날 수 없는 빈곤의 악순환이 자본주의의 구조적인 모순임을 인식하지 못하도록 한다. 즉, 자유주의자들에 의해 강조된 인권의 세계적 모델, 개인적 윤리에 호소하는 정의와 다양성에 대한 지지 등이 결국 현 세계 질서를 공공화하고 지속시키며 합법화하는 기제로 사용될 뿐이라는 것이다.

공정무역의 소비자 참여와 공정무역교육에서 가르치고자 한 참여의 의미에서 살펴보았듯이 이성적이고 비판적인 정치적 결정을 요구하지 않은 채 지나치게 보편적 인간애와 연민에 의존하는 참여는 세계 저편에 살고 있는 제3세계의 빈곤에 대한 책임감이 배제되어 있다. 그리고 교육체제나 정치체제 등의 정비 노력을 통해 스스로 빈곤문제를 해결하지 못한 무능한 현지인을 비판하는 메시지도 암묵적으로 내포한다. 그러한 참여는 지속성과 책임감을 담보하지 못하기 때문에 제3세계 빈곤 재생산의 기제를 변화시킬 수 없다.

공정무역에 관한 지리 수업에서 볼 수 있듯이 교육도 글로벌 수준의 불공정 문제에 참여하는 능력을 보편화되고 표준화된 인류애나 인권의 개념에 기초하여 개인적 양심과 윤리에 호소하는 나눔의 정의를 실천하는 데 초점이 맞춰져 있다. 착한 시민으로 빈곤한 제3세계의 생산자를 도울 수 있다는 개인 윤리에 국한된 참여를 강조한다. 불공정한 공간 구조는 개인적인 선한 행위나 윤리가 아니라 시민들의 민주적이고 실천적인 참여와 연대에 의해서 변화될 수 있다.

참여와 연대의 메타포가 지리교육에 주는 울림은 강하다. 지리교육은 더 적극적으로 보다 나은 세계와 지속가능한 세계를 위하여 상호의존적 시스템으로써 세계를 이해하고 다른 관점을 성찰하고 공감할 수 있도록 지리교육의 내용과 수업 방법을 변화시킬 필요가 있다. 학습자는 제3세계 빈곤이 악순환되는 이유가 무엇인지, 이 지역의 빈곤과 자신이 어떻게 연결되어 있는지, 우리 모두가 왜 책임감을 가져야 하는지, 지역 간 빈부의 격차를 줄이는 데 참여와 연대가 주는 효과가 무엇인지에 관하여 배울 수 있어야 할 것이다. 그리고 다양성이라는 이름만으로 포장된 제3세계에 대한 동정어린 시선을 거두고, 그 지역의 빈곤이나 갈등 원인과 구조에 대한 진지한 탐구 기회를 제공해야 할 것이다.

요약 및 핵심어

상호의존적 세계를 살아가는 학습자는 개인과 세계가 어떻게 연결되고, 자신이 살고 있는 지역이나 국가가 지구적 네트워크에 어떻게 포섭되었는지를 이해할 필요가 있다. 공정 무역의 윤리적 소비자는 다른 집단과 책임감을 공유하지 못한 채 고립되어 있기 때문에 진정한 참여자라고 할 수 없다. 공정무역 관련 지리 수업도 개인적 윤리에 호소하는 나눔의 정의를 실천하는 소비자를 기르는 데 초점이 맞춰져 있을 뿐 불공정한 세계구조를 탐구할 기회가 거의 없다. 글로벌 수준의 문제에 관한 로컬 수준의 참여 능력을 길러 주기 위해 지리교육은 제3세계에 대한 동정어린 시선을 거두고, 그 지역의 빈곤의 원인과 이를 고착화하는 세계 구조에 대한 진지한 탐구 기회를 제공할 필요가 있다.

세계시민성교육(global citizenship education), 실천적 참여(practical participation), 글로벌 문제

(global affairs), 공정무역(fair trade)

더 읽을 거리

알렉스 스텐디시, 김다원·고아라 역, 2015, 글로벌 관점과 지리교육, 푸른길.
필립 맥마이클, 조효제 역, 2013, 거대한 역설: 왜 개발할수록 불평등해지는가? 교양인.

참고문헌

박배균, 2006, "네트워크적 영역성(Networked Territoriality)의 관점에서 바라본 스케일의 정치", 대한지리
학회 학술대회논문집, 45-46.

박배균, 2002, "규모의 정치와 한국 자동차 산업의 지구화", 대한지리학회 학술대회 논문집, 51-54.

박선미, 2013, "지구적 문제에 관한 실천적 참여의 의미와 교육 방향 검토 -공정무역에의 윤리적 소비자 참
여의 의미를 중심으로", 한국지리환경교육학회지, 21(2), 69-85.

박선희, 2009, "다문화사회에서 세계시민성과 지역정체성의 지리교육적 함의", 한국지역지리학회지, 15(4),
478-493.

심광택, 2006, "다문화사회에서 민주시민교육으로서 지리교육의 접근 방향", 중앙선거관리위원회 선거연수
원 스페셜 리포트, 2006년 7월호(http://www.civilzine.or.kr).

이상봉, 2011, "대안적 공공공간과 민주적 공공성의 모색", 대한정치학회보, 19(1), 23-45.

Anderson, B. R. O'G., 1991, *Imagined communities: reflections on the origin and spread of nationalism*(Revised
and extended. ed.), Verso, London.

Bednarz, S. W. & Bednarz, R. S., 2008, Spatial Thinking: The Key to Success in Using Geospatial Technologies
in the Social Studies Classroom, in A. J. Milson and M. Alibrandi(eds.), *Digital Geography: Geo-Spatial
Technologies in the Social Studies Classroom*(pp.249-270), Information Age Publishing, New York.

Bernstein, H. & Campling, L., 2006, Commodity Studies and Commodity Fetishism II: Profits with Prin-
ciples?, *Journal of Agrarian Change*, 6(3), 414-447.

Elson, D., 2002, 'Socializing Markets, Not Market Socialism' in L. Panitch & C. Leys(eds.), *Socialist Register
2002: Necessary and Unnecessary Utopias*, Fernwood Books, Black Point.

Fridell, G., 2007, Fair-Trade Coffee and Commodity Fetishism: The Limits of Market-Driven Social Justice
Gavin, *Historical Materialism*, 15, 79-104

Habermas, J., 1987, T*he Theory of Communicative Action, volume 2 Lifeworld and System: A Critique of Func-
tionailst Reason*(T. McCarthy, Trans. Original text in German 1981, 1st ed.), Polity Press, Cambridge.

Holland, D, Lachicotte, W., Skinner, D & Cain, C., 1998, *Identity and Agency in Cultural Worlds*, Harvard

University Press, Cambridge, MA.

Hudson, I. & Hudson, M., 2003, Removing the Veil?: Commodity Fetishism, Fair Trade, and the Environment, *Organisation & Environment*, 16(10), 413-430.

Lappe, M. F. & Lappe, A. 2002, *Hope's Edge: Th e Next Diet for a Small Planet*, Jeremy P. Tarcher/Putnam, New York.

Mandel, E., 1986, In Defense of Socialist Planning, *New Left Review*, I, 159, 5-37.

The Cooperative Group, 2005, *Make your school Fairtrade Friendly-a cooperative guide for primary schools*, www. fairtrade.org.uk (한국공정무역연합 역, 2010, 공정무역과 친한 학교를 만들어요).

Young, I. M., 2006, Education in the Context of Structural Injustice: A symposium response, *Educational Philosophy and Theory*, 38(1), 93-103.

Young, I. M., 2000, *Justice and the Politics of Difference*, Princeton University Press, Princeton, NJ.

제18장

세계시민성 함양을 위한 지리 교육과정 해체*

김갑철

동변중학교

이 장의 개요

---

* 본 연구는 김갑철(2016)을 수정·보완한 것임.

1. 들어가며

　오늘날 세계 교육계의 주요 화두 중 하나는 단연 '세계시민성'과 관련된 교육일 것이다(김진희, 2015). UN은 2012년『Global Education First Initiative』를 통해 미래 교육의 의제로서 세계 정의를 향한 세계시민교육의 필요성을 제안하였다. 나아가 2015년 인천 세계교육포럼에서는 세계시민교육을 모든 회원국이 2030년까지 추진해야 할 새로운 비전으로 선정하였다 (UNESCO, 2015). 한국은 2009 개정 국가교육과정에서 세계시민교육을 교육의 주요 의제로 채택했다. 또한 2015년 인천선언을 계기로 세계시민교육의 확산을 선도할 국가임을 국제사회에 천명하였다. 이처럼 세계화 시대에서 보다 정의로운 세계 환경을 지원할 세계시민교육 담론은 개발 NGO들뿐만 아니라, 국제기구, 교육당국 사이에서 교육적 이데올로기로서 널리 확산되고 있는 것 같다(김갑철, 2016c).

　하지만 많은 교육학자들 −예를 들어 Andreotti(2006), Carroll(2015), 김갑철(2016a) 등 참조− 사이에서는 오늘날 당연시되고 있는 세계시민교육 논의와 관련하여 한 가지 질문을 제기한다. "과연 현재의 세계시민교육 담론들이 보다 '타자'를 공정하게 대할 수 있는 '정의로운' 세계 실현이라는 시대적 요구에 제대로 답할 수 있는가?" 이 소고는 이 질문에 대한 대답을 찾아가는 과정으로 구성된다. 특히, 후기구조주의 위치성에 근거하여, 세계 '정의'라는 시대적 가치와 관련된 세계시민성 개념은 무엇인지, 그리고 이러한 시민성을 지지할 수 있는 지리 지식과, 지리교육과정에 대한 인식론은 무엇인지에 대해 논의한다.

　이러한 논의는 세계시민, 교육과정, 지리 지식이라는 언어에 대한 '해체주의(deconstruction)'에 의존한다. 해체는 기표와 기의 간 불안정한 관계에 집중하여, 세계에 대한 전체화된 재현이 불가능함을 강조하는 철학이다(Derrida, 1997). 즉, 세계를 설명하는 단어의 의미들은 불안정하기 때문에, 타자를 일반화하려는 시도는 타자의 도래를 배제, 소외, 치환시킬 수 있다. 김갑철(2016a)은 다른 관점 내에서도 타자는 그러한 관점을 탄생시킨 커뮤니티 안/밖에서 또 다른 잠정적인 담론들에 의해서 왜곡될 가능성이 있다고 말한다. 어쩌면 해체적 접근을 서구 형이상학적 전제들을 거부하는 '파괴', 아니면 모든 관점들을 수용한다는 구성주의로 오해할 수도 있겠다. 하지만 해체는 타자에 대한 일반화된 재현이 실제로는 비논리적인 것임을 밝혀 지금까지 배제되고 소외된 것들을 공정하게 응대하는 것이다(Winter, 2014, 280). 해체는 모든 전체화된 이데올로기적 시도로 인해 타자에게 가해진 상처들을 치유하려는 정치적, 윤리적 방식의 책임이며 정의로운 사회를 위한 창의적 시도이다.

'세계시민성을 함양할 지리교육과정'에 대한 해체는 세계시민성, 이러한 가치를 향한 지리 지식 및 지리교육과정에 대한 우리들이 인식이 결코 안정, 단정, 명시, 보편화, 일반화될 수 없음을 구체적으로 보여 줄 것이다. 이를 위해 첫 번째 절은 '정의'라는 가치를 향해 진화를 거듭해 온 시민성 개념과 최근 여기에서 파생된 세계시민성 담론의 불안정성에 대해 간략히 정리한다. 다음 절에서는 정의 지향 세계시민성을 지원할 수 있는 교육과정 담론들에 대해 논의한다. 끝으로 정의를 지지할 수 있는 지리 지식의 인식론에 대해 논의한다.

2. 정의와 세계시민성

1) 시민성의 진화

사전적인 의미로 시민은 "한 국가에 살고 있으면서 국가에 대한 권리, 특권, 의무를 가지고 있는 사람"이다(Banks, 2008, 29). 시민성이란 시민으로서의 "위치 혹은 존재 상태"를 말한다(Simpson and Weiner, 1989, 250). 시민과 시민성에 대한 이러한 정의는 표면적으로 간단명료해 보이지만 오늘날과 같은 세계화 시대의 복잡성과 역동성을 설명하기에는 충분하지 않은 것이 사실이다.

일반적으로 통용되는 시민성 개념의-정치 활동에 대한 시민의 참여권의 관점-역사는 고대 그리스, 로마 시대로까지 거슬러 올라간다(Heater, 1990). 하지만, 최근에 논의되는 시민성은 다양한 영역에까지 확장하는 경우가 많다. 마셜(Marshall, 1950)은 그의 대표작 『Citizenship and Social Class, and Other Essays』에서 18세기부터 20세기까지 영국 시민성의 역사적 진화과정을 분석한 뒤, 세 가지 형태의 시민성을 제안 한다. 18세기의 '민간 시민성'은 개인의 권리를 강조하는 개념으로써 자본주의 사회가 제도화됨에 따라 강조된 언론의 자유, 재산권 등이 포함된다. 19세기에 등장한 '정치적 시민성'은 중간 계급의 선거권 보장에 따라 시민들의 정치적 참여가 강조된 개념이다. 마지막으로 20세기에 등장한 '사회적 시민성'은 시민들의 경제적 복지 및 안전에 대한 권리까지 포함되는 개념이다. 비록 영국적 맥락이지만 시민성에 대한 마셜의 분석은 시민성이라는 개념이 동적, 불안정, 진화하는 존재임을 보여 준다.

비에스타(Biesta, 2009)는 시민성 담론의 무게 중심이 시민의 '권리'에서 정치 참여의 '의무', '책임'으로 확장되고 있다고 말한다. 이러한 관점을 반영하여 최근 다양한 유형의 시민성 분류가 시도되고 있다. 매클로플린(McLaughlin, 1992)은 시민성을 '최소 시민성' -국가에 대한 시민의 충성과 책임을 강조- 과 '최대 시민성' -사회의 주요 이슈에 대한 문제 제기- 으로 구분한다. 웨스트하이머와 칸(Westheimer and Kahne, 2004)은 세 가지의 시민성 개념을 제시한다. '개인적으로 책임 있는 시민'은 준법 및 자원 재활용처럼 지역 사회에서 책임 있게 행동하는 사람이다. '참여적 시민'은 로컬, 주, 국가 수준에서 공동체의 사회적 생활이나 일들에 적극적으로 참여하는 사람이다. '정의 지향 시민'은 정의를 위해서 정치, 경제, 사회적 힘의 상호작용을 이해하는 사람이다. 이러한 최근의 연구들은 시민성이 사회 부정의 문제 및 지금까지 배제, 무시되었던 타자의 도래를 허용하는 정의를 추구하는 방향으로 진화하고 있음을 보여 준다. 실제로 최근의 시민성 개념은 젠더, 문화, 인종, 국적, 사회·경제적 지위에 이르기까지 다양한 영역에서 인간의 자유, 권리, 책임을 고려하고 있다(Abowitz and Harnish, 2006 참조).

한편, '세계화'라는 단어는 다양한 대중매체를 통해 현대 사회를 대표하는 하나의 공용어가 되고 있다. 일부에서는 세계화는 긍정적인 영향을 미치는 선형적인 현상으로서 모든 국제 사회가 따라야 할 대상으로 평가한다. 하지만 많은 학자들은 세계화에 대한 이러한 일반화된 평가를 경계한다. 특히, 신자유주의 이론가들 -예를 들어 Ohmae(1995), Drucker(1995)- 은 자유 시장질서의 확대 및 경쟁의 논리의 세계화가 시민 개인의 자유와 권리를 방어할 수 있다고 믿는다. 하지만 이러한 세계 질서가 국가 간/국가 내에서 시민성을 둘러싼 다양, 복잡한 맥락을 무시함으로써 세계의 '타자'들의 자유와 권리를 억압할 수 있음을 간과한다. 엔슬린과 치아타스(Enslin and Tjiattas, 2008)에 따르면, 세계화의 논리는 WTO, World Bank, IMF를 통해 국제 질서를 확립하는 데 참여한 사람들에 의해 통치되고 있으며, 따라서 세계 타자들에게 부정적인 영향을 미칠 수 있음을 지적한다. 이러한 관점에서 세계 정의를 향한 책임과 관련된 시민성의 논의는 특정한 영역에 한정될 수 없다. 오히려 이러한 논의는 세계적 스케일을 가져야 한다. 즉 시민성 담론은 세계화 논의를 통해 세계시민성 담론으로 확장된다.

2) 정의와 세계시민성

세계시민성은 맥락적 과정을 설명하는 '세계'와 특정 맥락 내 시민의 위치를 의미하는 '시민'이 결합된 개념으로써 두 용어에 대한 해석에 따라 다양한 담론들이 존재한다. 이 절은 최근 세계 정의의 관점에서 슐츠(Schultz, 2007)의 세계시민 범주화를 재해석한 김갑철(2016a)의 세 가지 담론들 -신자유주의 세계시민성, 박애주의 세계시민성, 후기식민주의 세계시민성- 을 소개한다.

(1) 신자유주의(Neoliberalism)

오마에(Ohmae, 1995)에 따르면, 세계화란 "자유 시장 및 자유 무역 질서의 세계적 확산"을 의미한다(김갑철, 2016a, 19 재인용). 이러한 주장은 세계시민성과 관련하여 두 가지 전제를 내포한다. 첫째, 시민들의 '보편적'인 자유, 권리는 세계 경제 시스템에 대한 시민들의 적응 여부에 달려 있다. 둘째, 이러한 자유, 권리는 자유 무역이라는 보편적인 질서를 통해서만 보장된다. 한편, 신자유주의 세계시민의 자질과 관련하여서는 흔히 '지식 기반 경제(knowledge-based economy)' 담론이 자주 인용된다. 즉, 지식 경제, 지식 경제의 생산성을 확보하는 것만이 세계화된 경제 환경에서 시민들이 경쟁력을 확보할 수 있다는 논리이다(Drucker, 1995). 이러한 관점에서, 해리스(Harris, 2001)는 시민으로서의 웰빙을 확보, 신장하기 위해 신자유주의적 지식 및 기술 습득은 필수적임을 강조한다. 김갑철(2016a)은 "신자유주의에 포섭된 지식 기반 경제 속에서⋯개인의 경제적 능력과 역량"을 세계시민이 함양해야 할 핵심자질로 지목한다.

하지만 이러한 신자유주의 담론은 세계 '정의'와 관련하여 몇 가지 한계를 내포한다. 첫째, 신자유주의 담론은 보편적인 가치의 시민성이 아닐 수 있다. 리처드슨(Richardson, 2008)은 현재의 세계화는 서구에서 출발한 신자유주의의 확산과 직접적으로 연결되어 있다고 말한다. 기든스(Giddens, 2000)는 나아가 세계화의 방향성과 속도는 로컬의 다양한 정치·경제·사회적 맥락에 따라서 상이하며, 세계화의 영향력 역시 로컬의 맥락에 따라 다르게 나타난다고 말한다. 즉, 신자유주의 세계화의 논리가 엄연히 존재하는 국제 사회의 다양한 차이들을 항상 일정한 방향으로 통제할 수는 없다는 것이다. 둘째, 신자유주의 시민성은 세계 타자의 자유, 권리, 웰빙을 보장하지 못할 수도 있다. 하비(Harvey, 2005)는 세계 '북국'에 속한 시민들의 삶의 질 확보를 위해, 세계 '남국'에 있는 많은 시민들이 열악한 근로, 주거, 교육 조건 속에서 고통받고 있음을 상기시킨다. 이는 신자유주의적 세계시민성 담론이 '부유한' 국가 시민들의 자유와 권리가 '가난'한 국가의 타자들의 그것들보다 '우위'에 있음을 암묵적으로 동의하는 것이다. 따라서 신자유주의 세계시민성 담론은 '서구' 시민의 신자유주의적 자유와 권리를 보편적인 대상으로 간주함으로써 세계시민교육이 '비서구' 타자를 향한 세계 '불공정'을 더욱 고착화시키는 수단일 수 있음에 침묵하는 것이다.

(2) 박애주의(Cosmopolitanism)

오슬러와 스타키(Osler and Starkey, 2005)에 따르면, 박애주의는 고대 그리스 스토아학파에서 기원하여 18세기 칸트 철학을 거치면서 진화해 온 대표적인 세계시민성 담론이다(김갑철, 2016a, 20 재인용). 18세기에는 시민성의 기본 요소로서 개인의 권리를 강조했는데, 여기에는 언론의 자유나 재산권이 포함되었고, 국가는 이러한 권리들을 보호하는 기구로서 역할을 담당했다. 당시 박애주의는 이러한 권리들을 인류 보편의 가치로 인식하고 로컬의 상이한 맥락과 관계없이 반드시 보호되어야 하는 것으로 인식되었다. 이러한 관점에서 오슬러와 스타키(2005, 20)는 세계시민을 "스스로를 인류 공통의 가치에 근거한 세계 커뮤니티의 한 구성원으로 인식하는 사람"이라고 기술한다. 뱅크스(Banks, 2008)는 민주주의, 평화, 인권과 같은 인류의 가치와 이를 위한 시민들의 헌신을 세계시민성의 필수 요소로서 강조한다. 나아가 정의로운 세계 건설을 위하여 세계시민인 "우리들이 지지하고 있는 '공통'의 인류애를 전 세계 '불쌍'한 사람들에게 확산시킬 [세계시민으로서의] 책임을" 공통적으로 강조한다(김갑철, 2016a, 20).

하지만 박애주의 역시 세계 정의와 관련하여 몇 가지 비논리성을 내포한다. 첫째, 지구상의 모든 사회들이 박애주의의 일반화된 논리에 동의하지 않을 수 있다. 툴리(Tully, 2008, 34)는 지난 500여 년 동안 발생한 서구 식민지배에도 불구하고 지구상에는 여전히 많은 사람들이 자신들의 전통적인 거버넌스와 시민성들을 유지하고 있음을 예로 든다. 잭슨 외(Jackson et al., 2009)는 박애주의 시발점인 서구 국가 시민성 공간 내에서도 다양한 형태의 시민성 실천들 − 전통적인 노동자 조직들, 새로운 형태의 협동 사회들, 커뮤니티의 이익을 위한 도·농간 네트워크 등− 이 상존하고 있음을 보여 준다. 둘째, 박애주의는 보편성을 강조함으로써 세계 타자의 인류적 가치들을 침해할 수도 있다. 자질(Jazeel, 2011)은 박애주의가 서구 로컬리티에 기인한 것임에도 불구하고 인류의 평화 공존이라는 보편성을 강조함으로써 타자들을 둘러싼 인권의 지리적, 역사적 맥락성을 왜곡하고 있음을 지적한다. 이 주장은 토드(Todd, 2010, 214−216)의 연구에서 구체화된다. 프랑스 내이슬람 여성의 히잡 착용 금지와 관련하여, 그녀는 프랑스 사회가 '평화', '공존'과 같은 서구적 보편성하에서, 너무나 쉽게 타자 사이에 존재하는 긴장, 모순과 같은 '불협화음들(dissonance)'을 제거하는 덫에 빠졌다고 우려한다. 이러한 관점에서 세계시민성 교육은 세계 타자를 둘러싼 다양한 민주주의, 평화, 인권의 가치들을 침식하여 세계 부정의를 더욱 고착화시킬 수도 있다.

(3) 후기식민주의(Postcolonialism)

영(Young, 2003)에 따르면, 후기식민주의는 "1980년대 초반 이후 서구와 비서구 사회의 사람들 그리고 그들의 장소들 간의 관계에 존재하는 서구 중심의 전체주의적 관점에 대한 반기로서 진화해온 저술들의 모임"이다(김갑철, 2016a, 21 재인용). 후기식민주의는 현대 사회가 비서구 사회를 재현하는 데 있어 여전히 그들의 현실들과 무관하게 '오리엔탈리즘'적 사고방식에 통치되고 있다고 가정한다(McEwan, 2009). 세계시민성의 관점에서, 후기식민주의자들은 소위 비서구라고 불리는 '타자'에 대한 우리들의 지식과 이해가 '공정'한 것인지에 대해 의문을 제기한다. 그들은 비서구를 향한 지식과 이해는 서구의 담론적 틀 속에서 우리들의 공간적, 문화적 상상력이 왜곡될 수 있음을 지적한다(Andreotti, 2006). 즉, 서구 이데올로기의 지배하에서는, 상호 주관적 이해나 타자와의 대화는 처음부터 불가능함을 내포한다. 심지어 비서구를 이해하기 위한 우리들의 박애주의적 시도조차 오히려 타자의 다양한 목소리들을 억압하는 기제로 작용할 수 있다는 것이다. 따라서 보다 정의로운 사회를 위하여, 후기식민주의자들은 서구에 의해 지배되는 불균등한 권력 관계를 교정할 수 있는 적극적인 시민이 될 것을 학생들에게 주문한다. 그리고 이것을 달성하기 위한 전제 조건으로서, 학생들에게 '탈식민지화(decolonisation)'를 기반으로 타자에 대한 지식과 이해 함양을 촉구한다(Andreotti, 2011).

후기식민주의 시민성은 '타자'에 대한 우리들의 상상들이 결코 중립적이지 않다는 것을 인지한다는 점에서, 전술한 두 가지 담론에 비해 진일보해 있다. 하지만 이 역시 '실제성(actuality)'의 관점에서 몇 가지 한계가 있어 보인다. 니컬스(Nichols, 2010, 120)는 세계 타자에 대한 후기식민주의적 사고 역시 지나치게 획일적이라고 주장한다. 즉, 그는 식민주의적 객체(타자)는 단순히 식민주의 담론에 의해서만 규제되는 것이 아니라 '인종', '섹슈얼러티'와 같은 것들에 의해서도 다양한 분화나 이종성이 존재할 수 있음을 강조한다. 앨런(Allan, 2013)은 후기식민주의자들은 서구 대 비서구 사이의 불공정한 구조적 권력관계에 몰두한 나머지 그들의 합리성이 현대 사회의 전체를 대변하는 것처럼 강요하고 있다고 지적한다. 매니언 외(Mannion et al., 2011, 452)는 후기식민주의 담론이 식민지 권력의 일방향성 및 단일화된 식민지 객체화에 몰두함으로써 지나치게 전체화된 개념인 '해방적(empowering)' 교육을 지지하고 있다고 비판한다. 이처럼 후기식민주의 세계시민성 담론은 불균등한 권력관계에 천착한 결과 정의를 향한 '정치적'이고 '윤리적'인 질문들 ―'어떻게' 특정한 시공간 속에서 특정 지식, 권력, 주관성이 공모되는지, 그리고 그 결과로서 '어떻게' 우리들은 이러한 불공정한 권력 관계를 변화시킬 수 있는지― 에 대한 대답에 소홀하다는 비판을 받고 있다.

3. 교육과정 담론

앞서 세계시민성 함양을 지지할 수 있는 지리교육과정 개발에 있어 대답해야 할 첫 번째 질문, '보다 정의로운 세계를 지지할 수 있는 세계시민성 담론은 무엇인가?'를 중심으로 학계의 세 가지 주요 담론들을 살펴보았다. 이 절에서는 두 번째 질문, '세계시민성을 보다 잘 지원할 수 있는 교육과정 관점은 무엇인가?'를 중심으로 세 가지 주요 교육과정 관점들을 간략히 소개한다.

1) 기술주의

랩프 타일러(Ralph Tyler, 1949)는 『Basic Principles of Curriculum and Instruction』에서 '과학적', '기술적'인 관점의 교육과정 체계를 정립한 학자이다. 그는 현재 널리 인식되고 있는 교육과정 개발을 위한 4대 기본 원칙—명시적인 내용 및 행동으로 구성된 '교육 목표', 교육 목표에 의거하여 적절한 행동을 달성할 가능성을 고려한 '학습 경험의 선정', 연속성·연계성·통합성의 기준을 고려한 '학습 경험의 조직', 교육 목표 달성을 위한 실질적 변화에 집중한 '평가'—를 제시했다(김갑철, 2016b). 타일러의 기술주의 교육과정의 특징은 다음과 같다.
- 교육과정 개발의 과학성과 논리성을 강조한다.
- 교육목표를 준거로 한 선형적이며 기술적 교육과정이다.
- 학습자의 행동 변화를 강조하며, 평가의 기준이 명확하다.
- 교육실천의 맥락보다는 학습의 결과를 강조한다.

세계시민교육과 관련하여, 타일러 관점은 몇 가지 불안정성을 내포하고 있다. 우선, 타일러 관점은 교육과정이 일부 이익집단이 지향하는 사회를 재생산하는 이데올로기적 장치가 될 수 있음을 묵인한다. 타일러 관점에서 지리교육과정은 전문가 집단에 의해 이미 개발된 것이며, 따라서 반드시 교수—학습해야 할 대상이다. 하지만 애플(Apple, 1996)에 따르면, 교육과정은 일부 이익집단이 추구하는 불평등한 교육 결과를 생산, 정당화하는 이데올로기적 장치일 수 있다. 이 말은 장차 정의 지향 세계시민성이 지리교육과정에서 중요한 교육 의제로 채택된다 하더라도, 이익집단의 이데올로기에 의해 제한적, 왜곡된 형태의 세계시민성 개념만이 교육과정 개발 과정에 반영될 가능성이 충분함을 의미한다. 타일러 관점은 지리교육과정 속에 내재해 있을 세계 타자와 관련된 지리 지식과 권력, 비논리적인 이데올로기적 관련성에 침

묶음으로써 실존하는 다양한 세계 타자의 존재를 배제할 수 있다. 둘째, 타일러 관점은 지리교사, 학생을 둘러싸고 있는 복잡한 맥락들을 무시할 수 있다. 기술주의 교육과정에서는 교사와 학생이 자신들의 사회적, 정치적, 제도적, 집단적 맥락과 관계없이 이미 정해져 내려온 지리교육 목표에 항상 관심을 갖고 있는 존재로 간주된다(Buckingham, 1996). 하지만 슈와브(Schwab, 1969)에 따르면, 교육과정은 다양한 지역, 사회, 문화적 맥락들 속에서 실천되는 것이다. 비록 교실 속에서 지리교사와 학생이 일반화된 존재인 것 같지만 이들은 사회·경제적 환경뿐만 아니라 인종, 민족, 젠더, 종교 혹은 비/장애 측면에서 다양한 배경을 갖고 있는 것이 현실이다. 만약 지리교사나 학생이 세계 타자에 대한 지리 지식과 관련하여 성차별주의, 인종주의 혹은 계층주의와 같은 논쟁적인 이슈를 제기한다면, 이들의 관점은 비이성적, 편파적 사견으로 평가 절하될 가능성도 배제할 수 없다.

2) 실천주의

'실천주의' 관점은 슈와브의 1969년 논문 『The Practical: A Language for the Curriculum』에서 제안되었다. 슈와브(1969)에 따르면, 교육은 추상적, 이상적인 것이라기보다는 구체적이고 현실적인 존재이다. 따라서 그는 교육과정과 관련된 관심을 기존의 이론적인 것에서 실천적인 것으로 이동할 것을 제안한다. 실천주의 관점은 다음과 같은 특징을 갖는다(김갑철, 2016b).

- 교육과정은 로컬 맥락에서 이루어지는 하나의 '실험'이다.
- 교육과정은 교육적 가치를 실현하기 위한 무대이다.
- 교사는 도덕적 개발자이며, 학생은 탐구자이다.
- 교육과정은 개방적인 시스템을 갖고 있다.

실천주의는 교육과정의 실천성, 교사와 학생을 둘러싼 맥락을 강조한다. 하지만 세계시민교육과 관련하여 몇 가지 제한점을 갖고 있다. 우선, 실천주의 역시 교육과정을 둘러싼 정치적 권력구조를 고려하지 않고 있다. 슈와브(1969)는 교육 전문가인 교사들이 교육과정의 개발과정에 참여하는 것을 당연한 것으로 간주한다. 하지만 실제 교육과정 개발, 실천과정에서 교육당국의 통제는 강력하다. 즉, 지리교육과정 개발 과정에서 현장 지리교사들의 다양한 교육적 가치는 무시, 치환, 배제될 가능성이 높다. 둘째, 실천주의는 지식과 권력 사이의 공모 관계를 묵고하고 있다. 실천주의자들은 타일러와 달리 교육과정을 주어진 '결과'가 아닌 '과정'으로 본다. 하지만 지리 지식 자체가 특정 이익 집단, 제도에 의해 왜곡될 가능성에는 침묵한다. 자질(Jazeel, 2012)은 지리교육과정을 구성하는 세계 '타자'에 대한 지리 지식은 '서구'와 '비서구' 사이의 현존하는 식민지 담론을 재생산할 도구로 사용될 가능성을 지적한다. 이 과정에서 세계 '타자'와 관련하여 지리교사 스스로가 왜곡된 지리 지식을 강화할 매개체로써 작동할 수도 있을 것이다.

3) 비판주의

비판주의는 브라질의 교육자 파울루 프레이리(Paulo Freire)의 1972년 저서 『Pedagogy of the Oppressed』의 출간 이후, '비판적' 교육과정 담론으로 발전한다. 프레이리(1972)에 따르면, 현대 교육은 '뱅킹(banking)' 시스템으로서 선택적인 사회를 재생산하고 있으며, 피억압자에 대한 억압자의 지배를 유지시켜 주는 도구이다. 이러한 시스템 속에서 학생은 억압자가 선택한 지식을 축적해 나가는 수용자이다. 그는 주어진 교육 시스템하에서 학생들이 지식과 권력, 학교교육과 사회 사이의 공모 관계에 대해 학습할 가능성은 낮다고 주장한다. 이러한 비판주의적 관점의 특징은 다음과 같이 정리될 수 있다(김갑철, 2016b).

- 교육과정은 특정 사회의 재생산을 위한 정치학의 일부이다.
- 교육과정에서 교사의 역할은 '이데올로기 비판'에 있다.
- 교육과정의 구성요소들은 불공정한 교육 결과를 위한 장치이다.

비판적 교육과정 관점은 지리교사, 학생이 타자를 향한 불공평, 비민주적 권력관계를 변화시키기 위해 왜곡된 지리 지식들에 도전하도록 허용할지도 모른다. 하지만 비판주의 역시 세계시민교육과 관련하여 몇 가지 문제점이 있어 보인다. 첫째 비판적 교육과정은 '이성주의'에 근거함으로써 세계 타자를 불공정하게 소외시킬 수 있다. 비판주의에 따르면 학습자는 다양한 도덕적 관점들을 반성적으로 검토하여 자신의 이성적 자율성을 증가시킬 것이라고 본다. 이를 바탕으로 이들은 사회정의 및 이상적인 민주주의를 이룩하는 데 기여할 것이라고 예측한다(Carr, 1995). 하지만 이러한 논리는 합리주의의 우월성 즉, 모든 학생들이 자신들이 갖고 있는 사회적, 정치적, 제도적, 집단적 맥락에 관계없이 사회 정의 및 정치 활동에 관심을 가지는 존재로 당연시된다(Buckingham, 1996). 이러한 상황에서 인종주의, 성차별주의, 계층주의와 관련하여 이슈를 제기한다면 이들의 의견은 편견, 편파, 비이성적인 견해로 배제될 수도 있다. 비판주의자들은 지리교사, 학생들이 서구중심주의, 인종주의, 성차별주의 등에 통치되어 세계의 타자를 이성이라는 이름으로 배제, 소외시킬 가능성에 침묵한다. 둘째, 비판주의는 지리교사와 학생 사이에서 존재하는 비대칭적 권력관계를 강화할 가능성이 있다. 카와 케미스(Carr and Kemmis, 1986)에 따르면, 교사는 학생이 교육의 이데올로기적 왜곡을 인식할 수 있도록 돕는 조력자이다. 이는 지리교사는 세계 '타자'와 관련하여 자신이 갖고 있는 내부화된 인종주의, 성차별주의, 계급주의적 사고방식으로부터 자유롭다는 것을 함축한다. 나아가 세계에 대한 지리교사들의 이해도는 학생들보다 더 우월하다는 것을 전제한다. 하지만, 버킹엄(Buckingham, 1996)이 지적하듯이, 비판주의자들은 지리교사들의 인식과 경험이 학교 내의 제도화된 규칙들에 의해 자신들의 주관성이 이미 통제되어 있을지도 모른다. 또한 주변 환경에 의해 지리교사가 세계 타자에 대한 학생들의 다양하고 복잡한 목소리들을 무시할 가능성도 배제할 수 없다.

4. 지리 지식

지금까지 세계시민성이라는 교육적 가치를 실현할 매개체인 교육과정에 대해 간략히 살펴보았다. 그 결과 세계시민성과 관련하여 교육과정이 얼마나 불안정한 존재인지, 또한 교육과정 관점에 따라 세계시민교육이 상이한 방향으로 전개될 가능성을 관찰하였다. 이 절에서는 연구자의 세 번째 질문 –'세계시민성 함양에 기여할 지리 지식은 무엇인가?'– 과 관련하여 최근 논의들을 소개한다.

1) 근대적 지리 지식

학교 지리는 우리의 세계에 관한 지식을 다룬다. 많은 지리교육 연구자들은 학교지리가 세계 시민으로서 학생의 성장을 돕는 교과임을 의심하지 않는다(Lambert and Machon, 2001). 람베르트와 마촌(Lambert and Machon, 2001: 208)에 따르면, "지리는 세계에 대한 제한된 설명을 피하고, 특정 지식의 경계를 넘는 능력에 의해 학생들로 하여금 세계를 전체적으로 이해할 수 있도록 돕는다". 이러한 정의는 대외적으로 학교지리가 세계시민성을 함양시킬 교과임을 보여 준다. 하지만, 모건(Morgan, 2000)과 윈터(Winter, 2011)는 이러한 입장에 회의적이다. 이들은 학교 지리가 그동안 세계 타자들을 불공정하게 배제하고, 특정한 집단의 지리 지식의 배열에만 몰두해 온 것은 아닌지 비판한다. 즉, 영국의 지리교과서들에게 대한 길버트 (Gilbert)의 비판에 근거하여, 모건(2000)은 학교 지리가 국가 간 혹은 국가 내의 불공정한 경제적·사회적 개발을 불가피한 것으로서 묘사하고 있음을 보여 준다. 윈터(2011)는 영국의 학교지리교육과정 분석을 통해, 지리교육과정은 한정된 관점의 지리 지식들로 구성되어 있으며 이것들은 교육과정 내에서 전체주의적인 실체로서 존재함을 지적한다. 비록 영국적 맥락이지만, 이러한 연구들은 학교 지리가 그동안 특정한 근대적 지식이나 개념들에 천착함으로써 세계 타자에 관한 지리 지식의 파편성, 불안정성, 비정치성, 비윤리성을 간과했음을 단적으로 보여 준다. 이는 지리교육 연구자들의 이상과는 달리, 학교 지리가 오히려 불공정한 세계 건설에 연루됐을 수 있음을 짐작케 한다.

2) 지리 지식의 불안정성

최근의 지리학적 연구들은 지리적 지식들의 불안정성, 정치성, 윤리성의 관점에서 고려함으로써 지리가 세계 타자들을 보다 공정하게 다룰 수 있는 중요한 단서를 제공하고 있다 (Massey, 2004; Popke, 2003). 예를 들어, 전통적으로 '장소'나 '공간' 개념은 '영원한', '필수적인' 특징들을 가진 경계를 가진 영역 혹은 획일적인 개념으로 간주되었다. 하지만 오늘날 이 개념들은 관계성의 산물로서, 다양한 병치와 이종성의 영역 안에서 항상 구성 중인 실체로 널리 평가받고 있다(Neely and Samura, 2011). 매시(Massey, 2002: 294)는 장소를 타자들과의 관계에 의해 내부적으로 복잡성을 갖고 있다고 말한다. 나아가, 포프케(Popke, 2004)는 장소는 단순히 고정된, 응집력 있는, 동질적인 것이 아니라, 타자와의 관계를 통해 끊임없이 '구성', '재구성', '변형'되는 존재임을 강조한다. 따라서 장소는 자신이 포함하고 있는 것 이상의 의미들을 항상 내포하고 있다. 매시(2002)는 이러한 장소의 특징이 오늘날의 세계화 환경 속에서 더욱 분명히 나타난다고 이야기한다. 장소는 '안정성', '객관성'이라는 상상력을 만들어 내면 낼수록 타자와 관련된 불공정의 악순환을 지지하는 부품으로 전락할 수밖에 없다(Popke, 2004, 304). 따라서 매시(2002: 294)는 장소라는 개념은 타자와의 대화, 협상을 필요로 하는 대상으로 간주할 것을 강조한다. 또한 상호존중을 통해 타자와의 협상 능력을 개발하고 타자의 차이를 인지할 공간을 열 수 있는 '장소에 대한 책임'을 강조한다. 이러한 측면에서, 장소와 같은 지리적 지식, 개념은 불안정하다. 또한 타자에 대한 책임을 강조한다는 측면에서 '윤리적'이다(Jackson et al., 2009: 12). 동시에, 타자에 대한 책임을 전면에 둔다는 점에서 '정치적'이라 말할 수 있다(Popke, 2003: 299).

3) 비판 지리교육의 새로운 시도들

최근 비판 지리교육학자들은 –미국의 Gaudelli and Heilman(2004), Martin and Griffiths(2012); 한국의 조철기(2013) 등– 장소의 불안정성, 관계성에 주목하여 세계 타자들을 공정히 다룰 지리교육의 진보적 방향성을 논의하고 있다. 이들은 세계 타자들과의 정의로운 공존을 위한 학교지리를 지원하고 있다는 점에서 진보적이다. 즉, 세계시민성 함양을 위해 학교 지리가 세계 사회에서 실존하는 불공정한 권력 관계(Martin and Griffiths, 2012) 이슈나 세계 남국 원주민들의 목소리(김민성, 2013)를 반영할 것을 주장한다. 하지만, 전술한 세계시민성 및 교육과정, 지리 지식 및 지리교육에 대한 인식에 있어 다음의 질문들에 답할 필요성이 제기된다(김갑철, 2016b).

- 후기식민주의에 지나치게 의존함으로써 비판 지리가 잠재적인 전체주의적 담론들 –예를 들어, 자민족 중심주의, 인종주의, 계급주의, 성차별주의 등– 에 대한 인식이나 비판에 대해 무감각하게 만들 수 있지 않은가?
- 학교지리가 세계 타자들의 목소리들을 '동질적', '순수한', '진정한' 것으로 너무 쉽게 환원할 함정에 빠질 가능성은 없는가?
- 세계의 이슈들과 관련하여 지리교사 및 학생들의 다양한 역사적, 정치적, 사회적, 제도적, 집단적 맥락을 간과하고 있을 가능성은 없는가?

비판 지리교육은 세계시민교육과 관련된 이러한 질문들에 대해 적극적으로 대응하지 않음으로써 세계 '타자'를 둘러싼 다층적인 지리 지식 및 교육과정 공간을 성급하게 특정한 전체주의적 공간으로 환원시킬 수도 있다. 만약 그렇다면 모건(Morgan, 2000)의 우려처럼, 비판 지리교육 역시 서구 근대적 학교지리처럼 '정의'의 이름으로 세계 부정의에 기여하는 모순을 저지를지도 모를 것이다.

5. 마치며: 세계시민교육의 재부상과 학교지리의 새로운 역할

지금까지 세계 정의의 관점에서 '세계시민성을 함양할 지리교육과정'의 의미에 대해 이론적으로 살펴보았다. 필자가 천착한 해체주의의 관점에서 '정의'란 특정한 전체주의적 이데올로기에 의해 지금까지 배제, 치환, 억압되어 왔던 세계 '타자'의 도래를 위한 공정한 공간이다. 이와 관련하여 세 가지 주요 개념들, 즉 '세계시민성', '교육과정', '지리적 지식'에 대한 선행연구들을 살펴보았다. 그 결과 이들 개념들은 결코 일반화, 보편화, 연역화가 가능한 것이 아니라 언제나 불안정하며 여전히 진화하고 있음을 알 수 있었다.

과거 개발 NGO나 국제기구를 중심으로 전개되던 세계시민교육이 최근 들어 세계 정의 이슈와 관련하여 다시금 주목을 받고 있다. 나아가 제도권 밖에 머물렀던 세계시민교육을 이제는 학교 교육 속으로 포함시켜야 한다는 목소리가 고조되고 있다. 이러한 시점에서 본 논의는 자칫 몇몇 오해를 불러일으킬 수 있다. '기존의 전통적인 지리 지식, 개념들은 거부, 파괴의 대상인가?' 혹은 '일부 상대주의적 논의처럼 세계 '타자'에 대한 모든 지리 지식은 그 다양성을 있는 그대로 존중되어야 하는가? 오히려 필자는 우리들이 갖고 있을지도 모르는 지리 지식, 지리교육과정에 대한 어떤 전체주의적 위장들로 인해 정의 지향 세계시민교육을 제대로 지지하지 못할 수 있음을 경계한다. 본 논의는 과거/현재의 지리교육과정이 갖고 있을지도 모를 상처를 개방함으로써 보다 정의로운 세계에 기여할 지리교육과정의 방향성 논의를 위한 긍정적 첫걸음이 될 것이다.

요약 및 핵심어

최근 세계시민성교육은 국내외 정치, 경제, 교육학계의 중요한 화두 중 하나로 급부상하고 있다. 본고의 목적은 세계시민성 함양을 위한 지리교육과정의 새로운 방향성을 탐색하기 위한 전제 조건으로서, 또한 새로운 지리교육과정의 본격적인 개발 이전에 숙고할 수 있는 논의의 장을 여는 데 있다. 이를 위해 본고에서는 지리교육에서의 세계시민성 교육을 하나의 외부에서 주어진 당연한 '진리'가 아니라 여전히 진화하는 '담론'으로서 간주한다. 필자는 데리다(Derrida)의 해체적 관점에 근거하여, '세계시민성', '교육과정', '지리 지식'이라는 세 키워드를 중심으로 각각을 둘러싼 다양한 담론들의 전제 조건, 위치성, 강점과 약점을 밝힌다. 이를 통해, 지리교육에서 세계시민성 함양과 관련하여 과거 간과 혹은 배제했던 점, 그리고 새로운 가능성, 역할은 무엇인지 간단히 논의한다.

세계시민성과 지리교육(Global Citizenship and Geography Education), 교육과정 관점과 지리교육(Curriculum Perspectives and Geography Education), 지리 지식과 교육과정(Geographical

더 읽을 거리

Peters, M., Britton, A., & Blee, H. (2008). Global Citizenship Education: Philosophy, Theory and Pedagogy. Taipei: Sense Publishers.

McEwan, C. (2009). Postcolonialism and development. London: Routledge.

Scott, D. (2008). Critical Esseys on Major Curriculum Theorists. London Routledge.

참고문헌

김갑철, 2016a, "정의를 향한 글로벌 시민성 담론과 학교 지리", 한국지리환경교육학회지, 24(2), 17−31.

김갑철, 2016b, "세계 시민성 함양을 위한 지리교육과정의 재개념화", 대한지리학회지, 51(3), 455−472.

김갑철, 2016c, "중학교 지리교육과정에 재현된 세계시민성 담론 분석", 사회과교육, 55(4).

김진희, 2015, "Post 2015 맥락의 세계시민교육 담론 동향과 쟁점 분석", 시민교육연구, 47(1), 59.

조철기, 2013, "글로벌 시민성교육과 지리교육의 관계. 한국지역지리학회지", 19(1), 162−180.

Abowitz, K. K., & Harnish, J. (2006). Contemporary Discourses of Citizenship. *Review of Educational Research*, 76(4), 653-690.

Allan, J. (2013). Foucault and his acolytes. In M. Murphy (Ed.), *Social theory and education research: understanding Foucault, Habermas, Bourdieu and Derrida* (pp.21-34). London: Routledge.

Andreotti, V. (2006). Soft versus critical global citizenship education. Policy & *Practice: A Development Education Review*, 3(1), 41-50.

Andreotti, V. (2011). *Actionable postcolonial theory in education*. New York: Palgrave Macmillan.

Apple, M. (1996). *Cultural politics and education*. Buckingham: Open University Press.

Banks, J. A. (2008). Citizenship Education and Diversity: Implications for Teacher Education. In M. A. Peters, A. Britton & H. Blee (Eds.), *Global Citizenship Education: Philosophy, Theory and Pedagogy* (pp.317-331). Rotterdam: Sense Publishers.

Biesta, G. (2009). What Kind of Citizenship for European Higher Education? Beyond the Competent Active Citizen. *European Educational Research Journal*, 8(2), 146-158.

Buckingham, D. (1996). Critical pedagogy and media education: a theory in search of a practice. *Journal of Curriculum Studies*, 28(6), 627-650.

Carr, W. (1995). *For education: towards critical educational inquiry*. Buckingham: Open University Press.

Carr, W., & Kemmis, S. (1986). *Becoming Critical*. London: The Falmer Press.

Carroll, K. (2015). It takes a global village: re-conceptualising global education within current frameworks of school and curricula. In R. Reinold, D. Bradbery, J. Brown, D. Carroll, C. Donnelly, K. Ferguson-Patrick & S. Macqueen (Eds.), *Contesting and constructing international perspectives in global education* (pp. 199-207). Rotterdam: Sense Publishers.

Derrida, J. (1997). The Villa Nova Roundtable: A Conversation with Jacques Derrida. In J. D. Caputo (Ed.), *Deconstruction in a nutshell* (pp.3-28). New York: Fordham University Press.

Drucker, P. F. (1995). *The age of social transformation*. The Atlantic Montly, 274(5), 53-80.

Ellsworth, E. (1989). Why Doesn't This Feel Empowering? Working through the Repressive Myths of Critical Pedagogy. *Harvard Educational Review*, 59(3), 297-324.

Enslin, P., & Tjiattas, M. (2008). Cosmopolitan Justice: Education and Global Citizenship. In M. A. Peters, Britton A., Blee H. (Ed.), *Global Citizenship Education: Philosophy, Theory and Pedagogy* (pp.71-86). Taipei: Sense publishers.

Freire, P. (1972). *Pedagogy of the oppressed*. Harmondsworth: Penguin.

Gaudelli, W., & Heilman, E. (2004). Teaching about Global Human Rights for Global Citizenship. *The Social Studies*, 95(1), 16-26.

Giddens, A. (2000). Citizenship education in the global era. In N. Pearce & J. Hallgarten (Eds.), *Tomorrow's citizens: critical debates in citizenship and education* (pp.19-25). London: IPPR.

Harris, R. G. (2001). The knowledge-based economy: intellectual origins and new economic perspectives. *International Journal of Management Reviews*, 3(1), 21-40.

Harvey, D. (2005). *A brief history of neoliberalism*. Oxford: Oxford University Press.

Heater, D. (1990). *Citizenship: the civic ideal in world history, politics and education*. London: Longman.

Jackson, P., Ward, N., & Russell, P. (2009). Moral economies of food and geographies of responsibility. *Transactions of the Institute of British Geographers*, 34(1), 12-24.

Jazeel, T. (2011). Spatializing Difference beyond Cosmopolitanism: Rethinking Planetary Futures. *Theory, Culture & Society*, 28(5), 75-97.

Jazeel, T. (2012). Postcolonial spaces and identities. *Geography*, 97(2), 60-67.

Lambert, D., & Machon, P. (2001). *Citizenship through Secondary Geography*. London: Routledge.

Mannion, G., Biesta, G., Priestley, M., & Ross, H. (2011). The global dimension in education and education for global citizenship: genealogy and critique. *Globalisation, Societies and Education*, 9(Nos. 3-4), 443-456.

Marshall, T. H. (1950). *Citizenship and social class, and other essays*. Cambridge: Cambridge University Press.

Martin, F., & Griffiths, H. (2012). Power and representation: a postcolonial reading of global partnerships and teacher development through North-South study visits. *British Educational Research Journal*, 38(6), 907-927.

Massey, D. (2004). Geographies of Responsibility. *Geografiska Annaler*, 86(1), 5-17.

McEwan, C. (2009). *Postcolonialism and development*. London: Routledge.

McLaughlin, T. H. (1992). Citizenship, Diversity and Education: a philosophical perspective. *Journal of Moral Education*, 21(3), 235-250.

Morgan, J. (2000). To which space do I belong? Imagining citizenship in one curriculum subject. *Curriculum Journal*, 11(1), 55-68.

Neely, B., & Samura, M. (2011). Social geographies of race: connecting race and space. *Ethnic and Racial Studies*, 34(11), 1933-1952.

Nichols, R. (2010). Postcolonial studies and the discourse of Foucault: Survey of a field of problematization. *Foucault Studies*(9), 111-144.

Ohmae, K. (1995). Putting global logic first. *Business Review*, 73(1), 119-125.

Osler, A., & Starkey, H. (2005). *Changing citizenship: democracy and inclusion in education*. Maidenhead: Open University Press.

Popke, E. J. (2004). The face of the other: Zapatismo, responsibility and the ethics of deconstruction. *Social & Cultural Geography*, 5(2), 301-317.

Richardson, G. (2008). Conflicting Imaginaries: Global Citizenship Education in Canada as a Site of Contestation. In M. A. Peters, Britton A., Blee H. (Ed.), *Global Citizenship Education: Philosophy, Theory and Pedagogy* (pp.115-132). Taipei: Sense publishers.

Schwab, J. J. (1969). The Practical: A Language for Curriculum. *The School Review*, 78(1), 1-23.

Simpson, J. A., & Weiner, E. S. C. (1989). *The Oxford English Dictionary* (2nd ed.). New York: Oxford University Press.

Todd, S. (2010). Living in a dissonant world: Toward an agonistic cosmopolitics for education. *Studies in Philosophy and Education*, 29(2), 213-228.

Tully, J. (2008). Two Meanings of Global Citizenship: Modern and Diverse. In M. A. Peters, Britton A., Blee H. (Ed.), *Global Citizenship Education: Philosophy, Theory and Pedagogy* (pp.15-40). Tapei: Sense Publishers.

Tyler, R. (1949). *Basic Principles of Curriculum and Instruction*. Chicago: The University of Chicago Press.

UNESCO. (2015). Incheon Declaration Education 2030: Towards inclusive and equitable quality education and lifelong learning for all. Retrieved 10th August, 2016, from http://en.unesco.org/world-education-forum-2015/incheon-declaration

Westheimer, J., & Kahne, J. (2004). What Kind of Citizen? The Politics of Educating for Democracy. *American Educational Research Journal*, 41(2), 237-269.

Winter, C. (2011). Curriculum knowledge and justice: content, competency and concept. *The Curriculum Journal*, 22(3), 337-364.

Winter, C. (2014). Curriculum Knowledge, Justice, Relations: The Schools White Paper (2010) in England. *Journal of Philosophy of Education*, 48(2), 276-292.

Young, R. J. C. (2003). *Postcolonialism: a very short introduction* Oxford: Oxford University Press.

제19장

장소 스키마와 지리교육*

한동균

서울교육대학교

---

* 본 연구는 한동균(2016)을 수정·보완한 것임.

1. 들어가며

인간은 공간을 딛고 사는 지리적 존재이다. 인간 활동이 이루어지는 공간은 개인의 경험 형성의 장이라 할 수 있다. 특히 공간은 개인의 경험으로 윤색될 때 의미 있는 장소가 되므로, 같은 공간일지라도 개인의 사전 경험에 따라 장소에 내재되어 있는 의미가 달라지게 된다. 즉, 공간이 객관적이라면 장소는 주관적이다. 이러한 주관적인 장소는 기억을 촉발시키는 매개체가 되어, 사람들이 장소를 통해 과거의 기억을 상기시키고 재구성하도록 한다. 이로 인해 장소는 흔히 기억을 되살리는 장으로 인식된다. 여러 종류의 박물관, 기념관, 공원 등이 바로 그곳이다. 하지만 같은 장소라도 장소의 주관적 특성으로 인해 사람마다 떠올리는 기억이 달라진다. 어떤 사람은 그곳을 '학습의 장소'로, 어떤 사람은 '추모의 장소'로 인식한다. 이에 따라 동일한 장소에 대해서도 일부는 기억의 장소로, 다른 일부는 망각의 장소로 재구성한다. 이렇게 사람들의 상이한 장소에 대한 기억은 그 장소의 보존 또는 제거라는 행위에 대한 갈등으로 이어져 사회적인 이슈를 야기하기도 한다.

이렇듯 장소에 대한 기억은 자신의 사전 경험에 크게 좌우될 수밖에 없다. 개인의 경험이 내재된 장소는 사람들의 기억을 구성하고 새롭게 재탄생시키기도 하며, 자신이 속한 사회문화적 영향을 받기도 한다. 이로 인해 장소는 사회문화적 의미가 함축된 사회적 구성물로 여겨진다(Cresswell, 2004). 또한 장소기억은 인간과 환경의 상호작용에 따라 장소 정체성을 형성하는 기저가 된다. 그리고 장소 정체성은 물리적 환경의 특성에 의해 차별화됨에 따라 가시적인 경관으로 나타난다. 경관은 지리적 장소감을 형성하는 바탕이 되기도 하며, 경관을 독해하는 과정에서 그 장소에 대한 이해를 심화시킬 수 있다. 이렇게 장소를 이해하고 경관을 해석하는 과정은 장소의 사전경험에 따라 개인마다 상이한 경우가 많다. 특히 개인에 따라 장소와 경관 속에 고정관념과 편견이 함유되어 있을 수 있으며, 권력에 의해 문화정치학의 지형이 내포되어 있을 수도 있다. 따라서 장소와 경관에 대한 의미 있는 독해를 위해서는 개인 또는 집단이 가지는 장소에 대한 기대 지식, 즉 장소 스키마에 주목할 필요가 있다.

특히 어린이의 경험은 그들이 거주하는 장소에 의해 제한되기 때문에 어린이와 젊은이의 장소에 대한 관심이 요구되고 있다(Holloway & Valentine, 2000; Strong-Wilson & Ellis, 2007, 43). 이와 관련하여 학교교육에서 장소에 대한 지리적 접근이 장소학습이다. 장소학습은 지리 학습의 시작점으로서 실세계의 직접적인 경험을 강조하여 학생들의 학문적 성취를 증가시키고 자연계의 감성을 길러 주며 지역사회와의 보다 강한 연결을 이끌어내어 시민성 형성에 기여한다(Sobel, 2004, 6). 그리고 실제 세계에서의 직접적인 참여와 탐구를 통해 장소, 지역사회, 문화에 대한 학생들의 학습 경험을 향상시킬 수 있다(Sloan, 2013, 31). 이러한 과정에서 학생은 주변 환경과 의미의 교섭(negotiation)과 장소 정체성을 나타내는 경관해석을 통해 장소의 의미를 파악하게 된다. 장소학습은 학생이 경관 독해를 현장 속에서 체험함으로써 그 장소에 대한 이해를 높이고 역사지리적 개념을 습득하는 '직접 지리하기(doing geography)'의 과정이라 할 수 있다.

이러한 장소학습을 통해 학생들이 형성하는 장소의 이해, 장소감은 다를 수 있으며 각자의 장소감의 기원은 자신의 사전 경험에서 유래한다고 할 수 있다. 특히 어린이의 장소감은 물리적 환경이라기보다는 그들이 장소에 대한 감정, 사회적 환경에 의해 구성된다(Catling, 2005). 그리고 자신의 구성된 지리적 지식을 새로운 맥락에 적용하고 응용하며 수정하는 과정을 통해 자신의 스키마를 발전시킨다. 이를 통해 아이들은 자신의 행위의 기초를 이루고, 스키마의 재개념화를 통해 그들의 지역 세계, 보다 넓은 세계와 환경에 관한 개념적인 기초를 형성한다. 그리고 이것은 그들의 지식 구성과 세상에 대한 이해, 그리고 환경, 장소 역량의 기초가 된다(Catling & Martin, 2011, 8-9).

이처럼 학생의 사전 경험에 의한 지식체계, 즉 스키마에 대한 관심은 교과교육에서도 이어져 왔다. 주로 국어와 영어교육과 같은 언어교육에서 독해와 문해력을 중심으로 스키마의 활용에 대해 연구되어 왔다(강재선, 1997; 김성아, 2002; 노명완, 2010). 지리교육에서도 스키마 이론에 의한 교수학습 모형 개발(이기복, 2000), 지리 학습의 해석과 설명(서태열, 2011; 한동균, 2014)이 이루어져 왔다. 하지만 아직까지 지리교육에서 학생의 스키마에 대한 연구는 많지 않은 편이며, 특히 장소에 대한 스키마를 주제로 다루어진 연구가 없다.

이에 따라 본 연구에서는 먼저 장소에 대한 개인의 주관적인 경험이 내재된 장소 스키마에 대한 이론적 논의를 하고자 한다. 이를 위해 주로 문헌 연구를 통해 장소 스키마의 의미, 역할, 특성 등을 살펴보기로 한다. 또한 이를 토대로 장소 스키마 이론에 대한 지리교육적 함의를 추출하고자 한다.

2. 장소 스키마의 의미와 역할

1) 장소와 장소 스키마의 의미

지리적으로 공간과 장소는 구분되며 객관적이고 무의미한 공간은 개인의 경험에 의해 주관적이고 의미 있는 장소로 윤색된다. 일찍이 렐프(Relph, 1976)는 장소는 인간의 모든 의식과 경험이 통합된 것으로 공간은 자신의 존재를 장소로부터 부여받는다고 하면서 장소와 공간의 의미를 구분하였다. 투안(Tuan, 1977) 역시 공간은 장소보다 추상적이며 인간의 경험에 의해 공간에 가치를 부여하게 되면 의미로 가득 찬 장소가 된다고 말한다. 크레스웰(Cresswell, 2004) 역시 인간이 공간에 의미를 부여하여 공간에 애착을 갖게 되면 장소가 된다고 말하며, 장소를 단지 세상에 존재하는 객체로서 뿐만 아니라 세상을 이해하는 방식으로 접근하고자 하였다. 앞서 렐프와 투안이 현상학적 접근에 의해 인간 실존의 장소에 대해 관심을 가졌다면, 최근에는 장소를 사회적 구성물로 여기고 비판적 관점에서 장소에 내재된 권력 관계와 이데올로기에 주목하기도 한다(Cresswell, 2004; Massey, 2000; Till, 1993).

이로 인해 장소는 사회적 구성물이자 개인적 경험에 의해 체화된 공간(embodied space)이라고 할 수 있다. 장소는 신체적 경험을 수반하기 때문에 몸에 의해 지각·인지되고 감정적으로 느끼며 기억되는 공간이라고 할 수 있다. 특히 장소는 우리의 기억을 내포하고 있을 뿐만 아니라 우리에게 다양한 기억들을 현재에 소생시켜 주고 재생산시켜 주는 강력한 내재적 기억력을 가지고 있다(전종한, 2013, 440). 장소철학자 케이시(Casey, 2000)도 메를로퐁티의 몸의 철학에 기반을 두어 '장소 기억(place memory)은 과거에 생명력을 불어넣어 현재에 소생시켜 주는 장소의 힘이며, 이를 통해 사회적 기억의 생산과 재생산에 기여한다.'라고 말한다. 역사학에서 노라(Nora)가 말하는 기억의 장소(place for memory)와 사회학에서 알박스(Halbwachs)가 말하는 집단 기억(collective memory)에 대한 논의도 마찬가지이다. 이러한 타학문에서의 논의는 장소와 관련된 기억의 다층성과 경합성을 간과하고 장소 기억의 동일성(coidentity)과 집단성(collectiveness)에만 한정되어 있다는 점에서 지리적인 장소 기억과 구분된다(전종한, 2013, 440). 하지만 장소와 기억과 관련된 여러 논의들이 근본적으로 인간의 사고와 기억은 장소를 기반으로 형성되고 장소에 의해 재구성된다는 관점에서 기원하고 있다. 따라서 개인의 인지에 있어 장소와 기억은 상호의존적이며 필수 불가결하다고 할 수 있다.

이러한 장소 기억은 특정 장소에 대한 신체적 경험으로 형성되기 마련이다. 그리고 장소 경험을 통해 낯선 장소에서 친밀한 장소로 장소 기억이 변화될 때 장소감(sense of place)을 형성하게 된다. 그러나 이러한 장소에 대한 기억과 감정도 자신의 사전 경험에 의해 구성된다. 즉 장소감은 개인의 장소 경험에 의해 만들어진 사전 스키마의 영향을 받는다. 또한 우리가 세상을 보고 이해하는 것도 이미 경험에 의해 형성된 사고방식에 의한 것이라 할 수 있다. 이렇게 사전 경험에 의해 구성된 스키마는 개인의 이해와 기억, 행위를 빠르게 인지하도록 도우며, 장소와 관련된 새로운 정보를 선택적이고 효율적으로 처리함으로써 세상을 이해하도록 한다(Green, 2010, 137). 사회지리학자 녹스와 핀치(Knox & Pinch, 2006)도 '개인의 지각과 인지는 이미지, 스키마와 관련 있다.'고 말한다. 개인적 경험은 다양한 환경 자극에 의해 부분적이고 단순화된 또는 왜곡된 현실 세계에 대한 이미지를 지니며, 동일한 환경 자극이라도 개인의 스키마에 따라 '자신만의 세계'를 만들어 낸다고 한다. 코펠(Kopel, 2014)도 "공간(장소)스키마[1]는 개인의 사전 경험에 의해 만들어진 장소에 대한 기대의 시스템"이라고 하며, 과거 경험에 의해 만들어진 개인의 공간적 지식이라 말한다. 악시아 외(Axia et al., 1991) 역시 장소 스키마를 개인이 경험하는 장소에 관한 추상적이고, 위계적으로 조직화된 지식으로 여긴다. 특히 장소 경험은 사소하거나 중요하고 인상적인 것과 같은 감성적인 관점에서 형성되므로, 장소 스키마는 지각, 인지, 일련의 행위뿐만 아니라 감정적인 경험 또한 포함한다고 말한다(Axia et al., 1991, 225). 장소 스키마는 몸의 움직임과 몸과 관련된 대상을 의미하는 신체적 경험에 근거하고 있기에, 신체적 움직임에 따라 느껴지는 감정과도 관련 있다(Sinha & López, 2000, 21). 이에 따라 장소 스키마는 주관적인 개인의 경험과 감정에 좌우되므로 같은 장소에서의 장소 스키마도 사람마다 다를 수 있다. 예를 들어 똑같은 공원일지라도 어떤 사람은 가족과 함께한 행복한 장소로, 어떤 사람은 연인과 헤어진 슬픈 장소로 장소 스키마가 다르게 형성될 수 있다. 스카넬과 기퍼드(Scannell & Gifford, 2010)도 개인이 선호하는 장소는 그 장소의 독특한 특징과 그 장소와의 사적 연관성을 나타내는 지식과 신념에 관한 장소 스키마의 한 유형이라고 말한다. 따라서 장소 스키마는 사회적 구성물인 장소와 관련하여 개인이 사전 경험에 의해 가지고 있는 감성적이며 암묵적인 지식체계라고 할 수 있다.[2] 즉 장소 스키마는 개인의 주

---

1. 공간 스키마(Spatial schema)라는 용어를 사용하였으나 '공간'과 '장소'를 구분하여 사용하지 않아, 이를 장소 스키마로 재해석하였다.
2. 본래 지식론으로서 스키마는 선언적 지식뿐만 아니라 스크립트(Script)와 같은 절차적 지식의 요소를 가지고 있다. 이로 인해 스키마는 선언적, 절차적 지식이 모든 지식의 근원인 암묵적 지식을 통해 표상된 것이라 할 수 있다(Gredler, 2009; Marshall, 1995; Winograd, 1977; 노명완, 1987). 장소 스키마 역시 선언적, 절차적 지식이 포함된 암묵적 형태의 지식 표상이라 할 수 있다.

관적인 장소 경험에 관한 체계화된 기대 지식이라 할 수 있으며, 이에 따른 장소 유형별 사건 스키마를 포함한다(Imamoğlu, 2009, 162).

2) 장소 정체성 형성과 장소 스키마의 역할

개인의 장소 경험은 특정 공간에 대한 애착으로 이어져 장소에 대한 감정적인 흔적으로서 장소감을 생성한다. 이러한 장소감은 사전에 형성된 자신의 감성적이며 암묵적인 지식체계로서 장소 스키마의 영향을 받게 된다. 즉 장소 스키마는 개인의 장소감을 형성하는 기제가 되며, 이렇게 만들어진 장소감은 개인의 새로운 장소 스키마를 형성하는 토대가 될 수 있다. 이로 인해 기대 지식으로서 작동하는 장소 스키마는 단지 장소에 대한 정서적 감정을 의미하는 장소감과는 구별될 수 있다. 또한 장소의 고유한 특성을 드러내는 장소 정체성 역시 장소 스키마가 작동하여 형성된 것이라 할 수 있다. 이마모을루(Imamoğlu, 2009)에 따르면 장소 정체성은 개인, 집단과 같은 인간 생활세계에서 의미의 교섭 과정과 물리적 특성의 진화를 통해 형성되고, 이때 장소 스키마는 장소 정체성이 형성되는 과정에서 핵심 역할을 한다고 말한다. 이와 같은 사례로 그는 장소 스키마가 작동하여 새롭게 형성된 장소 정체성으로서 어시스티드 리빙(assisted living)을 분석하였다. 어시스티드 리빙은 기존의 요양원의 문제점을 극복하기 위해 장애의 차이에 따른 개별적 돌봄 외에도 거주자의 사적 보호, 독립성, 사회적 상호작용 등과 같은 '집과 같은' 장소의 특성을 갖추고 있다. 따라서 어시스티드 리빙은 요양원의 부정적인 장소 스키마에서 촉발되어 집이라는 긍정적인 장소 스키마가 추가되어 만들어졌으며, 이로 인해 집과 요양원이 모체가 된 새로운 장소 정체성을 형성하고 있다. 그리고 이 과정에서 집이라는 장소 패턴이 점차 발달하면서 집과 같은 기능과 물리적 형태가 서로 영향을 주고받게 된다. 즉 집이라는 장소 스키마가 작동하여 집과 같은 기능이 기대됨에 따라 물리적 형태 또한 집과 같이 만들어진다. 비슷하게 모스크, 교회와 같은 장소 정체성의 의미는 처음에는 '모여 기도하는 장소'라는 기능적 측면에서 출발하지만, 나중에는 건물의 특별한 형태가 종교와 관련된 의미를 형성하기도 한다(Imamoğlu, 2009, 166). 즉 새로운 장소의 기능과 관련된 의미는 형태가 만들어지기 이전에 나타나지만, 시간에 따라 두 가지는 보다 밀접하게 상호 관련되어 물리적 형태가 관련된 의미의 수준이 될 수 있다는 것이다.

이렇게 장소 스키마는 정체되거나 고정된 것이 아닌 개인의 공간 기억에 영향을 미치며 공간 기억과 스키마를 상호 발전시키며 강화된다(Kopel, 2014, 3). 특히 하비(Harvey, 1996)에

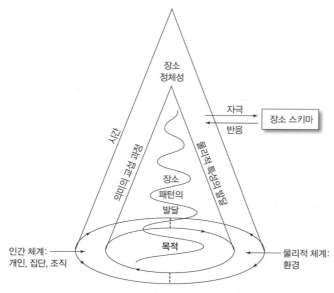

그림 1. 장소 시스템과 장소 스키마의 역할

출처: Imamoğlu, 2009, 166에서 재구성

따르면 장소 또는 장소정체성은 과거의 집단 기억에 단순히 영속화되는 것이 아니라 정치적 논쟁과 투쟁과 같은 의미의 경합을 통해 결정된다. 이러한 인간과 환경의 상호작용에 따른 장소 경험, 장소 정체성의 형성과정과 이러한 장소 시스템에 작동하는 장소 스키마의 역할을 그림으로 나타내면 그림 1과 같다.

개인 또는 집단은 이루고자 하는 목적을 위해 행위의 바탕이 되는 물리적 환경과 상호작용을 하게 된다. 인간이 어떤 목적을 이루기 위해서는 장소에 기반을 두고 주위의 환경에 영향을 주거나 환경의 영향을 받으면서 행위를 하게 된다. 인간은 환경 속에서 영위하며 특정 장소에서 가능한 행위를 판단하면서 그 장소를 평가하며 해당 장소에 대한 이해를 넓혀 간다 (Imamoğlu, 2009, 158). 그리고 이러한 행위들은 시간이 흐름에 따라 특정 환경과 관련된 두드러지고 지속적인 장소 패턴으로 나타나게 된다. 우리가 어떤 장소를 갔을 때 그 장소에 적합한 행위들이 암묵적 지식으로 나타나게 되는 것과 마찬가지이다. 또한 이 과정에서 장소 패턴이 개인 또는 집단과의 의미의 교섭 과정과 인공 환경에서의 물리적 특성의 진전을 통해 발달함에 따라 궁극적으로 장소 정체성이 형성된다. 즉 장소 패턴은 특수한 물리적 환경과 상호 관련된 확실하고 식별할 수 있는 행위의 표본이며, 장소 정체성은 개인, 집단, 조직과 같은 인간 체계와의 협상과 특정 환경을 나타내는 물리적 체계의 진화를 통해 만들어진 장소 패턴에 의해 형성된 것이라고 할 수 있다(Imamoğlu, 2009, 165). 장소가 인간과의 심리적 정서적 유대 과정을 통해 인간 실존의 장소로서 의미화되고, 장소마다 경관으로 가시화되는 물리적 특성이 강화되면서 장소 고유의 정체성을 이루게 된다. 장소는 인간의 경험에 의해 사회문화적 속성을 지니게 됨에 따라 의미화되며 장소 특징적인 경관이 강화되면서 상징적인 의미체계로서 장소 정체성이 형성된다. 이것은 일찍이 렐프(1976)가 장소를 인간과 자연의 질서가 융합된 것으로, 장소 정체성의 구성요소를 물리적 환경, 인간의 활동, 장소의 의미로 제시한 것과 유사하다. 장소 스키마는 이러한 장소 정체성이 형성되는 총체적인 과정을 나타낸 장소 시스템과 지속적으로 상호작용하게 된다. 장소 시스템으로부터 장소 스키마에 자극이 주어지면 이에 대한 반응으로 장소 스키마가 작동하여 장소 패턴의 변화를 유발하게 된다. 즉 기대 지식으로서 장소 스키마는 장소 정체성을 형성하는 과정에서 장소 시스템의 자극을 받아 장소 시스템의 변화를 유발하는 외부 기제라고 할 수 있다. 본래 장소로서 인식하는 것은 장소를 단지 지각하는 것에서부터 지각한 것을 장소 스키마로 개념화하고 범주화하는 것까지 포함한다. 장소 스키마는 장소의 인식과 범주화 과정에 영향을 주기도 하고, 그 과정에서 형성되기도 한다(Axia et al., 1991, 222). 예를 들어 전통문화라는 장소 스키마에 의해 전통과 관련된 장소 패턴이 발달되거나 전통문화 장소라는 자극에 의해 전통과 관련된 기대 지식으로서 장소 스키마가 형성되는 것과 마찬가지이다. 이러한 장소 시스템은 지속적으로 발전하는 과정인 것처럼 행위의 기초가 되는 장소 스키마 역시 계속 변형되고 발전해 간다(Imamoğlu, 2009, 165). 그리고 개인의 장소 경험에 관한 감성적이며 암묵적인 지식체계로서 장소 스키마는 특정 장소에서의 기대 지식으로서 개인의 인지와 행위과정에 작동하게 된다.

3. 장소 스키마의 특성과 작동

1) 개인 인지로서의 장소 스키마

스키마가 개인의 인지와 정보처리의 체계로 작동하는 것처럼 장소 스키마는 개인의 장소와 관련된 인지 형성에 핵심 요소로서 기능한다. 이와 관련하여 브루어와 트레옌스(Brewer & Treyens, 1981)는 개인의 장소 스키마가 사람들의 장소 인식에 어떠한 영향을 주는지 연구하였다. 연구자들은 피험자들이 실험 중임을 인지하지 못하도록 사무실에 잠시 머무르게 한 후

그림 2. 브루어와 트레엔스(1981)의 실험 장소(사무실)
출처: 브루어 교수 누리집(http://internal.psychology.illinois.edu/~wbrewer/office.html)

그들이 본 물품들을 적도록 하였다. 그 결과 대부분의 피험자들은 '사무실'이란 장소 스키마와 관련된 물품들을 떠올렸으며, 실험실에 있었으나 '사무실'이라는 장소 스키마와 관련 없는 소풍 바구니, 해골 등을 기억하는 피험자는 없었다. 특히 일부는 본인이 직접 머물렀음에도 사무실에 존재하지 않는 책, 전화기 등을 기억하기도 하였다(그림 2). 이러한 실험은 개인의 인지 과정이 기대 지식으로서 장소 스키마의 영향을 크게 받는다는 것을 입증해 준다.

이러한 장소 스키마는 특정 공간과 관련된 물건들에 대한 정보에만 그치지 않는다. 아시악 외(1991)는 맨들러(Mandler, 1984)의 장면 스키마(scene schema) 연구를 분석하여 장소 스키마의 세 가지 요인을 언급하였다. 이들 연구에 따르면 장소 스키마는 공간 속 물건에 관한 정보뿐만 아니라 물건들의 차별화된 특성, 공간적 관계와 관련된 물건의 배치라는 세 가지 요인으로 구성된다. 즉 장소 스키마는 특정 장소에서의 기대되는 물건과 이들 물건들의 특성, 그리고 이에 따른 물건의 공간적 배치에 관한 기대 지식을 담고 있다는 것이다. 예를 들어 학습의 장소로서 교실은 책상, 의자 등의 물건과 이러한 물건들의 특성을 상기시키며, 학습을 위한 책상과 의자의 효율적 배치와 더 나아가 학생은 책상에 앉지 못하도록 하는 공간적 행위와 관련된 기대 지식이 작동한다.

반면에 데이비드슨(Davidson, 1994)은 피험자들에게 익숙한 각본을 읽도록 하였을 때, 자신의 장소 스키마와 일치하지 않는 사건들을 잘 기억한다는 점을 밝혀냈다. 예를 들어 피험자들은 '도서관에서 학생들이 조용히 책을 읽다.'라는 것보다 '한 아이가 도서관에서 뛰다가 넘어졌다.'와 같은 자신의 장소 스키마와 불일치한 사건들의 기억이 쉽게 부호화되었다. 이는 사람들이 자신의 장소 스키마 즉 기대 지식과 불일치한 사건들도 자신의 장소 스키마에 의해 처리하고 의미의 재교섭 과정에서 더욱 잘 기억하게 된다는 점을 알려 준다(Matlin, 2009, 273; 한동균, 2014 재인용). 이러한 실험들은 장소 스키마가 개인의 인지과정에 어떻게 작동하고 있는지를 밝혀주고 있다.

또한 앞서 시냐와 로페즈(Sinha & López, 2000)의 언급처럼 장소 스키마는 몸과 관련된 신체적 경험에 근거하기도 한다. 장소 스키마는 신체적 움직임에 따른 사고와 감정과도 관련 있다. 일반적으로 인간의 감성과 친숙함은 장소 인지의 형성에 중요한 역할을 한다(Imamoğlu, 2009, 165). 인간의 몸으로 느껴지는 감정의 유형과 정도에 따라 인지의 양상이 달라진다. 체화 인지 관점에서 몸과 그것의 환경, 의미 형성은 비체화적인 논리적 계산이 아닌 상황, 감정적 신체 경험, 감성에 근거한다는 점에서 인지의 주요 이슈이다(Butcher, 2012, 91). 다시 말해서 개인이 장소에서 몸으로 느끼는 감정에 따라 인지의 양상이 달라질 수 있다는 것이다. 예를 들어 따뜻한 햇볕과 아름다운 자연풍경이 있는 장소를 치유의 공간으로 활용하고, 딱딱한 간판 위나 외딴 섬에서 패배자의 항복 조인식을 하는 것도 장소에 따른 체화인지를 고려한 것이라 할 수 있다. 이로 인해 장소학습에서 몸은 인지의 핵심 요소이며, 체화된 환경의 유형은 장소 스키마 발달에 중요하다(Kopel, 2014, 7).

2) 개인 행위로서의 장소 스키마

장소 스키마는 장소에 대한 개인적 인식의 틀이 될 뿐만 아니라 장소에 따른 행위를 연결해 주는 토대가 된다(Cherulnik & Souders, 1984, 213; Kopel, 2014, 31). 기본적으로 장소 스키마는 장소 유형에 따른 스크립트(script) 즉 행위 스키마에 관한 정보를 수반한다(Imamoğlu, 2009, 162). 일반적으로 사람들은 어떤 장소에 위치하게 되었을 때 기대되는 지식이 있다. 학생이 운동장에 있을 때는 동적인 행동, 도서관에 있을 때는 정적인 행동을 하도록 하는 기대 지식이 있으며, 학생들은 이러한 장소에 따른 스키마에 의해 행동하기를 요구받는다. 또한 특정 장소에서 기대되는 일련의 행위가 있다. 예를 들어 레스토랑에 가면 자리를 선택하여 앉고 음식을 고르며 직원을 불러 주문하는 등 정해진 장소 패턴의 행위가 일어나게 된다. 개인이 어떤 특정 장소에 위치하게 될 때 자신의 장소 스키마와 일치하게 되면 자동화된 일련의 행위 (routine)가 촉발된다. 이러한 행위의 요인이 되는 장소 스키마는 기업의 마케팅에서도 활용되기도 한다. 소비자의 장소 스키마를 위반하여 가게의 품목을 배치함으로써 구매자가 가게에 오래 머물도록 하여 구매 욕구를 증가시켜 기업의 이익을 꾀하기도 한다(Kopel, 2014, 30). 이렇게 소비자가 기대하는 장소 스키마와 불일치하도록 물품 코너를 만들어 자신이 원하는 물품을 찾는 동안 예상치 못한 소비를 하도록 만들 수 있다.

특히 사람들의 행위는 장소에 근거하며 행위를 통해 장소에 대한 이해를 촉진시킨다. 이마모을루(2009)에 의하면 사람들은 어떤 장소에서 일어날 수 있는 가능한 행위와 사람들이 그 장소에 가는 이유와 거기에서 하는 행위가 적절한지에 따라 장소에 대한 판단이 달라진다고 말한다. 즉 사람들은 단지 물리적 특성뿐만 아니라 그 장소에서 가능한 행위와 사람들의 행위 계획에 의해 장소를 평가한다(Imamoğlu, 2009, 158). 이로 인해 사람들의 장소 경험은 앞서 지각과 인지뿐만 아니라 장소 특수적인 행위와 그에 대한 평가에 의해 이루어진다. 이와 관련하여 캔터(Canter, 1991)는 장소 경험의 구성요소로 지각과 인지(perception, cognition), 행위(action), 평가(evaluation)를 제안하였다. 지각과 인지는 장소 체험을 통해 보고 들을 수 있으며 알 수 있는 것을 말하며, 행위는 그 장소가 무엇을 하는 곳인지, 평가는 그 장소가 나 또는 우리에게 어떠한 곳인지에 대한 의미의 교섭 과정이라고 할 수 있다. 특히 장소에 대한 평가는 개인 경험의 지식, 신념, 감정 등과 관련된 총체적 산물이라고 할 수 있다. 이러한 논의는 렐프(1976)가 장소 정체성의 구성요소로서 물리적 환경, 인간의 활동, 장소의 의미를 제시하면서, 그중에서 인간의 경험에 의해 개인적이고 사회구성적인 장소의 의미를 가장 중요시한 것과 마찬가지이다(한동균, 2016, 68). 또한 이들은 장소 시스템으로서 개인과 물리적 환경과의 상호작용, 행위로서 장소 패턴의 발달, 의미의 교섭 과정 등을 반영한다. 따라서 이들은 학생의 장소 경험에 대한 조직화된 지식으로서 장소 스키마를 살펴볼 수 있는 구성요소가 될 수 있을 것이다.

또한 감성적 측면에서 장소 스키마에 따라 공간적 행위가 달라진다. 어떤 장소에 대한 애착과 호감이 있는 경우에는 적극적으로 보존하고 발전시키려는 노력을 한다. 예를 들어 자신의 고향 발전을 위한 활동과 폐교 위기에 있는 모교를 보존하기 위한 노력 등이 그것이다. 반면에 어떤 장소에 대한 거부감이 있을 경우 해당 시설의 유치를 반대하는 집단적 행위로 이어진다. 화장장, 하수 처리장, 방사물 폐기물 처리장 등의 유치 반대가 그 예이다. 이러한 시설들에 대한 부정적 장소 스키마는 님비(NIMBY) 현상을 야기하기도 한다. 이와 반대로 공원, 도서관 등과 같은 긍정적 장소 스키마를 가지고 있는 경우에는 핌피(PIMFY) 현상을 유발하기도 한다.

특히 사람의 행위는 장소 스키마에 의해 '제자리(장소)에 있거나(in-place)', '제자리(장소)를 벗어난(out-of-place)' 것으로 나타나며, '제자리에 벗어난' 즉 장소 스키마와 일치하지 않는 행위가 일어났을 때는 위반(transgression)[3]을 범한 것이라 할 수 있다(Cresswell, 2004, 103). 사람들은 장소에서 무엇이 적절한지 아닌지 판단하고 장소의 규칙에 따라 행동한다. 그래서 장소 규칙과 사람들의 행위의 일치는 장소의 작동을 유발하거나 연장하고, 장소가 시간에 따라 발전하도록 돕는다(Imamoğlu, 2009, 163). 예를 들어 노숙자, 시위대, 동성애자, 장애자, 매춘여성 등과 같은 타자들(Others)은 장소에 알맞은 행위자가 아닌 외부자(outsider)로 여겨져 해당 장소에서 축출되기도 한다. 이렇게 일반적으로 통용되는 장소 스키마와 다른 장소 패턴을 나타내는 사람들은 정상사회에서 벗어난 일탈자로서 여겨진다. 그리고 장소 스키마와 일치하지 않는 위반이 일어났을 때는 정해진 규범에 의해 처벌받게 된다. 예를 들어 주차금지 구역이라는 장소 스키마에 위반하는 행위가 일어났을 경우 벌금을 물게 되며, 집회 금지 구역을 위반했을 경우에도 제지를 받거나 해당 장소에서 강제 추방당하게 된다. 이러한 지리적, 사회문화적 선을 넘는 위반과 관련된 장소 스키마는 동시대 집단의 사회문화적 배경에 의해 좌우된다.

3) 사회문화적 산물로서의 장소 스키마

사회적 구성물로서 장소는 인간에 의해 구성된 것이지만 인간 역시 장소 없이는 존재할 수 없으며, 경험적 사실로서 인간 존재의 의미와 사회 구성의 기초가 된다(Cresswell, 2004, 32). 이에 따라 개인의 장소 경험에 의해 형성된 장소 스키마 역시 사회문화적 배경에 의해 영향을 받는 사회적 구성물이라 할 수 있다. 또한 바틀렛(Bartlett, 1932)의 지적처럼 개인의 스키마는 사회문화적 풍토에 따라 형성되며 공유하는 문화적 배경에 의해 공통의 스키마(집단 스키마)가 생성될 수 있다. 이에 따라 장소 스키마 역시 환경과 인간의 상호작용에 의해 이루어지며 사회문화적 배경에 따라 의미가 구성된 공통의 스키마를 형성한다. 린치(Lynch, 1975)도 도시

---

3. 이러한 위반(transgression)은 단지 '지리적, 사회문화적 선을 넘는 것'을 의미하는 공간적 개념으로서 사회학적 정의로서의 일탈(deviance)과는 다른 개념이다. 위반은 의도적 또는 비의도적으로 일어날 수 있으며, 행위로 인해 불안함을 느끼는 누군가에 의해 위반으로 간주된다(Cresswell, 2004, 103).

그림 3. 장소 스키마에 의한 경관 변화의 사례(왼쪽: 스타벅스 인사동 지점, 오른쪽: 스타벅스 소공동 지점)

이미지에 대한 연구를 통해 사람들이 환경과의 상호작용을 통해 환경 이미지를 형성하고 있으며, 심적 이미지는 친숙성으로 인해 쉽게 관련성을 찾거나 처음 본 대상일지라도 관찰자의 마음에 이미 존재하는 이미지에 순응하게 된다고 말한다. 또한 구성원 간에는 본질적으로 사회문화 요소 간의 상호작용에 의해 기대되는 일치된 영역인 공공 이미지(public image)를 형성한다고 말한다. 이로 인해 특정 장소에 대해 기대되는 지식, 즉 공통의 장소 스키마에 의해 독특한 경관이 형성되기도 한다. 예를 들어 과거에 서울 인사동 전통문화 거리에 다국적 기업의 진출이 결정되자 전통문화 훼손 논란이 일어난 적이 있다. 한국의 전통문화를 상징하는 장소에 영어간판을 쓰는 외국 기업이 적합하지 않다는 것이다. 이에 따라 해당 인사동 지점은 결국 영어 간판 대신에 한글 간판을 걸고 내부 인테리어도 전통기와, 흙벽 등을 사용하여 한국의 전통문화를 최대한 반영하였다.[4] 동일 기업의 서울 소공동 지점 역시 조선 태종의 둘째 딸 경정공주(慶貞公主)가 혼인해 살던 소공주동(小公主洞)이라는 역사지리적 배경에 의한 장소 스키마가 작동하여 경관이 변형된 사례라고 할 수 있다. 다시 말해서 역사지리적 지식 체계로서 이곳의 장소 스키마는 인사동과 소공동을 '전통문화의 장소' 또는 '왕가의 장소'로서 다른 장소와 구별되는 고유의 장소 특성이 나타나도록 하고, 각각의 장소 시스템을 자극하고 작동시켜 인간의 행위와 주변 경관의 물리적 특성을 변형시킨다. 이러한 특정 장소에 대한 지식 체

---

4. 당시에 전 세계 스타벅스 간판은 영어 대문자로 쓴 녹색의 통일된 간판으로 쓴다는 원칙이 있었다. 이로 인해, 한국스타벅스는 인사동 지점에 한글 간판을 설치하기 위해 미국 워싱턴주 시애틀 본사 담당자를 3개월 이상 설득해야 했다. 오랜 설득 결과 2001년 문을 연 인사동 지점은 스타벅스 매장 중 세계 최초로 현지어로 된 간판을 설치할 수 있었다. 오늘날에는 소공동의 황금색 간판과 함께 관광객 유인효과도 거두고 있어 현지화 마케팅의 성공사례로 손꼽히고 있다(조선비즈, 2014.05.04. 기사, 아시아경제 2014.03.10. 기사 발췌).

계인 장소 스키마는 인간과 환경의 상호작용에 의해 합의된 공공의 이미지를 만들어 내며, 해당 장소가 가지고 있는 고유의 특성, 즉 장소성을 형성하는 근간이 될 수 있다.

이러한 린치와 비슷한 연구로 이규목(2004)도 도시경관을 보는 틀을 체계화하고 이를 바탕으로 우리나라 대표적인 역사도시인 경주와 전주의 도시를 대상으로 도시 장소 이미지를 조사하였다. 그는 린치와 같은 연구 방법으로 두 도시의 이미지를 파악하고, 장소창조적 접근에 의한 몇 가지 서술식의 구어적 설문을 통해 도시의 총체적 이미지, 사회문화적 요소나 역사적 의미를 파악하였다. 이로 인해 각 도시의 거주민들이 가지고 있는 장소 스키마를 이해하여 도시 경관의 특성을 규명하였다. 이러한 연구들은 앞서 녹스와 핀치의 언급처럼 개인의 공간적 인지는 자신의 이미지, 스키마에 의해 이루어진다는 것을 설명하며, 감정적 평가에 의해 장소 스키마가 형성되어 행위가 결정된다는 것을 말한다. 그리고 지리적으로 이러한 장소의 상징적 의미, 사람과 장소의 감정적 유대감과 이미지는 장소감을 형성하는 요인이 된다(Knox & Pinch, 2006, 228).

이러한 연구들을 종합해 보면, 사람들은 각자의 장소 스키마에 의해 개별화된 장소 인식을 하지만, 집단별로 합의된 장소 스키마에 의해 공통의 장소 인식을 한다는 것을 알 수 있다. 그리고 이러한 합의된 장소 스키마는 특정 장소의 장소성을 형성하여 경관의 물리적 특성을 강화시키기도 한다. 이는 사람들이 미리 습득된 공간적 인지 지도와 집단과 문화에 의해 동의된 정보들을 통해 그들의 지리적 위치를 파악한다는 것을 의미한다(Imamoğlu, 2009, 156). 퍼셀(Purcell, 1987) 역시 사람들의 기억에서 재현된 인지적 속성과 감성적 반응 간의 관련성을 연구하여, 특수한 집단 간에 같은 방법으로 조직된 상황에서 스키마가 어떻게 작동하는지에 주목하였다. 그 결과 경관 재현은 동일 문화의 구성원들끼리 같으며, 다른 문화적 배경을 가지고 있는 두 집단은 경관 경험에 대한 스키마의 차이가 나타난다는 점을 밝혀냈다. 이러한 연구들은 사람들의 장소에 대한 인식과 태도는 자신만의 장소 스키마에 의한 기억·감정·의도를 자기 나름대로 대상과 조합하기 때문에 근본적으로 개별적이라는 것을 말해 주고 있다. 하지만 장소 스키마가 나·타자·우리의 상호작용에 기반을 두어 집단별로 합의된 장소 이미지를 가진 공적 정체성을 형성하기도 한다는 것을 알려 주고 있다(Relph, 1976, 56~58). 종합해 볼 때 장소 경험에 대한 지식체계로서 장소 스키마는 지식 형성과정에서 장소에 대한 지각, 인지뿐만 아니라 감성적 경험의 영향을 받으며, 사회문화적 배경의 영향하에 형성된다는 점을 알 수 있다. 그리고 이렇게 구성된 장소 스키마는 장소 시스템과의 자극, 반응 등의 상호작용에 의해 장소정체성을 형성하는 기제가 되기도 한다.

4. 장소 스키마의 지리교육적 함의

1) 개인지리로서 장소학습 분석에의 활용

장소는 지리에서 중요한 개념으로 다루어지고 있으며 지리 학습의 전통적인 5대 주제 중에 하나이다. 장소는 규모의 임의성을 지니고 있어 다양한 스케일에서 다룰 수 있다는 점에서(이 간용, 2014, 150) 지리교육의 주제 중에서도 핵심이다. 특히 장소는 존재론적 입장에서 개인의 정체성을 규정짓기도 한다. '나는 한국 사람이다'라고 말하는 것은 국적을 이야기하기보다는 내가 누군지를 정의하는 것을 돕는다(Catling, 2013, 60). 이로 인해 장소는 지리적 자아로서 개인 정체성의 토대가 된다는 점에서 개인지리(personal geographies)가 이루어지는 장이라 할 수 있다. 학교교육에서 공식적인 교육과정에 의한 공적지리와 학생의 학습 경험에 의해 형 성되는 개인지리는 다를 수 있다. 이에 따라 일찍이 여러 지리교육자들은 학생의 개인적 학습 경험에 의해 지식이 구성되는 개인지리를 강조하였다(Catling, 2005; Catling & Martin, 2011; Fien, 1983). 학생마다 자신의 사전지식과 직·간접 경험에 의해 주변 환경과 장소에 대한 인식 은 달라질 수밖에 없다. 이로 인해 각 개인은 장소에 대한 개인지리를 형성하여, 자신만의 개 인지리에 의해 세상을 바라보게 된다. 로버츠(Roberts, 2013) 역시 모든 학생들은 직·간접 경 험에 의해 자신만의 고유한 개인지리를 갖고 있으며, 이러한 개인지리는 장소와 환경에 대한 지식과 세상을 바라보고 이해하는 방식을 포함한다고 말한다(이종원 역, 2016, 17). 따라서 개 인의 장소 경험에 의해 형성된 장소 스키마는 개인지리의 표상이라고 할 수 있다. 즉 장소 스 키마의 탐색은 장소와 환경에 대한 개인지리를 이해할 수 있는 토대가 될 수 있다.

학교교육에서 장소에 대한 개인지리의 형성은 장소학습에 의해 이루어진다. 장소학습은 학 습자의 생활공간이자 실존공간으로서 장소를 선정하여, 그 장소의 사회적 의미를 이해하고 이해 당사자로서 시민성의 문제까지 고려한다(남호엽, 2005, 201).[5] 학생들은 자신의 생활공 간 속의 장소를 학습함으로써 지리적 맥락에서 장소감을 발달시킬 수 있고 장소의 다양한 의 미와 가치를 이해할 수 있으며, 궁극적으로 학교지리와 개인지리 간의 간극을 극복할 수 있다. 또한 장소에 대한 직접적인 경험을 통해 자신의 장소에 대한 애착이 발달하게 되어 자신의 지

---

5. 여기서 정의하는 장소학습은 장소-기반 교육(place-based education), 장소의 페다고지(pedagogy of place), 장 소감 교육(sense of place education)의 가치 지향성을 공유한다(남호엽, 2005, 200).

역사회에 더욱 적극적인 참여자가 된다(Powers, 2004, 19). 이러한 장소학습을 통해 학습자는 자신이 살고 있는 실존공간의 의미를 알고 그 장소의 진정성을 찾으며, 장소를 학습한 후 자신의 마음상태를 형성한다(남호엽, 2005, 201). 즉 학습자는 장소학습을 통해 해당 장소에 대해 가지고 있는 지식 체계, 즉 장소 스키마를 형성하게 된다. 그리고 이렇게 형성된 장소 스키마는 또 다른 장소학습이 이루어지도록 하는 기반이 된다. 따라서 장소 스키마의 탐색을 통해 학생이 장소를 어떻게 이해하고 자신의 장소 경험을 어떻게 부호화하는지 이해할 수 있다.

한편 학생 중심의 지리교육을 주장한 피엔(Fien, 1983)도 개인지리를 강조하면서 학생이 장소를 어떻게 기억하고 의미화하고 느끼는지에 관한 활동을 중요하게 여긴다. 학습을 단지 교수에 의한 반응으로 간주한다면 진정한 의미의 학습으로서 학습자 내부에서 일어나는 내면화 과정을 파악하기 어려울 뿐만 아니라 지리 수업의 역동성을 이해하기 힘들다(서태열, 2005, 546). 이로 인해 학습자의 '학습'의 관점에서 학생이 장소를 어떻게 인식하고 장소감과 장소정체성을 어떻게 형성하는지 장소학습을 설명하기 위해 장소 스키마가 활용될 수 있다. 이와 관련하여 루멜하트와 노먼(Rumelhart & Norman, 1978)은 학생의 학습을 스키마의 증대(accretion), 조율(tuning), 재구조화(restructuring)로 설명하였다. 학생의 학습 내용이 기존의 스키마와 일치할 경우 관련 내용이 추가되는 증대가 일어나며, 불일치할 경우에는 스키마를 일부 수정하는 조율과 새로운 스키마로 대체하는 재구조화가 일어난다는 것이다. 이에 따라 학생의 장소학습에 따른 장소 스키마의 변화 과정을 증대, 조율, 재구조화로 설명할 수 있다. 이렇게 장소학습으로 인한 학생의 장소 스키마 변화를 분석하여 학생이 자신의 마음속에 장소를 어떻게 유형화하며 장소의 해석과 행위, 평가를 어떻게 하는지 이해할 수 있다. 그리고 장소의 경험이 환경의 지각과 인지에 어떻게 작동하는지, 궁극적으로 장소정체성을 어떻게 형성하는지도 살펴볼 수 있다. 특히 학습에 의한 형성된 학생의 지식을 분석하기 위해 선언적, 절차적 지식이 암묵적 지식으로 재현된 스키마 지식이 활용되기도 한다(Marshall, 1995; Quinlan, 2012; Sabella, 1999).

또한 학생의 장소 스키마 정도에 따라 장소 경험이 어떻게 일어나는지를 살펴볼 수 있다. 이와 같은 방법으로 코펠(2014)은 가상공간 경험에 대한 학생의 장소 스키마를 연구하였다. 그 결과 유사한 공간 경험에 대한 장소 스키마가 존재하는 학생이 공간 경험이 없거나 부족하여 장소 스키마가 없는 학생에 비해 학습 결과가 평균 17% 더 높게 나타났다. 특히 단지 관련 영상을 시청하는 수동적 학습 방법과 직접 몸으로 가상공간을 체험하는 능동적 학습 방법 두 가지 모두 사전에 장소 스키마가 존재하는 학생에게서 더욱 높은 학습 결과가 나타났다. 이는 사전 장소 스키마의 정도에 따라 장소학습의 효과가 달라질 수 있으며 발달된 장소 스키마가 유사한 환경에서 전이될 수 있음을 보여 준다. 이렇게 장소 경험에 따른 지식으로 체계화된 장소 스키마는 사람들이 장소를 어떻게 이해하고 그들의 장소 경험을 어떻게 부호화하는지 이해하는 데 유용하게 활용될 수 있다(Imamoğlu, 2009, 167). 더 나아가 사회문화적 배경에 따라 공통적으로 나타나는 장소에 대한 공적 이미지도 확인할 수 있다.

이러한 장소 스키마의 지리교육적 의미는 개인지리로서 장소 스키마의 변화를 살펴보고 설명할 수 있다는 데 그치지 않는다. 이를 탐색하는 과정에서 학생의 장소 스키마에 존재하는 오개념을 확인할 수 있다. 오개념은 개인의 사전지식과 선행 경험에 의해 만들어지며, 그들의 세상에 대한 해석과 후속 학습에 영향을 줄 수 있다(Ozturk, M., & Alkis, S., 2010, 60). 이와 관련하여 허인숙(2001)은 스키마를 표상할 수 있는 개념도를 활용하여 학생의 오개념에 대해 연구하였다. 이처럼 개인의 장소 스키마의 분석을 통해 학생 개인마다 존재하는 장소에 대한 오개념을 확인할 수 있다. 그리고 발견된 장소에 대한 오개념은 학생의 인지적 갈등을 유발하는 전략을 통하여 잘못된 장소 스키마를 수정할 수 있을 것이다. 이렇게 장소 스키마에 주목함으로써 개인지리로서 장소학습을 분석하고 이해할 수 있다.

2) 지리적 탐구의 근간으로서 장소 스키마

궁극적으로 지리교육은 학생들이 지리적 안목으로 세상을 바라볼 수 있도록 하는 지리하기(doing geography)에 있다. NCGE가 2012년에 발간한 미국 지리 표준 교육과정에 따르면 지리교육의 목적은 학생들이 지리하기를 할 수 있도록 '지리적 관점', '지리적 지식', '지리적 기능'을 갖추는 것이다. 만약 교사가 지리적 지식만 강조한다면 사실적 지식에 대한 시험 점수는 잘 얻을 수 있으나 의사결정과 문제해결에 지리적 지식을 응용할 수 없다고 한다. 또한 교사가 지리적 사고를 이끄는 공간적 생태학적 관점에 대한 이해 없이 지리적 기능만을 강조하면 지리적 질문에 정확히 응답할 수 없다는 것이다. 이에 따라 지리하기는 사회적 또는 자연적 현상을 지리적 지식, 기능을 바탕으로 지리적 관점에 의해 탐색하고 문제를 해결하는 지리적 탐구과정이라 할 수 있다.

장소 스키마는 장소에 대해 지리적 관점에 의한 탐구를 가능하게 한다. 관점(perspective)의 사전적 정의는 "사물이나 현상을 관찰할 때 그 사람이 보고 생각하는 태도나 방향"이다.[6] 특히 이러한 관점은 일상생활에서 개인의 직·간접적 경험과 이에 대한 개인적 평가와 선택적 지식 습득에 의해 형성된다. 즉 지리적 관점을 가진다는 것은 개인적 경험과 선택된 정보, 주관적 평가에 의해 형성된 렌즈를 통해 세상을 지리적으로 바라보는 것이다(NCGE, 2012). 따라서 지리적 관점은 개인의 지리적 경험에 의해 형성된 사고방식으로 세상을 바라보고 생각하는 틀이라 할 수 있다. 개인의 장소 경험이 함축된 장소 스키마 역시 지표 공간의 어느 한 부분인 장소를 지리적으로 인지하고 해석하는 틀이라 할 수 있다. 이에 따라 장소 스키마는 지리적 관점에서 세상을 해석할 수 있게 하여 지리적 탐구를 가능하게 할 수 있다.

또한 NCGE는 세상 속 장소를 이해하는 지리적 관점으로 공간적 관점(spatial perspective)과 생태학적 관점(ecological perspective)을 제시한다. 공간적 관점은 '어디에서?', '왜 거기에?'라는 질문을 통해 공간과 장소의 인간 경험에 대한 공간적 패턴과 과정의 이해를 추구한다. 생태학적 관점은 삶의 형태와 생태계, 인간 사회 간의 연결과 관계를 탐구할 때 작동하는 지리적 사고방식이다(NCGE, 2012, 17). 세상을 인식하는 틀로서 장소 스키마는 공간적 관점에서 공간과 장소의 인간적 경험에 대한 공간적 패턴과 과정의 이해를 촉진한다. 또한 생태학적 관점에서 인간과 환경 간의 관계에 대한 이해를 돕는다. 이는 인간과 환경 관계를 이해하는 방식으로서 환경지각론(environmental perception)과 관련되어 있다. 환경지각론은 자연환경에 대한 지식, 경험, 가치, 감정 등으로 형성된 개인이나 집단의 심상(mental images)을 강조하는 이론이다(이간용, 2014, 116). 인간은 환경과의 관계맺음에서 실제 물리적 특성을 그대로 인지하기보다는 자신의 사전 지식, 경험, 사회문화적 배경에 따른 장소 스키마에 의해 환경을 지각한다. 실제 사람들은 자연환경의 객관적인 자료와 특성에 근거하지 않고 자신의 주관적인 장소 이미지에 의해 특정 장소에 대한 행위와 평가를 결정하는 경우가 많다. 예를 들어 땅을 유기체로 여기는 우리나라의 풍수지리사상은 다른 나라와 구분되는 환경에 대한 인식체계라 할 수 있다. 이는 앞서 장소 스키마는 인간과 환경의 상호작용에 의해 장소 이미지를 구성하고 이에 따른 개인의 인지와 행위를 유발하며 해당 장소가 가지고 있는 고유의 장소성을 만들어낸다고 한 것과 같다. 결국 인간은 환경에 대한 개인적인 지각과 인지를 통해 세상을 이해하고 행위와 평가를 한다는 점에서 환경지각론은 앞서 언급한 개인지리와도 연결된다.

이러한 세상을 이해하는 지리적 관점은 학생의 지리적 탐구를 가능하게 한다. 궁극적으로 지리교육의 목적은 학생들이 사회적 또는 자연적 현상을 지리적 관점에서 해석하고 문제를 해결하는 것에 있다. 그린(Green, 2010)에 따르면 스키마는 우리가 무슨 일이 있어났는지 세

---

6. 국립국어원 표준국어대사전 검색

상을 이해하는 근간이 되며, 반응을 위한 최선의 방법을 결정하게 하고 문제해결에 이르도록 한다. 마찬가지로 장소 스키마 역시 일종의 장소를 통해 세상을 바라보는 '창(window)'의 역할을 할 수 있다. 앞서 그림 1과 같이 장소 스키마는 인간과 환경의 상호작용에 따라 형성된 장소 정체성을 인식할 수 있게 하며, 장소정체성의 가시적 형태인 경관을 해석할 수 있게 한다. 또한 사회문화적 산물로서 경관 형성에 작동한 장소 스키마를 비판적으로 분석함으로써 해당 장소에 대한 이해를 심화시킬 수 있다. 특히 장소에 대한 탐구 학습 과정에서도 학생들이 조사한 내용을 자신들의 스키마와 연결 지을 수 있게 해 주는 것이 매우 중요하다(Roberts, 2013; 이종원 역, 2016, 17).

이러한 장소 스키마에 의한 특정 장소와 세상에 대한 이해는 지리적 문제 해결을 위한 사회적 실천으로 이어질 수 있다. 앞서 개인의 인지와 행위로서 장소 스키마를 논한 것처럼, 장소 스키마에 의한 장소와 환경에 대한 지리적 인식은 지리적 시민으로서의 행위를 가능하게 한다. 스케일에 따라 작게는 '공원', '광장', 크게는 '우리 고장', '우리나라'에 대해 가지고 있는 장소 스키마에 따라 개인의 행위가 유발될 수 있다. 광장에 대한 장소 스키마가 소통의 장소로 형성된 사람은 시민에게 광장 개방을 요구할 것이며, 우리 고장에 대한 장소 스키마가 강한 애향심으로 이루어진 사람은 고장의 일에 직·간접적으로 적극 나설 수 있다. 이러한 장소학습을 통한 장소 스키마 형성은 장소에서의 능동적인 체험을 통해 장소에 대한 이해와 애착을 길러 주고 지역사회 구성원으로서 정체성을 형성하며 실천하는 시민으로서 지역사회로의 참여를 이끈다는 점에서 지리교육에 의의를 지닌다(Powers, 2004; 조수진·남상준, 2015, 6-7). 또한 앞서 이마모을루(2009)의 언급처럼 장소 규칙과 사람들의 행위의 일치 여부에 따라 '제자리(장소)에 있거나(in-place)', '제자리(장소)를 벗어난(out-of-place)' 일탈 행위가 일어날 수 있다. 공원에 대한 장소 스키마가 공공장소로서 시민들의 쉼터라고 형성되어 있는 사람은 공원에서의 공공규칙을 지키도록 노력할 것이다. 반대로 공원을 자신의 거주지로 인식하는 노숙자는 장소 규칙에 어긋나는 일탈 행위를 자행할 것이다. 따라서 지리적 탐구와 지리적 시민으로서의 행위를 위해 지리교육을 통한 건전한 장소 스키마의 형성 여부가 중요하다고 할 수 있다.

3) 차이와 다양성 이해를 위한 지리교육의 실현

포스트모더니즘 시대에 들어 차이, 다양성에 대한 관심과 인정은 지리에서도 인종, 젠더, 종교, 연령 등에 관한 차이와 배제의 지리에 대한 논의로 이어지고 있다(Harvey, 1996; Lichter, Parisi & Taquino, 2012; Sibley, 1995). 특히 하비(Harvey, 1996)는 차이와 다양성을 고려할 수 있는 정의를 논하면서 차이의 지리학을 말한다. 그리고 차이를 생성하는 곳으로 장소에 주목한다. 이렇게 사회적 구성물로서 장소는 구성적 외부, 즉 타자의 배제에 의해 이루어진다(Cresswell, 2004, 97). 이러한 장소의 영역화는 자신들의 동질성을 유지하기 위해 구성되기도 하지만 소수자를 배제하기 위해 권력에 의해 강제되기도 한다. 이로 인해 일반적인 장소 스키마에서 벗어난 노숙자, 장애자, 시위대, 동성애자 등과 같은 타자들에 대한 관심이 증가하고 있다. 이는 곧 특정한 사람, 사물, 실천이 특정 장소에 속해 있으나 또 다른 장소에서는 배제되어 있다는 도덕지리학(moral geographies)으로 이어진다(진종헌 외 역, 2011, 242). 이에 따라 지리교육에서도 공간적 불평등, 윤리적 가치와 태도를 강조하면서 이른바 도덕적 전환(moral turn)을 주장하고 있다(Morgan, 2011; Standish, 2008; 조철기, 2013).

한편 지리 학습의 목적은 장소의 다양성 이해를 통해 학생으로 하여금 차이를 존중하는 자세를 갖도록 하는 데 있다(이간용, 2014, 29). 지표공간의 다양하고 차별화된 장소에 대한 학습을 통해 장소의 차이들은 문화적으로 다름의 양상이라는 것을 이해할 수 있으며, 그 자체로서 고유성이 있고 서로 존중되어야 한다는 문화적 시민성(cultural citizenship)을 기를 수 있다(남호엽, 2005, 202). 또한 장소학습은 장소, 지역사회, 문화에 대한 직접적인 참여와 탐구를 통해 문화와 생태계의 연결과 학습자 역할의 인식에 주목하여 다문화적 학제 간 탐구를 가능하게 한다(Sloan, 2013, 28). 이러한 맥락에서 차이와 다양성 이해를 위한 지리교육을 실현하기 위해 장소 스키마가 활용될 수 있다. 개인의 경험에 의한 형성된 장소 스키마는 개인마다 다르며 독특하기 때문이다. 집단마다 다양한 장소 스키마에 따라 같은 장소를 보는 방식이 다르게 나타날 수 있으며, 동일한 사람이 다중적인 장소 스키마를 가지고 같은 장소를 다양하게 해석할 수 있다. 예를 들어 자신이 거주하는 고장에 대한 이미지는 다중적인 개인의 장소 스키마에 따라 다양하고 차별적으로 표상될 수 있다. 또한 개인이 속한 사회문화적 배경에 따라 장소 스키마가 다르게 형성될 수 있다. 앞서 퍼셀(1987)의 연구와 같이 동일 문화권에 소속된 구성원들은 경관 재현이 비슷하고 다른 문화권에 소속된 구성원들은 경관 재현이 다르게 나타날 수 있다. 이로 인해 장소 스키마는 교육적으로 차이의 이해 방식으로서 활용될 수 있다. 학생들에게 자신과는 다른 다양한 장소 스키마를 이해하도록 가르친다면 그들과 다른 환경과 가치관, 의사결정의 차이를 이해할 수 있다(Green, 2010, 144). 예를 들어 다음 그림 4와 같이 자신의 고장에 대한 심상지도는 개인마다 다르다. 그리고 자신만의 특별한 장소 역시 개인마

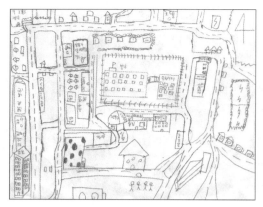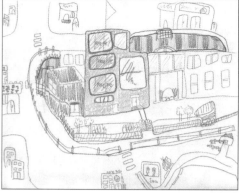

그림 4. 우리 마을의 심상지도 사례

다 다르다.[7]

위의 두 심상지도의 재현되는 공간적 범위는 개인의 장소 스키마에 따라 다르며, 개인마다 강조하는 특별한 장소 역시 다르다. 왼쪽의 심상지도는 비교적 광범위한 범위를 자세하게 나타내고 있으며 그중에서 일탈의 장소를 강조하였다. 오른쪽의 심상지도는 학교를 중앙에 크게 그리고 나머지는 간략하게 나타냈으며 그중에서 학습의 장소로서 자신의 교실을 강조하고 있다. 이러한 다양한 장소 스키마의 공유를 통해 친구들의 여러 가지 장소에 대한 생각과 느낌을 공감할 수 있으며 생각의 차이에 대한 인정으로 이어질 수 있다.

더 나아가 장소에 관한 인지과정의 차이는 문화적 배경에 따른 고정관념과 편견에 대한 이해와 이의 극복에까지도 교육적 논의를 확장시킬 수 있다. 고정관념 역시 개인의 사전 지식에 의해 사실과 개념을 범주화함에 따라 형성된다. 이로 인해 고정관념은 개인의 스키마가 극히 확장된 것이라 할 수 있다(Green, 2010, 141). 고정관념의 부정적 형태인 편견은 장소에 대한 오개념을 형성시킬 수 있다. 특히 규모의 임의성을 지니는 장소는 국가 및 지역의 스케일에서도 고정관념과 편견이 존재할 수 있다. 몇몇 단순화되고 과장된 장소 스키마로 인해 특정 국가, 민족, 종족 등에 대한 고정관념과 편견이 형성될 수 있다. 예를 들어 어떤 지역 또는 국가의 사람들은 지저분하고 게으르며, 어떤 지역 또는 국가의 사람들은 근면하고 부지런하다고 여기는 장소에 따른 고정관념과 편견이 있다. 또한 특정 장소를 전쟁, 기아, 질병과 연결시키며

---

7. 같은 지역에 거주하는 초등학교 3학년 두 명의 학생이 그린 우리 마을의 심상지도이다. 개인이 강조하고 싶은 곳을 빨간색으로 강조하도록 하였다.

장소에 대한 왜곡을 유발하는 경우도 있다. 이러한 고정관념과 편견은 대체적으로 미디어나 다른 사람들과의 간접경험에 의한 영향이 크다는 점에서, 각각의 장소에 대한 고정관념과 편견은 결국 개인의 장소 스키마에 따른 인식의 문제라고 할 수 있다. 따라서 관련된 직접 경험을 통해 잘못된 장소 스키마를 수정함으로써 해당 지역과 국가에 대한 고정관념과 편견을 극복할 수 있다. 또한 장소 스키마는 앞서 논의한 바와 같이 사회문화적 산물로서 공통의 스키마로 나타날 수 있다. 이에 따라 사회문화적 배경에 의해 같거나 다르게 나타나는 장소 스키마를 공유하고 이해하는 지리 학습을 통해 개인의 고정관념과 편견을 극복할 수 있을 것이다.

5. 마치며

본 연구는 개인의 주관적인 장소 경험에 대한 지식체계로서 장소 스키마에 대해 이론적 논의를 하고자 하였다. 그리고 이를 바탕으로 지리교육적 함의를 찾고자 하였다. 장소 경험과 기억에 의해 형성되는 장소 스키마는 개인의 장소에 대한 지각, 인지, 일련의 행위뿐만 아니라 감정을 함유하고 있다. 장소 스키마는 사회적 구성물인 장소와 관련하여 개인이 가지고 있는 감성적이며 암묵적인 지식체계이다. 이러한 장소 스키마는 장소 패턴이 발달하는 과정에서 장소 시스템과 상호작용하게 된다. 장소 시스템으로부터 장소 스키마에 자극이 주어지면 이에 대한 반응으로 장소 스키마가 작동하여 장소 패턴의 변화를 유발하게 된다. 즉 장소 스키마는 장소정체성을 형성하는 과정에서 장소 시스템의 변화를 유발하는 외부 기제라고 할 수 있다. 특히 장소 스키마는 개인의 인지와 행위로서 작동하게 된다. 장소 스키마는 장소와 관련된 개인의 인지와 행위에 영향을 끼치며 제자리에서 벗어난 위반을 통해 특정 대상을 타자화 시키기도 한다. 또한 장소 스키마의 인지와 행위로서의 작동은 개인이나 집단이 속한 사회문화적 영향을 받게 된다. 자신의 사회문화적 배경에 따라 장소 스키마를 달라지며, 집단별로 합의된 장소 스키마에 의해 공통의 장소 인식을 형성한다. 이러한 장소 스키마가 사회적 산물인 장소와 경관에 내재된 질서와 권력을 독해하는 단서로 활용될 수 있다. 특히 장소 스키마는 지리교육적으로 개인지리로서 학생의 장소학습을 분석하는 데 활용할 수 있다. 그리고 분석 과정 중에 발견되는 지리적 오개념을 확인하고 수정할 수 있다. 또한 학생들이 지리적 관점에서 세상을 해석할 수 있게 하여 지리적 탐구를 가능하게 할 수 있다. 그리고 개인마다 다양한 모습으로 표상되는 장소 스키마는 차이와 다양성을 이해할 수 있도록 하여 차이의 지리교육이 실현되도록 한다.

땅을 딛고 사는 인간은 근본적으로 장소에 기반하여 삶을 영위한다. 인간은 장소 속에서 환경과 상호작용을 통해 다양한 의미론적인 경관을 만들어 내며, 독특한 공간 재현을 통해 장소정체성을 형성한다. 그리고 장소와 장소정체성은 개인의 기억뿐만 아니라 정체성을 구성하는 기저가 된다. 따라서 존재론적 의미로서 장소에 대한 이해는 인간 존재와 행위에 대한 해석을 가능하게 한다. 이로 인해 장소 스키마는 사람들이 장소를 어떻게 이해하고 그들의 장소 경험을 어떻게 부호화하여 개인정체성의 기반이 되는지 해석할 수 있게 한다. 따라서 교과교육 측면에서 장소 스키마는 학생의 장소학습에 대한 이해를 가능하게 하며, 학생들로 하여금 독특한 장소와 경관 형성의 과정을 이해할 수 있도록 한다.

궁극적으로 교과교육의 목적은 학생의 스키마 형성과 이의 활용에 있다. 주지하다시피 학생의 스키마가 많을수록 학생의 유의미한 학습은 더욱 촉진된다. 더욱이 교사의 어떠한 교수 활동에 의해 학생의 의미형성 과정이 어떻게 이루어지는지에 대한 연구는 중요하다. 하지만 아직까지 이러한 연구들은 많지 않으며, 기존의 학습 이론들 역시 정작 학생의 인지과정을 설명하지 못한다는 점에서 한계가 있다. 이에 따라 장소를 핵심 주제로 다루는 지리교육에서 장소 스키마를 통해 학생들의 장소 경험을 탐색할 수 있다는 점에서 장소 스키마에 대한 논의는 유용하다고 할 수 있다.

요약 및 핵심어

본 연구는 개인의 주관적인 장소 경험에 대한 지식체계로서 장소 스키마 이론을 논하고 지리교육적 함의를 추출하는 데 목적이 있다. 장소 스키마는 사회적 구성물인 장소와 관련하여 개인이 가지고 있는 감성적이며 암묵적인 지식체계이다. 이러한 장소 스키마는 장소정체성을 형성하는 과정에서 장소 시스템과 상호작용에 의해 장소 패턴의 발달을 유발하는 기제로 작동한다. 특히 장소 스키마는 장소와 관련된 개인의 인지와 행위에 영향을 끼치며, 개인이나 집단이 속한 사회문화적 영향을 받는다. 이러한 장소 스키마는 사회적 산물인 장소와 경관에 내재된 질서와 권력을 독해하는 단서로 활용될 수 있다. 그리고 사람들이 장소를 어떻게 이해하고 그들의 장소 경험을 부호화하는지 해석할 수 있게 한다. 특히 지리교육적으로 장소 스키마는 개인지리를 탐색할 수 있는 토대가 될 수 있다. 그리고 탐색 과정 중에 발견되는 학생의 지리적 오개념을 확인하고 수정할 수 있다. 또한 학생들이 지리적 안목으로 세상을 바라볼 수 있도록 하는 인식의 틀로서 지리적 탐구를 가능하게 한다. 그리고 개인마다 다양한 모습으로 표상되는 장소 스키마는 차이와 다양성을 고려하는 차이의 지리교육이 가능하도록 한다.

장소(Place), 장소기억(Place memory), 장소 스키마(Place Schema), 지리교육(Geographical Education)

더 읽을 거리

Torney-Purta, J., 1991, Schema Theory and Cognitive Psychology: Implications for Social Studies, *Theory & Research in Social Education*, 19(2), pp.189-210.

Imamoğlu, C., 2009, The Role of Schemas in Understanding Places, *METU JFA*, 2, pp.153-173.

Kopel, D. E., 2014, *Spatial Schema Transfers to Similar Place: A Case of Disney Theme Parks*, Unpublished doctoral dissertation, University of Central Florida.

참고문헌

강재선, 1997, "수사구조 스키마가 영문독해에 미치는 영향", 언어과학, 4, 5-36.

김성아, 2002, "EFL 학습자의 문어 담화 이해에 있어 글 내용 스키마와 글 구조 스키마의 사용에 관한 연구", 영어교과교육, 창간호, 181-204.

남상준, 1999, 지리교육의 탐구, 교육과학사.

남호엽, 2005, "지리교육에서 장소학습의 의의와 접근 논리", 사회과교육, 44(3), 195-210.

노명완, 1987, "이해, 학습, 기억: 독서과정에 관한 인지심리학적 연구 분석", 한국교육, 14(2), 29-55.

노명완, 2010, "초등 저학년을 위한 문식성 교육", 한국초등국어교육, 42, 6-50.

송언근, 2009, 지리하기와 지리교육, 교육과학사.

이간용, 2014, 재미와 의미를 담아내는 지리 학습의 설계, 교육과학사.

이규목, 2002, 한국의 도시경관, 열화당.

이기복, 2000, "스키마 이론에 기초한 사회과 교수-학습 모형 개발", 초등사회과교육, 12, 193-220.

서태열, 2005, 지리교육학의 이해. 한울.

서태열, 2011, "스키머 이론에 따른 중학생의 지리 학습에 대한 설명", 사회과교육, 50(4), 229-241.

전종한, 2013, "도시 '본정통'의 장소 기억: 충무로·명동 일대의 사례", 대한지리학회지, 48(3), 433-452.

조수진·남상준, 2015, "장소기반교육(PBE)의 사회과교육적 의의 및 효과 탐색", 한국지리환경교육학회지, 23(1), 1-17.

조철기, 2009, "한일 고등학교 지리 텍스트에 나타난 공간 및 이미지 담론 분석을 통한 비판교육학의 적용",

사회 이론, 35, 207-245.

조철기, 2013, "지리교육에서의 도덕적 전환-도덕적 개념, 기능, 가치/덕목", 대한지리학회지, 48(1), 128-150.

한동균, 2014, "스키마 이론에 근거한 사회과 지리 학습의 재해석", 한국지리환경교육학회지, 22(1), 57-77.

한동균, 2014, 스키마이론에 따른 지리적 문제해결과정에 대한 분석, 고려대학교 박사학위논문.

한동균, 2016, "탈식민주의 장소학습에 따른 학생의 장소 스키마 변화 탐색", 글로벌교육연구, 8(2), 59-85.

허인숙, 2001, "개념도(concept map)를 통한 오개념에 관한 연구: 사회과 '분배' 개념을 중심으로", 교육심리연구, 15(3), 375-397.

Atkinson, D., 2005, *Cultural Geography: A Critical Dictionary of Key Ideas* (Vol. 3). IB Tauris (이영민·진종헌 외 공역, 현대 문화지리학, 논형)

Axia et al., 1991, Environmental assessment across the life span, In Gärling, T. E., & Evans, G. W. E. (Ed.), *Environment, Cognition, and Action: An integrated approach,* Oxford University Press, New York, 221-244.

Bartlett, F. C., 1932, *Remembering: An Experimental and Social Study,* Cambridge University, Cambridge.

Brewer, W. F., & Treyens, J. C., 1981, Role of schemata in memory for places, *Cognitive Psychology,* 13(2), 207-230.

Butcher, S., 2012, Embodied cognitive geographies, *Progress in Human Geography,* 36(1), 90-110.

Canter, D., 1991, Understanding, assessing and acting in places: Is an integrative framework possible? In Gärling, T. E., & Evans, G. W. E. (Ed.), *Environment, Cognition, and Action: An integrated approach,* Oxford University Press, New York, 191-209.

Casey, E. S., 2000, *Remembering: A Phenomenological Study(2nd),* Indiana University Press, Bloomington.

Catling, S., 2005, *Children, Place and Environment,* In comunicação na GA Annual Conference, University of Derby (Vol. 31).

Catling, S., 2013, Learning about places around the World, In Scoffham, S. (Ed.), *Teaching Geography Creatively,* Routledge, New York, 59-73.

Catling, S., & Martin, F., 2011, Contesting powerful knowledge: The primary geography curriculum as an articulation between academic and children's (ethno-) geographies, *Curriculum Journal,* 22(3), 317-335.

Cherulnik, P. D., & Souders, S. B., 1984, The social contents of place schemata: People are judged by the places where they live and work, *Population and Environment,* 7(4), 211-233.

Cresswell, T., 2004, *Place: A Short Introduction,* Blackwell Publishing, Malden.

Davidson, D., 1994, Recognition and recall of irrelevant and interruptive atypical actions in script-based stories, *Journal of Memory and Language,* 33(6), 757-775.

Fien, J., 1983, Humanistic Geography, In Huckle, J. (Ed.), *Geographical Education: Reflection and Action,* Oxford University Press, Oxford, 43-55.

Gredler, M. E., 2009, *Learning and Instruction: Theory into Practice(6th ed.),* Pearson/Merrill Prentice Hall, New Jersey.

Green, B. A., 2010, Understand schema, understand difference, *Journal of Instructional Psychology,* 37(2), 133.

Harvey, D., & Braun, B., 1996, *Justice, Nature and the Geography of Difference.* Blackwell, Oxford.

Holloway, S. L., & Valentine, G., 2000, Spatiality and the new social studies of childhood, *Sociology,* 34(4), 763-783.

Imamoğlu, Ç., 2002, *Toward an Understanding of Place Schema: Societal and Individual-level Representations of Assisted Living,* Unpublished doctoral dissertation, University of Wisconsin-Milwaukee.

Imamoğlu, Ç., 2009, The Role of Schemas in Understanding Places, *METU JFA,* 2, pp.153-173.

Knox, P. L., & Pinch, S., 2006, *Urban Social Geography: An Introduction,* Pearson Education, New York.

Kopel, D. E., 2014, *Spatial Schema Transfers to Similar Place: A Case of Disney Theme Parks,* Unpublished doctoral dissertation, University of Central *Florida).*

Lichter, D. T., Parisi, D., & Taquino, M. C., 2012, The geography of exclusion: Race, segregation, and concentrated poverty, *Social Problems, 59(3), 364-388.*

Lynch, K., 1960, *The Image of the City* (한영호·정진우 공역, 2003, 도시환경디자인, 광문각).

Mandler, J. M., 1984, *Stories, Scripts, and Scenes: Aspects of Schema Theory,* Erlbaum. Hillsdale, NJ.

Marshall, S. P., 1995, *Schemas in Problem Solving,* Cambridge University Press, New York.

Massey, D., 2010, A global sense of place (pp.232). aughty. org, http://www.aughty.org/pdf/global_sense_place. pdf(2016.1.24. 검색).

Matlin, M. W., 2009, *Cognition: Seventh Edition,* John Wiley & Sons, Inc, Hillsdale, NJ.

Morgan, A., 2011, Morality and Geography Education, in Butt, G. (Ed.), *Geography, Education and the Future,* Continuum, London, 187-205.

NCGE, 2012, *Geography for life: National geography standards.* Geography Education National Implementation Project. Washington, DC: National Council for Geographical Education.

Ozturk, M., &Alkis, S., 2010, Misconceptions in geography. *Geographical Education,* 23, 54.

Powers, A. L., 2004, An evaluation of four place-based education programs. *The Journal of Environmental Education,* 35(4), 17-32.

Purcell, A. T., 1987, Landscape perception, preference and schema discrepancy, *Environment and Planning B: Planning and Design,* 14(1), 67-92.

Quinlan, C. L., 2012, *A Schema Theory Analysis of Students' Think Aloud Protocols in An STS Biology Context,* Unpublished doctoral dissertation, University of Columbia.

Relph, E., 1976, *Place and Placelessness,* Pion, London.

Roberts, M., 2013, *Geography through enquiry,* Sheffield: Geographical Association (이종원 역, 2016, 탐구를 통한 지리 학습, 푸른길).

Rumelhart, D. E., & Norman, D. A., 1978, *Accretion, Tuning and Restructuring: Three Modes of Learning,* University of California, San Diego, Technical Report No. 7602.

Sabella, M. S., 1999, *Using the Context of Physics Problem-Solving to Evaluate the Coherence of Student Knowl-*

edge, Unpublished doctoral dissertation, University of Maryland.

Scannell, L., & Gifford, R., 2010, Defining place attachment: A tripartite organizing framework, *Journal of Environmental Psychology,* 30(1), 1-10.

Sibley, D., 1995, *Geographies of Exclusion: Society and Difference in the West.* Routledge, New York.

Sinha, C., & De López, K. J., 2000, Language, culture, and the embodiment of spatial cognition, *Cognitive Linguistics,* 11(1/2), 17-42.

Sloan, C., 2013, Transforming multicultural classrooms through creative place-based learning. *Multicultural Education*, 21(1), 26.

Sobel, D., 2004, Place-based education: Connecting classroom and community. *Nature and Listening,* 4.

Standish, A., 2008, *Global Perspectives in the Geography Curriculum: Reviewing the Moral Case for Geography.* Routledge, New York.

Strong-Wilson, T., & Ellis, J., 2007, Children and place: Reggio Emilia's environment as third teacher, *Theory into Practice,* 46(1), 40-47.

Till, K., 1993, Neotraditional towns and urban villages: the cultural production of a geography of'otherness', *Environment and Planning D,* 11, 709-709.

Tuan, Y. F., 1977, *Space and Place: The Perspective of Experience,* University of Minnesota Press, Minneapolis.

Winograd, T., 1977, A Framework for Understanding Discourse, In M. A. Just & P. A. Carpenter (Eds.), *Cognitive Processes in Comprehension,* Lawrence Erlbaum Associates, Hillsdale, .63-88.

장소 따라 바뀌는 스타벅스 간판 마케팅..황금색, 한글 간판도, 조선비즈, 2014.05.04.

스타벅스 황금색 간판···소공동에만 있는 까닭은, 아시아경제, 2014.03.10.

제4부. 지리와 환경

제20장

장소기반 (환경)교육*

윤옥경

청주교육대학교

---

* 본 연구는 윤옥경(2016)을 수정·보완한 것임.

1. 들어가며

　　주지하듯 글로벌라이제이션은 세계 각 지역의 고유한 문화와 먹거리를 표준화의 덫에 가두고 새로운 경향에 따라가도록 강요한다. 경제적 세계화, 인터넷을 통한 문화 확산, 미디어의 상업화 등으로 이러한 경향에 가장 근접한 거리에 있는 젊은 세대는 커뮤니티와 멀어지고 있다. 이러한 가운데, 교육에서도 학생들이 사는 주변의 지역사회에 대한 교육보다는 좋은 지위나 직업을 얻기 위한 교육에 초점을 둔다. 이러한 경향에 반하여 장소기반교육은 새롭게 교육에서 장소의 의미를 재조명하여 보다 나은 삶을 추구한다. 인간 삶의 복지에서 중요한 요소인, 자연환경과 사회에서의 건강한 삶의 과정을 이해하기 위해 자라나는 세대에게 장소기반 교육, 장소에 주의를 기울이는 교육(place-conscious education)이 필요하다(Gruenewald and Smith, 2008).

　　장소기반 (환경)교육은 지역의 자연환경, 생태계를 중심 교육 자료로 사용하며, 여러 교과에 걸쳐 통합적으로 접근한다. 또 교실을 넘어서는 자연환경과 문화 등을 교육의 기초적인 자료로 사용하며 학생들이 이를 경험할 기회를 제공한다. 학교 주변으로부터 지역사회에 참여하는 것을 강조한다. 학생들의 학습을 도울 뿐 아니라 학생들이 참여하는 적극적인 시민으로 성장하도록 돕고, 교사들에게도 활력이 되며, 학교 풍토를 바꾸어 지역사회와 학교를 연결한다. 장소기반교육은 지적인 영역뿐 아니라 기능적 요소를 고루 성장시킬 수 있는 학습 방법으로 추천된다. 소집단 협동학습의 형태로 이루어지는 장소기반교육은 학생들에게 협업의 방식을 배울 기회를 제공한다.

　　이 장은 장소기반교육이라는 용어의 등장과 그 의미, 장소기반교육에 대한 연구와 교육 사례를 소개하고자 한다. 지리학적 맥락의 '장소(place)'와 장소기반교육이 추구하는 바를 살펴보면서, 지리교육에서 장소기반 (환경)교육과의 연결점을 찾아보고자 한다.

2. 장소기반교육이란 무엇인가?

1) 장소의 교육적 의미

　　장소는 일상적으로 사용되는 용어이다. '의미 있는 곳'으로서의 장소는, 지리학에서 지표상의 특정 지점을 가리키는 위치(location), 사람들의 일상적인 행동과 상호작용이 일어나는 현장(locale), 사람들이 주관적인 감정을 가지기도 하고, 개인적인 정체성 그리고 집단적으로 공통의 감정, 애착 등 즉 장소감(sense of place)의 대상으로 요약된다(Agnew, 1987). 즉 장소는 물리적 환경에 인간의 가치와 의미가 투영된, 자연과 문화의 복합체이며, 일상생활이 이루어지는 현장으로, 의미 있는 경험의 중심이다(권영락·황만익, 2005). 의미와 경험의 세계로서 장소는 우리가 세계를 보고, 알고, 이해하는 방식이기도 하다. 장소는 우리가 세계를 의미 있게 만드는 방식이자 세계를 경험하는 방식이다(심승희 역, 2012). 장소에 대한 정서적 감정은 장소에 대한 경험과 기억을 바탕으로 하며[1] 친밀감, 편안함, 소속감 등 다양하다(구동회·심승희 역, 1995). 장소에 대한 느낌, 장소감(sense of place)은 장소에 대한 애착의 형성, 나아가 감정적 단계를 넘어선 실천적 단계로서 장소를 위한 참여와 희생, 헌신으로 발전한다(Shamai, 1991; Lalli, 1992). 따라서 장소감의 구성요소는 인지적 영역뿐만 아니라 정의적 영역, 행동적 영역에서 각각 장소에 대한 지식, 장소를 향한 애착, 장소를 위한 실천으로 설정할 수 있다(김민성·윤옥경, 2013).

　장소를 교육에 통합하는 것에 대해, 경험과 지적 능력의 통합, 과다한 지식보다는 다양한 사고와 상호관련성에 대한 이해, 실천과 행동의 요구, 공동체 내에서의 삶의 차원을 고려해 볼 때, 다양하고 복잡하며 실제적인 맥락으로서의 장소의 잠재성을 재평가하고, 교육의 초점을 장소에 둘 필요가 있다(Orr, 1992). 장소기반교육에서 장소는 탐구의 대상이자 참여의 공간으로서, 지리학 내의 다양한 장소개념을 포괄적으로 수용한 복합적이고 다차원적 개념으로 이해된다(조수진·남상준, 2015). 장소기반교육은 장소의 의미를 인정하는 교육(place-conscious education)으로서 장소를 향수(nostalgic)의 대상과 단일한 이미지보다는 지역 내 다양성, 지역 간 다양성 등 다양성과 관련지어 이해한다. 다양성이나 다문화를 지향하는 장소기반교육은 생태적인 면을 포함한 총체적 환경에서의 삶과 경험에 근원을 두며 이 경험은 구체적 공간과 시간 안에 있게 마련이다(Greunewald and Smith, 2008). 장소기반교육은 학생들의 삶, 지역사회, 지역에 근거한 교육과정을 지향하므로, 표준화되고 보편화된 '하나의 기준'을 전달하는 지배적인 교육관행에 대한 대응이며(조수진·남상준, 2015), 학습심리학적으로 학습자들이 살아가고 있는 생활공간으로서 장소에 주목한다(남호엽, 2005).

---

1. 어떤 장소에 대해서는 그 장소에 가 보지 않은 사람들에게도 의미 있는 사건과 결합되어 중요한 상징적 의미를 가진 곳으로 이미지화되기도 한다.

2) 장소기반교육(Place Based Education: PBE)

장소기반교육은 지역의 환경에서의 질적 경험으로 정의되며, 21세기의 떠오르는 교육 분야이다(Knapp, 2005). 장소기반교육은 비교적 최근에 등장한 용어이지만, 진보주의 교육자들은 100년 이상 이 개념을 주창해 왔다. 예를 들어 존 듀이는 로컬 환경에서 경험적으로 배우는 것을 바람직하게 여겼다. 장소기반교육은 전통적인 야외활동교육 방법을 포함하며 학생들을 특정 장소와 관련되도록 돕는다(Woodhouse and Knapp, 2000).

장소기반교육은 지역사회(커뮤니티)와 통합적으로 작동하며, 지역사회는 학습자에게 배움의 기반이 되는 지리적 장소가 된다. 장소기반교육은 대체로 학생 중심이며 커뮤니티 구성원들이 제공하는 기능으로 강화된다. 장소기반교육은 주제중심적(thematic) 교육이며 종종 사회 과학 및 언어 예술 관련 내용을 포함한다. 장소기반교육은 방법론이나 실기 및 실습으로 언급되거나, 최근 진행되는 연구에서 긍정적인 교수방법으로 구현되어 왔다(Gruenewald, 2003; Dyment, 2005; Knapp, 2005). "장소기반"이라는 용어는 역사적 요소, 토지, 현재의 사람들 공동체, 그들이 회복하려는 환경에 대한 이슈, 그리고 학습자들을 포함한다. 장소기반교육은 학생과 교사에게 동기부여를 한다는 장점을 가지며, 교사전문성개발에서 교사의 효능감을 향상시킨다(Coleman, 2014).

스미스(Smith, 2002)에 따르면 장소기반교육은 다음과 같은 패턴을 가진다.

- 구술 및 기록을 포함한 문화 연구
- 수질 및 서식지 관찰을 포함한 자연 조사
- 실제적인 문제 해결
- 인턴십이나 진로탐색에서 지역 비즈니스 및 지역 사회 구성원과 상호작용
- 마을 회의 및 회의와 같은 공동체 기능에 초점

그러므로 장소기반교육은 이와 같이 교육 내용이면서 교수방법이다. 장소기반교육은 다각적인 주제별 콘텐츠를 다루며, 학생들의 호기심에 기반한 학습 설계 및 교사들의 지역 사회 내 네트워킹을 통해 학습 경험을 촉진한다. 장소기반교육은 지역 현상에 기초한 커리큘럼을 구성하며, 지리적 장소의 자신 및 타인과 관련된, 생태·경제적, 역사적 요소에 대한 문제를 해결한다. 장소기반교육에서는 진정성 있는 데이터를 수집하고 분석한다(Smith, 2002; Wood-house and Knapp, 2000). 장소기반 커리큘럼 및 교육은 자연과 인간 본성으로부터 소외된 감정에 반응하여 학습자와 그 커뮤니티에서의 진정성 있는 내용을 다룬다(Woodhouse and

---

장소기반교육(Place Based Education)의 성격

- 장소는 고유한 속성을 가지는데, 지리학, 생태학, 사회학, 정치학 및 기타 다른 학문 등에서 장소가 가지는 특성을 특별하다.
- 장소기반교육은 태생적으로 다학문적이다.
- 장소기반교육은 경험을 중시한다. 대부분의 장소기반교육 프로그램에 참여적 행동이나 봉사 교육(service learning)의 요소를 포함하고 있다. 장소기반교육 옹호자 중 일부는 이러한 행동이 생태적, 문화적 지속가능성을 추구해야 한다고 주장한다.
- 장소기반교육은 생계를 위한 교육보다는 광의의 반성적 교육 철학에 기초를 둔다.
- 장소기반교육은 자기 자신의 장소, 지역사회의 장소와 연관된다. 장소기반교육에서는 생태적 접근을 하며, 지역사회의 모든 세대와 문화를 아우른다.

(출처: Woodhouse, J. and Knapp, C., 2000)

Knapp, 2000; Knapp, 2005).

장소기반교육은 종래의 전통적인 교과서와 교실 중심의 교육과 달리 지역사회를 배움의 원천으로 삼아 독특한 문화, 역사, 경제, 예술과 문학 등의 분야에서 로컬을 추구한다는 면에서 차별적이다. 장소기반교육을 통해 실제 세계에 대해 직접 경험하는 프로젝트 등을 실행하며 학생과 학교 관계자가 지역사회의 문제를 해결한다. 각 학교마다 다른 주변 환경이 존재하는데 장소기반교육은 지금, 여기에서의 교육을 출발점으로 학교와 주변, 지역사회를 연계하여 교육내용을 확대하며, 권위적 단일문화보다는 다양성을 추구하여 학교개혁을 이루려는 것이다(Sobel, 2005).

3) 장소기반 환경교육

장소기반 환경교육은 장소에 대한 관심과 느낌, 장소에서의 체험, 실천의 요소를 주안점으로 한다. 특정 장소에서의 체험을 포함한 환경교육은 학습자로 하여금 실제 경험을 통해 흥미를 유발하며, 자연과의 접촉이 이루어질 경우 자연과의 교감의 기회가 된다(Wattchow and Brown, 2011). 환경문제는 장소와 지역의 상황에 따라 다양한 양상으로 나타나며 이에 따른 해결방법도 현장의 맥락을 기반으로 해야 하므로, 환경교육 자원(resources)의 발굴 차원에서도 장소기반 환경교육의 유용성은 빛난다 하겠다. 친환경적 가치와 태도의 함양은 환경교육의 중요한 목표로서, 장소에서의 체험은 환경감수성의 증진을 통해 환경 및 환경문제에 대한 지식과 정보의 획득을 넘어서 가치, 태도의 함양에 유리하다.

여기서 체험의 장소는 일상적 삶의 맥락과 연결되어 인간의 인식 작용의 대상이 되어야 한다. 장소기반 환경교육은 일상생활의 맥락과 연결된 장소에서의 체험학습의 형태로 프로그램을 구성할 수 있다. 캡스휴(Capshew, 2010)가 대학생들의 일상생활이 이루어지는 장소를 캠퍼스로 보고 캠퍼스를 환경교육의 장소로 설정한 것도 같은 맥락이다. 장소에서의 체험학습은 직접적인 활동과 구체적인 경험이 가능하다. 또 전통적인 학습 방법과 대비되며, 학습자의

야외활동교육(Outdoor Education)과 환경교육(Environmental Education), 장소기반교육(Place Based Education)은 어떻게 연결되는가?

야외활동교육(Outdoor Education)의 주목적은 인쇄된 미디어나 디지털 미디어를 통해 이루어지는 교실의 교육을 확장하고 보완하기 위해 자연환경이나 인공적으로 구성된 환경에서의 의미 있는 맥락적 경험을 제공하는 데 있다. 환경교육(Environmental Education)은 야외활동교육보다는 좀 더 넓은 의미를 가지는데, 장소를 잘 보전하고 그 안에서 잘 살아가기 위한 덕목을 기르는 데 직접적인 목표를 둔다고 할 수 있다. 환경교육은 교실 안과 밖에서 이루어질 수 있다. 장소기반교육(Place Based Education: PBE)은 community-oriented schooling, ecological education, bioregional education 등으로 불리다가 장소기반교육으로 정착되었다. 생태교육(ecological education)에서 인간은 자연환경의 한 부분일 뿐이며, 인간의 문화는 특정 장소에서 인간과 환경의 상호작용으로 형성된다. bioregional education에서 교사와 학생들은 인간의 라이프스타일에 따라 지역의 자원에 미치는 영향을 알아야 한다. 오르(Orr)는 생태적 문해력(ecoliteracy) 개념으로, 야외활동교육과 장소기반교육의 관련성을 설명했다. 학생들은 이러한 지식이 주민과 지역사회에 미치는 영향을 이해하고, 교실 밖에서 직접 경험을 통한 배움이 얼마나 중요한지를 알아야 한다.

장소기반교육과 야외활동교육, 환경교육은 커리큘럼이나 프로그램을 만드는 교육 전문가 및 교육자들에 의해 별도로 만들어졌고, 또 각각은 용어가 정착되기 전까지 약간 다른 용어들로 불리기도 한다.

(출처: Woodhouse, J. and Knapp, C., 2000)

흥미를 자극할 만한 요소가 있으며, 학생들은 보다 적극적이고 자발적으로 학습 활동에 참여하게 된다. 장소기반 환경교육은 현장의 구체적 사례들을 다루며, 실생활과 관련된 문제와 접하고 해결하기도 한다. 또 이론적으로 학습한 내용을 실제 상황에서 적용할 수 있다는 장점이 있다.

미국에서 장소기반교육은 사실 전적으로 지역적이며(local), 자연환경뿐 아니라 범위를 지역의 사회, 문화, 경제 등에 까지 확대, 통합하여 다루는 환경교육으로서의 전통이 40여 년간 이어져 왔다(Clark, 2008). 장소기반교육[2]은 환경교육이 오존층 파괴, 유독성 폐기물과 같은 환경이슈나 재해 등을 다루는 경향으로부터 기본으로 돌아가도록 하며, 인문환경과 자연환경을 통합적으로 다룬다.

3. 장소기반 (환경)교육의 연구

1) 장소기반교육 연구

남호엽(2005)은 place-based learning을 '장소학습'이라는 용어로 사용하면서, 그 의의를 학습자의 현실적인 삶의 과정과 접속할 수 있는 지리교육에 두었다. 그는 초등교육에서 장소학습을 실천한 사례로 향토연구반 운영 프로그램의 일부인 '마을 재래시장과 현대식 시장의 비교 체험활동'을 한 어린이의 소감문을 제시했다. 조수진·남상준(2015)은 장소기반교육이 사회과교육에서 구현되었을 때 어떤 효과를 얻을 수 있을지, 두 사례 활동에 대해 자료수집과 지도교사 면담, 나아가 프로그램에의 직접참여를 통해 분석하였다. 그들은 사회과교육 내에서 실천되는 장소기반교육이 장소 애착 및 정체성 형성과 지역사회의 참여를 촉진할 뿐 아니라 사회과 핵심역량 함양에 효과적이므로 지역에 뿌리내린 세계시민을 기르는 데 도움이 됨을 역설하였다. 장소(place)를 직접 거론하지 않았지만, 권정희·조철기(2009)는 고등학교 교육과정 운영에서 학습자의 생활공간에 근거한 프로젝트 학습을 설계하여 교과서 내용의 지역

---

2. 학술적 검색 대신 일반적으로 장소기반교육의 의미를 알아보기 위해 위키피디아에서 'place based education'을 검색한 결과, 장소기반교육은 종종 같은 우산 아래에 있는 개념처럼 장소의 교육학(pedagogy of place), 장소기반 학습(place-based learning), 실험적인 교육(experiential education), 지역사회 기반교육(community-based education), 지속가능교육(education for sustainability), 환경교육(environmental education), 간혹 봉사학습(service learning) 등으로 불리어 다소 혼란스럽게 보였다.

적 탈 맥락화의 한계를 극복하고자 하였다. 그들은 생활의 연속선상에서 이루어지는 지리 학습을 도모하고 미래사회의 실제 적응력을 함양하기 위해 대구지역을 중심으로 1학기 동안 학습할 단원을 재구성하였다. 초등 과학교과에서도 장소의 맥락으로 학교생활 주변에서 환경에 대한 문제점을 인식하고 개선하는 계기를 마련하기 위한 연구가 이루어졌다(이용섭, 2007).

2) 장소기반 환경교육 연구

장소기반 환경교육의 사례는 초등학생에서 성인까지, 형식적 환경교육에서 비형식적 환경교육에 이르기까지 대상과 방법이 다양하다(김명기·최돈형, 2010; 정해림·임미연, 2015). 초등학생의 동네 환경지도 제작활동은 지리교육적 측면에서 조사활동을 유도하고, 지도 읽기와 지도 그리기를 함께 경험할 수 있는 방법이면서 동네에 관심을 가지며 환경문제를 파악하고 해결방안을 모색하는 환경교육 방법으로 유용하다. 실제 환경지도를 그리기 위해 동네의 이곳, 저곳을 조사하고 이를 지도에 표시하기 위해 위치를 확인하고 기억하는 등의 활동과정에서 학생들은 동네 전반에 대한 관심이 증가한다(윤옥경, 2010). 전보애(2010)의 연구에서는 미국의 지역사회중심 환경교육 프로젝트에서 지리적 탐구방법과 지리정보시스템(GIS)을 통합 적용하여 봉사학습과 환경교육을 접목한 사례를 소개한다. 8학년 생물과목 교실에 적용한 EEGISC(Environmental Education with GIS within Community)프로젝트는 미국 뉴욕주 앰허스트(Amherst)시에서 시행되었으며, 지역의 한 하천에서 수질검사, 현장조사, 수자원과 토지이용 간의 상호관계를 학습하고, 앰허스트시 환경자문위원회에서 한 학기 동안의 봉사활동 경험을 발표하는 활동이다. 봉사학습은 봉사활동(service)과 학습(learning)을 구조적으로 연결함으로써 교육적 효과와 사회봉사의 의미를 함께 살리고자 하는 시도인데 이러한 활동을 통해 학생들은 그 지역사회가 맞닥뜨리고 있는 문제에 집중한다. 교과서의 지식처럼 일반화된 혹은 추상화된 지식에 의존하기보다는 그 특정한 봉사학습 활동의 맥락을 이해하고 배우며, 문제해결의 과정에 적극적으로 참여하여 가치 있는 경험을 하게 된다(전보애, 2010). 서정훈·주경식(2010) 또한 지역학습 프로그램의 구성의 이론적 배경의 하나로 봉사학습(service learning)[3]을 설정하였다. 경기도 구리시에서는 평생학습도시로 지정되어 지역학습 프로그램

---

3. Service Learning은 독립적으로 수행되는 봉사활동과 달리 교과과정과 봉사학습을 연계하여 학생들이 학업능력을 향상시키고, 사회적 책임의식을 배양하도록 돕는 경험적인 교육의 한 방법으로 소개되고 있다(서정훈·주경식, 2010, 575).

으로 '지리 탐방대'의 현장 체험학습이 진행되었다. 프로그램은 학생과 성인 대상으로 각각 운영되었으며, 참가자의 85.7%가 구리시 거주 10년 미만이고 이주 전 구리시에 대한 고착화된 인식을 가지고 있었지만, 지리 탐방대 활동을 통해 구리시에 대한 인식이 변화되었다. 참가자들은 구리시의 여러 장소에서 체험학습을 하면서 구리시를 자연친화적 도시로 인식하게 되었다. 또 프로그램을 통해 지역의 인적 자원이 지역사회에 봉사하는 봉사학습의 교수법을 운용했다는 점과 참가자들의 자기효능감이 향상되는 결과를 얻었다(서정훈·주경식, 2010).

4. 장소기반 (환경)교육 사례

1) 학교에서의 장소기반교육

학교가 위치한 장소나 지역에 따라 교육과정을 특색 있게 운영하는 사례가 종종 있다. 예를 들어 해안 지역의 학교에서 해양환경 보전 활동을 강화하거나, 산간 지역의 학교에서 산악 등반활동을 하는 경우이다. 또는 학교의 텃밭 가꾸기나 수목을 조사한 지도 작성, 학교 연못의 생태계 관찰 등도 이루어지고 있다. 이러한 활동은 정규 교과와 연계하여 운영하기도 하는데, 특히 초등 사회과의 지역사회 탐방 및 조사 활동이 대표적이다. 국내에서 찾아볼 수 있는 이러한 사례뿐 아니라 웹과 미디어(유튜브)를 통해 국외의 장소기반교육 사례도 확인할 수 있다.

(1) 지역사회와 연결된 장소기반교육(Place-Based Learning: Connecting Kids to Their Community)

미국 오리건주의 후드리버 중학교(Hood River Middle School)에서 장소기반교육은 주변 환경을 학습과 연결하는 것이다. 이 학교 7학년 학생들이 답사를 통해 직접 촬영한 사진과 수집한 자료들을 모아서 지역의 박물관 꾸미기 프로젝트(Place-Based Learning: Connecting Kids to Their Community, 2016년)를 수행하였다. 또 지구과학 시간에 주변 지형 경관을 살피면서 지형 모형 만들기와 시뮬레이션을 해 보거나, 수학시간에 토지면적 측정 단위를 배우면서 실제 그 크기가 얼마 정도인지 인지를 야외에서 직접 발걸음을 통해 가늠하면서 그 규모를 느끼는 등의 활동을 하였다. 이러한 사례는 지역에서의 지역을 위한 학습의 시도이다.

(2) 지역 전문가와 함께하는 교육(Learning Partners: Co-Teaching With Community Experts)

미국 메릴랜드주 오클랜드의 크렐린(Crellin)초등학교에서는 교실 밖, 운동장과 주변의 자연환경을 살펴보고 이를 감각적으로 경험하는 교육을 시도하였다. 또 지역 기업 연구소나 대학의 과학자들과 교사가 함께 학습 내용 등을 나누고, 교실 안이나 야외에서의 파트너로서 학생들을 함께 교육하는 지역 기반 교육을 시도하였다.[4]

(3) 스타 스쿨 프로젝트(The STAR Three-to-Third Project)

미국 애리조나 플래그스태프 동쪽 나바호 인디언 주거지(Navajo Nation Reservation)의 스타차터스쿨(Star Charter School)의 장소기반교육은 야외에 나가서 '우리가 사는 곳(Where we are?)'을 살펴보는 것에서 시작된다. 주변에서 나뭇가지를 골라 그것으로 아무 동물이나 만들어 보고, 벌레 등을 관찰하는 등 장소에서(in the place)의 교육을 시도한다. 나무와 꽃을 관찰하고 직접 물을 주면서 키우고 돌보며, 쓰레기를 줍는다. 지역 인사와 전문가들로부터 교육에 도움을 받고, 고유 문화로부터 배울 것이 무엇인가를 확인하며, 정체성을 생각해 본다. 지역 주민이 인디언 문화를 재현하고 가르치기도 한다.

2) 장소기반 사회 환경교육

최근 각 지방자치단체에서는 관광자원 발굴 및 지역 학습 자원으로서 각 지역의 자연환경에 따라 생태학습의 장(場)을 설립, 운영하는 사례가 증가하고 있다. 예를 들어 낙동강 하구의 을숙도에는 생태공원을 비롯해 낙동강 하구 에코센터, 철새도래지, 어도관람실 등 하천과 해안의 생태계를 접하고 학습할 수 있는 공간이 마련되어 있다. 또한 청주시의 '원흥이두꺼비생태공원'은 청주시의 택지개발 과정에서 사라질 위기의 '원흥이 방죽'을 모티브로 조성된 공원이며, 이 장소를 중심으로 시민들의 환경운동 역사를 과거에서 현재까지 확인할 수 있다. 경기도 의왕시의 왕송호숫가에 위치한 '의왕조류생태과학관' 이나 경기도 안양시 안양천 변에 위치한 '안양천생태이야기관' 등은 지역의 자연환경과 연결된 학습자원으로서 가치가 높다. 이처럼 다양한 생태계를 접할 수 있는 생태교육의 장은 국내에서는 다양한 명칭과 형태로 설립되고

---

4. Learning Partners: Co-Teaching With Community Experts(Youtube published on November 12, 2015)

있다.

국외의 사례 중 미국 각 지역에 있는 '네이처 센터(Nature Center)'를 소개하면, 네이처 센터는 센터가 위치한 지역의 자연과 환경에 대해 주민들이나 방문자에게 교육 프로그램을 제공한다. 네이처 센터는 교육을 위해 설계된 방문자 센터 또는 자연 해설 센터로서, 자연 보호 구역과 야생 동물 보호 구역 내에 위치하거나 산책로를 끼고 있다. 일부는 주 또는 도시 공원 내에 위치하고 일부는 특별한 정원이나 수목원 내에 위치한다. 네이처 센터에서는 일반적으로 파충류, 설치류, 곤충 또는 물고기와 같은 작은 살아 있는 동물이나 보존된 동물의 전시 또는 자연 디오라마, 기획 전시가 이루어진다. 네이처 센터는 대부분 여름 캠프, 방과 후 학교 및 학교와 협력하는 프로그램뿐만 아니라 일반 대중에게 교육 프로그램을 제공한다. 네이처 센터는 보통 자원봉사자들의 지원에 의존하며 일부는 이용자의 자발적인 기부금을 모으고 있다. 어떤 도시, 주 및 국립공원에는 네이처 센터와 유사한 시설이 있으며 일부는 공원 레인저의 교육 프로그램을 제공한다.

5. 마치며

장소기반교육에 대한 논의와 사례를 소개하고 이 장을 마무리하면서 장소기반교육과 지리교육의 관계에 대해 검토하고자 한다.[5]

장소기반교육의 등장은 학생들이 장소(자연, 사회 환경 속의 장소)를 만나는 교육 프로그램을 요구한다. 즉 학교 교육과 주변 자연·인문·지역사회 환경 간의 상호작용이나 연결고리를 만드는 것으로, 장소기반교육은 새로운 것처럼 보이지는 않는다. 장소기반교육이 궁극적으로 목적하는 바는 학생들이 일상생활장소에 대해 느끼고 행동하는 것을 바꾸어서 보다 공정하고 지속가능한 사회를 만드는 것이다. 장소기반교육은 단순하게 한 내용 영역이 아니라 윤리적, 정치적으로 교육과 관련되며, 교실 밖 환경을 통해 새로운 방식으로 장소에 대해, 그리고 그것을 돌보는 것을 배운다.

지리교육에서 추구하는 목표 중 보다 나은 사회를 건설하며, 국제적인 평화를 이루고 사회 환경 정의를 실현하는 것은 중요성을 더해가고 있다. 이러한 관심이 증가하는 가운데, 지리교

---

5. 이 부분은 이스라엘(2012)의 문헌을 주로 참고하였다.

육 내용은 그 자체로서의 의미보다는 때로 교육의 책무성을 강조하는 사람들에게 수단시되는 것처럼 보인다. 그렇다면 장소기반교육의 목표와 지리교육은 어떤 관계인가?

지리학은 자연-인간 상호관계 및 장소(place)가 어떻게 작동하는지에 관심이 있으므로, 이러한 지리적 식견을 통해 지리교육이 장소기반 교육에 기여할 수 있다. 더구나 교실 밖 교육, 답사는 지리학의 오랜 강한 전통으로 지리교육과 장소기반교육의 연결점이다. 또한 지리학의 사회 정의에 대한 관심 또한 지리학과 장소기반교육의 연결고리가 될 수 있다.

역으로 장소기반교육을 도입하여 지리교육의 '답사'를 새롭게 할 수도 있다. 이스라엘(Is-rael, 2012)은 오르와 시어벌드(Theobald)의 교육에 대한 관점을 참고하여 장소기반교육에서 지리교육이 취할 부분을 제시한다.

오르는 근대교육이 경제적 차원에서 수단시되어, 근대 산업사회에 적합한 사람들을 길러 내는 한계를 드러내며 자연을 정복하고 산업화하는 데 기울어진 데 반해, 포스트모던 교육은 이와 달리 치유, 연결, 회복, 창조 등 다른 가치를 추구한다며, 자연(nature)의 중요성을 포착했다. 시어벌드는 '사회적 결속'이나 구성원 간의 '연결'이 중요한데, 교육을 통해 커뮤니티 정신을 강화하고 결속을 다지게 됨을 지적했다. 여기서 오르는 장소(place)를 자연(nature)으로 보고, 시어벌드는 장소(place)를 지역사회(local community)로 본 것이다.

이러한 장소의 여러 측면은 교육적 가치가 있다. 장소기반교육에서 교육의 목표는 교실을 넘어서는 개입과 간섭으로 스미스(Smith, 2002)가 제시했던 장소기반교육의 다섯 측면, 즉 문화 연구, 자연 조사, 실세계 문제해결(봉사교육), 인턴십과 진로탐색, 커뮤니티 의사결정에 참여는 장소의 환경과 조건을 개선하는 데 초점을 둔다. 장소기반교육은 장소를 배우는 것을 너머 장소를 변화시키는 데 강조를 두며, 현재 장소의 불공정한 상황은 교육에 있어서 도전할 만한 학습 자원, 교육적 재료가 된다. 장소기반교육은 새로운 교육(pedagogy)으로서 실천이며, 생태적 건강, 지역사회 복지, 사회정의 추구를 통해 사회의 변화를 추구한다.

장소기반교육과 지리교육의 관계로 다시 돌아가서, 장소기반교육과 지리교육의 관계를 살펴볼 수 있는 사례를 찾아보자. 지역 환경문제(local environmental problem)에 관심과 해결 노력은 장소기반교육과 지리교육의 좋은 접점이 될 수 있다. 또 지리학에서 전통문화와 지식을 연구하는 것은 전래되는 지식을 등한시함으로 인한 문화파괴현상에 반기를 드는 것이며, 장소기반교육이 추구하는 정신과 일맥상통한다. 지리학에서 답사는 그동안 지리적 지식의 확인과 지리적 기능 향상에 목적을 두었다. 또 답사를 통한 협업의 경험은 새로운 다른 시각을 경험하고 환경윤리를 고양하는 등의 보이지 않은 효과도 있었다. 장소기반교육에서는 '답사'

라는 이름이 아니지만, 장소를 경험하고 만나면서 그곳에 개입, 참여하게 된다. 이때 장소에 기반한 경험이 학생들을 일깨워 커뮤니티 멤버로서 사회적, 생태적 책임을 가지게 하며, 지식 습득 이외에 사회변화를 위한 학습이 이루어진다.

그렇다면, 장소기반교육에서 추구하는 장소의 변화는 어떻게 이루어지는가? 장소를 어떻게 변화시킬까? 여기서 지리학자들의 통찰이 도움이 될 수 있다. 지리학은 장소가 어떻게 작동하는지 탐구하며, 장소가 가지는 여러 측면들, 이런 요소들이 어떻게 상호작용하여 지역의 독특함(uniqueness)을 만들어 내는지를 연구한다. 지리학에서 장소 연구는 장소의 다양성, 역동성, 상호 관계를 밝힐 뿐 아니라, 장소의 스케일과 관련하여, 어떤 로컬에서 일어나는 일이 보다 넓은 규모의 스케일에서 어떻게 이해될 수 있는지 찾는다. 지리학에서 장소는 단일하지 않고 정체되어 있지 않으며, 격리되어 있지 않은 내적 이질성이 있다. 장소는 계속 변화하며, 또 맥락 속에서 변동한다. 장소의 이러한 변화하는 특성이 장소기반교육에서 추구하는 사회를 정의롭게 바꾸려는 의지가 작동될 공간인 것이다.

요약 및 핵심어

장소(Place)는 지리학의 주요 연구 대상이며 주제였지만, 최근 교육, 환경을 비롯한 여러 학문 분야에서 '장소기반교육(Place Based Education)' 또는 '장소중심교육'이 시도되고 있다. 이 장에서는 장소기반교육에 대해 소개하고, 연구 및 교육 프로그램 사례를 살펴보며, 지리학 및 지리교육과 장소기반교육의 연결고리를 찾아보고자 한다.

장소기반교육(Place-based Education), 장소기반 환경교육(Place-based Environmental Education), 환경교육(Environmental Education)

더 읽을 거리

- *"Green Teacher: Education For Planet Earth."* (https://greenteacher.com)
  "Orion Afield: Working for Nature and Community." The Orion Society.
  ("In Pursuit of a Bioregional Curriculum," Spring, 1999, Vol. 3, No. 2).
- The Orion Society가 1997년 Orion Grassroots Network 결성과 함께 풀뿌리 참여정신에 기반하여 출간한 장소기반교육 저널이다. 2003년 이후 Orion(The Orion Society의 환경교육전문 저널)에 통합하여 격월간으로 간

Orion and Orion Afield: Working for Nature and Community

행하고 있다. https://orionmagazine.org

참고문헌

권영락·황만익, 2005, "장소감의 환경교육적 의의", 환경교육, 18(2), 한국환경교육학회, 55-65.

권정희·조철기, 2009, "학습자의 생활공간에 근거한 프로젝트 학습의 설계와 적용", 경북대학교 중등연구소, 중등교육연구, 57(1), 43-66.

김명기·최돈형, 2010, "예비 환경교사를 위한 장소기반 환경 오리엔티어링 프로그램의 개발 및 적용", 한국환경교육학회 학술대회 자료집, 89-91.

김민성·윤옥경, 2013, "장소감 측정도구의 개발과 적용; 초등학생의 성별 차이를 사례로", 한국지리환경교육학회지, 21(2), 17-28.

남호엽, 2005, "지리교육에서 장소학습의 의의와 접근 논리", 사회과교육, 44(3), 195-210.

서정훈·주경식, 2010, "평생학습도시의 지역학습 프로그램에 관한 연구 -경기도 구리시의 지리 탐방대 활동을 중심으로-", 한국지역지리학회지, 16(5), 572-589.

윤옥경, 2010, "환경지도 제작활동의 환경교육 및 지리교육적 함의 -초등학교 학생들의 동네 환경지도 제작 활동을 중심으로-", 한국지리환경교육학회지, 18(2), 121-133.

윤옥경, 2016, "초등 예비교사를 위한 교양과목에서 장소기반 환경교육 프로그램의 실천", 한국지리환경교육학회지, 24(1), 131-150.

이용섭, 2007, 학교 주변 장소를 활용한 환경교육 프로그램의 개발과 적용이 환경친화적 태도에 미치는 효과, 환경교육 20(4), 166-179.

전보애, 2010, "지리적 탐구방법과 통합된 봉사학습: 지역사회중심 환경교육의 실행사례 분석을 중심으로", 한국지리환경교육학회지, 18(3), 323-337.

정해림·임미연, 2015, "장소기반 환경교육에서의 환경의식과 장소감 변화 -거주지역 생태탐사 프로그램을 사례로-", 한국환경교육학회 2015 하반기 학술발표대회 논문집, 191-192.

조수진·남상준, 2015, "장소기반교육(PBE)의 사회과교육적 의의 및 효과 탐색", 한국지리환경교육학회지, 23(1), 1-17.

Agnew, J., 1987, *Place and Politics: the Geographical*, Mediation of State and Society, Boston: Allen and Unwin.

Capshew, J. H., 2010, Learning in place - The campus as ecosystem, in Reynolds, H. L.,Brondizio, E. S., Robinson, J. M. (eds.), *Teaching Environmental Literacy: Across Campus and Across the Curriculum*, Indiana University Press. 130-134.

Clark, D., 2008, *Learning to Make Choices for the Future- Connecting Public Lands, Schools, and Communities through Place-based Learning and Civic Engagement -*, The Center for Place-based Learning and Community Engagement (http://www.promiseofplace.org/assets/files/PBE_Manual_2012.pdf, last accessed 2017. 6. 29).

Coleman, T. C., 2014, *Place-Based Education: An Impetus for Teacher Efficacy*, Dissertations. 370 (http://scholarworks.wmich.edu/dissertations/370).

Cresswell, T., 2004, *Place: a short introduction*, John Wiley & Sons, Ltd (심승희 역, 2012, 짧은 지리학 개론 시리즈: 장소, 시스마프레스).

Dyment, J. E., 2005, Green school grounds as sites for outdoor learning; barriers andopportunities. *International Research in Geographical and Environmental Education*, 14(1), 28-32.

Gruenewald, D. A., 2003, The best of both worlds: A critical pedagogy of place. *Educational Researcher*, 32(4), 3-12.

Gruenewald, D. A. and Smith, G. A., 2008, *Place-Based Education in the Global Age: Local Diversity*, Routledge.

Israel, A.L., 2012, Putting geography education into place: what geography educators can learn from place-based education, and vice versa, *Journal of Geography*, 111(2), 76-81.

Knapp, C., 2005, The " I-thou" relationship, place-based education and Aldo Leopold. *The Journal of Environmental Education*, 27(3), 277-285.

Lalli, M., 1992, Urban-related identity: Theory, measurement, and empirical findings, *Journal of Environmental Psychology*, 12(4), 285-303.

Orr, D., 1992, Place and Pedagogy, in Stone, M.K. and Barlow, Z., (ed.) 2005, *Ecological Literacy: Educating Our Children for a Sustainable World*, Sierra Club Books, 85-95.

Shamai, S., 1991, Sense of place: An empirical measurement, *Geoforum*, 22(3), 347-358.

Smith, G. A., 2002, Place-based education: learning to be where we are. *Phi Delta Kappan,* 83(8), 584-594.

Smith, G. A. and Sobel, D., 2010, *Place-and Community-Based Education in Schools*, Routledge.

Sobel, D., 1994, *Place-based education: Connecting classrooms and communities*. Barrington, MA: Orion Society.

Sobel, D., 2005, *Place-based Education: Connecting Classrooms & Communities*, The Orion Society.

Sobel, D. and Varner, W., 1998, *Mapmaking with Children: Sense of Place Education for the Elementary Years*, Heinemann.

Tuan, Y.F., 1977, *Space and Place: the perspective of experience*, University of Minnesota Press (구동회·심승희 역, 1995, 공간과 장소, 도서출판 대윤).

Wattchow, B. and Brown, M., 2011, *A Pedagogy of Place: Outdoor Education for a Changing World*, Monash University Publishing.

Woodhouse, J. and Knapp, C., 2000, Place-based curriculum and outdoor and environmental education approaches. ERIC Digest.

[웹사이트]
낙동강 하구 에코센터 http://www.busan.go.kr/wetland/index
안양천생태이야기관 http://river.anyang.go.kr
원흥이두꺼비생태공원 http://www.cheongju.go.kr/wonheungi/index.do

의왕조류생태과학관 http://bird.uw21.net

Center for Place-based Learning and Community Engagement http://www.promiseofplace.org

Place based education evaluation collaborative http://www.peecworks.org

Star Charter School http://www.starschool.org

[YouTube]

Place-Based Learning: Using Your Location as a Classroom(Published on November 10, 2015)

Place-Based Learning: Connecting Kids to Their Community(Published on April 19, 2016)

제21장

생태 시민성의 지리*

김병연

대구고등학교

이 장의 개요

---

* 본 연구는 김병연(2011)을 수정·보완한 것임.

1. 들어가며

학생들은 일상 속의 의사결정과 행위를 통해 의도하든 의도치 않든 환경에 부정적 영향을 미치고 있다.

몸에서부터 글로벌에 이르기까지 다층적 스케일에서 학생들은 복잡하게 상호 연계되어 있는 수많은 사회·생태적 이슈와 문제들로 둘러싸여 있다. 그래서 환경문제는 단순히 자연의 문제만이 아니라 인간 사회를 구성하고 있는 인간 개개인들의 문제로까지 인식되어야 한다. 이를 위해 지리과 환경교육에서는 인간의 생존을 위협할 만한 지구 온난화, 열대 우림 파괴, 쓰레기 증가, 물 부족과 같은 환경문제가 사회의 구조적 문제로 인해 발생될 뿐만 아니라 인간 자체의 문제에 기반하는 것으로서 다룰 필요가 있을 것이다.

하지만 학생들은 환경문제와 자신에 대해 관계적으로 접근하지 못하고 있다. 환경문제라는 것은 내가 아니라 다른 누군가의 책임이라는 것이다. 이러한 연계감의 상실로 인해 환경 파괴와 관련하여 자신의 행위에 대한 윤리적 성찰이 이루어지지 못하고 있다. 따라서 현 세계의 생태 위기를 극복하기 위해서는 학생 개개인들이 자신을 둘러싼 세계와 직접적으로 연결되어 있다는 인식 속에서 자신들의 행위를 통해 여기와 저기가 연결되고 먼 거리에 떨어져 있는 인간들, 비인간들(동물, 식물)에게 직·간접적인 영향을 미치고 있다는 관계적 인식으로의 전환이 필요하다고 할 수 있다. 또한 학생들의 존재성은 이러한 관계적 조건 속에서 구성되어지고 이러한 조건 가운데 학생들의 실천 행위가 윤리적 문제에 직면하여 성찰적으로 이루어질 수 있는 가능성이 이 마련될 것이다.

또한 지리과 환경교육은 시민으로서 학생들이 가지는 권리보다는 배려의 전제조건이 되는 타자 중심성을 교육의 목표로 두어야 할 것이다. 그래서 지리과 환경교육 지향하는 새로운 유형의 시민은 자신이 속해 있는 가까운 지역뿐만 아니라 먼 세계 가운데 발생되고 있는 다양한 환경문제들에 관심을 가지고 그 문제의 원인들이 나와 무관하지 않고 직접적인 관련이 있음을 인식하고 그러한 성찰적 인식에 따라 행동을 할 때 윤리적 책임감과 의무감을 가지고 행위할 수 있는 능력을 가진 자라고 할 수 있다.

이를 위해 1990년대부터 시민성과 생태적 사고를 연계시키려는 지속적인 노력의 일환 속에서 등장한 생태 시민성 개념을 살펴보고자 한다. 이 개념을 둘러싸고 이루어지는 다양한 논의 가운데 핵심은 바로 전 지구적인 생태 위기 속에서 생태성을 회복한 인간 주체에 대한 관심의 재조명이라고 할 수 있을 것이다. 이러한 과정 속에서, 몇몇 학자들은 새로운 형태의 시민성 개념을 발달시켜 왔다(Stenbergen, 1994; Smith, 1998; Barry, 1999; Dobson, 2003). 생태 시민성(Van Steenbergen, 1994; Christoff, 1994; Smith, 1998; Curtin, 1999, 2002; Dobson, 2003), 지속가능한 시민성(Barry, 2006), 녹색 시민성(Dean, 2001; Smith, 2005), 환경적 시민성(Horton, 2005; Luque, 2005), 생태적 책무감(Barry, 1999, 2002) 등으로 표현되는 다양한 개념들이 있는데, 이는 개개의 시민들 사이에서 개인적 성향의 변화 즉 녹색 태도와 행위를 촉진시키는 데 초점을 맞추려는 경향이 있고 이 개념적 형태의 이면에 놓여 있는 중요한 의미는 인간 존재와 자연, 국가와 개인 간의 관계 내에서 권리와 책임, 의무 사이의 균형을 조절하는 규범이나 가치에 대한 광범위한 재사고라고 할 수 있다(Bell, 2004).

따라서 본 글에서는 시민성 이론과 환경 사이의 관계에 대한 논의 속에서 다양하게 표현되어 온 개념들을 생태 시민성으로 통합하여 사용하면서 생태 시민성이 출현하게 된 배경으로서 세계화와 책임의 개인화에 대해 논의하고 생태 시민성이 가지는 주요한 특징을 살펴보고자 한다. 그리고 생태 시민성 교육의 지리를 위해서 지리과 환경교육은 존재론적, 인식론적, 실천적 차원에서 어떠한 방향을 설정해야 하는지를 논의하면서 마무리하고자 한다.

2. 환경 위기 시대의 대안적 시민성으로서 생태 시민성

1) 세계화로 인한 시민성의 공간 변화

시민성은 특정한 공간과 맥락 속에서 구성되고, 체화되고, 경험되고, 수행되는 것으로 이해되어 왔다. 시민성은 다양한 공동체 내에 참여를 가능하게 하는 소속감뿐만 아니라 권리, 책임, 의무를 개개인들과 사회 집단이 협상, 실천하는 사회적 과정으로서 정의된다(Desforges, 2004). 시민성의 초기 담지자는 국민국가였기 때문에 시민성의 개념은 개인과 국가 간의 관계에 의해 정의되어 왔다. 시민이 된다는 것은 국가 시민이 된다는 것과 국가 공간의 경계 내에서 작동하는 권리와 책임에 기반한 정체성을 담지하는 것과 일치해 왔다.

그러나 세계화라는 조건은 시민성의 이러한 성격에 변화를 요구하게 되었다. 탈 산업화 과정, 국제 이민의 증가, 금융 자본의 탈규제, 미디어의 발달 등과 같이 20세기 후반에는 공간적, 경제적 관계들이 급변하고 있기 때문에 시민과 국민국가와의 관계에 대한 일반적인 논의는 이제 더 이상 유효하지 않다. 그래서 시민성에 대한 이해는 시간의 흐름 속에서 반드시 변화해야 할 것이다. 이제는 시민성의 개념이 국민국가에 의해서 개개인들에게 부여되어 왔던 권리와 책임에 있어서의 법적 근거에 제한되지 않고 확장되어 왔다. 글로벌 네트워크의 성장, 기후 변화와 같은 전 지구적 문제, 아래로부터의 지역 단체 운동, 내셔널리즘의 출현은 국민국가의 힘과 합법성을 침식하고 있다. 이러한 상황은 새로운 형태의 지구적 거버넌스와 시민성에 대한 요구를 강화시키고 있다.

우리 주변에서 발생되는 다양한 사건들은 흐름과 네트워크의 세계를 강화시키는 세계화로 인해 시간과 공간의 재조정 과정으로서 나타나고 있다. 시·공간 압축은 제한된 시간과 장소에서 이루어져 왔던 우리 일상의 경험들과 인간의 욕망을 무한히 확장시켜 왔고 환경과의 관계를 새롭게 조직해 나가면서 자연에 대한 인간의 간섭을 더욱 심화시켜 생태계 파괴를 촉진시키고 있다. 환경 파괴의 초국적 성격과 세계화, 신자유주의의 논리 등은 현대 시민성의 공간에 대한 논의의 맥락을 변화시키는 가장 현저한 요소들이다. 우리가 경험하는 세계화는 한때 산성비, 물 오염과 같은 이슈들을 통하여 목격되어 왔다. 이러한 생태 문제들은 세계 기후 변화나 세계 이민 증가, 인구 변화, 세계 경제, 테러, 공중 보건 등 수많은 다른 문제에 비해 비교적 사소한 문제처럼 보이지만 여전히 중요한 이슈들이다. 이러한 문제들은 개인들이나 지역사회, 정부, NGO의 책임 있는 시민적 참여가 필요한 지역적이고 지구적인 대응을 필요로 한다.

현실적으로 세계는 정치, 경제, 사회, 문화 전반에 걸친 급격한 사회변화가 이루어짐과 동시에 지구적 상호의존성이 증대됨에 따라 종래 과학, 기술주의, 개인주의, 공리주의, 신고전주의에 입각한 시민성 교육 패러다임은 더 이상 적절치 못한 것으로 인식되는가 하면 지역공동체, 민족, 국가공동체 나아가 세계시민 사회의 책임 있는 구성원으로서 상호작용할 수 있는 대안적 시민성 패러다임이 요청되고 있다(Lynch, 1991, 16; 이영호, 1995 재인용). 이러한 시대적 상황은 프랑스 시민(국가적 스케일), 파리 시민(지역적 스케일), EU 시민(초국적 스케일)이라는 다양한 층위의 시민적 책임을 수반하고 있는 새로운 형태의 시민성에 대한 요구를 보여 주고 있다(Stoltman&Lindstone, 2001). 지금까지 국민국가라는 배타적 영토성에 그 기반을 두고 이루어져 왔던 시민성 논의는 위와 같은 전 지구적인 변화로 인하여 기존의 시민성 형태에 대한 의문이 제기되면서 대안적인 시민성의 형태가 요구되고 있다.

지구 온난화, 자본 시장의 탈 규제, 국제 안전, 국제 인권 등의 문제들은 이제 어느 한 국가가 단독으로 다루는 것이 불가능한 것이 되었다. 이러한 큰 문제들에 대한 더 많은 의사결정들은 집단적으로 EU, NATO, IMF, WTO와 같은 '공동체'를 통해 이루어지고 있기 때문에 국가에 의해 구성된 시민성은 탈 국가화되고 있다. 또한 시민성은 빠른 속도로 성장하고 있는 비정부

기구 예를 들어 그린피스, 옥스팸 등과 같은 스케일 속에서도 구성되고 있다. 이러한 기구들은 지구적 문제들에 점점 더 많은 정치적 참여를 시도하고 있다.

국민국가의 경계를 넘어 지식을 전달하고 있는 정보 통신의 발달, 자본 통제에 있어 국민국가의 능력을 지속적으로 감소시켜 온 탈규제화된 자본 시장들, 인구의 국제적 이동, 국제 인권체제 등과 같은 이러한 힘들은 끊임없이 국민국가의 토대를 침식시켜 왔다(Desforges, 2004). 그러므로 지구적 수준에서 권리, 책임, 위험, 정체성의 형성을 다루지 않고 현대 시민성을 이해하는 것은 불가능하게 되었다. 사센(Sassen, 2002)에 의하면 우리는 '후기-시민성'의 시대에 살고 있고 세계주의나 초국적주의는 개개인들이 자신들의 권리나 책임, 소속감이 국가적 수준에서뿐만 아니라 지구적 수준에서 작동될 것이라는 인식을 발생시키고 있다고 한다. 이러한 과정을 지속적으로 강화시키는 세계화의 흐름 속에서 단일한 민족국가의 노력만으로는 해결할 수 없는 문제들이 발생되고 있는데 그중에 가장 대표적인 것이 환경문제이다.

세계화의 조건 속에서 심화되고 있는 환경문제는 초국적 성격을 가지고 있고 상호 연계성, 비영역성을 그 특징으로 하고 있다. 이러한 환경문제를 해결하기 위해서는 시민성의 외연을 규정짓고 있는 공간적 경계를 해체시킬 필요가 있을 것이다. 이를 위해서는 학생 개개인들의 몸에서 세계에 이르기까지의 다양한 층위의 스케일들을 가로지를 수 있는 관계적 네트워크를 기반으로 한 시민성이 필요할 것이다. 세계화는 초국적 환경문제를 유발 및 심화시키는 원인을 제공할 뿐만 아니라 동시에 이러한 문제에 관계적으로 대응할 수 있는 시민들이 요구되는 조건들을 형성시키고 있다.

2) 생태적 책임의 개인화

개인의 자유 증가와 전통적인 사회적 네트워크의 상실은 사회의 체계적 문제들이 개개인들의 문제로서 간주되는 상황을 만들어 내고 있다. 이러한 개인화의 출현은 새로운 종류의 책임을 만들어 내고 있다. 여기서 책임은 더욱 더 큰 자율성을 의미하는 것으로 제시되고 있다. 현대 과학은 우리에게 수많은 정보를 제공하지만 그것을 어떻게 다룰지에 대해서는 우리 자신의 판단에 달려 있다. 정치적 제도는 지역적 차원에 머무르고 있지만 환경적 사안들의 형태를 결정하는 실제적 힘은 지구적 차원에 있다. 바우만(Bauman, 1993)은 환경문제에 대한 개인의 책임은 현대 제도의 실패를 보여 주는 것이라고 주장하기도 한다. 하지만 여전히 우리는 환경에 대한 책임이 개인적 차원에 기반해 있는 현대 제도의 틀 속에서 살아가고 있다는 현실에서 벗어날 수 없다. 이러한 구조 속에서 환경문제의 개인적 책임은 새로운 것이 아닐 것이다.

이와 관련하여 우리가 최근에 경험하고 있는 대부분의 환경문제가 더 이상 산업 활동의 부정적 결과나 국가 정책의 실패로 인한 결과의 산물이라고만 인식되지는 않고 있다. 과거에는 환경문제에 대한 대부분의 책임이 국가나 기업에 놓여 있었다. 하지만 환경문제의 원천은 시민으로서, 소비자로서 그리고 가정내 구성원으로서의 다양한 역할 내에서 일상 생활 가운데 이루어지는 수많은 선택을 통하여 발생된다는 인식이 확산되고 있다. 또한 리우회의에서는 생태적 지속 가능성을 위해 개개인들의 적극적인 참여에 대한 촉구가 있었다. 이것은 환경문제를 해결하기 위해서는 개인적인 역할이 중요하다는 점에 관해 국제적인 정치 공동체 내에서 일반적인 합의가 있다는 것을 나타내는 것이다(UNCED, 1992; Hobson, 2002). 이러한 인식은 생태적 지속 가능성을 위하여 시민으로서 학생 개개인들이 생태적 가치에 대한 헌신이 필요하고 환경문제에 대해 책임을 가져야 한다는 것이다.

최근 환경위기에 대한 책임이 개인의 라이프스타일 문제로 방향 전환이 이루어지고 있다. 이러한 경향성은 지속가능한 사회의 형성에 있어 개개인들의 헌신이 없다면 달성될 수 없다는 신념 속에 뿌리를 내리고 진행되어 오고 있다. 대부분 산업 국가내의 국가 정책 가운데에서 개개인들의 환경적 행위들은 지속가능한 소비의 형태를 요구받고 있다. 다시 말해 개개인들은 환경에 대한 윤리적인 관심을 가지고 환경에 본분을 다하도록 요구받고 있다. 카터(Carter, 2001)는 지속 가능한 사회가 제도적 변화에 의해서만 달성될 수 있는 것이 아니라 생태적 가치를 실현하기 위한 개개인의 헌신이 필요하다는 인식이 광범위하게 받아들여지고 있는 상황이 도래했음을 언급하고 있다. 지속 가능하지 않은 라이프스타일로부터 발생되는 환경문제는 이러한 삶의 양식을 변형시킬 책임을 받아들이는 시민 개개인들에 의해서만 해결될 수 있을 것이다. 그러나 이러한 인식의 확산은 결코 국가나 기업이 환경문제에 대한 사회적 책임에서 제외된다는 것은 아니다.

개인화는 현대 사회의 대부분의 영역에 영향을 미치고 있고 다양한 양상으로 존재하고 있다. 개인화는 증가된 개인들의 자율성에 관심의 초점을 두거나 증가된 개인의 책임성에 강조점을 두고 있다. 이에 따라 개인화는 개개인들이 시민으로서의 능력을 확장시킬 수 있는 가능성을 열어 놓았고 시민들이 환경적 책임을 내면화하는 데 도움을 제공하고 있다. 개개인들은 점점 더 자신들의 일상 속에서의 의사결정과 행위에 대한 환경적 결과를 고려해야만 하는 시대에 살고 있다. 왜냐하면 환경문제의 영향력은 그 문제가 발생된 지역으로부터 멀리 떨어진 곳에서도 나타나기 때문에 환경문제는 로컬과 글로벌 차원을 연계시키고 있다. 이러한 상황은 한 개개인이 지구상의 다른 지역에 영향을 미치기 위해 이동할 필요성이 없음을 나타내는 것이고 또한 개개인들은 자신들의 선택에 의해 다른 사람들이 가질 수 있는 삶의 기회 감소에 책임을 져야 하기 때문에 그들의 선택은 윤리적 함의를 가진다는 의미이다. 오늘날 환경문제에 대한 이러한 접근은 산업화 시대의 환경 파괴의 유발 및 해결과는 또 다른 접근 방식을 가진다. 환경문제를 일으키고 동시에 그 문제를 해결해야 할 책임의 중심에 '개인'이 서게 되었다는 것이다. 즉 '책임의 개인화' 시대가 도래했다는 것이다(Beck, 1996).

위에서 살펴본 세계화와 책임의 개인화라는 현 시대적 상황은 전통적인 시민성에서 논의되는 시민의 자질로는 환경문제의 해결과 관련한 실천적 노력에 있어서 큰 한계를 가질 수밖에 없는 상황을 만들고 있다. 기존의 시민성 논의에 부분적 변화가 아니라 시민성이 생태적으로 재구성된 새로운 형태의 시민성이 필요하다는 것이다. 그래서 지구적 환경문제의 속성을 결정짓고 환경문제의 해결을 위한 실천적 차원에 영향을 미치는 세계화와 생태적 책임의 개인화라는 흐름을 받아들여 새롭게 재구성된 형태로 등장한 개념이 생태 시민성이다. 다음 절에서는 이러한 생태 시민성이 가지는 특징에 대해 살펴보고자 한다.

3. 생태 시민성의 특징

1) '비영역성'에 기반한 시민성 공간

비영역성(non-territoriality)은 생태 시민성의 중요한 차원으로서 지구적 성격을 가지는 환경문제와 생태 시민성을 연계시키는 중요한 특징이고 상호 연계성과 상호 의존성에 기반하고 있다. 현대 세계에서 점점 강화되고 있는 지구적 연계는 시민성 형태의 변화를 수반할 수밖에 없는 상황적 조건을 생산하게 된다. 다시 말해 장소가 다른 장소들과의 역동적인 관계를 통해 구성되는 방식은 배타적이고 지역적 폐쇄성에 기반하고 있는 시민성 형태에 변화를 요구하고 있다. 따라서 환경문제는 다양한 스케일들 간의 관계 속에서 다루어질 필요성이 있다.

세계화의 흐름 속에서 빠르게 형성되어 가는 지구 사회 속에서 단일한 민족 국가의 노력만으로는 해결할 수 없는 다양한 문제들이 발생되고 있다. 그중에 대표적인 것이 환경문제인데 우리가 경험하고 있는 환경문제들은 대부분 전 지구적이라는 보편적 성격을 가지기 때문에 지구 시민 사회 내에서는 이 문제의 해결을 위한 실천에 있어서 국가 간의 경계를 넘어서는 비−영역성과 수평적 관계가 요구되고 있다. 왜냐하면 전 지구적이고 지역적인 환경문제는 국민국가의 영역을 토대로 한 전통적 시민성 이론 내에서 효과적으로 다룰 수 없다는 한계를 드러내고 있기 때문이다.

예를 들어 세계 최대의 온실가스 배출국인 미국이 교통 의정서 비준에 대해 보여 준 비협조적인 태도에서 드러난 것처럼 시민성의 전통적 영역인 국가적 경계는 전 지구적 환경문제를 다루는 데 있어 단지 걸림돌이 될 뿐이다. 지구 온난화가 발생시키는 다양한 환경문제는 지리적 공간의 구획을 파괴할 뿐만 아니라 불균등하게 분포되어 나타나고 있다. 즉, 지구 온난화는 국가의 영토적 경계를 고려하지 않고 가장 취약한 지역 및 국가에 영향을 주고 있다. 그래서 국가의 영토적 경계와는 상관없이 지구 온난화에 영향을 주는 활동에 참여하고 있는 모든 시민들은 이 문제를 감소시켜야 하는 의무를 분담해야 된다.

하비(Harvey, 1999)에 의하면 현재의 우리가 경험하는 환경 변화들은 인간의 역사 속에서 이전에 경험해 왔던 것보다 훨씬 더 물질적으로, 영적으로, 미학적으로 복잡하고 광범위하고 위험하며 더 큰 규모로 진행되어 오고 있다. 오늘날 우리가 직면하고 있는 전 지구적인 환경문제는 공간의 구획성을 파괴하고 나타나는 것이 특징이다. 이를 해결하기 위한 실천과 관련하여서 국가 간의 영토적 경계를 고려하지 않는 비−영역성이 요구되고 있기 때문에 환경문제는 다양한 스케일들 간의 관계 속에서 다루어질 필요성이 있다.

거의 40년 가까이 환경교육 진영에서 사용되어 온 '지구적으로 사고하고 지역적으로 행동하라'라는 슬로건은 학생들이 세상을 바라보는 인식의 위치에서 다른 방향의 인식의 위치로의 전환을 요구하는 것과 관련되어 있다. 하지만 우리가 환경문제와 관련해 지구적으로만 생각하고 지역적으로 생각하지 않는다면, 환경문제에 대한 지역적 이해와 경험의 가치를 과소평가하게 된다. 또한 지구적으로 행동하지 않게 된다면 결코 지구 공동의 중대한 문제들 예를 들면, 국가 경계를 가로지르는 해양오염, 대기오염, 쓰레기 문제, 열대 우림 파괴 등의 문제들을 해결할 수 없을 것이다. 따라서 생태 시민은 환경교육의 통칙이었던 지구적으로 생각하고 지역적으로 행동하라는 강령을 실천할 뿐만 아니라, 그 반대로의 지역적으로 생각하고 지구적으로 행동하라는 강령도 실천할 수 있는 사람들이다. 따라서 생태 시민성은 지역적이면서도 지구적인 다층적인 차원을 내포하고 있는 개념이라고 할 수 있다.

본질적으로 환경문제의 해결에 상응하여 시민들이 가지는 책임의 성격은 환경적 위기를 더욱 심화시키는 다양한 스케일들 간의 상호 관계성으로 인해서 글로벌하게 구성될 수밖에 없다(van Steenbergen, 1994; Christoff, 1996; Jelin, 2000). 이러한 생각은 돕슨(Dobson,

2000; 2003; 2005; 2006)의 생태 시민성 논의에서 그 맥을 나란히 하고 있음을 알 수 있다. 돕슨(2003)에 따르면 자유주의적 그리고 시민-공화주의적 시민성에 있어 공통적 특성인 연속적인 영역 메타포는 지구적 환경문제를 다루는 데 있어 한계를 가질 수밖에 없다. 위험 환경 시대의 시민성의 공간은 연속적인 영역과 관련해서는 이해될 수 없고 구체적인 국민국가의 경계를 넘어 새로운 공간 속에서 구성되어야 한다.

돕슨(2003)은 생태 시민의 공간이 국민국가나 EU와 같은 초국적인 정치적 구성체에 의해 주어지는 것이 아니라 환경과 인간 개개인들 간의 대사적(metabolic)이거나 물질적 관계에 의해 생산되는 것이라고 주장한다. 따라서 시민성의 공간은 개개인들의 생태적 발자국이 되는 것이다. 개개인들의 행위를 통하여 발생되는 환경에 대한 악영향은 보통 생태 발자국으로 설명이 된다. 생태 발자국은 개개인의 라이프스타일 속에서 이루어지는 일상적인 활동 가운데 부정적이고 불균등한 결과를 설명하는 지표로서 이용되어 왔다. 지속가능성을 실현하는 데 있어서 걸림돌은 저개발국들보다 선진국 내에서 크게 나타나는 생태 발자국의 크기이다. 이러한 결과들은 저개발국 내에서 살고 있는 현 세대나 미래 세대가 자신들의 필요를 충족시킬 수 있는 삶을 불가능하게 만드는 조건을 형성하고 있다. 그래서 생태 시민성의 공간은 전통적인 시민성처럼 특정한 국가의 경계 내에 머무는 것이 아니라 시민들 개개인의 행위가 다른 사람들에게 어느 정도로 부정적인 영향을 미치는가에 의해서 규정되는 책임의 공간이 되는 것이다(Jager, 2009).

돕슨(2003)에 의하면 생태 시민은 자신들의 행위가 먼 거리에 존재하고 있는 이방인들의 삶의 기회에 심각한 영향을 미칠 수 있다는 점을 인식하는 자이다. 그는 어떤 국가에서 이미 세계화가 진행되어 가고 있다는 것은 다른 공간과 장소, 그곳에 존재하고 있는 다양한 사람들에 대해 이미 행위를 통해 영향을 미치고 있는 것이라고 주장하고 있다. 돕슨의 이러한 언급은 기든스(Giddens, 1989)가 "부재하는 타자들"이라고 언급한 것과의 연계를 드러내는 것이다. 그래서 생태 시민들의 의무는 생태 발자국의 크기를 감소시키는 것이다.

2) 관계성에 토대를 둔 '책임과 의무'

생태 시민성은 권리보다는 책임과 의무를 강조하고 생태 시민에게 요구되는 책임과 의무는 비호혜적이고 불균형적이며 시·공간적 및 물질적 관계성에 기반해 있다. 반 스틴버겐(Van Steenbergen, 1994)은 환경 운동과 다른 해방 운동과의 중요한 차이점을 의무와 책임의 영역에 두고 있다. 그는 시민성이 권리나 권한뿐만 아니라 의무나 책임에도 관심을 가져야 한다고 주장하고 있다. 돕슨은 반 스틴버겐의 주장과 같은 맥락에서 생태 시민들은 지구 시민으로서 인식되어야 한다고 주장하면서 그들은 지구적 수준에서 사고하고 행위할 뿐만 아니라 자신들의 행위가 유발시키는 전 지구적인 사회-생태적 영향을 인식하는 자들이라고 설명하고 있다. 여기에서 명백하고 중요한 문제가 두 가지 제기된다. 첫째, 생태 시민은 누구에게 그리고 어떠한 책임과 의무를 지고 있는가, 둘째, 생태 시민들은 왜 이러한 의무와 책임을 수용하고 받아들여야 하는가이다.

역사적인 시간의 흐름 속에서 선진국 내의 시민들이 가지는 생태 발자국은 후진국에 거주하는 사람들의 삶의 기회에 심각한 영향을 가하여 왔다. 그래서 생태 시민성은 자신의 권리를 사용하는 데 수동적이고 권리보다는 더 많은 의무를 가지는 개개인을 추구한다. 생태 시민은 능동적이다. 왜냐하면 자신의 행위로 인해 발생되는 환경적 결과에 대해 책임을 져야 될 필요성이 있기 때문에 수동적일 수 없다. 또한 생태 시민이 가지는 의무는 시·공간을 넘어 확대되고 인간과 비인간, 지역과 세계적 스케일, 현재와 미래를 포함하는 것이다(Dobson, 2003).

보편적이며 지구적인 환경문제들은 전통적인 시민성의 '계약'에 기반한 시민들의 권리나 권한, 의무 시스템 속에서는 해결할 수 없는 것들이다. 생태적 공간의 비-영역성이라는 속성 가운데서 시민들은 계약이 아닌 다른 방식의 기반 위에서의 실천이 요구되고 있다. 이에 대한 대안은 자발적이면서 역사적인 성격을 가지는 책임과 의무라고 할 수 있다. 전 지구적 환경문제를 해결하기 위해서는 시민으로서 학생 개개인들의 능동적 실천이 보편적 인류애에 기반한 도덕적 책임과 의무를 가져야 한다. 그리고 여기에서 더 나아가 '관계성'에 기반한 공간적이면서도 동시에 시간적인(역사적인) 책임과 의무를 내재화시켜야 그 가능성을 담보할 수 있을 것이다. 그리고 관계성에 기반한 시·공간적 책임과 의무는 인간과 비인간 생물 종, 현 세대와 아직 태어나지 않은 미래 세대를 넘어 확장될 수 있다.

오염은 국가적 경계에 머무르는 것이 아니다. 결과적으로 생태 시민의 의무 또한 그러하다(Dobson, 2003). 생태 시민의 의무는 항상 다른 사람들에게 영향을 미칠 수 있는 모든 개인적 행위에 대한 책임으로써 설명된다(Dobson, 2003). 특히 환경적 파괴의 경우, 특히 사적 영역 내에서의 모든 행위들은 가까이 있거나 멀리 있는 다른 개개인들에게 영향을 미칠 수 있다. 그래서 생태 시민의 덕성은 이러한 영향이 가능한 지속 가능하도록 하는 데 놓여 있고 다른 사람들과 비교해 불평등한 정도의 환경 서비스, 자본, 공간을 사용하지 않는 데 있다. 그래서 생태 시민이 환경적 의무를 수용하는 데 있어 주요 동기가 되는 것은 사회 정의감이라고 할 수 있다. 즉 다른 지역에서 살아가는 사람들이 풍족한 삶을 영위할 수 있는 기회를 박탈하는 것은 정의롭지 못하다는 점을 인정하는 것이다. 그래서 시민 개개인이 가져야 하는 공간적이면서 시간적(역사적) 책임감, 의무감이 생태 발자국을 통하여 드러나게 된다. 생태 시민이 가지는 의무와 책임의 목적은 생태 발자국의 크기를 줄이는 것이며 생태 발자국이 지속 가능하도록 만드는 것이다. 그래서 바로 이점에서 생태 시민성의 가장 중요한 덕성으로 '정의'가 논의될 수 있다. 그러나 시민성의 의무는 시민적 덕성 그 자체 때문에 발생되는 것이 아니라 관계성에 기반하여 발생되기 때문에 시민적 덕성의 원천은 관계성이 된다.

환경에 대한 개인의 책임은 우리가 정치 공동체를 어떻게 규정하는지, 이 정치 공동체는 누구를 포함하고 배제시키는지, 우리가 책임져야 할 대상을 어떻게 규정지을지와 관련되어 있다. 이에 대해 돕슨(2003)은 역사적으로 축적된 관계 속에서 '두꺼운 공동체(thick community)'라는 개념을 제시하고 있다. 주디스 리히텐베르크(Judith Lichtenberg)는 의무를 도덕적 의무와 역사적 의무로 구분하고 있고 돕슨의 두꺼운 공동체 개념은 역사적 의무위에 토대하고 있다(Dobson, 2003). 돕슨의 두꺼운 공동체 개념은 링클레이터(Linklater, 2005)의 얇은 공동체와 비교하여 생각해 볼 수 있는데 얇은 공동체는 계약에 기반한 관계가 아니라 보편적인 인류애에 기반한 도덕적 의무감을 강조하는 것으로서 선한 사마리아인과 같은 자발적인 도덕적 의무를 강조한다. 두꺼운 공동체는 시간적 관계성에 기반한 역사적 의무를 강조한다.

생태 시민성의 개념은 '시민들이 왜 환경 자원을 보호해야 하는가와 관련해 전통적인 두 가지 시민성의 입장과는 다르다. 자유주의적 시민성의 입장에서 시민들은 권리나 혜택을 요구할 수 있다는 이유 때문이고 시민 공화주의적 시민성의 입장에 의하면 시민들이 생태 자원을 보존함으로써 공동체 내에 상호 이익이 발생되기 때문에 자연 자원을 보호해야 한다고 주장한다. 하지만 생태 시민들은 다른 사람들뿐만 아니라 비인간 생물 종에게 발생되는 부정적인 생태적 영향을 최소화하기 위한 책임 때문에 환경 자원을 보호한다. 이러한 태도는 환경을 소유의 대상으로 보는 것이 아니라 인간뿐만 아니라 비인간(식물, 동물)들이 서로 상호작용하면서 공진화해 나가는 세계로 간주하는 생태중심주의적인 사고방식인 것이다. 이러한 사고 양식 속에서 생태 시민은 비인간들이 자신들과의 상호작용을 통해서 받고 있는 영향에 대해 의무와 책임을 가지게 된다.

이와 관련해 벨(Bell, 2005)은 자유주의와 공화주의적 시민성 이론가들이 환경이라는 문제를 도외시한 것은 아니지만 이 두 진영에서는 환경을 '소유할 수 있는 것'으로 파악하고 있다라고 주장하고 있다. 환경에 대한 이러한 인식은 전체적이기보다는 파편적이어서 환경문제 해

결과 관련한 어려움을 증폭시키고 있다. 한 마디로 인간 중심주의에 뿌리를 두고 있는 사고이다. 여기에서 더 나아가 이러한 사고방식이 지배하고 있는 두 진영 모두에서 생태계 전체 속에서 인간을 중심으로 한 포섭과 배제의 문제만을 논하고 있지 비인간에 대한 배려와 고려는 전혀 이루어지지 않고 있다.

하비(2000)는 과거와 현재의 우리 행위들이 우리 인간들뿐만 아니라 다른 존재들(비인간 생물 종)에게 영향을 미칠 때 발생되는 장단점을 고려해야 한다고 주장하고 있다. 또한 배리(Barry, 1999)는 책임이 비인간 생물 종으로까지 확대된다는 것은 인간 자신이 스스로의 이익을 정당화시키거나 숙고해 볼 때에 다른 사람이나 다른 생물 종의 이익이 고려되어야 한다고 주장한다. 하지만 그러한 고려가 비인간 생물 종과 다른 사람들의 이익이 현 세대를 살아가고 있는 우리와 동일한 수준으로 고려되거나 적극적으로 반영되어야 한다는 것을 내포하는 것은 아니라는 것을 지적하고 있다. 배리의 이러한 주장은 돕슨이 말하는 두꺼운 공동체 내에 거주하는 생태 시민들이 관계성에 기반한 역사적 책임과 의무에 바탕을 두고 그들을 고려해야 한다는 것이다. 바로 이러한 점이 왜 생태적 시민들이 책임과 의무를 받아들여야 하는지에 대한 근거로서 작용하는 것이다.

3) 생태 정치의 장으로서 '사적 영역'

생태 시민성은 공적 영역뿐만 아니라 사적 영역에서 발생되는 환경문제를 중요하게 고려하고 있다. 그래서 사적 영역에서 생태적 덕성은 중요한 자질로서 요구되고 있다. 환경문제를 일으키고 동시에 그 문제를 해결해야 할 책임의 중심에 '개인'이 서 있게 된 책임의 개인화 시대의 도래로 인해서 공적 영역에서만 국한되었던 시민의 활동 장소가 사적 영역으로 침투하게 되었다. 즉, 정치적으로 국가─개인 간의 계약적 관계뿐만 아니라 시민과 시민 간의 비계약적 관계를 포함한 시민성 논의가 이루어지게 되었다. 시민들 간의 관계성에 대한 재사고의 결과로서 정치적 관계가 아닌 개인적 관계에서 끌어들여 온 새로운 가치 체계가 생태 시민성에서 핵심적인 시민의 덕성으로 인식된다. 즉 개인적 책임, 배려, 동정이라고 할 수 있다(Dobson, 2003).

이 특징은 행위의 동기적 가치에서의 초점 변화를 나타내는 것이다. 즉 생태 시민의 실천 행위는 계약에 기반한 외부적 동기가 아니라 생태적 덕성에 기반한 내부적 동기에 의해 이루어지는 것을 말한다. 여기서 사적 영역이란 시민들이 삶이 생산되거나 재생산되는 물리적 공간

(아파트, 오피스텔, 일반 주택 등)이거나 보통 '사적'인 것으로 간주되는 관계의 영역(가족이나 친구와의 관계)으로 해석될 수 있다. 사적 영역은 생태 시민들의 중요한 활동 장소이다. 왜냐하면 개개인들의 관계와 행위는 공적 영역에 영향을 미치기 때문이다. 이러한 상황은 생태 시민의 의무를 유발시키는 조건이 된다. 내가 가지는 라이프스타일이 다른 사람들에게 부정적인 영향을 미친다면 그들이 어디에 살고 있든 언제 살고 있든지에 상관없이 나는 라이프 스타일을 변화시켜야 되는 도덕적 의무와 책임을 가지게 되는 것이다.

스미스(1998)는 생태 시민성을 권리과 의무, 사적, 공적 영역에서의 행위, 생물 종들 간의 경계를 무너뜨리는 개념으로 간주하고 있다. 게다가, 그는 시민의 의무에 대해 재사고하는 것이 중요함을 역설한다. 왜냐하면, 우리가 살아가는 위험사회에서 불확실성이나 상호연계성은 책임과 의무라는 덕성을 요구하고 있기 때문이다. 이와 비슷한 선상에서 배리(1999)는 생태 시민의 의무가 공적인 정치 영역을 넘어서는 것으로 고려되어야 한다고 주장하면서 사적 영역에서 이루어지는 쓰레기 재활용이나 환경적으로 책임 있는 소비와 같은 행위들은 생태 시민의 행위라고 언급하고 있다.

돕슨과 벨(2006)은 외부적 유인(예를 들어 법률적 제재, 경제적 인센티브)을 통해 개개인들의 환경에 대한 태도를 변화시키는 피상적인 태도 변화의 정치학을 대체할 수 있는 핵심적인 준거 틀로서 생태 시민성을 제시하고 있다. 생태 시민들은 경제적 보상이나 법률적인 제재, 처벌 등의 요인에 의해 생태적 가치를 추구하지는 않는다. 그들은 단지 행하는 일 그 자체가 옳은 것이어서 실천하는 사람들이기 때문에 생태적 지속가능성에 대한 헌신이 내재화된 자들이다. 친환경적 행위들이 외부적 유인이라기보다는 본질적인 도덕적 동기에 의해 근거할 때 그 실천들은 생태 시민의 행위로서 간주될 수 있을 것이다.

본질적인 도덕적 동기는 내면화된 시민적 덕성으로부터 나온다. 그러면 생태 시민의 덕성이라는 것은 무엇인가? 자유주의적 시민성은 가치 중립적인 덕성을 시민-공화주의적 시민성은 용기, 힘, 복종, 남성적 의무 등과 같은 덕성을 강조한다. 하지만 생태 시민성은 개인들 간의 비계약적인 관계 속에서 나오는 사회 정의, 책임, 배려나 동정 등의 덕성을 강조한다. 이러한 덕성들은 생태 시민이 자발적으로 책임과 의무를 질 수 있게 만드는 추동력이다. 예를 들어 생태 시민은 일상 생활 속에서 자동차를 운전하는 것이 지구 온난화를 유발시키고 지구 온난화가 부유한 국가의 시민들보다는 가난한 국가의 시민들에게 더 많은 환경적 영향을 미친다는 사실을 아는 자이다. 또한 자동차 운전을 많이 하면 할수록 더욱 큰 생태 발자국을 남긴다는 것을 알고 있기 때문에 자발적 노력에 의해 자동차 운전을 자제하는 자들이다.

생태 시민의 사적 영역에서의 행위는 의무를 발생시키는 조건이 되고 생태 시민의 의무에 부응하는 필수적인 덕성은 일반적으로 사적인 것으로 알려진 관계들의 형태 속에서 실제적으로 나타난다. 배리(2002)는 생태적 책무성과 관련한 논의의 핵심은 사적 영역이 비정치적인 장에서 정치적인 장으로 이동해 왔다는 것이라고 언급하고 있다. 책임 있는 시민성의 녹색 형태인 생태 시민성 내에서 구체화되는 시민적 덕성은 반드시 관습적으로 이해되어 온 것처럼 정치적인 공적 영역에만 한정되지 않는다. 그래서 생태 시민이 가지는 사회 정의, 배려, 동정과 같은 덕성은 인간 삶의 공적인 영역보다는 사적인 영역과 더 깊은 관련성을 가지게 되는 것이다.

4. 생태 시민성 교육으로서의 지리과 환경교육

지리과 환경교육은 지구적인 환경문제 해결과 관련해서 새로운 사고 양식과 실천 방식을 요구받고 있다. 학생들은 보통 낮은 단계에서의 녹색 문제(깨끗한 하천, 오존층 보호 등)에 대해서만 생각하는 경향이 있다. 그러나 학생들이 생태적 문제와 관련하여 더 심층적인 수준으로 나아간다면, 존재하는 방식, 사고하는 방식, 실천하는 방식에 대해 더욱 깊이 고민하게 될 것이다.

지구적인 환경문제를 해결하려는 노력 속에서 지리과 환경교육은 학생들이 자신을 포함한 환경문제에 대해 생태적으로 반응할 수 있는 자질 및 능력을 담지할 수 있도록 새롭게 발견될 수 있는 존재 양식과 사고 방식을 근본적인 차원에서 제공할 수 있어야 할 것이다. 이를 위해 지리과 환경교육은 지리적 자아가 생태적으로 구성되는 데 중요한 역할을 할 수 있는 태도나 가치 교육을 제공할 수 있는 방향으로 정향되어야 할 필요성이 있다. 이러한 상황 속에서 생태 시민성은 지리교육이 나아가야 할 방향성에 토대를 제공 할 수 있을 것이라는 점에서 그 함의를 생각해 볼 수 있을 것이다.

앞에서 살펴본 생태 시민성이 가지는 다층적인 특성들을 존재론적, 인식론적, 실천적 차원으로 구분해 보고, 각각의 차원들이 가지는 특성을 관계성, 성찰성, 윤리성에 대응시켜 살펴보고자 한다. 이러한 범주화는 지리과 환경교육이 전 지구적 환경문제들을 해결하기 위해 학생들에게 제시해야 할 방향 설정에 토대를 제공할 수 있을 것이다.

환경 위기를 극복하기 위한 지리과 환경교육의 존재론적 방향 설정 속에서 생태 시민성이 가지는 특성으로서 관계성은 지리과 환경교육을 받은 학생들이 자신이 처한 존재론적 현실을 올바르게 인식할 수 있는 가능성을 제공해 줄 수 있을 것이다. 생태 시민성이 존재론적 차원에서 가지는 특성으로서 관계성이란 시간적, 공간적, 물질적 차원에서 의미를 가지고 있다. 지리적 관점에서 보았을 때 생태 시민성에 대한 논의에서 가장 흥미로운 점은 전통적으로 시민성의 외연을 규정짓던 공간적 한계들이 파괴되고 있다는 것이다. 그러나 이러한 현상에 대한 담론은 시민의 물질적 구성과 시간적 영역에 대해 중대한 의문을 제기하고 있다. 생태 시민성이 시공간적 매트릭스의 확장(먼 장소와 과거/미래 세대)과 현대의 시민으로 간주되는 주체들의 물질적 확장(비-인간, 다양한 사회-생태학적 혼성체들)을 요구하고 있다(Desforge, 2004). 여기에서 살아가는 학생들의 실천 행위를 통해 글로벌 네트워크상의 저기 어딘가에 존재하고 있는 공간, 장소가 영향을 받고 그로 말미암아 다시 학생 자신들의 행위가 또한 구속되고 영향을 받는 끊임없는 상호 순환의 과정 가운데 있다.

이러한 특성을 가지는 관계성에 기반하여 지리과 환경교육은 학생들이 살아가는 지역 공동체와 먼 곳에 있는 지역에서 발생되고 있는 생태적 문제들과 생태적 문제들이 야기시키는 사회적 문제들이 자신들과 밀접한 관계가 있고 학생들의 주변에서 발생되는 생태적, 사회적 사건들을 관계의 시각 속에서 바라보아야지 문제의 실체들이 파악될 수 있다는 사실을 인식시켜야 할 것이다. 생태 시민성 교육의 지리는 이러한 생태·사회적 문제가 가지는 관계성 속에서 학생 개개인들을 생태 시민으로 성장할 수 있도록 도움을 제공할 수 있어야 하며 생태·사회적 네트워크 속에서 학생들이 존재론적 차원의 시공간적 지평을 확장시킬 수 있도록 해야 할 것이다.

지리과 환경교육에서 인식론적 차원으로의 방향 설정과 관련하여 생태 시민성이 가지는 특성으로서 성찰성은 학생들이 일상 속에서 자신의 행위를 스스로 모니터링할 수 있는 성찰적 인간으로 변화하는 데 도움을 제공할 수 있을 것이다. 성찰성은 자신들 주변에 일어나고 있는 사건들에 관심을 가지고 자신들의 실천 행위가 이 사건들과 어떻게 관련되어 있는지에 대한 인식이다. 성찰성은 책임의 개인화로 인해 자신의 라이프스타일, 정체성을 스스로 선택, 구성하는 데 필요시되는 능력이다. 이를 위해 생태 시민은 글로벌 공간 속에서 자신의 위치에 대한 실제적 인식을 통해서 전 지구적 환경문제를 해결하기 위한 구체적인 실천과 관련하여 스스로의 일상적 결정과 행위를 모니터링하고 제한한다. 이러한 자발성과 적극성은 정치체제나 제도가 제공하는 외부적 유인에 의해서가 아니라 생태 시민으로서 학생 개개인의 자율성(autonomy)에 토대하여 이루어진다. 기든스(1989)는 우리가 이전의 세대들보다도 더욱더 능동적으로 살아야 하고 우리가 수용한 라이프스타일과 우리가 하는 행위에 대한 결과에 더욱 더 자발적으로 의무와 책임을 가져야 할 필요가 있음을 주장하고 있다.

돕슨은 생태 시민의 행위가 '순진한 자발적 행동'으로 간주되는 것을 거부하고 있다(Saiz, 2006). 왜냐하면 이러한 행동은 자신의 실천 행위에 대한 성찰에서 나오는 것이 아니라 외부에서 주어지는 동기부여, 인센티브를 통해서 나오기 때문이다. 생태 시민은 단지 자신이 하는 그 일이 옳은 것이기 때문에 그 일을 적극적으로 수행한다. 또한 외부에서 주어지는 요인이 아니라 자기 스스로의 성찰을 통해 책임과 의무를 부과할 수 있는 능력을 담지한 자이다.

이러한 인식론적 성찰성을 통해 지리과 환경교육에서는 학생 개개인들이 '우리는 모든 것이 연계된 세계 속에서 어디에 위치해 있고 어떠한 삶의 방식으로 살아야 하는가?'라는 실존적 의문을 스스로에게 던지면서 자신의 행위를 모니터링할 수 있는 성찰적 인간으로 변화되도록 도움을 제공할 수 있을 것이다. 그래서 지리과 환경교육에서는 존재론적 관계성, 인식론적 성찰성을 통해서 생태 시민을 함양할 수 있는 실천적인 방향을 모색해 볼 수 있을 것이다.

생태 시민들의 일상적 행위와 글로벌 네트워크 공간과의 직·간접적 관계성으로 인해 나타나는 전 지구적 문제로서 사회·생태 문제와 관련해 필연적으로 요구되는 것은 실천적 차원에서의 윤리성이다. 여기에서 이루어지는 학생 개개인의 일상적인 결정이 저기 멀리 떨어져 있는 공간/장소, 그곳에 살아가는 다양한 인간, 비인간에 영향을 미칠 수 있다는 현실에 대한 인식은 생태 시민 개개인이 글로벌 네트워크 공간과 상호 영향을 주고 받으면서 직·간접적으로 연계되어 있다는 관계성에 기반해 있다. 윤리성은 동시대에 살아가는 시민들, 모든 생물 종, 미래 세대에 대해 관계성과 성찰성에 기반한 정의, 배려, 의무, 동정, 책임과 관련한 일상 생활 속에서의 실천적인 차원이라고 할 수 있다. 그래서 관계성과 성찰성에 기반하여 환경문제들을 윤리적인 차원에서 바라볼 수 있도록 해야 할 것이다.

이와 관련해서 돕슨과 벨(2006)은 생태 시민의 행위는 개인으로서 나에게 이익이 되는 것이 반드시 사회적 집단의 구성원으로서의 나에게 유익한 것은 아니라는 지식에 기반하여 형성된 의식이나 태도에 의해 영향을 받을 것이라고 주장하고 있다. 이들은 생태 시민성이라는 것이 체계적 방식으로 공동선에 반하는 자신의 이익을 통제할 수 있는 가능성을 제공한다라고 주장한다. 자기 통제의 유형으로서 시민성에 대한 이러한 이해는 라타(Latta, 2007)가 자기 구속으로서 생태 시민성을 이해하는 것과 같은 선상에 있다.

결국 지리과 환경교육은 반드시 학생들로 하여금 현재 자신의 행위가 연계의 세계 속에서 어떠한 사회−생태적 결과들을 발생시키는지에 대한 인식을 통해 일상생활 속에서의 윤리적 실천 능력을 담지하도록 하는 데 그 목적이 있을 것이다. 궁극적으로 환경에 대한 가치·태도의 변화와 관련해 학생 개개인들은 금전적이거나 물질적인 이득을 위해 자신의 권익을 주장하지 않게 될 것이다. 또한 학생들은 반드시 환경 친화적인 방식으로 행위를 하더라도 그에 대한 대가로 어떠한 것도 기대하지 않게 될 것이다.

　지리과 환경교육은 존재론적 관계성, 인식론적 성찰성, 실천적 윤리성에 기반하여 나아갈 때 학생들의 일상적 행동이 시공간을 가로질러 먼 거리에 있는 인간 및 환경과 직·간접적으로 연계되어 있다는 관계성과 지구상의 수많은 사건의 관계적 네트워크 속에서 학습자 주체의 위치를 확인할 수 있고 인식할 수 있는 성찰성, 이러한 관계성 및 성찰성으로 인해 필연적으로 유발되는 윤리성을 확보할 수 있을 것이다. 이를 통해 학생들은 의미 있는 경험을 만들어 낼 수 있고 저 먼 곳에서 발생되는 현상에 대해 종합적으로 이해할 수 있고 나아가 자기 인식을 통하여 나를 둘러싼 세계에 대한 새로운 인식의 가능성을 창조해 낼 수 있을 것이다.

5. 마치며

　지리과 환경교육에서 생태 시민성에 기반한 교육이 필연적으로 요구되는 명백한 준거점은 공간과 장소들이 독립적이지 않고 상호 의존적이며 연계되어 있는 세계 속에 학생들이 살아가고 있다는 사실과 환경 위기에 대한 책임이 개인의 라이프스타일 문제로 방향 전환이 이루어지고 있는 책임의 개인화이다. 이러한 세계 속에서 학생들은 각자 자신을 둘러싼 세계에서 일어나는 사건들 특히 환경문제에 관해 좀 더 생태 의식과 책임이 있는 시민으로서의 자질을 담지해야 할 것이다.

　생태 시민성은 지리과 환경교육에서 학생들이 환경문제와 관련하여 시·공간적인 책임을 인식하고 윤리적 배려나 의무감을 형성하는 과정에 이론적 배경을 제시해 주고 경제적 성장, 사회적 정의, 환경 보호 사이에 존재하고 있는 복잡한 관계를 학생들에게 이해시키기 위한 하나의 규범적 틀이 될 수 있을 것이다. 생태 시민성은 학생들이 개인적으로든 집단적으로든, 지역적으로나 세계적으로 미래 세대와 더 나아가 지구에 최소한의 영향을 미치는 어떠한 선택을 하고 행위를 할 수 있도록 만드는 지식, 기술, 가치 및 태도를 발달시키는 데 중요한 토대를 제공해 준다. 여기서 '지식, 가치 그리고 기술'에 대해 언급하는 것은 지식에 기반해 있는 환경에 '대한' 교육의 한계를 넘어서 가치에 기반해 있는 지속 가능성을 '위한' 교육의 영역 속으로 들어가기 위한 필요성 때문이라고 할 수 있을 것이다(Dobson, 2003).

학생들 개개인을 생태 시민으로 성장하도록 하는 데 그 목적을 두는 지리과 환경교육은 학생들의 경제적, 사회적, 환경적 결정 및 행위들이 먼 거리의 공간과 장소, 그곳에 거주하고 있는 인간들, 비인간들에게 영향을 미치고 있다는 관계적 방식을 학생들로 하여금 인식하도록 도움을 제공해야 될 것이다. 지리과 환경교육이 추구해야 하는 교육 목표는 인간이 가지는 '반생태성'을 '생태성'으로 전환시키는 것이 되어야 하고 학생들 주변에서 발생하는 모든 사건들을 '생태성'이라는 시각으로 바라볼 수 있어야 한다. 학생들의 일상들을 채우고 있는 반생태적인 요소들을 생태적 사고를 통해 그 본질을 드러내면서 인간과 인간 사이의 관계를 넘어 인간과 환경 간의 '생태적으로 전일적인 관계'를 복원하는 대안적 삶의 방식을 찾아가는 의식 개혁 및 대안 사회의 모색을 지리과 환경교육은 지향해 나아가야 할 것이다(문순홍, 1999). 이러한 목표 속에서 생태 시민성 논의가 지리과 환경교육 속에서 가지는 세 가지 차원의 함의 즉, 존재론적 관계성, 인식론적 성찰성, 실천적 윤리성은 위험 환경 시대에서 지리과 환경교육이 생태성에 기반을 두고 방향 전환을 시도하는 데 도움을 제공할 수 있을 것이다.

결론적으로 생태 시민성 논의가 지리과 환경교육에서 가지는 의미는 존재론적 차원에서는 관계적 자아를 회복한 인간의 재발견, 인식론적 차원에서는 학생 자신이 발딛고 서 있는 세계에 대한 이해와 이를 통해 자신의 정체성을 스스로 구성해 갈 수 있는 성찰성의 확보, 실천적 차원에서는 관계성과 성찰성을 통해 일상 속에서 윤리적 행위의 실천 가능성 확보라고 할 수 있을 것이다. 더 나아가 좀 더 근본적이고 급진적인 교육의 측면에서 살펴본다면 지리과 환경교육의 생태 시민성으로의 지향은 궁극적인 행동 변화의 토대로서 내부적 혁명이나 지리적 자아의 생태화를 촉진시키는 데 있어 이론적 기반을 제공할 수 있을 것이다.

요약 및 핵심어

전 지구적인 환경문제의 확산은 국민국가에 근거한 시민성에서 탈피한 새로운 유형의 시민성을 요구하고 있다. 이러한 분위기 속에서 등장한 생태 시민성에 대해 탐색해 보고, 생태 시민성에 대한 논의가 지리과 환경교육에 가지는 함의를 살펴보고자 하는 데 이 글의 목적이 있다. 세계화와 환경적 책임의 개인화라는 배경 속에서 출현한 생태 시민성은 비-영역성을 특징으로 하는 시민성의 공간 속에서 행위의 동기가 상호 간의 계약이 아닌 관계성에 기반한 시간적이면서도 공간적인 책임과 의무에 기반하고 있다. 특히, 생태 시민이 가지는 책임과 의무는 물질적 차원에서 인간을 넘어 비인간 생물 종에게까지 확대된다. 또한 생태 시민의 정치적 장이 공적 영역뿐만 아니라 사적 영역으로까지 확대되고 사적 영역에서 정의와 배려, 동정과 같은 시민적 덕성이 요구된다. 생태 시민성이 가지는 다층적인 특징으로서 관계성, 성찰성, 윤리성은 생태 시민성 교육으로서의 지리과 환경교육에 존재론적, 인식론적, 실천적 차원에서의 방향 설정에 토대를 제공할 수 있다는 함의를 가질 수 있다.

생태 시민성(ecological citizenship), 비영역성(non-territoriality), 관계성(relationship), 성찰성(reflex-ivity), 윤리성(ethics)

더 읽을 거리

김소영·남상준, 2012, 생태 시민성 개념의 탐색적 논의– 덕성과 기능 및 합의기제를 중심으로–, 환경교육, 25(1), 105–116.

심광택, 2015, 생태적 다중시민성을 지향하는 사회과 핵심과정–사고와 행동의 연계–, 사회과교육연구, 22(1), 1–15.

Dobson, A. (2000). 'Ecological Citizenship: a disruptive influence?', in Pierson, C. and Tormey, S. (eds), Politics at the Edge: the PSA yearbook 1999. Houndmills: Basingstoke, and New York: St. Martin's Press.

참고문헌

김병연, 2011, "생태 시민성 논의의 지리과 환경교육적 함의", 한국지리환경교육학회지, 19(2), 221–234.

문순홍, 1999, 생태학의 담론, 솔

이영호, 1995, Giroux의 시민성 교육, 한국교육연구, 2(1), 110–127.

Barry, J. 1999. *Rethinking Green Politics*, London, New Delhi: Sage

Bauman, Z., 1993. *Postmodern Ethics*. Oxford: Blackwell.

Beck, U., 1996. *The Reinvention of Politics: Rethinking Modernity in the Global Social Order*. Blackwell Press (문순홍 역, 1998, 정치의 재발견, 거름).

Bell, D.R., 2004. Creating green citizens? Political liberalism and environmental education. *Journal of Philosophy of Education*, 38(1), 37-3.

Bell, D.R., 2005. Liberal environmental citizenship. *Environmental Politics*, 14(2), 179-194.

Berglund, C. and Matti, S., 2006. Citizen and consumer: the dual role of individuals in environmental policy. *Environmental Politics*, 15(4), 550-571.

Bullen, A. and Whitehead, M., 2005. Negotiating the networks of space, time, and substance: a geographical perspective on the sustainable citizen. *Citizenship studies*, 9(5), 499-516.

Carter, N., 2001. *The politics of the Environment. Ideas, Activism, Policy*. Cambridge: Cambridge University Press.

Christoff, P. 1996. 'Ecological citizens and ecologically guided democracy', in Doherty, B. and de Geus, M., *Democracy and Green Political Thought: sustainability, rights and citizenship*. London and New York: Routledge.

Curtin, D., 2002. Ecological citizenship. In: E.F. Isin and B.S. Turner, eds. *Handbook of citizenship studies*. London: Sage, 293-304.

Desforges, L., 2004. The formation of Global Citizenship: International Non-Governmental Organisations in Britain. *Political Geography* 23, 549-569.

Dobson, A. 2000. 'Ecological Citizenship: a disruptive influence?', in Pierson, C. and Tormey, S. (eds), Politics at the Edge: the PSA yearbook 1999. Houndmills: Basingstoke, and New York: St. Martin's Press.

Dobson, A. 2003. *Citizenship and the Environment*. Oxford University Press.

Dobson, A., 2006. Citizenship. In: A. Dobson and R. Eckersley, eds. *Political theory and the ecological challenge*. Cambridge: Cambridge University Press.

Dobson, A. and Bell, D., 2006. Introduction. In: A. Dobson and D. Bell, eds. *Environmental citizenship*. Cambridge: MIT Press, 1-7.

Dobson, Andrew. 2006. 'Thick Cosmopolitanism'. *Political Studies*. 54, 165-184.

Dobson, Andrew and Derek Bell ed. 2006 *Environmental Citizenship*. The MIT Press.

Dobson, Andrew and Robyn Eckersley ed. 2006 *Political Theory and the Ecological Challenge*. Cambridge University Press.

Gabrielson, Teena. 2008. 'Green Citizenship: a review and critique'. *Citizenship Studies,* 2(4), 429-446.

Giddens, A., 1989. *The Constitution of Society: Outline of the Theory of Structuration*. Cornwall: Polity Press

Harvey, D. 2000: *Spaces of hope*. Edinburgh: Edinburgh University Press.

Hobson, K., 2002. Competing Discourses of Sustainable Consumption: Does the 'Rationalisation of Lifestyle' Make Sense? *Environmental Politics*, 11(2), 95-120.

Jagers, Sverker C.. 2009. 'In Search of the ecological Citizen,' *Environmental Politics*, 18(1), 18-36.

Jelin, E., 2000. Towards a global environmental citizenship? *Citizenship studies*, 4(1), 47-63.

Linklater, Andrew. 2005. 'Dialogic Politics and the Civilizing Process'. *Review of International Studies*. 31. 141-154.

Linklater, Andrew. 1998. 'Cosmopolitan Citizenship', *Citizenship Studies*, 2(1), 23-41.

Luque, Emilio. 2005. 'Researching environmental citizenship and its publics' *Environmental Politics*, 14(2), 211-225.

Latta, P.A. and Garside, N., 2005. Perspectives on ecological citizenship: an introduction. *Environments*, 33,

1-8.

Latta, P.A., 2007. Locating democratic politics in ecological citizenship. *Environmental politics*, 16, 377-393.

Matti, S., 2006. The imagined environmental citizen. Exploring the state - individualrelationship in Swedish environmental policy. Licentiate thesis, Lulea° University of Technology.

Saiz, Angel Valencia. 2005. Globalization, Cosmopolitanism and Ecological Citizenship. *Environmental Politics*. 14(2), 163-178.

Sassen, S., 2002. *Global networks, linked cities*, New York: Routledge.

Smith, M., 1998, *Ecologism: Towards ecological citizenship*, Buckingham: Open University Press

Stoltman, J. P. and J. Lidstone., 2001. Citizenship Education: A Necessary Perspective for Geography and Environmental Education, *International Researchin Geographicaland Environmental Education*, 10(3), 215-217.

Van Steenbergen, Bart ed. 1994. *The Condition of Citizenship*. SAGE Publications.

제22장

환경정서와 환경교육*

강민정

서울일신초등학교

* 본 연구는 강민정(2014)을 수정·보완한 것임.

1. 들어가며

환경교육의 목적은 다양한 활동을 통해 책임 있는 환경의식을 함양하고, 환경행동을 실천할 수 있는 기회를 제공하는 데 있다. 환경과 환경문제를 이해하고, 인간과의 공생관계에 대한 인식을 유도하고, 공감하게끔 하는 것이 환경교육의 본질이기 때문이다. 환경에 대한 공감을 이끌어내기 위해 환경교육에서는 감정의 전이가 가능한 다양한 커뮤니케이션 수단을 사용한다. 과거에는 환경교육이라고 하면 야외로 나가 환경을 체험하는 것으로 환경감수성을 키워 주는 것에 머물렀다. 하지만 최근에는 야외에서 이루어지는 체험활동뿐만 아니라 교실에서도 다양한 환경 커뮤니케이션을 이용한 교육활동이 이루어지고 있다. 커뮤니케이션은 작게는 대화와 텍스트를 통한 소통과 같은 것에서부터 크게는 언론매체 보도에까지 다양한 범위에 걸쳐 있다. 최근에는 대중매체의 환경 관련 광고, 다큐멘터리, 영화, 뉴스 등을 활용하는 방법을 곧잘 사용한다. 이런 변화의 이유는 국내 인구의 90% 이상이 도시에 살고 있어 야외 체험활동을 하기 어렵다는 점이 주된 이유이며, 또 Z세대 아이들이 다양한 디지털 기기와 매체를 통한 의사소통에 익숙한 탓이다. 이에 야외 환경교육을 넘어 매체를 통한 커뮤니케이션을 바탕으로 한 소통의 방법에 대해 연구해야 한다는 것은 불가피한 선택이기도 하다.

초등학교의 환경교육에서 가장 중점을 두는 부분은 환경감수성을 일깨우고 증진시키는 것이다. 환경감수성이란 환경에 대한 공감(共感)을 중요시하는 개념이며 이를 위해서는 감정의 전이(轉移)가 가장 중요하다. 환경감수성은 환경체험을 통해 느끼는 긍정적인 정서(情緒)에 의해 효과적으로 향상된다. 그러나 야외 체험활동이 아닌 실내에서 이루어지는 환경커뮤니케이션 활용 환경교육에서는 학생들의 눈높이에 맞춰진, 다양한 환경 관련 정서를 설득의 기제로만 이용하는 경우가 많다. 이는 환경교육과 관련된 환경정서의 개념이 불명확하여 학생들에게 책임 있는 환경행동을 이끌어내는 데 필요한 정서가 무엇인지 별달리 고민하지 않은 결과이다.

아동기의 정서교육은 매우 중요하다. 지속적으로 인간의 인지, 느낌, 행동에 영향을 주는 정서는, 희로애락은 물론 집중, 흥미, 만족 등까지도 영향을 미치기 때문이다. 특히 영유아기와 아동기에는 인지발달뿐 아니라 정서발달에 있어서도 가소성이 풍부한 시기로 정서자극이 매우 중요하다. 성인기의 뇌를 형성하는 망 안에서도 아동기에 경험한 긍정적, 부정적 정서의 영향이 남아 있는 것이 확인되기 때문이다(김경희, 2002; Davis, 1997). 환경교육에서도 아동기의 풍부한 정서교육이 일생에 거쳐 영향을 미치고 있다는 것을 직시하고, 매우 신중하고 비중 있게 정서교육에 접근할 필요가 있다.

물론 환경교육에서 오감을 자극하는 야외 체험활동의 중요성을 빼놓을 수 없지만, 시·공간적 제약으로 점점 더 쉽지 않은 것이 현실이다. 이에 교실에서 이루어질 새로운 형태의 환경교육 방법 및 내용을 결정함에 있어, 아동이 경험할 정서적 자극이 어떤 것이어야 할 것인지 고민해야 할 필요가 있다. 또 스마트 기기를 통해 소통하는 세대에게 환경커뮤니케이션을 통해 어떤 아동기 정서를 활용할 것인지, 바람직한 정서 활용의 방향은 어떤 것인지를 제시해야 할 시점이기도 하다.

이에 본 글에서는 여러 선행연구 분석을 통해 커뮤니케이션의 가장 중요한 수단이 되고 있는 정서의 실체를 밝혀내고, 정서와 책임 있는 환경행동의 관계를 확인하고자 한다. 또한, 설문을 바탕으로 하여 환경교육에서 아동기에 느끼고 있는 환경관련정서를 파악하고, 환경정서의 개념을 구체적으로 정의하고자 한다. 본 논의를 통해 환경정서에 포함될 수 있는 다양한 정서들을 일반화할 수 있다면 초등환경교육에서 정서를 설득기제로 삼는 교육방법의 바탕이 될 올바른 정서를 선택하는 데 도움을 줄 수 있을 것이다.

2. 정서

1) 개념

사전적 개념으로 '정서'란 "사람의 마음에 일어나는 여러 가지 감정 또는 감정을 불러일으키는 기분이나 분위기"이며, 심리학에서는 '정동(情動)'이라는 개념을 사용하기도 한다(국립국어원, 2014). 정서라는 뜻의 영어 단어 'emotion'은 원래 불어 'emotion'에서 유래했고, 이는 다시 라틴어 'emouere'에서 기초한다. emotion은 보통 우리말로 정서, 감정, 감성, 기분 등 다양하게 번역하여 혼용하고 있으며, 때로는 모호하게 기술되고 곳곳에서 중복되어 사용하기도 한다. 정서와 감정이 분명한 차이점이 있음에도 혼용되기도 한다.

정서는 일시적인 감정과는 달리 실천으로 이어질 수 있다는 특징이 있다. 이에 설득을 탐구하는 심리학, 철학, 교육학, 언론학 등 다양한 분야에서 정서와 관련된 연구가 활발히 진행되어 왔다. 물론 감정도 행동에 미치는 영향이 없을 수는 없겠으나, 다마지오(Damasio, 2003)에 따르면 정서라는 말의 의미는 감정을 아우르는 경향이 있다고 한다.

심리학, 철학, 교육학 분야에서 정의되는 정서의 개념은 일정한 틀 안에서 특징지어지고 있다. 우선 전통적으로 이성과 상반되는 개념이었던 정서는 갈등사례가 빈번한 현시대에서는 오히려 이성을 돕고 합리적인 판단을 강화시킬 수 있는 요인이라는 것이다. 이러한 이유로 정서는 환경에 대해 관심을 가지고 환경에 대한 책임을 느껴, 실천적인 책임행동을 통해 환경문제를 해결하고자 노력하는 것을 최종목표로 하는 환경교육에서도 더없이 중요한 공감의 수단이 될 수 있다.

2) 특징

정서의 개념은 시대에 따라 변화하고 점차 확대되는데, 그 이유는 정서가 가지고 있는 몇 가지 특징에서 비롯된다.

첫째, 도덕적 행위와의 연관성이다. 모든 행위는 아니더라도 많은 도덕적 행위의 바탕에는 감정이 있다. 도덕적 행위와 관련이 되는 사랑, 죄책감, 수치, 당황함, 자부심, 질투, 시기 등 몇 가지 기본 감정은 도덕적 판단에서 의존하는 고등한 인지적 감정의 사회적 기능을 위해 함께 선택될 수 있다. 감정은 사회를 좀 더 공정하게 만드는 촉매로서 매우 중요한 역할을 한다. 과거 아리스토텔레스(Aristoteles)에서 애덤 스미스(Adam Smith)까지 많은 사상가들은 도덕적 행위를 이끌어내는 데 감정이 수행하는 근본 역할을 강조해 왔다. 딜런(Dylan, 2001)에 의하면 아리스토텔레스는 '감정은 우리가 지닌 생각에 영향을 미칠 뿐 아니라 영향을 받기도 한다.' 는 점을 지적했다. 감정이 없다면 우리에게는 덕의 능력이 없을 것이다. 또한 애덤 스미스는 몇몇 감정들이 우리의 도덕적 행위를 돕기 위해 특수하게 고안되어 있다고 생각했으며, 이러한 감정을 도덕 감정(moral emotion)이라고 불렀다. 죄책감이나 분노를 느끼는 것 그 자체가 도덕적 판단을 형성한다는 것은 아니지만 양심, 양심의 가책, 죄책감, 그리고 분노가 도덕성과 도덕적 행동에 깊은 관련을 가지고 있다는 주장은 유구한 전통을 가지고 있다(Dylan, 2001). 환경에 대한 인간의 책임을 느끼는 정서는 기본적으로 도덕적인 마음이 없다면 불가능하다.

둘째, 정서는 교육적으로 중요한 위치에 있다. 현대 사회에서 벌어지는 다양한 갈등사례를 합리적이고 도덕적으로 해결하기 위해서는 이성만으로는 부족하다. 통찰과 민감성, 감수성, 공감 등 정서로 대상이나 사실에 관하여 의미를 부여하고 가치를 가져야 객관적이고 보편적으로 문제를 해결해나갈 수 있다. 김경희(2004)에 따르면 아리스토텔레스(Aristotle)와 스토아학파(Stoics)이후 1,000여 년간 서구사고의 근원으로 제공되고 있는 정서는 근대 철학자들의 중심과제 속에서 심신 이원론과 이성과 감정의 관계가 연구되고 있으며, 이성은 인지, 감정은 정서의 개념으로 도입되어 각각 활발하게 연구되고 있다고 한다. 이제 정서는 이성과 대립적인 이분법적 관계에서 벗어나 인간을 더욱 인간답게 만드는 데 도움을 주는 보편적 특성인 발전된 개념으로 여겨지고 있다. 교육에서 정서를 활용하는 것은 사람들의 동기를 유발시키고 구체적인 행동 및 삶의 양식을 이끌어 나가는 데 있어 이성과 반대되는 것이 아니라 오히려 이성을 옹호하는 것이다(정명화, 2005).

셋째, 정서는 설득의 기제로 사용된다. 고대 철학자 아리스토텔레스는 파토스(pathos)를 언급했다. 파토스는 정서와 감각, 사유, 욕망 등이 포함되는 정신적 속성으로 정신에서 생겨나는 것으로 비이성적인 부분에 속한다(강진영, 1995). 프레드릭슨 외(Fredeickson et al., 2000) 많은 연구자들이 정서와 관련한 연구에서 아리스토텔레스의 저서 수사학(rhetoric)의 내용을 발판으로 삼는다. 수사학에서 "정서란 개인의 상태를 변형시켜 그의 판단에 영향을 미치게 하는 것이고, 이는 기쁨과 고통을 수반한다. 정서의 예로는 분노, 공포, 동정(pity)이 있고 이와 반대되는 것이 있다(Fredeickson et al., 2000)."고 정서와 관련된 내용이 정확히 언급되어 있기 때문이다. 일반적으로 설득의 주된 목적은 피설득자의 행동변화이다. 환경교육에서 환경문제에 대한 개인의 판단에 영향을 미치는 정서는 매우 중요한 설득의 수단이 될 수 있다.

정서는 일시적인 감정이나 기분과는 달리 지속성을 지니며, 인지하고 행동하게끔 하는 영향력을 지닌다. 정서는 기쁨, 슬픔, 혐오, 놀람뿐만 아니라 공감, 수치심, 죄책감 등으로 다양하게 존재하며, 인간을 사회적이고, 도덕적으로 만들어 인간다운 인간이 될 수 있도록 돕는다. 이러한 이유로 정서는 환경에 대해 책임을 느끼는 실천적인 책임행동을 이끌 수 있다. 정서적 자극을 통해 환경문제를 해결하려는 시도는 감성의 시대에서 중요한 과제가 될 것이다.

3. 환경교육과 정서

1) 환경교육에서의 정서

환경문제에 있어 책임과 정서는 무엇보다 중요한 개념이다. 책임의식이 있어야 환경문제를 해결할 수 있고, 환경에 대한 긍정적이고 주도적인 정서가 형성되어야만 적극적으로 책임을 지는 행동을 할 수 있기 때문이다. 환경문제는 개개인의 책임의식이 해결의 열쇠이다. 따라서 현세대뿐 아니라 미래세대를 위해 환경에 대한 자발적인 책임의식을 갖게끔 하는 환경교육이 점점 더 절실해지고 있다. 지속적으로 발생될 지금의 환경문제는 과학의 눈부신 발전이 아닌 인간 행동의 변화만이 해결할 수 있을 것이다.

지금 우리는 언론 보도뿐만 아니라, 난무하는 광고, 메시지, 캠페인을 통해 상징의 조작이나 인간의 가장 근본적인 감정을 조종하여 설득하는 프로파간다의 시대 속에서 살고 있다(Prat-kanis & Aronson, 2001). 이러한 이유로 현재 정서는 책임을 통감하고 행동을 실천하는 데 중요한 설득의 기제로 여겨지고 있다. 환경커뮤니케이션에서도 정서를 이용하여 환경과 관련된 광고, 캠페인, 마케팅 등을 펼쳐 책임 있는 환경행동을 촉발하고자 노력 중이다.

전 세계적으로 환경문제는 중요하며, 환경커뮤니케이션은 언론 보도뿐만 아니라, 광고, 메시지, 캠페인 등을 통해 끊임없이 환경문제를 이슈화하여 주목하도록 하고 있다. 언론은 환경문제의 복합성을 사회 모든 구성원들에게 올바르게 제시하여 환경문제에 대한 개인적, 사회적 책임을 이끌어내는 견인차 역할을 하고 있다. 하지만, 환경교육에서 환경커뮤니케이션은 정서적 자극을 통해 환경문제를 왜곡된 방향으로 이끌 수 있다는 문제점도 있다. 대상이 정서를 환기시키지 않는다고 하더라도 환경을 주제로 한 커뮤니케이션이 편향된 정서로 이루어진다면, 각인된 정서가 이후 환경관련 문제를 해석하는 경향성에 미칠 영향은 분명히 클 것이다. 일단 정서를 경험하기 시작하면 평가 경향성이 생겨, 뒤이어 일어나는 사건들도 동일한 방식으로 해석하기 쉽기 때문이다. 이러한 이유로 환경커뮤니케이션의 올바른 정서적 자극을 위해 환경정서를 밝히고, 환경정서에 포함된 다양한 정서를 구체적으로 밝히는 것이 반드시 필요하다.

2) 정서와 책임 있는 환경행동

그동안 책임 있는 환경행동 향상에 영향을 미치는 요인에 대해 많은 연구가 시도되었다. 마신카우스키(Marcinkowski, 1988)는 책임 있는 환경행동의 관련변인과 예측변인에 대한 연구에서, 책임 있는 환경행동과의 관련성과 설명력에 환경감수성이 두 번째로 높은 영향력을 가지고 있다고 밝혔다. 헝거포드와 볼크(Hungerford & Volk, 1990)는 책임 있는 환경행동을 이끌기 위한 환경인식과 경향에서 환경적 감수성을 가장 중요한 변수로 밝혔다. 이러한 이유로 환경교육은 머리로 이해하고, 가슴으로 느끼며, 몸이 체험해야 행동으로 실현된다는 사실에 주목하고 있다. 특히 아동기는 가슴으로 느껴 체득하는 감수성교육을 중시한다.

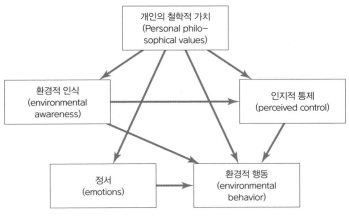

그림 1. 환경행동 모델(Grob, 1995)

그룹(Grob, 1995)은 환경행동 모델을 제안하며 환경적 행동은 개인 철학적 가치, 인지적 통제, 환경적 인식, 그리고 정서에 의해 영향을 받아 실천으로 드러난다고 설명하였다. 그룹의 모델에서 환경행동을 변화시키는 데 가장 큰 요인은 개인의 철학적 가치와 정서이다.

카이저(Kaiser)와 그의 동료들(1999)은 친환경모델을 통해 책임과 관련된 감정이 환경지식, 환경가치와 함께 친환경적 행동의도에 영향을 미칠 뿐 아니라, 친환경적 행동의도는 친환경행동으로 드러난다고 설명하고 있다.

카이저가 제시한 친환경행동 모델에는 책임감정에 해당하는 정서에 대한 구체적인 언급은 없었다. 책임 있는 환경행동이 환경감수성이라는 정서의 측면을 가장 주요한 요인으로 꼽은 것과는 달리, 정서에 해당하는 책임감정과 환경지식, 환경가치를 동일한 영향 요인으로 두었다. 환경교육의 주된 목표가 책임 있는 환경행동의 향상이라는 것은 동일하나, 지식과 정서,

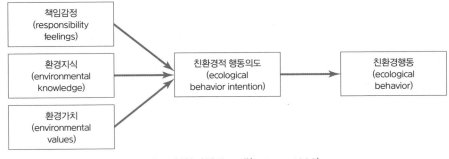

그림 2. 친환경행동 모델(Kaiser, 1999)

가치가 동일 선상에서 중요 영향 요인이 된 것은 앞선 연구들과는 다르다. 하지만, 카이저의 친환경행동 모델도 환경감수성과 같은 정서가 책임 있는 환경행동을 발전시키는 주요한 요인이라는 전제조건은 같다. 아울러 책임의 정서가 환경행동의도에 영향을 주어 미래의 친환경 행동을 유발한다는 결과는 매우 의미가 크다. 최근 캐슬린(Kathleen, 2010)은 긍정적 감정인 열정이 환경예측을 희망적으로 도왔으며, 감정적 호소가 친환경행동을 유도했다고 밝혔다. 이처럼 오래전부터 환경책임행동과 정서의 관계를 밝히는 일은 환경교육분야에서 중요한 과제였다. 하지만, 아직까지 어떤 정서가 환경책임행동을 향상시키는지에 대한 연구결과는 그리 많지 않다. 환경정서에 대한 개념이 명확하지 않아, 후속 연구가 계속 이어지지 못하는 것으로 보인다. 환경정서의 개념을 명확히 하고, 그 실체를 파악한다면, 초등환경교육에서 활용할 수 있는 바람직한 설득정서를 제시할 수 있을 것이다.

3) 환경감수성

과거 환경교육은 인지적인 측면을 지나치게 강조한다는 비판도 있었다. 하지만 정서를 중요한 요소로 인식하여, 정의적인 측면에 대해서도 고려하였다. 환경교육에서 주로 다루는 정서의 개념으로는 '환경감수성'이 있다. 피터슨(Peterson, 1982)은 환경감수성(Environmental Sensitivity: ES)을 '공감의 관점으로부터 환경을 바라보는 개인적 해석에의 정서적인 특징'이라고 정의한다. 환경에 대한 감정이입적 관점(empathetic perspective)을 환경감수성이라고 본 것이다.

환경감수성의 중심개념이라고 할 수 있는 공감(empathy)은 다른 사람에게서 '감정을 이입한다.'는 뜻으로 다른 사람의 심리적 상태를 그 사람의 입장이 되어 느끼는 것을 통해서 지각하는 방식을 의미한다. 공감을 통한 감정이입의 관점을 중시하는 환경감수성은 환경과 관련한 대상이 지닐 법한 느낌, 감정, 사고 등을 정확히 이해하고, 이해된 바를 감정을 통해 대상과 나눌 수 있도록 한다. 환경감수성에는 공감에 해당되는 다양한 감정들이 포함될 수 있다. 분노, 공포, 슬픔, 기쁨 등의 기본 감정들뿐만 아니라 죄책감, 당황, 사랑 등 인간의 감정 중 공감에 사용될 수 있는 감정들은 여러 가지가 있다.

현재, 환경감수성과 관련된 심리학적 구인에 대한 연구에 기초해서 내린 환경감수성의 정의는 없다(Hungerford et al. 2001). 그러나 분명한 것은 환경감수성은 지식과 기능과는 구별되고, 책임 있는 환경행동을 이끄는 가장 중요한 변수이며, 인식보다는 개인이 갖게 되는 정서와 연관이 깊다는 것이다. 이처럼 환경감수성은 환경적으로 책임 있는 행동에 관계되는 주요변인이며 환경에 대한 감정이입 관점에서 정서와 연관이 깊다. 환경감수성의 중심개념인 공감에는 경외나 사랑의 감정뿐만 아니라 다양한 정서들이 녹아들 수 있다.

환경교육에서 중요하게 다루어지는 환경감수성은 자연을 경이롭게 바라보는 마음과 같은 긍정적 감정이 중심이라고 볼 수 있다. 환경감수성은 일반적인 학문에서 다루는 정서와는 달리 감정 그 자체보다는 감정이입과 공감에 초점을 맞추고 있어 도덕적이고, 긍정적인 정서가 중시되는 경향이 있는 것이다. 물론 환경감수성에는 경외, 동정, 사랑의 공감 또는 도덕적 정서만 해당된다는 것은 아니다. 핑거(Finger, 1993)가 사용한 용어인 환경감수화(Environmental Sentsitization)는 환경감수성이 포함해야 할 공감의 다른 측면을 보여 주고 있다. 환경감수화는 선행연구와 현행연구에서 사용되는 환경감수성과는 차이가 있는 개념이다. 핑거는 환경감수화를 시민이 환경문제나 쟁점을 민감하게 느끼거나 심각하게 알고 있을 때 생긴다고 하였다. 핑거의 연구는 직접적으로 환경감수성을 자연환경을 바라보는 감정이입적 견해로 지칭하지는 않았다. 하지만, 환경과 관련된 감정의 문제에 환경문제와 쟁점의 심각한 인식과 두려움의 차원이 추가되어야 함을 발견하였다. 이후 맥코니(McConney, 1995)는 핑거(1993)로부터 형성된 환경감수성을 통해 쟁점문제 중심으로 환경감수성을 표현하였다. 그들은 교육이 학생의 감수성 수준에 많은 영향을 주었으며, 두려움은 책임 있는 환경행동을 변화시키는 데 두 번째로 강력한 예측변인임을 확인하였다(Hungerford et al. 2001). 환경문제에 대한 공감에의 두려움이나 공포 등의 다양한 감정도 환경감수성에 포함될 수 있다는 것을 의미한다. 이처럼 환경교육에 있어 환경감수성의 개념은 긍정적 정서뿐만 아니라 부정적 정서도 포함되어 있다. 이것은 환경교육에서 다루는 환경의 범주가 자연과 인간 모두를 포함하고 있기 때문이다. 이는 환경정서에 자연 그대로의 환경과 인간이 책임져야 하는 환경문제에 대해 가질 수 있는 모든 정서가 녹아들 수 있다는 것을 의미한다.

환경교육에서 책임 있는 환경행동을 유도하는 '환경정서'는 환경감수성과 환경감수화를 아우르는 개념으로, 도덕적 감정인 공감과 같은 일반적인 정서를 넘어서서 정의되어야 한다. 환경감수성을 포괄적인 감정이입과 공감의 정서로만 한정짓기에는 환경과 관련된 특정하고 다양한 정서를 모두 설명하기에는 한계가 있다. 환경정서의 개념을 좀 더 명확히 한다면 환경교육과 정서의 관계를 실험적으로 밝힐 수 있어, 환경커뮤니케이션과 같은 교육방법론으로 적극 활용할 수 있고, 보다 바람직한 정서를 제시할 수 있을 것이다.

4) 정서와 환경커뮤니케이션

환경교육에서 중요한 주제로 다루는 환경문제는 감정적 측면이 많은 주제(Clegg, 2009)이자, 현대사회의 다양한 갈등사례를 포함하고 있는 사회문제이다. 수많은 갈등상황을 포함하고 있는 환경문제를 합리적이고 도덕적으로 해결하기 위해서는 이성의 힘만으로는 부족하다. 통찰과 민감성, 감수성, 공감 등 정서를 통해 대상이나 사실에 관하여 의미를 부여하고, 가치를 가져야만 적극적으로 환경문제를 해결해 나갈 수 있다. 이러한 이유로 환경문제를 다루는 환경커뮤니케이션에서 정서는 중요한 설득수단으로 여겨진다.

환경문제의 경우 복잡다단한 이해관계가 얽혀있는 경우가 많다. 과학, 철학, 인문학 등의 다양한 학문을 통해 해결해야 할 난제이기도 하다. 이러한 까닭에 대중들은 환경커뮤니케이션을 통해 동시대에 발생하는 환경문제를 이해하고, 문제를 해결하는 데 동참하게 된다. 따라서 환경문제를 해결하고, 책임 있는 환경행동을 실천할 수 있도록 하는 데 환경커뮤니케이션은 중요한 역할을 한다. 환경커뮤니케이션은 환경사안의 중요성에 대한 인식 제고와 시민의 적극적 행동을 이끌어 내는 데 목표를 둔다(Lakoff, 2010)는 점에서 환경교육과 같은 설득의 목적을 갖는다. 또한 공감을 통해 청자와 소통하고, 환경에 대한 책임 있는 행동을 바람직한 방향으로 이끌고자 한다는 점에서 목표에 접근하는 방법도 유사하다.

환경에 관련된 문제를 해결하기 위한 소통과 책임 있는 환경행동의 실천을 중심에 두는 환경커뮤니케이션은 특히 정서적인 설득작업을 중시한다. 환경문제는 단순히 사회적인 것이 아니다. 기본적으로 심각한 사회·도덕적 문제로(Habermas, 2002) 이성적인 정보습득만으로는 문제를 해결할 수 없다. 그러나 환경문제에서 피해의 대상인 자연은 말이 없다. 인간이 자연의 대변자이자 책임자가 되어, 자연의 입장에서 날선 논쟁을 벌여야 한다. 때문에 인간의 입장에서 자연을 대변하려면 자연을 이해할 수 있는 민감한 감정이입의 자세, 정서적인 공감이 필요하다.

예전부터 많은 환경사회운동가와 단체들은 정서를 설득의 핵심수단으로 사용하곤 했다. 콕스(Cox, 2012)에 따르면 보존주의 운동지도자 뮤어(Muir)는, 시에라네바다의 바위투성이 산맥들과 계곡들을 묘사한 글로 독자들로 하여금 정신적인 경외와 환희의 감정을 일깨웠다고 한다. 델루카와 데모(DeLuca & Demo, 2000)는 왓킨즈(Watkins, 1861)가 요세미티 계곡을 인간의 흔적이 없는 야생으로 그리면서 자연은 위험하다는 정서를 갖게 함으로써 국가적 신화를 구성하도록 했다고 썼다. 마이스너(Meisner, 2005)는 캐나다 미디어에 관한 종합적인 연구에서 자연의 이미지를 조사하여, 미디어에서 발견되는 두드러진 자연표상을 피해자 자연, 환자 자연, 위협·성가심, 자원으로의 자연 등으로 분류할 수 있다고 했다. 윌슨(Wilson, 1991)은 생태계를 둘러싸고 환경에 대한 관리, 보호, 약함, 신성함, 시장성 등 자연에 대한 다양한 은유를 통해 사고를 촉진하는 광고 캠페인 등이 진행된다고 밝혔다(Cox, 2012 재인용). 이처럼 환경커뮤니케이션에서 환경은 인간보다 연약하고, 인간의 보호를 받아야 할 대상으로 묘사되어 눈물샘을 자극하거나, 환경문제로 인해 벌어지고 있는 혹은 벌어질 절망적인 상황을 보여주어, 내가 그 원인제공자라는 죄책감이나 두려움을 느끼게도 한다. 다양한 정서적 상징들을 통해 상징적 길들임(symbolic domestication of nature)으로 인간들의 배려와 보호가 필요한 자연 혹은, 위험하고 야생적인 자연의 이미지를 그려내는 것이다.

하지만 환경문제에서 정서에의 상징화에 대해서는 합의된 바가 없다. 환경과 관련된 정서에 대한 논의가 없다 보니, 다양한 정서에 따른 환경커뮤니케이션의 영향에 대한 연구는 아직까지 많지 않은 것이다. 정서의 영향에 대한 합의된 연구가 없이 설득의 수단으로 적극 활용되다 보니, 특정한 정서에 편중되어 사용되기도 한다. 환경커뮤니케이션에서의 감정적 응집은 환경에 대한 바람직한 인식의 퇴보와도 관련이 있다(Grob, 1995; McDaiels, Axelrod & Slovic, 1995). 몇 가지 정서에 치우쳐 환경을 그려낸다는 것은 매우 위험한 일인 것이다. 환경태도와 행동에 미치는 특징적인 정서에는 어떤 것이 있는지는 아직 불확실하지만(Searles, 2010) 정서와 환경커뮤니케이션 간의 관련성은 시간이 갈수록 중요해진다는 점은 분명하다. 4절에서는 환경과 관련된 정서가 무엇인지, 그 정서들이 책임 있는 환경행동에 미치는 영향은 무엇인지를 간단한 설문을 통해 실체적으로 파악해 보고자 한다.

4. 환경정서

초등학생 대상의 환경교육에서 활용할 수 있는 환경정서를 찾아 환경감수성을 향상시킬 수 있도록 돕기 위해서는 초등학생들의 환경정서를 구체화하는 작업이 필요하다. 구체적으로 환경과 관련된 다양한 정서를 확인하고, 환경정서를 개념화한다면 환경교육에 편향된 정서를 담아 교육하는 일이 줄어들 것이기 때문이다. 이에 본 논의에서는 초등학생들이 환경에 대해 느끼는 정서가 무엇인지 파악하고, 환경감수성과 환경감수화를 포함할 수 있는 환경정서를 구체화하고자 하였다. 다양한 환경관련 정서를 파악하고자 우선 초등학교 5, 6학년을 대상으로 '일반적으로 갖게 되는 환경에 대한 감정'과 '환경문제에 대한 책임의 감정'을 설문조사하고, 그 결과를 토대로 환경과 관련된 다양한 정서를 확인하였다. 이후 환경감수성과 환경감수화 등 환경교육의 정서관련 선행연구에서 드러난 구체적 감정들을 바탕으로 설문에서 조사된 감정들을 몇 가지로 범주화하였다.

환경정서는 자연환경과 관련된 정서뿐 아니라 환경문제와 관련된 정서를 포함해야 한다. 이에 일반적으로 환경에 대해 느끼는 감정이 환경감수성이라고 보아 '1. 환경을 생각하면 어떤 감정이 드나요?'라는 질문을 던졌다. 다음으로 환경문제를 해결하고자 하는 책임의 감정을 확인하고자 '2. 환경문제에 대해 책임을 느끼게 하는 감정은 무엇인가요?'를 물어 환경에 대한 책임의 감정을 확인하였다. 서울의 한 초등학교 5, 6학년 각 2개 반 학생 95명(5학년: 48명, 6학년: 47명)은 학생의 생각이나 의견을 직접 서술하도록 하는 서술형 문항을 분석한 결과는 다음과 같다.

1) 일반적인 환경의 감정

'환경을 생각하면 어떤 감정이 드나요?'에 대한 응답의 분석결과는 표 1과 같다.

표 1. 일반적인 환경의 감정

		일반적인 환경의 감정
긍정	따뜻하다	■■■■■(5)
	고맙다	■■■■(4)
	소중하다	■■(3)
	편안하다	■■■■■■(6)
	아름답다	■■■■■■■■■■■■■■■■■■■■■(22)
	신비롭다	■■■■■■(6)
	멋지다	■■■■■(5)
	좋다	■■■■■■■(7)
	깨끗하다	■■■■■■■■■■(11)
	불쌍하다	■■■■■■(6)
	안타깝다	■■■(3)
	미안하다	■■(2)
	상쾌하다	■■■■■■■■(8)
	밝다	■■■(3)
	활기차다	■(1)
총합		92 (79.3%)

부정	죄책감	■■■(3)
	두렵다	■■(2)
	무섭다	■■(2)
	위험하다	
	불안하다	■(1)
	걱정된다	■(1)
	어둡다	■■(2)
	불편하다	
	더럽다	■■■■■■■■(8)
	좋지 않다	■■■■■(5)
	화가 난다	
	슬프다	
총합		24 (20.7%)

주: 서술형 문항에 대한 답변으로 복수응답 가능

아름다운 대자연을 상상하여 경이, 신비, 감사 등의 긍정적인 감정을 느끼거나, 오염된 자연환경을 상상하며 더럽다, 미안하다, 불쌍하다 등의 부정적 감정을 느꼈다. 환경에 대한 이미지로 아름다운 대자연을 생각한 아동이 많아서인지, 환경에 대한 주된 감정은 '아름답다'였다.

2) 환경책임의 정서

'환경문제에 대해 책임을 져야 한다고 느끼게 하는 감정은 무엇인가요?'에서 도출한 환경에 대한 책임의 정서는 표 2와 같다.

표 2. 환경에 대한 책임의 감정

		환경에 대한 책임의 감정
긍정	따뜻하다	■■(2)
	고맙다	■■■■■■■(7)
	소중하다	■■■■(4)
	편안하다	■(1)
	아름답다	■■■(3)
	신비롭다	
	멋지다	■(1)
	좋다	■(1)
	깨끗하다	
	불쌍하다	■■■■■■■(7)

긍정	안타깝다	■■■■■(6)	
	미안하다	■(1)	
	상쾌하다		
	밝다	■■(2)	
	활기차다		
	총합	35 (38.9%)	
부정	죄책감	■■■■■■■■■■■■■■■■■■(18)	
	두렵다	■■■■■■■■■■■■■■■■■(17)	
	무섭다	■■(2)	
	위험하다	■(1)	
	불안하다	■■(2)	
	걱정된다	■(1)	
	어둡다	■(1)	
	불편하다	■(1)	
	더럽다	■■■■(4)	
	좋지 않다	■■■■■■■(7)	
	화가 난다	■(1)	
	슬프다	■■■■(4)	
	총합	55 (61.1%)	

주: 서술형 문항에 대한 답변으로 복수응답 가능

환경에 대한 책임의 정서에는 도덕적 정서에 해당되는 공감, 동정, 죄책감, 사랑 등이 포함되어 있었다. 환경문제에 대해서 져야 할 책임을 떠올리다 보니 부정적인 감정이 많이 도출되었다.

3) 설문의 종합

분석 결과, 설문에 참여한 초등학교 5, 6학년이 사용한 환경과 관련된 정서단어는 총 27개(긍정: 15개, 부정: 12개)로 나타났다. 환경을 떠올리며 느끼는 정서는 아름다움(22명, 18.7%), 깨끗함(11명, 9.5%), 상쾌함(8명, 6.9%), 편안함(6명, 5.2%)으로, 환경에 대한 일반적인 정서는 긍정적인 정서(92명, 79.3%)에 편중되었다. 환경문제에 대한 책임의 정서는 죄책감(18명, 20%), 두려움(17명, 18.9%), 고마움(7명, 7.8%), 불쌍함(7명, 7.8%) 등 이었다. 환경에 대한 책임의 정서는 죄책감, 두려움, 불안함, 안타까움, 불쌍함, 미안함 등의 긍정적 정서(35명, 38.9%)와 부정적 정서(55명, 61.1%)가 뒤섞여 나타났으나, 부정적 정서가 더 많이 드러났다.

환경정서는 환경에 대한 일반적인 감정과 환경문제에 대한 책임의 감정을 포함한다는 것으로 봤을 때, 긍정적·부정적인 감정이 뒤섞여 있음을 알 수 있었다. 따라서 환경정서는 환경감수성과 핑거(1993)가 제시한 환경감수화가 제시한 감정들이 모두 포함된다. 일반적으로 한국인의 대표적 정서에는 긍정적 정서(기쁨, 긍지, 사랑)보다 부정적 정서(공포, 분노, 연민, 수치, 좌절, 슬픔)가 더 많았다(이준웅 외, 2008)는 선행연구와 달리 환경정서는 긍정적 정서가 61.6%, 부정적 정서가 38.4%로 긍정적 정서가 더 많았다.

이처럼 환경정서는 환경감수성에서 주로 다루고 있는 공감의 정서만으로는 설명할 수 없는 다양한 감정들이 포함되어 있었다. 구체적으로 교육학, 심리학에서 도덕적 정서라고 일컬어지는 동정, 사랑, 죄책감 등의 정서와 환경감수성에서 제시하는 경외, 동정, 고마움의 정서 그리고 커뮤니케이션에서 제시하는 공포, 죄책감 등이 있다. 선행연구에서 드러난 정서를 바탕으로 분석한 결과 경외, 동정, 공포, 죄책감으로 대표적 환경정서를 범주화할 수 있다.

초등학생들이 표현한 환경과 관련된 감정을 경외감(아름다움, 신비함, 소중함, 고마움 등), 죄책감(죄의식 등), 동정심(불쌍함, 안타까움 등), 공포감(무서움, 불안함, 두려움 등)으로 범주화할 수 있다. 이는 모두 사랑의 감정이 바탕이 된 것이어서 일반적인 경외, 동정, 공포, 죄책감의 정서와는 다르다. 숭배하는 감정인 숭고, 나보다 불쌍하다는 연민, 나를 위협하고 겁을 주는 공포, 나만의 잘못이라고 여겨지는 죄책감이라기보다, 환경을 사랑하는 마음에서 비롯된 위대함, 안타까움, 두려움, 미안함의 정서다. 환경을 생명이 있는 존재라고 여기는 생각이 우선되어 있기 때문이다.

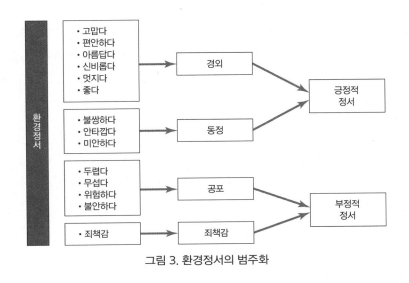

그림 3. 환경정서의 범주화

선행연구와 설문결과를 종합하여 봤을 때, 환경정서는 다음과 같이 정의할 수 있다. "환경정서란 환경과 환경문제를 대할 때 느끼게 되는 감정이다. 환경과 미래세대의 인간에 대해 책임을 지고자 하는 정서이며 책임행동의 실천을 수반하도록 돕는 정서이다. 일반적으로 책임 있는 환경행동은 환경을 경이롭고, 애틋하게 여기고, 소중하게 여기는 사랑의 감정을 바탕으로 하여, 환경문제에 대해 두려움, 안타까움, 미안함을 느끼게 되는 마음에서 시작된다. 대표적인 환경정서는 경외, 동정, 공포, 죄책감으로 볼 수 있으며, **모든 환경정서는 인간과 환경에 대해 생명을 가진 소중한 존재라는 생명존중의 마음에서 비롯된다.**"

5. 마치며

일반적으로 정서는 인간의 삶에 대한 방식과 행동을 결정짓는 가장 핵심적인 기제이다. 특히, 환경문제에서 피해대상인 환경과, 이에 대한 책임 있는 환경행동이 필요한 인간의 관계에 정서(공감의 능력)는 매우 중요한 역할을 하게 된다. 환경교육 과정에서 과하거나 부적절한 정서를 사용할 경우 환경을 대상화시킬 수 있는 문제가 있기 때문에, 환경교육에서 정서를 활용하는 연구가 적극 이루어져야 함에도 아직 제대로 이루어지지 못하였다. 이것은 환경과 관련된 정서가 구체적으로 밝혀지지 않았기 때문이기도 하다. 이에 이 연구에서는 환경교육에서 정서가 초등학생들에게 바람직한 방향으로 활용될 수 있도록 환경정서를 구체화하는 작업을 진행하였고, 나름대로의 결론을 얻었다.

첫째, 학생들의 환경에 대한 감정과 환경문제에 대한 책임의 감정은 차이가 있다. 환경에 대한 일반적인 정서는 아름다움, 경이로움, 기분 좋음 등과 같은 긍정적인 정서가 대부분이나, 환경에 대한 책임의 정서는 두렵고, 불안하고, 죄책감 등을 느끼는 부정적인 정서가 더 많다.

둘째, 환경정서는 도덕적 정서와 유사하다. 도덕적으로 좋은, 혹은 나쁜 정서들은 없으며, 우리는 상황에 따라 생길 수 있는 다양한 정서의 도움을 받아 행동하게 된다. 특히 공감, 죄책감, 수치심은 다양한 학자들에게 가장 많이 연구되고 있는 도덕정서이며 초등학생들이 느끼는 환경정서에도 고마움, 동정, 사랑 등은 물론 죄책감, 공포, 두려움 등이 포함되어 있다. 환경정서가 다양한 정서를 포함할 수 있는 것은 자연환경에 대한 감정뿐 아니라, 환경문제를 대하는 책임의 감정이 포함되어 있기 때문이다.

결론적으로, 환경교육에서 지나친 감정적 자극으로 환경문제를 제기하여, 자연환경을 인간을 위한 가치의 대상으로 보거나, 하위요소로 폄하하는 관점을 갖게 되지 않도록 해야 할 필요가 있다. 또, 사랑의 감정을 바탕으로 한 경외, 동정, 공포, 두려움의 환경정서를 담아 환경문제에 대한 공감을 이끌어내고 책임 있는 환경행동을 실천하도록 도와야 할 것이다.

요약 및 핵심어

환경교육에서 정서는 주요한 설득기제로 활용되고 있다. 환경교육에서 정서가 초등학생들에게 바람직한 방향으로 활용될 수 있도록 환경정서의 개념을 구체적으로 밝힐 필요가 있다. 선행연구와 설문결과를 종합적으로 봤을 때 환경정서란 환경과 환경문제를 대할 때 느끼게 되는 감정이며, 환경과 미래세대의 인간에 대해 도덕적 책임을 지고자 하는 책임과 사랑의 정서이다. 바람직한 환경정서의 활용방향으로는 책임 있는 행동의 실천하도록 유도할 수 있는 정서로 경외, 동정, 공포, 죄책감 등이 포함된다.

환경정서(environmental emotion), 경외(reverence), 동정(sympathy), 공포(fear), 죄책감(guilt)

더 읽을 거리

Angela Duckworth, 2017, Grit, Urano (김미정 역, 2016, 그릿, 비즈스북스).
Jonathan Haidt, 2012, *The Righteous Mind*, Gildan Media Corporation (왕수민 역, 2014, 바른마음, 웅진지식하우스:웅진씽크빅).

참고문헌

강민정, 2014, 정서가 환경책임행동에 미치는 영향, 서울대학교 박사학위논문.
강진영, 1997, "도덕교육에 있어서 정서의 역할에 관한 연구", 한국교육철학회, 183-208.
이준웅·송현주·나은경·김현석, 2008, "정서 단어 분류를 통한 정서의 구성 차원 및 위계적 범주에 관한 연구", 한국언론학회, 52(1), 85-116.
정명화, 2005, 정서와 교육, 학지사.
Clegg, B., 2009, *Ecologic: The truth and lies of green economics*, Transworld Digital (김승욱 역, 2010, 괴짜생태학: '녹색 신화'를 부수는 발칙한 환경 읽기", 웅진지식하우스: 웅진씽크빅).
Cox, J. Robert, 2012, *Environmental Communication and the Public Sphere*, Sage Publiching (김남수·김찬국·황세영 역, 2013, 환경커뮤니케이션, 커뮤니케이션북스).

Damagio, A., 1994, *Descartes' error: Emotion, reason, and the human brain*, Penguin Books (김린 역, 1999, 데카르트의 오류, 중앙문화사).

Dylan Evans, 2001, *Emotion: The Science of Sentiment*, OUP Oxford (임건태 역, 2002, 감정, 이소출판사).

Finger, M., 1993, *Environmental adult learning in Switzerland*, New york; Center for adult Education, Teachers College, Columbia University.

Fredrickson, B., Mancuso, R., Branigan, C., & Tugade, M., 2000, The Undoing Effect of Positive Emotions, *Motivation and Emotion*, 24(4), 237-258.

Grob, A., 1995, A Structural Model of Environmental Attitudes and Behaviour, *Journal of environmental psychology*, 15(3), 209.

Habermas, 2002, *Juergen(Die) Zukunft der Menschlichen Natur*, Suhrkamp Verlag (장은주 역, 2002, 인간이라는 자연의미래, 나남출판).

Hungerford, H. R., & Volk, T. L., 1990, Changing learner behavior through environmental education, *Journal of Environmental Education*, 21(3), 8-22.

Hyson, M. C., 2003, *The emotional development of young children building an emotion-cent*, Teachers College Press (정미라·박경자·배소연 역, 1998, 유아를 위한 정서교육: 정서중심 교육과정의 구성, 이화여자대학교 출판부).

Kaiser, F. G., Ranney, M., Hartig, T., & Bowler, P. A., 1999, Ecological Behavior, Environmental Attitude, and Feelings of Responsibility for the Environment, *European Psychologist*, 4(2), 59-74.

Lakoff, G., 2010, Why it Matters How We Frame the Environment, *Environmental Communication: A Journal of Nature and Culture*, 4(1), 70-81.

Marcinkowski, T. J., 1988, *An analysis of correlates and predictors of responsible environmental behavior*, Southern Illinois University at Carbondale.

McDaniels, T., Axelrod, L. J., & Slovic, P., 1995, Characterizing Perception of Ecological Risk, *Risk Analysis*, 15(5), 575-588.

Peterson, N., 1982, Developmental variables affecting environmental sensitivity in professional environmental educators, Unpublished master's thesis, Southern Illinois University, Carbondale.

Pratkanis, A. R., Aronson, E., 2001, *Age of propaganda: The everyday use and abuse of persuasion*, Holt Paperbacks (윤선길 역, 2005, 프로파간다 시대의 설득전략, 커뮤니케이션북스).

Searles, K., 2010, Feeling Good and Doing Good for the Environment: The Use of Emotional Appeals in Pro-Environmental Public Service Announcements, Applied Environmental Education & Communication, 9(3), 173-184.

국립국어원 http://stdweb2.korean.go.kr

제23장

지리답사의 이해와 실천:
도시 답사의 감성적 접근

박철웅

전남대학교

이 장의 개요

1. 들어가며

일반적으로 답사에 대한 정의는 지리학을 비롯, 여러 학문 분야에서 매우 다양하게 이루어지고 있으며 의미 또한 다양하다. 메리디안 웹스턴 인터넷 사전에 "답사(fieldwork)는 직접적인 관찰을 통해서 실제의 경험과 지식을 획득하기 위해 학생들에 의해 야외에서 수행되는 작업" 또는 "답사는 현지에서 대상들의 인터뷰나 관찰을 통한 인류학 또는 사회학적 데이터의 수집 활동"이라고 정의하고 있다. 일반적으로 지리학 분야의 지식은 실세계의 답사를 통한 직접적인 관찰과 기록을 토대로 하는 경우가 많다. 원래 지리학(Geography)은 개념이나 어원적으로 '세계에 대한 기술'이다. 여기서 '세계에 대한 기술'은 실세계에 대한 직접적인 관찰에 기반한 것으로 지리학의 핵심은 답사(fieldwork)이며, 답사에는 '장화의 혼(K. Laws, 1984)'이 깃들어 있다. 초기 지리학의 지식들은 실내보다는 탐험, 여행과 답사의 직접 경험에 의한 장화의 혼을 갖고 관찰과 기록으로 축적되었기 때문이다. 이집트는 '나일강의 선물'이라 표현했던 고대 그리스의 헤로도토스(Herodotos) 역시 이집트의 전역을 답사하면서 당시 나일강 삼각주의 형성 원인이나 이집트인의 생활상에 대한 상세한 기록으로 지리학에 대한 정보를 기술하였다. 이슬람의 지리학자 이븐바투타(Ibn Battutah) 역시 모로코를 떠나 아프리카, 중동, 인도에서 중국까지 여행을 하면서 기록을 남겼다. 역시 중세의 지리학자 바레니우스(Varenius)도 특수지리학의 지역지(chorography)와 장소학(topography)을 이해하기 위한 관찰, 즉 답사에 토대를 두고 있다(T. Cresswell, 2013). 이처럼 지리학의 지식들은 여행, 답사를 통한 직접적인 실세계 기록으로 학문적 토대를 이루고 있다. 이후 근대 지리학에서도 실세계에 대한 답사의 중요성은 이어지고, 19세기 초에는 지리학이 제국주의 확대와 함께 번성하기도 하였다. 지리학은 실세계를 대상으로 현지나 야외에서 자료의 수집을 기반하여 실증과학으로서 발달했다고 볼 수 있다. 따라서 실세계, 즉 야외는 지리학자들에게는 열정적 기억을 갖게 하는 탁월한 현장인 것이다. 지리학에서 답사는 지리 지식의 축적을 위한 하나의 접근이고 방법으로 대상화되었다고 할 수 있다.

2. 답사의 지리교육적 함의

일반적으로 친숙한 장소, 예컨대 산, 강, 그리고 도시 등과 같은 자연과 인문환경에서 수행되는 교수주도형 형태의 답사(fieldwork)는 대학에선 익숙한 용어이면서 접근 방법이다. 문헌적으로 지리학에서는 보통 답사(fieldwork)라는 용어가, 지질학에서는 지질탐사(field trip, field tour)라는 용어가 주로 사용되고 있다. 하지만 중등교육과정상에서는 답사라는 표현은 거의 찾기 힘들다. 답사라는 용어보다는 '야외조사(field survey, field study)', '야외탐사(excursion, field trip)', '현장학습', '현장견학', '현장조사' 등 다양한 범주의 용어로 비슷하게 사용되고 있다(박철웅, 2004). 또한 답사의 틀 내에서도 로즈(Laws, 1984)는 '야외교수(field teaching)'와 '야외조사(field research)'를 함의하고 있는 포괄적 야외학습(outdoor learning)으로 범주화시키고 있다. 일본의 교육과정에서는 답사라는 용어보다는 '야외조사'로 표기하고 내용을 제시하고 있다. 이처럼 다양한 용어의 표기와 사용에 대해서 보다 논의가 필요한 부분이다. 다만 여기서는 '답사'를 야외조사나 학습을 포괄하는 의미로 사용하여 쓸 것이다. 물론 야외, 현장, 현지의 개념과 함께 다루는 경우도 때에 따라서 사용할 것이다.

지리교육에서 답사와 답사에 의한 교육은 얼마나 중요한 의미를 갖는 것일까? 우선 지리과목은 학생들의 환경의 실재에 토대를 두고 있으며(N. Graves, 1982), 지리답사의 대상이 되는 실세계 또는 환경은 학생들이 살아가면서 체험하고 의미를 갖는 곳으로 학생들의 현재와 미래의 삶에 직결되는 장소란 점에서 중요하다. 따라서 학생들이 교실 밖의 환경이나 실세계의 지리적 이슈를 직접 경험할 수 있는 기회를 갖게 하거나 최소 교사의 지도하에 교실 밖에서 직접적인 경험을 통해서 이루어지는 학습이 요구되는 것이다(Phillips and Johns, 2012).

이런 의미에서 지리학자와 지리교육자는 답사의 중요성을 주장하고 있다. 홈스와 워커(Homes and Walker, 2006)에 의하면 "지리학의 에토스(ethos), 문화와 교육의 핵심이다." 베일리(Bailey, 1974)는 답사가 지식과 학습 방법의 측면과 경험의 측면에서 최고이면, 특별한 과정이 아니라 직접적인 방법으로서 지리교육에 반드시 필요한 부분이라고 주장한다. 리드스톤(Lidstone, 1988)도 답사는 지리교육에서 별개의 교수 방식이 아니라, 지리를 통한 최상의 교육으로 필수불가결한 것으로 보고 있으며, 브랜드 외(Bland et al., 1996)도 답사 없는 지리학은 실험하지 않는 과학과 같으며, 야외는 젊은 학생들이 직접적으로 경관, 장소, 사람, 그리고 이슈를 대하는 실험실이다. 동시에 실세계에서 지리적 기능들을 배우고 실천할 수 있는 장이며 무엇보다도 답사는 즐거운 일이란 것이다. 영국왕립지리학회(RGS)는 답사는 단지 지리학연구에 중요한 부분만이 아니라, 세계를 보는 탁월한 방법이고 개인발달의 기회를 제공하는 것이며 답사를 하는 것은 우리의 삶과 장래의 경력에 차별화를 가져다주는 것이라고 한다. 여기서 답사의 장점으로 여섯 가지를 들었다.

첫째, 지리학과 이론을 파악하는 데 활기를 주는 것으로 지리학에 대한 지식과 이해를 증진시킨다.

둘째, 기능의 발달로 자료 수집과 분석, 지도 작업, 관찰과 조사 기법, 컴퓨터 능력, 의사소통과 수학적 기능을 배울 기회를 제공하여 학습자의 기능을 발달시킨다.

셋째, 환경의 이해로 넓은 범위의 환경과 경관을 즐기고 경험할 수 있는 기회를 제공한다.

넷째, 다른 사람과 문화에 대한 이해와 사회, 정치적 또는 환경문제에 대한 자신의 관점에 도움을 준다.

다섯째, 리더십과 팀워크와 같은 자신의 학습에 대한 책임의식, 자신감의 획득과 자신의 기능을 발달시킨다.

끝으로 답사는 즐거운 것이다.

이처럼 답사는 사방의 벽이 둘러쳐진 교실에 앉아 있는 대신, 교실의 바깥(실세계)으로 나오는 것이며, 이를 경험해 왔던 환경의 현상을 이해뿐만 아니라 학생 대부분의 마음에 남아 있는 심리적 감성도 포함하고 있다. 여기서 감성은 양보다 질적 접근을 통해서 느껴지고 표출된다. 이런 점에서 답사는 경험론자가 말한 것처럼 인간적 측면을 포함한 총체적(holistic)인 과정이다(kwock, 1996). 따라서 본 장에서는 지리교육에서 행하는 답사가 교실 속의 지리교육의 단순한 연장선상이 아니라 지식과 감각, 이성과 감성을 아우르는 총체적인 과정이면서 보다 소홀히 다루는 인간주의 지리교육의 감성적인 접근에 무게를 두고 고찰한다.

3. 지리답사의 이해

1) 지리답사의 목적

답사는 '학문의 입문 의식(Rose, 1993)'으로 보기도 하고 야외는 실제 지리학자가 되는 장소(Powell, 2003)로 그려지고 있다. 이 점에서 교실과 답사를 통해 이루려는 교육 목적은 상호보완적이며 이러한 교수 형태들의 모든 전략은 궁극적으로 학생들에게 지리에 대한 이해를 증진시키는 도움이 되어야 한다. 일반적으로 지리교사들은 답사의 목적이 교실수업보다 함축적이며, 지리 학습과 관련된 가치, 또는 다양한 환경의 보다 나은 이해나 실천, 그리고 지적, 감성적 기능을 갖추고 있음에도 실제로 교실이나 야외에서 일차적으로 모두 인지적 측면에 의존하려는 경향이 많다. 보드먼(Boardman, 1974)에 의하면 영국의 지리교사들이 선정한 30개의 답사의 목적들 대부분이 인지적 학습 목적과 교실에서 주도적으로 발달되는 기능의 적용을 강화하는 것과 관련된 것으로 파악하였다. 이 중 교사들에게 가장 중시된 목적으로는 '지도의 해석 기능(가령, 지형과 등고선 패턴과의 관련)'이었다. 다음으로는 '교실에서 배운 지형과 프로세스의 인식과 예시(가령, 교실에서 배운 개념의 야외에서의 이해하기)'가 그다음, '지리의 심층적 관심의 획득과 지리 공부 즐기기'가 있다. 하지만 '미적 인식과 시골의 공경', '교실 밖에서 교사 및 다른 학생들과의 협동성'과 같은 정의적 영역은 상대적으로 순위가 낮았다.

하지만 이런 연구는 학자마다 조금씩 차이가 있다. 스미스(Smith, 1999)의 경우에는 답사에서 '교실에서 획득된 기능의 실천(특히, 자료 수집과 측정, 관련된 부분)'을 교사들이 중시하였고, 인지적 영역에서 부수되는 정의적 영역도 중시하였다고 밝히고 있다. 이처럼 답사의 목적에는 인지적 영역과 정의적 영역을 포함된 연구가 많이 진행되었다(Smith, 1987; Job, 1996; Foskett, 1997).

또 다르게 로즈(1984)의 경우는 답사에서 도달 가능한 목표와 세부 내용을 태도와 심미적, 지식적, 기능적으로 체계화 시켜 분류하였다(표 1). 특히 답사에서 획득되는 학습태도와 흥미, 지리경관에 대한 심미적 인식은 교실수업보다 답사가 유리하다는 것을 보여 주고 있다. 이와

표 1. 답사의 목표와 내용

목표	내용
태도와 심미적	– 학생들의 호기심 환기 – 호의적인 학습태도의 제고 – 학생들의 문제 발견과 질문 자극 – 변화하는 지리경관에 대한 학생들의 식별과 인식 제고 – 발견하는 기쁨의 경험을 제공 – 지리연구를 즐기고 깊은 관심을 획득
지식	– 교과서와 교실에서 토의된 내용의 특성 이해의 향상 – 지식획득, 관찰, 사고의 가능 – 자연적 특징과 인문적 활동간의 관계성 이해 – 지역지리를 함께 포함 여러 현상들의 연관성 이해 – 토지의 인간점유과 관려낳 문제의 인식 발달
기능	– 지리의 탐구모형의 이해 발달 – 필수적 정보와 무관한 정보의 구별 – 야외에서 독도 기능 – 지도 기호와 실제 지형과 짝짓기 – 자료 수집, 기록과 분석 기능 발달

출처: Kevin Laws, 1984에서 재구성

같은 연구 결과들은 주로 답사를 교실수업의 연장으로 인식하거나 교과서 지식의 인지적 확인이나 경험에만 초점을 두는 것이 일반적이다. 하지만 답사는 지리 학습의 하나의 방법이기보다는 과정의 연장일 수 있기 때문에 교실에서 전혀 다루지 못한 다양한 감각을 위한 감성적 답사의 새로운 접근도 필요로 한다.

2) 지리답사의 형태

답사에서 마주하는 실세계의 환경은 이미지나 사진과 같은 이차 자료에 의한 것보다 아주 직접적으로 관찰된다. 이 때문에 교실 밖에서 직접적인 경험을 통해서 이루어지는 답사는 느슨하지만 동기유발적인 '경험학습'의 개념과 비슷하게 학생들을 직접 참여시킨다. 이러한 답사가 수행되기 위한 유형들을 교육과정상에서 살펴볼 수 있다. 2007개정 교육과정에서는 중·고등학교 지역학습을 위한 조사방법으로 실내조사와 야외조사의 단계적 결합 형태로 제시하고 야외 현장견학과 야외현장조사를 분리하여 학습과정을 범주화하였다. 그러나 2009, 2015개정 교육과정에서는 오히려 중시되어야 할 지리답사와 관련된 내용은 빠지고, 대신에 창의적 체험활동이 부각되었다.

또한 기존의 교육과정상의 답사들은 가설 검증이나 과학적 탐구에 기반한 지식이나 양적인 경험을 학생들에게 제공하고 있다. 대체로 현상, 형태, 관계적 원리나 가설의 설정하고 분석하여 원리의 의미와 설명적 형식의 교수법에 따라 정보를 조사, 기록하고 분류하고 있다. 하지만 답사 형태는 다양하다. 스미스(1987)에 따르면 인지적 발달 측면에서의 야외탐구(outdoor studies), 정신계발 측면에서의 야외수행(outdoor pursuits), 그리고 정서적 측면에서의 개인과 사회적 발달이라는 세 가지 경험적 범주를 답사의 형태로 제시하고 있다. 에버슨(Everson, 1973)은 형태를 전통적인 교사의 주도하에서 설명과 기록케 하는 야외교수(field teaching)와 관찰, 기술, 설명을 포함시켜 지리학자의 사용하는 방법을 적용시키는 야외조사(field research)로 구분하고 있다(표 2).

잡(Job, 1996)의 경우는 답사를 구체적인 지식과 이해를 위한 환원적인 계량화를 강조하는 관점과 '장소감' 같은 총체적(holistic) 감성학습을 강조하는 관점의 사이에 그림 1처럼 감성적 답사의 형태가 가능케 하였다. 또 교사나 학생, 그리고 상황에 따라 다양한 형태로 구분하였다. 가령 답사에서 현장견학(field excursion)은 정해진 결과로 수업하는 것으로 교사주도적 형태에 가깝고, 발견적 답사(Discovery fieldwork)는 해석적인 학생 중심 형태로 보았다. 그

표 2. 답사의 형태

야외교수(field teaching)	야외조사(field research)
교실환경에서 지리적 문제와 주제 (교사설명, 교과서 탐구, 노트필기) ↓ 관찰, 교사주도적, 야외에서의 수집정보 기록 (일부 야외해석) ↓ 교실에서의 심화된 해석과 설명 (야외경험의 쓰기)	수업활동이나 직접 관찰의 결과로서 문제의 확인 ↓ 읽기, 토론, 사고의 결과로서 가설의 설정 ↓ 자료수집과 기록을 포함한 야외활동 ↓ 자료분석-정보처리 ↓ 가설검증-수용과 기각

출처: K. Law, 1984, 135에서 재구성

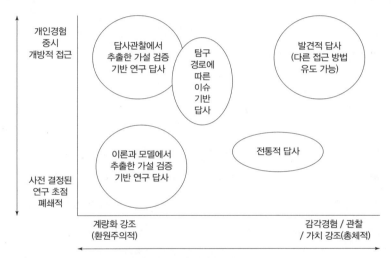

그림 1. 교사, 학생, 상황에 따른 답사의 형태

출처: Job, D., 1999, in Kent, Lambert, Naish and Slater(eds)에서 재구성

리고 그 중간 정도를 탐구적 답사(Enquiry Fieldwork) 형태로 보았다.

3) 지리답사의 과제와 기법

중등학교의 답사는 전통적으로 가설 검증이나 과학적 탐구에 기반한 설정이나 양적인 경험을 학생들에게 제공하고 있다. 주로 현상, 유형이나 관계적 원리나 가설의 설정하고 분석하여 원리의 의미와 설명적 형식의 교수법에 따라 정보를 조사, 기록하고 분류한다. 주로 교실 속에서 가능한 인지적 내용과 과정에 중심을 두고 있다. 하지만 어디에서 어떻게 배우냐는 것은 내용만큼이나 중요하기(DfES, 2006) 때문에 학생들에게는 학교 교실과 함께 야외를 포함한 실세계가 절실하다. 지리교사에게 답사 시 관찰과 조사에서의 학생의 참여와 활동에 대한 구체적인 과제와 기법은 답사의 핵심으로 매우 중요한 과정이다. 따라서 교사는 답사의 전반적인 기획 과정에서 학습자의 수준을 고려하여 이를 체계적으로 준비할 필요가 있다. 일반적으로 학교에서는 학생이 단독으로 답사하는 것은 아니고, 보통 교사의 지도하에 행해지는 현지답사가 보편적이기 때문이다. 답사에 필요한 구체적인 과제를 제시한 벤들(Bendl, 1981)의 자료 수집과 기록 기법을 예로 보자.

해안을 조망하면서, 파도의 굴절 해안 및 헤드랜드의 스케칭, 5분 동안의 파도의 개수 세기, 초당 파도의 평균은 얼마인가? 파도가 어떤 방향으로 물질을 이동시키며 이것은 해안 퇴적 형태와 어떻게 관련되어 있는가?

이런 구체적인 과제의 제시가 필요한 것은 폐쇄된 교실과 달리 개방된 현지에서는 자기주도적으로 효율적인 학습 활동이 이루어져야 하기 때문이다. 이런 자기주도적인 과제의 수행이나 기법의 적용을 통해서 공간의 생경함을 빠르게 극복하여 적응할 수 있다. 고학년이나 보다 자기주도적 학습력이 구비되는 경우에 관찰, 실측, 청취 등 심화 방법도 모색할 수 있다.

하지만 가장 염두에 두어야 할 것은 학습자의 답사에 대한 심리적 낯설음과 저항감이다. 오리온과 홉스테인(Orion and Hofstein, 1994)에 따르면 현지에서 학습의 효과는 학생들의 '공간의 낯설음'이 최소화될 때까지는 효과적으로 일어나지 않는다고 한다. 따라서 답사의 수행 과정에서 현지에서의 관찰이나 고찰은 초심자에게는 꽤 어렵고, 특히 낯설은 경관(novelty space)[1]에 대한 거부감이 있어 쉽게 파악되지 않는 경향이 있다는 점을 기획과 이행 시에 반드시 고려해야 한다. 따라서 답사가 특정인의 흥미와 성향에 따르기보다는 학습자의 심리적 특성에 기반하는 '장소감(sencese of place)'과 같은 감성적 접근과 직접적인 감각이 초심자나 학습자에게 저항감이 적고 교실 밖의 특성을 장점으로 살릴 수 있다. 즉, 소리, 냄새, 촉감을 통해

---

1. 오리온과 홉스테인(1994)에 따르면, 'novelty space'의 세 가지 측면은 답사 장소와의 친밀성과 관련된 지리적 낯설음(geographic novelty), 답사 시 학생들이 조우하는 개념들로 행해지길 기대하는 기능 및 개념들과 관련된 인지적 낯설음(cognitive novelty), 그리고 답사활동에 대한 개인의 안전과 편안함과 같은 문제와 관련된 사회적 측면의 심리적 낯설음(psychological novelty)으로 구분된다.

서 해안을 감각하고 이를 그리거나, 직감적으로 언어로 표현하되 기록하는 과정을 답사에 포함시키는 것이 인간주의 지리교육의 감성적 답사의 하나이다.

4. 답사 사례: 도시의 감성적 접근

1) 교과서의 속의 도시와 한계성

앤드루 코완(Andrew Cowan, 1997)의 소설 『나무(Common Ground)』에는 다음과 같이 내용이 나온다. 교사 애쉴리가 검리 선생을 대신해 지리 수업을 하는 장면이다.

"검리 선생님이 도시 구조의 유형에 대해 공부를 하는 게 좋겠다고 말씀하셨어. 그야 물론 수업 계획에 들어 있는 내용이지. 지금부터 우리가 공부할 내용이기도 하고. 하지만 수업이 따분하다고 생각되면 주저하지 말고 언제든지 하품을 해도 좋다."
그는 목을 길게 빼고 자기 구두코를 내려다보면서 뭔가 반응이 있기를 기다렸지만 침묵은 여전했다. 그가 빠른 어조로 말했다. "도시모형, 이것은 각 도시들의 구조를 도형으로 나타내기 위한 시도라고 할 수 있는데, 1920년대에 미국의 사회학자 버제스가 시카고를 모델로 고안해 냈지. 마치 과녁처럼 생겼어, 이렇게." 애쉴리는 칠판에 다섯 개의 동심원을 그렸다. "몇 개의 원이 있는데 중심상업지역이 바로 여기, 과녁의 중심이야. 이 중심을 도시의 노후지역, 다른 말로 과도지역이 에워싸고 있지. 이 지역에서는 경공업이 슬럼가를 밀어내는 현상이 나타나는 한편, 새로운 이주자들과 또 다른 불우 계층이 모여드는 것을 발견할 수 있는데 그것은 이 지역이 비교적 집세가 싸고 육체노동자를 필요로 하는 일자리가 대문만 나서면 얼마든지 있기 때문이다. 적어도 이론상으론 그래. 일단 그렇게 적어 놔라." 그는 자기 말소리가 너무 크고 지나치게 빠르다는 것을 알고 있었지만.

소설 속의 도시는 런던이고 학교는 슬럼가에 있다. 검리 선생 대신 임시로 그 지리 수업을 맡은 애쉴리의 수업 장면이다. 도시의 중심지 이론을 실제 거주환경을 들어 설명하면서 전달하는 전통적 수업 방식이다. 물론 교사 애쉴리의 의욕에는 문제가 보인다. 수업의 끝에 수업에 무관심한 학생 유안은 "의견 있는 사람?"이란 교사의 질문에 이렇게 답한다.

"뭐 때문에 이런 일을 하시는 거예요, 미스터 브룩? 정말요, 무슨 의미가 있죠?"

수업의 결과는 바로 유안의 대답에서 한 마디로 나타나고 있다. '무슨 의미가 있는가?' 이 수업에 그 내용이 정말 무슨 의미가 있다는 질문 속에 우리를 성찰하게 한다. 일종의 지리교육에 대한 의구일 수도 있고 저항일 수 있다. 하지만 대답은 학습자가 처한 현실과 배우는 내용이 유리되었음을 보여 주는 점이기도 하다. 이런 측면에서 류재명(2002)이 지적한 것처럼 아주 간단한 개념과 아이디어일지라도 학생들이 배워서 알고 있는 지식세계와 일상생활의 현실 사이에는 아주 커다란 간극이 존재하고, 학생들은 스스로 이 간극을 극복하지 못하고, 인식론적 장애에 시달린다는 점을 고려할 필요가 있다.

사실 지리에서 도시의 내용은 우리나라나 영국이 대동소이하다. 영국의 중등지리교육자격시험(GCSE) 교재(Waugh and Bushell, 2007)를 보면 도시 관련 내용은 '도시성장', '도시계획과 변화', '개도국의 도시화' 등을 중심 주제로 하고 있다. 한국지리의 경우도 '도시체계', '도시의 내부구조', '대도시권의 형성', '도시 재개발', '도시의 여가 공간'을 주제로 다루고 있다. 성취기준도 이런 내용요소들이 주민들의 삶에 미치는 영향과 상호의존 관계를 설명할 수 있음에 초점을 두고 있다. 하지만 이런 지식 교육은 객관적인 제3자의 관점에서 대상 공간과의 관계를 개념의 연속체로 구성하는 것이다. 이렇게 수집된 정보의 연속체는 학습자와 무관하게 도시를 기술하고 규정하는 내용이 된다. 대체로 이러한 실증주의적 지식의 논리에 기반한 '신지리학'의 도구적 지식은 도시에 대한 학습자의 1차적 경험이나 감각에 따른 감성을 무시한다.

현재 이런 지식 내용이 도시를 관통하는 하나의 지식 담론으로 학교에서 권위를 갖게 된다. 이런 결과에서는 나(학생 자신)에게 도시는 객관화된 대상화일 뿐이다. 도시와 경험하는 주체가 여기서 유리된다. 그리고 주체와 도시를 소외시키는 근본적인 계기가 된다. 인간주의 지리교육의 관점에서 보면 이런 도시의 학습에는 1차적 경험이나 감각에 따른 감성이 항상 결핍되기 마련이다. 도시에서 인간 자신의 주관을 배제하고 사물화되고 객관화된 사실만 직시하게 하며 나와의 관계 속에서 도시라는 공간의 존재성과 직감적 아우라를 느끼지 못하게 한다. 이런 지리의 반복적인 학습은 이후 지리를 배워서 어떤 의미를 갖는가에 대한 강한 의구와 저항이 배태될 수 있다.

하지만 우리가 숨 쉬고 살아가는 일상의 도시는 지리교육 이전에 경험되고 감각되며, 느껴지는 대상이다. 자신이 매일 대하는 도시는 지리에서 다양한 의미를 창출할 수 있는 하나의 장이며 지리적 사상(事象)의 장소이며 공간이다. 이러한 사적 지리의 출발은 바로 자신의 경험으로 형성되는 도시 이해의 첫 걸음이다. 개별적으로 다양한 감각을 통해서 경험하는 사적 지리의 의미와 지리적 상상력으로 유의미하게 결합시키면서 자신의 이야기를 표출하게 하는 것이 감성적 접근이며 인간주의 지리교육의 하나이다.

도시지리의 교과서 내용과 그에 따른 교수·학습 방법의 문제를 중첩해서 보면 프랑스 테민(Themines, 2010)의 말에서 시사점을 찾을 수 있다.

"교과서는 학생과 교사들에게 지리적인 논의가 될 수 있는 것을 표현하게 하지 않습니다. 따라서 교과서는 교과교육론자를 위한 것인데 특히, 다음과 같은 문제의 근원을 위한 것입니다. 즉, 교과서는 그 자체로 자료의 원천임에도 불구하고 교사들로 하여금 그들이 하고자 하는 모든 것을 상상하게 하지 못합니다.

즉, 교과서를 통해서 가르치고 배우는 지식과 개인이 도시와 같은 삶의 실세계에서 경험하게 되는 감성과 앎 사이에 놓인 의미의 갭이 클수록 학생 유안이 내뱉은 '무슨 의미가 있는가.'는 지리교육에서 되풀이될 수 있다.

2) 텍스트로서의 도시

도시계획가 케빈 린치(Kevin Lynch, 1984)는 『좋은 도시 형태(Good City Form)』에서 이렇게 말한다. "도시는 한 편의 이야기이며, 수많은 인간관계가 그려진 그래프이고, 분리 혹은 공존하는 공간이며, 다양한 물질 작용의 영역이며, 일련의 정책 결정 시리즈와 수많은 갈등이 존재하는 영역이다." 다른 시각에서 도시는 막스 베버가 말한 물질적 집합체이기보다는 정신적 집적체(Space, 2007)로 볼 수도 있다. 이미 도시 건축에서도 1950년 후반 이후 기능주의적 태도로 잃어버린 인간의 지각적 경험에 의한 공간을 회복하기 위해 노력을 기울이고 있다(길성호, 2003).

이제 도시는 지리학의 대상만이 아니며 객관적 물질세계로 인식되는 것도 아니다. 이런 점에서 다양한 관점과 개념이 창출되는 도시를 대상으로 새롭게 읽는 지리교육의 방법을 주목할 수 있다. 현재의 도시지리교육은 개인적 지식과 경험을 직접 접할 기회가 적은 교실에서 대부분 이루어지고 있다. 앞에서 지적하듯이 교실수업에서는 삶의 환경인 도시와 그 삶의 주체인 '나'가 유리되기 쉽고, 자신의 내부와 외부 세계 간의 상호작용을 통한 동화된 경험을 끌어

내기가 어렵다.

인식론적으로 'education'이란 말은 라틴어의 ēducātiō(educare)에서 유래된 말로 'e '는 '밖으로(out of)' 이고 'ducare'는 '이끌어내다(I conduct)'는 의미를 갖고 있다. 도시를 가르치고 배우는 과정, 역시 학습자로부터 밖으로 이끌어내는 '그 무엇'이 있어야 한다. 그럼에도 흔히 지리가 지식의 나열에 따른 암기과목으로 인식되고 흥미나 탐구심을 유발하지 못한다는 지적이 꾸준히 제기되어 왔다(허국래, 1999; 이규원, 2004; 마경묵, 2007; 임은진, 2009; 中村和郎 외, 2009; 박철웅, 2013; 조성욱, 2014).

또한 도시는 이제 많은 주변 학문의 성과에서도 단순한 기능적 사고와 행태 그리고 건조물에 의한 물리적 공간만이 아닌 인간의 삶이 혼재되고 다양한 경험과 욕망이 교차하는 공간으로 보고 있다. 이런 관점에서 도시는 공간 의미의 다양성과 학습자이면서 주체인 '나'의 경험 과정을 실천하고, 창의적 글쓰기, 그리기 등을 협동적으로 접근할 수 있는 다면적 기회를 제공하는 장이 될 수 있다. 또한 우리가 접근하려는 도시는 이중적이다. 잘 정리된 낙원으로서의 이미지를 가지고 있기도 하지만 한편으로서는 인간 소외와 불안의 원천으로서의 부정적인 이미지를 갖고 있다(김만수, 2013). 즉, 표면과 이면을 갖는 양가성의 공간이다. 따라서 도시를 하나의 텍스트로 읽고 이해한다는 것은 명제화된 텍스트로만 보는 것이 아니다. 텍스트의 밑줄과 문맥을 함께 읽는다는 질적 의미를 갖는다.

심층적으로 보면 학습자 내면에서 본질적인 추구의 욕망을 갖고 도시의 비재현적 실재계를 바라보게 하는 것이다. 이것이 도시지리 교육에서 사적 지리를 중시하는 인간주의 지리교육의 일환이며 인문지리의 감성접근이라고 볼 수 있다. 인간주의 지리학 관점은 개인적 지식과 경험에 바로 호소함으로써 그 진실성을 끌어낸다(Fien, 1984). 삶의 과정에서 내부 자아와 외부의 세계가 동화되는 경험의 결과를 지식으로 보는 것이다.

3) 도시 답사의 새로운 접근

전통적으로 지리답사의 접근 방법은 특정 장소나 노두(outcrop)에 가서 교사나 교수자의 설명을 듣거나 관찰을 통해 학습한 개념을 실세계에 적용해 보는 경우가 일반적이다. 이런 답사에서는 학생들은 설명을 메모하고 촬영하며 정해진 루트를 따라간다. 특히 도시 답사의 경우는 구체화되었거나 모식적으로 특화된 지역을 찾아 그 형태나 기능을 관찰하고 확인하기 마련이다. 학생들은 이를 통해서 교과서적 도시의 기능과 구조에 대한 지식의 이해에 치중한다.

이런 답사의 경우는 객관적 지식의 구성자인 제3자의 시각을 수용하는 편으로 지식의 구성자로서 주관적이지 못하다. 또한 자신의 감각을 사용하여 포착하는 것들에 대한 텍스트나 이미지를 통한 개인적 느낌과 주관적 해석은 배제됨으로서 답사가 가질 수 있는 총체성과 사적 지리는 배제되거나 무시된다. 그간의 이러한 전통적 답사에 대해 학생들은 도시를 감각적 경험에서 보다는 가치중립적 공간으로 이해하고, 도시의 주관적 해석보다는 교재에 주어진 객관적 지식을 수용하는 것이 편하다고 느끼고 이것이 보다 실체적인 지식이라고 인식하는 경향을 갖는다.

이 점을 고려해 본 장에서는 도시를 학생들이 생각하고 다중으로 감각하면서 이를 표현하는 질적 접근 기회와 가능성을 살펴보고자 한다. 즉, 도시의 교통량, 가로망의 형태, 도시의 구조나 기능의 관찰이나 인지적 설명과 그의 확인에서 벗어나, 도시 답사를 통해 지도의 이면에 있는 도시의 경관에 대한 많은 감각의 경험과 총체적인 이해로서의 학습(Caton, 2006)이다. 따라서 우리는 도시를 교과서 속의 텍스트로서가 아니라 도시 자체를 하나의 텍스트로 보고 그 안에서 먼저 감각하고 경험하는 방식으로 질적 접근을 한다. 자신의 느낌, 단상, 해석을 포함하는 도시의 실재에 대한 답사의 경험 혹은 학습 활동 경험 전체를 포괄하는 것이 도시의 질적 접근인 것이다. 우선 인지적 인식에 앞서 시각, 청각, 촉각, 미각 등 다감각적인 직접 경험을 통해서 도시를 텍스트로서 독해하고 이를 표현해서 궁극의 지리적 의사소통으로 내재화시키는 방식이다. 특히 지리교육에서 소홀히 하고 있는 학습자 자신의 쓰기, 읽기, 표현하기는 지리 지식의 이해에서 상호 의사소통의 불균형을 극복하고자 하는 측면에서 기인한 것이다.

존스와 피츠제럴드(Jones and Fitzgerald, 2007)가 말한 것처럼 시적 표현의 글쓰기 도입은 질적이고 감성적 형식을 끌어 올리는 것이다. 다중 감각적 장소감이 문학 및 예술적 감성으로 표출하게 하는 것이 지리를 다른 교과와 메타인지적 연계를 하는 데 도움을 줄 수 있다. 이처럼 도시의 내밀한 가치를 읽어 내는 힘은 지리교육을 더욱 풍요롭게 할 수 있다. 바슐라드(Bachelard, 1957)는 "대도시의 집에 있어 수직성의 내밀한 가치가 없다는 사실에, 또 우주성이 없다는 사실을 더해야 할 것이다. 대도시에서 집들은 이제 자연 속에 있지 않다. 거소와 공간의 관계는 거기서는 인위적인 것이 된다. 거기서는 일체가 기계이고, 내밀한 삶은 어느 부분에서나 도망가 버린다. 거리들은 사람들이 빨려 들어가는 무슨 도관 같다"고 말하고 있다. 이처럼 도시를 읽는 것 자체가 궁극적으로 지리적 사고이며 총체적 소통이 될 수 있는 것이다.

여기 사례에서는 도시 장소에 대한 총체적인 이해를 경험케 해 보는 질적 접근(Jones and Fitzgerald, 2010)을 우리나라 도시 실정에 맞추어 수정 적용하였다. 도시를 어떻게 읽고 접근

하고 어떻게 표현하느냐의 방법에 초점을 두고 고찰한 것이다. 특히 시각, 청각, 후각 등 다감
각적 경험을 통해서 감성적 형식으로 도시의 한 장소를 문학적, 예술적으로 표현하는 질적 접
근을 시도하는 것이다. 지식이 내재화되었다는 것은 그 지식의 이해뿐만 아니라 의사소통에
있고, 의사소통은 말하기, 쓰기, 그리기 등 다양한 표현양식을 통해서 이루어진다. 대부분의
지리 수업에서는 지리적 내용을 위한 쓰기, 말하기, 해석하기, 그리기 등에 소홀히했다는 점에
서 이 사례를 제시한다.

4) 도시 답사의 단계와 수행

이를 위해 답사의 설계는 사전단계(이해), 실행단계(경험), 사후단계(협동)의 세 단계로 구성
하였다. 사전단계에는 새로운 답사 접근에 대한 이해와 다감적 경험을 표현하는 방식으로 창
의적 글쓰기, 그리기 표현과 같은 질적이고 감성적인 형식에 대한 이해가 포함되어 있다. 실행
단계에는 도시의 일정 장소를 무작위 루트를 정해서 시각, 청각, 후각, 촉각의 다감각적 경험
을 하면서 주어진 워크시트를 각자의 경험으로 기술하도록 한다. 말하고, 듣고, 느끼고, 표현
하는 실행과정의 기회를 통해 자신의 이해와 지식 간의 미완성적 의미와 긴장관계를 사고해
보는 것이 하나의 일환이다. 사후과정은 답사의 워크시트지를 협동적으로 공유하고 이해해
보는 과정과 최종 결과물을 제출하고 발표하는 과정도 포함한다. 이러한 과정이 모두 끝난 후
에 답사에 대한 간단한 설문과 면담을 통해 답사에 대한 반응과 인식을 조사하고 빈도를 분석
하는 것이다.

이 답사 방법은 자신의 다양한 감각에 의한 시각, 냄새, 색, 선, 질감의 새로운 형태로 도시읽
기라는 점에서 기존의 답사와 차이가 있다. 이와 같은 답사의 질적 접근은 인간주의 지리교육
의 감성교육의 하나로 볼 수 있다. 물론 인간주의 지리교육이 추구하는 주관적이고 다감각적
이해와 질적 표현이 미완성적이란 점에서 지적에 대해선 '자이가르닉 효과[2]에(David, 2013).
기대하고 실행된 것이다.

여기서는 존스와 피츠제럴드(2010)의 접근방법을 수정하여 적용한 것은 도시를 하나의 텍
스트로 보고 표현양식 자체도 질적으로 접근하면서 도시에 대한 총체적인 이해를 경험하는

---

2. 자이가르닉 효과(Zeigarnik effect)는 사람이 이루지 못한 사안이나 중단된 사안을 달성한 사항보다 잘 기억하는 현상
   을 말하는 것으로 목표가 달성될 수 없는 행위에 관한 미완성 과제의 기억은 완성한 과제에 대한 기억보다 기억되기
   쉽다는 사실을 심리학자 블루마 자이가르닉(Bluma Zeigarnik)이 실험적으로 보였다.

방법을 제시한다. 도시의 경관에 대한 총체적인 이해를 위해 도시로부터 학습, 더 많은 '경험적'으로 된 학습(Caton, 2006)에서 목적지향 루트 답사가 아닌 도시를 배회하듯 거닐면서 감각하는 방식을 학생의 답사에 적용한다.

도시 답사를 위해 우선 답사 지역의 사전단계(워크시트지 설명과 탐구방법 제시) - 실행단계(관찰과 감각 경험, 반응과 해석) - 사후단계(상호협동 작업과 표현)로 절차를 단계화하였다. 특히 답사의 워크시트지는 최소한의 제약이 되도록 구성하였고 워크시트지를 개별 과제가 아닌 답사 후에 조별로 협동을 통해 다양한 표현결과물로 재구성하도록 하였다. 또한 워크시트지는 특히 다감각적 요소를 위해 시각, 청각, 후각, 촉각을 총체적으로 경험하는 개개인의 심상을 드러내도록 구성하였다(표 5). 학생들은 학년별 그리고 남녀를 안배하여 5~6명으로 조별 구성하였다. 답사는 서울 명동, 인천 차이나타운, 안산 다문화거리를 적용 대상지로 잡았다.

(1) 답사 실행단계

- 자신이 걷는 거리에 대한 다감각적 '장소감'을 포착하기 위해 거리에서 표정과 장면의 관점 경험하기
- 거리의 지명, 모습, 냄새, 향기 등에 기반한 '장소감'을 위해 여러 감각을 동원하여 표현하기
- 공식 혹은 비공식적 텍스트의 생산, 그리고 도시의 생생하거나 은폐된 재현에 대한 글쓰기
- 단순히 느끼고 지나치기보다는 답사 중 관심이나 흥미 있는 거리나 골목의 사진 촬영하기
- 거리 주변의 이야기나 소리를 녹음하고, 주변의 상황을 자기가 느끼고 경험한 바를 메모하거나 기록하여 다감각적 자료 수집하기
- 아울러 일상적인 거리에 나붙어 있는 낙서, 현수막, 이슈, 상표 등의 텍스트에도 주목하여 촬영과 함께 이를 나중에 보고서에 표현하고 글쓰기

다중적 교과 메타인지의 연계를 위한 다감각적 장소학습 과제는 다음과 같다. 거리의 구호나 이슈이미지, 거리의 사람들의 대화 모습(연인, 사무적, 가족적인가), 도시 속의 한 개인에 초점을 두고 그 사람에 대해 한 마디 느낌 표현, 그 거리의 일상적인 것과 비일상적인 것, 어느 한 지점에서 360도를 감성적 느낌으로 표현하기(도시환경의 질, 도시구성, 안전성 등), 음식, 꽃냄새, 쓰레기와 같은 후각적 특성, 발이나 손에 닿는 촉감적 특성, 경적, 물건 파는 소리, 음악 등 소리 감각의 특성, 장소의 특성을 나타내는 이미지나 텍스트들(간판, 바닥, 플랜카드, 상징물 등), 특정장소나 공간, 건물에서의 반응 등 다양하게 시각, 청각, 후각, 촉각 등을 이용할 수 있다(표 3, 그림 2, 3, 4 결과물 참조).

그림 2. 답사지도 작성 예시
(무작위 서울 명동 주변)

그림 3. 서울 명동의 감성지도

그림 4. 인천 차이나타운의
아크로스틱

(2) 답사 사후단계

- 장소의 텍스트와 이미지를 통해 장소에 대한 개인의 해석이 의미롭게 학습에 수용될 수 있도록 한다.
- 학습자가 주체로서 학습에 참여할 수 있는 계기가 될 수 있도록 조별로 협동하여 워크시트를 작성하게 한다.
- 실제 도시 답사를 통해 나온 표현 결과물로서 도시 경관 포스터나 도시 감성지도, 아크로스틱, 워드클라우드 등 다양한 표현 결과물을 사이버상에 탑재하거나 프리젠테이션을 통해서 발표하게 한다(그림 2, 3, 4).

이처럼 답사 이후에도 조별 협동 작업을 거친 것은 상호주체성의 인식과 각자의 사적 지리들이 사회적 재구성 과정을 거치도록 한 것이다. 이로 인해 답사의 감성들은 자연스럽게 공적 지리와의 연계를 모색해 볼 수 있다고 보았기 때문이다.

5) 결과물의 의미

학습자가 직접 경험하고 교감하는 경험자체가 교실 밖 답사에 대한 매력과 열정의 바탕이 될 수 있다. 주관적 의미에서 세상 모든 것은 '나'라는 주체를 중심으로 돌고 있고, 경험이란 '내'가 외부에 나가서 이런 저런 정보를 수집하고 발표한다는 것으로 자아실현의 의미를 내포하고 있기 때문이다. 답사의 결과 표현물의 텍스트에는 사전 제작된 답사 자료집의 양적이고 객관적 기술과는 차이가 있다. 예를 들어 그림 3과 같은 감성지도는 어느 한 지점에서 주변

360도를 둘러보고 도시환경의 질, 도시 구성, 안전성 등에 대한 부분을 감성적 느낌으로 표현하도록 한 것이다. 서울은 "쾌적한, 상쾌한, 깨끗한, 위압적인, 바쁜, 분주한, 위험한, 위태로운, 뾰족한, 분리된, 날카로운, 산만한" 등으로 표현되었다. 반면 안산의 다문화거리에 대한 느낌은 "더러운, 획일적, 낡은, 위험한, 무서운, 단절된, 조용한, 오래된, 구역질나는, 위태로운, 방치된, 천편일률적인, 눅눅한, 퀴퀴한" 등으로 나타났다.

이는 도시를 공간과 시간적으로 읽고 도시 공간의 언어화를 통해 경관의 질을 의미화 시켜본 것이다. 표현된 단어들에는 관심, 감성, 모양, 크기, 인상, 빛 등의 의미로 척도화가 가능한 부분이었다. 이렇게 질적 감각으로 도시를 읽는다는 자체가 도시의 전통적 설명과 논리를 벗어나는 것이다.

이러한 감성적 접근은 한편으로 우리가 교과서 지식이라는 사실에서 당위를 이끌어 내어 장소의 좋고, 나쁨 등의 도덕적 명제로 직행하는 오류를 막을 수 있는 장치이기도 하다. 물론 안산이나 인천의 차이나타운, 서울의 명동 등의 기술에서 기존의 편견과 오류를 완전히 배체할 수 없었지만 도시 또는 장소마다 그 고유의 장소성을 주관적 감성으로 엮어내어 결과적으로 도시를 다르게 다양하게 읽을 수 있게 되었다. 객관화 과정에서 배제된 감성을 다시 지리답사를 통해서 되살릴 수 있는 장소의 의미는 인간주의적 지리교육의 방법적 추구이다. 이것은 세계의 사상(事象)에 대해서도 보고, 느끼고 말하고, 표현하게 하는 것 자체 무정형이고 미완성일 수 있지만, 이 질적 도시 답사에서 시도한 바는 수행이 잘된 일보다는 미완성이거나 실수가 있었던 일을 더 잘 기억한다는 '미완성 효과(Zeigarnick effect)' 측면에서 바라볼 수 있다. 교수자의 완벽한 설명으로 끝나는 완성형 답사보다는 자신의 불완전하고 미완성적 장소에 대한 의미의 탐색에서 오히려 풍부한 도시의 사적 지리를 강화할 수 있는 가능성이 있기 때문이다. 공간을 넘어 풍경(landscape)과 장소를 느끼고 표현하는 데 다감각적 경험을 사용하는 것이 주변 세계를 보다 풍부하게 알아가고, 타자와 의사소통을 위한 내면의 소통이기 때문이다.

6) 도시 답사의 의미

도시 답사의 사례는 질적 접근방법으로 사전단계(이해)−실행단계(경험)−사후단계(협동)로 구분하여 체계화한다. 모든 결과는 발표와 함께 인터넷으로 결과를 모아 요긴한 데이터베이스화로 끝을 맺는다. 이 답사는 정해진 루트 답사가 아닌 도시를 배회하듯 거닐면서 이루어

표 3. 도시답사의 질적 접근을 통한 결과물 일부분

다감각적 장소감	장소 1	장소 2	장소 3
위치와 지명(GPS)	서울 (서울특별시 중구 명동 일대)	인천 차이나타운 (인천광역시 중구 북성동, 선린동 일대)	안산 다문화거리 (경기도 안산시 단원구 원곡동 일대)
시각적으로 포함된 것들	집약적인 고층건물, 넓은광장, 고층건물 위에 붙어 있는 전광판, 철학에서 거대한 건축물을 볼 때 느낄 수 있다는 숭고미를 느낄 수 있었음.	빨간색의 건물과 간판이 많음, 간판에는 금색 글씨가 많음, 자유공원에 있는 맥아더 동상, 삼국지 벽화, 일본식 가옥과 중국식 가옥·한국식 가옥이 혼재되어 있음, 고층건물이 많지 않았음, 차이나타운을 새롭게 조성하다 보니 오래되기보다는 새로 만든 건물들이 많아 보임, 동화책 속에 나오는 건물처럼 약간 꾸며진 듯한 장소라는 느낌을 받았음.	일반적인 서양식 연립주택, 낡고 오래된 건축, 여러 나라의 국기, 다방과 같은 성매매 업소 간판, 쓰레기, 고시원 간판, 한자와 외국어 등이 사용된 간판, 외국 음식을 파는 식당 등.
거리의 구호나 이슈이미지	젊음의 거리, 패션의 중심지, 쇼핑의 천국, 최신 유행의 산실, 브랜드 거리 등.	중국집, 짜장면 박물관, 맥아더 동상, 삼국지 벽화, 빨간색, 금색 등.	국경 없는 마을, 성매매 거리 등.
그 거리의 일상적인 것과 비일상적인 것은?	〈일상적인 것〉 기업 홍보 행사, 쇼핑하는 관광객, 많은 외제차, 외국인에게 길을 알려 주는 인포메이션 센터, 그리고 안내원 등. 〈비일상적인 것〉 예수천국, 불신지옥이라고 외치는 사람을 봤는데 다양한 인종의 사람들이 다니는 명동의 거리 한복판에서 그런 모습을 보니 이색적이었음(전도 행위).	〈일상적인 것〉 중국말을 사용해서 대화하는 모습, 중국집, 홍등, 치파오, 한자로 쓰여진 간판, 근대식 건축물(일본식), 중국식 음식점, 기념품 가게 등. 〈비일상적인 것〉 한국말을 사용하는 것, 일본식 가옥, 맥아더 장군의 동상, 밴댕이 회 거리, 밧줄이나 어망을 파는 가게들, 청일조계지 경계계단, 공갈빵 등.	〈일상적인 것〉 외국인 노동자, 다방, 길거리의 쓰레기, 외국음식 식당, 외국인 학생과의 통합교육, 양고기, 일용직을 구하는 광고, 외국인 직업소개소(아웃소싱, 근로자 파견), 고시촌, 열대과일 등. 〈비일상적인 것〉 마포갈매기와 같은 한국식 프랜차이즈 식당, 한국음식, 다문화 홍보 학습관, 관광객, 쓰레기통, 편의점, 단독주택, 아파트 등.
어느 한 지점에서 360도를 감성적 느낌으로 표현하기(도시환경의 질, 도시구성, 안전성 등)	쾌적한, 상쾌한, 깨끗한, 위압적인, 바쁜, 분주한, 위험한, 위태로운, 뾰족한, 분리된, 날카로운, 산만한 등.	깔끔한, 한적한, 조용한, 상쾌한, 맑은, 편리한, 짠맛의, 무서운, 이국적인, 가짜의, 꾸며진, 텅 빈, 차가운 등. 〈맥아더 장군 동상〉 깔끔한, 상쾌한, 푸른, 위엄 있는, 웅장한, 높은, 시원한, 청명한, 광활한, 넓은, 차가운 등.	더러운, 획일적, 낡은, 위험한, 무서운, 단절된, 조용한, 오래된, 구역질나는, 위태로운, 방치된, 천편일률적인, 눅눅한, 퀴퀴한 등.
음식, 꽃냄새, 쓰레기와 같은 후각적 특성은?	여자들의 화장품 냄새, 새 물건 냄새, 매캐한 자동차 배기가스 냄새, 사람들이 들고 다니는 커피 냄새 등.	중국 음식에는 기름이 많이 사용되니 길에서 기름 냄새가 많이 났음, 길거리 주변에 쓰레기가 많이 있어 불쾌하고 찝찝한 냄새가 났음, 밴댕이 회 거리에서는 밴댕이 냄새가 났으며, 공갈빵 거리와 포춘 쿠키를 파는 곳에서는 달콤한 냄새가 났음, 천이 바다 가까이에 있어서 그런지 바다의 비릿한 냄새가 남, 악취나 하수구 냄새는 나지 않음.	하수구에서 이상한 식초 냄새가 남, 경적소리가 안남, 눅눅하고 퀴퀴한 냄새가 남, 기름 냄새, 열대과일 등의 냄새 등.

발이나 손에 닿는 촉감적 특성은?	콘크리트로 이루어진 건물들이 많아서 인위적이고 기계적인 느낌이 났음.	중국식 건물이 자연스럽게 생겨나기보다는 인천시에서 차이나타운을 관광지 개발을 목적으로 조성하기 시작하면서 플라스틱으로 만든 인공조형물이 많이 있어서 튼튼해 보이지 않았음. 거리의 대부분은 콘크리트로 포장되어 있어서 딱딱했음, 초지나 흙으로 되어 있는 부분은 땅이 마르지 않아 촉촉한 느낌이었고, 철판으로 된 건물이 껍질이 벗겨져 있어 까칠하고 거칠었음.	종이전단지와 쓰레기들이 널려 있어 걸어가며 바스락 거렸으며, 벽에 페인트칠 된 곳 들은 오래되고 낡아서 거칠고 울퉁불퉁했음. 버려진 차는 깨지고 낡아서 모서리가 날카롭고 뾰족했음.
경적, 물건 파는 소리, 음악 등 소리 감각의 특성은?	판매, 홍보와 관련된 소리가 지배적이었음, 도로변에는 많은 차들이 다니고 있어 교통체증으로 인해 자동차의 경적소리가 시끄럽게 들림, 최신가요가 흘러나오는 상점들이 많았고, 북적거리는 말소리와 발걸음 소리도 들림, 크게 말하지 않으면 목소리가 잘 들리지 않음.	중국인들이 대화를 하거나 물건을 팔고 사는 모습을 보니 꼭 싸우는 소리처럼 들렸음, 한중문화관 앞에서는 전봇대에 설치된 스피커에서 중국 노래 소리가 흘러나옴, 상인들이 차이나타운에 관광 온 사람들에게 기념품을 팔기 위해서 호객 행위를 하는 소리도 이따금씩 들림.	경적은 울리지 않았음, 물건 파는 소리는 간혹 들림, 이동통신 회사 대리점의 판촉행사 소리가 남, 지나가는 외국인 노동자의 대화 소리가 들림, 중국노래가 들림.
장소의 특성을 나타내는 이미지나 텍스트들 (간판, 바닥, 플래카드, 상징물 등)	명동에서는 아무래도 높은 빌딩들이 장소의 특성을 가장 나타내는 것 같았음, 또는 젊음의 거리라는 조형물 등.	공자상, 삼국지 벽화거리, 인천 화교 협회, 왕희지상, 한중문화관, 홍등, 짜장면 박물관, 금색 글씨, 빨간색 간판, 용 무늬 모형, 福 등의 한자 등.	58개국의 국기로 이루어진 사람모양의 벽화(안산시 외국인 주민센터), 중국화교모임과 같은 간판, 다양한 국가의 언어로 이루어진 전단지 등.
특정장소나 공간, 건물에서의 반응들	〈명동 예술극장〉 태웅: 현대적인 주변 빌딩들 속에 옛 바로크건축과 같은 서양식 건축물이 있어서 그런지 어울리지 않는다는 느낌이 들었다. 〈명동 성당〉 인호: 전주의 한옥마을에 있는 전동성당과 비슷한 모습인 것 같았고, 명동거리 한복판에 크게 자리 잡고 있는 성당이 상당히 이색적이었고, 종교 활동을 하러 오는 사람보다 관광객이 더 많이 오는 것 같아 보였다.	〈자유공원〉 별이: 자유공원에 맥아더 동상이 있는데, 왜 미국의 장군인 맥아더 장군이 여기 있을까? 이 맥아더 장군의 동상을 세우면서 기존에 살고 있던 중국인들이나 일본인들의 반응이 어땠을까?라는 호기심이 들었다. 〈인천개항박물관〉 예화: 인천 개항박물관과 같은 장소 덕분에 인천의 개항 시기 전후를 한눈에 살펴볼 수 있어서 좋았다. 〈삼국지벽화거리〉 혜인: 삼국지 내용을 모르는 관광객도 이 벽화를 보면 삼국지가 어떠한 내용으로 이루어져 있는지 쉽게 이해할 수 있어 유용할 것 같다.	〈다문화 학습센터〉 혜인: 신기하다. 매우 다양한 음식물들이 소개되어 있구나. 현정: 60여 개국의 다양한 사람들이 안산에서 살아가고 있구나 하고 놀랐다. 〈원곡 현충공원〉 별이: 안산시에서는 다문화거리만을 특화시키고 장점으로 부각시키고 내세우다 보니, 현충탑이 세워진 원곡 현충공원의 오래된 역사가 뒤로 밀려나 있는 것이 안타깝다.

지기 때문에 학생들은 도시의 장소학습에 대한 개별적이고 다감각적인 경험으로 다가가게 된다. 이게 도시를 보다 질적이고 총체적인 텍스트로서 독해할 수 있는 방법이고 인간주의 지리교육의 접근과 상통한다. 특히 지리교육에서 등한시되던 개인의 감성과 타자의 감성을 예술

과 문학적 표현 양식을 빌려 표출한 결과물이 가능하다는 것은 메타인지로 연결되는 통합성을 갖는다. 일반적인 지리답사에서의 대부분의 보고서가 문헌이나 교수자의 설명에 따른 객관적 혹은 가치중립적으로 기술을 중시한다. 하지만 이 답사는 보다 개인의 감각과 느낌을 통한 주관적 해석을 통한 사적 지리의 접근에서 총체적이다. 지리적 렌즈를 통해 다감각적 직감으로 출발하여 깊은 내면의 심미성과 의미를 찾고, 개별 반응, 비판, 평가 등으로 독해하고, 마지막으로 참가자의 협동성과 상보성을 통해 다양한 시나 내러티브의 형식으로 표현해 낸다. 이 자체가 홀(Hall, 1980)이 말한 도시의 감성적 이해를 발달시키는 데 유용한 방법인 것이다. 여기서 지리교육과 학생들이 '시'를 쓴다는 것 자체를 어렵게 느끼는 것은 사실이다. 하지만 시를 쓰는 것이 시인이 되기 위한 것은 아니다. 이미 중등학교에서 접하는 시는 중요한 문학적 양식의 하나이고 표현수단이다. 시의 형식보다 감각적으로 느끼는 그대로의 직감을 과감 없이 압축시키는 수단으로 '시' 만큼 유용한 도구도 없다. 특히 시의 형식에서 가장 압축적인 배구(俳句, haiku)나 삼행시는 도시의 생생하거나 은폐된 재현에 매우 창의적이고 유용한 방법이다. 이처럼 문학의 방법적 도구도 지리교육에서 활용하면 학습자의 반응 결과로서 충분히 구성할 수 있는 것이다. 이런 장소감에 대한 감성적 글쓰기 자체가 도구적 의미를 넘어 인간주의 지리교육에서는 총체적이며 중요한 학습의 요소이다.

5. 마치며

지리교육에서 답사는 하나의 탐구 방법이고 지리적 행위의 실천이다. 흔히 탐구심은 모든 인류 특히, 어린 사람의 특징이라고 한다. 그런데 어린 시절의 무궁한 호기심과 탐구심이 학교에 들어가면서 오히려 점점 감소한다. 이런 이유의 하나는 학교가 실생활과 유리된 지식 중심으로 구성되어 있기 때문이다. 아무리 많은 지식이라도 시시각각으로 변화하고 다양한 양상이 얽혀 있는 실세계를 교실 공간에서만 설명하는 것은 쉽지 않기 때문에 지리 수업에서 답사를 중요한 교육적 활동으로 보고 있다. 주변의 실세계는 교과서 밖의 호기심과 탐구심으로 가득 찬 또 다른 교실이기 때문이다.

또한 도시에 대한 다감각을 통한 질적 답사는 대학이나 중등학교의 전통적 답사와 다른 차원이다. 주로 보고, 느끼고, 만져 보는 다양한 경험의 장을 제공하는 것이다. 실세계의 맥락성과 구성에 대한 사고를 포함하여 갈등, 불안정, 변화의 요소 등까지 자연스럽게 느끼고 표현하는 과정을 포함하고 있다. 이 답사는 지리답사의 지평을 넓히는 시도임에 틀림없다.

흔히 지리답사에서 장소와 인간을 분리해 보려고 하지만 본래 지리학은 자연환경과 인간과의 상호 관계를 밝히려는 목적을 가진 한 인간과 장소가 분리되는 대상이 아니다. 다감각적 경험을 통해서 일어나는 도시의 의미와 상징을 독해하고 표현하는 인문지리 과정은 장기적 기억을 위해서 접근할 필요가 있다. 나아가 답사를 통한 읽기, 쓰기 등의 인간주의적 지리교육의 실천은 답사를 통해서 학습자 개인의 경험과 의미를 찾아 주는 접근방법의 하나인 것이다. 우리가 지향하는 바는 지리를 통해서 살아가고, 나누고, 의사소통하도록 학습자의 다감각에 의한 경험에 생기를 불어 넣는 것이다. 향후 학교 현장에서 이와 함께 보다 일상의 세계에서도 지리적 사고와 감성을 높일 수 있는 답사의 의미와 체계를 재구성해 볼 필요가 있다.

요약 및 핵심어

고대로부터 최근에 이르기까지 지리학의 역사에서 답사를 통한 기록과 관찰은 지리학의 토대가 되었으며, 이런 과정을 통해 축적된 지식을 대하는 지리교육 역시 답사와 답사에 의한 교육이 중요한 의미를 갖고 있다. 지리 학습은 그러한 실세계의 지표상에 나타나는 자연과 사회에 관한 여러 사상(事象)에서 그 공간적인 특색의 탐구를 목적으로 하고 있지만 여전히 대부분의 지리교수·학습은 주로 실내인 교실에서 교과서 중심으로 행해지고 있다. 하지만 답사(fieldwork)는 지리교육 및 지리학의 핵심으로 학생들이 교실 밖으로 나가 지리적 이슈를 발로 직접 경험하는 기회이며 이를 '장화의 혼'이랄 수 있다. 경험론자의 주장에 따르면 인간적 측면을 포함한 총체적(holistic) 과정으로 답사는 구체적인 지식과 이해를 위한 환원적인 계량화를 강조하는 관점과 '장소감' 같은 총체적 감성학습을 강조하는 관점의 중간에 위치한다. 특히 도시에 대한 질적 답사는 보다 감성적 접근을 중시하는 과정으로 주로 보고, 느끼고, 만져 보는 다양한 감각적 경험의 장과 기회를 제공하여 실세계의 맥락성과 구성에 대한 사고를 포함하여 갈등, 불안정, 변화의 요소 등까지 자연스럽게 느끼고 표현하는 답사라 할 수 있다는 점에서 인간주의 지리교육의 하나랄 수 있다.

답사(fieldwork), 도시(urban), 텍스트, 다감각(multi-sensory), 질적 접근(qualitative approach), 장소감(sense of place), 사적지리(personal geography), 감성지도(emotional map)

더 읽을 거리

에드워드 렐프, 김덕현·김현주·심승희 역, 2005, 장소와 장소상실, 논형.

오귀스탱베르크, 김주경 역, 2001, 대지에서 인간으로 산다는 것, 미다스북스.

리처드 필립스·제니퍼 존스, 박경환·윤희주·김나리·서태동 역, 2015, 지리답사란 무엇인가, 푸른길.

장디페이, 양성희 역, 2010, 도시를 생각하다, 안그라픽스.

Gerber, Rod, Goh Kim Chuan (Eds.), 2000, Fieldowrk in Geography: Reflections, Perspectives and Action, Springer.

Lewis Holloway, Phil Hubbard, 2014, People and Place: The Extraordinary Geographies of Everyday Life, Routledge.

참고문헌

가스통 바슐라르, 곽광수 역, 1957, 공간의 시학, 동문선, 106-108.

길성호, 2003, 수용미학과 건축, 시공사

류재명, 2002, "도시지리교육에서의 학습활동 개발에 대한 소론", 지리과교육, 4, 한국교원대학교, 19-24.

마경묵, 2007, "수행평가 과정을 통해서 본 지리교사의 실천적 지식", 대한지리학회지, 42(1), 96-120.

박성진, 2007, "도시 공간을 바라보는 인문학의 다섯 시선", 공간, 8월호, 110.

박철웅, 2004, "실제 지형 연구를 통한 야외학습요소의 추출과 지도방안", 한국지형학회지, 11(2), 47-68.

박철웅, 2013, "지리교육에서 체험활동으로서 야외답사의 함의", 한국지리환경교육학회지, 21(3), 163-178.

박철웅, 2014, "도시답사에서 다감각적 경험을 통한 질적 접근", 한국지리환경교육학회지, 22(2), 163-178.

이규원, 2004, "지역 사례 비교를 활용한 지리 수업의 효과에 관한 연구", 한국지리환경교육학회지, 12(1), 65-80.

임은진, 2009, "실제적 활동(Authentic Activity)'에 대한 이론적 고찰 및 지리 수업에의 적용", 사회과교육 48(4), 1-17.

장디페이, 양성희 역, 2010, 도시를 생각하다, 안그라픽스, 125.

조성욱, 2014, "초중등 지리교육 내용 구성 방법의 비판적 검토와 대안 모색", 한국지리환경교육학회지, 22(1), 95-110.

Bailey, P., 1974 *Teaching Geography*, newton Abbott: David Charles.

Bland. K., Chambers, B., Donett, K. and Thomas, T., 1996, 'Fieldwork', *Geography Teachers' Handbook*, P. Bailey and P. Fox(eds), Geographical Association, 165-176.

Boardman, D, 1974, Objectives and Constraints on geographical fieldwork, *Journal of Curriculum Studies*, 6(1), pp.158-66

Caton, D., 2006, *Theory into Practice: New approaches to fieldwork*, Geographical Association. 1-44.

Cowan, A., 1997, *Common Ground*, 41-46 (김경숙 역, 나무, 영림카디널).

DfES, 2006, *Learning Outside the Classroom Manifesto*, Nottingham, DfES Publications. 1-21.

Education and Manpower Bureau, 2007, *Enquiry-Based Fieldwork, Importance of fieldwork in geographical education.*

Everson, J.1973, Fieldwork in school geography in Walford R.(eds.). *New Directions in Geography Teaching*, London, Longman,107-114.

Fien, J. & Gerber, R. & Wilson, P.(eds.) *The Geography Teacher's Guide To The Classroom,* The Macmillan Company of Australia pty ltd., 10-20

Foskett, N., 1997, Teaching and learning through fieldwork, in D. Tilbury and M. Williams (eds.) Teaching and Learning Geography. London and New York: Routledge.

Graves, N. J., 1982, *New Unesco Source Book for Geography Teaching*, p.11, Lonman/The Unesco Press.

Hall, R., 1980, Sensory Walking, *Classroom Geographer*, Nov. 3-8

Homes, D. and Walker, M., 2006, 'Planning geography fieldwork', in Balderstone, D. (eds) '*Secondary Geography Handbook*', Sheffield: The Geographical Association.

Job, D.,   1999, *New Directions Geographical Fieldwork*, Cambridge university Press.

Jones, M. and Fitzgerald, B., 2007, 'Landscapes of languages', *Teaching Geography-Geographical Association*, 32(1),22-28

Jones, M. and Fitzgerald, B., 2010, "Town as text", *Teaching Geography, Geographical Association*, 35(3), 96-99

Kent, M., Gilbertson, D. D. and Hunt, C. O., 1997, "Fieldwork in Geography Teaching: a critical review of the literature and approaches". *Journal of Geography in Higher Education*, 21(3), 313-332.

Kwok Chan Lai, 1996, *Understanding Student Teacher's Experiences of geographical Fieldwork*, 28th IGC Proceedings, 136-140

Laws, K.,1984, *Learning geography through fieldwork*, Fien, J. & Gerber, R. & Wilson, P.(ed.) *The Geography Teacher's Guide To The Classroom,* The Macmillan Company of Australia pty ltd., 134-135.

Morgan, J., 2004, "unpublished draft manuscript", *Secondary geography handbook,* D. Balderstone(eds), 2006, Geographical Association, 15.

Orion, N., and Hofstein, A. (1994), "Factors that influence learning during a scientific field trip in a natural environment", Journal of Research in Science Teaching, 31(10), 1097-1119.

Phillips, R. and Johns J. 2012, *Fieldwork for Human Geography*, SAGE, 3-7.

Powell, R.C., 2003, The sirens' voice? Field practices and dialogue in geography, *Area*, 34(3), 261-272.

Rose, G., 1993, *Feminism and Geogrphy: the Limits of Geographical Knowledge*, Cambridge, Polity.

G. Smith, 1999, Changing fieldwork objectives and constraints in secondary schools. International Research in Geograaphical and Environmental Education, 8(2).

Smith, P. L.(1987) Outdoor Education and Its Educational Objectives. Geography, 72, 209-221.

Smith, P. L. (1992), Geography Fieldwork Planning in: a Period of Change 1985-1990. Unpublished Ph.D

Thesis. University of london, Institute of Education in R. Gerber

Themines, 2010, "현대 프랑스 지리교육의 연구동향: 정-프랑수아 테민느 교수와의 대담", 이상균(2010), 한국지리환경교육학회지 단보, 18(2), 199-206, p.8에서 재인용.

Waugh, D. and Bushell, T., 2007, *New Key Geography for GCSE*, 2nd Edition, Nelson Thornes.

David M., 2013, Working Smarter: How to use the Zeigarnik Effect to stop procrastinating. (http://techpageone.dell.com/business/working-smarter-how-to-use-the-zeigarnik-effect-to-stop-procrastinating/#.U_SJVX6wdhE).

https://www.merriam-webster.com/dictionary/fieldwork

제5부. 지리와 교실

제24장

교사학습공동체와 지리교사의 전문성 발달*

김대훈

고잔고등학교

이 장의 개요

---

* 본 연구는 김대훈(2014a; 2014b)을 수정·보완한 것임.

1. 들어가며

흔히 '교육의 질은 교사의 질을 넘을 수 없다'고 한다. 이는 지리교육에서 교사가 그 어떤 교육적 기제보다 학생의 성장과 발달에 중요하고 가치가 있다는 것을 의미한다. 하지만 현재 지리교사가 처한 상황은 그다지 녹록치 않다.

지난 10여 년 동안 학교지리의 위상이 악화 일로를 걷게 되면서 지리교사들은 학교에서 살아남기 위해 사회과 및 여타 교사들과 소모적인 논쟁을 해야 했고, 과목 변경이나 복수 전공 이수를 권고 받아야 했으며, 과원 교사라는 오명을 안고 전근을 가거나 상치 교사가 되어 지리 아닌 다른 과목을 가르쳐야만 했다. 이런 상황 속에서 지리교사들의 자존감은 상처를 받았고, 지리교사로서의 정체성도 약화되었다. 지리교사들은 좀 더 나은 지리 수업에 대한 고민과 활동보다는 살아남기 위한 '생존'의 문제에 몰두하게 되었으며, 지속적인 학습을 통한 전문성 발달이라는 교사의 당위적 명제로부터 서서히 멀어지게 되었다. 이러한 현실 속에서 지리교사들은 어떻게 학교지리의 질을 담보해 낼 수 있을까?

사실 그동안 지리교육학계에서 교사에 대한 관심은 그렇게 크지 않았다. 하지만 최근 교육과정 개발에 대한 반성과 교실 수업 연구가 늘어나면서 교사 요인에 대한 관심이 증대되고, 교사에 대한 기존의 관점도 변화되고 있다. 교사는 기계적인 전달자가 아니라 모종의 지식을 기반으로 교육과정을 설계하며, 불확실하고 맥락적인 교실 상황에 대처하는 전문가라는 것이다.

그러나 안타깝게도 교사교육에 대한 접근은 여전히 학생(아동) 교육 패러다임의 연장선에서 이루어지고 있다. 교사는 전문가라기보다는 미성숙한 존재로 자율성보다는 관리와 평가가 요구되며 지식 생산의 원천이라기보다는 외부의 전문가를 통해 지식을 전달받고 습득해야 할 대상으로 간주된다. 이러한 접근은 교사의 전문적인 실천과 학습을 사소하게 만들어 궁극적으로는 교사의 전문성을 약화시킬 가능성이 높다. 전문가로서 교사가 지녀야 할 전문성은 직전 교육을 통해 완성되는 것이 아니라 여타의 전문직처럼 오랜 기간의 경험과 학습 그리고 집중적이고 의도적인 실천 과정을 통해 지속적으로 발달한다. 따라서 지리교사의 전문성 개발은 형식적이고 일회적인(one-shot) 훈련이 아니라 지속적인 학습 혹은 평생학습 개념으로 전환되어야 한다(Dunkin, 2002).

그렇다면 전문가로서 지리교사는 학교지리의 위기 속에서 위축되지 않고 어떻게 자신의 전문성을 지속적으로 발달시키고 더 나은 지리교육을 실현할 수 있을까? 본 연구는 대답의 실마리를 문헌 연구보다는 실질적인 현장에서 찾아보고자 했다. 다행히 학교지리의 위기 속에서도 정체되거나 위축되지 않고 지리교사로서의 정체성을 지키며 자신의 전문성을 지속적으로 발달시켜 나가는 지리교사들이 있었고, 이들 중 상당수는 '교사학습공동체'에서 활동하고 있었다. 심지어 이들 중 일부는 학교지리의 위기를 가져온 구조적 요인에 대항하기도 하였다.

따라서 본 연구는 교사학습공동체에서 활동한 지리교사들의 참여 경험을 분석하여 지리교사들의 참여 과정과 학습 양상 그리고 성장과 정체성 발달 과정을 탐색하고자 한다. 특히 지리교사들의 성장과 정체성 발달 과정은 레이브와 웽거(Lave & Wenger, 1991)의 상황학습이론을 적용하여 개인의 심리적 과정이 아닌, 사회문화적이고 상황적인 관점에서 접근해 보고자 한다.

2. 교사학습공동체와 상황학습이론

1) 교사학습공동체

'공동체'는 일상과 학문 세계에서 오랫동안 익숙하게 사용해 왔던 단어이지만 교사교육 관련 문헌에서는 비교적 최근에 등장한 용어이다. 전통적으로 공동체는 '일정한 지리적 범위 내에서 공동의 유대를 바탕으로 사회적 상호작용을 하는 사람들의 집단'으로 정의된다(Hillery, 1955). 이러한 공동체 개념은 교육학이나 교과교육학에서는 대체적으로 학습공동체로 이해된다. 물론 아직까지 학습공동체 개념에 대해 합의된 정의는 없지만, 최근에는 지역사회 자체를 학습공동체로 보는 이른바 공동체 교육(community education)보다 협의적으로 학습을 목적으로 하는 집단을 학습공동체로 보는 관점이 주류를 형성하고 있다.

그런데 학습공동체에 대한 논의는 본디 교육학에서 출발한 것은 아니다. 지식기반 사회라는 시대사적인 변화에 대응하기 위해 기업 조직을 학습조직으로 재구성하고자 하는 움직임에서 비롯되었으며 센게(Senge, 1990)에 의해 본격화되었다. 그는 학습조직(learning organization)을 '사람들이 진정으로 원하는 결과를 획득할 수 있는 능력이 지속적으로 확장되고, 새롭고 확장된 사고가 길러지며, 사람들이 함께 학습하는 방법을 지속적으로 학습하는 조직'으로 정의하였다.

이러한 경영학 분야의 학습조직에 대한 논의는 1990년대 들어서면서 학교의 변화와 교육

개혁을 고민하던 교육학자들에게 영향을 주었고, 일군의 교육학자들에 의해 본격적인 탐구가 시작되었다(Hord, 1997; Kwon, 2011; 최진영·송경오, 2006; 권낙원, 2007). 다만 교육 분야에서는 '학습조직'보다는 '학습공동체'라는 용어를 더 선호한다. 조직은 이해타산적인 계약 관계를 기반으로 하지만, 공동체는 인간의 본래적인 의사에 따라 유기적으로 결합된 통일체이기 때문이다(Sergiovanni, 1994).

교육 분야에서 학습공동체 논의는 크게 '교사학습공동체(Teacher Learning Community)'와 '전문학습공동체(Professional Learning Community)'로 구분된다. 전자는 공동체 구성원이 주로 교사들로 한정되어 있고 교사 간 공동 협력과 팀워크를 강조한다. 반면 후자는 공동체 구성원이 교사뿐 아니라 교장, 교감, 장학, 대학 교수 등 다양한 교육 전문가들을 포함하며 교직 사회의 전문성을 중시한다(Wiliam, 2007; 김진규, 2009; 서경혜, 2009). 하지만 두 용어는 서로 다른 의미를 지니고 있어 개념적으로 차별화된다기보다는 강조나 정도의 차이에 불과하며 용어에 대한 한글 번역 또한 서로 교차되고 있다. 따라서 본 연구에서는 학교 안보다는 학교 밖 학습공동체를, 다양한 구성원이 포함된 공동체보다는 지리교사로 한정된 학습공동체를 연구의 대상으로 하기 때문에 전문학습공동체보다 '교사학습공동체'로 개념을 설정하는 것이 타당하다고 판단하였다.

한편 교사학습공동체에 대한 명확한 개념 규정은 아직 이루어지지 않았다. 학문적 연구가 시작된 지 그리 오래되지 않았기 때문이다. 다만 선행 연구를 살펴볼 때 교사학습공동체에 대한 개념 정의에서는 협력적인 학습과 실천, 전문성 개발, 학생의 학습 증진을 강조하였다. 또 교사학습공동체가 지닌 속성으로는 가치의 공유, 학생 학습 중심, 공동의 학습과 반성, 실천의 공유, 협력 등을 주로 언급하였다(Astuto et al., 1993; Kruse & Louis, 1993; Hord, 1997; DuFour & Eaker, 1998; McLaughlin & Talbert, 2006; Stoll & Louis, 2007; 최진영·송경오, 2006; 권낙원, 2007; 서경혜, 2009; 이경호, 2010; 장훈, 2010; 이경호·박종필, 2012). 이를 바탕으로 본 연구에서는 교사학습공동체를 '교사들의 전문성 신장과 학생들의 학습 증진을 위해 협력적으로 학습하고 반성하며 실천하는 교사 집단'으로 정의하고자 한다.

2) 상황학습이론

학습은 평생 동안 지속적으로 변화하는 인간을 만들어 내는 모종의 과정으로, 인간 내부의 심리적 과정일 뿐만 아니라 외부 세계와의 상호작용을 통해 이루어진다(Ileris, 2009). 그러나 행동주의와 인지주의로 대변되는 전통적인 심리학 기반 학습 이론들은 학습을 개인의 외현적인 행동 변화나 내적인 정신 과정으로만 설명한다. 반면 상황주의자들은 인간은 그가 처한 상황 그 자체를 전체론적으로 인식하기 때문에 학습은 개인과 상황과의 불가분의 관계 속에서 발생하는 것으로 간주한다.[1] 그래서 학습은 상황 속에서 활동을 통해 야기되는 지속적인 과정, 어쩌면 평생 동안 계속되는 과정으로 간주된다(Brown, Collins & Duguid, 1989).

물론 인간 학습의 분석 단위로 개인을 넘어서는 관점은 서구 인식론의 역사상 칸트에서 헤겔로 넘어오면서 나타나지만 본격적으로는 마르크스의 영향을 받은 비고츠키에 의해 시작되었다(Stahl, 2012). 비고츠키의 사회문화주의는 인간 고유의 정신 발달을 사회문화적 환경과의 관계 속에서 설명함으로써 개인과 사회의 분리 문제를 극복하고자 하였다. 하지만 비고츠키는 인간의 학습 과정이 사회적 요소에 의해 중재된다고 생각했음에도 여전히 분석 단위로서 개인에게 초점을 맞추고 있다. 사회적 상호작용은 전체적 관점이 아닌 매개를 통한 개인 간 상호작용이며, 근접발달영역 역시 집단이 아닌 개인에 기반한 개념이기 때문이다(Lave & Wenger, 1991; Stahl, 2012).

문제기반학습(problem based learning: PBL), 인지적 도제 학습, 맥락 정착적 수업(anchored instruction) 등 심리학의 상황인지론에 기반한 학습 논의들도 학습과 사고의 근원을 학습자의 활동을 통해 구성해 가는 상황에 두고 있다. 하지만 제도화된 학교에서의 학습에 초점을 맞추고 학교 밖 실제 생활로 전이시키는 것에 목적을 두기 때문에, 상황은 일상생활이 이루어지는 실제 상황이 아니며 단 하나의 학습 시나리오만 있기 때문에 실제로 직면할 현실 상황으로의 전이가 매우 제한적일 수 있다. 그리하여 역설적으로 상황 학습이 탈상황화될 우려가 있다(Barab & Duffy, 2000, Duncombe & Armour, 2004).

반면, 레이브와 웽거(1991)는 인류학적이고 사회학적인 관점에서 상황학습을 논의한다. 그들에 의하면, 인간은 정신적이거나 신체적인 인간이 아니라 전인격(whole person)적인 존재이며 세계 안에서 행위하는 세계 내 존재(person in the world)이다. 그래서 사람, 세계, 활동은 서로 내적으로 관련을 맺고 있으며 그 관계의 집합 속에서 인간은 지속적으로 학습하며 변화한다. 학습은 먹고 자는 것과 같은 인간 본성의 일부로 인간이 활동을 통해 생활 세계에 부

---

1. 사람들은 상황의 의미를 시간과 공간 속에 놓여 있는 것으로, 혹은 나의 사고와 행동이 다른 사람들과의 관계 속에 놓여 있는 것으로 생각한다. 그러나 상황의 의미를 본래적으로 이해하려면 전인격적인 존재론적 관점에서 해석해야 한다. 상황은 단순히 객관적으로 주어진 공간과 시간, 사회적 관계라기보다는 행위자들의 인식으로 드러나고 그 인식에 영향을 미치는 일상적 행위 혹은 사고를 구조화하는 생활공간이면서 동시에 사람들의 사고와 행위에 의해 일상적으로 구조화된 상태를 의미한다(손민호, 2005).

단히 참여하는 과정으로 이해된다. 이때 세계는 사회적으로 구축된 세계로 하나의 사회적 공동체이며 활동은 공동체(세계) 내에서 이루어지는 사회적 실천 과정이다.[2] 결국 학습은 사회적 실천 과정으로, 공동체라는 참여의 틀 안에서 상호 참여자들 간의 의미의 협상과 재협상의 과정이며 그것은 상호 참여자 간 관점의 차이에 의해 매개된다. 그리고 학습해야 할 것은 공동체 속에 담겨져 있으며 상호 참여자들 사이에 분산되어 있다. 그래서 학습은 전통적인 심리학자들이 주장하듯이 개인의 내면화 과정이 아니라 공동체의 사회적 실천에 참여하는 활동이며, 명제적 지식을 습득하는 과정이라기보다는 상호 참여를 통해 수행되는 특정한 실천 방식이다. 요컨대 학습은 사회화(socialization)와 문화화(enculturation)의 과정인 것이다.

학습자의 능력 또한 다른 방식으로 이해한다. 유능한 학습자는 공동체의 다양한 참여 분야에서 역할을 수행할 수 있는 능력을 지닌 참여자이며, 전문성이라는 것도 전문가 내면에 존재하는 것이 아니라 그가 참여한 공동체 안에 있는 것이며, 공동체에서 참여자들 간 상호작용을 통해서만 발휘되고 사회적으로 가시화된다. 결국 학습자(전문가)는 공동체를 떠나서 존재하지 않으며 공동체를 통해 학습 능력(전문성)은 재생산되고 발달한다. 이러한 관계를 무시한다면 학습은 정체성 구축을 포함하고 있다는 것을 놓치게 된다.

레이브와 웽거(1991)는 학습자의 발달 과정, 즉 공동체 내 참여가 점진적으로 변화해 가는 과정을 좀 더 구체적으로 기술하기 위해 '합법적인 주변 참여(legitimate peripheral participation)'라는 개념을 제시한다. 여기서 합법적인 참여(합법성, legitimacy)는 공동체의 경계를 설정하는 일종의 소속방식(ways of belonging)을 의미한다. 이는 학습에 있어서 결정적인 조건이 될 뿐만 아니라 학습 내용을 구성하는 요소이다. 주변적 참여(주변성, peripherality)는 공동체에서 중심적 참여의 반대말이 아니라 오히려 반대어는 관계 없음(unrelatedness, irrelevance)이다. 공동체에서의 단일한 중심은 없으며, 주변적 참여의 절대적 위치도 없다. 주변적 참여는 다양하고 다층적인 참여 방식을 포괄하며 이는 권력(power) 관계를 포함하는 사회적 구조와 관련된다. 공동체의 특정한 위치에 있는 참여자가 더 깊은 참여를 향해 이동하면 주변성은 이전보다 더 많은 힘을 부여 받게 되며 그렇지 않은 위치에 있으면 참여의 정도와 힘은 약화된다.

---

2. 세계와 공동체는 고정된 구조가 아니라 사회적으로 구축된다. 즉 객관적인 형태와 활동의 체계 그리고 그에 대한 행위자의 주관적이고 간주관적인 이해가 서로 어우러져 구축된다. 따라서 행위자는 공동체(세계)에 영향을 받지만 그것은 행위자에 의해 구축되기도 한다. 활동 또한 사회적 세계와 서로 분리될 수 없다. 행위자, 활동, 세계는 서로를 구축한다(Lave & Wenger, 1991; Lave, 2009).

레이브와 웽거(1991)는 이러한 합법적이고 주변적인 참여가 종국적으로 도달하게 되는 위치를 전임 참여(full participation)라 부른다. 전임 참여는 부분 참여(partial participation)의 반대적 의미이다. 초임자는 공동체 구성원으로서의 지위를 가짐으로써 합법적인 참여를 시작하게 되며 초임자, 중간 경력자, 고경력자, 장인 등 다양한 수준의 동료들로 구성된 공동체에서 자신이 차지하고 있는 위치 즉 주변성에 의해 동기화된다. 점차 초임자는 참여를 통해 얻은 가치의 사용이 증대되고, 전임 참여자가 되고 싶은 욕망과 공동체 실천을 구성하는 일반적인 아이디어를 수집하면서 공동체 내 실천의 문화로 몰입하게 된다.

하지만 합법적인 주변 참여를 통한 학습 과정은 그렇게 순차적이거나 이상적이지 않다. 오히려 그 과정은 사회적 실천과 정체성의 형성 과정에 내재하는 모순과 투쟁 속에서 발현된다. 초임자의 참여가 지속적으로 증가하게 되면 신참과 고참의 의미에 근본적인 모순이 발생하고 이들 간의 투쟁을 통해 공동체의 재생산이 이루어지며 고참의 대체가 나타나기 때문이다. 학습은 단순히 전이나 동화의 과정이 아닌 것이다(Lave & Wenger, 1991).

이렇듯 합법적인 주변 참여라는 개념은 정의하기 어렵지만 공동체 포함과 상호 참여자 간의 유대 관계를 설명하는 복잡하고 역동적이며 때로는 모호한 개념으로 참여의 궤적을 통한 학습 과정, 정체성 형성 과정, 공동체 소속감 등을 기술하는 데 있어서 중요한 부분을 차지한다. 따라서 합법적인 주변 참여 그 자체로 교육의 제도적 형태거나 교수방법은 아니다. 학습을 이해하는 한 가지 방식인 것이다.

지금까지 살펴본 것처럼 레이브와 웽거(1991)는 '참여' 개념을 통해 독립된 개인을 공동체 성원(member)으로 존재론적인 전환을 기획하며, 양방향적이고 다방향적인 학습을 통해 교사와 학생, 교수와 학습이라는 전통적인 이분법을 넘어선다. 상황학습은 공동체 구성원의 조건일 뿐만 아니라 공동체 구성원이 되어 가는 형식인 것이다.

표 1. 전통적인 학습 이론과 상황 학습 이론 비교

	전통적인 학습 이론	상황 학습 이론
학습자	개인(indivisual)	성원(member)
학습 과정	전달과 습득을 통한 지식의 내면화	공동체 참여를 통한 사회적 실천
교사-학생 관계	성숙인-미성숙인의 관계	합법적이고 주변적인 참여자들 사이의 관계
학습의 과정	진화론적, 일방향적인 과정	순환적, 다방향적인 과정
전문성 발달 과정	인지구조(스키마) 형성 과정	정체성 형성 과정

3. 연구 방법

본 연구는 '무엇'보다는 '어떻게'에 주목하여 지리교사들이 교사학습공동체에 참여하여 자신의 전문성을 발달시켜 나가는 과정을 드러내고자 한다. 이 과정은 자발적인 지식의 구성과 체현의 과정일 뿐만 아니라 지리교사로서 자신의 삶을 재구성하는 과정이기도 하다. 따라서 본 연구는 양적 연구로 이러한 과정을 밝히는 데 한계가 있다고 보고, 질적 연구 방법을 선택했다. 질적 연구는 내부자적 관점에서 구성원들의 일상적 세계를 있는 그대로 바라보면서 어떤 결과나 산물보다 어떤 행동이나 사건이 일어나게 된 과정을 중시하고, 설득보다는 발견의 맥락을 강조한다(조용환, 1999).

먼저 지리교사들로 구성된 국내의 여러 자생적인 학습공동체 중 연구 대상으로 '전국지리교사모임'을 선정하였다. 그 후 그 모임에 소속된 하위 모임들을 대상으로 참여 관찰을 시작하다가 최종적으로 2개 하위 모임을 표본으로 선정하였다. 참여 관찰 시기는 2012년 3월~8월이었고, 참여 관찰을 통해 전사한 분량은 A4 40쪽 정도다.

그다음 참여 관찰 모임에 소속된 지리교사 중 연구 주제에 적합한 정보와 자료를 줄 수 있는 '이론적 대표성'을 가진 교사를 우선적으로 연구 참여자로 선정하여 예비 조사(pilot test)를 실시한 후, 점차 그 수를 늘려 총 9명의 지리교사를 심층 면담하였다. 그리고 이들의 진술에 대한 보편성을 확보하고자 오랫동안 전국지리교사모임 산하 여러 모임에서 활동하여 풍부한 학습공동체 활동 경험을 갖고 있는 2명의 지리교사를 추가적으로 면담하였다. 이른바 '극단사례 추출 방법(extreme case sampling)'이다. 심층 면담은 반구조화된 면담을 중심으로 면대면 형태로 이루어졌으며, 전화 및 이메일 면담도 보조적으로 사용했다. 1차 면담은 2012년 7월~11월까지, 2차 면담은 2013년 6~8월까지 진행되었고, 심층 면담을 통해 전사한 분량은 A4 198쪽 정도다.

수집된 자료를 분석하기 위해 크게 두 가지 질적인 분석 방법론을 사용하였다. 우선 지리교사들의 교사학습공동체 참여 과정과 학습 양상을 분석하기 위해 스트라우스와 코빈(Strauss & Corbin, 1990; 1998)의 근거이론(grounded theory)을 사용하였다. 근거이론은 인간의 사회-심리적 문제를 탐구하는 데 유용하며, 다른 질적 연구 방법론과 달리 현상에 대한 심층적인 기술보다는 질적 자료의 체계적인 추상화 과정을 통한 중 범위 수준의 실체 이론(substantive theory) 개발을 목적으로 한다. 그래서 이론적 기반이 취약하고, 기존의 이론이 있더라도 수정이 필요하거나 명료화가 요구되는 분야에 적합하다.

둘째, 교사학습공동체를 통한 지리교사들의 성장과 정체성 발달 과정을 분석하기 위해 해치 (Hatch, 2002)가 질적인 분석 방법론으로 제시한 유형적 분석(typological analysis)과 귀납적 분석(inductive analysis) 모형을 사용하였다. 그에 의하면 유형적 분석이란 연구 중인 전체 현상을 구성 요소로 분해하기 위해 어떤 규준에 근거하여 관찰된 모든 것을 집단 또는 범주로 구분하는 것이다. 주로 특정한 이론이나 연구 목적 등에 의해 이미 결정된 유형에 기초하여 질적 자료를 범주로 구분함으로써 시작된다.

본 연구에서는 레이브와 웽거(1991)가 주장한 상황학습이론의 중핵인 합법적이고 주변적인 참여 과정(부분 참여−전임 참여)을 기본적인 유형 분석의 틀로 삼았다. 하지만 수집된 원 자료를 분석하던 중 부분 참여와 전임 참여라는 2개의 유형만으로는 지리교사의 발달 과정이 완전히 수렴되지 않았다. 오히려 더 많은 패턴이 발견되었다. 그리하여 유형적 분석과 함께 귀납적 분석 모형을 병행하여 사용하였다. 귀납적 분석은 귀납적 사고가 특수한 것에서 일반적인 것으로 진행되는 것처럼, 연구 중인 현상에 대해 일반적인 진술문이 만들어질 수 있도록 자료에서 의미 있는 패턴을 찾아 탐색하는 방법이다.

마지막으로 연구의 진실성을 확보하기 위해 링컨과 구바(Lincoln & Guba, 1985)가 제시한 준거에 따라 표 2와 같은 방법을 사용하였다.

한편 본 연구는 지금까지 설명한 분석 방법론에서 알 수 있듯이 다소 엄격하게 규정된 질적 분석 방법론을 사용하고 있고, 일반화된 지식 생산을 목적으로 하고 있다. 또 실재의 본질이 존재하기는 하지만 결코 완전히 이해되지 못하는 것으로 전제한다. 때문에 본 연구는 질적 연구 패러다임상 후기 실증주의 입장에 서 있다고 볼 수 있다(Hatch, 2002).

표 2. 연구의 진실성 평가 준거

질적 연구	양적 연구와 비교	본 연구에서 사용한 방법
신빙성 (credibility)	내적타당도 (internal validity)	이론적 표본 추출, 연구 참여자 검토, 장기간의 참여관찰, 다양한 자료 수집 방법 활용
재연가능성 (transferability)	외적 타당도 (external validity)	심층 면담, 동일 경험자에게 적용 가능성 검토
의존가능성 (dependability)	신뢰도 (reliability)	연구 과정 절차의 상세한 기술, 동료 및 외부 연구자 감사 (auditing)
확증가능성 (confirmability)	객관도 (objectivity)	연구자의 주관성과 연구 배경 기술, 지속적인 자기 성찰

4. 지리교사들의 참여 과정 및 학습 양상

스트라우스와 코빈(1990; 1998)이 제시한 근거이론을 적용하여 지리교사의 교사학습공동체 참여 경험을 분석한 결과 지리교사의 교사학습공동체 참여 과정과 학습 양상을 파악할 수 있었다.[3]

1) 지리교사들의 교사학습공동체 참여 과정

교사학습공동체 참여 과정에 대한 기존의 선행 연구와 달리 지리교사들의 참여는 개인적 차원뿐만 아니라 공동체, 국가·사회적 차원에서도 영향을 받는 등 다차원적인 영향 요소들의 관계 속에서 이루어졌다. 이를 참여 요인, 장애 요인, 참여 지속 요인으로 구분하여 구체적으로 살펴보면 다음과 같다(표 3).

첫째, 지리교사의 참여 요인이다. 개인적 차원에서는 지리에 대한 열정보다 지리 수업에 대한 열망이 더 중요했으며, 열망의 기저에는 지리 수업 자료의 부족과 통합사회에 대한 부담을 해결하고 싶은 소망이 자리 잡고 있었다. 지리 수업 자료의 빈약함은 기존의 현직 교육에 대한 의문을 품게 한다. 기존의 현직 교육은 현장의 맥락과 분리된 지식을 일회적인 방식으로 전달하는 형태가 대부분으로 지리교사들은 교실 수업에서 유용한 실천기반 교사 지식을 획득하기가 어려웠다. 반면 통합사회의 문제는 수업의 문제이기도 하지만 본질적으로 국가 교육과정에서 출발하였다. 그동안 통합사회 교육과정 개발은 그것이 실행되는 현장의 상황을 간과한 채 이루어졌고 그 결과 교사에게는 전문성 하락을, 학생에게는 질 높은 교육의 기회를 박탈하는 문제를 가져왔다. 지리교사들은 이러한 문제를 해결하기 위해 학교 내 교사학습공동체를 구축할 수 있지만 개인주의적인 교사 문화, 행정 중심의 관료주의, 지리교사 수의 절대적 부족, 지리교사 간 인식과 관점의 차이, 생애 주기의 차이 등으로 인해 학교 내 공동체 구성이 쉽지 않았다. 그리하여 이들은 학교 밖 교사학습공동체로 발길을 돌리게 되었다.

공동체 차원에서는 근접성에 영향을 받았다. 근접성은 다시 사회적인 근접성과 지리적인 근접성으로 구분된다. 전자는 기존 공동체 구성원과의 인간적인 친분 관계를 의미한다. 다수의

---

3. 지면의 한계로 자료의 분석 과정 및 연구 결과를 증명할 수 있는 질적 자료를 포함시키지 못했으며, 제시한 연구 결과도 압축하여 서술하였다. 이에 대한 자세한 서술은 김대훈(2014a, 77-251) 참고.

표 3. 지리교사들을 교사학습공동체 참여 과정

요인＼차원	개인적 차원	공동체 차원	국가·사회적 차원
참여 요인	• 지리 수업에 대한 열망	• 사회적·지리적인 근접성	• 교육 정책의 변화 • 모임 외부와의 관계
장애 요인	• 초임자: 적응의 어려움 • 경력자: 생애 주기의 변화	• 교사학습의 목적 상실 • 리더의 부재	• 교육 정책의 변화
참여지속 요인	• 다수: 교사학습에 대한 몰입 • 소수: 이중 몰입(교사학습에 대한 몰입 + 공동체에 대한 몰입)		

지리교사들은 같은 학교에 근무하는 동료 교사나 대학 동문의 권유 혹은 교사 모임 행사에서 만난 인연을 통해 공동체에 들어오게 되었다. 반면, 후자는 정기 모임 장소와의 물리적 이동 거리를 의미한다. 지리교사들은 공동체 참여에 대한 열망을 갖고 있어도 이동 거리가 멀면 참여 의지를 내려놓을 수밖에 없었다. 지리적 근접성은 공동체 참여 가능과 불가능을 구분 짓는 절대적 조건으로 작동한 것이다.

국가·사회적 차원에서는 교육 정책의 변화가 공동체 참여의 강력한 요인으로 작용했다. 교사연구모임 활성화 정책, 학교 민주화와 자율화 정책, 교사 임용 증가 정책 등은 교사학습공동체가 태어나고 활성화시키는 데 한몫을 담당했다. 외부 모임과의 관계에 대한 참여자의 태도는 공동체 참여에 영향을 주기보다는 공동체 선택에 더 큰 영향을 주었다. 어떤 참여자는 국지적인 교사학습공동체를 선호했지만, 또 다른 유형의 참여자들은 전국적인 규모의 교사학습공동체를 선호했다.

둘째, 지리교사의 지속적인 참여를 가로막는 장애 요인도 있었다. 개인적 차원에서 초임자들은 학습공동체에 적응하는 데 어려움을 겪었다. 이들은 공동체 내 학습 과제 수준이 높아 이를 해결하는 데 많은 시간을 필요로 했으며, 힘들게 과제 수행을 하더라도 토론 과정에서 수정 요구를 많이 받았다. 또 구성원들과의 서먹하고 낯선 정서적 관계는 공동체 내 적응을 더욱 어렵게 했다. 반면 경력자들은 결혼, 임신, 출산, 육아, 이사 등 생애 주기의 변화로 인해 발생한 사적인 과업에 대한 부담과 거주지와 근무 학교의 이동으로 모임 장소와의 이동 거리가 증가함에 따라 공동체 참여에 어려움을 겪었다.

공동체 차원의 장애 요인은 주로 공동체 운영과 관련된 것으로 학습 공동체 활동의 목적 상실과 리더(leader)의 부재 등이었다. 일반적으로 교사학습공동체는 뚜렷한 목적을 표방하면서 만들어지며, 모든 구성원들이 목적에 동의할 때 공동체는 유지되고 발전한다. 때문에 목적

의식의 상실은 곧 공동체의 붕괴를 가져왔다. 또 공동체의 리더가 개인적인 사정, 관심사의 변화, 다른 모임으로의 이동 등에 의해 그 역할을 수행하지 못하면 공동체는 정체되거나 소멸되었다. 그래서 지리교사들은 오랫동안 한 명의 리더에 의존하여 모임을 운영하기보다 모든 구성원에게 일정 부분 권한을 위임하거나, 리더 역할을 순환하는 방법을 채택하였다.

국가·사회적 차원에서는 교육 정책의 변화가 주요한 장애 요인이었다. 수행평가 축소 정책, 교육과정에서 집중이수제 도입, EBS 문제집의 대수능 연계 등은 교사학습공동체 활동의 성과물에 대한 활용 가치를 약화시켰고, 이에 따라 지리교사들의 공동체 참여의 필요성도 자연스럽게 약화되었다. 또 시대적 변화에 따른 교사의 행정 업무 증가는 지리교사들이 공동체 참여에 대한 시간 확보를 어렵게 만들었다. 관변 모임에 대한 편중된 지원 정책도 공동체 운영을 어렵게 했다. 무엇보다 국가교육과정에서의 지리의 위상 약화는 교사학습공동체 참여와 운영을 방해하는 강력한 기제로 작동했지만 이는 구조의 문제로 참여자 개인이 해결하기에는 한계가 있었다.

셋째, 지리교사들을 교사학습공동체에 지속적으로 참여시킨 원동력은 몰입(commitment)[4]이었다. 지리교사들의 몰입은 공동체 그 자체에 대한 헌신을 의미하는 공동체 몰입보다 구성원 간 협력 학습과 지식의 공유 활동에 대한 헌신을 의미하는 교사학습에 대한 몰입이 더 강했다. 물론 특정한 유형의 참여자들에게는 공동체 및 교사학습에 대한 몰입이 모두 나타나는 이중 몰입 현상도 나타났다.

2) 지리교사들의 학습 양상

지리교사들의 참여 경험을 분석한 결과 교사학습공동체에 내재된 학습 원리와 학습을 촉진하는 요인을 발견할 수 있었다. 먼저 교사학습공동체에서 이루어지는 지리교사들의 학습에 내재된 원리는 크게 5가지로 나타났다. 첫째는 공동(共同)의 원리로 공동체에서의 학습은 주제 선정부터 실행까지 전 과정이 지리교사들의 협력적인 활동으로 구성되었다. 이러한 공동의 작업은 공동체에 대한 유무형의 자산(repertoire)이 되어 공동체를 유지하고 정체성을 강화시켰다. 둘째는 공유의 원리로 지리교사들은 공동의 작업과 함께 지리 수업과 관련된 지식과

---

4. 국내에서는 영어의 'flow'와 'commitment'를 모두 몰입으로 번역한다. 본 연구에서의 몰입은 순간적인 집중을 의미하기보다는 특정 집단이나 현상에 대한 개인의 정서적, 감정적 애착을 의미하기 때문에 전자(flow)보다는 후자(commitment)의 의미에 더 가깝다.

학교 교육 및 업무와 관련된 정보의 공유를 통해 교실과 학교에서 부딪히는 문제 사태를 해결하는 데 큰 도움을 받았다. 셋째는 자발성의 원리로 성인학습자는 아동학습자와 달리 자기 주도적인 학습을 특징으로 한다. 교사학습공동체 또한 지리교사들의 자발성을 기반으로 태어나고 유지된다. 하지만 학습공동체의 구성원으로 능동성을 지속적으로 발현하는 과정은 지식의 소비자에서 생산자로, 개인적인 학습자에서 사회적인 학습자로 거듭나야하는 고통스런 과정이었다. 넷째는 분담의 원리로 경력자와 초임자 사이에는 보이지 않는 역할 분담이 이루어졌다. 공동체 내 학습과 관련에서는 일종의 멘토(mentor)와 멘티(mentee)의 관계처럼 경력자와 초임자 간의 역할 분담이 이루어졌다. 또 공동체 운영과 관련에서도 한 명의 리더에게 의지하는 수직적이고 위계적인 리더십을 유지하기 보다는 역할 순환을 통해 모두가 리더 역할을 경험하였다. 일종의 공유된, 분산된 리더십(shared, distributed leadership)이었다. 다섯째는 토론의 원리로 지리교사들은 토론을 통해 양 방향적이고 다 방향적인 소통을 하였다. 토론은 학습 과제의 진행을 더디게 하였지만 의견 제시를 통해 자신의 암묵지를 검증하고 타인의 사고를 자극하여 창의성을 발현시키는 '협력적인 반성(collaborative reflection)'의 과정이었다.[5]

이상과 같은 5가지 학습 원리가 교사학습공동체 내에서 복합적이고 유기적인 관계 속에서 이루어질 때, 학습공동체는 유지되고 활성화되며 구성원들도 지속적으로 공동체에 몰입하게 되었다. 교사학습공동체는 하나의 '학습 생태계(Learning ecosystem)'를 형성한 것이다.

그다음 교사학습공동체에서 지리교사들의 학습을 촉진하는 요인도 발견되었다. 첫째, 비전의 공유였다. 비전은 공동체 구성원들이 바람직하다고 생각하는 모종의 무엇으로, 비전이 공유될수록 구성원들은 고무되고 행동에 의미를 부여 받게 되어 공동체에 몰입하게 된다. 또 구성원들을 응집시켜 다른 공동체와 구별되는 경계를 만들기도 한다(Wenger, 1998). 본 연구에서 지리교사들이 공유하고 있는 비전은 현장감 있는 지식 생성 추구, 목적의 순수성 지향, 지리교육 발전에 기여, 진보적 가치 지향이었다.

둘째, 구성원의 다양성이었다. 구성원이 다양하고 이질적인 집단은 똑똑한 개인보다, 동질적인 집단보다 덜 유능하지만 더 나은 판단을 할 뿐만 아니라, 동조화(conformity)의 압력으로부터 개인과 집단을 보호하여 집단 사고(group think)의 덫에 걸리는 것을 예방한다(Sur-

---

5. 노나카(1994)는 이 과정을 폴라니(1966)의 명시적 지식과 암묵적 지식 개념을 원용하여 4단계의 지식 창출 과정으로 설명한다. '사회화(socialization)'은 사회적 상호작용을 통해 공유된 경험을 새로운 암묵적 지식으로 전환하는 단계이며, '외재화(externalization)'는 내면화된 암묵적 지식을 은유·비유를 통한 설명하거나 시각화나 대화를 통해 외재적으로 표현되는 단계이다. '종합·통합화(combination)'는 명시지에서 명시지로 변환되는 과정이며, 마지막으로 '내면화(internalization)'는 명제지가 암묵지로 변환되는 과정이다(Nonaka & Takeuchi, 1995).

교사학습공동체에서의 학습 원리

공동의 원리	공유의 원리	자발성의 원리	분담의 원리	토론의 원리
협력적인 과제 선정 및 수행하기	학교 정보 공유 지리 수업 지식 공유	인내와 책임 의식 함양 지식 생산자로 거듭나기	분산된 리더십 발휘 경력자/초임자 역할 구분	협력적 반성하기 다 방향적인 학습하기

교사학습공동체에서의 학습을 촉진하는 요인

버전의 공유	구성원의 다양성	정서적 유대감
현장감 있는 지식 생성, 목적의 순수성 지향, 진보적 가치 지향	경력·연령·성별의 적절한 배분, 출신 대학의 다양화, 개인 강점의 차별화	공감과 지지를 위한 수다, 답사 겸 여행, 가족 동반 모임

그림 1. 교사학습공동체에서의 학습 원리와 학습을 촉진하는 요인

owieck, 2004). 본 연구에서 참여자들이 생각하는 구성원의 다양성은 출신 대학, 자신의 지닌 강점, 모임 경력, 연령, 성별 측면에서 나타났다. 이 중 출신 대학, 자신의 장점, 모임 경력에 따른 다양성은 학습공동체 활성화에 직접적인 영향을 주는 심층적 요소였다. 반면 연령과 성별은 직접적으로는 영향을 미치지 않지만 학습공동체 운영에 간접적인 영향을 주는 표면적 요소였다.

셋째, 정서적 유대감이었다. 공동체 감정(community sentiment), 호혜적 관여(mutual engagement) 등 그 용어는 다르지만 정서적 유대감은 여러 선행 연구에서 공동체를 유지시키는 가장 중요한 요소 중에 하나로 언급되었다. 본 연구에서도 정서적 유대감은 좀 더 개방적인 학습 분위기를 만들며 격렬한 논쟁과 비판 속에도 서로 상처받지 않는 이른 바 '비판적 동지애'를 가능하게 했다.

또 정서적 유대감은 지식의 내면화에도 큰 도움을 주었다. 다른 사람의 사고를 완전히 이해하는 것은 단어를 이해하는 것만으로는 충분치 않으며 감정과 의지와 함께 이해되기 때문이다(Postholm, 2012). 지리교사들은 정서적 유대감을 유지하기 위해 서로를 정서적으로 공감하고 지지해 주는 데 많은 시간을 할애하였고, 종종 답사 겸 여행을 가거나 회식을 하거나 가족 동반 모임을 하는 등 서로를 교감하기 위해 노력했다. 그리하여 지리교사들에게 공동체는 공부하는 연구 모임이면서 동시에 친목을 위한 계모임적 속성을 동시에 갖고 있었다.

5. 지리교사들의 성장과 정체성 발달 과정

레이브와 웽거(1991)가 제시한 상황학습이론을 기반으로 해치(2002)의 유형 및 귀납적 분석을 시도한 결과 교사학습공동체를 통한 지리교사들의 성장과 정체성 발달 과정을 파악할 수 있었다.[6]

1) 지리교사의 성장 과정

교사학습공동체를 통한 지리교사들의 성장 과정은 크게 4단계로 유형화되었다. 이를 순서대로 설명하면 다음과 같다.

① 발단: 열정으로 학교를 넘다.

'열정'은 일종의 정서이지만 행동을 동기화하는 강력한 추진력을 갖는다. 사람들은 열정을 통해 자신을 생성하고 변화시킨다. 학습공동체에 참여한 지리교사들은 열정을 가진 사람들이었다. 우리가 '열정적'이라는 표현을 쓸 때 일정 기간 이상의 시간과 노력 투입을 전제한다. 마찬가지로 참여자들은 오랫동안 마음 혹은 몸속에 내면화된 신념이나 정서를 지니고 있었다. '좋은 교사에 대한 자기만의 신념' 아니면 '지리에 대한 무조건적인 사랑'이었다.

우선 참여자들은 좋은 지리교사에 대한 자기만의 신념을 갖고 있었다. 성직자적인 교사관을 강하게 갖고 있는 참여자가 있는가 하면, 자존감 있는 교사를 꿈꾸는 참여자도 있었고 좋은 교사가 되기 위해 배우면서 가르쳐야 한다는 믿음을 갖고 있는 참여자도 있었다. 둘째는 지리에 대한 무조건적 사랑이었다. 일부 참여자들은 어릴 적부터 지리를 좋아했을 뿐만 아니라 지리에 대한 열정을 함께 공유하고 확산시키고 싶은 마음을 갖고 있었다.

참여자들은 교사가 된 후 자신의 신념이나 정서를 유지하고 더 나은 실천으로 옮기기 위해 노력하였다. 하지만 현실은 그렇게 녹록치 않았다. 지리 수업 자료는 빈약했고 학교 시설은 열악했다. 통합사회 수업에 대한 부담과 같은 구조적인 문제는 참여자들의 신념을 실현하는 데 또 다른 걸림돌이 되었다. 또 참여자들은 지리에 대한 애정을 함께 공감하고, 다른 사람들에게

---

6. 지면의 한계로 연구 결과를 증명할 수 있는 질적 자료를 포함하지 못했다. 연구 결과에 대한 질적 자료는 김대훈(2015) 참고.

전이시키고 발전시키고자 하였다. 하지만 지리교사의 절대적 수가 적어 학교 안에서도, 인근 지역에서도 뜻이 맞는 지리교사를 만나기가 어려웠다.

결국 참여자들은 재미있는 수업, 의미 있는 수업을 통해 아이들로부터 인정받기를 원했지만 현실적인 한계를 해결할 수 있는 능력도 부족했고, 의지도 약했다. 그래서 이들은 다른 돌파구를 찾았다. 학교 밖 협력이었다.

② 입문: 같은 공간, 다른 장소에 머물다.

인간주의 지리학 관점에서 공간은 낯설고 무차별적인 미지의 세계이지만, 장소는 친밀하고 가치가 부여된 의미의 세계이다. 장소는 되풀이되는 만남과 복잡한 연관관계를 통해 우리의 기억과 정서 속에서 구축된다. 장소 경험은 필연적으로 오랜 시간과 충분한 기억을 요구한다 (Tuan, 1977; Relph, 2000).

참여자들은 지리 수업에 대한 열정을 바탕으로 지리교사 학습공동체에 입문하였다. 비록 초임자이긴 하지만 공동체의 일원으로 합법성을 부여받은 것이었다. 하지만 초임자들이 경험한 것은 낯선 사람과 어색한 분위기 그리고 익숙지 않은 학습 방식들이었다. 이들에게 공동체는 단지 물리적인 공간이었으며, 미지의 세계였다.

참여자들이 공동체에서 이루어지는 교사학습에 적응하는 것은 생각보다 어려웠다. 공동체에서의 학습은 분업과 협업을 반복하면서 이루어졌고 공동의 학습 과제 수준 또한 매우 높았다. 이는 짧은 교직 경력과 학습공동체 경험을 가진 초임자에게 감당하기 어려운 것이었다. 초임자들은 대부분 신참 교사로 학교 현장에 적응하기도 벅찼으며, 지리 수업에 있어서도 수업 자료 제작보다는 교과서 내용과 대학 입시 문항을 숙지하기도 바쁜 상황이었다.

참여자들은 공동의 학습 과제 수행을 두고 많은 고민과 갈등을 하였다. 참여자들에게 공동의 과제는 글자 그대로 '숙제'였다. 참여자들은 스스로 판단해도 불만족스러운 숙제를 들고 모임 참여 여부를 고민하다가 모임 장소로 발길을 돌리지만 예상대로 다른 구성원들로부터 칭찬보다는 비판을 많이 받게 되었다. 참여자들은 심리적으로 위축되어 토론을 중심으로 한 협업의 학습 과정에서 별다른 말을 하지 못한 채 자리만을 차지하였고, 자신이 모임에서 약간 들러리 같다는 느낌을 받게 되었다. 그리하여 참여자들은 공동의 과제 수행에 도움이 되지 못함을 미안하게 생각하며 모임 참여에 대한 개인적 신념과 현실의 능력 부족 사이에서 갈등을 하게 되고, 급기야 계속적인 모임 참여 여부에 대해서까지 심각하게 고민하였다.

특히 공동체에서의 정서적 낯설음은 심리적 갈등 현상을 더욱 강화시켰다. 기존의 성원들은 다양한 형태의 정서적이고 인간적인 교류와 교감을 통해 그들 나름대로의 정서적 유대감을 형성하였다. 하지만 이러한 정서적 유대감은 초임자가 공동체에서 교사학습을 수행하는 데 오히려 장벽 역할을 하였다. 공동체에서 초임자의 정서적 위치성은 손님과 같았다.

결국 초임자와 경력자 모두 지리교사 학습공동체라는 같은 공간에서 활동했지만 공간에 대한 의미 부여는 사뭇 달랐다. 경력자에게 공동체는 자기 발전과 편안함의 장소였지만 초임자에게는 자기 위축과 반성, 불안, 걱정의 장소였다.

③ 발전: 인정 투쟁, 나만의 자리 만들다.

참여자들은 열정을 바탕으로 학교를 넘어 공동체의 일원으로 합법성을 획득했지만 공동체에 입문한 초임자로서 여전히 부분 참여자의 범주를 벗어나지 못하고 심리적 갈등을 겪었다. 이러한 갈등은 궁극적으로 공동체 참여를 통해 발생한 구성원들과의 사회적 관계, 즉 자신의 욕구가 타인에 의해 인정받지 못한 상황 속에서 나타난 것이다. 인간은 타인으로부터의 인정을 통해 자신의 존재 이유를 확인 받으며 자신의 정체성을 형성하기 때문이다. 다시 말해 자아는 타자의 인정을 의욕한다. 그래서 참여자들은 자신의 심리적 갈등상태를 벗어나기 위해 나의 욕구를 타인에게서 인정받는 것이 중요하였다(이정은, 2005).

초임자들은 성원들에게 인정받기 위해 심리적 갈등 속에서도 공동체에 들어온 열정을 생각하며, 지속적으로 공동의 학습 과제를 수행하였다. 하지만 참여자들이 다른 성원들에 대한 미안함을 극복하고, 성원들로부터 인정을 받는 것은 고통과 인내를 수반하는 과정이었다. 기존의 대학이나 대학원 혹은 교사 연수는 주로 개인이 혼자 수동적으로 지식을 전달받는 과정이었지만, 공동체에서의 교사학습은 본인 스스로의 능동적인 개입이 있는 지식의 생산자로서 참여하는 과정이었다. 또 배움은 협업의 과정이기 때문에 절충과 타협을 위한 인내심과 자신이 뱉은 말에 책임을 지는 책임감이 요구되었다.

비록 가끔일지라도 열정과 성실 그리고 오랜 고민과 인내 끝에 떠오른 아이디어를 바탕으로 과제를 수행한 후 정기 모임에서 성원들로부터 칭찬과 격려를 받게 되고, 동료들로부터 자기계발에 대한 자극, 경력 교사들로부터의 멘토링 등을 통해 다양한 조언을 얻으면서 무언가 내가 지식을 생산하고 있고 배우고 있다는 것을 느끼기도 했다.

이 무렵 연구 참여자들은 학습공동체의 공평한 업무 분담 원칙에 따라 총무나 회장과 같은 역할을 부여받았다. 리더는 공동의 과제 수행 목적을 정확하게 이해해야 하고, 다른 구성원들의 상황도 살피고 도움도 줘야 하며, 때로는 공동체에 일어나는 민감한 문제를 건드려야 하기 때문에 참여자들에게 리더 역할은 또 다른 숙제였다. 하지만 한편으로는 자신의 존재 여부를 드러내고 성원들로부터 인정을 받을 수 있는 기회이기도 하였다.

참여자들은 회장이나 총무와 같은 역할을 분담하면서 맡은 바 역할에 대한 책임감으로 더욱 더 모임에 자주 그리고 적극적으로 참여했다. 이들은 개인의 시간과 정열의 많은 부분을 공동체 활동을 위해 소비하게 되었으며, 일정 부분 희생을 감수해야 하는 상황도 경험하였다. 하지만 땀과 노력의 대가로 참여자들은 모임에 대한 소속감도 커지고 구성원들과의 빈번한 연락과 회의 및 공동체에서의 학습 진행으로 다른 구성원과 좀 더 가까워졌으며, 그들에 대한 인간적 신뢰 관계도 형성되었다. 또 공동체 내의 학습 활동에 대한 참여뿐만 아니라 학습 과제나 방향성을 기획하고 교사학습을 이끌어 가면서 공동체 비전에 대한 이해도 증가하였다. 이러한 과정을 통해 참여자들은 점차 공동체에 대한 동일시 정도가 높아지고, 공동체 내 자신의 자리를 마련하기 시작했다. 이는 학습공동체에서의 사회적 실천이 어느 정도의 궤도에 진입한 것이며 자신의 정체성을 다른 공동체 성원들로부터 인정을 받았다는 것을 의미하였다. 어떤 참여자는 공동체의 방향을 제시하고 결단력을 보여 주면서 공동체의 진정한 리더, 전임 참여자로 성장하기도 하였다. 물론 이러한 일련의 과정은 초임자와 경력자 간의 주변적 위치를 둘러싼 모순과 경합의 과정이기도 하였다.

④ 심화: 모임을 체현한 나, 공동체에의 존재가 되다.

학습을 통한 참여자들의 성장은 공동체를 떠나서 존재하지 않는다. 참여자들은 공동체를 통해 개인의 역량이 재생산되었다. 이는 곧 공동체의 참여가 지리교사 전문성 발달에 원천임을 의미한다(Lave & Wenger, 1991).

참여자들은 지속적인 학습공동체 활동을 통해 지리 수업자료 개발 능력이 향상되었고, 지리 수업에 유용한 교수내용지식(PCK)들을 서로 공유하고 자신의 지식도 검증 받으면서 지리 수업의 질도 향상되었다. 그에 따라 지리교사로서 전문성이 성장하고 때로는 성원들로부터 자신의 능력을 인정받게 되면서 공동체 성원으로서, 지리교사로서 만족감을 갖게 되었다. 이러한 지리교사의 만족감은 자존감으로 연결되었고, 자존감은 긍정적인 태도와 심리적인 안녕에 영향을 주었다. 또한 자존감이 높은 교사일수록 상대적으로 변증법적 사고에 익숙하며 확산적이고 창의적인 교수 신념을 갖기 쉽다고 한다(Basadur & Hausdorf, 1996; 정혜진·이완정, 2013에서 재인용).

이러한 자존감은 자신의 문제를 넘어 공동체와 성원들에 대한 자긍심으로 연결되었다. 공동체에서의 활동은 개인의 성장일 뿐만 아니라 구성원 모두가 함께 성장하는 것으로 이들은 자신들의 공동체가 지리교사 집단 전체의 역량을 끌어 올리는 데 일조했다는 자부심을 갖고 있었다. 물론 학습공동체의 현실적 문제와 미래의 불확실성에 대해서도 자신의 문제처럼 고민하고 있었다.

한편 참여자들의 활동은 점차 공동체 안에서만 머무는 것은 아니었다. 공동체를 넘어 지리교육 관련 다른 영역으로 확대되었다. 지리교과서 집필, 지리교양도서 출판, 전국연합학력평가나 대학수학능력시험 출제, 1정 연수를 비롯한 각종 지리교사 연수 강사, 국가교육과정 개발 참여 등으로 활동의 범위를 넓혔다. 하지만 참여자들은 이렇게 다양한 방면에서 활동할 수 있었던 원천을 학습공동체에서 찾았다.

이처럼 참여자들은 자신의 정체성을 학습공동체와 분리할 수 없는 '공동체-내-존재(being in the community)'였다. 하지만 동시에 하나의 학습공동체를 넘어 더 큰 혹은 또 다른 지리교육 학습공동체를 향하여 운동하는 존재였다. 참여자들은 공동체 안에 머무는 존재로서의 수동성만을 지니는 것이 아니라, 더 큰 공동체를 향해 나아가 의미를 부여하는 적극적인 존재였다. 메를로퐁티(1945)의 용어를 빌리면 '공동체-에의-존재(être-au-communauté)'인 것이다.[7] 참여자들은 학습공동체에 닻을 내리고 있지만 더 넓은 지리교육 학습공동체를 지향하며 더 넓은 사회적 실천을 추구하면서 지속적으로 성장하고 지리교사의 전문성과 정체성을 강화시켜 나가는 적극적인 존재였다.

2) 지리교사의 정체성 발달

정체성은 같음(idem)을 의미하는 동일성(sameness)과 그 자체(ipse)를 의미하는 자기성(selfhood)을 함께 지니고 있는 개념으로 전자는 변화하지 않는 정체성으로 주로 집단적 정체성과 연결된다면, 후자는 변화하는 정체성으로 개개인의 실존적 정체성을 의미한다(박승규, 2013). 때문에 정체성 분석 단위로 개인과 사회를 구분하는 것은 잘못된 이분법적인 발상이다(Wenger, 1998). 앞에서 보듯이, 참여자들은 공동체를 떠나서 존재하지 않으며 공동체를 통해

---

7. 메를로퐁티의 '세계-에의-존재(être-au-monde)'에서 프랑스어 'au'는 'á+le'의 축약어이다. á는 영어의 장소, 운동, 방향, 내속, 소유 등을 동시에 뜻하는 'into+in+to+at+of'를 모두 포함하고 있다. 우리말로는 '~안에' 라는 뜻과 함께, '~에로'라는 뜻도 지니고 있다. 따라서 '공동체-에의-존재'는 '공동체 안에 있는 존재'이면서, '공동체를 향해 나아가는'의 존재론적인 성격을 모두 표현한 말이다(Merleau-Ponty, 1945).

참여자들의 역량은 재생산되고 성장하였다. 참여 교사의 정체성은 학습공동체와 불가분의 관계를 맺고 있는 것이다. 지리교사의 활동과 전문적 지식, 그리고 공동체는 상호의존적이며 하나는 다른 2개 없이 이해될 수 없다. 지리교사의 전문성 발달은 3개 전부를 포함해야 한다. 정체성은 사람과 그들이 위치한 공간 그리고 공동체 참여 양식 간에 성립하는 역사적이며 구체적인 관계이기 때문이다(Lave & Wenger, 1991).

연구 참여자들은 학습공동체에 참여 결과 지리 수업에 유의미한 이론적, 실천적 지식들을 체화하면서 개인의 역량을 향상시켰지만 무엇보다 지리교사로서의 정체성이 형성되거나 강화되었다. 이들의 전문성 성장 과정은 지리교사들로 구성된 학습공동체를 통해 이루어졌기 때문에 자신이 지리교사라는 사실을 지속적으로 상기시켜 주었고, 공동체에서의 학습 과정에서 '왜 지리를 가르쳐야 하는가?', '지리교사란 누구인가?'에 대해 스스로 자문하게 했다. 고무적인 일은 지리교사의 정체성이 고등학교 지리교사보다는 중학교 지리교사들에게, 지리에 대한 열정을 갖고 있었던 교사보다 그렇지 않았던 교사들에게서 두드러졌다는 것이다.

웽거(1998)는 공동체의 '경계'를 정체성 문제로 간주했던 것처럼, 참여자들의 공동체 참여는 단지 합법성을 획득하는 과정만은 아니었다. 밖으로는 타자 집단과 경계를 형성하는 것이었으며, 공동체라는 집단적 정체성을 형성하는 동일시의 과정이었다. 물론 이들이 참여한 학습공동체는 비록 소수의 지리교사들로 구성된 공동체였다. 하지만 넓게 보면 이는 전국 지리교사 혹은 전 지리교육자 공동체의 일부이다. 때문에 학습공동체의 참여는 전체 지리교육자 공동체 참여의 출발이면서 전체 지리교육 공동체에서의 참여와 실천의 폭을 넓혀가는 과정이었다. 그래서 참여자들이 자신의 위치성을 더 넓은 지리교육 공동체로 이동시킬수록 지리교사로서의 정체성은 더욱 강해졌다.

한편, 지리교사의 정체성 문제는 곧 지리 수업의 질로 연결되었다. 본디 교육은 가치의 문제로 교육 내용으로서 '무엇'을 가르치는 것도 중요하지만 '누가' 가르치는 것이 중요하다. 파머(Palmer, 1998)는 훌륭한 교사들의 공통점은 강렬한 정체성이 그들의 수업에 배어 있다는 것

표 4. 지리교사들의 성장과 정체성 발달 과정

단계	합법적인 주변 참여의 위치성	지리교사의 성장 과정	전문성 요소
발단	비합법적 참여	열정으로 학교를 넘다.	실천적 전문성
입문	부분 참여	같은 공간, 다른 장소에 머물다.	반성적 적문성
발전	중간 참여	인정 투쟁, 나만의 자리를 만들다.	협력적 전문성
심화	전임 참여	모임을 체현한 나, 공동체에의 존재가 되다.	변혁적 전문성

이며, 훌륭한 가르침은 정체성으로부터 나오고, 얼마나 자신의 자아의식을 발휘했느냐에 따라 수업의 질이 결정된다고 하였다. 때문에 학생들이 지리를 배우는 것도 중요하지만, 지리교사에게 배우는 것이 더 중요할지 모른다.

지금까지 살펴본 지리교사들의 성장과 정체성 발달 과정을 정리하면 표 4와 같다.

6. 마치며

본 연구는 학교지리의 위기 속에서도 정체되거나 위축되지 않고 지리교사로서의 정체성을 지키며 지속적으로 전문성을 발달시키고 있는 상당수 지리교사들이 교사학습공동체에 참여한다는 사실에 주목하였다. 그리하여 지리교사들로 구성된 자생적인 교사학습공동체 중 하나를 선정하여 참여 관찰을 시도했고, 그 과정에서 11명의 연구 참여자를 선정하여 심층 면담을 수행했다. 수집된 자료는 크게 두 가지 질적인 분석 방법론을 사용하여 분석했다. 먼저 스트라우스와 코빈(1990; 1998)이 제시한 근거이론을 적용하여 지리교사들의 교사학습공동체 참여과정과 학습 양상을 발견하였다. 지리교사들의 교사학습공동체 참여요인, 참여를 가로막는 장애 요인 그리고 지속적인 참여를 이끄는 요인은 비단 개인적 차원뿐만 아니라 공동체 및 국가·사회적 차원에서도 도출되었다. 교사학습공동체에 내재된 학습 원리와 학습을 촉진하는 요인도 발견되었다. 교사학습공동체에서 일어나는 학습의 원리는 공동, 공유, 자발성, 분담, 토론 등 다섯 가지였고, 이를 촉진하는 요소는 비전의 공유, 구성원의 다양성, 정서적 유대감 등 세 가지였다.

그다음 레이브와 웽거(1991)의 상황학습이론을 기반으로 해치(2002)의 유형적, 귀납적 분석 모형을 적용하여 지리교사들의 성장과 정체성 발달 과정을 도출하였다. 교사학습공동체에 참여한 지리교사들의 성장 과정은 발단(열정으로 학교를 넘다), 입문(같은 공간, 다른 장소에 머물다.), 발전(인정 투쟁, 나만의 자리를 만들다.), 심화(모임을 체현한 나, 공동체에의 존재가 되다.)로 유형화되었으며, 이를 상황학습이론에 근거하면 '비합법적 참여', '부분 참여', '중간 참여', '전임 참여'로 단계화하였다. 그리고 학습공동체에 참여한 지리교사들의 성장 과정은 곧 정체성 발달 과정이기도 하였다. 그리하여 공동체, 학습 그리고 정체성은 불가분의 관계에 있으며 서로를 함축하기 때문이다. 공동체에서의 성장이 증가될수록 정체성도 함께 강화되었고, 참여 공동체 범위를 확대하면서 정체성 또한 풍부해졌다.

물론 본 연구는 지리교사들로 구성된 특정한 교사학습공동체를 대상으로 한 연구로 일반화하기에 한계가 있을 수 있다. 그러나 근래 학교지리의 위상 악화로 인해 많은 지리교사들이 '지리'보다는 '생존'의 문제에 몰린 상황에서 지리교사로서의 정체성을 유지하고, 자신의 전문성을 지속적으로 발달시킬 수 있는 방안을 제공하지 않을까 한다.

지리교사는 태어나는 것이 아니라 만들어지는 것이다. 때문에 교사교육은 지리교사를 준비시키는 것이 아니라, 학습자로서 지리교사를 안내하는 것이라 생각한다. 그래서 최고의 지리교사는 자신을 좋은 학습자로 자리매김하는 것에서부터 시작된다.

요약 및 핵심어

본 연구는 학교지리의 위기 속에서도 정체되거나 위축되지 않고 지리교사로서의 정체성을 지키며 지속적으로 전문성을 발달시키고 있는 상당수 지리교사들이 교사학습공동체에 참여한다는 사실에 주목하였다. 그리하여 지리교사들로 구성된 자생적인 교사학습공동체를 선정한 후 스트라우스와 코빈(1990; 1998)의 근거이론과 레이브와 웽거(1991)의 상황학습이론을 기반으로 해치(2002)의 유형적, 귀납적 분석 모형을 적용하여 지리교사들의 참여 경험을 분석하였다. 그 결과 지리교사들의 교사학습공동체 참여 요인, 장애 요인, 참여 지속 요인을 개인, 공동체, 국가·사회적 차원에서 발견하였다. 둘째, 교사학습공동체의 학습 원리와 이를 촉진하는 요인을 도출하였다. 셋째, 교사학습공동체를 통한 지리교사들의 성장과 정체성 발달 과정을 4단계로 유형화하였다.

교사학습공동체(teacher learning community), 상황학습이론(situated learning theory), 지리교사 전문성(geography teacher professionalism), 지리교사 정체성(geography teacher identity), 근거이론(ground theory)

더 읽을 거리

서경혜, 2009, "교사 전문성 개발을 위한 대안적 접근으로서 교사학습공동체의 가능성과 한계", 한국교원교육연구, 26(2), 243-276.

Lave, J. & Wenger, E., 1991, *Situated Learning: Legitimate peripheral participation*, Cambridge University Press, Cambridge.

Wenger, E., 1998, *Communities of Practice*, Cambridge University Press, New York.

참고문헌

권낙원, 2007, "전문학습공동체 구성 가능성 탐색", 학습자중심교과교육학회지, 7(2), 1-27.

김대훈, 2014a, 교사학습공동체 참여를 통한 지리교사 전문성 발달: 근거이론적 접근, 한국교원대학교 박사 학위논문.

김대훈, 2014b, "지리교사들의 교사학습공동체 참여 경험에 대한 근거이론적 연구", 대한지리학회지, 49(6), 970-984.

김대훈, 2015, "상황학습이론에 근거한 지리교사의 성장과 정체성 형성 과정", 한국지리환경교육학회지, 23(3), 115-126.

김진규, 2009, "교사학습공동체 활용 평가연수의 실천 전략", 교육평가연구, 22(4), 939-959.

박승규, 2013, "정체성, 인간과 공간의 관계를 설명하는 노두", 대한지리학회지, 48(3), 453-465.

서경혜, 2009, "교사 전문성 개발을 위한 대안적 접근으로서 교사학습공동체의 가능성과 한계", 한국교원교 육연구, 26(2), 243-276.

손민호, 2005, 구성주의와 학습의 사회이론. 문음사.

이경호, 2010, "전문가학습공동체 운영사례와 정책적 시사점: 미국 'Cottonwood Creek School'의 실천을 중심으로", 한국교원교육연구, 27(4), 395-419.

이경호, 박종필(2012). "전문가학습공동체가 학교혁신에 주는 정책적 시사점: 미국의 성공적 학교운영 사례 를 중심으로", 교육정치학연구, 19(4), 133-153.

이정은, 2005, 사람은 왜 인정받고 싶어 하나, 살림출판사.

장훈, 2010, 공립학교군별 전문학습공동체 형성 정도에 관한 연구, 한국교원대학교 박사학위논문.

정혜진, 이완정, 2013, "예비·현직 유아교사의 자아존중감과 창의적 교수신념의 관계에서 확산적 사고에 대 한 태도의 매개효과", 한국보육지원학회지, 9(3), 171-188.

조용환, 1999, 질적 연구: 방법과 사례. 교육과학사.

최진영·송경오, 2006, "교사학습공동체 수준에 따른 사회과 교수-학습활동에 대한 연구", 초등교육연구, 19(2), 217-239.

Barab, S. A. & Duffy, T. M., 2000, From practice fields to communities of practice, in Jonassen D. H. & Land S. M.(Eds), *Theoretical Foundations of Learning Environments*, Lawrence Erlbaum, London.

Brown, J. S., Collins, A., & Duguid, P., 1989, Situated cognition and the culture of learning. *Educational Researcher*, 18(1), 32-42.

Duncombe, R. and Armour, K. M., 2004, Collaborative professional learning: from theory to practice, *Journal of In-service Education*, 30(1), 141-166.

Dunkin, M. J., 2002, Teacher education International perspective, in James W. Guthrie(Ed.). *Encyclopedia of Education(2nd Ed)*, Macmillan Reference, New York.

DuFour, R. and Eaker, R., 1998, *Professional Learning Communities at work : Best practices for enhancing student achievement,* Solution Tree Press, Bloomington.

Hatch, A., 2002, *Doing Qualitative Research in Education Settings*, State University of New York Press (진영은 역, 2008, 교육상황에서 질적 연구 수행하기, 학지사).

Hilley, G. A., 1955, Definitions of Community : Areas of Agreement, *Rural Sociology*, 20, 111-123.

Hord, S., 1997, *Professional Learning Communities: Communities of continuous inquiry and improvement,* Southwest Educational Development Laboratory, Austin.

Illeris, K., 2009, A comprehensive understanding of human learning. in Knud Illeris(ed), *Contemporary Theories of Learning*, Routledge.

Keown, P., 2009, The tale of two virtual teacher professional development modules, *International Research in Geographical and Environmental Education*, 18(4), 295-303.

Kruse, S. D. and Louis, K. S., 1993, An emerging framework for analyzing school-based professional community, *Paper presented at th annual meeting of the American Educational Research Association.*

Kwon, N. Y., 2011, A study on teacher community for professional development, *Journal of the Korean school Mathematics society*, 14(2), 215-225.

Lave, J., 2009, The practice of learning, in Illeris, K.(ed), *Contemporary Theories of Learning*, Routledge.

Lave, J. & Wenger, E., 1991, S*ituated Learning: Legitimate peripheral participation,* Cambridge University Press, Cambridge.

Lincoln, Y. S., & Guba, E. G., 1985, *Naturalistic inquiry*, Beverly Hills, CA: Sage.

McLaughlin, M. W., and Talbert, J. E., 2006, *Building school-based teacher learning communities : Professional strategies to improve student achievemen*t, Teachers College Press, New York.

Merleau-Ponty, M., 1945, *Phenomenologie de la perception.* Paris, Gallimard (류의근 역, 2002, 지각의 현상학, 문학과 지성사).

Nonaka, I. & Takeuch, H., 1995, *The Knowledge-Creating Company : How Japanese Companies Create the Dynamics of Innovation.* Oxford University Press (장은영 역, 1998, 지식창조기업, 세종서적).

Palmer, P. J., 1998, *The Courage to Teach.* John Wiley & Sons Inc (이종인 역, 2005, 가르칠 수 있는 용기, 한문화).

Postholm, M. B., 2012, Teachers' professional development: a theoretical review, *Educational Research*, 54(4), 405-429.

Sergiovanni, T. J., 1994, Organizations or Communities? Changing the Metaphor Changes the Theory, Educational Administration Quarterly, 30(2), 214-226.

Senge, P. M., 1990, *The Fifth Discipline: The Art and Practice of the Learning Organization.* Double-day Currency, New York (박광량·손태원 역, 1996, 학습 조직의 5가지 수련, 21세기북스).

Stahl, G., 2012, Theories of cognition in collaborative learning. in Hmelo-Silver, C., O'Donnell, A., Chan, C. & Chinn, C.(Eds.), *International Handbook of Collaborative Learning*, Taylor & Francis, New York. Retrieved from http://GerryStahl.net/pub/clhandbook.pdf.

Stoll, L. and Louis, K. S., 2007, Professional learning communities : Elaborating new approaches, in L. Stoll and K. S. Louis. *Professional learning communities: Divergence, depth and dilemmas*. Open University Press.

Strauss, A, & Corbin, J., 1990, *Basics of Qualitative Research: Grounded theory procedures and techniques*. CA: Sage

Strauss, A. & Corbin, J., 1998, *Basics of Qualitative Research: Techniques and procedures for developing grounded theory* (2nd ed.). Thousand Oaks, CA: Sage (신경림 역, 2003, 근거이론의 단계, 현문사).

Surowiecki, J., 2004, *The Wisdom of Crowds*. Double day (홍대운·이창근 역, 2004, 대중의 지혜, 랜덤하우스 중앙).

Relph, E., 2000, Geographical experiences and being-in-the-world: the phenomenological origins of geography, in Seamon, D. & Mugerauer, R.(eds.), *Dwelling, Place and Environment: Towards a Phenomenology of Person and World*. Krieger Publishing Co, Malabar.

Wenger, E., 1998, *Communities of Practice*, Cambridge University Press, New York.

Wiliam, D., 2007, Changing classroom practice, *Educational leadership*, 65(4), 36-42.

제25장

교실생태학과 지리 수업 연구*

김혜숙

한국교육과정평가원

이 장의 개요

---

* 본 연구는 김혜숙(2006a)을 수정·보완한 것임.

1. 들어가며

교실현장에서 진행되는 지리 수업의 실제 모습은 어떠하며, 왜 그런 모습이 나타날까? 교사는 학생, 교실, 학교 등 다양한 환경조건과 맥락 속에서 어떻게 수업을 진행하며 적응하고 있을까? 교실은 교육의 주체인 학생과 교사들이 가장 오랜 시간을 보내는 장소이며, 학교교육은 교실에서 개별교과의 수업을 통해 실현된다.

이와 같은 수업을 중심에 놓고 연구하는 분야가 교실수업연구이다. 교실수업연구는 행동주의를 배경으로 하는 실증적 연구에서 시작되었다. 수많은 실증적 수업연구는 교수의 효율성을 강조하며 여러 개선책들을 내놓았지만 교실현장에 근거하지 않은 대안들은 실제적인 함의를 전달하기에 미흡했다. 이에 따라 수업에 대한 섣부른 진단과 처방에 대한 거부감에서 출발하여 수업현상 자체를 이해하려는 움직임이 생겨났는데, 이것이 바로 해석적 패러다임의 수업연구이다. 이러한 질적 수업연구의 기원은 인류학, 현상학, 해석학 등과 연관되어 있으며, 이 패러다임의 지향점은 교실 속으로 들어가 '있는 그대로'의 교육현상을 이해하고자 하는 것이다. 국내에서는 해석적 패러다임에 입각한 질적 접근의 수업연구가 1980년대 말경에 시작되었고, 이러한 연구들은 교실에 근거하여 수업현상을 풍부하게 기술해 내는 성과를 거두었다. 그러나 미시문화기술지에 편중되어 수업이 '어떻게' 진행되는가를 자세히 설명해 주기는 하지만, '왜' 그렇게 진행되는가에 대해서는 관심을 그리 보이지 않았다. 이러한 점을 보완해 주는 대안으로 고려할 수 있는 것이 교실생태학이다.

이 글은 필자의 박사학위논문인 "교실생태학적 관점에 근거한 중등 지리 수업의 질적 사례 연구(2006a)"를 토대로 작성되었다. 당시는 교과교육에서 주로 미시문화기술지에 근거한 질적 연구들이 시도되던 시기였고, 일반사회교육에서의 연구가 가장 활발한 편이었다. 지리교육에서는 질적 접근의 교실수업연구가 손에 꼽을 정도로 매우 드물었다. 질적 연구 방법을 적용하여 교실수업연구를 시도할 필요성이 높은 시기였다. 이러한 상황에서 시도된 필자의 연구는, 교실생태학적 관점에 근거하여 연구 틀을 수립하고 그 틀을 적용하여 중등 지리 수업을 분석함으로써 지리 수업의 본질과 지리과 교실생태계를 이해하고자 하는 것이 핵심이었다. 여기에서 채택하고 있는 교실생태학적 관점이란 교사·학생·맥락의 상호작용에 초점을 두고서 지리 수업을 이해하려는 것을 말한다. 교실생태학적 관점의 수업연구는 개체와 환경간의 상호작용을 통한 수업의 메커니즘과 역동성을 강조하며, 수업을 미시적으로 분석하는 데 치중하는 기존의 연구와는 다른 차원에서 수업을 이해할 수 있는 가능성을 제시한다. 즉 기존의 연구에서보다 상호작용을 폭넓게 그리고 깊게 인식하여 수업에 영향을 미치는 원인과 맥락을 다양한 각도에서 고려할 수 있게 해 준다.

여기서는 교실생태학과 지리 수업 연구라는 주제를 중심으로 학위논문의 일부를 재구성하여 소개하고자 한다. 먼저 교실수업연구의 전통을 설명하고, 이와 교실생태학의 관계, 교실생태학 연구의 연원 및 의의, 한계 등을 정리한다. 그리고 교실수업연구를 위해 교실생태학적 관점에 근거하여 연구 틀을 수립해 가는 과정과 그 결과를 소개한다. 마지막으로 이 연구 틀을 적용하여 분석한 중등 지리 수업의 사례 연구 결과를 요약하여 제시한다.

2. 교실수업 연구와 교실생태학

1) 교실수업 연구의 전통

교실수업연구의 전통에 대한 구분은 학자마다 다르나, 행동주의를 배경으로 하는 과정−산출연구와 인지주의가 바탕이 된 매개과정연구, 해석주의적 인식론에서 발달해 온 질적 연구 패러다임의 세 가지로 구분해 볼 수 있다. 이 중 지금까지의 수업연구에 가장 큰 영향을 미친 것은 교수의 효과성연구라고도 불리는 과정−산출연구이며, 지리과 교실수업연구에서도 이러한 경향이 드러난다. 과정−산출연구는 학생의 학업성취에 영향을 미치는 효과적인 교수행동을 탐색하는 데 치중했지만, 이 행동이 어떤 메커니즘을 통해 학습에 영향을 미치는가에는 답변하지 못했다.

이에 따라 행동을 매개하는 과정으로 교사와 학생의 사고과정에 주목한 매개과정연구로 패러다임이 이동했다. 인지심리학과 사회학에 기초하고 있는 이것은 교사의 사고유형과 인식수준이 학생의 학습 활동과 수업과정에 어떻게 영향을 미치는지를 보다 심층적으로 규명했다고 평가된다. 그러나 과정−산출연구와 마찬가지로 양적 방법론의 범주에서 벗어나지 못했고, 연구의 궁극적 목적 역시 교사의 효과성 범주에 머물러 있었다. 수업연구는 효과적인 교수 행위가 무엇인지보다는 교실에서 어떤 현상이 벌어지고 있는지를 규명하는 방향으로 관심을 옮겨 갔고, 이러한 요구에 부응하고자 대안적인 패러다임으로서 질적 연구가 등장했다. 인류학과 해석학에서 기원한 질적 연구는 현상학적 연구, 근거이론, 문화기술지, 교실생태학연구, 사례연구, 실행연구 등 다양한 갈래로 발전하며 교실수업연구의 새로운 장을 열었다.

교실수업의 질적 연구전통을 거론할 때 문화기술지 다음으로 많이 등장하는 것이 교실생태학이다. 교실생태학은 실증적인 교실수업연구에 대한 대안적인 패러다임으로서 주창되면서 발전했다. 때문에 교실생태학은 흔히 해석적 패러다임에 입각한 질적인 수업연구 전체를 일컫는 것으로 여겨지기도 하고, 생태학적 틀과 은유를 적용하는 부류의 연구라는 제한된 범위의 것으로 인식되기도 하는 등 그 정의가 명확하지 않다. 교실생태학이라는 분야를 어떤 개념으로 이해하느냐에 따라 연구의 시발점을 다르게 볼 수 있다.

전자의 개념을 수용할 경우, 교실생태학은 자연주의적 탐구를 통한 교육연구나 사회학, 언어학, 인류학 등을 기반으로 발전한 문화기술지연구를 모두 포함하기 때문에 질적인 교육연구 패러다임의 태동이 그 시작이 된다. 후자의 개념을 수용할 경우는 브론펜브레너(Bronfen-brenner, 1979)가 수립한 인간발달생태학과 바커(Barker, 1968)를 중심으로 정립된 생태심리학을 근간으로 하는 연구들로 그 범위가 좁혀진다. 교실생태학을 선도한 연구자라고 할 수 있는 도일(Doyle) 역시 교실생태학의 원천을 크게 두 갈래로 분류했다(1977, 176). 하나는 영국과 미국에서의 교실에 대한 문화기술지연구(Barnes, 1971; Cusick, 1973; Jackson, 1968; Mehan, 1974; Nash, 1973; Rist, 1973; Smith & Geoffry, 1968)이고, 다른 하나는 행동과 환경 간의 관계를 해석하기 위해 일반적인 생태학적 틀을 적용한 연구(Barker, 1968; Gump, 1964; 1969; Kounin, 1970; Willems, 1973a; 1973b)이다.

도일은 교수효과성연구의 대안으로서 교실생태학을 주장하면서, 과정-산출연구의 약점을 보완할 수 있는 많은 연구들을 그 사례로 제시했다. 이들 사례는 경우에 따라 문화기술지연구의 모범으로 꼽히기도 하고, 다른 질적 연구전통의 하나로 분류되기도 한다. 이와 유사한 정의는 슐만(Shulman, 1986)에게서도 발견된다. 슐만이 교실수업연구 패러다임에 대해 정리하면서 교실생태학이 인류학, 사회학, 그리고 언어학을 모학문으로 한다고 언급한 것은 도일과 같은 정의를 수용한 때문이다. 반면 좁은 의미로는 생태심리학, 인간발달생태학, 인류학, 사회학의 배경하에서 생태학적 틀이나 생태학적 모델과 분석 등을 적용한 것들이 교실생태학연구에 해당된다. 그러나 연구 틀이나 적용한 모델, 분석방법 등은 연구자마다 상이하다. 여기에서는 교실생태학을 여타의 질적 연구 전체로 보기보다는, 앞서 설명한대로 교실생태학이라는 메타포를 중심으로 여러 맥락의 상호작용을 강조하는 후자의 개념에 입각한 연구들에 한정하여 교실생태학을 소개하고자 한다.

2) 교실생태학

생태학적 틀과 은유를 이용하여 상호작용을 중심으로 교실수업을 이해하고자 하는 교실생태학은 인류학과 사회학 등 질적 수업연구의 발전에 공헌한 분야와도 닿아 있지만, 그중에서 가장 근간이 되는 것은 인간발달생태학과 생태심리학이다.

인간발달생태학은 인간의 발달에 있어서 환경과의 상호작용을 생태계의 개념으로 체계화시킨 것이다. 피아제의 발달개념에 의존하고 있으나 피아제가 유기체는 본질적으로 탈맥락화되어 있다고 보는 반면, 이 이론은 아동의 발달에서 환경이라는 맥락의 중요성을 강조한다(Bronfenbrenner, 1979; 1995, 9). 브론펜브레너는 레빈(Lewin)의 이론의 영향을 받았는데, 레빈의 위상학적 영역개념에 심리학적이고 사회학적인 실체를 부여하여 형식적인 측면에서 일련의 영역(region)들이 각각 다음 영역 내에 포함되는 것으로 환경을 개념화했다(Bronfenbrenner, 1979; 1995, 8). 생태학적 환경(ecological environment)은 러시아 인형 세트처럼 한 구조가 그다음 구조 속에 끼워지게 되어 있는 일련의 겹 구조(nested structure)이며, 가장 내부의 수준은 발달하고 있는 개인을 포함하는 즉시적 상황으로, 가정이나 교실이 그 예가 될 수 있다. 인간발달생태학은 교실생태학 패러다임의 연구논리와 연구모델의 형성에 기여했는데, 해밀턴(Hamilton, 1983; 1984), 버터워스(Butterworth)와 웨인스타인(Weinstein, 1996) 등은 인간발달생태학의 원리와 개념들을 연구에 직접 적용하기도 했다.

교실생태학의 바탕이 되는 또 다른 한 축인 생태심리학은 캔사스 대학의 바커(Barker), 라이트(Wright) 등에 의해 시작되었다(Jacob, 1987, 3). 생태심리학의 개념과 방법은 자연사현장연구(natural history field studies)와 레빈의 연구를 통해 개발되었다(Barker & Wright, 1955, 1). 생태심리학자들은 표본기록접근방법(specimen record approach)(Barker & Wright, 1955; Wright, 1967)과 행동상황접근방법(behavior setting approach)(Barker, 1968; Barker & Wright, 1955)이라는 두 가지 방법론을 개발하여 활용했다(Jacob, 1987). 생태심리학은 자연스럽게 발생하는 인간 행동과 그 행동과 환경의 관계를 연구하며(Schoggen, 1978, 33), 개인과 환경을 상호의존적인 것으로 본다. 생태심리학의 입장에서 보면, 교실에서 행동의 맥락은 즉시적 환경과 환경에 대한 개인의 주관적인 인식 둘 다를 포함하기 때문에 교사와 학생의 맥락은 물리적 구조[1]와 같은 환경의 객관적 특징뿐만 아니라 개인의 주관적 목적과 감정도 포

---

1. 예를 들면 학생 수, 교실의 배치 등과 같은 것이 이에 해당한다.

함한다(Jacob, 1987, 33-36). 브론펜브레너는 인간발달생태학의 이론 정립에서 레빈의 영향을 많이 받았다고 언급했다. 바커 역시 레빈의 연구를 참조한 측면은 인간발달생태학과 생태심리학이 교실생태학 안에서 조화를 이룰 수 있었던 배경을 이해하게 한다.

교실생태학의 시발이 된 생태학적 사고가 비단 교육분야에만 적용된 것은 아니다. 생태학은 오늘날 과학의 한 분야이자 환경주의적 접근에서는 지향해야 할 윤리로 발전했고, 한편으로는 하나의 담론으로 확립되기에 이르렀다. 생태학은 자연과학에서 시작되어 실증적이고 계량적인 접근을 취하지만, 생태학적 비유로 현상을 이해하고자 하는 사회과학으로 차용되면서 질적인 접근이 접목되었다. 자연생태학에 대비되는 문화생태학(cultural ecology)(Ogbu, 1981)이 이의 대표적인 예이다.

교육학에서는 교육인류학 분야의 민속생태학(ethnoecology) 및 학습심리 영역에서의 생태학적 접근(Davey, 1989; 1998) 등이 시도되어 왔다. 우리나라의 경우 교육연구에 생태학을 적용한 초기의 대표적인 사례로는 박인우(2003)의 연구가 있다. 그는 문제해결학습이 학교현장에서 적극적으로 수용되지 않는 이유를 학교 교육생태계에 대한 침입과 교란으로 해석함으로써 생태학적 관점을 최초로 적용했다. 교실수업연구와 관련해서는 범교과적인 차원의 연구들과 더불어 특수교육, 체육교육 등에서 생태학적 접근을 발달시켰고 영어교육, 미술교육에서도 생태학을 적용한 연구가 눈에 띈다(Cooper, 1986; Smith, 1986). 이 중 비교적 많은 연구물이 산출된 분야는 특수교육과 체육교육이라 할 수 있다.

그간 교실생태학연구는 크게 두 가지의 흐름으로 진행되었다고 볼 수 있다. 하나는 도일과 같이 교실상황에 초점을 맞추어 교실의 특성과 교실 안에서 일어나는 사건들을 총체적으로 분석한 연구이고, 다른 하나는 해밀턴처럼 교실과 학교를 둘러싸고 있는 사회·문화·경제 및 제도와 같은 더 큰 맥락과의 상호작용을 고려하여 교육의 변화를 추구하고자 한 연구이다. 도일류의 연구가 교실 내에서의 상호작용에 더 관심을 가졌다면, 해밀턴류의 연구는 교실을 둘러싼 다른 맥락과의 상호작용을 더 중요한 연구질문으로 삼았다. 후자의 연구들은 주로 공부를 못하거나, 언어나 문화가 다른 소수 인종, 그밖에 다른 불리함을 가진 학생들을 지원하는 데 '시스템'이 어떻게 실패하는가를 보여 주기 위한 목적으로 수행되었다(Shulman, 1986). 특수교육이나 체육교육 분야의 것은 전자에 해당한다고 볼 수 있겠다.

지리교육에서는 필자의 연구(2006a; 2006b) 이전에 어떤 흐름이든 생태학적 분석이나 모델을 적용한 수업연구가 없었다. 넓게 보면 최근 행해지고 있는 문화기술지 연구들을 포함시킬 수 있으나 지리교육에서는 그나마 문화기술지 연구도 적은 편이었고, 본격적인 생태학 틀과 모델을 적용하는 연구에 대해서는 관심이 없었던 것으로 보인다. 그러나 교과교육 및 교육학 등 여러 분야에서는 2000년대 중반 이후 교실생태학이나 생태학적 관점을 적용한 연구들이 꾸준히 수행되고 있다.

3) 교실생태학의 의의와 한계

교실생태학은 교수와 수업의 효과성에 주목했던 연구들의 한계를 비판하면서 교실수업에 대한 진정한 이해에 도달하는 것을 목표로 했다. 교실생태학은 교실의 본질에 대한 이해를 한 차원 높이는 데 기여했다. 교실수업과 학습의 효과성이란 실증주의 연구자들이 주장하는 것처럼 한두 가지의 변수만을 조작적으로 정의하여 풀어낼 수 있는 단순한 것이 아님을 증명했다. 과거에 과정–산출연구자들이 교실 밖에서 만들어진 준거를 가지고 효과성을 논하던 것에서 벗어나 효과성의 준거를 교실상황 안에서 찾고자 했던 것이다. 이 준거는 참여의 기회나 교사와 학생 간의 의사소통, 의미전달과 같은 것으로 효과성의 범주가 과정–산출 연구자들이 사용한 것과 유사하다 할지라도, 효과성을 찾아내는 과정에서는 확연한 차이를 보였다(Shulman, 1986, 19–20).

이런 과정에서 교실생태학은 학습·교실·교수에 대한 사고를 변화시켰다. 과정–산출연구자들에 의해 일반화가 가능하고 관찰 가능한 구체적인 사건과 행동의 장으로 축소된 교실에서, 참여자들의 의미가 형성되는 역동적 공간으로서의 교실이라는 인식의 변화를 가져온 것이다. 특히 교실생태학자들은 교실뿐만 아니라, 교실을 둘러싼 무수한 환경을 고려하고, 이것들과 교사·학생·수업 등이 어떻게 상호작용하는지를 밝히고자 했다. 이러한 시각은 교실에 대한 국지적인 지식을 얻게 할 뿐만 아니라 교실이 구체화되는 맥락에 대한 이해를 포함하는 한편, 교육의 변화와 수업의 변화를 이끌어낼 수 있는 실제적인 자료들을 생산해 내었다. 교실생태학의 또 다른 의의는 다양한 연구목적과 연구질문들을 해결하는 데 유연한 패러다임이라는 점이다. 교실생태학적 전통 속에는 교실에 대한 미시적인 분석과 더불어, 교실을 둘러싼 체계에 대한 거시적 분석의 연구들이 포함된다. 연구문제나 연구대상이 처한 상황, 혹은 교과의 특성에 부합하는 연구의 틀을 생성한 여러 사례들도 포착된다.

그러나 교실생태학이 현재진행형의 분야라는 것을 감안하더라도, 연구자들끼리 공유하는 인식과 방법론, 연구논리 등이 뚜렷하지 않은 특징이 있다. 생태학적 모델이나 은유, 원리, 준거 등도 개별 연구자나 분야마다 제각각이다. 자연주의적인 탐구라는 다소 포괄적인 방법론이 교실생태학에서는 어떤 방식으로 활용되는지 등 연구 방법이 명확하지 않은 점이 있다 (Shulman, 1986, 21). 그리고 생태학적 은유를 통해 교실이나 학교의 생태계를 분석하는 연구들의 경우 은유의 논리가 불충분하고, 연구에 필요한 몇 가지 원리나 개념만을 부분적으로 적용하면서 전체 체계의 구성을 충분히 고려하지 않았다. 그렇기 때문에 교실생태학 연구는 미시적인 연구와 거시적인 연구의 이원화된 흐름이 형성되었다. 한편에서는 교실의 복잡성을 강조하고 미시적 분석을 하는가 하면, 다른 한편에서는 교실을 사회적 불평등의 재생산공간이라는 거시적인 관점에서 바라보았다. 배율이 다른 두 개의 렌즈가 동일한 교실 공간에 적용될 때 어떤 해석을 해낼 수 있을까라는 질문에 그간의 교실생태학에서는 충분한 해답을 주지 못했다.

따라서 교실 안과 밖의 맥락, 다차원적 상호작용을 고려한 총체적인 교실생태학연구가 지닌 장점을 취합하는 것이 중요하고, 교실에 대한 선택적 이해에 치우치는 미시문화기술지의 단점을 극복하는 대안으로 거시적 관점을 통합하며 논리적 절차와 방법이 분명한 교실생태학이 요청된다. 이런 측면에서 필자는 교실수업연구를 위한 교실생태학적 관점의 연구 틀을 새롭게 수립하고자 했으며, 그 과정에서 미시적 관점과 거시적 관점을 통합할 수 있는 교실생태학의 연구 방향을 모색하고자 하였다.

3. 교실생태학적 관점의 지리과 교실수업 연구의 틀

이 절에서는 앞서 설명한 교실생태학 연구의 관점에서 연구자가 설계한 교실수업연구 틀에 대해 설명한다. 연구 틀의 설계 방향을 소개하고, 이 방향에 근거하여 교실생태계의 개념과 구성요소 및 구성체계를 다루고자 한다. 연구 틀의 설계는 교실생태학 연구의 의의는 살리되, 한계를 극복할 수 있는 방안을 모색하는 데 초점을 두었다.

1) 연구 틀의 설계 방향

연구의 틀은 교육현장에서 발견한 여러 사실에 의미를 부여함으로써 그것을 해석할 수 있는 수단이 된다. 사실들만으로는 의미가 없다. 의미란 여러 가지 사실들이 일정한 범주 속에서 자리 잡을 때, 그리고 그 범주가 다른 범주들과 관련지어질 때 생겨날 수 있다. 따라서 연구의 틀은 연구를 통해 모인 사실들을 묘사하고 해석하여 의미를 부여하는 언어체계라고 할 수 있다.

그러나 기존의 교실생태학은 거시적 관점과 미시적 관점이 이원화되었고, 교과의 특성을 반영하기 어려운 취약점을 지니고 있었다. 교실생태학의 탄생 배경이 된 학문의 특성상, 교과문제에 깊이 천착할 수 없었기 때문이다. 반면 기존의 질적인 교실수업연구는 교실에 대한 세밀하고 풍부한 기술을 만들어 내는 성과를 가져왔지만, 미시문화기술지에 치중하여 언어분석을 통해 밝혀낼 수 있는 연구 주제에 편중되었고, 연구결과를 유기적으로 엮을 수 있는 해석 장치가 부족했다. 수업조직, 참여구조, 교과 내용은 서로 관련을 맺고 있다고 언급했음에도 불구하고, 이들의 관계를 파악하기 어려웠다. 연구자마다 선택한 연구 주제들이 상이했지만 연구 주제의 선택 논리 또한 충분히 설명되지 않는 경향이 있었다.

따라서 수업 연구 주제의 선별 논리를 정립하고, 연구 주제 간의 관계를 탐색할 수 있는 해법이 필요했다. 이를 위해 수업구성요소와 교과특성의 고려라는 두 가지에 초점을 맞춤으로써 연구 주제의 선별 논리를 정립하고, 연구 주제 간의 관계는 생태학적 사고를 통해 탐색하고자 했다. 다시 말해, 수업구성요소와 교과를 고려한 연구 주제를 통해 수업을 미시적으로 분석하는 것과 더불어, 교실을 생태계로 은유하고 그 구성과 작동원리에 대해 설명함으로써 체계적인 분석이 가능하도록 연구 틀을 설계했다. 특히 브론펜브레너(1979)가 제안한 체계의 개념을 교실생태계에 맞게 재구성함으로써 수업이라는 즉시적인 상황이 관계를 맺고 있는 더 큰 맥락을 고려할 수 있게 했다.

2) 지리과 교실생태계

(1) 생태계로서의 교실

교실과 생태계는 하나의 체계라는 점에서 유사성이 있는데, 생태계(ecosystem)라는 용어는 영국의 식물학자 아서 탠슬리(Arthur Tansley, 1871-1955)가 1935년에 처음 사용한 것으로, "생물체들과 그들의 거주지 간의 상호작용적인 체계"라고 정의된다(윤종희, 1991, 197). '체계(system)'라는 단어를 선택한 까닭은 생태계를 식생에 영향을 주는 온갖 것을 포괄하는 주머니로서가 아니라 체계적으로 조직된 단위에 대한 명칭으로 생각했기 때문이다(McIntosh, 1985; 1999, 59). 교실 역시 체계적으로 조직된 단위로서 생태계의 특성을 갖는다.

실제의 공간적 점유로서의 자연 생태계라기보다는 은유로서의 '상상된 공동체(imagined community)'로서 교실생태계는 일련의 계층구조로 표현할 수 있다. 교사, 학생 등은 생물개체가 되며, 일종의 교육공동체라고 할 수 있는 교사 개체군과 학생 개체군이 환경과 더불어 생태계를 구성한다.

이러한 계층적인 조직구조에는 두 가지 원리가 작용한다. 하나는 창발성의 원리이고, 다른 하나는 항상성 기작이다. 하나의 구성요소 또는 하위단위가 조합하여 더 큰 전체를 이룰 때 그 하위수준에서는 존재하지 않거나 뚜렷하지 않던 새로운 특성들이 생겨난다는 것이 창발성(emergent property)인데, '전체는 부분의 합보다 크다' 또는 '숲은 나무들의 집합 이상이다'라는 유명한 금언은 이 창발성의 원리를 잘 표현해 준다(Odum, 1997; 2004, 49-50).

또 다른 원리인 항상성 기작(homeostatic mechanism)은 평형을 지향하는 생태계의 메커니즘을 가리키는 것인데, 변동을 상쇄하는 견제와 균형(또는 힘과 대응력)이라고 할 수 있는 이것은 모든 수준에 작동한다(Odum, 1997; 2004, 50). 이를테면, 환경의 변화에도 불구하고 우리 몸이 일정한 체온을 유지하도록 만들어 주는 신경계의 조절기작과 같은 것이다. 문제해결학습이 학교현장에 뿌리 내리지 못하고 전통적인 강의식수업이 우세한 현상을 두고, 침입과 교란으로 해석했던 연구(박인우, 2003)를 다시 풀이하면, 학교생태계에 이 항상성 기작이 작용한 것으로 볼 수 있다. 본 연구에서는 이 두 가지를 교실생태계를 이해하기 위한 중요한 원리로 받아들였다.

교실은 생태계처럼 하나의 체계를 이루고 있으며 적응·성장·진화를 위해 활발한 상호작용이 이루어지는 공간이다. 이 공간은 평형을 지향함으로써 내적·외적 환경변화에 대응한다. 교실생태계가 생물의 생태계와 다른 점은 교실에는 생존과 도태[2]의 개념을 그대로 대입시킬 수 없다는 것이다. 교실생태계의 개체는 성공적인 적응을 통해 진화를 이루고자 한다. 진화란 변화에 대한 적응을 의미하기 때문에, 진화하지 않는 개체는 변화에서 살아남을 수 없고, 궁극적으로는 도태된다. 그러나 학교나 교실에서의 도태는 동식물 생태계에서처럼 사멸로 이어지지 않는다. 교실생태계에서의 도태를 굳이 개념화하자면, 학생의 입장에서는 학습이나 학교 부적응, 사회화의 실패 등이 될 수 있고, 교사의 입장에서는 직장에서의 소외나 직업 불만족, 부적응 등이 될 것이다.

---

2. 도태란 사전적 정의로 ① 불필요하거나 부적당한 것을 줄여 없앰, ② 물에 일어서 쓸데없는 것을 흘려버림, ③ 적자생존의 법칙에 따라 환경이나 조건에 적응하지 못한 생물이 멸망함, ④ (사회적 활동 영역에서) 경쟁에 진 사람이 밀려남을 의미한다.

(2) 교실생태계의 구성

① 교실생태계의 구성요소: 개체로서의 지리교사와 개체의 환경

교실생태계는 교사·학생·교육적 맥락(educational context)으로 구성된다. 어떤 개체를 중심으로 생태계를 바라보느냐에 따라 생태계의 특성은 다르게 인식된다. 뱀에게 쥐는 먹이 환경이 되지만, 쥐에게는 뱀이 자신을 잡아먹는 포식자이다. 따라서 교실을 생태계로서 바라보면, 어떤 개체의 생태계를 탐구할 것인가에 대한 결정이 필요하다. 따라서 교사를 주된 연구 대상으로 삼는다면, 교사를 중심으로 한 교실생태계에서는 학생과 더불어, 학교·지역사회·학부모·수업환경·교육환경 등 다양한 맥락이 교사를 둘러싼 개체의 환경이 된다. 교사를 둘러싼 교육의 맥락은 정서적 맥락, 물리적 맥락, 조직적 맥락으로 구분할 수 있다.

② 교실생태계의 구성체계: 미시체계·중간체계·외체계·거시체계

본 글에서는 인간발달생태학의 생태계 모형을 받아들여 교실생태계에 맞게 수정했다. 인간 발달생태학에서는 환경을 **미시체계(microsystem), 중간체계(mesosystem), 외체계(exosystem)**, 그리고 **거시체계(macrosystem)**의 겹 구조로 구성되어 있는 것으로 체계화하고, 이러한 환경이 인간발달에 미치는 영향을 이해하고자 했다. 브론펜브레너가 설명하는 각 체계의 정

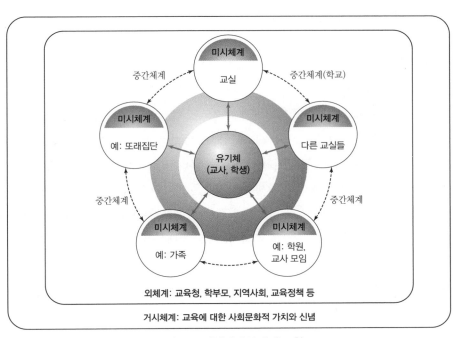

그림 1. 교실생태계의 체계 모형

의(Bronfenbrenner, 1979; 1995, 20-24)를 학생과 교사의 입장에 적용하면 다음과 같다.

교실생태학적 관점에서 생태계에는 유기체로서 교사와 학생이 존재한다. 이들은 유기체가 갖는 각각의 독특한 속성과 더불어 물리적인 공간 특성을 반영하여 형성되는 교실이라는 미시체계 안에서 수업 행위를 통해 정체성을 확보하게 된다. 중간체계인 학교는 교실이라는 각각의 미시체계가 서로 연관되어 형성되며, 창발성의 원리에 따라 단순한 교실 연합 이상의 의미를 갖는다. 학교는 학사 일정, 시설, 관리자의 운영 방침 및 태도, 동료 교사, 교사에게 주어지는 업무 등을 통해 미시체계인 교실에 영향을 미친다. 학교는 학교를 관할하는 교육청과 각종 교육 정책을 비롯하여 지역 사회의 영향력하에 놓여 있으며 이들과 관련을 맺는다. 이러한 외체계는 나아가 교육에 대해 사회구성원이 공유하는 가치와 신념, 이데올로기, 철학 등으로 이루어진 거시체계의 영향을 받는다. 교실생태계에서 이들은 상호연결성(interconnected-ness)의 원리에 따라 각 체계 내에서뿐만 아니라, 체계들 간에 서로 영향을 주고받는다. 교실생태계의 이러한 체계를 모형으로 나타내면 그림 1과 같다.

(3) 교실생태계의 작동 원리[3]

이 연구에서는 교실생태계의 작동 원리를 ① 교실생태계의 환경적 요구의 원리, ② 지속적이고 다차원적인 상호작용의 원리, ③ 진화를 지향하는 생태적 균형추구의 원리로 구분하여 설명한다.

① 교실생태계의 환경적 요구의 원리

교실생태계의 환경적 요구의 원리는 교실은 교사의 교육철학이나 학생 조직 등과 관계없이 교실환경이 갖는 내재적 특징에 따른 공통된 원리가 존재한다는 것이다. 이 연구에서는 도일이 제시한 **다차원성(multidimensionality)**, **동시성(simultaneity)**, **예측불가성(unpredict-ability)**, **즉시성(immediacy)**, **공개성(publicness)**, **역사성(history)**의 6가지에 **시간성(time)**을 더하여 7가지로 제시했다. 교실에서 발생하는 사건은 하나의 결과만이 아닌 여러 차원을 가지며(다차원성), 많은 일들이 동시에 발생한다(동시성). 교실에서 일어나는 일들은 대개 즉각적으로 해결되어야 하는 특징이 있으며(즉시성), 종종 기대한 바대로 사건이 흘러가지 않는다(예측불가성). 공개된 공간으로서 교실(공개성)에서의 일들은 시간을 두고 축적되어 다른 사건에 영향을 미친다(역사성). 학교나 교실은 시간적 제약에 따라 움직이기 때문에 시간은 수업

---

3. 교실생태계의 작동 원리와 관련하여 좀 더 구체적인 내용은 김혜숙(2006a)의 pp.81-96에 제시되어 있다.

현상을 조형하는 데 지대한 영향을 미친다(시간성). 교실의 이러한 내재적인 특징은 교사가 수행하는 일에 끊임없는 압력을 가하는 환경적 요구로 작용한다.

② 지속적이고 다차원적인 상호작용의 원리

지속적이고 다차원적인 상호작용의 원리는 중간체계·외체계·거시체계로 둘러싸인 교실 생태계가 상호연결성의 원리에 따라 다양한 차원에서 서로 관계 맺으며 상호작용한다는 것이다. 이 상호작용은 교실생태계라는 미시체계에 국한되어 일어나기도 하지만, 이를 둘러싼 외부체계와의 관계에서도 발생한다. 교사와 학생은 언어적, 비언어적 상호작용을 활발히 하며, 이러한 상호작용에는 교사의 신체적 조건, 수업시간, 수업속도, 진도, 교과 내용, 평가, 집단배열, 교실관리전략, 계절, 날씨, 학교행사 등 매우 다양한 요소들이 관계된다. 그리고 상호작용은 교사와 학생이라는 유기체들 사이에서만이 아니라 이들 유기체와 주변환경과의 사이에서도 발생한다.

③ 진화를 지향하는 생태적 균형추구의 원리

교실생태계에는 진화를 지향하는 생태적 균형추구의 원리가 작동한다. 생태계는 다양한 개체들이 그 환경에 적응하여 생존하기 위해 다른 개체들과 경쟁하는 한편, 상호의존적으로 얽혀 있기 때문에 균형을 이루고 있다. 그러나 어떤 이유에서건 질서가 깨지면 원래의 상태로 돌아가고자 하는 회복력이 작용하는데, 이 때문에 변화를 거부하거나 변화를 추구하는 특성이 나타난다. 교실생태계는 생태적 균형추구를 위해 원래의 환경을 고수하고자 하는 변화거부의 논리와, 새로운 변화에 적응하여 다시 질서를 유지하고자 하는 변화추구의 논리가 적용되며, 이는 오랫동안 유지되어 온 학교의 문화와 개체의 특성이 반영된 때문으로 해석할 수 있다. 변화를 거부하든 추구하든 이것은 일종의 적응노력이며, 이를 통해 진화하고자 하는 교사와 학생의 열망은 교실생태계가 끊임없이 진화를 지향하며 균형을 유지하는 동인이 된다.

3) 교실생태학적 관점의 지리 수업 분석

2절에서 체계로서의 교실이 어떻게 구성되어 있으며, 그것이 어떻게 움직이고 있는가를 설명했다면, 3절에서는 그 체계 속에서 일어나는 행위로서 지리 수업을 분석하기 위한 연구 주제의 선별 논리와 연구 방향을 다룬다. 본 연구에서는 교실수업의 구성요소에 대한 탐색을 바탕으로 교실수업의 연구 주제를 선정하고자 하였다. 수업을 구성하는 각각의 요소들을 포괄할 수 있는 연구 주제를 선정하게 되면 수업의 모든 측면을 빠짐없이 이해할 수 있을 것이라는 전제가 연구 주제 선정의 출발점이자 핵심 논리이다. 더불어 질적인 수업연구 및 교실생태학 연구에서 분석 주제로 삼은 범주에 대한 검토를 통해, 교실수업 연구 주제의 연구방향을 탐색하고 각 주제에서 다루는 연구개념을 정교화 하였다.

(1) 교실수업의 구성요소와 교실수업의 연구 주제

수업을 이루는 구성요소에 대해서는 많은 학자들의 견해가 있으나 표 1과 같이 요약적으로 제시할 수 있다. 여기에 정리된 수업의 구성요소는 ① 수업의 목적이 되는 교과, ② 수업시간에 학생에게 주로 요구되는 학생활동, ③ 교사의 리더십과 다양한 자원의 활용을 통해 결정되는 수업형태, ④ 교실에서의 집단배열, ⑤ 일정한 시간에 다루게 되는 교과 내용과 진행속도를 표현하는 수업진행 시간, ⑥ 교수와 학습과정에서 드러나는 교사와 학생의 상호작용의 6가지이다.

이 6가지는 어떤 내용이(①) 어떤 방식으로(②,③) 어떤 수업환경 속에서(④,⑤) 교사와 학생에 의해 어떻게 다루어지는가(⑥)를 나타낸다. 여기에서 내용에 해당하는 교과는 교사에 의해 선택되는 수업형태나 과제요구와 밀접한 관련을 맺고 있다. 또한 교과의 내용특성은 수업이 진행될 수 있도록 규정된 물리적 범주 안에서의 시간사용을 규정짓기도 한다. 때때로 교과 내용은 집단의 배열을 다르게 하며 이는 교사와 학생의 상호작용에 영향을 미친다. 선후의 문제를 떠나 수업의 구성요소는 모두 서로 연관되어 있다.

질적인 교실수업의 연구경향을 살펴보면 각 연구별로 사용한 용어의 차이가 있지만, 선택한 연구 주제는 몇 가지 범주로 구분되는 공통점이 있다. 수업조직, 참여구조, 교실상호작용, 교수학적 변환 및 교사의 지식, 교실관리 등이 그 범주이다.

표 1. 교실수업의 6가지 주요 구성요소

연구자 ＼ 구성요소	Anderson & Burns	Gump	Weil & Murphy	Barr & Dreeben	Stodolsky
① 교과	교과	관심		교육과정 내용	교과
② 학생활동	과제요구	학생활동	수업활동	지적, 사회적 요구	인지적 수준
③ 수업형태	수업형태	교사 리더십 유형	수업자원		수업형태
④ 집단배열	집단의 배열	집단의 질	집단의 크기	학급조직	기대되는 학생 상호작용
⑤ 수업진행 시간	시간/속도/진도	활동의 계열화	지속성	내용 다루기/속도	속도
⑥ 교사와 학생의 상호작용	교실행동과 상호작용	교사와 학생의 행동	교사와 학생의 행동	상호작용의 유형	학생행동과 학생참여

출처: Anderson & Burns, 1989에서 재구성

표 2. 수업구성요소와 연구 주제의 관계

수업구성요소	연구 주제
교과	교사의 지식과 실행
학생활동	
수업형태	수업조직
집단배열	
수업진행시간	교실관리
교사와 학생의 상호작용	

이와 같은 선행연구에 대한 분석 결과를 토대로 교실수업을 이해하기 위한 주요 연구 주제를 선정했으며, 수업조직에 관한 연구, 교사의 지식과 실행에 관한 연구, 교실관리에 관한 연구 등 세 주제가 그것이다. 이 주제들은 교실수업을 구성하는 요소들의 기능 및 구조 등을 파악할 수 있는 특징이 있다. 이 연구 주제와 교실수업구성요소와의 관련성은 표 2와 같이 나타낼 수 있다.

주제별로 살펴보면 '교사의 지식과 실행'은 교과의 특성, 학생활동, 수업형태 및 교사와 학생의 상호작용을 알 수 있게 하며, '수업조직'은 학생활동이나 집단배열, 수업진행시간을 파악할 수 있게 해 준다. '교실관리'는 집단의 배열과 밀접한 관계가 있으며 교사와 학생의 상호작용을 달라지게 하므로 이들의 요소에 대한 이해를 돕는다. 이처럼 세 연구 주제는 교실수업의 구성요소를 모두 다룰 수 있는 포섭력이 있다. 세 주제 중 가장 많은 요소와 닿아 있는 영역은 교사의 지식과 실행이다. 수업의 내용과 관계 깊은 교사의 지식과 실행에 대한 연구는 지리교과의 특성을 드러내는 역할을 한다. 그러므로 이 주제는 수업의 구성요소에 대한 탐구목적과 더불어, 지리교과 고유성의 이해를 위한 연구 틀의 설계방향을 구체화시키는 교실수업연구 주제라고 할 수 있다.

여기서는 교실수업을 분석하는 주제를 크게 셋으로 구분했다. 그러나 각 주제를 통해 발견되는 특징뿐만 아니라 각각의 주제들 간에 발생하는 상호작용을 다룸으로써 총체적인 교실수업연구의 기조를 유지하고자 했다. 즉 교실생태계의 상호작용 원리를 통해 수업분석주제들의 관계와 더불어 교사·학생·수업의 관계를 탐구함으로써, 미시적인 수업분석과 체계적인 생태계 이해라는 두 차원을 결합시켰다는 점을 밝힌다.

(2) 교실수업의 이해를 위한 연구방향

① 수업조직

수업조직(classroom organization)이란 전체 수업에서 기능상 구분이 가능한 수업의 단계이며(박윤경, 2003, 69), 수업의 흐름에 따라 역할을 달리하는 구성 부분(조영달, 2001, 141)으로 정의된다. 선도적인 수업조직연구자인 메한(Mehan, 1979)에 따르면 수업조직은 준비단계, 시작단계, 수업단계, 마무리단계로 나뉘고 각 단계는 전체 수업에서 각기 다른 기능을 한다(조영달, 2001, 142). 연구자마다 수업조직의 단계구분이 다소 다르지만 각 단계가 수업에서 갖는 기능이나, 단계별로 이루어지는 활동에 대한 설명은 대동소이하다.

기능에 따른 수업단계의 구분도 의미 있지만, 가장 핵심적인 수업단계인 전개 과정을 더 세밀히 파악하기 위한 대안도 필요하다. 이를 위해 본 연구에서는 수업단락(segment) 개념을 도입했다. 수업단락이란 10~20분 정도로 이루어진 수업단위이며, '활동(activity)'으로 표현되기도 한다. 이 수업단락은 시간, 초점, 교수유형, 참여자의 수, 교수방법 등에 따라 구분될 수 있다(Doyle, 1986). 각각의 수업 단락은 수업목적, 활동유형, 주제나 과제의 세 요소로 구성된다. 이 세 요소를 통해 독특한 수업환경이 만들어지며, 이러한 수업환경은 교사와 학생의 역할을 결정한다(Anderson & Burns, 1989, 49).

수업조직을 이해하기 위한 하위 요소로서 수업단락의 개념을 적용하는 한편, 본 연구에서는 수업단계의 구분에 수업계획을 포함시켜 수업조직을 계획–도입–전개–마무리의 4가지로 구분했다. 수업계획에 대한 조사는 계획과 실행 간의 차이를 밝힘으로써 교사의 반성적 사고 및 실천적 지식을 파악할 수 있게 해 주기 때문이다.

② 교사의 지식과 실행

교육에서 다루는 교사의 지식은 폴라니(Polanyi, 1958)의 개인적 지식(personal knowledge), 오크쇼트(Oakeshott, 1962)의 기법적 지식(technical knowledge)과 실천적 지식(practical knowledge), 엘바즈(F. Elbaz, 1983)의 실천적 지식(practical knowledge), 슐만(L. Shulman, 1986; 1987; 2000)의 교수내용지식(pedagogical content knowledge) 등에 대한 논의를 비롯하여 일군의 학자들의 연구를 통해 교실수업연구에서 중요한 주제로 떠올랐다.

이들의 연구는 교사는 실행과정에서 경험적 지식과 암묵적 지식(tacit knowledge)을 획득하게 되며, 이러한 지식이 교사를 전문가로 만든다는 점을 인식하게 했고, 교사의 지식을 이해하고자 하는 움직임의 동력이 되었다. 이들의 연구 주제인 교사의 지식은 교사가 실행과정을 통해 얻게 되는 암묵적 지식을 중요시한다는 점에서는 유사하지만, 각 지식의 개념별로 강조하는 초점은 서로 다르다. 그러한 초점을 고려하면, 교수내용지식은 교과의 고유성을 드러내기에 적합한 주제일 수 있고 실천적 지식은 교사의 가치관이나 신념 등을 탐구하는 데 강점이 있다. 슐만(1987)은 사회과의 내용을 해석하고 가르치는 방식은 수학이나 과학 또는 예술을 가르치는 방식과 차이가 있다고 전제한다. 교사가 학문적 지식을 가르치기 위한 지식으로 바꾸는 교수학적 변환에는, 교사가 교수적 실행을 통해 얻게 된 경험적 지식인 교수내용지식이 큰 역할을 한다. 지리를 오랫동안 가르치면서 터득하게 된 지리교사의 교수내용지식은 학문적인 바탕 하에 생성되기 때문에 교과의 고유한 특성을 반영하고 있다. 반면 홍미화(2004, 111)는 실천적 지식은 교실이라는 생태학적 공간에서 교사가 수업을 만들어 가는 감각과 의도, 가치, 신념이 드러나기 때문에 교사 자신의 가치와 삶이 갖는 의미를 강조하는 데 유용하다는 점을 지적하였다. 이를 종합해 볼 때, 교과의 전문성을 강조하는 데에는 교수내용지식이, 교사의 가치와 삶의 영향력을 포괄하기 위해서는 실천적 지식이 강점을 가진다는 것을 알 수 있다.

따라서 본 연구에서는 교사의 지식과 실행을 탐구하기 위해 이 연구 주제를 교사가 가진 지식이 표상되는 교수학적 변환과 교사의 실천적 지식 두 차원에서 접근했다. 즉, 본 연구는 수업을 통해 교사를 이해하는 것이 아니라, 교사를 통해 수업을 이해하는 것이 목적이므로 수업에서 표상된 지식의 차원을 다루고, 교사에 대해서는 교실생태계의 구성요소 차원에서 접근했다. 교수학적 변환은 즉시적인 수업장면에서 발생하는 행위를 중심으로 분석하고, 교사의 실천적 지식은 수업 이외의 더 넓은 시·공간적 범위를 포함하는 것이므로 교실생태계를 구성하는 개체로서 접근했다. 실천적 지식은 엘바즈(1981; 1983)가 실천적 지식의 구조를 탐구하기 위하여 수립한 규칙(rule)·원리(principle)·이미지(self image)라는 세 차원을 살펴보았으며, 면담 및 수업관찰, 각종 자료 분석 등을 통해 포착한 교사의 실천적 지식 구조는 위계적 개념도로 표현하여 분석했다.

③ 교실관리

교실관리(classroom management)는 교수와 학습이 일어날 수 있는 상황을 만들고 유지하는 데 필요한 준비와 절차(Doyle, 1986, 394)라고 정의되거나, 학습이 일어날 수 있도록 교사가 학습자의 행동을 통제하는 방법인 훈육을 말하기도 한다(Horne, 1980, 228). 교실관리라는 주제는 교수연구의 그림자에 가려 있었으나 교실관리와 학업성취의 상관관계가 입증되면서 수업연구의 핵심적인 탐구주제로 인식되었다.

외국의 경우는 수업연구에서 중요한 영역으로 교실관리가 자리를 잡고 활발히 연구되었던 반면에, 우리나라에서는 이에 대한 이론적 논의나 연구가 미미한 편이었다. 이 분야의 연구에서 선도적인 성과를 보여 준 김영천(1997)은 초등학교의 수업을 관찰하고 교사의 정적 보상과 교사의 질책,[4] 학급동료에 의한 질책의 세 가지로 교실관리전략을 범주화했다. 또 다른 선행연구로는 우즈(Woods, 1993)의 것이 있는데, 그는 교사의 '생존전략'이라는 표현을 사용하면서 교과운영을 위한 교사의 관리전략을 8가지로 세분했다. 이 8가지는 별, 통제, 호소, 화내기, 협상, 명령, 부재나 제거, 의식화이다. 우즈는 김영천과 달리 긍정적인 것보다는 부정적인 것들을 중심으로 정리했는데, 교실관리를 통제나 훈육으로 정의한 탓으로 판단된다. 그러나 통제(control)는 관리(management)에 비하면 협소한 개념이다. 때문에 본 연구에서는 부정적인 전략뿐만 아니라 칭찬이나 보상과 같은 긍정적인 전략도 중요한 교실관리전략으로 보고 폭넓은 개념으로 접근하고자 하였으며, 수업관찰 및 분석을 통해 도출된 교실관리 전략을 유형화하고 범주화함으로써 교실관리가 수업에 어떤 영향을 미치는지는 이해하고자 했다.

4) 지리과 교실수업연구의 틀

　　지금까지 생태학적 관점을 적용한 지리과 교실수업연구의 틀을 세우기 위한 논의를 했다. 연구 틀 설계의 방향은 선행연구들의 장단점을 고려하고, 새로운 대안으로 선택한 생태학적 사고를 반영하는 것이었다. 기존의 질적인 교실수업연구들은 미시문화기술지에 편중되어, 주로 언어적 상호작용을 통해 분석 가능한 연구 주제들에 편중된 경향이 강하고 과거의 교실생태학적 전통은 연구자마다 분석의 관점이 상이하며, 교과의 특성을 반영하기 어려웠다. 본 연구에서는 이를 고려하여 미시적 분석과 생태학적 관점을 조화시키는 연구 틀을 수립하고자 했다.

　　본 연구에서 수립한 틀은 교실생태학연구에서 통용되는 것은 아니며, 앞서 서술한 문제의식에 따라 본 연구자가 새롭게 고안한 것이다. 이 연구의 지향점은 수업에 대한 미시적 이해와 더불어, 이를 거시적 관점에서 이해할 수 있는 토대를 마련하는 것이다. 다시 말해, 입시위주

---

4. 교사의 질책에는 위협, 놀림, 지능이나 인격에 대한 모독, 뉘우치게 하는 것, 꼼짝하지 못하도록 하는 것, 무언가를 갖지 못하게 하는 것, 다른 학생에 비해 숙제를 더 많이 하도록 하는 것, 격리, 속죄양, 자백, 경계, 체벌 등이 있다. 이 중 초등학교 교실에서 가장 현저하게 사용되는 것은 위협, 권리박탈, 속죄양, 자백, 체벌의 6가지라고 밝혔다(김영천, 1997, 204-205).

의 수업을 하는 교사가 있다면 그의 수업행위만 분석하는 것이 아니라, 그에 더하여 그러한 행위의 원인을 교사와 그의 환경의 관계를 통해 찾음으로서 현상에 대한 이해의 폭을 넓히고자 했다. 그러므로 이러한 구상에는 교사에 대한 탐구, 교사의 수업에 대한 탐구, 교사를 둘러싼 환경(학생과 교육적 맥락)에 대한 탐구라는 세 차원이 관련되어 있다.

지금까지 설명한 내용을 요약적으로 표현한 것이 그림 2이다. 이 연구 틀은 체계 안(system in-ward)과 체계 밖(system out-ward), 두 차원에서 수업을 이해하고자 하는 생각을 구체화한 것이다. 음영으로 처리된 미시체계인 교실이 집중적으로 연구되는 분석의 장이지만, 교실

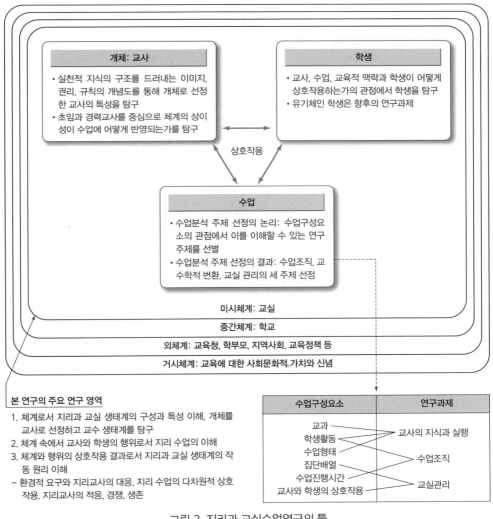

그림 2. 지리과 교실수업연구의 틀

외의 상황이 수업에 미치는 영향, 즉 체계 밖의 영향 역시 고려하는 것이 이 틀의 특징이다. 상호작용은 교실 안에서 교사와 학생, 수업 간에 발생하기도 하지만, 겹 구조로 이루어진 각 체계 간에서 발생하기도 한다. 그리고 이러한 다양한 상호작용 결과를 지리과 교실생태계가 작동하는 원리로서 파악하고자 했다.

4. 지리과 교실생태계와 지리 수업의 사례 연구 결과[5]

현장연구는 예비연구와 사례연구 두 차례에 걸쳐 실시했으며, 문화기술지의 주요한 연구 방법을 적용했다. 사례연구에서는 2005년 9~12월까지 중학교와 고등학교의 초임교사 2명과 경력교사 2명을 대상으로 40차시의 수업관찰과 심층면담, 각종 문서 등을 통해 자료를 수집했고, 사례교사의 교실생태계, 지리 수업, 교실생태계의 작동원리라는 세 부분으로 분석했다.

사례교사들의 교실생태계를 분석한 결과는 다음과 같다. 개체의 특성에 따라 환경에의 적응은 각기 달랐으나, 비슷한 환경에서는 사례교사들의 적응 양상과 환경적 압력이 유사했다. 초임교사들은 경력교사에 비해 적응해야 할 환경이 훨씬 복잡했고, 경력교사들은 도태에 대한 두려움이 컸다. 지리 수업의 분석에서는 수업조직, 교수학적 변환, 교실관리의 세 주제가 교실생태계의 특성과 어떤 관련성이 있는지를 파악하고자, 초임교사와 경력교사의 차이를 비교했다. 초임교사와 경력교사는 수업계획, 수업단락구성, 수업조직의 규칙성에서 차이를 보였다. 초임교사는 수업계획에 많은 시간과 노력을 쏟았고, 경력교사는 수업단락의 구분이 명확하고 체계적이며 수업조직이 정형화되어 있었다. 경력교사는 교수학적변환이 다양하고, 반복하기와 중요한 내용을 구분해 주는 전략을 자주 사용했고, 초임교사는 새로운 교수방법을 시도하고 멀티미디어나 다양한 교구를 적극 활용했다. 교실관리에 있어서 초임교사는 방해방지전략을 통해 잘못된 행동을 사후 처리하는 비중이 높은 반면, 경력교사는 참여유도전략을 자주 사용하면서 교실질서가 흐트러지지 않게 예방했다. 사례교사들의 실천적 지식의 이미지는 가장 상위의 수준에서 수업과 교육의 방향을 조율했다. 그러나 이미지와 이의 구체적인 실행의 지침인 원리와 규칙은 간혹 충돌했다. 그 경우 사례교사들은 이미지와 충돌하는 하위의 원리와

---

5. 여기서는 지면의 한계상 사례연구의 결과를 요약적으로 제시한다. 구체적인 내용은 이 글의 토대가 된 김혜숙(2006a)의 박사학위논문 4장과 5장에 실려 있다. 여기에 제시한 내용은 연구의 시기가 오래고, 사례가 한정적이라는 면에서 연구 결과를 일반화하기에는 한계가 있다는 점도 밝혀 둔다.

규칙을 포기했다. 실천적 지식의 내적 일관성 부족으로 나타나는 이러한 현상은 경력교사보다는 초임교사에게서 자주 관찰되었다.

지리교실에는 복잡한 환경적 요구가 있었으며, 사례교사들은 이러한 환경적 요구에 대응하기 위해 '정례화'라는 전략을 사용했는데, 경력교사는 초임교사에 비해 암묵적 규칙이 명확했다. 교사와 학생의 상호작용에 있어서 경력교사는 대화의 규칙이 분명했으나 교사 중심적이었고, 초임교사는 학생 중심적인 성향이 현저했다. 지리 수업은 교과 내용의 특성, 교재, 학생 활동의 종류, 진도, 학사일정, 교사의 지식과 신체조건, 수업준비, 학교의 시설과 운영방침 등과 상호작용했고, 그 영향으로 수업조직·교수학적 변환·교실관리 등이 달라졌다.

교실생태계와 수업의 상호작용을 통해 교사들이 적응을 요구받는 환경에는 몇 가지 유사성이 있음을 알 수 있었다. 초임교사는 업무 숙련도에 비해 일이 과중했다. 그러나 이들은 열정을 가지고 많은 시간을 투입함으로써 이상적 교사상을 추구하는 한편, 끊임없는 반성적 성찰로 교실생태계에 적응하고자 노력했다. 경력교사는 도태의 두려움이 있기는 하지만, 더 안정적인 구조 속에서 자신의 역할을 수행하고 있었다. 이들은 학교문화의 적극적인 생산자이자 주체로서 활동했다. 초임교사가 학교와 교실에서 자신의 자리찾기에 몰두하는 동안, 이들은 교육과정, 지리교과, 학교와 교사의 발전방향 등과 같은 더 큰 체계의 문제로 고심하는 모습을 보였다.

사례교사 모두는 교실생태계에 성공적으로 적응하고 진화하기 위해서 교실생태계의 메커니즘을 이해하고, 교과의 고유성이 드러나는 교수학적 변환을 통해 학생들이 지리를 흥미로운 과목으로 받아들이도록 노력하고 있었다. 학생들은 사진, 지도, 동영상 등 다양한 자료를 활용하고, 학생의 경험과 연관된 소재를 발굴하며, 답사로 체득한 지리적 지식을 전달해 주는 교사를 전문성을 갖춘 지리교사로 인식하며 신뢰했다. 이에 못지않게 복잡한 교실상황을 유연하게 관리하고 이끌어나갈 수 있는 교사로서의 기본적인 자질 또한 매우 중요했다. 그렇더라도 지리교사로서 전문성을 갖추는 것은 사회적 변화와 맞물려 학교현장에서 입지를 강화하면서 이상적인 지리교육을 실현하는 데 가장 중요한 발판으로 보였다. 교실생태학적 관점에 근거하여 사례연구를 수행한 결과, 지리교사들과 이들의 환경, 학생, 그리고 수업이 어떤 영향을 주고받는가를 이해할 수 있었다.

5. 마치며

이 연구에서는 교실생태학적 관점에 근거한 교실수업연구를 주제로, 교실수업연구의 전통과 교실생태학에 대해 정리하였다. 행동주의를 배경으로 하는 과정-산출연구와 인지주의가 바탕이 된 매개과정연구를 비판하며 출발한 교실수업의 질적 연구전통 중 하나가 교실생태학이다. 교실생태학은 흔히 해석적 패러다임에 입각한 질적인 수업연구 전체를 일컫는 것으로 여겨지기도 하고, 생태학적 틀과 은유를 적용하는 부류의 연구라는 제한된 범위의 것으로 인식되기도 하지만, 여기서는 교실생태학이라는 메타포를 중심으로 여러 맥락의 상호작용을 강조하는 연구라는 측면에서 교실생태학을 소개하였다.

더불어 기존의 교실생태학이 가진 의의와 한계에 대한 분석을 통해, 연구자가 새롭게 수립한 교실생태학적 관점의 교실수업연구 틀을 설명했다. 이 틀에서는 생태계로서의 교실과 교실생태계를 구성하는 요소와 체계를 다뤘고, 체계로서 교실생태계가 작동하는 원리를 구체화하여 설명했다. 그리고 이러한 연구 틀을 적용한 교실생태학적 관점에서의 지리 수업 분석을 소개했다. 교실수업의 연구 주제를 교실수업의 구성요소 및 질적 수업연구에 대한 분석 결과에 터해 선정했는데, 계획-도입-전개-마무리의 4단계로 구성된 수업조직과, 교수학적 변환과 교사의 실천적 지식을 통해 살펴볼 수 있는 교사의 지식과 실행, 교실관리가 그것이다. 이 세 주제를 중심으로 교실생태계 안에서 지리교사와 학생, 수업이 교육적 맥락과 어떻게 상호작용하는지를 살펴보고자 했다. 본 연구에서는 이러한 방향에서 수립한 틀을 적용하여 중등 지리 수업 사례를 질적으로 분석했으며, 중학교와 고등학교의 초임과 경력교사 4명의 40차시 지리 수업 관찰 및 면담 등에 대한 사례연구 결과에 대한 요약 내용을 제시했다.

교실생태학적 관점을 적용한 연구를 수행한 결과, 사례교사들과 이들의 환경, 학생, 그리고 수업이 어떤 영향을 주고받는가를 이해할 수 있었고, 이러한 연구결과는 지리교육의 새로운 이론을 생산하고 적용하거나, 지리교육의 개선책을 찾는 데 도움을 줄 수 있을 것으로 기대한다. 그러나 새로운 관점을 끌어내어 연구 틀을 세우고 적용하는 것은 연구자 개인이 감당하기에 과중한 주제일 수 있으며, 때문에 미흡한 부분이 없지 않다. 본 연구에서는 교실생태학만의 접근방법에 대한 질문은 해결하지 못한 채 추후의 과제로 남겼다. 모든 질적 연구가 그러하듯 본 연구의 결과도 다른 지리 수업에 똑같이 적용된다고 보기는 어렵다. 따라서 이와 관련하여 다양한 후속 연구가 이어진다면, 지리 수업을 더욱 다면적인 시각에서 이해하고 개선해 나갈 수 있게 될 것으로 기대한다.

요약 및 핵심어

이 연구에서는 교실생태학적 관점에 근거한 교실수업연구를 주제로, 교실수업연구의 전통과 교실생태학에 대해 정리하였다. 행동주의를 배경으로 하는 과정−산출연구와 인지주의가 바탕이 된 매개과정연구를 비판하며 출발한 교실수업의 질적 연구전통 중 하나가 교실생태학이다. 여기서는 교실생태학이라는 메타포를 중심으로 여러 맥락의 상호작용을 강조하는 연구라는 측면에서 교실생태학을 소개하였고 기존의 교실생태학이 가진 의의와 한계에 대한 분석을 통해, 연구자가 새롭게 수립한 교실생태학적 관점의 교실수업연구 틀을 설명했다. 이 틀에서는 생태계로서의 교실과 교실생태계를 구성하는 요소와 체계를 다뤘고, 체계로서 교실생태계가 작동하는 원리를 구체화하여 설명했다. 그리고 이러한 연구 틀을 적용하여 중학교와 고등학교의 초임과 경력교사 4명의 40차시 지리 수업 관찰 및 면담 등에 대한 사례연구를 수업조직, 교사의 지식과 실행, 교실관리의 세 주제를 중심으로 분석하고 그 결과를 요약하여 제시하였다. 교실생태학적 관점을 적용한 연구를 수행한 결과, 사례교사들과 이들의 환경, 학생, 그리고 수업이 어떤 영향을 주고받는가를 이해할 수 있었고, 이러한 연구결과는 지리교육의 새로운 이론을 생산하고 적용하거나, 지리교육의 개선책을 찾는 데 도움을 줄 수 있을 것으로 기대하였다.

교실생태계(classroom ecosystem), 수업조직(classroom organization), 교수학적 변환(didactic transposition), 교실관리(classroom management)

더 읽을 거리

조영달, 2001, 한국 중등학교 교실수업의 이해, 교육과학사.
Creswell, John W., 1998, Qualitative Inquiry and Research Design: Choosing Among Five Traditions (조흥식 외 공역, 2005, 질적연구 방법론: 다섯 가지 전통, 학지사).
Shulman, Lee S., 2004, The Wisdom of Practice: Essays on Teaching, Learning, and Learning to Teach, San Francisco: Jossey−Bass.

참고문헌

김영천, 1997, 네 학교 이야기: 한국 초등학교의 교실생활과 수업, 문음사.
김혜숙, 2006a, 교실생태학적 관점에 근거한 중등 지리수업의 질적 사례연구, 고려대학교 박사학위논문.
김혜숙, 2006b, "사회과 교실수업연구를 위한 교실생태학의 가능성 탐색", 사회과교육, 45(2), pp.25−48.

박윤경, 2003, 교육과정 변화기 사회과교사의 교육과정 실행에 대한 사례연구: 변화 지향적인 교사의 교실수업 변화에 대한 이해, 서울대학교 박사학위논문.

박인우, 2003, "생태학적 관점에서 바라본 문제해결학습과 교실환경", 교육방법연구, 15(1), pp.89-103.

윤종희, 1991, "가족학 연구와 가족생태학적 접근", 한국가족학연구회 편, 가족학 연구의 이론적 접근: 미시 이론을 중심으로, 교문사, pp.197-226.

조영달, 2001, 한국 중등학교 교실수업의 이해, 교육과학사.

홍미화, 2004, "교사의 실천적 지식에 대한 이론적 논의: 사회과 수업을 중심으로", 사회과교육, 44(1), pp.101-124.

Anderson, Lorin. W. & Burns, Robert. B., 1989, *Research in Classrooms*, Pergamon Press.

Barker, R. G., & Wright, H. F., 1955, *Midwest and its children*, New York: Harper and Row.

Barker, R. G., 1968, *Ecological psychology: Concepts and methods for studying the environment of human behavior*, Stanford, CA: Stanford University Press.

Barker, R. G., 1968, *Ecological psychology: Concepts and methods for studying the environment of human behavior*, Stanford, CA: Stanford University Press.

Barns, D., 1971, Language in the secondary classroom, In London Association for the Teaching of English, *Language, the learner and the school*(Rev. ed.), Baltimore, Md.: Penguin Books.

Bronfenbrenner, U., 1979, *The ecology of human development*, Cambridge, MA: Harvard University Press (이영 역, 1995, 인간발달 생태학, 교육과학사).

Butterworth, B., & Weinstein, S. R., 1996, Enhancing Motivational Opportunity in Elementary Schooling: A Case Study of the Ecology of Principal Leadership, *The Elementary School Journal*, 97(1), pp.57-80.

Cooper, M. M., 1986, The Ecology of Writing, *College English*, 48(4), pp.364-375.

Cusick, P. A., 1973, *Inside high school: The student's world*, New York: Holt, Rinehart & Winston.

Davey, Graham, 1989, *Ecological Learning Theory* (변홍규 외 공역, 1998, 생태학적 학습이론, 학지사).

Doyle, W., 1977, Paradigms for Research on Teacher Effectiveness, in Shulman, L.(ed.), *Review of Research in Education*, 5, Itasca, Il: Peacock, pp.163-198.

Doyle, W., 1986, Classroom Organization and Management, In M. Wittrock(ed.s), *Handbook of research on teaching*(3rd), New York: Macmillan, pp.392-431.

Elbaz, F., 1981, The Teacher's Practical Knowledge: Report of a Case Study, *Curriculum Inquiry*, 11(4), pp.43-71.

Elbaz, F., 1983, *Teacher Thinking: A study of practical knowledge*, NewYork: Nichols.

Gump, P. V., 1964, Environmental Guidance of the Classroom Behavioral System, In B. J. Biddle & W. J. Ellena(eds.), *Contemporary research on teacher effectiveness*, New York: Holt, Rinehart & Winston.

Gump, P. V., 1969, Intra-Settings Analysis: The Third Grade Classroom as a Special but Instructive Case, In E. P. Willems & H. L. Raush(eds.), *Naturalistic viewpoints in psychological research*, New York: Holt, Rinehart & Winston.

Hamilton, Stephen F., 1983, The Social Side of Schooling: Ecological Studies of Classrooms and Schools, *The Elementary School Journal*, 83(4), pp.313-334.

Hamilton, Stephen F., 1984, The Secondary School in the Ecology of Adolescent Development, *Review of Research in Education*, 11, pp.227-259.

Jackson, P. W., 1968, *Life in classrooms*, new York: Holt, Rinehart & Winston (차경수 역, 1978, 아동의 교실생활, 배영사신서 64).

Jacob, Evelyn, 1987, Qualitative Research Traditions: A Review, *Review of Educational Research*, 57(1), pp.1-50.

Kounin, J. S., 1970, *Discipline and group management in classrooms*, New York: Holt, Rinehart and Winston.

McIntosh, Robert P., 1985, The background of ecology: concept and theory, New York: Cambridge University Press (김지홍 역, 1999, 생태학의 배경: 개념과 이론, 아르케).

Mehan, H., 1974, Accomplishing classroom lessons, In A. V. Cicourel, K. H. Jennings, S. H. M. Jennings, K. C. W. Leiter, R. MacKay, J. Mehan, & D. Roth(eds.), *Language use and school performance*, New York: Academic Press.

Nash, R., 1973, *Classrooms observed: The teacher's perception and the pupil's performance*, London: Routledge & Kegan Paul.

Oakeshott, M., 1962, *Rationalism in politics and other essays: Rationalism in politics*, London: Methuen.

Odum, Eugine E., 1997, *Ecology: A Bridge between Science and Society* (이도원 외 공역, 2004, 생태학, 사이언스북스).

Ogbu, John U., 1981, School Ethnography: A Multilevel Approach, *Anthropology & Education Quarterly*, 12(1), pp.3-29.

Polanyi, Michael, 1958, *Personal Knowledge: Towards a Post-Critical Philosophy* (표재명·김봉미 역, 2001, 개인적 지식: 후기비판적 철학을 향하여, 아카넷: 대우학술총서 519).

Rist, R. C., 1973, *The urban school: A factory of failure*, Cambridge, Mass.: MIT Press.

Schoggen, P., 1978, Ecological Psychology and Mental Retardation, In G. Sackett(ed.), *Observing behavior, Vol. I, Theory and applications in mental retardation*(pp.33-62), Baltimore, MD: University Park Press.

Shulman, Lee S., 1987, Knowledge and Teaching: Foundation of the New Reform, *Harvard Educational Review*, 57, pp.1-22.

Shulman, Lee. S., 1986, Paradigms and Research Programmes in the Study of Teaching, in Wittrock, M.C.(ed.) *Handbook of Research on Teaching*, N.Y.: Macmilan, pp.3-36.

Shulman, Lee. S., 1986, Paradigms and Research Programmes in the Study of Teaching, in Wittrock, M.C.(ed.) *Handbook of Research on Teaching*, N.Y.: Macmilan, pp.3-36.

Shulman, Lee. S., 1986, Paradigms and Research Programmes in the Study of Teaching, in Wittrock, M.C.(ed.) *Handbook of Research on Teaching*, N.Y.: Macmilan, pp.3-36.

Smith, L. M., & Geoffry, W., 1968, *The complexities of an urban classroom*, New York: Holt, Rinehart & Winston.

Smith, L. M., & Geoffry, W., 1968, *The complexities of an urban classroom*, New York: Holt, Rinehart & Winston.

Willems, E. P., 1973a, Behavior-environment systems: An ecological approach, *Man-Environment Systems*, 3(2), pp.79-110.

Willems, E. P., 1973b, Behavioral ecology and experimental analysis: Courtship is not enough, In J. R. Nesselroade & H. W. Reese(eds.), *Life-span developmental psychology: Methodological issues*, New York: Academic Press.

Woods, P., 1993, Teaching for Survival, in Hargreaves, A., Woods, P.(Eds.), *Classrooms and Staffrooms: The Sociology of Teachers and Teaching*, Milton Keynes, England: Open University Press, pp.48-63.

Wright, H. F., 1967, *Recording and analyzing child behavior*, New York: Harper and Row.

제26장

교실 공간의 이해와 '교실 공간 메타포'*

한희경

세종과학예술영재학교

* 본 연구는 한희경(2009)을 수정·보완한 것임.

1. 들어가며

　최근 10여 년간 이른바 '학교 교육의 붕괴'를 극복하기 위한 한 방편으로 교육의 실제 현장에 대한 이해가 절실해졌고 이 과정에서 교육학과 몇몇 교과교육 분야를 중심으로 '교실'에 대한 관심이 본격적으로 나타나고 있다. 일찍이 일반 교육학이나 국어교육 분야에서는 '교실에서의 수업 대화'를 주제로 다룬 연구들이 있었고(이용숙 외, 1990; 송준수·김미영, 1993; 고영규, 1995), 사회과교육 분야의 경우 '교실수업'에 초점을 둔 여러 편의 질적 연구들(조영달, 1992; 이혁규, 1996)과 생태학적 관점에서 교실수업에 접근한 연구가 주목된다(김혜숙, 2006). 보다 최근에는 수학교육 및 과학교육에서 '실천공동체로서의 수학 교실(김부윤·이지성, 2009)', '수학 교실에서의 사회적 실천과 정체성(권점례, 2007; 김동원, 2007)', '과학 교실 담화(오필석 외, 2007)' 등 이전에 비해 보다 교과특수적인 주제들이 탐구되고 있다.

　최근의 국내외 교실 연구들은 각종 교육적 이론과 개념을 투입하여 그 결과를 평가하는 실험실로서의 교실관을 지양하면서 교실 공간 그 자체를 다각적으로 이해할 목적으로 교실 안으로 한 걸음 더 들어가는 경향을 보인다. 이들은 교사와 학생을 탐구 변인이 아닌 협력자로 간주하고 교사와 학생들 사이에서 나타나는 크고 작은 갈등과 차이 상황에 주목하며 교과 일반적 교실이 아닌 교과 특수적 교실 공간을 향해 접근한다. 이와 같이 최근의 교실 연구는 '학생들의 학습을 개선하기 위해 실질적인 어떤 것을 실천할 수 있는 주체는 바로 교사와 학생'이라는 신념(Cross, 1998, 6)과 '연구자로서의 교사' 개념(Henson, 1996; 이혁규, 2009, 197)을 바탕으로 교실에 관한 연구를 더욱 심화해 나가고 있다.

　하지만 교실에 관한 일련의 연구들이 지금까지 크게 간과하고 있으면서도 매우 중요한 주제가 있는데 바로 '교실의 공간성'이다. 국내의 교실 연구들이 '교실'을 '교실수업'으로 '교실 연구'를 '교실 수업 연구'로 번역하여 사용하는 것에서 알 수 있듯이, 대부분의 관련 연구들은 '교실에서의 수업 상황'에 보다 초점을 두고 있을 뿐 '교실의 공간성'의 차원에 대해서는 크게 침묵하는 경향이 있었다.

　교실은 분명 무엇보다 공간적 실체이다. 교실의 공간성에 대한 인식은 교사의 교실 인식에 국한되지 않으며 교실의 또 다른 주체인 학생의 교실 인식, 나아가 다양한 교실 연구자와 관련 이론의 교실 인식은 물론이고 그들이 상정하는 교실 내 상호소통의 본질과도 맞닿아 있는 핵심 요인이다. 이러한 문제의식에서 이 글에서는 교실을 '교실수업'이 아닌 원어 그대로 '교실'로 번역하여 사용하기로 하며 문맥에 따라 교실이 지니는 공간적 의미를 강조하여 '교실 공간'

으로 표현하면서 교실의 공간성 문제에 접근해 보고자 한다.

교실의 공간성이란 교실이라는 공간의 사회적 함의를 말한다. 다시 말해 교실의 공간성이란 일종의 선결조건으로서 교실이라는 공간적 실체가 교실 안의 인간적 실천들에 갖는 함의로 정의할 수 있다(Johnston et al., 2000, 780). 교실의 공간성에 대한 다양한 관점들에 접근하기 위하여 이 글에서는 '교실 공간 메타포'라는 개념을 동원한다. 교실 공간 메타포란 교실의 공간성에 대한 은유, 즉 교실에 접근하는 연구자들뿐만 아니라 교실 내 상호작용의 두 주체인 교사와 학생들이 상정하는 '교실의 공간성'에 관한 은유를 말한다.

교실 공간 메타포는 교사론에서 말하는 '교사의 교실 인식'과도 물론 관련되는 주제이지만, 교실을 바라보는 교사의 관점뿐만 아니라 연구자나 학생의 시각까지를 포괄한다는 점에서 교사론의 범주에 구속되지 않고 이를 넘어서는 연구 주제가 된다. 다양한 교실 연구자들 간에는 물론이고 교실 속의 교사와 학생들은 교실 공간을 인식하는 시각이 서로 다르고, 따라서 교실 공간에 접근하는 주체에 따라 특정한 교실 공간 메타포를 표면적으로 혹은 잠재적으로 상정하는 입장에 서 있을 수밖에 없다. 이런 점에서 교실 공간 메타포라는 주제는 무엇보다 교실의 공간적 이해를 위해 기본적이고도 필수적인 주제임에 틀림없다.

이러한 문제의식에서 이 글에서는 먼저 최근의 국내외 교실 연구들을 조망하고, 일련의 교실 연구들을 바탕으로 이론화, 즉 교실론의 설정 가능성을 모색해 보고자 한다. 특히 교실 연구와 교실론의 확장을 위해 매우 긴요하면서도 크게 간과되었던 주제인 '교실의 공간성'에 이해의 필요성을 제기하면서 이를 구체적으로 고찰해 보고자 한다. 이를 위해 '교실 공간 메타포'라는 개념을 활용하여 교실의 공간성에 대한 기존의 다양한 관점들을 크게 '작업장으로서의 교실'과 '연극 무대로서의 교실'이라는 두 범주로 대분하여 검토할 수 있다고 보았다.

그러나 현실의 교실 공간은 작업장도, 연극 무대도 아닌 그곳의 교사나 학생들에게 보다 큰 삶의 공간의 일부이다. 그곳은 교수·학습 활동만 이루어지는 공간이 아니다. 그곳은 삶의 공간의 한 국면이라는 점에서 맥락의 공간이며, 교사와 학생, 다양한 학생들이 만나는 관계의 공간이다. 바흐친(Bakhtin)의 개념을 빌리자면 다양한 크로노토프가 공존하는 '카니발의 공간'이고, 푸코(Foucault)의 '헤테로토피아', 르페브르(Lefebvre)의 '재현 공간', 그리고 소자(Soja)가 말한 '제3의 공간'과도 맞닿아 있는 것으로 보인다. 이 점에 착안하여 이 글에서는 교실의 공간성을 '작업장으로서의 공간'과 '연극 무대로서의 공간'이라는 전통적인 두 가지 메타포 이외에 '삶의 공간으로서의 교실'의 관점에서 조명해 보고자 한다.

2. 교실 연구의 최근 동향과 '교실론'의 설정 가능성

국내의 교실 연구는 1990년대 이후 몇몇 교과 교육 분야를 중심으로 진행되면서 그 빈도가 꾸준히 증가해 왔다. 하지만 아직 어떤 패러다임으로 정리할 만한 수준의 성과를 축적하고 있지는 않아 보인다. 이에 비해 영어권 중심의 국외 연구들은 이미 1970년대 이전부터 교실과 관련한 다양한 주제들을 여러 각도에서 탐구해 왔다. 1970년대 후반에 이르러서는 그간의 교실 연구들을 패러다임의 관점에서 범주화하려는 시도들이 나타나기에 이른다(Doyle, 1978; Shulman, 1986).

가령 도일(Doyle, 1978)은 영어권의 연구들을 검토하면서 교실 연구의 패러다임을 과정–산출 연구, 매개 과정 연구, 교실생태학 연구의 세 가지로 범주화하였다. 여기서 과정–산출 연구란 다양한 변인들을 '수업에 투입하여 그 효과를 확인하는'식의 연구들을 말하고 매개 과정 연구란 주로 구성주의 관점에서 '교사나 학생의 인지 과정'에 주목하는 연구들을 그리고 교실 생태학 연구는 교실의 다양한 측면들을 있는 '그대로 기술하고 해석하는' 문화 기술적 연구들을 각각 일컫는다. 이 중 과정–산출 연구가 실증주의 패러다임에 해당한다면 교실 생태학 연구는 해석학 패러다임에 속하고, 매개 과정에 대한 연구는 두 패러다임에 동시에 걸쳐 있는 것으로 이해할 수 있다.

교실 연구와 관련해 패러다임을 거론한다는 것은 최근의 교실 연구들을 일정한 연구 주제와 이론 및 방법론을 준거로 재정의 할 수 있음을 함축하는 것이다. 특히 최근의 교실 연구에서 교실의 의미는 교육학 이론이나 개념을 적용하는 단순한 실험실로서의 의미가 아니라 연구 목적 그 자체로 이해되고 있다. 연구의 관점에 있어서도 외부자 시각보다는 교사와 학생 등 내부자 시각을 강조하는 경향을 보인다. 이와 관련하여 교사의 사적 경험에 학술적 의미를 두는 '연구자로서의 교사' 개념을 발전시키고 있고 '있는 그대로의 기술을 토대로 한 해석'과 '질적 연구 방법론'을 중시하고 있다. 연구 영역의 세분화도 진행되고 있다. 가령 기존에 '교실연구'라고 통칭되던 영역이 1990년대 후반부터는 '교실 연구'와 '교실 평가', '교실 경영' 등으로 세분화되면서 구체적으로 논의되는 경향을 보인다(Cross and Steadman, 1996).

이러한 점들에 큰 의미를 둔다면 최근의 교실 연구에 대해서 '교실론'이라는 이름을 부여하고 이를 모든 교과 교육을 횡단하는 중요한 영역으로 설정하는 것도 가능할 것이다. 교실론은 수단으로서의 교실이 아니라 교실 그 자체에 관심을 갖고 그 안에서 이루어지는 교육적 상호소통의 두 주체로서 교사와 학생 사이의 관계를 집중적으로 탐구한다. 부연하면 각종 교육제도나 교육기관과 같은 외부세계의 시야로부터 교육에 접근하는 것이 아니라 교육이 직접 이루어지는 현장성을 중시하고 교실 공간 내부로부터 교육현상을 진단하고 접근하려는 경향이 강하다.

교실론에서 다루어지는 교실 안에서 이루어지는 교사와 학생 간의 교육적 상호소통과 관련된 것들로서 가령 '지금 이 교실 안에서', "학생에게 주어진 과제와 학습 목표는 무엇이며 얼마나 성취되었는가", "교사가 마음에 염두에 둔 학습 목표와 주요 내용은 학생들의 그것과 일치하는가 아니면 얼마나 차이를 보이는가", "학생들의 오해가 있었다면 어느 부분에서 그러한가", "많은 학생들에게 성취도가 높은 내용들이 있다면 그러한 내용의 학습 과정에는 어떤 공통점이 있는가", "어느 부분에서 학생들의 실수가 나타나며 그것은 모든 학생들이 공통적으로 보이는 실수인가", "학생들에 의해 수업을 방해하는 행동이 나타나거나 수업과 관계 없는 흐름이 발생한다면 교사는 어떻게 대처해야 하는가" 하는 등의 것들이 있을 수 있다. 교실론으로부터 제공되는 이와 같은 정보와 연구성과는 교실 안팎의 교육 관련자들에게 포괄적으로 도움을 줄 수 있지만 일차적으로는 해당교실의 교사와 학생에게 피드백을 제공하고 이를 통해 특히 교사는 학생과의 관계를 비롯한 교실 안에서 이루어지는 교육적 실천들을 개선할 수 있게 된다.

교실론의 영역은 교실을 연구대상으로 행해진 전통적 연구들과는 다른 것이다. 그 이유는 첫째 전통적 연구에서 교실은 어떤 이론이나 모델의 효과를 검증하기 위한 실험실의 의미였기 때문이다. 이에 비해 교실론에서 교실은 그 자체가 연구대상이자 목표가 된다. 교실은 실제 상황 속에서 이루어지는 특정 과목이나 교과의 학습과정을 보여 준다는 점과 그것을 수행하는 교사와 학생집단을 면전에서 확인할 수 있도록 해 준다는 점에서 현장성 있고 교육적으로 의미 있는 연구목표로 간주된다. 둘째 교실론에서 교실은 교사와 학생이라는 존재를 탐구변인을 넘어 연구의 협력자로서 간주한다. 학생과의 다양하고도 변화무쌍한 관계에 대처해 온 교사의 경험 세계와 학습의 과정에 대한 학생들의 수많은 경험들은 모두 인간의 학습이 어떻게 이루어지는가에 관한 지식의 축적에 공헌한다고 보기 때문이다. 셋째 전통적 교실 연구들은 교육적 실천을 위한 처방을 내리는 것으로 연구를 종결짓는 경향이 강하고 이때 교실은 연구자들의 지원을 받으면서 새로운 교육적 실천이 일어나야 하는 곳으로 상정되며 때때로 교사와 학생은 변화를 가로막는 저항 세력으로 간주되기도 한다. 그러나 교실론에서는 교사와 학생 사이에 나타나는 사소한 갈등과 차이 상황들에 중요한 의미를 두고 교사의 입장에서 흥미 있고 탐구할 가치가 있다고 여겨지는 바가 곧 연구 주제가 되며 해당 주제와 관련 있는 특정과목의 교실과 학생 선정 문제가 연구의 고유성에 관여한다. 이러한 의미의 교실론의 맹아는 영어권의 경우 1970년대 이전부터 등장하지만 본격적으로 진척된 것은 1990년대 이후의 지난 20여 년 동안이다. 교실에 관한 초기의 연구들은 포괄적으로 '교실연구'라는 이름으로 통용되었다. 그러나 오늘날에는 교실연구로부터 다양한 세부 영역들이 분화되어 있고 그 결과 교실연구, 교실평가, 교실경영의 세 가지 주제가 이 분야의 주요 영토로 개척되고 있다(Cross and Steadman, 1996).

여기서, 공간적 실체로서의 교실의 이해를 위해 반드시 요구되는 탐구 주제라면, 바로 교실의 공간성에 대한 것이다. 교실의 공간성 문제는 그동안의 교실연구와 최근의 교실론 모두에서 다분히 간과되었던 주제이다. 교육학자나 교사, 학생 등 교실에 접근하는 모든 주체들은 나름대로 교실의 공간성을 상정할 수밖에 없다. 역으로 교실의 공간성은 다양한 주체들이 견지하는 교실의 공간적 의미를 표상한다. 교실의 공간성은 교실이라는 공간 속에서 이루어지는 교육적 상호작용의 본질 및 교사와 학생의 역할과 긴밀하게 연동한다. 그러면 다양한 주체들에 따른 교실의 공간성을 어떻게 탐구할 수 있는가의 문제에서 메타포 개념을 동원하여 '교실 공간 메타포'라는 용어를 개념화하고자한다.

특정한 메타포가 어떤 공동체에서 영향력을 행사하려면 공동체 안에서 메타포가 사용되고 그것의 의미를 전유하고 확장시키는 사회적 과정이 필요하다(Gadamer, 1994; Lemesianou, 1999, 3, 재인용). 이 점에 주목하여 교실이 분명 공간적 실체이며 이를 부각시키는 과정의 일환으로 교실을 공간 메타포를 통해 인식하고자하는 것이다. 이를 매개로 교실 공간 메타포의 전통적 유형들을 크게 두 가지로 범주화하여 살펴본 다음 교실론의 최근 논의를 바탕으로 '삶의 공간으로서의 교실'이라는 새로운 메타포를 이론적으로 구성하여 이것이 교실론의 확장과 심화에 갖는 교육적 의미를 제안해 보고자 한다.

3. '교실 공간 메타포'의 전통적 유형들

다양한 교실연구들이 각각 상정하고 있는 교실 공간 메타포는 교실의 공간적 의미에 접근하는 그들의 시각을 대변한다. 말하자면 교실의 공간성에 대한 다양한 관점을 표상한다고 할 수 있다. 사전적 정의에 의하면 메타포란 주어진 사물에 대해 다른 것과의 비유를 통해 은유적으로 표현하는 것을 말한다. 가령 도시를 생태계에 비유한다든지 문화경관을 텍스트에 비유한다든지 장소를 지층에 비유한다든지 하는 등의 사례를 들 수 있다. 과거에는 메타포 개념으로 인해 해당 현상에 대한 이해가 모호해질 수 있다는 비판도 있었지만 20세기 이후에는 현상을 기술하고 이론화함에 있어서 메타포가 필수적인 것으로 인식되고 있다(Johnston et al., 2000, 500).

교실의 공간성에 대해서도 메타포 개념을 동원하여 이해하고자 했던 연구가 전혀 없었던 것은 아니다. 가령 요시모토 히토시(吉本均, 1987)는 『수업의 원칙(授業の原則)』에서 공장모형, 농장모형, 극장모형을 제시한 바 있다(박병학 역, 1994). 비록 그가 공간성이라는 단어를 언급한 적도 없고 그의 관심이 주로 수업모형에 집중되어 있기는 하지만 그의 논의 속에서 우리는 공장, 농장, 극장 등 교실에 대해 그가 염두에 둔 공간성이 어떤 것인지 엿볼 수 있다. 마셜(Marshall, 1990) 역시 교실의 공간성이라는 단어를 언급하지는 않았지만 교실의 공간적 성격과 관련하여 '작업장 메타포'와 '학습무대 메타포'를 거론하면서 교실의 공간성 문제를 메타포와 관련지어 좀 더 직접적으로 다룬 바 있다. 특히 마셜에 의하면 행동주의 원리에 입각하여 교사와 학생의 역할, 수업의 의미를 조명한 교육이론은 교실 공간을 작업장으로 보는 관점이고, 인지적 구성주의와 일부 상황인지론자들의 논의는 교실 공간을 학습의 무대로 보는 관점이라고 정리한다. 또한 그의 논의는 교실 공간과 관련하여 작업장 메타포를 넘어서 학습무대 메타포를 강조하고 있다는 점에서 교실의 공간성에 대한 인식이 갖는 중요성과 교육적 의미를 한 층 부각시켜 주고 있다.

이와 맞물려 교실 공간 메타포를 논의하는 이유는 인식주체와 인식대상을 연결시켜 주는 메타포의 상호울림 기능(Gadamer, 1994)에 주목하기 때문이다. 다시 말해 교실 공간 메타포는 교육학자와 교사, 학생 등 교실 공간에 접근하는 다양한 주체들로 하여금 교실의 공간적 실체를 일정한 이미지로 인식하게 하여 교실의 공간성을 능동적으로 팽창 혹은 수축할 수 있도록 매개시켜 주는 기능을 수행하는 것이다. 요시모토 히토시(1987)와 마셜(1990)의 연구 그리고 전통적인 교실 연구성과들을 전반적으로 검토하면서 교실의 공간성에 대한 은유 즉 교실 공간 메타포의 유형을 '작업장으로서의 교실'과 '연극무대로서의 교실'로 크게 범주화할 수 있었다. 아래에서는 이들 각각의 메타포를 상정하는 주체가 누구이며 이들에게 교실에서의 교육은 어떤 의미로 인식되고 있는지 교실에서의 교육적 상호작용의 본질을 어떻게 규정하는지 그리고 교실에서 교사와 학생의 역할을 어떻게 바라보는지 등의 문제를 검토하기로 한다.

1) 작업장으로서의 교실

　전통적으로 많은 교육이론들은 교실이라는 공간을 마치 공장과 같은 작업공간으로 간주해 왔다. 이때의 교실은 작업을 수행하는 곳이고 교사는 관리자, 학생은 노동자에 비유된다. 여기에서 교사는 흔히 '숙제해 와라', '자습해라'와 같은 말들을 하는 존재인데 이 모두 교실을 작업공간으로 보는 인식에서 연유한 것이다(Marshall, 1990, 94). 우리 주변의 교실에서 흔히 오갈 수 있는 이야기, 가령 '학습지를 5분 안에 완성해라', '선생님 질문에 대답해 봐라, 10초 줄게, 1초 2초 3초 …… 땡'과 같이 학생들을 지속적으로 독려하면서 학습의 생산성과 효과성을 강조하는 말들도 교실을 작업공간으로 인식하는 경우 나올 수 있는 말들이다. 도일(Doyle, 1986)은 교실경영에 관한 연구들을 검토하면서 '교실에서의 생활은 작업 시스템을 창출하는 것에서 시작한다.'고 주장했다. 그는 교사의 주문하달과 학생의 학습을 서로 연관된 일이라고 생각하였다. 그는 이러한 관점을 지지하는 연구들을 인용하면서 교사가 '효과적인 경영자'로 있는 교실의 경우 학생들은 자신들의 역할이 무엇인지 보다 쉽게 인식하고 주문된 작업을 보다 적절하고도 훌륭하게 해낸다고 강조했다(Marshall, 1990, 95). 도일(1986)은 조직이 보다 복잡한 교실일수록 보다 분명한 경영과 통제가 필요하다고 이야기 한다. 이러한 생각에 대해 코엔 외(Cohen et al., 1979)는 문제를 제기하였다. 그는 소규모 집단의 학생들이 다양한 자료들을 사용하고 고도의 개념 학습을 위한 절차를 따를 수 있도록 교실을 조직해야 한다고 주장한다. 코엔 외(1979)는 복잡한 교수전략이 필요한 교실일수록 '교사가 직접 감독을 시도하기보다는 권한을 위임할 수만 있다면 학생들의 수행이 개선될 것'이라고 주장한다. 감독은 공장의 조립라인과 같은 그런 단순한 일에서나 적절하다는 것이다. 이후의 연구에서 도일(1988)은 교실을 공장의 조립라인으로 보는 교실에서는 학생들의 자발적인 학습과 학습의 의미를 탐색할 기회가 거의 없다는 점을 지적하였다. 작업장으로서의 교실에서는 행동주의적 관점에서 학생들에게 학업의 수행정도에 따라 보상과 처벌을 교대하면서 학습을 독려하는 경향이 짙다. 이 같은 상황에서 학생들은 교사가 설명하는 단어를 반복해서 따라하고 짧은 시간 안에 교사가 요구하는 학습지의 답을 채워 나간다. 그러나 학생들은 왜 이와 같은 학습을 하는지 그 의미를 제대로 파악하지 못할 수 있다. 학생들이 "나는 그것을 했지만 그것이 의미하는 바가 무엇인지는 몰랐어요(Anderson et al., 1985, 132)"와 같이 대답하는 경우가 그런 예이다.

　교사가 학생들에게 흔히 발설하는 "얘들아 놀 시간이 어디 있니"의 경우처럼 놀이와 일을 서로 대비시키는 발언은 '교실에서는 열심히 일을 수행하는 것이 제일 중요하다'는 점을 학생에게 강요하게 된다(Brophy, 1983; Cohen, 1986). 만약 교사가 "너 좀 더 열심히 해야겠다"라고 말했다면 그것은 학생들이 어려운 과제를 완결할 수 있도록 독려하려는 의도를 내포하고 있을 것이다. 그러나 교사의 그 말로 인해 학생들은 공부를 '고된 일'로 받아들일 수 있다는 점이 지적된 바 있다(Marshall, 1990, 96). 이렇게 '작업장으로서의 교실' 메타포에서는 '좋은 교육이란 고통을 동반할 수밖에 없다'는 가정을 기저에 두고 있다. 교사가 이런 교실 공간 메타포로 교실을 인식하는 한 학생에게 교실에서의 학습이란 곤란한 것, 괴로운 것이고, 학습이란 그것을 이겨내야 하는 것이라고 느껴질 수 있다. 이런 면에서 학생들이 갖는 학습 혐오증은 이른바 '습득되어진 학습 혐오증'이라는 견해도 있다(박병학 역, 1994, 123-124).

카터(Carter, 1986)는 "어떤 교사들에게는 작업 시스템을 유지하는 것이 '의미 있는 학습'보다 중요한 것 같다."라고 지적하면서 한 중학교 영어교사를 예로 들었다. 교실경영에 관한 한 효과적인 경영자로 평가받는 한 중학교 교사가 있다. 그는 학생들로 하여금 개념이나 규칙을 복창하도록함으로써 학습의 흐름을 이끌었다. 한번은 한 학생이 'is'라는 동사가 정확히 어떤 범주에 속하는지 몰라서 질문한 적이 있었다. 이에 대해 교사는 "'is'는 항상 동사다. 반복 ' is'는 항상 동사다. 반복 ..."이라는 노래를 학생들이 확실히 기억할 때까지 반복해서 부르게 하였다. 같은 해에 얼마가 지난 뒤 한 학생에게 ' is'가 무엇인지 정의해 보라고 물었을 때 그 학생은 "'is'는 항상 동사다. 반복"이라고 대답했다(Carter, 1986; Marshall, 1990, 96 재인용). 바로 이런 경우를 두고 '교사는 목표를 정해 놓고 열심히 가르치고 있지만 학생들의 기억 속에서는 무엇인가를 열심히 했던 기억밖에는 남는 것이 없다.'고 하는 것이다.

이와 같이 교실을 작업공간으로 생각하는 전통은 어디에서 연유한것일까? 요시모토 히토시(1987)는 『수업의 원칙(授業の原則)』에서 교실을 작업공간으로 인식하는 태도를 '공장모형'으로 비유하였다. 그에 의하면 이와 같은 전통은 코메니우스에서부터 시작된다고 한다(박병학 역, 1994, 101). 즉 '가르친다고 하는 것'을 '프로가 가지고 있는 기술을 다른 사람에게 교쇄술(教刷術)과 같은 방식으로 전수하는 과정'이라 이해하는 사고에서 기원했다는 것이다. 이때 어린이를 백지로 생각하기 때문에 어린이의 개성이나 정체성은 '가르침'의 과정에서 문제가 되지 않는다. 다만교사의 수업기술의 부족만이 수업 성공여부를 둘러싸고 연마되어야 할 부분으로 생각하는 것이다.

딜타이(Dilthey)의 정신과학을 계승한 슈프랑거(Spranger, 1958)는 『천부적 교사』에서 교사를 '사물에 관심을 갖는 교사'와 '영혼에 관심을 갖는 교사'로 구분한 적이 있다. 교실을 작업공간으로 상정하는 교사라면 '가르치는 행위 그 자체'와 '학습자'를 대상화시킴으로써 '의미로 가득찬 학습'은 늘 부차적인 것으로 간주할 우려가 있다. 그런 교사는 슈프랑거가 말하는 '사물에 관심을 갖는 교사'로 볼 수 있을 것이다. '작업장으로서의 교실' 메타포에서 엿볼 수 있듯이 '가르침'이 관리 지향적으로 인식되는 과정은 서양의 근대시기에 교육이 제도권 안으로 도입되던 배경과도 관련이 있다. 한 개인이 사회의 구성원으로 살아가기 위해서 배워야 할 다양한 삶의 방식들이 1대 1의 도제식 교육에서 다룰 수 있는 영역을 넘어설 만큼 복잡하고 다양해질수록 수업은 사회적 분업체제의 한 유형으로 자리할 수 있다(권민철 역, 2005, 58-65). 그 과정은 교사라는 직업이 하나의 전문직으로 자리 잡는 과정과도 유사하다. 수업을 공식적으로 사회에서 용인되는 사회적 분업체제의 일환으로 상정하는 한 수업은 공식적인 학습행위로 간주된다. 수업이 공식적인 학습행위로 간주된다는 것은 가르쳐야 할 내용의 선택 여부와도 관련이 되어 있다. 즉 노동의 분업체계에서 수용할 수 있는 선에서 가르쳐야 할 만한 가치가 있는 내용을 선정해야 하는 문제가 남는다는 것이다. 따라서 수업에는 가르칠 만한 가치 있는 것들로 미리 선정된 공식적인 교육과정에 따른 의도와 계획들이 있기 마련이다. 그러나 인간 삶의 모든 행위에서와 마찬가지로 수업상황에서도 공식적으로 의도하지 않은 비공식적 상황은 벌어진다. 쉰켈(Sünkel)은 다음과 같은 예를 통해 수업에서 발생하는 비공식적 학습상황이 의도된 수업의 효과를 어떻게 완전히 망쳐버릴 수 있는지 설명한다. 민주적 책임과 연대라는 시민사회의 덕에 관한 수업을 한다고하자. 이 수업이 사회적 지위의 유지와 상승을 위한 살벌한 경쟁풍토의 학교에서 실시된다면 이 두 학습효과의 모순은 두 가지 학습과정 사이의 차이만큼이나 분명히 드러날 것이다. 한편 '노동자 계급의 해방'에 대한 교육을 한다고 하면서 교조적인 교리 문답 형태로 수업을 진행한다면 '학생들'은 수업을 자신들의 자발적인 사회적·인간적 해방의 계기로 받아들이고 이해할 수 없을 것이다. 여기서도 수업에서 일어나는 비공식적 수업의 효과는 의도된 수업의 효과를 완전히 망쳐 버릴 것이다(권민철 역, 2005, 62-63). 이때 교사가 자신이 내세우는 수업의 의도만을 앞세운다면 위와 같은 상황은 '원치 않는 부작용' 정도로 치부해 버릴 수도 있다. 심지어 내용과 방법의 부정합으로 인한 '모순'과 '갈등'을 인식조차 못할 수도 있다. 그러나 수업에서는 의도만큼이나 방법도 중요하다. 가다머(Gadamer)에 의하면 진리와 방법은 결과와 과정의 관계를 갖는 것이 아니며 특히 참된 신념 지식은 표준화된 절차 즉 고정된 규칙, 준칙, 절차, 지식생산 과정을 통하여 이루어질 수 있는 성질의 것이 아니라고 말한다(이정화·이지헌 역, 2003, 41).

이 같은 관점은 듀이(Dewey)에게서도 나타난다. 듀이는 우리가 직면하는 문제의 원인이 '서로 맞지 않은 조각들의 배열 또는 상황'으로 보고 개방적인 의사소통을 통하여 그 간극을 탐구하는 자유를 강조했다. 하버마스(Habermas)의 논의를 교육적 논의로 끌어올린 영(Young, 2003)은 듀이의 사상을 인용하면서 현대 우리가 당면한 많은 문제들이 서로 다른 차이로 인해 발생된 문제들을 내적인 태도 변화가 아닌 외재적 조작, 즉 공학적 해결을 추구하는 경향에서 비롯되고 있다고 보았다(이정화·이지헌 역, 2003, 18). 이러한 공학적 태도가 교실 현장에 들어왔을 때를 일컬어 영은 그 교실을 '방법교실'로 규정한다. 방법교실이란 담론교실과 대비되는 개념으로 학생을 학습하는 사물로 보고 경험의 공유, 의미구성과 논증의 절차가 생략된 채 방법론적 처방을 통해 지식을 기억하고 모방하면서 전수하는 교실을 말한다. 이 과정에서 아동의 사고, 인성, 감정의 내용을 변화시키는 것은 부차적으로 간주된다. 교사가 주도하는 교실에서는 여러 학습자들이 공존함으로써 만들어 가는 맥락을 도외시하는 것이 현실이다. 그런 교실 인식에 머물러 있는 교사들은 아동을 대하는 태도에서 다음과 같은 학자들의 의견과 많은 공통점을 가지고 있을 것이다.

이처럼 '작업장으로서의 교실' 메타포에서는 학생은 일정한 연령대에서 기대할 수 있는 학습능력을 소유한 무개성의 존재이다. 한편 그와 같은 교실에서는 교사와 학생 사이에 갈등과 긴장이 발생할 경우, 그 원인을 인식주체의 내부자 혹은 인식주체들 간의 상호작용에서 찾는 것이 아니라 외부적인 요인에서 찾게 된다. 교사가 학습목표를 명확하게 제시했는지, 교재의 내용이 학생들의 이해수준에 맞게 재구성되었는지, 특정 내용에는 분단별 토의식 학습이 맞는지, 아니면 강의식 수업이 적합한지, 특정 교과에 맞는 교수모형은 없는지 등과 같이 교수학습과정을 정교화하는 것에서 찾는 것이다.

요컨대 '작업공간의 교실' 메타포에서 교실은 학습에 관여되는 요소들을 담아내는 일종의 용기와 같은 공간이다. 교탁과 칠판이 교실 앞에 배치되어 있고, 학생들은 교사를 바라볼 수 있는 위치에 놓여 있는 책상에 앉아 있다. 교탁, 칠판, 창문, 천장처럼, 학생들은 교실을 구성하는 또 하나의 요소로 취급된다. 심지어 교사 또한 그러하다. 여기서는 교실을 구성하는 요소들의 물리적 배치가 교수학습의 '생산성'과 어떤 관련성이 있는지 관심가질 수는 있지만 그 이상은 아니다. 교실 공간의 물질성이 교사가 교실을 순시함에 따라 교사의 시선과 학생시선의 교차에 어떤 영향을 주며 교수학습 상황에서 어떤 의미로 작용할 수 있는지까지는 주목하지 않는다. 교실 창문이 나무가 우거진 교정과 접해 있는지 아니면 운동장과 면해 있는지 그로 인한 소음과 빛의 양이 교실 구석구석의 분위기를 어떻게 만드는지에 관심이 없다. 창문은 창문이고, 천장은 천장이다. 그야 말로 이때의 교실은 교사가 '1교시에는 1학년 1반에 들어간다.'고 하고 '3교시에는 그 옆 반에 들어간다.'고 말하는 것 그 이상의 의미가 없는 그런 공간인 셈이다.

지금까지 '작업장으로서의 교실'에서 일어나는 활동이 어떤 규범적 요건에 부합되는 활동으로 전개되는지 살펴보았다. 그리고 '작업장으로서의 교실' 메타포가 함축하고 있는 교실 공간의 의미, 교사와 학생의 역할, 교실 내 수업과 상호작용의 본질 등에 관해서도 논의하였다. 교실에서의 학습을 행동주의적 관점에 입각하여 과업 지향적인 과정으로 이해하는 한, 학생이 지금 이 순간 무엇 때문에 좌절하고 있는지, 무엇을 궁금해하고 있는지, 배우고 있는 내용이 그들이 소유한 신념이나 세계관과 부합되는 것인지, 이와 같은 점들이 학습상황에 어떤 영향을 줄 수 있는지 등과 같은 존재론적인 문제에 관심을 기울이기는 쉽지 않을 것이다.

2) 연극 무대로서의 교실

교사가 연출 각본을 가지고 있고 학생이 자신들의 역할을 적극적으로 수행하면서 지식을 구성하고 체험하는 활동이 주를 이루는 교실은 연극무대로서의 교실로 은유할 수 있다. 이때 교실은 교사의 주문에 의한 과업을 해결하는 공간이 아닌 학생들이 자발적인 활동을 통해 학습의 의미를 찾아가는 배움의 공간이다. 학생은 능동적 학습자로 간주되며 교사는 학생과 과제를 마주하고 교실에서의 사회적 상호작용을 독려하며 학생들이 학습의 의미를 찾아갈 수 있도록 도와주는 협력자 역할을 수행하는 자이다. 이처럼 '연극무대로서의 교실' 메타포에서는 '작업장으로서의 교실' 메타포에서 중심을 차지하는 '과업' 대신 교사와 학생이 과제나 학습활동을 수행하면서 그것의 의미가 무엇인지 알아가는 과정이 교육의 핵심개념으로 부상한다.

'연극무대로서의 교실' 메타포는 1980년대 중후반부터 부상한 인지적 관점의 학습관과 사회적 구성주의의 교실인식을 대변한다. 그 밖에 최근의 교실연구에서 현장교사들의 유형을 '과업지향적 교사'와 '학습지향적 교사'로 구분한 뒤 후자의 교사 집단들 역시 교실을 '학습공간'으로 인식하고 있다는 보고가 있다(Marshall, 1990, 97). '연극무대로서의 교실'을 상정하는 주체들에 관해 좀 더 자세히 설명하면 다음과 같다.

첫째 인지적 관점에 서 있는 학자들을 들 수 있다. 인지적 관점에서 교실이란 '의미 있는 학습'이 이루어지는 공간으로 간주한다. 이러한 인지적 관점은 '작업장으로서의 교실'을 상정하는 행동주의 관점과 몇 가지 면에서 차이가 있다(Shuell, 1986). 인지적 관점은 '어린이를 마음 내키는대로 반죽해 낼 수 있는 점토'로 비유하던 공장모형과 달리 가르치는 활동을 인간의 내부로부터의 힘 즉 사고하는 힘이나 표현하는 힘으로 발달시키는 것으로 본다는 점에서 교육을 훈련이 아닌 양육으로 본다(박병학 역, 1994, 105). 인지적 관점에 따르면 학습자는 단순히 외부의 힘에 반응하는 것이 아니라 지식의 구성과정에서 적극적인 역할을 수행한다고 보고 학습이 이루어지는 각 개개인의 정신적 과정에 관심을 기울인다. 여기서 교사의 역할은 새로운 정보를 이미 알고 있는 지식과 관련짓는 학습계획과 전략을 마련하는 것이다. 즉 인지적 관점은 학생들의 사고의 과정과 인지와 과제의 이해에 관심을 기울인다. 말하자면 학습의 과정 그 자체를 중시하는 것이다(Wittrock, 1986).

'연극무대로서의 교실' 메타포에서는 아동의 직관적 지식과 학교에서 가르치는 형식적 지식 간의 상호작용을 강조한다(이정화 외 역, 2003, 53-54)는 점에서 학문적 연구성과만을 강조하는 작업장으로서의 교실 메타포와 차별된다. 인지적 관점에서 '교실에서의 학습'이란 개개인의 능동적 지식구성과 재구성의 과정이기 때문에 교사의 역할은 학생의 오개념을 치유하고 현 수준의 사고를 진단하고 개념적 갈등상황을 창출하며 학생들이 보다 '개념적 일관성'을 함양할 수 있도록 적절한 내용을 제시하는 것이다(Vonsniadou and Brewer, 1987). 여기서 교사는 선행지식과 개인의 관심사와 같은 요인들에 기초하여 학생들이 어느 지점 혹은 어느 지대에서 학습을 시작할 준비가 되어 있는지 평가할 필요가 있다. 학습과제는 학생의 현재의 발달수준과 관련되어 분석될 뿐만 아니라 교사들이 어떤 교수법을 사용하는 것이 적절한지와 관련한 인지적 과정에 근거하여 분석된다.

둘째 사회적 구성주의자들을 거론할 수 있다. 이들의 교실개념에서는 학습의 사회적 맥락이 강조된다. 전술한 인지적 관점의 경우 비록 교사의 안내가 있을지라도 결국 학습자가 지식을 구성하는 것으로 간주하지만 사회적 구성주의자들은 사회적 맥락이 학습자의 지식구성에 영향을 준다고 이야기한다. 사회적 구성주의자들은 '학습이란 학생 개개인의 마음 속에서 독자적으로 일어나기보다는 학습과 사고는 물리적, 사회적 맥락에 처해 있다.'고 본다(Greeno, 1989, 135). 아울러 이들은 학문적 성과가 제출되는 사회적 맥락에 초점을 둘 필요가 있다고 강조한다. 교사와 학생은 수업시간 내내 서로 간의 상호작용을 통하여 맥락을 구성해 간다(Green et al., 1988). 그 속에서 이루어지는 개인들간의 상호작용과 기회들을 통해 학습의 의미와 학교의 목표가 설정된다. 학생들의 태도에 대해 교사가 어떻게 반응하는가 하는 점 또한 학생들의 과제이해에 영향을 주고 따라서 그들이 배우는 바에 영향을 미친다.

작업장으로서의 교실 메타포에서 학습이란 '실수가 없는 것'을 의미한다. 그러나 학습의 과정을 강조하는 연극무대로서의 교실 메타포에서는 '실수란 새로운 학습을 위한 토대일 수 있다.'는 점을 학생들에게 인식하게 하는 것이 교사의 역할이다. 사회적 구성주의자들은 또한 학습을 위해 학생들을 모둠으로 나눔으로써 사회적 맥락의 창출을 기할 수 있다고 이야기한다.

개개의 학생들은 혼자보다는 협력적 상호작용을 통해 훨씬 많은 이점을 얻을 수 있다. 학생들이 모둠으로 배우게 되면 각기 다른 인지 기능과 역할 수행을 보이게 되고 이때 서로를 학습의 모델로 삼을 수 있다(Brown and Reeve, 1987). 모둠의 구성원들은 오개념이나 비효율적인 전략들을 서로 확인해 가며 교정해 갈 수도 있을 것이다. 아울러 모둠 구성원들은 통찰력이나 문제 해결력의 시너지 효과를 함양할 수 있다(Brown et al., 1989). 모둠 구성원들은 학습을 노력의 가치와 집단적 규범을 만들어 가는 그 자체가 자신들의 학습 동기를 고양시킬 수 있다(Ames and Ames, 1984). 이렇게 맥락을 강조하는 사회적 구성주의자들의 관점에서는 '의미 있는 학습'이 일어나는 교실이 되기 위해서 교사가 '실제적 활동'을 제공할 필요가 있다고 주장한다(Brown et al., 1989, 6). 적어도 교실에서 탈맥락적인 과제를 부과하기보다는 교실에서 제공하는 활동들을 실제 세계와 연결시켜 주어야 한다는 것이다.

한편 교사의 교실인식을 주제로 한 몇몇 교실연구들에 의하면 교사들의 교실인식이 크게 두 유형으로 나뉜다고 한다(Marshall, 1987a; 1987b; 1988). '과업지향적 교사'와 '학습지향적 교사'가 그것이다. 이 중 학습지향적 교사들은 사고의 과정을 강조하고 학습에 대한 도전을 강조한다. 예를 들면 학생들에게 "도전할 준비가 되었니?"라든가 "우선 생각해 보자 손을 내려놓고 5초간 생각해 봐라"와 같은 발설을 통해서 이번 수업에서 무엇이 중요한지를 알게 해 준다고 한다. 이들의 교실 인식 역시 전술한 인지적 관점이나 사회적 구성주의와 마찬가지로 '연극무대로서의 교실'을 상정하고 있다고 볼 수 있다. 학습 지향적 교사들은 학습과 관련된 사고, 학생들과의 관련성, 수업 목적 등에 대한 이야기로 교실수업을 시작하는 경향이 있다고 한다. 이들은 또한 학생들의 학습과 그들의 학습 활동에 대한 책임이 학생들에게 있음을 이야기해 준다. 사고과정 학습에 대한 도전 학생들의 책임성에 대한 강조외에도 학습지향적인 교실에서는 학교 다니는 목적과 과제가 학습의 한부분이라는 점, 동료를 도와주는 것, 실수를 바로 잡는 것도 학습의 과정이라는 것, 개개인의 차이를 인정하는 것, 긍정적인 기대, 교사가 관리를 최소한의 선에서 하는 것 등을 강조한다.

교실을 연극무대로 보는 입장은 공동체 내부의 교섭, 협동학습과 같은 상호작용, 사회적 정체성의 함양 등을 강조한다는 점에서 교실을 일종의 '사회적 공간'으로 보고 있다고 평가할 수 있다. 왜냐하면 하나의 교실에서 교사와 학생이 어떤 가치와 선호도와 열망 등을 가지고 있는가에 따라 교실의 공간성이 달라질 수 있다고 보기 때문이다. '어떤 것이 사회적으로 구성되었다.'는 것의 의미는 '인간의 힘으로 그것을 변화시킬 수 있다.'고 말하는 것이다. '교실이 사회적으로 구성되었다.'고 하는 것은 두 가지 차원에서 이해할 수 있다. 하나는 의미의 차원이고 다른 한가지는 물질성의 차원이다(Cresswell, 2004, 30).

첫째, 의미의 차원은 교사와 학생이 교실을 경험하고 그곳에 의미를 부여하는 방식이 어떤 사회적 환경으로부터 나오는 것인지를 살피는 것이다. 둘째, 물질성의 차원은 교실 안의 재질, 예를 들면 교탁 및 칠판의 위치, 학생들의 책상 배열, 게시판의 성격, 심지어는 교사와 학생의 동선까지 그것이 사회적 산물이라는 것을 말하는 것이다. 이러한 인식은 교실을 단순히 물리적 위치(location)로 놓고 접근하던 것과 달리 교실이 담보하고 있는 의미의 차원과 물질성의 차원에서 교실 공간이 지닌 다층적 의미를 염두에 두는 것이다.

지금까지 교실의 공간성을 '연극무대'로 보는 입장들을 살펴보았다. 그러나 이와 같은 입장들은 몇 가지 침묵하는 점이 있다. 첫째, 최근 비판 교육학자들의 주장에서도 엿볼 수 있듯이 인지적 구성주의는 감정과 정체성이 앎의 과정에 어떻게 개입되는지에 대한 문제를 소극적으로 다루고 있다. 학생이 탐구과정에서 제시한 이유를 해석할 때, 그것을 가치를 배제한 채 순전히 학생의 인지적 요인에 의한 것이라고 해석하기는 어렵다. 둘째, 학습의 과정에 관여되는 교사와 학생의 의사소통 능력에 관한 문제이다. 예를 들면, 어떤 교사가 자신의 교과에 대한 애정이 충만하여 체화된 지식과 신념을 가지고 가르치고자 하는 순간일지라도 전달하는 능력 즉 의사소통능력이 부족하여 학생의 의견에 합리적으로 반응하지 못하거나 편협한 설명을 하는 경우가 생긴다. 그것은 학생의 입장에서도 마찬가지다. 이와 관련하여 하버마스는 의사소통능력을 우리가 무언가를 아는 언어적 능력과 이것을 전달하는 의사소통능력으로 구분한다. 셋째 학습 지향적 교사가 협동학습을 통하여 집단내부의 바람직한 정체성, 사회 정체성을 함양하고자 할 때, 이것이 구분 짓기의 경계 개념을 갖고 전개될 여지가 있다. 이 경우 다른 편의 입장에 대해 가볍게 처리하거나 편견을 가질 수 있다(Benwell, 2006, 24). 교사와 학생이 교실에서 발생하는 다양한 차이와 갈등의 국면을 특정한 교실에서 다수가 합의하고 있는 내용에 포섭시키고자 한다면 경계 안쪽의 내부자의 시선과 경계 밖의 외부자의 시선 간의 차이는 또 다른 생산의 국면으로 전환되지 못한 채, '차이' 그 자체로 남게 될 것이다. 넷째, 교사가 지식의 구성 과정에서 사고의 다중성, 복합성, 문화의 특수성이 중요하다는 점을 인정한다 하더라도 그것이 교실에서 실천되기 위해서는 특정한 담론이 지배하는 교실문화가 변해야 한다. 그러나 학교는 근대성이 여전히 살아 있는 곳 중의 하나이다. 학교는 공동의 규율을 정해 놓고 학생들을 감시하고 처벌한다. 예를 들어, 지각하지 말 것, 정해진 시간에 식사할 것, 규정에 맞게 복장을 갖춰 입을 것 등이 있다. 따라서 한 교실에서 교사와 학생의 역할에 대한 서로의 기대치가 위와 같은 학교문화와 무관하게 전개될 수 없을 뿐만 아니라, 교육과정과 시험관행에서 교사와 학생 모두 자유로울 수 없는 것이 현실이다. 다시 말하면, 교실은 교실외부의 세계와 맥락적으로 열린 공간이기 때문에 이로 인한 갈등과 충돌이 언제든지 발생할 수 있는 공간이다. 이와 같은 문제는 교사가 학생에게 보다 많은 학습의 자율권을 부여하는 것으로 해결하는 것에도 한계가 있을 것이다.

지금까지 교실을 바라보는 관점은 교실 내 '교사와 학생 담론의 병치', '교사나 학생 정체성의 형성과 변화' 문제 등은 소극적으로 다루고 있는 편이었다. 특히 교실은 외부 세계와 다양한 방식으로 열려 있는 공간임에도 불구하고 교실을 하나의 닫힌 공간으로 간주하고, 그 전제 위에서 지식의 전수하고 교사와 학생이 학습하는 것의 의미를 나누곤 한다.

4. 새로운 교실 공간 메타포: 삶의 공간으로서의 교실

최근의 교실론을 바탕으로 '삶의 공간으로서의 교실'이라는 또 하나의 메타포를 제안하고 '작업장으로서의 교실'이나 '연극무대로서의 교실'과 함께 교실의 다층적 공간성의 한 부분으로 다루어 보고자 한다. 지금까지 살펴본 교실 공간에 대한 메타포가 교실의 공간적 경계를 고정적으로 이해하고 교사와 학생의 역할을 일정한 방식으로 인식하는 데 비해 상대적으로 '삶의 공간으로서의 메타포'는 교실을 교사와 학생들 간의 차이와 갈등이 상존하는 공간으로 보고 교실 공간이 교사와 학생의 삶의 한 부분임을 강조한다. '삶의 공간으로서의 교실' 메타포가 교실 외부자의 시각보다는 교사와 학생이라는 교실 내부자의 관점을 표상한다는 점에 주목하여 특히 이것에 내포된 교육적 함의와 교육적 상호소통의 본질을 부각시켜 볼 필요가 있다.

교사와 학생이 문화적·사회적 과정을 통해 자신들의 교실문화를 만들어 가는 과정은 교실에서 이루어지는 일상과 반복되는 실천 속에서 완성된다. 이것은 교사와 학생이 서로에게 길들여지는 과정과도 같은 것이다. 이와 같이 서로에게 길들여지는 과정에서 발생할 수 있는 충돌과 갈등의 상황들이 상존하는 공간으로서의 교실을 상정하는 것이 바로 '삶의 공간으로서의 교실'이다. 현실적으로 학교현장의 많은 교사들에게 교실은 학생들을 향해 교사 자신을 전시하는 공간으로서의 성격이 강하다. 교실은 교사가 주최하는 일방적 전시공간이 아니라 교사와 학생이라는 두 주체 간의 교육적 상호소통의 공간이다. 그럼에도 불구하고 학교현장에서 보면 교실을 이상화된 공간으로 간주하는 외부의 시선에 눌려 교사 스스로가 모든 교실에서 일정한 정도의 교육적 성과를 산출해야 한다는 강박관념을 갖고 있는 경우가 많다. 그것은 교실을 둘러싼 물리적·사회적 환경과 무관하지 않다. 학교에서 교실은 학년과 학급단위로 구분되어 중·단기적인 시간표에 의해 지배되는 공간이다. 그리고 교실 내외부의 설계는 물리적으로 질서와 효율성을 향상시킬 수 있는 공간배치로 설계되어 있다. 학자나 교과 교육자들과 같은 전문가 집단은 교육과정을 개편하면서 특정한 지식에 헤게모니를 부여하고 교육과정이 실천되는 교실 공간에 일련의 질서를 부여하고자 한다. 그들은 교실에서 교사의 적절한 수업설계가 보장된다면 교사와 학생이 교육과정에 제시된 명시적 목표를 성취할 수 있다고 보고 교육과정을 설계할 것이다.

그러나 교사와 학생이 처한 교실은 전문가 집단이 상상하는 공간과는 거리가 먼 역설과 긴장과 갈등이 매일 같이 출몰하는 공간이다. 교사는 이와 같은 교실 상황을 일상의 교육 실천 속에서 경험하게 된다. 교사가 교탁에 서서 자신을 나름대로 교과전문가로 인식하고 수업지도안과 같은 모종의 공적 각본을 실천하고자 할 때, 교실에는 시작부터 그 교과에 흥미를 보이지 않는 학생이 있다거나, 교실이라는 공적공간에서 용인되는 행동규범을 파괴하는 학생이 얼마든지 앉아 있을 수 있다.

교실을 '삶의 공간'으로 바라볼 때, 그때의 교실은 교사와 학생이 실제로 경험하는 일상의 공간을 담고 있다. 교사와 학생은 내부자로서 한 교실 안에서 수업과 같은 사회적 실천을 통해 갈등하고 타협하고 협상한다. 교실에서 이와 같은 과정은 잠재적 혹은 표면적 형태를 띠면서 교사와 학생의 정체성에 변화를 가져오며 서로에게 영향을 준다. 교사와 학생의 삶의 공간은 일관성이나 응집성과 같은 규칙에 종속되지 않는다. 왜냐하면 르페브르의 표현을 빌리자면 그것은 '살아 있기' 때문이다(Merrifield, A., 1993).

그것[삶의 공간]은 말을 한다. 그것은 영향력 있는 중핵 또는 중심을 갖고 있다. 자아, 침대, 침실, 광장, 교회, 묘지, 그것은 열정의 터(loci)이고, 행동의 터이고, 삶의 상황이 집결된 터이다. 따라서 시간을 내포한다. 결과적으로 그것은 다양한 방식으로 규정될 수 있다. 그것은 본질적으로 질적이고 유동적이고 역동적이기 때문에, 직접적이거나 상황적이고 관계적이다(Lefebvere, 1991, 42).

이처럼 교실이라는 또 하나의 삶의 공간에서 교사는 교사로서 자신들의 역할과 정체성을 학생과의 관계 속에서 맥락적으로 재구성한다고 본다. 이와 같은 상황은 학생의 경우에도 마찬가지이다. 교실에서 벌어지는 상황이나 맥락을 학생 스스로 어떻게 인지하느냐에 따라 그의 역할과 정체성도 달라질 수 있으며, 교사와 학생은 서로 관심 영역이 다르기 때문에 각자가 존재하는 세계를 구성하는 물리적·사회적·인지적 공간이 다를 수 있다. 그로 인해 교실에서는 서로가 말하고자 하는 의미는 언제든지 충돌할 수 있다.

일찍이 이러한 삶의 공간으로서의 교실에서 늘 존재하는 의미 차이와 의미 충돌의 상황을 생산적이고 교육적으로 진단해 보려는 연구들이 있었다. 특히 1990년대를 전후로 교실에서의 교사와 학생 간의 대화를 사회 문화적 구성물로 보고 그 속에서 관찰되는 차이와 충돌이 뿜어내는 가치에 주목한 교실 연구들이 활발하게 진행되고 있다. 특히 탈 식민주의자들을 중심으로 한 교실 담론에 관한 연구들에서 교사와 학생의 경계 담론을 제3공간으로 규정하고 그것의 교육적 의미에 천착하려는 시도들이 진행되고 있다.

프라트(Pratt, 1987)는 자신의 연구에서 대화적 상호작용이 명시적으로 드러나는 교실에서 조차 접촉 지대에 숨겨져 있는 긴장과 갈등이 표출되고 있음을 밝혔다. 그는 '접촉 언어학'이라는 개념을 사용하여 대화적 경계에 관해 검토하고 있다. 구티에레즈와 라임스(Gutierrez and Rymes, 1995)는 경계 지점을 잠재적 소통 지대로 보고, 이를 제3공간으로 명명한다. 구티에레즈와 라임스(1995)는 진정한 대화적 관계가 이루어지는 곳은 질문과 협상에 대해 늘 열려있는 담론 공간 내에서의 '지금 여기'라고 말하면서 교육연구에서 교실연구의 중요성을 역설한다. 그는 교실을 제3공간의 렌즈로 들여다보았을 때 부각될 수 있는 교실에서 이루어지는 교사의 담론과 학생의 담론이 서로 충돌하는 상황의 교육의 유의미함을 다음과 같이 진술한다.

교사와 학생이 자신들이 속한 배타적이고 경직된 각본을 지닌 사회적 공간으로부터 벗어난다면 상호주관성이 존재할 가능성도 있다. 제3공간이 갖는 파괴적 특성은 다양한 사회적·문화적 관점들의 뒤섞임을 가능케 하고 복수의 각본이 존재할 가능성을 인정하며 기존의 각본을 초월하는 초월적 각본과 경합할 가능성을 열어둔다(Gutierrez and Rymes, 1995, 467-468).

구티에레즈 외(Gutierrez et al., 1999)는 교실 안에서 서로 대안적이고도 경합관계에 있는 제 담론과 입장들이 서로의 갈등과 차이를 풍성한 협동과 학습으로 변화시킬 수 있음을 강조한다. 이와 같은 특이한 담론 공간을 제3공간이라 할 수 있다. 활동 이론의 관점에서 보면 제3공간은 일종의 확장 활동(Engeström, 1999) 혹은 근접발달지대(Vygotsky, 1978)와 유사한 것으로도 이해된다(Burbules and Bruce, 2001). '삶의 공간으로서의 교실' 그 자체는 외부에 열려 있기 때문에 상황적이며 맥락적인 속성을 갖고 있을 뿐만 아니라 구성원 간의 의미 차이와 갈등이 상존하지만 그러한 상황의 생산적 전환 그러니까 제3공간으로의 국면전환의 가능성 때문에 그 교육적 함의가 심오한 것이다.

제3공간을 주제로 한 교실 연구들에 의하면 학습의 맥락은 내적으로 혼성적이다. 즉 다중의 맥락에 걸쳐 있고 다양한 목소리가 존재하며 다양한 각본에 열려 있다는 뜻이다(Gutierrez et al., 1999). 이와 같은 점은 주로 교실 공동체에 대한 '상황 내 분석'을 수행함으로써 밝혀지는 것들로 버블스와 브루스(Burbules and Bruce, 2001)는 교실담론의 상황성을 분석하는 틀로서 언어적 상호작용, 매체와 텍스트, 그 밖의 실천 및 행위와 같은 세 축의 담론 모델을 제시한 바 있다.

'삶의 공간으로서의 교실'을 제3공간의 개념을 통해 분석한 여타 연구자로는 캄버렐리스(Kamberelis, 2001), 바드본코어 외(Vadeboncoeu et al., 2006) 등이 있다. 이들의 연구는 공통적으로 교실 내의 혼성성에 주목하고 혼성담론의 실천을 제3공간이라는 개념 속에서 해석하고 있다. 제3공간은 버블스(2006)가 주장하고 있듯이 다리 놓기, 융합, 혼합, 조정과 같은 것이 아니며 본래 갈등과 새로운 가능성을 담보하는 파괴와 번복의 의미를 담고 있다. 이런 면에서 그것은 가다머(Gadamer)의 '지평융합'과 같은 합일과는 다소 다른 것이다. 제3공간은 임시적인 특징과 상황귀속적인 특징을 가진다. 따라서 어떤 교실에서 관찰되는 제3공간의 창출 상황을 마치 차이와 갈등 국면을 해소시켜 주는 처방전으로 이해하는 것은 곤란하다.

제3공간에서 '이해'의 의미는 하버마스의 '이해' 개념보다는 바흐친이 말하는 '이해' 개념에 가깝다고 할 수 있다. 하버마스에게 있어서 '이해에 도달한다.'는 것의 의미는 "두 축의 발화 및 행위주체가 서로 똑같은 방식으로 언어적 표현을 이해한다."는 것을 뜻하지만 바흐친에게 있어서의 '이해'는 상대 주체와의 거리를 인식하고 그것에 근접함으로써 도달할 수 있는 것을 하기 때문이다. 따라서 삶의 공간으로의 교실에서 대화란 발화의 주체가 나 자신의 위치를 상실하지 않으면서 나와 너 타자의 차이를 지속적으로 의식하는 데에 의미가 있다.

이와 같이 '삶의 공간으로서의 교실 메타포'는 외부에 열려 있고 내부적으로 혼성적인 '관계적, 맥락적 교실 공간'의 이미지를 담고 있다. '작업장으로서의 교실' 메타포의 핵심부에 '지식'이 자리하고 '연극무대로서의 교실' 메타포의 중심에는 '활동'이 자리한다면 '삶의 공간으로서의 교실' 메타포에서는 '대화'가 교육적 상호작용의 본질을 이룬다. 이러한 '삶의 공간으로서의 교실'은 교사가 교실에서 일상적으로 부딪치고 경험하는 현실적 공간성이고 내부자의 입장에서 인식되는 내부자의 공간성에 더욱 다가가 있다고 평가할 수 있다. '삶의 공간으로서의 교실' 메타포는 교사와 학생간의 갈등과 충돌상황이 교실 내에 상존한다는 점을 인정한다. 그러나 이러한 상황을 소진의 순간으로 간주하지 않고 생산의 국면, 교육의 계기로 보기 때문이다.

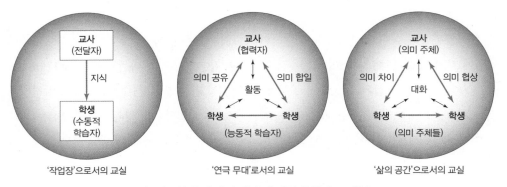

그림 1. '교실 공간 메타포'의 세 가지 유형과 그 개념도

이와 관련하여 일부 연구자들은 제3공간 개념을 동원함으로써 교실 공간에서 목격되는 교사와 학생 간의 다양한 차이들이 회피해야 할 부정적인 것이 아니라 오히려 상호소통이라는 커다란 틀 안에서 교육적 실천의 동력으로 새롭게 읽고 있다. '삶의 공간으로서의 교실'에서 제3공간이 활성화될 때 비로소 교실 안에서 교사와 학생의 관계는 더 이상 발신자와 수신자라는 일방적 관계가 아니며 교육적 상호소통에 기반한 진정한 대화를 이루는 관계로 전환하게 된다.

요컨대 '삶의 공간으로서의 교실'에서 교실의 의미는 관계와 맥락으로 충만된 혼성성의 공간이다. 그 속에서 교육이란 수많은 상황과 맥락 속에서 의미 차이를 발견하고 그것을 협상해 나가는 그 자체를 말한다. 교사와 학생의 대화 속에서 의미 협상은 어디까지나 일시적이고 상황적인 것으로 간주한다. 즉 교사와 학생 간의 대화를 서로의 '차이를 소멸시켜 가는 과정'이 아니라 '차이는 끝내 합일될 수 없음을 인정하는 과정'이라 이해한다.

5. 마치며

'교실'은 모든 교육적 역량이 총동원되는 공간이자 교육적 상호작용의 현장이다. 특히 '학교교육의 붕괴'에 대처하기 위한 국내의 교육적 논의와 최근 20여 년간 영어권을 중심으로 발달해 온 교실론을 조망해 볼 때 '교실'은 교육학 및 교과 교육분야에서 매우 중요한 주제로 다루어지고 있음을 볼 수 있다. 또한 최근 들어 교육이론과 수업모델의 실험실로 교실에 접근하던 전통적 교실연구로부터 벗어나 교실 그 자체를 목적으로 삼고 모종의 방법론적 전환을 보이는 경향이 점점 뚜렷하게 목격되고 있다. 연구자는 영어권의 교실 관련 논의들을 검토하면서 교실 연구의 패러다임 변천을 살펴보는 한편, 교실연구의 최근 동향 속에서 드러나는 연구 주제의 세분화와 방법론적 전환을 준거로 교실연구의 이론화 가능성, 즉 교실론이라는 영역을 설정하는 것이 가능할 것으로 제안하였다.

교실에 접근하는 모든 연구들에서 간과하고 있지만 매우 중요한 주제로 '교실의 공간성' 문제를 들 수 있다. 전통적 교실 연구와 최근의 교실론에서 상정하는 교실의 공간성을 이해하기 위해 반드시 필요한 연구 주제로서 인식할 수 있다. 교실의 공간성이 다층적으로 구성되어 있음을 전제하고 이를 탐구하는 효과적인 방법으로서 메타포 개념을 동원하였다. 그리하여 교실 공간의 의미와 교사와 학생의 역할 등에 관한 다양한 입장들을 '작업장으로서의 교실', '연극무대로서의 교실', '삶의 공간으로서의 교실'이라는 세 가지 메타포를 활용하여 담아 낼 수 있었다. 이들 세 가지 메타포는 교실 공간에 접근하는 서로 다른 관점들을 표상하는 것으로 이해할 수 있었다.

특별히 교실론의 심화와 지평확대를 위해 '삶의 공간으로서의 교실' 메타포가 갖는 교육적 의미를 제3공간 논의와 관련시켜 부각해 보고자 하였다. '삶의 공간으로서의 교실' 메타포에서 교실은 맥락성과 관계성으로 충만된 공간으로서 교사와 학생 간의 '대화' 그 자체를 교육적 상호작용의 본질로 상정한다. 이와 관련해 교실 관찰과 제3공간의 교육적 가능성을 주장한 몇몇 교육학자들의 논의들 속에서 삶의 공간으로서 교실에 상존하는 다양한 의미 차이와 의미 충돌의 상황들이 회피 대상이 아닌 교육적 생산 국면으로 재인식될 수 있음을 엿볼 수 있었다.

교실의 공간성을 어떻게 인식하느냐에 따라 교실에 접근하는 관점이 달라진다. 나아가 교실에서 교사 학생 간 상호작용의 본질과 교사 학생의 역할을 바라보는 시각이 달라질 수밖에 없다. 본 연구에서 살펴본 전통적 교실 연구 및 최근의 교실론과 그들이 상정하고 있는 다양한 교실 공간 메타포들은 교실에 접근하는 연구자와 교사들로 하여금 교사 학생 간 대화의 맥락과 의미, 의미의 충돌과 협상 과정, 정체성의 형성과 변화, 교과 특수적 교실의 이해 등 추후의 교실 연구와 교실 관찰에서 염두에 두어야 할 중요한 논점들을 보여 주고 있다. 따라서 교과 특수적 교실로서의 지리 교실연구는 그러한 논점들에 대해 열린 시야를 확보할 필요가 있을 것이다.

요약 및 핵심어

최근 국내외에서 교육의 현장에 대한 이해가 절실해지면서 교실에 대한 관심이 크게 부상하고 있다. 본 장은 영어권을 중심으로 교실 연구의 최근 동향을 검토하고 최근의 교실 연구에서 교실 그 자체를 수단이 아닌 목적으로 다루고 있다는 점을 확인하고 방법론에 있어서도 모종의 전환을 보이고 있다는 것을 확인하였다. 이를 근거로 일련의 교실 연구들을 두고 '교실론'의 설정 가능성을 제안하였다. 교실론의 지평을 확장하고 교실의 이해를 위해 긴요하지만 다분히 간과되어 온 주제로서 '교실의 공간성' 문제를 제기하고 이를 '교실 공간 메타포'를 통해 접근하였다. 전통적 교실 연구에서 상정하는 교실 공간에 대한 메타포를 '작업장으로서의 교실'과 '연극무대로서의 교실'로 범주화하고, 최근의 교실론을 바탕으로 '삶의 공간으로서의 교실'이라는 새로운 메타포를 제시하고 그 속에 내포된 교육적 함의를 제3공간에 대한 논의와 연결시켜 도출하였다.

교실론(classroom theory), 교실 공간 메타포(classroom space metaphor), 제3공간(third space)

더 읽을 거리

Soja, E. W., 1980, *The Socio-Spatial Dialectic*, Annals of The Association od American Geographers, 70(2), 207-225.
한희경, 2010, 대화적 공간으로서의 지리 교실 읽기 −제3공간으로의 국면 전환 가능성 탐색−, 한국교원대학교 박사학위논문.

참고문헌

고영규, 1995, 수업에서의 의사소통 과정에 대한 문화기술적 연구, 고려대학교 박사학위논문.
권민철 역, 2005, 수업현상학, 학지사(Sünkel, w., 1996, Phänomenologie des Unterrichts).
권점례, 2007, "초등학교 수학교실에서 사회적 관행과 정체성의 상호작용 분석", 한국수학교육학회지, 46(4), 389−406.
김동원, 2007, "틀의 차이를 극복하기−수학교실에서의 논증 분석 연구", 한국수학교육학회지 46(2), 173−192.
김부윤·이지성, 2009, "수학교실과 포스트모더니즘", 한국수학교육학회지, 48(2), 169−182.
김혜숙, 2005, "지리과 교실 수업 연구를 위한 이론적 탐색", 한국지리환경교육학회지, 13(2), 275−291.
김혜숙, 2006, 교실 생태학적 관점에 근거한 중등 지리수업의 질적 사례 연구, 고려대학교 박사학위논문.
박병학 역, 1994, 수업과정의 인간화, 교육과학사(吉本均, 1987, 授業の原則).

박영욱, 2009, 의미와, 무의미의, 경계에서, 김영사.

송준수·김미영, 1993, "교실 내 언어적 상호작용에 관한 연구", 중등교육연구, 5, 117-127.

오필석·이선경·김찬종, 2007, "지식 공유의 관점에서 본 과학 교실 담화의 사례", 한국과학교육학회지, 27(4), 297-308.

이용숙·이재분·소경희·전경미, 1990, 초등학교 교육현상에 대한 문화기술적 연구, 한국교육개발원.

이혁규, 1996, 중학교 사회과 교실 수업에 대한 일상생활기술적 사례 연구, 서울대학교 박사학위논문.

이혁규, 2009, "교육 현장 개선을 위한 실행연구 방법", 교육비평, 25, 196-213.

조영달, 1992, "정형화된 사회적 공간에서의 한국적 상호작용유형의 이해", 사회와 교육, 16, 309-363.

하버마스, 이정화·이지헌 역, 2003, 비판이론, 교육, 교육과학사(Young, R. E., 1990, A Critical Teory of Education: Habermas and Our Children' Future, 1990, Pearson Education).

한희경, 2009, "교실 연구의 최근 동향과 '교실 공간 메타포'연구," 대한지리학회, 44(6), 833-851.

Ames, C., and Ames, R., 1984, Systems of Student and Teacher Motivations: Toward a Qualitative Definition, *Journal of Educational Psychology*, 76, 535-556.

Anderson, L. M., Brubaker, N. L., Alleman-Brooks, J., and Duffy, G. G., 1985, A qualitative study of seatwork in first grade classrooms, *Elementary School Journal*, 86, 123-140.

Benwell, B. and Stokoe, E., 2006, *Discourse and Identity*, Edinburgh University Press.

Brophy, J. E., 1983, Conceptualizing student motivation, *Educational Psychologist*, 18, 200-215.

Brown, A. L., and Reeve, R. A., 1987, Bandwidths of competence: the role of supportive contexts in learning and development, in Liben, L. S.(ed.), *Development and Learning: Conflict or Congruence?*, Erlbaum, NJ, 173-224.

Brown, J. S., Collins, A., and Duguid, P., 1989, Situated cognition and the culture of learning, *Educational Researcher*, 18, 32-42.

Burbules, N. C. and Bruce, B. C., 2001, Theory and research on teaching as dialogue, in Richardson, V.(ed.), Handbook of Research on Teaching, *American Educational Research Association*, 1102-1121.

Carter, K., 1986, Classroom management as cognitive problem solving: toward teacher comprehension in teacher Education, Paper presented at the Annual Meeting of the American Educational Research Association, San Francisco.

Cohen, E., Intili, T., and Robbins, S., 1979, Task and authority: a sociological view of classroom management, in Duke, D.(ed.), *Classroom Management*, University of Chicago Press, Chicago, 116-143.

Cohen, E., 1986, *Designing Groupwork: Strategies for the Heterogeneous Classroom*, Teachers College Press, New York.

Cresswell, T., 2004, *Place: A Short Introduction*, Blackwell Publishing, MA.

Cross, K. P., 1998, Classroom research: implementing the scholarship of teaching, *New Directions for Teaching and Learning*, 75, 5-12.

Cross, K. P., and Steadman, M. H., 1996, *Classroom Research: Implementing the Scholarship of Teaching*, Jossey-

Bass, San Francisco.

Doyle, W., 1978, Paradigms for research on teacher effectiveness, Review of *Research in Education*, 5, 163-198.

Doyle, W., 1986, Classroom organization and management, in Wittrock, M. C.(ed.), *Handbook of Research on Teaching*, 3rd Edition, MacMillan, New York, 392-433.

Doyle, W., 1988, Work in mathematics classes: the context of students'thinking during instruction, *Educational Psychologist*, 23, 167-180.

Engeström, 1999, Communication, discourse and activity, *The Communication Review*, 1(1&2), 165-185.

Gadamer, H. G., 1994, Truth and method, in Weinsheimer, J. and Marshall, D. G.(eds.), *Truth and Method*, Continuum International, New York.

Green, J. L., Weade, R., and Graham, K., 1988, Lesson construction and student participation: a sociolinguistic analysis, in Green, J. L. and Harker, J. O.(eds.), *Multiple Perspective Analysis of Classroom Discourse*, Ablex, NJ, 11-48.

Greeno, J. G., 1989, A perspective on thinking, American Psychologist, 44, 134-141.

Gutiérrez, K. D., Baquedano-López, P., and Tejeda, C., 1999, Rethinking diversity: hybridity and hybrid language practices in the Third Space, *Mind Culture and Activity*, 6(4), 286-303.

Gutiérrez, K. D. and Rymes, B., 1995, Script, counterscript, and underlife in the classroom: James Brown versus Brown v. board of education, *Havard Educational Review*, 65(3), 445-471.

Henson, K. T., 1996, Teachers as researchers, in John, S. P.(ed.), *Handbook of Research on Teacher Education: a project of the association of teacher educators*, 2nd Edition, MacMillan Publishing, 53-64.

Johnston, R., J., Gregory, D., Pratt, G., and Watts, M., 2000, *The Dictionary of Human Geography*, 4th Edition, Basil Blackwell Publisher, New York.

Kamberelis, G., 2001, Producing heteroglossic classroom cultures through hybrid discourse practice, *Linguistics and Education*, 12(1), 85-125.

Lefebvre, H., translated by Nicholson-Smith, D., 1991, *The Production of Space, Blackwell*, Cambridge, MA.

Lemesianou, C. A., 1999, The Geographies of Discourse and Lived Experience: A Communication Approach, (Ph. D Thesis), New Brunswick, NJ. Marshall, H. H., 1987a, Building a learning orientation, *Theory and Practice*, 26, 8-14.

Marshall, H. H., 1987b, Motivational strategies of three fifth-grade teachers, *Elementary School Journal*, 88, 137-152.

Marshall, H. H., 1988, In pursuit of learning-oriented classrooms, Teaching and *Teacher Education*, 4, 85-98.

Marshall, H. H., 1990, Beyond the workplace metaphor: the classroom as a learning setting, *Theory into Practice*, 29(2), 94-101.

Merrifield, A., 1993, Place and space: a Lefebvrian reconciliation, *Transactions of the Institute of British Geographers*, 18(4), 516-531.

Pratt, M. L., 1987, Linguistic utopias, in Fabb, N., Attridge, D., Durant, A., and MacCabe, C.(eds.), *The Lin-*

guistics of Writing: Arguments between Language and Literature, Methuen, New York.

Shuell, T. J., 1986, Cognitive conceptions of learning, *Review of Educational Research*, 56, 411-436.

Shulman, L., 1986, Paradigms and research programmes in the study of teaching, in Wittrock, M. C.(ed.), *Handbook of Research on Teaching*, MacMillan, New York, 3-36.

Spranger, E., 1958, *Der geborene Erzieher*, Heidelberg.

Vadeboncoeu, J. A., Hirst, E., and Kostogriz, A., 2006, Spatializing sociocultural research: a reading or mediation and meaning as third spaces, *Mind, Culture and Activity*, 13(3), 163-175.

Vonsniadou, S. and Brewer, W. F., 1987, Theories of knowledge restructuring in development, *Review of Educational Research*, 57, 51-68.

Vygotsky, L. S., 1978, *Mind in society: The Development of Higher Psychological Process*, Havard University Press, Cambridge, MA.

Wittrock, M. C., 1986, Students'thought processes, in Wittrock, M. C.(ed.), *Handbook of Research on Teaching*, 3rd Edition, New York: MacMillan, 297-314.

제27장

학습 스타일과 지리교과 내용 특성*

장의선

한국교육과정평가원

---

* 본 연구는 장의선(2004)의 일부를 수정·보완한 것임.

1. 들어가며

'지리를 가르치다(teaching geography)'라는 교수현상은 다양한 요소들로 구성된다. 그중에서도 가장 먼저 지리교과 내용이 그 일차적 요소이고, 그것을 학습할 학습자와 이들을 서로 매개해 주는 스캐폴딩이 또 다른 주요 구성요소이다. 그러나 최근까지도 지리교과 교수에 대한 연구 초점은 이들을 다양하게 고려하지 못하고 교수학습에 대한 단편적이고 피상적인 접근 방법에 머물러 있었다. 따라서 지리를 가르치는 구성요소들에 대해 다각화된 관점에서의 접근이 요구된다.

'지리를 가르치다'라는 교수현상이 갖는 문제점은 첫째, 학습자별로 학습 스타일이 다르다는 것에 대한 고려를 하지 못했다. 한 학습의 학생들 모두가 동일하게 학습한다는 전제하에 연구되어 왔으므로 학습자들이 갖고 있는 개별적이고 구체적인 학습 스타일에 대한 고려가 없었다는 것이다. 둘째, 교과마다, 혹은 교과의 하위내용 영역별로 그 특성이 다르다는 것에 천착하지 못하였다. 학습자의 학습 효율성만 가늠하는 교수방법이 존재하였을 뿐, 이들의 교과 내용 영역의 특성이 달라짐에 따라 학습자와 가르치는 방법 간의 연계성이 달라질 수 있어야 함을 고려하지 못했다는 것이다. 셋째, 가르치는 것에 대한 연구가 방법중심에 편중되어 축적해 온 그 양적 연구 성과에 비하여 지리교과의 영역특수적인 교수론에 대해서는 연구결과물이 미흡한 편이다. 기존 연구는 대체로 교육학의 성과를 단순 이식한 경우가 많았기 때문이다.

이 같은 문제점은 지리교과의 고유하고 체계적인 교수현상을 위한 고민의 출발지점이 어디에서부터 시작되어야 하는지에 대해 강한 시사점을 준다. 먼저 지리교과의 교수를 특징짓는 가장 근본적 토대는 지리교과의 내용 특성이다. 교과 내용의 소재가 교수학습 상황을 가능하도록 하는 전제조건이며, 학습내용의 특성이 학습 조건의 일차적 요인이기 때문이다. 그리고 지리교과 내용은 학습자를 대상으로 개발되고 구성되어야 하기 때문에 반드시 학습자에 대한 고려가 있어야 한다. 기존의 지리교과 연구에서 학습자에 대한 고려는 하나의 추상적 덩어리로 인식되었었다. 그것을 이들에 대한 고려가 대부분 단순히 집단학습의 규모를 다양화하는 데에만 초점을 맞추어 온 연구들에서도 쉽게 알 수 있다. 따라서 학습자를 고려해야 한다는 당위성 아래 그 필요성은 공유하고 있었지만 구체적인 연구 성과와 방향을 제시하고 있지 못한 것이 사실이다.

나아가 학습자는 학습 정보를 지각하고 처리하는 특성에 따라 정보 습득에 더 효과적이거나 과제 해결에 상대적으로 용이한 내용 영역을 가질 수 있다. 이러한 내용에 대해서 학습자들은 자신이 그 내용을 선호한다고 당연히 생각한다. 결국 지리교과 내용 영역의 특성을 체계화하여 각각의 내용 영역을 선호하는 학습자 스타일의 구체적 학습 특성과 관련된 상관성을 밝힌다면 지리교과 교수현상의 올바른 구성을 위한 토대가 마련될 수 있다. 이 글은 이와 같은 문제의식하에 지리교과 내용 특성과 학습 스타일의 유기적 연관성을 밝혀 보고자 하였다.

2. 학습 스타일에 따른 정보 지각과 처리 방식의 특징

학습자 중심의 교수학습이 교과교육의 지배적인 패러다임으로 자리 잡은 후 많은 연구물들이 쏟아져 나왔으나 과연 얼마나 구체적으로 학습자를 고려하였느냐에 대해서는 전면적인 부정도 긍정도 못하는 것이 현 상황이다. 이는 일반 교육학뿐만 아니라 각 개별 교과교육에서도 마찬가지이다. 이러한 상황에서 학습자들이 인지적·정의적·심리운동적 특성에 따라 구분되는 학습 스타일을 가지고 있고 또 학습 스타일별로 선호하는 학문 영역이 다를 수 있다는 연구는 인지심리학 영역뿐만 아니라 각 개별교과교육에도 시사점이 매우 클 수밖에 없다.

따라서 논의 과정은 각 연구자들이 제시한 학습 스타일의 개념을 분석하고, 연구내용을 통해 학습 스타일의 구성요소와 유형을 분류하여 학습 스타일과 학문 영역 간의 관련성을 밝히는 단계로 진행하였다. 또한 이를 토대로 학습 스타일과 교과 내용과의 상관성을 모색하였으며 나아가 지리과 내용 영역별로 정합할 수 있는 학습 스타일의 유형에 대해 논의하였다. 물론 학습자를 개별적·구체적으로 고려한다는 측면에서 유형화 역시 그 한계점을 가지고 있을 수밖에 없다. 유형화는 개별적 대상의 개체성을 파악하고 고려하는 데 근본 목적을 가지고 있는 교육적 행위에 일면 상반된다고도 볼 수 있기 때문이다. 또한 유형화의 범주에 포함되지 않는 학습자들도 있고 모든 유형에 뛰어난 우수성을 보인다든지, 그 어떤 유형에도 적합한 특성을 보이지 않는 학습자들도 있을 수 있다. 그럼에도 불구하고 학습자를 구체적으로 고려한다는 점에서 학습 스타일에 대한 유형 분류가 의미 있는 연구 주제로 제시될 수 있다. 또한 학습자 개체성의 파악이라는 교육의 근본 목적으로 한 걸음 더 내딛는다는 점에서도 의미가 있다.

학습 스타일에 관한 연구들은 1970년대 이래 유럽과 미국을 중심으로 '학습 스타일 검사(Learning Style Inventory: LSI)'가 개발되면서 본격화되었다. 그리고 1980년대에 들어서는 1970년대에 사용되었던 학습 스타일 진단 검사 실험결과의 다양한 사항을 반영·수정하여 더욱 정교화된 검사지로 개정되었다.[1] 국내에서도 1980년대부터 학습 스타일에 관한 연구가 이루어지기 시작하였다. 가장 대표적인 것은 학습양식에 대한 선호와 비선호에 따른 학업 성취도를 비교한 박완희(1984)와 초·중·고·대학생들의 집단 간 학습유형 차이에 관한 실험연구를 실시한 김 외(Kim et al., 1995), 박 외(Park et al., 1997), 이선영(1997), 그리고 학습양식 유형의 구성요소와 교육과정요소 간의 관계를 메타분석적으로 연구한 김은정(2002) 등의 논문이 있다. 또한 지리교과 내에서도 연구의 일부에서 이러한 학습 방식과 학업성취도 간의 관계를 실험적으로 다룬 연구가 제시되고 있다(최운식 외, 2000).[2]

학습 스타일에 대해서는 다양한 개념규정이 있지만 대체적으로 학습의 상황에서 지속적인 선호경향성을 가지는 인지적, 정의적, 심리운동적 요소들의 집합체임을 포괄적으로 제시하고 있다. 개별 학습자들은 정보의 지각과 처리에 관련된 인지적 특성, 동기나 흥미, 적응과 관련되어 정보처리 활동의 효율성에 영향을 미치는 정의적 특성을 가진다. 또한 신체적이고 생리적인 영역 및 운동기능적인 부분으로써 학습에 부수적인 방법으로 영향을 미치는 심리운동적 특성 역시 다르다. 이들 중 학습자가 학습의 맥락에서 반복적·지속적으로 사용하여 일정한 선호경향성을 띠게 되면 이들의 복합체를 학습 스타일이라 명명할 수 있는 것이다.

그러나 학습은 인지적 영역에서 이루어지는 사고활동, 즉 학습정보를 지각하고 처리하여 기억·저장하고, 그것을 다시 인출하여 활용하는 정보처리의 과정을 통해 이루어지므로 이 영역이 가장 핵심적이다. 그리고 이의 효율성에 영향을 미치는 요소가 정의적·심리운동적 요소들인 것이다. 이들 연구에서 가장 대표적으로 인용되고 있는 '학습 스타일 진단 검사'는 던 외(Dunn, Dunn & Price, 1979; 1984)가 개발한 것과 콜브(Kolb, 1976; 1985)에 의해 개발된 것이다. 이들은 1970년대에 처음 개발된 후 몇 차례의 수정과 개정을 거치면서 지속적으로 적용되고 있으므로 신빙성이 높다.

던 외의 '학습 스타일 진단 검사'는 미국 내 초·중등학교에서 가장 널리 사용되는 학습유형 진단도구이며, 여러 연구자의 진단 검사 결과 신뢰도뿐만 아니라 안면, 내용 타당도 및 예언 타당도가 매우 높다는 결과가 제시되었다(이선영, 1997, 17). 그러나 이 검사지는 개인의 인지적인 특성과 관련해서는 지각적 특성에만 국한시켜 그 선호 경향을 측정하고자 했기 때문

---

1. 이에 대한 연구물로서는 던 외(Dunn, Dunn & Price, 1979; 1984), 콜브(Kolb, 1976; 1985) 등을 제시할 수 있다.
2. 연구 주제 및 목적에서도 알 수 있듯이 원어 'learning style'에 대한 번역 용어가 산만하게 여러 가지로 사용되고 있다. 물론 이들 연구자들은 연구에 적합한 국문용어로 번역하였지만 동일한 원어에 대해 너무 다양한 용어가 사용되고 있으므로 자칫 개념에 혼란이 올 수 있을 것이다. 이들 연구자들의 용어를 살펴보면, 'learning'에 대해서는 공통적으로 '학습'이라는 단어를 사용하고 'style'에 대한 해석이 혼란스러우므로 필자는 이를 고려하여 여기에서는 'learning style'을 '학습 스타일'로 번안하여 사용하였음을 밝힌다.

에 정보의 지각과 처리라는 인지작용의 핵심적 특성보다는 주로 개인의 다양한 정의적, 생리적인 특성에 따라 독특한 학습 스타일을 진단하고자 했다(Keefe, J., 1987, 24). 실제로 던 외의 '학습 스타일 진단 검사'는 현실적인 학습상황에서 널리 응용되고 있는 도구이지만 이 검사는 학습자가 지각 혹은 인지한 학습정보를 어떻게 처리하는지, 즉 학습정보의 처리 방식과 유형에 대한 선호성을 나타내는 요소에 대해서는 검사에서 다루고 있지 않다. 그러나 이 검사는 학습자의 학습 환경요소에서 그가 선호하는 패턴에 관한 정보를 제공해 줌으로써 학습자가 어떠한 방식으로 어떠한 환경에서 학습하는 것이 유용한지를 말해 주고 있다.[3]

한편 콜브의 검사지는 던 외의 '학습 스타일 진단 검사'와는 달리 개인이 학습정보를 인식하고 처리하는 인지작용에 따라 네 가지 기본적인 학습 스타일을 제시한다. 인지작용을 중심으로 개발된 콜브의 경험학습이론(Experiential Learning Theory)의 특징은 '학습이란 경험의 변형을 통한 지식의 창조'라고 개념 규정한 데서 찾을 수 있다. 경험학습이론에서 그가 가지고 있는 학습에 대한 관점을 살펴보면 다음과 같다. 첫째, 학습이란 결과의 차원이 아니라 과정으로 인식될 때 가장 잘 이해될 수 있다. 둘째, 학습이란 경험에 바탕을 둔 지속적인 과정을 가리킨다. 셋째, 학습의 과정은 외부 세계에 대한 적응과 관련된 두 가지 상반된 양식 간의 갈등을 해결할 것을 요구한다. 넷째, 학습이란 외부세계에 대한 전체적인 적응과정을 의미한다. 다섯째, 학습이란 개인과 환경 간의 관계를 포함한다. 마지막으로 학습은 지식을 창조하는 과정을 일컫는다.[4] 그는 학습에 대한 그의 사고를 정립하는 데 레빈과 듀이, 그리고 피아제로부터 많은 영향을 받았다.

특히 그는 피아제의 학습과 인지발달에 관한 모형이 시사하는 바에 깊은 영향을 받았다. 피아제의 인지 발달 단계에 의한 구체적 현상(concrete phenomenalism)과 추상적 구상(abstract constructionism), 능동적 자기중심(active egocentricism), 내면적 성찰(internalized reflection)은 성인의 사고 발달을 위한 기본이 된다. 발달론적 관점에 의하면 유아는 외부세계에 대한 구체적인 현상에서부터 추상적인 구성의 단계로, 지식에 대한 적극적인 자기중심

---

3. 던 외(Dunn, Dunn & Price, 1979; 1984)의 LSI는 학습 스타일과 관련된 22개의 상이한 요소에 대한 개인적인 선호 경향을 조사한다. 이들은 다시 네 가지 자극들로 분류되는데 이를 상세하게 살펴보면 다음과 같다. 먼저, 환경적인 특성에서는 소음의 정도, 빛의 밝기, 온도의 정도, 디자인/자리배열의 정형성 등의 요소를 제시한다. 둘째, 정서적인 특성에서는 학습 시 동기 유발의 정도, 부모에 의한 동기유발 정도, 교사에 의한 동기유발 정도, 지속성의 정도, 책임감의 정도 등을 제시한다. 셋째, 사회적인 특성들은 혼자서/독립적으로 공부하기, 성인과 함께 공부하기, 일정한/다양한 방식의 공부하기 등이다. 넷째, 생리학적인 특성들은 듣기, 읽기, 접촉, 운동 감각적 특성, 학습 중 음식물 섭취, 새벽/오전/오후에 공부하기, 학습 중 이동성 등이 있다(Keefe, 1987, 24-26).
4. 이러한 과정을 콜브(1984, 26-38)는 'learning cycle'로 명명하고 있다.

성에서 내면적 성찰의 단계로 나아가게 된다. 따라서 피아제의 학습이론의 주된 특징은 학습을 외부세계에 있는 경험에 대한 개념 혹은 도식의 조절과정과 외부세계로부터 현존하는 개념과 도식을 사건과 경험들에게로 동화시키는 과정 간의 상호작용으로 인식했다는 점이다. 그러므로 구체적인 것으로부터 추상적인 것으로, 적극적인 것으로부터 사려 깊은 것으로의 인지적인 성장과정은 동화와 조절 간의 지속적인 관계에 바탕을 둔 것이며 이와 같은 과정은 연속적인 단계를 거쳐 일어나는 것이다(Kolb, 1984, 25).

피아제의 인지·학습 발달모형의 이러한 특징은 경험학습이론에서 학습을 각각의 단계를 거쳐 효과적인 정보처리 과정을 반영하는 순환적인 과정으로 본다는 점과 유사함을 발견할 수 있다. 그는 이러한 단계를 전형적인 4단계로 구분하고 다음과 같이 설명하고 있다. 첫째, 학습자는 먼저 구체적인 경험을 한다. 둘째, 구체적인 경험은 관찰과 숙고의 기초가 된다. 셋째, 관찰한 사항들은 아이디어 혹은 행위를 이끄는 이론으로 동화된다. 넷째, 이와 같은 관계는 다시 새로운 경험을 가능하게 하는 행동을 이끈다(그림 1). 따라서 그의 경험학습 과정의 학습단계는 구체적인 경험(concrete experience), 반성적 관찰(reflective observation), 추상적인 개념화(abstract conceptualization), 적극적인 실험(active experimentation)으로 나타낼 수 있다. 그리고 이것은 다시 구체적인 경험 대 추상적인 개념화, 적극적인 실험 대 반성적 관찰의 방법적 대립으로 표현될 수 있는, 두 가지 변증법적으로 상반되는 차원으로 구분될 수 있다.

두 가지 차원 중 하나는 이해의 차원으로 여기에는 경험을 포착하는 변증법적으로 상반되는 두 가지 스타일이 포함된다. 다른 하나는 변형의 차원으로 여기에는 경험을 변형시키는 변증법적으로 상반되는 두 가지 스타일이 포함된다. 경험학습이론은 피아제의 학습모형과 유사하지만 피아제가 간접적인 이해와 내적인 숙고의 과정을 보다 상위의 과정으로 본 것과는 달리

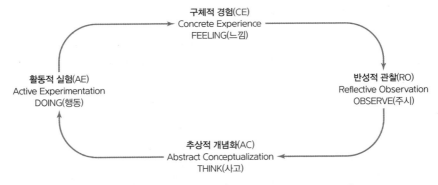

그림 1. 콜브의 경험학습 순환구조(Jenkins, 1998, 431)

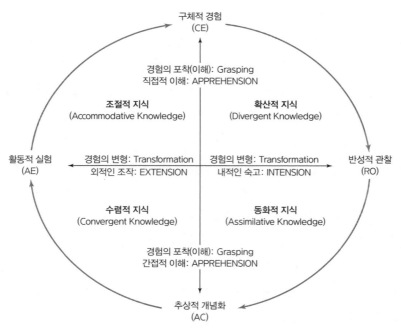

구체적 경험
(CE)

경험의 포착(이해): Grasping
직접적 이해: APPREHENSION

조절적 지식
(Accommodative Knowledge)

확산적 지식
(Divergent Knowledge)

활동적 실험
(AE)

경험의 변형: Transformation
외적인 조작: EXTENSION

경험의 변형: Transformation
내적인 숙고: INTENSION

반성적 관찰
(RO)

수렴적 지식
(Convergent Knowledge)

동화적 지식
(Assimilative Knowledge)

경험의 포착(이해): Grasping
간접적 이해: APPREHENSION

추상적 개념화
(AC)

그림 2. 경험학습 과정과 기본 지식 형성의 결과(Kolb, 1984, 42)

경험의 이해와 변형의 네 가지 과정인 직접적인 이해와 간접적인 이해, 그리고 내적인 숙고와 외적인 조작을 모두 학습 과정에서 동등하게 다루었다는 데 그 특징이 있다.

또한 콜브는 직접적인 이해와 간접적인 이해를 경험을 이해하는 정반대의 방법이 아닌 상호독립적인 방법으로 보았고, 마찬가지로 내적인 숙고와 외적인 조작 역시 경험을 변형시키는 상호독립적인 방법으로 보았다(Kolb, 1984, 41-42)(그림 2).[5]

전술한 논의를 바탕으로 학습 스타일의 유형과 특징을 검토해 본 결과는 다음과 같다. 경험학습이론에서 학습은 정보를 이해하고 변형하는 과정이다. 이때 정보를 이해하는 방법에는 '구체적 경험'을 통해 지각하는 유형과 '추상적으로 개념화'하는 유형으로 나누어진다. 또한 정보를 처리하는 방법은 '반성적으로 관찰'하는 유형과 '활동적으로 실험'하는 유형으로 나누어진다. 그러나 경험학습이론에서는 학습 스타일을 구분할 때 학습자의 인지적 특성으로 대표

---

5. 경험에 대한 포착(grasping)은 개념적인 해석과 상징적 표현에 의한 'comprehension' 과정과 만질 수 있는 속성의 모든 것, 혹은 직접적인 경험에 의한 'apprehension' 과정을 통해서 이루어진다. 콜브의 학습 스타일에서 추상적·구체적인 방법은 경험을 포착하는 두 가지 변증법적으로 상반된 과정을 나타낸다. 그리고 경험에 대한 변형(transformation)은 'intention'이라는 내적인 숙고와 'extension'이라는 외부세계에 대한 적극적인 조작과정을 통해서 이루어진다. 콜브의 학습 스타일에서 숙고적·적극적 방법은 경험을 변형하는 두 가지 변증법적으로 상반된 과정이다.

표 1. 네 가지 학습방식에 따른 정의적 특징

학습 방식	특징
구체적 경험(CE)	직접 경험하고 깨닫는 일을 통해 학습하는 경향 학습상황에서 느낌 중심적임 인간관계를 중시, 사회성이 뛰어남
반성적 관찰(RO)	사실과 상황에 있어 주시하는 경향 뚜렷함 판단에 앞서 주의 깊게 관찰함. 타인보다 자신의 사고와 느낌을 중시함 여러 관점에서 사물을 조망 아이디어 창출, 인내심이 강하고 객관적임
추상적 개념화(AC)	사고에 의존하는 경향, 체계적인 계획 수립, 이론의 개발 논리와 아이디어를 사용하여 학습과 문제해결 접근 사회성이 부족함
활동적 실험(AE)	행동을 선호, 문제에 대한 실제적 접근과 실험 시도 기술적 과제 선호 자신의 영향이 결과에 드러나는 것에 가치를 둠

되는 정보의 지각과 처리 방법만을 고려한 것은 아니다. 각각의 정보 지각과 정보 처리 단계에서 인성적 특성, 즉 정의적 특성을 함께 반영하였다. 각각 독립적인 정보 지각과 정보 처리 단계에서 반영된 정의적 특성을 살펴보면 다음과 같다.

먼저 정보 지각 방법에서 '구체적 경험'을 통해 지각하는 학습자는 직접 경험하고 깨닫는 일을 통해 학습한다. 이들은 학습상황에서 느낌 중심적이며, 인간관계를 중시하여 사회성에서 뛰어나다. 반면 '추상적 개념화'의 특성을 갖는 학습자는 사고에 의존하는 경향이 있으며, 논리와 아이디어를 사용하여 학습과 문제해결에 접근한다. 그들은 체계적인 계획을 수립하며 이론을 개발한다. 또한 이들은 사회성이 다소 부족하다고 볼 수 있다.

정보 처리 방법에 반영된 정의적 특성을 보면, 먼저 '반성적 관찰'을 통해 정보를 처리하는 학습자들은 주시하는 경향이 뚜렷하다. 판단하기 전에 주의 깊게 관찰하며, 여러 관점에서 사물을 조망하고 아이디어를 낸다. 인내심이 강하고, 객관적이며 타인보다 자신의 사고와 느낌을 중시한다. '활동적 실험형'의 학습자는 행동을 선호하고, 문제에 대한 실제적 접근과 실험을 시도 한다. 기술적 과제를 선호하고 자신의 영향이 결과에 드러나는 것에 가치를 둔다(Healey & Jenkins, 2000, 186-189). 이를 정리하면 표 1과 같다.

정보 지각의 두 방식은 세로축을, 정보 처리의 두 방식은 가로축을 형성하면서 순환적인 학습의 4단계를 설정하고, 각 단계에서는 정보 지각과 정보 처리의 방식 및 정의적 특성이 반영되어 이들이 조합된 학습 스타일이 제시될 수 있다.[6] 그리고 각각의 학습 스타일에 대한 특성 역시 제시할 수 있다. 이들 네 가지 기본적인 방식에 따라 구분된 학습 스타일은 확산자(Diverger), 동화자(Assimilator), 수렴자(Converger), 조절자(Accommodator)의 유형으로 분류되며 이들의 특성을 살펴보면 다음과 같다(Kolb, 1984, 77-78).

확산자는 정보를 구체적으로 인식하고 이를 사려 깊게 처리하기를 선호한다. 이 유형의 사람들의 가장 큰 강점은 상상력을 발휘하는 데 있다. 이들은 다양한 관점으로부터 구체적인 상황을 바라보는 능력이 탁월하다. 동화자는 정보를 추상적으로 인식하고 이를 사려 깊게 처리하기를 좋아한다. 이 유형에 포함된 사람들은 개별적인 관찰을 통합하는 데에도 뛰어나며 이론적인 모형을 창조하는 능력이 탁월하다는 것이 장점이다.

수렴자는 정보를 추상적으로 인식하고, 이를 적극적으로 처리하기를 좋아한다. 이들은 생각을 실제로 응용하는 데 탁월하다는 장점이 있다. 조절자는 정보를 구체적으로 인식하고 이를 적극적으로 처리하기를 좋아한다. 이들의 강점은 무엇인가를 행하는 데에서 발휘된다. 특히 새로운 경험 속에 자신을 관여시키고 위험을 무릅쓰는 경향이 있으며 시행착오의 방식으

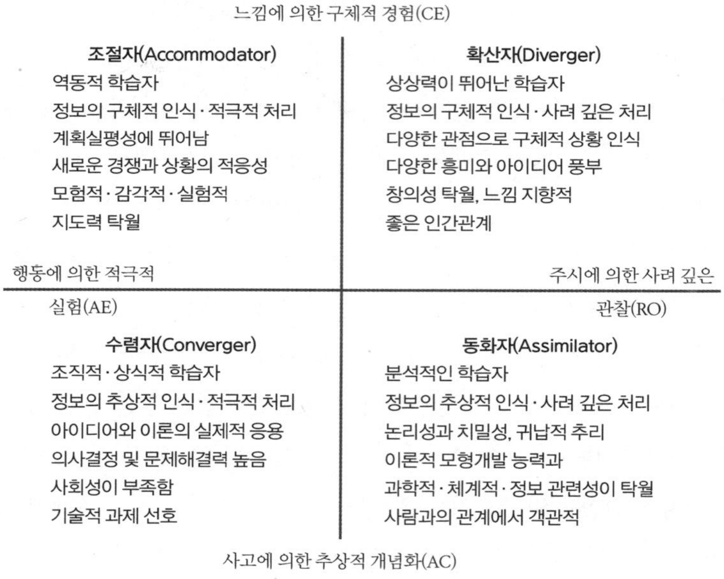

느낌에 의한 구체적 경험(CE)

조절자(Accommodator)	확산자(Diverger)
역동적 학습자	상상력이 뛰어난 학습자
정보의 구체적 인식·적극적 처리	정보의 구체적 인식·사려 깊은 처리
계획실평성에 뛰어남	다양한 관점으로 구체적 상황 인식
새로운 경쟁과 상황의 적응성	다양한 흥미와 아이디어 풍부
모험적·감각적·실험적	창의성 탁월, 느낌 지향적
지도력 탁월	좋은 인간관계

행동에 의한 적극적   주시에 의한 사려 깊은
실험(AE)   관찰(RO)

수렴자(Converger)	동화자(Assimilator)
조직적·상식적 학습자	분석적인 학습자
정보의 추상적 인식·적극적 처리	정보의 추상적 인식·사려 깊은 처리
아이디어와 이론의 실제적 응용	논리성과 치밀성, 귀납적 추리
의사결정 및 문제해결력 높음	이론적 모형개발 능력과
사회성이 부족함	과학적·체계적·정보 관련성이 탁월
기술적 과제 선호	사람과의 관계에서 객관적

사고에 의한 추상적 개념화(AC)

그림 3. 네 가지 학습 스타일의 특징

---

6. 버니스 매카시(Bernice McCarthy, 1990)는 정보의 지각과 처리 경향성에 관련된 네 가지 학습 스타일은 그것의 주된 특징을 바탕으로 다음과 같이 분류할 수 있음을 제시한다. 확산자의 경우 기본적인 정보지각·처리 방식은 느낌과 주시이며 이들은 상상력이 뛰어난 학습자이다. 조절자의 그것은 느낌과 실행이며 이들은 역동적인 학습자이다. 수렴자는 실행과 사고를 정보 지각과 처리에 있어서 주된 방식으로 삼으며 이들은 상식적인 학습자이다. 동화자의 경우 주시와 사고를 주된 방식으로 삼으며 이들은 분석적인 학습자이다.

로 문제를 해결하기 좋아한다. 이들의 특성을 종합하면 그림 3과 같다.

　근본적으로 가장 통합적이고 완전하며, 효과적인 학습자는 정보 지각과 처리에 있어 네 가지 주된 방식을 모두 사용한다. 그러나 실제로 완벽한 학습자는 존재가 불가능하며 각 개인은 유전적인 차이, 개인적인 경험, 사회적인 기대 등에 따라서 네 가지 스타일 중 어느 한 가지 단계에서 지속적·반복적 지향성을 가지면서 자신의 주된 학습 스타일이 결정되는 경향이 있다. 따라서 12년 동안 학교교육에서 이루어지는 교과교육뿐만 아니라 인간의 삶이 이루어지는 그 자체가 바로 학습하는 과정이라는 현대사회의 교육적 의도에서 본다면 각 개인이 자신의 학습 스타일을 알고 이를 고려하는 것은 매우 의미 있는 일이다.

3. 학습 스타일과 학문 영역과의 연관성

　경험학습이론에서 논의된 학습 스타일 분류의 가장 큰 특징은 인지적, 정의적 특성의 다양성에 관심을 가졌다는 점, 수직적 차원보다는 수평적 차원에서 서로 차별성을 제시하였다는 점이다. 이는 인성 및 인지적 특성이 함께 연계된 전공 및 직업 선택에 있어서도 적절한 지침을 줄 수 있을 것이다. 실제로 콜브의 '학습 스타일 진단 검사'를 실시한 결과 학습 스타일과 대학전공, 진로선택 및 직업에 대한 선호성간에 흥미로운 관계가 나타났을 뿐만 아니라 어떠한 직업과 훈련 영역에서의 관심과 성공이 개인의 학습 스타일과 깊은 상관관계가 있음이 밝혀지기도 했다.[7] 또한 서로 다른 사고 유형을 필요로 하는 각 과목별 학습 방법이나 교수방법을 개발하는 데에도 사용될 수 있을 것이다. 실제로 인문계열과 사회계열, 그리고 자연계열의 학문연구에 있어서 일반적으로 각각 창의적 사고, 관계적 사고, 그리고 과학적 사고가 요구된다고 하며(김은정, 2002, 203-204), 이는 학문 내용과 교과 내용의 밀접한 연관성을 고려하였을 때 교과교육에 많은 시사점을 준다. 학습자가 정보를 지각하고 처리하는 방법, 즉 학습하는 방식에 따라 학습 스타일이 분류되고 이들이 학습하는 데 상대적으로 유리한 교과 내용이 있다

---

7. 이것은 콜브(1984, 86-98)의 연구결과로 밝혀졌다. 또 이에 대한 울프와 콜브(Wolfe & Kolb, 1984)의 연구 결과를 요약해 보면 다음과 같다. 확산자 스타일에 속하는 사람들은 주로 상담활동과 조직발달과 관련된 직종에 종사하며, 인문학자와 인사관리 담당자들도 보통 이 유형에 속한다. 동화자 스타일에 속하는 사람들로는 기초과학 종사자, 수학자, 및 연구자들이 있으며, 이들은 무엇인가를 계획·발달시키는 일을 선호한다. 수렴자 스타일의 사람들로는 공학도, 간호원 및 기술자 등이 있으며, 조절자 스타일에는 판매원, 경영학도 및 교사(교수) 등이 속하며 주로 행위 지향적인 직종에 종사하는 사람들이다.

면 해당 교과의 교수에 있어서 학습자에 대한 고려를 매우 구체적으로 할 수 있을 것이다. 또한 서로 다른 사고 유형을 필요로 하는 각 과목별 학습 방법이나 교수방법을 개발하는 데에도 사용될 수 있을 것이다.

이에 대해 윌콕슨과 프로서(Willcoxon & Prosser, 1995, 253)는 교과와 성별에 따른 학습 스타일에 관련된 연구에서 교과가 학습자 선호 학습 방법에 영향을 미치든지 아니면 학습자들의 선호 학습 방법이 해당 교과의 과제 해결에 영향을 주어 그 교과에 군집되는 경향이 있는 것으로 보아야 한다고 주장하였다. 이러한 연구결과는 교과의 내용 영역과 학습방식을 포함한 학습 스타일 간에는 분명한 관련이 있음을 알 수 있다. 나아가 교과 내용의 특성에 맞는 학습 스타일 및 교수방법이 존재함을 알려 주고 있다(표 2 참조).

표 2. 학습 내용 영역별로 선호되는 학습 스타일의 연구 결과 분석

교수학습 내용 영역	과목	학습정보의 지각과 인식(학습방식)	
		구체적 경험	추상적 개념화
언어	언어학 영어	Kolb(1976,1984), Nulty&Barrett(1996) Kolb(1976,1984)	
인문학	교양 철학 역사 심리학	Reading-Brown&Hayden(1989) Kolb(1976,1984), Nulty&Barrett(1996) Kolb(1976,1984), Nulty&Barrett(1996) Kolb(1976,1984)	
예술	예술 조각실습	Reading-Brown&Hayden(1989) Kolb(1984) Newland et. al.(1987)	
사회과학	교육학 사회과학 사회학	Kolb(1976,1984), Nulty&Barrett(1996) Nulty&Barrett(1996)	 Kolb(1984) Kolb(1976,1984)
경제·경영	경제학 경영	 Kolb(1976)	Kolb(1976), Nulty&Barrett(1996) Reading-Brown&Hayden(1989)
수학	수학		Katz(1988), Nulty&Barrett(1996) Kolb(1976,1984)
과학	화학 물리 생물학 화학실험 과학	 Reading-Brown&Hayden(1989) Nulty&Barrett(1996)	Kolb(1976,1984), Nulty&Barrett Kolb(1984)Nulty&Barrett(1996) Katz(1988) Smedley(1987)Nulty&Barrett(1996)
공학	공학		Reading-Brown&Hayden(1989) Katz(1988), Nulty&Barrett(1996)

출처: 김은정, 2002, 214에서 재구성

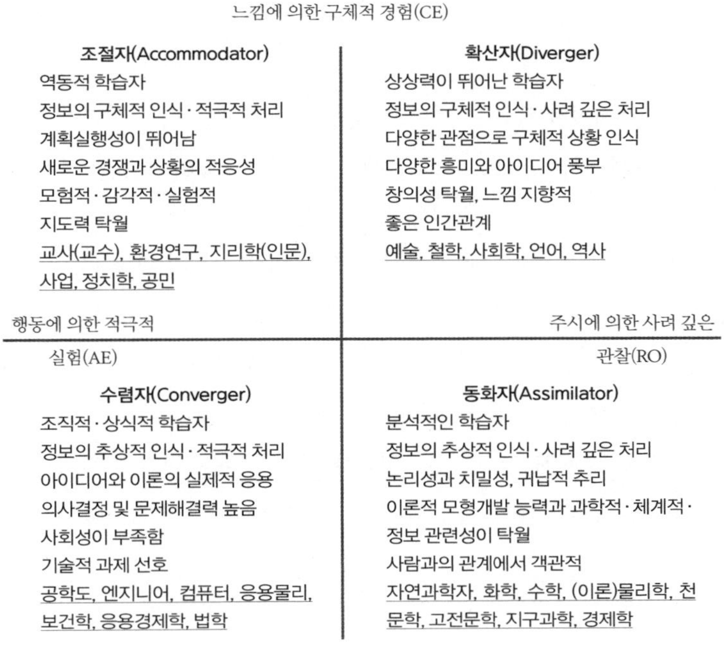

느낌에 의한 구체적 경험(CE)

조절자(Accommodator)
역동적 학습자
정보의 구체적 인식·적극적 처리
계획실행성이 뛰어남
새로운 경쟁과 상황의 적응성
모험적·감각적·실험적
지도력 탁월
교사(교수), 환경연구, 지리학(인문), 사업, 정치학, 공민

확산자(Diverger)
상상력이 뛰어난 학습자
정보의 구체적 인식·사려 깊은 처리
다양한 관점으로 구체적 상황 인식
다양한 흥미와 아이디어 풍부
창의성 탁월, 느낌 지향적
좋은 인간관계
예술, 철학, 사회학, 언어, 역사

행동에 의한 적극적 실험(AE)　　　　　　　　　　　주시에 의한 사려 깊은 관찰(RO)

수렴자(Converger)
조직적·상식적 학습자
정보의 추상적 인식·적극적 처리
아이디어와 이론의 실제적 응용
의사결정 및 문제해결력 높음
사회성이 부족함
기술적 과제 선호
공학도, 엔지니어, 컴퓨터, 응용물리, 보건학, 응용경제학, 법학

동화자(Assimilator)
분석적인 학습자
정보의 추상적 인식·사려 깊은 처리
논리성과 치밀성, 귀납적 추리
이론적 모형개발 능력과 과학적·체계적·정보 관련성이 탁월
사람과의 관계에서 객관적
자연과학자, 화학, 수학, (이론)물리학, 천문학, 고전문학, 지구과학, 경제학

사고에 의한 추상적 개념화(AC)

그림 4. 널티와 배럿의 네 가지 학습 스타일의 특징과 선호 학문 영역
출처: Healey & Jenkins, 2000, 188에서 재인용

한편, 콜브의 학습 스타일을 이용하여 각각의 스타일에 적합한 학문 영역을 분류한 대표적 연구로는 널티(Nulty)와 배럿(Barrett)(Healey & Jenkins, 2000, 188)의 논의가 있다. 이들은 확산자 스타일에 적합한 학문 영역으로서 언어, 역사, 철학, 사회학을 제시했으며, 동화자 스타일에는 천문학, 화학, 고전문학, 지구과학, 경제학, 수학, 물리학, 이론물리학이 적합함을, 수렴자 스타일에는 응용 경제, 응용 물리, 예술사, 컴퓨터, 기술자, 산림학, 법학, 보건학을 제시하였다. 마지막으로 조절자에 적합한 학문 영역으로서 상업, 인구통계학, 교육, 환경학, 지리학,[8] 정치학, 공민 등으로 제시하고 있다. 이 외에도 콜브 자신뿐만 아니라 여러 학자에 의해

---

8. 학습 스타일별 선호 학문 영역에서 지리학의 위치는 연구들 사이에 다양하다. 콜브는 지리학을 공부하는 미국 학생들은 관찰적인 학습 스타일을 선호한다고 보았고, 또한 널티와 배럿은 오스트레일리아인 중에서 지리학을 공부하는 학생들은 실행형들이 지배적이라고 하였다. 그러나 알려져 있지 않은 것은 조사된 학생들이 인문지리학을 전공하는지 자연지리학을 전공하는지이다. 인문지리학자들이 인문학자 및 사회과학자(관찰형과 실행형이 혼합되어 있음)들과 유사점을 지닌 반면에 자연지리학자들은 자연과학자(관찰형이 지배적임)와 유사한 학습 스타일을 지닌다고 기대된다. 이처럼 지리학에서는 그 전공 영역에 따라 선호도가 지배적인 학습 스타일이 다양하다. 따라서 오늘날 지리교과의 다

학문 영역에 대한 학습 스타일별 선호도와의 상관관계를 밝힌 연구 결과가 제시되고 있다(그림 4).

물론 어느 학문 분야에서나 확산자, 동화자, 수렴자, 조절자의 각 스타일에 해당하는 학습 특성이 유기적으로 융합되어야 완전한 학습 효과를 성취할 수 있을 것이다. 또한 전인적인 교육의 근본 취지에 부합하기 위해서는 각각의 학습 특징을 가지고 있는 학습자들에게 다른 스타일의 학습 경험이 가능하도록 유도해야 한다는 것 역시 사실이다. 그러나 학습자들이 학습해야 할 교과의 영역이 다양하고, 그들에게 학습이 용이한 교과 영역이 존재하는 것도 사실이다.

따라서 본 글에서 제시하는 스타일별 학습 특성과 교과 내용 분야의 관련성은 도식적이고 절대적인 단절성을 의미하는 것이 아니다. 다만 교과 내용에 따라 어느 한 스타일의 학습 특성이 상대적으로 비중 높게 작용한다는 연구결과에 바탕을 두고 각각의 지리과 내용 영역에서 학습자들을 좀 더 효율적인 학습과정으로 유도하기 위한 교두보인 것이다.

4. 지리교과 내용 특성과 학습 스타일의 유기적 상관성

1) 학문적 지식과 교과 내용의 관계

각각의 학습자 스타일별로 선호하는 학문 영역이 다르다는 연구 결과는 학문과 교과의 밀접한 관계를 고려하였을 때 각 교과별 교수에 있어 시사하는 바가 매우 크다. 그러나 학문과 교과의 관계가 밀접하다고 하지만 학문이 곧 교과일 수는 없다. 학문적 지식이 교과 내용의 근간이 되지만 이 경우 반드시 교수학적 변화 과정을 거쳐야 한다. 교수학적 변환은 학문적 진리와 사회적 진보, 그리고 실용성을 목적으로 생산된 지식에서 가르치고 배울 지식으로의 변환을 의미한다. 교육적 의도를 가진 지식의 변형이 교수학적 변환인 것이다.

한편 강완(1991, 72)은 프랑스의 수학자 쉐바야르(Yves Chevallard, 1946~)의 주장을 인용하면서 사용할 지식과 가르칠 지식의 차이를 지식의 사회적 측면에 비추어 설명하고 있다. 사용할 지식에 있어서 사회적 적절성은 가장 결정적인 요소이며, 쓸모없는 지식은 버려지게 된

양한 교수방법 속에서 학습에 대한 유연성 있는 교수방법에 대한 강한 욕구와 필요성의 제기는 아마도 이러한 이유와 매우 밀접한 관련성이 있을 것이다(Healey & Jenkins, 2000, 189).

다는 것이다. 그러나 그는 가르칠 지식에서는 적절성이 그다지 중요한 것이 아님을 주장한다. 지식이 가르쳐지기 위해서는 그것이 실제에 유용하건 아니건 먼저 가르칠 지식으로서 사회적으로 인정되어야 한다. 따라서 가르칠 지식에 있어서 중요한 것은 '가르칠 지식'으로서의 정당화, 즉 교육적 인정과 정당화이다. 사용할 지식으로부터 가르칠 지식으로 옮겨 가면서 사회적 적절성은 교육적 정당성에 그 자리를 양보한다.

따라서 쉐바야르는 교수학적 변환이란 사용할 지식에 교육적 인정과 정당성을 부여하는 과정이다. 가르칠 지식으로서 사회적 인정을 받기 위해, 지식은 무엇보다도 교육적 가치와 의도에 의해 선언되어야 한다(강완, 1991, 80).[9] 학문적 지식이 교육적으로 인정되고 정당성을 획득한다는 것, 즉 교과 내용으로 선언된다는 것은 가르칠 수 있음의 전제이다.

선언성에 덧붙여 교수학적 변환을 다른 지식의 변형으로부터 구별하는 또 하나의 속성이 있다. 대체로 사용할 지식은 특정한 환경에서 발생하는데, 그 안에서는 여러 상황이 임의로 결합될 수 있다. 주어진 상황에 따라 적절한 지식이 쓰여진다. 사용할 지식은 환경에 의존한다. 그러나 교수학적 변환에서는 가르칠 지식의 출현이 교수학적 의도에 의존한다. 그리고 그 교수학적 의도는 교육적 맥락에서 이미 가치정당화되어 있으므로 가르칠 지식을 둘러싼 교수학적 환경은 그 의도에 적합하도록 처음부터 조성되어 있어야 한다.

쉐바야르는 이러한 교수학적 의도에 따른 교수 환경의 조성을 가르칠 지식의 생태학(ecology of taught knowledge)이라 불렀으며 이를 지배하는 어떤 법칙이 있으리라고 가정하였다(강완, 1991, 81). 그 법칙이라는 것이 바로 학습자를 고려함과 동시에 교과의 내용특성에 정합할 수 있는 교실수업 지원체계를 밝혀 일반화하는 것이며, 이러한 일련의 과정이 바로 교수이론을 개발하는 작업이라 할 수 있다. 그리고 이러한 관점은 결국 교과와 학문의 차별성을 전제로 하고 있음을 나타낸다.

교수학적 변환은 먼저 학문적 성과를 교과서에 담을 때 겪는 변환 과정과 다음으로 교과서의 지식을 학습자에게 가르칠 때 이루어지는 교사에 의한 변환의 이중 구조를 가지고 있다(그림 5). 이 글에서는 교수요소로서 교과 내용의 특수성을 주제로 삼고 있으므로 교과 내용이 담겨 있는 교과서에 의한 교수학적 변환에 주안점을 두고자 한다.

먼저 학문적 지식의 본체로부터 이끌려 나온 가르칠 지식은 학교 교육과정 현장으로 갈 수

9. 원래 강완(1991)은 교수학적 변환을 사회적 적절성을 가진 지식이 사회적 인정과 정당성을 획득하여 선언되는 것이라고 주장하였다. 여기에서 사회적 인정과 정당성은 연구자가 본문에서 제시한 바와 같이 교육적 가치와 의도에 의한 인정과 정당성과 맥락을 같이한다고 볼 수 있다.

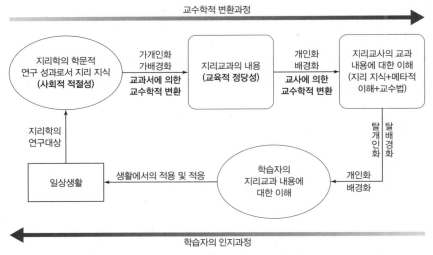

그림 5. 학문에서 교과로의 교수학적 변환의 이중구조와 학습자 인지

있는 가장 유력한 통로이자 수단으로서 존재하고 있는 교과서에 변형되어 담겨져야 한다. 그러한 교과서에 의한 지식의 변형에는 가상적인 학생, 교사, 교실 등을 가정하고 있다. 이러한 의미에서 교과서 안의 교수학적 변환은 지식의 가배경화(pseudo-contextualization)와 가개인화(pseudo-personalization)의 과정 또는 그 결과이다. 이것은 지리학의 학문적 지식을 교실에서 가르칠 지식으로 변환하는 과정의 교수학적 변환은 이미 형성된 사회적 배경을 교육적 맥락에서 각 학습자의 개인적 배경과의 간격을 이어주어 가상적 학습자가 이해하기 쉽도록 하기 위해 지식을 변형시키는 것이다.

이와 관련하여 개인화/배경화(personalization/contextualization)는 전달된 지식을 이해하는 데 필요한 과정이며, 학습자가 그 자신의 개인적 배경 속에서 개인적인 방법으로 지식을 이해하는 것을 나타낸다. 탈개인화/탈배경화(depersonalization/decontextualization)는 이해된 지식을 타인에게 나누어 주는 데, 혹은 표현하는 데 필요한 과정이며 개인적 배경하에서 이해된 지식을 객관화하여 즉 탈개인화하여 타인에게 표현해야 전달이 가능함을 나타내는 것이다(Kang, 1990, 27-32). 따라서 가개인화/가배경화는 학문의 내용을 교과서에 담고자 할 때 정해진 눈앞의 학습자를 대상으로 하는 것이 아니라 가상적인 학습자를 염두에 두고 그들이 이미 살고 있는 사회적 배경 속에서 지식을 이해하는 데 용이하도록 학문내용에 대해 교수학적 변환을 시도하는 것이다.

이러한 교수학적 변환에 의한 교과 내용의 구성은 교과 내용 그 자체에 대한 이해와 더불어 그 교과에 대한 역사적·철학적·사회과학적 배경에 대한 메타적 이해를 바탕으로 이루어질 수 있다. 즉 교과 내용에 대한 1차원적인 이해와 함께 그러한 교과 내용을 취사선택하여 선정하고 조직할 수 있는 토대로서 그 교과를 중심으로 한 광범위한 이해가 있어야 한다는 것이다. 그리고 실제적인 학습내용은 이미 형성된 사회적 맥락의 파악이 쉽도록 간학문적인 접근이 필요할 것이다. 그러나 현재 지리교과를 비롯한 많은 교과에서는 이러한 교과구성을 가능하게 하는 체제 자체가 부재할 뿐만 아니라 그러한 교과 내용을 구성하더라도 그것을 담을 수 있는 틀, 즉 교과의 내용적 체계마저 제대로 형성되어 있지 못하다. 그도 그럴 것이 대부분의 교과 내용 영역은 그 학문적 분류에 의존하고 있기 때문이다. 지리교과 역시 그 내용 영역을 구분하는 기준이 지리학의 연구영역을 분류한 기준에 그대로 의존하여 교과서에서 따르고 있다.

따라서 지리교과 내용을 구분하여 담을 수 있는 틀의 형식이 부재하는 가운데 광범위한 그 모든 지리학의 내용에 대해서 교수학적 변형을 고려할 수는 없으며, 또한 교과서에 담겨져 있는 모든 지리교과 내용의 교수학적 변환의 적절성의 분석[10] 역시 본 연구의 주제로서 시의적절하지 못한 논의인 듯하다. 따라서 이러한 문제는 차후과제로 남기도록 하고 본 연구에서는 먼저 지리교과의 내용 영역의 분류에 대한 교수학적 변환의 적절성을 논의하고자 한다. 지리교과의 가치와 특성에 적합한 내용 영역의 분류체계가 제시된다면 그에 담겨질 내용의 교수학적 변환에 대한 기준과 분석 역시 용이해질 것이다.

2) 지리학의 학문적 전통과 지리교과의 내용 영역

지리학의 학문적 성격은 '종합 학문'으로 일컬어지거나 혹은 매킨더(Mackinder)가 주장했던 것처럼 자연과학과 인문·사회과학을 이어 주는 '가교적 학문'으로 인식되어 왔다. 지리학만큼 전문적이면서도 광범위한 연구 주제를 담을 수 있는 단일 학문 영역이 드물기 때문이다. 이러한 지리학의 내용을 연구하는 전통으로서 오랫동안 제기되어 왔던 분류형태는 지역지리 전통과 계통지리 전통이며, 개성 기술적 연구전통과 법칙 정립적 연구전통도 또 하나의 전통

---

10. 교과서에 의한 교수학적 변환의 특성을 다룬 연구로는 강완(1990)과 이경화(1996)의 연구가 대표적이다. 특히 강완 1990, 69-71은 3종의 대수교과서를 조사하여 그에 나타난 교수학적 변환의 특성을 네 가지로 분류하였다. 이들은 수학적 개념의 국소화(localization of mathematical concepts), 수학적 개념에 대한 실세계 모델(real-world models for some mathematical concepts), 유형화된 문장제(word problem types), 수학 외적 지식(extra-mathematical knowledge) 등이다.

으로 제시될 수 있다.[11]

지리학에서 그 내용 영역을 분류할 때 가장 일반적으로 구분되는 것은 자연지리학과 인문지리학이다. 그만큼 자연지리학과 인문지리학은 연구대상도 다르고 연구 방법 또한 다른 것처럼 느껴진다. 이러한 구분은 지리학 내부의 필연성에서 비롯된 것이 아니라 과학적 방법의 철학, 즉 학문연구의 방법론적 측면의 두 가지 전통에서 비롯되었다고 볼 수 있다.[12] 학문의 분류에 있어서 가장 근본적으로 제기되는 기준은 그 연구대상에 있다. 특히, 자연과 자연현상을 대상으로 하는 자연과학과 인간과 인간이 이루어 놓은 현상을 대상으로 하는 인간과학[13]에 의한 분류 전통이 가장 기본된다고 할 수 있다. 그리고 이들 대상에 따른 분류는 그 연구 방법론에서도 차별성을 드러낸다.

먼저 자연과학적 방법론은 인과적 설명에 의한 것으로서 자연현상에는 사건들의 인과관계를 지배하거나 결정하는 법칙들이 있으며, 이런 법칙들을 인정함으로써 원인과 결과 간의 필연적 연관성도 받아들일 수 있게 된다는 것을 말한다. 그리고 이런 법칙들은 과학적 탐구에 의해서 발견된다는 것이다(소흥렬, 1988, 73). 즉, 자연현상은 객관적 필연성의 영역이요, 순환 반복하는 변화의 과정이며, 따라서 대부분의 현상이 물리적 법칙으로 설명될 수 있다고 본다.

이에 반해 인간현상은 목적 추구의 의지로부터 일어나는 행위 작용들의 영역이고 이는 개별적, 일회적, 특수한 것이므로 모든 것이 법칙에 의해 인과적으로 설명될 수 없다. 이러한 현상들은 이해의 방법으로 인식될 수 있다. 즉, 타인과 나는 공동으로 삶의 세계를 형성하고 이 공통의 세계가 이해대상이 되는 것이다. 다른 사람의 행위에 의해서 표현된 것에 나의 체험을 집어넣음으로써 이해의 차원이 성립되며[14] 이는 현재 시·공간적으로 작은 범위에 국한된 개인

---

11. 이 외에도 패티슨(W.D. Pattison)이 말한 지리학의 4대 전통은 공간적 전통(spatial tradition), 지역연구 전통(area studies tradition), 인간-대지 관계 전통(man-land tradition), 그리고 지구과학 전통(earth science tradition)이다 (Pattison, W.D., 1964, 211-216). 또한 권용우·안영진(2001, 17)은 고대 지리학의 전통을 지방지적 전통, 수리천문학적 전통, 신학적 전통이라고 제시하고 있다.

12. 이는 아리스토텔레스적 전통과 갈릴레이적 전통을 말하는 것으로 사물을 목적론적으로 이해하려는 노력과 인과적으로 설명하려는 노력의 두 전통과 연계된다. 그것은 후에 이해와 설명으로 구분되며, 설명은 자연현상에 대한 연구 방법과 연관되고, 이해는 인간이 이루어 놓은 사회적·역사적 세계를 연구하는 방법과 연관되어 있다(배철영 역, 1995, 23-26).

13. 인간 및 인간과 관련된 제반 현상에 대한 연구 분야의 학문을 일컫는 용어로는 일반적으로 인문학이 있고, 또 여러 학자에 의해 정신과학(W. Dilthey), 역사과학(W. Windelband), 문화과학(H. Rickert) 등이 있다. 이러한 용어들은 각자의 철학자들이 자신의 입장을 표명하는 용어로서 철학사적으로 매우 깊이 있는 논의를 필요로 한다. 따라서 본 연구자는 이들의 어느 한 입장을 따르기보다는 연구대상에서 자연과 대비되는 인간과 관계되는 학문이라는 점에서 인간과학이라는 용어를 사용하도록 하겠다.

14. 이를 간접 체험 혹은 추체험의 방법이라 정의할 수 있다. 또한 역사교과교육에서는 '상상적 이해'라는 용어를 사용하

의 실제적 삶의 범위를 확장시켜 준다(이한구, 1978, 46). 따라서 이해의 방법론은 오랫동안 시간적·공간적으로 인간이 이루어 놓은 현상의 의미를 풀어낼 수 있게 한다.[15]

이러한 학문적 분류에서 자연과학은 지속적으로 자연과학적 방법론을 추구하는 학문 영역으로 발전해 나아갔다. 그러나 인간과학은 복잡다단한 인간 사회의 연구를 위해 다시 자연과학적 방법론을 추구하는 영역들이 나타나기 시작하였다. 이것은 18세기를 전후로 주류를 이루던 신학과 형이상학적 철학관의 인식론에 대응하여 1830년대 콩트(Comte)에 의해 주창된 과학사상을 그 기원으로 한다고 볼 수 있다. 이 과학사상은 경험에 입각한 객관적 철차를 통해 증명된 법칙을 추구하고 이에 따라 일반적인 이론체계를 확립시키는 데 그 목적이 있었던 것으로 보여진다. 특히 인간의 사회현상에 대해서 법칙을 추구하는 이러한 과학적 접근방법의 입장에서는 인간의 가치판단과 윤리적 측면에 대한 객관적 검증과 측정이 어려운 문제이기 때문에 가치중립적 특성을 중요시하였으며, 인간의 주관을 엄정 배제하였다. 그러나 인간의 주관적 관념과 인본적 속성을 도외시한 한계점으로 인하여 이러한 사회과학적 접근은 후에 인본주의를 비롯한 여러 사상에 의해 비판을 받게 된다.

따라서 인간과학은 크게 방법론에 따라 설명의 논리를 추구하는 사회과학과 이해의 논리를 추구하는 인문학으로 양분될 수 있다. 물론 각각의 대상과 방법론은 단절적이고 고립되어 있지는 않으나, 본 글에서는 이와 같은 일반적 분류방식을 따르기로 한다.

설명과 이해의 논리를 추구하는 학문분야 이 외에 직관을 방법론으로 하여 인간과 환경의 상호작용 속에서 미적으로 조화된 삶을 추구하는 분야가 있다. 이것은 미와 예술을 대상으로 하는 미학 분야로서 감성과 이성을 통한 직관을 방법론으로 하여 인간과 환경의 상호작용 속에서 미적으로 조화된 삶을 추구하는 분야이다. 직관의 의미는 단지 대상을 통찰하는 방식에

는데 이는 특정한 역사적 조건이나 역사적 행위를 객관적인 조건하에서 발생한 필연적 결과가 아니라 그러한 조건과 특정 인물의 동기가 결합된 것으로 보고, 그 인물의 정서나 사상과 관련하여 역사적 행위의 원인과 동기를 추정해 보는 것이라고 할 수 있다(김한종, 1997, 285-286).

15. 이것은 인문과학(정신과학)의 논리적 내지 인식론적 원리를 확립하고 나아가 그것이 자연과학과 구별되는 독자적 성격과의 상이성을 밝혀낸 딜타이(W. Dilthey)에 의해 체계화되었다(변학수, 2000, 212). 딜타이에 의한 학문과 인식, 혹은 방법론과의 연계성을 도식으로 표현하면 다음과 같다. 원래 그간 한국에서는 인문과학이란 말을 정신과학이라 번역했지만 딜타이의 의도와는 거리가 있으며 한국어 사용에 있어서도 자연스럽지 않았다. 따라서 자연과학에 대비되는 개념으로 사용하기 위해 인문과학이란 말을 사용한 변학수(2000, 211)에 따라 본 연구자도 인문과학으로 사용함을 밝혀 둔다.

학문(Wissenschaft) – 인식(Erkennen)	
인문과학(Geistwissenschaften) – 이해(Verstehen)	자연과학(Naturwissenschaften) – 설명(Erklaren)

그치지 않고 대상을 오감으로 느끼고, 대상 즉 객체에 대한 심리적 지향성 혹은 심리적으로 일체감을 갖는 것까지 포함하여, 인식대상에 대해 이해하고 나아가 사랑하는 마음까지 갖게 함을 뜻한다(권오정, 1985, 128).

설명·이해·직관의 방법에 따라 학문 영역을 분류한 것은 지리학의 연구전통에 따른 분류를 그대로 지리교과에 이식하는 것이 아니라 그를 토대로 교육적 가치를 감안한 지리교과 내용 영역 구성에의 교수학적 변환을 고려하기 위함이다. 이에 인식방법론을 중심으로 학문 영역의 분류를 제시하였으며 이를 지리과의 내용 영역 분류에 있어 근거로 삼고자 한다. 지리과의 내용을 인식의 방법으로 분류하고 그 내용특성을 분석하고자 한 것은 학습자의 사유체계를 고려하고, 그에 적합한 지리과의 교수체제를 모색하고자 하는 본 글의 목적에서 비롯된 것이다.

3) 지리교과의 영역 특수적 내용 분류 체계

앞서 논의한 학문 영역 분류를 근거로 '두 개의 지리학과 하나의 지리학(中村和郞 外, 1991)'으로 표현되기도 하는 지리학의 영역을 염두에 두면서 지리교과 내용 영역을 다음과 같이 분류하고자 한다.

지리과의 내용 영역을 고민하기 위해서 지리학의 연구영역을 반드시 염두에 두고 있어야 하는 이유는 교과 내용의 구성에 있어서는 우선 각 교과목의 내용적 근거가 되는 학문적 지식의 교수학적 변환에서부터 관심을 가질 수밖에 없기 때문이다. 따라서 이 경우 각 교과목별 교수학적 변환은 지식이 생성된 후 학문적 목적에 의해 이미 분류되고 변형된 지식의 덩어리를 모태로 하게 된다. 그러나 그것은 단순한 차용이 아니라 교육적 목적에 맞도록 변형되어야 한다.

이에 먼저 지리학의 연구 대상과 방법에 따라 구분되는 자연지리학과 인문지리학을 지리교과 내용 영역에서도 동일하게 나눌 수 있다. 인문지리학 내부에서는 다시 연구 방법에 따라 사회과학적 성격의 도시·경제지리 영역, 인문학적 성격의 역사·문화지리 영역, 그리고 마지막으로 자연환경과 인문환경 요소 간의 조화와 통일을 추구하는 경관미학과 이러한 관점의 자연환경 인식태도에 가치를 두는 환경지리 영역 등으로 대변될 수 있을 것이다.

이들의 연구영역을 세분화해 보면 자연지리 영역에는 지형학과 기후학, 이외에도 토양지리, 식생지리 등이 포함된다. 지리과에서 이들은 대표적인 자연현상에 대한 인식 분야로서 대부분 물리적인 법칙으로 설명될 수 있는 내용 영역으로 체계화될 수 있다. 그러나 자연지리 영역이 원인과 결과간의 필연적 연관성에 의한 법칙들로써 과학적 탐구를 그 주요 인식 방법으로 하지만 근본적으로 지리적 현상은 자연환경뿐만 아니라 인간을 비롯한 다양한 지표 구성 요소들의 상호작용으로 이루어진다. 따라서 자연지리 분야뿐만 아니라 지리과의 각 내용 영역들에 대한 교수학습에서는 이러한 내용적 특성을 고려하여 교수전략을 계획해야 할 것이다.

도시·경제지리 영역에는 공업지리나 농업지리의 영역이 속할 것이며, 도시지리 영역 내부에서는 도시구조론이나 도시체계론이 그 하위 영역으로 대표적일 것이다. 이것은 과학사상에 입각하여 인간이 이루어 놓은 사회현상 및 공간현상에 대해서 경험과 객관적 절차를 통해 법칙을 추구하고 이에 따라 일반적인 이론체계를 확립하는 사회과학적 인식과 일맥상통한다. 따라서 이들 분야는 인간현상에 대한 과학적 인식에 따른 지리과 내용 영역으로 체계화 할 수 있다.

문화·역사지리 영역에는 촌락지리 및 문화지리 일반이 포함된다. 이들 분야는 과거에서 현재까지 이르는 시간의 축을 따라 수많은 인간이 다양한 공간에서 이루어 놓은 경관과 현상들을 그 인식대상으로 하고 있다. 이들에 대한 인식은 인과적 설명보다는 이해의 논리로써 그 의미를 풀어낼 수 있다. 따라서 문화·역사지리 분야는 이해에 의한 인식방법으로 체계화될 수 있는 지리과 내용 영역으로 분류된다.

마지막으로 지역학습과 관련된 내용과 환경지리 영역에 있어서는 대표적인 연구 주제가 인간과 환경의 조화를 통해 심리적 일체감과 나아가 사랑하는 마음까지 갖게 하는 내용이 주가 될 수 있다. 이는 직관에 의한 인식방법에 다름 아니다. 특히 이 분야에 있어서는 자연적·인문적 요소가 통합된 경관 연구, 즉 경관 형성의 주체이자 객체인 인간과 자연환경과의 상호조화와 통합을 추구하는 미학적 연구전통과도 관련이 깊을 것으로 사료된다.[16] 그리고 이는 지리학에서 미학적 전통을 견지해 왔던 연구 흐름을 말한다. 이 흐름에는 자연지리학과 인문지리학의 연구가 두루 걸쳐 있는데, 훔볼트(Humboldt) 계통의 환경미학과 쉴리터(Schluter) 계통의 경관미학으로 대표된다.[17]

---

16. 경관에 대해서는 '인문적 요소와 자연적 요소가 만들어 낸 통일된 집합체(中村和郞 外, 1991)'로 제시하는 경우도 있다. 또한 환경미학과 관련된 논의에서 벌리언트(Berleant)는 예술과 환경의 미학은 각기 독립적이기보다는 통합적이고 보편적인 미학을 추구해야 한다고 보면서 '미적 장'에 대해 논의를 전개한다(배정환, 1996, 105-112).

17. 경관미학에 관련된 논의에서 지리학자 부라사(Bourassa)는 미적 대상으로서 경관이 지니고 있는 여러 관점을 다루고 있으며, 그것은 예술과 인공물과 자연 모두를 포함한다고 주장한다. 또한 경관의 미적 특성은 형식적이고 물리적인 특징만으로는 파악될 수 없는 것이며 생물학적, 문화적, 개인적 토대를 가지고 있는 것으로서 참여적 입장의 미적 경험을 지지한다(박승규, 1998, 190-193).

분류된 지리교과 내용 영역들은 각기 다른 측면에서 학습자의 성장을 도울 수 있을 것이다. 즉 '지리적 안목을 기른다'는 지리교육의 추상적 목적 아래에서 각 내용 영역들은 구체적으로 다음과 같은 역할을 담당할 수 있다.

첫째, 자연지리학 및 지도학[18]영역의 지리교과 내용은 먼저 인간과 그 삶터의 기반이 되는 자연환경체계와의 상호작용성을 깨닫게 하고 그를 통해 자연환경의 중요성과 그곳에 내재된 삶의 관계를 이해하게 하는 데 목적이 있다.[19] 또한 지도학은 지리 도해기능(geographicacy)을 통하여 인간의 중요한 의사소통 중 하나인 도해력(graphicacy)을 학습자들로 하여금 육성하도록 한다. 그리고 다양하고도 추상적인 지표현상의 지리적 공간관계를 가시화하여 지리적 사고를 유도할 수 있으며, 또한 지리교과의 많은 내용 영역의 목표를 달성하는 데 도구적 수단으로서 중요한 역할을 담당하고 있다.

둘째, 사회과학적인 도시 및 경제지리 영역[20]은 학습자들이 공간현상의 복잡성을 체계적으로 이해할 수 있도록 유도한다. 즉 공간조직에 대한 이론 및 모형 제시를 통하여 인간 생활과 공간현상의 관련성을 가시화하고 학습자들로 하여금 그들의 공간에 대한 이해를 도모할 수 있도록 한다. 따라서 도시·경제지리 분야의 지리교과 내용 영역은 그 학습의 결과로써 학습자들이 공간현상의 패턴 및 공간 구조의 이해 능력을 발달시키는 데 중요한 역할을 할 수 있을 것이다.

셋째, 인문학의 성격으로 분류되는 문화·역사지리 영역은 먼저 인간의 본능으로서 학습자들이 가지고 있는 미지의 장소에 대한 지적 호기심을 충족시켜 주는 데 가장 기초적인 역할을 담당한다. 이는 시·공간 압축현상으로 장소의 표준화를 향해 가는 현대사회에서 자칫 구태의연해 보일 수도 있을 것이다. 그렇지만 여전히 학습자들에게는 호기심을 자극하는 미지의 세계가 넓고, 또한 장소는 인간 생활의 토대이자, 장소마다 서로 다른 특성을 가지고 있으므로 그들에 대한 올바른 인식을 심어 주기에는 문화·역사지리학의 교과 내용 영역이 특히 유용하다. 인간에게 있어 지리적 지식을 토대로 한 다양한 장소에 대한 지적 적응력은 여전히 개발될 필요성이 제기된다.

---

18. 이 영역은 패티슨이 제시한 지구과학적 전통(earth science tradition)과 상통하는 것으로서 그는 이러한 전통에 자연지리학 및 지도학을 포괄하고 있다. 본 연구에서는 연구 방법에 의하여 교과 내용 영역을 분류하였는데 지도학 역시 자연과학적 연구 방법을 따르고 있으므로 이 영역으로 분류하기로 한다.
19. 이은실(1998)과 송언근(2002)의 연구는 자연지리 영역에서 학문적 성과와 교과 내용 영역이 어떻게 구성되고 가르쳐질 수 있는가에 중요한 시사점을 준다.
20. 이러한 교과 내용 영역은 기실 패티슨의 지리학의 4대 전통 중 공간적 전통과 일맥상통한다고 볼 수 있다.

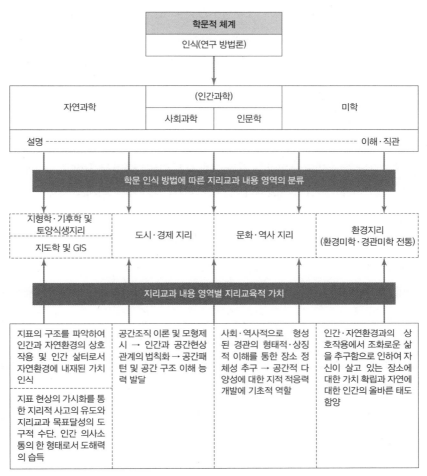

그림 6. 지리교과 내용 영역의 분류체계

마지막으로 경관미학의 영역[21]이 지리교과 내용 영역으로 들어올 때는 학습자들이 자신이 살고 있는 장소에 대한 가치 확립과 자연에 대해 인간이 가질 수 있는 올바른 태도함양에 기여할 수 있다. 이는 경관미학에서 논의되고 있는 '미적 장'으로서의 삶의 터전, 즉 지역은 자연적 요소와 인문적 요소들로 충전되어 있으며 이들의 조화와 통일로써 지역성이 드러난다는 주장에서 유추된다. 따라서 경관미학적 관점은 학습자들에게 자신의 지역을 자연과 인간의 조화

---

21. 서태열(1993)은 지리학의 성분들이 지리교육에 어떠한 역할을 할 것인가에 대한 논의에서 '장소 및 지역의 연구'는 장소의 개성에 바탕을 둔 장소감에 대한 안목을 제공한다고 밝히고 있다. 본 연구자가 제시한 경관미학영역의 지역학습내용의 성격 역시 이와 맥락을 같이한다.

로운 통일체로 인식하게 하며 이들의 상호작용 속에서 심리적 일체감과 조화로운 삶을 추구하게 한다. 그러므로 자연환경에 대한 인간의 관점과 태도에 관련된 환경지리 분야의 내용과 함께 경관미학의 내용을 통합하여 지리교과 내용 영역으로 들여 올 수 있는 것이다(그림 6).

물론 이들 내용 영역[22]들은 지리교과 내용 구성 시 통합될 수도 혹은 분류될 수도 있다. 서로 다른 영역들과 단절적인 면을 가진 것이 아니라 내용 간 상호작용 속에서 서로 영향을 미치거나 조화를 이루어 교과 내용을 이룰 수 있는 것이다. 그것은 현행 지리과의 내용이 지리학의 연구 분야별로 하나의 목차를 구성하고 있는 것과는 달리, 그 준거가 지리교육의 가치 함양에 있거나 혹은 지리적 사고력의 성장단계에 있다면 내용목차와 구성 역시 다양해 질 수 있다. 그러나 내용구성상 학습목적과 관련된 주요 구성성분과 내용요소가 포함될 때 그 지배적인 경향성을 보이는 분야가 있을 것이며 이를 기준으로 영역 분류가 가능하다.

이러한 논의를 통해서 제시하고자 하는 것은, 결국 현행 지리교과의 내용 영역 분류는 오늘날 지리과의 영역특수적인 분류체계로서 미흡하다는 것이다. 지리 교과서라는 것은 사용될 지리 지식이 가르쳐 질 지리 지식으로 변형되어 담겨져 있는 전형적인 형식인데도 불구하고 내용 영역 분류의 틀조차 변형되지 않고 그대로 이식되어 있는 것이다. 물론 역동적인 지리학의 내용이 정적인 지면의 지리교과서에 담겨질 때에는 그 한계가 분명히 있겠지만, 그를 감안하고서라도 지리교육적 맥락에서 지리 교과 내용이 분류되고 구성되어져야 한다.

4) 지리교과 내용 영역별 정합하는 학습 스타일

학습 스타일별로 학습자들이 선호하는 학문 영역이나 교과목이 달라지며 또한 각 학습자는 학습주제가 그들의 선호 학습 스타일과 일치할 때 더 잘 배운다는 연구 결과(Healey & Jen-kins, 2000, 189)는 학문 영역 분류를 근간으로 한 지리교과 내용 영역별 교수에 다음과 같은 중요한 시사점을 제공해 준다.

첫째, 지리교과 내용 영역별 특성을 고려하여, 각각의 내용 영역을 선호하는 학습 스타일을 분류할 수 있다. 이는 지리교과 교수의 모든 측면에서 기본적인 정보를 제공한다. 둘째, 지리

---

22. 이러한 분류 외에도 사적 지리와 공적지리(권정화, 1997), 개인적 지리와 지리학적 지식(남상준, 1999, 101) 그리고 경험·분석적 지식과 역사·해석적 지식 및 비판적 지식(심광택, 1997) 등도 지리교과 내용 영역의 준거가 될 수 있을 것이다. 또한 서태열(2002)은 지리학적 지식과 지리교육적 지식의 혼동에 대해 논의하면서 명제적 지리지식과 방법적 지리지식, 그리고 탐구과정으로서의 지식을 제시한 바 있다.

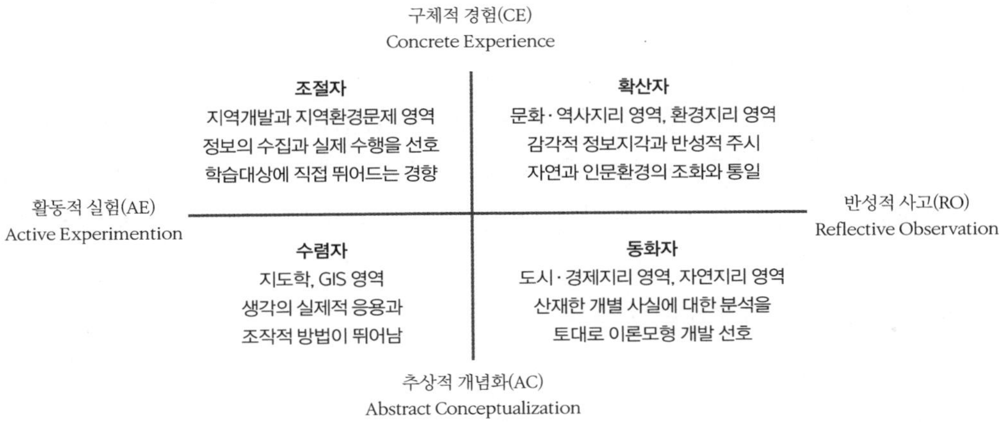

구체적 경험(CE)
Concrete Experience

조절자
지역개발과 지역환경문제 영역
정보의 수집과 실제 수행을 선호
학습대상에 직접 뛰어드는 경향

확산자
문화·역사지리 영역, 환경지리 영역
감각적 정보지각과 반성적 주시
자연과 인문환경의 조화와 통일

활동적 실험(AE)
Active Experimention

반성적 사고(RO)
Reflective Observation

수렴자
지도학, GIS 영역
생각의 실제적 응용과
조작적 방법이 뛰어남

동화자
도시·경제지리 영역, 자연지리 영역
산재한 개별 사실에 대한 분석을
토대로 이론모형 개발 선호

추상적 개념화(AC)
Abstract Conceptualization

그림 7. 학습 스타일과 지리과 내용 영역의 정합성

교과 내용 영역별 교수에서 학습 스타일별로 선호되는 학습 방법을 체계적으로 지원할 수 있는 근거를 제공한다. 이는 지리교과의 교수에서 학습자 특성을 구체적으로 고려함이다. 마지막으로 지리교과 내용 영역별로 가장 선호성이 높은 학습 스타일에서 지배적 경향성과 특성을 보이는 학습 방법과 유사하게 스캐폴딩(scaffolding)을 처치하여 지리교과 교수의 효율성을 기할 수 있도록 한다. 이러한 시사점을 토대로 지리과 내용 영역별로 학습 스타일과의 정합성을 살펴보았다(그림 7).

확산자 스타일에 선호되는 학문 영역은 예술, 언어학, 철학 사회학, 역사학 등이며 가장 선호도가 높은 영역은 예술 분야이다. 따라서 인간과 자연의 상호작용을 토대로 조화로운 삶을 추구하고자 하는 미학적 관점의 환경지리 영역이 이 분야에 포함될 수 있다. 이는 시간의 축을 따라 누적된 자연적 요소와 문화적 요소의 통일체로서 경관을 지리학 연구의 대상으로 삼는 문화·역사지리 영역과도 관련이 깊을 것이다.

동화자 스타일에 선호되는 학문 영역은 천문학, 지구과학, 화학, 수학 등의 기초과학 분야이다. 지리과의 내용 영역에서 자연과학적 대상과 방법론에 밀접한 관련이 있는 자연지리학 분야가 이에 포함될 수 있다. 또한 이 스타일의 학습자들은 여러 가지 관찰사항들에 대한 이론모형 개발에 뛰어난 특징을 보이므로 공간 조직과 분석에 대한 이론적 모형의 개발에 관심을 가지는 도시·경제지리 영역 역시 포함될 수 있다. 이 영역은 사회과학적 성격이 강하며 자연과학적인 법칙정립적 방법론을 추구한다.

수렴자 스타일은 각종 응용학문 종사자와 컴퓨터조작 및 기술자 등이 선호하는데 이들은 생각의 실용적 응용면에 뛰어나다. 이와 관련된 지리과 내용 영역이라면 조작적·적극적 기능을 필요로 하는 지도학, 특히 GIS 분야로 특징 지어질 수 있을 것이다.[23]

마지막으로 조절자 스타일은 상업과 교육, 공민, 환경연구 등의 학문 영역을 선호한다. 이 스타일의 학습자는 앞서 제시했듯이 많은 정보를 가지고 실제로 일을 수행하며 학습대상에 직접 뛰어드는 특성을 보인다는 연구 결과가 있다. 이 학습 스타일과 정합할 수 있는 지리과 내용은 지역에 대한 다양한 정보 수집을 바탕으로 구체적이고 직접적인 학습내용을 구성할 수 있는 지역개발 및 지역 환경문제와 관련된 영역이다.

각 학습 스타일의 특성과 그들이 선호하는 지리교과 내용 영역과의 상관성은 이들 내용 영역별 교수에서 선호성이 떨어지는 학습자들을 위해 어떠한 수업지원체계가 구성되면 학습에 더 효율적일 수 있는가에 중요한 정보를 제공할 수 있다.

5. 마치며

지리교과의 교수는 지리교과 내용과 학습자, 그리고 교수학습의 상호작용을 매개하는 스캐폴딩의 중첩된 관계 속에서 이루어진다. 그러나 기존 지리교과 교수에 대한 연구는 이들 요소들의 중첩된 관계를 체계적으로 통일성 있게 설명하지 못하고 시야의 초점을 교수방법적 측면에 편향되게 가져왔다. 지리교과를 가르치는 현상은 그 현상을 만들어 내는 요소들의 유기적 메커니즘이다. 따라서 각 요소들에 대한 분립적이고 단편적인 논리를 지양하고 지리 교수 현상을 구성하는 요소 간 상관성을 먼저 다각적으로 분석해야 한다.

지리교과의 교수요소로서 가장 일차원적인 것은 바로 교과 내용의 특성이다. 지리학만큼 광범위하면서도 전문적인 연구 주제들을 담을 수 있는 단일 학문 영역은 드물기에 그만큼 지리교과 내용의 특성도 영역별로 다양할 수밖에 없다. 지리학의 연구 분야를 토대로 지리교과 내용 영역의 분류도 가능한 것이다. 그러나 지리교과의 내용은 지리학적 지식의 교수학적 변환으로 생성된다. 따라서 지리학의 전통과 영역이 그대로 지리교과에 이식되어서는 안 되며, 지리교육적 맥락을 준거로 하여 내용 영역 분류와 구성이 이루어져야 한다. 지리학적 지식을 인

---

23. 통계와 응용의 실질적인 실험연구에 있어서 특징적인 지리학의 하위 분야인 계량지리 분야는 지리교과 내용 영역으로 분류되지는 않지만 수렴자 스타일의 학습자들이 선호하는 전공 분야로 자리매김할 수 있다.

식방법에 근거하여 재분류하고, 이를 다시 지리교육적 가치에 따라 체계화한 영역특수적 지리교과 내용분류체계는 지리교육적 맥락에서 시도한 교수학적 변환이다. 각 내용 영역에 속한 지리 지식들은 지리교과 내용 구성 준거에 따라 통합될 수도 있고, 혹은 분류될 수도 있다. 내용 구성의 목차나 주제에 따라 각 내용 영역에 속한 지리교과의 지식들이 이합집산이 될 수 있는 것이다. 지리교과 내용 구성의 다양한 방법에 대한 논의는 보다 심도 깊은 논의가 필요하므로 후속 연구로 제언하고자 한다.

어느 교과에서건 학습자는 교수요소로서 존재한다. 그러나 교과에 따라 고려되어야 할 학습자의 특성은 다양할 수 있다. 지리교과는 그 내용 특성상 영역들이 매우 다양하고 분화되어 있으므로 학습자들에 대해서도 역시 교과 영역별 특성과 관련하여 다양하게 고려해야 한다. 지리교과에서 학습자에 대해 고려할 점은 학습자마다 학습 스타일이 따로 존재하며 이들이 선호하는 지리교과 내의 내용 영역과 학습 방법이 서로 다르다는 점이다. 학습 스타일은 학습정보의 지각과 처리방법에 따라 크게 확산자, 동화자, 수렴자, 조절자로 그 유형이 분류된다. 각각의 스타일은 선호하는 학습 방식과 학문 영역이 뚜렷이 구분된다. 학습 방식과 학문 영역의 선호는 대상 지식에 대한 인식방법과 밀접한 연관성이 있다. 이를 토대로 지리학적 지식을 인식방법으로 재분류한 지리교과 내용 영역과 학습 스타일과의 연계성을 파악할 수 있다. 따라서 각각의 학습 스타일에 상관성이 높은 지리교과 내용 영역은 확산자 스타일과 문화·역사지리 및 환경지리 영역, 동화자 스타일과 도시·경제지리 및 자연지리 영역, 수렴자 스타일과 지도학 및 GIS 영역, 조절자 스타일과 지역개발 및 자연 환경문제 영역이다.

본 글에서는 이렇게 지리교과 교수요소 중 교과 내용과 학습 스타일의 요소 간 상관성을 논의하였다. 지리를 가르치는 현상의 토대인 지리교과 내용의 특성과 그 특성에 따라 고려해야 하는 학습자의 다양성에서부터 시작한 것이다. 그러나 교수라는 실천현상에서는 이들 두 요소의 상호작용을 매개시켜 주는 스캐폴딩에 대한 실천적 지침이 필요하다. 따라서 지리교과의 세 가지 교수요소인 교과 내용, 학습자, 그리고 스캐폴딩 간 유기적 정합성에 대한 논의 역시 반드시 요구된다. 그리고 이러한 논의를 통해 체계적인 지리교과 교수의 방향성이 제공된다면, 보다 정련된 지리교과 교수론의 정립은 이들 교수요소를 중심으로 지속적인 학교현장에서의 실천 연구로써 가능할 것이다.

요약 및 핵심어

이 연구의 문제의식은 '지리를 가르치다'라는 현상에 대한 연구가 표면적인 교수법에 있는 것이 아니라, 그 현상을 만들어 내는 요소들의 중첩된 관계를 다각화된 관점에서 동시에 포괄해야 한다는 점이다. 본 연구자는 지리 교수 현상의 구성 요소를 지리교과 내용, 학습자, 그리고 스캐폴딩으로 제안하였으며, 이들의 중첩된 관계를 밝히고자 하였다. 이를 위해 첫째, 지리교과 내용 특성을 분석하였다. 먼저 지리학적 지식을 인식 방법에 근거하여 분류하였다. 분류된 지루하적 지식은 지리교육내용으로 교수학적 변환을 시도하였다. 그리고 그 결과를 지리교과의 영역특수적 분류체계로 제시하였다. 지리학의 광범위한 특성을 고려하여 지리교육적 맥락에서 교과 내용 영역을 체계적으로 분류하고자 한 것이다. 둘째, 학습정보를 지각하고 처리하는 인식방법에 따라 학습 스타일을 확산자, 동화자, 수렴자, 조절자로 구분하였다. 각각의 학습 스타일은 선호 학문 영역이 뚜렷하게 구분된다. 이를 토대로 지리교과 내용 영역별 선호성이 높은 학습 스타일을 연계하였다. 이것은 지식에 대한 인식 방법에 기준을 두고 분류된 학습 스타일과 지리교과 내용 영역을 상관지은 것이다. 전형적인 문화·역사지리영역과 환경지리 영역일수록 확산자 스타일과 상관성이 높고, 자연지리영역과 도시·경제지리영역의 성격이 강할수록 동화자 스타일, GIS 및 지도학 영역의 전형일수록 수렴자 스타일, 마지막으로 지역개발과 지역환경문제 영역에는 조절자 스타일이 가장 상관성이 강하다. 본 글에서는 이렇게 지리교과 교수요소 중 교과 내용과 학습 스타일의 요소 간 상관성을 먼저 논의하였다. 교과를 가르치는 토대인 교과 내용에서부터 시작한 것이다. 그러나 교수라는 실천현상에서는 이들 두 요소의 상호작용을 매개시켜 주는 스캐폴딩에 대한 실천적 지침이 필요하다. 따라서 지리교과의 세 가지 교수요소인 교과 내용, 학습자, 그리고 스캐폴딩 간 정합성에 대한 구체적인 논의가 요구된다.

교수요소(teaching components), 지리 교수 현상(teaching geography), 지리교과 내용(contents of geography subject matters), 학습 스타일(learning style), 스캐폴딩(scaffolding)

더 읽을 거리

김은정, 2002, "인지적 학습양식과 교수학습내용 영역의 관계," 교육학연구, 40(3), 203–226.
변학수, 2000, "인식의 담론에서 문화의 담론으로–딜타이의 인문과학–," 독일문학, 209–228, 한국독어독문학회.
이경화, 1996, 확률 개념의 교수학적 변환에 관한 연구, 서울대학교 박사학위논문.

참고문헌

강 완, 1991, "수학적 지식의 교수학적 변환", 수학교육, 30(3), 한국수학교육학회지, 71-89.

권오정, 1985, "사회과 수업의 목표원리 – 이해·설명의 인식이론을 중심으로–", 사회과교육, 18, 124-137.

권정화, 1997, 지역인식논리와 지역지리교육의 내용 구성에 관한 연구, 서울대학교 박사학위논문.

김민경·박성희, 1999, "웹 게시판 활용 학습에서 자기규제 학습유형, 학습 스타일과 학습결과의제 측면에 관한 연구", 교육공학연구, 15(3), 177-198.

김은정, 2000, 학습양식의 유형 및 구성요소와 교육과정과의 관계에 대한 연구, 연세대학교 박사학위논문.

김은정, 2002, "인지적 학습양식과 교수학습내용 영역의 관계", 교육학연구, 40(3), 203-226.

김일기, 2004, "교육과정과 문화·역사지리", 문화역사지리, 16(1), 29-46, 한국문화역사지리학회.

김한종, 1997, "역사학습에서 사상적 이해의 방안", 역사교육의 이론과 방법, 260-311, 삼지원.

김한종, 1999, "역사인식과 역사교육의 방법", 교원교육, 15, 83-91, 한국교원대학교 교육연구원.

김한종, 1999, "역사수업이론, 몇 가지 논의의 기초", 역사교육, 46, 171-181, 전국역사교사모임.

남상준, 1996, "지리교육의 가치: 정당화의 관점과 교과론적 검토", 지역과 문화의 공간적 전개, 829-847, 장보웅박사화갑기념논총 간행위원회편, 전남대학교 출판부.

남상준, 1999, 지리교육의 탐구, 교육과학사.

류재명, 1995, "지리수업의 내용조직 방법에 대한 연구", 서울대사대논총, 51, 서울대학교 사범대학.

박승규, 1998, "경관미학의 지리교육적 의미", 교육과학연구, 12, 청주대학교 교육문제연구소, 185-204.

박승규, 2000, 일상생활에 근거한 지리교과의 재개념화, 한국교원대학교 박사학위논문.

박완희, 1986, 학습양식에 대한 선호와 비선호의 학습효과 연구, 부산대학교 박사학위논문.

배정환, 1996, "환경미학의 연구 동향과 과제", 예술문화연구, 6, 서울대 인문대 예술문화연구소, 101-118.

변학수, 2000, "인식의 담론에서 문화의 담론으로–딜타이의 인문과학–", 독일문학, 209-228, 한국독어독문학회.

서태열, 1993a, "지리교육과정 및 교수의 기본 원리", 지리·환경교육, 1(1), 47-68.

서태열, 2002, "지리교육과정에서 '내용'으로서 '지식'에 대한 논의", 한국지리환경교육학회지, 10(1), 13-26.

소흥렬, 1988, "인과적 설명과 비인과적 설명의 논리", 철학연구, 73-87.

송언근, 2002, "지형지식의 인식론적 특성과 존재론적 지형 교육", 대한지리학회지, 37(3), 262-275.

심광택, 1997, 지식의 유형에 근거한 지리과 수업 방법의 실제, 한국교원대학교 박사학위논문.

유정애, 2001, "학습유형과 체육수업지도에의 적용", 한국스포츠교육학회지, 8(1), 99-117, 한국스포츠교육학회.

이경화, 1996, 확률 개념의 교수학적 변환에 관한 연구, 서울대학교 박사학위논문.

이선영, 1997, 초, 중, 고, 대학생들의 집단간 학습유형 차이에 관한 연구, 서울대학교 석사학위논문.

이영민, 1997, "문화·역사지리학 연구의 최근동향과 지리교육적 함의", 지리·환경교육, 5(1), 27-40.

이은실, 1998, "체계론에 토대를 둔 자연지리 학습 내용의 구성", 지리교육논집, 40, 56-75.

이한구, 1978, "Dilthey의 理解(Verstehen)의 分析–정신과학 방법론을 중심으로–", 철학연구, 33-60.

장의선, 2004, 학습스타일과 지리교과 내용 특성, 대한지리학회지, 39(1), 135–152, 대한지리학회.

최완식·류진선, 2000, "인터넷을 활용한 원격교육에서 학습유형에 따른 상호작용과 학업성취도 비교 연구", 대한공업교육학회지, 24(2), 44–56, 대한공업교육학회.

최운식·윤성희·Kathryn S. Atman, 2000, "중학교 지리교과 학습향상을 위한 실증적 연구–학습 방식과 목적추구 방식을 중심으로–", 교과교육학연구, 4, 5–21.

中村和郎 外, 1991, 地域と景觀, 東京: 古今書院 (정암 외 역, 2001, 지역과 경관, 선학사).

Dunn, R., & Dunn, K., 1993, *Teaching Secondary Students Through Their Individual Learning Styles: Practical Approaches for Grades 7-12*, Boston: Allyn and Bacon, Inc.

Dunn, R., Dunn, K. & Price, G. E., 1984, Learning Style Inventory, Lawrence, KS: Price Systems.

Dunn, R., Dunn, K. & Price, G. E., 1989, Learning Style Inventory(LSI): An Inventory for Identification of How Individual in Grades 3 through 12 Prefer to Learn. Lawrence, KS.

Georg Henrik von Wright, 1971, *Explanation and Understanding, Ithaca*, New York: Cornell Univ. Press (배철영 역, 1995, 설명과 이해, 서광사).

Healey, M. & Jenkins, A., 2000, Kolb's Experiential Learning Theory and Its Application Geography in Higher Education, *Journal of Geography*, 99, 185-195.

Jenkins, A., 1998, Curriculum Design in Geography, Cheltenham, UK: Geography Discipline Network, Cheltenham and Gloucester College of Higher Education.

Kang, W., 1990, Didactic transposition of mathematical knowledge in textbook, Doctoral dissertation, University of Georgia.

Keefe J., 1987, *Learning Style Theory and Practice*, Virginia: NASSP.

Kent, A.(ed.), 2000, *Reflective Practice in Geography Teaching*, Paul Chapman Pub.

Kent, A., Lambert, D., Naish, M. & Slater, F., 1996, *Geography in Education -Viewpoint on Teaching and Learning-*, Cambridge University Press.

Kim, Soo-Wook., Park, Sung-Youl., & Ku, Byung-Doo., 1995, Learning styles of students in college of education and its relationship to academic achievement, *Journal of Korean Agricultural Education*, 27(4), 57-62.

Kolb, D. A., 1976, *Learning Style Inventory*, Boston: McBer & Company.

Kolb, D. A., 1984, *Experiential Learning-Experience as The Source of Learning and Development*, New Jersey: Prentice-Hall.

Kolb, D. A., 1985, *Learning Style Inventory LSI-II*, Boston: McBer & Company.

Kolb, D. A., 1993, *Learning Style Inventory LSI-II*, Boston: McBer & Company.

Loo, R., 1997, Using Kolb's Learning Style Inventory(LSI-1985) in the classroom, Proceedings of the Association of Management and the International Association of Management, *Montreal*, 15(1), 47-51.

Loo, R., 1999, Confirmatory factor analyses of Kolb's Learning Style Inventory(LSI-1985), *British Journal of Educational Psychology*, 69, 213-219, The British Psychological Society.

Luria, A. R., 1976, *Cognitive development, its cultural and social foundation* (박경자·김성찬 역, 1994, 인지발달 교육—문화·사회적 기초를 중심으로, 학문사).

McCarthy, B., 1990, Using the 4MAT System to Bring Learning Styles to School, *Educational Leadership*, 48(2), 31-37.

Nulty, D. D., and M. A. Barrett, 1996, Transitions in students' learning styles, Studies in Higher Education 21, 333-345.

Park, Sung-Youl., Ku, Byung-Doo., & Lee, Pung-Kil., 1997, An Assessment of High School Students' Learning Style and Its Influence on Academic Achievement, *Journal of Korean Agricultural Education*, 29(1), 161-170.

Pattison, W.D., 1964, The Four Traditions of Geography, *Journal of Geography*, vol. LXIII, 211-216.

Piaget, J., 1970, *Genetic Epistemology*, New York: W.W. Norton.

Willcoxson, L. & M. Prosser, 1996, Kolb's Learning Style Inventory(1985): Review and further study of validity and reliability, *British Journal of Educational Psychology*, 66, 251-261.

Wolfe, D., & Kolb, D., 1980, Beyond Specialization: The Quest for Integration in Midcareer, in Brooklyn Derr, ed., *Work, Family and the Career: New Frontiers in Theory and Research*, New York: Praeger Publishers.

제28장

교수학의 인류학적 접근 이론(ATD)의 이해*

김혜진

서울수서초등학교

---

* 본 연구는 김혜진(2015)을 수정·보완한 것임.

1. 들어가며

　최근 교사의 효율적인 교수 행위나 학생의 학습에 대한 연구가 진행되어 교육에 많은 시사점을 주고 있다. 그러나 정작 교수-학습 과정의 알맹이가 되는 지식과 지식의 형성과정에 대한 심층적인 고찰은 부족하였다고 볼 수 있다. 지식의 효과적 전달 혹은 획득에만 초점을 두고, 정작 어떤 지식을 가르치며 그 지식은 어디에서 왔는지에 대해서는 제대로 답을 하지 못하였다. 이는 기존의 연구들이 주로 가르칠 지식이 고정되어 있다는 전제하에 이를 효율적으로 전달하고 획득하는 방법적인 문제에만 초점을 두었기 때문이다.

　이러한 교실수업에서의 지식의 문제에 대해 프랑스 수학자인 쉐바야르(Chevallard)는 교육 현상 내지 수업 현상은 교사와 학생이라는 두 가지 요소만으로는 온전하게 파악할 수 없으며, '지식'은 또한 간과할 수 없는 중요한 요소라 하였다. 그는 교실에서 가르쳐지는 지식이 원래 가르쳐지기 위해서가 아닌 사용할 목적으로 생산된 것이며, 가르칠 지식이 되기 위해 변환된다고 주장하였다. 쉐바야르는 가르칠 지식의 근원은 학문적 지식에 있으나, 그것은 학문적 지식과는 다르며 가르쳐지기 위해 변환된 지식임을 지적하였다. 이런 가정을 기반으로 한 '교수학적 변환론(Didactic Transposition, DT)'은 우리나라에도 널리 소개되어 많은 연구자들에게 영향을 끼쳤으며 다양한 후속 연구가 진행되었다.

　최근 쉐바야르는 논의를 더욱 확장하여 교수학의 인류학적 접근 이론(Anthropological Theory of Didactics, ATD)[1]을 제시하였는데, 이는 교수학을 인류학[2]의 한 영역으로 보고자 한 이론이라 할 수 있다(장혜원, 2000, 195). 교수학의 인류학적 접근 이론(ATD)에 따르면, 지식은 제도 내에서 인간의 인지적 활동에 의해 생성된 것이며, 지식을 만드는 인간의 활동은 다른 활동과 마찬가지로 실천과 이론의 측면을 모두 지니고 있다. 지식을 확정된 결과로만 파악하는 것이 아니라 지식을 얻는 과정까지 포함하고 있다. 교수학의 인류학적 접근 이론(ATD)은 교수-학습에서 지식의 문제를 인류학적으로 접근하고자 하였으나 설명적이며 묘사적인 연구는 아니다. 분석적으로 접근하며 이를 통해 교수학에서 일정한 시사점을 얻어 더 나은 실천 방향을 모색하는 이론이다.

---

1. 원어를 그대로 번안하면, '교수학의 인류학적 이론'이나 본 논문에서는 의미를 더욱 명확하게 하기 위해 '교수학의 인류학적 접근 이론'이라 하였다.
2. 인류학(人類學, anthropology)은 '인간을 연구하는 학문'이다. 문화상대주의적 입장을 취하며 문화비교를 통해 인간을 연구하고 이해하는 학문이다. 19세기 이후 학문으로서 체계화되었으며 연구의 대상과 범위가 매우 광범위하다. 일반적으로 오늘날 인류학은 사회문화인류학을 지칭한다(이용숙, 2005, 23-38).

교수학의 인류학적 접근 이론(ATD)은 학교에서 다루는 지식을 다른 관점에서 볼 수 있게 하며 수업 과정에 대한 새로운 인식을 제공해 줄 수 있다. 그러나 교수학의 인류학적 접근 이론(ATD)은 우리나라에 거의 소개되지 않은 생소한 이론이다. 본 고에서 교수학의 인류학적 접근 이론(ATD)을 소개하고, 이 이론이 지리교육에 갖는 의미를 탐색해 보고자 한다. 이는 수업에서 지식을 어떻게 다루어야 하는지에 대한 성찰과 교육 연구의 방향에 시사점을 제시해 줄 것이다.

2. 교수학의 인류학적 접근 이론(ATD)의 토대

1) 지식 생태학적 접근

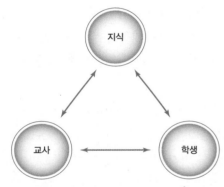

그림 1. 교수학적 체계(Chevallard, 1991, 23)

교수학적 체계(didactic system)는 교사, 학생, 지식이라는 세 요소로 구성된다(그림 1). 교수학의 인류학적 접근 이론(ATD)은 이 중 '지식'의 요소에 초점을 맞춘 이론이다. 교수학적 체계에서의 지식은 어떤 의미를 지니고 있으며 어떻게 해석해야 할까?

교수학적 체계 내에서 '지식'은 'savoir'를 의미한다. 개인적인 앎으로서의 지식을 의미하는 'connaissance'와는 달리, 'savoir'는 사적인 과정을 통해 사회적으로 공유되고 축적된 공적 지식을 뜻한다(이영숙, 2013, 14).[3] 교수학적 체계와 'savoir'의 의미를 포함하여 교수학의 인류학적 접근 이론(ATD)을 설명하면, 교수-학습이라는 장에서 사회적으로 공유되고 축적된 지식에 대한 연구라 할 수 있다.

교수학적 인류학적 접근 이론(ATD)에서는 지식을 공유된 공적 지식으로 봄과 동시에 생태학적 관점을 제시한다. 지식 생태학적 관점에서 보면, 지식은 개인이 혼자 만드는 것이 아니라

---

3. savoir와 connaissance는 프랑스어이다. 영어로 '지식'에 해당하는 단어는 'knowledge'이며, '앎'에 해당하는 'know'이다. 'know'는 보통 동사로 사용되나, 프랑스어와 유래되어 명사(in the know의 경우)로도 사용되며, '앎', '정통', '숙지' 등의 의미를 가지고 있다(daum 영어사전).

상호 관계성으로 만들어지는 것으로 지식생태의 장에 속한 인간들의 공동 산물이다. 지식 생태는 "지식을 창출하고 다른 지식 체계와 통합하며, 공유, 활용하는 과정에서 필요한 구성원들의 관계, 도구 그리고 실천적 노하우를 육성하는 적응적 복잡계(複雜系)(complex adaptive system)"라 할 수 있다(Por, 1977; 유영만, 2005, 165 재인용).

생태적 관점에서 지식은 유기체와 같은 개체로 비유되기도 한다. 지식은 인간의 인지활동에 의해 생성되고 변화되며 소멸되기도 한다. 또 유기체와 비슷하여 일정한 조건만 주어지면 자생적으로 성장한다. 생태적 관점으로 보면, 지식은 자생성, 발전성, 자율성을 가지면 변화, 발전, 소멸, 재창조하는 과정을 거친다(유영만, 2005, 165-166).

정리하면 교수학의 인류학적 접근 이론(ATD)은 '교수학적 체계' 내 '지식'에 대한 이론으로, 지식이 사회적 합의에 의해 만들어지고 역사적으로 축적되어 온 것이라는 가정을 기반으로 한다. 여기에서 지식은 영원성을 지닌 대상이 아니라 변화 가능한 실재로, 지식 생태계 내 다른 구성요소들과의 창발적 상호작용을 통해 만들어진다는 관점을 취한다.

2) 사회학·인류학의 영향

수학교육자인 쉐바야르는 푸코(Foucault), 부르디외(Bourdieu), 알튀세(Althusser)와 같은 철학자·사회학자에게 많은 영향을 받았다.[4] 그리하여 교수학의 인류학적 접근 이론(ATD)의 이론적 토대는 프랑스 사회학이나 인류학에서 찾을 수 있다.

사회학에서와 마찬가지로 'institution'은 쉐바야르 이론에서 핵심을 이루는 개념이다. 일반적으로 기관, 학교, 집합체, 규범 등으로 해석하나 쉐바야르는 'institution'을 지식과 관련한 특정 집합의 범주로 보았다. 이는 사회학에서 '제도'의 의미와 가장 가깝다. 쉐바야르는 '제도(institution)'를 다음과 같이 설명하였다(Chevallard, 2005a; Bosch, 2012, 422 재인용).

제도(institution)는 그것의 행위자들(actors), 즉 의식적으로 또는 무의식적으로 그 제도에 종속된 사람들과 그 제도를 섬기는 사람들에 의해 존속된다. … 제도 내 사람들의 자유(freedom)는 주어진 제도적 멍에를 지고 이런 저런 종속을 선택하는 것이다.

---

4. 프랑스 수학교수학과 관련된 사이트인 ARDM(http://www.ardm.eu)을 보면 쉐바야르에 대한 자료를 찾을 수 있다. 이 사이트에서 플로랑 워즈니악(Floriane Wozniak), 메리애나 보쉬(Marianna Bosch), 마이클 아르토(Michèle Artaud)가 쉐바야르에 대해 쓴 글을 참조하였음을 밝혀 둔다.

제도 속 인간은 제도적 맥락으로 사고하며 자신이 속한 제도의 규칙들을 당연한 것으로 여긴다. 이는 주체적 존재로서 생각하고 활동하는 것이 아니라 그들이 속해 있는 제도적 관점으로 사고하고 행동함을 뜻한다. 이와 같은 쉐바야르의 논의는 개인 행위나 인식에 미치는 구조적 영향력에 초점을 두고 사회 구조를 이루는 구성 요소들 사이의 관계를 분석하려는 구조주의의 입장과 조응하는 면이 있다. 그러나 쉐바야르는 구조주의자처럼 인간의 모든 행위를 사회로부터 강제된 결과로 생각하는 것은 아니었다. 그는 제도 내의 다양한 행위자의 역할을 강조하였다. 그에 따르면, 교육과정 개발자, 정책가, 교과서 집필자, 교사 등 행위자는 제도 안에서 상호 영향을 주고받는다. 이들은 다양한 활동을 통해 제도 내에서 지식을 창출해 낸다. 학생 역시 교수−학습 과정에서 개인화되고 맥락화된 지식을 받아들여서 탈개인적이고 탈맥락적 지식을 만드는 행위의 주체자이다(Bosch, 2012, 422).

쉐바야르의 지식에 대한 논의는 제도와 제도 내 행위자의 활동을 포함한다. 여기에서 '제도'는 지식 생성의 장(場)이다. 크게는 인류, 국가, 사회와 같은 제도가 있으며 작게는 교육과정 위원회, 학교, 교실 등의 제도도 있다(이영숙, 2012, 13). 각각의 제도는 제도적 문화, 규범이 있으며 지식은 제도 내에서 학문을 연구하는 활동, 학습 활동에 의해 만들어진다고 보았다. 이에 더하여 쉐바야르는 자신의 논의를 더욱 명확히 밝히기 위해 '가르칠 지식'과 관련 깊은 제도로 'noosphere'를 제시하였다. 본래 'noosphere'[5]는 그리스어로 정신(mind)을 뜻하는 '누(noo)'와 시공간계를 뜻하는 '스피어(sphere)'가 합쳐진 말이나[6] 쉐바야르(1992a)는 교수학적 체계 내 지식에 대한 논의를 확장하기 위해 noosphere라는 개념을 상정하였다. noosphere는 교육정책의 결정자들, 교육과정 개발자들, 교사단체들 등 교수학적 체계와 관련이 있으며 관심을 가진 사람들로 이루어진 비구조화된 집합적 범주라 할 수 있다. 교수학적 체계에 누스피어의 개념을 포함하여 나타내면 그림 2와 같이 나타낼 수 있다.

---

5. 장혜원(2000)은 교수학적 체계를 논하며, noosphere를 '주변'이라 칭하였다. 또, 엄태동(1998)은 폴라니(Polanyi) 이론 중 noosphere를 '정신세계'라는 말로 번안하였다. 그러나 본고에서는 쉐바야르가 사용한 의미를 살리기 위해 그대로 noosphere로 사용하기로 한다.

6. 프랑스계 신학자인 테야르드 샤르댕(Teilhard de chardin)의 말을 빌려 온 것으로, 그가 제안한 개념은 인간이 누대에 걸쳐 성립시킨 사고의 틀을 의미한다(엄태동, 1998, 298). 테야르드 샤르댕이 말한 noosphere는 정신세계의 의미로, 인간만이 가지고 있는 것으로 단순히 지식체계 뿐만 아니라 예술, 종교, 도덕, 기술 등 모든 문화 영역을 포함한다. noosphere의 용어는 다른 많은 학자들에 의해서도 사용되었다. 폴라니(Polanyi)는 그의 당사자적 지식을 설명하면서, 위계적인 실재들 가운데 특히 인간적 노력에 의해 창출된 것으로 인간을 인간답게 만들어 주는 것은 noosphere라 하였다. 또 프랑스 철학자 레비(Levy)는 테야르드 샤르댕이 말한 noosphere의 개념을 빌려 디지털 테크놀러지의 문화적, 인식론적 영향에 대해 연구하였다. 그는 noosphere를 인류가 오랫동안 집적해 온 공동의 지적 영역과 자산을 바탕으로 사이버 공간에서 이루어 가는 세계라 하였다.

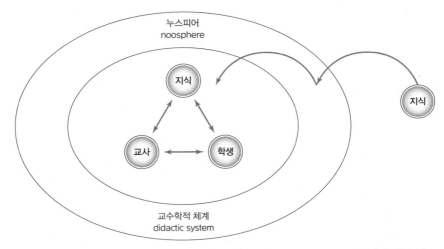

그림 2. 교수학적 체계, 누스피어, 지식의 관계(Chevallard, 1991; 1992a에서 재구성)

쉐바야르(1991)는 교수학적 체계 내부에서 일어나고 있는 것을 정확히 이해하기 위해서는 '외부'도 함께 고려해야 한다고 주장했다. 그는 가르치고 배우는 것은 학교 내에서만 일어나는 일이 아니라 외부에서 생산된 지식을 학교로 가지고옴으로 가능하다고 설명했다.

그림 2를 보면 확장된 시각으로 학교에서 가르치는 지식의 의미를 탐색할 수 있다. 가르칠 지식은 학교 바깥인 외부에서 만들어진다. 외부에서 만들어진 지식이 noosphere라는 제도를 거쳐 교수학적 체계로 들어오게 된다. 교수학적 변환론(DT)은 이런 과정에서 지식이 겪는 변화에 초점을 둔 이론이다. 즉 지식이 교수학적 체계에 들어오기까지, 즉 noosphere와 교사를 거쳐 학생에게 전달되는 과정에서 나타나는 지식의 변환을 살피고 본래 지식과 변환된 지식 사이에 간극이나 왜곡에 대해 파악하고자 한다.[7]

그리고 교수학적 변환론(DT)에서 발전한 이론인 교수학의 인류학적 접근 이론(ATD) 역시 지식이 각기 다른 제도를 거치는 과정에서 나타나는 현상을 파악하므로 교수–학습에서의 논점을 얻으려는 이론이다. 교수학의 인류학적 접근 이론(ATD)은 지식이 한 제도에서 다음 제도로, 혹은 계획된 교육과정이 실행된 교육과정으로 변하면서 겪는 깊숙한 변화를 밝히고자 한다(Winsløw, 2011, 122).

교수–학습에서 지식을 논함에 있어 제도와 사회 구조의 영향력, 제도 속 행위자들의 개념

---

7. 자세한 논의는 장혜원(2000), 김혜진(2015) 논문을 참조.

등을 사용한 것은 쉐바야르의 이론이 프랑스 사회학과 인류학에 영향을 받았음을 드러낸 것이다.

3) 인지인류학적 접근

인류학(anthropology)을 한마디로 정의하는 것은 어려운 일이다. 인간에 대한 모든 것을 연구 대상으로 하고 있기에 그 연구 영역이 실로 광범위하다. 19세기 이후 학문으로 체계화되었으며 그 이후 여러 하위 학문 영역들로 재정립되었다. 대표적 예로 문화인류학, 사회인류학, 민족학, 체질인류학, 선사고고학, 민족지 등을 들 수 있다.

인류학의 한 분야인 인지인류학(cognitive anthropology)[8]은 우리나라, 특히 교육 분야에서는 많이 알려지지 않은 학문이다. 1950년대부터 발달한 이론으로 그 역사 또한 그리 길지 않다. 인지인류학이 다른 인류학 연구와 차별되는 가장 두드러진 점은 문화를 인지체계(cognitive system) 혹은 지식체계(system of knowledge)로 파악한다는 점이다. 즉 인지인류학은 문화적 지식을 연구하는 학문이라 할 수 있다. 인간의 정신 기능 및 그 과정에서 나타나는 문화와 사회의 역할을 강조하고, 도구 사용, 기술 등 근본적 차원에서 인간의 활동을 주된 연구 주제로 삼는다.

인지인류학이 다른 인류학과 구별되는 또 다른 점은 인지체계나 지식체계를 드러내기 위해서 과학적인 접근을 꾀한다는 점이다. 문화에는 논리적인 규칙이 있는데, 이 규칙은 그 속에 속한 인간의 사고에서 나온 것이다. 이는 행동으로 표현되므로, 문화에는 일정한 행동의 규칙이 있을 수 있다. 인지인류학은 이런 문화 속 행동의 규칙을 연구하는 학문이다. 여기에서 행동의 규칙이라 함은 인간 행동을 예측할 수 있다고 하는 것이 아니라 주어진 상황이나 맥락에서 사회·문화적으로 예상되거나 적절한 것을 묘사하고자 함이다. 인지인류학 연구들은 이런 행동의 규칙을 분석하고자 한다(D'Andrade, 1995, 1).

그래서 이론적 요소와 방법론적 기술(technique)로서 구조주의(structuralism)와 언어학(linguistics)을 채택하여 사람들이 어떻게 문화를 구성하고 활용하는지에 초점을 둔 연구들이

---

8. 인지인류학은 문화상대주의를 기반으로 한다. 문화상대주의(cultural relativism)는 어떤 문화가 다른 문화보다 우월하다고 말할 수 없다는 주장으로 문화는 상대적이라는 뜻이다. 한 문화에 속한 사람들은 그 문화의 틀로 사고하고 세상을 바라보게 된다. 문화상대주의를 주장하는 사람들은 각 민족들을 다르게 인식하는 것은 각 민족들의 생물적 차이 때문이 아니라 문화적 차이 때문이라고 하였다.

많이 진행되었다. 최근에는 인간 행동에 기초와 동기를 부여하는 체계화 원리들(organizing principles)을 파악하려는 연구가 이루어지고 있다(D'Andrade, 1995, 1).[9]

교수학의 인류학적 접근 이론(ATD)은 역시 인지인류학적으로 접근한 이론이라 할 수 있다 (장혜원, 2000, 195). 교수학에서의 지식을 문화와 제도라는 구조적 체계 속에서 파악하고자 한 이론인 셈이다. 인지인류학에서처럼 지식의 양상을 과학적으로 분석하고자 시도하는데, 이러한 분석적 틀이 바로 praxeology이다.[10]

3. 교수학의 인류학적 접근 이론(ATD)으로의 발전

1) 교수학적 변환론(DT)에서 교수학의 인류학적 접근 이론(ATD)으로

학교에서 가르쳐지는 지식은 무엇이며 어디에서 온 것일까? 쉐바야르의 연구는 이런 의문에서 출발한다. 그에 따르면 학교에서 가르쳐지는 지식은 학교에서 만들어진 지식이 아니며 외부에서 형성된 지식이 일련의 과정을 거치며 변형된 것이다. 가르치기 위한 용도로 생산되지 않은 지식이 가르칠 지식이 되기 위해서는 교과 내부에 통합될 수 있는 지식으로 바뀌어야만 한다(Bosch & Gascón, 2006, 53). 이 과정에서 '가르칠 지식'은 지식이 생성될 때와는 다른 형태를 띠게 되는데, 쉐바야르는 이 변형 과정을 '교수학적 변환(DT)'이라 칭하였다.

교수학적 변환이란 '학문적 지식' 혹은 '도구로서의 지식'으로부터 '가르치고 배울 지식'으로의 변환을 말한다(Chevallard, 1988, 7; 이경화, 1996, 204-205 재인용). 교수학적 변환은 크게 두 단계 과정을 거친다(그림 3). 첫 번째는 '학문적 지식'에서 '가르칠 지식'으로의 변환이며, 두 번째는 '가르칠 지식'에서 '가르쳐진 지식'으로의 변환이다(이경화, 1996, 204).[11]

쉐바야르(1988)는 수업을 관찰할 때, 흔히 교수학적 관계(didactic relation) 중 교사-학생의 관계, 즉 이원적 관계에 집중하게 된다고 하였다. 그러나 그는 교수학적 관계는 이원적 관계가 아닌 삼원적 관계임을 강조하였다. 일반적으로 교수-학습 과정을 관찰할 때 교사와 학생의

---

9. 언어 분석은 대표적으로 '민속 분류법'과 '성분분석'이 있다. 자세한 논의는 조숙정(2014)의 연구를 참조.

10. 인간의 행동을 지칭하는 말로 실천과 이론의 구조를 가진다. 뒤에서 자세히 논의한다.

11. 쉐바야르의 초기 논의는 학문적 지식과 교육의 대상인 가르칠 지식 사이에 차이에 주로 관심을 두었다. 그러나 교실 실제의 연구도 다른 연구자들에 의해 다양하게 전개되어 왔다(장혜원, 2000, 194-195). 이후 쉐바야르의 교수학적 변환의 단계는 좀 더 발전하여 그의 동료 연구자들에 의해 좀 더 확장된 형태로 나타난다. 김혜진(2015) 논문을 참조.

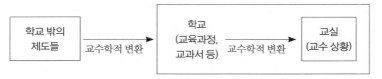

그림 3. 교수학적 변환 단계(Chevallard, 1985; Winsløw, 2011, 121)

활동을 중심으로 보나, 이 과정에서 지식과 그 지식이 다루어지는 일련의 과정에도 주의를 기울여야 한다고 하였다. 쉐바야르는 교사가 이 '지식'을 정확히 볼 수 있어야 함을 주장하였다.

교수학적 변환과 관련한 연구들의 목적은 교수와 학습에서 지식에 대한 새로운 인식론적 체제를 구축함으로써, 교육의 다양한 면을 이해하게 하고 더불어 교육을 개선하는 데 있다. 즉 교육에서 다루어지는 '지식'의 본질을 확장된 거시적인 관점으로 파악하여 교육에 시사점을 얻고자 한다(Bergsten et al., 2010, 59).

교수학적 변환론(DT)은 프랑스 수학교육 중심으로 발전하였으나 수학 외에 타 교과 연구자들에게 많은 영향을 주었다. 스페인어로도 번역되면서 유럽 전역으로 퍼져나가 언어, 과학, 철학, 물리 교육, 기술, 사회 과학, 음악, 심지어는 체스 등의 분야까지 널리 확산되었다(Bosch & Gascón, 2006, 52-53). 우리나라에서는 강완(1991)이 교수학적 변환론(DT)을 소개한 이래 많은 연구자들이 관심을 기울이고 연구를 지속해 왔다. 수학과에서 발달한 이론인 만큼 국내 연구 역시 수학 분야에서 가장 많으며(강완, 1991; 이경화, 1996, 2004; 신보미, 2007, 2012; 이종영, 1999 등), 드물게 국어과(심영택, 2002, 2004; 이정숙, 2004 등)와 사회과 지리 영역(김민정, 2002; 장의선, 2007)에서 몇 편의 연구가 있다.

쉐바야르의 이론은 많은 지지를 얻었으나 다른 한편에서는 비판을 받기도 했다(Bergsten et al., 2010, 61).[12] 이런 비판은 교수학적 변환론(DT)이 '교수학의 인류학 접근 이론(ATD)'으로 발전하는 배경이 된다. 이런 비평들에 대해 쉐바야르는 그림 4와 같이, 자신의 이론에 생태

---

12. 쉐바야르가 이론을 발표한 직후 프로이덴탈(Freudenthal)은 교수학적 변환이라는 개념에 전체적인 의문을 제기하였다. 지식(savoir)이라는 용어, 특히 학문적 지식(savoir savant)의 의미가 모호하다는 것이 주된 이유였다. 이에 대해 쉐바야르(1989)는 '교수학적 변환론(DT)'을 '오해받기 쉬운 먹잇감'이라 하며 반박하기도 한다.

베이톤 외(Beitone et al., 2004)에 따르면 그의 이론은 세 가지 논점에 의해 도전을 받았다. 첫 번째 비평은 학문적 지식이 교육 기관에 따라서 그 가치나 특성이 달라질 수 없다는 주장이다. 두 번째는 학교에서 이루어지는 지식은 단순히 학문적 지식에서 파생된 것으로 간주하는 것은 현대 교육학과 맥락을 같이하지 않는 학문주의 경향이라는 점이다. 마지막 세 번째는 학교에서의 교수를 위한 참조 지식은 학문적 분야 이외에 다른 데에도 기원을 두고 있다는 점이다. 예를 들어, 사회적 실천에 관여한 다양한 종류의 암묵적 지식(tacit knowledge)이 있고, 그런 지식이 학교에서 가르쳐질 수 있다는 것이다(Bergsten et al., 2010, 61-62).

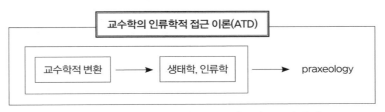

교수학적 변환 ──→ 생태학, 인류학 ──→ praxeology

교수학의 인류학적 접근 이론(ATD)

그림 4. 교수학의 인류학적 접근 이론(ATD)으로의 발전

학과 인류학을 적용하는 한편, 지식을 분석하는 틀로 praxeology를 도입하여 논의를 확장하였다(장혜원, 2000, 195). 그리고 이를 '교수학의 인류학적 접근' 또는 '교수학의 인류학적 접근 이론(ATD)'이라고 하였다(Chevallard, 1992a).

교수학의 인류학적 접근 이론(ATD)은 제도와 제도 안의 행위자, 지식에 대한 해석을 기반으로 한다. 인간이 학문을 연구하는 활동이나 학습 활동은 여타의 다른 활동과 마찬가지로 사회적 활동이라 할 수 있다. 때문에 제도적 맥락 안에서 그 의미를 찾을 수 있다(Bosch, 2012, 423). 학문을 연구하는 활동이나 학습 활동은 제도 내의 지식 창출로 연결된다. 지식은 제도 내에서 만들어져서, 사회, 학교, 가정 등 여타의 제도 속에서 존재하며 응용되고 변화한다(김부윤·정경미, 2009, 711).

그림 5는 확장된 교수학적 변환을 나타낸 것이다. 학자에 의한 생성된 최초의 지식에서부터, 교육과정과 같은 공식적인 '가르칠' 지식, 교실에서 교사들이 실제로 가르친 지식, 그리고 학생들이 배운 지식으로의 변환 과정을 나타낸다. 각각의 제도 내에서 학습하고 연구하는 실천적 활동으로서 지식은, 다른 제도를 거치며 이전과는 다른 모습으로 변환되고 새롭게 창출된다(Bosch & Gascón, 2006, 55). 이는 교수학적 변환의 확장이자 교수학의 인류학적 접근 이론(ATD)과 관련한 제도적 체제를 보여 준다.

교수학의 인류학적 접근 이론(ATD)은 교수-학습과 그 안의 지식을 인류학적으로 해석하여 교수-학습의 시사점을 얻고자 하는 연구이다. 그러나 상황이나 맥락을 해석적이며 묘사적으로 연구하는 다른 인류학 연구와는 달리 분석적 입장에서 지식을 파악하고 교수-학습에 시사

그림 5. 확장된 교수학적 변환(Bosch & Gascón, 2006, 55)

점을 주고자 한다.

2) 지식의 분석틀로서 praxeology

praxeology는 교수학의 인류학적 접근 이론(ATD)에서 중요한 개념이다. praxeology[13]는 그리스어인 프락시스(praxis)와 로고스(logos)를 조합한 단어로 인간의 '활동'을 의미한다. 인간의 활동이나 행위를 지칭하는 말이나, 단순한 행위만이 아니라 그 안에 의도, 이유 등 다양한 이론적 요소까지 포함한 개념이라 할 수 있다.

쉐바야르는 지식이 인간의 활동에서 기인한 것임에 강조하며, 지식에는 실천적 측면과 이론적 측면이 모두 내재한다고 하였다. 흔히 지식이라 하면, 문자화된 명제적 지식을 떠올리기 쉬우나 쉐바야르가 말하는 지식은 실천과 실천에 대한 담론 그리고 이를 설명하는 이론을 모두 포함한다. praxeology는 인간의 활동이 실천적 요소와 이론적 요소가 결합되어 있으며, 인간의 행위는 실천으로 드러나 이론으로 정당화된다는 논의를 담고 있다.

praxeology, 즉 인간 활동에 내재한 이론과 실천은 분리되어 있는 것이 아니라 하나의 프레임 안에 묶여 있다. 이 프레임은 두 개의 블록(block)으로 구성되는데, 하나는 이론적 블록이며, 다른 하나는 실천적 블록이다. 그림 6은 praxeology 구조를 도식화한 것으로, praxeology는 4개의 하위요소[14]로 구성되어 있다(Bosch, 2012, 423).

'task(혹은 type of task)'는 과제, 즉 해결할 문제를 말한다. 특히 학교에서의 task는 학습의 기회를 주는 것으로, 학생들이 학습 활동을 하도록 동기화하는 것을 포함한다. 그런데 task를 해결하기 위해서는 방법인 'technique'이 필요하다. 이런 technique은 과제 해결을 가능하게 하는 방법이어야 한다. 이런 task와 technique은 실천적 영역, 즉 실천적 블록에 속한다. 바꾸어 말하면 문제에 직면하고 이를 해결하는 조작활동, 사고 활동 등 실천적 활동이 이 블록에 속한다.

이론적 블록 중 'technology'는 설명(explanation), 추론(reasoning) 및 여러 형태의 담론

---

13. 'praxeology'를 사전에서 찾으면, '인간행동학'이라는 단어가 나온다. 우리나라에 널리 알려진 praxeology(인간행동학)는 미제스(Mises, 1949)가 그의 경제학 이론을 정립하기 위해 사용한 용어다. 그러나 미제스 이외에도 많은 학자와 연구자들이 praxeology라는 용어와 개념을 차용해 왔다.
14. praxeology나 하위 구성요소인 task, technique, technology, theory를 따로 번안하지 않고 그대로 사용한다. 이는 번안으로 인해 의미가 왜곡될 수 있기 때문이다. 특히 'technology'는 흔히 '기술'로 번안되는데, praxeology에서 technology는 한국어의 '기술'과는 차이가 있는 개념이기 때문이다.

들로 이루어진 것으로, technique을 뒷받침해 줄 수 있는 것이다. 'theory'는 이러한 'technology'를 유효하게 하며 praxeology 요소들을 전체로 조직하는 틀이 된다. 우리가 일반적으로 '이론'이라고 부르는 것이라 할 수 있다. 'technology'와 'theory'는 이론적 블록으로, 대상에 대해 알게 된 원인을 탐색하는 영역이다(Chevallard, 1999; Kaj Østergaard, 2013, 11 재인용).

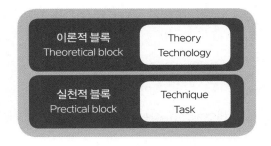

그림 6. praxeology의 구조
(Kaj Østergaard, 2013, 11)

praxeology는 과제와 과제해결 방법이라는 실천적 활동을 통해, technology와 theory, 즉 이론을 획득하게 됨을 나타내고 있다. 결과로서의 지식뿐만 아니라 지식의 생성과정 혹은 지식 습득과정을 포함하는 개념으로, 지식을 실천적 측면과 이론적 측면이 결합한 것으로 설명한다.

교실에서 학생이 학습하는 활동은 역시 praxeology로 분석할 수 있다. 즉 학습할 과제에 부딪히게 되면(task), 이를 해결하기 위한 방법(technique)을 찾게 된다. 이런 실천적 활동을 통해 해결방법에 대한 방법적 지식(technology), 명제적 지식(theory)을 얻을 수 있다.

교수학의 인류학적 접근 이론(ATD)에서 praxeology 개념은 지식을 명제적 지식으로 한정하여 보아서는 안 됨을 시사한다. 지식은 인간의 활동을 통해 도출되며, 과제 확인 및 해결과정에서의 암묵적 지식, 이 과정에서 도출된 방법적 지식과 명제적 지식을 모두 포함하는 개념이다. 여기서 중요한 점은 이런 지식의 요소들을 분절적으로 구분하는 것이 아니라 인간 활동 안에서 하나의 덩어리로 보고자 한 것이라 할 수 있다.

4. 사회과 지리교육과 교수학의 인류학적 접근 이론(ATD)

지식은 제기된 문제에 대한 답이라 할 수 있다. 그 답은 탐구하는 지적 활동을 통해 얻을 수 있다. 슈바브(Schwab, 1978)가 제시한 지식의 형성과정에 의하면 모든 하나하나의 지식들은 서로 다른 종류의 질문에 대한 답이다. 그에 따르면, 특정 문제에 대한 대답은 고정된 하나의 대답이 있는 것이 아니다. 만약 다른 자료를 수집하였다면 더 완전한 다른 종류의 답을 얻을 수도 있기 때문이다. 그러기에 현재 우리가 가지고 있는 지식은 잠정적이며 오류를 포함하는 불완전한 지식이다(허경철·조덕주·소경희, 2001, 241-242).

슈바브(1978)는 어떤 지식을 제대로 이해하기 위해서는 그 지식이 생성되는 과정에 대해 이해하는 것이 필수적이라 하였다. 그러나 일반적으로 탐구의 과정을 이해하는 것은 어렵기 때문에 대신 탐구의 결과로서 얻어진 학문만을 지식으로 받아들이는 것이다.

일반적으로 지식은 인간의 인지적 산물로 간주된다. 지식이 지적 능력의 산물임을 틀림없지만, 지적 능력만의 산물이라고 할 수는 없다. 왜냐하면 인간의 지적 능력 이외에 정의적 능력, 신체적 능력이 공동으로 작용했기 때문이다(허경철·조덕주·소경희, 2001, 241-242). 지식은 인간의 사고만으로 이루어지는 것이 아니다.

그러나 지리 지식이라 할 때, 떠오르는 것은 텍스트나 그림 등으로 표상된 지식들뿐이다. 이는 그간의 교육이 언어화된 명제적 지식의 전달에 치우쳐 왔음을 말해 준다. 따라서 쉐바야르를 비롯한 많은 학자들의 논의처럼 지리교육은 지리적 활동이나 실천을 기반으로 해야 한다는 결론에 이른다. 이는 송언근(2002)이 말하는 '지리적 문제해결', '활동 중심의 지리교육'과 맥을 같이한다. 그가 말하는 '지리적 활동'이란 "어떤 현상에 대해 지리적 의문과 호기심을 가지고 그 속에 형성된 지리적 문제를 해결해 나가는 과정 속에 발생하는 함목적적이고 유목적적 활동(송언근, 2003, 284)"이다.

지리적 활동, 즉 geographical praxeology는 제기된 지리적 문제를 해결하기 위해 필요한 요소를 찾아 분석하여 문제를 해결해 가는 활동을 말한다. 즉 지리적 활동은 실천적 활동을 통해 명제적인 지리 지식을 획득하는 과정이며 그 결과 지리 지식 즉 geographical praxeology가 도출될 수 있다. 역으로 교수-학습에서 geographical praxeology에 대한 논의를 적용하면, 지리 수업은 과제 혹은 문제를 중심으로 시작해야 하며 이해, 탐구, 문제해결과 같은 실천적 과정에 좀 더 주목해야 함을 알 수 있다. 지리 지식은 탈맥락화되고 화석화된 명제적 지식만이 아니며, 지리적 실천의 과정(process)을 포함한 지식이어야 한다.

geographical praxeology는 4가지 요소(4T)로 구분하여 나타낼 수 있다.[15]

---

15. 쉐바야르의 연구는 수학과를 중심으로 한 연구이기에 새롭게 지리 지식의 praxeology에 대해 논의하는 것이 필요하다. 지리지식의 praxeology의 정립은 송언근(2009)의 저서를 참고하였다. 송언근(2009)은 모든 지식은 세상에 의미를 부여하고 탐구하여 그 결과로 알게 된 의미를 구성하는 것이라 하였다. 그는 "지리적 삶의 양식에 토대한 지리적 의사결정이나 지리적 문제 해결 혹은 지리적 탐구(p.61)"를 통칭하여 '지리하기(doing geography)'라 하였다. '지리하기'는 쉐바야르가 말한 실천과 깊은 관련이 있다. 본 연구에서는 지리 지식의 praxeology를 논함에 있어 송언근(2009)의 논의를 참고했음을 밝혀 둔다.

task는 지리적 현상이나 사실을 포함하는 과제나 문제가 될 수 있다. 그리고 이것은 지리적 현상에 의문을 가지고, 이를 설명하려는 의도에 출발한다. 이런 task를 해결하기 위해 이런 현상의 요소나 속성을 확인하거나 이를 분류 혹은 단순화하기도 하며, 다른 현상과 비교하거나 대조하면서 이를 해석한다. 그리고 이런 활동은 지리적 문제해결이나 탐구, 의사결정으로 이어진다. 이런 활동은 technique이라 명명할 수 있으며 task를 해결하기 위한 방법(know-how)이 된다. 그리고 task와 technique은 실제적인 활동, 즉 실천적 블록이 된다.

이론적 블록에는 technology, theory의 요소가 있으며 이 영역은 실천적 측면과는 다르게 언어로 기술될 수 있다는 특징을 지닌다. 여기에서 technology[16]는 실천적 측면에서 실행되는 여러 방법을 정당화하는 담론이자, 방법적 지식으로 명문화한 것이다. theory는 흔히 우리가 말하는 지리 지식이라 정의할 수 있다. 일반화에 따른 지리적 개념, 원리 등의 명제적 지식이 theory에 속한다(표 1).

표 1. geographical praxeology의 구성(지식의 구성)

이론적 블록	theory	개념, 원리 등의 명제적 지식
	technology	technique을 설명하는 담론, 방법적 지식
실천적 블록	technique	task를 해결할 방법(know-how)
	task	탐색할 주제 혹은 문제

예를 들어 중심지 경관을 탐색하라는 task는 다양한 방법(know-how), 즉 technique으로 접근할 수 있다. 직접 중심지를 가서 보는 방법도 있으며, 중심지에 대한 다양한 사례나 사진을 분석해서 알아볼 수도 있다. 또 위성사진 등 첨단 시스템을 이용할 수도 있다. 이런 방법들은 technique이 되며, 이를 명문화한 것이 technology이다. 답사에 대한 방법적 지식, 사례나 사진의 분석을 통한 지리적 추론 방법, 위성사진을 이용하는 방법적 지식은 모두 technology가 된다. technique과 technology의 차이는 실행과 실행 이론으로, 또 실천에 내재한 암묵적

---

16. 여기에서 말하는 technology는 일반적으로 사용하는 공학의 개념이 아니며 technique의 담론이 된다. 즉 technique은 실천으로 직접 행해지는 것을 의미한다면 technology는 이론의 범주로, 이를 설명하고 정당성을 부과하고 명문화한 것을 말한다. 쉐바야르는 수학지식을 설명하는 데 있어, technology를 technique을 정당화하는 지식이자 담론으로 보았다. 또 수학과 지식의 특성상 technology 즉 문제를 푸는 방법적 지식이 되며, 이는 theory의 큰 부분을 차지한다. 수학과에서 지식을 배운다는 것은 문제를 해결하는 방법을 배운다는 것에 가깝다. 즉 수학과에서 theory는 technology의 범주를 포함하는 확장적인 개념이다. 본 논문에서는 지리 영역의 특성을 고려하여, technology를 실제 활동에서 이루어지는 technique을 설명하는 '방법적 지식'으로 보고자 한다. 즉 technique을 이론적 범주에서 논하며, know-how에 정당성을 논의하는 담론이나 절차에 관한 방법적 지식으로 정의하고 분석하고자 한다.

지식과 명문화된 방법적 지식으로 정리할 수 있다. 그리고 이런 과정을 통해 일반화되고, 탈맥락화된 중심지에 대한 논의는 theory[17]가 된다. 이와 같이 praxeology를 실천과 이론 혹은 방법과 명제라는 지식의 중층구조로 설명할 수 있다.

지리를 배운다는 것은 지리와 관련된 질문에 대한 답을 찾는 것이다. 때문에 지리 지식을 바르게 이해하려면 그 탐구방법과 그 과정을 이해하거나 경험하는 것이 필수적인 일임에 분명하다. 그럼에도 불구하고 일반적으로 이론적 지식만을 확정된 전체로 받아들이는 경우가 많다. 지리를 가르친다는 것, 혹은 배운다는 것은 문자화된 텍스트를 가르치거나 받아들이는 데 있지 않다. 주변 지리적 경관을 관심을 가지고 이와 관련된 문제나 주제를 확인하고 답을 찾아감으로 지식을 얻는 과정(process)이어야 한다.

그러나 사회과 지리 교수-학습에서 명제적 지식 전달에만 치우쳐 이 지식을 얻기 위한 실천적 과정을 간과하는 경우를 흔히 볼 수 있다. 사회과 지리 영역 연구에서도 지리 지식의 의미나 지식을 얻기 위한 명확하고 구체적인 실천 과정에 대한 고민이나 연구는 찾아보기 어렵다. 교육과 관련하여 교육철학, 교육심리, 교육과정 등의 차원에서 많은 연구와 논의가 있어 왔으나 정작 교수-학습에서 알맹이가 되는 지식의 본질이나 그 실질적 탐색은 부족하였다 할 수 있다. 교수-학습은 교사와 학생들이 활동을 통해 지식을 도출하는 과정이며, 그 결과 이론적 지식을 얻을 수 있어야 한다. 그러나 실제 지리 교수-학습에서는 지식의 도출하는 과정보다는 결과에 집중하는 경우가 많다. 탐구하고 탐색하는 활동 과정보다는 결과로서의 얻어진 명제적 지식에 초점을 두는 것이다. 혹은 지식의 탐구활동이 이론적 지식과 정합을 이루지 못하기도 한다.

이는 지리교육에서 지식의 의미를 다시 정립해야 하며, 이론 즉 명제적 지식을 얻기에 적절한 실천과정에 대한 실행연구가 필요함을 시사해 준다. 즉 중심지 개념을 가르치기 위한 가장 좋은 실천적 과정은 무엇인지, 중심지를 탐구하는 방법은 무엇인지, 그리고 이를 어떻게 명제적 지식으로 연결할 수 있는지에 대한 구체적 연구가 있어야 한다. 이런 연구가 뒷받침 되어야만 교실수업을 바꿀 수 있는 교육과정의 구성, 교과서의 집필이 가능할 것이다.

---

17. 쉐바야르 및 다른 연구자들이 연구한 수학과에서의 theory의 경우, technology를 정당화하고 이해할 수 있게 하는 것으로 technology를 포함한 확장된 범주라 할 수 있다. 사회과의 경우 theory는 technology에 기반으로 도출되나 이와는 다른 명제적 지식이다. 본 연구에서는 technology가 방법적 지식으로, theory는 이런 방법을 통해 얻은 개념이나 원리와 같은 지식이라 정리한다.

5. 마치며

　교수학의 인류학적 접근 이론(ATD)은 교수–학습이라는 인간의 행동 안에서 실천과 이론의 통합을 꾀한다. 즉 실천의 패러다임에서 지식을 보며, '실천 속에 들어 있는 지식'이라는 아이디어를 핵심으로 하고 있다. 교수–학습을 지식의 전달과 획득으로 보기보다는, 교사의 행동과 학생의 행동이 만나는 접합점이며 제도적 맥락에서 지식을 창출하는 과정으로 본다. 이는 현대인식론과 학습이론에서의 지배적인 경향인 구성주의와 문화적 영향력과도 맥락을 같이한다.

　현재 우리 교육이 언어주의와 화석화된 명제적 지식에 바탕을 두고 있음은 부인할 수 없는 사실이다. 쉐바야르의 praxeology에 대한 논의는 지식을 새롭게 보게 하며 교수–학습의 의미를 다시금 살피게 한다. 실천에 기반을 둔 교육은 "무기력한 명제적 지식에 그 뿌리를 연결해 주는 일(홍은숙, 2004, 234)"이 될 수 있으며 현재 교육 문제의 돌파구가 될 수 있다.

　지리를 포함한 사회과는 다양한 탐구력 및 사고력에 기반을 둔 교과를 표방하나 암기과목으로 불리고 있는 것이 사실이다. 암기과목이라 함은 실천적 요소를 배제하고 명제적 지식을 외우는 것만으로 충분한 교과라는 것이다. 학교에서 가르치는 지식이란 무엇인지 다시금 상기해 볼 필요가 있다. 이론과 같은 명제적 지식만으로는 완전한 지식이 되지 못한다. 학생들이 탐구, 탐색을 통해 자신의 지식으로 구성해가야만 학생의 지식으로 의미를 가지게 된다. 이를 위해서는 먼저 사회과 지리 영역에서 theory와 정합을 이루는 technology를 밝히는 것이 필요하다. 즉 실천과 이론이 쌍을 이루는 활동으로서의 지식을 정립해야 한다.

　사회과에서의 연구 방향도 교실을 기반으로 한 경험적이고 실제적 연구로 바뀌어야 한다. 즉, 교실제도 안에서 가르쳐야만 하는 의미 있는 지식은 무엇인지, 또 이를 얻기 위해 실천적 과정은 어떠해야 하는지에 대한 실행연구가 이어져야 할 것이다.

요약 및 핵심어

학교 수업에서 가르쳐지는 지식에 대한 체계적인 연구는 흔치 않다. 수업에서 교사의 교수 행위나 학생의 학습을 강조할 뿐 정작 수업의 중심이 되는 "지식"이라는 요소는 간과해 왔다. 쉐바야르의 교수학의 인류학적 접근 이론(Anthropological Theory of Didactics: ATD)은 학교에서 가르쳐지는 지식이 무엇이며 이를 어떻게 보아야 하는지에 대한 논의를 제공해 주는 이론이다. 교수학의 인류학적 접근 이론(ATD)에 의하면, 지식은 제도의 산물이자 인간의 실천(practice)에 의해 생성된 인지적 결과물이다. 인간의 실천적 행위에서 도출되므로 지식은 이론적 요소 외에 실천적 요소를 포함하고 있다. 또 학문적 제도 내에서 생성된 지식은 학교 혹은 교실이라는 다른 제도 내로 들어오면서 변환되는 과정을 거치게 된다. 그리하여 교실에서 가르쳐지는 지식은 학문적 지식과는 다른 양상으로 나타난다. 이와 같은 쉐바야르의 이론은 학교에서 가르쳐질 지식을 어떻게 보아야 하며 다루어야 하는지에 대한 깊은 이해를 제시해 준다. 교수-학습에 대한 많은 담론들이 있으나, 정작 수업에서 다루어지는 '지식'에 대한 논의는 아직까지 부족한 실정이다. 이에 교수학의 인류학적 접근 이론(ATD)은 교수학적 체계에서 지식을 새롭게 인식하게 하고, 사회과 교수-학습의 발전 방향을 새롭게 모색하게 할 수 있다.

교수학의 인류학적 접근 이론(Anthropological Theory of Didactics: ATD), 교수학적 변환론(Didactic Transposition: DT), praxeology, 인지인류학(cognitive anthropology)

더 읽을 거리

송언근, 2009, 지리하기와 지리교육, 교육과학사.
엄태동, 1998, 교육적 인식론 탐구: 인식론의 딜레마와 교육, 교육과학사.
이간용, 2014, 재미와 의미를 담아내는 지리 학습의 설계, 교육과학사.
조철기 외 역, 2012, 교실을 바꿀 수 있는 지리수업 설계, 교육과학사.

참고문헌

강완, 1991, "수학적 지식의 교수학적 변환", 한국수학교육학회지, 30(3), pp.71-89.
김민정, 2002, "지리수업에서의 교수학적 변환에 근거한 극단적인 교수 현상", 한국지리환경교육학회지, 10(2), pp115-126.
김부연, 2014, "교수학적 변환론(DT) 관점에서 본 국어사교육 내용에 대한 고찰", 국어교육학연구, 49단일호, pp.214-244.
김부윤·정경미, 2009, "인류학적 방법에 입각한 수열의 극한 교수에 대하여", 학교수학, 114, pp.707-722.
김혜진, 2015, 사회과 수업에서 "교수학의 인류학적 접근 이론(ATD)"을 이용한 지리지식의 변환에 대한 분석, 고려대학교 박사학위논문.
김혜진, 2015, "교수학의 인류학적 접근이론(ATD)의 이해", 사회과교육연구, 54(4) pp.115-128.
서태열, 2002, "지리교육과정에서 '내용'으로서 '지식'에 대한 논의", 한국지리환경교육학회지, 10(1), pp.13-25.

송언근, 2003, 『존재론적 구성주의와 지리교육』, 교육과학사.

송언근, 2009, 『지리하기와 지리교육』, 교육과학사.

송언근, 2015, 『사회과다운 수업하기』, 교육과학사.

신보미, 2007, 시뮬레이션을 활용한 확률 지식의 교수학적 변환 방식, 한국교원대학교 대학원 박사학위논문.

심영택, 2002, 국어적 지식의 교수학적 변환, 국어교육 108, 한국국어교육연구회.

심영택, 2004, 문법 지식의 교수학적 변환 연구—문법 교육의 학습 환경을 중심으로. 국어교육학연구, 21(단일호), 355-390.

엄태동, 1998, 『교육적 인식론 탐구: 인식론의 딜레마와 교육』, 교육과학사.

유영만, 2005, "지식생태학과 교육공학: 생태학적 교육공학의 정초마련을 위한 시론적 탐색.", 교육과학연구, 21(1), pp.159-194.

유영만, 2006, 『지식생태학』, 삼성경제연구소.

이경화, 1996, "교수학적변환론의 이해", 수학교육학연구, 6(1). pp.203-213.

이경화, 1996, 확률 개념의 교수학적 변환에 관한 연구, 서울대학교 박사학위논문.

이경화, 2004, "상관관계의 교수학적 변환에 관한 연구", 학교수학, 6(3), pp.251-266.

이영숙, 2013, 함수 개념 교육을 위한 인식론적 참조 모델에 관한 연구, 부산대학교 대학원 박사학위논문.

이용숙, 2005, 『교육인류학, 연구 방법과 사례』, 아카넷.

이정숙, 2004, 쓰기 교수·학습에 드러난 쓰기 지식의 질적 변환 양상, 한국교원대학교 박사학위논문.

이종영, 1999, 컴퓨터 환경에서의 수학 학습—지도에 관한 교수학적 분석, 서울대학교 박사학위논문.

장의선, 2007, "교수학적 변환의 관점에서 본 지리교육내용의 적절성 연구", 사회과교육연구, 14(1), pp.87-109.

장혜원, 2000, "프랑스의 수학교육 연구에 대한 고찰", 대한수학교육학회지 수학교육학 연구 10(2) pp.183-197.

정경미, 2010, 수학교수학의 인류학적 이론에 입각한 수학 교수 방법: '수열의 극한'을 중심으로, 부산대학교 박사학위논문.

조숙정, 2014 바다 생태환경의 민속구분법: 서해 어민의 문화적 지식에 관한 인지인류학적 연구, 서울대학교 박사학위논문.

조영주, 2014, CAS 환경에서 매개변수 개념과 인수분해 일반화에 대한 질적 연구, 고려대학교 박사학위논문.

허경철·조덕주·소경희, 2001, "지식 생성 (生成) 교육을 위한 지식의 성격 분석", 교육과정연구, 19(1), pp.231-250.

홍은숙, 2004, "교육의 준거점으로서의 "사회적 실제" 개념의 재음미", 교육철학, 32, pp.217-238.

Arsac, G., 1992, The evolution of a theory in didactics: the example of didactic transposition. *Research in Didactique of Mathematics. Selected Papers. La Pensée Sauvage, Grenoble*, pp.107-130.

Artigue, M., & Winsløw, C., 2010, International comparative studies on mathematics education: A viewpoint from the anthropological theory of didactics. *Recherches en didactique des mathématiques,* 30(1), pp.47-82.

Barbé, J., Bosch, M., Espinoza, L., & Gascón, J, 2005, Didactic restrictions on the teacher's practice: The case of limits of functions in Spanish high schools. In *Beyond the apparent banality of the mathematics classroom,* pp.235-268. Springer US.

Beitone, A., Decugis, M-A., Dollo, C., & Rodrigues, C, 2004, Les sciences economiques et sociales: Enseignement et apprentissages. B*ruxelles:de Boeck.*

Bergsten, C., Jablonka, E., & Klisinska, A., 2010, A remark on didactic transposition theory. In *Mathematics and mathematics education: Cultural and social dimensions: Proceedings of MADIF7. The Seventh Mathematics Education Research Seminar, Stockholm,* January, pp.58-68.

Bosch, M., 2012, Doing research within the anthropological theory of the didactic: the case of school algebra, *Pre-proceedings of ICME,* 12, pp.421-439.

Bosch, M., Chevallard, Y., & Gascón, J., 2005, Science or magic? The use of models and theories in didactics of mathematics. *Proceedings of CERME4.*

Bosch, M., & Gascón, J., 2006, Twenty-five years of the didactic transposition, *ICMI Bulletin,* 58, pp.51-63.

Chevallard, Y., 1988, On didactic transposition theory: Some introductory notes, In *International Symposium on Research and Development in Mathematics,* Bratislava, Czechoslavakia.

Chevallard, Y., 1989, Le concept de rapport au savoir. Rapport personnel, rapport institutionnel, rapport officiel. Actas del Seminario de Grenoble. IREM Université de Grenoble.

Chevallard, Y., 1991, La transposition didactique: du savoir savant au savoir enseigné. Grenoble: *La Pensée Sauvage (1st edition, 1985).*

Chevallard, Y., 1992a, Fundamental concepts in didactics: Perspectives provided by an anthropological approach. In *R. Douady & A. Mercier(Eds.), Research in didactique of mathematics, selected papers* pp.131-167.

Chevallard, Y., 1992b, A theoretical approach to curricula. *Journal fuer Mathematik-didaktik, 132(3),* pp.215-230.

Chevallard, Y., 1999, L'analyse des pratiques enseignantes en théorie anthropologique du didactique, *Recherches en Didactique des Mathématiques,* 19(2), pp.221-266.

Chevallard, Y., 2005a, Didactique et formation des enseignants. In B. David (Ed.), *Impulsions 4* pp.215-231, *Lyon, France: INRP.*

Chevallard, Y. 2005b, La didactique dans la cité avec les autres sciences. *In Symposium de Didactique Comparée.*

Chevallard, Y., 2006, Steps towards a new epistemology in mathematics education. In *Proceedings of the IV Conference of the European Society for Research in Mathematics Education,* pp.21-30.

Chevallard, Y., 2007, Readjusting didactics to a changing epistemology, *European Educational Research Journal,* 6(2), pp.131-134.

Chevallard, Y., 2012, Teaching mathematics in tomorrow's society: A *case for an oncoming counterparadigm.* In *12th International Congress on Mathematical Education,* pp.1-15.

D'Andrade, R. G., 1995, The development of cognitive anthropology, *Cambridge University Press.*

Garcia, F. J., Pérez, J. G., Higueras, L. R., & Casabó, M. B., 2006, Mathematical modelling as a tool for the connection of school mathematics. *ZDM,* 38(3), pp.226-246.

Kaj Østergaard, 2013, Theory and practice in mathematics teacher education, IVe congrès international sur la TAD (Toulouse, 21-26 avril 2013) Axe 4. Apports de la TAD à l'enseignement et à la diffusion des connaissances

Kang, W., 1990, *Didactic Transposition of Mathematical Knowledge in Texbooks.* UMI.

Kang, W., & Kilpatrick, J., 1992, Didactic transposition in mathematics textbooks. *For the Learning of Mathematics,* pp.2-7.

Mises, L. V., 1949. *Human action. Ludwig von Mises Institute.*

Schwab, J. J., 1978, Education and the structure of the disciplines. *Science, curriculum, and liberal education,* pp.229-272.

Winsløw, C., 2006, Research and development of university level teaching: the interaction of didactical and mathematical organisations. In *Proceedings of the Fourth Congress of the European Society for Research in Mathematics Education*, pp.1821-1830.

Winsløw, C., 2011, Anthropological theory of didactic phenomena: Some examples and principles of its use in the study of mathematics education. *Un panorama de TAD. CRM Documents,* 10, pp.117-138.

Winsløw, C., 2012, MATHEMATICS AT UNIVERSITY: THE ANTHROPOLOGICAL APPROACH. 12th International Congress on Mathematical Education, *8 July - 15 July, 2012, COEX, Seoul, Korea (This part is for LOC use only. Please do not change this part.)*

제29장

디지털 스토리텔링을 적용한 지리 수업 설계*

홍서영

서울청구초등학교

* 본 연구는 홍서영(2014)을 수정·보완한 것임.

1. 들어가며

인간의 삶은 '스토리(story)'[1]로 가득 차 있다. 내러티브는 인류 역사의 시작부터 나타나며, 내러티브 없이 사는 사람은 없기 때문에 바르트(Barthes, 1977)는 내러티브가 어떤 시간대, 어떤 문화권에서도 발견할 수 있는 보편적 특성을 가지고 있다고 주장하였다. 브루너(Bruner, 1990) 역시 인간의 의사소통에서 가장 보편적이고 강력한 담화의 형태가 내러티브라고 하였다(강현석, 2011, 36). 사르트르(Sartre)는 그의 자서전에서 "사람은 항상 스토리를 말하며, 마치 스토리를 말하는 것처럼 삶을 산다(Bruner, 2004, 699 재인용)"고 언급하여 스토리의 보편적 존재성을 강조하였다. 이들의 논의를 종합해 보면 스토리와 내러티브는 시공을 초월하여 인간의 모든 생활에 보편적으로 존재하여 왔다고 할 수 있다.

내러티브를 구성하고 말하는 인간의 행위가 본능적인 것이며, 아주 오래되었음에도 불구하고 내러티브의 중요성은 최근까지도 학문 연구의 중심이 되지 못하였다(Webster & Mertova, 2007, 21). 인간의 보편적인 의사소통 양식이며 앎의 양식으로 작용하는 내러티브가 학문의 중심에서 다루어지지 못하였기 때문에, 인간은 자연 과학의 탐구 방법론을 인간 경험과 교육에의 탐구 방법론으로 적용하였다. 하지만 이는 그 근원적 불일치로 인해 인간의 경험 이해와 교육에의 적용에 많은 논란을 가져왔다(전영길, 1990, 157). 딜타이(Dilthey)가 정신과학의 연구에 경험을 해석할 수 있는 방법인 '이해(das Verstehen)'가 수반되어야 함을 주장한 이후, 브루너(1986)는 앎의 대비되는 두 가지 양식 중 하나로 내러티브 사고양식을 언급하여 인간의 보편적 인식 형태인 내러티브를 학문적 연구의 중심으로 상정하였다.

수업은 인간의 경험을 다루는 장(場)이며, 학생과 교사의 의사소통이 이루어지기 때문에 인간 생활의 모든 측면 중 내러티브와 스토리텔링이 가장 강력하고 생생하게 발생하는 현장이라고 할 수 있다(Koki, 1998). 그러나 대부분의 교사들은 이러한 수업의 특징을 바르게 인식하지 못해, 인간의 본질적 특성에 적합한 자연스러운 수업을 구성하는 데 실패하게 된다. 따라서 현재 교실수업에서는 인간의 가장 본질적이며 자연스러운 특성인 스토리텔링이 지식의 강력한 전달 도구(Behmer, 2005)로 활용되지 못한다.

지리 수업은 인간 삶의 터전이 되는 지표의 다양한 현상을 다루기 때문에 '그곳'에 살고 있는

---

1. '스토리'는 '이야기'로 번역될 수 있다. 하지만 '이야기'라는 단어는 광범위한 맥락에서 다의적(多義的)으로 사용되는 경향이 있다. 또한 이후 제시되는 '스토리텔링'과의 개념적 연관성을 유지하기 위해 이 글에서는 '이야기' 대신 '스토리'라는 용어를 사용할 것이다.

사람들의 스토리를 들려주어 학생들에게 지표 위 다양한 삶과 환경을 소개할 수 있다. 하지만 현재 지리 수업은 자연스러운 스토리 형식으로 이루어지기보다는 탈맥락적인 지식의 일방적인 전달에만 치중되어 있다. 이는 학생들의 학습 동기를 저하시키며, 나아가 '지리' 과목 자체에 대한 부담감과 부정적인 견해를 유발시킬 수 있다(남상준, 1999; 서태열, 2005).

인간의 본원적 특성인 스토리텔링은 다양한 미디어 기기의 활용을 통해 디지털 스토리텔링의 형태로 재현될 수 있다. 디지털 스토리텔링의 경우, 언어적 표현 외에 시각적 이미지 등으로도 자신의 스토리를 나타낼 수 있어 언어 능력이 부족한 학생도 수업에 참여할 수 있는 기회를 확대시켜 준다. 이때 디지털 스토리의 재현 도구로 사용되는 디지털 기기는 학생들이 가장 편안함을 느끼는 매개체로 학생들의 의미 형성을 돕는다(Ohler, 2008, 10; Prensky, 2001). 또한 디지털 스토리의 상호작용성(interactivity)으로 인해 디지털 스토리는 하나의 고정된 형태를 지니지 않고 다양한 모습으로 변모할 수 있게 된다. 이는 선형적이고 일방향적인 기존의 구술 스토리텔링에서 얻지 못하는 장점을 제공한다.

디지털 스토리텔링을 통해 학생들은 지리적 상상력(geographical imagination)을 계발할 수 있으며, 스토리를 구축하는 과정에서 직접 가 볼 수 없고, 체험할 수 없는 다른 장소를 간접적으로나마 체험할 수 있는 기회를 가지게 된다. 또한 스토리를 구성하는 과정에서 다양한 사람들과 의사소통을 할 수 있으며, 이를 통해 지리적 문해력이나 창의적 문제해결력 등을 향상시킬 수 있다(Sadik, 2008).

따라서 이 글에서는 문헌 연구를 통해 지리 수업에 디지털 스토리텔링을 적용하는 것이 어떠한 의의를 가지는지에 대한 분석을 그 목적으로 한다. 또한 지리 수업에 디지털 스토리텔링을 적용하기 위한 수업 모형을 개발하여 지리 수업에 디지털 스토리텔링이 보다 구체적으로 적용될 수 있는 방법을 모색해 보고자 한다.

2. 스토리텔링과 디지털 스토리텔링

1) 인간 이해 도구로서의 내러티브

내러티브는 다의적 의미를 가지고 있으며, 아주 모호하게 사용된다. 이야기를 만들고 말하는 인간의 행위가 본능적인 것이며, 아주 오래되었음에도 불구하고 내러티브라는 단어는 꽤 최근에서야 학문적 연구의 대상으로 언급되었다(Webster & Mertova, 2007, 21). 가장 먼저 내러티브에 관심을 보인 학자는 아리스토텔레스(Aristotle)이다(Connelly & Clandinin, 1990, 2-14). 아리스토텔레스는 『시학』에서 내러티브를 처음, 중간, 끝이 있는 이야기(Elliott, 2005, 7)라고 정의내렸다. 아리스토텔레스 이후 내러티브에 영향을 준 학자로는 아우구스티누스(Augustine)가 있다. 아우구스티누스는 『참회록』을 쓰면서 내러티브는 현실 세계를 반영한 진실한 기억을 표현하는 매체라고 정의하였다. 이후 내러티브는 중세와 근대를 거치며 크게 주목받지 못하였으나 1980년대 들어 철학적 패러다임이 전환(Kuhn, 1974, 141)되며 점차 많은 학자들의 관심을 받는 연구 주제가 되었다.

시간적 차원에서 내러티브를 분석한 리쾨르(Ricoeur, 1990)는 내러티브를 세상에 대한 단순한 설명 양식이 아니라 사건을 상징화하는 수단이라고 보았다(강현석, 2011, 27). 그는 내러티브가 통일된 과정으로 경험을 형상화하기 위해 인간 존재의 일부로서 기능해 온 삶의 형식(life form)이라고 정의하였다(Polkinghorne, 2010, 151). 브루너(1990)는 인간의 의사소통에서 가장 보편적이고 강력한 담화의 형태가 내러티브라고 하였다. 코넬리와 클랜디닌(Connelly & Clandinin; 1990)도 자신들의 연구에서 내러티브가 인간의 경험을 이해하는 데 중심이 된다고 지적하였다(강현석, 2011, 36). 덴진과 링컨(Denzin & Lincoln; 2000, 733-768) 또한 내러티브를 의미 구성의 작업으로 보고 있다(주동범·강현석, 2008, 71). 이들의 정의를 종합하면 내러티브란 '다양한 매체를 통해 여러 가지 방법으로 재현되며, 인간의 생활 어디에서나 발견되는 의사소통의 양식과 앎의 양식'이라고 정의할 수 있다.

1980년대 패러다임이 전환되며 근대적 이성에 바탕을 둔 패러다임적 사고양식에서 내러티브 사고양식으로의 인식론적 변화가 일어났다. 브루너는 내러티브 사고양식을 패러다임적 사고양식과의 대비를 통해 나타낸다(Bruner, 1985, 97-113). 이러한 대비를 통해 알아보았을 때, 내러티브 사고양식은 흥미 있고 훌륭한 스토리, 진실이 아니라 할지라도 믿을 법한 설명을 추구한다. 또한 내러티브 사고양식은 그 변화의 과정과 결과, 인간의 의도와 행위를 다룬다(Bruner, 2011, 37). 즉, 이론의 검증을 요구하는 패러다임적 사고양식과는 달리 내러티브 사고양식은 '있음직한 가능성(verisimilitude)'이나 '그럴듯한(plausible)'[2] 설명을 요구한다

---

2. 완벽하게 상세한 유사성과는 대조되는 의미에서 묘사되는 대상들 간의 논리적이고 의미 있는 연결을 지칭하는 용어이다. '사실적이다'라는 엄격한 의미와 반대로, 그럴 법함이나 있음직함은 무엇이 적법하고, 믿을 수 있으며, 일반적 지혜에 부합되고, 따라서 내러티브에서의 재현에 적합할지에 대한 독자들의 기대치를 의미한다. 그럴 법함에는 완전히 비사실적이지만 받아들일 수 있는 것들, 가령 뮤지컬에서 말을 하다가 노래로 바뀌는 것도 포함된다. 따라서 그것은 텍스트 일관성의 원리이지, 허구성과 실제 세계 간의 문제성 없는 관계가 성립하는 영역은 아니다(Cobley, 2013, 293).

(Bruner, 2005, 301).

　교육은 인간 경험을 묘사하고 이해하며 해석하는 활동뿐만 아니라 학생의 경험을 보다 가치 있는 방향으로 성장시키는 것을 목적으로 한다. 그렇기 때문에 내러티브로의 패러다임 전환은 교육학에 큰 영향을 주었다(강현석, 2007, 305-306). 즉, 내러티브는 인간 마음의 작동 원리를 반영하는 도구라는 관점에서 그 교육적 중요성을 가진다고 할 수 있다.

　지리교육에서 내러티브는 주로 장소학습에 적용되어 왔다. 맥파틀랜드(McPartland, 1998)는 지리 학습에 내러티브를 적용하였을 때 얻을 수 있는 장점으로 지리적 상상력의 자극, 지리적 가치의 전달, 지리적 지식의 이해 증진을 제시하였다. 그는 학교 지리의 목표가 장소감의 증진과 인간-환경 간의 이해 증진이라고 주장하며, 내러티브의 지리 수업 적용이 이러한 목표를 달성하는 데 도움이 될 수 있음을 주장하였다. 그 이유로 그는 내러티브가 지리적 상상력을 증진시켜 장소와 그곳에 사는 사람들의 정확한 이미지를 구성하고 재구성하는 데 도움을 줄 수 있음을 들었다. 따라서 맥파틀랜드는 교사들이 이러한 내러티브를 지리 수업에 어떻게 도입할지에 대해 고민해야 한다고 주장한다.

　내러티브의 지리교육적 적용에 대한 다양한 연구들은 지리 수업에 의미 형성의 도구, 경험 이해의 도구, 인간 행동 이해 수단, 스토리 생성 수단으로 내러티브 사고양식의 특성을 반영하였다. 내러티브 사고양식이 반영된 지리 수업은 학생들에게 객관적 지식만을 강조하지 않고 문화 공동체의 맥락 안에서 학생 스스로가 구성한 지식을 중요시한다. 지리교육에서 내러티브 사고양식의 강조는 그동안 공간과 장소의 논의에서 배제되었던 '인간'을 학습의 중심으로 전환시키며, 그 과정에서 감정이입(empathy)과 지리적 상상력을 함양하는 데 도움을 준다(조철기, 2011a, 38-39).

2) 내러티브와 스토리텔링 그리고 디지털 스토리텔링

(1) 내러티브와 스토리의 관계 정립

　스토리와 내러티브는 여러 학자들에 의해 혼용되어 사용(Wester & Mertova, 2007; Lauritzen & Jaeger, 1997; 한승희, 1997; Bruner, 1985, 1986; Genereux & McKeough, 2007; Sarbin, 1986; Connelly & Clandinin, 1990; Elbaz-Luwisch, 2005; Fiore et al., 2007; Elliott, 2005; Zazkis & Liljedahl, 2009)되거나 또는 구분(Cobley, 2001; Polkinghorne, 1995; Gudmundsdottir, 1995; Chatman, 1978; Abbott, 2008)되기도 한다. 대부분의 문헌에서는

내러티브와 스토리를 혼용하여 사용하며, 명확한 의미의 구분 또한 제시하지 않는다. 일부 문헌에서는 스토리와 내러티브를 구분하여 사용하고 그 근거에 대해 다양하게 정의내리고 있다. 따라서 이 글에서는 내러티브와 스토리 간의 관계를 명확하게 정립하기 위해, 내러티브와 스토리가 구분되어 사용되거나 혹은 혼용되어 사용되는 선행 연구 사례들을 찾아 범주화를 시도하였다. 이 과정을 통해 내러티브와 스토리 간의 관계에 대한 세 가지 범주를 생성하였다. 이는 스토리를 내러티브보다 작은 범주로 보는 관점, 내러티브를 스토리보다 작은 범주로 보는 관점, 둘을 구분하지 않고 혼용하여 사용하는 관점의 세 가지이다.[3]

이 중 이 글에서는 스토리를 내러티브보다 작은 범주로 보는 첫 번째 관점을 채택하였다. 이 관점에서는 스토리가 내러티브에 포함된다고 본다. 굿문스도티르(Gudmundsdottir, 1995, 25)는 내러티브가 스토리와 담화로 구분될 수 있다고 제시하며, 내러티브를 스토리보다 상위의 개념으로 규정하였다. 그는 채트먼(Chatman, 1978)의 주장을 빌려와 내러티브는 스토리와 담론의 두 부분으로 구성되어 있다고 하였다. 스토리는 사건, 인물, 환경으로 구성되며 담론은 스토리의 발화, 표현, 제시 혹은 발화의 형태라고 구분하였다. 담론은 다양한 방법으로 재현될 수 있는데 그것은 말해지거나, 서술되거나 혹은 드라마로 상영되거나, 춤으로 나타내어질 수 있다(Scholes, 1981; White, 1981). 이들 학자들이 정의한 내러티브와 스토리의 관계는 다음 그림 1과 같이 표현할 수 있다.

이와 같이 스토리가 내러티브의 하위 요소라는 관점은 앞에서 살펴본 것과 같이 많은 학자(Bruner, 1986, 1990, 1996; Polkinghorne, 1988)들이 내러티브를 인간의 인식 및 앎의 양식의 총체로 정의하고 있음을 미루어볼 때 당연하다고 할 수 있다. 즉, 내러티브는 인간이 가지고 있는 매우 광범위하고 통합적인 마음의 양식이기 때문에 스토리의 하위 범주로 보기에는 무리가 있다. 따라서 인식 및 앎의 양식인 내러티브가 인간의 삶에서 발생하는 스토리를 포괄한다고 상정하는 것이 자연스럽다. 내러티브가 스토리의 하위 개념이 된다면 인간의 보편적인 본질이 스토리의 하위 요소가 되어 버리기 때문이다.

그림 1. 스토리를 내러티브 하위 범주로 볼 때의 관계

---

3. 스토리와 내러티브에 대한 세 가지 관점은 홍서영(2014) 논문에 보다 자세히 논의되어 있다.

(2) 스토리 재현의 방법으로서 스토리텔링

스토리는 우리 주변에 늘 존재하고 있으며, 너무나 당연하게 존재하기 때문에 신경 써서 관심을 가지기 전에는 그 존재를 모르고 지나칠 수 있다. 하지만 앞서 언급한 것과 같이 스토리는 어느 문화권에서나 보편적으로 인간 생활의 모든 측면에 늘 존재하고 있음을 알 수 있다.

이와 같은 스토리가 다른 사람과 공유되기 위해서, 인간은 재현의 다양한 방법 중 하나를 선택하여 스토리를 외면화해야 한다. 앞서 채트먼(1978)은 내러티브 구성 요소로 스토리와 담론을 제시하는데, 이 중 담론은 스토리를 외면화하는 다양한 방법을 의미한다. 즉, 스토리의 재현시 담론의 어떤 방법을 선택하여 재현하는가에 따라 실행되는 내러티브가 달라지는 것이다.

스토리텔링은 채트먼(1978)이 제시한 담론 중 발화의 방법을 사용하여 스토리를 재현한 것이다. 따라서 스토리텔링은 '담론의 방법 중 발화를 선택한 스토리 재현의 방식'이라고 규정할 수 있다. 이러한 관점에서 보았을 때 스토리텔링은 스토리를 말로써 재현한다고 할 수 있으며, 이 재현이 곧 내러티브의 실행임을 알 수 있다. 내러티브는 스토리가 인간 내면에만 머물지 않고 담론의 방법으로 재현되어 의사소통 및 앎의 양식으로 실행되는 것이라 할 수 있다.

스토리텔링은 '무엇'에 해당하는 스토리를 '어떻게'인 담론의 다양한 방법 중 발화를 선택하여 재현한 것을 의미한다. '무엇' 즉, 재료가 되는 스토리가 '어떻게'인 담론의 다양한 재현 방법과 결합하여 외면화되는 것이 내러티브의 실행인 것이다. 따라서 스토리텔링은 발화의 방법으로 실행된 내러티브라 할 수 있다.

(3) 스토리텔링에서 디지털 스토리텔링으로

스토리텔링은 인류 역사가 시작하던 순간부터 존재하였다. 15세기 중엽 인쇄술이 발전하며 스토리텔링은 손쉬운 출판과 휴대성을 가지게 되었고, 말의 사적 소유(이인화 외, 2003, 17)를 가능하게 하였다. 그 전까지는 '발화' 위주로 재현되었던 스토리텔링이 인쇄술의 발전 이후 '글쓰기'의 영역까지 확장된 것이다(권혁일, 2008, 147). 이후 19세기에서 20세기에 걸친 미디어의 발전은 스토리텔링의 영역을 더욱 확장하였다. 영화의 발명과 라디오·텔레비전 그리고 20세기 말 인터넷의 광범위한 보급은 스토리텔링을 다시 한 번 변모시켰다.

개인용 컴퓨터의 보급과 인터넷의 손쉬운 사용으로 인해 각 개인은 더 이상 스토리텔링의 단순한 소비자가 아니라 생산자로서 그 역할을 달리할 수 있었다. 이로 인해 기존의 '호모 나랜스(Homo-Narrans)'는 '디지털 호모 나랜스(Digital Homo-Narrans)'[4]로 그 의미가 변화되었다. 문자의 발명과 인쇄 문화의 도입이 지식과 스토리를 전달·가공하는 원형적인 혁명을 이루었듯이 새로운 미디어의 등장은 디지털 스토리텔링이라는 새로운 형태의 스토리텔링 형식을 가져온 것이다(이인화 외, 2003, 39).

인류 역사상 새로운 미디어의 등장과 플랫폼의 전환은 새로운 스토리텔링 방식이 나타날 수 있는 토대를 제공하였다. 문자의 발명과 인쇄술의 발전이 지식과 스토리를 전달·가공하는 원형적인 혁명을 이루었듯이 새로운 미디어의 등장은 과거의 스토리텔링 미디어들이 가지고 있었던 권위들을 재편하고 있다. 디지털 스토리텔링은 단순히 나름의 의사소통 방식을 구현하는 수준에 그치는 것이 아니라 '읽고 쓰는 능력'에 대한 개념의 전환을 요구한다(이인화 외, 2003, 39).

디지털 스토리텔링은 처음 그 용어가 제시된 이후로 20여 년의 시간이 지났지만 교육학에 적용된 지는 그리 오래되지 않았다(Holtzblatt & Tschakert, 2011). 디지털 스토리텔링은 전통적인 교수자 창조의 스토리텔링뿐만 아니라 학생 창조의 스토리텔링을 가능하게 한다(Oppermann, 2008). 디지털 스토리텔링은 학생들을 시각적·청각적으로 자극하기 때문에 그들의 학습 참여를 촉진시키는 역할을 수행한다(Suwardy et al., 2013, 110). 또한 디지털 스토리텔링 구성의 과정에서 텍스트, 이미지, 동영상 그리고 음성의 수집 및 조합은 학생들에게 학습 동기를 부여해 주는 역할을 한다(Pounsford, 2007).

이인화 외(2003, 19)는 디지털 스토리텔링을 기존의 전통적인 스토리텔링에 컴퓨터 통신 기술을 활용한 상호작용성이 통합된 것으로 본다. 그들은 여기에서 발생하는 독자와 스토리의 양방향성, 구성되는 스토리의 비선형성, 이용되는 정보의 복합성이 혁명적인 허구적 스토리 공간을 창출한다고 보았다. 올러(Ohler, 2008, 15-16)는 디지털 스토리텔링을 디지털 기술이 일관성 있는 내러티브와 몇 가지 미디어의 조합에 적용되는 것으로 정의 내렸다. 또한 그는 교육에서 사용되는 디지털 스토리텔링이 학문적 목적을 가지고 있으며, 학생들이 흔히 활용할 수 있는 쉬운 기술을 사용한다고 보았다. 그리고 그것은 종종 짧은(2~4분) 유사(quasi) 영화의 형태로 나타나며, 청중은 컴퓨터나 다른 디지털 기기를 사용하여 이를 시청한다고 하였다.

이러한 디지털 스토리텔링의 다양한 정의를 종합하여 보면 디지털 스토리텔링이란 '스토리

---

4. 디지털 호모나랜스란 웹상의 카페·동호회 등의 커뮤니티, 블로그·트위터·페이스북·싸이월드 등 소셜 네트워크 서비스 사이트, 포털 서비스와 특정 사이트 등에서 글·사진·UCC 동영상·그림 등을 통해 자발적으로 스토리를 생산하고, 공유하고, 전파하는 이들을 말한다. 제일기획은 2008년 9월 24일, 남녀 600명(15~44세)을 통해 호모나랜스의 특징을 발표하였는데 그 내용은 다음과 같다. 첫째, 수동적으로 정보를 전달 받기보다 관심 있는 정보를 적극적으로 찾아 다닌다. 둘째, 상품 정보를 다른 동료 소비자들과 소통하는 공간에서 찾는다. 셋째, 흥미로운 이야기를 재구성하는 데 능하다. 넷째, 자기 자신을 적극적으로 표현한다(두산백과).

재현 방식의 하나로 다양한 디지털 기기를 활용한 표현 양식'이라고 정의 내릴 수 있다. 즉 디지털 스토리텔링이란, 스토리에 음악, 이미지, 오디오, 비디오, 내레이션, 텍스트 등을 더하여 디지털 기기를 활용해 이를 가공하고 편집하여 만든 스토리라고 볼 수 있다. 이때 디지털 스토리는 기존의 스토리에 비해 상호작용성, 양방향성, 비선형성의 특징을 가지는데 이는 인터넷 공간의 특성을 그대로 반영한 것이라 할 수 있다.

3. 스토리텔링·디지털 스토리텔링 그리고 지리교육

1) 스토리텔링·디지털 스토리텔링의 교육적 적용

스토리텔링은 앞서 정의내린 것처럼 발화의 형식으로 재현된 스토리라고 할 수 있다. 많은 학자들은 이러한 스토리텔링이 유의미한 교육적 효과를 산출할 수 있는 유용한 교수·학습의 방법이라고 주장한다(Ellis & Brewster, 1991; Wright, 1995; Behmer, 2005; Koki, 1998; Shank, 1990; Egan, 1986, 1992; Zaro & Salaberri, 1995; Schiro, 2004; 박세원, 2006; 윤옥자, 2000; 민덕기, 2002; 허희옥, 2006).

스토리텔링을 재현하는 다양한 방법 중 디지털 기기를 재현의 방법으로 선택한 디지털 스토리텔링은 교육에 적용된 지 그다지 오래되지는 않았다. 초기의 디지털 스토리텔링 적용이 일방향성의 내러티브적 접근으로 나타났다면, 최근에는 학습자 주도의 상호작용성이 강조된 디지털 스토리텔링 접근이 주를 이루고 있다(Barrett & Buchanan-Barrow, 2005; Ohler, 2008; Gakhar & Thompson, 2007; Lowenthal, 2009; Porter, 2008; Sadik, 2008). 국내에서도 2000년대 이후 디지털 스토리텔링에 대한 관심과 함께 이를 교수·학습 상황에 활용하기 위한 연구가 수행되었다. 이는 디지털 스토리텔링 자료를 활용할 때의 효과(민덕기, 2002; 서상희, 2006; 이승희, 2003)와 학생들이 디지털 스토리텔링 자료를 제작·활용할 때의 효과 측정 등으로 나눌 수 있다(권혁일, 2008; 허희옥, 2006).

2) 스토리텔링과 지리교육

지리교육에서는 스토리텔링의 교육적 적용이 거의 연구되지 않고 있다. 아직까지도 지리 교과서의 텍스트는 설명 형식으로 제시되어 있고(조철기, 2011b), 교사 또한 개념을 맥락적으로 제시하기보다는 탈맥락적으로 설명하는 수준에 그치고 있다. 이러한 지리교육의 비(非)스토리텔링적 특성은 학생들이 지리 학습에 대한 흥미를 잃고, 지리 개념을 쉽게 내면화하지 못하는 중요한 이유가 되고 있다(권세정, 2008). 이와 같은 문제를 해결하기 위해 학습을 유의미하고 맥락적으로 구성하는 스토리텔링이 최근 그 적용 범위를 넓혀 가고 있다.

스토리텔링을 지리교육에 적용하였을 때의 교육적 효과는 다음의 여섯 가지로 정리할 수 있다. 첫째, 스토리텔링은 장소 및 지역지리 학습에 활용될 수 있다. 장소는 지리에서 중요한 개념 중 하나이다(Relph, 1976; Lambert & Morgan, 2010; 조철기, 2013a). 장소에 대한 학습은 생활 세계에서 학생들이 직접 경험하여 이루어질 수도 있지만, 간접적인 경험을 통해서도 구축될 수 있다. 이러한 간접 경험의 가장 중요한 도구로서 니컬슨(Nicholson, 1996)은 내러티브 혹은 스토리를 제시한다(조철기, 2013b, 73). 즉, 학습자들의 장소학습과 장소감 형성에 있어서는 직접 경험만큼 스토리에 의한 간접 경험도 의미를 가진다고 할 수 있다.

그동안의 학교 교육은 장소 또는 지역지리 학습 시에 많은 것을 단순히 암기하도록 제시함으로 인해서 정신과 감성의 협응을 배제한 내용을 제시하였다. 그 결과 장소학습은 단순한 사실의 나열에 그쳐 학습자의 흥미를 불러일으키지 못하게 되었다(조철기, 2011a, 36). 스토리텔링을 활용한 지리 수업은 지역의 학습 시에 그 지역의 특수한 사실들을 하나의 스토리에 짜임새 있게 담아 완성된 '이야기'로서 전달하기 때문에 이러한 단순 나열에서 벗어날 수 있다. 이를 통해 학생들은 그 장소에 감정을 이입할 수 있고 장소감을 형성할 수 있게 된다. 맥파틀랜드(1998, 346)는 모든 사람들의 내러티브와 스토리텔링은 필연적으로 장소감 측면을 가지고 있기 때문에 장소감과 스토리텔링을 불가분의 관계라고 보았다. 따라서 스토리텔링은 장소학습에 가장 적절한 도구라 할 수 있으며, 그 결과 도출되는 장소감 또한 지리 수업의 교육 목표와도 부합한다고 할 수 있다.

둘째, 스토리텔링을 지리교육에 적용하면 지리적 상상력을 증대시킬 수 있다. 맥파틀랜드(1998, 346-348)는 이러한 지리적 상상력이 세 가지 방법으로 적용될 수 있다고 보았다. 그가 제시한 지리적 상상력의 첫 번째 적용 방안은 앞서 제시한 것과 같이 특정 장소에서 살아가는 사람들에 대한 정확한 이미지를 구성하는 능력이다. 두 번째 적용 방안은 지리를 학습하는 학생들이 스토리텔링의 활용을 통해 그들의 정체성을 재평가할 수 있게 하는 것이며, 세 번째 적용 방안은 청자나 독자가 지리적 상상력을 통해 정서적 반응을 나타내는 것이다. 또한 이건(Egan, 1992, 57-59)은 세상이 실제로 어떠할지를 상상하는 것만으로도 학생들의 세상에 대한 이해가 더 풍부해질 수 있다고 주장하였다. 사실적 이해의 강조를 넘어서서 세상에 대한 지리적 상상력을 기르는 것은 학생들의 삶 안에서의 맥락을 제공하여 학생들이 세상의 다른 주체들을 이해하는 것을 돕는다.

셋째, 스토리텔링은 학생들에게 새로운 문화 및 관습의 이해 증진을 위해 활용될 수 있다. 이러한 스토리텔링의 교육적 가치는 최근 몇 년간 관심을 받고 있는 측면이다(Zazkis & Liljedahl, 2009, 25). 스토리텔링은 학습자에게 다양한 관습과 문명을 소개하고 다른 사람들의 삶에 대한 문화적 유산을 유지하는 수단으로 활용될 수 있다. 스토리텔링은 지역지리 학습의 도구로서 학생들이 이를 통해 다양한 지역을 이해할 수 있도록 해 주는 역할을 수행한다. 이와 함께 다양한 문화를 학생들에게 소개하여 학생들이 다양한 지역의 문화를 접하고 이해할 수 있게 해 준다.

스토리텔링은 또한 학생들이 속한 공동체에서 전수해 내려오는 문화를 유지하고 보존하는 것을 돕는다. 학생들은 자신의 삶과 직접 관련이 없는 과거의 유산에 대해서 큰 관심을 가지지 않는다. 하지만 그것이 하나의 스토리로서 제시된다면 학생들은 자신들의 상상력을 활용하여 스토리를 이해하기 위해 노력한다(Egan, 1992, 63). 이 과정에서 학생들은 스토리에 공감하며 내면화하고 이를 통해 문화 보존의 중요성을 실천에 옮길 수 있게 된다. 이는 지역적 차원에서 보았을 때, 장소의 과거와 현재 그리고 그 장소의 과거 유산들을 보존하는 것에 대한 학생들의 관심을 집중시킬 수 있다는 측면에서 지리교육에 있어서도 매우 중요하다.

넷째, 스토리텔링을 통해 학생들의 지리적 문해력을 향상시킬 수 있다. 최근 문해력의 정의는 점차 그 폭을 넓혀, 읽고 이해하며 이를 통해 의미를 생산하는 과정까지도 문해력에 포함시키려는 움직임이 일어나고 있다. 남상준(1999)은 문해력을 지리교육에 적용하여 지리적인 관점에서 인간들의 삶을 이해하고 설명하며 참여하는 기능을 지리적 문해력이라고 정의 내렸다. 또한 그는 지리적 기능의 함양이 지리적 문해력의 핵심이라고 보았다. 이를 종합하였을 때 지리적 문해력이란, 학생들이 지도, GIS, 위성사진, 그래프, 표 등의 도구를 해석할 수 있는 지리적 기능과 지리적 텍스트를 이해할 수 있는 능력을 의미한다. 또한 광범위하게 보면 이를 통해 의미를 생산하는 능력까지도 포함시킬 수 있다.

스토리텔링은 지리적 문해력을 향상시킬 수 있는 좋은 도구가 된다. 스토리텔링은 언어 능력을 계발하는 가장 강력한 도구(Haven, 2000; Ellis & Brewster, 1991)이며, 의미를 구성하는 손쉬운 도구이기 때문이다. 스토리텔링은 자연적인 특징과 인문적인 특징에 대해 원인과 결과로 구성된 하나의 체계적인 스토리(조철기, 2011a, 42)를 생산하여 공간에 대한 학생들의 이해를 도울 수 있다. 학생들이 어려워하는 지도 제작·도해나 축적 등의 기능을 소개할 때 학생들에게 친근한 스토리텔링의 형식으로 내용을 제시하면, 학생들이 자신들의 생활 맥락 안에서 보다 유의미하게 새로운 개념을 받아들일 수 있어 기능의 손쉬운 습득을 도울 수 있다. 또한 학생들은 지리적 기능에 대한 지리적 텍스트를 창조하여 자신만의 의미를 형성할 수도 있다. 지리적 의미의 생산을 통해 학생들은 지리 경험과 지리 학습을 유의미하게 내면화할 수 있으며, 이러한 유의미한 내면화가 지리 학습의 촉진을 불러일으킬 수 있다.

다섯째, 스토리텔링은 지리적 사고력 신장의 도구로서 작용할 수 있다. 지리적 사고력은 지리적으로 생각할 수 있는 능력이다. 이렇게 지리적 사고력을 정의할 때, 스토리텔링이 지리적 사고력 신장에 기여할 수 있는 바가 좀 더 명확해진다. 스토리텔링은 생각의 과정을 도울 수 있는 하나의 도구가 된다. 즉, 스토리텔링의 발화 전 단계와 발화 단계를 통해 학생들은 자신의 생각을 정리하고 구체화하는데, 이는 지리적 현상과 사상(思想)을 토대로 이루어지는 지리적 생각하기의 과정과 일치한다. 스토리텔링을 준비하고 실행하는 과정에서 학생들은 자신들이 알고 있는 것을 명료화시키고, 획득한 지리적 지식을 비판적으로 사고하며, 창의적으로 생각한다. 이러한 스토리텔링 전 단계의 사고 과정과 스토리텔링의 발화 단계에서 나타나는 내적 사고는 지리적으로 생각하기의 과정과 동일하다. 학생들은 스토리텔링을 통하여 복잡하고 유용한 사고의 여러 유형을 생산해 낼 수 있는 것이다(강문숙·김석우, 2013, 14). 스토리텔링을 통한 이와 같은 사고의 과정을 통해 학생들은 듀이(Dewey)가 강조한 고급 사고력을 획득할 수 있게 된다.

마지막으로 스토리텔링은 지리 수업에서 학생들의 창의적 문제해결력을 신장시킬 수 있다. 스토리텔링은 학생들의 문제해결과정에 실생활 맥락을 제공하며, 학습자에게 구조화되지 않은 문제(ill-structured problem)를 해결할 수 있는 기회를 제공하고, 문제 해결의 과정에서 정보를 공유하며 의미를 간주관적으로 나누는 등의 활동을 촉진하여 창의적 문제해결력을 기를 수 있게 한다(강문숙·김석우, 2013, 19).

부렐(Burrel, 1926, 5)은 스토리텔링을 "가르침에 대한 자연스러운 방법"으로 소개하였다. 부렐은 스토리텔링의 보편성과 영속성에 대하여 "어떤 지역에도, 어떤 시대에도 스토리텔링은 있었다"고 말하였다. 즉, 스토리텔링은 교수·학습의 가장 자연스러운 방법이며 원초적인 형태라고 할 수 있는 것이다. 지리 학습에 스토리텔링을 적용하는 것은 수업에 학생들이 쉽게 참여할 수 있도록 하며, 지금까지 학생들에게 딱딱하고 기계적으로 알려진 지리과목에 인간적인 요소를 추가할 수 있게 한다. 지리적인 스토리는 창의적인 환경이 되도록 수업의 분위기를 바꾸어 줄 수 있으며, 즐거움을 제공하기도 한다. 수업의 즐거움은 매우 중요한 요소이나 교육의 목표로는 거의 언급되지 않는다. 하지만 생산적인 학습 환경을 만들기 위해서 즐거움은 매우 중요하며 절대 무시될 수 없는 부분이다(Zazkis & Liljedahl, 2009, 26). 따라서 스토리텔링은 수업에 적용될 충분한 가치를 내포하고 있으며, 이와 같은 적용을 통해 지리교육이 학생들에게 보다 친숙하게 접근할 수 있는 발판을 마련해 준다고 할 수 있다.

3) 디지털 스토리텔링과 지리교육

디지털 스토리텔링은 앞서 언급한 것과 같이 디지털 기기에 의한 스토리 발화 방법이다. 즉, 디지털 스토리텔링은 스토리텔링의 다양한 재현의 방법 중 하나에 속하는 하위 영역이라고 할 수 있다. 따라서 디지털 스토리텔링이 지리교육에 적용되었을 때 얻을 수 있는 교육적 효과는 스토리텔링이 지리교육에 적용되었을 때 얻을 수 있는 광범위한 교육적 효과에 포함된다. 이와 더불어 디지털 스토리텔링이 지리교육에 적용되었을 때 얻을 수 있는 고유의 교육적 효과 또한 존재한다.

스토리텔링의 지리교육적 효과에 대비하여 디지털 스토리텔링을 지리교육에 적용하였을 때 보다 특징적으로 도출되는 교육적 효과는 다음의 세 가지로 정리할 수 있다.

첫째, 디지털 문해력을 촉진시키는 디지털 스토리텔링의 교육적 기능이 지리교육에 적용되었을 때, 지리적 문해력의 신장을 가져올 수 있다. 디지털 스토리텔링은 디지털 기기를 활용하여 다양한 문해력을 신장시키며, 이렇게 신장된 문해력은 지리적 문해력의 향상에 기여할 수 있다. 디지털 스토리텔링으로 육성될 수 있는 문해력의 하위 요소로 로빈(Robin, 2008, 224)은 디지털 문해력과 글로벌 문해력, 기술적 문해력, 시각적 문해력 그리고 정보 문해력을 제시하였다. 이 중 디지털 문해력과 기술적 문해력, 시각적 문해력 등이 지리 학습에 적용되었을 때 지리적 문해력 신장에 도움을 줄 수 있다.

디지털 문해력은 필요한 정보를 찾고 모으며, 그것을 기반으로 논의를 펼쳐 나갈 수 있는 의사소통능력을 의미한다. 이러한 디지털 문해력이 지리교육에 적용되었을 때, 학습자는 다양한 매체 특히 컴퓨터 등의 디지털 매체를 활용하여 자신이 원하는 지리적 정보를 찾을 수 있는 능력을 신장시킬 수 있게 된다. 그리고 컴퓨터와 다른 디지털 기기를 사용할 수 있는 능력인 기술적 문해력을 통해 학생들은 지리 학습 및 지리적 문제해결을 위해 컴퓨터 등의 디지털 매체를 활용할 수 있게 된다. 위에 제시된 지리적 문해력의 대부분은 컴퓨터의 활용이 선결 조건이 되는데, 학습자들은 디지털 스토리텔링의 학습을 통해 이러한 활용 기능을 획득할 수 있다. 학생들은 기술적 문해력을 획득함으로서 위성사진의 검색 능력이나 GIS 활용 등의 기능을 습득하게 된다. 시각적 문해력은 시각적 이미지를 이해하고 생산하며 의사소통할 수 있는 능력을 의미하는데, 이 문해력의 경우 지도의 해석과 관련되기 때문에 매우 중요한 요소라 할 수 있다. 학생들은 디지털 스토리텔링을 통해 시각적 문해력을 익힘과 동시에 이를 지리적 문해력에도 적용할 수 있게 된다.

둘째, 디지털 스토리텔링은 지리적 상상력 신장과 학습 동기 유발 등 학습자의 정의적 영역 발달에 도움을 줄 수 있다. 디지털 스토리텔링의 특성상 학생들은 자신의 스토리를 구성하기 위해서 다양한 이미지와 동영상 그리고 음악 자료를 검색하거나 생성한다. 검색과 창조의 과정을 통해 학생들은 다양한 시각적 그리고 청각적 자료를 접하게 되고, 해당 지역을 글이나 말로 표현할 때 보다 더욱 많은 자극을 받게 된다. 이러한 자극으로 말미암아 지리적 상상력의 증대를 꾀할 수 있게 된다. 또한 디지털 스토리텔링을 지리 수업에 적용하면, 지리 수업에 대한 학생들의 학습 동기를 향상시킬 수 있다. 디지털 스토리텔링은 다양한 디지털 도구를 학습에 접목시키기 때문에 학생들의 흥미를 유발시킨다는 다양한 연구 결과가 보고되어 있다(박세원, 2006; 민덕기, 2002; 이승희, 2003; Schiro, 2004).

마지막으로 디지털 스토리텔링은 지리 수업의 궁극적인 목표인 민주 시민을 양성하는 토대를 제공하며, 의사소통능력 신장에 기여한다. 디지털 스토리텔링의 중요한 특징 중 하나는 청자와 화자 간의 광범위한 의사소통 가능성이다. 학습자들은 학습 공동체 내에서 디지털 스토리를 구성하며 의사소통을 하고, 디지털 스토리를 구축하고 난 이후에도 그 결과물을 통해 의사소통을 하게 된다. 이렇게 도출된 디지털 스토리를 웹상에 게시했을 때는 더 많은 사람들과 더 광범위한 의사소통도 가능해진다. 시공간을 초월한 인터넷의 특성상 의사소통의 범위도 시공간의 제약을 넘어선다. 청자와 화자 간의 의사소통을 통해 학습자들은 타인의 견해와 관점을 받아들이는 연습을 하게 된다. 그리고 이러한 과정의 반복은 학생들에게 민주시민의 자질을 기를 수 있는 기회를 제공한다.

스토리텔링의 지리교육 적용으로 얻을 수 있는 교육적 효과 외에 디지털 스토리텔링을 지리 학습에 적용하였을 때는 위에 제시한 것과 같은 특징적인 교육적 효과를 달성할 수 있으며, 효과는 그림 2와 같이 나타낼 수 있다.

그림 2에서 볼 수 있듯이 디지털 스토리텔링은 스토리텔링 재현의 한 영역으로 지리교육 적용 시 다양한 효과를 공유한다. 스토리텔링과 디지털 스토리텔링을 지리교육에 적용했을 때

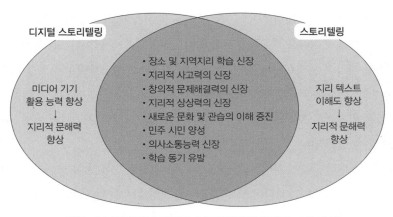

디지털 스토리텔링

- 미디어 기기
  활용 능력 향상
  ↓
  지리적 문해력
  향상

- 장소 및 지역지리 학습 신장
- 지리적 사고력의 신장
- 창의적 문제해결력의 신장
- 지리적 상상력의 신장
- 새로운 문화 및 관습의 이해 증진
- 민주 시민 양성
- 의사소통능력 신장
- 학습 동기 유발

스토리텔링

- 지리 텍스트
  이해도 향상
  ↓
  지리적 문해력
  향상

그림 2. 스토리텔링과 디지털 스토리텔링의 지리적 교육 효과

공통적으로 장소 및 지역지리 학습 신장, 새로운 문화 이해 증진, 지리적 사고력 신장, 창의적 문제해결력 신장, 지리적 상상력 신장, 의사소통능력 신장 등의 효과를 기대할 수 있다. 하지만 이와 같은 공통적인 교육적 효과 외에 디지털 스토리텔링에 의해서만 달성될 수 있는 효과가 또한 존재한다. 즉, 디지털 스토리텔링의 재현 도구인 디지털 기기의 영향으로 스토리텔링과는 차별화된 교육적 효과를 얻을 수 있는 것이다. 이와 같이 디지털 스토리텔링을 지리교육에 적용했을 때 특징적으로 얻을 수 있는 효과는 미디어 기기 활용 능력의 향상으로 인한 지리적 문해력의 증대이다. 또한 지리적 상상력이나 의사소통능력 등도 디지털 스토리텔링을 적용하였을 때 디지털 기기의 활용을 통해 보다 효과적으로 향상될 수 있다. 이와 같은 지리적 문해력 및 지리적 상상력이 지리교육에 있어서 중요한 위치를 차지하고 있음을 감안한다면 디지털 스토리텔링의 지리교육 적용이 효과적임을 알 수 있다.

4. 스토리텔링·디지털 스토리텔링 이론에 근거한 지리 수업 설계

1) 스토리텔링 수업 모형의 예시

스토리텔링 수업 설계에는 엘리스와 브루스터(Ellis & Brewster, 1991)의 스토리텔링 수업 모형이나 이건(1986)의 이항 대립 모형(binary opposite)이 가장 많이 사용된다.

이건(1986)의 이항 대립 모형은 서로 대립되는 두 가지 추상적 개념이 포함된 스토리 구조를 수업에 활용한다. 이건(1986, 12)은 초등학교 학생들이 추상적 개념을 이해하기 어려워한다는 기존의 발달 이론을 비판하면서, 이와 같은 추상적 개념이 스토리 구조 안에서 제시된다면 초등학교 저학년 학생들도 충분히 추상적 개념을 이해할 수 있다고 주장하였다. 그는 이러한 스토리 구조를 교실수업에 적용하기 위한 대안적 수업 모델을 제시하였는데, 이와 같은 이항 대립 모형의 수업은 스토리의 주제 확립하기 – 이항 대립의 요소 찾기 – 내용을 스토리 형식으로 조직하기 – 결론 내리기 – 평가하기의 다섯 단계로 진행된다. 그러나 이와 같은 이건의 모형은 스토리 구조 안에 반드시 사례와 반례가 포함되어야 한다는 제한점을 가진다. 역사교육과 같이 수업의 내용에 사례와 반례가 풍부한 교과의 경우는 이건의 이항 대립 모형 적용이 수월하게 이루어지지만, 사례와 반례로 수업의 구성이 어려운 교과의 경우 이항 대립 모형의 적용에 어려움을 겪을 수밖에 없다. 따라서 이건의 모형은 전 교과에 일반적으로 적용되기에는 그 제한점을 가진다고 할 수 있다.

이건(1986)의 이항 대립 모형과 함께 스토리텔링 수업 구성에 있어서 가장 많이 활용되는 모형은 엘리스와 브루스터(1991)의 스토리텔링 수업 모형이다. 그들은 스토리텔링이 전반적인 학교 교육 과정에 기여할 수 있는 장점으로 스토리텔링이 학생들의 개념적 발달을 강화시키며, 메타인지 학습을 발달시키는 수단이 되고, 이를 통해 학생의 사고 전략을 강화시킬 수 있으며, 학생의 학습 기술을 발달시킬 수 있다고 주장하였다(Ellis & Brewster, 1991, 1-3).

이와 같은 스토리텔링의 구체적 학습 적용을 위해 엘리스와 브루스터는 3단계의 수업 모형을 제시하였다. 첫째, 스토리텔링 전 활동의 단계이다. 스토리텔링 전 활동은 학습자가 스토리를 듣기 전에 자신의 기존 경험을 활성화하고 동기를 유발하는 단계이다. 즉, 이 단계는 수업에 제시되는 스토리에 대한 사전 지식과 배경 지식을 활성화시키는 단계라 할 수 있다. 둘째, 스토리텔링 본 활동 단계이다. 스토리텔링 본 활동에서는 학생들에게 스토리를 소개한다. 엘리스와 브루스터는 이 단계가 교사의 단순한 구술 스토리텔링 전달에 그치는 것이 아니라, 그림이나 여러 가지 관련 자료를 사용하여 학생이 스토리의 흐름을 이해하도록 하는 것이 중요하다고 언급하였다. 마지막 단계는 스토리텔링 후속 활동 단계이다. 스토리텔링 후속 활동 단계에서는 학생들이 스스로 스토리를 만들거나 역할극을 구성하도록 하여 이해도를 점검한다. 엘리스와 브루스터는 이러한 후속 활동이 교실수업을 바깥 세계와 연결하는 구실을 하는 확장 단계라고 주장하였다. 이와 같은 후속 활동의 과정에서 아동들이 서로 협력하여 새로운 아이디어를 낼 수 있으며, 상호 협력을 통해 새로운 의미를 창조할 수도 있다(Ellis & Brewster, 1991).

이와 같은 엘리스와 브루스터의 3단계 모형은 영어 및 언어 관련 교과에 적용하기 위해 개발되었으나, 수학과 및 과학과 등 스토리텔링을 적용하는 다른 교과교육 연구에서도 널리 활용(권혁일, 2008; 김효정, 2012; 김현영, 2004; 허희옥, 2006; 신성희, 2003; 김영민, 1996, 박정호, 2008)되고 있다. 엘리스와 브루스터의 3단계 모형은 대부분의 교과에 적용이 용이하며, 단순히 교사의 일방향적 스토리 제시에서 그치는 것이 아니라 학생 활동까지도 연계시킨다는 장점을 가지고 있다.

2) 디지털 스토리텔링 수업 모형 설계

디지털 스토리텔링을 수업에 적용하기 위한 수업 모형은 최근 올러(2008), 제이크스(Jakes, 2006), 로빈(Robin, 2005), 정(Chung, 2006) 등에 의해 다양하게 제시되고 있으나 이들의 수업 모형 단계는 거의 유사하며, 각 학습 단계를 어떻게 유목화했는지 정도의 차이만이 있을 뿐이다. 그중 올러는 각 단계에서 학생들이 해야 할 과제를 구체적으로 명시하여 학교 현장에의 적용을 용이하게 하였기 때문에 본 논문에서는 올러(2008)의 디지털 스토리텔링 수업 모형을 참고하였다. 올러(2008, 135)의 수업 단계는 표 1과 같이 정리할 수 있다.

이 글에서는 지리 수업에 적용 가능한 디지털 스토리텔링 수업 모형을 개발하기 위해 앞서 제시한 엘리스와 브루스터의 스토리텔링 수업 모형과 올러(2008)의 수업 모형을 기반으로 하였다. 이와 같은 과정으로 도출된 지리과 디지털 스토리텔링 수업 모형은 다음과 같다.

첫 번째 수업 단계는 디지털 스토리텔링 전 활동 단계이다. 이 단계에서는 본 차시 수업의

표 1. 올러(2008)가 제시한 디지털 스토리텔링 수업의 단계

스토리 계획 story planning	• 아이디어 생성 및 브레인스토밍 • 스크립트 작성 • 스토리보드 생성
사전 제작 단계 pre-production	• 동영상 제작을 위한 자료 수집 • 사진 및 동영상 촬영하기
제작 단계 production	• 수집된 자료를 바탕으로 편집하기
사후 제작 단계 post-production	• 후반 작업 • 동영상으로 내보내기
시연 및 배포 performance and distribution	• 발표하기 • 동영상 공유 사이트에 공유하기

핵심적인 개념 전달을 위해 교사 창작의 스토리텔링으로 핵심 개념을 전달하였다. 올러의 모형은 디지털 스토리의 개발만을 위한 수업 구성이다. 하지만 실제 학교 현장에서는 개념 제시가 선행되어야 이를 토대로 디지털 스토리의 구성이 가능하기 때문에 개념 제시의 단계를 삽입하였다. 또한 이 단계에서 개념 전달을 위한 스토리텔링 전달 시 엘리스와 브루스터의 수업모형 중 스토리텔링 전 활동과 본 활동이 적용될 수 있도록 하였다.

두 번째 단계는 디지털 스토리텔링 준비 활동이라 명명하였다. 두 번째 단계에서는 올러의 1, 2단계인 스토리 계획하기 단계와 사전 제작 단계에서 수행하여야 하는 활동을 수행하도록 구성하였다. 이 단계에서 학생들은 스토리보드를 작성하고 자료를 수집하게 된다. 자료의 수집은 대부분 컴퓨터를 이용하게 되며, 동영상 편집 전 내용의 정리를 위해 스토리보드를 작성하는 활동을 삽입하였다.

세 번째 단계는 디지털 스토리텔링 본 활동이라고 하였으며, 올러가 제시하는 제작 단계의 활동이 이루어지도록 구성하였다. 이 단계에서 학생들은 동영상을 편집하고, 학생 상호 간 의사소통 및 피드백의 교환을 통해 제작하고 있는 동영상을 수정하게 된다. 동영상 편집 프로그램은 imovie, moviemaker, photostory 등 다양한 프로그램 중 대상 학생들의 수준에 적합한 것을 고를 수 있다.

마지막 4단계는 디지털 스토리텔링 후속 활동이며, 이는 올러의 마지막 단계 활동과 일치한다. 이 단계에서 학생들은 모둠별로 제작한 디지털 스토리를 학급 학생들 앞에서 발표한다. 또한 교사와 학급 학생들의 피드백을 반영하여 최종적으로 디지털 스토리를 수정한다. 의사소통 및 상호작용성은 디지털 스토리텔링의 가장 중요한 특징 중 하나라고 할 수 있다. 따라서 학생들이 디지털 스토리텔링 후속 활동을 통해 학생 간 또는 교사와 학생 간 다양한 의사소통을 전개하고, 이를 디지털 스토리 제작에 반영할 수 있도록 하였다.

기존 수업에서 디지털 스토리는 대부분 교사가 제작하여 수업에 활용하는 용도로 적용되었다. 하지만 이 글에서는 이와 같은 일방향적 디지털 스토리의 제공이 아닌 학생 디지털 스토리의 창조를 목적으로 수업 모형을 설계하였다. 스스로 디지털 스토리를 구성하는 과정을 통해 학생들은 수동적인 학습자에서 벗어나 능동적인 스토리 구성자로서 주체적으로 역할 할 수 있게 된다.

디지털 스토리텔링을 수업에 적용하면 다음과 같은 단계로 도식화할 수 있다(그림 3).[5]

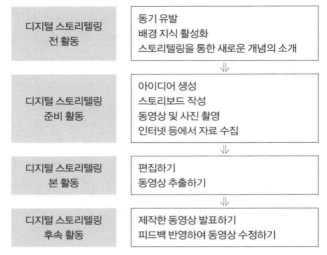

디지털 스토리텔링 전 활동	동기 유발 배경 지식 활성화 스토리텔링을 통한 새로운 개념의 소개
디지털 스토리텔링 준비 활동	아이디어 생성 스토리보드 작성 동영상 및 사진 촬영 인터넷 등에서 자료 수집
디지털 스토리텔링 본 활동	편집하기 동영상 추출하기
디지털 스토리텔링 후속 활동	제작한 동영상 발표하기 피드백 반영하여 동영상 수정하기

그림 3. 재구성한 디지털 스토리텔링 수업 단계

5. 마치며

이 글은 인간의 보편적인 생활양식인 내러티브와 스토리텔링 그리고 디지털 스토리텔링이 지리교육에 적용되었을 때의 교육적 효과를 모색하고 이를 지리 수업에 적용하기 위한 수업 모형의 개발을 목적으로 하였다. 이를 위해 먼저 내러티브의 의미를 탐색하고, 내러티브 사고 양식의 지리교육적 시사점을 알아보았다.

둘째, 내러티브와 스토리, 스토리텔링 간의 개념 구분을 명확히 하였다. 교과교육에서 내러티브는 흔히 스토리 혹은 스토리텔링과 혼용되어 사용되며, 명확한 구분이 존재하지 않는다. 본 논문에서는 인간의 사고 양식인 내러티브를 스토리의 상위 개념으로 규정하고, 스토리가 그것의 표현 및 발화 형태인 담론과 결합하여 내러티브를 구성한다고 보았다. 이와 같은 스토리가 담론의 형태 중 발화의 방법으로 제시되었을 때를 스토리텔링이라 규정하였다. 또한 스토리텔링의 재현 방법으로 디지털 기기를 활용한 디지털 스토리텔링의 특징을 알아보았다.

셋째, 스토리텔링과 디지털 스토리텔링이 지리교육에 적용되었을 때 도출될 수 있는 교육적

---

5. 디지털 스토리텔링 수업 모형의 적용 효과에 관한 자세한 내용은 홍서영(2014)의 박사학위논문에 보다 자세히 논의되어 있다.

효과를 모색하였다. 스토리텔링 및 디지털 스토리텔링이 지리교육에 적용되었을 때의 공통된 교육적 가치는 다음과 같다. 스토리텔링은 디지털 스토리텔링의 상위 개념으로서 공통적으로 장소 및 지역지리 학습 신장, 새로운 문화 이해 증진, 지리적 사고력 신장, 창의적 문제해결력 신장, 지리적 상상력 신장, 의사소통능력 신장 등의 효과를 공유한다. 또한 디지털 스토리텔링은 스토리텔링의 교육적 기능 외에 디지털 기기의 적용으로 인한 교육적 효과를 도출할 수 있다. 디지털 스토리텔링을 지리교육에 적용했을 때 특징적으로 얻을 수 있는 교육적 효과는 미디어 기기 활용 능력의 향상으로 인한 지리적 문해력의 증대이다. 이와 같이 디지털 스토리텔링은 기존 스토리텔링의 교과교육 적용 시 얻을 수 있는 효과 외에 새로운 교육적 효과를 기대할 수 있게 한다.

마지막으로 디지털 스토리텔링을 지리 수업에 적용하기 위해 지리 수업 모형을 구축하였다. 최근 스토리텔링의 중요성이 대두되고 있지만 수업에 이를 어떻게 적용할 것인지에 대한 구체적인 연구는 부족한 실정이다. 교과교육에서 이와 같은 적용의 한계를 극복하기 위해 이 글에서는 디지털 스토리텔링 지리 수업 모형을 구체적으로 제시하였다. 이러한 수업 모형의 제시를 통해 디지털 스토리텔링의 피상적인 적용을 극복하고 인간 본연의 사고양식과 의사소통양식에 부합하는 방향으로 수업이 구성될 수 있을 것이다.

스토리텔링은 인간 본연의 마음의 양식에 기초한 스토리 재현의 방법이다. 또한 디지털 스토리텔링의 경우 최근 미디어의 발달로 인해 새롭게 나타난 스토리의 재현 방법이다. 지리 수업이 다양한 시각 자료를 활용하는 교과임을 감안한다면 디지털 스토리텔링의 지리교육 적용으로 인한 효과는 상당할 것이라 추측할 수 있다. 따라서 교실수업에 디지털 스토리텔링을 적절히 활용한다면 다양한 지리교육적 가치를 도출할 수 있을 것이라 기대할 수 있다.

요약 및 핵심어

내러티브를 구성하여 말하고자 하는 인간의 행위는 본능적인 것이며, 역사 시대 이전으로 거슬러 올라갈 만큼 오래되었다. '스토리(story)를 말하는 사람'인 Homo Narrans로서 인간은 이야기를 말하는 것처럼 인생을 산다. 이를 통해 내러티브는 인간 삶의 일부분으로 작용하고 있음을 알 수 있다. 하지만 이와 같이 스토리를 구성하여 말하고 싶어 하는 인간의 본능은 수업에 제대로 적용되지 못하고 있다. 하지만 지리 수업의 경우는 특히 공간과 장소에 관한 다양한 스토리를 구성하여 수업에 적용할 수 있는 가능성이 풍부하다. 인간의 가장 본질적이며, 자연스러운 특성인 스토리텔링 및 디지털 스토리텔링을 지리 수업에 충실하게 적용한다면 지리 수업은 학생들에게 보다 의미 있게 다가갈 수 있을 것이다. 본 연구에서는 이를 교수·학습에 적용하기 위한 구체적인 수업 모형으로서 디지털 스토리텔링 전 활동 - 디지털 스토리텔링 준비 활동 - 디지털 스토리텔링 본 활동 - 디지털 스토리텔링 후속 활동의 4단계 수업 모형을 제시하였다.

내러티브(narrative), 스토리텔링(storytelling), 디지털 스토리텔링(digital storytelling), 지리 수업(geography learning)

더 읽을 거리

Bruner, J. S., 1986, Actual minds, possible worlds, Cambridge, Harvard University Press(강현석·이자현·유제순·김무정·최윤경·최영수 공역, 2011, 교육 이론의 새로운 지평, 교육과학사)

Bruner, J. S., 1996, The culture of education, Cambridge, Harvard University Press(강현석·이자현 공역, 2005, 교육의 문화, 교육과학사)

Bruner, J. S., 2004, Life as narrative, Social Research: An International Quarterly, 71(3), 691–710.

Egan, K., 1986, Teaching as story telling: An alternative approach to teaching and curriculum in the elementary school, Chicago, University of Chicago Press.

참고문헌

강문숙·김석우, 2013, "Blended Learning 환경에서 문제해결력 강화를 위한 스토리텔링 교수학습 모형 개발", 水産海洋教育研究, 25(1), 12–28.

강현석, 2007, "교사의 실천적 지식으로서의 내러티브에 의한 수업비평의 지평과 가치 탐색", 교육과정연구, 25(2), 1–35.

강현석, 2011, "교과교육에서 내러티브를 활용한 교과별 PCK(내용교수지식) 심화 모형 개발 – 사회과와 과학과를 중심으로", 중등교육연구, 59(3), 643–695.

권세정, 2008, 초등학생의 사회과교육과정에 대한 태도 조사 연구, 경인교육대학교 교육대학원 석사학위논문.

권혁일, 2008, "디지털 스토리텔링이 초등학생의 수학 학업성취도 및 태도에 미치는 효과", 교육과학연구, 29(3), 139–170.

김영민, 1996, "이야기를 통한 영어교육", 초등영어교육, 2, 194–209.

김현영, 2004, "스토리텔링의 후속활동이 초등학생들의 영어능력향상에 미치는 영향", Studies in English education, 9(2), 99–124.

김효정, 2012, 스토리텔링 활용 과학 수업이 초등학생 학업성취도, 과학 관련 태도 및 수업 흥미도에 미치는 영향, 부산교육대학교 교육대학원 석사학위논문.

남상준, 1999, "운영주체 (학교-사회) 통합적 환경교육의 고찰: 체험중심 환경교육에의 지향", 한국지리환경교육학회지, 7(1), 27-49.

민덕기, 2002, "디지털 스토리텔링을 통한 초등영어수업 방안 - 서사경험의 극대화를 중심으로", 초등영어교육, 8(2), 175-208.

박세원, 2006, "초등학생의 도덕적 자기 정체성 형성을 돕는 성찰적 스토리텔링 활용 방법", 교육학논총, 27(2), 39-56.

박정호, 2008, 초등학생 프로그래밍 학습을 위한 스토리텔링기반 교육 모형 개발 및 적용, 한국교원대학교 박사학위논문.

서상희, 2006, 스토리텔링이 유아의 영어듣기와 어휘학습에 미치는 효과, 전북대학교 석사학위논문.

서태열, 2005, 지리교육학의 이해, 한울.

신성희, 2003, 스토리북과 인터넷 동화를 활용한 수준별 영어 수업 모형, 중앙대학교 교육대학원 석사학위논문.

윤옥자, 2000, 구연동화의 교육 방안 연구, 동아대학교 박사학위논문.

이승희, 2003, 디지털 스토리텔링을 이용한 웹상에서의 동화구현: 상호 교환성을 중심으로, 이화여자대학교 디자인대학원 석사학위논문.

이인화·고욱·전봉관·강심호·전경란·배주영·한혜원, 2003, 디지털 스토리텔링, 황금가지.

전영길, 1990, "W. 딜타이가 본 정신과학과 자연과학의 문제", 역사와 사회, 3, 141-159.

조철기, 2011a, "내러티브를 활용한 지리 수업의 가치 탐색", 한국지리환경교육학회지, 19(2), 35-52.

조철기, 2011b, "지리 교과서에 서술된 내러티브 텍스트 분석", 한국지리환경교육학회지, 19(1), 49-65.

조철기, 2013a, "내러티브로 구성된 딜레마를 활용한 지리 수업 방안", 중등교육연구, 61(3), 513-535.

조철기, 2013b, "정의적 영역의 발달을 위한 지도학습의 활용 방안", 社會科敎育, 52(1), 71-84.

주동범·강현석, 2008, "내러티브 중심 교과교육에 대한 교수, 교사, 학생의 인식 차이분석", 교육과학연구, 39(2), 69-93.

한승희, 1997, "내러티브 사고양식의 교육적 의미", 교육과정연구, 15(1), 400-423.

허희옥, 2006, "내러티브 사고 양식인 스토리텔링 기법을 이용한 멀티미디어 교육 컨텐츠 개발", 교육공학연구, 22(1), 195-224.

홍서영, 2014, 디지털 스토리텔링의 사회와 지리수업에의 적용, 고려대학교 박사학위논문.

홍서영, 2014, "디지털 스토리텔링을 적용한 지리수업 설계", 한국지리환경교육학회지, 22(2), 1-22.

Abbott, H. P., 2008, *The Cambridge introduction to narrative*, New York, Cambridge University Press.

Barrett, M. D., and Buchanan-Barrow, E. (Eds.), 2005, *Children's understanding of society*, Psychology Press.

Behmer, S., 2005, Digital storytelling: Examining the process with middle school students, *Unpublished literature review*, Iowa State University, Ames.

Bruner, J. S., 1985, Child's talk: Learning to use language, *Child Language Teaching and Therapy*, 1(1), 111-

114.

Bruner, J. S., 1986, *Actual minds, possible worlds*, Cambridge, Harvard University Press (강현석·이자현·유제순·김무정·최윤경·최영수 공역, 2011, 교육 이론의 새로운 지평, 교육과학사).

Bruner, J. S., 1990, *Acts of meaning*, Cambridge, Harvard University Press (강현석·유제순·이자현·김무정 공역, 2011, 인간 과학의 혁명 (마음 문화 그리고 교육), 아카데미프레스).

Bruner, J. S., 1996, *The culture of education*, Cambridge, Harvard University Press (강현석·이자현 공역, 2005, 교육의 문화, 교육과학사).

Bruner, J. S., 2004, Life as narrative, *Social Research: An International Quarterly*, 71(3), 691-710.

Burrel, A., 1926/1971, *A guide to storytelling*, Ann Arbor, Grypton Books.

Chatman, S., 1978, *Story and Discours*, Ithaca, Cornell UP.

Chung, S. K., 2006, Digital storytelling in integrated arts education, *The International Journal of Arts Education*, 4(1), 33-50.

Cobley, P., 2001, *Narrative*, New York, Routledge (윤혜준 역, 2013, 내러티브, 서울대학교출판문화원).

Cobley, P., 1988, *Teachers as curriculum planners: Narratives of experience*, New York, Teachers College Press.

Connelly, F. M., and Clandinin, D. J., 1990, Stories of experience and narrative inquiry, *Educational researcher*, 19(5), 2-14.

Denzin, N. K., and Lincoln, Y., 2000, *Qualitative research*, Thousand Oaks, Sage Publications.

Egan, K., 1986, *Teaching as story telling: An alternative approach to teaching and curriculum in the elementary school*, Chicago, University of Chicago Press.

Egan, K., 1992, *Imagination in Teaching and Learning: The Middle School Years*, Chicago, University of Chicago Press.

Elbaz, F. (Ed.), 2005, *Teachers' voices: Storytelling and possibility*, Greenwich, Information Age Pub.

Elliott, J., 2005, *Using narrative in social research: Qualitative and quantitative approaches*, London, SAGE.

Ellis, G., and Brewster, J., 1991, *The storytelling handbook for primary teachers*, London, Penguin Books.

Fiore, S., Metcalf, D., and McDaniel, R., 2007, Theoretical foundations of experiential learning in Silberman, M. L. (Ed.), *The handbook of experiential learning*, San Francisco, Pfeiffer, 33-58.

Gakhar, S., and Thompson, A., 2007, Digital storytelling: Engaging, communicating, and collaborating, *Society for Information Technology & Teacher Education International Conference*, 2007(1), 607-612.

Genereux, R., and McKeough, A., 2007, Developing narrative interpretation: Structural and content analyses, *British Journal of Educational Psychology*, 77(4), 849-872.

Gudmundsdottir, S., 1995, The narrative nature of pedagogical content knowledge in McEwan, H., & Egan, K. (Eds.), *Narrative in teaching, learning, and research*, New York, Teachers College Press, 24-38.

Haven, K. F., 2000, *Super simple storytelling: A can-do guide for every classroom, every day*, Englewood, Teacher Ideas Press.

Holtzblatt, M., and Tschakert, N., 2011, Expanding your accounting classroom with digital video technology,

Journal of Accounting Education, 29(2), 100-121.

Jakes, D., 2006, Standard-proof your digital storytelling efforts, *TechLearning*, Retrieved, June, 16, 2014, from http://www.techlearning.com/tech/media-coordinators/0018/standards-proof-your-digital-storytelling-efforts/43347

Koki, S., 1998, Storytelling: The Heart and Soul of Education, *PREL Briefing Paper* Retrieved, June, 12, 2014, from http://files.eric.ed.gov/fulltext/ED426398.pdf

Kuhn, T. S., 1974, *The structure of scientific revolutions*, Chicago, University of Chicago Press.

Lambert, D., and Morgan, J., 2010, *Teaching Geography 11-18: A Conceptual Approach*, Continuum.

Lauritzen, C., and Jaeger, M. J., 1997, *Integrating learning through story: The narrative curriculum*, New York, Delmar Publishers (강현석·소경희·박창언·박민정·최윤경·이자현 공역, 2007, 내러티브 교육과정의 이론과 실제, 학이당).

Lowenthal, P., 2009, Digital Storytelling in Education, in Hartley, J., and McWilliam K.,(eds.), *Story Circle: Digital Storytelling around the World*, Oxford, Wiley-Blackwell, 252-259.

McPartland, M., 1998, The use of narrative in geography teaching, *Curriculum journal*, 9(3), 341-355.

Nicholson, H.N., 1996, *Place in story-time: geography through stories at key stages 1 and 2*, Sheffield, Geographical Association.

Ohler, J. B., 2008, *Digital storytelling in the classroom: New media pathways to literacy, learning, and creativity*, CA, Corwin Press.

Oppermann, M., 2008, Digital Storytelling and American Studies Critical trajectories from the emotional to the epistemological, *Arts and Humanities in Higher Education*, 7(2), 171-187.

Polkinghorne, D. E., 1988, *Narrative knowing and the human sciences*, Albany, State University of New York Press (강현석·이영호·최인자·김소희·홍은숙·강웅경 공역, 2010, 내러티브, 인문과학을 만나다: 인문과학연구의 새 지평, 학지사).

Polkinghorne, D. E., 1995, Narrative configuration in qualitative analysis, *International journal of qualitative studies in education*, 8(1), 5-23.

Porter, B., 2008, *Digital storytelling*, San Jose, Adobe Systems Incorporated.

Pounsford, M., 2007, Using storytelling, conversation and coaching to engage, *Strategic Communication Management*, 11(3), 32-35.

Prensky, M., 2001, Digital natives, digital immigrants part 1, *On the horizon*, 9(5), 1-6.

Relph, E., 1976, *Place and placelessness*, London, Pion.

Ricoeur, P., 1984, 1990, Time and Narrative. 3 vols, Chicago, University of Chicago Press (김한식·이경래 공역, 2004, 시간과 이야기 3, 문학과지성사).

Robin, B. R., 2008, Digital storytelling: A powerful technology tool for the 21st century classroom, *Theory into practice*, 47(3), 220-228.

Sadik, A., 2008, Digital storytelling: a meaningful technology-integrated approach for engaged student learning, *Educational technology research and development*, 56(4), 487-506.

Sarbin, T. R., 1986, *Narrative psychology: The storied nature of human conduct*, New York, Praeger.

Sartre, J. P., 1964, *The words*, New York, George Braziller (정명환 역, 2008, 말, 민음사).

Schank, R. C., 1990, *Tell me a story: A new look at real and artificial memory*, New York, Scribner.

Schank, R. C., 1999, *Dynamic memory revisited*, Cambridge University Press.

Schiro, M., 2004, *Oral storytelling and teaching mathematics: Pedagogical and multicultural perspectives*, Thousand Oaks, Sage Publications.

Scholes, R., 1981, *Language, narrative and anti-narrative*, (200-208). In Mitchell, W.J.T., (Ed.), *On narrative*. Chicago, University of Chicago Press.

Suwardy, T., Pan, G., and Seow, P. S., 2013, Using Digital Storytelling to Engage Student Learning, *Accounting Education*, 22(2), 109-124.

Webster, L., and Mertova, P., 2007, *Using narrative inquiry as a research method: An introduction to using critical event narrative analysis in research on learning and teaching*, New York, Routledge.

White, H., 1981, The narrativization of real events, *Critical Inquiry*, 7(4), 793-798.

Wright, A., 1995, *Storytelling with children*, Oxford, Oxford University Press.

Zaro, J. J., and Salaberri, S., 1995, *Storytelling*, Oxford, Heinemann ELT.

Zazkis, R., and Liljedahl, P., 2008, *Teaching mathematics as storytelling*, Rotterdam, Sense Publishers.

두산백과, 2014, www.doopedia.co.kr

제30장

학습 만화를 활용한 지리 수업 설계*

최재영

서울대학교

* 본 연구는 최재영(2013)을 수정·보완한 것임.

1. 들어가며

　지리 수업에서 학습 만화를 활용하는 것은 좋은 생각일까? 그리고, 만약 그렇다면 학습 만화를 지리 수업에서 어떻게 활용할 수 있을 것인가? 본 장에서는 이 두 질문에 대한 답과 관련된 얘기를 해 보고자 한다. 요즘 '학습 만화'라는 말을 들어보지 못 한 사람은 거의 없을 것이며, 서점이나 도서관에서 학습 만화는 쉽게 접할 수 있다. 학습 만화는 "지식과 정보를 쉽고 재미있게 학습하기 위해 글과 그림이 복합적으로 작용하는 만화(하지영, 2011, 18)"로 정의된다. 즉 학습을 위한 만화라는 뜻인데, 지금처럼 '만화'라는 말 앞에 '학습'이라는 말이 자연스럽게 자리 잡은 것은 사실 그리 오래되진 않았다. 구체적으로는 2000년대 이전만 해도 만화가 학습을 위해 사용되는 경우는 많지 않았다고 할 수 있다. 오히려 만화는 오락실 게임만큼이나 공부에 유해한 것으로 여겨졌다고 하는 게 맞을 것이다. 그러나 2000년대를 전후로 위기에 직면한 출판만화계는 상황을 타개하고자 학습 만화라는 새로운 시장을 개척하기 시작하게 된다(조명환, 2007). 이같은 노력은 우리나라의 높은 교육열과 맞물려 상업적으로 크게 성공한 학습 만화들의 등장으로 이어졌고, 이로 인해 우리나라의 출판만화시장의 판도는 크게 변하기 시작했다(이승진·강은원, 2014). 소위 학습 만화의 붐이 일어난 것이다. 그리고 이와 같은 학습 만화 붐 속에서 지리 학습 만화의 출판 역시 이어졌다.

　이렇게 학습 만화의 대중적 인기와 관심은 무척 높다고 할 수 있으며, 국어, 영어, 역사, 과학 등의 교과에서는 만화의 학습적 효과를 다루는 연구가 이미 많이 이루어져 왔다(이은정, 2006). 하지만 지리 학습 만화의 출간이 이어지고 있음에도, 우리나라의 지리교육 분야에서는 만화의 교육적 활용을 본격적으로 다룬 연구는 미미한 실정이다. 외국의 경우 또한, 지리에서의 만화의 사용의 장점과 유의점에 대한 연구(Marsden, 1992), 정치적 만화를 활용한 사례(Hammett and Mather, 2011)와 지리적 이슈를 학습하는 데 있어 만화의 활용을 제안하는 연구(Kleeman, 2006)를 제외하고는 지리교육에서 만화의 활용을 논하는 연구를 찾기 힘들다. 따라서 본 장에서는 첫째로 학습자료로서 학습 만화의 가치에 대하여 살펴보고자 한다. 학습자료가 없는 수업이나 학습을 상상할 수 없는 만큼, 어떠한 형태의 학습자료를 어떻게 사용할 것인가는 중요한 문제이다. 그리고 학습자료가 한 가지 형태만 사용되는 경우도 있겠지만 실제 지리 학습에서는 글, 그림, 그래프, 사진, 동영상 등 여러 형태의 학습자료가 다양하게 사용되는 경우가 더 많을 것이다. 이렇게 둘 이상의 여러 형태, 즉 둘 이상의 표상이 사용되는 학습을 다중 표상 학습(강훈식 외, 2005)이라고 한다. 다중 표상 학습은 효과적인 학습을 위한 조건

형성에 중요한 역할을 하는 것으로 여겨지며(Ainsworth, 1999), 실제 지리 수업 현장이나 지리 학습서의 경우 글, 그림, 사진 등 다양한 표상들이 사용되고 있기 때문에 다중 표상 학습이 이미 활발히 이루지고 있다고 볼 수 있다. 하지만 문제는 다중 표상 학습이 장점만을 지닌 것은 아니라는 것이다. 기존의 연구에 따르면 다중 표상 학습에서 학습자들이 외적 표상들 간의 연계와 통합을 어려워할 수 있으며(강훈식 외, 2008a), 지리교육에 있어서도 지리 자료가 다중 표상이 아닌 단일 표상으로 제공될 때 오히려 학습 효과가 높은 것으로 나타남을 보여 주고 있다(박선미 외, 2012). 만화는 그 형태적 특징상 글과 그림의 두 가지 표상을 지니고 있어 만화를 활용한 학습은 다중 표상 학습의 한 형태라고 할 수 있는데, 재밌는 것은 이 같은 다중 표상 학습에서의 문제 해결의 실마리를 만화가 제공할 수 있다는 것이다. 이에 대해 다음 절에서 살펴보고자 하며, 더불어 우리나라의 지리 학습 만화 현황에 대해서도 정리해 보고자 한다. 그리고 3절에서는 일반적으로 가장 많이 사용되는 다중 표상 학습의 한 형태인 삽화 텍스트와 다중 표상 학습의 또 다른 형태인 만화와의 비교를 통해 만화의 학습 효과에 대해 알아보고자 한다.

둘째로 본 장에서는 지리 수업을 위해 사용될 학습 만화의 유형에 대해서 논해 보고자 한다. 학습 만화의 유형이 하나만 존재하는 것은 아닐 것이며 어떤 유형의 학습 만화를 사용하는 것이 효과적일지에 대하여 생각해 보는 것은 중요하다. 학습 만화의 유형에 대한 기존 연구는 찾아보기 힘들지만 지리교육에서 텍스트 학습자료에 대하여는 '내러티브'라는 개념을 기반으로 한 텍스트 서술 방식에 대한 연구들(김동환, 2005; 박복순, 2005; 조철기, 2011a; 조철기, 2011b; 조철기, 2012; 조철기, 2013a)이 많이 이루어져 왔다. 이 연구들은 공통적으로 기존의 설명식 텍스트에 비하여 내러티브 활용 텍스트의 이점과 효과를 논하고 있다. 내러티브의 힘과 매력은 실생활에서도 쉽게 느낄 수 있는데, 잘 짜여진 내러티브를 갖춘 영화나 드라마가 사람들의 마음을 사로잡으며 큰 인기를 끄는 건 흔한 일이다. 2000년대 초반 학습 만화 붐을 일으킨 작품 중 하나인 『마법천자문』 역시 전형적인 내러티브 형식을 갖추고 있어 그 상업적 성공에는 내러티브의 힘이 한몫을 한 것으로 짐작된다. 이를 바탕으로 학습 만화의 유형을 크게 '설명식 만화'와 '스토리식 만화'의 두 가지로 분류하여, 학습 만화의 유형에 따른 학습 효과를 알아보고자 한다. 또한 만화 및 내러티브가 학습에 기여하는 데 중요한 역할을 하는 요소로 생각되는 '흥미'와 관련하여 만화와 내러티브를 살펴보도록 하겠다.

2. 지리 학습 만화

1) 학습 만화 붐과 지리 학습 만화

2000년대 이전에 학습을 위해 만화가 사용되는 경우는 흔치 않았다. 물론 이때도 학습 만화는 존재하였다. 2000년대 이전에 존재한 학습 만화의 초기 버전은 전집 형태로 영업사원들에 의해 판매되었는데(백은지, 2011), 그 시초는 1976년에 금성출판사에서 16권 올 컬러로 나온 『칼라과학학습만화』와 1979년 국사편찬위원회와 문교부가 제작에 참여한 『만화 한국사』로 볼 수 있다(이승진·강은원, 2014). 하지만 우리나라의 지리 학습 만화는 이보다도 더 이른 시기에 시작된 것으로 보인다. 이는 우리나라 지리 학습 만화의 시초를 월간 아동잡지 『소년』에 1973년부터 4년 이상 연재된 『솔봉이의 세계 여행』(박수동)에서 찾을 수 있기 때문이다. 이어 1975년부터 소년한국일보에 『시관이와 병호의 모험』(이원복)이 연재되는데 이 작품은 1981년부터 『먼 나라 이웃 나라』라는 이름으로 변경되어 1987년 책으로 출간되었다(서울경제, 2013년 5월 24일). 이 작품은 1987년에 고려원에서 6권으로 출간된 후, 1998년 출판사가 김영사로 변경되기 전까지 10년 동안 500만 부가 판매되었고(매일경제, 2006년 10월 31일), 누적 판매 부수 1700만 부를 넘어선 상태에서 2013년 15번째 권 '에스파냐 편'이 출간되었다(이데일리, 2013년 4월 8일). 하지만 『먼 나라 이웃 나라』 시리즈의 성공이 학습 만화의 붐으로 이어지지 못했고 이 시기에 이 작품의 성공에 고무되어 출간된 지리 학습 만화 역시 찾을 수 없었다. 그리고 『먼 나라 이웃 나라』 시리즈는 내용상 역사 관련 정보가 차지하는 비중이 커서 순수한 지리 학습 만화라고 하기 힘든 측면도 있다.

우리나라 학습 만화 붐이 시작된 시기를 구체적으로 따져 보면 2001년으로 볼 수 있다. 이는 경이로운 판매고로 학습 만화 붐을 이끈 『만화로 보는 그리스 로마 신화』, 『살아남기』 시리즈, 『Why?』 시리즈가 2001년에 출간되었기 때문이다. 그리고 이 작품들에 이어 2003년, 그 유명한 『마법 천자문』이 출간되며 이미 달아오르던 학습 만화 시장에 그야말로 기름을 끼얹게 된다. 2005년에 20권으로 완결된 『만화로 보는 그리스 로마 신화』를 제외한 나머지 세 작품은 2016년 현재까지도 이어지는 권의 출간이 계속되고 있다. 『Why?』 시리즈의 경우 287번째 권까지 나온 상태로 2015년 기준 누적 판매부수 6526만 부라는 기록을 세웠으며(한국경제, 2015년 10월 15일자), 『살아남기』 시리즈는 전 세계에서 2800만 부, 특히 일본에서만 판매고가 500만 부를 돌파하는 기염을 토하고 있다(머니투데이, 2016년 8월 29일). 2017년 9월에 40번째 권이 나온 『마법 천자문』은 2015년 기준 2000만 부 이상 판매되었다(머니S, 2015년 7월 28일). 출판만화 시장에서 초판이 2000부 이상 발행되기 힘들다는 점을 감안하면(백은지, 2011), 학습만화가 출판만화 시장을 좌지우지하게 된 것은 당연한 귀결이라 할 수 있다. 학습 만화의 붐 속에서 출판만화 시장에서 어린이·학습 만화의 제작비중은 증가에 증가를 거듭하여 2010년에는 전체 만화산업의 70.2%에 달하기도 하였다(문화체육관광부·한국콘텐츠진흥원, 2012).

그렇다면 2001년에 시작된 학습 만화 붐은 지리 학습 만화에 어떠한 영향을 미쳤을까? 이를 알아보기 위해 『먼 나라 이웃 나라』 시리즈를 제외하고 2000년 이후 출간된 우리나라의 지리 학습 만화를 인터넷 서점 YES24(www.yes24.com)를 통해 조사하였다. 시리즈의 경우 권수에 상관없이 1종으로 계산할 경우 본 연구에서 파악한 2000년 이후 지리 학습 만화는 총 26종 57권이었다(표 1). 그런데 2006년 이전에는 2000년에 한 권, 2002년에 한 권 외에는 출간된 지리 학습 만화가 없다. 2000년을 학습 만화 붐 이전이기 때문에 학습 만화 붐과 관계가 없고 2002년은 학습 만화 붐이 시작된 이후이긴 하나 워낙 초장기라 2002년에 나온 작품이 학습 만화 붐의 영향으로 나왔다고 보기는 힘들다.

표 1. 2000년 이후 출간된 지리 학습 만화

도서명	출간년	시리즈물(비고)
만화+영어로 즐기는 풍수지리	2000	
땅이 꾸물꾸물 이야기가 와글와글	2002	
가로세로 세계사 1권	2006	(총 4권. 현재는 먼 나라 이웃나라 16~19권으로 편입)
만화 사회 결정타 파악하기–세계지리	2006	
완전변태 한국지리 그림교과서	2007	고1사회–지리편
한국지리 만화교과서	2007	세계지리, 경제지리
만화로 보는 지식교과서 지리 문화로 배우는 사회	2008	
중학생이 되기 전에 꼭 읽어야 할 만화 지리 교과서 1 –한국지리	2008	
김정호의 지리노트	2008	콜럼버스의 세계지리 노트
황금교실 한국지리	2009	지도
한 발 먼저 알자! 알자!–지도	2009	(전체 시리즈 30권 중 6권이 지리 영역)
아기공룡둘리 세계대탐험	2009	(총 10권)
사회 교과서도 탐내는 궁금해 –한국지리	2009	(총 2권)
지식똑똑 지구촌 사회·문화 탐구	2009	(나라 단위를 기본으로 총 50권)
삼성사회학습만화–지도	2010	한국지리
명명백백– 고1 사회 지리	2010	한국지리

Why? 한국사-영토와 지리	2010	(Why? 한국사 시리즈 중 한 권)
질문을 꿀꺽 삼킨 사회 교과서 -한국지리 편	2010	세계지리 편
호동이와 로봇병정들 얘들아! 독도를 지켜라!	2011	
만화로 읽는 독도교과서	2011	
한권으로 끝내는 만화-세계지리	2011	
카툰지리	2012	
초등사회 개념짱-지리	2013	
택견소년 차길동 독도를 지켜라	2013	(총 3권)
지리와 지도	2014	(Why? 인문사회교양만화 시리즈 중 한 권)
브리태니커 만화 백과: 지리 시리즈	2015	(대륙별로 총 5권)
드래곤빌리지 지리도감	2017	(6권 스페인 편까지 출간)

또한 책의 내용이 학교에서 다루는 지리 내용보다는 산과 관련된 설화를 다루고 있는 정도에서 그치고 있다. 따라서 학습 만화 붐에 영향을 받아 출간된 첫 지리 학습 만화는 2006년 12월에 출간된 『만화 사회 타파 ① 세계 지리 편』으로 여겨진다. 더군다나 이 작품의 출판사가 학습 만화 붐의 주역인 『살아남기』 시리즈를 출간한 '아이세움' 출판사라는 점은 이 작품이 학습 만화 붐의 영향을 받아 탄생하였다는 추측에 더욱 힘을 실어 준다. 그렇다면 2001년 학습 만화 붐이 시작된 지 5년 만인 2006년에서야 지리 학습 만화에까지 그 영향이 미친 것이다. 물론 2006년 4월에 본 연구에서 지리 학습 만화로 분류한 『가로세로 세계사』(이원복) 시리즈의 첫 권이 출간되기는 하지만, 이 작품은 『먼 나라 이웃 나라』 시리즈의 연장선상에 있는 작품이라 학습 만화 붐의 영향을 받아 출간되었다고 보기는 힘들며 제목에서도 드러나듯 역사 내용의 비중이 크다. 표 1을 보면 지리 학습 만화가 2006년 이후 많지는 않아도 꾸준히 출간되고 있음을 알 수 있다.

2006년 이후 지리 학습 만화의 대상은 초등학생이 16종, 고등학생이 4종으로 대부분 초등학생을 대상으로 하고 있다. 이는 학습 만화 붐을 일으킨 작품들이 초등을 대상으로 하여 성공을 거둔 만큼, 초등학생을 대상으로 한 만화가 상품성이 있다고 출판사들이 판단했기 때문으로 사료된다. 특히 일부 작품들은 '선행 학습'이나 '특목고 대비'라는 표현을 쓰며 교육 마케팅을 적극 펼치고 있었다. 그리고 2011년부터 독도 관련 학습 만화가 출간되고 있는 점도 눈길을 끈다.

2) 다중 표상 학습과 지리 학습 만화

'다중 표상 학습'이란 용어는 강훈식 외(2005)의 연구에서 에인스워스(Ainsworth, 1999)가 다루는 다중 외적 표상(multiple external representations: MERs)이 제공되는 학습 상황 혹은 마이어(Mayer, 2003)의 '멀티미디어 학습(multimedia learning)'을 지칭하기 위해 쓰이고 있다. 즉 외적인 표상이 둘 이상 제공되는 학습을 다중 표상 학습이라 하는데, 글과 그림으로 이루어진 만화를 이용한 학습 역시 다중 표상 학습의 한 형태라 할 수 있다. 다중 표상 학습은 다음과 같은 여러 장점을 지닌다. 첫째, 이중 부호화 이론(dual coding theory; Paivio, 1986)에 따라 학습자들의 회상률을 높일 수 있으며, 둘째, 학습자의 흥미를 자극하고, 셋째, 특정한 외적 표상에 대해 학습자가 잘못된 해석을 내리는 것을 막아줌으로 개념의 심도 있는 이해를 도울 수 있을 뿐 아니라(Ainsworth, 1999) 넷째, 문제 해결 과제에서 더 나은 수행으로 이끌기도 한다(Mayer and Sims, 1994). 하지만 다중 표상 학습의 긍정적 효과에대한 회의적 시각 또한 존재한다. 다중 표상 학습을 하는 동안 학생들은 다양한 외적 표상들을 연계하고 통합하는 과정을 거치게 되는데(Mayer, 2003) 실제로 많은 학생들이 이를 어려워하는 것으로 보고되었다(Kozma and Russell, 1997). 화학 개념 학습 상황에서는 학생들이 표상 간 연계에서 여러 가지 오류를 범하는 것으로 나타났으며(강훈식 외, 2008b; 강훈식 외, 2008c). 지리 학습 상황의 경우에서도 그림과 텍스트가 함께 제시된 자료가 그림만 제시된 자료보다는 높은 학습 효과를 보이나 텍스트만을 제시한 자료와는 통계적으로 유의한 차이가 없어(박선미, 2012) 다중 표상 학습의 무조건적인 효과를 주장하기엔 무리가 있다.

다중 표상 학습이 효과적으로 이루어지기 위해서는 학생들이 외적 표상을 연계하고 통합하는 것을 촉진시키고 도와줄 방안이 요구되는데(Ainsworhth, 1999), 그 방안 중 하나로 다중 표상 학습의 한 형태인 만화의 역할을 기대해 볼 수 있다. 이는 만화가 일반적인 다중 표상 학습의 형태인 '삽화가 딸린 글'과는 달리 '칸'이라는 구조를 지니고 있기 때문이다. 만화는 칸 안에 서로 관련 있는 글과 그림이 공존한다. 이때 글은 상황 혹은 그림에 대한 설명일 때도 있고 만화상의 인물이 말하는 대사일 수도 있으며 의성어일 수도 있다. 근접효과(contiguity effect)는 대응되는 그림과 단어들이 가까이 제시될 경우 학습효과가 높은 현상을 의미하는데(Mayer, 2003; 이은경, 2009), 이은경(2009)은 카나트와 찬정을 소재로 한 지리 학습자료에서 삽화와 본문이 공간적으로 근접하게 제시된 경우의 학습 효과가 높다는 결과를 얻었다. 그는 언어 정보와 시각 정보가 근접할수록 작동기억 내에서 활성화가 용이하여 두 정보 간의 결합이 잘 이루어지기 때문에 이러한 결과가 나온 것으로 해석하였다. 만화는 칸 안에서 글과 그림이 이미 연계되어 제시되기 때문에 이러한 근접효과에 의해 학습자들이 글과 그림을 연계, 통합하기가 수월할 것으로 예상된다. 그리고 근접효과 자체는 삽화 가까이 글을 배치함으로 얻을 수 있겠지만, 만화의 장점은 내용이 태생적으로 쪼개져 칸으로 분산이 되어 있다는 것이다. 자료 제시 등 교수 디자인에 의한 인지적 부담을 외재적 인지부하(extraneous cognitive load)라고 하는데(Sweller et al., 1998; 박선미 외, 2012), 내용 전체가 하나의 삽화와 이에 대한 글로 제시된다면 학생들이 느낄 외재적 인지부하는 클 것이다. 따라서 내용이 칸으로 분산되어 있는 만화의 경우 근접효과와 함께 외재적 인지부하 감소 효과까지 있을 것으로 기대된다. 실제 만화와 삽화+텍스트, 텍스트의 읽기시간을 비교한 연구(이명진·김성일, 2003)를 보면 삽화+텍스트의 읽기 시간이 가장 오래 걸리고 그다음이 텍스트이며 만화의 읽기 시간이 가장 적게 걸려 만화의 외재적 인지부하가 적다는 것을 암시하고 있다.

지리교육 맥락에서 만화의 교육적 활용과 관련한 연구를 살펴보자면 조정옥(2002)은 학습지 문제를 문장으로 제시할 때보다 그림으로 제시할 때 학생들이 더 재미있어하고 좋아한다는 설문 결과를 얻었으나 학생들의 이해를 돕기 위해서는 그림 밑에 간단한 설명을 추가하면 더욱 효과적일 것으로 보았는데, 그림과 글이 결합한다는 점에서는 만화와 유사한 개념으로 볼 수 있다. 또한 그는 그림 학습지의 제작에 있어 글에 너무 의존하지 않게 하기 위해 만화와 같은 다양한 시각자료의 활용을 제안하였다. 조지욱(2003)은 흥미를 고려한 지리 학습 교재를 개발하여 학생들의 반응을 조사하였는데, 학생들의 흥미를 끌기 위한 한 요소로 칸을 쓰지는 않았지만 칸 만화와 유사한 형태를 사용하여 학생들에게 긍정적인 반응을 이끌어 내었다.

3) 학습 만화의 유형과 내러티브

본 장에서 학습 만화를 설명식과 스토리식으로 분류한 것은 '내러티브(Narrative)'란 개념을 기반으로 이루어 졌다. 내러티브는 사회과학 분야뿐만 아니라 인문학, 교육학과 교과과정 영역에서 주목받고 있는 개념 중 하나로서 한승희(1997)는 내러티브를 하나의 이야기, 즉 시간적 연쇄로 이루어진 일련의 사건들이며 '서사체'와 가장 가깝다고 하였다. 내러티브의 형태는 매우 다양하여 신문, 소설, 자서전, 전기 등이 다 포함되며(이흔정, 2004) 이 논문의 주제인 만화 역시 내러티브의 표현 형태로 쓰일 수 있다. 강현석(2005)은 교육 과정에 있어 합리주의적 도식(rationalistic scheme)에 의해 교육 과정 체제가 이론과 지식을 강조하는 방향으로만 과도하게 강조되며 내러티브 교육과정은 무시되고 배제되는 문제를 야기하였다고 본다. 그는 교육과정의 편향성이 인간의 사고방식과 삶에 배치되는 일이기에 교과목 개발과 교과서 서술방식에 적용할 것을 제안하였다. 즉, 교과 내용의 전달 방식, 표현과 제시 방식에 학생들이 자연스럽게 이해할 수 있는 내러티브 구조 – 이야기 구조를 활용하자는 것이다. 또한 이흔정(2004)은 내러티브와 교육의 관계를 살펴보면서 내러티브가 기억을 증진할 수 있는 구조를 가지고 있으며, 구조화의 작용인 상상력을 계발할 수 있다고 말한다.

그렇다면 지리교육에서는 내러티브에 어떻게 접근하여 왔는가? 조철기(2011b)는 기존 지리교육의 주된 흐름인 지역지리교육과 실증주의 지리교육에서는 내러티브가 주목받지 못했으나, 1970년대 이후 탈실증주의 경향과 내러티브를 중시하는 구성주의의 영향으로 인해 내러티브에 눈길을 돌리게 되었으며, 가령 개인지리는 내러티브로 볼 수 있다고 설명한다. 그에 따르면 내러티브를 통해 지리적 상상력과 이로 인한 장소감, 공감적 이해, 공간 현상에 대한 맥락적 이해, 지리적 사고를 발달시킬 수 있으며, 내러티브는 지리 수업의 중요한 소재와 수단을 제공할 수 있다. 따라서 그는 인간이 배제된 설명적 텍스트에서 내러티브 텍스트로의 전환 모색을 촉구하였다. 이와 관련한 실천적 연구로 그는 낙동강 유역을 사례로 내러티브 텍스트를 활용한 지역학습 전략(조철기, 2012)과 내러티브를 통한 딜레마를 활용한 지리 수업 방안(조철기, 2013b)을 제안하였다. 또한 손유정·남상준(2009)은 내러티브를 장소학습에 있어 방법적 소재 및 장소감과 정체성을 발달시키기 위한 도구로 보았으며, 어린이들이 공동체 내러티브에 참여함으로 장소를 만들어 간다고 하였다. 지리교육을 위한 텍스트에 내러티브를 실제 적용한 연구로는 박복순(2005)과 김동환(2005)의 연구가 있다. 박복순(2005)의 연구에서는 세계 지리 텍스트에 있어 설명적 텍스트와 이야기 텍스트의 선호도와 학습 효과를 비교하였는데, 대부분의 항목에서 학생들은 이야기 텍스트를 설명적 텍스트보다 선호하였고 학습 효과 역시 높은 것으로 나타났다. 또한 이야기 텍스트는 학습자들의 사고력과 표현을 더욱 풍부하게 하고 대상 지역에 대한 관심과 우호적인 태도를 갖게 만들며 감정 이입을 돕는 것으로 나타났다. 김동환(2005)의 연구에서는 지역 지리 학습에서 내러티브 텍스트의 화자에 대한 연구를 하여, 학생이 선호하는 화자의 글로 학습했을 때 더욱 높은 학습 효과를 보인다는 결과를 얻었다.

지리교육에서의 내러티브에 대한 관심은 지리 교과서에서 내러티브의 실제 사용으로 이어진 것으로 보인다. 조철기(2011a)에 따르면 우리나라 한국지리 교과서의 경우 제6차 교육과정에서는 내러티브를 보기 힘든 반면, 7차 교육과정 교과서에서는 내러티브의 활용이 풍부해졌으며 특히 문학 작품을 활용하기도 하는데 이는 영국과 일본 교과서에서는 보기 힘든 측면이다. 하지만 우리나라 교과서의 경우 내러티브가 주로 도입이나 읽기자료, 탐구활동에 쓰여 설명식 텍스트의 보조 역할에 그치는 데 반해, 영국의 『Geog.』의 경우 실제 인물의 자전적 내러티브가 주를 이루어 본문에서도 전반적으로 쓰이고 있다(조철기, 2011a). 또한 오스트레일리아 빅토리아주에서 개발된 지리교과서인 『Heinemann Geography: A Narrative approach(하이네만 지리: 내러티브 접근)』 역시 본문 전체에 걸쳐 여러 종류의 내러티브가 적극 활용되고 있다(조철기, 2013b).

이러한 내러티브 개념에 기반하여 본 연구에서 학습 만화의 한 유형으로 설정한 스토리식 학습 만화는 코믹스라고 불리는 가장 일반적으로 접할 수 있는 만화 유형을 따른다고 할 수 있다. 스토리식 만화는 서사의 형식을 띠어 시간적 연쇄에 따라 사건이 진행되며 주인공이 뚜렷하다는 특징이 있다. 또한 스토리식 만화에서는 말풍선을 통한 주인공들의 대화가 활발히 이루어진다. 2000년대 초반 학습 만화 붐의 주역인 『마법 천자문』은 스토리 학습 만화의 전형적인 예이다.

이에 반해 본 연구에서 설정한 학습 만화의 다른 유형인 설명식 학습 만화는 칸으로 구획된 만화의 형태를 지니며 각 칸마다 상단부에 1~2줄의 설명이 들어가는데, 설명식 학습 만화에서 그림은 설명에 대한 삽화와 같은 역할을 하게 된다. 설명식 학습 만화는 스토리가 없기 때문에 내레이터가 등장할 수는 있어도 스토리상의 주인공은 등장하지 않는다. 설명식 만화에서도 말풍선을 쓸 수 있지만 이는 어디까지나 설명을 위한 것이 대부분으로 스토리식 만화와는 그 역할이 다르다. 『먼 나라 이웃 나라』 시리즈는 설명식 학습 만화의 대표적인 사례라 할 수 있다. 그리고 『먼 나라 이웃 나라』 시리즈 각 권의 도입부와 말미에 작가 자신 등의 캐릭터들이 등장하기는 하지만, 이야기의 주인공이 아니라 내레이터의 역할을 할 뿐이다.

4) 흥미의 관점에서 바라본 학습 만화와 내러티브

만화와 내러티브가 학습에 효과적일 수 있는 이유는 여러 가지를 들 수 있겠으나 '흥미'를 빼놓고는 설명하기가 힘들 것이다. 교육적 맥락에서 흥미에 대한 관심을 가지는 것은 어제오늘의 일이 아니며 19세기 초 헤르바르트(Herbart)부터 듀이(Dewey), 제임스(James), 셰펠레(Schiefele)와 같은 여러 학자들이 관심을 보여 왔다(윤미선·김성일, 2003). 흥미가 학습에 긍정적인 영향을 미칠 수 있는 것은 흥미가 내재적 동기를 유발할 수 있기 때문이다(Csikszent-mihalyi, 1990; 김성일, 1996; 임효진, 2012). 인간은 어떤 행동에 내재적 동기를 가지게 되면 외재적인 보상이 없음에도 그 행동을 장시간 동안 수행하게 된다(김성일, 1996). 하지만 좋은 성적을 내기 위해서만 공부를 한다는 것은 외재적인 보상을 위해 공부를 한다는 것인데, 이렇게 외재적 보상만을 위해 공부한 학생은 그 보상이 사라지고 나면 오히려 상당 기간 학습에 대한 회피행동이 나타나게 된다(김성일 외, 2008). 게다가 어떤 학생이 외재적 보상에도 관심이 없다면 학습 자체가 거의 이루어지지 않을 수도 있다. 따라서 내재적 동기는 성취 욕구의 강약에 상관없이 학습에 있어 중요성을 가지는데, 여러 연구들은 이 내재적 동기와 흥미가 밀접한 관계를 맺고 있다는 것을 보여 준다. 뿐만 아니라 흥미는 학습 과정, 학습 결과에 중요한 영향을 미치는 변인이기도 하다(우연경, 2012).

흥미에 대한 여러 연구들(Hidi, 1990; Hidi and Renninger, 2006; Schraw and Lehman, 2001)은 흥미를 크게 개인적 흥미(individual interest)와 상황적 흥미(situational interest)로 구분하고 있다. 이에 따르면 개인적 흥미는 특정 주제에 대한 주관적이고 지속적인 선호도인 반면, 상황적 흥미는 환경에 의해 즉각적으로 생기는 정서 반응이며 여러 사람에게 공통적으로 나타나는 경향이 있다. 그렇다면 학생이 일시적인 상황적 흥미보다 안정적인 개인적 흥미를 학업 주제에 대하여 가지게 된다면 금상첨화일 것이다. 하지만 학습 상황에서는 개인적 흥미보다는 상황적 흥미가 더욱 중요할 수 있다. 이는 첫째로 개인적 흥미가 개인차가 심한 데다 발달하는 데 오랜 시간이 걸리기 때문이며, 둘째로 상황적 흥미가 실제 수업, 학습 상황과 밀접한 관련이 있기 때문이다(김성일 외, 2008). 실제로 상황적 흥미에 관한 연구는 텍스트나 교수법 같은 학습 환경을 다룬다(김성일·윤미선,2004). 게다가 개인적 흥미의 발달에 중요한 역할을 하는 것도 결국은 상황적 흥미이다(김성일 외, 2003). 이를 바꿔 말하면 지리 수업 자료가 흥미로우면 지리 과목에 대한 개인적 흥미가 생길 수 있다는 것이다.

상황적 흥미 중에서 글을 읽을 때 발생하는 흥미를 가리켜 '글에 근거한 흥미(text-based interest)'라고 한다(Hidi and Baird, 1988). 그렇다면 본 연구에서 다룰 흥미는 이와 비슷한 맥락으로 지리 학습 만화를 읽을 때 발생하는 상황적 흥미라 할 수 있다. 킨치(Kintsch, 1980)는 글에 근거한 흥미(상황적 흥미)를 다시 정서적 흥미(emotional interest)와 인지적 흥미(cognitive interest)로 구분하였다. 정서적 흥미란 폭력, 성(性)과 같은 내용이나 기쁨, 분노와 같은 정서반응을 일으키는 내용에 의해서 발생되며, 인지적 흥미는 글의 구조와 전개방식에 의해 발생한다. 그런데 만화는 정서적 흥미와 인지적 흥미 둘 다 일으킬 수 있다. 이명진·김성일 (2003)은 만화의 외현적 특징(그림, 등장인물들의 행동)으로 인해 정서적 흥미를 유발시킬 가능성이 큰 것으로 보았다. 실제로 그는 학습 재료의 양식을 ① 텍스트, ② 삽화+텍스트, ③ 만화로 분류하여 학습을 하여 셋 중에서 만화가 유발하는 정서적 흥미가 텍스트보다 크다는 결과를 얻었다. 만화와 삽화+텍스트의 정서적 흥미는 차이가 나지 않았는데 이러한 결과는 삽화+텍스트에서 만화에 사용된 만화체의 그림 중 하나를 삽화로 사용했기 때문으로 추측된다. 다음으로 만화와 인지적 흥미에 관련하여 보자면, 인지적 흥미는 추론을 통해 발생하는데 (Kim, 1999), 만화의 경우 언어정보와 그림정보 간의 대응과정을 통한 인지적 흥미가 발생할 가능성이 높다(이명진·김성일, 2003). 동시에 임묘진·김성일(2006)은 칸과 칸으로 나누어진 만화를 읽을 때 칸 사이의 여백을 상상하고 추론해야 하는 능동적 인지적 활동을 학습자가 하게 되므로 만화가 본질적으로 인지적 흥미를 유발하는 구조를 가지고 있다고 본다. 내러티브 역시 흥미를 유발할 가능성이 높다. 내러티브는 정서적 흥미를 자극할 수 있는 소재를 자유롭게 쓸 수 있기 때문이다. 그리고 이야기의 구조를 어떻게 만드느냐에 따라 추론에 의한 인지적 흥미를 자극할 수 있게 구성할 수 있다.

3. 지리 학습 만화의 효과를 알아보기 위한 연구 설계

1) 학습지 및 선호도 설문지와 학습 효과 검사지 개발

일반적으로 많이 쓰이는 삽화 텍스트와 학습 만화의 두 유형의 학습자 선호도와 학습 효과를 알아보기 위하여 세 가지 유형의 학습지와 선호도 설문지, 학습 효과 검사지가 개발되었다. 학습지에 들어갈 내용으로는 자연지리 영역에서 선호도와 학습 효과를 검증하고자 고등학교 한국지리에서 다루는 자유 곡류 하천을 선택하였다. 장의선(2004)에 따르면 학생들이 선호하는 지리과 내용 영역이 ① 문화·역사지리, ② 도시·경제지리, ③ 환경지리, ④ 지도학 및 GIS, ⑤ 자연지리 영역 순으로 나타났으며, 현장 교사들은 지리교사의 전문성을 말해 주는 가장 특징적인 영역으로 자연지리 영역을 꼽았고 학생들은 자연지리 영역을 제일 어려워한다고 한다. 따라서 학생들이 제일 어려워하며 선호도가 낮은 자연지리 영역에서 학습 만화의 학습적 효과를 검증하는 것이 더욱 의미가 있을 것으로 판단하고 자연지리 영역에서 소재를 선택하였다.

학습지는 세 가지 유형(삽화 텍스트, 설명식 학습 만화, 스토리식 학습 만화)으로 제작되었다. 세 유형 모두 한국지리 교과서 및 참고서를 바탕으로 제작하며, 곡류 하천의 의미, 하천이 곡류하는 과정, 자유 곡류 하천의 의미, 우각호의 생성 등의 내용이 동일하게 제시된다. 즉 설명식 학습 만화와 스토리식 학습 만화는 전달하고자 하는 학습 내용에 있어서는 삽화 텍스트와 차이가 없으며 그 전달 형식에 있어 다를 뿐이다. A4 1페이지 분량으로 제작된 삽화 텍스트 학습지는 일반적으로 많이 쓰이는 방식과 학습 만화와 비교를 위한 것이다. 따라서 그림 1에서 볼 수 있듯 삽화 텍스트는 일반적인 교과서나 참고서처럼 텍스트와 삽화로 이루어져 있다. 그리고 삽화 텍스트에서의 텍스트 서술 방식은 일반적인 교과서와 동일한 설명문 양식으로 되어 있다. 학습 만화 학습지는 'Painter'라는 프로그램을 이용하여 필자가 직접 그려 개발하였는데, 그림 2는 총 4페이지(A4 양면 1장)로 제작된 설명식 학습 만화 학습지의 첫 페이지를 보여 주고 있다. 설명식 학습 만화의 각 칸 상단부에는 1~2줄의 설명이 들어가며, 삽화 텍스트와 거의 같은 글귀가 칸마다 나뉘어 배치되어 있다. 어떤 크기로 인쇄하느냐에 따라 달라지겠지만, 설명 자체는 삽화 텍스트와 큰 차이가 없으

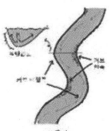

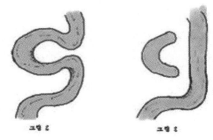

그림 1. 삽화 텍스트 학습지

나 만화라는 형식 때문에 삽화 텍스트보다 분량이 늘어나게 된다. 그림 3은 총 8페이지(A4 양면 2장)로 제작된 스토리식 학습 만화 학습지의 첫 페이지를 보여 주고 있다. 내러티브에 기반한 스토리식 학습 만화 학습지는 특정 상황 속에서 주인공이 등장하고 스토리가 진행되는 특징 때문에 설명식 학습 만화 학습지보다 두 배의 분량이 요구되었다. 스토리식 학습 만화 학습지는 한 지리학자가 평야지대에 갑자기 생긴 괴호수의 비밀을 밝히러 가는 내용을 담고 있는데, 인지적 흥미를 자극하기 위하여, 미스터리를 파헤쳐가는 내용으로 구성되었다.

선호도 설문지는 박복순(2004)과 김동환(2005)의 연구에서 사용된 선호도 설문지를 바탕으로 제작되었다. 선호도 설문지는 학습지에 대한 흥미와 흥미의 지속도, 집중도, 친밀감, 자유 곡류 하천이란 소재에 대한 관심 유발 및 과목에 대한 관심 유발, 자료의 신뢰성 등을 묻는 문항 7개로 되어 있으며 각 문항에 대하여 그렇다고 생각하는 자료를 둘 중에 하나 고르거나 '차

이 없다.'를 고르게 하였다. 그리고 마지막에 의견을 자유롭게 기술하도록 하는 서술형 문항을 하나 더 추가하여 학습자료와 관련한 학생들의 생각을 더욱 심도 있게 알아보고자 하였다. 학습 효과 검사지는 학습지의 내용에 대한 총 5문항으로, 5지선다 객관식 2문항, 4지선다 객관식 1문항, 빈 칸 채우는 형식의 단답형 주관식 1문항, 서술형 주관식 1문항으로 구성되어 있으며 만점을 10점으로 하여 채점되었다.

2) 참가자 및 학습 절차

참가자는 한국지리 교과서를 바탕으로 개발된 학습지의 내용 수준을 고려하여 고등학생으로 선정하였다. 하지만 사전 지식에 의한 영향을 최소화하기 위해 아직 하천에 대하여 학습하지 않은 고등학교 1학년으로 제한하기로 했다. 전체 참가자는 선호도 설문 그룹과 학습 효과 검사 그룹으로 나누어진다. 선호도 설문 그룹은 다시 학습 만화 활용 그룹과 학습 만화 유형 그룹으로 나뉜다. 학습 만화 활용 그룹은 삽화 텍스트와 학습 만화를 비교하기 위한 그룹이다. 이 그룹은 서울시 내 B 고등학교 1학년 4개 학급 147명(남 60, 여 87)으로 구성되었다. 학습 만화가 두 유형으로 개발되었지만 두 유형 간 선호도 비교는 어차피

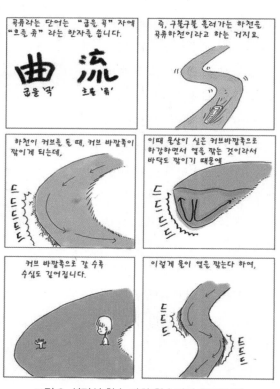

그림 2. 설명식 학습 만화 학습지의 첫 페이지

학습 만화 유형 그룹에서 이루어질 것이고, 세 가지를 한꺼번에 비교하는 것보다는 두 가지씩 비교하는 것이 더 정확한 결과를 얻을 것으로 판단되어 삽화 텍스트와 한 가지 유형의 학습 만화를 짝지어 제공하기로 하였다. 따라서 2개 학급에는 삽화 텍스트와 설명식 학습 만화가 제공되었고, 다른 2개 학급에는 삽화 텍스트와 스토리식 학습 만화가 제공되었다. 그리고 선호

도 결과를 계산할 때에는 유형에 상관없이 전부 합산하였다.

학습 만화 유형 그룹은 두 가지 유형의 학습 만화 간의 선호도를 비교하기 위한 그룹이다. 이 그룹은 서울시내 B 고등학교 1학년 6개 학급 213명(남 102, 여 109)으로 이루어지는데 모든 학급에 두 가지 유형의 학습 만화 학습지가 제공되었다. 선호도 설문을 실시할 때 순서에 의한 영향을 최소화하기 위해 학습 만화 활용 그룹은 자료 별로 두 반씩, 학습 만화 유형 그룹은 자료 별로 세 반씩 묶어 자료를 제시하는 순서를 달리하였다.

학습 효과 검사의 경우, 서울시에 위치한 S고등학교 1학년 6개 학급 206명(남 104, 여 102)을 대상으로 하

그림 3. 스토리식 학습 만화 학습지의 첫 페이지

였다. 6개 학급 중 2개 학급씩 삽화 텍스트, 설명식 만화, 스토리식 만화가 각각 주어졌다. 학생들은 수업시작과 동시에 10분간에 걸쳐 학습지를 읽었고, 수업 끝나기 전 10분 동안 학습 효과 검사지에 응답을 하였다. 학습지를 수업 초반에 읽게 하고 학습 효과 검사지 응답은 수업 끝나기 직전에 실시 한 이유는, 학습지를 읽은 직후의 기억 정도보다는, 어느 정도 시간이 지난 후의 기억 정도를 확인해 보기 위해서이다.

4. 선호도 설문 결과와 학습 효과 검사 결과

1) 학습 만화 활용에 대한 선호도

학습 만화 활용에 따른 선호도를 알아보기 위해 학생들의 응답을 삽화 텍스트와 학습 만화

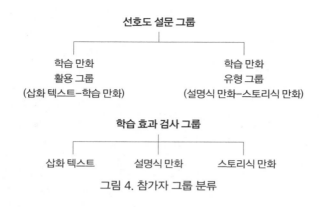

그림 4. 참가자 그룹 분류

표 2. 학습 만화 도입에 관한 선호도 설문 결과

단위: 명(%)

문항	영역	질문	선택 사항		
			삽화 텍스트	학습 만화	차이 없다
1	전체적 흥미	어떤 자료가 더 재미있었습니까?	11(8)	124(84)	12(8)
2	흥미의 지속도	끝까지 읽고 싶은 마음이 더 드는 자료는 어떤 것입니까?	18(12)	115(78)	14(10)
3	집중도	어떤 자료가 더 집중이 잘 되었습니까?	39(26)	98(67)	10(7)
4	친밀감	어떤 자료가 더 친밀하게 느껴집니까?	18(12)	121(82)	8(6)
5	주제에 대한 관심유발	어떤 자료가 자유 곡류 하천에 대한 관심이 더 생기게 합니까?	17(12)	111(75)	18(13)
6	과목에 대한 관심유발	사회 과목에 더욱 관심이 생기게 하는 자료는 어떤 것입니까?	21(14)	102(70)	24(16)
7	신뢰도	자유 곡류 하천에 대해 친구에게 설명할 때, 어떤 자료를 사용하겠습니까?	48(33)	96(65)	3(2)

에 대해 합산한 후 전체에 대한 비율을 계산하여 표 2과 같이 정리하였다. 통칭하여 '선호도'라는 표현을 썼지만 흥미를 비롯한 7가지 영역에 대하여 설문을 하였고 학생들이 의견을 자유기술 할 수 있게 하여 가능한 폭넓은 분석을 하고자 하였다.

일단 전체적인 흥미와 흥미의 지속도, 친밀감 영역에서 학습 만화를 선택한 비율이 80% 정도에 이를 정도로 압도적인 것을 알 수 있다. 학습자료에 일단 관심이 가더라도 일시적인 관심에 그치고 자료를 끝까지 볼 마음이 들지 않는다면 학습에 있어서 의미가 많이 퇴색되는데 흥미의 지속도를 물어보는 2번 문항에서 학습 만화를 선택한 비율이 확연히 높다는 것은 학습 만화 쪽이 학습의 완결성을 더해 줄 수 있음을 보여 준다. 이 같은 결과와 더불어 "만화가 이해가 더 쉽다."는 학생들의 자유기술 응답이 다수 나타나 학습 만화가 학습 효과에도 긍정적 영향을 미칠 수 있음을 예견할 수 있다. 게다가 친밀감을 물어보는 4번 문항에서 삽화 텍스트보다 학습 만화를 7배 가까이 선택하였다는 것은 학생들이 만화라는 형식에 대하여 얼마나 친숙한지를 보여 준다. 평소 삽화 텍스트를 학습 상황에서 접함에도 불구하고 "눈에 잘 안 들어 온다." 혹은 "읽기가 싫다."는 학생들의 자유기술 응답이 여럿 있었다.

어떤 학습자료가 학습 주제와 과목에 대한 관심을 더욱 유발시키는지에 대한 5번 문항과 6번 문항에서도 70% 이상의 학생들이 학습 만화를 선택하였다. 상황적 흥미는 학습자료에 의해 생겨날 수 있는 일시적인 흥미이지만, 지속적인 개인적 흥미로 발달하는 데 중요한 역할을 한다(김성일 외, 2003). 이는 학습자료의 선택에 따라 학습 주제 및 과목에 대한 흥미도도 좌우될 수 있다는 것으로 학습에 있어 가지는 의의가 크다.

집중도를 물어보는 3번 문항에서는 전체의 67%가 학습 만화를 택하였는데 다른 문항들에 비해서는 학습 만화의 선택률이 다소 낮은 편으로 7번 문항의 신뢰도에서의 선택 비율인 65%와 거의 비슷하다. 흥미롭기는 하지만 중요하지 않은 정보를 "유혹적 세부정보(seductive details)"라고 하는데, 유혹적 세부정보는 종종 중요한 정보의 기억에 부정적인 영향을 미칠 수 있다(Garner, Gillingham, and White, 1989). 즉, 학습자들의 반응은 만화의 요소들이 유혹적 세부정보로 작용하여 학습에 방해가 될 수 있다는 우려를 표하는 것으로 해석된다. 낮은 집중도는 낮은 신뢰도로 이어진 것으로 보이는데 박복순(2005)의 텍스트 유형에 따른 연구 결과에서도 선호도가 높다고 반드시 신뢰도가 높게 나오지 않았다. 이 같은 결과는 텍스트라는 형식이 지니는 신뢰성 때문으로 여겨지며 어느 정도 예상되었던 결과이다. 그럼에도 불구하고 타인에게 설명할 때 사용할 자료로 65%의 학생들이 학습 만화를 선택했다는 것은 학습자료로서 학습 만화가 삽화 텍스트에 비해 결코 낮지 않은 신뢰도를 가지고 있음을 보여 준다.

2) 학습 만화의 유형에 따른 선호도

그럼 학습 만화의 두 가지 유형(설명식, 스토리식)에 따른 선호도는 어떠할까? 우선 전체적인 흥미도를 묻는 1번 문항에는 전체의 70%의 학생들이, 그리고 흥미의 지속도를 묻는 2번 문항에는 60%에 가까운 학생들이 스토리식 만화를 선택했다. 이는 내러티브 구조가 흥미를 자극한다는 사실을 확인시켜 주며, 같은 만화 형식이라도 유형에 따라 흥미가 다를 수 있음을 보여 준다. 자유기술 응답에도 스토리식 만화에 이야기가 있어서 흥미롭다는 의견이 많았으며, 설명식 만화에 있어서는 설명식 만화는 딱딱하고 지루하다는 부정적 응답들이 눈에 띄었다.

표 3. 학습 만화 유형에 따른 선호도 설문 결과

단위: 명(%)

문항	영역	질문	선택 사항		
			스토리식	설명식	차이 없다
1	전체적 흥미	어떤 자료가 더 재미있었습니까?	148(70)	33(15)	32(15)
2	흥미의 지속도	끝까지 읽고 싶은 마음이 더 드는 자료는 어떤 것입니까?	126(59)	58(27)	29(14)
3	집중도	어떤 자료가 더 집중이 잘 되었습니까?	96(45)	89(42)	28(13)
4	친밀감	어떤 자료가 더 친밀하게 느껴집니까?	144(68)	37(17)	32(15)
5	주제에 대한 관심유발	어떤 자료가 자유 곡류 하천에 대한 관심이 더 생기게 합니까?	116(54)	51(24)	46(22)
6	과목에 대한 관심유발	사회 과목에 더욱 관심이 생기게 하는 자료는 어떤 것입니까?	110(52)	49(23)	54(25)
7	신뢰도	자유 곡류 하천에 대해 친구에게 설명할 때, 어떤 자료를 사용하겠습니까?	91(42)	95(45)	27(13)

친밀감에 대하여 물어보는 4번 문항에서도 70%에 가까운 학생들이 스토리식 만화를 선택한 것은, 등장인물이 존재하고 줄거리가 있는 스토리식 만화의 내러티브 구조가 학습자들에게 더 자연스럽기 때문으로 추측된다. 실제로 주인공을 언급하며 호감을 표시하는 자유기술 응답이 다수 관찰되었다.

학습 주제에 대한 관심 유발에 대해 물어본 5번 문항과 과목에 대한 관심 유발에 대해 물어본 6번에서도 설명식 만화를 선택한 비율의 두 배인 50% 이상의 학생들이 스토리식 만화를 선택했다. 따라서 스토리식 만화의 활용은 자유 곡류 하천 같은 학습 주제뿐만 아니라 지리라는 과목에 대한 관심을 높이는 데 일조할 것으로 기대된다.

집중도를 물어보는 문항 3번은 앞서 언급한 대로 설명식 만화와 스토리식 만화의 두 항목만 비교할 경우 통계적 차이가 나타나지 않았다. 이 같은 결과는 학습자들의 자유 서술 내용을 고려해 볼 때, 많은 학습자들이 특별한 스토리 없이 정리되어 있는 설명식 만화가 학습할 때 집중하기에는 더 유리한 것으로 여기기 때문으로 보인다. 일부 학습자들은 스토리가 흥미를 불러일으키지만 스토리에 너무 빠져들어 학습에 주요한 내용을 놓칠 수도 있다는 응답을 보였다. 이러한 학습자들의 반응은 앞서 언급한 유혹적 세부정보에 대한 우려를 떠올리게 한다.

집중도와 마찬가지로 신뢰도 역시 설명식 만화와 스토리식 만화의 두 항목 간의 차이는 통계적으로 유의하지 않았다. 흥미에 있어서 스토리식 만화가 우위를 보인 반면 신뢰도에서는 차이가 나타나지 않는 것은 앞서 언급한 것처럼 선호도가 높다고 신뢰도도 높은 것이 아니라는 사실을 재확인시켜 준다. 학습자들은 스토리식 만화에 흥미를 더 느끼면서도 정보를 전달받을 때 더 익숙한 방식인 설명식 만화가 더 신뢰도가 있다고 생각하는 것으로 추측된다.

3) 학습 만화의 학습 효과

선호도 검사는 학생들이 삽화 텍스트에 비해 학습 만화를, 그리고 설명식 만화에 비해 스토리식 만화를 전반적으로 선호함을 보여 준다. 이 같은 결과가 실제적인 학습 효과로 이어지는 표 4의 학습 효과 검사 결과와 함께 살펴보자.

쉐페(Scheffe) 사후 분석을 이용하여 집단 간 차이를 살펴보면 우선 학습 만화의 두 유형 모두 삽화 텍스트보다 유의하게 높은 학습 효과를 보이고 있다. 이 같은 결과는 이론적 고찰이나 선호도 결과에서 예견된 것처럼 만화의 두 유형 모두 삽화 텍스트보다 학습에 실제로 유리할 수 있다는 것을 보여 준다. "만화로 보면 부담이 덜 된다.", "텍스트는 이해가 안 돼서 다시 읽고 또 읽어 봤는데, 만화는 훨씬 이해가 잘 간다.", "만화가 글 읽는 것보다 편했다." 등의 학생들의 자유기술 응답들은, 삽화 텍스트나 학습 만화 둘 다 다중 표상 학습의 형태이지만, 학습 만화를 읽을 때 학생들이 느끼는 인지부하가 적고 표상 간 연계가 더욱 용이했음을 추측케 해 준다. 또한 만화 쪽이 "지루하지 않다." 혹은 "재미있다."라는 학생들의 응답들은 만화가 상황적 흥미를 발생시킨 것으로 해석할 수 있다. 특히나 "그림이 웃겼다."라고 하는 응답은 학생이 상황적 흥미 중에서도 정서적 흥미를 느꼈다는 것을 알게 해 주는데, 이 때문에 원래 만화를 좋아하지 않는 이 학생이 "계속 보고 싶었다."라고 응답한 것은 고무적인 일이다.

다음으로 만화의 유형에 따른 차이를 보자면 쉐페 사후 분석 결과 스토리식 만화가 설명식 만화보다 유의하게 높은 학습 효과를 보이고 있다($p<0.001$). 이 역시 이론적 고찰이나 선호도

표 4. 집단별 학습 효과 검사 결과

집단	평균	표준편차	F	p
삽화텍스트	4.12	1.96		
설명식 만화	5.73	1.9	37.866	<.001
스토리식 만화	7.03	2.04		
쉐페 사후 분석	삽화텍스트<설명식 만화* 삽화텍스트<스토리식 만화* 설명식 만화 <스토리식 만화**			

*$p<0.001$, **$p<0.01$

결과에서 예상된 것처럼 스토리식 만화의 내러티브 구조가 상황적 흥미를 자극하고 기억을 증진하며 이해도를 높여 주었기 때문으로 사료된다. "이야기의 흐름이 자연스러워 흥미가 생긴다.", "이야기가 있어서 더 흥미를 가지고 읽게 된다." 등의 학생들의 응답으로 볼 때 내러티브 구조가 상황적 흥미, 특히 인지적 흥미를 자극한 것으로 추측된다. 또한 "스토리식은 여러 가지 지리 설명을 상황에 적용하니까 기억하기가 더 좋다.", "제가 이해하기 쉬운 걸 좋아해서 아무래도 이야기로 만든 쪽이 더 재미있었던 것 같아요."와 같은 응답들은 내러티브 구조가 학생들의 기억과 이해도에 영향을 미쳤음을 짐작케 해 준다.

5. 마치며

2001년 학습 만화 붐 이후 학습 만화에 대한 사회적 관심은 무척이나 높아졌으며, 이미 여러 교과 교육 연구들에서는 만화의 교육적 활용에 대하여 다루어 왔다. 하지만 지리교육적 맥락에서 만화에 대한 연구는 미흡한 실정이다. 본 장에서는 지리 수업을 위한 학습자료로서 학습 만화의 가치를 살펴보고, 학습 만화의 유형까지도 논해 보았다. 만화는 다중 표상 학습의 학습자료의 한 형태로 만화의 형태적 특징상 다중 표상 학습이 지니는 표상 간 연계 문제를 해결해 줄 수 있으며, 만화가 지니는 흥미 요소가 학습 효과를 더해 줄 것으로 기대된다. 실제 고등학생을 대상으로 한 선호도 설문과 학습 효과 검사 결과, 일반적으로 많이 쓰이는 다중 표상 학습의 한 형태인 삽화 텍스트보다 학습 만화의 선호도와 학습 효과가 더 높은 것으로 나타났다. 학생들은 선호도 설문에의 흥미, 흥미의 지속도, 친밀감의 영역에서 압도적인 차이로 만화를 선택했으며, 집중도와 신뢰도 설문 결과에 있어서도 다른 영역의 비율보다는 낮지만 학습 만화 쪽이 두 배 이상으로 높은 선택률을 보였다. 그리고 학습 효과 성취도도 삽화 텍스트를 읽은 집단보다 학습 만화를 읽은 집단이 높게 나왔다는 점을 고려하면 학습 만화가 다중 표상 학습에서의 문제 해결 및 상황적 흥미로 인한 학습 효과를 지니고 있다고 볼 수 있다.

또한 학습 만화 유형 중에서는 스토리식 학습 만화에 대한 선호도와 학습 효과 성취도가 설명식 만화에 비해 높았다. 스토리식 만화의 내러티브 구조가 선호도 설문 중 흥미도와 흥미의 지속도, 친밀감 영역에서의 스토리식 만화의 선택률을 높여 준 것으로 생각된다. 하지만 집중도와 신뢰도에 있어서는 스토리식 만화와 설명식 만화 사이에 유의한 차이를 보이지 않는 것은, 학습자들이 스토리식 만화의 내러티브 구조가 집중을 방해하고 비효율적일 수도 있다는 유혹적 세부정보 차원에서의 우려를 하고 있기 때문으로 여겨진다. 하지만 학습 효과 검사 결과 스토리식 만화로 학습한 집단의 성취도가 높게 나온 것으로 볼 때, 스토리식 만화의 내러티브 구조는 흥미, 이해, 기억의 면에서 지니는 장점으로 학습에 있어 실보단 득이 많은 것으로 판단된다. 그리고 실험 상황이 아닌 경우에 학습 만화 또는 스토리식 학습 만화의 학습 효과가 더 높을 것으로 추측된다. 왜냐하면 실험 상황에서 학습자들은 교사의 지시에 따라 어느 정도 '의무적으로' 학습지를 읽어야 했지만, 실험 상황이 아니라면 흥미를 유발하지 않는 학습자료를 읽으려는 '시도'조차 하지 않을 수도 있기 때문이다. 실제로도 학습자들의 자유 응답 결과를 보면 텍스트나 설명식 만화가 정리는 잘 되어 있지만, 만화에 비하여 텍스트는 읽고 싶은 생각이 들지 않으며, 설명식 만화에 비하여 스토리식 만화가 분위기가 산만할 때 흥미를 유발하기 쉬울 것 같다는 응답이 여럿 있었다. 따라서 만화, 특히 스토리식 만화는 내재적 동기를 유발하여 학습에 긍정적인 영향을 미칠 수 있을 것으로 보인다.

이러한 결과는 시중에 출판되는 지리 학습 도서와 학교 수업 현장에 시사점을 제시한다. 앞서 살펴본 대로 2006년 이후 매년 몇 권씩의 지리 학습 만화가 출판되고 있지만, 더욱 다양한 지리 학습 만화가 출판된다면 학생들의 지리 학습에도 실제적인 도움이 될 뿐만 아니라 지리 과목에 대한 관심을 증대시킬 수 있을 것이다. 특히 탄탄한 스토리의 학습 만화가 끼칠 영향력은 더욱 클 것으로 보인다. 물론 이는 모든 지리 학습 도서가 만화의 형태가 되어야 한다는 것은 아니다. 학습지 제작에서도 알 수 있었듯 학습 만화는 삽화 텍스트에 비해 같은 내용을 전달할 때도 그 제작에 분량, 시간, 노력이 많이 필요하여 상황에 따라선 비효율적일 수도 있기 때문이다. 하지만 만화가 지니는 장점을 고려하면 현재 수준보다는 지리 학습 만화의 출판이 더욱 활발해질 필요가 있다. 그리고 2012년에 출판된 『카툰 지리』의 경우, 한 페이지 안에서도 퀄러티 높은 만화와 텍스트를 병용하고 있는데, 이는 텍스트의 효율성과 만화의 장점을 살리는 신선한 시도라고 할 수 있다.

지리 학습 만화를 출판하는 것과는 달리 학습 만화의 학교 수업에서의 활용은 여러 제약으로 접근이 조심스럽다. 수업 상황에서 만화의 활용은 교과서와 수업 보조 자료 차원에서 논할 수 있을 것인데, 스토리식 만화의 학습 효과가 높다고 교과서 전체를 스토리식 만화로 구성하거나, 수업 보조 자료 전부를 스토리식 만화로 구성하는 것은 비현실적이며 비효율적이기 때문이다. 오히려 교과서나 수업 보조 자료의 일부를 만화로 구성하는 것이 적절할 수 있다. 이때 흥미 유발을 위하여 교과서 단원의 초반부를 짤막한 스토리식 만화로 구성하거나, 수업 초반부에 만화를 제시하는 것도 좋은 방법일 것이다. 상황에 따라서는 한 컷으로 된 만화를 쓰더라도 만화가 지니는 학습 효과가 학생들에게 도움을 줄 수 있을 것으로 보인다.

본 장에서 다룬 내용 이외에도 더 나은 지리 학습 만화의 개발을 위해 연구할 필요가 있는 주제들은 여전히 존재한다. 만화를 이루는 여러 요소(예: 그림체)가 지리 학습에 미치는 영향을 살펴볼 수도 있고, 학습 만화의 유형 역시 더욱 세분화하여 연구해 볼 수 있을 것이다. 가령 같은 스토리식 만화라고 하더라도 스토리의 종류에 따라 그 효과는 다양할 수 있다. 또한 지리 과목의 소재에 따라 어떻게 지리 학습 만화를 개발할지에 대한 연구도 이루어질 수 있을 것이다. 본 장에서 다룬 연구는 지리교육에서의 학습 만화의 활용에 대한 초기 단계의 연구로, 더욱 효과적이고 정교한 학습 만화의 활용을 위한 추후 연구들이 이어지기를 바라는 바이다.

요약 및 핵심어

우리나라에서 학습 만화에 대한 사회적 관심이 높은 편이며, 여러 교과에서는 만화의 교육적 활용에 대한 학문적 관심을 가져왔다. 학습 만화 붐과 함께 지리 학습 만화들 역시 시중에 출간되고 있으나 지리교육에 있어 만화의 활용에 대한 연구는 아직 부족한 실정이다. 만화는 다중 표상 학습의 문제를 해결하고 학습자들의 상황적 흥미를 자극하여 높은 학습 효과가 기대된다. 지리 학습에 있어 만화의 활용을 제안하고, 학습 만화의 유형에 따른 선호도와 학습 효과를 살펴보기 위해 세 가지 유형의 학습지(삽화 텍스트, 설명식 만화, 스토리식 만화)가 제작되었다. 모든 학습지는 한국지리 수업의 자유 곡류 하천에 대하여 설명하고 있으며, 이 중 스토리식 만화는 내러티브 개념에 기반하여 제작되었다. 선호도 설문 결과 학습자들은 삽화 텍스트보다는 학습 만화를 선호하였고, 학습 만화 중에서는 스토리식 만화를 선호하였다. 학습 효과는 스토리 만화가 가장 높았고, 그다음이 설명식 만화였으며 삽화 텍스트가 가장 낮았다. 이 같은 결과는 만화의 학습 효과, 특히 스토리식 만화의 학습 효과를 보여 주고 있다.

지리 학습 만화(geography education cartoon), 설명식 만화(explanatory cartoon), 스토리식 만화(story cartoon), 상황적 흥미(situational interest), 다중 표상 학습(learning with multiple representations)

더 읽을 거리

유상철·윤병철, 2012, 카툰 지리: 지리교사, 카툰으로 세상을 말하다, 황금비율.

조수미·손정훈, 2014, "어린이 학습만화에 나타난 아프리카에 대한 서술의 변화 양상(2002~2013)", 글로벌 문화콘텐츠, 199-228.

한상정, 2014, "학습만화의 학습효과 연구경향 분석과 과제", 한국언어문화, 54(0): 237-255.

참고문헌

강훈식·김보경·노태희, 2005, "물질의 입자적 성질에 대한 다중 표상 학습에서 외적 표상들 간의 연계와 통합을 촉진시키는 방안으로서의 그리기와 쓰기", 한국과학교육학회지, 25(4), 533-540.

강훈식·김유정·노태희, 2008a, "다중 표상을 활용한 화학 개념 학습에서 학생들의 연계 오류 감소를 위한 처방적인 교수 전략의 효과", 한국과학교육학회지, 28(6), 675-684.

강훈식·신석진·노태희, 2008b, "다중 표상을 활용한 보일과 샤를의 법칙 개념 학습에서 유발되는학생들의 연계 오류의 원인 탐색", 대한화학회지, 52(5), 550-560.

강훈식·이종현·노태희, 2008c, "다중 표상을 활용한 화학 개념 학습에서 학생들의 장독립성-장의존성에 따른 연계 오류 분석", 한국과학교육학회지, 28(5), 471-481.

강현석, 2005, "합리주의적 교육과정 체제에서 배제된 내러티브 교육과정의 가능성과 교과목 개발의 방향 탐색", 교육과정연구, 23(2), 83-115.

김동환, 2005, "텍스트 화자와 학습자의 유사성에 따른 학습자 선호도와 학습 효과에 관한 연구-중학교 지역지리 단원을 중심으로-", 서울대학교 석사학위논문.

김성일, 1996, "글 이해 과정에서 흥미의 역할", 한국심리학회지 실험 및 인지, 8(2), 273-301.

김성일·윤미선, 2004, "학습에 대한 흥미와 내재동기 증진을 위한 학습환경 디자인", 교육방법연구, 16(1), 39-66.

김성일·윤미선·권은주·최정선·김원식·이명진, 2003, "자극의 모호성, 과제유형 및 인지욕구의 개인차가 흥미에 미치는 효과", 교육심리연구, 17(2), 89-106.

김성일·윤미선·소연희, 2008, "한국 한색의 학업에 대한 흥미: 실태, 진단 및 처방", 한국심리학회지: 사회문제, 14(1), 187-221.

문화체육관광부·한국콘텐츠진흥원, 2012, 2011 콘텐츠 산업통계.

박복순, 2004, "텍스트 서술 양식에 따른 학습자 선호도와 학습 효과에 관한 연구-중학교 세계지리 단원을 중심으로-", 서울대학교 석사학위논문.

박선미·최정호·정이화, 2012, "텍스트와 그림 자료 제시 방식에 따른 지리 학습의 효과 분석", 한국지리환경교육학회지, 20(3), 19-32.

백은지, 2011, "성공한 학습만화 사례 분석", 한국만화애니메이션학회 학술대회자료집.

손유정·남상준, 2009, "뇌과학에 기반한 내러티브의 사회과교육적 함의: 장소학습을 사례로", 한국지리환경교육학회지, 17(2), 109-124.

윤미선·김성일, 2003, "중·고생의 교과흥미 구성요인 및 학업성취와의 관계", 교육심리연구, 17(3), 271-

290.

이명진·김성일, 2003, "학습재료의 유형과 제시양식 및 목표지향성이 흥미에 미치는 효과", 교육심리연구, 17(4), 1-17.

이승진·강은원, 2014, "학습만화시장의 발전 방안 연구-시장세분화를 중심으로", 한국디자인포럼, 42, 131-140.

이은경, 2009, "삽화 제시 유형에 따른 학습자의 삽화 이해에 관한 연구", 한국지리환경교육학회지, 17(2), 177-188.

이은정, 2006, "중학교 유전 단원의 오개념 교정을 위한 학습 만화 프로그램의 개발 및 적용", 한국생물교육학회지, 34(3), 355-364.

이흔정, 2004, "내러티브의 교육과정적 의미 탐색", 한국교육학연구, 10(1), 151-170.

임묘진·김성일, 2006, "만화를 활용한 과학학습이 흥미 및 학업 성취에 미치는 영향", 교육심리연구, 20(3), 549-569.

임효진, 2012, "중고생의 영어 및 과학교과 흥미의 변화와 영향요인 분석", 교육학연구, 50(3), 151-175.

장의선, 2004, "지리교과 내용과 학습스타일의 상관성 연구", 한국지리환경교육학회지, 12(1), 83-97

조명환, 2007, "학습만화 스토리텔링에 관한 연구", 숙명여자대학교 석사학위논문.

조정옥, 2002, "중학교 지리수업을 위한 학습지 제작과 선호도에 관한 연구", 한국지리환경교육학회지, 10(2), 83-98.

조지욱, 2003, "흥미로운 지리 공부를 위한 새로운 학습 교재 개발의 필요성", 지리학연구 37(4), 341-353.

조철기, 2011a, "지리 교과서에 서술된 내러티브 텍스트 분석", 한국지리환경교육학회지, 19(1), 49-65.

조철기, 2011b, "내러티브를 활용한 지리수업의 가치 탐색", 한국지리환경교육학회지, 19(2), 153-170.

조철기, 2012, "내러티브 텍스트를 활용한 지역학습 전략: 낙동강 유역을 사례로", 중등교육연구, 60(2), 313-341.

조철기, 2013a, "오스트레일리아 빅토리아 주 지리교육과정과 내러티브 지리교과서의 특징", 한국지리환경교육학회지, 21(1), 49-63.

조철기, 2013b, "내러티브로 구성된 딜레마를 활용한 지리수업 방안". 중등교육연구, 61(3), 513-535.

최재영, 2013, "지리 교육에서 만화의 학습 효과", 한국지리환경교육학회지, 21(3), 147-162.

한승희, 1997, 내러티브 사고 양식의 교육적 의미, 교육과정연구, 15(1), 400-423.

Ainsworth, S, 1999, The functions of multiple representations, *Computers & Education*, 33, 131-152.

Csikszentmihalyi, M., 1990, Flow: The Psychology of Optimal Experience, NewYork, HarperPerennial.

Garner, R., Gillingham, M.G., and White, C.S., 1989, Effects of "seductive details" on macroprocessing and microprocessing in adults and children, *Cognition and Instruction*, 6, 41-57.

Hammett, D. and Mather, C., 2011, Beyond decoding: Political Cartoons in the classroom, *Journal of Geography in Higher Education*, 35(1), 103-119.

Hidi, S., 1990, Interest and its contribution as a mental resource for learning, *Review of Educational Research*, 60, 549-571.

Hidi, S. and Baird, W., 1988, Strategies for increasing text-based interest and students' recall of expository texts, *Reading Research Quarterly*, 23, 465-483.

Kim, S., 1999, Inference: A cause of story interestingness, *British Journal of Psychology*, 90, 57-71.

Kintsch, W., 1980, Learning from text, levels of comprehension, or: Why would read a story anyway, *Poetics*, 9, 7-98.

Kleeman, G., 2006, Not just for fun: Using cartoons to investigate geographical issues, *New Zealand Geographer*, 62(2), 144-151.

Kozma, R.B., and Russell, J., 1997, Multimedia and understanding: Expert and novice responses to different representations of chemical phenomena, *Journal of Reserrch in Science Teaching*, 34(9), 949-968.

Marsden, W. E., 1992, Cartoon geography: the new stereotyping?. Teaching Geography, 17(3), 128-130.

Mayer, R.E., 2003, The promise of multimedia learning: Using the same instructional design methods across different media, *Learning and Instruction*, 13(2), 125-139.

Mayer, R.E. and Sims, 1994, For whom is a picture worth a thousand words Extension of a dual-coding theory of multimedia learning, *Journal of Educational Psycology*, 86(3), 389-401.

Paivio, 1986, Mental Representations: A Dual Coding Approach, New York, Oxford University Press.

Schraw, G. and Lehman, S., 2001, Situational interest: A review of literature and directions for future research, *Educational Psychology Review*, 13(1), 23-52.

Sweller, J., Van Merrienboer, J. J., and Paas, F. G. ,1998, Cognitive architecture and instructional design, *Educational psychology review*, 10(3), 251-296.

매일경제, 2006년 10월 31일, "[어린이·여성] 만화의 전설 '먼 나라 이웃나라'" (http://news.mk.co.kr/newsRead.php?no=464409&year=2006).

머니투데이, 2016년 8월 29일, "미래엔 아이세움, '미생물 세계에서 살아남기 1' 출간" (http://www.mt.co.kr/view/mtview.php?type=1&no=2016082908223257062&outlink=1).

머니S, 2015년 7월 28일, "MBC, 애니메이션 〈마법천자문〉 시즌 2 방영" (http://www.moneys.news/news/mwView.php?type=1&no=2015072809428058874&outlink=1).

서울경제, 2013년 5월 24일, "'먼 나라 이웃나라' 완결판 낸 이원복 덕성여대 석좌교수" (http://economy.hankooki.com/lpage/entv/201305/e20130524165851118180.htm).

이데일리, 2013년 4월 8일, "말풍선 대사가 달라졌다 만화책 편견을 깼다", (http://news.nate.com/view/20130408n07324).

한국경제, 2015년 10월 15일, "작은 호기심이 든든한 지식이 되는 학습만화", (http://www.hankyung.com/news/app/newsview.php?aid=2015101485151)

www.yes24.com

현대 지리교육학의 이해

초판 1쇄 발행 2018년 2월 28일
초판 2쇄 발행 2019년 2월 11일

엮은이 한국지리환경교육학회
지은이 심광택 외

펴낸이 김선기
펴낸곳 (주)푸른길
출판등록 1996년 4월 12일 제16-1292호
주소 (08377) 서울시 구로구 디지털로 33길 48 대륭포스트타워 7차 1008호
전화 02-523-2907, 6942-9570-2
팩스 02-523-2951
이메일 purungilbook@naver.com
홈페이지 www.purungil.co.kr

ISBN 978-89-6291-440-5 93980

• 이 도서의 국립중앙도서관 출판예정도서목록(CIP)은 서지정보유통지원시스템 홈페이지(http://seoji.nl. go.kr)와 국가자료공동목록시스템(http://www.nl.go.kr/kolisnet)에서 이용하실 수 있습니다.(CIP제어번 호: CIP2018005141)